Thieme

1. ÄP

Original-Prüfungsfragen
mit Kommentar

Biochemie

18. Auflage

Bearbeitet von
Ronald Zech

Georg Thieme Verlag
Stuttgart · New York

Prof. Dr. med. Ronald Zech
Institut für Biochemie und
Molekulare Zellbiologie (Fachbereich Medizin)
Humboldtallee 23
37073 Göttingen

1. Auflage 1982
2. Auflage 1984
3. Auflage 1985
4. Auflage 1986
5. Auflage 1988
6. Auflage 1990
7. Auflage 1990
8. Auflage 1993
9. Auflage 1994
10. Auflage 1994
11. Auflage 1996
12. Auflage 1997
13. Auflage 1999
14. Auflage 2000
15. Auflage 2002
16. Auflage 2003
17. Auflage 2005
18. Auflage 2006

Die Auflagen 1 bis 11 erschienen unter dem Titel „Physiologische Chemie". Der aktuelle Titel unseres Fachbandes „Biochemie" wurde der inzwischen vom IMPP, Mainz, verwendeten Fachbezeichnung angeglichen.

Bibliografische Information Der Deutschen Bibliothek

Die Deutsche Bibliothek verzeichnet diese Publikation in der Deutschen Nationalbibliografie; detaillierte bibliografische Daten sind im Internet über http://dnb.ddb.de abrufbar.

Rüdigerstr. 14,
D-70469 Stuttgart
Unsere Homepage:
http://www.thieme.de

Umschlaggestaltung:
Thieme Verlagsgruppe

Umschlagfoto:
Studio Nordbahnhof

Satz:
Hagedorn Kommunikation, Viernheim
Druck:
Grafisches Centrum Cuno GmbH & Co KG, Calbe

Printed in Germany

ISBN 3-13-114638-9
ISBN 978-3-13-114638-0

Vorwort

Das vorliegende Buch basiert auf Lehrveranstaltungen, die der verstorbene Kollege Domagk und ich seit Einführung des schriftlichen Examens (1974) unter Einbeziehung des Gegenstandskatalogs und aller offiziellen Prüfungsfragen durchgeführt haben. Diskussionen mit und Anregungen von Studenten und Kollegen waren Hilfe und Anreiz, diesen Band zusammenzustellen. Eine kritische Durchsicht des Fragenpools zeigt, dass die Mehrzahl der bisher gestellten Fragen einen engen Bezug zur ärztlichen Tätigkeit und Praxis besitzt, womit sich die „Original-IMPP-Fragen" wohltuend von vielen frei zusammengestellten Fragebüchern unterscheiden. Die 18. Auflage der „Fragen und Kommentare zum GK1 Biochemie" ist wiederum in 25 Kapitel gegliedert und nach dem neuen Gegenstandskatalog überarbeitet. Biochemie-Fragen der Physikumstermine seit Frühjahr 1982 wurden ausgewählt und kommentiert. Zu wichtigen Stoffgebieten wurde jeweils ein Lerntext erstellt, nach dessen Durcharbeitung die themenbezogene Fragenbeantwortung ohne Schwierigkeiten möglich sein sollte. Bei den neuen Fragen der letzten Jahre fiel auf, dass die falschen Antworten (Distraktoren) immer attraktiver und damit irreführender wurden, weil sie, allein als Feststellung genommen, einen richtigen Tatbestand beschreiben und nur im Kontext mit der Frage nicht zutreffen! Für den sich vorbereitenden Physikumskandidaten ist es daher wichtig, dass er auch den Zusammenhang versteht, aus dem heraus die Distraktoren nicht zutreffend sind. Eine unerfreuliche Tendenz der letzten Examina waren Fragen nach speziellen, spitzfindigen Einzelheiten sowie nach klinischen und pathobiochemischen Spezialproblemen. Die Lösung lässt sich dann oft nur unter Verwendung zahlreicher, oft spezieller Lehrbücher finden. Da der Student zeitlich und finanziell kaum in der Lage sein wird, mehrere Lehrbücher zum selben Thema vergleichend in die Hand zu nehmen, möge dieser Kommentarband zum Verständnis biochemischer und klinischer Zusammenhänge beitragen.

Wir empfehlen, nach der Durcharbeitung eines nicht zu umfangreichen Lehrbuchs Lerntexte, Fragen und Kommentare parallel zu erarbeiten. Unmittelbar vor dem Examen sollten dann zur letzten Überprüfung alle Fragen noch einmal beantwortet werden, wobei der Kommentar nur in Einzelheiten hinzuzuziehen ist.

Die nach der neuen Approbationsordnung vorgesehene Vernetzung von Vorklinik und Klinik macht es notwendig, zu den einzelnen biochemischen Sachverhalten „Klinische Bezüge" in die Kommentare einzufügen. Es ist zu hoffen, dass in den Prüfungen vermehrt nur medizinisch relevante Dinge abgefragt werden und dass damit das vorklinische Lernen sinnvoller und befriedigender wird, als es derzeit ist.

Göttingen, im Juni 2006
Ronald Zech

Inhalt

Die Fragen und Kommentare des Examens Frühjahr 2006 befinden sich am Ende der einzelnen Kapitel.

Die fett gedruckten Seitenzahlen beziehen sich auf den Kommentarteil.

Lerntextverzeichnis

Bearbeitungshinweise

Die Original-Prüfungsfragen bilden die Grundlagen dieses Bandes. Zur Prüfungsvorbereitung scheint eine fachbezogene Fragenordung, wie sie in diesem Band vorliegt, geeignet.

In den Original-Aufgabenheften richtet sich die Reihenfolge der Prüfungsfragen nach inhaltlichen Gesichtspunkten. Der Aufgabentyp kann sich daher von Aufgabe zu Aufgabe ändern.

Seit mehreren Jahren werden vom IMPP ausschließlich Aufgaben vom Typ **Einfachauswahl** und **Zuordnung** gestellt. Deshalb kommen Aufgaben vom Typ *Kausale Verknüpfung* und *Aussagenkombination* in diesem Band nicht mehr vor.

Die Lösung zu jeder Frage ist am Unterrand derselben Seite vermerkt. Im Lösungsteil findet sich ein ausführlicher Kommentar.

Allgemeines

Soweit nicht besondere Bedingungen genannt sind, bezieht sich der in einer Aufgabe angesprochene Sachverhalt auf den medizinischen oder wissenschaftlichen **Regelfall** sowie auf die Gegebenheiten in der Bundesrepublik Deutschland.

Die Prüfungsaufgaben sind Antwortwahlaufgaben. Sie grenzen die Zahl der Antwortmöglichkeiten auf einen zuvor bestimmten Entscheidungszusammenhang ein. Für alle Aufgabentypen gilt daher: Antworten, die im Antwortangebot nicht enthalten sind, können nicht die richtige Lösung sein.

Eine Aufgabe gilt als **richtig gelöst**, wenn die beste Antwort aus dem Antwortangebot A bis E markiert wurde. Die beste Antwort ist diejenige, die im Vergleich der fünf Antwortmöglichkeiten die Aufgabe **am umfassendsten beantwortet.**

Lesen Sie immer alle Antwortmöglichkeiten durch, bevor Sie sich für eine Lösung entscheiden.

Eine Mehrfachmarkierung und das Fehlen einer Markierung wird als falsch gewertet. Können Sie eine Aufgabe nicht lösen, lohnt es sich zu raten, weil eine 20-prozentige Chance besteht, die richtige Lösung zu treffen.

Aufgabentypen

→ Aufgabentyp A: Einfachauswahl

Bei diesem Aufgabentyp sind alle angebotenen Antworten A bis E gegeneinander abzuwägen. Als **richtige Lösung** wird die **Bestantwort** anerkannt. **Bestantwort** ist entweder die **am meisten zutreffende** oder die **allein zutreffende Antwort** bzw. die **am wenigsten zutreffende** oder die **allein unzutreffende Antwort.**

→ Aufgabentyp B: Zuordnung (Aufgaben mit gemeinsamem Antwortangebot)

Bei diesem Aufgabentyp sind in Liste 1 Begriffe oder Sachverhalte aufgeführt, Liste 2 enthält die möglichen Antworten A bis E. Als **richtige Lösung** wird die **allein** oder **am besten zutreffende Zuordnung** anerkannt. Dabei kann auch für mehrere Aufgaben der Liste 1 die gleiche Antwort der Liste 2 die richtige Lösung sein.

Fragen

1 Chemie der Kohlenhydrate

H86

→ **1.1 Welche Aussage zu 1,3-Dihydroxyaceton trifft nicht zu?**

1,3-Dihydroxyaceton

(A) ist die einfachste Ketose
(B) ist achiral
(C) enthält 2 sekundäre Alkoholgruppen
(D) wird zu Glycerin reduziert
(E) ist in wässriger Lösung solvatisiert

F96

→ **1.2 Welche Aussage trifft nicht zu?**

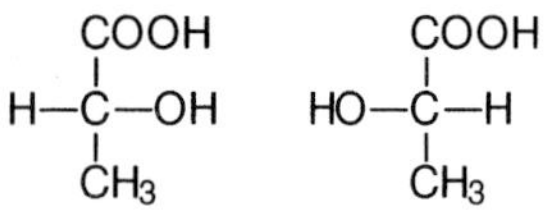

Die abgebildeten Verbindungen sind

(A) Carbonsäuren
(B) bei pH = 7 negativ geladen
(C) Enantiomere
(D) Diastereomere
(E) Konfigurationsisomere

H95

→ **1.3 Welche Aussage zur folgenden Reaktion und den daran beteiligten Verbindungen trifft nicht zu?**

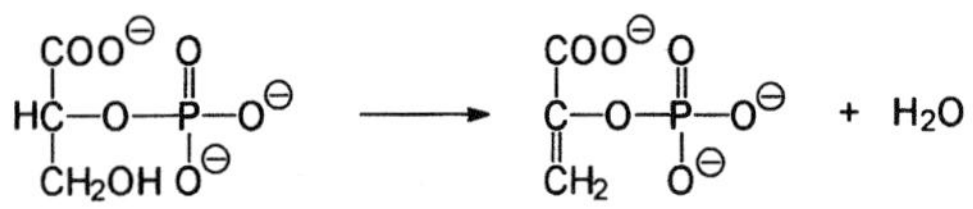

(1) (2)

(A) Die Reaktion (1) → (2) ist eine Eliminierung.
(B) Bei der Reaktion (1) → (2) geht ein Chiralitätszentrum verloren.
(C) Von (2) gibt es cis/trans-Isomere.
(D) Die Reaktion (1) → (2) ist ein Schritt in der Glykolyse.
(E) (2) besitzt ein hohes Phosphatgruppen-Übertragungspotential.

H86

→ **1.4 Welche Aussage zu nachstehenden Verbindungen trifft nicht zu?**

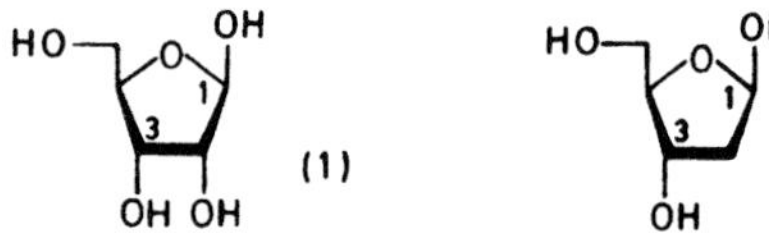

(1) (2)

(A) (1) und (2) sind Pentosen.
(B) (1) und (2) liegen als Furanosen vor.
(C) (1) ist Baustein der RNA.
(D) (2) ist Baustein der DNA.
(E) Die Umwandlung von (1) in (2) entspricht einer Oxidation.

H91

→ **1.5 Welche Aussage trifft nicht zu?**

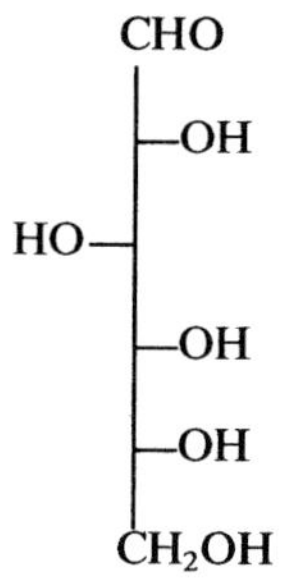

Aus der nebenstehend abgebildeten D-Glucose entsteht durch

(A) Oxidation an C-1 Gluconsäure
(B) Oxidation an C-6 Glucuronsäure
(C) Reduktion an C-1 ein Zuckeralkohol
(D) Reaktion mit Ammoniak Glucosamin
(E) intramolekulare Addition der OH-Gruppe von C-5 an die Aldehydgruppe ein zyklisches Halbacetal

H95

→ **1.6 α- und β-D-Glucose**

(A) sind enantiomer zueinander
(B) können sich in wässriger Lösung ineinander umwandeln
(C) haben gleichen Energiegehalt
(D) sind 1,4-verknüpft Bestandteil der Amylose
(E) unterscheiden sich durch die Stellung der OH-Gruppe an C-Atom 2

1.1 (C) 1.2 (D) 1.3 (C) 1.4 (E) 1.5 (D) 1.6 (B)

H93

→ **1.7 Welche Aussage über die Zuckeralkohole Sorbitol (1) und Mannitol (2) trifft nicht zu?**

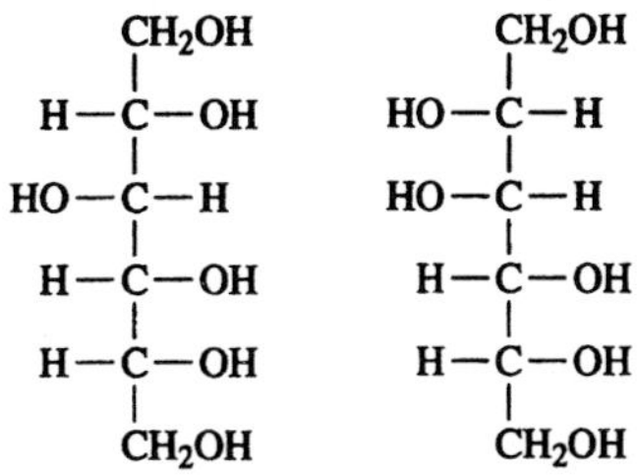

(1) (2)

(A) Sorbitol entsteht durch Reduktion von Glucose.
(B) Mannitol entsteht durch Reduktion von Mannose.
(C) Die Konfiguration der Kohlenstoffatome 2–5 ist in den Alkoholen die gleiche wie in den Zuckern, aus denen sie entstanden sind.
(D) Beide schmecken süß und können als Zuckerersatzstoffe verwendet werden.
(E) Beide kommen in der Pyranoseform vor.

H95

→ **1.8 Welche Aussage trifft nicht zu?**

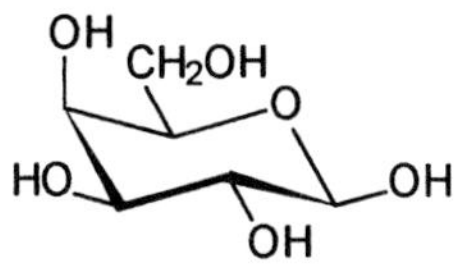

Das abgebildete Monosaccharid
(A) ist Bestandteil der Saccharose
(B) ist ein β-Anomeres
(C) kann durch Ersatz der OH-Gruppe an C_2 durch eine NH_2-Gruppe einen Aminozucker bilden
(D) enthält die OH-Gruppen an C_3 und C_4 in cis-Konfiguration
(E) ist ein Epimeres der D-Glucose

H96

→ **1.9 Welche Aussage zum D-Fructose-1,6-bisphosphat trifft nicht zu?**

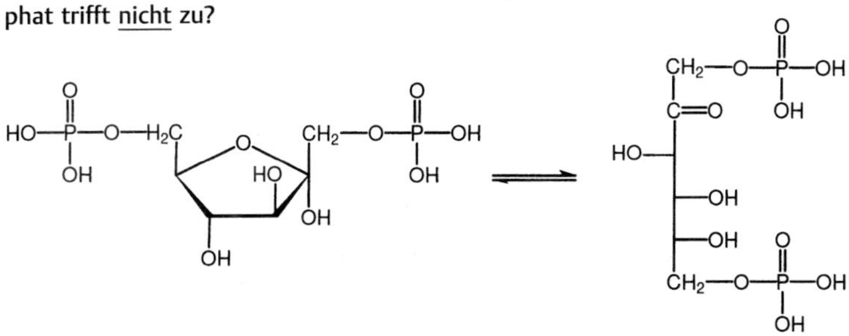

(1) (2)

(A) Phosphorsäurediester
(B) (1) ist ein zyklisches Halbketal.
(C) (2) ist eine Darstellung in der Fischer-Projektion.
(D) (1) ist die Furanose-Form.
(E) Mit Hilfe von Aldolase entstehen zwei C_3-Körper.

H96

→ **1.10 Welche Aussage trifft nicht zu?**
D-Mannose und D-Glucose
(A) unterscheiden sich nur durch die Stellung der OH-Gruppe am C-Atom 2
(B) liegen in wässriger Lösung vor allem in der Pyranoseform vor
(C) sind Bestandteil der Lactose
(D) sind diastereomer zueinander
(E) können enzymatisch ineinander umgewandelt werden

H96 H90

→ **1.11 Welche Aussage trifft nicht zu?**
Galaktose
(A) unterscheidet sich von der Glucose in der Konfiguration am C-Atom 4
(B) ist im Milchzucker β-glykosidisch mit Glucose verknüpft
(C) ist Bestandteil der Maltose
(D) ist eine Zuckerkomponente von Gangliosiden
(E) ist eine Strukturkomponente der Blutgruppensubstanzen des AB0-Systems

F96

→ **1.12 Welche Angabe zur Reaktion bzw. den denkbaren Produkten trifft nicht zu, wenn zwei Moleküle D-Glucose zu einem Disaccharid verknüpft werden?**
(A) Es bildet sich ein Lacton.
(B) Eine β-glykosidische Bindung ist möglich.
(C) Eine α-glykosidische Bindung ist möglich.
(D) 1,4-Verknüpfung ist möglich.
(E) Das Produkt könnte Maltose sein.

1.7 (E) 1.8 (A) 1.9 (A) 1.10 (C) 1.11 (C) 1.12 (A)

F02

→ **1.13 α-Glykosidische Bindungen kommen nicht vor in**

(A) Amylose
(B) Amylopektin
(C) Maltose
(D) Hyaluronsäure
(E) Glykogen

H02

→ **1.14 Saccharose**

(A) enthält eine α-glykosidisch gebundene Fructose
(B) enthält eine α-glykosidisch gebundene Glucose
(C) weist eine freie halbacetalische OH-Gruppe auf
(D) kann mit Alkoholen Glykoside bilden
(E) entsteht bei der Spaltung von Stärke durch α-Amylase

H04

→ **1.15 Für die Säuglingsernährung stellt Milchzucker einen wichtigen Energielieferanten dar. Welche Monosaccharide entstehen bei der Spaltung von Milchzucker durch Lactase?**

(A) nur Glucose
(B) Glucose und Galactose
(C) Fructose und Galactose
(D) Glucose und Fructose
(E) Glucose und Mannose

F89

→ **1.16 Vergleichen Sie Zellulose und Stärke. Welche Angabe trifft nicht für beide Substanzen zu?**

(A) Biopolymere
(B) Polysaccharide
(C) Verzweigung durch 1,6-Verknüpfung
(D) 1,4-Verknüpfung der Hauptkette
(E) nur aus D-Glucose aufgebaut

H02 H00

→ **1.17 Welche Aussage zu Glykosaminoglykanen trifft nicht zu?**

(A) Sie sind aus Disacharid-Einheiten aufgebaut, die aus Hexosaminen und (am häufigsten) Uronsäuren bestehen.
(B) Sie können mit Schwefelsäure verestert sein.
(C) Sie sind wesentlicher Bestandteil der Proteoglykane.
(D) Sie sind wesentlicher Bestandteil des Zytoskeletts.
(E) Heparin gehört zu den Glykosaminoglykanen.

H05

→ **1.18 Welche Aussage zum Antikoagulans Heparin trifft zu?**

(A) Heparin ist ein Disaccharid.
(B) Heparin ist ein phosphoryliertes Kohlenhydrat.
(C) Heparin ist ein sulfatiertes Glycosaminoglycan.
(D) Im Heparin sind Kohlenhydrat-Einheiten über Sulfatgruppen miteinander verknüpft.
(E) Heparin ist ein Aromat.

F02

→ **1.19 Welche Aussage zu Proteoglykanen trifft nicht zu?**

(A) Sie sind Komponenten der extrazellulären Matrix.
(B) Sie enthalten in ihren Glykosaminoglykan-Anteilen repetitive Disaccharid-Einheiten.
(C) Glykosamine enthalten stets Hexosamine.
(D) Die meisten Proteoglykane benötigen für ihre Biosynthese Phosphoadenosin-Phosphosulfat (PAPS).
(E) Die Verknüpfung des Core-Proteins mit dem Kohlenhydratanteil erfolgt extrazellulär.

H04

→ **1.20 Welche der folgenden Substanzen bzw. Substanzgruppen enthält prozentual am meisten (verestertes) Sulfat?**

(A) Cardiolipin
(B) Elastin
(C) Glykocholsäure
(D) Kollagene
(E) Proteoglykane

1.13 (D) 1.14 (B) 1.15 (B) 1.16 (C) 1.17 (D) 1.18 (C) 1.19 (E) 1.20 (E)

2 Chemie der Aminosäuren, Peptide und Proteine

F01

→ **2.1 Welche Aussage zum Glycin trifft nicht zu?**

(A) Glycin kann aus Serin gebildet werden.
(B) Glycin ist ein Neurotransmitter.
(C) Glycin ist Voraussetzung für die Ausbildung der Kollagen-Tripelhelix.
(D) Glycin ist der wichtigste Kohlenstoffdonator der renalen Gluconeogenese.
(E) Glycin ist ein Substrat der Purinbiosynthese.

H00

→ **2.2 Welche Aussage zum Serin trifft nicht zu?**

(A) Serin dient in Proteoglykanen der Anheftung von Kohlenhydratketten an die Proteinkomponente.
(B) Serin ist Bestandteil bestimmter Glycerinphosphatide.
(C) Serin wird für die Synthese von Sphingosin benötigt.
(D) Serin kann in Peptid-gebundener Form durch Proteinkinasen phosphoryliert werden.
(E) Serin wird durch Transaminierung in Pyruvat überführt.

F00

→ **2.3 Welche Aussage zum Selenocystein trifft nicht zu?**

(A) Es ist eine proteinogene Aminosäure.
(B) Es ist eine essentielle Aminosäure.
(C) Es hat kein eigenes Codon, sondern muss dieses mit einem Stop-Codon teilen.
(D) Es ist in der Glutathion-Peroxidase enthalten.
(E) Es ist in der Thyroxin-Deiodase enthalten.

F05

→ **2.4 Welche Aussage zur Aminosäure Selenocystein trifft zu?**

(A) Selenocystein ist im aktiven Zentrum der Carboanhydrase vorhanden.
(B) Das Codon für Selenocystein ist das auch als Stopp-Codon bekannte UGA.
(C) Die Thyroxin-Deiodase enthält iodiniertes Selenocystein.
(D) Selenocystein ist eine essentielle Aminosäure.
(E) Selenocystein-Reste in Proteinen entstehen durch posttranslationale Modifikation von Cysteinen.

F97

→ **2.5 Welche Aussage trifft nicht zu?**
Die abgebildete Substanz

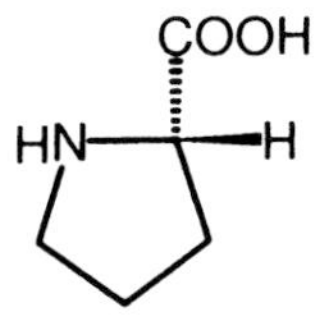

(A) ist typischer Bestandteil des Kollagens
(B) kann nach dem Einbau in Protein hydroxyliert werden
(C) wird unter Beteiligung von Vitamin C und Sauerstoff hydroxyliert
(D) enthält einen Pyrrolring
(E) wird im Stoffwechsel zu Glutaminsäure abgebaut

H03

→ **2.6 Welche Aussage zum Tryptophan trifft nicht zu?**

(A) Es ist Ausgangssubstanz für die Serotoninsynthese in den enterochromaffinen Zellen des Intestinaltraktes.
(B) Es kann zu Tryptamin decarboxyliert werden.
(C) Es ist ein Vorläufer für die Biosynthese von Melanin.
(D) Es ist Provitamin für die Biosynthese von Nicotinsäure.
(E) Bei seinem Abbau wird der Pyrrolring geöffnet.

H98 F96

→ **2.7 Aus welcher der folgenden Aminosäuren kann Nicotinamid gebildet werden?**

(A) Histidin
(B) Phenylalanin
(C) Tryptophan
(D) Ornithin
(E) Keine der Angaben (A)–(D) ist richtig.

F02

→ **2.8 Welche Aussage zum Histidin trifft nicht zu?**

(A) Es gehört zur Gruppe der phenolischen Aminosäuren.
(B) Histidyl-Reste einer Peptidkette können zu 3-Methylhistidyl-Resten methyliert werden.
(C) Viele Enzyme enthalten im aktiven Zentrum Histidin.
(D) Es ist an der Komplexierung des Eisens im Hämoglobin beteiligt.
(E) Beim Abbau von Histidin wird eine Ein-Kohlenstoff-Einheit auf Tetrahydrofolsäure übertragen.

H01

→ **2.9 Welche Aussage über Lysin trifft nicht zu?**
(A) Lysin kann nur nach Einbau in eine Peptidkette zu Hydroxylysin hydroxyliert werden.
(B) Durch Decarboxylierung entsteht aus Lysin ein biogenes Amin mit der Funktion eines Neurotransmitters.
(C) Lysin ist eine ketogene Aminosäure.
(D) Lysin ist eine der Aminosäuren, die einem Protein positive Ladungen geben.
(E) Lysin ist beteiligt an der kovalenten Quervernetzung der Monomere in Fibrin und Kollagen.

H99

→ **2.10 Welche Aussage über essentielle Aminosäuren trifft nicht zu?**
(A) Die biologische Wertigkeit eines Proteins wird durch seinen Gehalt an essentiellen Aminosäuren bestimmt.
(B) Aminosäuren mit verzweigter Kohlenstoffkette sind essentiell.
(C) Bei einem Defekt der Phenylalaninhydroxylase wird Tyrosin zu einer essentiellen Aminosäure.
(D) Kollagen ist insbesondere reich an essentiellen Aminosäuren.
(E) Essentielle Aminosäuren können zur Energiegewinnung verwendet werden.

F04

→ **2.11 Welche der folgenden Aminosäuren ist essentiell?**
(A) Asparaginsäure
(B) Glutaminsäure
(C) Lysin
(D) Prolin
(E) Serin

H96

→ **2.12 Welche Aussage trifft nicht zu?**
Glutamin
(A) ist eine α-Aminosäure
(B) enthält eine Säureamidgruppe
(C) gehört zu den basischen Aminosäuren
(D) wird in ATP-abhängiger Reaktion aus Glutamat gebildet
(E) kann in der Leber durch Glutaminase hydrolytisch gespalten werden

H02

→ **2.13 Einen pK-Wert von ca. 6 im physiologischen Bereich hat die**
(A) Carboxylgruppe der Seitenkette des Glutamats
(B) Carboxylgruppe der Seitenkette des Aspartats
(C) Imidazolgruppe der Seitenkette des Histidins
(D) Thiolgruppe der Seitenkette des Cysteins
(E) Guanidingruppe der Seitenkette des Arginins

H03

→ **2.14 Welche der aufgeführten Aminosäuren besitzt eine Seitenkette, die unter physiologischen Bedingungen zur positiven Ladung eines Proteins beitragen kann?**
(A) Methionin
(B) Asparaginsäure
(C) Tyrosin
(D) Lysin
(E) Serin

H96

→ **2.15 Lysin hat die pK-Werte $pK_1 = 2{,}2$, $pK_2 = 9{,}0$ und $pK_3 = 10{,}4$.**
Bei welchem pH-Wert liegt der isoelektrische Punkt des Lysins?
(A) 5,6
(B) 7,2
(C) 9,0
(D) 9,7
(E) 10,4

H98

→ **2.16 Welcher Aminosäure-Rest ist in einem Protein bei pH = 7,4 negativ geladen?**
(A) Tryptophan
(B) Valin
(C) Glutaminsäure
(D) Lysin
(E) Histidin

F04

→ **2.17 Zur Gruppe der Peptide gehört:**
(A) Glutathion
(B) Kreatin
(C) Thyroxin
(D) Noradrenalin
(E) Glutamin

2.9 (B) 2.10 (D) 2.11 (C) 2.12 (C) 2.13 (C) 2.14 (D) 2.15 (D) 2.16 (C) 2.17 (A)

F00

→ **2.18 Welche Aussage zum Glutathion trifft zu?**

(A) Es wird in den Mitochondrien synthetisiert.
(B) Für die Synthese wird ATP benötigt.
(C) Oxidiertes Glutathion wird im Erythrozyten durch NADH reduziert.
(D) Es enthält pro Molekül zwei SH-Gruppen.
(E) Oxidiertes Glutathion wird im Erythrozyten durch eine Peptidase abgebaut.

H02

→ **2.19 Welche Aussage zum Glutathion (GSH) trifft nicht zu?**

(A) GSH ist ein nicht-ribosomal synthetisiertes Tripeptid.
(B) GSH ist Bestandteil eines Leukotriens (Leukotrien C_4).
(C) GSH wird für den Einbau von Selen in Selenhaltige Enzyme benötigt.
(D) GSH kann in der Leber an Konjugationsreaktionen der Phase 2 beteiligt sein.
(E) GSH ist an Redoxreaktionen beteiligt.

F99 F96 F90

→ **2.20 Welche Aussage über die Proteinstruktur trifft nicht zu?**

(A) Die Peptidbindung besitzt partiellen Doppelbindungscharakter.
(B) Die α-Helix wird durch Wasserstoffbrücken zwischen den CO- und NH-Gruppen verschiedener Peptidbindungen stabilisiert.
(C) Die Ausbildung der Tripelhelix im Kollagen ist möglich, weil jede dritte Aminosäure Glycin ist.
(D) Cystein stabilisiert die Tripelhelix des Kollagens.
(E) Bei globulären Proteinen sind Aminosäuren mit hydrophoben Seitenketten vorwiegend im Inneren des Moleküls angeordnet.

H97

→ **2.21 Welche Aussage zur Proteinstruktur trifft nicht zu?**

(A) Die Vielfalt der Proteinstrukturen beruht u.a. auf der freien Drehbarkeit der Peptidbindung.
(B) Disulfidbrücken stabilisieren die Tertiärstruktur vieler Proteine.
(C) Die α-Helix wird durch intramolekulare Wasserstoffbrückenbindungen zwischen NH- und CO-Gruppen stabilisiert.
(D) Hydrophobe Wechselwirkungen sind an der Ausbildung der Tertiärstruktur von Proteinen beteiligt.
(E) Die Ausbildung einer Quartärstruktur setzt mindestens zwei Untereinheiten voraus.

H97

→ **2.22 Domänen eines Proteins sind**

(A) Polypeptidketten mit freien C- und N-Termini
(B) Abschnitte einer Polypeptidkette mit einer eigenen Tertiärstruktur, die sich weitgehend unabhängig von den anderen Abschnitten ausbildet
(C) synonym dem Begriff „Protein-Untereinheit"
(D) Genprodukte von Introns
(E) Monomere von fibrillären Proteinen, wie z.B. Fibrin und Kollagen

H98

→ **2.23 Welche Aussage trifft nicht zu?**
Aminosäurereste von Proteinen können co- bzw. posttranslational modifiziert werden durch

(A) Hydroxylierung von Prolin
(B) Hydroxylierung von Lysin
(C) Carboxylierung von Glutamat
(D) Glykosylierung von Serin
(E) Iodierung von Phenylalanin

H05

→ **2.24 In Glykoproteinen sind Kohlenhydratketten nur an bestimmte Aminosäure-Reste gebunden.**
Zu diesen Aminosäuren gehört:

(A) Alanin
(B) Cystein
(C) Prolin
(D) Serin
(E) Tyrosin

H99

→ **2.25 Was trifft nicht zu?**
Glykoproteine sind:

(A) Kollagen
(B) Erythropoetin
(C) Albumin
(D) Fibrinogen
(E) Blutgruppensubstanzen

F01 F99 F96 H92

→ **2.26 Welche Aussage zur N-Acetylneuraminsäure (NANA) trifft nicht zu?**

(A) NANA ist die endständige Kohlenhydratkomponente der Oligosaccharid-Kette vieler Glykoproteine.
(B) NANA schützt im Blutplasma Glykoproteine vor Endozytose und Abbau.
(C) NANA wird durch Neuraminidasen von Glykoproteinen abgespalten.
(D) NANA vermittelt im Erythrozyten die Verankerung des Zytoskeletts mit der Plasmamembran.
(E) NANA wird aus Phosphoenolpyruvat und N-Acetyl-Mannosamin-(6-phosphat) synthetisiert.

2.18 (B) 2.19 (C) 2.20 (D) 2.21 (A) 2.22 (B) 2.23 (E) 2.24 (D) 2.25 (C) 2.26 (D)

Fragen aus Examen Frühjahr 2006

F06

→ **2.27 Welche Definition für den isoelektrischen Punkt einer Aminosäure (AS) trifft zu?**

(A) Es handelt sich um den pH-Wert einer 1-molaren Lösung der AS.
(B) Es handelt sich um den Äquivalenzpunkt der AS bei der Titration mit wässriger 1-molarer NaOH-Lösung.
(C) Es handelt sich um den pH-Wert, bei dem die Konzentration der kationischen Form und die der anionischen Form der AS gleich sind.
(D) Er errechnet sich aus dem arithmetischen Mittel der beiden K_S-Werte der AS.
(E) Es handelt sich um den pH-Wert, bei dem die Konzentration der zwitterionischen Form der AS ein Minimum erreicht.

F06

→ **2.28 Die SDS-Polyacrylamidgel-Elektrophorese (SDS-PAGE) wird u. a. im Rahmen der Differenzierung von Proteinurien eingesetzt.**
Welche Aussage zum SDS (Natriumdodecylsulfat) bei der SDS-PAGE trifft zu?

(A) SDS stabilisiert die Quartärstruktur von oligomeren Proteinen.
(B) SDS reduziert Disulfidbrücken in Proteinen.
(C) SDS reagiert stöchiometrisch 1 : 1 mit den Proteinmolekülen.
(D) Amphiphile Dodecylsulfat-Anionen lagern sich an die Proteine an.
(E) SDS verhindert die Denaturierung der Proteine.

F06

→ **2.29 Glutathion ist für den Oxidationsschutz von Erythrozytenproteinen verantwortlich.**
Glutathion

(A) entsteht durch limitierte Proteolyse aus einer hochmolekularen Vorstufe
(B) ist ein Nebenprodukt der anaeroben Glykolyse
(C) wird durch ribosomenunabhängige Peptidsynthese gebildet
(D) wird als Vitamin im menschlichen Organismus nicht synthetisiert
(E) entsteht beim Abbau von Methionin

3 Chemie der Fettsäuren und Lipide

F04 H90 F88

→ **3.1 Welche der folgenden Aussagen zu Triacylglycerinen trifft nicht zu?**

(A) Sie liefern bei vollständiger Oxidation mehr Energie pro Mol als Glucose.
(B) Sie sind wesentlicher Bestandteil der Plasmamembran.
(C) Ihr Schmelzpunkt ist um so niedriger, je mehr ungesättigte Fettsäuren sie enthalten.
(D) Sie sind unpolarer als Glycerophospholipide (Phosphoglyceride).
(E) Sie werden nach Resynthese aus Nahrungsfett in Chylomikronen transportiert.

H01 H99

→ **3.2 Welche Aussage zu ungesättigten Fettsäuren trifft zu?**

(A) Die ungesättigten Fettsäuren in Membranlipiden liegen in der Regel als cis-Isomere vor.
(B) Bei mehrfach ungesättigten Fettsäuren sind die Doppelbindungen konjugiert.
(C) Linolsäure kann im Organismus in α-Linolensäure umgewandelt werden.
(D) In Adipozyten gespeicherte Triacylglycerine enthalten keine ungesättigten Fettsäuren.
(E) Das Endprodukt des Abbaus von Ölsäure ist Succinyl-CoA.

F04

→ **3.3 Glycerin ist keine Strukturkomponente von**

(A) Lecithin
(B) Phosphatidylinositol
(C) Cardiolipin
(D) Plasmalogen
(E) Gangliosid

2.27 (C) 2.28 (D) 2.29 (C) 3.1 (B) 3.2 (A) 3.3 (E)

H05

→ **3.4 Eine Reihe genetisch bedingter Stoffwechselerkrankungen beruht auf Störungen des Sphingolipidabbaus.**
Welches der folgenden Lipide ist ein Sphingolipid?
(A) Cardiolipin
(B) Gangliosid
(C) Lecithin
(D) Phosphatidylinositol
(E) Plasmalogen

H04

→ **3.5 Aus wie vielen C-Atomen besteht das Steran-(Gonan-)Ringgerüst, das u. a. Baustein der Steroidhormone ist?**
(A) 15
(B) 17
(C) 19
(D) 21
(E) 23

F05

→ **3.6 Liposomen können z. B. therapeutisch als Träger von Arzneistoffen eingesetzt werden.**
Welche Aussage zu einem derartigen Liposom trifft am ehesten zu?
(A) Es verfügt über lipolytische Aktivität.
(B) Es besitzt eine Hülle aus einer oder mehreren Lipiddoppelschichten.
(C) Es besitzt eine Hülle aus einer einschichtigen Lipidphase.
(D) Bei einem Durchmesser von mindestens 100 nm ist es eine Mizelle.
(E) Im Zentrum des Liposoms befindet sich eine Lipidphase.

F03

→ **3.7 Welche Aussage zu ungesättigten Fettsäuren trifft am wenigsten zu?**
(A) Ölsäure kann im menschlichen Organismus aus Stearinsäure gebildet werden.
(B) Die in Linolensäure vorkommenden Doppelbindungen sind isoliert und liegen in der cis-Konfiguration vor.
(C) Die Membranfluidität wird durch die Zahl der Doppelbindungen der am Membranaufbau beteiligten Fettsäuren beeinflusst.
(D) Das Fett des Nierenlagers muss aufgrund funktioneller Anforderungen reich an mehrfach ungesättigten Fettsäuren sein.
(E) Arachidonsäure kann am endoplasmatischen Retikulum aus Linolsäure synthetisiert werden.

F04

→ **3.8 Cyclooxygenase wird benötigt für die Bildung von**
(A) Cortisol aus 11-Desoxycortisol
(B) IMP aus AMP
(C) Leukotrienen aus Arachidonat
(D) Ölsäure aus Stearinsäure
(E) Prostaglandinen aus Arachidonat

H04

→ **3.9 Aus Membranlipiden können in unserem Körper Prostaglandine entstehen, die z. B. Nozizeptoren sensibilisieren.**
Welches der Enzyme ist Ziel einer medikamentösen Therapie zur Hemmung der Prostaglandin-Biosynthese?
(A) Cyclooxygenase
(B) Glutathion-S-Transferase
(C) Lipoxygenase
(D) Phospholipase C
(E) Sphingomyelinase

H03

→ **3.10 Steroidale und nichtsteroidale Entzündungshemmer greifen an verschiedenen Stellen in die Biosynthese der Prostaglandine, Thromboxane und Leukotriene ein.**
Acetylsalicylsäure
(A) hemmt die durch Phospholipase A_2 katalysierte Freisetzung von Arachidonsäure aus Membranphospholipiden
(B) hebt die antiinflammatorische Wirkung der Glucocorticoide auf
(C) hemmt die Biosynthese von Prostacyclin und Thromboxan A_2
(D) aktiviert die Prostaglandin-H-Synthase (Cyclooxygenase)
(E) hemmt die Bildung der Leukotriene auf der Stufe der Lipoxygenase

F05

→ **3.11 Der Zyklisierungsschritt bei der Umwandlung von Arachidonsäure zu Prostaglandinen läuft ab unter Mitwirkung von:**
(A) O_2
(B) H_2
(C) N_2
(D) I_2
(E) CO_2

3.4 (B) 3.5 (B) 3.6 (B) 3.7 (D) 3.8 (E) 3.9 (A) 3.10 (C) 3.11 (A)

F03

→ **3.12 Welche Aussage zum Prostaglandin E_2 (PGE_2) trifft zu?**

(A) PGE_2 wirkt über die Aktivierung von G-Proteinen.
(B) PGE_2 hemmt in der Niere die Renin-Freisetzung.
(C) Die Biosynthese von PGE_2 kann durch Glucocorticoide stimuliert werden.
(D) An der Biosynthese von PGE_2 ist die Lipoxygenase beteiligt.
(E) An der Freisetzung der Synthesevorstufe von PGE_2 ist die Phospholipase D beteiligt.

F05

→ **3.13 Eine vermehrte Produktion welches der Proteine ist während der Akute-Phase-Reaktion (systemischen Entzündungsreaktion) am wenigsten wahrscheinlich?**

(A) Albumin
(B) Haptoglobin
(C) Serumamyloid-A-Protein
(D) Fibrinogen
(E) C-reaktives Protein

H05

→ **3.14 Aufgrund ihrer starken bronchokonstriktorischen Wirkung spielen manche Leukotriene eine wichtige Rolle bei der Entstehung von Asthmaanfällen.**
Welches der angegebenen Enzyme ist (als wichtiges Enzym für die Leukotrien-Biosynthese) Angriffspunkt einer medikamentösen Therapie mit einem Asthmolytikum?

(A) Cyclooxygenase
(B) Lipoxygenase
(C) Myeloperoxidase
(D) NADPH-Oxidase
(E) Phospholipase C

F00

→ **3.15 In Phosphoglyceriden kann das Diacylglycerin über eine Phosphorsäurediesterbindung nicht verknüpft sein mit**

(A) Galaktosamin
(B) Cholin
(C) Serin
(D) Ethanolamin
(E) Inositol

F02

Ordnen Sie den in Liste 1 genannten Phospholipasen das jeweils dazugehörende Reaktionsprodukt (Liste 2) zu!

Liste 1

→ **3.16 Phospholipase A_2**
→ **3.17 Phospholipase C**

Liste 2

(A) Diacylglycerin
(B) Lysophosphatidylcholin
(C) Phosphatidsäre
(D) Glycerin-3-phosphat
(E) Ceramid

F01

→ **3.18 Aus Phospholipiden kann/können nicht gebildet werden:**

(A) Interleukin-1
(B) Prostaglandin E_1
(C) Inositoltrisphosphat
(D) Diacylglycerin
(E) Phosphatidsäuren

F02

→ **3.19 Welche Verbindung ist nicht Strukturkomponente von Lysolecithin?**

(A) Glycerin
(B) Fettsäure
(C) Lysin
(D) Cholin
(E) Phosphorsäure

H04 H00

→ **3.20 Cardiolipin ist**

(A) ein Neuraminsäure-reiches Sphingolipid des Herzmuskels
(B) charakteristisch für die dem Cytosol zugewandte Schicht der Zellmembran
(C) ein Diphosphatidylglycerin in Mitochondrienmembranen
(D) das Produkt der Spaltung von Sphingomyelin durch Sphingomyelinase
(E) ein Herzmuskel-spezifischer Cholesterinester

3.12 (A) 3.13 (A) 3.14 (B) 3.15 (A) 3.16 (B) 3.17 (A) 3.18 (A) 3.19 (C) 3.20 (C)

Fragen aus Examen Frühjahr 2006

F06

3.21 Aus welcher Fettsäure kann der Mensch Arachidonsäure synthetisieren?

(A) Buttersäure
(B) Essigsäure
(C) Linolsäure
(D) Ölsäure
(E) Stearinsäure

4 Chemie der Nucleotide und Nucleinsäuren

H03

4.1 Welche Bindung kommt im Uridinmonophosphat (UMP) vor?

(A) zyklische Diester-Bindung
(B) N-glykosidische Bindung
(C) O-glykosidische Bindung
(D) Phosphorsäurediester-Bindung
(E) Säureanhydrid-Bindung

F98

4.2 Bei der Desaminierung von Nucleinbasen durch chemische Mutagene (z. B. salpetrige Säure) entsteht

(A) Uracil aus Thymin
(B) Adenin aus Guanin
(C) Adenin aus Hypoxanthin
(D) Uracil aus Cytosin
(E) Guanin aus Hypoxanthin

H97

4.3 Der komplementäre Strang zu einer DNA-Kette, deren Basenanteil zu 70% aus Guanin und 30% aus Cytosin besteht, hat folgende Basenzusammensetzung:

(A) 70% Guanin und 30% Cytosin
(B) 70% Cytosin und 30% Guanin
(C) 70% Guanin und 30% Thymin
(D) 70% Adenin und 30% Thymin
(E) 30% Adenin und 70% Thymin

F03 F01 H98

4.4 Welche Aussage zur Basenpaarung von Nucleinsäuren trifft zu?

(A) Basenpaarung ist nur zwischen Desoxyribonucleotid-Strängen möglich.
(B) Die 2′-OH-Gruppen der Ribonucleotide verhindern eine Basenpaarung zwischen zwei Ribonucleinsäure-Strängen.
(C) Für die Basenpaarung müssen Thymin, Cytosin und Guanin in der Lactam-(Keto-)-Form vorliegen.
(D) Bei der Basenpaarung werden Wasserstoffbindungen (H-Brücken) zwischen zwei gegenüberliegenden Purinbasen ausgebildet.
(E) Das Ausbilden intramolekularer Wasserstoffbindungen innerhalb einer Nucleinsäure ist aus sterischen Gründen unmöglich.

F02

4.5 Welche Aussage zur Struktur der DNA trifft nicht zu?

(A) Die Desoxyribonucleotide sind in linearer (unverzweigter) Kette als Phosphodiester miteinander verbunden.
(B) Komplementäre Basenpaare enthalten immer ein Purin und ein Pyrimidin.
(C) In der Doppelhelix sind die beiden DNA-Stränge antiparallel angeordnet.
(D) Die Faltung der DNA zur Doppelhelix ist nur durch Assoziation mit Histonen möglich.
(E) DNA liegt in vivo überwiegend als rechtsgängige Doppelhelix in der B-Form vor.

3.21 (C) 4.1 (B) 4.2 (D) 4.3 (B) 4.4 (C) 4.5 (D)

F03

→ **4.6 Welche Aussage zu Histonen trifft am wenigsten zu?**
(A) Histone sind histidinreiche Proteine.
(B) Histone binden durch ionische Wechselwirkung an die DNA.
(C) Die Histone H2A, H2B, H3 und H4 bilden oktamere Komplexe.
(D) Histone sind Bestandteile des Chromatins.
(E) Histone sind basische Proteine.

H01 H99

→ **4.7 Das Nukleosom**
(A) ist der Ort der Ribosomen-Biosynthese im Zellkern
(B) stellt eine RNA-Kette mit aufgereihten Ribosomen dar
(C) ist ein Teil des Chromatins von Eukaryonten
(D) kann an Virus-DNA in der Wirtszelle nicht ausgebildet werden
(E) ist als Ribonukleoproteinpartikel an der RNA-Prozessierung beteiligt

Fragen aus Examen Frühjahr 2006

F06

→ **4.8 Welche Aussage zu den Histonen trifft zu?**
(A) Ihr Syntheseort ist der Zellkern.
(B) Das Histonoctamer besteht aus je einem H1-, H2-, H3- und H4-Dimer.
(C) Histone enthalten in ihrer Aminosäurenkette mehr basische als saure Aminosäuren.
(D) Die Acetylierung des Histonproteins H4 erhöht dessen Hemmwirkung auf die Transkription.
(E) Histone steuern die Genexpression durch DNA-Methylierung.

5 Vitamine und Coenzyme

H99 H96

→ **5.1 Welche Aussage trifft nicht zu?**
Die genannten Vitamine können nur in Anwesenheit eines physiologischen Emulgators (z. B. Gallensäuren) aus dem Darm resorbiert werden:
(A) Phyllochinon
(B) Retinol
(C) Cholecalciferol
(D) Tocopherol
(E) Riboflavin

H00

→ **5.2 Welche Aussage zum Thiamindiphosphat (TPP) trifft nicht zu?**
(A) TPP enthält einen AMP-Rest.
(B) TPP enthält einen substituierten Thiazolring.
(C) TPP ist Coenzym bei oxidativen Decarboxylierungen.
(D) TPP ist Coenzym der Transketolase.
(E) TPP wird durch Thiaminkinase aus Thiamin und ATP gebildet.

H05

→ **5.3 Immer noch gibt es Beriberi in einigen Gebieten der Erde. Die Krankheit verursacht unter anderem neurologische Symptome.**
Ihre Ursache liegt in einem Mangel an
(A) Linolsäure
(B) Nahrungskohlenhydraten
(C) Thiamin
(D) hydroxylierten Aminosäuren
(E) Lecithin

H98

Ordnen Sie den in der Liste 1 genannten Vitaminen ihre Funktion als Coenzym bei den in Liste 2 genannten Reaktionen zu!

Liste 1
→ **5.4 Biotin**
→ **5.5 Thiamin**

Liste 2
(A) Decarboxylierung von α-Ketoglutarat
(B) Carboxylierung von Ammoniak
(C) Decarboxylierung von Malonyl-CoA
(D) Decarboxylierung von Acetacetat
(E) Carboxylierung von Acetyl-CoA

F05

→ **5.6 Dies ist die Strukturformel von Riboflavin in der Fischer-Projektion:**

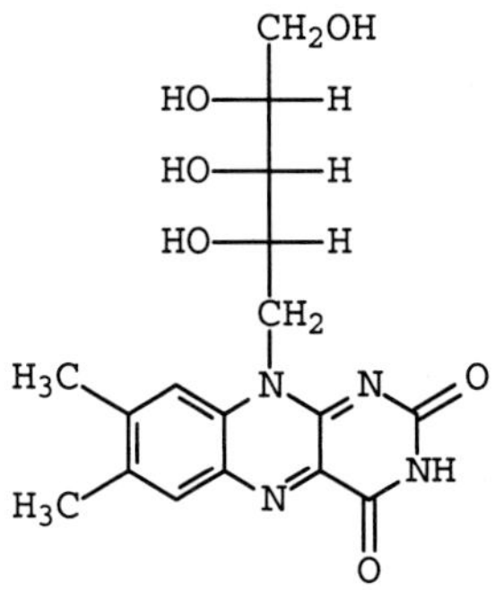

Welche Aussage zu diesem Molekül trifft zu?
- (A) Das Molekül ist planar.
- (B) Riboflavin gehört zu den fettlöslichen Vitaminen.
- (C) Riboflavin fungiert als Cofaktor von Hydrolasen.
- (D) Riboflavin enthält einen vierfach substituierten Benzolring.
- (E) Riboflavin ist Bestandteil der Ribonukleinsäuren.

F99

→ **5.7 Welche Aussage trifft nicht zu?**
Flavoproteine katalysieren
- (A) Oxidationen von Aldehyden zu Säuren
- (B) oxidative Desaminierungen
- (C) Dehydrierungen von $-CH_2-CH_2$-Gruppen
- (D) Transhydrogenierungen
- (E) Transaminierungen

F03

→ **5.8 Welche Aussage zum Niacin trifft nicht zu?**
- (A) Nicotinsäureamid ist Bestandteil des NAD^+.
- (B) Niacin gehört zum Vitamin-B-Komplex.
- (C) Bei Tryptophan-Mangel ist Niacin ein essentieller Nahrungsbestandteil.
- (D) Niacin ist Bestandteil des FMN (Flavinmononukleotid).
- (E) Niacin-Mangel kann zu Pellagra führen.

H05

→ **5.9 Welche Aussage zur Biosynthese und Funktion von Nicotinsäureamidadenindinucleotid (NAD^+ bzw. NADH) trifft zu?**
- (A) NAD^+ gehört zur Gruppe der fettlöslichen Vitamine.
- (B) NAD^+ wird durch die Aufnahme von Protonen zu NADH reduziert.
- (C) NAD^+ und NADH fungieren als prosthetische Gruppen der Flavin-Enzyme.
- (D) NADH entsteht durch Übertragung eines Hydridions auf NAD^+.
- (E) NADH wird durch ein Carrier-Protein in das Mitochondrium transportiert.

F05

→ **5.10 Welche Aussage über NADPH bzw. $NADP^+$ trifft zu?**
- (A) NADPH ist das Coenzym der Lactat-Dehydrogenase.
- (B) Die Absorption bei 340 nm ist für $NADP^+$ und NADPH gleich.
- (C) NADPH wird vor allem in der Glykolyse gebildet.
- (D) NADPH ist das Coenzym der Glutathion-Reduktase für die Reduktion von Glutathiondisulfid.
- (E) Das $NADP^+$-Molekül insgesamt – und nicht nur der Nicotinamid-Anteil – ist bei pH 7,3 positiv geladen.

H00

→ **5.11 Welche Aussage zum NADH trifft nicht zu?**
- (A) NADH wird durch Abgabe eines Hydridions zu NAD^+ oxidiert.
- (B) NADH kann in Gegenwart von NAD^+ photometrisch bestimmt werden.
- (C) NADH kann im menschlichen Organismus ausgehend von Tryptophan synthetisiert werden.
- (D) NADH ist kovalent an das aktive Zentrum vieler Dehydrogenasen gebunden.
- (E) NADH reduziert in der Atmungskette Ubichinon zu Ubichinol.

H04

→ **5.12 Die Konzentration einer Substanz kann in einem optisch-enzymatischen Test durch Registrierung der Absorptionszunahme bei 340 nm photometrisch bestimmt werden, wenn beim enzymatischen Umwandeln der Substanz NADH entsteht.**
NADH entsteht bei der Umwandlung von
- (A) α-Ketoglutarat (2-Oxoglutarat) durch die Glutamat-Dehydrogenase
- (B) Oxalacetat durch die Aspartat-Aminotransferase
- (C) Pyruvat durch das Malatenzym
- (D) Sorbitol durch die Sorbitol-Dehydrogenase
- (E) Xanthin durch die Xanthin-Oxidase

5.6 (D) 5.7 (E) 5.8 (D) 5.9 (D) 5.10 (D) 5.11 (D) 5.12 (D)

H04

→ **5.13 Zur Decarboxylierung von Aminosäuren ist typischerweise die aktive Form eines Vitamins erforderlich.**
Um welches Vitamin handelt es sich?

(A) Biotin
(B) Cobalamin
(C) Thiamin
(D) Phyllochinon
(E) Pyridoxin

F03

→ **5.14 Mangel an Pyridoxin bewirkt vor allem**

(A) eine Verlängerung der Blutgerinnungszeit
(B) eine Verminderung der Transketolase-Aktivität
(C) die Ausscheidung von Methylmalonat im Urin
(D) eine Verminderung der Hämsynthese
(E) eine Verminderung der Fettsäuresynthese

H00 H96

→ **5.15 Für welche der folgenden Reaktionen ist Pyridoxalphosphat als Coenzym nicht notwendig?**

(A) Übertragung der Aminogruppe von Glutamat auf Oxalacetat
(B) Übertragung der Aminogruppe von Alanin auf α-Ketoglutarat
(C) oxidative Abspaltung der Aminogruppe von Glutamat unter Bildung von α-Ketoglutarat und NH_3
(D) Bildung von γ-Aminobutyrat aus Glutamat
(E) Bildung von Histamin aus Histidin

H05

→ **5.16 Vitamin-B_{12}-abhängig ist die**

(A) Umlagerung von Methylmalonyl-CoA zu Succinyl-CoA
(B) Bildung von Kreatinin aus Kreatinphosphat
(C) Demethylierung von Methionin zu Homocystein
(D) Methylierung von Noradrenalin zu Adrenalin
(E) Methylierung von Phosphatidylethanolamin zu Phosphatidylcholin

H02

→ **5.17 Vitamin B_{12} wird benötigt für die Methylierung von**

(A) dUMP zu dTMP
(B) Ethanolamin zu Cholin
(C) Tetrahydrofolat zu N^5-Methyltetrahydrofolat
(D) Homocystein zu Methionin
(E) Guanidinoacetat zu Kreatin

F00

→ **5.18 Welche Aussage zum Vitamin B_{12} (Cobalamin) trifft zu?**

(A) Es enthält Fe^{2+} in koordinativer Bindung.
(B) Seine Resorption erfolgt im Magen.
(C) Es katalysiert intramolekulare Umlagerungen von Alkylresten.
(D) Methylcobalamin ist Methylgruppendonator bei der Thymidin-Synthese.
(E) Verminderte Aufnahme führt zu einer Eisenmangelanämie.

F02

→ **5.19 Welche Aussage zum Vitamin B_{12} trifft zu?**

(A) Die Hauptquelle für die Versorgung mit Vitamin B_{12} sind pflanzliche Nahrungsmittel.
(B) Die Resorption von Vitamin B_{12} im Ileum erfolgt normalerweise in Bindung an ein Glykoprotein, das in den Belegzellen des Magens gebildet wird.
(C) Im Blut wird das gut wasserlösliche Cobalamin in freier Form transportiert.
(D) Das von Vitamin B_{12} abgeleitete Coenzym ist Cyano-Cobalamin.
(E) Mangel an Vitamin B_{12} führt zu einer mikrozytären, hypochromen Anämie mit normaler Zahl der Erythrozyten.

F04

→ **5.20 Eine verstärkte Ausscheidung von Methylmalonat mit dem Harn (Methylmalonylacidurie) ist ein Hinweis auf eine Störung eines Stoffwechselweges mit essentieller Beteiligung von**

(A) Thiamin
(B) Biotin
(C) Cobalamin
(D) Ascorbat
(E) Riboflavin

H04

→ **5.21 Cobalamin-Mangel erhöht die Plasmakonzentration von Methylmalonat durch die Beeinträchtigung eines Stoffwechselweges.**
Um welchen der folgenden Stoffwechselwege handelt es sich?

(A) Arginin → Stickstoffmonoxid (NO)
(B) Glutaminsäure → 2-Oxoglutarsäure
(C) Oxalacetat → Glucose
(D) Propionyl-CoA → Succinyl-CoA
(E) Pyruvat → Acetyl-CoA

5.13 (E) 5.14 (D) 5.15 (C) 5.16 (A) 5.17 (D) 5.18 (C) 5.19 (B) 5.20 (C) 5.21 (D)

F01

5.22 Welche Aussage zu Derivaten der Pantothensäure trifft nicht zu?
Sie sind an Reaktionen folgender Enzyme beteiligt:
(A) Fettsäuresynthase-Komplex
(B) Pyruvat-Dehydrogenase-Komplex
(C) Pyruvat-Carboxylase
(D) Carnitin-Acyltransferase
(E) β-Ketothiolase

F03

5.23 An welcher Reaktion ist das Coenzym beteiligt, das Pantethein als Baustein enthält?
(A) Pyruvatdehydrogenase-Reaktion
(B) Lactatdehydrogenase-Reaktion
(C) Synthese von Glykogen aus UDP-Glucose
(D) Oxidation von GSH
(E) Umsatz von β-Hydroxybutyrat zu Acetacetat

H03

5.24 Glutaminsäure (Glutamat) ist Bestandteil von
(A) Folsäure
(B) Nicotinamid-Adenin-Dinucleotid
(C) Thiamindiphosphat (TPP)
(D) Cobalamin
(E) Riboflavin-5′-phosphat (FMN)

H02

5.25 Welche Aussage zu Folat trifft nicht zu?
(A) Tetrahydrofolat (FH_4) ist die biologisch aktive Form der Folsäure.
(B) Die im Folatmolekül enthaltene p-Aminobenzoesäure kann nur von Pflanzen und Mikroorganismen synthetisiert werden.
(C) Dihydrofolat liefert die Methylgruppe des Thymins.
(D) Die Methylierung von Homocystein zu Methionin ist folatabhängig.
(E) Methylen-FH_4 entsteht durch Übernahme einer $-CH_2-OH$-Gruppe der Aminosäure Serin.

F00

5.26 Welche Aussage zur Tetrahydrofolsäure trifft nicht zu?
(A) Sie enthält p-Aminobenzoesäure als Baustein.
(B) Sie kann Einkohlenstoffeinheiten in verschiedenem Oxidationszustand binden.
(C) Sie kann einen Kohlenstoffrest von Serin übernehmen.
(D) Sie bildet mit Dihydrofolsäure eine Komponente des mikrosomalen Hydroxylasesystems.
(E) Sie ist als Coenzym an der Umwandlung von Homocystein in Methionin beteiligt.

H02

5.27 Welches Enzym wird durch Amethopterin (Methotrexat) gehemmt?
(A) Dihydrofolatreduktase
(B) DNA-Polymerase
(C) Thymidylat-Synthase
(D) Thymidin-Kinase
(E) Ribonukleotid-Reduktase

F85

5.28 Welche Aussage trifft nicht zu?
Ascorbinsäure
(A) ist empfindlich gegen Oxidation und Erhitzen
(B) ist an der Hydroxylierung von Prolin beteiligt
(C) kann Methämoglobin zu Hämoglobin reduzieren
(D) kann erst nach Veresterung mit Sulfat mit dem Harn ausgeschieden werden
(E) kommt in hoher Konzentration in den Nebennieren vor

F01

5.29 Welche Synthese benötigt Biotin als Coenzym?
(A) Acetyl-CoA → Fettsäuren
(B) Ammoniak + CO_2 → Carbamoylphosphat
(C) Glycin + Succinyl-CoA → Porphobilinogen
(D) Glycin → Serin
(E) Acetyl-CoA → Cholesterol

F04

5.30 Welche Aussage zum Biotin trifft nicht zu?
(A) Biotin ist in Leber und Niere vorhanden.
(B) Biotin benötigt zur Resorption den Intrinsic-Faktor.
(C) Biotin ist als Coenzym über Lysin kovalent an das Apoenzym gebunden.
(D) Biotin ist Coenzym von Carboxylasen.
(E) Biotin reagiert mit HCO_3^- unter ATP-Verbrauch.

H99

5.31 Welcher der folgenden Stoffwechselprozesse wird bei Biotinmangel gehemmt?
(A) Glucose → Pyruvat
(B) Oxalacetat → Glucose
(C) Acetyl-CoA → β-Hydroxybutyrat
(D) Propionyl-CoA → Succinyl-CoA
(E) α-Ketoglutarat → Succinat

5.22 (C) 5.23 (A) 5.24 (A) 5.25 (C) 5.26 (D) 5.27 (A) 5.28 (D) 5.29 (A) 5.30 (B) 5.31 (D)

H01 F97

→ **5.32 Welche Aussage zu Carotinoiden trifft nicht zu?**

(A) β-Carotin wird oxidativ zu 2 Molekülen Retinal gespalten.
(B) Retinol wird nach Glucuronidierung im Fettgewebe gespeichert.
(C) Retinal ist ein Bestandteil des Rhodopsins.
(D) Retinoat (Retinsäure) bindet an ein intrazelluläres Rezeptorprotein und löst dadurch die Transkription spezifischer Gene aus.
(E) Retinol wird im Plasma durch Bindung an ein Retinol-Bindungsprotein transportiert.

F03

→ **5.33 Welche Aussage zum Sehvorgang und den daran beteiligten Komponenten trifft nicht zu?**

(A) Opsin ist ein Membranrezeptorprotein mit sieben transmembranären Domänen.
(B) 11-cis-Retinal ist kovalent an einen Lysyl-Rest des Opsins gebunden.
(C) Belichtung führt zur Oxidation des 11-cis-Retinals zu all-trans-Retinsäure.
(D) Durch Belichtung aktiviertes Rhodopsin stimuliert am Transducin den Austausch von GDP gegen GTP.
(E) GTP-Transducin aktiviert eine cGMP-abhängige Phosphodiesterase.

H02

→ **5.34 Welche Aussage zum Vitamin-D-Stoffwechsel trifft nicht zu?**

(A) 7-Dehydrocholesterin (Provitamin D_3) wird vor allem in der Leber synthetisiert.
(B) Aus 7-Dehydrocholesterin entsteht Cholecalciferol.
(C) Unter der Einwirkung von ultraviolettem Licht wird ein Ring des 7-Dehydrocholesterins spontan (nicht-enzymatisch) gespalten.
(D) Cholecalciferol wird in der Haut durch Dehydrierung in die biologisch aktive Form umgewandelt.
(E) Das renale Enzym, das 25-Hydroxy- in 1,25-Dihydroxycholecalciferol umwandelt, wird durch Calcium- und Phosphat-Ionen gehemmt.

H04

→ **5.35 Vitamin D_3 (Cholecalciferol), das Säuglingen zur Rachitisprophylaxe verabreicht und auch vielen Nahrungsmitteln zugesetzt wird, stellt eine inaktive Proform des Vitamin-D-Hormons dar.**
Welche molekularen Prozesse führen im Körper zur Aktivierung von Vitamin D_3?

(A) Vitamin D_3 wird unter Einwirkung von UV-Licht gespalten.
(B) Vitamin D_3 wird durch Hydroxylierung an C25 und C1 aktiviert.
(C) Vitamin D_3 wird durch Abspaltung der Seitenkette an C17 aktiviert.
(D) Vitamin D_3 bindet an einen G-Protein-gekoppelten Rezeptor der Mukosazellen des Dünndarms.
(E) Vitamin D_3 bildet in Osteoblasten einen aktiven Komplex mit Parathormon.

H01 F00

→ **5.36 Welche Aussage zu Phyllochinonen trifft nicht zu?**

(A) Sie tragen eine Seitenkette aus Isopreneinheiten.
(B) Sie sind Coenzyme für die Carboxylierung von Glutamylresten.
(C) Sie werden von Mikroorganismen des menschlichen Darms synthetisiert.
(D) Sie kommen in grünen Pflanzen vor.
(E) Sie sind Strukturbestandteile des Cobalamins.

H03

→ **5.37 Vitamin K ist an der kovalenten Modifikation von Proteinen beteiligt als Cofaktor einer**

(A) Kinase
(B) Phosphatase
(C) ADP-Ribosyl-Transferase
(D) Carboxylase
(E) Acetyl-Transferase

F05

→ **5.38 Welche Aussage zum Vitamin K trifft nicht zu?**

(A) Aus einer intestinalen Fettresorptionsstörung kann ein Mangel an Vitamin K resultieren.
(B) Vitamin K ist bei der Synthese von Gerinnungsfaktoren ein für die Translationsregulation essentieller Faktor.
(C) Natürlich vorkommende Phyllochinone tragen am Menadion eine lipophile Seitenkette.
(D) Vitamin K ist Cofaktor einer Carboxylase, die Glutamylreste carboxyliert.
(E) Vitamin-K-Antagonisten sind nur in vivo als Gerinnungshemmer geeignet.

5.32 (B) 5.33 (C) 5.34 (D) 5.35 (B) 5.36 (E) 5.37 (D) 5.38 (B)

F02

→ **5.39 Welche Zuordnung von Vitaminen und biologischer Funktion ihrer Derivate trifft nicht zu?**

(A) Tocopherol – Carboxylierung von Glutamylresten
(B) Pantothensäure – Acylübertragungen
(C) Folsäure – C1-Gruppenübertragungen
(D) Thiamin – oxidative Decarboxylierung
(E) Retinol – Regulation der Expression bestimmter Gene

H03

→ **5.40 Welche Zuordnung von Vitamin und Mangelerscheinung trifft nicht zu?**

(A) Vitamin A – Nachtblindheit
(B) Vitamin D – Mineralisierungsstörung des Knochens
(C) Vitamin C – Störung des Bindegewebsstoffwechsels
(D) Thiamin – Verkürzung der Blutgerinnungszeit
(E) Folsäure – megaloblastische Anämie

H04

→ **5.41 Die Vitamine tragen sowohl Kurzbezeichnungen als auch chemische Namen.
Welche der folgenden Zuordnungen trifft zu?**

(A) Vitamin B_1 – Tocopherol
(B) Vitamin B_2 – Riboflavin
(C) Vitamin B_{12} – Phyllochinon
(D) Vitamin E – β-Carotin
(E) Vitamin K – Cobalamin

H05

→ **5.42 Welche Kombination von Vitamin, Vitamin-abhängigem Reaktionstyp und Mangelerscheinung trifft zu?**

	Vitamin	Reaktionstyp	Mangel-erscheinung
(A)	Ascorbinsäure	Hydroxylierung	Nachtblindheit
(B)	Biotin	Acyltransfer	Lipidose
(C)	Calciferol	Isomerisierung	Osteoporose
(D)	Folsäure	Carboxylierung	Anämie
(E)	Phyllochinon	γ-Carboxylierung	Blutungs-neigung

H03

Ordnen Sie den in Liste 1 genannten Enzymen das zugehörige Coenzym aus Liste 2 zu!

Liste 1

→ **5.43 Alanin-Aminotransferase**

→ **5.44 α-Ketoglutarat-Dehydrogenase**

Liste 2

(A) Thiamindiphosphat
(B) Biotin
(C) Pyridoxalphosphat
(D) Flavinmononucleotid
(E) $NADP^+$

H02

→ **5.45 Cytidintriphosphat ist Cofaktor bei der Biosynthese von**

(A) Homoglykanen
(B) Hyaluronsäure
(C) Neutralfetten
(D) Phospholipiden
(E) Gallensäuren

F98

→ **5.46 Welche Aussage trifft nicht zu?
Sulfatierungen mit 3′-Phosphoadenosyl-5′-phosphosulfat (PAPS) durch Sulfotransferasen finden statt bei der**

(A) Entgiftung von Phenolen
(B) Inaktivierung und Ausscheidung von Estrogenen
(C) Synthese von Heparin
(D) Synthese der Hyaluronsäure
(E) Synthese der polyanionischen Proteoglykane für die extrazelluläre Matrix (in Knorpel, Haut u. a.)

5.39 (A) 5.40 (D) 5.41 (B) 5.42 (E) 5.43 (C) 5.44 (A) 5.45 (D) 5.46 (D)

F04

→ **5.47 Welche Aussage zum abgebildeten S-Adenosylmethionin (SAM) trifft nicht zu?**

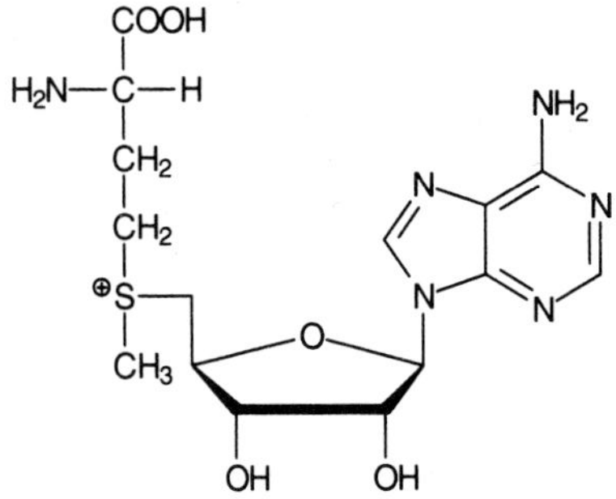

(A) SAM enthält die Aminosäure L-Methionin.
(B) SAM ist ein wichtiger „second messenger".
(C) SAM kann im Organismus als Methylgruppendonator wirken.
(D) SAM enthält eine Purin-Substruktur.
(E) SAM wird biosynthetisch aus ATP und L-Methionin gebildet.

Fragen aus Examen Frühjahr 2006

F06

→ **5.48 Das Isoprenoid Retinsäure (Retinoat) fungiert als**
(A) Coenzym von Carboxylierungen
(B) Cofaktor beim Transfer von Methylgruppen
(C) hormonähnlicher Signalstoff
(D) lichtempfindliches Pigment in der Retina
(E) Speicherstoff für Retinoide in den Ito-Zellen der Leber

F06

→ **5.49 Nachstehend ist die Strukturformel eines Arzneistoffs abgebildet, der als Zytostatikum eingesetzt wird.**

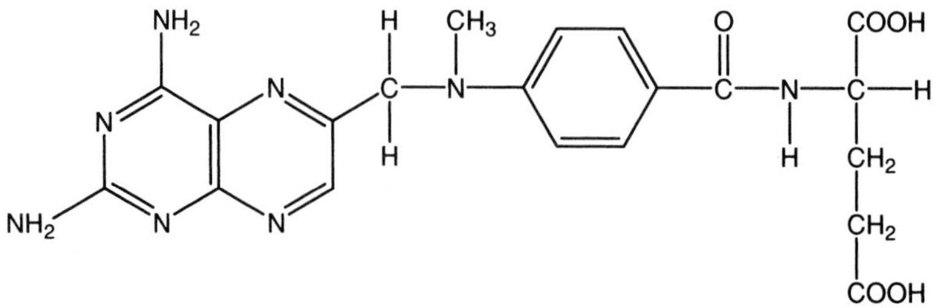

Die Struktur des Arzneistoffes gibt einen Hinweis auf dessen Wirkmechanismus.
Mit welchem der folgenden Moleküle besitzt der Arzneistoff die größte strukturelle Ähnlichkeit?
(A) Thiamin
(B) Folsäure
(C) Glutathion
(D) Guanosin
(E) Riboflavin

F06

→ **5.50 Für welche Reaktion ist das Vitamin Biotin als Coenzym wichtig?**
(A) Desaminierung
(B) Transaminierung
(C) Carboxylierung
(D) Hydroxylierung
(E) Methylierung

F06

→ **5.51 Mangel an Pyridoxin bewirkt vor allem**
(A) eine Verlängerung der Blutgerinnungszeit
(B) eine Verminderung der Transketolase-Aktivität
(C) die Ausscheidung von Methylmalonat im Urin
(D) eine Verminderung der Hämsynthese
(E) eine Verminderung der Fettsäuresynthese

5.47 (B) 5.48 (C) 5.49 (B) 5.50 (C) 5.51 (D)

6 Enzyme

F92

→ **6.1 Zwei Gleichgewichtsreaktionen werden durch die beiden folgenden Reaktionswegdiagramme beschrieben.**

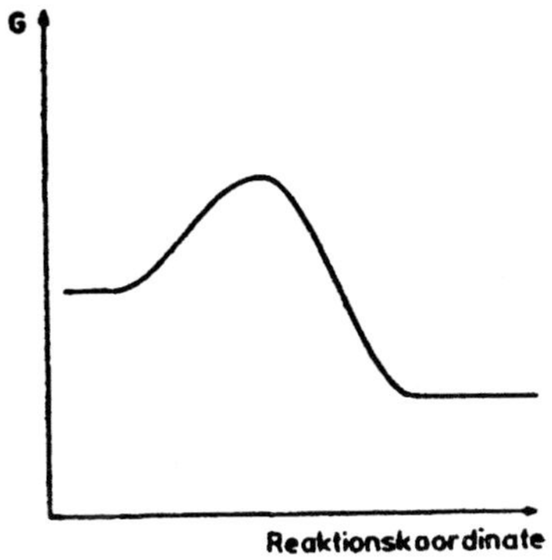

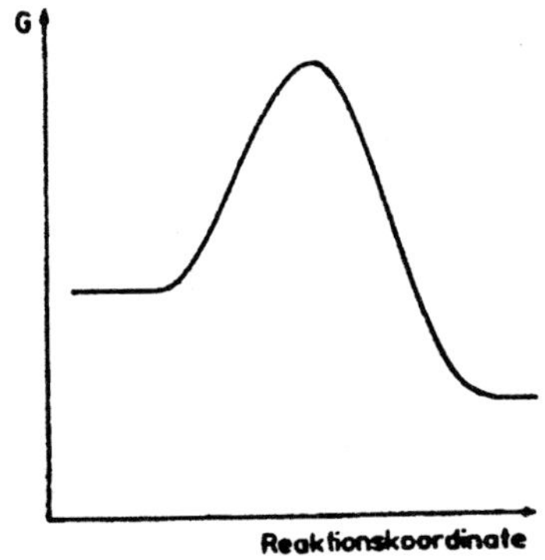

Welche Aussage trifft nicht zu?

(A) Reaktion (1) läuft schneller ab als Reaktion (2).
(B) Beide Reaktionen haben die gleiche freie Reaktionsenthalpie.
(C) Bei beiden Reaktionen wird ein Übergangszustand durchlaufen.
(D) Beide Reaktionen haben die gleiche Gleichgewichtskonstante.
(E) Wenn beide Reaktionen die gleiche freie Reaktionsenthalpie haben, dann wird diese auch für beide Reaktionen durch den gleichen Katalysator erniedrigt.

H97

→ **6.2 Welche Aussage trifft nicht zu?**
ATP kann regeneriert werden durch Phosphorylierung von ADP durch

(A) die mitochondriale F_0F_1-ATPase
(B) Phosphoglyceratkinase
(C) Pyruvatkinase
(D) Phosphofructokinase
(E) Adenylatkinase (Myokinase)

F02

→ **6.3 Adenosintriphosphat ist nicht Substrat bei der**

(A) Bildung von zyklischem Adenosinmonophosophat (cAMP)
(B) Synthese von S-Adenosylmethionin
(C) ADP-Ribosylierung von Proteinen
(D) Transkription der Desoxyribonucleinsäure
(E) Synthese von 5-Phosphoribose-1-diphosphat (PRPP)

F02

→ **6.4 Zu den „energiereichen" Verbindungen (Gruppenübertragungspotential >26 kJ/mol unter Standardbedingungen) gehört nicht:**

(A) Phosphoenolpyruvat
(B) AMP
(C) Acetyl-CoA
(D) Kreatinphosphat
(E) 1,3-Bisphosphoglycerat

H01 F96 H90 H87

→ **6.5 Wie lässt sich eine vollständige enzymatische Umwandlung von Substrat zu Produkt erreichen bei einer Reaktion, deren ΔG^0 positiv ist?**

(A) lange Reaktionsdauer
(B) Zugabe positiver Effektoren
(C) Zugabe sehr hoher Enzymmengen
(D) Entfernen des Produktes durch eine zusätzliche Hilfsreaktion
(E) Enzymaktivierung durch chemische Modifikation

H93 F91

→ **6.6 Ein Stoff A wird von der Zelle aufgenommen und in den Stoff B umgewandelt. Stoff B geht in den Stoff C über, der aus der Zelle ausgeschleust wird.**
Die Umwandlungen A → B und B → C verlaufen mit gleicher Geschwindigkeit.

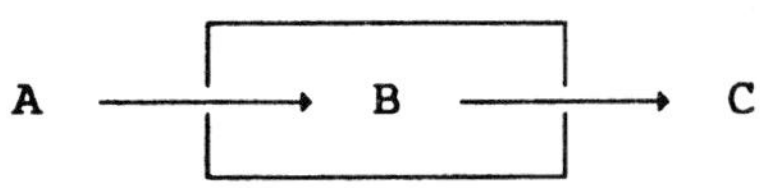

Welche Aussage zu dem dargestellten System trifft nicht zu?

(A) Es handelt sich um ein Fließgleichgewicht.
(B) Es liegt ein geschlossenes System vor.
(C) Das System vermag Arbeit zu leisten.
(D) Zur Aufrechterhaltung des Gleichgewichtes ist Energie erforderlich.
(E) [B] = konstant.

6.1 (E) 6.2 (D) 6.3 (C) 6.4 (B) 6.5 (D) 6.6 (B)

H90 F90 F87

6.7 Welche Aussage trifft nicht zu?
Betrachten Sie die folgenden Reaktionen:
(1) $ATP + H_2O \rightarrow ADP + P_i$; $\Delta^{0'} = -30{,}5$ kJ/mol
(2) $Glucose\text{-}6\text{-}phosphat + H_2O \rightarrow Glucose + P_i$; $\Delta G^{0'} = -13{,}8$ kJ/mol

(A) Bei beiden Reaktionen handelt es sich um eine Hydrolyse.
(B) Beide Reaktionen sind exergon.
(C) Bei beiden Reaktionen wird eine Phosphorsäureesterbindung gespalten.
(D) Vom Energiegehalt her kann ATP Glucose in Glucose-6-phosphat überführen.
(E) ATP besitzt ein größeres Energiepotential zur Übertragung von Phosphatgruppen als Glucose-6-phosphat.

H03

6.8 Welches der folgenden Enzyme katalysiert eine Reaktion, die innerhalb der Zelle unter physiologischen Bedingungen reversibel ist?
(A) Kreatinkinase
(B) Hexokinase
(C) Phosphofructokinase
(D) Proteinkinase A
(E) Phosphorylasekinase

H04

6.9 Eine zulässige Maßeinheit für die Michaelis-Menten-Konstante (Michaelis-Konstante) K_M ist:
(A) g/mol
(B) mol
(C) mol/L
(D) mol/s
(E) s/mol

H05

6.10 Die für ein Enzym charakteristische Michaelis-(Menten–)Konstante K_M
(A) ist die Substratkonzentration, bei der das Enzym seine halbmaximale Geschwindigkeit erreicht
(B) hat die Dimension µmol/min
(C) hängt von der Enzymkonzentration ab
(D) ändert sich in Anwesenheit eines kompetitiven Inhibitors nicht
(E) kann rechnerisch aus der Maximalgeschwindigkeit ermittelt werden

F92 F90

6.11 Welche Aussage trifft nicht zu?
Die Gleichung nach Michaelis und Menten beschreibt die Beziehung der Reaktionsgeschwindigkeiten einer enzymkatalysierten Reaktion und der Substratkonzentration folgendermaßen:

$$v = \frac{V_{max} \cdot [S]}{K_M + [S]}$$

(A) Wenn [S] sehr viel größer als K_M ist, nimmt v annähernd den Wert von V_{max} an.
(B) Wenn [S] sehr viel kleiner als K_M ist, ist v direkt proportional zu [S].
(C) Bei Verdoppelung der Enzymkonzentration verdoppelt sich K_M.
(D) Bei Halbierung der Enzymkonzentration halbiert sich V_{max}.
(E) K_M hat die Dimension einer Konzentration.

F03

6.12 Welche Aussage über die Michaelis-Menten-Kinetik trifft nicht zu?
(A) Die Geschwindigkeit einer Enzym-katalysierten Reaktion wird durch die Bildung des Produktes (P) aus dem Enzym-Substratkomplex (ES) limitiert.
(B) Die Maximalgeschwindigkeit v_{max} einer Enzym-katalysierten Reaktion hängt von der Enzymkonzentration ab.
(C) Die Michaelis-Konstante K_M hat die Dimension Substratumsatz pro Zeit.
(D) K_M entspricht der Substratkonzentration, bei der eine halbmaximale Reaktionsgeschwindigkeit erreicht wird.
(E) Bei niedriger Substratkonzentration ist die Reaktionsgeschwindigkeit v der Substratkonzentration annähernd proportional.

F01

6.13 Die Michaelis-Konstante
(A) von Isoenzymen ist für ein gegebenes Substrat identisch
(B) wird bei Zugabe eines nichtkompetitiven Hemmstoffs erniedrigt
(C) ist in der Enzymkinetik ein Maß für die Affinität eines Enzyms zu seinem Substrat
(D) hat die Dimension einer Geschwindigkeit (Stoffumsatz pro Zeiteinheit)
(E) beschreibt die molekulare Aktivität (Wechselzahl) eines Enzyms

6.7 (C) 6.8 (A) 6.9 (C) 6.10 (***) 6.11 (C) 6.12 (C) 6.13 (C)

H02

→ **6.14 Welche Aussage zur Michaelis-Konstante K_M einer Enzym-katalysierten Reaktion**

$$E + S \underset{k_{-1}}{\overset{k_1}{\rightleftharpoons}} ES \overset{k_2}{\longrightarrow} E + P$$

trifft nicht zu?

(A) K_M ist abhängig von der Enzymkonzentration.
(B) K_M hat die Dimension mol/L.
(C) K_M entspricht der Substratkonzentration bei $1/2\, V_{max}$.
(D) K_M ist ein Maß für die Affinität des Enzyms zum Substrat, wenn $k_2 << k_{-1}$ ist.
(E) K_M kann bei der Darstellung nach Lineweaver-Burk aus dem Schnittpunkt der Geraden mit der x-Achse ermittelt werden.

H98 H95 F95

→ **6.15 Welche Aussagen über die Michaelis-Menten-Kinetik von Enzymen trifft nicht zu?**

(A) Die Geschwindigkeit einer enzymkatalysierten Reaktion wird durch die Bildung des Produktes aus dem Enzym-Substratkomplex (ES) limitiert.
(B) Die Maximalgeschwindigkeit V_{max} einer enzymkatalysierten Reaktion hängt von der Enzymkonzentration ab.
(C) Die Michaeliskonstante K_M entspricht der Enzymkonzentration, bei der eine halbmaximale Bindung des Substrates erreicht ist.
(D) V_{max} hat die Dimension Substratumsatz pro Zeit.
(E) Durch einen kompetitiven Inhibitor wird der K_M-Wert erhöht.

F05

→ **6.16 Die doppelt-reziproke Auftragung von Substratkonzentration und Reaktionsgeschwindigkeit einer enzymkatalysierten Reaktion nach Lineweaver und Burk ergibt die Gerade G in der Zeichnung.**

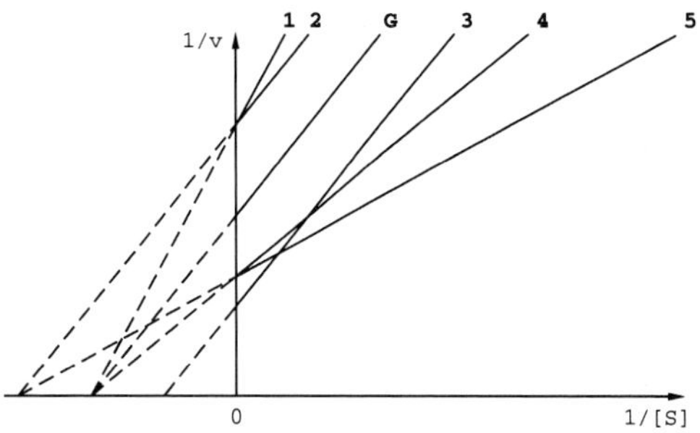

Welche der Geraden 1–5 entspricht einer Erhöhung der Enzymkonzentration um 50 %?

(A) 1
(B) 2
(C) 3
(D) 4
(E) 5

H05

→ **6.17 Eine Substanz mit der extrazellulären Konzentration von 2,0 mmol/L werde über einen Carrier in eine Epithelzelle aufgenommen, wobei dieser transmembranale Transport der Michaelis-Menten-Kinetik gehorcht.**
Wie groß ist die Michaelis-(Menten-)Konstante K_M, wenn die aktuelle Transportrate J die Hälfte der maximalen Transportrate J_{max} beträgt?

(A) 0,5 mmol/L
(B) 1,0 mmol/L
(C) 2,0 mmol/L
(D) 4,0 mmol/L
(E) 6,0 mmol/L

F03

→ **6.18 Die Aktivität der Lactatdehydrogenase im Serum wird anhand der Bildung von NADH in einem Reaktionsansatz mit Lactat und NAD^+ im Überschuss photometrisch ermittelt. In einer Küvette befindet sich 1 mL Reaktionsansatz, der 0,1 mL Serum enthält, so dass eine Verdünnung auf 1/10 vorliegt. Die Schichtdicke d beträgt 1 cm. Die Einheit der Aktivität ist 1 U/L, wobei 1 U den Umsatz von 1 µmol Substrat pro Minute bewirkt. Als Extinktionszunahme bei der Wellenlänge 366 nm ergibt sich in 1 min $\Delta E = 0{,}066$. Es gilt $\Delta E = (3{,}3 \cdot 10^3\ L \cdot mol^{-1} \cdot cm^{-1}) \cdot \Delta c \cdot d$, wobei Δc die Konzentrationszunahme von NADH im Reaktionsansatz ist.**
Welche Aktivität der Lactatdehydrogenase im Serum ergibt sich daraus?

(A) 10 U/L
(B) 20 U/L
(C) 100 U/L
(D) 200 U/L
(E) 2000 U/L

H05

→ **6.19 Im Rahmen der Diagnostik des akuten Herzinfarktes wird die Aktivität der Kreatinkinase im Serum mit Hilfe eines gekoppelten optischen Tests unter Verwendung der Hilfsenzyme Hexokinase und Glucose-6-phosphat-Dehydrogenase bestimmt.**
Es muss außerdem zugegeben werden (neben u. a. Kreatinphosphat, Glucose und NADP):

(A) ADP
(B) ATP
(C) 1,3-Bisphosphoglycerat
(D) Phosphoenolpyruvat
(E) Pyruvat

F03

→ **6.20 Zwei Enzyme konkurrieren um ein Substrat. Der Hauptteil des Substrats wird umgesetzt von dem Enzym mit**

(A) der größeren Molmasse
(B) der kleineren Wechselzahl
(C) der höheren Aktivität und der kleineren Michaelis-Konstanten K_M
(D) der niedrigeren Aktivität und der größeren Michaelis-Konstanten K_M
(E) der kleineren Inhibitorkonstanten K_i

F92 H86

→ **6.21 5 µg eines reinen Enzyms, das eine molare Masse von 5×10^4 g × mol^{-1} hat, ergeben einen maximalen Substratumsatz von 10 µmol × min^{-1}. Wie groß ist die molare Aktivität des Enzyms?**

(A) 1×10^4 min^{-1}
(B) $2{,}5 \times 10^4$ min^{-1}
(C) 5×10^4 min^{-1}
(D) 1×10^5 min^{-1}
(E) 5×10^5 min^{-1}

H04

→ **6.22 Enzyme werden nach dem von ihnen katalysierten chemischen Reaktionstyp in sechs Hauptklassen eingeteilt.**
Das Enzym Pyruvat-Carboxylase gehört zur Hauptklasse der

(A) Transferasen
(B) Hydrolasen
(C) Lyasen
(D) Isomerasen
(E) Ligasen (Synthetasen)

H92 F92 H84

→ **6.23 Welche Reaktion wird durch eine Monooxygenase katalysiert?**

(A) Phenylalanin + O_2 + Tetrahydrobiopterin → Tyrosin + Dihydrobiopterin + H_2O
(B) Ascorbat + $^1/_2$ O_2 → Dehydroascorbat + H_2O
(C) Xanthin + O_2 + H_2O → Harnsäure + H_2O_2
(D) Glycin + O_2 + H_2O → Glyoxylsäure + NH_3 + H_2O_2
(E) Tryptophan + O_2 → Formylkynurenin

F05

→ **6.24 Monoaminooxidasen sind Enzyme, die eine große Bedeutung für die Ausscheidung bestimmter Substanzen aus dem Körper haben.**
Welche der folgenden Substanzen ist Substrat einer Monoaminooxidase?

(A) Cytochrom c
(B) Häm
(C) Monoiod-Tyrosin
(D) Serotonin
(E) Valin

H04

→ **6.25 Die Entstehung von zytotoxischem Wasserstoffperoxid infolge Reduktion von Sauerstoff außerhalb der Atmungskette wird typischerweise katalysiert durch**

(A) Monooxygenasen
(B) Dioxygenasen
(C) Dehydrogenasen
(D) Oxidasen
(E) Hydroperoxidasen

H03

→ **6.26 Cytochrom P_{450} ist beteiligt**

(A) am Elektronentransport von Cytochrom c auf Sauerstoff
(B) am Aufbau des Protonen-Gradienten über die innere Mitochondrienmembran
(C) an der Isomerisierung von Methylmalonyl-CoA zu Succinyl-CoA
(D) an der Glucuronidierung von Bilirubin
(E) an der Synthese von Testosteron aus Pregnenolon

6.19 (A) 6.20 (C) 6.21 (D) 6.22 (E) 6.23 (A) 6.24 (D) 6.25 (D) 6.26 (E)

F02

6.27 Welche Aussage zur Myeloperoxidase trifft nicht zu?

(A) Sie katalysiert die Oxidation von Chloridionen zu Hypochlorit.
(B) Sie wird in den Granula der neutrophilen Granulozyten gespeichert.
(C) Sie kommt u. a. in Muskelzellen vor.
(D) Sie wird nach Stimulation aus Granulozyten freigesetzt.
(E) Das Reaktionsprodukt der Myeloperoxidase ist an der Lyse phagozytierter Bakterien beteiligt.

H04

6.28 Lysozym

(A) wird im Rahmen der Akute-Phase-Reaktion von Hepatozyten gebildet
(B) kann Viren durch Spaltung des Kapsids inaktivieren
(C) kann in der Milz gealterte Erythrozyten zerstören
(D) ist Teil des Membran-Angriffs-Komplexes des Komplementsystems
(E) wirkt durch Spaltung von Murein antibakteriell

F04

6.29 Proteolytische Enzyme werden in Exo- und Endopeptidasen eingeteilt.
Welches der genannten Enzyme ist eine Exopeptidase?

(A) Carboxypeptidase A
(B) Insulin-Prohormon-Convertase (zur Umwandlung von Proinsulin in Insulin)
(C) Kathepsin D
(D) Pepsin
(E) Trypsin

F02

6.30 Welche Aussage zu Antiproteasen (z. B. α_1-Antitrypsin) trifft nicht zu?

(A) Sie werden vor allem in der Leber synthetisiert.
(B) Sie sind spezifische Antikörper gegen Proteasen.
(C) Ihre Synthese wird durch Zytokine, wie z. B. Interleukin-1, kontrolliert.
(D) Sie gehören zu den sog. Akute-Phase-Proteinen.
(E) α_1-Antitrypsin-Mangel kann zum Lungenemphysem führen.

H04 H02 H00

6.31 Welche Aussage zu Serinproteinasen trifft nicht zu?

(A) Serinproteinasen spalten Proteine hinter Serylresten.
(B) Im aktiven Zentrum wird unter Beteiligung der OH-Gruppe eines spezifischen Serylrestes ein kovalenter Enzym-Substratkomplex gebildet.
(C) Im aktiven Zentrum tragen Histidin und Aspartat zur Katalyse bei.
(D) Serinproteinasen sind an der Blutgerinnungskaskade beteiligt.
(E) Substanzen, die kovalent an Enzyme binden, wie z. B. organische Fluorphosphate, können Serinproteinasen inaktivieren.

H05

6.32 Serinproteasen spielen in vielen pathophysiologischen Prozessen eine Rolle. Durch Aktivatoren und Inhibitoren können sie therapeutisch beeinflusst werden.
Serinproteasen

(A) spalten Polypeptidketten hinter Serin-Resten
(B) sind an Blutgerinnung und Fibrinolyse beteiligt
(C) haben ein Zink-Ion im aktiven Zentrum
(D) kommen nur im Blutplasma vor
(E) sind im Magen aktiv und haben ein pH-Optimum von 2,2

H00

6.33 Welche Aussage zu den abgebildeten Reaktionen und den daran beteiligten Verbindungen trifft nicht zu?

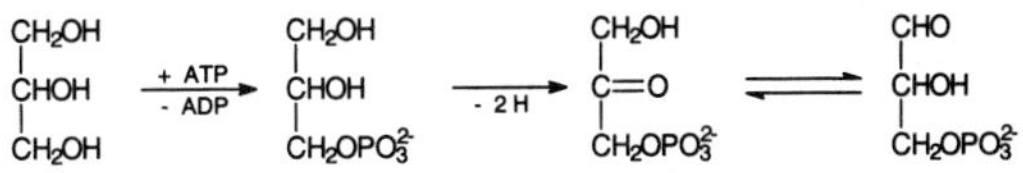

(1) (2) (3) (4)

(A) Die Reaktion (1) → (2) wird von einer Kinase katalysiert.
(B) Die Reaktion (3) → (4) wird von einer Epimerase katalysiert.
(C) Die Reaktion (2) → (3) ist eine Oxidation.
(D) (2) enthält eine Phosphorsäureestergruppe.
(E) (3) und (4) sind Isomere.

H01

6.34 Welche Zuordnung von Enzym und Reaktionsprodukt trifft nicht zu?

(A) Phospholipase A_2 – Arachidonsäure
(B) Phospholipase C – Inositoltrisphosphat
(C) Lecithin-Cholesterin-Acyltransferase – Lysolecithin
(D) Lipoproteinlipase – Apolipoprotein C
(E) Triacylglycerinlipase – Fettsäure

6.27 (C) 6.28 (E) 6.29 (A) 6.30 (B) 6.31 (A) 6.32 (B) 6.33 (B) 6.34 (D)

H97

→ **6.35 Isoenzyme**

(A) sind definiert als Enzyme aus mehreren identischen Untereinheiten
(B) sind Enzyme, welche die gleiche chemische Reaktion katalysieren, aber unterschiedliche Struktur aufweisen
(C) sind genetisch identische Enzyme, welche durch Interkonversion unterschiedlich modifiziert sind
(D) reagieren mit demselben Substrat, jedoch unter Bildung unterschiedlicher Produkte
(E) stellen Enzymklassen mit jeweils identischen isoelektrischen Punkten dar

F01

→ **6.36 Die Lichtabsorption des Purinringes im Bereich von 260 nm kann nicht verwendet werden zur quantitativen Bestimmung von**

(A) NAD^+
(B) FMN
(C) RNA
(D) GTP
(E) Hypoxanthin

F92

→ **6.37 Eine Küvette enthalte in einem für die LDH-Reaktion geeigneten Puffer NAD^+ und Lactatdehydrogenase (LDH).**
Nach Zusatz von Serum lässt sich in diesem Ansatz bestimmen die

(A) LDH-Aktivität im Blut
(B) Lactatkonzentration im Blut
(C) Pyruvatkonzentration im Blut
(D) NADH-Konzentration im Blut
(E) Keine der Aussagen (A)–(D) trifft zu.

F99

→ **6.38 An welchem der aufgeführten Prozesse ist eine limitierte (= kontrollierte) Proteolyse nicht beteiligt?**

(A) Bildung von Glukagon
(B) Bildung von Immunglobulin G
(C) Aktivierung von Komplement-Komponenten
(D) Aktivierung der Glykogenphosphorylase
(E) Bildung von Kollagen

F00

→ **6.39 Ein charakteristischer Mechanismus für die Aktivierung von Proteinen in extrazellulären Aktivierungskaskaden ist die**

(A) Ubiquitinylierung
(B) Phosphorylierung durch Tyrosin-spezifische Proteinkinasen
(C) Phosphorylierung durch Serin- und Threonin-spezifische Proteinkinasen
(D) limitierte Proteolyse
(E) Dimerisierung

F04

→ **6.40 Welche Aussage zur Hemmung einer Enzymreaktion durch einen kompetitiven Inhibitor trifft zu?**

(A) Die Hemmung resultiert aus einer Bindung des Inhibitors außerhalb des aktiven Zentrums.
(B) Die Hemmung erfordert eine kovalente Bindung des Inhibitors an das Enzymprotein.
(C) Die Hemmung senkt die Michaelis-Menten-Konstante.
(D) Das Ausmaß der Hemmung ist umgekehrt proportional zur Affinität des Inhibitors zum Enzym.
(E) Durch sehr starke Erhöhung der Substratkonzentration kann der Einfluss des Inhibitors auf die Reaktionsgeschwindigkeit weitgehend aufgehoben werden.

F01 F96

→ **6.41 Welche Aussage zu allosterisch regulierten Enzymen trifft nicht zu?**

(A) Als allosterische Aktivatoren bezeichnet man substratanaloge Verbindungen, die sich nur in ihrer sterischen Konformation vom eigentlichen Substrat unterscheiden.
(B) Allosterisch regulierte Enzyme können allosterische Liganden an spezifischen Stellen binden, die nicht dem aktiven Zentrum entsprechen.
(C) Allosterische Liganden des V-Typs ändern die Maximalgeschwindigkeit v_{max}.
(D) Allosterische Liganden des K-Typs ändern die für das Erreichen von 1/2 v_{max} nötige Substratkonzentration.
(E) Bei oligomeren allosterisch regulierten Enzymen beeinflusst die Bindung eines allosterischen Liganden an eine Untereinheit die Bindung von Liganden an die anderen Untereinheiten.

6.35 (B) 6.36 (B) 6.37 (B) 6.38 (D) 6.39 (D) 6.40 (E) 6.41 (A)

H91

→ **6.42 Welcher Regulationstyp kann durch die dargestellten Enzymkinetiken angezeigt sein?**

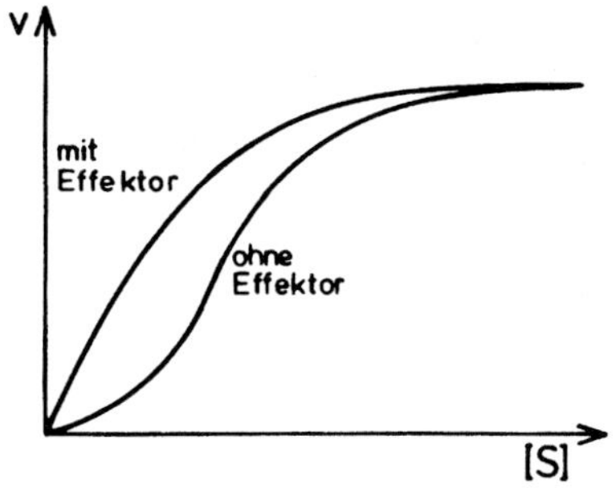

(A) kompetitive Produkthemmung
(B) allosterische Stimulation V-Typ
(C) allosterische Stimulation K-Typ
(D) chemische Enzymmodifikation
(E) kontrollierte Proteolyse

F02

→ **6.43 Eine sigmoidale Abhängigkeit der Umsatzgeschwindigkeit eines Enzyms von der Substratkonzentration spricht für**
(A) Enzyminduktion
(B) kompetitive Hemmung
(C) Kooperativität
(D) Interkonversion
(E) nichtkompetitive Hemmung

F97

→ **6.44 Wie nennt man den Mechanismus, bei dem im Rahmen der Stoffwechselregulation die Aktivität eines Enzyms durch Phosphorylierung eines Serin-Restes verändert wird?**
(A) Isosterie
(B) Allosterie vom K-Typ
(C) Allosterie vom V-Typ
(D) Interkonversion
(E) Induktion

F01

→ **6.45 Welche Aussage zum Fructose-2,6-bisphosphat trifft nicht zu?**
(A) Es wird durch die Leber-Aldolase zu Dihydroxyacetonphosphat und 3-Phosphoglycerinaldehyd gespalten.
(B) Es entsteht aus Fructose-6-phosphat durch die Fructose-6-phosphat-2-Kinase (PFK-2).
(C) Es ist ein allosterischer Aktivator der Phosphofructokinase (PFK-1).
(D) Es ist ein allosterischer Inhibitor der Fructose-1,6-bisphosphatase.
(E) Es wird durch eine Phosphatase abgebaut, die durch Phosphorylierung aus der PFK-2 entsteht.

F02

→ **6.46 In dephosphorylierter Form aktiv ist:**
(A) Glykogen-Phosphorylase
(B) Phosphorylase-Kinase
(C) Pyruvat-Dehydrogenase-Komplex
(D) Triacylglycerin-Lipase
(E) Cholesterinester-Hydrolase

H03

→ **6.47 Welches der genannten Enzyme wird durch Phosphorylierung eines Serylrestes gehemmt?**
(A) Glykogenphosphorylase
(B) Pyruvatdehydrogenase
(C) Triacylglycerinlipase des Fettgewebes (Hormon-sensitive Lipase)
(D) Phosphorylasekinase
(E) Proteinkinase A

H01

→ **6.48 Welches der genannten Enzyme wird durch Phosphorylierung eines Serylrestes aktiviert?**
(A) Fructose-2,6-bisphosphatase
(B) Glykogensynthase
(C) Proteinkinase A
(D) Pyruvatdehydrogenase
(E) Lipoproteinlipase

6.42 (C) 6.43 (C) 6.44 (D) 6.45 (A) 6.46 (C) 6.47 (B) 6.48 (A)

H00
Ordnen Sie den in Liste 1 genannten Schlüsselenzymen des Stoffwechsels jeweils den wichtigsten der in Liste 2 genannten Regulationsmechanismen zu!

Liste 1
→ 6.49 Phosphoenolpyruvat-Carboxykinase
→ 6.50 Phosphofructokinase (PFK-1)

Liste 2
(A) Induktion durch Glukagon
(B) allosterische Regulation
(C) limitierte Proteolyse
(D) Interkonvertierung, reversible Phosphorylierung
(E) verminderter RNA-Abbau

F00 H92
→ **6.51 Welche Beziehung zwischen Enzymreaktionen und Inhibitor trifft nicht zu?**

	Reaktion	Inhibitor
(A)	Fructose-6-phosphat → Fructose-1,6-bisphosphat	ATP
(B)	Pyruvat → Oxalacetat	Acetyl-CoA
(C)	Phosphoribosylpyrophosphat → Phosphoribosylamin	IMP
(D)	Glycin + Succinyl-CoA → δ-Aminolävulinsäure	Häm
(E)	Cholesterol → Cholsäure	Gallensäuren

H02
→ **6.52 Welche Aussage über Enzyminhibitoren trifft zu?**
(A) Bei einer isosterischen Hemmung bindet der Hemmstoff an einer Stelle außerhalb des aktiven Zentrums des Enzyms.
(B) Die chemische Struktur eines allosterischen Hemmstoffs ähnelt der des Substrats.
(C) Substrat und kompetitiver Hemmstoff konkurrieren um die gleiche Bindungsstelle am Enzym.
(D) Ein kompetitiver Hemmstoff senkt die scheinbare („apparente") Michaelis-Konstante für das entsprechende Substrat.
(E) Nichtkompetitive Hemmstoffe erhöhen V_{max} bei gleichzeitiger Erniedrigung von K_m.

Fragen aus Examen Frühjahr 2006

F06
→ **6.53 Die Aktivität der Lactat-Dehydrogenase im Serum eines Patienten wird spektralphotometrisch bestimmt. Der Reaktionsstart erfolgt durch Zugabe von 0,1 mL Serum zu 0,9 mL einer Pufferlösung, die Lactat und NAD^+ enthält. Die lineare Zunahme der Extinktion bei 340 nm Wellenlänge und 1 cm Schichtdicke beträgt 0,3 min^{-1}. Der Extinktionskoeffizient für NADH bei 340 nm beträgt etwa $6 \cdot 10^3$ L · $mol^{-1} \cdot cm^{-1}$.**
Etwa wie groß ist die Aktivität der Lactat-Dehydrogenase im (unverdünnten!) Patientenserum?
(1 U = 1 μmol · min^{-1})
(A) 100 U/L
(B) 500 U/L
(C) 1000 U/L
(D) 5000 U/L
(E) 10000 U/L

F06
→ **6.54 Enzyme können durch die Einwirkung niedermolekularer Substanzen (Effektoren) in ihrer Funktion oder Aktivität beeinflusst werden.**
Welche Aussage zur Hemmung einer Enzymreaktion durch einen kompetitiven Inhibitor trifft zu?
(A) Die Hemmung resultiert aus der Bindung des Inhibitors außerhalb des aktiven Zentrums.
(B) Die Hemmung erfordert eine gleichzeitige Bindung des Inhibitors und des Substrates an das Enzym.
(C) Die Michaelis-Menten-Konstante (Michaelis-Konstante) wird durch den Hemmstoff erniedrigt.
(D) Durch die Bindung des Inhibitors wird die Bindung von allosterischen Aktivatoren blockiert.
(E) Durch sehr starke Erhöhung der Substratkonzentration kann der Einfluss des Inhibitors auf die Reaktionsgeschwindigkeit weitgehend aufgehoben werden.

6.49 (A) 6.50 (B) 6.51 (B) 6.52 (C) 6.53 (B) 6.54 (E)

7 Ernährung, Verdauung, Resorption

H05

7.1 Bei Diätplänen zur Gewichtsreduktion muss der Alkoholkonsum berücksichtigt werden. Nachfolgend sind (in anderer Reihenfolge) die physiologischen Brennwerte für Ethanol, Glucose, Lipide, Polysaccharide und Proteine aufgeführt. Welcher Wert trifft für Ethanol zu?

(A) 16 kJ/g (3,7 kcal/g)
(B) 17 kJ/g (4,1 kcal/g)
(C) 18 kJ/g (4,2 kcal/g)
(D) 30 kJ/g (7,1 kcal/g)
(E) 38 kJ/g (9,0 kcal/g)

H01

7.2 Welcher Bestandteil der menschlichen Ernährung kann nicht zur Energieversorgung genutzt werden?

(A) Stärke
(B) Cholesterin
(C) Triacylglycerine
(D) Proteine
(E) Ethanol

F04

7.3 Der physikalische Brennwert von 1 g Ethanol ist im Allgemeinen nicht höher als derjenige von 1 g

(A) Protein
(B) Stärke
(C) Triacylglycerin
(D) Cellulose
(E) Glykogen

H90 H85

7.4 Der biologische Brennwert von Eiweiß als Nahrung liegt niedriger als der physikalische, weil

(A) der Brennwert von Proteinen durch die vor der Verwertung notwendige Proteolyse reduziert wird
(B) der physikalische Brennwert des Abbauprodukts Harnstoff über Null liegt
(C) Eiweiß nur zum Teil aus essentiellen Aminosäuren besteht
(D) die Resorption des Nahrungseiweißes durch aktiven energieverbrauchenden Transport erfolgt
(E) die spezifisch-dynamische Wärmebildung biologisch nicht verwertet werden kann.

H04

7.5 Bei einem Mann soll eine täglich aufgenommene Menge von 50 g Ethanol äquikalorisch durch Protein ersetzt werden. Welche Proteinmenge erfüllt diese Bedingung am ehesten?

(A) 10 g
(B) 30 g
(C) 90 g
(D) 120 g
(E) 150 g

F04

7.6 Welche Aussage zu natürlichen Ballaststoffen trifft nicht zu?

(A) Sie sind stabil gegen vom Pankreas sezernierte Verdauungsenzyme.
(B) Sie sind Bestandteile pflanzlicher Nahrung.
(C) Sie können von Darmbakterien zu kurzkettigen Fettsäuren abgebaut werden.
(D) Sie hemmen die Motilität des Dickdarms.
(E) Zu ihnen gehört Cellulose.

H90 H86

7.7 Welche Aussage zu Nahrungsproteinen trifft nicht zu?

(A) Proteine sollen etwa 15% der mit der Nahrung zugeführten Kalorienmenge ausmachen.
(B) Der Proteingehalt der Nahrung soll etwa 1 g Protein pro kg Körpergewicht am Tag betragen.
(C) Ein Tryptophan-freies Protein (z. B. Gelatine) ist als alleinige Proteinquelle ungeeignet.
(D) Tierische Proteine besitzen in der Regel eine höhere biologische Wertigkeit als pflanzliche Proteine.
(E) Ein Überangebot von Proteinen bewirkt eine Vergrößerung der Proteinspeicher.

F05

7.8 Welche dieser Verbindungen wird im Metabolismus des Menschen nicht hergestellt und ist deshalb ein essentieller Nahrungsbestandteil?

(A) Ascorbinsäure
(B) Neuraminsäure
(C) Galactosamin
(D) Glucuronsäure
(E) Glucose

7.1 (D) 7.2 (B) 7.3 (C) 7.4 (B) 7.5 (C) 7.6 (D) 7.7 (E) 7.8 (A)

F02

7.9 Zu den essentiellen Nahrungsbestandteilen beim Erwachsenen gehört nicht:
(A) α-Linolensäure
(B) Cholecalciferol
(C) Isoleucin
(D) Iod
(E) Selen

H03

7.10 Welche der genannten Verbindungen ist kein essenzieller Nahrungsbestandteil?
(A) Folsäure
(B) Pantothensäure
(C) γ-Aminobuttersäure
(D) α-Linolensäure
(E) Ascorbinsäure

H01

7.11 Welche Aussage zur parenteralen Ernährung trifft nicht zu?
Je nach Erkrankung werden zugeführt:
(A) Spurenelemente
(B) Vitamine
(C) Fettemulsionen
(D) Glykogen
(E) Aminosäuren

F98

7.12 Welche Aussage zur Verdauung trifft nicht zu?
(A) Gallensäuren stimulieren die Gallesekretion.
(B) Die Freisetzung von Cholecystokinin-Pankreozymin wird durch Fettsäuren und Peptide stimuliert.
(C) Die Stimulierung der Wasser- und Hydrogencarbonatsekretion in den Pankreasgangzellen ist cAMP-abhängig.
(D) Das gastroinhibitorische Peptid (GIP) stimuliert die Insulinsekretion der B-Zellen des Pankreas.
(E) Somatostatin fördert die Gastrinsekretion.

H00

7.13 Welche Aussage zu Verdauungsenzymen und deren Vorstufen trifft zu?
(A) Trypsinogen wird durch Phosphorylierung aktiviert.
(B) Chymotrypsinogen wird durch Proteolyse mit Hilfe von Trypsin aktiviert.
(C) Procarboxypeptidase wird durch HCl aktiviert.
(D) Verdauungsenzyme können einem enterohepatischen Kreislauf unterliegen.
(E) α-Amylase baut Glykogen vollständig zu Glucose ab.

H99 F97

7.14 Welche Aussage zur Verdauung trifft nicht zu?
(A) Die Proteasen des Pankreas werden im Darmlumen durch limitierte Proteolyse aktiviert.
(B) Carboxypeptidasen spalten Aminosäuren vom COO^--Ende eines Peptids ab.
(C) Stärke wird durch α-Amylase zu Oligosacchariden und Maltose abgebaut.
(D) Triacylglycerine bilden mit Gallensäuren Mizellen.
(E) Die duodenale Sekretion des gastroinhibitorischen Peptids (GIP) wird durch Nahrungsbestandteile ausgelöst.

F00

7.15 Welche Aussage zum Gastrin trifft nicht zu?
(A) Es ist ein Peptidhormon.
(B) Es wird von den Gastrinzellen der Magenmukosa sezerniert.
(C) Es bindet an Gastrinrezeptoren der Belegzellen und löst einen Anstieg der zellulären Ca^{2+}-Konzentration aus.
(D) Es hemmt die Histaminfreisetzung aus enterochromaffinähnlichen Zellen (ECL-Zellen).
(E) Es stimuliert die Pepsinogen-Sekretion von Hauptzellen der Magenmukosa.

H97 H95 F93 F90

7.16 Welche Aussage über die Bildung und Funktion von Magensaft trifft nicht zu?
(A) Die für die HCl-Produktion benötigten Protonen werden durch eine H^+/K^+-ATPase aus dem Blut extrahiert.
(B) Die HCl-Produktion wird durch Acetylcholin gefördert.
(C) Cl^--Ionen werden im Austausch mit HCO_3^--Ionen aus dem Plasma extrahiert.
(D) Das inaktive Pepsinogen wird durch das saure Milieu des Magens in Pepsin umgewandelt.
(E) Glykoproteine der luminalen Plasmamembran der Mukosazellen bilden eine Diffusionsbarriere für proteolytische Enzyme.

H04

7.17 Welche Aussage zu den Belegzellen des Magens (Parietalzellen) trifft nicht zu?
(A) Sie transportieren unter ATP-Verbrauch Protonen ins Magenlumen.
(B) Sie produzieren den Intrinsic-Faktor.
(C) Sie besitzen Histamin-Rezeptoren.
(D) Sie besitzen Gastrin-Rezeptoren.
(E) Aktivierung ihrer muskarinischen Acetylcholin-Rezeptoren hemmt ihre Sekretionstätigkeit.

7.9 (B) 7.10 (C) 7.11 (D) 7.12 (E) 7.13 (B) 7.14 (D) 7.15 (D) 7.16 (A) 7.17 (E)

H90

→ **7.18 Die Belegzellen des Magens erzeugen über ihre luminale Membran einen H^+-Ionen-Gradienten; dabei beträgt das H^+-Konzentrationsverhältnis (intrazellulär : luminal) maximal etwa**

(A) 1 : 10
(B) 1 : 10^2
(C) 1 : 10^3
(D) 1 : 10^4
(E) 1 : größer als 10^5

F96

→ **7.19 Die Magensaftsekretion wird nicht gehemmt durch**

(A) Sekretin
(B) Somatostatin
(C) Neurotensin
(D) GIP
(E) Histamin

H02

→ **7.20 Welches der genannten Verdauungsenzyme ist kein pankreatisches Enzym?**

(A) Lipase
(B) α-Amylase
(C) α-Glucosidase (Maltase)
(D) Cholesterinesterase
(E) Ribonuklease

F04

→ **7.21 Das exokrine Pankreas sezerniert unter anderem inaktive Vorstufen von Enzymen, aus denen durch limitierte Proteolyse die (aktiven) Enzyme entstehen.**
Welches der folgenden Enzyme gehört hierzu typischerweise?

(A) α-Amylase
(B) Chymotrypsin
(C) Enteropeptidase
(D) (Triglycerid-)Lipase
(E) Ribonuclease

H04

→ **7.22 Welche Protease wird nicht als inaktive Vorstufe durch das Pankreas sezerniert?**

(A) Trypsin
(B) Carboxypeptidase A
(C) Enteropeptidase
(D) Chymotrypsin
(E) Elastase

F03 F02

→ **7.23 Welche Aussage zu Pankreas-Lipase trifft nicht zu?**

(A) Reaktionsprodukte der Spaltung von Triacylglycerinen sind neben Fettsäuren vor allem β-Monoacylglycerine.
(B) Pankreas-Lipase wird im Duodenum durch limitierte Proteolyse aus einem Proenzym freigesetzt.
(C) Für die enzymatische Aktivität der Pankreas-Lipase ist die Mitwirkung von Colipase zwingend erforderlich.
(D) Die Aktivierung der Pankreas-Lipase findet an Lipidgrenzflächen statt.
(E) Vor allem bei akuter Schädigung des Pankreas kann die Pankreas-Lipase in erhöhter Konzentration im Blutplasma nachgewiesen werden.

F00

→ **7.24 Welche Aussage zu Pankreas-Carboxypeptidasen trifft nicht zu?**

(A) Sie benötigen Pyridoxalphosphat als Coenzym.
(B) Die inaktive Vorstufe wird durch Proteolyse aktiviert.
(C) Ihr pH-Optimum liegt bei pH 7–8.
(D) Sie sind Exopeptidasen.
(E) Sie sind Zinkproteine.

F99

→ **7.25 Welche Aussage trifft nicht zu?**
Die Sekretion des exokrinen Pankreas wird stimuliert durch

(A) Acetylcholin
(B) Glukagon
(C) Vasoaktives Intestinales Peptid (VIP)
(D) Sekretin
(E) Cholezystokinin

H97 F96 H92

→ **7.26 Welche Aussage trifft nicht zu?**
Trypsin

(A) ist eine Protease, die bevorzugt Peptidbindungen spaltet, an denen Lysin oder Arginin beteiligt ist
(B) wird nach Einwirkung von Enterokinase auf die Pankreaszellen als inaktive Vorstufe sezerniert
(C) entsteht im Dünndarm nach Abspaltung eines Oligopeptids aus Trypsinogen
(D) aktiviert sowohl Chymotrypsinogen als auch Procarboxypeptidasen
(E) hat sein pH-Optimum bei etwa pH 8

7.18 (E) 7.19 (E) 7.20 (C) 7.21 (B) 7.22 (C) 7.23 (B) 7.24 (A) 7.25 (B) 7.26 (B)

F05
→ **7.27 Carboxypeptidasen**
(A) benötigen Pyridoxalphosphat als Coenzym
(B) sind Endopeptidasen
(C) haben ein pH-Optimum bei pH 2 bis pH 3
(D) werden in vivo durch Trypsin inaktiviert
(E) werden als inaktive Vorstufen im Pankreas gebildet

F03
→ **7.28 Enteropeptidase aktiviert durch limitierte Proteolyse:**
(A) Chymotrypsinogen zu Chymotrypsin
(B) Pepsinogen zu Pepsin
(C) Trypsinogen zu Trypsin
(D) Procarboxypeptidase zu Carboxypeptidase
(E) Proaminopeptidase zu Aminopeptidase

H93 H90 H88 H84
→ **7.29 Welche der nachfolgenden Verbindungen wird durch α-Amylase nicht gespalten?**
(A) Amylose
(B) Amylopektin
(C) Maltose
(D) Glykogen
(E) Stärke

H96
→ **7.30 Verdauungsenzyme des Menschen können nicht aufschließen:**
(A) Kollagen
(B) Amylopektin
(C) Zellulose
(D) Nukleinsäuren
(E) Antikörper

H02
→ **7.31 An der Verdauung von Stärke und der Resorption der Glucose ist nicht beteiligt:**
(A) die Spaltung α-1,4-glykosidischer Bindungen durch α-Amylase
(B) die Spaltung α-1,6-glykosidischer Bindungen durch Isomaltase
(C) die Dephosphorylierung des in der α-Amylase-Reaktion entstehenden Glucose-1-phosphats
(D) der sekundär aktive Transport von Glucose in die Mukosazellen durch Na^+-Symport
(E) die Abgabe der aufgenommenen Glucose in die intestinalen Blutkapillaren durch erleichterte Diffusion

F00
→ **7.32 Welche Aussage zu Kohlenhydraten trifft nicht zu?**
(A) Disaccharidasen sind in der Zellmembran der Darmmukosazellen lokalisiert.
(B) Bei Lactose-Intoleranz kann Milchgenuss Verdauungsstörungen bewirken.
(C) An der luminalen Membran der Enterozyten erfolgt die Aufnahme von Glucose über ein Natrium-abhängiges Tranportsystem.
(D) Die intestinale Resorption von Glucose ist Insulin-abhängig.
(E) Der Transport von Glucose aus den Enterozyten ins Blut erfolgt ohne Kopplung an Natrium-Ionen.

F98
→ **7.33 Im Intestinaltrakt durch Lipasen gespaltene Triacylyglycerine werden überwiegend resorbiert als**
(A) Acyl-CoA-Derivate
(B) freie Fettsäuren und Triacylglycerine
(C) freie Fettsäuren und β-Monoacylglycerine
(D) Fettsäuremethylester und β-Monoacylglycerine
(E) freie Fettsäuren und Carnitinester

H05
→ **7.34 Im Zuge der Fettverdauung entstehen im Dünndarm gemischte Mizellen aus Lipiden und lösungsvermittelnden Substanzen.**
Welche der angegebenen Substanzen ist eine typische Komponente dieser Mizellen?
(A) Apolipoprotein B_{48}
(B) Monoacylglycerin
(C) Squalen
(D) Triglycerid
(E) Vitamin B_{12}

F02
→ **7.35 Welche Aussage zu intestinalen Mukosazellen trifft nicht zu?**
(A) In ihnen werden Fettsäuren mit Hilfe der Thiokinase zu Acyl-CoA aktiviert.
(B) In ihnen werden Triacylglycerine synthetisiert.
(C) In ihnen wird das Apolipoprotein B_{48} synthetisiert.
(D) In ihnen erfolgt die Biosynthese der Chylomikronen.
(E) In ihnen werden Nahrungs-Cholesterin und Apolipoprotein B_{100} zu LDL assembliert.

7.27 (E) 7.28 (C) 7.29 (C) 7.30 (C) 7.31 (C) 7.32 (D) 7.33 (C) 7.34 (B) 7.35 (E)

H00

→ **7.36 Welche Reaktion des Lipidstoffwechsels findet nicht in der intestinalen Mukosazelle statt?**

(A) Synthese von Acyl-Coenzym A durch Acyl-CoA-Synthetase (Thiokinase)
(B) Triacylglycerinsynthese aus β-Monoacylglycerin und Acyl-Coenzym A
(C) Triacylglycerinsynthese aus Glycerin-3-phosphat und Acyl-Coenzym A
(D) Veresterung von Cholesterol durch die LCAT
(E) Bindung von Triacylglycerin an das Apolipoprotein B_{48}

F01

→ **7.37 Welche Aussage zum Glucosetransport durch Zellmembranen trifft nicht zu?**

(A) Er erfolgt auf der luminalen Seite der intestinalen Mukosazellen als Na^+-abhängiger sekundär-aktiver Transport.
(B) Er erfolgt auf der basolateralen Seite der intestinalen Mukosazellen als Carrier-vermittelte erleichterte Diffusion.
(C) Er erfolgt in der Skelettmuskulatur u. a. durch das Carrierprotein GLUT4.
(D) Er erfolgt in der Leber durch freie Diffusion ohne Beteiligung eines Glucosetransporters.
(E) Er wird im Fettgewebe durch Insulin stimuliert, das die Translokation des Trägerproteins GLUT4 in die Plasmamebran katalysiert.

F03

→ **7.38 Welches der folgenden Verdauungsenzyme ist nicht Bestandteil der apikalen Membran (Bürstensaum-Membran) der intestinalen Mukosazellen?**

(A) Saccharase
(B) Aminopeptidase
(C) Oligopeptidase
(D) Elastase
(E) Lactase

F05

→ **7.39 Die operative Entfernung des terminalen Ileum hat zur Folge, dass sich die Aufnahme bestimmter Substanzen aus dem Magen-Darm-Trakt vermindert. Eingeschränkt ist vor allem die Aufnahme von**

(A) Kupfer
(B) Cobalamin
(C) basischen Aminosäuren
(D) Folsäure
(E) Glucose

F03

→ **7.40 Welche Aussage zur intestinalen Verwertung von Nahrungsbestandteilen trifft am wenigsten zu?**

(A) Aminosäuren werden durch einen Natrium-abhängigen Transporter in die Mukosazelle aufgenommen.
(B) Oligopeptide können mit einem Protonen-abhängigen Transportsystem in die Mukosazelle aufgenommen werden.
(C) Für verschiedene Aminosäuren oder Gruppen von Aminosäuren gibt es spezifische intestinalen Transportsysteme.
(D) Aminosäuren werden in intestinalen Mukosazellen mit den gleichen Transportsystemen wie in renale Tubulusepithelien aufgenommen.
(E) Chylomikronen werden durch Transzytose von der luminalen zur basolateralen Seite der Mukosazellen befördert.

H05

→ **7.41 Integrale Membranproteine sind häufig über α-helicale Domänen fest in der Lipiddoppelschicht verankert.**
Wie werden bei der Verdauung von zellhaltiger Nahrung integrale Membranproteine von den umgebenden Lipiden gelöst?

(A) durch die α-Amylase des Speichels
(B) durch den alkalischen pH-Wert des Pankreassekretes
(C) durch die Detergenswirkung von Gallensäuren
(D) durch die Proteasen der Verdauungssekrete
(E) durch den von Darmbakterien produzierten Harnstoff

F01

→ **7.42 Viele organische Substanzen werden von extrazellulär ins Zellinnere mittels Carrierproteinen transportiert, die der Michaelis-Menten-Gleichung gehorchen. Es bedeuten:**
J_A = Transportrate von A ins Zellinnere;
J_{max} = maximale Transportrate von A;
$[A]_e$ = extrazelluläre Konzentration von A;
K_m = Michaeliskonstante.
Bei der Michaelis-Menten-Gleichung $J_A = (J_{max} \cdot [A]_e)/(K_m + X)$ handelt es sich bei X um

(A) $[A]_e$
(B) $(J_{max})^2$
(C) Dicke der Plasmamembran
(D) Fläche der Plasmamembran
(E) Anzahl der Carriermoleküle pro Membranfläche

F88 F86

→ **7.43 Das Ileum ist der typische Resorptionsort für**
(A) Vitamin B_{12} (Cobalamin)
(B) Fette
(C) Eiweiß
(D) Eisen
(E) Folsäure (Pteroylglutaminsäure)

Fragen aus Examen Frühjahr 2006

F06

→ **7.44 Welche Aussage zur Sekretion von Magensaft trifft zu?**
(A) Gastrin stimuliert die HCl-Sekretion der Parietalzellen (Belegzellen).
(B) Glucocorticoide stimulieren die Muzin-Produktion in Nebenzellen.
(C) Acetylcholin inhibiert die Muzin-Sekretion der Nebenzellen.
(D) Der Intrinsic-Faktor wird von den Hauptzellen sezerniert.
(E) Prostaglandin E_2 hemmt die Muzin-Sekretion der Nebenzellen.

F06

→ **7.45 Welche Aussage zur Pankreassekretion und deren Regulation trifft nicht zu?**
(A) Die Azinuszellen des exokrinen Pankreas werden durch Cholecystokinin-Pankreozymin zur Sekretion von Verdauungsenzymen angeregt.
(B) Sekretin steigert die Sekretion von H_2O und HCO_3^- in die pankreatischen Ausführungsgänge.
(C) Vasoaktives Intestinales Peptid (VIP) stimuliert die Sekretion von Verdauungsenzymen aus den Azinuszellen.
(D) Cholecystokinin-Pankreozymin wird aus der Duodenalschleimhaut unter der Einwirkung von Fettsäuren und Aminosäuren freigesetzt.
(E) Sekretin ist ein Derivat des 5-Hydroxytryptophans.

8 Abbau der Kohlenhydrate

H97 H92 H89 F86

→ **8.1 Welche Aussage zur Glucokinase trifft nicht zu? Glucokinase**
(A) besitzt eine höhere Affinität für Glucose als Hexokinase
(B) wird unter dem Einfluss von Insulin vermehrt synthetisiert
(C) kommt vor allem in der Leber vor
(D) wird für die Glucoseverwertung nach kohlenhydratreicher Mahlzeit benötigt
(E) wird im Gegensatz zur Hexokinase durch Glucose-6-phosphat nicht gehemmt

H02

→ **8.2 Welche Aussage zur Glucokinase trifft nicht zu?**
(A) Glucose-6-phosphat hemmt die Aktivität der Glucokinase.
(B) Glucokinase kommt in B-Zellen des Pankreas vor.
(C) Glucokinase kommt in Hepatozyten vor.
(D) In der Leber ist die Michaelis-Konstante der Glucokinase größer als die der Hexokinase.
(E) Das Produkt der Glucokinasereaktion ist ein Substrat des Pentosephosphatwegs.

F05

→ **8.3 Ordnen Sie nachstehend genannte Enzyme in der funktionell richtigen Reihenfolge beim Abbau von Glucose an!**
(1) Glycerinaldehyd-3-phosphat-Dehydrogenase
(2) Pyruvatkinase
(3) Aldolase
(4) Enolase
(5) Hexokinase

(A) 1-2-3-4-5
(B) 2-4-1-5-3
(C) 3-5-1-4-2
(D) 5-3-1-4-2
(E) 5-3-4-1-2

F04 F98

→ **8.4 Welche der folgenden Glykolyse-Reaktionen wird nicht durch eine Kinase katalysiert?**
(A) Glucose → Glucose-6-phosphat
(B) Fructose-6-phosphat → Fructose-1,6-bisphosphat
(C) Glycerinaldehyd-3-phosphat → 1,3-Bisphosphoglycerat
(D) 1,3-Bisphosphoglycerat → 3-Phosphoglycerat
(E) Phosphoenolpyruvat → Pyruvat

7.43 (A) 7.44 (A) 7.45 (E) 8.1 (A) 8.2 (A) 8.3 (D) 8.4 (C)

H04

→ **8.5 Ein Kind leidet aufgrund einer genetisch bedingten Störung der erythrozytären Glykolyse an einer hämolytischen Anämie. Der ATP-Gehalt in den Erythrozyten ist vermindert. In den Erythrozyten werden vermindert Pyruvat und Lactat gebildet. Diese Beschreibung passt am besten zu einem genetisch bedingten Mangel an intraerythrozytärer Aktivität von**

(A) Fructose-1,6-bisphosphatase
(B) Glucose-6-phosphatase
(C) Lactat-Dehydrogenase
(D) Pyruvat-Dehydrogenase
(E) Pyruvat-Kinase

H99

→ **8.6 Was trifft nicht zu?**
Pyruvat ist im Organismus unmittelbar beteiligt an der Bildung von

(A) Alanin
(B) Phosphoenolpyruvat
(C) Acetyl-CoA
(D) Lactat
(E) Oxalacetat

F00

→ **8.7 Welche Aussage über Teilreaktionen der Substratkettenphosphorylierung in der Glykolyse auf der Stufe der Glycerinaldehydphosphatdehydrogenase-Phosphoglyceratkinase trifft nicht zu?**

(A) Die Oxidationsenergie wird zunächst in einem Thioester gespeichert.
(B) Der Thioester ist ein Derivat des Coenzym A.
(C) Der energiereiche Thioester wird phosphorolytisch gespalten.
(D) Als Zwischenprodukt entsteht ein „gemischtes" Carbonsäure-Phosphorsäure-Anhydrid.
(E) Das energiereiche Phosphat wird direkt auf ADP übertragen.

F00

→ **8.8 Welche Aussage zu Fructose-2,6-bisphosphat trifft zu?**

(A) Fructose-2,6-bisphosphat entsteht in einer Mutase-katalysierten Reaktion aus Fructose-1,6-phosphat.
(B) Fructose-2,6-bisphosphat ist allosterischer Aktivator der hepatischen Phosphofructokinase.
(C) Insulin hemmt die Bildung von Fructose-2,6-bisphosphat.
(D) Durch eine spezifische Aldolase wird Fructose-2,6-bisphosphat zu Dihydroxyaceton-2-phosphat und 3-Phosphoglycerinaldehyd gespalten.
(E) In den Erythrozyten verursacht Fructose-2,6-bisphosphat eine Linksverschiebung der Sauerstoffsättigungskurve.

F02

→ **8.9 Welche Aussage zur allosterischen Regulation der Phosphofructokinase (PFK-1) trifft nicht zu?**
PFK-1 wird durch

(A) Fructose-2,6-bisphosphat aktiviert
(B) AMP aktiviert
(C) ATP gehemmt
(D) Citrat gehemmt
(E) Pyruvat aktiviert

F05

→ **8.10 Welche Verbindung dient als Wasserstoffakzeptor bei der anaeroben Glykolyse?**

(A) Lactat
(B) Pyruvat
(C) FAD
(D) Glycerinaldehyd-3-phosphat (Glyceral-3-phosphat)
(E) Acetat

F04 H97 F91 H88 H83

→ **8.11 Die anaerobe Glykolyse**

(A) läuft nur ab, wenn das entstehende NADH in der Atmungskette oxidiert wird
(B) erfordert die ständige Zufuhr von ADP und anorganischem Phosphat
(C) erfordert bilanzmäßig die ständige Zufuhr von ATP
(D) wird durch die Glucose-Konzentration reguliert
(E) liefert äquimolare Mengen an Lactat und Pyruvat als Endprodukte

8.5 (E) 8.6 (B) 8.7 (B) 8.8 (B) 8.9 (E) 8.10 (B) 8.11 (B)

H03

→ **8.12 Bei welcher der Reaktionen ist das genannte Produkt ein energiereicher Metabolit, der direkt zur Synthese von ATP aus ADP benutzt wird?**
(A) Oxidation von 3-Phosphoglycerinaldehyd zu 1,3-Bisphosphoglycerat
(B) Oxidation von Lactat zu Pyruvat
(C) Oxidation von Glucose-6-phosphat zu 6-Phosphogluconat
(D) Oxidation von Pyruvat zu Acetyl-CoA
(E) Oxidation von Malat zu Oxalacetat

F03

→ **8.13 Welche Aussage zur Regulation der hepatischen Glykolyse trifft nicht zu?**
(A) Fructose-2,6-bisphosphat ist ein allosterischer Aktivator der Phosphofructokinase.
(B) Fructose-1,6-bisphosphat ist ein allosterischer Aktivator der Pyruvatkinase.
(C) Die cAMP-abhängige Proteinkinase aktiviert durch Phosphorylierung die Phosphofructokinase.
(D) ATP und Citrat sind allosterische Inhibitoren der Phosphofructokinase.
(E) Glukagon führt zu einer Erniedrigung der Fructose-2,6-bisphosphat-Konzentration.

H00

→ **8.14 Welche Aussage zur Glykolyse trifft nicht zu?**
(A) Die Bildung von Fructose-1,6-bisphosphat wird durch Fructose-2,6-bisphosphat stimuliert.
(B) Fructose-6-phosphat-2-Kinase wird durch Phosphorylierung in Fructose-2,6-Bisphosphatase umgewandelt.
(C) Durch Dehydrierung von Glycerinaldehyd-3-phosphat wird die Voraussetzung zum ATP-Gewinn geschaffen.
(D) Aus Glycerinaldehyd-3-phosphat entsteht ein gemischtes Säureanhydrid.
(E) Pyruvatkinase ermöglicht die Bildung eines energiereichen Enolphosphats.

H99

→ **8.15 Weshalb steigen bei Hypoxie Glykolysegeschwindigkeit und Lactatproduktion an?**
(A) Die Glucosetransporter sind sauerstoffabhängige Hämproteine.
(B) Die Fructose-6-phosphat-2-Kinase wird durch Azidose aktiviert.
(C) Die Phosphofructokinase wird durch AMP und ADP allosterisch aktiviert.
(D) Die Glykogenphosphorylase wird durch ATP allosterisch aktiviert.
(E) Die Phosphorylasekinase wird durch den Abfall der Ca^{2+}-Konzentration aktiviert.

F00

→ **8.16 Welche Aussage zum Pentosephosphatweg trifft nicht zu?**
(A) Gewebe mit geringem Bedarf an NADPH bilden Ribose-5-phosphat vor allem mit Hilfe von Transketolase und Transaldolase.
(B) Die Aktivität der Glucose-6-phosphat-Dehydrogenase wird durch das Verhältnis $NADP^+$/NADPH reguliert.
(C) Der Pentosephosphatweg verläuft in der Bilanz unter Energiegewinn.
(D) Das in der Nebennierenrinde gebildete NADPH wird für Hydroxylierungen bei der Steroidhormonsynthese benötigt.
(E) Das in Erythrozyten gebildete NADPH wird für die Reduktion von Glutathion benötigt.

F04

→ **8.17 In den Erythrozyten dient der Hexosemonophosphat-Weg (Abbau von Glucose-6-phosphat über Ribulose-5-phosphat als Metabolit) typischerweise der Bereitstellung von**
(A) $NADP^+$ für die Oxidation von Glutathion (GSH)
(B) NADPH für die Reduktion von Glutathion-Disulfid (GSSG)
(C) NADPH für die Bildung von Mevalonat
(D) NADPH für die Fettsäuresynthese
(E) Ribose-5-phosphat für die Synthese von Ribonukleinsäure

H98 F96

→ **8.18 Welche Aussage zum Fructose-Stoffwechsel trifft nicht zu?**
(A) Die Umwandlung von Fructose in Glucose findet vorwiegend in der Leber statt.
(B) Hexokinase ist das geschwindigkeitsbestimmende Enzym für die Umwandlung von Glucose in Fructose.
(C) Fructokinase phosphoryliert Fructose zu Fructose-1-phosphat.
(D) Bei der Umwandlung von Fructose-1-phosphat in Glucose ist Glycerinaldehyd ein Zwischenprodukt.
(E) In der Samenblase ist bei der Umwandlung von Glucose in Fructose Sorbitol ein Zwischenprodukt.

8.12 (A) 8.13 (C) 8.14 (E) 8.15 (C) 8.16 (C) 8.17 (B) 8.18 (B)

H04

8.19 Welche der Reaktionen ist bei der hereditären Fructoseintoleranz in der Leber primär betroffen?

(A) Fructose + ATP → Fructose-1-phosphat + ADP
(B) Fructose + NADH + H^+ → Sorbitol + NAD^+
(C) Fructose-1-phosphat → D-Glycerinaldehyd + Dihydroxyacetonphosphat
(D) Fructose-1-phosphat + ATP → Fructose-1,6-bisphosphat + ADP
(E) Fructose-6-phosphat + ATP → Fructose-2,6-bisphosphat + ADP

F05

8.20 Eine typische Folge des angeborenen Mangels an Aldolase B (Fructose-1-phosphat-Aldolase) ist:

(A) reduzierte Fructose-Konzentration in der Spermaflüssigkeit
(B) Hypoglykämie durch kompetitive Hemmung gluconeogenetischer Enzyme nach Fructose-haltiger Mahlzeit
(C) verminderte Synthese von Milchzucker (Lactose)
(D) schnelle Muskelermüdung durch kompetitive Hemmung der Hexokinase
(E) neurologische Symptomatik durch Störung in der Synthese von Glykoproteinen und Glykolipiden

F86

8.21 Die Biosynthese der UDP-Glucuronsäure

(A) benötigt Xylulose-5-phosphat und aktiven Glykolaldehyd als Vorstufen
(B) erfolgt durch Dehydrierung von UDP-Glucose
(C) ist ein Nebenweg des Ascorbinsäure-Abbaus
(D) erfolgt durch enzymatische Dehydrierung von Glucose-6-phosphat
(E) ist beim Menschen, beim Affen und beim Meerschweinchen nicht möglich.

H05

8.22 Ein erwachsener Patient stellt kurzfristig seine Ernährung auf die tägliche Zufuhr eines großen Milch-Shakes um. Daraufhin klagt er über Blähungen, Übelkeit, Krämpfe und wässrige Stühle. Welche der folgenden Störungen liegt am wahrscheinlichsten vor?

(A) Fructose-Intoleranz
(B) Steatorrhö
(C) Mangel an Galactokinase
(D) Mangel an Lactase (β-Galactosidase)
(E) Mangel an Maltase (α-Glucosidase)

H04

8.23 Bei künstlicher Ernährung muss Galactose dem Organismus nicht zugeführt werden. Was ist der Grund dafür?

(A) Galactose wird im Hepatozyten aus Lactose gebildet.
(B) Galactose entsteht bei der Reaktion der Glucose-6-phosphat-Dehydrogenase im Rahmen des Pentosephosphatweges.
(C) Galactose dient im menschlichen Körper ausschließlich der Energiegewinnung und kann deswegen durch andere Hexosen ersetzt werden.
(D) Galactose kann durch Epimerisierung aus einem anderen Zucker entstehen.
(E) Galactose ist das Oxidationsprodukt von Sorbitol.

F05

8.24 Die hereditäre Galactosämie wird durch Gendefekte verursacht, die Enzyme des Galactose-Stoffwechsels betreffen. Eine schwere Verlaufsform der Galactosämie ist zurückzuführen auf einen vererbbaren Mangel an

(A) α-Galactosyltransferase
(B) Lactose-Synthase
(C) Aldolase B
(D) Galactose-1-phosphat-Uridyltransferase
(E) β-Galactosidase (primärer Lactasemangel)

Fragen aus Examen Frühjahr 2006

F06

8.25 Sorbit (Sorbitol)

(A) entsteht durch Reduktion von Ribose
(B) hat einen um etwa 50 % geringeren Brennwert pro Mol als Glucose
(C) wird durch die Aldosereduktase in Fructose umgewandelt
(D) wird in den Samenblasen zu Fructose oxidiert
(E) wird enteral besser als Glucose resorbiert

8.19 (C) 8.20 (B) 8.21 (B) 8.22 (D) 8.23 (D) 8.24 (D) 8.25 (D)

F06

→ **8.26 Welche Aussage zur Hypoglykämie trifft nicht zu?**

(A) Ein angeborener Mangel an Glucose-6-Phosphatase begünstigt die Entstehung einer Hypoglykämie.
(B) Ein Insulin-produzierender Tumor begünstigt die Entstehung einer Hypoglykämie.
(C) Eine erhöhte Cortisol-Konzentration im Blutplasma begünstigt die Entstehung einer Hypoglykämie.
(D) Fructose-Zufuhr bei hereditärer Fructose-Intoleranz (Aldolase-B-Mangel) begünstigt die Entstehung einer Hypoglykämie.
(E) Eine Hypoglykämie führt reaktiv zur Ausschüttung von Katecholaminen.

F06

→ **8.27 Bei akuter Unterbrechung der Sauerstoffversorgung eines Gewebes kommt es zur akuten Hemmung vieler Stoffwechselwege.**
Welcher ATP-liefernde Stoffwechselweg dominiert, wenn O_2 fehlt?

(A) Citrat-Zyklus
(B) Glykolyse
(C) Ketonkörper-Utilisation
(D) β-Oxidation
(E) Oxidative Phosphorylierung

F06

→ **8.28 Fructose-2,6-bisphosphat ist ein Signalmetabolit, der bei der Regulation der Glykolyse eine wichtige Rolle spielt.**
Welche der Aussagen zu Funktion und Stoffwechsel von Fructose-2,6-bisphosphat in der Leber trifft zu?
Fructose-2,6-bisphosphat

(A) hemmt die Glykolyse
(B) wird von Aldolase B gespalten
(C) wird unter Insulinwirkung vermehrt gebildet
(D) entsteht infolge cAMP-abhängiger Phosphorylierung der 6-Phosphofructo-2-kinase/Fructose-2,6-bisphosphatase
(E) entsteht durch Isomerisierung von Fructose-1,6-bisphosphat

F06

→ **8.29 Die Leber spielt eine zentrale Rolle bei der Homöostase der Blutglucosekonzentration.**
Welcher hormongesteuerte Regulationsmechanismus unterstützt am ehesten die Energieversorgung des Muskels bei länger andauernder körperlicher Aktivität?

(A) Induktion der hepatischen Glucokinase (Hexokinase IV)
(B) Stimulierung der hepatischen Gluconeogenese aus Lactat durch Glucagon
(C) Repression der Glucose-6-phosphatase in der Leber
(D) Induktion von GLUT4 und Hexokinase II im Fettgewebe
(E) Hemmung der hormonsensitiven Triglycerid-Lipase

9 Abbau der Fettsäuren, Ketonkörper

F00

→ **9.1 Welche Aussage zum Fettstoffwechsel trifft nicht zu?**

(A) Die Triacylglycerinlipase des Fettgewebes wird durch Phosphorylierung aktiviert.
(B) Das Fettgewebe gibt Fettsäuren an das Blut ab.
(C) Durch Lipolyse gebildetes Glycerin wird überwiegend durch die Glycerinkinase des weißen Fettgewebes phosphoryliert.
(D) Im Hungerzustand werden vermehrt Fettsäuren von der Skelettmuskulatur oxidiert.
(E) Im Hungerzustand werden in der Leber aus den freigesetzten Fettsäuren vermehrt Ketonkörper synthetisiert.

F03

→ **9.2 Welche Aussage zur Lipolyse im Fettgewebe trifft zu?**

(A) Die Hormon-sensitive Lipase wird durch Proteinkinase-A-abhängige Phosphorylierung inaktiviert.
(B) Aktivierung der für die Regulation der Lipolyse verantwortlichen β-Rezeptoren führt zu einer Inaktivierung der Adenylatcyclase.
(C) Das bei der Lipolyse freigesetzte Glycerin wird im Blut zur Leber transportiert und dort verstoffwechselt.
(D) Bei der Lipolyse freigesetzte Fettsäuren werden als Natriumsalze im Plasma transportiert.
(E) Insulin aktiviert die Lipolyse durch Stimulation der Adenylatcyclase.

8.26 (C) 8.27 (B) 8.28 (C) 8.29 (B) 9.1 (C) 9.2 (C)

F04

→ **9.3 Der oxidative Abbau freier Fettsäuren wird eingeleitet durch**

(A) Reaktion mit freiem CoA und ATP
(B) Bildung von Carnitinestern
(C) Bildung von UDP-Fettsäure
(D) Phosphorylierung mit ATP
(E) Übertragung von Coenzym A auf Malonyl-CoA

H90 F84

→ **9.4 Welche der folgenden Aussagen erklärt den stimulierenden Effekt des L-Carnitins bei der β-Oxidation der Palmitinsäure?**
L-Carnitin

(A) kann mit freien Fettsäuren unter Verbrauch von ATP zu Acyl-Carnitin umgesetzt werden
(B) wird für den Fettsäuretransport in die Mitochondrien benötigt
(C) aktiviert die Fettsäure-Thiokinase
(D) führt zur Bildung von Acyl-Carnitin, das direkt in die Reaktionsfolge der β-Oxidation eingeschleust wird
(E) stimuliert die Reveresterung von Palmitinsäure zu Triacylglycerinen

H05

→ **9.5 Carnitin ist bedeutsam im Stoffwechsel der Fettsäuren.**
Welche zelluläre Funktion hat das Carnitin?

(A) Energiespeicher im Skelettmuskel
(B) Transport von Fettsäuren durch die innere Mitochondrienmembran
(C) Aktivierung von Fettsäuren
(D) Aktivierung der hormonsensitiven Lipase
(E) Aktivierung des Schlüsselenzyms der β-Oxidation

F01

→ **9.6 Welche Aussage zur β-Oxidation der Fettsäuren trifft nicht zu?**

(A) Die langkettigen Fettsäuren werden als Acyl-Carnitin in die Mitochondrien transportiert.
(B) Auch Fettsäuren mit ungeradzahliger Kette von C-Atomen können durch β-Oxidation abgebaut werden.
(C) Bei der β-Oxidation gesättigter Fettsäuren wird intermediär eine ungesättigte Fettsäure (als CoA-Thioester) gebildet.
(D) Bei der β-Oxidation gebildetes NADH und $FADH_2$ wird in der Atmungskette reoxidiert.
(E) Die β-Oxidation wird auf der Stufe der Thiokinase durch Interkonversion reguliert.

H02

→ **9.7 Welche Aussage zu Palmitoyl-CoA trifft nicht zu?**

(A) Es entsteht aus Palmitinsäure und Coenzym A unter Katalyse einer Thiokinase in einer ATP-abhängigen Reaktion.
(B) Es ist Substrat der Carnitin-Acyl-Transferase 1.
(C) Es hemmt die Triacylglycerin-Synthese.
(D) Es kann Substrat bei der Phosphoglyceridbiosynthese sein.
(E) Es kann unter Mitwirkung von Acyl-CoA-Desaturasen zu Palmitoleoyl-CoA oxidiert werden.

F00

→ **9.8 Welche Aussage zum Fettstoffwechsel trifft nicht zu?**

(A) Der amphipathische Charakter von Fettsäuren ermöglicht ein ungehindertes Übertreten vom Zytosol in die Mitochondrien.
(B) Die β-Oxidation von Fettsäuren mit ungerader Zahl von C-Atomen liefert pro mol Fettsäure neben Acetyl-CoA 1 mol Propionyl-CoA.
(C) Propionyl-CoA wird nach Carboxylierung in Succinyl-CoA umgelagert.
(D) Die β-Oxidation der Ölsäure erfordert zusätzlich eine Isomerisierung der Doppelbindung von cis nach trans.
(E) Die an der β-Oxidation von Fettsäuren beteiligten Enzyme sind Bestandteile der Mitochondrienmatrix.

H00

→ **9.9 Welche Aussage über die β-Oxidation der Fettsäuren in der Leber trifft nicht zu?**

(A) Voraussetzung ist eine Aktivierung der Fettsäuren zu Acyl-CoA.
(B) Bei einem einmaligen Umlauf der β-Oxidation entstehen 1 NADH + H^+, 1 $FADH_2$ und 1 Acetyl-CoA.
(C) Die Kohlenstoffkette der Fettsäuren wird thiolytisch gespalten.
(D) Beim Abbau von Fettsäuren wird durch Substratkettenphosphorylierung ATP gebildet.
(E) An der β-Oxidation ungesättigter Fettsäuren ist zusätzlich eine Isomerase beteiligt.

9.3 (A) 9.4 (B) 9.5 (B) 9.6 (E) 9.7 (C) 9.8 (A) 9.9 (D)

H02

→ **9.10 Welche Aussage zur β-Oxidation der Fettsäuren trifft nicht zu?**

(A) Acyl-CoA wird mit FAD als Coenzym oxidiert.

(B) An eine 2,3(α,β)-ungesättigte, Coenzym-A-gebundene Fettsäure wird Wasser angelagert.

(C) Hydroxyacyl-CoA wird mit NAD^+ als Coenzym oxidiert.

(D) Mit Hilfe von Coenzym A wird Ketoacyl-CoA thiolytisch gespalten.

(E) Ungesättigte Fettsäuren werden zu Propionyl-CoA abgebaut.

F01 F99

→ **9.11 Welche Aussage über den Ketonkörperstoffwechsel trifft nicht zu?**

(A) Ketonkörper werden in der Leber gebildet.

(B) Acetacetat wird durch thioklastische Spaltung aus Acetacetyl-CoA gebildet.

(C) Acetacetat kann durch β-Hydroxybutyrat-Dehydrogenase reduziert werden.

(D) ZNS, Herz und Muskulatur können Ketonkörper unter Energiegewinn abbauen.

(E) Acetacetat kann mit Succinyl-CoA zu Acetacetyl-CoA und Succinat reagieren.

F03

→ **9.12 Welche Aussage zu Ketonkörpern trifft am wenigsten zu?**

(A) Sie werden in der Leber synthetisiert.

(B) Sie sind auch im Blut von Stoffwechsel-Gesunden nachweisbar.

(C) Sie tragen zum Energiestoffwechsel der Erythrozyten bei.

(D) Sie tragen nach längerem Fasten verstärkt zum Energiestoffwechsel des Zentralnervensystems bei.

(E) Sie können beim Abbau von Aminosäuren entstehen.

H03

→ **9.13 Welche Aussage zum abgebildeten β-Hydroxy-β-methylglutaryl-CoA (HMG-CoA) trifft nicht zu?**

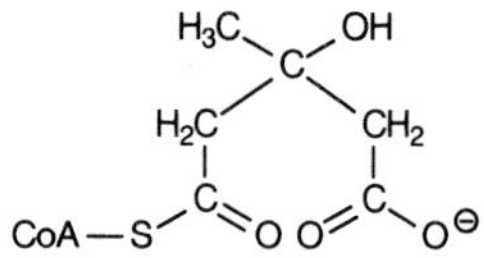

(A) Es kann beim Abbau von Leucin entstehen.

(B) Es kann zu Mevalonat reduziert werden.

(C) Es ist ein physiologischer Inhibitor der Cholesterinbiosynthese.

(D) Es wird bei gesteigerter β-Oxidation von Fettsäuren vermehrt gebildet.

(E) Es kann zu Acetacetat und Acetyl-CoA gespalten werden.

F05

→ **9.14 Die Biosynthese von Ketonkörpern geschieht in den Mitochondrien der Leber aus Acetyl-CoA.**
Das Molekül Acetacetat wird dabei unmittelbar gebildet

(A) aus Aceton durch Carboxylierung

(B) aus β-Hydroxy-β-methylglutaryl-CoA (HMG-CoA) durch oxidative Decarboxylierung

(C) aus β-Hydroxy-β-methylglutaryl-CoA (HMG-CoA) durch Abspaltung von Acetyl-CoA

(D) aus β-Hydroxy-β-methylglutaryl-CoA (HMG-CoA) durch Reduktion

(E) durch Umkehr der β-Ketothiolase-Reaktion der β-Oxidation

H03

→ **9.15 Nach längerem Fasten und bei unkontrolliertem Diabetes mellitus kommt es zu einer gesteigerten Ketogenese.**
Der Anstieg der Ketonkörperkonzentration im Blut in einer solchen Stoffwechselsituation ist vor allem Folge

(A) einer allosterischen Hemmung der hepatischen Citratsynthase durch Acyl-CoA

(B) der Umwandlung von β-Hydroxybutyrat zu Acetoacetat in Skelett- und Herzmuskel sowie im ZNS

(C) eines Mangels an mitochondrialer Acylcarnitin-Translokase in der Leber

(D) einer Hemmung der Citratsynthase in Skelettmuskel und Fettgewebe durch ATP

(E) einer vermehrten Hydrolyse von Triacylglycerinen des Fettgewebes

9.10 (E) 9.11 (B) 9.12 (C) 9.13 (C) 9.14 (C) 9.15 (E)

H05

→ **9.16 Welche Stoffwechselveränderung ist am wahrscheinlichsten als Folge einer längeren Nahrungskarenz zu erwarten?**

(A) Entstehung einer positiven Stickstoffbilanz
(B) Anstieg der Plasma-Bicarbonat-Konzentration
(C) Steigerung der Harnstoffsynthese in der Leber
(D) Steigerung der Abgabe von β-Hydroxybutyrat durch die Leber an das Blut
(E) Verringerung der Glukoneogenese in den Nieren

H02

→ **9.17 Für den Stoffwechsel im Fasten ist nicht charakteristisch:**

(A) erhöhte Aktivität der ATP-Citratlyase im Fettgewebe
(B) verminderte Insulinsekretion aus den β-Zellen des Pankreas
(C) gesteigerte β-Oxidation in der Leber
(D) erhöhte Ketonkörperkonzentration im Blut
(E) Verstoffwechselung von Acetacetat im ZNS

H02 F99

→ **9.18 Welche Aussage über die Oxidation der Ketonkörper (Acetacetat, β-Hydroxybutyrat) trifft zu?**

(A) Der größte Teil des Acetacetats wird nach Reaktion mit CoA-SH zu Acetyl-CoA gespalten.
(B) Die Ketonkörper können durch eine Phosphorylierung mit ATP aktiviert und zu Acetylphosphat gespalten werden.
(C) Acetacetat kann durch Reaktion mit Succinyl-CoA aktiviert werden.
(D) β-Hydroxybutyrat wird mit CoA-SH zu Hydroxybutyryl-CoA umgesetzt.
(E) β-Hydroxybutyrat wird bereits im Blut zu Acetacetat oxidiert.

10 Aminosäurestoffwechsel

F02

→ **10.1 Welche Aussage zu Aminotransferasen trifft nicht zu?**

(A) Aminotransferasen übertragen Aminogruppen zwischen Aminosäuren und α-Ketosäuren.
(B) Während der Reaktion wird die Aminogruppe von Aminosäuren auf Pyridoxalphosphat übertragen.
(C) Aspartat-Aminotransferase (GOT) benutzt α-Ketopropionsäure als α-Ketosäure.
(D) Alanin-Aminotransferase (GPT) benutzt α-Ketoglutarsäure als α-Ketosäure.
(E) Bei der Phenylketonurie wird die Aminosäure Phenylalanin vermehrt zu Phenylpyruvat transaminiert.

F03

→ **10.2 Welche der folgenden Substanzen ist nicht das Transaminierungsprodukt aus einer proteinogenen Aminosäure?**

(A) Pyruvat
(B) Phenylpyruvat
(C) α-Ketobutyrat
(D) Oxalacetat
(E) α-Ketoglutarat

H01

→ **10.3 Welche Aussage zu Aminosäuren trifft nicht zu? Sie sind im menschlichen Organismus Vorstufen bei der Biosynthese von**

(A) Purinbasen
(B) Pyrimidinbasen
(C) Porphyrin
(D) Biotin
(E) Stickstoffmonoxid

F04

→ **10.4 Welches Amin entsteht bei Decarboxylierung von Glutamat?**

(A) Agmatin
(B) Cadaverin
(C) Ethanolamin
(D) γ-Aminobutyrat
(E) Histamin

9.16 (D) 9.17 (A) 9.18 (C) 10.1 (C) 10.2 (C) 10.3 (D) 10.4 (D)

F01

→ **10.5 Welche Aussage zum Glutamin (Gln) trifft nicht zu?**

(A) Im ZNS gebildeter Ammoniak kann als Gln zur Leber transportiert werden.
(B) Glutamin-Synthetase katalysiert die ATP-abhängige Bildung von Gln aus Glutamat.
(C) Gln ist häufig Bindungspartner in N-glykosidischen Bindungen von Glykoproteinen.
(D) Gln wird in der Niere durch eine mitochondriale Glutaminase zu Glutamat und Ammoniumionen gespalten.
(E) Gln ist das bevorzugte Substrat für die renale Gluconeogenese.

F01

→ **10.6 Welche Aussage zum Harnstoff-Stoffwechsel trifft nicht zu?**

(A) Die Bildung von Carbamoylphosphat findet im Mitochondrium statt.
(B) Ornithin und Citrullin müssen durch die Mitochondrienmembranen transportiert werden.
(C) Der Harnstoff wird in der Arginase-Reaktion gebildet.
(D) Die Reaktionen des Harnstoffzyklus sind unter physiologischen Bedingungen voll reversibel.
(E) Defekte von Enzymen des Harnstoffzyklus führen in der Regel zu einem Anstieg der freien Ammoniakkonzentration im Blut.

H01

→ **10.7 Welche Aussage zum Harnstoffzyklus trifft nicht zu?**

(A) Argininsuccinat entsteht aus Citrullin und Carbamoylphosphat.
(B) Argininosuccinat wird zu Arginin und Fumarat gespalten.
(C) Argininoscuccinat enthält u. a. ein N-Atom aus Carbamoylphosphat und ein N-Atom aus Aspartat.
(D) Arginin wird zu Harnstoff und Ornithin gespalten.
(E) Mangel an Argininosuccinat-Lyase führt zu einer erhöhten Ammoniak-Konzentration im Serum.

F05

→ **10.8 Aminostickstoff kann als Harnstoff oder in Form von NH_4^+-Ionen ausgeschieden werden. Durch welches der Enzyme entsteht typischerweise Harnstoff?**

(A) Glutamat-Dehydrogenase in der Leber
(B) Glutaminase in der Niere
(C) Arginase in der Leber
(D) Urease der Darmflora im Colon
(E) AMP-Desaminase (Adenylat-Desaminase) im arbeitenden Skelettmuskel

F04

→ **10.9 Carbamoylphosphat ist Zwischenprodukt bei der Synthese von**

(A) Glutamin
(B) Harnstoff in der Leber
(C) Asparagin
(D) Purinen
(E) Cholin in Nervenzellen

F02

→ **10.10 Freier Ammoniak kann direkt gebunden werden bei der Bildung von**

(A) Glutamat aus Glutamin in der Glutaminase-Reaktion
(B) Alanin aus Pyruvat in der Alanin-Aminotransferase-Reaktion
(C) Glutamat aus α-Ketoglutarat in der Glutamat-Dehydrogenase-Reaktion
(D) Aspartat aus Oxalacetat in der Aspartat-Aminotransferase-Reaktion
(E) Adenosinmonophosphat aus Inosinmonophosphat im Rahmen der Purin-Biosynthese

F03

→ **10.11 Der Amid-Stickstoff des Glutamins ist nicht Aminogruppen- bzw. Stickstoff-Donator bei der Biosynthese von**

(A) 5-Phosphoribosylamin
(B) GMP
(C) CTP
(D) Glucosamin-6-phosphat
(E) Sphingosin

F95

→ **10.12 Welche der folgenden Aminosäuren entsteht nicht aus Zwischenprodukten von Glykolyse oder Citrat-Zyklus?**

(A) Lysin
(B) Serin
(C) Alanin
(D) Aspartat
(E) Glutamat

H02

→ **10.13 Bei Phenylketonurie ist gestört die**

(A) Hydroxylierung von Phenylalanin zu Tyrosin
(B) Transaminierung von Phenylalanin zu Phenylpyruvat
(C) Reduktion von Phenylpyruvat zu Phenyllactat
(D) Bildung von Phenylacetylglutamin
(E) Ausscheidung von Phenyllactat

10.5 (C) 10.6 (D) 10.7 (A) 10.8 (C) 10.9 (B) 10.10 (C) 10.11 (E) 10.12 (A) 10.13 (A)

H03

→ **10.14 Welche Aussage zur Phenylketonurie trifft nicht zu?**

(A) Die Ausscheidung von Phenylpyruvat im Urin ist erhöht.
(B) Die Aktivität der Phenylalanin-Hydroxylase ist vermindert.
(C) Die Aminosäure Tyrosin muss mit der Nahrung zugeführt werden.
(D) Es treten Störungen der geistigen Entwicklung auf, die durch Phenylalanin-arme Ernährung verhindert werden können.
(E) Die Phenylalanin-Konzentration im Blutplasma ist stark vermindert.

F05

→ **10.15 Ein Kind mit Phenylketonurie wird so phenylalaninarm ernährt, dass gerade sein Bedarf an Phenylalanin gedeckt ist. In der Nahrung des Kindes muss außerdem eine Substanz in ausreichender Menge enthalten sein, die normalerweise unmittelbar aus Phenylalanin entsteht.**
Diese Substanz ist

(A) Phenyllactat
(B) Thyroxin
(C) Tyrosin
(D) Phenanthren
(E) Phenylacetylglutamin

H05

→ **10.16 Der Albinismus ist durch eine defekte Melaninsynthese mit Störung der Pigmentation in Haut, Haaren und Augen gekennzeichnet.**
Dem Albinismus kann typischerweise zugrundeliegen ein genetisch bedingter Mangel an

(A) Dopa-Decarboxylase
(B) Dopamin-Hydroxylase
(C) Phenylethanolamin-N-Methyltransferase
(D) Tyrosinase
(E) Tyrosin-Transaminase

F86

→ **10.17 Welche Aussage über das Cystein trifft nicht zu?**

(A) Die Bildung des Cysteins erfolgt aus Cystathionin.
(B) Cystein ist Bestandteil des Glutathions.
(C) Coenzym A enthält Cystein.
(D) Cystein lässt sich zu Cystin oxidieren.
(E) Der Schwefel des Cysteins kann beim Abbau der Aminosäure zu Schwefelsäure oxidiert werden.

H98

→ **10.18 Welches der folgenden biogenen Amine entsteht nicht direkt durch Decarboxylierung einer proteinogenen Aminosäure?**

(A) Tryptamin
(B) Ethanolamin
(C) γ-Aminobuttersäure
(D) Histamin
(E) Dopamin

H04

→ **10.19 Welche Aminosäure wird in einer Pyridoxalphosphat-abhängigen Reaktion zu Ethanolamin (Colamin) umgewandelt (z. B. für die Biosynthese von Glycerophospholipiden)?**

(A) Alanin
(B) Aspartat
(C) Cystein
(D) Glutamat
(E) Serin

F04

Ordnen Sie den in Liste 1 genannten biogenen Aminen die jeweils zutreffendste Beschreibung aus Liste 2 zu!

Liste 1
→ **10.20 Cysteamin (β-Mercaptoethylamin)**
→ **10.21 Ethanolamin (Colamin)**

Liste 2
(A) Transmitter im Cortex
(B) Vorläufer für die Phospholipidsynthese
(C) Aktivator von Antithrombin III
(D) Bestandteil von Coenzym A
(E) Bestandteil von Thiamin

F98

Ordnen Sie jeder der Aminosäuren aus Liste 1 die Verbindung aus Liste 2 zu, die aus ihr synthetisiert wird!

Liste 1
→ **10.22 Tryptophan**
→ **10.23 Glutamat**

Liste 2
(A) γ-Aminobutyrat
(B) Serotonin
(C) Triiodthyronin
(D) Tyramin
(E) Noradrenalin

10.14 (E) 10.15 (C) 10.16 (D) 10.17 (C) 10.18 (E) 10.19 (E) 10.20 (D) 10.21 (B) 10.22 (B) 10.23 (A)

H01
→ **10.24 Welche Aussage zum Histamin trifft nicht zu?**
(A) Die Biosynthese von Histamin ist Pyridoxalphosphat-abhängig.
(B) Mastzellen setzen nach Interaktion von auf ihrer Zelloberfläche gebundenen IgE-Antikörpern mit Antigenen Histamin frei.
(C) Histamin stimuliert die Kontraktion der glatten Muskulatur im Respirationstrakt.
(D) Histamin fördert die Freisetzung von Stickstoffmonoxid (NO) aus Endothelzellen.
(E) Histamin wirkt an Belegzellen antagonistisch zu Gastrin.

H01
→ **10.25 S-Adenosylmethionin fungiert nicht als Methylgruppen-Donator bei der Biosynthese von**
(A) Kreatin
(B) Adrenalin
(C) Cholin
(D) Thymin
(E) 5-Methylcytosin in DNA

Fragen aus Examen Frühjahr 2006

F06
→ **10.26 Welche Aussage trifft für Stickstoffmonoxid (NO) zu?**
(A) NO wird im Harnstoffzyklus gebildet.
(B) NO entsteht beim Abbau des Häms.
(C) NO führt zu Spasmen der glatten Muskulatur.
(D) NO hemmt die lösliche Guanylatcyclase.
(E) NO wird aus der Aminosäure L-Arginin gebildet.

F06
→ **10.27 Ein wichtiger Schritt bei der Entgiftung des neurotoxischen Ammoniak ist dessen Fixierung in Stoffwechsel-Intermediaten.**
Welches Enzym katalysiert eine Reaktion, bei der Ammoniak an ein Kohlenstoffgerüst gebunden wird?
(A) Arginase
(B) Argininosuccinat-Synthetase
(C) Glutamat-Dehydrogenase
(D) Glutaminase
(E) Monoaminoxidase

F06
→ **10.28 Bei der Harnstoffsynthese werden die beiden Stickstoffatome über folgende Verbindungen in den Harnstoffzyklus eingeschleust:**
(A) 2 Moleküle Carbamoylphosphat
(B) Carbamoylphosphat und Aspartat
(C) Aspartat und Arginin
(D) Glutamat und Aspartat
(E) Citrullin und Fumarat

F06
→ **10.29 Das in der Niere gebildete Ammoniak (NH_3)**
(A) wird zur Neutralisation von Säuren im Harn herangezogen
(B) kann nicht in das Nierenvenenblut abgegeben werden
(C) entsteht vorwiegend in einer Transaminierungsreaktion
(D) stammt aus Harnstoff
(E) kann für die Synthese von biogenen Aminen reutilisiert werden

11 Citratcyclus und Atmungskette

H98 H96 H92
→ **11.1 Welche Aussage über die Pyruvatdehydrogenase trifft nicht zu?**
(A) Thiaminpyrophosphat ist eines der benötigten Coenzyme.
(B) NAD^+ ist ein Cosubstrat.
(C) Das Enzym liegt im Fettgewebe bei hohem Glucoseangebot vorwiegend im aktiven Zustand vor.
(D) Eine Phosphatase bewirkt durch eine Dephosphorylierung die Aktivierung des Enzyms.
(E) ATP bewirkt eine allosterische Aktivierung.

F99
→ **11.2 Welche Aussage trifft nicht zu?**
Acetyl-CoA kann im Zellstoffwechsel entstehen
(A) aus Acyl-CoA-Verbindungen durch β-Oxidation
(B) aus Pyruvat durch oxidative Decarboxylierung
(C) aus Citrat durch die Reaktion der ATP-Citrat-Lyase
(D) aus Acetat durch Aktivierung mit ATP und Coenzym A
(E) beim Cholesterolabbau

10.24 (E) 10.25 (D) 10.26 (E) 10.27 (C) 10.28 (∗∗∗) 10.29 (A) 11.1 (E) 11.2 (E)

H03
→ **11.3 Acetyl-CoA reagiert nicht mit**
(A) Oxalacetat (und H_2O) unter Bildung von Citrat
(B) Cholin unter Bildung von Acetylcholin
(C) CO_2 unter Bildung von Pyruvat
(D) Acetacetyl-CoA (und H_2O) unter Bildung von β-Hydroxy-β-methylglutaryl-CoA (HMG-CoA)
(E) Glucosamin-6-phosphat unter Bildung von N-Acetyl-glucosamin-6-phosphat

F02
→ **11.4 Welche Aussagen über Acetyl-CoA trifft nicht zu?**
(A) Aus Acetyl-CoA können Ketonkörper synthetisiert werden.
(B) Acetyl-CoA entsteht beim Abbau von Cholesterin.
(C) Acetyl-CoA entsteht bei der β-Oxidation der Fettsäuren.
(D) Pyruvat wird durch oxidative Decarboxylierung in Acetyl-CoA umgewandelt.
(E) Acetyl-CoA kann in Biotin-abhängiger Reaktion carboxyliert werden.

H02
→ **11.5 Welche Dehydrogenase ist nicht am Citratzyklus beteiligt?**
(A) Isocitrat-Dehydrogenase
(B) α-Ketoglutarat-Dehydrogenase
(C) Succinat-Dehydrogenase
(D) Malat-Dehydrogenase
(E) Pyruvat-Dehydrogenase

H04
→ **11.6 Welche Aussage zur Citronensäure trifft zu?**

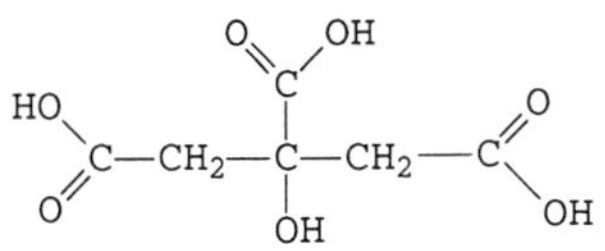

(A) Citronensäure enthält eine sekundäre alkoholische Gruppe.
(B) Citronensäure ist ein vierwertiger Alkohol.
(C) Citronensäure ist eine Tricarbonsäure.
(D) Im Citratcyclus entsteht Citrat aus Citrullin und Acetyl-CoA.
(E) Im Citratcyclus wird ein Molekül Citrat in zwei Moleküle Succinat gespalten.

F05
→ **11.7 Biologisch wirksame Derivate der Nicotinsäure, des Riboflavins und des Thiamins fungieren als Coenzyme bzw. prosthetische Gruppen der**
(A) NADH-Ubichinon-Oxidoreduktase
(B) α-Ketoglutarat-Dehydrogenase (2-Oxoglutarat-Dehydrogenase)
(C) Acyl-CoA-Dehydrogenase
(D) Fettsäure-Synthase
(E) ATP-Synthase (F_oF_1-ATPase)

F04
→ **11.8 Welche Aussage zum Succinyl-CoA trifft nicht zu?**
(A) Es ist ein Metabolit des Citratzyklus.
(B) Es ist ein Zwischenprodukt beim Abbau der Propionsäure.
(C) Es entsteht bei der β-Oxidation von Ölsäure.
(D) Es ist am Abbau von Ketonkörpern beteiligt.
(E) Es ist ein Baustein für die Porphyrinsynthese.

F04
→ **11.9 Ein energiereicher Metabolit, der direkt zur Synthese von GTP aus GDP benutzt wird, ist das bei der Oxidation von**
(A) α-Ketoglutarat entstehende Succinyl-CoA
(B) Lactat entstehende Pyruvat
(C) Glucose-6-phosphat entstehende 6-Phosphogluconat
(D) Pyruvat entstehende Acetyl-CoA
(E) Malat entstehende Oxalacetat

F98
→ **11.10 Welche Aussage trifft nicht zu? Succinat-Dehydrogenase**
(A) ist ein membrangebundenes Enzym des Citratzyklus
(B) enthält kovalent gebundenes FAD als prosthetische Gruppe
(C) enthält Eisen-Schwefel-Komplexe, die Elektronen auf die Atmungskette übertragen
(D) ist Teil des Komplexes II der Atmungskette (Succinat-Ubichinon-Reduktase)
(E) wird durch Malonat aktiviert

11.3 (C) 11.4 (B) 11.5 (***) 11.6 (C) 11.7 (B) 11.8 (C) 11.9 (A) 11.10 (E)

F03

→ **11.11 Welche Aussage zum Fumarat trifft nicht zu?**

(A) Fumarat ist eine ungesättigte Verbindung.
(B) Fumarat entsteht beim Abbau aromatischer Aminosäuren, wie z. B. Tyrosin.
(C) Fumarat entsteht bei der Decarboxylierung von Oxalacetat.
(D) Fumarat ist Reaktionsprodukt der Succinat-Dehydrogenase.
(E) Fumarat wird im Harnstoffzyklus gebildet.

F99

→ **11.12 Welche Aussage über den Citratzyklus trifft nicht zu?**
Bei Durchsatz einer Acetylgruppe

(A) wird auf drei NAD^+ jeweils ein Hydridion übertragen
(B) werden Reduktionsäquivalente auf FAD übertragen
(C) wird intermediär ein Molekül Liponsäureamid reduziert
(D) wird ein Molekül cis-Aconitat unter NAD^+-Verbrauch zu Isocitrat oxidiert
(E) entsteht bei der Oxidation eines Moleküls α-Ketoglutarat ein energiereicher Thioester

F00

→ **11.13 Zu den anabolen Funktionen des Citratzyklus gehört nicht die**

(A) Bildung von Citrat für die Fettsäuresynthese
(B) Bereitstellung des Kohlenstoffgerüstes für die Glutaminsäuresynthese
(C) Bildung von Oxalacetat für die Gluconeogenese
(D) Bildung von Acetyl-CoA für die Cholesterolsynthese
(E) Bildung von Succinyl-CoA für die Porphyrinsynthese

H03 H99

→ **11.14 Zur Aufrechterhaltung einer optimalen Citratzyklus-Geschwindigkeit muss der ständige Abfluss von Zwischenprodukten für Biosynthesen durch zusätzliche Bildung von Oxalacetat ausgeglichen werden.**
Welches der genannten Enzyme katalysiert diese anaplerotische Reaktion?

(A) Aconitase
(B) Pyruvat-Carboxylase
(C) Citrat-Synthase
(D) Pyruvat-Dehydrogenase
(E) Malat-Dehydrogenase

H97

→ **11.15 Welche Aussage trifft nicht zu?**
Dem Citratzyklus werden Zwischenprodukte für folgende Biosynthesen entnommen:

(A) Citrat für die Fettsäure-Biosynthese
(B) Acetyl-CoA für die Gluconeogenese
(C) Succinyl-CoA für die Häm-Biosynthese
(D) Oxalacetat für die Aspartat-Biosynthese
(E) α-Ketoglutarat für die Glutamat-Biosynthese

H03

→ **11.16 Welche der Substanzen wird typischerweise vom Zytosol her über die innere Mitochondrienmembran transportiert, um als Donator von Reduktionsäquivalenten für das Ubichinon-Redoxsystem zu dienen?**

(A) Isocitrat (über NADH, Isocitrat-Dehydrogenase)
(B) α-Ketoglutarat (über NADH, α-Ketoglutarat-Dehydrogenase)
(C) Malat (über NADH, Malat-Dehydrogenase)
(D) Succinat (über $FADH_2$, Succinat-Dehydrogenase)
(E) Acyl-CoA (über $FADH_2$, Acyl-CoA-Dehydrogenase)

H04

→ **11.17 Die pro Tag durch die Lunge des Erwachsenen abgeatmete CO_2-Menge liegt in der Größenordnung von 1 kg.**
In welchem Stoffwechselweg wird mit Abstand das meiste Kohlendioxid gebildet?

(A) im Pentosephosphatweg
(B) bei der Decarboxylierung von Acetoacetat (3-Ketobutyrat) zu Aceton
(C) bei der Decarboxylierung von Aminosäuren
(D) durch Pyruvat-Dehydrogenase und Citratzyklus
(E) bei der Porphyrinbiosynthese

F03

→ **11.18 Welche Reaktion bzw. welcher Prozess kann nicht Reduktionsäquivalente für die Atmungskette liefern?**

(A) Citratzyklus
(B) β-Oxidation von aktivierten Fettsäuren
(C) oxidative Decarboxylierung von Pyruvat
(D) Desamidierung von Glutamin
(E) oxidative Desaminierung von Glutamat

11.11 (C) 11.12 (D) 11.13 (D) 11.14 (B) 11.15 (B) 11.16 (C) 11.17 (D) 11.18 (D)

F05

→ **11.19 In der Atmungskette reagieren die Glieder der Redox-Kette miteinander.**
In welcher Reihenfolge fließen dabei die Elektronen?

(A) $FMNH_2$ → NAD → Ubichinon (Coenzym Q) → Cytochrom c → O_2
(B) NADH → FMN → Cytochrom c → Ubichinon (Coenzym Q) → O_2
(C) NADH → FMN → Ubichinon (Coenzym Q) → Cytochrom c → O_2
(D) O_2 → Cytochrom c → Ubichinon (Coenzym Q) → FMN → NADH
(E) Ubichinol (red. Coenzym Q) → Cytochrom c → NADH → FMN

H96

→ **11.20 Welche Aussage trifft nicht zu?**
Die angegebenen Multienzymkomplexe enthalten proteingebundenes Eisen in „nicht-Häm"-Form:

(A) NADH-Ubichinon-Reduktase
(B) Succinat-Ubichinon-Reduktase
(C) Ubichinon-Cytochrom-c-Reduktase
(D) Cytochrom-c-Oxidase
(E) Cytochrom-P_{450}-Hydroxylase

H00

→ **11.21 Welche Aussage zur Atmungskette trifft zu?**

(A) Pro Molekül Succinat, das zu Fumarat oxidiert wird, können drei Moleküle ATP gebildet werden.
(B) Die Oxidation von NADH kann durch Entkoppler gehemmt werden.
(C) Die ATP/ADP-Translokase wird durch Cyanid gehemmt.
(D) Hemmung der ATP/ADP-Translokase bewirkt auch eine Hemmung der NADH-Oxidation.
(E) Succinat-Dehydrogenase ist in der äußeren Mitochondrienmembran lokalisiert.

F00

→ **11.22 Welche Aussage zu den mitochondrialen Multienzymkomplexen trifft nicht zu?**

(A) Die NADH-Ubichinon-Oxidoreduktase enthält FMN als Elektronen- und Wasserstoffcarrier.
(B) Die NADH-Ubichinon-Oxidoreduktase ist eine Protonenpumpe.
(C) Die Succinat-Ubichinon-Oxidoreduktase ist eine Protonenpumpe.
(D) Die Cytochrom-c-Oxidase überträgt Elektronen auf Sauerstoff.
(E) Die F_1/F_0-ATPase ist eine protonengetriebene ATP-Synthase.

H05

→ **11.23 Die Atmungskette besteht aus einer Reihe von hintereinandergeschalteten Enzymsystemen.**
Mit welchem Enzymsystem reagiert der molekulare Sauerstoff?

(A) NADH-Dehydrogenase
(B) Succinat-Dehydrogenase
(C) Cytochom-bc_1-Komplex
(D) Cytochrom-c-Oxidase
(E) ATP-Synthase (F_0F_1-ATPase)

F01

→ **11.24 Welche Aussage zur chemiosmotischen Therapie der Atmungsketten-Phosphorylierung trifft nicht zu?**

(A) Die Oxidation des Wasserstoffs und die Synthese von ATP sind über einen Protonengradienten gekoppelt.
(B) Wenn Elektronen durch die Atmungskette fließen, werden Protonen aus der mitochondrialen Matrix in den Intermembranraum gepumpt.
(C) Der Protonengradient erzeugt ein Membranpotential.
(D) Die „protonenmotorische Kraft" hält die Protonen im Intermembranraum zurück.
(E) Der Protonenrückfluss erfolgt über den membranständigen ATP-Synthase-Komplex, der aus einem Protonenkanal und einer ATP-synthetisierenden Einheit besteht.

F02

→ **11.25 Welche Aussage zur Atmungskette trifft nicht zu?**

(A) Sie besteht aus Wasserstoff- und Elektronenübertragenden Multienzymkomplexen.
(B) Sie enthält das Membranlipid Ubichinon zur funktionellen Verknüpfung von Flavoproteinen mit Cytochromen.
(C) Sie transloziert Protonen über die innere Mitochondrienmembran.
(D) Sie baut ein elektrochemisches Potential auf, das zur Synthese von ATP verwendet wird.
(E) Sie wird durch 2,4-Dinitrophenol (DNP) auf der Stufe der Cytochromoxidase spezifisch gehemmt.

11.19 (C) 11.20 (D) 11.21 (D) 11.22 (C) 11.23 (D) 11.24 (D) 11.25 (E)

F96

→ **11.26 Welche Aussage trifft nicht zu?**
Die mitochondriale protonengetriebene ATP-Synthase

(A) ist mit ihrem F_0-Teil integraler Bestandteil der inneren Mitochondrienmembran
(B) enthält im F_0-Teil einen Protonenkanal
(C) besitzt Untereinheiten, die pilzförmig in den Matrixraum der Mitochondrien hineinragen (F_1-Teil)
(D) katalysiert im F_1-Teil die Synthese von ATP aus ADP und Phosphat
(E) hydrolysiert auf der Außenseite der Mitochondrienmembran zytosolisches ATP zu ADP und Phosphat

H04

→ **11.27 Die ATP-Synthase (bestehend aus einem F_0- und F_1-Teil) der Mitochondrien katalysiert die Bildung von ATP aus ADP und anorganischem Phosphat.**
Was ist der unmittelbare Lieferant der Energie für diesen endergonen Prozess?

(A) das stark negative Redoxpotential des NADH
(B) die Oxidationskraft des Sauerstoffs
(C) der Protonengradient über die innere Mitochondrienmembran
(D) die Hydrolyse von Acyl-CoA an der äußeren Mitochondrienmembran
(E) die Übertragung des energiereichen Phosphats von Kreatinphosphat auf ADP

H02 H99

→ **11.28 Entkoppler der oxidativen Phosphorylierung**

(A) erniedrigen den Sauerstoffverbrauch
(B) führen zu erhöhter Wärmebildung
(C) hemmen den Transport von Protonen über die innere Mitochondrien-Membran
(D) erhöhen die Bildung von ATP aus ADP und Phosphat
(E) hemmen die Cytochromoxidase

H04

→ **11.29 Erhöht sich die Dichte von Thermogenin (UCP-1) in der inneren Mitochondrienmembran, so**

(A) wird diese Membran für H^+-Ionen permeabler
(B) kann ein erhöhter Parasympathikotonus dafür die Ursache sein
(C) sinkt in der betreffenden Zelle die Wärmebildung
(D) kommt der aerobe Stoffwechsel dieser Zelle zum Erliegen
(E) nimmt die mitochondriale ATP-Synthese zu

F03

→ **11.30 Die Entkopplung der oxidativen Phosphorylierung der Atmungskette hat zur Folge:**

(A) Erniedrigung des O_2-Verbrauchs
(B) Abtrennung des Elektronentransports von der ATP-Bildung
(C) Unterbrechung des Elektronentransports in der Atmungskette
(D) Hemmung der oxidativen Decarboxylierung von α-Ketoglutarat
(E) Hemmung der Substratphosphorylierung

H92

→ **11.31 Welche Zuordnung von Inhibitor und Wirkung trifft nicht zu?**

(A) Cyanid – Hemmung der Cytochromoxidase
(B) Kohlenmonoxid – Hemmung der Cytochromoxidase
(C) 2,4-Dinitrophenol – Entkopplung der Atmungskette
(D) Oligomycin – Hemmung der RNA-Polymerase
(E) Atractylosid – Hemmung der ATP/ADP-Translokation

F01

→ **11.32 Welche Aussage zu reaktiven Sauerstoffmetaboliten trifft nicht zu?**

(A) Sie entstehen in Granulozyten unter Mitwirkung der Membran-ständigen NADPH-Oxidase.
(B) Sie sind Oxidationsprodukte des Sauerstoffs.
(C) Sie können die DNA schädigen und dadurch mutagene Effekte auslösen.
(D) Sie bewirken die Oxidation von Membranlipiden.
(E) Sie können durch eine Glutathion-abhängige Reaktion inaktiviert werden.

H05

→ **11.33 Bei der septischen Granulomatose handelt es sich um ein angeborenes Krankheitsbild, bei dem die betroffenen Patienten unter rezidivierenden Infektionen leiden. Ursache ist ein Defekt der NADPH-Oxidase weißer Blutkörperchen.**
Welche Funktion hat dieses Enzym?

(A) Elektronentransfer im Rahmen der mitochondrialen Atmungskette
(B) Bereitstellung von NADPH für die Fettsäuresynthese
(C) Bereitstellung von NADPH für Cytochrom P_{450}-abhängige Entgiftungsreaktionen
(D) Bildung von Superoxidanionen (O_2^-) aus NADPH und Sauerstoff
(E) Umwandlung von Superoxidanionen (O_2^-) in H_2O_2 und Sauerstoff

11.26 (E) 11.27 (C) 11.28 (B) 11.29 (A) 11.30 (***) 11.31 (D) 11.32 (B) 11.33 (D)

Fragen aus Examen Frühjahr 2006

F06

→ **11.34 Welche Aussage zum Citrat-Zyklus trifft zu?**

(A) 2-Oxoglutarat (α-Ketoglutarat) und Acetyl-CoA reagieren zu Citrat.

(B) Citrat wird durch Oxidation mit NAD^+ in Isocitrat umgewandelt.

(C) Bei der Umwandlung von Succinat zu Fumarat wird FAD reduziert.

(D) Malat entsteht durch Decarboxylierung aus Oxalacetat.

(E) Die Reduktion von Malat mit NADH + H^+ führt zu Oxalacetat.

F06

→ **11.35 Worauf ist die akute Giftwirkung von Blausäure hauptsächlich zurückzuführen?**

(A) Umwandlung von Hämoglobin in Cyanhämoglobin

(B) Hemmung der Cytochrom-c-Oxidase (Komplex IV der Atmungskette)

(C) Blockierung des O_2-Transportes in Erythrozyten

(D) Inaktivierung der ATP-Synthase

(E) Blockade des Citrat-Zyklus durch Inaktivierung der Dehydrogenasen

12 Glykogenstoffwechsel, Gluconeogenese

H05

→ **12.1 Zur Deckung des Energiebedarfs der obligat Glucose verbrauchenden Zellen des Erwachsenen müssen diese in 24 h etwa 200 g Glucose erhalten. Nach einer kohlenhydratreichen Mahlzeit ist der Glykogenspeicher in der Leber gefüllt. Bei anschließender Nahrungskarenz in Ruhe wird fast ausschließlich mit diesem Speicher der Energiebedarf der obligat Glucose verbrauchenden Zellen gedeckt.**
Etwa nach welcher Zeit ist unter diesen Vorgaben der Glykogenspeicher der Leber geleert?

(A) 1–2 Stunden

(B) 12–48 Stunden

(C) 4–6 Tage

(D) 9–12 Tage

(E) 2–4 Wochen

F00

→ **12.2 Welche Aussage über den Glykogenstoffwechsel trifft nicht zu?**

(A) Substrat der Glykogensynthase ist UDP-Glucose.

(B) Neben der Glykogensynthase wird zur Glykogensynthese auch eine Amylo-1,4→1,6-Transglykosidase benötigt.

(C) Die Phosphorylase-Kinase katalysiert die Phosphorylierung der inaktiven Glykogenphosphorylase b.

(D) Glykogen wird überwiegend phosphorolytisch unter Entstehung von Glucose-1-phosphat abgebaut.

(E) Im Muskel ist Glucose das Endprodukt des Glykogenabbaus.

F04

→ **12.3 Welche Aussage zum Glykogen trifft nicht zu?**

(A) Für seine Biosynthese wird UDP-Glucose benötigt.

(B) Es besteht eine große Ähnlichkeit zu der Grundstruktur von Amylopektin.

(C) Seine relative Molekülmasse kann mehr als 10^6 betragen.

(D) Beim enzymatischen Abbau im Skelettmuskel durch die Glykogenphosphorylase entsteht vorwiegend Glucose.

(E) Am Abbau der Verzweigungsstellen im Glykogenmolekül ist eine Amylo-1,6-glucosidase beteiligt.

H00

→ **12.4 Welche Aussage zum Glykogenstoffwechsel trifft nicht zu?**

(A) Die Kettenverlängerung bei der Glykogensynthese erfolgt durch 1,4-glykosidische Verknüpfung.

(B) Zur Synthese des Glykogens ist Glucose in einer aktivierten Form erforderlich.

(C) Die Glykogensynthese wird u. a. auf der Stufe der Amylo-1,4→1,6-Transglykosylase („branching enzyme") reguliert.

(D) Die Spaltung des Glykogens erfolgt überwiegend phosphorolytisch.

(E) Wegen des Fehlens von Glucose-6-phosphatase ist im Muskel das aus Glucose-1-phosphat entstehende Glucose-6-phosphat das Endprodukt des Glykogenabbaus.

11.34 (C) 11.35 (B) 12.1 (B) 12.2 (E) 12.3 (D) 12.4 (C)

F02

→ **12.5 An der Glykogensynthese aus Glucose in der Leber ist nicht beteiligt:**
(A) Glucokinase
(B) Phosphoglucomutase
(C) UDP-Glucose-4-Epimerase
(D) Glykogensynthase
(E) Amylo-(1,4-1,6)-Transglykosylase

H97

→ **12.6 Bei der phosphorolytischen Spaltung von Glykogen wird freigesetzt:**
(A) Glucose-6-phosphat
(B) Glucose-1,6-bisphosphat
(C) Glucose-1-phosphat
(D) Glucose
(E) Maltose-1-phosphat

F03

→ **12.7 Welche Aussage zum Glykogenabbau im Skelettmuskel trifft zu?**
(A) Hypoglykämie hemmt den Glykogenabbau.
(B) Glukagon stimuliert den Glykogenabbau.
(C) Erhöhung der Ca^{2+}-Konzentration im Blut aktiviert den Glykogenabbau.
(D) Reaktionsprodukt der Glykogen-Phosphorylase-Reaktion ist Glucose-1-phosphat.
(E) Endprodukt des Glykogenabbaus ist Glucose.

H03

→ **12.8 Welche Aussage zum Glykogen-Abbau im Skelettmuskel trifft am ehesten zu?**
(A) Er wird durch Glukagon stimuliert.
(B) Er wird durch Insulin stimuliert.
(C) Er benötigt 1 ATP pro freigesetztes Glucose-6-phosphat.
(D) Im Verlauf des Glykogen-Abbaus wird Glucose-1-phosphat gebildet.
(E) Er erfolgt – im Unterschied zur Leber – vor allem durch Hydrolyse.

F04

→ **12.9 Welcher der folgenden Vorgänge bewirkt im Skelettmuskel am ehesten eine Stimulierung der Glykogenolyse?**
(A) Aktivierung der Glykogenphosphorylase durch AMP
(B) Aktivierung der Glykogenphosphorylase-Phosphatase
(C) Aktivierung der Phosphodiesterase durch Insulin
(D) allosterische Regulation der Glykogenphosphorylase durch vermehrte ATP- und Glucose-6-phosphat-Konzentration
(E) Interaktion von Glykogenin und Glykogensynthase

H02

→ **12.10 An der Regulation von Enzymen des Glykogenstoffwechsels im Muskel ist nicht beteiligt die**
(A) Bindung von Ca^{2+}-Calmodulin an die Phosphorylase-Kinase
(B) Phosphorylierung der Glykogen-Phosphorylase
(C) allosterische Aktivierung der Glykogen-Phosphorylase durch AMP
(D) allosterische Hemmung der Glykogen-Synthase durch Inositol-1,4,5-trisphosphat (IP_3)
(E) Dephosphorylierung der Glykogen-Synthase

H01

→ **12.11 Welche Aussage zur Regulation der Enzyme des Glykogenabbaus trifft nicht zu?**
(A) Glykogenphosphorylase wird durch AMP aktiviert.
(B) Glykogenphosphorylase wird durch Insulin aktiviert.
(C) Glykogenphosphorylase wird durch Phosphorylierung aktiviert.
(D) Phosphorylasekinase wird durch Phosphorylierung aktiviert.
(E) Phosphorylasekinase wird durch Ca^{2+}-Calmodulin aktiviert.

F03

→ **12.12 Die Glykogenspeicherkrankheit vom Typ I (v. Gierke) ist bedingt durch einen**
(A) hohen Anteil an Kohlenhydraten in der Nahrung
(B) Mangel an lysosomaler α-Glucosidase
(C) Mangel an Amylo-1,6-Glucosidase („debranching enzyme")
(D) Mangel an Glucose-6-Phosphatase
(E) Mangel an Phosphorylase-Kinase

12.5 (C) 12.6 (C) 12.7 (D) 12.8 (D) 12.9 (A) 12.10 (D) 12.11 (B) 12.12 (D)

H05

→ **12.13 Die Glykogenose Typ I (von Gierke) beruht auf einem angeborenen Mangel an Glucose-6-phosphatase.**
Welche der angegebenen Störungen tritt bei dieser Krankheit auf?

(A) Ablagerung falsch glykosylierter Plasmaproteine in der Leber
(B) hypoglykämische Zustände
(C) Anämie durch NADPH-Mangel im Erythrozyten
(D) Glykogenstau im Skelettmuskel
(E) lysosomale Speicherung von Glykolipiden

H02

→ **12.14 Welchen Metaboliten kann die Leber bei Nahrungskarenz nicht als Substrat für die Gluconeogenese nutzen?**

(A) Aspartat
(B) Glycerin
(C) α-Ketoglutarat
(D) Acetacetat
(E) Lactat

H03

→ **12.15 Substrat für die Gluconeogenese der Leber ist nicht:**

(A) Alanin
(B) Lactat
(C) Propionat
(D) Lysin
(E) Glycerin

H01

→ **12.16 Welche Aussage zur Kompartimentierung der Gluconeogenese trifft zu?**

(A) Pyruvatcarboxylase ist ein zytosolisches Enzym.
(B) Fructose-1,6-bisphosphatase ist ein mitochondriales Enzym.
(C) Glucose-6-phosphatase ist ein Enzym des glatten endoplasmatischen Retikulums.
(D) Oxalacetat wird durch einen spezifischen Carrier aus der Mitochondrien-Matrix ins Zytosol transportiert.
(E) Phosphoenolpyruvat-Carboxykinase wird durch mitochondriale Phosphorylierung inaktiviert.

H02

→ **12.17 An Schlüsselreaktionen der Gluconeogenese ist nicht beteiligt:**

(A) Phosphoenolpyruvat-Carboxylkinase
(B) Pyruvatkinase
(C) Pyruvatcarboxylase
(D) Fructose-1,6-bisphosphatase
(E) Glucose-6-phosphatase

H00

→ **12.18 Welche Aussage zur Gluconeogenese trifft nicht zu?**

(A) Sie kann freie Fettsäuren als Substrat verwerten.
(B) Sie verbraucht ATP.
(C) Sie verbraucht GTP.
(D) Sie wird durch Cortisol stimuliert.
(E) Sie ist bei Insulinmangel gesteigert.

F97

→ **12.19 Welche Aussage trifft nicht zu?**
Eine Steigerung der hepatischen Gluconeogenese kann ausgelöst werden durch:

(A) Nahrungsentzug
(B) Glucagon
(C) Adrenalin
(D) Insulin
(E) Cortisol

H03

→ **12.20 Ein Patient hat eine schwere Hypoglykämie. Die Leber reagiert mit einer Steigerung der Glucoseabgabe.**
Welcher Regulationsmechanismus wird dabei wirksam?

(A) Ubiquitin-abhängige Proteolyse der Hexokinase, Fructose-6-phosphat-1-Kinase und Pyruvatkinase
(B) Produkthemmung der Hexokinase durch Glucose-6-phosphat
(C) Senkung der cAMP-Konzentration durch Insulin-abhängige Aktivierung der Phosphodiesterase
(D) Aktivierung der Glykogenphosphorylase-Kinase durch Calciumionen
(E) Aktivierung der Fructose-2,6-Bisphosphatase durch cAMP-abhängige Phosphorylierung

F00

→ **12.21 Welche Aussage zur Pyruvat-Carboxylase trifft nicht zu?**

(A) Sie katalysiert in den Mitochondrien die Bildung von Oxalacetat.
(B) Sie enthält als prosthetische Gruppe Biotin.
(C) Sie wird als interkonvertierbares Enzym durch Dephosphorylierung aktiviert.
(D) Sie ist durch Glucocorticoide induzierbar.
(E) Sie wird durch Acetyl-CoA allosterisch aktiviert.

12.13 (B) 12.14 (D) 12.15 (D) 12.16 (C) 12.17 (B) 12.18 (A) 12.19 (D) 12.20 (***) 12.21 (C)

Fragen aus Examen Frühjahr 2006

F06
→ **12.22 Welche Aussage zur Gluconeogenese trifft nicht zu?**
(A) Substrate sind Glycerin, Lactat oder glucogene Aminosäuren.
(B) Sie findet überwiegend in Leber und Niere statt.
(C) Pyruvat wird zu Oxalacetat carboxyliert.
(D) Oxalacetat wird unter Mitwirkung von Biotin in Phosphoenolpyruvat umgewandelt.
(E) Fructose-1,6-Bisphosphatase ist ein an der Gluconeogenese beteiligtes Enzym.

13 Biosynthese der Fettsäuren, Lipogenese

F01
→ **13.1 Welche Aussage zum Fettgewebe trifft nicht zu?**
(A) Eine Neusynthese von Fettsäuren aus Kohlenhydraten ist möglich.
(B) Das für die Triacylglycerin-Synthese benötigte Glycerin-3-phosphat wird überwiegend durch Reduktion eines Zwischenprodukts der Glykolyse gebildet.
(C) Die Synthese von Triacylglycerinen wird durch Insulin gefördert.
(D) Triacylglycerine können durch Rezeptor-abhängige Pinozytose aufgenommen und gespeichert werden.
(E) Die Lipolyse kann durch Glukagon und Adrenalin stimuliert werden.

H00
→ **13.2 An der Substratbereitstellung für die Fettsäurebiosynthese aus Glucose ist nicht beteiligt:**
(A) Pyruvatdehydrogenase
(B) ATP-Citrat-Lyase
(C) PEP-Carboxykinase
(D) Aceteyl-CoA-Carboxylase
(E) Citratsynthase

F01 F99
→ **13.3 Welche Aussage über die Fettsäuresynthese trifft nicht zu?**
(A) Der Fettsäure-Synthase-Komplex ist im Zytosol lokalisiert.
(B) Bei Synthesebeginn wird nach der Übertragung eines Acetylrestes von der zentralen auf die periphere SH-Gruppe ein Malonylrest an die zentrale SH-Gruppe der Fettsäure-Synthase gebunden.
(C) Der am Enzym als Thioester gebundene β-Ketoacylrest wird durch NADPH zum β-Hydroxyacylrest hydriert.
(D) Durch Wasserabspaltung aus dem β-Hydroxyacylrest entsteht ein α,β-Dehydroacylrest.
(E) Der am Fettsäure-Synthase-Komplex gebildete Acylrest wird auf Carnitin übertragen.

F03
→ **13.4 Welche Aussage zur Fettsäuresynthese und zum Fettsäuresynthasekomplex trifft nicht zu?**
(A) Der Komplex enthält Phosphopantethein.
(B) Als Substrat wird Malonyl-CoA benötigt.
(C) Wasserstoffdonator ist NADH.
(D) Die Zwischenprodukte sind kovalent an das Enzym gebunden.
(E) Die Kondensationsreaktion verläuft unter Abspaltung von CO_2.

F02
→ **13.5 Die Acetyl-CoA-Carboxylase**
(A) katalysiert eine Schlüsselreaktion der Gluconeogenese
(B) ist ein mitochondriales Enzym
(C) wird durch Phosphorylierung aktiviert
(D) wird durch Katecholamine induziert
(E) katalysiert Biotin-abhängig die Synthese von Malonyl-CoA

12.22 (D) 13.1 (D) 13.2 (C) 13.3 (E) 13.4 (C) 13.5 (E)

F04

→ **13.6 Der molekulare Mechanismus der Fettsäuresynthese erfordert die Verfügbarkeit von Acetyl-CoA und Malonyl-CoA als Substrate des multifunktionellen Fettsäuresynthase-Komplexes.**
Zu Beginn der Biosynthese von Palmitinsäure ist an das Acyl-Carrier-Protein ein Acetylrest gebunden.
Die Kohlenstoffatome dieses Acetylrestes

(A) werden zur Bildung von Malonyl-CoA verwendet
(B) verlassen den Fettsäuresynthase-Komplex in Form von CO_2
(C) sind in der fertigen Palmitinsäure die C-Atome 15 und 16
(D) sind in der fertigen Palmitinsäure die C-Atome 1 und 16
(E) sind in der fertigen Palmitinsäure die C-Atome 1 und 2

F01

→ **13.7 An der Biosynthese von cis-Δ^9-Octadecensäure (Ölsäure, 18 C-Atome) ist nicht beteiligt:**

(A) Propionyl-CoA
(B) Malonyl-CoA
(C) Fettsäuresynthase
(D) Desaturase
(E) Cytochrom b_5

F03

→ **13.8 Welche Aussage zum Enzymkomplex der Fettsäure-Desaturase trifft nicht zu?**

(A) Er enthält ein Protein aus der Cytochrom-P_{450}-Familie.
(B) Er enthält FAD als prosthetische Gruppe.
(C) Er benötigt NAD(P)H als Wasserstoffdonator.
(D) Er ist am endoplasmatischen Retikulum lokalisiert.
(E) Er benötigt molekularen Sauerstoff.

F00 H99

→ **13.9 Welche Aussage zum Glycerin-3-phosphat trifft nicht zu?**

(A) Es kann aus Glycerin mit Hilfe von Glycerinkinase gebildet werden.
(B) Es ist ein Zwischenprodukt der Glykolyse.
(C) Es kann aus Dihydroxyacetonphosphat mit Hilfe von Glycerin-3-phosphat-Dehydrogenase gebildet werden.
(D) Es ist ein Ausgangsstoff für die Synthese von Phosphatidsäure.
(E) Es ist eine Transportsubstanz für Wasserstoff in die Mitochondrien des Muskels.

F03

→ **13.10 Welches Organ bzw. Gewebe enthält das Enzym Glycerokinase in hoher Aktivität?**

(A) ZNS
(B) Muskel
(C) Leber
(D) Fettgewebe
(E) Nebennierenrinde

F95 H92 F87

→ **13.11 Welche Aussage trifft nicht zu?**
Bei der Biosynthese von Triacylglycerinen

(A) wird intermediär Phosphatidsäure gebildet
(B) muss freies Glycerin zur Verfügung gestellt werden
(C) müssen freie Fettsäuren in einer ATP- und CoA-abhängigen Reaktion in Acyl-CoA-Derivate überführt werden
(D) können Nahrungsfettsäuren verwendet werden
(E) wird intermediär ein α, β-Diacylglycerin gebildet

H02

→ **13.12 Welche Aussage zur HMG-CoA-Reduktase trifft zu?**

(A) Die Reduktion von HMG-CoA erfolgt im Zytosol.
(B) Bei der HMG-CoA-Reduktase-Reaktion wird ein mol FAD reduziert.
(C) Produkt der HMG-CoA-Reduktase-Reaktion ist Acetacetyl-CoA.
(D) HMG-CoA-Reduktase ist das Schlüsselenzym der Ketonkörper-Synthese.
(E) HMG-CoA-Reduktase wird durch Cholesterin aktiviert.

H03

→ **13.13 Die Biosynthese welcher der folgenden Verbindungen geht nicht von Isopentenylpyrophosphat (Isopentenyl-PP, „aktives Isopren") aus?**

(A) Mevalonat-PP
(B) Ubichinon
(C) Farnesyl-PP
(D) Squalen
(E) Cholesterin

13.6 (C) 13.7 (A) 13.8 (***) 13.9 (B) 13.10 (C) 13.11 (B) 13.12 (A) 13.13 (A)

F04

→ **13.14 Welche Aussage zum Farnesylpyrophosphat (Farnesyldiphosphat) trifft nicht zu?**

(A) Es entsteht aus Geranylpyrophosphat (Geranyldiphosphat).
(B) Es ist ein Zwischenprodukt der Ubichinonsynthese.
(C) Es ist eine Vorstufe von Squalen.
(D) Es ist ein Zwischenprodukt der Cholesterinbiosynthese.
(E) Durch seine Reaktion mit Vitamin D_3 entsteht das Calcitriol.

F04

→ **13.15 Welche Aussage zum Cholesterin trifft zu?**

(A) Für die Cholesterin-Biosynthese wird mitochondriales, jedoch kein extramitochondriales HMG-CoA (β-Hydroxy-β-methylglutaryl-CoA) benötigt.
(B) Für die Biosynthese eines Cholesterin-Moleküls werden 6 HMG-CoA-Moleküle benötigt.
(C) Cholesterin induziert die Bildung der HMG-CoA-Reductase.
(D) Das Sterangerüst des Cholesterins ist mehrfach hydroxyliert.
(E) Die Speicherung der aus Cholesterin durch die ACAT gebildeten Cholesterinester erfolgt überwiegend zwischen den Alkanketten der Zellmembran.

H04

→ **13.16 Hohe Cholesterin-Konzentrationen im Blutplasma können das Risiko einer koronaren Herzkrankheit erhöhen. Bestimmte Medikamente zur Senkung der Hypercholesterinämie hemmen kompetitiv ein Enzym, das die Bildung von Mevalonat im Rahmen der Cholesterin-Biosynthese katalysiert. Um welches Enzym handelt es sich?**

(A) Acyl-CoA-Cholesterin-Acyltransferase (ACAT)
(B) β-Hydroxy-β-methyl-glutaryl-CoA-Reduktase (HMG-CoA-Reduktase)
(C) β-Hydroxy-β-methyl-glutaryl-CoA-Synthase (HMG-CoA-Synthase)
(D) Prenyl-Transferase
(E) Squalen-Epoxidase

F02

→ **13.17 Im Blutplasma werden nicht überwiegend in Lipoproteinen transportiert:**

(A) Cholesterin
(B) Cholesterinester
(C) Triglyceride
(D) freie Fettsäuren
(E) Phospholipide

F99

→ **13.18 Welche Aussage zum Cholesterol bzw. zum Cholesterolstoffwechsel trifft nicht zu?**

(A) Cholesterol wird aus Isoprenbausteinen synthetisiert.
(B) Cholesterol enthält eine OH-Gruppe.
(C) Cholesterol wird vorwiegend in VLDL transportiert.
(D) Cholesterol ist Bestandteil der Erythrozytenmembran.
(E) Gallensäuren sind Lösungsvermittler des Cholesterols in der Galle.

H02

→ **13.19 Zahlreiche Gewebe des Menschen haben nur eine geringe endogene Cholesterinsynthese. Vielmehr nehmen sie Cholesterin aus dem Serum auf. Welcher Serumbestandteil ist dafür am wichtigsten?**

(A) Chylomikronen
(B) VLDL (very low density lipoproteins)
(C) LDL (low density lipoproteins)
(D) HDL (high density lipoproteins)
(E) Albumin

F03

→ **13.20 Welche Aussage zu Biosynthese und Stoffwechsel von Cholesterin trifft zu?**

(A) Das geschwindigkeitsbestimmende Enzym der Cholesterin-Biosynthese ist die HMG-CoA-Reduktase.
(B) Für die Synthese von Isopentenyl-pyrophosphat aus Mevalonat wird GTP verbraucht.
(C) Die HMG-CoA-Reduktase wird durch ATP-abhängige Phosphorylierung aktiviert.
(D) Cholesterin wird mit Acetyl-CoA verestert und so gespeichert.
(E) Cholesterin wird als Glucuronid ausgeschieden.

H02

→ **13.21 In welchen Lipoproteinen ist der Gewichtsanteil der Triacylglycerine am größten?**

(A) Chylomikronen
(B) VLDL (very low density lipoproteins)
(C) IDL (intermediate density lipoproteins)
(D) LDL (low density lipoproteins)
(E) HDL (high density lipoproteins)

13.14 (E) 13.15 (B) 13.16 (B) 13.17 (D) 13.18 (C) 13.19 (C) 13.20 (A) 13.21 (A)

F03

→ **13.22 Welche Aussage zu Lipoproteinen trifft zu?**

(A) Ihre Dichte nimmt mit steigendem Triacylglycerin-Anteil zu.

(B) Die unterschiedliche Wanderungsgeschwindigkeit im elektrischen Feld ist abhängig vom Cholesterin-Anteil.

(C) Die Hormon-sensitive Lipoproteinlipase ist intravasal am Abbau der Chylomikronen beteiligt.

(D) Eine hohe HDL-Konzentration begünstigt die Entstehung der Arteriosklerose.

(E) Die Acyl-CoA-Cholesterin-Acyl-Transferase (ACAT) ist an das Apoprotein B_{100} der LDL angelagert.

F01

→ **13.23 Chylomikronen**

(A) transportieren freie Fettsäuren im Blut

(B) werden durch eine Lipoproteinlipase abgebaut

(C) können mit Hilfe der Lecithin-Cholesterol-Acyltransferase (LCAT) Cholesterol aus extrahepatischen Geweben in die Leber transportieren

(D) sind die wichtigste Transportform von in der Leber gebildeten Triacylglycerinen

(E) werden im Blut aus VLDL gebildet

H00

→ **13.24 Welche Aussage zu Chylomikronen trifft <u>nicht</u> zu?**

(A) Sie treten nach fettreicher Mahlzeit in erhöhter Menge im Blut auf.

(B) Sie wandern in der Elektrophorese in der β_2-Fraktion.

(C) Sie enthalten das Apolipoprotein B_{48} als charakteristisches Strukturelement.

(D) Ihr Cholesterol-Anteil ist niedriger als der anderer Lipoproteine.

(E) Sie werden durch Lipoprotein-Lipase zu Remnants abgebaut.

F05

→ **13.25 Nach fetthaltigen Mahlzeiten führen Lipoproteine zu einer vorübergehenden Trübung des Blutplasmas.**
Diese Trübung wird verursacht durch

(A) an Albumin gebundene Fettsäuren

(B) Chylomikronen

(C) LDL

(D) VLDL

(E) Sphingomyelin-Vesikel

H04

→ **13.26 Eine der Hauptklassen der Lipoproteine des menschlichen Blutplasmas hat in etwa folgende Zusammensetzung:**

Apolipoproteine	**2 %**
Phospholipide	**8 %**
Cholesterin (unverestert)	**1 %**
Cholesterinester	**3 %**
Triglyceride	**86 %**

Um welche Lipoprotein-Hauptklasse handelt es sich?

(A) Chylomikronen

(B) HDL

(C) IDL

(D) LDL

(E) VLDL

H01

→ **13.27 Welche Aussage zu Very Low Density Lipoproteinen (VLDL) trifft <u>nicht</u> zu?**

(A) VLDL werden hauptsächlich in der Leber synthetisiert.

(B) VLDL enthalten das Apolipoprotein B_{100}.

(C) VLDL werden vom Fettgewebe durch Endozytose aufgenommen.

(D) VLDL aktivieren die Lipoproteinlipase mit Hilfe des Apolipoproteins CII.

(E) VLDL werden am Kapillarendothel zu IDL (Intermediate Density Lipoproteine) abgebaut.

H02

Ordnen Sie jedem der in Liste 1 aufgeführten Apolipoproteine die charakteristische Funktion aus Liste 2 zu!

Liste 1

→ **13.28 Apolipoprotein C II**

→ **13.29 Apolipoprotein B_{100}**

Liste 2

(A) Ligand des VLDL-Rezeptors

(B) Ligand des LDL-Rezeptors

(C) Aktivierung der LCAT

(D) Aktivierung der Lipoproteinlipase

(E) Inhibitor der Lipoproteinlipase

H03

→ **13.30 Welche Aussage zum Apolipoprotein B_{48} trifft zu?**

(A) Es entsteht aus Apolipoprotein B_{100} durch limitierte Proteolyse.
(B) Es ist mit Apolipoprotein B_{100} strukturell nicht verwandt.
(C) Die $ApoB_{48}$-mRNA ist ein Produkt der $ApoB_{100}$-mRNA.
(D) Es entsteht aus dem $ApoB_{100}$-Transkript durch alternatives Spleißen.
(E) Es ist das Ergebnis einer vererbbaren Mutation im $ApoB_{100}$-Gen der Dünndarmmukosazellen.

H05

→ **13.31 Für welche Lipoproteinfraktion ist das Apolipoprotein B_{48} kennzeichnend?**

(A) Chylomikronen
(B) HDL (high density lipoproteins)
(C) IDL (intermediate density lipoproteins)
(D) LDL (low density lipoproteins)
(E) VLDL (very low density lipoproteins)

H05

→ **13.32 Eine der Hauptklassen der Lipoproteine des menschlichen Blutplasmas hat die nachfolgend angegebene typische Zusammensetzung:**

Apolipoprotein B_{100}	**20 %**
Phospholipide	**22 %**
Cholesterol (frei und verestert)	**50 %**
Sonstiges	**8 %**

Um welche Lipoprotein-Hauptklasse handelt es sich?

(A) Chylomikronen
(B) HDL (high density lipoproteins)
(C) IDL (intermediate density lipoproteins)
(D) LDL (low density lipoproteins)
(E) VLDL (very low density lipoproteins)

H01 H99

→ **13.33 Welche Aussage zu Low Density Lipoproteinen (LDL) trifft nicht zu?**

(A) Apolipoprotein B_{100} ist die Hauptproteinkomponente der LDL.
(B) Katalysiert durch Lecithin-Cholesterin-Acyltransferase (LCAT) wird in den LDL der größte Teil des Cholesterins verestert.
(C) LDL werden über Apolipoprotein-Rezeptoren von peripheren Zellen erkannt und aufgenommen.
(D) Die Freisetzung von Cholesterin aus den LDL erfolgt intrazellulär durch lysosomale Hydrolyse.
(E) Cholesterin aus den LDL hemmt in peripheren Geweben die HMG-CoA-Reduktase.

F05

→ **13.34 HDL (high density lipoproteins)**

(A) sind integraler Bestandteil der Zellmembranen
(B) werden in der Fettzelle metabolisiert
(C) sind am Cholesterintransport von den extrahepatischen Geweben zur Leber beteiligt
(D) enthalten vorwiegend Apolipoprotein B_{100}
(E) besitzen von allen Lipoproteinen den größten Durchmesser

F00

→ **13.35 Welche Aussage zu High Density Lipoproteinen (HDL) trifft nicht zu?**

(A) HDL verdanken ihre Dichte ihrem hohen Albumingehalt.
(B) HDL binden die Lecithin-Cholesterol-Acyltransferase (LCAT).
(C) HDL transportieren Cholesterol von extrahepatischen Geweben zur Leber.
(D) HDL geben Lysophosphatidylcholin ab.
(E) HDL entstehen als diskoidale Vorstufen in der Leber und der intestinalen Mukosa.

H03

→ **13.36 Welche Aussage zum Stoffwechsel von Lipoproteinen trifft nicht zu?**

(A) Lipoproteinlipase spaltet Triacylglycerine der VLDL.
(B) LDL werden durch Rezeptor-vermittelte Endozytose aufgenommen.
(C) Die Hemmung der Cholesterinbiosynthese durch LDL erfolgt spezifisch über Apolipoprotein B_{48}.
(D) HDL binden Lecithin-Cholesterin-Acyltransferase.
(E) HDL transportieren extrahepatisches Cholesterin zur Leber.

F02

→ **13.37 Welche Aussage zu HDL (α-Lipoproteine) trifft nicht zu?**

(A) HDL können Cholesterin aus peripheren Zellen aufnehmen und zur Leber transportieren.
(B) Das Enzym Lecithin-Cholesterin-Acyl-Transferase (LCAT) bewirkt, dass Cholesterin in der HDL-Fraktion vorwiegend in veresterter Form vorliegt.
(C) Die Veresterung von Cholesterin hat zur Folge, dass weitere Cholesterinmoleküle in die HDL-Oberfläche eingelagert werden können.
(D) Die LCAT des Blutes wird in der Leber synthetisiert.
(E) Apolipoprotein B_{100} bewirkt, dass die HDL über spezifische Rezeptoren von der Leberzelle aufgenommen werden können.

13.30 (C) 13.31 (A) 13.32 (D) 13.33 (B) 13.34 (C) 13.35 (A) 13.36 (C) 13.37 (E)

H05 F03

→ **13.38 Welche Aussage zur Lecithin-Acyl-Transferase (LCAT) trifft zu?**

(A) LCAT katalysiert intrazellulär die Synthese von Cholesterinestern.
(B) LCAT wird durch das Apolipoprotein B_{100} aktiviert.
(C) LCAT überträgt Acylreste aus Gangliosiden auf Cholesterin.
(D) LCAT wird vom Fettgewebe synthetisiert und sezerniert.
(E) LCAT bewirkt in den HDL (high density lipoproteins) eine Erhöhung des Gehalts von Cholesterinestern.

H00

→ **13.39 Welche Aussage zur Lecithin-Cholesterol-Acyltransferase (LCAT) trifft nicht zu?**

(A) LCAT ist ein Sekretenzym der Leber.
(B) LCAT verkleinert die Oberfläche des HDL-Komplexes, sodass weniger Cholesterol eingelagert werden kann.
(C) LCAT ist mit dem HDL-Komplex (high density lipoprotein) assoziiert.
(D) LCAT verringert im HDL-Komplex den Gehalt an Phosphoglyceriden.
(E) LCAT wird durch Apolipoprotein A_1 aktiviert.

H99

→ **13.40 Welche Aussage zu Apolipoproteinen trifft nicht zu?**
Apolipoprotein

(A) AI aktiviert die LCAT
(B) AII hemmt die Lipoproteinlipase
(C) B_{48} ist ein charakteristisches Strukturelement der Chylomikronen
(D) B_{100} ist ein Ligand des LDL-Rezeptors
(E) CII aktiviert die Lipoproteinlipase

Fragen aus Examen Frühjahr 2006

F06

→ **13.41 Zahlreiche Gewebe des Menschen haben nur eine geringe endogene Cholesterinsynthese. Vielmehr nehmen sie Cholesterin aus dem Serum auf. Welcher Serumbestandteil ist dafür am wichtigsten?**

(A) Chylomikronen
(B) VLDL (very low density lipoproteins)
(C) LDL (low density lipoproteins)
(D) HDL (high density lipoproteins)
(E) Albumin

14 Mineral- und Elektrolythaushalt

H91

→ **14.1 Welches der genannten Organe hat den geringsten Wassergehalt pro Gramm Gewebe?**

(A) Lunge
(B) Leber
(C) Skelettmuskel
(D) Gehirn
(E) Fettgewebe

H05

→ **14.2 Bei 37 °C betrage der pH-Wert der Extrazellulärflüssigkeit 7,40. Mit Hilfe der Kernresonanzspektroskopie sei festgestellt worden, dass in den Muskelzellen ein pH-Wert von 7,10 vorliegt.**
Der Quotient aus intrazellulärer und extrazellulärer Protonenkonzentration beträgt etwa

(A) 0,2
(B) 0,3
(C) 1
(D) 2
(E) 30

H05

→ **14.3 Welche Veränderung des Säure-Basen-Status ist als Folge einer chronisch-obstruktiven Lungenerkrankung (verminderte Ventilation durch erhöhten Atemwegswiderstand) am wahrscheinlichsten zu erwarten?**

(A) Anstieg der Bicarbonat-Konzentration
(B) Abnahme der Gesamtpufferbasen-Konzentration
(C) Entstehung eines negativen Basenüberschusses
(D) Abnahme des pCO_2 im Blutplasma (Hypokapnie)
(E) respiratorische Alkalose

F92

→ **14.4 Welche Aussage zur metabolischen Alkalose trifft zu?**

(A) Die Harnstoffbiosynthese wird gedrosselt.
(B) Ammoniumionen werden durch Bildung von Glutamin vermehrt fixiert.
(C) Sie kann durch starkes Erbrechen entstehen.
(D) Die OH^--Ausscheidung durch die Niere ist erhöht.
(E) Sie kann durch Aldosteronmangel entstehen.

13.38 (E) 13.39 (B) 13.40 (B) 13.41 (C) 14.1 (E) 14.2 (D) 14.3 (A) 14.4 (C)

H04

→ **14.5 Im arteriellen Blutplasma eines Patienten mit einer schweren Stoffwechselstörung ist der aktuelle pH-Wert 7,10 und die aktuelle Konzentration des (physikalisch gelösten) CO_2 1,1 mmol/L.**

Es gilt: $pH = 6{,}10 + \lg \frac{[HCO_3^-]}{[CO_2]}$

Wie groß ist die aktuelle Bicarbonat-Konzentration im arteriellen Blutplasma des Patienten?

(A) 1,1 mmol/L
(B) 4,1 mmol/L
(C) 11 mmol/L
(D) 12,1 mmol/L
(E) 21 mmol/L

F05

→ **14.6 Bei einer Patientin mit metabolischer Azidose steigt der pH-Wert des Blutes unter der Therapie von pH 7,0 auf pH 7,4.**
Dies entspricht einer Änderung der H^+-Konzentration von 100 nmol/L auf etwa

(A) 40 nmol/L
(B) 95 nmol/L
(C) 105 nmol/L
(D) 250 nmol/L
(E) 1000 nmol/L

F98 H88 H85

→ **14.7 Welche Aussage zum Mg^{2+} trifft nicht zu?**

(A) In ATP-abhängigen Reaktionen dient ein ATP-Mg^{2+}-Komplex als Substrat.
(B) Mg^{2+} wird für die Assoziation ribosomaler Untereinheiten benötigt.
(C) Im Intrazellularraum ist die Mg^{2+}-Konzentration höher als im Plasma.
(D) Eine wichtige Mg^{2+}-Quelle ist Chlorophyll.
(E) Insulin wird als Mg^{2+}-Komplex gespeichert.

F05

→ **14.8 Welche Nahrungsmittel sind zur Verbesserung der Versorgung des menschlichen Organismus mit Calcium besonders zu empfehlen?**

(A) Zitrusfrüchte, Paprika und Petersilie
(B) Bier und Hefe
(C) Milch und Milchprodukte
(D) Getreideprodukte
(E) Fleisch und Fleischprodukte

H95

→ **14.9 Das Verhältnis von zytosolischer zu extrazellulärer Konzentration freier Ca^{2+}-Ionen beträgt bei einer nicht-erregten Zelle gewöhnlich etwa**

(A) über 1000
(B) 10
(C) 1
(D) 0,1
(E) unter 0,001

H98

→ **14.10 Welche Aussage trifft nicht zu?**
Zu einer Erhöhung der zytosolischen Calciumkonzentration führen:

(A) Öffnung von Spannungs-regulierten Calciumkanälen der Plasmamembran
(B) Öffnung von Liganden-regulierten Calciumkanälen der Plasmamembran
(C) Öffnung von Liganden-regulierten Calicumkanälen des endoplasmatischen Retikulums
(D) Hemmung des Ca^{2+}/Na^+-Antiports der Plasmamembran
(E) Stimulierung von Ca^{2+}-ATPasen in der Plasmamembran

H04

→ **14.11 Welche Aussage zur Calcium-Konzentration im Blutplasma trifft zu?**

(A) Sie unterliegt physiologischen Schwankungen um etwa eine Zehnerpotenz.
(B) Sie liegt 4–5 Zehnerpotenzen unter der intrazellulären Konzentration.
(C) Sie wird hauptsächlich durch Bindung von im Blutplasma zirkulierenden Hormonen an Ca^{2+}-ATPasen der Knochen reguliert.
(D) Sie wird durch Parathormon (Parathyrin) erhöht.
(E) Die Ca^{2+}-Ionen sind zu mehr als 90 % an Calbindin gebunden.

F04

Ordnen Sie jedem der in Liste 1 genannten Spurenelemente das Enzym aus Liste 2 zu, dessen Aktivität vom Vorhandensein des Spurenelementes abhängt!

Liste 1

→ **14.12 Selen**
→ **14.13 Zink**

Liste 2

(A) α-Amylase
(B) Carboanhydrase
(C) Cytochrom-c-Oxidase
(D) Glutathion-Peroxidase
(E) Hexokinase

14.5 (C) 14.6 (A) 14.7 (E) 14.8 (C) 14.9 (E) 14.10 (E) 14.11 (D) 14.12 (D) 14.13 (B)

H03 F99
In Liste 1 sind Spurenelemente aufgeführt, die Bestandteile von Enzymen sind. Ordnen Sie jedem Spurenelement der Liste 1 das zugehörige Enzym aus Liste 2 zu!

Liste 1
→ 14.14 Selen
→ 14.15 Kupfer

Liste 2
(A) Lactat-Dehydrogenase
(B) Elastase
(C) Glutathion-Peroxidase
(D) Proteinkinase A
(E) Lysyloxidase

H05
→ **14.16 Selen-Mangel ist ursächlich an der Keshan-Krankheit, einer Myokard-Erkrankung, beteiligt. Welches Enzym enthält einen Selenocystein-Rest im katalytischen Zentrum?**
(A) Adenylat-Cyclase
(B) Carboanhydrase (Carbonat-Dehydratase)
(C) Glutathion-Peroxidase
(D) Hexokinase
(E) Xanthin-Oxidase

H95
→ **14.17 In welcher Form werden Eisen-Ionen im Blut transportiert?**
(A) als freies Ion im Plasma
(B) proteingebunden an Ferritin
(C) proteingebunden an Transferrin
(D) proteingebunden an Hämosiderin
(E) proteingebunden an Cäruloplasmin

F03 F01 H98
→ **14.18 Ferritin**
(A) ist bei Eisenmangel im Plasma erhöht
(B) besteht aus Untereinheiten, welche je ein Eisenatom aufnehmen können
(C) bindet über Plasmamembranrezeptoren an Hämoglobin-synthetisierende Zellen
(D) kommt in Zellen des Leberparenchyms und des Knochenmarks vor
(E) ist ungeeignet als Indikator für den Körpereisenbestand

H03
→ **14.19 Welche Aussage zum Eisenstoffwechsel trifft zu?**
(A) Extraerythrozytäres Hämoglobin wird im Blutplasma an Haptoglobin gebunden.
(B) Dem Transport von Eisen(III)-Ionen im Blutplasma dient vor allem das Hämopexin.
(C) Eisen wird nach Aufnahme in den Enterozyten zunächst an Hämosiderin gebunden.
(D) Für eine ausgeglichene Eisenbilanz müssen beim Erwachsenen mehr als 100 mg Eisen pro Tag im Dünndarm absorbiert werden.
(E) Normalerweise werden mehr als 80 % des Nahrungseisens im Dünndarm absorbiert.

H04
→ **14.20 Beim (gesunden) Erwachsenen sind mehr als die Hälfte des gesamten Eisenbestandes enthalten in:**
(A) Ferritin
(B) Hämoglobin
(C) Hämosiderin
(D) Transferrin
(E) Cytochrom-c-Oxidase

H05
→ **14.21 Bei einem Unfall hat ein vorher gesunder Mann 2 Liter Blut verloren. Etwa wie viel Eisen hat er dadurch verloren?**
(A) 1 mg
(B) 10 mg
(C) 100 mg
(D) 1 g
(E) 10 g

H97
→ **14.22 Welche Aussage trifft nicht zu? Eisen wird**
(A) im Duodenum resorbiert
(B) an Plasmatransferrin gebunden
(C) von den Zielzellen durch Rezeptor-vermittelte Endozytose aufgenommen
(D) als Ferritin gespeichert
(E) über die Galle ausgeschieden

14.14 (C) 14.15 (E) 14.16 (C) 14.17 (C) 14.18 (D) 14.19 (A) 14.20 (B) 14.21 (D) 14.22 (E)

H02

→ **14.23 Welche Aussage zum Eisenstoffwechsel trifft zu?**

(A) Das meiste Eisen im Organismus ist an Transferrin gebunden.
(B) Eisen ist aus Hämosiderin rascher mobilisierbar als aus Ferritin.
(C) Extraerythrozytäres Hämoglobin wird im Blutplasma an Hämopexin gebunden.
(D) Normalerweise werden mehr als 80 % des in der Nahrung enthaltenen Eisens im Dünndarm absorbiert.
(E) Transferrin dient dem Transport von Eisen-Ionen im Blutplasma.

H02

→ **14.24 Welche Aussage zum Eisenstoffwechsel trifft nicht zu?**

(A) Im Darm wird Eisen vorzugsweise in der zweiwertigen Form resorbiert.
(B) Die Eisenresorption kann durch Phosphat gehemmt werden.
(C) Caeruloplasmin oxidiert zweiwertiges zu dreiwertigem Eisen.
(D) Ferritin ist das Eisentransportprotein des Blutplasmas.
(E) Die Eisenaufnahme aus dem Blut in die Zelle erfolgt über einen spezifischen Membranrezeptor.

H02

→ **14.25 Welches Protein enthält kein Eisen?**

(A) Katalase
(B) Hämosiderin
(C) Prolyl-Hydroxylase
(D) Cytochromoxidase
(E) Carboanhydrase

F00 H96

→ **14.26 Welches der folgenden Proteine ist ein Kupferhaltiges Enzym?**

(A) Superoxid-Dismutase
(B) Glutathion-Peroxidase
(C) Succinat-Ubichinon-Reduktase
(D) Ubichinon-Cytochrom-c-Reduktase
(E) Cytochrom P_{450}

F05

→ **14.27 Welches Enzym der Erythrozyten ist ein kupferhaltiges Enzym?**

(A) Carboanhydrase
(B) Superoxiddismutase
(C) Katalase
(D) Glutathionperoxidase
(E) Transketolase

H97

→ **14.28 Welche Aussage trifft nicht zu?**
Kupfer

(A) wird im Blut an Albumin gebunden transportiert
(B) wird vor allem mit der Galle ausgeschieden
(C) wird bei manifestem Morbus Wilson (hepatolentikulärer Degeneration) vermehrt über die Nieren ausgeschieden
(D) ist Bestandteil der Superoxid-Dismutase
(E) ist Bestandteil des Cytochrom c

F02

→ **14.29 Welche Aussage zu Zink-Ionen trifft nicht zu?**

(A) Zn^{2+} bildet zusammen mit Insulin einen Komplex in den β-Zellen des Pankreas.
(B) Zn^{2+} ist Bestandteil der Carboanhydrase der Erythrozyten und der Pankreas-Carboxypeptidase.
(C) Zn^{2+} kann Kobalt als Zentralion im Cobalamin mit nur geringem Wirkungsverlust ersetzen.
(D) Zn^{2+} kann die Tertiärstruktur von Proteinen stabilisieren.
(E) Zn^{2+} ist an der Bindung von Transkriptionsfaktoren, wie z. B. Steroidrezeptoren, an die DNA beteiligt.

F01

→ **14.30 Welches der genannten Proteine enthält kein Zink?**

(A) Carboanhydrase
(B) Carboxypeptidase
(C) Xanthin-Oxidase
(D) Steroidrezeptoren
(E) alkalische Phosphatase

Fragen aus Examen Frühjahr 2006

F06

→ **14.31 Das Blut einer Patientin enthält 10 mmol/L Häm-gebundenes Eisen. Die Atommasse des Eisens beträgt 56 u (56 atomare Masseneinheiten).**
Wie viel Eisen verliert die Patientin, wenn ihr 10 mL Blut entnommen werden?

(A) 56 mg
(B) 28 mg
(C) 11,2 mg
(D) 5,6 mg
(E) 0,56 mg

14.23 (E) 14.24 (D) 14.25 (E) 14.26 (A) 14.27 (B) 14.28 (E) 14.29 (C) 14.30 (C) 14.31 (D)

15 Subzelluläre Strukturen

F00

→ **15.1 Welche Aussage über Biomembranen trifft nicht zu?**

(A) Die Membrankomponenten werden durch nichtkovalente Bindungen zusammengehalten.
(B) Die integrierten Proteine können in der Membran lateral diffundieren.
(C) Die Glykolipide der Außenschicht und der Innenschicht können gegeneinander ausgetauscht werden.
(D) Die Lipide und Proteine der Innen- und Außenschicht sind nicht identisch (Asymmetrie der Membran).
(E) Polare Moleküle – wie z. B. Glucose – durchqueren Plasmamembranen mit Hilfe von Carriern.

F02

→ **15.2 Welche Aussage über Membranen von Eukaryonten trifft nicht zu?**

(A) Phospholipide sind Bestandteile aller intrazellulären Membranen.
(B) Aus Phospholipiden der Plasmamembran werden Vorstufen für die Prostaglandin-Biosynthese abgespalten.
(C) Glykolipide sind Bestandteile der Plasmamembran.
(D) Die innere Mitochondrienmembran ist reich an Cholesterinestern.
(E) Cardiolipin ist ein charakteristisches Lipid der inneren Mitochondrienmembran.

F05

→ **15.3 Eine intrazelluläre Zunahme des Membrangehalts (Membranbildung) erfolgt typischerweise durch**

(A) GTP-verbrauchende Prozesse am Zentrosom
(B) Abschnürung von Vesikeln aus Lysosomen
(C) Insertion von Lipiden und Proteinen in existierende Membranen
(D) ATP-verbrauchende Triglyceridsynthese im Zytosol
(E) Selbstorganisation von im Zytosol gelösten Phospholipiden und Proteinen erst zu Mizellen und dann zu Membranen

H02

→ **15.4 Welche Aussage zu Biomembranen trifft nicht zu?**

(A) In Wasser bilden Membranlipide spontan Doppelschichten, die sich zu Vesikeln schließen können.
(B) Die Fluidität vom Biomembranen wird durch gesättigte Fettsäuren erhöht.
(C) Cholesterin beeinflusst die Fluidität von Biomembranen.
(D) Anionische Membranlipide (z. B. Phosphatidylserin) finden sich typischerweise auf der zytoplasmatischen Seite von Biomembranen.
(E) Die Fluidität der Membranlipide erlaubt eine laterale Beweglichkeit von Membranproteinen.

H03

→ **15.5 An der Verankerung von Proteinen in Membranen sind nicht beteiligt:**

(A) Transmembranhelices
(B) in die Membran integrierte kovalent gebundene Phosphatidyl-Inositol-Reste (GPI-Anker)
(C) in die Membran integrierte kovalent gebundene Farnesylreste
(D) in die Membran integrierte kovalent gebundene Fettsäurereste
(E) in die Membran integrierte kovalent gebundene Oligosaccharidreste

F05

→ **15.6 Welche der Zellorganellen ist von zwei Lipiddoppelschicht-Membranen umgeben?**

(A) Lysosom
(B) Golgi-Apparat
(C) Zellkern
(D) Peroxisom
(E) endoplasmatisches Retikulum

15.1 (C) 15.2 (D) 15.3 (C) 15.4 (B) 15.5 (E) 15.6 (C)

H01

15.7 Ein Carrier transportiere eine Substanz X nach der Michaelis-Menten-Kinetik durch die Zellmembran ins Zellinnere, wo die Konzentration von X vernachlässigbar klein sei. ($[X]_e$ = extrazelluläre Konzentration von X, K_m = Michaelis-Konstante)
Welche Aussage trifft zu?

(A) Wenn $[X]_e = 0{,}1 \cdot K_m$, so ist der Carrier zu etwa 90 % gesättigt.
(B) Wenn $[X]_e = K_m$, hat der Carrier seine maximale Transportrate (mol/s) erreicht.
(C) Wenn $[X]_e$ von $0{,}1 \cdot K_m$ auf $0{,}05 \cdot K_m$ halbiert wird, so sinkt die Transportrate (mol/s) auf etwa die Hälfte.
(D) Wenn $[X]_e$ von $0{,}5 \cdot K_m$ auf $1{,}0 \cdot K_m$ verdoppelt wird, bleibt die Transportrate (mol/s) unverändert.
(E) Bei Halbierung der Anzahl der Carriermoleküle/Zelle halbiert sich K_m.

F04

15.8 Glucose wird sekundär-aktiv in einem Symport-System transportiert:

(A) vom Darmlumen über die Bürstensaummembran in den Enterozyten
(B) aus dem Enterozyten über die basolaterale (abluminale) Zellmembran in das Blut
(C) aus dem Pfortaderblut in den Hepatozyten
(D) durch die Erythrozytenmembran
(E) aus dem Blut in den Adipozyten

H99

15.9 Welche Aussage trifft nicht zu?
Der Glucosetransporter GLUT 4

(A) ist ein integrales Membranprotein mit mehreren Transmembrandomänen
(B) katalysiert den konzentrationsabhängigen Uniport (erleichterte Diffusion) von Glucose
(C) kommt außer in der Plasmamembran in intrazellulären Membranvesikeln vor
(D) wird unter dem Einfluss von Insulin in die Plasmamembran transloziert
(E) vermittelt die Glucoseaufnahme aus dem intestinalen Lumen in die Mukosazellen

H90

15.10 Welche Aussage trifft nicht zu?
Na^+/K^+-ATPase

(A) trägt auf ihrer zytosolischen Seite Oligosaccharid-Reste
(B) erfährt durch Phosphorylierung eine Konformationsänderung, durch welche die Bindungsstellen für K+ und Na+ freigelegt werden
(C) transportiert als Antiport 3 Na^+ aus der Zelle heraus und 2 K^+ in die Zelle hinein
(D) benötigt Magnesium-Ionen zur Komplexierung der ATP
(E) erzeugt durch den asymmetrischen Transport der Kationen ein Membranpotential

F05

15.11 Die Na^+/K^+-ATPase ist im Ruhezustand der wichtigste ATP-Verbraucher des Organismus. Das Enzym sitzt in der Plasmamembran der Zellen und nutzt die ATP-Hydrolyse zum Export von

(A) drei Na^+-Ionen und Import von zwei K^+-Ionen
(B) drei K^+-Ionen und Import von zwei Na^+-Ionen
(C) einem Na^+-Ion und einem K^+-Ion
(D) einem Na^+-Ion und Import von einem K^+-Ion
(E) zwei K^+-Ionen und Import von drei Na^+-Ionen

F00

15.12 Am endoplasmatischen Retikulum läuft nicht ab die

(A) Sulfatierung von Estrogenen
(B) Spaltung von NO
(C) Bildung von Biliverdin
(D) Spaltung von Glucose-6-phosphat
(E) Hydroxylierung von Aromaten

F98

15.13 Welche Aussage trifft nicht zu?
Das glatte endoplasmatische Retikulum ist der Ort von Teilschritten der

(A) Biosynthese von Albumin
(B) Prostaglandin-Biosynthese
(C) Gluconeogenese
(D) Biotransformation
(E) Phospholipid-Biosynthese

15.7 (C) 15.8 (A) 15.9 (E) 15.10 (A) 15.11 (A) 15.12 (B) 15.13 (A)

H02

→ **15.14 Welche Aussage zu membrangebundenen Ribosomen und ihrer Funktion trifft nicht zu?**

(A) Sie entstehen aus freien Ribosomen durch SRP (signal recognition particle)-vermittelte Bindung an das endoplasmatische Retikulum.
(B) Die wachsende Peptidkette wird cotranslational in das Lumen des endoplasmatischen Retikulums transloziert.
(C) Sie kommen nur in Zellen mit hoher Proteinsekretion vor.
(D) Sie sind an der Synthese lysosomaler Hydrolasen beteiligt.
(E) Sie sind an der Synthese von Plasmamembranproteinen beteiligt.

H01 F99

→ **15.15 Welche Aussage zu Signalpeptiden trifft nicht zu?**

(A) Bei der Translation der mRNA eines Sekretproteins wird zuerst ein Signalpeptid gebildet.
(B) Präpro-Insulin enthält ein Signalpeptid.
(C) Sie enthalten einen hohen Anteil hydrophober Aminosäuren.
(D) Sie werden durch eine Signalpeptidase abgespalten.
(E) Sie werden im endoplasmatischen Retikulum glykosyliert.

H99

→ **15.16 Welche Aussage zu Lysosomen trifft nicht zu?**

(A) Sie enthalten Hydrolasen.
(B) Lysosomale Enzyme haben ein pH-Optimum im sauren Bereich.
(C) Die lysosomalen Enzyme sind verantwortlich für die „Selbstauflösung" (Autolyse) nach Zelltod.
(D) Lysosomale Enzyme sind beteiligt am intrazellulären Protein-Turnover.
(E) Sie enthalten Katalase in hoher Aktivität.

F04

→ **15.17 Welche Aussage zur Apoptose trifft nicht zu?**

(A) Mangel an Androgenen kann in der Prostata eine Apoptose auslösen.
(B) Glucocorticoide können in Lymphozyten eine Apoptose auslösen.
(C) Sie geht mit der Aktivierung von Endonukleasen einher.
(D) Sie kann durch Tumor-Nekrose-Faktor-α (TNF-α) ausgelöst werden.
(E) Apoptose und Zellnekrose sind synonyme Begriffe.

H05

→ **15.18 An der Apoptose sind Caspasen beteiligt. Diese Enzyme werden aktiviert durch**

(A) allosterische Regulation
(B) Interkonversion
(C) Bindung von Calcium-Ionen
(D) limitierte Proteolyse
(E) Induktion

F05

→ **15.19 Eine Reihe von intra- und extrazellulären Prozessen wird durch Signalkaskaden reguliert, an denen eine limitierte Proteolyse beteiligt ist. Caspasen sind beteiligt an der Signalweitergabe im Rahmen der**

(A) Blutgerinnung
(B) Eikosanoid-Biosynthese
(C) Fibrinolyse
(D) Apoptose
(E) Komplementaktivierung

H00

→ **15.20 Welches der folgenden Enzyme kommt sowohl in den Mitochondrien als auch im Zytosol vor?**

(A) Succinat-Dehydrogenase
(B) Glutamat-Dehydrogenase
(C) Malat-Dehydrogenase
(D) Pyruvat-Dehydrogenase
(E) Acyl-CoA-Dehydrogenase

F99 F97 H90

→ **15.21 Welche Aussage trifft nicht zu? Die innere Mitochondrienmembran enthält spezifische Transportsysteme für:**

(A) ATP
(B) NADH
(C) Citrat
(D) Phosphat
(E) Malat

H99

→ **15.22 Was trifft nicht zu? In den Mitochondrien befinden sich Enzyme für Reaktionen folgender Stoffwechselprozesse:**

(A) Gluconeogenese aus Lactat
(B) Harnstoffsynthese
(C) Pentosephosphatweg
(D) Citrat-Zyklus
(E) β-Oxidation der Fettsäuren

15.14 (C) 15.15 (E) 15.16 (E) 15.17 (E) 15.18 (D) 15.19 (D) 15.20 (C) 15.21 (B) 15.22 (C)

H04

→ **15.23 Eine durch Ausdauertraining erhöhte Mitochondriendichte in den Skelettmuskelzellen hat im Skelettmuskel typischerweise zur Folge eine erhöhte Kapazität zur**

(A) Fettsäureoxidation
(B) Glykogenspeicherung
(C) Ketogenese
(D) Kreatininbildung
(E) Lactatabgabe

F99

→ **15.24 Welche Zuordnung von Stoffwechselweg und intrazellulärer Lokalisation trifft nicht zu?**

(A) Ketogenese – Zytosol
(B) Glykoproteinsynthese – endoplasmatisches Retikulum und Golgi-Apparat
(C) Pentosephosphatweg – Zytosol
(D) Phase 1 der Biotransformation – endoplasmatisches Retikulum
(E) Porphyrinsynthese – Mitochondrien und Zytosol

H96

→ **15.25 Welche Zuordnung von Enzym zu intrazellulärem Kompartiment trifft nicht zu?**

(A) Glucose-6-phosphatase – endoplasmatisches Retikulum
(B) Pyruvat-Carboxylase – Mitochondrium
(C) D-Aminosäure-Oxidase – Peroxisomen
(D) UDP-Glucuronyl-Transferase – Lysosomen
(E) Kreatinkinase – Zytosol

H05

→ **15.26 Welcher der angegebenen Stoffwechselprozesse läuft typischerweise in Peroxisomen ab?**

(A) β-Oxidation von Fettsäuren
(B) Synthese von Ketonkörpern
(C) Synthese von Prostaglandinen
(D) Gluconeogenese
(E) Abbau von Purinbasen zu Harnsäure

F02

→ **15.27 Welches der folgenden Enzyme ist in Peroxisomen enthalten?**

(A) Katalase
(B) Cytochromoxidase
(C) Glutathion-Peroxidase
(D) Stearoyl-CoA-Desaturase
(E) HMG-CoA-Reduktase

H00

→ **15.28 Colchicin verhindert die Ausbildung von**

(A) Mikrofilamenten
(B) Intermediärfilamenten
(C) Mikrotubuli
(D) Myosinfilamenten
(E) kondensierten Chromosomen

F00

→ **15.29 Welcher der genannten Prozesse findet nicht im Zellkern statt?**

(A) Prozessierung der prä-mRNA (hnRNA) zur mRNA
(B) Polyadenylierung von RNA
(C) Bildung der großen und kleinen Ribosomen-Untereinheit
(D) Synthese von Histonproteinen
(E) Synthese von tRNA aus prä-tRNA

H00

→ **15.30 Makromoleküle erreichen das Innere des Zellkerns durch**

(A) Dynein-vermittelte Bewegung an Mikrotubuli
(B) vesikulären Transport
(C) Diffusion durch Gap junctions (Nexus)
(D) Transport durch Kernporen
(E) Kinesin-abhängigen Transport an Mikrofilamenten

F03

→ **15.31 Welche Aussage zu Proteasomen trifft nicht zu?**

(A) Sie sind zytosolische Proteinasekomplexe.
(B) Sie sind beteiligt am Abbau ubiquitinylierter Proteine.
(C) Sie katalysieren die Spaltung von Peptidbindungen vor allem nach sauren, basischen und hydrophoben Aminosäuren.
(D) Die Proteinspaltung in 26S-Proteasomen ist ATP-abhängig.
(E) Sie liefern die Peptidfragmente, die durch MHC-Moleküle der Klasse II auf der Zelloberfläche von Makrophagen präsentiert werden.

15.23 (A) 15.24 (A) 15.25 (D) 15.26 (A) 15.27 (A) 15.28 (C) 15.29 (D) 15.30 (D) 15.31 (E)

H04

→ **15.32 Ubiquitin**

(A) ist am Elektronen- und Protonentransport in der Atmungskette beteiligt
(B) fungiert als Akzeptor für Oligosaccharide bei der Glykoproteinsynthese
(C) ist an der Zielsteuerung („targeting") von Proteinen zum Proteasom beteiligt
(D) trägt durch Komplexbildung mit Chaperonen zur Faltung von Proteinen bei
(E) ist als Glykosyltransferase an der Biosynthese von Glykogen beteiligt

F01

→ **15.33 Welche Aussage zu Proteasomen trifft nicht zu?**

(A) Sie sind vor allem im Zytosol vorkommende Proteinasekomplexe.
(B) Sie enthalten saure Hydrolasen (Enzyme mit pH-Optimum bei pH 5).
(C) Sie spalten in der Zelle synthetisierte Proteine.
(D) Sie spalten ubiquitinierte Proteine.
(E) Sie liefern die Peptidfragmente, die zusammen mit MHC-I als Antigen auf der Zelloberfläche präsentiert werden.

Fragen aus Examen Frühjahr 2006

F06

→ **15.34 Welche Aussage zum Glucose-Transporter GLUT2 trifft zu?**

(A) Er transportiert Glucose im Symport mit Na^+-Ionen.
(B) Er transportiert Glucose entlang ihres Konzentrationsgradienten.
(C) Er transportiert auch Fettsäuren und Cholesterin.
(D) Er spaltet ATP.
(E) Die proximal-tubulären Nierenepithelzellen exprimieren ihn hauptsächlich in der luminalen Membran.

F06

→ **15.35 Welche Aussage zu integralen Membranproteinen, die in ihren Polypeptidsequenzen charakteristische Transmembran-Domänen enthalten, trifft nicht zu?**

(A) Sie werden am rauen endoplasmatischen Retikulum synthetisiert.
(B) Die Transmembran-Domänen enthalten u. a. Aminosäuren mit apolaren Seitenketten.
(C) Die Transmembran-Domänen können eine hydrophobe Membranschicht von etwa 3–5 nm Dicke durchspannen.
(D) Die in der Lipiddoppelschicht enthaltenen Aminosäuren können eine α-Helix ausbilden.
(E) Ein integrales Membranprotein muss mehrere Transmembran-Domänen enthalten.

F06

→ **15.36 Autoantikörper gegen intrazelluläre Antigene, wie z. B. gegen DNA oder bestimmte Membranlipide, werden z. B. von Patienten mit dem Krankheitsbild des systemischen Lupus erythematodes gebildet.**
Welches der folgenden Membranlipide kommt ausschließlich in einer intrazellulären Membran vor?

(A) Cardiolipin
(B) Cholesterin
(C) Gangliosid
(D) Phosphatidylcholin
(E) Sphingomyelin

F06

→ **15.37 Welche Aussage zur Apoptose trifft zu?**

(A) Apoptose kann nur durch extrazelluläre Signale (Todesliganden) para- oder autokrin ausgelöst werden.
(B) Zellen, welche aufgrund von DNA-Schäden durch p53-Protein im Zellzyklus angehalten werden, gehen sofort in Apoptose.
(C) Caspasen sind Effektor-Enzyme, welche bei Apoptose DNA in Fragmente zerschneiden.
(D) Apoptose ist durch Bindung von Fas-Liganden an Fas-Membranmoleküle (CD95) auslösbar.
(E) Aus Mitochondrien freigesetztes Cytochrom c wirkt in erster Linie als parakriner Todesligand.

15.32 (C) 15.33 (B) 15.34 (B) 15.35 (E) 15.36 (A) 15.37 (D)

16 Nucleinsäuren, genetische Information, Molekularbiologie

F04

→ **16.1 Welche der folgenden Substanzen gehört nicht zu den Nukleosiden?**

(A) Adenosin
(B) Inosin
(C) Guanosin
(D) Uridin
(E) Cytosin

F05

→ **16.2 Carbamoylphosphat-Synthetase II ist ein reguliertes Enzym der Pyrimidin-Biosynthese. Das Enzym wird allosterisch**

(A) aktiviert durch Orotat
(B) aktiviert durch 5′-Phosphoribosylpyrophosphat
(C) aktiviert durch UTP
(D) inhibiert durch Folsäure-Analoga
(E) inhibiert durch Glutamin

F05

→ **16.3 Bei der hereditären Orotazidurie kommt es zu einer intrazellulären Akkumulation und vermehrten renalen Ausscheidung von Orotsäure (Orotat). Die Patienten leiden unter anderem an Anämie und zellulärer Abwehrschwäche. Es ist der Stoffwechselweg gestört, in dem auch beim Gesunden Orotsäure (als Zwischenprodukt) gebildet wird. Um welchen der Stoffwechselwege handelt es sich?**

(A) Abbau der Iduronsäure von Proteoglykanen der extrazellulären Matrix
(B) Biosynthese von Ornithin
(C) Biosynthese von Uridin-Nukleotiden
(D) Abbau von Urat
(E) Abbau von Oxalat

H99

→ **16.4 Welche Aussage trifft nicht zu? Die Thymidylatsynthase**

(A) methyliert Desoxy-UMP
(B) benutzt S-Adenosylmethionin als Methylierungsmittel
(C) reagiert mit N^5, N^{10}-Methylen-Tetrahydrofolat
(D) produziert Desoxy-TMP und Dihydrofolat
(E) kann durch Fluorouracil gehemmt werden

F01

→ **16.5 Welche Aussage zum 5-Phosphoribosyl-1-diphosphat (PRPP) trifft nicht zu?**

(A) PRPP entsteht aus Ribose-5-phosphat und ATP.
(B) Mit PRPP beginnt die De-novo-Synthese von Purinnukleotiden.
(C) PRPP ist an der Wiederverwertung von Purinen beteiligt („salvage pathway").
(D) PRPP reagiert mit Orotat zur Orotodin-5′-phosphat (OMP).
(E) PRPP wird in den Mitochondrien zur Citrullinsynthese benötigt.

H99

→ **16.6 Was trifft nicht zu? Kohlenstoffdonatoren bei der Biosynthese von Pyrimidinen und Purinen sind:**

(A) Glutamin
(B) Glycin
(C) N^{10}-Formyltetrahydrofolat
(D) Carbamoylphosphat
(E) Aspartat

F04

→ **16.7 Bei der Biosynthese von Adenosin-5′-monophosphat (AMP) ist die unmittelbare Vorstufe von AMP**

(A) Adenylosuccinat
(B) Formylglycinamid-Ribonukleotid
(C) Guanosin-5′-monophosphat
(D) Orotidin-5′-monophosphat
(E) Xanthosin-5′-monophosphat

F03

→ **16.8 An der Bildung von Desoxyribonucleosid-diphosphaten aus Ribonucleosid-diphosphaten ist nicht beteiligt:**

(A) NADPH
(B) FAD
(C) Thioredoxin
(D) Ribonucleotid-Reduktase
(E) O_2

16.1 (E) 16.2 (B) 16.3 (C) 16.4 (B) 16.5 (E) 16.6 (A) 16.7 (A) 16.8 (E)

F02

→ **16.9 Welche Aussage zur Ribonukleotid-Reduktase trifft nicht zu?**

(A) Sie ist an der Reaktion IMP → GMP beteiligt.
(B) Sie benötigt NADPH als Elektronendonator.
(C) Sie benötigt Thioredoxin als Elektronenüberträger.
(D) Sie katalysiert die Umwandlung von Ribonukleotiden zu Desoxyribonukleotiden.
(E) Sie ist ein allosterisch reguliertes Enzym.

H05

→ **16.10 Aminopterin ist als Folsäureanalogon ein Hemmstoff der Dihydrofolat-Reduktase.**
Es verlangsamt Zellteilung und Zellwachstum u. a. durch Hemmung der Synthese von

(A) Desoxythymidinmonophosphat (dTMP) aus Desoxyuridinmonophosphat (dUMP)
(B) Desoxyadenosindiphosphat aus ADP
(C) Cytidintriphosphat aus Uridintriphosphat
(D) Folsäure aus Pteridin, p-Aminobenzoesäure und Glutamat
(E) Uridinmonophosphat aus Orotidinmonophosphat

H05

→ **16.11 Welche Aussage zum Stoffwechsel der 2′-Desoxyribonucleotide trifft zu?**

(A) Thymidylat-Synthase katalysiert die Bildung von 2′-Desoxythymidinmonophosphat aus Thymidinmonophosphat.
(B) Ribonucleotid-Reduktase überträgt Wasserstoff von NADH auf Ribonucleosiddiphosphate.
(C) Thioredoxin-Reduktase reduziert oxidiertes Thioredoxin unter Verbrauch von reduziertem Glutathion.
(D) Desoxythymidinmonophosphat entsteht durch Methylierung von 2′-Desoxyuridinmonophosphat.
(E) Folsäureantagonisten (Dihydrofolsäure-Analoga) sind ohne Einfluss auf die Thyminnucleotid-Biosynthese.

F02

→ **16.12 Welche Aussage zum Uridinmonophosphat (UMP) trifft nicht zu?**

(A) UMP enthält eine Pyrimidinbase.
(B) UMP entsteht durch Decarboxylierung aus Orotidinmonophosphat (OMP).
(C) UMP reagiert mit Methylendihydrofolat zu Desoxythymidinmonophosphat (dTMP).
(D) UMP wird bei der hydrolytischen Spaltung von RNA freigesetzt.
(E) UMP enthält eine N-glykosidische Bindung.

F00

→ **16.13 Nicht unmittelbar an der UMP-Biosynthese als Substrat oder Cosubstrat beteiligt ist**

(A) Carbamoylphosphat
(B) Aspartat
(C) NAD^+
(D) 5-Phosphoribosyl-1-diphosphat (PRPP)
(E) Tetrahydrofolat

H04

→ **16.14 Die Biosynthese von Purinen und Pyrimidinen erfordert einen hohen Energieaufwand. Wiederverwertungsreaktionen setzen einen Verlust des Körpers an diesen Produkten herab.**
Für die Wiederverwertung von Adenin verantwortlich ist die

(A) Adenin-Phosphoribosyltransferase
(B) Adenylat-Kinase
(C) Adenylosuccinat-Lyase
(D) AMP-Desaminase
(E) Xanthin-Oxidase

F04

→ **16.15 Das Lesch-Nyhan-Syndrom ist durch eine Überproduktion von Harnsäure gekennzeichnet.**
Was ist die molekulare Ursache dieser Stoffwechselstörung?

(A) Aktivierung der Carbamoylphosphatsynthase II durch Phosphoribosylpyrophosphat
(B) allosterische Hemmung der Ribonukleotidreduktase durch 2′-Desoxy-ATP
(C) autosomal-rezessiv vererbter Mangel an Adenosindesaminase
(D) genetisch bedingter Mangel an (Purin–)Nukleosidphosphorylase
(E) Mangel an Hypoxanthin-(Guanin–)Phosphoribosyltransferase

H03

→ **16.16 Das Endprodukt des Purin-Abbaus ist (beim Menschen)**

(A) Guanin
(B) Hypoxanthin
(C) Xanthin
(D) Harnsäure
(E) Allantoin

16.9 (A) 16.10 (A) 16.11 (D) 16.12 (C) 16.13 (E) 16.14 (A) 16.15 (E) 16.16 (D)

F05

→ **16.17 Beim Menschen entsteht als Endprodukt des Abbaus von Purinnukleotiden Harnsäure. Eine gesteigerte Synthese oder verminderte Ausscheidung von Harnsäure kann zu Gicht führen.**
Die enzymatische Reaktion, bei der das Endprodukt Harnsäure entsteht, wird katalysiert durch die

(A) Adenosin-Desaminase
(B) Xanthin-Oxidase
(C) Nukleosid-Phosphorylase
(D) Adenylosuccinat-Lyase
(E) Urease

H05

→ **16.18 Welche Aussage zur Harnsäure und ihrem Stoffwechsel trifft zu?**

(A) Sie entsteht beim Abbau von Adenin und Guanin.
(B) Zwischenprodukt in der Harnsäurebildung ist Orotat.
(C) Die Harnsäurebildung trägt zur Energiegewinnung der Zelle bei.
(D) Harnsäure wird beim Menschen z. T. bis zum Allantoin abgebaut.
(E) Bei Xanthinoxidase-Mangel werden Harnsäurekristalle in Gelenken, Nieren und anderen Geweben abgelagert.

F03

→ **16.19 Harnsäure**

(A) entsteht durch Oxidation von Xanthin
(B) ist das Endprodukt des Pyrimidinabbaus
(C) ist für den sauren pH-Wert des Urins verantwortlich
(D) ist bei niedrigen pH-Werten gut wasserlöslich
(E) wird ausschließlich in den Nieren gebildet

H02

→ **16.20 Bei einem Patienten mit Schmerzen in den Gelenken wird eine Gicht diagnostiziert. Wegen der stark erhöhten Harnsäurekonzentration im Serum und der Neigung zu Gichtanfällen sind bestimmte diätetische Empfehlungen sinnvoll. Welche der folgenden Empfehlungen gehört <u>nicht</u> dazu?**

(A) Reduktion des Alkoholkonsums
(B) Reduktion des Fleischkonsums
(C) Reduktion des Konsums an Wurst und gebratener Leber
(D) Reduktion der Kohlenhydratzufuhr
(E) mehr Milch und Milchprodukte auf den Speiseplan setzen

H00

→ **16.21 Wird eine Hyperurikämie mit Allopurinol, einem Hemmstoff der Xanthin-Oxidase, behandelt, verursacht dies eine Steigerung der Ausscheidung von**

(A) Inosin
(B) Hypoxanthin
(C) Uracil
(D) Harnsäure
(E) Allantoin

H04

→ **16.22 Die Ablagerung von Harnsäurekristallen in bestimmten Geweben führt zum Krankheitsbild der Gicht.**
Durch Hemmung welchen Enzyms kann die Blutplasmakonzentration der Harnsäure wirksam gesenkt werden?

(A) Adenylat-Kinase
(B) Adenylosuccinat-Synthase
(C) Hypoxanthin-Guanin-Phosphoribosyltransferase
(D) Urease
(E) Xanthin-Oxidase

H90

→ **16.23 Welche Aussage trifft <u>nicht</u> zu?**

(A) Guanin und Adenin sind die Purinbasen der DNA und RNA.
(B) Guanin enthält ein Sauerstoffatom, das eine negative Partialladung hat.
(C) Das Sauerstoffatom des Guanins ist Protonenakzeptor bei der Basenpaarung mit Cytosin.
(D) Guanin enthält 2 Gruppen, die als Protonendonatoren für Wasserstoffbrücken fungieren.
(E) Guanin bildet mit Cytosin in der DNA 2 Wasserstoffbrückenbindungen aus.

H02 F00

→ **16.24 Welche Aussage zu Histonen trifft <u>nicht</u> zu?**

(A) Sie werden für den Aufbau von Nucleosomen benötigt.
(B) Sie finden sich vor allem im Nucleolus.
(C) Sie sind wegen ihres hohen Lysin- und Arginingehalts basische Proteine.
(D) Sie können acetylierte Lysylreste enthalten.
(E) Sie haben sich im Verlaufe der Evolution nur wenig verändert.

16.17 (B) 16.18 (A) 16.19 (A) 16.20 (D) 16.21 (B) 16.22 (E) 16.23 (E) 16.24 (B)

F01
→ **16.25 Welche Aussage zu Histonproteinen trifft nicht zu?**
(A) Sie sind reich an basischen Aminosäuren.
(B) Sie können an Lysin-Resten acetyliert sein.
(C) Sie können phosphoryliert oder ADP-ribosyliert sein.
(D) Sie werden in der S-Phase des Zellzyklus synthetisiert.
(E) Sie werden im Golgi-Apparat glykosyliert.

F03 F01
→ **16.26 Welche Aussage zur Replikation der DNA trifft nicht zu?**
(A) Sie beginnt mit der Bildung eines RNA-DNA-Hybrids.
(B) Bei Eukaryonten beginnt die DNA-Replikation innerhalb der Doppelhelix separat an mehreren verschiedenen Stellen.
(C) Einer der beiden DNA-Stränge wird diskontinuierlich repliziert unter intermediärer Bildung sog. Okazaki-Fragmente.
(D) Rifampicin ist ein Inhibitor der DNA-Replikation bei Prokaryonten.
(E) Sie verläuft unter ständiger Fehlerkorrektur durch DNA-Polymerase.

H03
→ **16.27 An der DNA-Synthese (in Eukaryonten) ist/sind nicht beteiligt:**
(A) Helicase
(B) Topoisomerase
(C) Einzelstrang-Bindungsprotein
(D) Enhancer-Elemente
(E) DNA-Ligase

F04
→ **16.28 Welche der folgenden Enzymaktivitäten ist an der DNA-Replikation nicht beteiligt?**
(A) DNA-Polymerase
(B) RNA-Polymerase (Primase)
(C) 5′-3′-Exonuklease
(D) Signal-Peptidase (Signalase)
(E) DNA-Ligase

F95
→ **16.29 Bei welcher der folgenden DNA-Sequenzen ergibt der komplementäre Strang (in 5′ → 3′-Richtung gelesen) dieselbe Sequenz (Palindrom)?**
(A) 5′... CCATGG ...3′
(B) 5′... CCCAAA ...3′
(C) 5′... AAAAAA ...3′
(D) 5′... CCTCC ...3′
(E) 5′... ACACAC ...3′

F02
→ **16.30 Zum Korrektur- bzw. Reparatursystem von DNA-Replikationsfehlern bzw. DNA-Schäden zählt nicht:**
(A) Primase
(B) DNA-Glykosylase
(C) AP-Endonuclease (AP: apurinisch, apyrimidinisch)
(D) DNA-Polymerase
(E) DNA-Ligase

H02
→ **16.31 Welche Aussage zu Topoisomerasen trifft nicht zu?**
(A) Sie werden für die Replikation benötigt.
(B) Sie führen reversibel Strangbrüche in DNA-Moleküle ein.
(C) Sie verändern die Verwindungszahl von DNA.
(D) Sie können als Bakterien-spezifische Exonukleasen wirken.
(E) Bakterielle Topoisomerasen können Angriffspunkt einer antibiotischen Therapie sein.

F03
→ **16.32 Gyrase**
(A) ist ein Plasmaprotein der α_2-Globulin-Fraktion
(B) ist eine Topoisomerase
(C) ist an der Freisetzung von Neurotransmittern beteiligt
(D) ist ein Pankreasenzym
(E) hemmt den extravaskulären Weg der Blutgerinnung

F05 H00
→ **16.33 Die Entstehung von Thymindimeren in der DNA wird ausgelöst durch**
(A) Erhöhung der Temperatur über den Schmelzpunkt
(B) interkalierende Substanzen
(C) UV-Licht
(D) Gyrasehemmstoffe
(E) Spindelgifte

H02 H98
→ **16.34 Die Synthese von Ribonukleinsäure durch RNA-Polymerasen**
(A) ist unabhängig von Desoxyribonukleinsäure
(B) geschieht durch Kettenverlängerung am 3′-OH des vorhergehenden Nukleotids
(C) geschieht durch Knüpfen von Phosphorsäure-Anhydrid-Bindungen
(D) benötigt Nukleosid-Monophosphate als Enzymsubstrate
(E) wird durch eines der drei Terminationscodons des genetischen Codes abgebrochen

16.25 (E) 16.26 (D) 16.27 (D) 16.28 (D) 16.29 (A) 16.30 (A) 16.31 (D) 16.32 (B) 16.33 (C) 16.34 (B)

H04

→ **16.35 Welche DNA-Basensequenz entspricht der Sequenz 5′-AUGCUA-3′ im Transkriptionsprodukt?**

(A) 3′-TACGAT-5′
(B) 3′-GCATCG-5′
(C) 3′-AUGCUA-5′
(D) 3′-UACGAU-5′
(E) 3′-CGTAGU-5′

H03

→ **16.36 Welche Aussage zur Transkription und den daran beteiligten Faktoren trifft nicht zu?**

(A) Die Anlagerung des TATA-Box-Bindeproteins an die DNA geht der Bindung der RNA-Polymerase II voraus.
(B) Zinkfinger sind Strukturelemente von Transkriptionsfaktoren, bei denen ein Zn-Ion mit Cystein- und Histidin-Resten Komplexbindungen eingeht.
(C) 1,25-Dihydroxycholecalciferol wirkt über einen Zn-haltigen Transkriptionsfaktor.
(D) Leucin-Reißverschluss-Proteine besitzen DNA-bindende Domänen.
(E) cAMP ist ein allosterischer Aktivator der RNA-Polymerase II.

H05

→ **16.37 Welche Aussage zur Transkriptionsregulation in Eukaryonten trifft zu?**
Allgemeine Transkriptionsfaktoren

(A) sind Regulator-Proteine, die die Bindung der RNA-Polymerasen an die Promoter-DNA vermitteln
(B) werden in Abhängigkeit von ihrer zellulären Wirkung als Enhancer oder Silencer bezeichnet
(C) sind am Transport der Peptid- und Proteohormone aus dem Zytosol in den Zellkern beteiligt
(D) beschleunigen spezifisch die posttranskriptionelle Modifikation der Prä-mRNA im Zellkern
(E) sind regulatorische DNA-Elemente, die auf demselben Chromosom wie das durch sie regulierte Gen liegen

F02

→ **16.38 Welche Aussage zur Transkription trifft nicht zu?**

(A) α-Amanitin ist ein Hemmstoff der RNA-Polymerase II.
(B) mRNA wird in den Nucleoli gebildet.
(C) Transkriptionsfaktoren bilden einen oligomeren Komplex mit der RNA-Polymerase II.
(D) Enhancer steigern die Transkription spezifischer Gene.
(E) In der Nähe des Transkriptionsstartes befindet sich häufig eine AT-reiche Sequenz.

H99

→ **16.39 Welche Aussage zu Introns trifft zu?**

(A) Introns werden durch einen Spleißvorgang aus der DNA entfernt.
(B) Die Entfernung von Introns erfolgt unter Beteiligung von snRNA (small nuclear RNA).
(C) Introns sind für bakterielle Gene charakteristisch.
(D) Introns stellen die Ribosomen-Bindungsstelle in der reifen mRNA dar.
(E) Introns werden durch RNA-Polymerasen nicht transkribiert.

H97

→ **16.40 Exons sind DNA-Abschnitte,**

(A) die keine genetische Information haben
(B) die nicht transkribiert werden
(C) die zwar transkribiert werden, deren Transkriptionsprodukt jedoch aus der mRNA herausgeschnitten wird
(D) die für eine Aminosäurensequenz codieren
(E) die vorwiegend im Kern von exokrinen Drüsenzellen gefunden werden

H04 H00

→ **16.41 Welche Aussage zu Ribonukleinsäuren (RNAs) trifft nicht zu?**

(A) Transfer-RNAs (tRNAs) binden Aminosäuren am 5′-Ende.
(B) Ribosomale RNAs (rRNAs) sind im Ribosom mit Proteinen assoziiert.
(C) Bei der Synthese von eukaryonter Messenger-RNA (mRNA) wird zunächst heterogene nukleäre RNA (hnRNA, prä-mRNA) als primäres Transkriptionsprodukt gebildet.
(D) Kleine nukleäre RNA (snRNA) ist am Spleißvorgang beteiligt.
(E) mRNA kann mit Ribosomen zu Poly(ribo)somen assoziieren.

F03

→ **16.42 Zur Prozessierung des primären mRNA-Transkripts gehört nicht**

(A) die Bindung der RNA-Polymerase am Promotor
(B) die Polyadenylierung am 3′-Ende
(C) die Bildung einer Cap-Struktur (N^7-Methyl-GTP) am 5′-Ende
(D) die Entfernung der Intron-Transkriptabschnitte
(E) das Aneinanderfügen von Exons

16.35 (A) 16.36 (E) 16.37 (A) 16.38 (B) 16.39 (B) 16.40 (D) 16.41 (A) 16.42 (A)

H03

→ **16.43 Die Cap-Struktur eukaryonter mRNA-Moleküle**

(A) befindet sich am 5′-Ende der mRNA und enthält einen methylierten Guanylrest
(B) wird durch die RNA-Polymerase II bei der Initiation der Transkription angefügt
(C) wird bei der posttranskriptionalen Prozessierung abgespalten
(D) blockiert bei der Translation die Peptidyltransferase-Reaktion
(E) ist ein Produkt der Transesterifizierung beim Spleißvorgang

H03

→ **16.44 Welche Aussage zum Spleißen trifft zu?**

(A) Beim Spleißen werden die Introns durch Endonukleasen aus der chromosomalen DNA herausgetrennt.
(B) Die beim Spleißen gebildete Lassostruktur wird aus dem stromaufwärts (5′–) gelegenen Exon gebildet.
(C) Bei der Bildung der Lassostruktur entsteht eine 2′,5′-Phosphodiester-Bindung.
(D) Die beim Spleißen verbundenen Exon-Enden haben komplementäre Nukleotidsequenzen.
(E) Die Hypervariabilität der Antikörpermoleküle wird durch multiples Spleißen der Immunglobulin-mRNA hervorgerufen.

F85

→ **16.45 Ein Phage hat eine einsträngige DNA von folgender relativer Zusammensetzung**

A: 1,0 C: 0,75 G: 0,98 T: 1,33

Welche Zusammensetzung hat die komplementäre RNA?

	A:	C:	G:	T:	U:
(A)	0,75	1,00	1,33	0,00	0,98
(B)	1,33	0,98	0,75	0,00	1,00
(C)	1,00	0,98	0,75	0,00	1,33
(D)	1,33	0,75	1,00	0,00	0,75
(E)	1,33	0,98	0,75	0,50	0,50

H02

→ **16.46 Welche Aussage zu Aminoacyl-tRNA-Synthetasen trifft nicht zu?**

(A) Sie benötigen ATP.
(B) Sie katalysieren die Bildung einer kovalenten Bindung zwischen einer Aminosäure und dem 3′-Ende einer tRNA.
(C) Sie sind jeweils spezifisch für eine einzige tRNA.
(D) Sie sind jeweils spezifisch für eine einzige Aminosäure.
(E) An der Erkennung der korrekten tRNA kann unter anderem das Anticodon beteiligt sein.

F02

→ **16.47 Aminoacyl-tRNA-Synthetase**

(A) überträgt Aminosäuren auf das 5′-Ende eines tRNA-Moleküls
(B) aktiviert Aminosäuren durch Übertragung eines AMP-Moleküls auf deren Carboxylgruppe
(C) ist ein Membranprotein des endoplasmatischen Retikulums
(D) erkennt spezifisch die Trinucleotidsequenz des jeweiligen Codons
(E) wird durch Streptomycin kompetitiv gehemmt

F03

→ **16.48 Welche Aussage über die Translation trifft nicht zu?**

(A) Die Verknüpfung einer Aminosäure mit ihrer tRNA ist energieabhängig.
(B) Die Bildung des Initiationskomplexes ist energieabhängig.
(C) Bei der Knüpfung einer Peptidbindung wird ein Aminoacylrest auf die Peptidyl-tRNA übertragen.
(D) Die Translokation der Peptidyl-tRNA erfordert Energie.
(E) Das fertige Protein wird hydrolytisch von der letzten tRNA abgelöst.

H98

→ **16.49 Welche Aussage zur eukaryoten Proteinbiosynthese trifft nicht zu?**

(A) Die Proteinbiosynthese startet mit einem N-terminalen Methionin.
(B) Für die Elongation der Polypeptidketten ist eine ribosomale Peptidyl-Transferase notwendig.
(C) Guaninnucleotid-bindende Proteine sind für die Anlagerung von Aminoacyl-tRNA an die Aminoacylstelle des Ribosoms notwendig.
(D) Für die Termination der Proteinbiosynthese ist kein eigenes Signal notwendig, da sie durch das Ende der mRNA ausgelöst wird.
(E) Das Diphtherietoxin hemmt die Translokation der Peptidkette von der Aminoacyl- auf die Peptidylstelle.

H03

→ **16.50 Das Anticodon der Serin-tRNA hat das Basentriplett 3′-AGC-5′.**
Welches der folgenden Basentripletts einer mRNA codiert für Serin?

(A) 5′-GAU-3′
(B) 5′-ACG-3′
(C) 5′-UCG-3′
(D) 5′-CUG-3′
(E) 5′-TCG-3′

16.43 (A) 16.44 (C) 16.45 (B) 16.46 (C) 16.47 (B) 16.48 (C) 16.49 (D) 16.50 (C)

F04

16.51 Wie viele Aminosäuren sind in dem mRNA-Abschnitt mit der Basensequenz 5′-AUGCUACGGA-CU-3′ codiert?

(A) 2
(B) 3
(C) 4
(D) 5
(E) 6

F05

16.52 Eine eukaryontische Transkriptionseinheit bestand aus 3 Exons und 2 Introns folgender Größen (kb = Kilobasenpaar):

Exon 1: 1 kb
Intron 1: 2 kb
Exon 2: 3 kb
Intron 2: 4 kb
Exon 3: 5 kb

Die durch Spleißen daraus entstandene mRNA wurde am Ribosom translatiert.

Welche der relativen Molekülmassen kann das dabei entstandene Protein am ehesten haben?

(A) 6 000
(B) 9 000
(C) 15 000
(D) 30 000
(E) 300 000

F04

16.53 Für die Protein-Synthese werden auf der Stufe der Translation nicht benötigt:

(A) mRNA
(B) Ribosomen
(C) Aminoacyl-tRNA
(D) GTP
(E) DNA

H00 F93

16.54 Peptidyltransferasen

(A) übertragen Signalpeptide auf wachsende Proteinketten am Ribosom
(B) verknüpfen Oligopeptide zu Polypeptiden
(C) binden Aminosäuren an die wachsende Peptidkette am Ribosom
(D) von Bakterien können durch Streptomycin gehemmt werden
(E) benötigen Pyridoxalphosphat als Cofaktor

F98

16.55 Welche Aussage zu Ribosomen und der Proteinbiosynthese trifft nicht zu?

(A) Ribosomale Proteine und rRNA werden im Nucleolus assembliert.
(B) Die vollständige Assemblierung des Ribosoms erfordert die Bindung von mRNA.
(C) Zur korrekten Bindung an die tRNA müssen Aminosäuren als Aminoacyl-CoA vorliegen.
(D) An das endoplasmatische Retikulum gebundene Ribosomen sind unter anderem für die Biosynthese von Membranproteinen verantwortlich.
(E) Ribosomen enthalten eine Peptidyltransferase-Aktivität.

F02 F99

16.56 Polysomen (Komplexe von 2 und mehr Ribosomen) werden zusammengehalten durch

(A) DNA
(B) rRNA
(C) tRNA
(D) mRNA
(E) Polypeptide

F02

16.57 Die Basensequenz 5′AUGGUGCUA3′ in einer mRNA kodiert für die Aminosäurensequenz Methionin-Valin-Leucin eines Proteins. Nach Mutation der zugehörigen DNA ist die vierte Base gegen A ausgetauscht (A statt G).

Welche Aminosäuresequenz entspricht dem mutierten mRNA-Abschnitt?

(A) Methionin-Valin-Leucin
(B) Methionin-Methionin-Leucin
(C) Methionin-Valin-Lysin
(D) Valin-Leucin-Leucin
(E) Methionin-Leucin-Valin

H04

16.58 Bei spontaner oder durch Mutagene ausgelöster Desaminierung von Cytosin in der DNA entsteht

(A) Nicotinamid
(B) Pyridin
(C) Pyridoxal
(D) Thymin
(E) Uracil

16.51 (C) 16.52 (E) 16.53 (E) 16.54 (C) 16.55 (C) 16.56 (D) 16.57 (B) 16.58 (E)

F05

→ **16.59 Welche Aussage über Uridin-Nukleotide und DNA trifft zu?**

(A) Im Gegensatz zu Thymidin kann Uridin keine Basenpaarungen eingehen.
(B) Durch die Ausscheidung des Uridins als harnfähigem Abbauprodukt der Nukleotide sind die intrazellulären UTP-Konzentrationen sehr gering.
(C) Wenn Uracil in DNA auftritt, wird es durch Übertragung einer Aminogruppe in Cytosin überführt.
(D) Wenn Uracil in DNA auftritt, wird es durch eine DNA-Glykosylase (Basenexzisions-Reparatur) entfernt.
(E) Uridin-Nukleotide können nicht in Desoxy-Nukleotide umgewandelt werden.

H05 F01

→ **16.60 Die Translation der mRNA für sekretorische Proteine**

(A) beginnt mit der C-terminalen Aminosäure des Sekretproteins
(B) findet vor der Prozessierung der entsprechenden mRNA statt
(C) wird durch Chloramphenicol spezifisch gehemmt
(D) ist eine Funktion der Sekretgranula eukaryonter Zellen
(E) findet am rauen endoplasmatischen Retikulum statt

F03

→ **16.61 Welche Aussage zum signal recognition particle (SRP) trifft zu?**

(A) Das SRP erkennt die Signalsequenz der Synthesevorstufe von Export- oder Membranproteinen.
(B) Das SRP ist für die Signalweiterleitung auf intrazelluläre Hormonrezeptoren verantwortlich.
(C) Das SRP ist im Zellkern lokalisiert.
(D) Das SRP erkennt das C-Peptid von Proinsulin.
(E) Das SRP ist ein luminales Protein des endoplasmatischen Retikulums.

H03

→ **16.62 RNA kommt nicht vor im**

(A) Spleißosom
(B) Nukleolus
(C) Signal Recognition Particle (SRP, Signalerkennungspartikel)
(D) Mitochondrium
(E) Nukleosom

F01

→ **16.63 Zu den posttranslationalen Modifikationen gehört nicht**

(A) die Anheftung von Farnesylgruppen an Cystein
(B) die Anheftung von Oligosacchariden an Serin
(C) die Anheftung von Oligosacchariden an Threonin
(D) der Einbau von Selenocystein in Glutathion-Peroxidase
(E) die Iodierung von Tyrosin im Thyreoglobulin

H00

→ **16.64 Welche der folgenden Aminosäuren wird in Proteinen nicht posttranslational modifiziert?**

(A) Lysin
(B) Serin
(C) Tyrosin
(D) Alanin
(E) Asparagin

H03

→ **16.65 Welche der genannten Verbindungen ist kein Inhibitor der DNA-Synthese?**

(A) Amethopterin (Methotrexat)
(B) 6-Mercaptopurin
(C) Puromycin
(D) 5-Fluorouracil
(E) Cytosinarabinosid

H04

→ **16.66 Hemmstoffe der Nukleinsäure-Synthese von Bakterien haben eine antibiotische Wirkung. Welche der folgenden Substanzen hemmt die RNA-Polymerase von Prokaryonten?**

(A) Chloramphenicol
(B) Penicillin
(C) Rifampicin
(D) Streptomycin
(E) Tetracyclin

F04

→ **16.67 Welche der folgenden Substanzen hemmt in erster Linie die Translation (und nicht die Transkription oder DNA-Replikation)?**

(A) Actinomycin D
(B) Diphtherietoxin
(C) Rifampicin
(D) α-Amanitin
(E) Gyrase-(Topoisomerase-)Hemmstoff

16.59 (D) 16.60 (E) 16.61 (A) 16.62 (E) 16.63 (D) 16.64 (D) 16.65 (C) 16.66 (C) 16.67 (B)

H05

→ **16.68 Antibiotika sind wichtige Medikamente zur Behandlung bakterieller Infektionen.**
Welche der Aussagen zur Wirkung von Antibiotika im Bakterium trifft am ehesten zu?
(A) Penicilline hemmen die Replikation.
(B) Tetracycline hemmen die Translation.
(C) Chloramphenicol hemmt die Folsäuresynthese.
(D) Rifampicin hemmt die Zellwandsynthese.
(E) Cephalosporine hemmen die Transkription.

H00

Ordnen Sie den Hemmstoffen der Zellteilung aus Liste 1 den jeweils zugrunde liegenden Wirkungsmechanismus (Liste 2) zu!

Liste 1
→ **16.69 Folsäure-Analoge (z. B. Aminopterin)**
→ **16.70 Pyrimidin-Analoge (z. B. Fluorouracil)**

Liste 2
Hemmung
(A) der Bildung von Kinetochorfasern (Mikrotubuli)
(B) Cyclin-abhängiger Proteinkinasen
(C) der Dihydrofolat-Reduktase
(D) der Glutamin-Phosphoribosylpyrophosphat-Amidotransferase
(E) der Thymidylat-Synthase

H04

→ **16.71 Ein wichtiges Prinzip zytostatischer Tumortherapie (Chemotherapie) ist die Blockade der Neusynthese von Purin- und Pyrimidin-Nukleotiden.**
Nach diesem Prinzip wirken im Tumorgewebe:
(A) Hemmstoffe der Folsäure-Synthese
(B) Hemmstoffe der mitochondrialen Carbamoylphosphat-Synthetase (Carbamoylphosphat-Synthetase I)
(C) Hemmstoffe der Dihydrofolat-Reduktase
(D) Hemmstoffe der Caspasen
(E) interkalierende Agentien

H03

→ **16.72 Das Enzym β-Lactamase**
(A) spaltet β-glykosidische Bindungen
(B) ist ein Hemmstoff der Katecholamin-Wirkung an β-Rezeptoren
(C) ist ein Schlüsselenzym des Cori-Zyklus
(D) spaltet beim Purinnukleotidabbau die glykosidische Bindung zur Ribose
(E) inaktiviert das Antibiotikum Penicillin G (Benzylpenicillin)

F94

→ **16.73 Eine Vergiftung mit dem Knollenblätterpilz-Toxin α-Amanitin bewirkt bei Eukaryonten eine**
(A) Depolymerisation des Zytoskeletts
(B) Hemmung der Mitose durch Bindung an Mikrotubuli
(C) Hemmung der rRNA-Synthese
(D) kompetitive Hemmung der ribosomalen Transpeptidase
(E) Hemmung der RNA-Polymerase II

H04

→ **16.74 Diphtherietoxin kann bei nicht geimpften Personen bereits in sehr geringen Mengen tödlich wirken.**
Die Giftwirkung von Diphtherietoxin wird primär verursacht durch
(A) eine Störung der durch G-Proteine vermittelten Signaltransduktion
(B) eine spezifische Hemmung von Peptidyl-Prolyl-cis/trans-Isomerasen
(C) die Katalyse einer NAD^+-abhängigen Modifikation eines Elongationsfaktors der Translation
(D) die Öffnung Ligand-regulierter Ca^{2+}-Kanäle durch das Toxin
(E) die irreversible Bindung des Toxins an den Akzeptor-Ort des Ribosoms

F05

→ **16.75 Das Pilzgift α-Amanitin beeinflusst den Informationsfluss von DNA über RNA zu Protein.**
Die bei α-Amanitin-Intoxikation auftretende Leberschädigung ist primär zurückzuführen auf eine
(A) Aktivierung zellulärer Endo- und Exonukleasen
(B) Unterdrückung der Biosynthese von Transfer-RNA
(C) Phosphorylierung des Initiationsfaktors eIF2
(D) Blockierung des RNA-Transports durch die Kernmembran
(E) Hemmung der eukaryontischen RNA-Polymerase II

F97

→ **16.76 Folsäure-Antagonisten (Aminopterin, Amethopterin u. a.) hemmen die**
(A) Thyminnukleotid-Synthese
(B) DNA-Transkription
(C) RNA-Translation
(D) Trennung der Chromatiden mittels Kinetochorfasern
(E) Regulation des G2/M-Überganges im Zellzyklus (Cyclinabhängige Proteinkinasen)

16.68 (B) 16.69 (C) 16.70 (E) 16.71 (C) 16.72 (E) 16.73 (E) 16.74 (C) 16.75 (E) 16.76 (A)

H97

→ **16.77 Welche Feststellung zu Bau und Funktion von Plasmiden trifft nicht zu?**

(A) Plasmide sind ringförmige extrachromosomale DNA-Sequenzen in Bakterienzellen.
(B) Bakterielle Plasmide liegen meist als einzelsträngige DNA vor.
(C) Plasmide können vorübergehend in das Bakterien-Chromosom integriert werden.
(D) Plasmide können die für die bakterielle Konjugation benötigten Gene tragen.
(E) Durch Resistenzplasmide wird Antibiotika-Resistenz zwischen Bakterienzellen ausgetauscht.

H01

→ **16.78 Plasmide**

(A) sind durch eine Lipiddoppelschicht vom Zytoplasma getrennt
(B) enthalten Ribonucleoprotein-Partikel
(C) werden im Golgi-Apparat kovalent modifiziert
(D) sind als GTPasen an der Signaltransduktion beteiligt
(E) können Antibiotika-Resistenzgene tragen

F01

→ **16.79 Restriktionsendonukleasen**

(A) sind am Spleißen von mRNA-Vorläufermolekülen beteiligt
(B) integrieren reverse Transkripte der Retrovirus-RNA ins Genom der Wirtszelle
(C) spalten die 5′-Cap-Struktur vom Ende der mRNA
(D) entfernen die Poly(A)-Sequenz vom 3′-Ende der mRNA
(E) sind Enzyme, die in Bakterien Phagen-DNA spalten

F04

→ **16.80 Welche der folgenden Beschreibungen trifft im typischen Fall für Restriktionsenzyme (Typ 2) zu?**

(A) Enzym von Bakteriophagen zum Spalten bakterieller DNA
(B) sequenzspezifisch spaltende Endonuklease von Prokaryonten
(C) Teil des DNA-Exzisions-Reparatur-Systems von Viren
(D) Teil des eukaryonten DNA-Replikations-Systems
(E) virale Exonuklease

F05

→ **16.81 Der Begriff „Palindrom" bezieht sich in der Molekularbiologie auf die molekularen und funktionellen Eigenschaften bestimmter Nukleinsäuresequenzen.**
Palindrome sind Abfolgen von Nukleotiden, die

(A) in doppelsträngiger DNA eine gegenläufig-identische Sequenz aufweisen
(B) durch reverse Transkriptase hydrolytisch gespalten werden
(C) in eukaryontischen Zellen die Bindungsstelle der Telomerase darstellen
(D) aus repetitiven Tripletts wie „TAGTAG..." bestehen
(E) die Bindung der eukaryontischen Topoisomerasen an doppelsträngige DNA vermitteln

H00

→ **16.82 Welche Aussage zu Nukleasen trifft nicht zu?**

(A) Pankreassekret enthält Ribonuklease.
(B) Restriktionsenzyme sind Endonukleasen.
(C) Nukleasen spalten Phosphodiesterbindungen.
(D) Mithilfe von Restriktionsenzymen spalten Bakteriophagen RNA der Wirtsbakterien.
(E) Im Replikationszyklus von RNA-Tumorviren wird eine Nuklease-Funktion mit Spezifität für DNA/RNA-Hybride benötigt.

H00

→ **16.83 Welche Aussage über Viren trifft zu?**

(A) Die Replikation der Virus-DNA hängt von einem viruseigenen Energiestoffwechsel ab.
(B) Retroviren verfügen über kein eigenes Nukleinsäuresynthese-Enzym.
(C) Reverse Transkription retroviraler RNA resultiert in Doppelstrang-RNA.
(D) Retrovirus-Genome kodieren unter anderem für reverse Transkriptase.
(E) Viren wirken in eukaryoten Organismen nicht als Antigene.

F02 H98

→ **16.84 Welche Aussage zu Retroviren trifft nicht zu?**

(A) Sie benötigen für ihren Vermehrungszyklus die reverse Transkriptase.
(B) Ihr Genom besteht aus RNA.
(C) Retrovirale Onkogene stammen aus eukaryonten Genen, die u. a. Wachstum und Differenzierung kontrollieren.
(D) Nach Verdopplung durch RNA-Polymerase wird das virale Genom in die Wirts-DNA eingebaut.
(E) Ihre Hüllproteine sind für die spezifische Bindung an Membranproteine der Wirtszellen verantwortlich.

16.77 (B) 16.78 (E) 16.79 (E) 16.80 (B) 16.81 (A) 16.82 (D) 16.83 (D) 16.84 (D)

F04

→ **16.85 Welche Aussage zu Retroviren trifft nicht zu?**

(A) Sie benötigen für ihre Replikation eine reverse Transkriptase.
(B) Sie können in ihrer Vermehrung durch Nukleosidanaloga wie Azidothymidin gehemmt werden.
(C) Sie integrieren als provirale DNA im Wirtszellgenom.
(D) Sie sind (in modifizierter Form) potenzielle Genfähren in der Gentherapie.
(E) Retroviren (z. B. HIV) zeigen eine extrem niedrige Mutationsrate.

H05 F00 H95

→ **16.86 Unter DNA/RNA-Hybridisierung versteht man die**

(A) In-vitro-Rekombination von Nucleinsäuren
(B) Aneinanderlagerung komplementärer RNA- und DNA-Stränge
(C) reverse Transkription von mRNA
(D) Infektion von Bakterien mit RNA-Phagen
(E) kovalente Verknüpfung von RNA und Einzelstrang-DNA

F03 F01

→ **16.87 Reverse Transkriptase**

(A) ist die RNA-Polymerase der Retroviren
(B) ist im Genom von replikationskompetenten Retroviren codiert
(C) synthetisiert den RNA-Primer für die DNA-Replikation
(D) stellt eine Untereinheit der DNA-Polymerase I dar
(E) transkribiert die ins Wirtsgenom integrierte retrovirale Information

F00 F96

→ **16.88 Welche Aussage zur reversen Transkriptase trifft nicht zu?**

(A) Sie ist ein mitochondriales Enzym, mit dessen Hilfe das retrovirale Genom repliziert wird.
(B) Sie benötigt zur DNA-Synthese ein vorgegebenes Nucleinsäuremolekül (Primer).
(C) Sie katalysiert den Einbau von Desoxynucleotiden am 3′-OH-Ende einer wachsenden Nucleinsäurekette.
(D) Sie ist eine RNA-abhängige DNA-Polymerase.
(E) Sie wird in vitro zur Synthese von komplementärer DNA (cDNA) benutzt.

F05

→ **16.89 Um die in einem bestimmten Zelltyp exprimierten Gene zu analysieren, werden cDNA-Bibliotheken verwendet.**
Welches der genannten Enzyme wird für die Herstellung von cDNA für eine solche Bibliothek benötigt?

(A) Telomerase
(B) reverse Transkriptase
(C) Primase
(D) Taq-Polymerase
(E) Klenow-Fragment der DNA-Polymerase

F00

→ **16.90 Plasmide, die ein für β-Lactamase codierendes Gen tragen, können einem Bakterium Resistenz verleihen gegen**

(A) Puromycin
(B) Tetracyclin
(C) Chloramphenicol
(D) Streptomycin
(E) Penicillin

F00

→ **16.91 Welche Aussage zur Spaltung der DNA-Doppelhelix durch Restriktions-Endonucleasen trifft nicht zu?**

(A) Sie ist GTP-abhängig.
(B) Sie geschieht an spezifischen DNA-Sequenzen.
(C) Sie kann zu überhängenden 3′-Enden an der Spaltstelle führen.
(D) Sie kann zu überhängenden 5′-Enden an der Spaltstelle führen.
(E) Sie kann zu glatten, nicht gegeneinander versetzten Spaltstellen führen.

F01 H98

→ **16.92 Welche Aussage zu Protoonkogenen trifft nicht zu?**

(A) Sie sind Gene, deren Genprodukte an der Steuerung der Zellproliferation beteiligt sind.
(B) Sie bestehen aus Exons und Introns.
(C) Sie können für G-Proteine codieren.
(D) Sie sind krebserzeugende Gene.
(E) Sie codieren u. a. für Kernproteine.

H00

→ **16.93 Protoonkogenese der ras-Gruppe kodieren für**

(A) G-Protein-homologe Proteine
(B) Wachstumsfaktoren
(C) DNA-bindende Proteine
(D) Wachstumsfaktor-Rezeptoren
(E) Tyrosin-spezifische Proteinkinasen

16.85 (E) 16.86 (B) 16.87 (B) 16.88 (A) 16.89 (B) 16.90 (E) 16.91 (A) 16.92 (D) 16.93 (A)

F02

→ **16.94 Für welche Proteine codieren zelluläre Onkogene (Proto-Onkogene) nicht?**
(A) DNA-bindende Proteine
(B) Wachstumsfaktoren
(C) GTP-bindende Proteine
(D) Tyrosin-spezifische Proteinkinasen
(E) T-Zell-Rezeptor-(TCR-)Proteine

H03 H97

→ **16.95 Die Polymerase-Kettenreaktion (PCR)**
(A) kann zur Vermehrung spezifischer DNA-Sequenzen verwendet werden
(B) wird zur Synthese von Oligoribonucleotiden verwendet
(C) führt zur Transformation von Tumorzellen durch gesteigerte DNA-Synthese
(D) entspricht dem Einbau des retroviralen Provirus ins Wirtsgenom
(E) wird durch das Zusammenwirken mehrerer Transkriptionsfaktoren ausgelöst

F02 H99

→ **16.96 Welches der Enzyme wird bei der Polymerase-Kettenreaktion (PCR) eingesetzt?**
(A) DNA-Polymerase I
(B) Restriktions-Endonuclease
(C) Topoisomerase
(D) RNA-Polymerase II
(E) Taq-Polymerase (thermostabile DNA-Polymerase)

H04

→ **16.97 Die Erzeugung einer Vielzahl identischer Kopien eines Abschnittes doppelsträngiger DNA gelingt durch Anwendung der Polymerasekettenreaktion (PCR).**
Das zugrunde liegende Reaktionsprinzip
(A) erfordert den Einsatz DNA-komplementärer Oligonukleotid-Primer
(B) basiert auf der Hybridisierung von DNA- und RNA-Molekülen
(C) erfordert die Verwendung von RNase H zur Hydrolyse der Primer
(D) führt zu einem zyklischen Verbrauch von ATP, GTP, CTP und TTP
(E) erfordert die zyklische Denaturierung der DNA-Polymerase bei 90 °C

H03

→ **16.98 Zum spezifischen Nachweis bestimmter Nukleinsäuren kann nicht verwendet werden:**
(A) Southern-Blot
(B) Polymerase-Kettenreaktion (PCR)
(C) Western-Blot
(D) Northern-Blot
(E) RT-PCR (Reverse-Transkription-PCR)

Fragen aus Examen Frühjahr 2006

F06

→ **16.99 Leflunomid kann bei rheumatoider Arthritis eingesetzt werden. Sein aktiver Metabolit hemmt die Dehydrogenierung von Dihydroorotat.**
Betroffen davon ist die Biosynthese von:
(A) Metalloproteinasen
(B) Squalenen
(C) Porphyrinen
(D) Purinbasen
(E) Pyrimidinbasen

F06

Ordnen Sie den Hemmstoffen der Zellteilung aus Liste 1 den jeweils zugrunde liegenden Wirkungsmechanismus (Liste 2) zu!

Liste 1
→ **16.100 Folsäure-Analoga (z. B. Methotrexat)**
→ **16.101 Pyrimidin-Analoga (z. B. Fluorouracil)**

Liste 2
(A) Hemmung der Bildung von Kinetochorfasern (Mikrotubuli)
(B) Hemmung Cyclin-abhängiger Proteinkinasen
(C) Hemmung der Dihydrofolat-Reduktase
(D) Hemmung der Glutamin-Phosphoribosylpyrophosphat-Amidotransferase
(E) Hemmung der Thymidylat-Synthase

F06

→ **16.102 Purinbasen sind in den Nucleotiden über eine N-glykosidische Bindung mit Ribose verknüpft.**
Welche Verbindung liefert bei der Biosynthese der Purine dieses Stickstoffatom?
(A) Asparagin
(B) Aspartat
(C) Glutamin
(D) Glycin
(E) NH_4^+

16.94 (E) 16.95 (A) 16.96 (E) 16.97 (A) 16.98 (C) 16.99 (E) 16.100 (C) 16.101 (E) 16.102 (C)

F06

→ **16.103 Die für das Lesch-Nyhan-Syndrom charakteristische exzessive Harnsäureproduktion ist u. a. zurückzuführen auf eine(n)**

(A) intrazellulären Überschuss an α-5-Phosphoribosyl-1-diphosphat (PRPP)
(B) Hemmung der Oxidation von Hypoxanthin zu Xanthin
(C) enzymatischen Defekt in der Umwandlung von IMP zu AMP
(D) Hemmung der PRPP-Amidotransferase (Amidophosphoribosyltransferase) durch erhöhte zytosolische GMP-Konzentration
(E) Hemmung der zytosolischen Carbamoylphosphat-Synthetase II durch PRPP

F06

→ **16.104 Bei der doppelsträngigen DNA einer Zelle ist der Anteil an dGMP etwa 20 %.**
Etwa wie hoch ist der Anteil an dAMP (nach der Cahrgaff-Regel)?

(A) 20 %
(B) 30 %
(C) 40 %
(D) 60 %
(E) 80 %

F06

→ **16.105 Restriktionsendonukleasen**

(A) sind am Spleißen von mRNA-Vorläufermolekülen beteiligt
(B) integrieren reverse Transkripte der Retrovirus-RNA ins Genom der Wirtszelle
(C) spalten die 5′-Cap-Struktur vom Ende der mRNA
(D) entfernen die Poly(A)-Sequenz vom 3′-Ende der mRNA
(E) sind Enzyme, die in Bakterien Phagen-DNA spalten

F06

→ **16.106 Welche Aussage über die Mechanismen der Informationsübertragung vom Gen zum Protein trifft zu?**

(A) Die Ablesung der DNA-Matrize bei der Replikation erfolgt in 5′ → 3′-Richtung.
(B) Die Polymerisation der Ribonucleotide bei der Transkription erfolgt in 3′ → 5′-Richtung.
(C) Reverse Transkriptase polymerisiert 2′-Desoxyribonucleotide in 5′ → 3′-Richtung.
(D) Die Ablesung der reifen mRNA bei der Translation erfolgt in 3′ → 5′-Richtung.
(E) Die Richtung der Proteinbiosynthese (von der C-terminalen zur N-terminalen Aminosäure oder umgekehrt) wird durch die zu translatierende mRNA bestimmt.

F06

→ **16.107 Die Cap-Struktur („Kopfgruppe") eukaryontischer RNA-Moleküle**

(A) wird bei der posttranslationalen Prozessierung abgespalten
(B) befindet sich am 5′-Ende der mRNA und enthält einen methylierten Guanylrest
(C) wird durch die RNA-Polymerase II bei der Initiation der Transkription synthetisiert
(D) blockiert bei der Translation die Peptidyltransferase-Reaktion
(E) ist ein Produkt der Transesterifizierung beim Spleißvorgang

F061

→ **16.108 Viele antibiotisch wirksame Substanzen blockieren die bakterielle Proteinbiosynthese.**
Bei welcher der folgenden Substanzen handelt es sich um einen Inhibitor der prokaryontischen Translation?

(A) Amanitin
(B) Tetracyclin
(C) Actinomycin
(D) Penicillin
(E) Rifampicin

17 Hormone

F03

→ **17.1 Welches der folgenden Hormone ist kein Peptid?**

(A) Thyreotropin-Releasing-Hormon (Thyroliberin, TRH)
(B) Vasopressin
(C) Triiodthyronin
(D) Angiotensin II
(E) Ocytocin

H04

→ **17.2 Welches der folgenden Hormone enthält keine Peptidbindungen?**

(A) Thyroliberin (TRH)
(B) Thyrotropin (TSH)
(C) Calcitonin
(D) Thyroxin
(E) Corticotropin (ACTH)

16.103 (A) 16.104 (B) 16.105 (E) 16.106 (C) 16.107 (B) 16.108 (B) 17.1 (C) 17.2 (D)

F01
Ordnen Sie die im Harn auftretenden Abbauprodukte aus Liste 1 jeweils derjenigen Substanz aus Liste 2 zu, aus der sie im Stoffwechsel entsteht.

Liste 1
→ **17.3** 5-Hydroxyindolessigsäure
→ **17.4** Vanillinmandelsäure

Liste 2
(A) Noradrenalin
(B) Acetylcholin
(C) γ-Aminobuttersäure
(D) Serotonin
(E) Glutaminsäure

H01
→ **17.5 Welches der genannten Hormone wirkt nicht über einen Liganden-aktivierbaren Transkriptionsfaktor?**
(A) Testosteron
(B) Estradiol
(C) Triiodthyronin
(D) Vasopressin
(E) Aldosteron

H00
→ **17.6 Welcher der folgenden Hormonrezeptoren ist kein integrales Membranprotein?**
(A) Glukagonrezeptor
(B) β-Adrenozeptor
(C) Calcitriolrezeptor
(D) Thyrotropin (TSH)-Rezeptor
(E) Plättchenwachstumsfaktor-Rezeptor (PDGF-Rezeptor)

H05
→ **17.7 Zur Gruppe der Hormonrezeptoren gehören integrale Membranproteine, die nach Bindung eines Hormons allein oder im Zusammenwirken mit weiteren Proteinen ein intrazelluläres Signal erzeugen. Welches Hormon bindet an einen Membranrezeptor, dessen intrazelluläre Domäne direkt die Bildung eines zyklischen Nucleotids katalysiert?**
(A) Adrenalin
(B) Atriopeptin (atriales natriuretisches Peptid)
(C) Cortisol
(D) Erythropoetin
(E) Tetraiodthyronin (Thyroxin)

F05
→ **17.8 Der Rezeptor für Thyrotropin (Thyreoidea-stimulierendes Hormon, TSH) gehört zur Familie der**
(A) intranukleären Rezeptoren
(B) G-Protein-gekoppelten Rezeptoren
(C) Guanylat-Cyclasen
(D) Tyrosinkinase-Rezeptoren
(E) Jak/STAT-gekoppelten Rezeptoren

F00
→ **17.9 Welche Aussage zum zyklischen AMP (cAMP) trifft nicht zu?**
(A) cAMP wird aus ATP gebildet.
(B) cAMP ist beim Hepatozyten der gemeinsame intrazelluläre Bote sowohl von Glukagon als auch von Adrenalin.
(C) cAMP überträgt seine Phosphatgruppe auf Proteine.
(D) cAMP wird durch eine Phosphodiesterase gespalten.
(E) cAMP wird im Hepatozyten unter dem Einfluss von Insulin verstärkt abgebaut.

H04
→ **17.10 Die unmittelbare Folge der Wechselwirkung von zyklischem Adenosinmonophosphat (3′, 5′-cAMP) mit Protein-Kinase A ist eine**
(A) Aktivierung der membranständigen Adenylat-Cyclase
(B) Dissoziation der (heterotetrameren) Protein-Kinase A
(C) Hemmung der cAMP-spezifischen Phosphodiesterase
(D) Phosphorylierung der Protein-Kinase A
(E) Überführung der Protein-Kinase A in den Zellkern

F03
→ **17.11 cAMP**
(A) wird durch die Adenylatkinase aus ATP gebildet
(B) wird durch die Adenylatcyclase zu AMP gespalten
(C) stimuliert Phosphoprotein-Phosphatasen
(D) ist der intrazelluläre Bote für Glukagon
(E) hemmt die Phospholipase C

F04
→ **17.12 Der wichtigste zweite Botenstoff (second messenger) zur Aktivierung der Proteinkinase A ist**
(A) Calcium
(B) cAMP
(C) Diacylglycerin
(D) Inositol-trisphosphat
(E) Prostaglandin

17.3 (D) 17.4 (A) 17.5 (D) 17.6 (C) 17.7 (B) 17.8 (B) 17.9 (C) 17.10 (B) 17.11 (D) 17.12 (B)

H03 F97

→ **17.13 Zu den Tyrosin-spezifischen Proteinkinasen („Tyrosinkinasen") gehört/gehören:**

(A) G-Proteine
(B) Glykogen-Phosphorylase-Kinase
(C) Pyruvatdehydrogenase-Kinase
(D) Insulin-Rezeptor
(E) Fructose-6-phosphat-2-Kinase

H03 F94

→ **17.14 Aus cAMP entsteht durch die Wirkung der cAMP-Phosphodiesterase:**

(A) 5′-Adenosinmonophosphat
(B) Adenosin und Phosphorsäure
(C) Phosphoribosylphosphat und Adenin
(D) 3′-Adenosinmonophosphat
(E) cGMP

F99 F98

→ **17.15 Welche Aussage trifft nicht zu?**
Die Aktivierung Guaninnucleotid-bindender Proteine (G-Proteine) durch den Austausch von GDP mit GTP wird ausgelöst durch

(A) Bindung von Adrenalin an β-Rezeptoren
(B) Aktivierung von Rhodopsin durch Licht
(C) Bindung von Triiodthyronin an den T_3-Rezeptor
(D) Bindung von Acetylcholin an muscarinische Rezeptoren
(E) Bindung von Angiotensin II an den Angiotensin-rezeptor

H96

→ **17.16 G-Proteine sind Glieder von intrazellulären Signalketten. Sie werden durch Austausch von GDP durch GTP aktiviert.**
Die Signalübertragung wird abgeschlossen durch

(A) lysosomale Proteolyse des G-Proteins
(B) Austausch von GTP gegen ATP, vermittelt durch spezifische Nukleotid-Transferasen
(C) spontane Abspaltung des gebundenen GTP
(D) Hydrolyse des GTP zu GDP mittels einer GTPase-Aktivität des G-Proteins
(E) Dissoziation des G-Proteins in seine drei Untereinheiten (alpha, beta, gamma)

H00 F96

→ **17.17 Substrat für die Bildung von zyklischem Adenosinmonophosphat durch die Adenylatcyclase ist:**

(A) Adenosin-5′-monophosphat
(B) Adenosin-3′-monophosphat
(C) Adenosin
(D) Adenosin-5′-diphosphat
(E) Adenosin-5′-triphosphat

H00

→ **17.18 Welche der genannten Abbau- bzw. Synthesereaktionen wird nicht durch cAMP stimuliert?**

(A) Glykogenolyse
(B) Lipolyse
(C) Gluconeogenese
(D) Cholesterolsynthese
(E) Synthese von Phosphoenolpyruvat-Carboxykinase

F01

→ **17.19 Welche Aussage zum cAMP trifft zu?**

(A) cAMP wird nach Bindung von Katecholaminen an α_1-adrenerge Rezeptoren vermehrt gebildet.
(B) cAMP ist ein Aktivator der Glykogen-Synthase.
(C) cAMP aktiviert die Proteinkinase C (PKC).
(D) cAMP wird durch Phosphodiesterase zu Adenosin abgebaut.
(E) cAMP kann die Transkription des Gens für Phosphoenolpyruvat-Carboxykinase stimulieren.

H00

→ **17.20 Welche Aussage zu heterotrimeren G-Proteinen (den sog. großen G-Proteinen) trifft nicht zu?**

(A) Sie binden nicht-kovalent Guaninnukleotide.
(B) Sie übertragen extrazelluläre Signale, die von einem Membranrezeptor empfangen wurden, auf intrazelluläre Signalkaskaden.
(C) Sie tauschen nach Wechselwirkung mit dem Liganden-beladenen Rezeptor GDP gegen GTP aus.
(D) Sie können in der GTP-gebundenen Form Enzyme aktivieren, die zweite Boten (second messenger) bilden.
(E) Die Signalübertragung wird durch eine spezifische Peptidase beendet.

F00

→ **17.21 Welche Aussage zu Guanin-Nucleotid-bindenden Proteinen (G-Proteine) trifft nicht zu?**

(A) Heterotrimere G-Proteine sind an der Signaltransduktion des Adenylatcyclase-Systems beteiligt.
(B) Das Transducin der Photorezeption ist ein heterotrimeres G-Protein.
(C) Der Initiationsfaktor eIF-2 der Proteinbiosynthese ist ein G-Protein.
(D) Ein G-Protein fungiert als Untereinheit der RNA-Polymerase II.
(E) Heterotrimere G-Proteine sind an der hormonell induzierten Aktivierung der Phospholipase C beteiligt.

17.13 (D) 17.14 (A) 17.15 (C) 17.16 (D) 17.17 (E) 17.18 (D) 17.19 (E) 17.20 (E) 17.21 (D)

F02

→ **17.22 Welche Aussage zur Funktion von G-Proteinen nach Austausch von GDP gegen GTP trifft nicht zu?**

(A) G_i hemmt die Adenylatcyclase.
(B) G_q hemmt die Phospholipase C.
(C) Ras-Protein ist an der Signaltransduktion von der Plasmamembran zum Zellkern beteiligt.
(D) Transducin aktiviert eine cGMP-Phosphodiesterase.
(E) Der Elongationsfaktor eEF-1α lagert die Aminoacyl-tRNA an die A-Stelle des Ribosoms an.

H05

→ **17.23 Die Effekte von Bakterientoxinen können auf einer kovalenten Modifikation von Proteinen beruhen. So aktiviert das Choleratoxin das Adenylatcyclase-System durch eine ADP-Ribosylierung einer G-Protein-Untereinheit.**
Der ADP-Ribosyl-Donator bei dieser Modifizierung ist:

(A) Adenosyl-Cobalamin
(B) S-Adenosyl-Methionin
(C) Adenylosuccinat
(D) ADP
(E) NAD^+

F04

→ **17.24 Ein zellphysiologisch wie pathogenetisch bedeutsamer Mechanismus der Regulation der biologischen Funktion von Proteinen besteht in der kovalenten Modifikation (Interkonversion) dieser Makromoleküle.**
Die Aktivierung der Adenylatcyclase durch Choleratoxin erfolgt unter Verbrauch von

(A) cAMP
(B) cGMP
(C) N-Acetylglucosamin
(D) NAD^+
(E) Pyrophosphat

H01

→ **17.25 Welche Aussage zu heterotrimeren G-Proteinen trifft nicht zu?**

(A) In der GDP-Form sind G-Proteine inaktiv.
(B) Die Bindung von GTP führt zur Assoziation der α-, β- und γ-Untereinheit.
(C) G_s-Proteine stimulieren die Adenylatcyclase.
(D) G_i-Proteine hemmen die Adenylatcyclase.
(E) Transducin aktiviert die cGMP-Phosphodiesterase.

F00

→ **17.26 Signaltransduktions-abhängige Phosphorylierungen erfolgen am**

(A) Cystein
(B) Hydroxyprolin
(C) Tyrosin
(D) Mannosamin
(E) Hydroxylysin

F02

→ **17.27 Welche Aussage zu den Proteinkinasen C (PKC) trifft nicht zu?**

(A) Die Aktivierung von PKC ist Ca^{2+}-abhängig.
(B) Die Aktivierung von PKC ist Diacylglycerin-abhängig.
(C) PKC können durch Phorbolester aktiviert werden.
(D) PKC phosphorylieren spezifisch Tyrosyl-Reste von Proteinen der Signalübertragung.
(E) PKC sind an der Kontrolle der Zelldifferenzierung und –proliferation beteiligt.

H95

→ **17.28 Welche Aussage trifft nicht zu?**
Signalüberträger sind:

(A) cGMP
(B) Ca^{2+}
(C) Diacylglycerin
(D) Stickstoffmonoxid (NO)
(E) Phosphatidylinositolbisphosphat (PIP_2)

F05

→ **17.29 Substrat für die Synthese der intrazellulären Signalsubstanz cGMP (zyklisches Guanosinmonophosphat) ist**

(A) 5′-GMP
(B) GDP
(C) dGTP
(D) ATP
(E) GTP

H01

→ **17.30 Welche Aussage zum cGMP-System trifft nicht zu?**

(A) NO aktiviert eine lösliche Guanylatcyclase.
(B) cGMP wirkt durch Hemmung der Proteinkinase A.
(C) cGMP führt zur Relaxation der glatten Muskulatur.
(D) cGMP erhöht am Außenglied der retinalen Sinneszellen die Na^+-Leitfähigkeit der Plasmamembran.
(E) Die membrangebundene Guanylatcyclase wird durch das atriale natriuretische Peptid (Atriopeptin) aktiviert.

17.22 (B) 17.23 (E) 17.24 (D) 17.25 (B) 17.26 (C) 17.27 (D) 17.28 (E) 17.29 (E) 17.30 (B)

F05

→ **17.31 Welche Aussage zur abgebildeten Verbindung trifft nicht zu?**

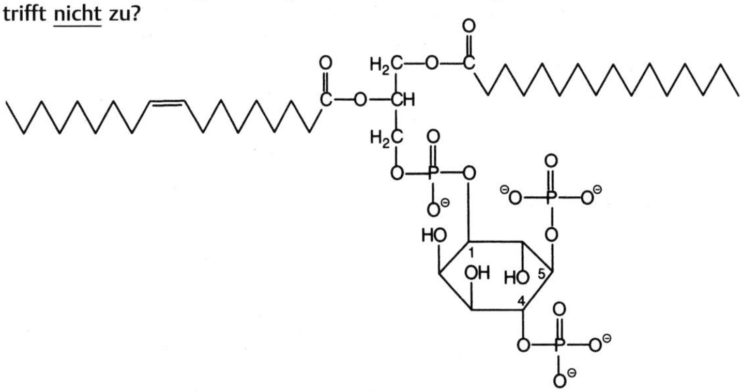

(A) Es handelt sich um einen Vorläufer von Inositol-1,4,5-trisphosphat.
(B) Es handelt sich um einen Vorläufer von Diacylglycerin.
(C) Sie befindet sich in der Zellmembran.
(D) Für ihre vollständige Synthese wird CoA als Coenzym benötigt.
(E) Sie ist Vorläufer für die Synthese von Prostaglandinen.

H99

→ **17.32 Welche Aussage trifft nicht zu?**
Inositoltrisphosphat (IP_3)
(A) entsteht aus Phosphatidylinositolbisphosphat
(B) wird durch eine Phospholipase C freigesetzt
(C) bindet extrazellulär an einen spezifischen Rezeptor am endoplasmatischen Retikulum
(D) bindet intrazellulär an einen Rezeptor am endoplasmatischen Retikulum
(E) stimuliert die Freisetzung von Ca^{2+} aus dem endoplasmatischen Retikulum

H03

→ **17.33 Welche Aussage zum Triiodthyronin (T_3) trifft nicht zu?**
(A) T_3 wird im Blutplasma in Bindung an das Glykoprotein TBG transportiert.
(B) T_3 kann durch Deiodierung von Thyroxin entstehen.
(C) T_3 aktiviert einen Transkriptionsfaktor mit einem Zinkfinger-Element.
(D) T_3 hemmt die Na^+/K^+-ATPase.
(E) T_3 erhöht die Kontraktilität des Herzmuskels.

F00

→ **17.34 Welche Aussage zum Thyroxin (T_4) und zum Triiodthyronin (T_3) trifft nicht zu?**
(A) T_4 entsteht in der Schilddrüse durch Kondensation von iodiertem Phenylalanin und iodiertem Tyrosin.
(B) T_4 wird im Blut in Bindung an das Thyroxin-bindende Globulin transportiert.
(C) T_4 wird in vielen Geweben durch die Thyroxin-Deiodase in T_3 umgewandelt.
(D) T_3 bindet an im Chromatin lokalisierte Rezeptorproteine.
(E) T_3 stimuliert die Expression der Na^+/K^+-ATPase.

H04

→ **17.35 In der Schilddrüse werden die iodhaltigen Hormone Triiodthyronin (T_3) und Thyroxin (T_4) gebildet. In den Follikeln wird die Vorstufe dieser Hormone extrazellulär abgelagert, aus der die fertigen Schilddrüsenhormone durch intrazelluläre Proteolyse freigesetzt werden.**
In den Follikeln der Schilddrüse ist gespeichert:
(A) Thyreoglobulin
(B) Thyroliberin (TRH)
(C) Iodat
(D) Thyroxin-bindendes Globulin
(E) Transthyretin

F02

→ **17.36 Thyreoglobulin**

(A) ist in intrazellulären Sekretgranula der Schilddrüsenzelle gespeichert
(B) ist das Thyroxin-bindende Protein im Blutplasma
(C) enthält Thyroxin als Bestandteil seiner Peptidkette
(D) ist das Thyroxin-bindende Protein der Zielzelle von Schilddrüsenhormon
(E) induziert die Synthese der Na^+/K^+-ATPase in Zielzellen

H05

→ **17.37 Aus welchem Protein werden in der Schilddrüse Triiodthyronin und Tetraiodthyronin proteolytisch freigesetzt?**

(A) Thyreocalcitonin
(B) Thyreoglobulin
(C) Thyroliberin
(D) Thyroxin-bindendes Globulin
(E) Transthyretin

H00

→ **17.38 Welche Aussage zum Schilddrüsenhormon trifft nicht zu?**

(A) Die Iodierung der Tyrosylreste erfolgt in einer GTP-abhängigen Reaktion.
(B) Es wird aus einem Protein freigesetzt.
(C) Der Hormonrezeptor ist identisch mit dem Syntheseprodukt eines Protoonkogens.
(D) An der Bindung des T_3-Rezeptorkomplexes an die DNA ist Zink beteiligt („Zinkfinger").
(E) Es führt zu einer verstärkten Expression der Na^+/K^+-ATPase.

F01

→ **17.39 Welche Aussage zum Rezeptor für das Schilddrüsenhormon trifft nicht zu?**

(A) Der Rezeptor gehört zur Familie von Hormonrezeptoren mit DNA-bindender Domäne.
(B) Der Rezeptor enthält sog. Zinkfinger, die sich an spezifischer Stelle in die große Furche der DNA-Doppelhelix einlagern.
(C) Nach Bindung von Triiodthyronin (T_3) wirkt der Rezeptor als Transkriptionsfaktor.
(D) Der T_3-Rezeptor kann sich als Dimer an spezifische DNA-Sequenzen anlagern.
(E) Der Rezeptor für Thyroxin (T_4) unterscheidet sich von dem für T_3 in der Anzahl der Zinkfinger.

F04

→ **17.40 Welche Aussage zur Regulation der Biosynthese und Sekretion der Schilddrüsenhormone sowie zur Signaltransduktion in den Zielzellen dieser Hormone trifft zu?**

(A) TRH (Thyroliberin) fördert die Bildung von Thyroxin durch Bindung an regulatorische DNA-Bereiche (Enhancer) der Schilddrüsenepithelzellen.
(B) Die Umwandlung von Thyroxin in Triiodthyronin erfolgt durch die Thyreoperoxidase.
(C) Der molekulare Mechanismus der durch Triiodthyronin ausgelösten Signaltransduktion schließt eine Beteiligung von Zink-Ionen ein.
(D) TSH (Thyrotropin) stimuliert die proteolytische Freisetzung von Thyreocalcitonin aus Thyreoglobulin.
(E) Das Thyroxin-bindende Globulin (TBG) fungiert als zytosolischer Rezeptor der Schilddrüsenhormone.

F99

→ **17.41 Welche Aussage trifft nicht zu?**
Schilddrüsenhormone werden im Blut transportiert

(A) in freier Form
(B) in Transthyretin (Präalbumin) gebunden
(C) an Thyreoglobulin gebunden
(D) an Thyroxin-bindendes Globulin gebunden
(E) an Albumin gebunden

H98

→ **17.42 Welche Aussage trifft nicht zu?**
Triiodthyronin bewirkt

(A) eine Induktion der Na^+/K^+-ATPase
(B) eine Induktion der mitochondrialen Glycerinphosphat-Dehydrogenase
(C) eine Hemmung der Thyroliberin-(TRH)-Synthese und -Sekretion im Hypothalamus
(D) eine Steigerung des Grundumsatzes
(E) eine Hemmung des Hyaluronatstoffwechsels der Haut

H89 H86

→ **17.43 Welcher Befund ist bei einem Thyroxin-produzierenden Adenom der Schilddrüse nicht zu erwarten?**

(A) gesteigerte Iodidaufnahme durch die Schilddrüse
(B) erniedrigter TSH-Spiegel
(C) gesteigerte Lipolyse
(D) erhöhter Grundumsatz
(E) positive Stickstoffbilanz

17.36 (C) 17.37 (B) 17.38 (A) 17.39 (E) 17.40 (C) 17.41 (C) 17.42 (E) 17.43 (E)

H05

→ **17.44 Störungen der Synthese von Schilddrüsenhormonen und der Regulation der Schilddrüsenfunktion sind im Kindes- und Erwachsenenalter mit einer Vielzahl von Symptomen verbunden. Eine Hyperthyreose kann durch Autoantikörper hervorgerufen werden, die an Rezeptoren von Schilddrüsenepithelzellen binden.**
Durch diese Autoantikörper aktiviert werden Rezeptoren für:

(A) Somatostatin
(B) Thyreocalcitonin
(C) Thyreoidea-stimulierendes Hormon (TSH)
(D) Thyreostatin
(E) Thyroliberin (TRH)

H97

→ **17.45 Welche Aussage zum Vitamin-D-Stoffwechsel trifft nicht zu?**

(A) 7-Dehydrocholesterol kann im menschlichen Organismus synthetisiert werden.
(B) Cholecalciferol entsteht aus 7-Dehydrocholesterol durch Spaltung eines Kohlenwasserstoff-Ringes.
(C) Die Ringspaltung von 7-Dehydrocholesterol wird durch ein Cytochrom-P_{450}-Enzym katalysiert.
(D) Cholecalciferol wird durch zweifache Hydroxylierung in seine biologisch aktive Form überführt.
(E) Die Hydroxylierungen von Cholecalciferol laufen nacheinander in Leber und Niere ab.

F05

→ **17.46 Welches Hormon induziert in Enterozyten die Transkription von Genen für an der Calcium-Resorption beteiligte Proteine?**

(A) Melanozyten-stimulierendes Hormon (MSH)
(B) Calcitriol (1,25-Dihydroxycholecalciferol)
(C) Thyroxin
(D) Melatonin
(E) Insulin

H00

→ **17.47 Welche Aussage zum Parathormon (Parathyrin, PTH) trifft nicht zu?**

(A) Seine Aktivierung aus einer inaktiven Vorstufe erfolgt durch Phosphorylierung eines Tyrosinrestes.
(B) PTH wirkt auf seine Zielzelle über einen Membranrezeptor.
(C) An der intrazellulären Signaltransduktion ist ein heterotrimeres G-Protein beteiligt.
(D) PTH führt im Knochen zur Calciummobilisierung.
(E) PTH aktiviert in der Knochenmatrix Proteasen.

F05 H01

→ **17.48 Welche Aussage zum Parathormon (PTH) trifft zu?**

(A) PTH wird von den C-Zellen der Schilddrüse synthetisiert.
(B) PTH hemmt die renale Calciumreabsorption.
(C) PTH stimuliert die 1-Hydroxylierung von 25-Hydroxycholecalciferol.
(D) PTH stimuliert in den Nieren die Phosphatreabsorption.
(E) PTH hemmt die Aktivität lysosomaler Hydrolasen in den Knochen.

H05

→ **17.49 Calcitonin**

(A) hemmt die Osteoklastentätigkeit
(B) stimuliert die renale Phosphat-Rückresorption
(C) wirkt in seinen Zielzellen über intrazelluläre Rezeptoren
(D) stimuliert die Hydroxylierung von 25-Hydroxycholecalciferol zu Calcitriol (1,25-Dihydroxycholecalciferol)
(E) wird in der Hypophyse gebildet

F04

→ **17.50 Welche Aussage zum Parathormon (PTH) trifft zu?**

(A) Die Hauptmenge des PTH im Blutplasma entstammt den parafollikulären C-Zellen der Schilddrüse.
(B) Eine Abnahme der Blutplasmakonzentration an ionisiertem Calcium stimuliert die Sekretion von PTH.
(C) PTH wirkt an den Zielzellen typischerweise über einen Tyrosinkinase-gekoppelten Rezeptor.
(D) PTH hemmt die 1α-Hydroxylierung von 25-Hydroxycholecalciferol.
(E) PTH stimuliert die proximal-tubuläre Phosphat-Reabsorption aus dem Primärharn.

H04

→ **17.51 Welche Aussage zum Insulin trifft nicht zu?**

(A) Insulin ist ein Peptid- bzw. Proteohormon.
(B) Insulin enthält drei Disulfidbindungen.
(C) Insulin besteht aus zwei Peptidketten.
(D) Insulin kann mit Hilfe gentechnischer Verfahren gewonnen werden.
(E) Insulin enthält ein Oligosaccharid als Seitenkette.

17.44 (C) 17.45 (C) 17.46 (B) 17.47 (A) 17.48 (C) 17.49 (***) 17.50 (B) 17.51 (E)

H03

→ **17.52 Inaktive Vorstufen von Proteohormonen können durch limitierte Proteolyse in die biologisch wirksame Form überführt werden.**
Das Hormon Insulin

(A) entsteht aus Proinsulin durch Abspaltung eines N- und eines C-terminalen Signalpeptids
(B) wird gebildet unter Freisetzung der insulinähnlichen Wachstumsfaktoren IGF-I und IGF-II
(C) komplexiert mit Ca^{2+}-Ionen unter Bildung so genannter β-Granula
(D) wird intrazellulär aus Proinsulin unter Abspaltung des C-Peptides gebildet
(E) entsteht aus Proinsulin durch proteolytische Spaltung von 1 Peptidbindung

H02

→ **17.53 Die Signalsequenz, welche für die Einschleusung des Insulin-Vorläufermoleküls ins endoplasmatische Retikulum benötigt wird, ist eine Teilsequenz des**

(A) Proinsulins
(B) Präproinsulins
(C) C-Peptids (connecting peptide)
(D) reifen Insulins
(E) Insulinrezeptors

F04

→ **17.54 Der Anstieg der Plasmakonzentration von welchem der folgenden Stoffe nach Nahrungsaufnahme verstärkt am meisten die Freisetzung von Insulin aus den endokrinen Zellen der Bauchspeicheldrüse?**

(A) Noradrenalin
(B) Somatostatin
(C) C-Peptid
(D) GLP-1 (glucagon-like peptide 1)
(E) Galanin

H02

→ **17.55 Welche Aussage zum Insulin trifft nicht zu?**

(A) Insulin führt zu einer Verminderung der cAMP-Konzentration in den Hepatozyten.
(B) Insulin stimuliert die Glucoseaufnahme im Skelettmuskel.
(C) Insulin induziert die Lipoprotein-Lipase des Fettgewebes.
(D) Insulin reprimiert die Fructose-1,6-Bisphosphatase der Hepatozyten.
(E) Insulin induziert den Glucosecarrier GLUT 2 der Hepatozyten.

H01

→ **17.56 Welche Aussage zum insulinabhängigen Glucosetransporter GLUT4 trifft nicht zu?**

(A) GLUT4 ist ein integrales Membranprotein mit mehreren Transmembrandomänen.
(B) GLUT4 katalysiert den konzentrationsabhängigen Uniport (erleichterte Diffusion) von Glucose.
(C) GLUT4 kommt außer in der Plasmamembran in intrazellulären Membranvesikeln vor.
(D) GLUT4 ist für die Glucoseaufnahme im Zentralnervensystem verantwortlich.
(E) GLUT4 ist an der Glucoseaufnahme in die Skelettmuskelzelle beteiligt.

F04

→ **17.57 Bei welcher der folgenden Zellen nimmt durch Insulin die Translokation von Glucosetransportern (GLUT4) in die Zellmembran typischerweise zu?**

(A) Darmmukosazelle
(B) Erythrozyt
(C) Hepatozyt
(D) Nervenzelle
(E) Skelettmuskelzelle

F02

→ **17.58 Welche Aussage zum Insulin trifft nicht zu?**
Insulin fördert den Substratfluss durch die Glykolyse in Hepatozyten durch

(A) Induktion der Phosphofructokinase-1
(B) Senkung der cAMP-Konzentration
(C) Aktivierung der Phosphofructokinase-2
(D) Erhöhung der Fructose-2,6-bisphosphat-Konzentration
(E) Aktivierung des Glucosetransports in der Plasmamembran

H03

→ **17.59 Welche Aussage zum Insulin trifft nicht zu?**

(A) Es aktiviert die Adenylatcyclase der Skelettmuskulatur.
(B) Es führt zu einer Aktivierung der Glykogensynthese der Leber.
(C) Es aktiviert die cAMP-Phosphodiesterase des Fettgewebes.
(D) Es führt zu einer Inaktivierung der Triacylglycerinlipase des Fettgewebes.
(E) Es aktiviert die Glucoseaufnahme der Skelettmuskulatur.

17.52 (D) 17.53 (B) 17.54 (D) 17.55 (E) 17.56 (D) 17.57 (E) 17.58 (E) 17.59 (A)

H00
→ **17.60 Welche Aussage zur Funktion des Insulins im Fettgewebsstoffwechsel trifft nicht zu?**
(A) Insulin stimuliert die Translokation von GLUT4-Transportern in die Plasmamembran.
(B) Insulin induziert die Lipoproteinlipase.
(C) Insulin senkt die cAMP-Konzentration.
(D) Insulin hemmt die Pyruvat-Dehydrogenase.
(E) Insulin stimuliert die Triacylglycerin-Synthese.

H00
→ **17.61 Welche Aussage zum Insulin bzw. Insulinrezeptor trifft nicht zu?**
(A) Die β-Untereinheit des Insulinrezeptors besitzt auf der zytosolischen Seite Domänen mit Tyrosinkinase-Aktivität.
(B) Als Folge der Insulin-Bindung an seinen Rezeptor kommt es zu einer Dephosphorylierung des Pyruvat-Dehydrogenase-Komplexes.
(C) Insulin induziert die Pyruvatkinase.
(D) Insulin stimuliert die Aufnahme von Glucose in Mukosazellen.
(E) Insulin stimuliert die Aufnahme von Glucose in die Fettzellen.

F01
→ **17.62 Welches der genannten Enzyme wird im Fettgewebe bzw. in der Leber nicht von Insulin induziert?**
(A) Lipoproteinlipase
(B) Glucokinase
(C) Fructose-1,6-bisphosphatase
(D) Phosphofructokinase
(E) Pyruvatkinase

H02 F99
→ **17.63 Welche Aussage zum Insulinrezeptor trifft nicht zu?**
(A) Insulin bindet an die extrazellulären α-Untereinheiten des tetrameren Insulinrezeptors.
(B) Nach Insulinbindung wird auf der zytosolischen Seite der transmembranären β-Untereinheiten eine Proteinkinase aktiviert.
(C) Der aktivierte Insulinrezeptor phosphoryliert Tyrosylreste von Proteinen der intrazellulären Signalübertragung.
(D) Durch Autophosphorylierung inaktiviert sich der Insulinrezeptor und wird dadurch insulinresistent.
(E) Insulin stimuliert die Translokation eines Glucosetransporters aus Endosomen in die Plasmamembran.

F98
→ **17.64 Welche Aussage trifft nicht zu?**
Bei akutem Insulinmangel ist die
(A) Glucoseaufnahme in die Skelettmuskulatur vermindert
(B) Glucoseaufnahme im Zentralnervensystem vermindert
(C) Lipolyse des Fettgewebes aktiviert
(D) β-Hydroxybutyratbildung in der Leber gesteigert
(E) Proteinbiosynthese in der Skelettmuskulatur gehemmt

H05
→ **17.65 Das diabetische Koma ist unter anderem durch eine Ketoazidose gekennzeichnet.**
Die erhöhte Ketonkörperproduktion ist bei dieser Stoffwechsellage vor allem zurückzuführen auf eine
(A) Hemmung der hepatischen Fettsäureoxidation
(B) erhöhte Harnstoffbiosynthese
(C) gesteigerte Lipolyse im Fettgewebe
(D) Hemmung der Glykogenolyse im Muskel
(E) verminderte Ausscheidung organischer Anionen im Harn

F03
→ **17.66 Für den Diabetes mellitus Typ 1 ist am wenigsten typisch:**
(A) Die Glucoseaufnahme der Skelettmuskulatur ist erniedrigt.
(B) Die Glucoseaufnahme der Leber ist höher als die Glucoseabgabe.
(C) Die Ketonkörperverwertung der Skelettmuskulatur ist gesteigert.
(D) Die Fettsäureoxidation der Leber ist gesteigert.
(E) Der Glykogenabbau der Leber ist gesteigert.

H04
→ **17.67 Im Blut von Patienten mit Diabetes mellitus sind die so genannten Ketonkörper nachweisbar. Bei akuter diabetischer Stoffwechselentgleisung begünstigt die gesteigerte Ketonkörperbildung in erster Linie die Entstehung einer**
(A) Atemhemmung
(B) herabgesetzten Osmolarität des Blutes
(C) intrazellulären Hyperhydratation
(D) metabolischen Alkalose
(E) metabolischen Azidose

17.60 (D) 17.61 (D) 17.62 (C) 17.63 (D) 17.64 (B) 17.65 (C) 17.66 (B) 17.67 (E)

F05

17.68 **Hyperglykämie ist ein Kardinalbefund bei Insulin-Mangel.**
Welcher der folgenden Prozesse ist neben einer verminderten Glucose-Aufnahme in Fett- und Muskelzellen für die Erhöhung der Glucose-Konzentration im Blut vor allem verantwortlich?

(A) gesteigerte Umwandlung der in der Leber anfallenden Fettsäuren in Glucose
(B) verminderter Glykogen-Abbau in Muskelzellen
(C) vermehrte glykolytische Aktivität der Adipozyten
(D) vermehrte gluconeogenetische Aktivität der Hepatozyten
(E) Umschalten der Erythrozyten von Glucose-Abbau auf Ketonkörperverwertung

F03

17.69 **Das Hämoglobin HbA_{1c}**

(A) entsteht durch nichtenzymatische Glykosylierung (Glykierung) von HbA
(B) wird im endoplasmatischen Retikulum von Retikulozyten gebildet
(C) kann nicht Sauerstoff transportieren
(D) liegt bei Diabetes mellitus in reduzierter Konzentration vor
(E) wird als einziges Hämoglobin im Urin ausgeschieden

H03

17.70 **Eine typische Wirkung von Glukagon im Intermediär-Stoffwechsel ist die Stimulierung der**

(A) Proteinsynthese in der Muskulatur
(B) Fettsäure-Biosynthese aus Glucose in der Leber
(C) Glucoseoxidation im Herzmuskel
(D) Gluconeogenese in der Leber
(E) Gluconeogenese im Muskel

F05

17.71 **Second messenger der Glukagon-Wirkung in der Leberzelle ist typischerweise**

(A) cGMP (zyklisches Guanosinmonophosphat)
(B) Inositoltrisphosphat
(C) cAMP (zyklisches Adenosinmonophosphat)
(D) Diacylglycerol
(E) Acetylcholin

F97

17.72 **Welche Aussage zum Glukagon trifft nicht zu?**

(A) Glukagon wird in den A-Zellen der Langerhans-Inseln des Pankreas gebildet.
(B) Glukagon wird als höhermolekulares Präproglukagon synthetisiert.
(C) Glukagon wird bei Abfall der Glucose-Konzentration im Blut vermehrt sezerniert.
(D) Die Glukagonsekretion wird durch Somatostatin gehemmt.
(E) Glukagon wird in der Leber durch Oxidation von Sulfhydrylgruppen inaktiviert.

H05

17.73 **Glucagon ist an der Aufrechterhaltung einer normalen Blutzuckerkonzentration beteiligt und wirkt dem Entstehen einer Hypoglykämie entgegen.**
Welche Wirkung hat Glucagon auf Leberzellen?

(A) Es stimuliert die Phosphodiesterase.
(B) Es stimuliert die Glykogensynthese.
(C) Es stimuliert die Glykolyse.
(D) Es stimuliert die Gluconeogenese.
(E) Es inhibiert die Glucose-6-phosphatase.

H05

17.74 **Das Nebennierenmark sezerniert bei Aktivierung vorrangig:**

(A) Adrenalin
(B) Dihydroxyphenylalanin
(C) Dopamin
(D) Histamin
(E) Noradrenalin

H04

17.75 **Ascorbinsäure (Vitamin C) kann an Monooxygenase-katalysierten Hydroxylierungsreaktionen beteiligt sein.**
Im Nebennierenmark ist Ascorbinsäure bei der Katecholamin-Biosynthese beteiligt an der Reaktion von

(A) Phenylalanin zu Tyrosin
(B) Tyrosin zu Dihydroxyphenylalanin (DOPA)
(C) DOPA zu Dopamin
(D) Dopamin zu Noradrenalin
(E) Noradrenalin zu Adrenalin

17.68 (D) 17.69 (A) 17.70 (D) 17.71 (C) 17.72 (E) 17.73 (D) 17.74 (A) 17.75 (D)

F02 F00

→ **17.76 Welche Aussage zu Katecholaminen trifft nicht zu?**

(A) Die Biosynthese von Adrenalin beginnt mit der Hydroxylierung von Tyrosin durch eine Monooxygenase.
(B) Methylgruppendonator für die Methylierung von Noradrenalin ist S-Adenosylmethionin.
(C) Die Synthese von Katecholaminen wird durch Cortisol gehemmt.
(D) Nach Bindung von Adrenalin an β-Rezeptoren wird das Signal durch Aktivierung eines G_s-Proteins fortgeleitet.
(E) Der extraneuronale Abbau von Adrenalin beginnt mit der O-Methylierung einer phenolischen OH-Gruppe.

H05

→ **17.77 Dies ist die Strukturformel der Aminosäure L-DOPA in der Fischer-Projektion:**

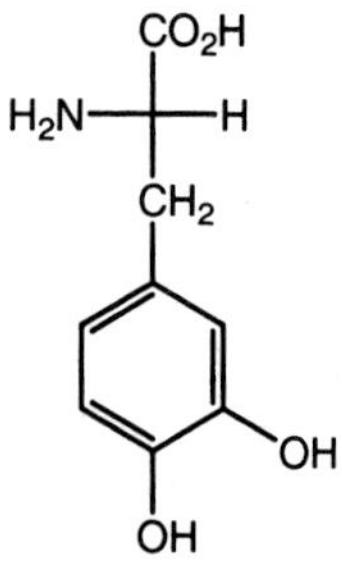

Welche Aussage zum L-DOPA trifft zu?

(A) L-DOPA ist eine proteinogene Aminosäure.
(B) Durch Decarboxylierung wird aus L-DOPA der Neurotransmitter Dopamin gebildet.
(C) L-Tryptophan ist der biosynthetische Vorläufer des L-DOPA.
(D) L-DOPA enthält zwei Chiralitätszentren.
(E) L-DOPA ist eine basische Aminosäure.

F05

→ **17.78 Die richtige Reihenfolge der Biosynthese von Catecholaminen im Nebennierenmark ist:**

(A) Tyrosin → Dopa → Adrenalin → Dopamin → Noradrenalin
(B) Tyrosin → Dopa → Dopamin → Adrenalin → Noradrenalin
(C) Tyrosin → Dopa → Dopamin → Noradrenalin → Adrenalin
(D) Tyrosin → Dopamin → Dopa → Noradrenalin → Adrenalin
(E) Tyrosin → Noradrenalin → Dopamin → Dopa → Adrenalin

F04

→ **17.79 Welche Aussage zum Adrenalin trifft zu?**

(A) Es entsteht durch Decarboxylierung von Noradrenalin.
(B) Es aktiviert die Glykogenolyse in den Hepatozyten.
(C) Es hemmt über β_1-Adrenozeptoren die Adenylatcyclase in den Skelettmuskelzellen.
(D) Es hemmt über β_2-Adrenozeptoren die Lipolyse in den weißen Fettzellen.
(E) Es hemmt über β_3-Adrenozeptoren die Thermogenese im braunen Fettgewebe.

H04

→ **17.80 Beim enzymatischen Abbau der als Neurotransmitter und/oder Hormone sehr wirksamen Katecholamine zu biologisch inaktiven Produkten ist der erste Schritt eine**

(A) Amid-Bildung mit Glycin
(B) Hydrolyse einer Esterbindung
(C) Hydroxylierung
(D) Methylierung oder eine Oxidation
(E) Übertragung einer Glucuronsäure-Gruppe

F96

→ **17.81 Welche Substanz wird nicht in der Nebennierenrinde gebildet**

(A) Cortisol
(B) Corticotropin
(C) Corticosteron
(D) Progesteron
(E) Pregnenolon

F05

→ **17.82 Bei der dargestellten Verbindung handelt es sich um**

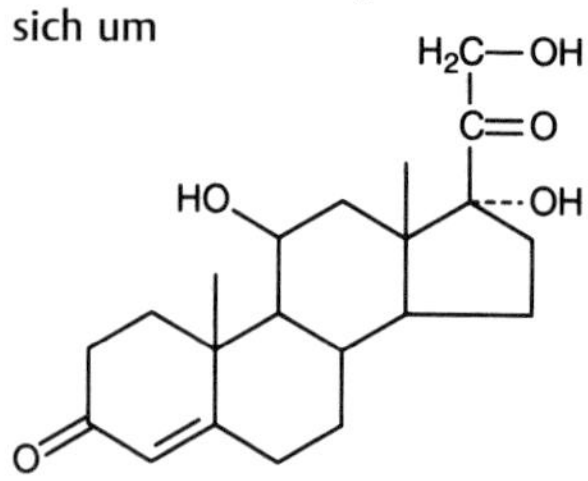

(A) Cortisol
(B) Testosteron
(C) Cholesterin
(D) Aldosteron
(E) Estradiol

F03

→ **17.83 Welche Aussage zu Steroidhormonen trifft zu?**

(A) An der Biosynthese von Steroidhormonen sind NADPH-abhängige Hydroxylierungsreaktionen beteiligt.
(B) Steroide werden in Umkehrung ihres Biosyntheseweges zu Acetyl-CoA abgebaut.
(C) Steroidhormone werden über rezeptorvermittelte Endozytose in die Zielzellen aufgenommen.
(D) Eine Aktivierung von Testosteron in der Peripherie erfolgt durch UV-bedingte Spaltung des Sterangerüstes.
(E) Steroidhormone binden an den Promotor von Zielgenen.

H99

→ **17.84 Das Cholesterol für die Steroidhormonbiosynthese in Zellen der Nebennierenrinde wird bereitgestellt**

(A) durch Freisetzung aus intrazellulären Cholesterolestern
(B) durch Freisetzung aus HDL mit Hilfe der LCAT (Lecithin-Cholesterol-Acyltransferase)
(C) aus VLDL nach Rezeptor-vermittelter Endozytose der VLDL
(D) durch Aktivierung der Lipoproteinlipase an Endothelzellen der Nebennierenrinde
(E) durch eine Cytochrom-P_{450}-abhängige Hydroxylierung des Sterangerüsts

H02

→ **17.85 Welche Aussage zur Wirkung von Cortisol trifft nicht zu?**

(A) Durch Hemmung der Proteinsynthese und Stimulierung der Proteolyse in der Skelettmuskulatur bewirkt Cortisol eine verstärkte Freisetzung von Aminosäuren.
(B) Unter dem Einfluss von Cortisol werden vermehrt Substrate für die Gluconeogenese bereitgestellt.
(C) Cortisol hemmt die Synthese der Pyruvatcarboxylase.
(D) Cortisol hemmt die Synthese von Zytokinen, wie z. B. IL-2.
(E) Cortisol hemmt die Freisetzung von Arachidonsäure aus Phospholipiden der Plasmamembran.

H04

→ **17.86 In Bezug auf die Regulation des Blutzuckers ist Cortisol ein Antagonist von**

(A) Adrenalin
(B) Adrenocorticotropin (ACTH)
(C) Glucagon
(D) Insulin
(E) Triiodthyronin (T_3)

H00

→ **17.87 Welche Aussage zu Glucocorticoiden trifft nicht zu?**

(A) Sie induzieren in der Leber Enzyme der Gluconeogenese.
(B) Sie steigern die Lipolyse im Fettgewebe.
(C) Sie stimulieren die Proteolyse im Muskel.
(D) Sie werden aus Progesteron gebildet.
(E) Sie werden in Sekretgranula der Nebennierenrinde gespeichert.

F00

→ **17.88 Welche Aussage zum Wirkungsmechanismus von Cortisol trifft nicht zu?**

(A) In der Leber werden Aminotransferasen induziert.
(B) In der Leber wird die Phosphoenolpyruvat-Carboxykinase induziert.
(C) In der Leber wird die Phosphofructokinase induziert.
(D) Die Bildung von Interleukin-2 wird gehemmt.
(E) Die Bildung von Interferon-γ wird gehemmt.

H05

→ **17.89 Welche Aussage zum Cortisol trifft nicht zu?**

(A) Cortisol stimuliert die Transkription der Gene von Transaminasen (Aminotransferasen) in der Leber.
(B) Cortisol stimuliert die Transkription des Gens der Phosphoenolpyruvat-Carboxykinase in der Leber.
(C) Cortisol aktiviert die Phosphofructokinase der Leber.
(D) Cortisol stimuliert die Proteolyse in der Muskulatur.
(E) Cortisol hemmt die Immunantwort.

F99

→ **17.90 Welche Aussage trifft nicht zu? Cortisol führt zu einer**

(A) Herabsetzung der Prostaglandinbiosynthese
(B) Stimulierung der Proteolyse in der Muskelzelle
(C) Stimulierung des Glucosetransporters Glut 2 in den Hepatozyten
(D) Steigerung der Glykogensynthese
(E) Stimulierung der Lipolyse im peripheren Fettgewebe

17.83 (A) 17.84 (A) 17.85 (C) 17.86 (D) 17.87 (E) 17.88 (C) 17.89 (C) 17.90 (C)

F02

→ **17.91 Welche Aussage zum Cortisol trifft nicht zu?**
(A) Cortisol wird in der Nebennierenrinde unter dem Einfluss von ACTH (Corticotropin) synthetisiert.
(B) Cortisol entsteht unter Beteiligung von mitochondrialen Cytochrom-P_{450}-abhängigen Monooxygenasen.
(C) 17-Hydroxyprogesteron ist ein Zwischenprodukt bei der Synthese.
(D) Cortisol wird im Blut überwiegend an Albumin gebunden transportiert.
(E) In der Leber wird Cortisol durch Hydrierung des A-Ringes und der Ketogruppen inaktiviert.

F03

→ **17.92 Cortisol**
(A) stimuliert die Synthese von Prostaglandinen
(B) hemmt den programmierten Zelltod (Apoptose) von Lymphozyten
(C) fördert die Kollagensynthese in Bindegewebszellen
(D) ist ein Antagonist des Insulins bei der Regulation der Blutglucosekonzentration
(E) stimuliert die NO-Synthese in Makrophagen

H03

→ **17.93 Welche Aussage zur Wirkung von Cortisol trifft zu?**
(A) Cortisol erhöht die Lymphozytenzahl im Blut.
(B) Cortisol führt zu einer Erhöhung des Angebots freier Fettsäuren an die Leber.
(C) In der Leber induziert Cortisol die Phosphofructokinase.
(D) Im Muskel stimuliert Cortisol die Proteinbiosynthese.
(E) Im Hypothalamus stimuliert Cortisol die Bildung des Corticotropin-releasing Hormons (CRH).

F04

→ **17.94 Cortisol**
(A) hemmt die ACTH-Ausschüttung im Hypophysenvorderlappen
(B) hemmt die Proteolyse in den Skelettmuskelzellen
(C) hemmt die Gluconeogenese in den Hepatozyten
(D) stimuliert die Interleukin-2-Produktion durch T-Lymphozyten
(E) stimuliert die Prostaglandinsynthese

F01

→ **17.95 Welche Aussage zum Corticotropin und zum Cortisol trifft nicht zu?**
(A) Corticotropin (ACTH) stimuliert die Adenylatcyclase der Nebennierenrinde und steigert damit die Cortisol-Biosynthese.
(B) Cortisol hemmt die Sekretion von Corticotropin im Hypophysenvorderlappen.
(C) Cortisol stimuliert in den Plasmamembranen Cortisol-empfindlicher Zellen die Freisetzung von Inositoltrisphosphat aus Phosphatidylinositol.
(D) Cortisol bindet an ein zytoplasmatisches Rezeptorprotein, das anschließend im Zellkern die Transkription spezifischer Gene beeinflusst.
(E) Die entzündungshemmende Wirkung von Cortisol beruht auf der Induktion der Synthese von Lipocortin, einem Inhibitor der Phospholipase A_2.

H95 F90

→ **17.96 Welcher Befund ist bei einer Nebennierenunterfunktion (Morbus Addison) nicht zu erwarten?**
(A) hypertone Hydratation
(B) Hyperkaliämie
(C) Hypoglykämie
(D) nicht-respiratorische Azidose
(E) Erniedrigung der 17-Hydroxy- und 17-Ketosteroid-Konzentration im Urin

F98

→ **17.97 Welche Aussage trifft nicht zu?**
Aldosteron
(A) wird in der Nebennierenrinde synthetisiert
(B) steigert die Na^+-Reabsorption aus den Sammelrohren der Niere
(C) steigert die renale Chloridausscheidung
(D) wirkt durch Bindung an intrazelluläre Rezeptoren aus der Familie der Steroidhormonrezeptoren
(E) induziert die Na^+/K^+-ATPase in Sammelrohrepithelzellen der Nieren

H04

→ **17.98 Welche der Substanzen stimuliert durch Bindung an Rezeptoren auf den Zellen der Zona glomerulosa der Nebennierenrinde die Aldosteron-Sekretion?**
(A) Atriopeptin (ANP)
(B) Angiotensin II
(C) Erythropoetin
(D) Glucagon
(E) Renin

17.91 (D) 17.92 (D) 17.93 (B) 17.94 (A) 17.95 (C) 17.96 (A) 17.97 (C) 17.98 (B)

F99

→ **17.99 Welche Aussage trifft nicht zu?**
Aldosteron
(A) wird in der Nebennierenrinde synthetisiert
(B) entsteht aus Progesteron unter Beteiligung von spezifischen Monooxygenasen
(C) enthält eine Aldehydgruppe am Steranring
(D) wird unter dem Einfluss von Angiotensin II vermehrt sezerniert
(E) wirkt über spezifische Rezeptoren auf der Plasmamembran von Tubulusepithelzellen

F00

→ **17.100 Welche Aussage zu Sexualhormonen trifft nicht zu?**
(A) Androgene werden in der Nebennierenrinde, im Hoden und im Ovar gebildet.
(B) Progesteron ist Zwischenprodukt bei der Synthese von Androgenen und Estrogenen.
(C) Die Estrogensynthese benötigt Androgene als Vorstufe.
(D) Dihydrotestosteron ist in der Prostata der intrazellulär wirksame Metabolit des Testosterons.
(E) Estrogene wirken in extrahepatischen Geweben Protein-katabol.

H02

→ **17.101 Welche Aussage zum männlichen Keimdrüsenhormon trifft nicht zu?**
(A) Die Testosteron-Synthese in den Leydig-Zellen des Hodens steht unter dem Einfluss des luteinisierenden Hormons (LH) aus dem Hypophysenvorderlappen.
(B) Testosteron entsteht aus Progesteron durch Hydroxylierung von C17 und Abspaltung der Seitenkette.
(C) Testosteron wird in der Prostata durch eine 5α-Reduktase zu Dihydrotestosteron umgewandelt.
(D) In der Leber wird Testosteron durch eine Aromatase zu Androstendion inaktiviert.
(E) Testosteron hemmt die Freisetzung von LH-Releasing-Hormon (LH-RH oder Gonadoliberin) im Hypothalamus.

F03

→ **17.102 Testosteron**
(A) kann im Ovar zu Progesteron umgewandelt werden
(B) liegt im Blutplasma überwiegend in freier Form vor
(C) stimuliert die Erythropoese
(D) wird in den Sertoli-Zellen des Hodens gebildet
(E) wird zu Dihydrotestosteron inaktiviert

H99 H87 F84

→ **17.103 Welche Aussage zu Androgenen und FSH (Follikel-stimulierendes Hormon) trifft nicht zu?**
(A) Die zelluläre Wirkform des Testosterons ist 5-Dihydrotestosteron.
(B) Testosteron, ein 17-Hydroxysteroid, kann zu einer Reihe von 17-Ketosteroiden umgewandelt werden.
(C) FSH reguliert die Testosteronproduktion.
(D) Die Spermatogenese wird durch FSH aktiviert.
(E) Unter Androgenwirkung wird die Fructosekonzentration der Samenflüssigkeit erhöht.

F03

→ **17.104 Welche Aussage über Testosteron trifft zu?**
(A) Testosteron ist ein C21-Steroid mit einem aromatischen Ring A.
(B) Testosterongabe führt zu einer negativen Stickstoffbilanz des Körpers.
(C) Testosteron wird im Plasma vorwiegend an Albumin gebunden transportiert.
(D) Testosteron wird in den Sertoli-Zellen des Hodens synthetisiert.
(E) Die wirksamste Form des Testosterons in der Prostata ist 5α-Dihydrotestosteron.

F93

→ **17.105 Was ist keine typische Wirkung von Progesteron?**
(A) Förderung der Ei-Einnistung (Nidation)
(B) Hemmung der Uterusmotilität
(C) Verminderung der Penetrierbarkeit des Zervixsekrets für Spermien
(D) Hemmung des Wachstums der Uterusmuskulatur
(E) Erhöhung der Basaltemperatur

H96

→ **17.106 Welche Aussage trifft nicht zu?**
Östradiol
(A) wird im weiblichen und männlichen Organismus gebildet
(B) fördert die Proliferation des Endometriums
(C) wird in der Plazenta gebildet
(D) ist ein Steroidhormon
(E) erhöht den Sollwert der Körpertemperatur

17.99 (E) 17.100 (E) 17.101 (D) 17.102 (C) 17.103 (C) 17.104 (E) 17.105 (D) 17.106 (E)

F05

→ **17.107 Der Menstruationszyklus lässt sich in drei Phasen (Follikelphase, Ovulationsphase, Lutealphase) einteilen, deren Ablauf hormonell reguliert wird.**
Während der Lutealphase
(A) liegt die basale Körpertemperatur niedriger als während der Follikelphase
(B) erreicht die Plasmakonzentration von LH (luteinisierendes Hormon) ihren Maximalwert im Zyklus
(C) erreicht die Plasmakonzentration von FSH (Follikel-stimulierendes Hormon) ihren Maximalwert im Zyklus
(D) steigt die Androstendion-Plasmakonzentration kontinuierlich an
(E) erreicht die Plasmakonzentration von Progesteron ihren Maximalwert im Zyklus

H04

→ **17.108 Der Menstruationszyklus lässt sich in drei Phasen (Follikelphase, Ovulationsphase, Lutealphase) einteilen, deren Ablauf hormonell reguliert wird.**
In der Follikelphase erhalten die Follikelepithelzellen (Granulosazellen) durch Induktion des 19-Hydroxylase-Aromatase-Komplexes die Kapazität zur Synthese von Estradiol. Die Wirkung welches der Hormone ist hierfür typischerweise verantwortlich?
(A) Choriongonadotropin
(B) follikelstimulierendes Hormon
(C) Follistatin
(D) Oxytocin
(E) Progesteron

F04

→ **17.109 Für die Umwandlung von Testosteron in Estradiol wird benötigt:**
(A) Aromatase
(B) C_{17}-C_{20}-Lyase
(C) HMG-CoA-Reduktase
(D) 21-Hydroxylase
(E) 5α-Reduktase

F01

→ **17.110 Proopiomelanocortin (POMC) ist nicht Vorläufermolekül von**
(A) β-Lipotropin (β-LPH)
(B) β-Endorphin
(C) α-Melanozyten-stimulierendem Hormon (α-MSH)
(D) Corticotropin (ACTH)
(E) Corticoliberin (CRH)

H03

→ **17.111 Die limitierte Proteolyse von Proopiomelanocortin**
(A) kann zur Bildung von Peptidhormonen führen
(B) findet im Blutplasma statt
(C) wird durch Endopeptidasen (Proteinasen) der Nebennieren katalysiert
(D) ist Voraussetzung für die Sekretion von Aldosteron
(E) führt zur Entstehung eines Androgens

H84

→ **17.112 Milchejektion bei der laktierenden Mamma erfolgt bei Freisetzung von**
(A) Follikelhormon
(B) Gelbkörperhormon
(C) Prolactin
(D) Ocytocin
(E) Keine der Aussagen (A) bis (D) trifft zu.

F04

→ **17.113 Welches der folgenden Hormone aus dem Hypophysenvorderlappen stimuliert über Bindung an spezifische Rezeptoren der Leydig-Zellen des Hodens die Testosteron-Biosynthese und ist typischer Bestandteil des Regelkreises zur Konstanthaltung der Blutplasmakonzentration des Testosterons beim Mann?**
(A) Corticotropin (ACTH)
(B) Follitropin (FSH)
(C) Luteinisierendes Hormon (LH)
(D) Somatotropin (STH)
(E) Thyreotropin (TSH)

F04

→ **17.114 Die Sekretion welches der folgenden Hormone wird von Inhibin direkt am meisten gehemmt?**
(A) GnRH (Gonadoliberin)
(B) FSH (Follitropin)
(C) Testosteron
(D) Progesteron
(E) LH (Lutropin)

17.107 (E) 17.108 (B) 17.109 (A) 17.110 (E) 17.111 (A) 17.112 (D) 17.113 (C) 17.114 (B)

H90

→ **17.115 Welche Aussage zur Sekretion und Wirkung des Thyreotropins (= TSH) trifft nicht zu?**

(A) TSH wird in den basophilen Zellen des Hypophysenvorderlappens gebildet.
(B) Trijodthyronin hemmt die Sekretion von TSH.
(C) TSH fördert die Aufnahme von Jodid in die Schilddrüsenzelle.
(D) TSH fördert die Synthese von Tri- und Tetrajodthyronin in den Schilddrüsenfollikeln.
(E) TSH hemmt die Freisetzung von Thyroxin aus Thyreoglobulin.

H93

→ **17.116 Welche Aussage über Wachstumshormon trifft nicht zu?**

(A) Somatotropin ist ein hypophysär synthetisiertes Proteohormon.
(B) Die Somatotropin-Ausschüttung wird durch Schilddrüsenhormon gehemmt.
(C) Die Somatotropin-Ausschüttung wird durch Somatostatin gehemmt.
(D) Somatotropin wird bei Somatoliberin (GRH)-Mangel vermindert sezerniert.
(E) Unter Somatotropin-Einwirkung werden in der Leber Insulin-ähnliche Wachstums-Faktoren gebildet.

F92

→ **17.117 Welche Aussage trifft nicht zu?**
Thyroliberin (Thyrotropin-Releasing-Hormon, TRH)

(A) ist ein Tripeptid, das im Hypothalamus gebildet wird
(B) entsteht durch posttranslationale Prozessierung eines höhermolekularen Prohormons
(C) gelangt über einen axonalen Transport in den Hypophysenhinterlappen, wo es in die Blutbahn abgegeben wird
(D) bindet an spezifische Membranrezeptoren der basophilen Hypophysenzellen und stimuliert die TSH-Sekretion
(E) wirkt im Hypophysenvorderlappen als Antagonist zum Somatostatin

F96

→ **17.118 Welche Aussage trifft nicht zu?**
Somatostatin

(A) ist ein Peptidhormon
(B) wird von den D-Zellen in den Langerhans-Inseln des Pankreas sezerniert
(C) wird im Hypothalamus gebildet
(D) hemmt die Sekretion des somatotropen Hormons (Wachstumshormon)
(E) stimuliert die Sekretion des Insulins

H94

→ **17.119 Welche Aussage trifft nicht zu?**
Somatostatin hemmt direkt die Sekretion von

(A) Insulin in B-Zellen des Pankreas
(B) Glukagon in A-Zellen des Pankreas
(C) Wachstumshormon (STH) im Hypophysenvorderlappen
(D) Thyreotropin im Hypophysenvorderlappen
(E) Thyroxin in der Schilddrüse

F99 F98

→ **17.120 Welche Aussage trifft nicht zu?**
Adiuretin (Vasopressin)

(A) ist ein Glykoprotein
(B) wird vom Hypophysenhinterlappen sezerniert
(C) erhöht den peripheren Gefäßwiderstand
(D) stimuliert die Wasserrückresorption aus den Sammelrohren der Nieren
(E) stimuliert die Adenylatcyclase in den Sammelrohrepithelzellen der Nieren

H98

→ **17.121 Welche Aussage zum Vasopressin trifft nicht zu?**

(A) Bildungsort des Pro-Vasopressins ist die Hypophyse.
(B) Es steigert die H_2O-Permeabilität der Nierensammelrohre.
(C) Es wird vermehrt freigesetzt bei Zunahme der Osmolalität des Plasmas.
(D) Der second messenger in glatten Gefäßmuskelzellen ist Inositoltrisphosphat (IP_3).
(E) Der second messenger in den Epithelzellen der Sammelrohre ist cAMP.

H03

→ **17.122 Erythropoetin**

(A) wird von erythropoetischen Stammzellen synthetisiert
(B) ist ein Glykoprotein
(C) stimuliert intrazellulär die lösliche Guanylatzyklase
(D) bewirkt eine Senkung des Hämatokritwerts
(E) ist ein Enzym der Hämbiosynthese

17.115 (E) 17.116 (B) 17.117 (C) 17.118 (E) 17.119 (E) 17.120 (A) 17.121 (A) 17.122 (B)

H01

→ **17.123 Eine erniedrigte Erythropoietin-Plasmakonzentration findet man am ehesten bei einer Anämie infolge**
(A) Eisenmangel
(B) Mangel an Cobalamin (Vitamin B_{12})
(C) Niereninsuffizienz
(D) Hämolyse
(E) Differenzierungsdefekt hämopoetischer Vorläuferzellen

F04

→ **17.124 Angiotensin II**
(A) wird durch limitierte Proteolyse aus Renin freigesetzt
(B) wird durch ACE (angiotensin converting enzyme, Peptidyldipeptidase A) inaktiviert
(C) wird vermehrt synthetisiert, wenn der Druck in den Vasa afferentia der Nierenglomeruli steigt
(D) stimuliert in der Nebennierenrinde die Aldosteron-Biosynthese
(E) wirkt typischerweise über einen Membranrezeptor mit Guanylatzyklase-Aktivität

H02

→ **17.125 Welche Aussage zum Angiotensin II trifft nicht zu?**
(A) Angiotensin II entsteht durch Abspaltung eines Dipeptids aus Angiotensin I.
(B) Angiotensin II wirkt über Sieben-Transmembrandomänen-Rezeptoren.
(C) Angiotensin II aktiviert eine membrangebundene Guanylatcyclase.
(D) Angiotensin II stimuliert die Aldosteronsekretion.
(E) Angiotensin II erhöht den Blutdruck durch Vasokonstriktion.

F94

→ **17.126 Welche Aussage trifft nicht zu?**
Atriales natriuretisches Hormon (Atriopeptin, ANF)
(A) wird bei Dehnung der Herzvorhöfe bei erhöhtem extrazellulärem Volumen ausgeschüttet
(B) wirkt als funktioneller Antagonist des Aldosterons
(C) stimuliert die vasokonstriktorische Wirkung des Angiotensins
(D) hemmt die Aldosteronfreisetzung in der Nebennierenrinde
(E) löst in der Zielzelle die Aktivierung einer Guanylatcyclase aus

F03

→ **17.127 Atriopeptin (ANF) führt zu einer Erhöhung**
(A) der Plasma-Renin-Aktivität
(B) der Konzentration an Plasma-Aldosteron
(C) des Plasmavolumens
(D) der cGMP-Konzentration in Zielzellen
(E) der Vasopressin-Sekretion

H98

→ **17.128 Welche Aussage trifft nicht zu?**
Gastrin
(A) ist ein Peptidhormon aus den G-Zellen in der Magenschleimhaut
(B) stimuliert die Pepsinogen-Sekretion
(C) inhibiert die Histaminsekretion
(D) wird beim pH-Anstieg im Magen freigesetzt
(E) wirkt an Zielzellen über einen G-Protein-vermittelten Prozess

H98

→ **17.129 Welche Aussage trifft nicht zu?**
Cholezystokinin und Acetylcholin aktivieren über ihre Rezeptoren am exokrinen Pankreas die Phospholipase C.
Folgereaktionen sind:
(A) Bildung von Diacylglycerin
(B) Freisetzung von Inositoltrisphosphat
(C) Ca^{2+}-Mobilisierung
(D) Proteinkinase-C-Aktivierung
(E) Aktivierung von Phosphodiesterase

H93

→ **17.130 Welche Aussage trifft nicht zu?**

	Hormon:	Wirkung:
(A)	Gastrin	erhöht die Magensaftsekretion
(B)	Histamin	erhöht die Magensaftsekretion
(C)	Motilin	verlangsamt die Magenentleerung
(D)	Sekretin	verlangsamt die Magenentleerung
(E)	Sekretin	steigert die Pankreassaftsekretion

H00

→ **17.131 Welcher der genannten Botenstoffe ist kein Derivat einer aromatischen Aminosäure?**
(A) Serotonin
(B) Melatonin
(C) Stickstoffmonoxid
(D) Dopamin
(E) Noradrenalin

17.123 (C) 17.124 (D) 17.125 (C) 17.126 (C) 17.127 (D) 17.128 (C) 17.129 (E) 17.130 (C) 17.131 (C)

H01
→ **17.132 Welche Aussage zum Serotonin trifft nicht zu?**
(A) In enterochromaffinen Zellen des Magen-Darm-Trakts wird Serotonin synthetisiert.
(B) Serotonin entsteht aus Serin durch Hydroxylierung und Decarboxylierung.
(C) Serotonin wird in Thrombozyten gespeichert.
(D) Serotonin ist ein Neurotransmitter im ZNS.
(E) Serotonin wird durch Monoaminoxidase (MAO) oxidativ desaminiert und dadurch inaktiviert.

H00
→ **17.133 Welche Aussage zu Eikosanoiden trifft nicht zu?**
(A) Prostaglandine entstehen durch eine O_2-abhängige Reaktion aus Arachidonsäure.
(B) Die Lipoxygenase wandelt Prostaglandine in Prostacycline um.
(C) Prostaglandin E_2 wirkt Blutdruck senkend.
(D) Thromboxan A_2 führt zu einer Aggregation von Thrombozyten.
(E) Prostaglandin I_2 (Prostacyclin) hemmt die Thrombozytenaggregation.

H98
→ **17.134 Welche Aussage über Prostaglandine trifft nicht zu?**
(A) Die Lipoxygenase-Reaktion führt von Arachidonsäure zu den Prostaglandinen und Thromboxanen.
(B) Die Prostaglandin-Synthese wird durch Acetylsalicylsäure irreversibel gehemmt.
(C) Prostaglandin I_2 (Prostacyclin) ist Antagonist von Thromboxan A_2 bei der Thrombozyten-Aggregation.
(D) Prostaglandin $F2\alpha$ wirkt kontrahierend auf die Uterusmuskulatur.
(E) Die Prostaglandin-Rezeptoren sind an G-Proteine gekoppelt.

F95
→ **17.135 Welcher der folgenden enzymatischen Prozesse wird durch Acetylsalicylsäure gehemmt?**
(A) Bildung von Leukotrienen aus Arachidonsäure
(B) Bildung von Arachidonsäure aus Linolensäure
(C) Bildung von Thromboxanen aus Arachidonsäure
(D) Freisetzung von Arachidonsäure aus Phospholipiden
(E) Synthese von Gangliosiden

H99
→ **17.136 Welche Aussage trifft nicht zu?**
Bradykinin
(A) wird aus Kininogen durch Kallikreine freigesetzt
(B) hat im Blut eine Halbwertszeit von weniger als einer Minute
(C) senkt den Widerstand im peripheren Kreislauf
(D) wirkt bronchodilatatorisch
(E) wird im Plasma durch Kininasen gespalten

H03
→ **17.137 Welche Aussage über das Kininsystem trifft nicht zu?**
(A) Kinine werden aus einer höhermolekularen Vorstufe durch Einwirkung von Kallikrein freigesetzt.
(B) An der Bildung von Kallikrein aus einer inaktiven Vorstufe ist der Hageman-Faktor (Faktor XIIa) beteiligt.
(C) Zu den Kininen gehört Angiotensin II.
(D) Für die bei akuten Entzündungen auftretende Erhöhung der Gefäßpermeabilität sowie Leukozyteneinwanderung sind Kinine mitverantwortlich.
(E) Kinine können die Kontraktion von glatten Muskeln des Darms fördern.

H00
→ **17.138 Welche Aussage zu Zytokinen trifft nicht zu?**
(A) Der Tumornekrosefaktor wird bevorzugt von nekrotischen Tumorzellen gebildet.
(B) Interleukin-1 beeinflusst die Temperaturregulation im Hypothalamus.
(C) Interleukin-1 stimuliert die Bildung von Interleukin-2.
(D) Interleukin-2 stimuliert T-Lymphozyten.
(E) Interferon-γ aktiviert Makrophagen.

F97
→ **17.139 Welche Aussage trifft nicht zu?**
Interleukin-1
(A) wird u. a. von Makrophagen gebildet
(B) ist ein Eicosanoid
(C) stimuliert T_H-Zellen nach Antigenpräsentation zur Produktion von Interleukin-2
(D) stimuliert die Kollagensynthese in Fibroblasten
(E) stimuliert die Synthese von Akute-Phase-Proteinen

17.132 (B) 17.133 (B) 17.134 (A) 17.135 (C) 17.136 (D) 17.137 (C) 17.138 (A) 17.139 (B)

H99
→ **17.140 Welche Aussage trifft nicht zu?
Interleukin-2**
(A) ist ein Glykoprotein
(B) wird von T-Zellen gebildet
(C) bewirkt durch autokrine Stimulation die Expression des IL-2-Rezeptors
(D) stimuliert die T-Zell-Proliferation
(E) hemmt die B-Zell-Aktivierung

H96
→ **17.141 Welche Aussage trifft nicht zu?
NO (Stickstoffmonoxid)**
(A) steigert die cGMP-Konzentration in Gefäßmuskelzellen
(B) hemmt die Plättchenaggregation
(C) wird aus L-Arginin gebildet
(D) wird in Endothelzellen gebildet
(E) hat eine Halbwertzeit von mehreren Minuten

F05
→ **17.142 Welche der Signalsubstanzen ist ein Derivat der Arachidonsäure?**
(A) Thromboxan A_2
(B) Serotonin
(C) Dopamin
(D) Stickstoffmonoxid (NO)
(E) Angiotensin II

Fragen aus Examen Frühjahr 2006

F06
→ **17.143 Die Bindung eines Hormons an seinen membranständigen Rezeptor führt zu einer Stimulierung der hepatischen Glykogenolyse, Gluconeogenese und Glucosefreisetzung.
Welches Hormon löst die angegebenen Stoffwechseleffekte am ehesten aus?**
(A) Glucagon
(B) Insulin
(C) Cortisol
(D) Thyroxin
(E) β-Lipotropin

F06
→ **17.144 Welches der folgenden Hormone ist ein Tyrosin-Derivat?**
(A) Cortisol
(B) Prostaglandin I_2 (Prostacyclin)
(C) Serotonin
(D) Thromboxan A_2
(E) Triiodthyronin

F06
→ **17.145 Angiotensin II**
(A) ist ein Derivat der Arachidonsäure
(B) stimuliert die Insulin-Sekretion
(C) steigert die Aldosteron-Synthese
(D) vermindert die Adiuretin-Sekretion
(E) senkt den Blutdruck

F06
→ **17.146 Welche Aussage über Struktur, Biosynthese und Modifikation des polyfunktionellen Prohormons Proopiomelanocortin (POMC) trifft zu?**
(A) POMC entsteht im Hypothalamus durch limitierte Proteolyse von Corticotropin-Releasing-Hormon (CRH).
(B) Adrenalin ist einer der Bestandteile des POMC-Proteins.
(C) Cortisol vermindert die Expression von POMC in der Hypophyse durch Hemmung der CRH-Sekretion im Hypothalamus.
(D) Der proteolytische Abbau von POMC in der Leber führt zur Entstehung der Somatomedine.
(E) Aldosteron kann in den Nieren durch alternatives Spleißen der POMC-kodierenden Prä-mRNA gebildet werden.

F06
→ **17.147 Die Reaktion von Katecholaminen mit β-Rezeptoren führt zur**
(A) Aktivierung der Inositoltrisphosphat-Signalkette
(B) Aktivierung einer Tyrosinkinase-Funktion des zytoplasmatischen Rezeptoranteils
(C) Aktivierung des Adenylatcyclase-Systems
(D) Aktivierung des Guanylatcyclase-Systems
(E) Translokation des β-Rezeptors in den Zellkern

F06
→ **17.148 Welche Aussage zur hormonellen Regulation des Calcium-Stoffwechsels trifft zu?**
(A) Thyreocalcitonin stimuliert die Calcium-Resorption im Darm.
(B) Bei Hyperkalzämie wird Parathormon in den Nieren zu einem 17-Ketosteroid abgebaut.
(C) Die 1α-Hydroxylierung von 25-Hydroxycholecalciferol wird durch cAMP gehemmt.
(D) 1,25-Dihydroxycholecalciferol (Calcitriol) induziert die Bildung von Calbindin in Enterozyten.
(E) Calcitriol beeinflusst die Genexpression in Vitamin-D-responsiven Zellen durch Aktivierung von G-Proteinen.

17.140 (E) 17.141 (E) 17.142 (A) 17.143 (A) 17.144 (E) 17.145 (C) 17.146 (C) 17.147 (C) 17.148 (D)

F06
→ **17.149 Welches der folgenden Hormone wirkt charakteristischerweise durch Bindung an intrazelluläre Rezeptoren?**
(A) Glucagon
(B) Insulin
(C) Adrenalin
(D) Wachstumshormon
(E) Cortisol

F06
→ **17.150 Die Sekretion welches der folgenden Hormone wird durch den Hypophysenvorderlappen reguliert?**
(A) Atriopeptin (ANP)
(B) Adrenalin
(C) Thyroxin
(D) Glucagon
(E) Calcitonin

F06
→ **17.151 Von der Schilddrüse werden die iodhaltigen Hormone Thyroxin und Triiodthyronin synthetisiert. Das Enzym Thyreoperoxidase wird für die Oxidation des Iodids und dessen Einbau in Tyrosylreste benötigt.**
Dieser Iodierungsschritt geschieht
(A) im endoplasmatischen Retikulum von Schilddrüsenepithelzellen
(B) an Mikrovilli am apikalen Teil der Plasmamembran von Schilddrüsenepithelzellen
(C) im endosomalen Kompartiment von Schilddrüsenepithelzellen
(D) am Thyroxin-bindenden Globulin
(E) im Trans-Golgi-Netzwerk von C-Zellen der Schilddrüse

F06
→ **17.152 Die Lipolyse in der Fettzelle wird gesteigert durch**
(A) Aktivierung der intrazellulären Phosphodiesterase
(B) Anstieg der intrazellulären cAMP-Konzentration
(C) Bindung von Insulin an den Insulin-Rezeptor
(D) Blockierung der β_2-Rezeptoren
(E) Stimulierung der α_2-Rezeptoren

F06
→ **17.153 Welche Aussage zum männlichen Keimdrüsenhormon trifft nicht zu?**
(A) Die Testosteron-Synthese in den Leydig-Zellen des Hodens steht unter dem Einfluss des luteinisierenden Hormons (LH) aus dem Hypophysenvorderlappen.
(B) Testosteron entsteht aus Progesteron durch Hydroxylierung von C17 und Abspaltung der Seitenkette.
(C) Testosteron wird in der Prostata durch eine 5α-Reduktase zu Dihydrotestosteron umgewandelt.
(D) In der Leber wird Testosteron durch eine Aromatase zu Androstendion inaktiviert.
(E) Testosteron hemmt die Freisetzung von LH-Releasing-Hormon (LH-RH oder Gonadoliberin) im Hypothalamus.

18 Immunchemie

H01
→ **18.1 Haptene**
(A) sind Proteine
(B) sind Polysaccharide
(C) werden durch Antikörper spezifisch erkannt
(D) werden speziell durch IgA erkannt
(E) reagieren mit dem F_c-Teil von Immunglobulinen

H90
→ **18.2 Welche Aussage über das Immunsystem trifft nicht zu?**
(A) Die Vorläufer der B- und T-Lymphozyten werden von lymphatischen Stammzellen des Knochenmarks gebildet.
(B) Im Thymus werden aus ungeprägten Lymphozyten T-Lymphozyten gebildet.
(C) Im „Bursa-Prozess" werden aus ungeprägten Lymphozyten B-Lymphozyten gebildet.
(D) Nach Antigenkontakt bilden sich aus Plasmazellen aktivierte Makrophagen.
(E) Nach Antigenkontakt können sich aus B- und T-Lymphozyten Gedächtniszellen bilden.

17.149 (E) 17.150 (C) 17.151 (B) 17.152 (B) 17.153 (D) 18.1 (C) 18.2 (D)

F04

→ **18.3 Welcher der folgenden Stoffe ist ein Chemokin, das stark chemotaktisch auf neutrophile Granulozyten wirkt?**
(A) C-reaktives Protein (CRP)
(B) Immunglobulin der Klasse G
(C) Interleukin-2
(D) Interleukin-8
(E) Transferrin

F05

→ **18.4 Die von Plasmazellen sezernierten Antikörper tragen zur Immunität unter anderem dadurch bei, dass sie an Oberflächen von Krankheitserregern binden und dabei eine Aktivierung des klassischen Wegs des Komplementsystems auslösen.**
Von welcher Immunglobulin-Klasse reicht hierbei ein einziges Molekül zur Aktivierung des C1q-Moleküls aus?
(A) IgA
(B) IgD
(C) IgE
(D) IgG
(E) IgM

F02

→ **18.5 Welche Aussage zum Komplementsystem trifft nicht zu?**
(A) Der klassische Weg der Komplementaktivierung kann durch Interaktion der Komplementkomponente C1q mit an eine bakterielle Zelloberfläche gebundenem IgM eingeleitet werden.
(B) C4 ist eine Protease.
(C) C3a ist ein Anaphylatoxin.
(D) C3b entsteht durch limitierte Proteolyse aus C3.
(E) Spezifische Rezeptoren auf Makrophagenoberflächen erkennen Bakterien, die durch C3b opsoniert wurden.

F04

→ **18.6 Das bei der Aktivierung des Komplementsystems entstehende C3a ist unmittelbar und direkt beteiligt an:**
(A) Aktivierung des C-reaktiven Proteins
(B) Opsonisierung von Bakterien
(C) Zelllyse (Membranangriffskomplex)
(D) Freisetzung von Histamin aus Mastzellen
(E) Solubilisierung von Antigen-Antikörper-Komplexen

H03

→ **18.7 Das bei der Aktivierung des Komplementsystems entstehende C3a wirkt (unmittelbar und direkt)**
(A) aktivierend auf das C-reaktive Protein
(B) Bakterien-opsonisierend
(C) zelllytisch als Teil des Membranangriffskomlexes
(D) solubilisierend auf Antigen-Antikörper-Komplexe
(E) aktivierend auf basophile Granulozyten bzw. Mastzellen

F03

→ **18.8 Das bei der Aktivierung des Komplementsystems entstehende C5a ist unmittelbar und direkt beteiligt an:**
(A) Aktivierung des C-reaktiven Proteins
(B) Chemotaxis für neutrophile Granulozyten
(C) Opsonisierung von Bakterien
(D) Zelllyse (Membranangriffskomplex)
(E) Solubilisierung von Antigen-Antikörper-Komplexen

H02 H95 F91

→ **18.9 Welche Aussage zum Komplementsystem trifft nicht zu?**
Seine Komponenten
(A) sind Glykoproteine
(B) können bei der Abwehr von Fremdzellen durch limitierte Proteolyse aktiviert werden
(C) können teilweise Vorstufen von Mediatoren der Entzündung sein
(D) sind an der Agglutination von Toxinen beteiligt
(E) werden in der Leber synthetisiert

F01

→ **18.10 Welche Aussage zu Interferonen und ihren Wirkungen trifft nicht zu?**
(A) Interferon-α entsteht durch limitierte Proteolyse aus Interferon-β.
(B) T_H1-Zellen synthetisieren Interferon-γ.
(C) Die Interferonrezeptoren sind integrale Membranproteine.
(D) Die zytoplasmatische Domäne von Interferon-Rezeptoren bindet zytosolische Tyrosinkinasen (JAK).
(E) An der Signalweitergabe sind STAT-Proteine (Signal Transducers and Activators of Transcription) beteiligt.

18.3 (D) 18.4 (E) 18.5 (B) 18.6 (D) 18.7 (E) 18.8 (B) 18.9 (D) 18.10 (A)

F04

→ **18.11 Die Sekretion von γ-Interferon durch aktivierte T_{H1}-Lymphozyten führt am ehesten zu**

(A) Proliferation von T_{H2}-Lymphozyten
(B) klonaler Expansion von B-Lymphozyten
(C) Hemmung der Aktivität von natürlichen Killerzellen
(D) Stimulation von Makrophagen
(E) Proliferation von neutrophilen Granulozyten

F03

→ **18.12 Interferon-γ**

(A) aktiviert Makrophagen
(B) hemmt die Immunantwort
(C) bewirkt den Klassenwechsel zu IgE
(D) besitzt eine Quartärstruktur
(E) wirkt chemotaktisch auf Granulozyten

H05

Ordnen Sie den in Liste 1 genannten Zytokinen die für sie am meisten charakteristische Eigenschaft aus Liste 2 zu!

Liste 1

→ **18.13 Interferon-γ**
→ **18.14 Interleukin-1**

Liste 2

(A) induziert die Expression von MHC-II-Molekülen
(B) bewirkt die Chemokinese von Lymphozyten
(C) hemmt die Differenzierung zu zytotoxischen T-Zellen
(D) wird von Monozyten/Makrophagen gebildet
(E) hemmt die Funktion von neutrophilen Granulozyten

H02

→ **18.15 Welche Aussage zu Makrophagen trifft nicht zu?**
Ihre Beteiligung bei der Abwehr körperfremder Substanzen zeigt sich in der

(A) Fähigkeit, extrazelluläre Antigene aufzunehmen und zu fragmentieren
(B) Fähigkeit, den T-Helferzellen Antigenpeptide zu präsentieren
(C) Fähigkeit, opsonierte Bakterien zu phagozytieren
(D) Produktion von Interleukin-1
(E) Aktivierung des Komplementsystems

H99

→ **18.16 Welche Aussage trifft nicht zu?**
Monozyten

(A) sind Phagozyten
(B) sind Antigen-präsentierende Zellen
(C) entstehen im Bindegewebe
(D) besitzen Rezeptoren für Komplementproteine
(E) besitzen F_C-IgG-Rezeptoren

F05

→ **18.17 Antigenpräsentierende Zellen interagieren mit T-Helfer-Lymphozyten und zytotoxischen T-Lymphozyten.**
Welches zellmembranständige Molekül besitzt der T-Lymphozyt, das die Spezifität der Antigenerkennung gegenüber den präsentierten Antigenpeptiden bestimmt?

(A) MHC-Protein der Klasse I
(B) CD8
(C) CD4
(D) surface immunoglobulin (membrangebundenes Ig)
(E) T-Zell-Rezeptor

F00

→ **18.18 Welche Aussage zur Immunantwort trifft nicht zu?**

(A) Die Bindung des Antigens an den Antikörper folgt dem Massenwirkungsgesetz.
(B) An der Bildung des Antigen-Antikörper-Komplexes können auch kovalente Bindungen beteiligt sein.
(C) Makrophagen prozessieren endozytär aufgenommene Antigene und präsentieren die Antigenpeptide gebunden an MHC-Proteine der Klasse II den T-Lymphozyten.
(D) Interleukin-2 stimuliert die Proliferation von B-Zellen.
(E) T-Zellen, die das Oberflächenantigen CD4 tragen, binden an MHC-Proteine der Klasse II.

F02

→ **18.19 Welche Aussage zur Antigenprozessierung von Proteinen trifft nicht zu?**

(A) Sie erfolgt, damit Peptidfragmente den T-Zellen als Antigene präsentiert werden können.
(B) Die entstehenden Peptidfragmente enthalten mehr als 30 Aminosäuren.
(C) Zelleigene Proteine werden für die Präsentation mit MHC-Molekülen der Klasse I durch Proteasomen gespalten.
(D) Durch Endozytose aufgenommene Proteine werden für die Präsentation mit MHC-Molekülen der Klasse II durch lysosomale Enzyme gespalten.
(E) Sie findet unter anderem in Makrophagen statt.

18.11 (D) 18.12 (***) 18.13 (A) 18.14 (D) 18.15 (E) 18.16 (C) 18.17 (E) 18.18 (B) 18.19 (B)

F00
Ordnen Sie den in der Liste 1 genannten Zellen die für sie zutreffende Funktion (Liste 2) zu!

Liste 1
→ **18.20 Plasmazellen**
→ **18.21 T-Lymphozyten**

Liste 2
(A) Produktion von IgA
(B) Produktion von Elastasen
(C) Produktion von Interleukin-2
(D) Phagozytose
(E) Produktion von Fibrinogen

F03
→ **18.22 Welche Aussage zu T-Zellen trifft nicht zu?**
(A) Zytotoxische T-Zellen zerstören körpereigene, Virus-infizierte Zellen.
(B) T-Helferzellen sind an der Aktivierung von B-Zellen beteiligt.
(C) Zytotoxische T-Zellen sind für Überempfindlichkeits-Reaktionen vom Sofort-Typ verantwortlich.
(D) T-Helferzellen binden von Makrophagen präsentierte Antigene im Allgemeinen unter Beteiligung des Co-Rezeptors CD4.
(E) Interleukin-2 wird von aktivierten T-Helferzellen sezerniert.

H01
→ **18.23 Welche Aussage zur T-Zell-Aktivierung trifft nicht zu?**
(A) Der T-Zell-Rezeptor-Komplex erkennt Antigenfragmente, die mit Hilfe von MHC-Proteinen präsentiert werden.
(B) An der Aktivierung sind CD4- bzw. CD8-Corezeptoren beteiligt.
(C) Der T-Zell-Rezeptor-Komplex besitzt proteolytische Aktivität.
(D) Eine Proteinkinase aktiviert Phospholipase C (PLCγ).
(E) Die Aktivierung zytosolischer Transkriptionsfaktoren führt zu verstärkter Expression von Interleukin-2.

H98
Ordnen Sie den Strukturen aus Liste 1 den jeweils dazu passenden Bereich des abgebildeten IgG-Moleküls aus Liste 2 zu!

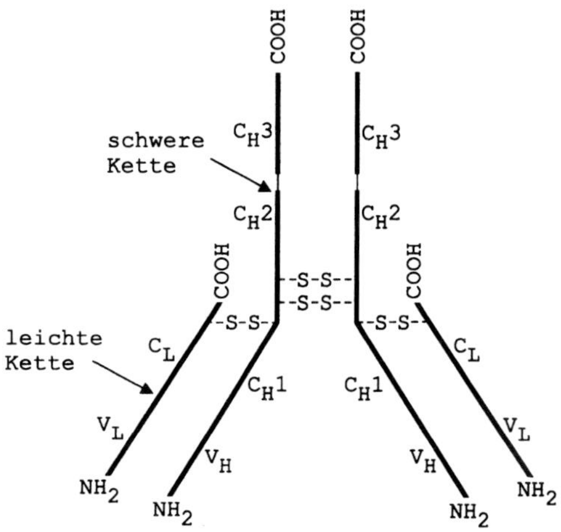

Liste 1
→ **18.24 Übergangspeptid mit großer Flexibilität der Konformation, sog. „hinge"- oder „Gelenk"-Region**
→ **18.25 Domänen, die an der Antigen-Bindung beteiligt sind**

Liste 2
(A) C_{H3}
(B) V_L, V_H
(C) C_{H2}–C_{H2}
(D) C_{H1}–C_{H2}
(E) V_L–C_L–S–S–C_{H1}–V_H

H04
→ **18.26 Welche Aussage zum Immunglobulin G (IgG) trifft nicht zu?**
(A) IgG enthält schwere Ketten vom Typ Lambda.
(B) IgG wird von Plasmazellen sezerniert.
(C) IgG kann über die Plazenta vom mütterlichen in den kindlichen Kreislauf gelangen.
(D) IgG kann über seinen F_c-Teil am Makrophagen gebunden werden.
(E) IgG stellt den prozentual größten Anteil der Immunglobuline im Blutplasma.

18.20 (A) 18.21 (C) 18.22 (C) 18.23 (C) 18.24 (D) 18.25 (B) 18.26 (A)

H00

→ **18.27 Welche Aussage über die Struktur von Immunglobulinen trifft nicht zu?**

(A) Der N-terminale Teil der Immunglobulin-Polypeptidketten hat eine variable Aminosäuresequenz.
(B) Immunglobuline der Klasse G (IgG) enthalten 2 identische schwere und 2 identische leichte Polypeptidketten.
(C) Monoklonale Antikörper enthalten nur eine einzige Antigenbindungsstelle.
(D) Leichte Ketten vom ϰ- oder λ-Typ kommen in allen 5 Immunglobulin-Klassen vor.
(E) IgG besitzen eine Komplementbindungsregion.

H01

→ **18.28 Welche Aussage zu Antikörpern trifft nicht zu?**

(A) In der konstanten Region des Antikörpermoleküls befindet sich die Komplementbindungsstelle.
(B) Die Antigenbindungsstelle wird durch die Faltblattstrukturen der H-Ketten gebildet.
(C) Die Bindung des Antigens an die Antigenbindungsstelle folgt dem Massenwirkungsgesetz.
(D) Polyvalente Antiseren enthalten Antikörper gegen unterschiedliche Epitope.
(E) Antikörper können Bakterienzellen opsonieren.

F03

→ **18.29 Welche Aussage zu den Immunglobulinen (Ig) trifft zu?**

(A) Vor dem Ig-Klassenwechsel sind die Ig gegen andere Antigene gerichtet als danach.
(B) Der Typ der schweren Kette bestimmt die Zugehörigkeit zu einer Ig-Klasse.
(C) IgG liegt im Plasma meist als Pentamer vor.
(D) IgA vermittelt die Rhesus-Unverträglichkeit.
(E) Zur klonalen Expansion von B-Lymphozyten ist der Kontakt mit Monozyten notwendig.

F03

→ **18.30 Welche Aussage zu den Immunglobulinen (Ig) trifft nicht zu?**

(A) IgM hat 10 potentielle Antigen-Bindungsstellen.
(B) IgA kommt in Sekreten vor.
(C) IgG ist plazentagängig.
(D) IgE bindet an spezifische Mastzellrezeptoren.
(E) IgD wird von T-Lymphozyten sezerniert.

F01

→ **18.31 Welche Aussage zum F_C-Teil von Antikörpern trifft nicht zu?**

(A) Er variiert je nach Antikörperklasse.
(B) Er enthält Oligosaccharide.
(C) Er ist an der Antikörper-abhängigen Komplementaktivierung wesentlich beteiligt.
(D) Er kann Interleukin-2 binden.
(E) Er kann an Rezeptoren von Phagozyten binden.

F01

→ **18.32 Das Joining-Peptid bei Immunglobulinen**

(A) kommt im IgE vor
(B) ist für die Struktur des sekretorischen IgA (sIgA) essentiell
(C) wird von Epithelzellen gebildet
(D) ist an der Antigen-Erkennung beteiligt
(E) verbindet das Immunglobulin mit der Plasmamembran

H02

→ **18.33 Welche Aussage zu Antikörpern trifft nicht zu?**

(A) Ein bestimmter Klon von Plasmazellen synthetisiert monospezifische, d. h. gegen ein bestimmtes Epitop gerichtete Antikörper.
(B) Das Blut des Menschen enthält ein Gemisch monoklonaler Antikörper.
(C) Antikörper der Klasse IgG können an der Auslösung der Komplementreaktion beteiligt sein.
(D) Antikörper der Klasse IgE bilden Dimere, die durch das Joining-Protein verbunden sind.
(E) Bei der Immunelektrophorese bilden Antikörper mit Antigenen Präzipitate.

H01

→ **18.34 Welche Aussage zum Joining-Peptid bei Immunglobulinen trifft nicht zu?**

(A) Es kommt im IgE vor.
(B) Es kommt im IgM vor.
(C) Es kommt im sIgA vor.
(D) Es ist an die F_C-Region gebunden.
(E) Es ist über Disulfidbrücken an das Immunglobulin gebunden.

18.27 (C) 18.28 (B) 18.29 (B) 18.30 (E) 18.31 (D) 18.32 (B) 18.33 (D) 18.34 (A)

H05

→ **18.35 Welche Aussage zu den Immunglobulinen der Klasse M (IgM) trifft nicht zu?**

(A) IgM befinden sich überwiegend auf Schleimhäuten.
(B) Zu den IgM gehören Antikörper, welche gegen die Blutgruppenantigene A und B gerichtet sind.
(C) Ein IgM-Molekül im Plasma enthält im Allgemeinen 10 leichte und 10 schwere Protein-Ketten.
(D) An Antigene gebundenes IgM aktiviert das Komplementsystem über den sog. klassischen Weg.
(E) Die gegen ein neues Antigen gerichteten spezifischen Antikörper im Blut sind im Allgemeinen primär IgM.

F00

→ **18.36 Welche Aussage zur Struktur und Funktion von Immunglobulinen trifft nicht zu?**

(A) Die Antigenbindungsstelle von Immunglobulinen wird durch die variablen Regionen der leichten und schweren Ketten gebildet.
(B) Die Antikörpervielfalt kommt u. a. durch Rekombination unterschiedlicher Genabschnitte für die leichte und die schwere Kette zustande.
(C) Immunglobuline des Typs A werden transepithelial sezerniert und benötigen hierzu ein spezifisches Protein.
(D) Immunglobuline des Typs D sind die stärksten Aktivatoren des Komplementsystems.
(E) Immunglobuline des Typs E werden an Mastzellen gebunden und sind für die antigenvermittelte Histaminfreisetzung verantwortlich.

H04

→ **18.37 Nach Aktivierung proliferieren B-Lymphozyten und differenzieren zu Antikörper-produzierenden Plasmazellen. Ein initiales Ereignis dieser B-Zell-Aktivierung ist im Allgemeinen die Bindung von nativen Antigenen an die B-Zell-Rezeptor-Komplexe (Antigenerkennung).**
Der B-Zell-Rezeptor-Komplex

(A) bindet an den F_{ab}-Teil von Immunglobulinen des Blutplasmas
(B) bindet an den F_C-Teil von Immunglobulinen des Blutplasmas
(C) enthält membrangebundenes Immunglobulin
(D) besteht aus Untereinheiten mit jeweils 7 Transmembrandomänen
(E) löst nach Aktivierung die Amplifikation von Immunglobulin-Genen aus

H00

→ **18.38 Humorale Antikörper**

(A) sind im Milchdrüsensekret enthalten
(B) finden sich nur im Blutplasma
(C) werden von den T-Helferzellen gebildet
(D) haben je nach Typ eine relative Molekularmasse von 30 000–70 000 Dalton
(E) werden von Makrophagen gebildet

F99

→ **18.39 Welche Aussage trifft nicht zu?**
Sekretorisches IgA (sIgA)

(A) liegt überwiegend als pentameres Immunglobulin vor
(B) enthält als Oligomer ein Cystein-reiches J(joining)-Protein
(C) enthält eine mit dem F_C-Teil verbundene sekretorische Komponente
(D) ist in gastrointestinalen Sekreten enthalten
(E) hat seine Hauptfunktion in der Schleimhautimmunität

F02

→ **18.40 Die IgE-dominierte Immunantwort ist nicht beteiligt an der**

(A) Abwehr von Viruserkrankungen
(B) Abwehr von Wurmerkrankungen
(C) Mastzelldegranulation
(D) Ausprägung von Allergien vom Soforttyp (Heuschnupfen)
(E) Mobilisierung der eosinophilen Granulozyten

F04

→ **18.41 Welche Aussage zu IgE (Immunglobulinen der Klasse E) trifft zu?**

(A) IgE haben einen um eine Domäne kürzeren F_C-Teil als IgG.
(B) Mastzellen besitzen Rezeptoren für den F_C-Teil von IgE.
(C) Interleukin-4 hemmt den Klassenwechsel zu IgE in B-Lymphozyten.
(D) IgE ist die vorherrschende Immunglobulin-Klasse in den Sekreten auf den Schleimhäuten.
(E) IgE sind überwiegend Pentamere.

18.35 (A) 18.36 (D) 18.37 (C) 18.38 (A) 18.39 (A) 18.40 (A) 18.41 (B)

H00

→ **18.42 Welche Aussage zu MHC-Proteinen der Klasse I trifft nicht zu?**

(A) Sie werden auf den meisten Zellen exprimiert.
(B) Sie dienen der Präsentation intrazellulär entstandener Antigene.
(C) Sie enthalten eine α-Kette mit Transmembrandomäne.
(D) Sie werden von einem polymorphen Genkomplex kodiert.
(E) Sie binden das Antigenpeptid über das β_2-Mikroglobulin.

F03

→ **18.43 Welche Aussage zu MHC-Molekülen trifft nicht zu?**

(A) MHC-Moleküle der Klasse II werden auf aktivierten Makrophagen und B-Lymphozyten exprimiert.
(B) MHC-Moleküle binden intrazellulär antigene Peptidfragmente und transportieren sie zur Plasmamembran.
(C) Die MHC-Moleküle der Klasse I präsentieren Peptidfragmente, die aus lysosomal prozessierten Fremdproteinen stammen.
(D) MHC-Moleküle sind in der Population hochpolymorph.
(E) Die MHC-Moleküle der Klasse II binden das antigene Peptid in einem Spalt zwischen den N-terminalen Domänen der α- und β-Kette.

H02

→ **18.44 Welche Aussage zu MHC-Proteinen der Klasse I trifft nicht zu?**

(A) Sie finden sich beim Menschen auf allen kernhaltigen Zellen.
(B) Sie bestehen aus einer transmembranären Peptidkette und dem assoziierten β_2-Mikroglobulin.
(C) Der T-Zell-Rezeptor zytotoxischer T-Zellen erkennt den Komplex aus Antigenpeptid und MHC-Proteinen der Klasse I.
(D) Sie zeigen einen hohen genetischen Polymorphismus.
(E) Sie stimulieren bei Virus-infizierten Zellen die Synthese von Interferon-γ.

H03

→ **18.45 Welche Aussage zur Antigenprozessierung von Proteinen trifft nicht zu?**

(A) Sie ist erforderlich, damit T-Zellen das Antigen erkennen können.
(B) Sie führt in der Regel zu Peptidfragmenten mit weniger als 30 Aminosäuren.
(C) Sie erfolgt bei zelleigenen Proteinen, die als MHC-I-Antigen-Komplex präsentiert werden, durch Proteasomen.
(D) Die Spaltung von Proteinen, die durch Endozytose aufgenommen werden, erfolgt durch endo-/lysosomale Enzyme.
(E) Sie erfolgt auch in Erythrozyten.

H03

→ **18.46 Welche Aussage zu MHC-Molekülen der Klasse I trifft nicht zu?**

(A) Sie bestehen aus 2 jeweils unmittelbar in der Plasmamembran verankerten Peptidketten.
(B) Sie präsentieren Antigenpeptide, die proteolytisch aus in der Zelle synthetisierten Proteinen entstehen.
(C) Sie werden auf praktisch allen kernhaltigen Zellen exprimiert.
(D) Sie besitzen eine Bindungsregion für CD8.
(E) Sie können eine wesentliche Rolle bei einer Transplantatabstoßung spielen.

F02

Ordnen Sie den in Liste 1 genannten MHC-Strukturen die jeweils charakteristische Eigenschaft (Liste 2) zu!

Liste 1

→ **18.47 MHC-Moleküle der Klasse I**
→ **18.48 MHC-Moleküle der Klasse II**

Liste 2

(A) Erkennungsregion für CD8
(B) Erkennungsregion für CD4
(C) Expression nur auf Lymphozyten
(D) Fixierung in der Membran durch einen GPI-Anker
(E) Kodierung durch ein einziges Allel

18.42 (E) 18.43 (C) 18.44 (E) 18.45 (E) 18.46 (A) 18.47 (A) 18.48 (B)

H05

→ **18.49 MHC-Klasse-I-Komplexe sind an der Vermittlung der Immunantwort beteiligt.**

(A) Sie kommen nur auf der Oberfläche von Zellen des Immunsystems vor.
(B) Ihre Beladung mit Antigenpeptiden erfolgt typischerweise im endoplasmatischen Retikulum.
(C) Sie sind die Antigen-Rezeptoren der B-Lymphozyten.
(D) Sie präsentieren dem Immunsystem Oligosaccharide mit einer Länge von etwa 10 Monosaccharid-Einheiten.
(E) Sie üben ihre Funktion sowohl als Membranproteine als auch in gelöster Form im Blut aus.

F05

→ **18.50 B-Lymphozyten können auf ihren Zelloberflächen Antigenpeptide mit Hilfe von MHC-Proteinen der Klasse II (MHC II) präsentieren.**
Welcher der folgenden Vorgänge erfolgt typischerweise für die Beladung der MHC II mit diesen Peptiden?

(A) Sekretion der Peptide in den extrazellulären Raum
(B) Erkennung hochmolekularer Antigene durch MHC II auf der Zelloberfläche mit anschließender extrazellulärer Proteolyse
(C) Produktion der Peptide durch das zytosolische Proteasom
(D) Beladung neu synthetisierter MHC II mit den Peptiden im endoplasmatischen Retikulum
(E) endozytotische Aufnahme von Proteinen, aus denen durch Proteasen Peptide entstehen

Fragen aus Examen Frühjahr 2006

F06

→ **18.51 Das Komplementsystem spielt eine wichtige Rolle bei der Abwehr von pathogenen Mikroorganismen.**
Bei der Bindung der Komplementkomponente C3b an Oberflächenproteine von Bakterien (Opsonierung) ist die reaktive Gruppe ein

(A) Eisen-Schwefel-Zentrum
(B) Ether
(C) Säureamid
(D) Säureanhydrid
(E) Thioester

F06

→ **18.52 Welche Aussage zum Interleukin-1 (IL-1) trifft nicht zu?**

(A) Aktivierte Makrophagen sezernieren IL-1.
(B) IL-1 ist ein endogenes Pyrogen.
(C) IL-1 fördert die Sekretion von Interleukin-2.
(D) IL-1 fördert die Sekretion von Akute-Phase-Proteinen in der Leber.
(E) IL-1 hemmt die Aktivität der natürlichen Killer-Zellen (NK-Zellen).

F06

→ **18.53 Welche der Ketten kann ein Immunglobulin der Klasse IgG kovalent gebunden am ehesten enthalten?**

(A) α-Kette
(B) δ-Kette
(C) ε-Kette
(D) $\varkappa$-Kette
(E) μ-Kette

F06

→ **18.54 Die Reifung (Prägung) von T-Lymphozyten beinhaltet die Prozesse der positiven und negativen Selektion.**
Welche der folgenden Aussagen zu diesen Prozessen trifft zu?

(A) Der Prozess der Reifung (Prägung) von T-Lymphozyten findet im Knochenmark statt.
(B) Die zu eliminierenden T-Lymphozyten gehen durch Zellnekrose zugrunde.
(C) Die positive Selektion resultiert in der Auswahl solcher T-Lymphozyten, die MHC-Moleküle mit genügend hoher Affinität erkennen.
(D) Die negative Selektion führt zur Elimination derjenigen T-Lymphozyten, die körperfremde Peptide erkennen.
(E) Die aus dem Prozess der Reifung (Prägung) hervorgehenden T-Lymphozyten tragen sowohl das CD4- als auch das CD8-Protein auf derselben Zelle.

18.49 (B) 18.50 (E) 18.51 (E) 18.52 (E) 18.53 (D) 18.54 (C)

F06

→ **18.55 MHC-I-Komplexe (HLA-I-Komplexe) präsentieren zytotoxischen T-Lymphozyten antigene Peptide und sind aus einer α-Kette und dem β_2-Mikroglobulin aufgebaut.**
Welche der Aussagen zur Struktur und Funktion der α-Ketten ist richtig?

(A) Die α-Ketten der MHC-I-Komplexe eines Individuums sind identisch.
(B) Die Peptidbindetasche wird bei MHC-I-Komplexen nur von Domänen der α-Kette gebildet.
(C) Wenn zwei Peptide mit unterschiedlichen Aminosäuresequenzen an zwei α-Ketten binden, so müssen auch deren Aminosäuresequenzen verschieden sein.
(D) Die α-Kette eines MHC-I-Komplexes ist über das β_2-Mikroglobulin in der Plasmamembran verankert.
(E) Die α-Ketten der MHC-I-Komplexe binden besser an CD4 als an CD8.

19 Blut

H05

→ **19.1 Wozu benötigt der reife Erythrozyt Glucose?**

(A) zur Hämsynthese aus Succinyl-CoA
(B) zur Herstellung von Ketonkörpern
(C) zur Bildung von ATP (aus 1,3-Bisphosphoglycerat und ADP)
(D) zur Glykosylierung der Globinketten
(E) zur ATP-Synthese aus NADH, welches bei der Lactat-Bildung entsteht

F03 F99 F97

→ **19.2 Welche Aussage zu 2,3-Bisphosphoglycerat (2,3-BPG) trifft nicht zu?**

(A) 2,3-BPG bindet vor allem an Desoxyhämoglobin.
(B) 2,3-BPG entsteht aus 1,3-Bisphosphoglycerat.
(C) 2,3-BPG wird kovalent an Hämoglobin gebunden.
(D) Fetales Hämoglobin bindet 2,3-BPG weniger fest als adultes.
(E) Bei geringem O_2-Partialdruck in der Atemluft steigt die 2,3-BPG-Konzentration im Erythrozyten an.

H04

→ **19.3 Die Sauerstoffabgabe vom oxygenierten Hämoglobin der Erythrozyten im Bereich der Gewebekapillaren**

(A) behindert die Bindung von 2,3-Bisphosphoglycerat an das Hämoglobin
(B) führt zu einer Freisetzung Hämoglobin-gebundener Protonen
(C) fördert die Bildung von Carbamino-Hämoglobin
(D) führt zu einer reversiblen Dissoziation des Hämoglobin-Tetramers
(E) verursacht eine Oxidation des Häm-Eisens von $Fe^{2+} \rightarrow Fe^{3+}$

H95 H90

→ **19.4 Welches der folgenden Enzyme ist nicht am Schutz der Erythrozyten vor Oxidation beteiligt?**

(A) Katalase
(B) Glutathion-Reduktase
(C) Methämoglobin-Reduktase
(D) Cytochrom-Oxidase
(E) Superoxid-Dismutase

18.55 (B) 19.1 (C) 19.2 (C) 19.3 (C) 19.4 (D)

H04

→ **19.5 Malaria-Erreger wachsen ungestört in Erythrozyten, wenn sie dort ein NADPH-reiches Milieu vorfinden.**
Aus diesem Grunde wird ein gewisser Schutz gegen die schwere Form der Malaria bei Patienten mit folgender hereditärer Stoffwechsel-Anomalie der Erythrozyten beobachtet:

(A) Pyruvatkinase-Mangel
(B) Glucose-6-phosphat-Dehydrogenase-Mangel
(C) Glutathionperoxidase-Mangel
(D) Katalase-Mangel
(E) Transketolase-Mangel

H96

→ **19.6 Der Sichelzellenanämie liegt zugrunde eine Mutation im Gen für**

(A) δ-Aminolävulinat-Synthase
(B) β-Globin
(C) Methämoglobin-Reduktase
(D) Glucose-6-phosphat-Dehydrogenase
(E) Häm-Oxygenase

F05

→ **19.7 Was liegt der Sichelzellanämie zugrunde?**

(A) erhöhter Anteil des glykierten (nichtenzymatisch glykosylierten) Hämoglobins am Gesamt-Hämoglobin
(B) N-terminale Proteolyse der β-Globinkette des Hämoglobins
(C) gestörte Prozessierung der mRNA der α-Globinkette
(D) veränderte Aminosäurensequenz der β-Globinkette des Hämoglobins
(E) Bildung einer defekten δ-Aminolävulinat-Synthase

F96

→ **19.8 Welche Aussage zum Hämoglobin trifft <u>nicht</u> zu?**

(A) Fetales Hb (HbF) besitzt eine höhere Sauerstoffaffinität als adultes Hb (HbA).
(B) Die Affinität von HbF zu 2,3-Bisphosphoglycerat ist geringer als die von HbA.
(C) HbF unterscheidet sich von HbA in der Primärstruktur.
(D) CO bindet an endständige Aminogruppen des Hb.
(E) Am Abbau von Häm zu Biliverdin ist NADPH beteiligt.

F05

→ **19.9 Welche Aussage trifft für 2,3-Bisphosphoglycerat (2,3-BPG) zu?**

(A) Ein Molekül Desoxyhämoglobin bindet vier Moleküle 2,3-BPG.
(B) Desoxygeniertes HbA hat eine geringere Affinität zu 2,3-BPG als desoxygeniertes HbF.
(C) Bei der Höhenanpassung sinkt der 2,3-BPG-Gehalt der Erythrozyten.
(D) Bei pH 7,3 trägt 2,3-BPG eine positive Nettoladung.
(E) Die Bindung von 2,3-BPG an Hämoglobin erleichtert die Sauerstoffabgabe im extrapulmonalen Gewebe.

H91

→ **19.10 In welcher Form wird im venösen Blut der größte Teil des Kohlendioxids transportiert?**

(A) physikalisch gelöst
(B) als Bikarbonat im Erythrozyten
(C) als Bikarbonat im Plasma
(D) an das Häm angelagert ($HbCO_2$)
(E) an die Eiweißkomponente des Hämoglobins angelagert (Carbaminoverbindung)

H01

→ **19.11 Welche Aussage zum Myoglobin trifft <u>nicht</u> zu?**

(A) Myoglobin besteht aus 4 identischen Untereinheiten.
(B) Myoglobin enthält zweiwertiges Eisen.
(C) Myoglobin hat eine höhere Affinität zu Sauerstoff als Hämoglobin.
(D) Die prosthetische Gruppe wird zu Bilirubin abgebaut.
(E) Typ-I-Muskelfasern (rote Muskelfasern) enthalten besonders viel Myoglobin.

H92

→ **19.12 Zu welcher der folgenden Aufgaben des Blutes leistet Hämoglobin einen größeren Beitrag als die Plasmaproteine?**

(A) Nährfunktion
(B) Transport von Steroidhormonen
(C) Flüssigkeitsaustausch in den Kapillaren
(D) Abwehrfunktion
(E) Pufferung

19.5 (B) 19.6 (B) 19.7 (D) 19.8 (D) 19.9 (E) 19.10 (C) 19.11 (A) 19.12 (E)

H87

→ **19.13 Welche Aussage über das Methämoglobin trifft nicht zu?**
(A) Methämoglobin hat die Fähigkeit zur Sauerstoffbindung verloren.
(B) Die Bildung von Methämoglobin wird durch Nitrit gesteigert.
(C) Oxidiertes Glutathion schützt gegen Methämoglobinbildung.
(D) Ursache der familiären Methämoglobinämie ist ein Methämoglobinreduktasemangel.
(E) Methämoglobin ist regelmäßiger Bestandteil der Erythrozyten.

F01

→ **19.14 Welche Aussage zum Stoffwechsel des Häms trifft nicht zu?**
(A) Mangel an Vitamin B_6 kann die Ursache für eine Hemmung der Hämsynthese sein.
(B) Häm kann die Porphyrinsynthese durch Repression der Synthese von δ-Aminolävulinat hemmen.
(C) Beim Abbau von Häm entsteht Kohlenmonoxid.
(D) Das beim Abbau von Häm freigesetzte Eisen wird an Hämopexin gebunden.
(E) Die Abbauprodukte des Häms werden vorwiegend in die Galle ausgeschieden.

H00

→ **19.15 Welche Aussage zur Hämbiosynthese trifft nicht zu?**
(A) Die Hämbiosynthese erfolgt zum Teil in den Mitochondrien.
(B) Serin ist einer der beiden Bausteine, mit dem die Synthese beginnt.
(C) Die Synthese von δ-Aminolävulinat ist Pyridoxalphosphat-abhängig.
(D) Der Einbau des Eisens in das Porphyrinsystem erfolgt in einer durch Ferrochelatase katalysierten Reaktion.
(E) In der Leber wird die Hämsynthese auf der Stufe der δ-Aminolävulinat-Synthase reguliert.

H04

→ **19.16 Genetisch bedingte Störungen der Häm-Biosynthese sind die Ursache einer Gruppe von Erkrankungen, die als Porphyrien bezeichnet werden. Die verminderte Bildung des Endprodukts Häm führt zu einer Enthemmung des geschwindigkeitsbestimmenden Schritts der Häm-Biosynthese.**
Dieser wird katalysiert durch das Enzym
(A) δ-Aminolävulinat-Synthase
(B) Porphobilinogen-Desaminase
(C) Protoporphyrinogen-Oxidase
(D) Koproporphyrinogen-III-Oxidase
(E) Ferrochelatase

H02 H96

→ **19.17 Welche Aussage zum Häm trifft nicht zu?**
(A) Porphobilinogen enthält einen Pyrrolring und wird aus 5-Aminolävulinsäure synthetisiert.
(B) 5-Aminolävulinsäure entsteht durch Transaminierung von 5-Ketolävulinsäure in den Mitochondrien.
(C) Die 5-Aminolävulinsäure-Synthese ist Pyridoxalphosphat-abhängig.
(D) Die 5-Aminolävulinsäure-Synthese wird durch Häm gehemmt.
(E) Eisen wird – katalysiert durch die Ferrochelatase – unter Hämbildung in Protoporphyrin eingebaut.

H04

→ **19.18 Welche Verbindung entsteht beim Abbau von Häm neben Biliverdin und Eisenionen in stöchiometrischer Menge?**
(A) CH_4 (Methan)
(B) CO (Kohlenmonoxid)
(C) CO_2 (Kohlendioxid)
(D) Glycin
(E) NO (Stickstoffmonoxid)

H03

→ **19.19 Welche Aussage zum Häm und seinem Abbauprodukt Bilirubin trifft zu?**
(A) Die 4 Pyrrolringe des Häms werden aus Tryptophan synthetisiert.
(B) Das Schrittmacherenzym der Hämsynthese benötigt Biotin.
(C) Die Hämsynthese findet ausschließlich im Knochenmark statt.
(D) Die Glucuronidierung von Bilirubin erhöht dessen Wasserlöslichkeit.
(E) Die Glucuronidierung von Bilirubin ist CTP-abhängig.

H05

→ **19.20 Eine Gelbverfärbung von Haut und Skleren infolge eines beschleunigten Erythrozytenabbaus wird hämolytischer Ikterus genannt.**
Die Blutplasmakonzentration welches der folgenden Stoffe ist hierbei in erster Linie erhöht?
(A) Bilirubindiglucuronid
(B) Biliverdin
(C) unkonjugiertes Bilirubin
(D) Mesobilirubinogen
(E) Taurodesoxycholat

19.13 (C) 19.14 (D) 19.15 (B) 19.16 (A) 19.17 (B) 19.18 (B) 19.19 (D) 19.20 (C)

F02

→ **19.21 Welche Aussage zum Hämoglobinabbau trifft nicht zu?**
(A) Unkonjugiertes Bilirubin wird an Haptoglobin gebunden transportiert.
(B) Bei der Umwandlung von Hämoglobin in Biliverdin werden außer Globin auch Eisenionen und CO freigesetzt.
(C) Bilirubin wird ausschließlich in der Leber in Bilirubindiglucuronid umgewandelt.
(D) Im Darm kann freies Bilirubin durch die Wirkung bakterieller β-Glucuronidase entstehen.
(E) In den Darm ausgeschiedenes Bilirubindiglucuronid kann in Urobilinogen oder Stercobilinogen umgewandelt werden.

F03

→ **19.22 Welche Aussage zum Bilirubinstoffwechsel trifft zu?**
(A) Bilirubin wird vorwiegend in Leber-Parenchymzellen gebildet.
(B) Bilirubin enthält 2 Carboxylgruppen und ist schwer wasserlöslich.
(C) Die Bilirubin-Glucuronidierung ist CTP-abhängig.
(D) Bilirubinglucuronid wird durch erleichterte Diffusion in die Gallenkapillaren abgegeben.
(E) In den Gallenwegen entsteht durch eine spezifische Glucuronidase freies Bilirubin aus Bilirubindiglucuronid.

H01

→ **19.23 Welche der folgenden Verbindungen ist Substrat, Coenzym oder Produkt der Hämoxygenase?**
(A) Protoporphyrin
(B) Cytochrom P_{450}
(C) Wasserstoffperoxid
(D) Bilirubin
(E) NAD^+

H00

→ **19.24 Das Hämoglobin HbA_{1c}**
(A) entsteht durch nicht enzymatische Glykosylierung (Glykierung) von HbA
(B) wird im endoplasmatischen Retikulum von Retikulozyten gebildet
(C) kann nicht Sauerstoff transportieren
(D) liegt bei Diabetes mellitus in reduzierter Konzentration vor
(E) wird als einziges Hämoglobin im Urin ausgeschieden

H02

→ **19.25 Von neutrophilen Granulozyten wird/werden nicht gebildet:**
(A) Sauerstoffradikale
(B) Elastase
(C) Myeloperoxidase
(D) Interleukin-2
(E) Kathepsin G

H04

→ **19.26 Beim ersten Kontakt der Zelloberfläche neutrophiler Granulozyten mit der Zelloberfläche von Endothelzellen in Venolen entsteht durch kurzdauernde Adhäsionen eine Rollbewegung der Granulozyten auf der Endothelzelloberfläche.**
Dabei wirken als Adhäsionsproteine typischerweise mit:
(A) Cadherin
(B) Fibrinogen
(C) Fibronectin
(D) Laminin
(E) Selectin

F05

→ **19.27 Von aktivierten neutrophilen Granulozyten wird Hypochlorit (OCl^-) als antibakterielle Substanz gebildet.**
Ordnen Sie die an der Synthese von Hypochlorit beteiligten Enzyme in der funktionell richtigen Reihenfolge an!
(1) NADPH-Oxidase
(2) Superoxid-Dismutase
(3) Myeloperoxidase
(4) Glucose-6-phosphat-Dehydrogenase

(A) 1-2-4-3
(B) 2-1-4-3
(C) 4-1-2-3
(D) 4-1-3-2
(E) 4-3-2-1

F04

→ **19.28 Aktivierte Thrombozyten bilden mit Hilfe bestimmter Substanzen Aggregate.**
Der Verknüpfung der Thrombozyten untereinander dient hierbei von den folgenden Substanzen am besten:
(A) Faktor IX
(B) Faktor X
(C) Faktor XI
(D) Fibrinogen
(E) Kallikrein

19.21 (A) 19.22 (B) 19.23 (B) 19.24 (A) 19.25 (D) 19.26 (E) 19.27 (C) 19.28 (D)

H98

→ **19.29 Welche Aussage trifft nicht zu?**
Zum intravaskulären (intrinsischen) System der Blutgerinnung gehören folgende Vorgänge:

(A) Kontaktaktivierung des Hageman-Faktors (Faktor XII)
(B) Freisetzung von Thromboplastin (Faktor III)
(C) proteolytische Aktivierung des PTA-Faktors (Faktor XI)
(D) proteolytische Aktivierung des Christmas-Faktors (antihämophiler Faktor B oder Faktor IX)
(E) proteolytische Aktivierung des antihämophilen Faktors A (Faktor VIII)

F02 H90

→ **19.30 Welche Aussage zum Prothrombin trifft nicht zu?**

(A) Es ist ein Glykoprotein.
(B) Es wird posttranslational durch Carboxylierung von γ-Glutamylseitenketten modifiziert.
(C) Es ist die inaktive Form eines Sekretenzyms der Leber.
(D) Es wird durch limitierte Proteolyse in Gegenwart von Calcium-Ionen aktiviert.
(E) Es katalysiert nach Aktivierung zu Thrombin die Knüpfung kovalenter Bindungen zwischen Lysyl- und Glutamylresten verschiedener Fibrin-Monomere.

F01

→ **19.31 Thrombin**

(A) wird gebildet, wenn der Gerinnungsfaktor VIII auf Prothrombin einwirkt
(B) wird durch Heparin proteolytisch inaktiviert
(C) hemmt die Thrombozytenaggregation
(D) aktiviert den Gerinnungsfaktor XIII
(E) benötigt Ca^{2+} zur Spaltung von Fibrinogen

F01

→ **19.32 Welche Aussage über die Blutgerinnung trifft zu?**

(A) Die Blutgerinnung kann durch Abgabe von Prostazyklin aus Thrombozyten eingeleitet werden.
(B) Bei einer Verletzung von Gewebe wird die Blutgerinnung durch Ca^{2+}-Freisetzung in Gang gesetzt.
(C) Prothrombin katalysiert die Carboxylierung von Glutaminsäureresten in Fibrinogen.
(D) Zur Thrombinbildung wird aktivierter Faktor X (Stuart-Prower-Faktor) benötigt.
(E) Fibrin polymerisiert durch Ausbildung von Disulfidbrücken.

H02

→ **19.33 Welche Aussage zum Faktor X der Blutgerinnung (Stuart-Prower-Faktor) trifft zu?**

(A) Faktor X ist ein Membranprotein von Endothelzellen.
(B) Faktor X verknüpft Fibrinomere kovalent untereinander.
(C) Faktor X wird bei Verletzung aus dem Gewebe freigesetzt.
(D) Faktor X wird sowohl durch das intra- als auch durch das extravasale System der Blutgerinnung aktiviert.
(E) Genetisch bedingter Mangel an Faktor X ist die Ursache der Hämophilie A.

H03

→ **19.34 Was liegt der Hämophilie A im Allgemeinen zugrunde?**

(A) Mangel an Gerinnungsfaktor VIII durch einen Defekt im zugehörigen Gen
(B) Mangel an Plasminogen durch einen Defekt im zugehörigen Gen
(C) Mangel an Thromboxan-Synthase durch einen Defekt im zugehörigen Gen
(D) Mangel an von Willebrand-Faktor durch einen Defekt im zugehörigen Gen
(E) permanente Aktivierung eines genetisch veränderten antihämophilen Globulins A durch Thrombin

H00 F90

→ **19.35 Welcher der folgenden Gerinnungsfaktoren ist nicht die inaktive Form einer Protease?**

(A) Faktor I (Fibrinogen)
(B) Faktor II (Prothrombin)
(C) Faktor VII (Proconvertin)
(D) Faktor IX (antihämophiler Faktor B)
(E) Faktor X (Stuart-Prower-Faktor)

F04

→ **19.36 Welche Aussage zum Fibrinogen trifft zu?**

(A) Fibrinogen ist die inaktive Vorstufe eines proteolytischen Enzyms.
(B) Fibrinogen wird durch Heparin abgebaut.
(C) Die Aktivierung von Protein C erfolgt durch Fibrinogen im Komplex mit Thrombomodulin.
(D) Thrombin spaltet vom Fibrinogen Peptide ab.
(E) Fibrinogen wird unter Mitwirkung von Vitamin K in der Leber gebildet.

19.29 (B) 19.30 (E) 19.31 (D) 19.32 (D) 19.33 (D) 19.34 (A) 19.35 (A) 19.36 (D)

F00

→ **19.37 Welche Aussage zur Blutgerinnung trifft nicht zu?**

(A) Phyllochinone sind Coenzyme bei der Einführung von γ-Carboxyglutamylgruppen bei der Prothrombinsynthese.

(B) Unlösliches Fibrin entsteht durch Knüpfung kovalenter Bindungen zwischen Lysyl- und Glutaminylresten benachbarter Fibrinmonomere.

(C) Der Komplex aus aktiviertem Protein C und Protein S stimuliert die Bildung von unlöslichem Fibrin.

(D) Die gerinnungshemmende Wirkung von Heparin beruht darauf, dass es die Bindung von Antithrombin III an Thrombin beschleunigt.

(E) Die fibrinolytische Wirkung des Gewebsplasminogenaktivators beruht auf der limitierten Proteolyse von Plasminogen in Anwesenheit von Fibrin.

H03 H97

→ **19.38 Bei der posttranslationalen Modifikation einiger Gerinnungsfaktoren findet eine Carboxylierung von Aminosäureresten statt.**
Um welche Aminosäure handelt es sich?

(A) Aspartat

(B) Lysin

(C) Threonin

(D) Asparagin

(E) Glutamat

F01

→ **19.39 Welche Aussage über Vitamin-K-Antagonisten trifft nicht zu?**

(A) Sie vermindern die γ-Carboxylierung von Faktor VII (Prokonvertin).

(B) Sie vermindern die γ-Carboxylierung von Faktor II (Prothrombin).

(C) Sie vermindern die γ-Carboxylierung von Faktor IX (Christmas-Faktor).

(D) Das gewünschte Ausmaß an Gerinnungshemmung ist üblicherweise nach 30 bis 60 Minuten erreicht.

(E) Sie setzen den Quick-Wert (%) herab.

H04

→ **19.40 Zur Thrombose-Prophylaxe werden unter anderem Vitamin-K-Antagonisten eingesetzt.**
Hierdurch ist Vitamin K vermindert wirksam in seiner Funktion als

(A) Chelator von Ca^{2+}-Ionen

(B) Cofaktor für die enzymatische Umwandlung von Glutamyl-Resten in γ-Carboxyglutamyl-Reste in bestimmten Gerinnungsfaktoren

(C) Cofaktor von Gewebs-Plasminogen-Aktivator

(D) Heparin-Aktivator

(E) Translationsfaktor bei der Synthese von Gerinnungsfaktoren

H05

→ **19.41 Zur Prophylaxe arterieller Thrombosen erhalten Patienten als Dauermedikation Acetylsalicylsäure in geringer Dosierung.**
Die Thrombose-hemmende Wirkung von Acetylsalicylsäure beruht vor allem auf der

(A) Hemmung der Carboxylierung von Gerinnungsfaktoren

(B) Aktivierung von Antithrombin III

(C) Verminderung der Thrombozytenzahl

(D) Hemmung der Cyclooxygenase

(E) Komplexierung von Ca^{2+}-Ionen

H00

→ **19.42 Die Umwandlung von Plasminogen zu Plasmin kann nicht durch**

(A) Gewebeaktivatoren (z. B. aus Endothelzellen) gestartet werden

(B) Aktivierung des Gerinnungsfaktors XII eingeleitet werden

(C) Aktivierung des Präkallikreins gehemmt werden

(D) Urokinase ausgelöst werden

(E) Streptokinase gefördert werden

F03

→ **19.43 Welche Aussage zum Plasmin trifft nicht zu?**

(A) Plasmin ist eine Protease.

(B) Plasmin wird durch limitierte Proteolyse aus Plasminogen freigesetzt.

(C) Plasmin wird durch Gewebsplasminogenaktivator phosphoryliert.

(D) Plasmin baut Fibrin ab.

(E) Plasmin baut Fibrinogen ab.

19.37 (C) 19.38 (E) 19.39 (D) 19.40 (B) 19.41 (D) 19.42 (C) 19.43 (C)

H03

→ **19.44 Welche der folgenden Substanzen ist der stärkste körpereigene Auslöser der Fibrinolyse?**
(A) Streptokinase
(B) Gewebe-Plasminogen-Aktivator (t-PA)
(C) α_2-Makroglobulin
(D) Staphylokinase
(E) Plasminogen

H05

→ **19.45 Welcher biochemische Prozess trägt dazu bei, dass Menstrualblut nicht gerinnt?**
(A) Faktor X bewirkt eine limitierte Proteolyse von Prothrombin.
(B) Plasminogenaktivatoren bewirken eine limitierte Proteolyse von Plasminogen.
(C) Thrombin bewirkt eine limitierte Proteolyse von Fibrinogen.
(D) Die Thromboxan-Synthese in Thrombozyten wird gesteigert.
(E) ADP bindet an Thrombozytenoberflächen.

H03

→ **19.46 Welche Aussage zum Protein C trifft nicht zu?**
(A) Es wird in der Leber synthetisiert.
(B) Es wird Vitamin-K-abhängig carboxyliert.
(C) Die Umwandlung zu aktiviertem Protein C (APC) findet typischerweise an der Endothelzelloberfläche statt.
(D) APC aktiviert den Gerinnungsfaktor III.
(E) APC erreicht seine optimale Aktivität im Komplex mit Protein S.

F05

→ **19.47 Heparin ist ein**
(A) Dekapeptid mit geschütztem N-Terminus
(B) phosphoryliertes Disaccharid
(C) makrozyklisches Peptid
(D) Vitamin-K-Derivat
(E) sulfatiertes Polysaccharid

F05

→ **19.48 Worauf beruht die gerinnungshemmende Wirkung von Heparin typischerweise?**
(A) Hemmung der Carboxylierung von Gerinnungsfaktoren
(B) Wirkungssteigerung von Antithrombin III
(C) Verminderung der Thrombozytenzahl
(D) Hemmung der Cyclooxygenase
(E) Komplexierung von Ca^{2+}-Ionen

F04

→ **19.49 Welche der folgenden Substanzen ist zur Hemmung der Blutgerinnung in vitro am ehesten geeignet?**
(A) Fibronectin
(B) Natriumcitrat
(C) Phenprocoumon (ein Vitamin-K-Antagonist)
(D) Protaminchlorid
(E) Protein S

H95

→ **19.50 Haptoglobin ist**
(A) ein pathologisches Hämoglobin
(B) ein spezifischer Antikörper
(C) eine Komponente des Blutgerinnungssystems
(D) ein Transportprotein für Hämoglobin
(E) ein Rezeptor für Immunglobuline auf Mastzellen

H05

→ **19.51 Zu welcher Stoffklasse gehören die Determinanten der Blutgruppen-Antigene A und B?**
(A) Cholesterin und Cholesterinester
(B) Oligosaccharide von Glykolipiden und Glykoproteinen
(C) Peptide
(D) Phospholipide
(E) Phosphoproteine

F89 H82

→ **19.52 Die Eigenschaft Rh-positiv**
(A) entsteht durch das immunologische Abwehrsystem
(B) wird u. U. intrauterin erworben
(C) führt aufgrund von Vererbung beim Träger selbst zur Bildung spezifischer Antikörper
(D) besteht unabhängig von einer entsprechenden Sensibilisierung
(E) liegt bei etwa 15% der europäischen Bevölkerung vor

19.44 (B) 19.45 (B) 19.46 (D) 19.47 (E) 19.48 (B) 19.49 (B) 19.50 (D) 19.51 (B) 19.52 (D)

Fragen aus Examen Frühjahr 2006

F06
→ **19.53 Angeborene Störungen der Häm-Biosynthese werden unter dem Begriff der Porphyrien zusammengefasst. Viele dieser Krankheitsbilder gehen mit einer erhöhten Photosensibilität der Haut der Patienten einher.**
Worauf ist diese erhöhte Photosensibilität typischerweise zurückzuführen?
(A) auf eine erhöhte Bilirubin-Konzentration in der Haut
(B) auf die Akkumulation von Porphyrinen in der Haut
(C) auf die Akkumulation von δ-Aminolävulinsäure
(D) auf eine Stimulierung der Hämoxygenase-Aktivität
(E) auf eine erhöhte Produktion von Cytochromen

F06
→ **19.54 Welchem der Bereiche A bis E des abgebildeten Serumproteinelektropherogramms eines Gesunden lassen sich am besten die Immunglobuline zuordnen?**

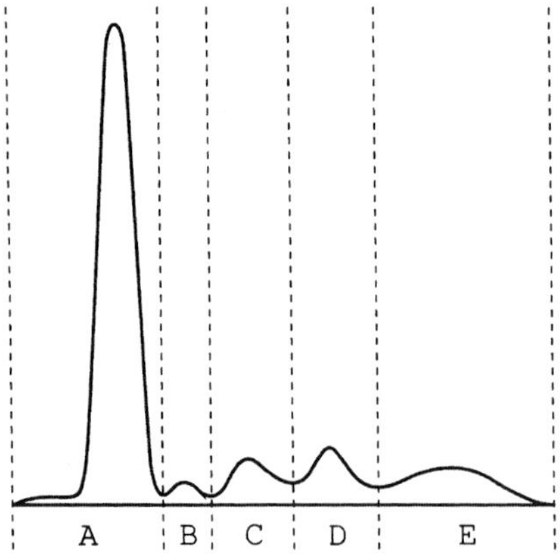

F06
→ **19.55 Einem Patienten wird zur Prophylaxe einer thromboembolischen Erkrankung Heparin injiziert. Die gerinnungshemmende Wirkung von Heparinen beruht typischerweise auf der**
(A) Hemmung der γ-Carboxylierung von Gerinnungsfaktoren
(B) Bindung an und Aktivierung von Antithrombin III
(C) Verminderung der Thrombozytenzahl
(D) Hemmung der Cyclooxygenase
(E) Komplexierung von Ca^{2+}-Ionen

F06
→ **19.56 Die Einnahme des Cyclooxygenase-Hemmers Acetylsalicylsäure**
(A) hemmt die Bildung von Gerinnungsfaktoren in der Leber
(B) hemmt die Querstabilisierung von Fibrin
(C) fördert die Aktivierung von Plasminogen zu Plasmin
(D) erhöht die Blutplasmakonzentration von Antithrombin III
(E) hemmt die Thromboxan-Synthese der Blutplättchen

F06
→ **19.57 Antikörper gegen Rhesus-Antigene sind Plazenta-gängig und können von der Mutter auf das Kind in utero übergehen.**
Zu welcher Immunglobulin-Klasse gehören diese Antikörper typischerweise?
(A) IgA
(B) IgD
(C) IgE
(D) IgG
(E) IgM

20 Leber

H00
→ **20.1 Welches Plasmaprotein ist <u>kein</u> Sekretprotein der Leber?**
(A) α_2-Makroglobulin
(B) β_2-Mikroglobulin
(C) Caeruloplasmin
(D) Haptoglobin
(E) Hämopexin

F02 F00
→ **20.2 Welches Protein wird in Hepatozyten synthetisiert?**
(A) Cholecystokinin/Pankreozymin
(B) GLUT4 (Glucosetransporter 4)
(C) IGF-1 (insulin-like growth factor 1)
(D) Apolipoprotein B_{48}
(E) Interferon-γ

19.53 (B) 19.54 (E) 19.55 (B) 19.56 (E) 19.57 (D) 20.1 (B) 20.2 (C)

H01

→ **20.3 Welche der folgenden Funktionen wird nicht ausschließlich oder überwiegend von der Leber wahrgenommen?**

(A) Synthese von Glucose aus Alanin
(B) Umwandlung von Bilirubin in Bilirubindiglucuronid
(C) Umwandlung von Cholesterin in Chenodesoxycholsäure
(D) Umwandlung von 7-Dehydrocholesterin in Cholecalciferol
(E) Umwandlung von Estradiol in Estronsulfat

H05

→ **20.4 Welches Protein wird in Hepatozyten synthetisiert?**

(A) Cholecystokinin/Pankreozymin
(B) GLUT4 (Glucosetransporter 4)
(C) IGF-1 (insulin-like growth factor 1)
(D) Apolipoprotein B_{48}
(E) Interferon-γ

F05

→ **20.5 Chronischer Alkoholabusus führt durch eine gesteigerte Fettsäure- und Triglycerid-Synthese zur Entwicklung einer Fettleber. Zu der vermehrten Fettsäuresynthese trägt ein Überangebot an Acetyl-CoA wesentlich bei.**
Das Überangebot an Acetyl-CoA entsteht in erster Linie durch

(A) Blockade der Ketogenese
(B) den oxidativen Alkoholabbau
(C) Stimulation der Pyruvat-Dehydrogenase
(D) erhöhte β-Oxidation
(E) verminderte Cholesterinbiosynthese

H00

→ **20.6 Das endoplasmatische Retikulum von Hepatozyten enthält nicht:**

(A) Cytochrom c_1
(B) Enzyme für die Konjugation von Bilirubin mit Glucuronat
(C) Enzyme für die Cholesterolsynthese
(D) Cytochrom-P_{450}-Monooxygenasen
(E) Glucose-6-phosphatase

H98

→ **20.7 Welche der folgenden Reaktionen läuft nicht am endoplasmatischen Retikulum des Hepatozyten ab?**

(A) Hydrolyse von Glucose-6-phosphat zu Glucose
(B) Hydroxylierung von Cholesterol zu Chenodesoxycholsäure
(C) Abbau von Häm zu Biliverdin
(D) Glucuronidierung von Bilirubin
(E) Abbau von LDL

F03

→ **20.8 In der Leber wird/werden nicht synthetisiert:**

(A) Caeruloplasmin
(B) Cholsäure
(C) Komplementfaktoren
(D) Chylomikronen
(E) VLDL (very low density lipoproteins)

H05

→ **20.9 Ammoniak ist insbesondere für das Gehirn toxisch. Einer Erhöhung der Ammoniak-Konzentration im Blut wird durch Enzymsysteme der Leber entgegengewirkt.**
Die Fixierung von molekularem Ammoniak durch kovalente Bindung an ein Substratmolekül kann katalysiert werden durch:

(A) Alanin-Transaminase (Glutamat-Pyruvat-Transaminase)
(B) δ-Aminolävulinat-Synthase
(C) Aspartat-Transaminase (Glutamat-Oxalacetat-Transaminase)
(D) Glutaminase
(E) Glutamin-Synthetase

F05

→ **20.10 Wo in den Hepatozyten sind die Cytochrom-P_{450}-abhängigen Monooxygenasen (hauptsächlich) lokalisiert?**

(A) Peroxisomen
(B) äußere Mitochondrienmembran
(C) Zellmembran
(D) endoplasmatisches Retikulum
(E) Lysosomen

20.3 (D) 20.4 (C) 20.5 (B) 20.6 (A) 20.7 (E) 20.8 (D) 20.9 (E) 20.10 (D)

F00

→ **20.11 Welche Aussage zur Biotransformation trifft nicht zu?**

(A) Cytochrom P_{450} wird durch Oxidation des zweiwertigen Eisens zu dreiwertigem inaktiviert.
(B) Monoaminoxidasen bauen nur ein Sauerstoffatom in das Substrat ein.
(C) Estrogene werden durch Sulfatierung mit PAPS in wasserlösliche Verbindungen umgewandelt.
(D) Glucuronyltransferasen sind im endoplasmatischen Retikulum lokalisiert.
(E) An der Biotransformation beteiligte Monooxygenasen können durch Barbiturate induziert werden.

H03

→ **20.12 Welche Aussage zur Biotransformation trifft nicht zu?**

(A) Sie dient der Ausscheidung endogener Stoffe.
(B) Sie dient der Ausscheidung exogener Stoffe.
(C) Sie ist vor allem im endoplasmatischen Retikulum der Leber lokalisiert.
(D) Molekularer Sauerstoff und NADPH sind Cosubstrate der Monooxygenasen.
(E) Glucuronsäure-6-phosphat ist das Substrat der Glucuronidierungsreaktion.

H01

→ **20.13 Welche Aussage zum Biotransformationssystem der Leber trifft zu?**

(A) Die Hydroxylasen des Biotransformationssystems gehören zur Gruppe der Dioxygenasen.
(B) Cytochrom P_{450} ist Elektronenüberträger der Hydroxylasen des Biotransformationssystems.
(C) Konjugationen durch Sulfatierung benötigen Dimethylsulfat als Donor des Sulfatrestes.
(D) Die für die Glucuronidierung benötigte Glucuronsäure wird von Hyaluronsäure abgespalten.
(E) Die wichtigste Konjugationsreaktion ist die Phosphorylierung von OH-Gruppen.

H00 F97 H89

→ **20.14 Welche Aussage zum Biotransformationssystem trifft nicht zu?**

(A) Aus primär nicht kanzerogenen Substanzen können sich durch das Cytochrom-P_{450}-System kanzerogene Metabolite bilden.
(B) Bei Leberzirrhose kann der Abbau endogener Wirkstoffe (z. B. von Hormonen) infolge Verminderung der Aktivität des Hydroxylase-Systems verzögert sein.
(C) Substrate mit hydrophilem Charakter werden bevorzugt umgesetzt.
(D) Chronische Zufuhr von Pharmaka (z. B. von Barbituraten) stimuliert die Aktivität des Cytochrom-P_{450}-Systems.
(E) Beim Neugeborenen ist die Entgiftungsfähigkeit infolge des nicht voll ausgereiften Konjugationssystems eingeschränkt.

H02

→ **20.15 Welche Aussage über Biotransformationsreaktionen trifft zu?**

(A) Für die Hydroxylierung von Arzneimitteln werden Cytochrom P_{450} und eine Flavin-haltige Cytochrom-P_{450}-Reduktase benötigt.
(B) Die Arzneimittelhydroxylierung findet hauptsächlich in den Mukosazellen des Verdauungstraktes statt.
(C) Die Entgiftung von Methanol erfolgt durch Acetylierung mit Acetyl-CoA.
(D) Gabe von Barbituraten bewirkt eine Verminderung des endoplasmatischen Retikulums.
(E) Die bei Neugeborenen verminderte Fähigkeit zur Bildung von Glucuroniden beruht auf der eingeschränkten Fähigkeit zur Synthese von UDP-Glucuronsäure.

F02

→ **20.16 An der Biotransformation in der Leber ist nicht beteiligt:**

(A) Hydroxylierung durch mischfunktionelle Monooxygenasen
(B) Sulfatierung von OH-Gruppen mit 3′-Phosphoadenosyl-5′-Phosphosulfat
(C) Glucuronidierung von NH_2- oder OH-Gruppen mit Uridin-diphosphat-Glucuronat
(D) Acylierung von OH-Gruppen mit Palmitoyl-CoA
(E) Acetylierung von NH_2-Gruppen mit Acetyl-CoA

20.11 (A) 20.12 (E) 20.13 (B) 20.14 (C) 20.15 (A) 20.16 (D)

H05 F01

→ **20.17 Welche Aussage zur Glucuronidierung trifft zu?**

(A) Glucuronidierungen können an OH- bzw. NH_2-Gruppen erfolgen.
(B) Carboxylgruppen können nicht glucuronidiert werden.
(C) Glucuronide können nur durch die Galle, nicht aber durch die Nieren ausgeschieden werden.
(D) Die für die Glucuronidierung benötigten Glucuronatreste entstehen durch Reduktion von Glucose-6-phosphat.
(E) Glucuronyltransferasen kommen u. a. in den Nieren, nicht jedoch in der Leber vor.

F97

→ **20.18 Welche Aussage trifft nicht zu?**
Glucuronyldiphosphat-Uridin (UDP-Glucuronsäure) ist Substrat von Enzymen der

(A) Biotransformation
(B) Glykosaminoglykan-Synthese
(C) Bilirubinkonjugation
(D) Konjugation von Steroidabbauprodukten
(E) Cerebrosid-Biosynthese

F04

→ **20.19 Welche der folgenden Verbindungen wird in der Leber typischerweise mit Glucuronsäure konjugiert, um sie in eine ausscheidbare Form zu bringen?**

(A) Bilirubin
(B) Cholsäure
(C) Histamin
(D) Kreatinin
(E) Porphobilinogen

F03

→ **20.20 Zu den Reaktionen der Phase II der Biotransformation gehört nicht:**

(A) Acetylierung
(B) Sulfatierung
(C) Hydroxylierung
(D) Glucuronidierung
(E) Amidierung

F04

→ **20.21 Welche der Aussagen zur Galle trifft am ehesten zu?**

(A) Exogene Zufuhr von Gallensäuren führt zu einer Steigerung der Gallenproduktion in der Leber.
(B) Überproduktion von Lithocholsäure durch die Leber fördert die Gallensteinbildung.
(C) Gallensteine bestehen hauptsächlich aus Hydroxylapatit.
(D) Die Lebergalle enthält Bilirubin hauptsächlich in mit Glycin oder Taurin konjugierter Form.
(E) Die eingedickte Blasengalle hat einen höheren osmotischen Druck als das Blutplasma.

F05

→ **20.22 In der Galle wird Cholesterin durch Gallensäuren und Phospholipide in mizellarer Lösung gehalten.**
Ist die Konzentration von Gallensäuren in der Gallenflüssigkeit stark vermindert,

(A) ersetzt Bilirubinglucuronid als amphiphile Substanz die Gallensäuren
(B) wird Cholesterin mit Taurin konjugiert
(C) wird die fehlende Gallensäure durch den enterohepatischen Kreislauf kompensiert
(D) kommt es durch Kristallisation von Cholesterin zur Entstehung von Gallensteinen
(E) wird im Pankreas vermehrt Cholecystokinin synthetisiert

H05

→ **20.23 Gallensäuren sind an der Verdauung und Resorption von Fetten entscheidend beteiligt.**
Welches ist die Ausgangssubstanz für die Synthese von Gallensäuren?

(A) Bilirubin
(B) Cholesterin
(C) Häm
(D) Phosphatidylcholin
(E) Tristearolglycerin

H04 H01

→ **20.24 Welche Aussage zu Gallensäuren trifft nicht zu?**

(A) Sie entstehen im Abbauweg des Häms.
(B) Sie unterliegen einem enterohepatischen Kreislauf.
(C) Sie können mit Glycin konjugiert werden.
(D) Sie können mit Taurin konjugiert werden.
(E) Sie sind amphiphile Substanzen.

20.17 (A) 20.18 (E) 20.19 (A) 20.20 (C) 20.21 (A) 20.22 (D) 20.23 (B) 20.24 (A)

H03
→ **20.25 Welche Aussage zu Gallensäuren trifft nicht zu?**
(A) Sie werden aus Cholesterin synthetisiert.
(B) Sie werden im Ileum mit Hilfe eines aktiven Transportsystems resorbiert.
(C) Sie werden zu den Gallenfarbstoffen abgebaut.
(D) Sie hemmen die Cholesterin-Biosynthese.
(E) Sie werden zum Teil mit Taurin konjugiert.

H04
→ **20.26 Glykocholsäure**
(A) ist die Haupttransportform des in der Leber gebildeten Cholesterins im Blut
(B) entsteht durch Konjugation eines Cholesterinderivates mit einer Aminosäure
(C) ist ein Substrat von Glykosyltransferasen bei der Glykoprotein-Biosynthese
(D) entsteht durch enzymatische Glykosylierung von unverestertem Cholesterin
(E) ist ein allosterischer Aktivator der β-Hydroxy-β-methyl-glutaryl-CoA-Reduktase (HMG-CoA-Reduktase)

F03
→ **20.27 Welche Aussage zu Gallensäuren trifft am wenigsten zu?**
(A) Sie sind Umbauprodukte des Cholesterins.
(B) Sie werden mit Glucuronsäure konjugiert.
(C) Sie unterliegen einem enterohepatischen Kreislauf.
(D) Sie bilden als Konjugate Mizellen mit Fettsäuren und Monoacylglycerin.
(E) Sie wirken in der Gallenflüssigkeit als Lösungsvermittler für Cholesterin.

F02
→ **20.28 Gallensäuren(-salze) werden**
(A) in der Leber aus Phosphatidylcholin (= Lecithin) gebildet
(B) in der Leber vorwiegend an Glucuronsäure gekoppelt
(C) im Dünndarm mit 2-Monoacylglycerinen verestert
(D) aktiv in die Leber-Canaliculi sezerniert
(E) vor allem im Jejunum resorbiert

H91
→ **20.29 Die Kontraktion der Gallenblase wird vor allem gesteuert von**
(A) Insulin
(B) Sekretin
(C) Cholesterin
(D) Cholezystokinin
(E) Gastrin

H92
→ **20.30 Bei einem Verschluss des Ductus choledochus ist welches der folgenden Ereignisse das am wenigsten wahrscheinliche?**
(A) Der Stuhl verliert seine braune Farbe.
(B) Der Stuhl enthält vermehrt Fette (Steatorrhoe).
(C) Die Konzentration des Glucuronsäure-gekoppelten Bilirubins im Plasma steigt weniger stark an als die des ungekoppelten.
(D) Die Haut färbt sich gelb.
(E) Der Urin färbt sich braun.

H02
→ **20.31 Welche Aussage zum Bilirubin trifft nicht zu?**
(A) Bilirubin ist das Endprodukt des Hämabbaus im Monozyten-Makrophagen-System von Milz, Leber und Knochenmark.
(B) Bilirubin entsteht durch Reduktion von Biliverdin.
(C) Bilirubin enthält 2 Carboxylgruppen und ist schwer wasserlöslich.
(D) Bilirubin wird in Milz und Knochenmark glucuronidiert.
(E) Bilirubin wird durch Darmbakterien in Sterkobilin umgewandelt.

H02
→ **20.32 Bilirubin**
(A) enthält Fe(II)
(B) ist im Plasma an freie Fettsäuren gebunden
(C) wird als Diglucuronid aktiv in die Leber-Canaliculi sezerniert
(D) wird hauptsächlich über die Niere ausgeschieden
(E) wird in den Zellen der Dünndarmmukosa von Glucuronsäure abgespalten

20.25 (C) 20.26 (B) 20.27 (B) 20.28 (D) 20.29 (D) 20.30 (C) 20.31 (D) 20.32 (C)

H93 F85

→ **20.33 Beim Neugeborenen kommt es zu einem Anstieg des Serumbilirubins, weil**

(A) noch keine bakterielle Besiedlung des Darmtrakts erfolgt ist
(B) eine verstärkte Hämoglobinsynthese stattfindet
(C) in der Leber des Neugeborenen nur eine geringe Aktivität der UDP-Glucuronyl-Transferase vorliegt
(D) die Bilirubinausscheidung über die Niere noch nicht erfolgen kann
(E) die Gallenproduktion des Neugeborenen gering ist

Fragen aus Examen Frühjahr 2006

F06

→ **20.34 Gallensäuren**

(A) sind Porphyrin-Abbauprodukte
(B) stimulieren allosterisch die HMG-CoA-Reduktase
(C) werden in erster Linie renal ausgeschieden
(D) können mit Taurin konjugiert werden
(E) induzieren die Cholecystokinin-Synthese

21 Fettgewebe

H85

→ **21.1 Welche Aussage zum Stoffwechsel des Fettgewebes trifft nicht zu?**

(A) Das Fettgewebe ist das größte Speicherorgan des Organismus.
(B) Das zur Triacylglycerinsynthese erforderliche Glycerinphosphat entstammt dem Abbau der Glucose im Fettgewebe.
(C) Fettgewebe gibt permanent Triacylglycerine zur Energiegewinnung an den Kreislauf ab.
(D) Ein Nahrungsüberschuß von 420 kJ (100 kcal) führt zur Ablagerung von etwa 10 g Depotfett.
(E) Im Hungerzustand gibt das Fettgewebe vermehrt Glycerin an den Kreislauf ab, das zur Gluconeogenese verwertet werden kann.

H99

→ **21.2 Welche Aussage über den Stoffwechsel des Fettgewebes trifft nicht zu?**

(A) Die Triacylglycerinlipase wird durch Phosphorylierung inaktiviert.
(B) Katecholamine stimulieren über β-Rezeptoren die Fettsäure- und Glycerinfreisetzung.
(C) Insulin stimuliert die Triacylglycerinsynthese.
(D) Die Glucoseaufnahme ist Insulin-abhängig.
(E) Insulin induziert die Lipoproteinlipase.

H01

→ **21.3 Welche Aussage zur Lipolyse im Fettgewebe trifft nicht zu?**

(A) Die hormonsensitive Lipase wird durch Proteinkinase-A-abhängige Phosphorylierung aktiviert.
(B) Adrenalin stimuliert die Lipolyse durch Aktivierung von b-Rezeptoren.
(C) Das bei der Lipolyse entstehende Glycerin wird zum größten Teil im Fettgewebe phosphoryliert und wieder verwendet.
(D) Die bei der Lipolyse freigesetzten Fettsäuren werden im Blut vor allem an Albumin gebunden transportiert.
(E) Insulin hemmt die Lipolyse durch Aktivierung der cAMP-Phosphodiesterase.

F04

→ **21.4 Welche Aussage zur Lipolyse in weißen Fettzellen trifft nicht zu?**

(A) Die hormonsensitive Lipase wird durch Proteinkinase-A-abhängige Phosphorylierung aktiviert.
(B) Adrenalin stimuliert die Lipolyse durch Aktivierung von β-Rezeptoren.
(C) Das bei der Lipolyse entstehende Glycerin wird zum größten Teil im Fettgewebe phosphoryliert und wieder verwendet.
(D) Die bei der Lipolyse freigesetzten Fettsäuren werden im Blut vor allem an Albumin gebunden transportiert.
(E) Aktivierung der cAMP-Phosphodiesterase durch Insulin hemmt die Lipolyse.

H93

→ **21.5 Die bei der Lipolyse freigesetzten Fettsäuren werden im Plasma vorwiegend transportiert:**

(A) an Lipoproteine gebunden
(B) an Albumin gebunden
(C) mit Carnitin verestert
(D) an Coenzym A gebunden
(E) Keine der Aussagen (A)–(D) trifft zu.

20.33 (C) 20.34 (D) 21.1 (C) 21.2 (A) 21.3 (C) 21.4 (C) 21.5 (B)

F99

→ **21.6 Welche Aussage zum Fettgewebsstoffwechsel trifft nicht zu?**
Insulin
(A) stimuliert die Translokation von Glut-4-Transportern in die Plasmamembran
(B) reprimiert die Lipoproteinlipase
(C) senkt die cAMP-Konzentration
(D) aktiviert die Pyruvat-Dehydrogenase
(E) stimuliert die Triacylglycerin-Synthese

H98

→ **21.7 Welche Aussage zum Fettstoffwechsel trifft nicht zu?**
In der Fettzelle
(A) setzt Lipoproteinlipase Triacylglycerine aus Chylomikronen frei
(B) werden Fettsäuren durch Acyl-CoA-Synthetase (Thiokinase) in Acyl-CoA überführt
(C) wird Glycerin-3-phosphat aus Glucose bereitgestellt
(D) wird die Triacylglycerinlipase durch Katecholamine aktiviert
(E) bewirkt Insulin eine verstärkte Glucoseverwertung

H01

→ **21.8 Lipoproteinlipase**
(A) spaltet LDL-gebundene Cholesterinester
(B) ist an Kapillarendothel-Zellen gebunden
(C) wird durch Glukagon induziert
(D) ist Bestandteil der Chylomikronen
(E) ist ein pankreatisches Verdauungsenzym

H05

→ **21.9 Die höchste Lipoproteinlipase-Aktivität findet sich unter den genannten Lokalisationen**
(A) in Zellen der Nebennierenrinde
(B) auf der Endothelzellmembran von Muskel- und Fettgewebekapillaren
(C) im Zytosol der Hepatozyten
(D) in den Mukosazellen des Dünndarms
(E) transmembranär in der Erythrozytenmembran

H98 H96

→ **21.10 Welche Aussage zu Fettsäuren und Glycerin, die bei der Lipolyse von Triacylglycerinen des Fettgewebes entstehen, trifft zu?**
(A) Unveresterte Fettsäuren werden im Blut vor allem in Lipoprotein-Komplexen vom Typ LDL transportiert.
(B) Glycerin wird in Bindung an Albumin transportiert.
(C) Fettsäuren werden in der Leber re-verestert und als Triacylglycerine – verpackt in Lipoprotein-Komplexen (VLDL) – in das Blut sezerniert.
(D) Glycerin wird im Muskel in Glucose umgewandelt.
(E) Fettsäuren sind im Hungerzustand ein Substrat für den energieliefernden Stoffwechsel in den Erythrozyten.

22 Niere, Harn

F96

→ **22.1 Woran sind die Nieren nicht wesentlich beteiligt?**
(A) Prothrombinsynthese
(B) Reninbildung
(C) Stickstoffausscheidung
(D) Erythropoietinbildung
(E) Calcitriolsynthese

H05

→ **22.2 Bei der Behandlung von Dialyse-pflichtigen Patienten mit chronischer Niereninsuffizienz ist zu beachten, dass bei ihnen auch die Hormonsynthese-Leistung der Nieren vermindert ist.**
An welchem der Hormone herrscht beim terminal Niereninsuffizienten ein Mangel, weil es normalerweise hauptsächlich in den Nieren gebildet wird?
(A) Erythropoetin
(B) Glucagon
(C) luteinisierendes Hormon (LH, ICSH)
(D) Parathormon (PTH)
(E) Somatotropin (STH, GH)

21.6 (B) 21.7 (A) 21.8 (B) 21.9 (B) 21.10 (C) 22.1 (A) 22.2 (A)

F05

→ **22.3 Welches Hormon wird typischerweise in Nierenzellen gebildet?**

(A) Glukagon
(B) Sekretin
(C) 1,25-Dihydroxycholecalciferol (Calcitriol)
(D) Aldosteron
(E) Adiuretin

F92

→ **22.4 Welche Aussage über die Ausscheidung mit dem Harn trifft nicht zu?**

(A) Die Kreatininausscheidung hängt von der Muskelmasse ab.
(B) Die Ausscheidung von Pentosen hängt vom Umsatz im Pentosephosphatzyklus ab.
(C) Die Harnstoffausscheidung steigt mit dem Proteingehalt der Nahrung.
(D) Die Ausscheidung von Sulfat hängt vom Abbau von Methionin und Cystein ab.
(E) Die Proteinausscheidung hängt von glomerulärer Filtration und tubulärer Reabsorption ab.

F04

→ **22.5 Welche Aussage zum Kreatinin trifft nicht zu?**

(A) Mit dem Urin wird mehr Kreatinin als Kreatin ausgeschieden.
(B) Kreatinin wird mit ATP zu Kreatinphosphat phosphoryliert.
(C) Kreatinin entsteht durch Umwandlung des Kreatinphosphats, wobei anorganisches Phosphat abgespalten wird.
(D) Die Kreatinin-Clearance wird zur Abschätzung der glomerulären Filtrationsrate (GFR) verwendet.
(E) Kreatinin hat eine zyklische Struktur.

H95

→ **22.6 Welche Substanz im Harn trägt mengenmäßig am meisten zur renalen Stickstoffausscheidung bei?**

(A) Taurin
(B) Harnstoff
(C) Kreatinin
(D) Harnsäure
(E) Ammonium-Ionen

F96

→ **22.7 Im renalen Stoffwechsel wird die größte NH_4^+-Menge gewonnen aus 1 mol**

(A) Glutamat
(B) Glutaminsäure
(C) Glutamin
(D) 2-Oxo-Glutarat
(E) Glycin

H05

→ **22.8 Im proximalen Nierentubulus wird Glutamin zur Gluconeogenese verwendet.
Damit die proximal-tubuläre Umwandlung von Glutamin in Glucose effizient ablaufen kann, muss gleichzeitig typischerweise erfolgen:
Die Ausscheidung mit dem Urin von**

(A) Ammonium-Ionen
(B) Harnsäure
(C) Harnstoff
(D) Kreatinin
(E) 2-Oxoglutarat (α-Ketoglutarat)

F87

→ **22.9 Der niedrigste Urin-pH-Wert (Endharn), der beim Menschen erreicht werden kann, liegt bei ca.**

(A) 2,5
(B) 3,5
(C) 4,5
(D) 5,5
(E) 6,0

H04

→ **22.10 Substanzen, die im Harn schwer löslich sind, können zur Nierensteinbildung führen.
Welche Substanz bildet keine Konkremente?**

(A) Calciumoxalat
(B) Harnsäure
(C) Harnstoff
(D) Cystin
(E) Magnesiumammoniumphosphat

F97

→ **22.11 Welche Aussage zum Calciumoxalat trifft nicht zu?**

(A) Seine Formel ist $Ca(COO)_2$.
(B) Es ist in Wasser schlecht löslich.
(C) Es kann Bestandteil von Nierensteinen sein.
(D) Es ist in starken Mineralsäuren gut löslich.
(E) Von ihm gibt es ein cis- und ein trans-Isomeres.

H05

→ **22.12 Das Krankheitsbild der klassischen Cystinurie ist mit einem erhöhten Risiko zur Nierensteinbildung vergesellschaftet.
Was ist die Ursache dieser angeborenen Störung?**

(A) Störung der Synthese von Phosphoadenosyl-phospho-sulfat (PAPS)
(B) verminderter Abbau von Methionin
(C) Mangel an reduziertem Glutathion
(D) defektes epitheliales Transportprotein für u. a. Cystin
(E) verminderte H^+-Sekretion im proximalen Tubulus

22.3 (C) 22.4 (B) 22.5 (B) 22.6 (B) 22.7 (C) 22.8 (A) 22.9 (C) 22.10 (C) 22.11 (E) 22.12 (D)

F99

→ **22.13 Welche Aussage trifft nicht zu?**
Die Rückresorption von neutralen Aminosäuren aus dem Primärharn

(A) ist sekundär aktiv
(B) erfolgt zusammen mit Natriumionen
(C) wird durch einen Protonengradienten getrieben
(D) benötigt für verschiedene Aminosäuren gruppenspezifische Transporter
(E) erfolgt vor allem im proximalen Tubulus

23 Muskelgewebe, Bewegung

H04

→ **23.1 Ohne Sauerstoff synthetisieren Skelettmuskelzellen ATP im Wesentlichen in folgendem Stoffwechselweg:**

(A) Biotransformation durch Monooxygenasen
(B) β-Oxidation
(C) Citratzyklus
(D) Glykolyse
(E) Ketonkörper-Abbau

F89

→ **23.2 Welche Aussage trifft nicht zu?**
Myoglobin

(A) hat die Fähigkeit zur reversiblen Sauerstoffbindung
(B) ist ein Muskelprotein mit ATPase-Aktivität
(C) enthält 1 Fe^{2+}/Molekül
(D) hat eine viermal geringere Molmasse als Hämoglobin
(E) besitzt die gleiche prosthetische Gruppe wie Hämoglobin

F96

→ **23.3 Welches Eiweißmolekül der Skelettmuskulatur hat ATPase-Eigenschaft?**

(A) Aktin
(B) Myosin
(C) Troponin
(D) Tropomyosin
(E) Myoglobin

H97

→ **23.4 Welche Aussage zum Muskelstoffwechsel trifft nicht zu?**

(A) Die Anlagerung von Calcium an Troponin C führt zur Freisetzung der Myosinbindungsstelle am Aktin quergestreifter Muskelzellen.
(B) Die für die Kontraktion glatter Muskelzellen notwendige Myosinphosphorylierung wird durch eine calmodulinabhängige Kinase katalysiert.
(C) In der Erholungsphase wird Kreatin zu Kreatinphosphat rephosphoryliert.
(D) Im Hungerzustand können Muskelzellen Acetacetat metabolisieren.
(E) Katecholamine stimulieren in Muskelzellen die Triacylglycerinsynthese.

F00 F99 F96

→ **23.5 Nicht am Kontraktionsprozess in der glatten Muskulatur beteiligt ist**

(A) Troponin C
(B) Myosin
(C) F-Actin
(D) Ca^{2+}-Calmodulin
(E) Myosinkinase

H05

→ **23.6 Welches Protein bindet in der quergestreiften Muskelfaser Ca^{2+}, wodurch die Kraftentwicklung des kontraktilen Apparates ausgelöst wird?**

(A) Calmodulin
(B) Dystrophin
(C) Phospholamban
(D) Tropomyosin
(E) Troponin C

22.13 (C) 23.1 (D) 23.2 (B) 23.3 (B) 23.4 (E) 23.5 (A) 23.6 (E)

H01

→ **23.7 Welche Aussage zur Kontraktion der glatten Muskulatur und deren Regulationsmechanismen trifft nicht zu?**

(A) Myosin wird durch die Myosin-Leichtkettenkinase (MLCK) aktiviert.
(B) Die MLCK wird durch Ca^{2+}-Calmodulin aktiviert.
(C) Phosphorylierung der MLCK durch die Proteinkinase A hemmt deren Aktivität.
(D) Adrenalin führt über β_2-Rezeptoren zur Aktivierung eines G_s-Proteins.
(E) cAMP hemmt die Calciumspeicherung im endoplasmatischen Retikulum.

F96

→ **23.8 Welche Aussage trifft nicht zu?**
Weiße Muskelfasern haben im Vergleich zu roten Muskelfasern

(A) eine hohe Kontraktions- und Erschlaffungsgeschwindigkeit
(B) einen geringen Myoglobingehalt
(C) eine hohe Glykogenphosphorylase-Aktivität
(D) eine hohe Hexokinase-Aktivität
(E) weniger Mitochondrien

H96

→ **23.9 Welche Aussage trifft nicht zu?**
Rote Muskelfasern haben im Vergleich zu weißen Muskelfasern

(A) eine geringe Kontraktions- und Erschlaffungsgeschwindigkeit
(B) einen hohen Myoglobingehalt
(C) eine geringe Glykogenphosphorylase-Aktivität
(D) eine geringe Citratsynthase-Aktivität
(E) mehr Mitochondrien

H83

→ **23.10 Welche Aussage trifft nicht zu?**
Der arbeitende Skelettmuskel bildet Lactat; bei intensiver Belastung (z. B. 1000-m-Lauf) wird dieses Lactat

(A) teilweise an das Blut abgegeben
(B) in der Erholungsphase im Skelettmuskel in Glykogen zurückverwandelt
(C) teilweise von der Leber als Substrat der Gluconeogenese aufgenommen
(D) den pH-Wert im Blut senken
(E) teilweise vom Herzmuskel aufgenommen und zu CO_2 und H_2O oxidiert

F94

→ **23.11 Für die Biosynthese von Kreatinphosphat wird nicht benötigt:**

(A) Glycin
(B) Arginin
(C) S-Adenosylmethionin
(D) Kreatinin
(E) ATP

F05

→ **23.12 Für die Aufrechterhaltung einer hohen ATP-Konzentration steht der Arbeitsmyokardzelle ein Aminosäurederivat zur Verfügung, das die Rephosphorylierung von ATP ermöglicht.**
Um welche Substanz handelt es sich?

(A) Carnitin
(B) Cardiolipin (Diphosphatidyl-Glycerin)
(C) Carbamoylphosphat
(D) Kreatinphosphat
(E) Calmodulin

F03

→ **23.13 Welche Aussage zu Kreatin/Kreatinphosphat im Skelettmuskel trifft nicht zu?**

(A) Kreatinphosphat und ADP stehen mit Kreatin und ATP im Gleichgewicht.
(B) Die Gleichgewichtseinstellung wird durch Kreatinkinase katalysiert.
(C) Das Gleichgewicht liegt auf der Seite der ATP-Bildung.
(D) Bei Muskelarbeit wird die ATP-Konzentration auf Kosten des Kreatinphosphats hochgehalten.
(E) In der Erholungsphase nach Muskelkontraktion kann Kreatinphosphat aus Kreatinin und anorganischem Phosphat regeneriert werden.

F97

→ **23.14 Welche Aussage zum Kreatin trifft nicht zu?**

(A) Kreatin wird vorwiegend in der Leber synthetisiert.
(B) An der Synthese sind Transaminasen und eine Carboxylase beteiligt.
(C) Muskelzellen nehmen Kreatin aus dem Blut auf.
(D) Kreatinphosphat entsteht durch Transphosphorylierung aus Kreatin, wobei ATP der Phosphatdonator ist.
(E) Das Ausscheidungsprodukt Kreatinin entsteht durch Lactambildung aus Kreatinphosphat.

23.7 (E) 23.8 (D) 23.9 (D) 23.10 (B) 23.11 (D) 23.12 (D) 23.13 (E) 23.14 (B)

F89

→ 23.15 **Welche Aussage trifft nicht zu?**
An der motorischen Endplatte der Skelettmuskulatur
(A) erfolgt die Erregungsübertragung durch Azetylcholin
(B) wird normalerweise die Zahl der Aktionspotentiale von der Nervenfaser im Verhältnis 1:1 auf die Muskelfaser übertragen
(C) wird die Erregung überlicherweise von einer Endplatte auf mehrere Muskelfasern übertragen (motorische Einheit)
(D) verdrängt Curare das Azetylcholin von den Bindungsstellen („Rezeptoren") an der subsynaptischen Membran des Muskels
(E) können Azetylcholinesterasehemmer die Erregungsübertragung blockieren

Fragen aus Examen Frühjahr 2006

F06

→ **23.16 Welche Substanz(gruppe) stellt das vom Organismus überwiegend genutzte energieliefernde Substrat in den ersten 3 Sekunden bei einer kurz andauernden intensiven körperlichen Belastung (Beispiel: Gewichtheben) dar?**
(A) Aminosäuren/Protein
(B) ATP/Kreatinphosphat
(C) Fettsäuren
(D) Glykogen
(E) Phosphoenolpyruvat

24 Binde- und Stützgewebe

F99

→ **24.1 Welche Aussage zu Proteoglykanen trifft nicht zu?**
(A) Glykanketten sind glykosidisch an Proteine angeheftet.
(B) Proteoglykane sind Polyanionen.
(C) Proteoglykane haben eine hohe Wasserbindungsfähigkeit.
(D) Die Biosynthese erfolgt am endoplasmatischen Retikulum und im Golgi-Apparat.
(E) In der Matrix des Bindegewebes sind Proteoglykane über Disulfidbrücken an Kollagen gebunden.

F05

→ **24.2 Hyaluronidase kann Hyaluronsäure, die ein wichtiger Bestandteil der Haut und anderer Gewebe ist, rasch spalten.**
Hyaluronidase spaltet
(A) Carbonsäureesterbindungen
(B) glykosidische Bindungen
(C) Peptidbindungen
(D) Phosphoesterbindungen
(E) Thioesterbindungen

F05

→ **24.3 Die Proteoglykane des Bindegewebes haben die Fähigkeit, Wasser und Kationen zu binden.**
Dies beruht auf ihrem Aufbau aus
(A) langen Fasern verschiedener Kollagene
(B) Amylopectin-gebundenem Protein
(C) Uronsäuren und Aminozuckern
(D) glykosylierten Aquaporin-Molekülen
(E) Cerebrosiden und Sulfatiden

H04

→ **24.4 Welche Aussage zur Kollagen-Biosynthese und –Struktur trifft zu?**
(A) Die Grundeinheit des Kollagen-Moleküls hat die Sekundärstruktur einer rechtsgängigen α-Helix.
(B) Die Glykosylierung erfolgt extrazellulär an Hydroxyprolin-Resten.
(C) Die Abspaltung terminaler Peptide (N- und C-Propeptide) des Prokollagens erhöht die Löslichkeit der Tripelhelix.
(D) Voraussetzung für die Quervernetzung von Kollagenfibrillen ist eine Oxidation von Lysin- bzw. Hydroxylysin-Resten.
(E) Nichtfibrilläre Kollagene sind durch das Fehlen tripel-helikaler Abschnitte definiert.

23.15 (C) 23.16 (B) 24.1 (E) 24.2 (B) 24.3 (C) 24.4 (D)

F00

→ **24.5 Welche Aussage zum Kollagen trifft nicht zu?**
(A) Hydroxyprolin und Hydroxylysin sind Strukturbestandteile.
(B) Es existieren fibrilläre und nicht-fibrilläre Typen.
(C) Es bildet aus 3 Ketten bestehende Helices.
(D) Es enthält N-Acetylneuraminsäure (NANA).
(E) Es bildet Quervernetzungen über Aldehydderivate des Lysins.

F03

→ **24.6 Welche extrazellulär ablaufende Reaktion ist für die kovalente Verknüpfung von Kollagenfibrillen erforderlich?**
(A) Hydroxylierung von Prolyl-Resten
(B) Hydroxylierung von Lysyl-Resten
(C) Glykosylierung von Hydroxylysyl-Resten
(D) oxidative Desaminierung der ε-Aminogruppe von Lysyl-Resten
(E) Acylierung von Seryl-Resten

H95

→ **24.7 Welche Aussage zum Kollagen trifft nicht zu?**
(A) Das Bauprinzip entspricht einer Tripelhelix.
(B) Während seiner Biosynthese werden sowohl am Amino- als auch am Carboxyterminus Peptide abgespalten.
(C) Bei der Quervernetzung der Kollagenfasern werden kovalente Bindungen geknüpft.
(D) Es benötigt während seiner Biosynthese u. a. Monooxygenasen.
(E) Es ist ein essentieller Bestandteil intrazellulärer Strukturen.

H01

→ **24.8 Welche Aussage zum Kollagen und dessen Stoffwechsel trifft nicht zu?**
(A) In der Tripelhelix ist typischerweise jede dritte Aminosäure Glycin.
(B) Die α-helikalen Strukturbereiche unlöslicher Kollagene werden durch Disulfidbrücken stabilisiert.
(C) Die für die Prolin-Hydroxylierung verantwortliche Hydroxylase benötigt Ascorbinsäure als Cofaktor.
(D) Hydroxylysinreste von Kollagenen können mit Disacchariden glykosyliert sein.
(E) Bei der Oxidation von Lysylresten im Kollagen entstehende Aldehydgruppen werden für die Quervernetzung von Kollagenresten benötigt.

F01

→ **24.9 Welche der folgenden posttranslationalen Modifikationen des primären Translationsproduktes bei der Kollagen-Synthese findet extrazellulär statt?**
(A) Abspaltung des Signalpeptids
(B) Glykosylierung
(C) Hydroxylierung von Prolinresten
(D) Bildung von Disulfidbrücken
(E) Abspaltung der Registerpeptide

H98

→ **24.10 Welche Aussage zu Kollagenen und ihren Vorstufen trifft nicht zu?**
(A) Intrazelluläre Vorstufen enthalten Registerpeptide.
(B) Prokollagen wird intrazellulär an Hydroxyprolin glykosyliert.
(C) Lösliches Kollagen wird extrazellulär durch Lysyloxidase desaminiert.
(D) Hydroxylysin ist an der kovalenten Quervernetzung der Kollagenmoleküle beteiligt.
(E) Kollagen Typ IV ist Bestandteil der Basalmembran.

F04

→ **24.11 Welche der genannten Substanzen ist typischerweise für die Biosynthese von Kollagen essentiell?**
(A) Adenosylcobalamin
(B) Ascorbinsäure
(C) Calcitriol
(D) Phyllochinon
(E) Tocopherol

H03

→ **24.12 Im Verlauf der Kollagen-Biosynthese werden Zuckerreste übertragen auf die Seitenkette der Aminosäure**
(A) Serin
(B) Threonin
(C) Hydroxylysin
(D) Hydroxyprolin
(E) Tyrosin

24.5 (D) 24.6 (D) 24.7 (E) 24.8 (B) 24.9 (E) 24.10 (B) 24.11 (B) 24.12 (C)

F03

→ **24.13 Welche Aussage zur Synthese von fibrillärem Kollagen trifft zu?**

(A) Die Hydroxylierung von Lysyl-Resten geschieht im Zytosol.

(B) Die Hydroxylierung von Prolyl-Resten ist Ascorbinsäure-abhängig.

(C) Die Hydroxylysyl-Reste werden durch Übertragung von Mannose glykosyliert.

(D) Die Ausbildung der Tripelhelix beginnt extrazellulär.

(E) Die Quervernetzung erfolgt durch eine Transglutaminase.

F95

→ **24.14 Welche Aussage zum Kollagenstoffwechsel trifft nicht zu?**

(A) An der Hydroxylierung von Prolyl- und Lysylresten ist neben Ascorbinsäure auch α-Ketoglutarat beteiligt.

(B) Intrazellulär erfolgt eine O-glykosidische Bindung von Galaktose.

(C) An der Bindung der Tripelhelix ist eine Helicase beteiligt.

(D) An der extrazellulären Quervernetzung der kollagenen Mikrofibrillen ist Lysyloxidase beteiligt.

(E) Beim Abbau von Kollagen entsteht freies Hydroxyprolin, das teilweise mit dem Urin ausgeschieden wird.

Fragen aus Examen Frühjahr 2006

F06

→ **24.15 Die Druckelastizität von Knorpelgewebe beruht entscheidend auf seinem Gehalt an Proteoglykanen.**
Aufgrund welcher molekularer Eigenschaften verleihen Proteoglykane dem Knorpelgewebe diese Fähigkeit?

(A) Ihr hoher Gehalt an negativ geladenen Sulfat- und Carboxylat-Resten führt zu Bindung von Gegenionen und osmotisch bedingtem Wassereinstrom.

(B) Der Proteinanteil von Proteoglykanen besteht überwiegend aus Elastin.

(C) Die nicht kovalent gebundenen Zuckermoleküle verleihen dem Knorpelgewebe Fluidität.

(D) Proteoglykane verankern die Lipoproteinlipase spezifisch an der Außenseite von Chondrozyten und führen damit zu einem kontinuierlichen Einstrom von Fettsäuren.

(E) Die intrazelluläre Anhäufung von Proteoglykanen erhöht die Stabilität der Chondrozyten.

F06

→ **24.16 Welche Aussage zur Zusammensetzung und zum Stoffwechsel der Knochensubstanz trifft zu?**

(A) Das Knochenmineral besteht im Wesentlichen aus Magnesiumammoniumphosphat.

(B) Die extrazelluläre organische Knochensubstanz besteht überwiegend aus Proteoglykanen.

(C) Vitamin D hemmt die Akkumulation von Calcium im Knochen.

(D) Die Knochenresorption durch Osteoklasten erfolgt bei saurem pH-Wert unter Beteiligung lysosomaler Proteinasen.

(E) Nach Abschluss des Knochenwachstums wird der Knochen zu einem Stoffwechsel-inaktiven Organ.

25 Nervensystem

H05

→ **25.1 Der Neurotransmitter γ-Amino-Butyrat (GABA) entsteht (unmittelbar) aus:**

(A) Buttersäure

(B) Glutamat

(C) Glutamin

(D) Methylmalonat

(E) 2-Oxobutyrat

H90

→ **25.2 Welche Aussage trifft nicht zu?**
Im Hungerzustand kann Glucose zur Deckung des Energiebedarfs von Nervenzellen aus folgenden Vorstufen synthetisiert werden:

(A) Lactat

(B) Glycerol

(C) Leucin

(D) Alanin

(E) Glutamin

24.13 (B) 24.14 (C) 24.15 (A) 24.16 (D) 25.1 (B) 25.2 (C)

H95

→ **25.3 Welche der folgenden Substanzen gehört nicht zu den monoaminergen Transmittern?**

(A) Adrenalin
(B) Noradrenalin
(C) Glutamin
(D) Dopamin
(E) Serotonin

F95

→ **25.4 Welche Aussage trifft nicht zu?**
Die folgenden Verbindungen sind Neurotransmitter:

(A) Glycin
(B) Serotonin
(C) DOPA
(D) Glutamat
(E) Noradrenalin

H84

→ **25.5 Welche Zuordnung von Neurotransmittern und Vorstufe trifft nicht zu?**

	Transmitter	Vorstufe
(A)	Dopamin	Tyrosin
(B)	Endorphine	β-Lipotropin
(C)	Serotonin	Homoserin
(D)	Noradrenalin	Tyrosin
(E)	γ-Aminobutyrat	Glutamat

F91

→ **25.6 Welcher der folgenden Mechanismen liefert keinen Beitrag zur Beendigung der Wirkung von Noradrenalin, das in den synaptischen Spalt freigesetzt wurde?**

(A) Abdiffusion aus dem synaptischen Spalt ins venöse Blut
(B) Abbau durch Catechol-Ortho-Methyl-Transferase (COMT)
(C) Abbau durch Monoaminoxidase (MAO)
(D) Wiederaufnahme in die präsynaptische Nervenendigung
(E) Bindung an präsynaptische β_2-Rezeptoren

H97

→ **25.7 Welche Aussage zur dargestellten Verbindung trifft nicht zu?**

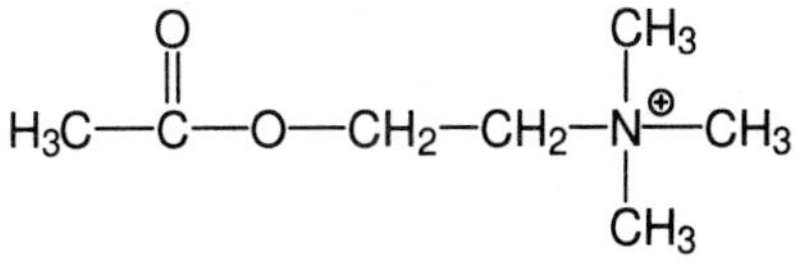

(A) Sie enthält eine Estergruppe.
(B) Die Hydrolyse liefert Essigsäure und Cholin.
(C) Die Hydrolyse wird durch Acetylcholinesterase katalysiert.
(D) Sie ist eine quartäre Ammoniumverbindung.
(E) Die Hydrolyse ist ein endergonischer Prozess.

F00 H92 H89

→ **25.8 Welche Aussage zum Acetylcholin und dessen Wirkungen trifft nicht zu?**

(A) Das für die Acetylcholinsynthese benötigte Acetyl-CoA kann von der ATP-Citrat-Lyase geliefert werden.
(B) Im synaptischen Spalt entstandenes Cholin kann nach Transport durch die präsynaptische Membran erneut mit Acetyl-CoA verestert werden.
(C) Acetylcholin wird mit Hilfe eines spezifischen Proteins durch die präsynaptische Membran aktiv transportiert.
(D) Durch Bindung von Acetylcholin an nicotinische Rezeptoren wird die postsynaptische Membran depolarisiert.
(E) Durch Bindung von Acetylcholin an nicotinische Rezeptoren werden Kationenkanäle geöffnet.

H87

→ **25.9 Die Inaktivierung des synaptischen Überträgerstoffes Acetylcholin erfolgt hauptsächlich durch**

(A) enzymatische Hydrolyse
(B) oxidativen Abbau
(C) Wiederaufnahme in die Nervenendigung
(D) Blockade der Membranrezeptoren
(E) präsynaptische Hemmung

H01

→ **25.10 Die Wirkung welches der folgenden Neurotransmitter kann nicht durch Wiederaufnahme in die präsynaptische Zelle beendet werden?**

(A) γ-Aminobuttersäure
(B) Acetylcholin
(C) Glycin
(D) Noradrenalin
(E) Dopamin

25.3 (C) 25.4 (C) 25.5 (C) 25.6 (E) 25.7 (E) 25.8 (C) 25.9 (A) 25.10 (B)

F04 F99

→ **25.11 Das an der Photorezeption beteiligte Transducin ist ein(e)**

(A) heterotrimeres G-Protein
(B) Ionenkanal
(C) Guanylatcyclase
(D) Proteinkinase
(E) Phosphodiesterase

H99

→ **25.12 Welche Aussage trifft nicht zu?**
Die α-Untereinheit des Transducins

(A) ist ein GTP-bindendes Protein
(B) kann GTP zu GDP hydrolysieren
(C) kann eine cGMP-abhängige Phosphodiesterase aktivieren
(D) wird nach Belichtung der Retina aus einem heterotrimeren G-Protein freigesetzt
(E) ist Bestandteil eines Calciumkanals in der Stäbchenmembran

25.11 (A) 25.12 (E)

Kommentare

1 Chemie der Kohlenhydrate

1.1 Monosaccharide (einfache Zucker)

Monosaccharide sind mehrwertige Alkohole mit einer Carbonylgruppe (kurz Polyhydroxycarbonyle). Befindet sich die Carbonylgruppe an C-1 (Aldehydgruppe), handelt es sich um eine Aldose, befindet sich die Carbonylgruppe an C-2 (Ketogruppe), spricht man von einer Ketose. Weiterhin teilt man die einfachen Zucker nach ihrer Kettenlänge in Triosen (C_3), Tetrosen (C_4), Pentosen (C_5), Hexosen (C_6) und Heptosen (C_7) ein.

	Aldosen	Ketosen
Triosen	Glycerinaldehyd	Dihydroxyaceton
Tetrosen	Erythrose	Erythrulose
Pentosen	Ribose	Ribulose
	Desoxyribose	Xylulose
	Xylose	
Hexosen	Glucose	Fructose
	Galaktose	
	Mannose	
Heptose		Sedoheptulose

Klinischer Bezug

Glucose im Blut

Wichtigstes Monosaccharid im Blut des Menschen ist Glucose in einer Konzentration von 90 mg/dl, entsprechend 5 mmol/l. Diese Konzentration ± 10% wird als **Normoglykaemie** bezeichnet. Niedrigere Konzentrationen, **Hypoglykaemie**, führen zu Dysfunktionen, insbesondere des Nervensystems. Ein akuter Abfall der Blutzuckerkonzentration auf weniger als 2,5 mmol/l führt zum **hypoglykaemischen Schock** mit Krämpfen und Bewusstseinsverlust. Glucosemangel ist für Nervenzellen genauso gefährlich wie Sauerstoffmangel. Ein Anstieg der Blutglucose-Konzentration, **Hyperglykaemie**, wird beim Diabetes mellitus („süße Harnruhr") gefunden. Die verschiedenen Bestimmungsmethoden der Glucose-Konzentration im Blut und im Urin sind die ältesten und am häufigsten durchgeführten klinisch-chemischen Diagnoseverfahren.

1.2 Alkohole und Carbonyle

Die häufigste funktionelle Gruppe ist die Alkoholgruppe (Hydroxylgruppe). Primäre Alkoholgruppen sitzen an einem C-Atom, das mit höchstens einem anderen C-Atom verbunden ist; sie können zu Aldehydgruppen oxidiert werden. Sekundäre Alkoholgruppen befinden sich an C-Atomen, die mit zwei weiteren C-Atomen verbunden sind; ihre Oxidation führt zu Ketogruppen. Tertiäre Alkoholgruppen sitzen an C-Atomen, die mit drei weiteren C-Atomen verbunden sind. Sie sind biologisch nicht oxidierbar und kommen in der Natur relativ selten vor.

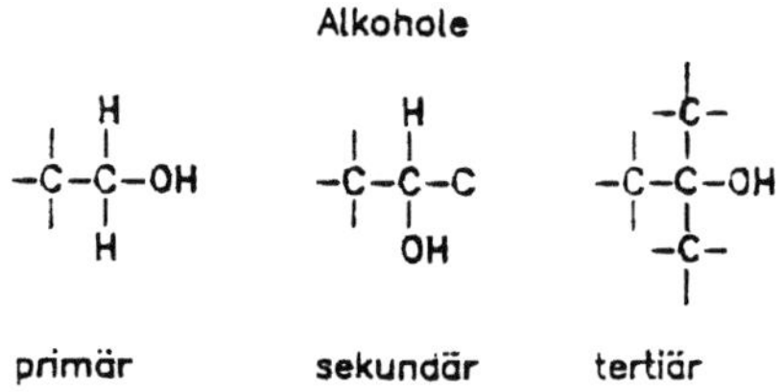

Unter der Wertigkeit von Alkoholen versteht man die Anzahl der alkoholischen Hydroxyle. So sind Ethanol und Methanol einwertige Alkohole, Dihydroxyaceton ist ein 2-wertiger Alkohol, Glucose ist mit fünf alkoholischen Hydroxylen ein 5-wertiger Alkohol, und in den Polysacchariden, wie Stärke und Cellulose, kommen viele Tausend Alkoholgruppen vor.

Die Carbonylgruppen teilt man ein in Aldehyde und Ketone. Diese entstehen durch Oxidation (Dehydrierung, Entfernung von zwei Wasserstoffatomen) aus primären bzw. sekundären Alkoholgruppen. Die Monosaccharide (einfache Zucker) enthalten neben zwei bis fünf Alkoholgruppen jeweils eine Carbonylgruppe. Nach der Art der Carbonylgruppe werden sie in Aldosen und Ketosen unterteilt.

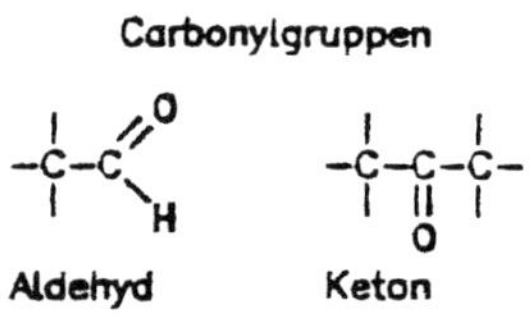

I.3 Alkohol, Aldehyd, Carbonsäure

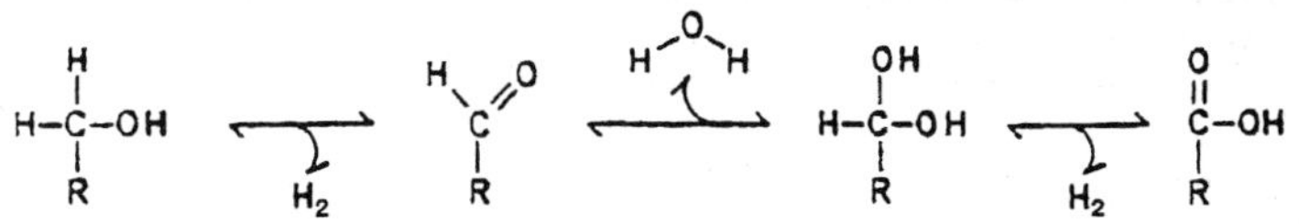

Biologische Oxidation erfolgt in der Mehrzahl der Fälle durch Dehydrierung, die zwei entzogenen Wasserstoffatome werden jeweils auf ein Coenzym übertragen. Aus Alkoholen entstehen durch Dehydrierung Aldehyde. Diese lagern Wasser an unter Bildung von Aldehydhydrat. Das Aldehydhydrat kann dehydriert werden zur Carbonsäure. In der Bilanz ergibt die Hydratisierung (Anlagerung von H_2O) mit der folgenden Dehydrierung (Abgabe von 2 H-Atomen) die Einführung eines Sauerstoffatoms in den Aldehyd.

Alkohole können also durch die Reaktionssequenz Dehydrierung – Hydratisierung – Dehydrierung zu Carbonsäuren oxidiert werden.
Die Reaktionssequenz ist prinzipiell reversibel: Durch Anlagerung von 2 H-Atomen (Hydrierung) und Wasserabspaltung (Dehydratisierung) können Carbonsäuren zu Alkoholen reduziert werden.
Reaktionsschema von links nach rechts = Oxidation, von rechts nach links = Reduktion.

I.4 Asymmetrisch substituierte C-Atome

Mit Ausnahme der Ketotriose Dihydroxyaceton (Glyceron) besitzen alle Zucker ein oder mehrere chirale Zentren, d. h. C-Atome, die vier verschiedene Substituenten tragen.
Die Aldotriose Glycerinaldehyd (Glyceral) besitzt ein asymmetrisches C-Atom und kommt daher in zwei Formen vor.

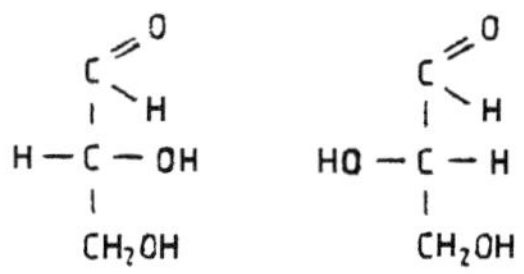

D-Glycerinaldehyd L-Glycerinaldehyd

Um die Verbindungen der D- oder L-Reihe zuzuordnen, schreibt man das am höchsten oxidierte C-Atom nach oben und die charakteristische funktionelle Gruppe (in diesem Fall die OH-Gruppe am asymmetrischen C-Atom) bei der D-Reihe nach rechts, bei der L-Reihe nach links. Diese Darstellungsweise wird nach dem deutschen Chemiker Emil Fischer Fischer-Projektion genannt.
Im medizinischen Bereich kommen fast nur D-Zucker vor. Dreht eine Zuckerlösung die Ebene des linear polarisierten Lichts nach rechts, erhält der Zucker die Bezeichnung (+), bei Linksdrehung (–). Diese optischen Eigenschaften haben nichts mit der Einteilung in D- bzw. L- zu tun: Die D-Fructose dreht polarisiertes Licht stark nach links – deshalb auch die Bezeichnung „Laevulose".

H86

→ **Frage 1.1:** Lösung C

Dihydroxyaceton (Glyceron) besitzt keine sekundären Alkoholgruppen, sondern zwei primäre Alkoholgruppen.

I.5 Definitionen zur Zuckerstruktur

Konstitutionsisomere = Strukturisomere
gleiche Summenformel, unterschiedliche Struktur

Stereoisomere = gleiche Konfiguration
unterschiedliche Anordnung der Substituenten an asymmetrischen C-Atomen

Enantiomere = Spiegelbildisomere
Stereo- und Strukturisomere, die sich wie Bild und Spiegelbild verhalten: optische Antipoden

Diastereomere = Epimere
bei Verbindungen mit mehreren asymmetrischen C-Atomen unterschiedliche Konfiguration an einem einzigen C-Atom, Sonderfall der Stereoisomerie oder Konfiguration

Anomere = unterschiedliche Konfiguration des glykosidischen Hydroxyls (α- und β-Form)

Konformere = Rotationsisomere
unterschiedliche Raumform derselben Verbindung

I.6 Pentosen

Die Aldopentose Ribose besitzt mit den C-Atomen 2, 3 und 4 drei asymmetrische C-Atome. Bei der Ribose befinden sich alle drei OH-Gruppen an den asymmetrischen C-Atomen auf der rechten Seite. Ribose ist Bestandteil der Ribonucleinsäuren. Wie auch von anderen Zuckern kommt von der Ribose ein sog. Desoxyzucker vor; die 2-Desoxy-D-Ribose entsteht aus der D-Ribose durch Entfernung eines Sauerstoffs am C-Atom 2. 2-Desoxy-D-Ribose ist Bestandteil der Desoxyribonucleinsäure (DNA). Die der Ribose entsprechende Ketose wird Ribulose genannt.

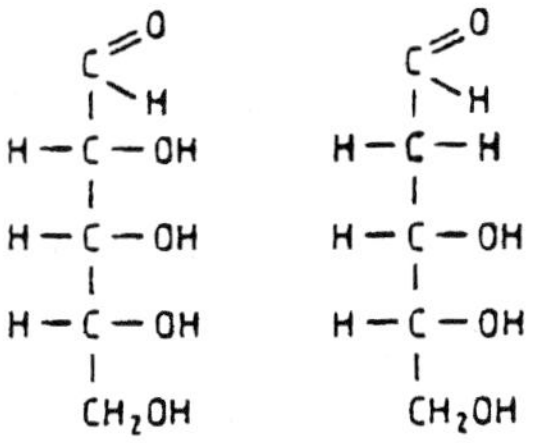

D-Ribose 2-Desoxy-D-Ribose

Auch die Aldopentose Xylose ist ein D-Zucker, sie ist diastereomer (C-3) zu Ribose. Die Aldose Xylose kann umgelagert werden zur Ketose D-Xylulose, die als Phosphat-Ester im Pentosephosphatweg vorkommt.

F96

→ **Frage 1.2:** Lösung D

Dargestellt sind die linksdrehende D-Milchsäure und ihr Spiegelbild (Enantiomer), die rechtsdrehende L-Milchsäure. Damit ist (D) die gesuchte Falschaussage (vergl. Lerntext I.5). Im menschlichen Organismus kommt als Endprojekt der anaeroben Glykolyse ausschließlich die L-(+)-Milchsäure vor, beim physiologischen pH liegt sie als Lactat-Anion vor.

H95

→ **Frage 1.3:** Lösung C

Dargestellt ist die durch die Enolase katalysierte Wassereliminierung (A) aus 2-Phosphoglycerat, ein Schritt der Glykolyse (D), der zu Phosphoenolpyruvat (PEP) führt. PEP besitzt mit einem ΔG von 40 kJ/mol das höchste Phosphatgruppenübertragungspotenzial (E). PEP besitzt kein asymmetrisch substituiertes C-Atom, während 2-P-Glycerat an C-2 vier verschiedene Substituenten trägt. Die gesuchte Falschaussage ist (C), denn cis/trans-Isomerie kann an C-C-Doppelbindungen nur auftreten, wenn jedes C-Atom jeweils zwei verschiedene Substituenten trägt.

H86

→ **Frage 1.4:** Lösung E

Pentosen können als Furanosen (Ringbildung zwischen C-1 und C-4) vorliegen, so auch Ribose (1) und Desoxyribose (2). Die gesuchte Falschaussage ist (E), denn Desoxyribose entsteht durch Reduktion (Entfernung von Sauerstoff an C-2) aus Ribose.

I.7 Hexosen

Das wichtigste Monosaccharid ist die D-Glucose (Traubenzucker oder Dextrose). Die vier asymmetrischen C-Atome an C-2, C-3, C-4 und C-5 sind mit OH-Gruppen r-l-r-r substituiert. Studenten haben für die Konfiguration an diesen vier C-Atomen die Eselsbrücke „tatütata" entwickelt.

Die wichtigsten Hexosen können aus Glucose abgeleitet werden

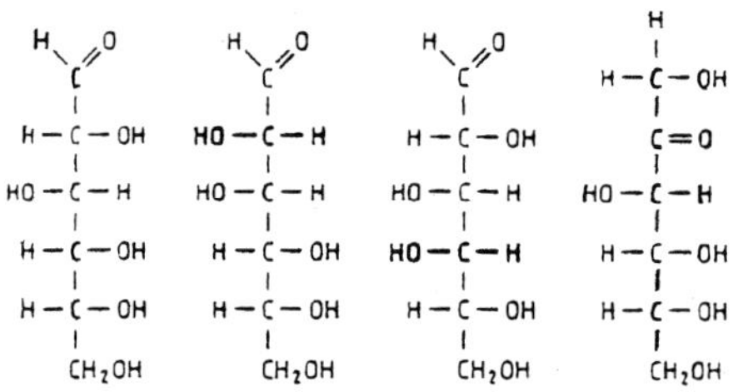

D-Glucose D-Mannose D-Galaktose D-Fructose

Zucker, die nur an einem C-Atom verschieden zur Glucose konfiguriert sind, nennt man epimer, es sind dies die Mannose an C-2 und die Galaktose an C-4. Fruktose (Fruchtzucker oder Lävulose) ist die der Glucose entsprechende Ketose, also an C-1 und C-2 strukturisomer.
Alle Hexosen können, meist als Phosphatester, im Stoffwechsel ineinander umgewandelt werden.

I.8 Ringformen der Zucker

Durch die Valenzwinkel und die Drehbarkeit nähern sich die Atome C-1 und C-5. Es kommt zu einer inneren Halbacetalbildung zwischen der Alkoholgruppe an C-5 und der Aldehydgruppe an C-1. Hierdurch entsteht aus C-1 ein asymmetrisches C-Atom, sodass je nach der Stellung der OH-Gruppe eine α-Form (glykosidisches Hydroxyl nach rechts) und eine β-Form (glykosidisches Hydroxyl nach links) unterschieden werden können. Das durch die Halbacetalbildung entstehende glykosidische Hydroxyl ist besonders reaktionsfreudig; es ist immer beteiligt, wenn sich Monosaccharide zu Polysacchariden zusammenlagern. Das freie glykosidische Hydroxyl ist leicht oxidierbar. Daher ist es verantwortlich für die früher häufig gebrauchten qualitativen **Reduktionsproben** zum Zuckernachweis (Probe nach Fehling, Probe nach Nylander und Probe nach Trommer).

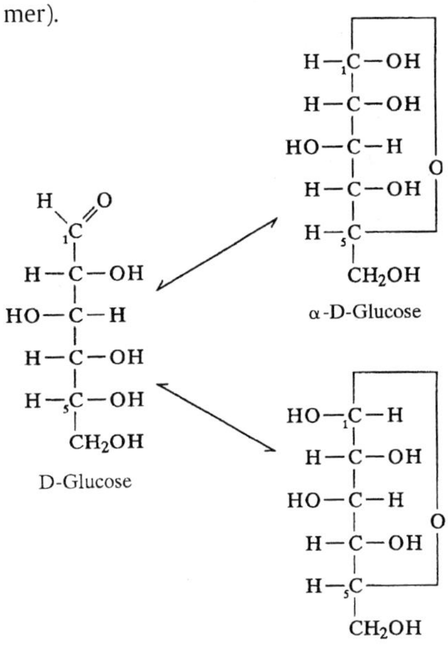

In wässrigen Lösungen stellt sich jeweils ein Gleichgewicht zwischen der α- und der β-Form der D-Glucose ein (Mutarotation). Diese Einstellung erfolgt spontan relativ langsam, im Stoffwechsel kann die Umlagerung der beiden Formen auch enzymatisch erfolgen.
Die Bildung der Halbacetalformen der Zucker kann besser am heterozyklischen (Sauerstoff als Ringglied) sog. Pyranring dargestellt werden. Meist wird das C-Atom 1 nach rechts gezeichnet und der Ringsauerstoff nach oben. Die Stellung der Hydroxylgruppen nach unten entspricht dann in der gestreckten (offenen) Form der Stellung nach rechts, die Stellung der Hydroxylgruppen nach oben entspricht der Stellung nach links. Damit ist in der gezeigten Abbildung die α-D-Glucose dargestellt.
Die Halbacetalform der Zucker kann nach Haworth als 6-er-Ring (Pyranose) dargestellt werden. Einen 5-er-Ring nennt man Furanose-Form.

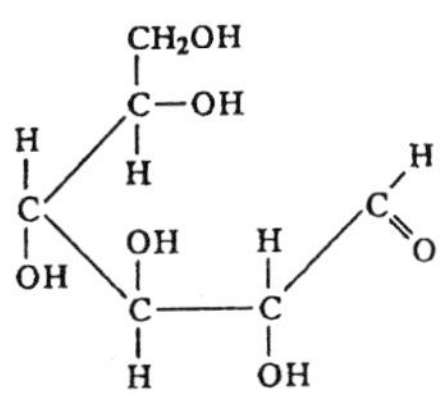

α-D-Glucose
(Aldehydform)

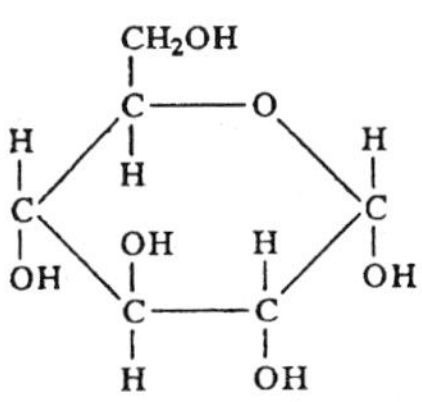

α-D-Glucose
(Pyranose)

Zur Vereinfachung werden die Zuckerformen auch als Sechseck mit Sauerstoff dargestellt, die in der Abbildung gezeichneten Substitutionsstriche sollen jeweils ein Hydroxyl darstellen.
Der Übergang der α- in die β-Form (Mutarotation) kann spontan oder enzymkatalysiert erfolgen.

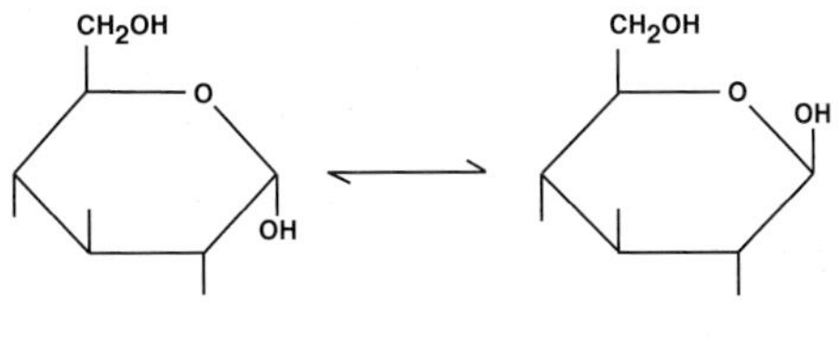

α - D - Glucose β - D - Glucose

I.9 Darstellungsformen der Glucose

Am Beispiel der Glucose können die verschiedenen Darstellungsformen gut demonstriert werden. Die Summenformel ist relativ wenig aussagekräftig, allerdings reicht sie häufig für die Aufstellung von Stoffwechselbilanzen. Die sog. Strukturformeln legen die Konfiguration am C-Atom fest. Sie sollen darstellen, an welcher Seite der Substituent steht. Die hier vereinfacht wiedergegebene Aldehydform der Glucose kommt praktisch kaum vor. Meist liegt die Struktur des Halbacetals mit dem glykosidischen Hydroxyl vor; hier ist die β-D-Glucose dargestellt. Verschiedene Konfigurationen können nur ineinander umgewandelt werden, indem chemische Bindungen gelöst und anders herum oder an anderer Stelle neu angehängt werden. Der Begriff der Konformation besagt, dass durch eine gewisse Flexibilität der Bindung ein Molekül verschiedene Raumformen annehmen kann.
D-Glucose kann in verschiedener Weise dargestellt werden:

$C_6H_{12}O_6$

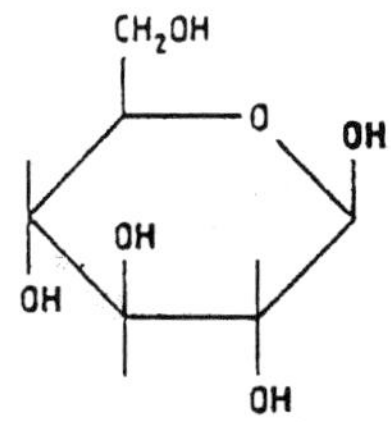

Summenformel

Strukturformel
(Konfiguration)

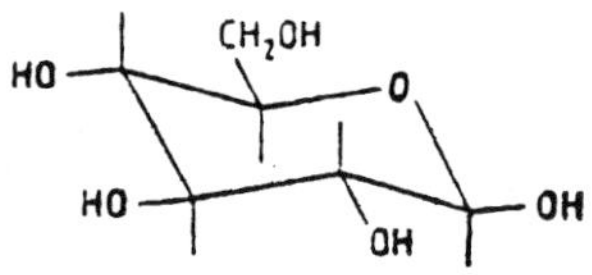

Konformation

Bei den Konformationsformeln kommen hauptsächlich die Boot- oder Wannenform und die hier dargestellte Sesselform vor. Die Substituenten können axial (senkrecht zur Ringebene) oder äquatorial (von der Ringebene weg nach unten oder oben) angeordnet sein. Bei der hier dargestellten β-D-Glucose befinden sich alle OH-Gruppen am Ring in äquatorialer Stellung.

I.10 Aminozucker

Ausgehend von Fructose-6-phosphat können mit Glutamin Aminozucker gebildet werden.

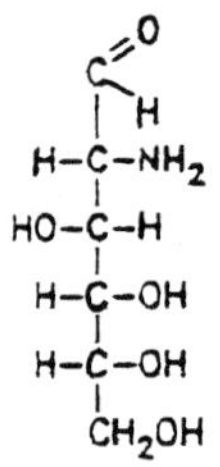

Aminoglucose

Glucosamin trägt wie Galaktosamin und Mannosamin die NH_2-Gruppe an C-2.
Aminohexosen und auch Neuraminsäure, eine Aminozuckersäure mit 9 C-Atomen, können an der Aminogruppe acetyliert werden. Aminozucker und N-Acetylaminozucker kommen in Glykoproteinen, Glykolipiden und in Heteroglykanen vor.

I.11 Zuckersäuren

Die Oxidation an C-1 ergibt die Gluconsäure; auch aus anderen Monosacchariden können durch eine derartige Reaktion sog. Zuckersäuren entstehen. Die zweifache Oxidation der primären Alkoholgruppe an C-6 ergibt die Glucuronsäure, die in der Leber zur Entgiftung vieler körpereigener und körperfremder Stoffe gebraucht wird und außerdem Bestandteil von Heteropolysacchariden einiger Bindegewebs- und Schleimgrundsubstanzen ist.

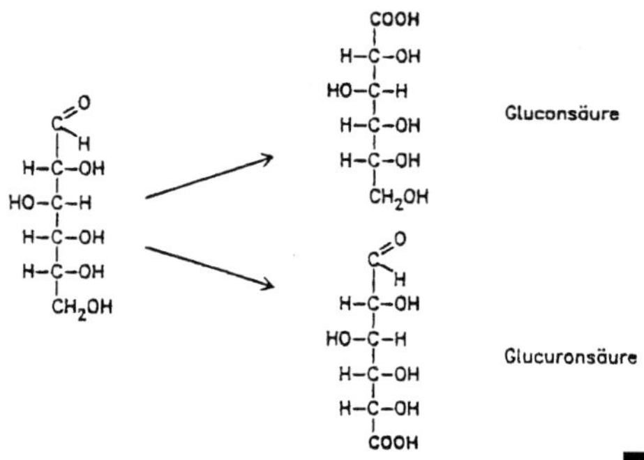

I.12 Zuckeralkohole

Reduktion der Carbonylgruppe der Zucker führt zu Zuckeralkoholen.
Aus Glucose und Fructose entsteht so durch die H_2-Anlagerung an die Carbonylgruppe Sorbitol (Sorbit).

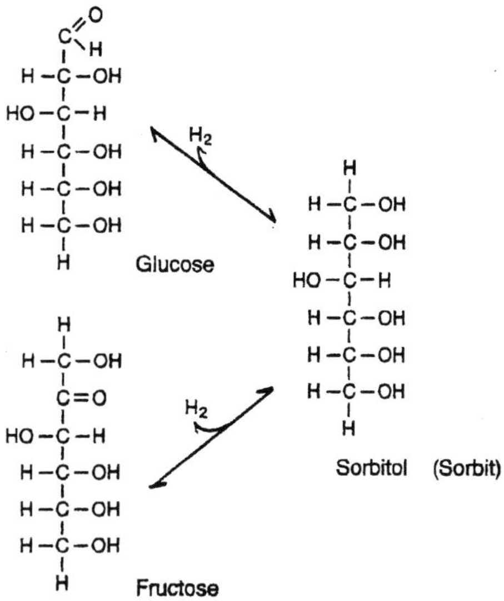

Aus den entsprechenden anderen Hexosen leiten sich Mannitol (Mannit) und Galaktit (= Dulcit) ab.

Aus Pentosen entstehen Ribitol (Ribit) und Xylit.
Zuckeralkohole schmecken süß und werden in der Diät von Diabetikern, bei der parenteralen Ernährung und als Süßstoff verwendet.

Klinischer Bezug
Fructose im Sperma
In der Fertilitätsdiagnostik werden neben der Zahl, Beweglichkeit und Morphologie der Spermien auch klinisch-chemische Parameter bestimmt. Das wichtigste Monosaccharid im Sperma ist die Fructose, die im gesunden Sperma in einer Konzentration von 3 millimolar bis 30 millimolar vorkommt, also in höherer Konzentration als die Glucose im Blut.
Fructose wird in den Samenblasen unter der Wirkung von Testosteron aus Glucose über den Polyolweg (Sorbitol) gebildet.

H91
→ **Frage 1.5:** Lösung D

Glucosamin entsteht nicht aus NH_3 und Glucose, sondern aus Fructose-6-P und Glutamin. (Vergleiche Lerntext I.10.)
Durch Reduktion an C-1 entsteht aus Glucose der Zuckeralkohol Sorbitol (C).

H95
→ **Frage 1.6:** Lösung B

Werden die reine α-Form oder die reine β-Form der D-Glucose jeweils in Wasser gelöst, stellt sich ein Gleichgewicht zwischen beiden ein (s. Lerntext I.8). Das Gleichgewicht liegt auf der Seite der β-Form. Da im Gleichgewicht ein System den niedrigsten Energiegehalt aufweist, bedeutet dies, dass β-D-Glucose energieärmer ist als α-D-Glucose (Aussage (C) ist falsch).
α-D- und β-D-Glucose unterscheiden sich an C-1 ((E) ist falsch) und sind nicht enantiomer, sondern anomer ((A) ist falsch).
Auch (D) ist falsch, denn in der Amylose ist Glucose ausschließlich in der α-glykosidischen Form verknüpft.

H93
→ **Frage 1.7:** Lösung E

Siehe Lerntext I.12.

H95
→ **Frage 1.8:** Lösung A

Dargestellt ist β-D-Galaktose (B), die an C-4 epimer zu D-Glucose ist.
Galaktose ist Bestandteil des Disaccharids Lactose (Milchzucker = β-Galaktosido-1,4-glucose). Das Disaccharid Saccharose ist aus Glucose und Fructose aufgebaut, damit ist (A) die gesuchte Falschaussage.

H96
→ **Frage 1.9:** Lösung A

Dargestellt ist Fructose-1,6-bisphosphat in der zyklischen Furanoseform als Halbketal und in der Ketoform. Beide Formen stehen miteinander im Gleichgewicht. In der Glykolyse wird durch die Aldolase die Ketoform in Dihydroxyacetonphosphat und in Glycerinaldehydphosphat gespalten.
Die gesuchte Falschaussage ist (A), denn es handelt sich nicht um einen Diester, sondern um ein Bisphosphat. Von Diestern spricht man, wenn ein Phosphorsäuremolekül mit zwei Alkoholgruppen verestert ist, die bekanntesten Beispiele sind die Nucleinsäuren.

H96
→ **Frage 1.10:** Lösung C

Siehe Lerntext I.14.
Durch enzymatische Umlagerung der OH-Gruppe an C-2 können Mannose und Glucose ineinander umgewandelt werden. Die gesuchte Falschaussage ist (C), denn der Milchzucker (Lactose) enthält keine Mannose, sondern Galaktose.

H96 H90
→ **Frage 1.11:** Lösung C

Die gesuchte Falschaussage ist (C), denn Maltose ist aus 2 Molekülen Glucose aufgebaut. Galaktose ist Bestandteil der Lactose (B), der Glykolipide (D) und der Antigen-Determinanten des ABO-Systems (E).

F96
→ **Frage 1.12:** Lösung A

Siehe Lerntext I.14.
Ein Lacton ist ein innerer Ester, diese Bindung liegt nicht bei Disacchariden vor, sondern z.B. im Vitamin C (Ascorbinsäure ist das Lacton der 3-Keto-L-gulonsäure) und beim 6-Phosphogluconolacton, einem Metaboliten des Pentosephosphatwegs.

I.13 Glykosidische Bindung

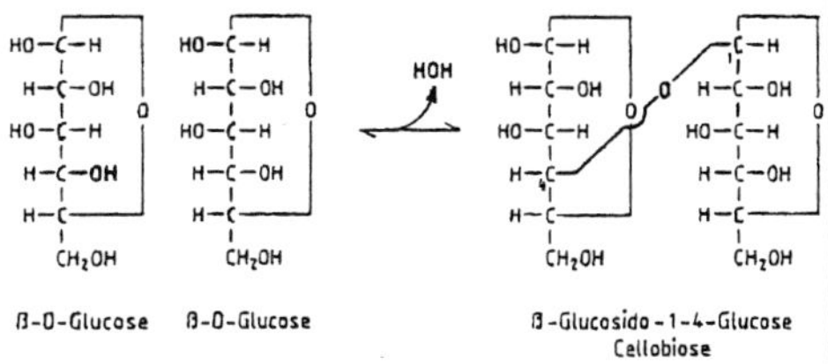

Eine wichtige Reaktion ist die Bindung von Zuckermonomeren miteinander zu Disacchariden, Trisacchariden, Tetrasacchariden und weiter bis zu Polysacchariden. An der Verbindung der Zucker ist immer ein glykosidisches Hydroxyl beteiligt; dieses Hydroxyl kann prinzipiell mit jedem anderen Hydroxyl eines zweiten Zuckers reagieren, es entsteht damit ein Vollacetal. Am häufigsten ist die glykosidische 1–4-Bindung. Dasjenige Zuckermolekül, dessen glykosidisches Hydroxyl an der Bindung beteiligt ist, bekommt in der Nomenklatur die Endung -ido, der Zuckerrest mit noch freiem Hydroxyl behält seinen Namen mit der Endsilbe -ose. Das dargestellte Disaccharid aus zwei Molekülen β-glykosidisch verbundenen Glucoseresten ist die Cellobiose, die als Disaccharideinheit sich wiederholend in der Cellulose vorkommt. Die Säugetiere, also auch der Mensch, besitzen keine Enzyme für die Spaltung der β-1–4-glykosidischen Bindung zwischen zwei Glucosemonomeren, deshalb können pflanzenfressende Säugetiere nur in Symbiose mit Darmmikroorganismen Cellulose verwerten.

I.14 Disaccharide

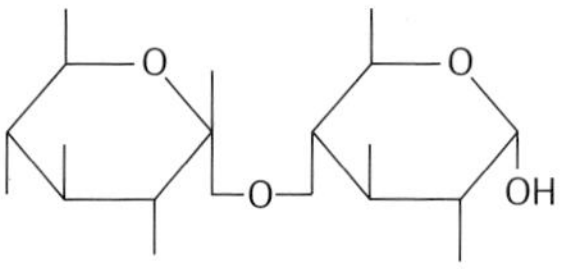

Maltose:
α-Glucosido-1-4-Glucose

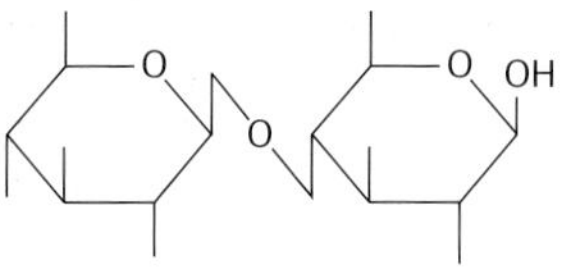

Cellobiose:
β-Glucosido-1-4-Glucose

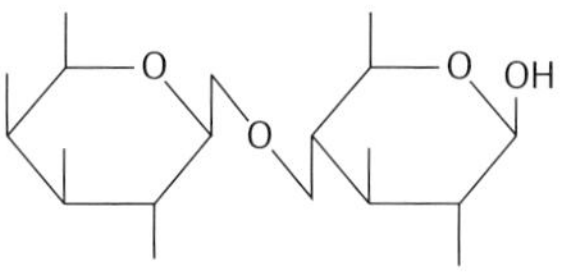

Lactose:
β-Galaktosido-1-4-Glucose

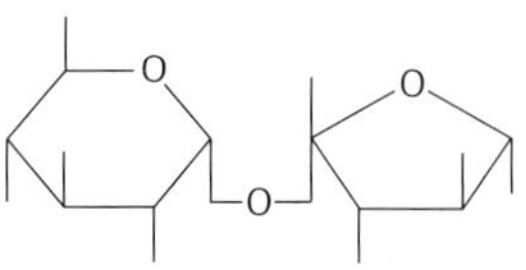

Saccharose:
α-Glucosido-1-2-β-Fructo(furano-)sid

Maltose ist die Disaccharideinheit aus Glucose, α-1–4-glykosidisch verbunden, die in der Stärke und im Glykogen anzutreffen ist. Für die Spaltung der α-glykosidischen 1–4-Bindung besitzen Säugetiere und auch der Mensch entsprechende hydrolytische Enzyme. Lactose (Milchzucker) ist bei allen Säugetieren der Hauptenergielieferant in der Säugeperiode. Durch eine β-Galactosidase der Darmschleimhaut (Lactase) wird Lactose in Galaktose und Glucose gespalten, dann resorbiert und im Stoffwechsel zu CO_2 und H_2O abgebaut. Die meisten Säugetiere und auch die meisten Menschen auf der Erde stellen die Produktion der Lactase nach der Säuglingsperiode ein und zeigen dann später eine gewisse Milchunverträglichkeit, da die Lactose nicht verdaut werden kann, in den Dickdarm gelangt und dort zu Gärungsdurchfällen führt. Nur weiße Mitteleuropäer bilden die Lactase lebenslang, so ist dies die Bevölkerung, in der Frischmilch einen wesentlichen Nahrungsbestandteil darstellt. Alle anderen Kulturkreise verwerten Milch nur als partiell abgebaute Gärungsprodukte.

Ein weiteres für die Ernährung wichtiges Disaccharid ist die Saccharose (Rohrzucker, Rübenzucker). Saccharose stellt das einzige kristalline Nahrungsmittel dar. In diesem Disaccharid sind die glykosidischen Hydroxyle der Glucose und Fructose miteinander verbunden, das Disaccharid gibt keine positive Reduktionsprobe mehr (sog. Trehalose-Bindungstyp). Die Bindung der Saccharose ist relativ energiereicher als die der anderen Saccharide, dies nutzen die Karieskeime bei der Synthese der Zahnbelaggrundsubstanz, dem Polysaccharid Dextran. Der erhöhte Rohrzuckerverbrauch in den Industrienationen ist damit hauptverantwortlich für die Zunahme der Karieshäufigkeit.

Klinischer Bezug

Saccharose und Zahnerkrankungen

Zu den so genannten Volkskrankheiten zählen die Zahnerkrankungen Karies, Parodontitis und Parodontose. Die Häufigkeit und die Schwere dieser Erkrankungen sind eng korreliert mit dem Saccharosekonsum. In der Pathogenese der drei Erkrankungen spielt der bakterielle Zahnbelag, die Plaque, eine entscheidende Rolle. Cirka 300 verschiedene Bakterienarten besiedeln den Mundraum, darunter bestimmte Streptokokken, die das Enzym Glucosyltransferase (GT) sezernieren. Die GT baut aus Saccharose ein unlösliches, stark verzweigtes Polysaccharid, das Dextran, auf. Dextran besteht ausschließlich aus Glucoseeinheiten, die α-glykosidisch 1-4-, 1-3- und 1-6-verzweigt sind. Die Saccharose liefert aus der 1,2-Glucosidofructosidbindung den anzuhängenden Glucoserest, freie Fructose bleibt übrig und kann den Bakterien als Nährstoff dienen. Diese Dextransynthese benötigt kein ATP, sondern wird über die Energie der Disaccharidbindung der Saccharose (22 kJ/mol) erreicht. Andere Disaccharide wie Maltose und Lactose enthalten weniger als 10 kJ Hydrolyse-Energie in ihrer Glykosidbindung und können nicht als Substrat verwendet werden. Dextran bindet als extrazelluläres Netz der Plaque lebende Bakterien, deren Toxine und Stoffwechselprodukte führen dann zu den Zahnerkrankungen, den Entzündungen des Zahnfleisches und den Zerstörungen des Zahnhalteapparates. Prophylaktische und therapeutische Maßnahmen sind Mundhygiene (sorgfältiges, regelmäßiges, richtiges Zähneputzen), Vermeidung von Saccharose durch sog. Zuckeraustauschstoffe, Fluor-Substitution und, wenn notwendig, antibakterielle Therapie.

I.15 Polysaccharide

Werden viele Zuckermonomere α- oder β-glykosidisch miteinander verbunden, gelangt man zu den Polysacchariden. Ist nur ein Zuckertyp am Aufbau beteiligt, entstehen die sog. Homoglykane. Hierzu gehören die Stärke als wichtigster Energielieferant in der menschlichen Ernährung, das Glykogen, das in Leber und Muskel als Speicherform zur Konstanterhaltung und Regulation des Blutzuckers vorkommt, und die pflanzliche Gerüstsubstanz Cellulose.
Sind verschiedene Zuckerreste am Aufbau eines Polysaccharids beteiligt, spricht man von Heteroglykanen. Heteroglykane sind meist mit Proteinen zu Komplexen verbunden.

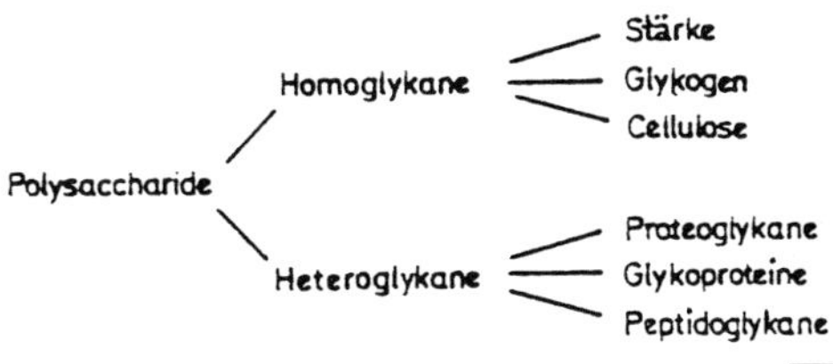

F02
→ **Frage 1.13:** Lösung D

Glucose-speichernde Di- und Polysaccharide sind vorwiegend α-glykosidisch verknüpft. Das gilt für die Pflanzenprodukte Amylose und Amylopektin ebenso wie für das tierische Glykogen.
Anders ist das bei den mit Strukturaufgaben betreuten Polysacchariden, wie Cellulose und Hyaluronsäure (D). Bei letzterer sind alternierend viele (n > 3.000) N-Acetylglucosamine und Glucuronsäuren zu langen Disaccharidketten nur β-glykosidisch verbunden.

H02
→ **Frage 1.14:** Lösung B

Siehe Lerntexte I.13 und I.14.
Saccharose (Rohrzucker, Rübenzucker) besteht aus Glucose und Fructose, die α-glycosidisch ((B) ist richtig) und β-fructosidisch miteinander verbunden sind ((A) ist falsch). Daher besteht kein halbacetalisches OH (= glykosidisches Hydroxyl), sodass keine Glykoside mit Alkoholen gebildet werden können.
Bei der Stärkespaltung entsteht nicht Saccharose, sondern Maltose.

H04
→ **Frage 1.15:** Lösung B

Milchzucker (Lactose) ist β-Galactosido-1,4-glucose. Er wird durch die Lactase des Dünndarms gespalten in Glucose und Galactose (B).
Die Aussagen (C) und (E) sind falsch, denn Disaccharide aus Fructose und Galactose oder Glucose und Mannose kommen in der Nahrung nicht vor.
(A) ist falsch, denn ausschließlich Glucose entsteht durch Maltase und Isomaltase aus den Disacchariden Maltose und Isomaltose.
(D) ist falsch, denn Glucose und Fructose entstehen durch Saccharase aus der Saccharose (Rohrzucker, Rübenzucker).

I.16 Homoglykane

Cellulose mit der 1–4-β-glykosidischen Bindung ist das unverzweigte Grundgerüst vieler Pflanzen und als Bestandteil des Holzes die häufigste organische Verbindung auf der Erde. Die für die menschliche Ernährung wichtige Stärke (Amylum) kommt in Kartoffeln, Reis und Getreide als Stärkekorn mit zwei Fraktionen vor, das Innere bildet die α-1–4-glykosidisch verbundene unverzweigte Amylose. Amylose besitzt eine spiralige Struktur (Konformation), die zusammen mit Jod eine intensiv blaue Farbe ergibt. Diese Jod-Stärke-Reaktion kann sowohl zum Nachweis von Stärke als auch zum Nachweis von Jod ausgenutzt werden. Das Äußere des Amylum-Kornes ist das verzweigte Amylopektin, dessen Hauptketten 1–4-α-glykosidisch aufgebaut sind. An jedem 25. Rest ist eine Seitenkette α-1–6 verknüpft, in den Seitenketten selbst treten wieder 1–4-Bindungen auf.
Analog zum pflanzlichen Amylopektin ist das Glykogen aufgebaut, das deshalb auch häufig als tierische Stärke bezeichnet wird. Der Unterschied zwischen Amylopektin und Glykogen besteht darin, dass das Glykogen an jedem 8. bis 12. Rest verzweigt ist. Glykogen kommt mit etwa 100 bis 150 g in der Leber und mit etwa 150 bis 250 g in der Muskulatur des gut ernährten Erwachsenen vor. Bei kurzfristigen

Hungerperioden (12–24 Stunden) wird der Glykogenvorrat in diesen Organen praktisch vollständig abgebaut. Glykogen stellt damit keinen langfristig wirkenden Energiespeicher dar, sondern dient kurzfristig der Glucoseversorgung bzw. Glucosehomöostase. In der Polysaccharidstruktur findet man ein freies glykosidisches Hydroxyl (reduzierendes Ende) und bei den verzweigten Homoglykanen viele nicht-reduzierende Enden. Im Stoffwechsel des Glykogens werden bei Bedarf die vielen nicht-reduzierenden Enden, also die äußeren Verzweigungen, abgespalten; bei einem Glucoseüberangebot mit der Nahrung wird überschüssige Glucose an die äußeren Verzweigungen unter Energieverbrauch angelagert.

Unter den Homoglykanen ist das Dextran mit vorwiegend α-1-6-glykosidischen und α-1-3-glykosidischen Bindungen zwischen Glucoseresten von medizinischer Bedeutung. Dextran bildet die feste Grundstruktur des kariogenen Zahnbelags (Plaque). Bestimmte aufgearbeitete lösliche Dextran-Fraktionen spielen eine Rolle als Blutersatzmittel, ein unlösliches Dextran-Gel findet Verwendung bei der Trennung von Proteinfraktionen im Labor. Das Homoglykan Inulin ist aus Fructose aufgebaut (Polyfructosan), es kommt in Dahlienknollen vor; gereinigte Inulinfraktionen werden zur Clearance-Untersuchung der Niere verwendet.

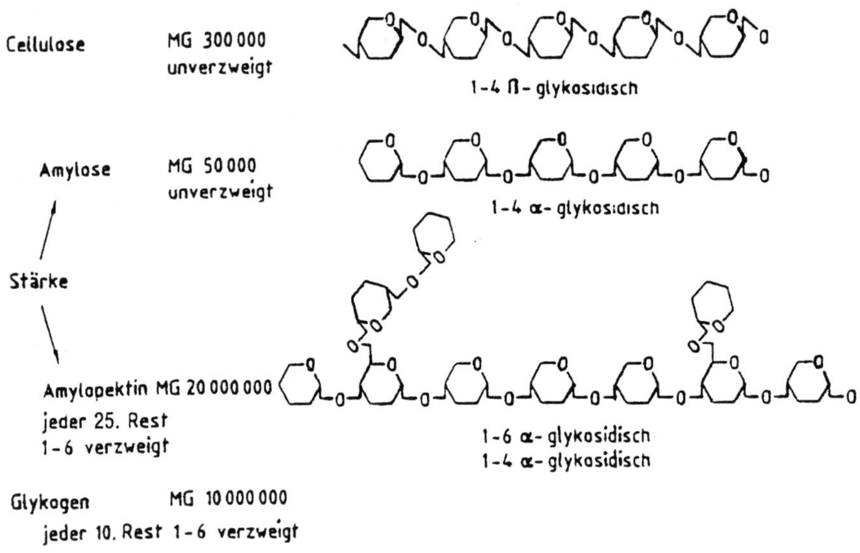

Klinischer Bezug

Dextrane als Plasmaexpander

In ca. 4%-iger Lösung werden Dextrane als Ersatz für Blutplasma in der Notfallmedizin verwendet. Sie beheben den intravasalen Volumenmangel bei Verletzungen, Verbrennungen und Schock. Dextran kann das mehr als 20fache seines Gewichts an Wasser im Gefäßsystem binden und verbessert damit die Fließeigenschaften des Blutes. Es wird nur verzögert über die Nieren ausgeschieden und zum Teil auch langsam hydrolytisch abgebaut.

I.17 Heteroglykane

In den meisten Heteroglykanen mit Periodizität ist in der immer wiederkehrenden Disaccharideinheit die Glucuronsäure einer der Bestandteile. Als zweiter Bestandteil kommt meist ein Aminozucker vor; die Aminogruppe der Zucker kann säureamidartig mit Essigsäure oder mit Schwefelsäure verbunden sein.

Sind Heteroglykane aus Disaccharideinheiten mit zwei verschiedenen Zuckerresten aufgebaut, so weisen sie mit dieser immer wiederkehrenden Einheit eine Periodizität auf. In dieser Weise sind, verbunden mit Protein, die Bindegewebsgrundsubstanz Hyaluronsäure und das Chondroitinsulfat aufgebaut. Auch das von der Leber gebildete Heparin weist eine derartige Struktur auf. Heparin im Blut hemmt die Blutgerinnung und aktiviert die endotheliale Lipoproteinlipase.

Im Unterschied zu Heteroglykanen mit Periodizität kommen in Heteroglykanen mit Sequenz mehrere verschiedene Monosaccharidtypen in bestimmter Reihenfolge vor. Häufig sind derartige Zuckersequenzen aus drei bis sechs Resten Erkennungsregionen für das Immunsystem (Antigen-determinante Gruppen).
Heteropolysaccharide = Heteroglykane = verschiedene Zuckermoleküle + Protein

Proteoglykane	hoher Kohlenhydratanteil (Polysaccharide) mit Periodizität wenig Protein	Hyaluronsäure Chondroitinsulfat Heparin Keratan Dermatan
Glykoproteine	geringer Kohlenhydratanteil (Oligosaccharide) mit Sequenz viel Protein	Mucin viele Enzyme manche Hormone manche Strukturproteine Antikörper

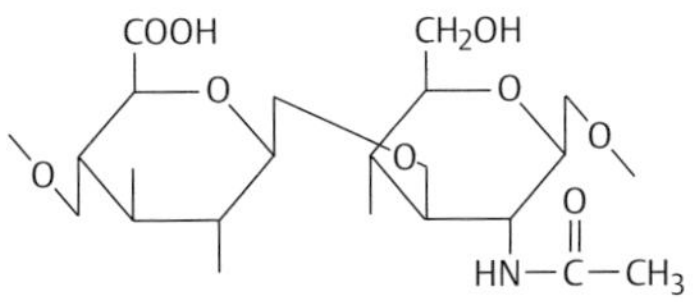

Hyaluronsäure:
β-Glucuronido-1-3-N-Acetylglucosamin

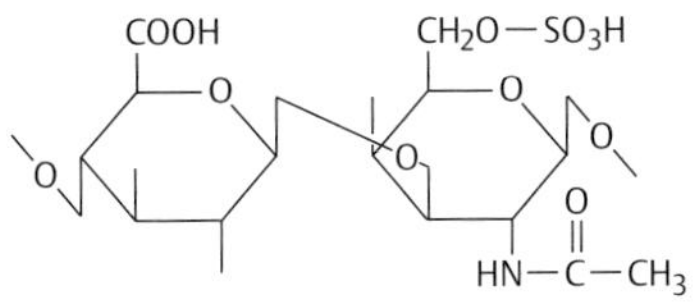

Chondroitinsulfat:
β-Glucuronido-1-3-N-Acetylgalaktosaminsulfat

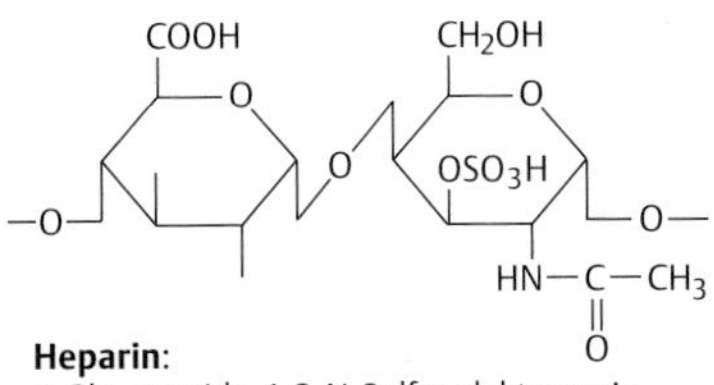

Heparin:
β-Glucuronido-1-3-N-Sulfogalaktosamin

F89
→ **Frage 1.16:** Lösung C

Da Stärke (Amylum) neben der unverzweigten Amylose auch das 1,6-verzweigte Amylopektin enthält, ist (C) die gesuchte Falschaussage (siehe Lerntext I.16). Cellulose ist unverzweigt.

H02 H00
→ **Frage 1.17:** Lösung D

Siehe Lerntext I.17.
Glykosaminoglykane sind aus 100 bis 1000 Disaccharid-Einheiten (Aminozucker + Uronsäure) aufgebaute, unverzweigte Polysaccharide. Da die beiden Zuckerreste meist mit Schwefelsäure verestert sind, werden die Makromoleküle auch als saure Mucopolysaccharide bezeichnet. Das blutgerinnungshemmende Heparin gehört in diese Stoffklasse; andere sind Bestandteile der Proteoglykane des Bindegewebes (wie Chondroitinsulfat und Keratansulfat) und die Hyaluronsäure. Die gesuchte Falschaussage ist (D), denn das Cytoskelett besteht nicht aus Glykosaminoglykanen, sondern vorwiegend aus Polypeptiden, wie z. B. dem Tubulin.

H05
→ **Frage 1.18:** Lösung C

Heparin ist ein saures Glykosaminoglykan (saures Mucopolysaccharid) mit einem Molekulargewicht von ca. 20.000. Es aktiviert das Antithrombin und hemmt so die Blutgerinnung, außerdem aktiviert es die Lipoproteinlipase (Klärfaktor gegenüber lipämischem Serum).
Siehe Lerntext „Heteroglykane“ I.17.

F02
→ **Frage 1.19:** Lösung E

Proteoglykane sind großmolekulare (Molekulargewicht bis 10^8 Dalton) Bausteine der Extrazellulärmatrix (A); sie bestehen zu etwa 10% aus Protein und 90% aus Polysacchariden. Sie enthalten lange Ketten aus Disaccharideinheiten (B), Aminozuckern (C) und Uronsäuren. Mit Ausnahme der Hyaluronsäure sind alle Zuckerketten mit Schwefelsäure verestert (D).
(E) ist die gesuchte Falschaussage, denn die Bindung der Zuckerketten an das Protein beginnt bereits bei der intrazellulären Proteinsynthese im Golgiapparat des endoplasmatischen Retikulums.

H04

→ **Frage 1.20:** Lösung E

Saure Mucopolysaccharide (Proteoglykane = Glykosaminoglykane) kommen als Interzellularsubstanz im Bindegewebe vor, sie regieren durch ihren hohen Anteil an Uronsäuren und veresterter Schwefelsäure (E) sauer.

Die Veresterung erfolgt durch Sulfotransferasen mittels 3′-Phosphoadenosin-5′-phosphosulfat (PAPS). Auch manche Glykolipide werden mit PAPS an Galaktoseresten verestert. In der Leber werden bei manchen Entgiftungsreaktionen mit PAPS in der Phase II wasserlösliche Sulfatester gebildet.

2 Chemie der Aminosäuren, Peptide und Proteine

II.1 Proteinogene Aminosäuren

Nur 20 verschiedene Aminosäuren sind nötig, um als Bausteine den gesamten Proteinbestand im Tier- und Pflanzenreich sowie den der Mikroorganismen erstellen zu können. Mit Ausnahme des Glycins, das kein chirales Zentrum besitzt, gehören alle diese „proteinogenen Aminosäuren" zur L-Reihe, d.h. in der Projektionsformel nach Fischer mit oben stehender Carboxylgruppe zeigt die Aminogruppe nach links.
Außer den in der nachfolgenden Tabelle gezeigten proteinogenen Aminosäuren gibt es weitere wichtige Aminosäuren, die nicht in Proteinen vorkommen, aber Spezialaufgaben übernehmen, wie GABA, Ornithin, Citrullin u.v.a. Schließlich sollen Aminosäuren genannt werden, die in speziellen Proteinen konstant vorkommen, aber doch nicht in der Tabelle zu finden sind. Diese Verbindungen entstehen durch „posttranslationale Modifikation" eines Vorstufenproteins, das aus den 20 „normalen" Aminosäuren aufgebaut war.

5 aliphatische und 3 aromatische Aminosäuren

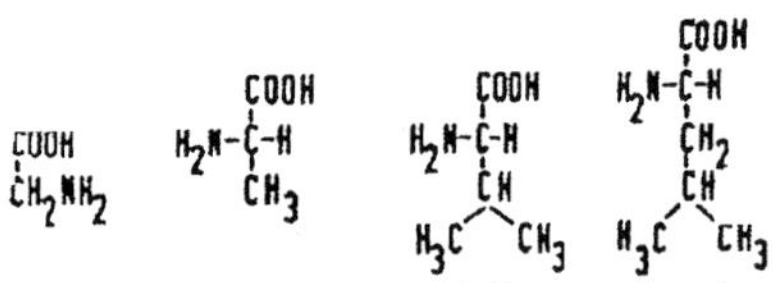

Glycin Gly — Alanin Ala — Valin Val — Leucin Leu

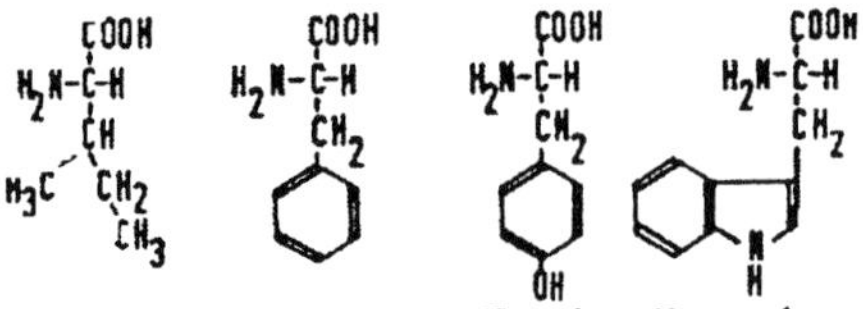

Isoleucin Ile — Phenylalanin Phe — Tyrosin Tyr — Tryptophan Trp

2 Hydroxysäuren und 2 schwefelhaltige Aminosäuren

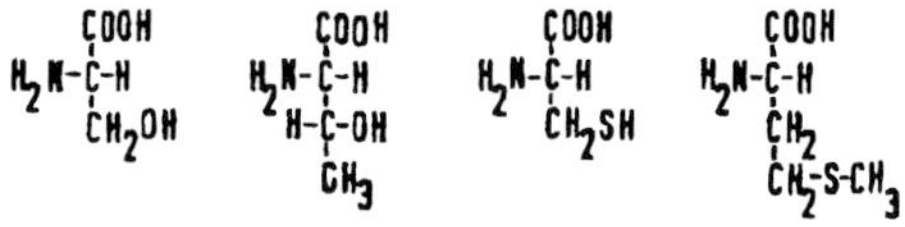

Serin Ser — Threonin Thr — Cystein Cys — Methionin Met

4 saure Aminosäuren bzw. ihre Amide

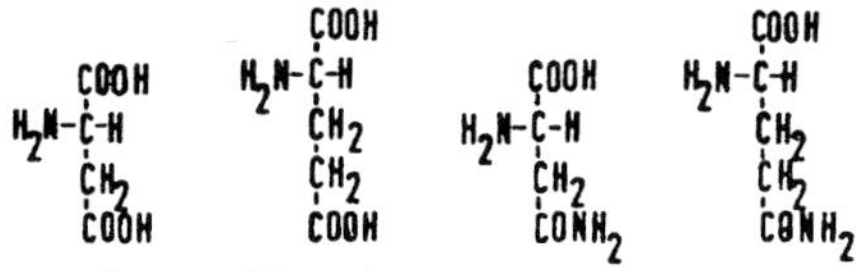

Asparaginsäure Asp — Glutaminsäure Glu — Asparagin Asn — Glutamin Gln

3 basische Aminosäuren und Prolin

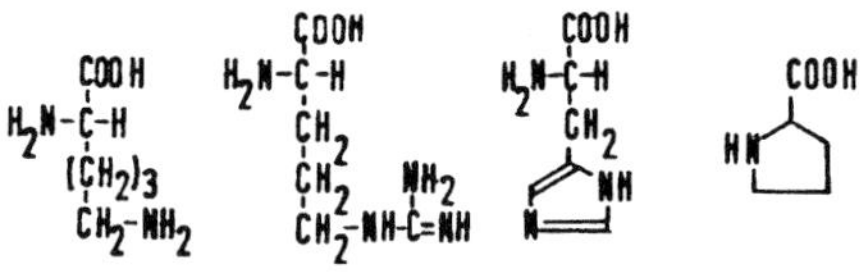

Lysin Lys — Arginin Arg — Histidin His — Prolin Pro

In der Tabelle sind die 20 zum Proteinaufbau verwendeten Aminosäuren nach funktionellen Gruppen in der Seitenkette (z.B. Schwefel, Hydroxylgruppen oder Heterocyclen) gruppiert. Ein anderes Einteilungsprinzip gruppiert die Aminosäuren nach der Polarität ihrer Seitenketten, z.B. $-CH_3$ oder $-C_6H_5$ = „apolar", $-CH_2OH$ oder $-COO^-$ „polar". Hieraus lassen sich Schlüsse ziehen auf die Lage dieser Aminosäuren innerhalb von Proteinen; z.B. liegen apolare, hydrophobe Aminosäuren im Inneren globulärer Enzymmoleküle oder bei Membranen im Bereich des Durchtritts durch die Lipidschicht.

Klinischer Bezug

Aminosäuren in der parenteralen Ernährung

Bei schwersten Erkrankungen, insbesondere des Gastrointestinaltraktes, kann es notwendig sein, die Nahrung unter Umgehung des Verdauungstraktes („parenteral") durch intravenöse Infusion zuzuführen. Glucose, Lipide, Mineralien und Vitamine stellen kein besonderes Problem dar.
Wichtig ist eine ausreichende Versorgung mit allen proteinogenen Aminosäuren in optimalem Mischungsverhältnis, um die körpereigene Proteinsynthese aufrechtzuerhalten, damit kein Verlust von Funktionsprotein eintritt. Proteine dürfen nicht (!) infundiert werden, weil sie antigen wirken würden, was bei darauf folgenden Infusionen zu Antikörper-Reaktionen mit einem anaphylaktischen Schock führen würde.

F01

→ **Frage 2.1:** Lösung D

Glycin (Aminoessigsäure) ist eine nichtessenzielle, proteinogene Aminosäure, die durch eine reversible, Tetrahydrofolat-abhängige C_1-Übertragung aus Serin gebildet werden kann. Prolin und Glycin machen je etwa 30% der Aminosäuren des Kollagens aus und sind beide verantwortlich für den Aufbau der Kollagen-typischen Tripelhelix-Struktur. Bei der Purinbiosynthese findet das Glycin Verwendung zum Aufbau des Fünfrings; im Zentralnervensystem dient Glycin als inhibitorischer Transmitter.
Falsch ist Aussage (D): nicht Glycin, sondern Glutamin ist der für die renale Gluconeogenese wichtigste Kohlenstoffdonator.

H00

→ **Frage 2.2:** Lösung E

Die gesuchte Falschaussage ist (E), denn nicht Serin, sondern Alanin wird transaminiert zu Pyruvat, das Enzym ist die Glutamat-Pyruvat-Transaminase (GPT). Serin kann durch eine Dehydratase in Pyruvat umgewandelt werden.

F00

→ **Frage 2.3:** Lösung B

Die gesuchte Falschaussage ist (B), denn Selenocystein ist keine essentielle Aminosäure, sondern kann aus t-RNA-gebundenem Serin gebildet werden, indem –OH durch –SeH ersetzt wird. Bei der Translation bewirkt das Triplett UGA, das in mRNA normalerweise als Stoppcodon wirkt, den Einbau von Selenocystein (C).
Selenocystein kommt vor in der GSH-Peroxidase (D) und der T4-Deiodase (E). Da für diese Enzyme das Se-Cystein erst nach Umwandlung von t-RNA-Serin im Verlauf der Proteinbiosynthese wirksam wird und nicht als freies Selenocystein verwendet werden kann, ist die Einordnung als proteinogene Aminosäure (A) etwas problematisch.

F05

→ **Frage 2.4:** Lösung B

Das Spurenelement Selen kommt im aktiven Zentrum der Glutathionperoxidase und der T_4- und T_3-Dejodase vor. Das Codon auf der mRNA für Selenocystein ist UGA (B).
Aussage (A) ist falsch, denn die Carboanhydrase enthält kein Selen, sondern Zink.
Aussage (C) ist falsch, denn Selenocystein wird im aktiven Zentrum nicht jodiert.
Aussage (D) ist falsch, denn Selenocystein entsteht aus dem nicht-essenziellen Serin an der Serin-tRNA.

II.2 Tryptophan

Tryptophan ist eine essentielle Aminosäure, die durch den aromatischen Indolring charakterisiert ist.
Beim Abbau wird das Ringsystem oxidativ gespalten und über verschiedene Zwischenstufen zu Alanin, Acetyl-CoA und Ammoniak abgebaut. Außerdem kann dabei Nicotinsäure bzw. Nicotinamid (Vit. B_3) entstehen. Nicotinsäuremangel (Krankheitsbild Pellagra) tritt daher nur bei gleichzeitig tryptophanarmer Ernährung (Mais-Proteine) auf.
Decarboxylierung von Tryptophan führt zum biogenen Amin Tryptamin, einem Neurotransmitter.
Hydroxylierung zum 5-Hydroxytryptophan und dessen Decarboxylierung führt zum Serotonin (5-Hydroxytryptamin). Serotonin wirkt als Neurotransmitter. Aus Thrombozyten freigesetzt wirkt Serotonin vasokonstriktorisch. In der Darmschleimhaut regt Serotonin die Peristaltik an.
Aus Serotonin entsteht durch Acetylierung der Aminogruppe und Methylierung der Alkoholgruppe das Epiphysenhormon Melatonin.

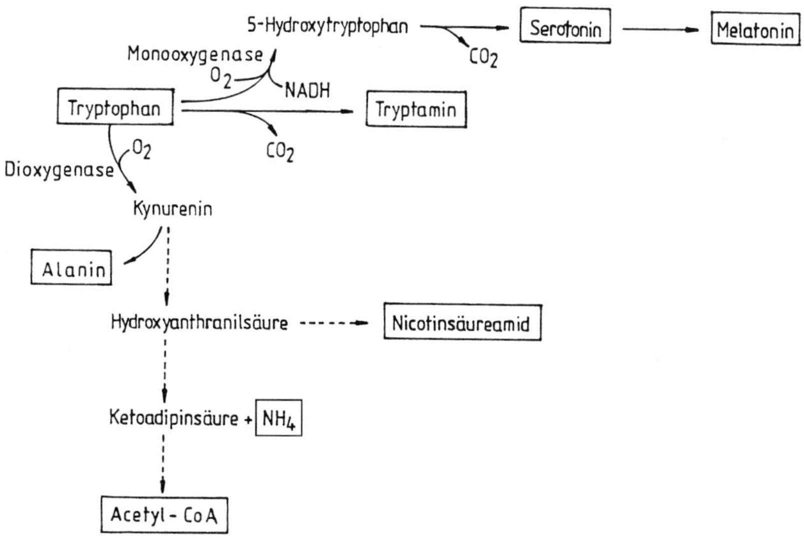

Klinischer Bezug
Tryptophanmangel und Pellagra
In bestimmten ländlichen Gebieten, u.a. in Italien und Mexiko, trat endemisch eine schwere Erkrankung mit entzündeter, dunkelverfärbter und abnorm verhornender Haut auf, die Pellagra („kranke Haut") genannt wurde und zusätzlich schwere neurologische und gastrointestinale Symptome aufwies. Als Ursache stellte sich eine einseitige Ernährung mit Mais heraus. Mais-Proteine enthalten extrem wenig Tryptophan und auch kaum Nicotinsäureamid (Vit. B_3). Die Krankheit kann durch B-Vitamine und verbesserte Versorgung geheilt werden.

F97
→ **Frage 2.5:** Lösung D

Die Formel zeigt das L-Prolin, das etwa ein Drittel der am Kollagenaufbau beteiligten Aminosäuren ausmacht. Ein größerer Anteil dieser Prolinreste wird in posttranslationaler Modifikation Vitamin C-abhängig hydroxyliert. Die gesuchte Falschaussage ist (D), denn Pyrrol ist zwar ein heterozyklischer Fünfring mit einem Stickstoff, weist aber im Gegensatz zum hier gezeigten Pyrrolidin 2 Doppelbindungen auf.

H03
→ **Frage 2.6:** Lösung C

Siehe Lerntext II.2.
Tryptophan ist eine essenzielle Aminosäure, die in der Seitenkette einen Indolring, aufgebaut aus 2 Strukturen (Benzol und Pyrrol), besitzt. Beim Abbau wird die Pyrrolstruktur oxidativ geöffnet (E). Aus Tryptophan können das biogene Amin Tryptamin (B) und das Gewebehormon Serotonin (A) gebildet werden. Aus Tryptophan kann Vitamin B_3 gebildet werden (D), sodass ein Mangel von B_3 (Krankheitsbild Pellagra) nur bei Tryptophan-armer Ernährung auftreten kann. Die gesuchte Falschaussage ist (C), denn das Hautpigment Melanin wird nicht aus Tryptophan, sondern aus Tyrosin gebildet.

H98 F96
→ **Frage 2.7:** Lösung C

Siehe Lerntext II.2.
Nicotinamid (Vit. B_3) ist Ausgangsstoff für die Synthese der Coenzyme NAD und NADP.
Nicotinamid kann sowohl als Vitamin direkt mit der Nahrung aufgenommen werden, als auch aus der essenziellen Aminosäure Tryptophan synthetisiert werden.

F02
→ **Frage 2.8:** Lösung A

Die gesuchte Falschaussage ist (A), denn die zyklische Aminosäure Histidin enthält keinen Phenolring, sondern einen Imidazolring. Proteine wie Actin und Myosin können posttranslational an Histidinresten methyliert werden (B). Histidin kann bei physiologischen pH-Werten sowohl protoniert wie deprotoniert vorliegen, es ist damit hauptverantwortlich für die Pufferwirkung von Proteinen und spielt als Protonenakzeptor und Protonendonator im aktiven Zentrum vieler Enzyme eine Rolle (C). Histidinreste im Hämoglobin vermitteln über das zentrale Eisen die Bindung zwischen Häm und Globin (D). Beim Abbau des Histidins zum L-Glutamat wird eine Formiminogruppe auf Tetrahydrofolsäure übertragen (E).

H01

→ **Frage 2.9:** Lösung B

Lysin ist eine essentielle, basische Aminosäure. Eingebaut in Proteine trägt sie positve Ladungen (D) und kann posttranslational hydroxyliert werden (A). Im Kollagen kann die OH-Gruppe glykosyliert werden. Lysinreste im Kollagen können mit desaminierten Lysinresten zur Quervernetzung der Ketten führen, bei der Fibrinbildung erfolgt die Quervernetzung zwischen Lysinresten und Glutaminresten.
Beim Abbau entsteht aus Lysin Acetoacetyl-CoA, also Lysin ketoplastisch (C).
Die gesuchte Falschaussage ist (B), denn das aus Lysin durch Decarboxylierung bakteriell entstehende Amin Cadaverin ist kein Neurotransmitter.

II.3 Essentielle Aminosäuren

Von den 20 Aminosäuren, die für die Proteinsynthese notwendig sind, kann der Mensch 12 selbst synthetisieren, die übrigen acht müssen in einer Menge von etwa je 0,5–1,0 g pro Tag mit der Nahrung zugeführt werden, weil ihr Kohlenstoffgerüst nicht hergestellt werden kann. Der Mensch kann essentielle Aminosäuren und Proteine nicht speichern, deswegen müssen alle essentiellen Aminosäuren in der richtigen Mischung zu jeder Mahlzeit zugeführt werden.
Der Gehalt an essentiellen Aminosäuren in der richtigen Menge bestimmt den Nahrungswert (Wertigkeit) eines Proteins. Fehlt nur eine essentielle Aminosäure in der Diät, so ist eine Proteinbiosynthese nicht mehr möglich, es resultiert ein Verlust an Körperprotein, eine negative Stickstoffbilanz.
8 Aminosäuren sind für den Menschen essentiell:

- 3 verzweigte — Val, Leu, Ile
- 2 aromatische — Phe, Trp
- 1 basische — Lys
- 1 schwefelhaltige — Met
- 1 mit Alkoholgruppe — Thr

H99

→ **Frage 2.10:** Lösung D

Die 8 essentiellen Aminosäuren müssen in einer Menge von jeweils 0,5–1 g täglich mit der Nahrung zugeführt werden, damit eine ausgeglichene Stickstoffbilanz erreicht wird, der Gehalt an essentiellen Aminosäuren bestimmt also den Wert eines Proteins für die Ernährung (A).
Die hydrophoben verzweigten Aminosäuren Valin, Leucin und Isoleucin sind essentiell (B). Da Tyrosin nur aus der essentiellen Aminosäure Phenylalanin gebildet werden kann, führt der entsprechende Enzymmangel oder ein Mangel an Phenylalanin in der Nahrung dazu, dass Tyrosin essentiell wird (C). Man kann daher Tyrosin auch als eine halbessentielle Aminosäure bezeichnen. Alle Aminosäuren, so auch die essentiellen, können außer als Proteinbaustein auch katabol zur Energiegewinnung verwendet werden (E).
Die gesuchte Falschaussage ist (D), denn das häufigste Protein im tierischen Organismus, das Kollagen, enthält praktisch keine essentiellen Aminosäuren, es kann keine ausgeglichene Stickstoffbilanz herbeiführen, seine biologische Wertigkeit ist null. Nahrungskollagen kann lediglich zur Energiegewinnung verwendet werden.

F04

→ **Frage 2.11:** Lösung C

Für die Proteinbiosynthese müssen gleichzeitig alle 20 proteinogenen Aminosäuren im optimalen Verhältnis vorliegen. Insgesamt 12 Aminosäuren können im Stoffwechsel letztlich durch NH_3-Fixierung oder durch Transaminierung meistens aus den entsprechenden α-Ketosäuren gebildet werden, die 8 anderen sind essenzielle Nahrungsfaktoren, sie müssen alle (!) jeweils in einer Menge von ca. 0,5–1 g **täglich** (!) aufgenommen werden. Das Fehlen auch nur einer einzigen unterbricht die Proteinsynthese und führt so zu einer negativen Stickstoffbilanz, d. h. es wird mehr Protein abgebaut als aufgebaut. Essenziell sind 2 cyclische Aminosäuren (Phenylalanin, Tryptophan), 3 verzweigte Aminosäuren (Valin, Leucin, Isoleucin) und Lysin (C), Methionin und Threonin.

II.4 Methionin

Die essentielle Aminosäure Methionin ist ein Thioether.
Bei Eukaryonten, also auch beim Menschen, beginnt die Proteinsynthese stets mit Methionin, bei Bakterien (Prokaryonten) beginnt sie mit N-Formylmethionin. Nach Ende der ribosomalen Proteinsynthese wird Methionin (bzw. sein N-Formylderivat) meist hydrolytisch vom Aminoende entfernt („posttranslationales processing").

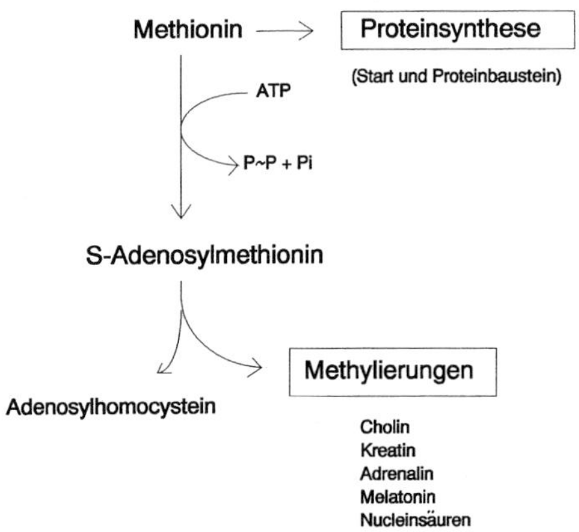

Mit ATP zu Adenosylmethionin aktiviert, dient Methionin im Stoffwechsel als Donator für Methylgruppen, z.B. bei der Synthese von Cholin. Dabei entsteht aus Methionin Homocystein, eine nicht-proteinogene Aminosäure. Homocystein kann mit Serin zum Thioether Cystathionin verbunden werden, der zu Cystein, α-Ketobutyrat und NH_3 umgesetzt wird. Homocystein kann aber auch durch Remethylierung mit Methyltetrahydrofolsäure und Vit. B_{12} zu Methionin rückverwandelt werden.

II.5 Glutaminsäure

Glutaminsäure ist eine saure Aminosäure. Außer als Proteinbaustein hat Glutaminsäure eine Bedeutung im Intermediärstoffwechsel. Mit NH_3 und ATP kann aus Glutamat durch die Glutaminsynthetase die proteinogene neutrale Aminosäure Glutamin entstehen.
Glutamin ist mit ca. 0,7 mmol/l die Aminosäure mit der höchsten Plasmakonzentration und dient u.a. dem Transport von Stickstoff im Blut. In der Niere und Leber kann aus Glutamin durch Glutaminase Ammoniak freigesetzt werden; auch dient Glutamin als NH_2-Donor bei der Synthese der Aminozucker. Bei beiden Reaktionen entsteht wieder Glutaminsäure.

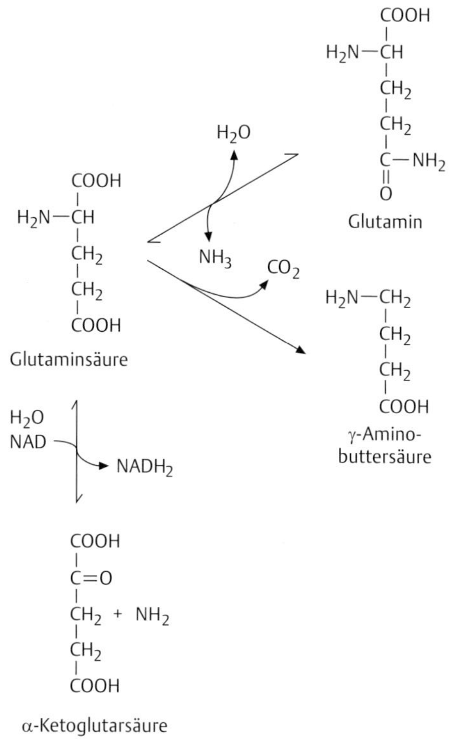

Im Nervensystem kann aus Glutaminsäure durch Decarboxylierung die γ-Aminobuttersäure (GABA) als Neurotransmitter entstehen.
Von Glutaminsäure ausgehend katalysieren drei Enzyme die Reaktion zur entsprechenden Ketosäure α-Ketoglutarsäure: die Glutamatdehydrogenase durch oxidative Desaminierung, die Glutamat-Pyruvat-Transaminase (GPT) durch NH_2-Übertragung auf Pyruvat unter Bildung von Alanin und die Glutamat-Oxalacetat-Transaminase (GOT), durch die Asparaginsäure entsteht. Das entstehende α-Ketoglutarat kann in Glucose umgewandelt werden, weshalb Glutaminsäure und Glutamin als glucoplastisch bezeichnet werden.
Bei sauren Aminosäuren liegt der isoelektrische Punkt (I.P.) zwischen den pK-Werten der beiden Säuregruppen (2 und 4), also für Glutaminsäure bei pH 3, bei neutralen Aminosäuren zwischen den pK-Werten der Carboxylgruppe und der Aminogruppe (2 und 10), also bei Glutamin bei pH 6. Auch der I.P. von GABA liegt in diesem Bereich.

H96
→ **Frage 2.12:** Lösung C

Siehe Lerntext II.5.
Glutamin ist eine neutrale Aminosäure.

H02
→ **Frage 2.13:** Lösung C

Während in allen 20 Aminosäuren die Säure/Basen-Konstanten der charakteristischen α-Carboxyl- und α-Aminogruppen in einem jeweils engen Bereich schwanken (pKa α-Aminogruppe: 9,1–10,8; pKa α-Carboxylgruppe: 1,8–2,4), sind die dissoziablen Gruppen in den Seitenketten sehr unterschiedlich. Richtig für pK 6 ist unter (C) die Imidazolgruppe des Histidins angegeben. Im Peptidverband können dann allerdings die pK-Werte des Imidazolrings von pK 6 bis pK 8 variieren, was für die Pufferwirkung der Proteine entscheidend ist. Der pK-Wert der Seitenkette im Glutamat (A) beträgt 4,3, im Aspartat (B) 3,9, im Cystein (D) 8,3 und im Arginin (E) 12,5. Zur Pufferung im physiologischen Bereich tragen diese Reste nicht bei, weil ihre pK-Werte zu weit vom biologischen Bereich abweichen.

II.6 Isoelektrischer Punkt

Aminosäuren und Proteine sind Ampholyte, also Moleküle, die mit Säuren und Basen Salze bilden und die damit sowohl positive als auch negative Ladungen aufweisen können. Aminosäuren tragen am sog. α-C-Atom eine Carboxylgruppe und eine Aminogruppe. Alle in natürlichen Proteinen vorkommenden Aminosäuren sind α-L-Aminosäuren, d.h. die Aminogruppe zeigt nach links, wenn das am höchsten oxidierte C-Atom, die Carboxylgruppe, nach oben geschrieben wird. In der ungeladenen Form in wässriger Lösung kommen die Aminosäuren nicht vor. Die Carboxylgruppe kann dissoziieren, d.h. Protonen (H^+) abgeben, die basische Aminogruppe kann Protonen aufnehmen. Sind gleich viele negative wie positive Ladungen an der Aminosäure vorhanden, so liegt die Aminosäure als Dipol vor, ist nach außen hin elektrisch neutral und wandert im elektrischen Feld nicht. Dies tritt am sog. isoelektrischen Punkt (I.P.) ein. Dieser Punkt ist ein pH-Wert, der auf der Mitte zwischen den pK-Werten der sauren und der basischen Gruppe liegt. Ist das Lösungsmittel der Aminosäure sauer, d.h. überwiegt H^+, so nimmt die Carboxylgruppe Protonen auf und wird in ihrer Dissoziation zurückgedrängt. Die positive Ladung der Aminogruppe überwiegt dann und die Aminosäure wandert zum negativen Pol (Kathode), ist also ein Kation. Bei alkalischem pH kann auch die Aminogruppe das angelagerte Proton abgeben, es überwiegt dann die negative Ladung der dissoziierten Carboxylgruppe, die Aminosäure wandert zum positiven Pol (Anode) und wird als Anion bezeichnet. Der isoelektrische Punkt kann für neutrale Aminosäuren berechnet werden, indem der pK-Wert der Säuregruppe und der der Aminogruppe addiert und durch 2 geteilt werden, er liegt also auf der Mitte zwischen den beiden pK-Werten. Bei sauren Aminosäuren (Aminosäuren, die zwei Carboxylgruppen besitzen) liegt der isoelektrische Punkt auf der Mitte zwischen den beiden pK-Werten der Säuregruppen.
Bei basischen Aminosäuren liegt der I.P. auf der Mitte zwischen den beiden Dissoziationskonstanten der basischen Gruppen.

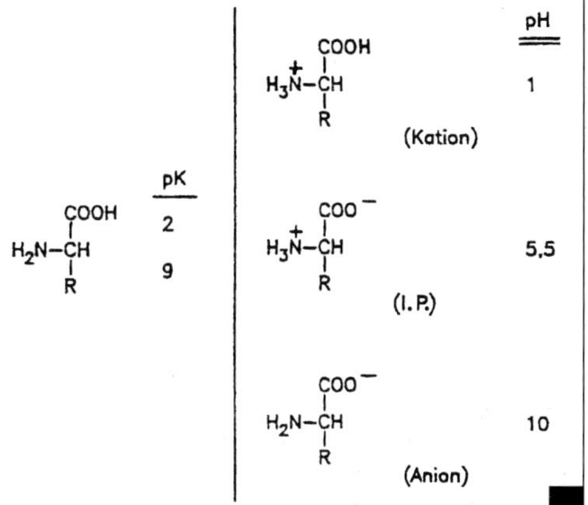

H03
→ **Frage 2.14:** Lösung D

Siehe Lerntexte II.1 und II.6.
Lysin besitzt in der Seitenkette eine NH_2-Gruppe, die protoniert ($-NH_3^+$) einen pK von 10 besitzt. Im Peptidverband verschiedener Proteine kann dieser pK-Wert zwischen 8 und 10 variieren. Bei physiologischem pH um 7,4 liegt die ε-Aminogruppe des Lysins also immer protoniert, d.h. positiv geladen vor.
Asparaginsäure (B) trägt wie Glutaminsäure zur negativen Ladung eines Proteins bei physiologischem pH-Wert bei, Methionin (A), Tyrosin (C) und Serin (E) tragen im Protein keine Ladung in ihren Seitenketten.

H96
→ **Frage 2.15:** Lösung D

Siehe Lerntext II.6.
Bei der basischen Aminosäure Lysin liegt der I.P. auf der Mitte zwischen den pK-Werten der beiden NH_2-Gruppen, also bei pH 9,7.

II.7 Peptidbindung

Peptide entstehen, wenn Aminosäuren sich miteinander unter Wasseraustritt verbinden; aus 2 Aminosäuren entsteht ein Dipeptid, aus 3 Aminosäuren entsteht, unter Abspaltung von 2 H_2O, ein Tripeptid. Ab etwa 10 Aminosäuren spricht man von einem Oligopeptid; sehr große Polypeptide, ab etwa 50 Aminosäurebausteinen, sind Proteine. Anhand der einfachen Aminosäuren Glycin und Alanin soll die Peptidbildung gezeigt werden:

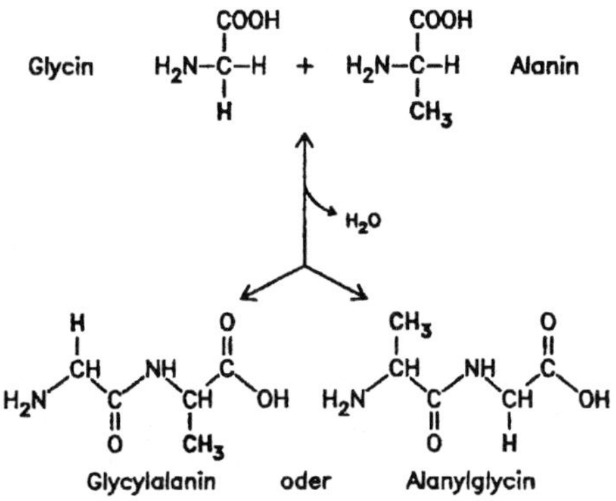

Aminosäuren, deren Carboxylgruppe in die Peptidbindung eingetreten ist, ändern ihren Namen in -yl. Die Peptidbindung –CO–NH– ist eine Säureamidbindung, die durch Hydrolyse unter Wasseraufnahme wieder in 2 Aminosäuren gespalten werden kann. In wässriger Lösung ist die Peptidbindung allerdings sehr stabil; erst längeres Erhitzen (24 h bei 110°C in 6 M HCl oder 2 h bei 90°C in 2 M NaOH) spaltet alle Peptidbindungen.
In allen Molekülen, so auch in der Peptidbindung, bewirkt Sauerstoff eine asymmetrische Elektronenverteilung, da es elektronenanziehend wirkt. Die Peptidbindung liegt auf der Mitte der beiden Grenzstrukturen vor. Man bezeichnet dies als Mesomerie der Peptidbindung. Die Peptidbindung zeigt Mesomerie:

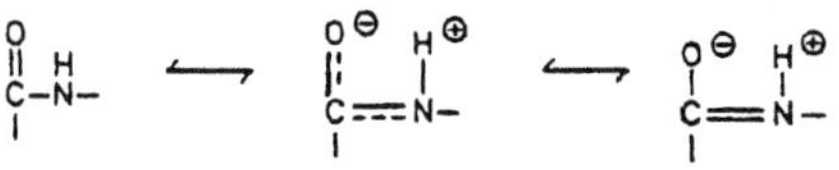

H98
→ **Frage 2.16:** Lösung C

Siehe Lerntext II.6.
Aminosäuren sind Ampholyte, die gleichzeitig Träger positiver und negativer Ladungen sind. Im Proteinverband sind die α-Aminogruppen und die α-Carboxylgruppen wegen Ausbildung der Peptidbindungen nicht mehr fähig zur Dissoziation. Unter den in der Frage angesprochenen Aminosäure-Resten sind die Seitenketten der Aminosäuren zu verstehen. Neutrale Aminosäuren, wie Tryptophan oder Valin, tragen hier keine Ladung. Die basischen Aminosäuren Lysin und Histidin sind bei pH 7,4 positiv geladen, nur die Glutaminsäure (C) trägt am γ-C-Atom eine negative Ladung in Form von $-COO^-$.

F04
→ **Frage 2.17:** Lösung A

Glutathion (GSH) ist ein Tripeptid (γ-Glutamyl-Cysteinyl-Glycin), das als Redox-System wirkt (A). Kreatin (B) ist Methylguanidinoessigsäure und dient als Kreatinphosphat im Muskel und Gehirn dem Transport und der Speicherung von energiereichem Phosphat (~ P).
Thyroxin (T_4) ist neben T_3 als Schilddrüsenhormon ein Tyrosinderivat (C), ähnlich wie Noradrenalin (D). Glutamin (Gln) ist das Amin der Glutaminsäure (Glu), es dient als Proteinbaustein und als NH_3-Lieferant im Stoffwechsel. Es entsteht aus Glu und NH_3 unter ATP-Verbrauch durch die Glutaminsynthase (E).

II.8 Glutathion

Glutathion (GSH) ist ein Tripeptid: γ-Glutamylcysteinylglycin. Glutathion wird in allen Zellen ohne Mitwirkung von Ribosomen oder Nucleinsäuren synthetisiert, nur durch 2 spezifische Ligasen jeweils unter ATP-Verbrauch. Zunächst wird atypisch die Carboxylgruppe der Seitenkette der Glutaminsäure (γ-Carboxylgruppe) mit der Aminogruppe des Cysteins verknüpft, das Dipeptid wird dann mit Glycin verbunden.

Funktionen:

1. Redox-System

Glutathion wirkt als Redoxsystem, indem 2 Moleküle unter Abgabe von 2 Elektronen und 2 Protonen reversibel in ein Molekül Glutathiondisulfid (GSSG) übergehen:

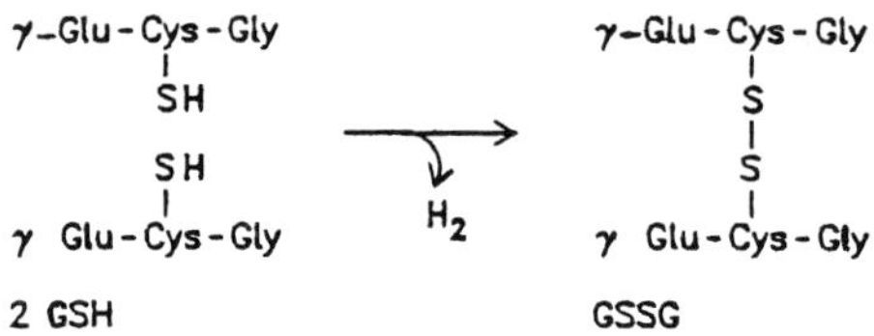

Durch diese Redoxreaktion mit GSH werden durch spontane Oxidation in Proteinen entstandene Disulfidbrücken gespalten bzw. es werden SH-Gruppen von Enzym- und Membranproteinen vor Oxidation geschützt.
Es kann auch nicht-enzymatisch durch Glutathion MetHb zu Hb rückverwandelt werden.

Die eigentliche MetHb-Reduktase verwendet allerdings nicht GSH, sondern $NADH_2$ als Elektronendonator.
Die Selen-haltige Glutathionperoxidase (GSH-POD) ist wichtig für die Beseitigung von Lipidperoxiden. So ist GSH der wichtigste Schutzmechanismus vor „oxidativem Stress".
Mit GSH wird in der Leber durch die Glutathion-Insulin-Transhydrogenase Insulin inaktiviert, indem die Disulfidbrücken gespalten werden.
Das bei all diesen Reaktionen entstehende Glutathion-Disulfid wird durch eine Glutathionreduktase mit $NADPH_2$ aus dem Pentosephosphatweg in GSH rückverwandelt; dabei wird Glutathion intermediär an einem Cysteinrest der Reduktase als gemischtes Disulfid angelagert.

2. Nicht-Redox-Funktionen des GSH

Glutathion kann an Leukotriene, das sind Mediatoren aus der Gruppe der Eicosanoide (Arachidonsäureabkömmlinge), angelagert werden; so entsteht z. B. Leukotrien C_4.
In vielen Membranen (Leber, Gallengänge, Dünndarm, Niere) existieren Transportmechanismen, die auf einem Gruppentransfer mit Glutathion beruhen. GSH reagiert mit Aminogruppen unter Freisetzung des Dipeptids (Cys-Gly), Schlüsselenzym ist die membranständige γ-Glutamyltranspeptidase (γ-GT). Das GSH wird für jedes transportierte Molekühl vollständig zerlegt in die 3 Aminosäuren (Glu, Cys und Gly) und muss dann wieder unter ATP-Verbrauch synthetisiert werden.

Klinischer Bezug

γ-GT im Serum als diagnostischer Parameter für Lebererkrankungen

Die γ-Glutamyltransferase kommt in sehr hohen Aktivitäten in den Membranen der Leberzellen, Gallengangsepithelien, Nierentubulusepithelien und Darmzellen vor. Sie dient dem Transport (Absorption und Sekretion) von Aminosäuren und NH_2-haltigen Metaboliten und Pharmaka durch Gruppentransfer mit Glutathion.
Aktivitätserhöhungen der γ-GT im Serum stammen praktisch immer aus der Leber.
Für Alkohol-Hepatitis, Fettleber und Gallenstauungen ist der Aktivitätsanstieg der γ-GT im Serum der früheste und empfindlichste diagnostische Parameter.

F00

→ **Frage 2.18:** Lösung B

Siehe Lerntext II.8.
Das Tripeptid Glutathion wird unter ATP-Verbrauch im Zytosol der Zellen synthetisiert. Die Disulfidgruppe des im Lauf seiner Funktion oxidierten Glutathions wird durch die Glutathion-Reduktase mittels NADPH reduziert; deshalb findet man in den Erythrozyten eine hohe Aktivität der Dehydrogenasen des Pentosephosphat-Weges.

H02

→ **Frage 2.19:** Lösung C

Siehe Lerntext II.8.
Die gesuchte Falschaussage ist (C), denn das Spurenelement Selen wird nicht mittels Glutathion in Proteine eingebaut, sondern auf der Ebene einer spezifischen tRNA, die mit Serin beladen wird und über Seleno-P zu Selenocystein wird, das dann bei der Proteinsynthese in antioxidativ wirkende Enzyme wie Glutathionperoxidase eingebaut wird.

II.9 Protein

Die Reihenfolge (Sequenz) der Aminosäuren in einem Protein wird als **Primärstruktur** bezeichnet. Die Aminosäuresequenz ist genetisch festgelegt, sie bestimmt die anderen Strukturcharakteristika der Proteine.
Die einzelnen Aminosäuren sind durch Peptidbindungen verbunden (siehe Lerntext II.7). Der partielle Doppelbindungscharakter der Peptidbindung ermöglicht die Ausbildung von Wasserstoffbrückenbindungen (H-Brücken) zwischen zwei Peptidbindungen. H-Brücken gehören zu den nicht-kovalenten Bindungen, ihre Bindungsenergie beträgt ca. 10% einer kovalenten Bindung. H-Brücken bewirken die Ausbildung von **Sekundärstrukturen** (α-Helix-Struktur und Faltblattstruktur). In der α-Helix bildet die Peptidkette eine rechtsdrehende Spirale mit 3,6 Aminosäuren pro Umlauf, die H-Brücken bilden sich aus zwischen C=O- und NH-Gruppen übereinanderliegender Peptidbindungen derselben Kette. Zwischen nebeneinander liegenden Peptidketten (gleichsinnig = parallel oder gegenläufig = antiparallel) bilden H-Brücken die sog. Faltblattstrukturen. Die Unterbrechung der α-Helix z. B. durch Prolinreste in der Peptidkette kann zu Rückfaltungen führen, z. B. durch H-Brücken stabilisierte Haarnadelbiegungen. Daraus ergibt sich die sog. **Tertiärstruktur**, d. h. die räumliche Gesamtstruktur des Proteins. Die Tertiärstruktur kann stabilisiert werden durch Disulfidbrücken, durch Ionenbindungen (heteropolare B.) und durch hydrophobe Wechselwirkungen. **„Hydrophobe Bindungen"** besitzen nur etwa 1% der Bindungsenergie einer kovalenten

(= homöopolaren) Bindung. Sie entstehen dadurch, dass sich die hydrophoben Seitenketten z. B. von Leucin, Isoleucin, Valin und Phenylalanin im wässrigen Medium im Inneren des Proteinmoleküls zusammenlagern. Hydrophobe Bindungen verbinden Membranproteine mit der Membran-Lipid-Doppelschicht. Lagern sich mehrere Proteinmoleküle zu einem höheren funktionellen Komplex zusammen, so spricht man von **Quartärstruktur.**

Ausgehend von einer vorgegebenen Primärstruktur kann ein Protein unendlich viele **Konformationen** (aus Sekundär-, Tertiär- und u. U. Quartärstruktur) annehmen; nur eine ist die sog. **native Konformation**, in der das Protein funktionell aktiv ist. Eine Änderung der nativen Konformation (spontan oder durch Salze, Säure, Lauge, Hitze u. a.) geht einher mit einem Funktionsverlust und wird als **Denaturierung** bezeichnet. Kann das denaturierte Protein wieder in die native Konformation gebracht werden (z. B. nach Ausfällung mit Ammoniumsulfat), spricht man von reversibler Denaturierung. Meist sind Denaturierungen aber irreversibel (z. B. die Hitzedenaturierung). Bei der Denaturierung werden die Peptidbindung und damit die Primärstruktur nicht verändert, je nach Denaturierungsmethode nimmt der Anteil an α-Helix-Abschnitten ab und besonders stark wird die Tertiärstruktur verändert.

Die Proteinkonformation kann durch Anhängen von Zuckerresten (Glykosylierung) beeinflusst werden, auch Phosphorylierung durch Proteinkinasen kann die Konformation und damit regulatorisch den Funktionszustand verändern.

Bei regulatorischen Enzymen kann eine reversible Überführung in verschiedene aktive Konformationen allosterisch und kooperativ eintreten.

Domänen eines Proteins sind Teile der Peptidkette, die unabhängig von den anderen Proteinanteilen eine eigene Tertiärstruktur ausbilden und eine eigene Funktion wahrnehmen.

Eine besondere Struktur weist das extrazelluläre Bindegewebsprotein Kollagen – mit ca. 4 von insgesamt 15 kg das häufigste Protein eines Menschen – auf. In den Peptidketten des Kollagens kommt wiederholt die Sequenz Glycin-Prolin-Hydroxyprolin vor, wodurch die Ausbildung einer Tripelhelix begünstigt wird.

Proteinfunktionen

Merke: **es gibt keine biologischen Funktionen, an denen Proteine nicht direkt oder indirekt beteiligt sind!**

Einige Beispiele: **Enzyme** bestimmen als Biokatalysatoren Richtung und Geschwindigkeit im Stoffwechsel.

Kontraktile Proteine wandeln chemische Energie (ATP) in kinetische Energie (Bewegung) um (in Muskulatur, Zilien, Flagellen, bei Spindelbewegungen und bei amöboiden Zellbewegungen).

Antikörper unterscheiden „fremd" und „eigen", Abwehr von Krankheitserregern, Giften, Tumorzellen.

Transportproteine, z. B. Hämoglobin, Transferrin, Lipoproteine u. a., sowie aktive und passive Transporter durch Zellmembranen

Strukturproteine extrazellulär, z. B. Kollagene, und Elastin, intrazellulär, z. B. Cytoskelett mit Filamentproteinen

Schutzprotein-Kaskaden, z. B. Gerinnung, Fibrinolyse, Komplement

Regulationsproteine, z. B. Rezeptoren, Transmitter, Proteohormone, Wachstumsfaktoren.

F99 F96 F90

→ **Frage 2.20:** Lösung D

Siehe Lerntext II.9.

Die Kollagen-Tripelhelix wird durch Glycin und Hydroxyprolin stabilisiert. Cystein kommt im Kollagen nicht vor.

H97

→ **Frage 2.21:** Lösung A

Siehe Lerntext II.9.

Die gesuchte Falschaussage ist (A), denn die Peptidbindung ist nicht frei drehbar, sondern durch die Mesomerie mit einem partiellen Doppelbindungscharakter in ihrer Rotationsfähigkeit stark eingeschränkt.

Ein gegebenes Proteinmolekül kann unendlich viele Konformationen einnehmen; dabei auftretende regelmäßige Strukturen sind die Sekundärstrukturen der sog. α-Helix und des Faltblatts.

Die biologisch aktive Struktur nennt man die „native"; sie kann spontan oder durch chemische oder physikalische Einwirkung verändert werden, d. h. unter Verlust ihrer biologischen Aktivität denaturiert werden. Manche Formen der Denaturierung sind reversibel, wie z. B. manche Ausfällungen mit Neutralsalzen; andere, wie z. B. die Hitze-Denaturierung, sind irreversibel.

H97

→ **Frage 2.22:** Lösung B

Domänen eines Proteins sind Regionen der Polypeptidkette, die eine eigene Tertiärstruktur ausbilden und z.T. eigene Funktionen ausüben (B).
Da Domänen innerhalb der Peptidkette liegen, haben sie keine freien Carboxyl- und Amino-Enden ((A) ist falsch). Proteindomänen sind spezifische Teile der Peptidkette, damit haben sie nichts mit Proteinuntereinheiten (C) oder monomeren Bausteinen (E) zu tun. Wie alle Proteine sind auch die Domänen auf **Exons** kodiert, Introns (D) tragen keine Information zur Proteinsynthese.

II.10 Proteinmodifikation

Während und nach der ribosomalen Proteinsynthese können Proteine enzymatisch verändert werden (cotranslationales und posttranslationales processing). So werden im **Prokollagen** Prolinreste und Lysinreste mit O_2 hydroxyliert. Dabei wirkt die oxidative Decarboxylierung von α-Ketoglutarat als Wasserstoffdonator und Vit. C als Aktivator.
Bei der Elastinsynthese werden Lysinreste oxidativ desaminiert, mit den verbleibenden Aldehydfunktionen bilden sich dann die charakteristischen Desmosinringe, durch die 4 Peptidketten im Elastin verbunden werden.
An Lysinreste anderer zellulärer Proteine kann kovalent unter ATP-Verbrauch das Protein Ubiquitin über seine endständige COOH-Gruppe angehängt werden. Das Protein wird durch die Ubiquitinylierung für den proteolytischen Abbau markiert.
Eine häufige posttranslationale Proteinmodifikation stellt die Glykosylierung dar.
Viele Serumproteine, Proteohormone, Mucine und Proteine an der Außenseite der Zellmembranen sind **Glykoproteine**. Posttranslational werden bei deren Biosynthese Zuckerreste β-N-glykosidisch an Asparaginreste oder β-O-glykosidisch an die Alkoholgruppen der Aminosäuren Serin, Threonin und im Prokollagen an Hydroxylysin angehängt. Bei vielen Serum-Glykoproteinen ist die aus Acetylmannosamin und Phosphoenolpyruvat entstehende **N-Acetylneuraminsäure** (**NANA** oder Sialinsäure) der endständige Zuckerrest in den gebundenen Oligosaccharidketten. Glykoproteine mit NANA als endständigem Zuckerrest werden nicht vom Asialoglykoprotein-Rezeptor der Leberzellen gebunden. Wird durch Neuraminidasen NANA abgespalten, dann können Serum-Glykoproteine von der Leberzelle gebunden, endozytiert und abgebaut werden. So beeinflusst NANA die Lebensdauer (Halbwertszeit) der Serumproteine.
Abhängig von der Konzentration und der Einwirkungszeit können durch die Blutglucose viele Proteine spontan, d.h. nicht-enzymatisch, glykosyliert werden. Der Nachweis des so entstandenen glykosylierten Hämoglobins hat Bedeutung in der Diabetes-Kontrolle.
Die native Konformation vieler Proteine wird durch posttranslational eingeführte Disulfidbrücken, entstanden durch Oxidation zweier Cysteinreste, stabilisiert. Beispiele sind das Proinsulin, das Insulin und die Antikörper. Durch Proteinkinasen und P-Proteinphosphatasen können regulatorische Proteine reversibel phosphoryliert und dephosphoryliert werden. Die P-Gruppe wird von ATP auf Serinreste oder auf Tyrosinreste übertragen.
Bei den Blutgerinnungsfaktoren II, VII, IX und X werden posttranslational bestimmte Glutaminsäurereste der Kette Vitamin-K-abhängig carboxyliert. Die so entstandene Gammacarboxyglutaminsäure dient der Bindung von Calciumionen.

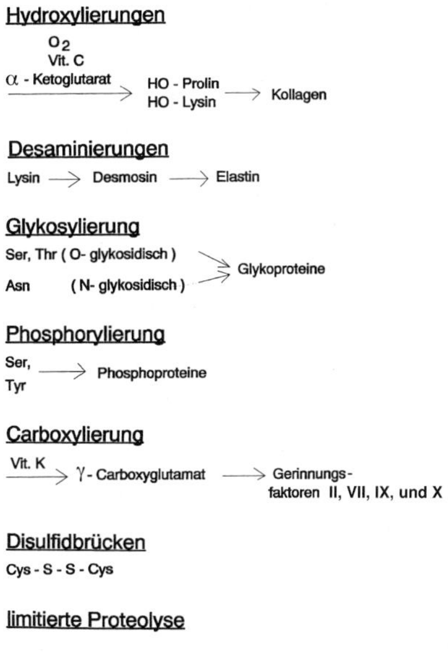

Klinischer Bezug

Hydroxyprolinausscheidung bei Knochenerkrankungen

Hydroxyprolin ist die charakteristische und häufigste Aminosäure im Kollagen. Hydroxyprolin ist nicht proteinogen, d.h. es wird nicht bei der Kollagenbiosynthese benötigt, sondern entsteht durch posttranslationale Modifikation im Protein. Bei angeborenen und auch bei erworbenen Knochenerkrankungen mit verstärktem Abbau von Knochen und Kollagen wird Hydroxyprolin im Oligopeptidverband vermehrt im Urin ausgeschieden und ist ein diagnostischer Parameter.
Bei gestörter Synthese von Knochen und Kollagen ist die Hydroxyprolinausscheidung vermindert.

H98
→ **Frage 2.23:** Lösung E

Siehe Lerntext II.10.
Alle natürlichen Proteine sind aus 20 verschiedenen Bausteinen, den proteinogenen Aminosäuren, aufgebaut. In gewissen Proteinen findet man allerdings konstant Aminosäuren, die nicht in dieser Zusammenstellung enthalten sind. Diese Strukturen sind während oder nach der Translation durch chemische Modifikationen entstanden.
Während der Kollagenbiosynthese im Fibrozyten werden proteingebundene Prolinreste (A) sowie Lysinreste (B) hydroxyliert; letzteres ist für die nachfolgende Glykosylierung wichtig. Glutamatseitenketten verschiedener Gerinnungsproteine werden carboxyliert (C), um eine Wechselwirkung mit Calciumionen zu ermöglichen. In vielen Glykoproteinen finden sich Zuckerketten an Serinreste angelagert (D).
Die gesuchte Falschaussage ist (E), denn zur Bildung der Schilddrüsenhormone werden Tyrosinreste iodiert, nicht die hier angeführten Phenylalanin-Seitenketten.

H05
→ **Frage 2.24:** Lösung D

In Glykoproteinen und Proteoglykanen sind Zucker mit Asparaginresten N-glykosidisch und/oder Serinresten O-glykosidisch verknüpft.

H99
→ **Frage 2.25:** Lösung C

Praktisch alle im Blut zirkulierenden Proteine, darunter auch das Fibrinogen (D), sind zuckerhaltige Glykoproteine; die wichtige und hier gefragte Ausnahme ist das Albumin (C). Die Blutgruppensubstanzen erhalten ihre Spezifität durch verzweigte Oligosaccharide (E); beim Kollagen sind am Hydroxylysin gebundene Disaccharide wichtig für die Struktur und die Funktion (A). Das Nierenhormon Erythropoetin besteht aus einem Protein mit einem Molekulargewicht von 19000 und einem Kohlenhydratanteil von 20000 Dalton.

F01 F99 F96 H92
→ **Frage 2.26:** Lösung D

N-Acetylneuraminsäure (NANA) ist eine Zuckersäure mit einer unverzweigten C_9-Kette, entstanden aus Phosphoenolpyruvat und N-Acetyl-mannosamin (-6-phosphat). Sie findet sich häufig als Endgruppe von protein- oder lipidgebundenen Oligosacchariden. NANA-haltige Glykoproteine im Blutplasma sind vor Endozytose und Abbau geschützt, bis eine Neuraminidase durch NANA-Abspaltung ihren Abbau einleitet.
Falsch ist die Aussage (D): nicht NANA, sondern Ankyrin und Spectrin vermitteln die Anbindung des Zytoskeletts an die Plasmamembran der Erythrozyten.

Kommentare aus Examen Frühjahr 2006

F06
→ **Frage 2.27:** Lösung C

Der isoelektrische Punkt einer Aminosäure oder eines Proteins gibt denjenigen pH-Wert an, an dem das Molekül gleich viele positive wie negative Ladungen trägt, also nach außen neutral erscheint und in der Elektrophorese nicht wandert.
Aussage (C) ist also richtig, wenn auch etwas kompliziert formuliert.
Aussage (D) ist falsch, denn zur Berechnung des IP werden nicht die K_S-Werte herangezogen, sondern die pK_s-Werte.
Siehe Lerntext „Isoelektrischer Punkt" II.6.

F06
→ **Frage 2.28:** Lösung D

In der SDS-Polyacrylamid-Elektrophorese lagern sich Dodecylsulfatanionen als Detergenz an die Proteine an, (D) ist die gesuchte richtige Aussage.
Aussage (A) ist falsch, denn die Quartärstruktur wird nicht stabilisiert, sondern zerstört und die native Struktur wird denaturiert, Aussage (E) ist also falsch.

F06
→ **Frage 2.29:** Lösung C

Das Tripeptid Glutathion (Glutamylcysteinylglycin) ist ein in vielen Zellen vorkommendes Redox-System, das unter ATP-Verbrauch ribosomenunabhängig durch 2 sehr spezifische Ligasen synthetisiert wird aus den 3 freien Aminosäuren Glutamat, Cystein und Glycin.
Siehe Lerntext „Glutathion" II.8.

3 Chemie der Fettsäuren und Lipide

III.1 Lipide

Die Lipide stellen eine chemisch relativ uneinheitliche Stoffgruppe dar, die Zuordnung und Charakterisierung erfolgt nach dem Lösungsverhalten: Lipide sind aufgrund der überwiegend vorhandenen Kohlenwasserstoffketten nicht in Wasser löslich (hydrophob), aber löslich in organischen Lösungsmitteln wie Aceton, Äther, Alkohol, Tetrachlorkohlenstoff und Benzin (lipophil).
Die Biosynthese praktisch aller Lipide geht von der C_2-Einheit „aktivierte Essigsäure" (Acetyl-CoA) aus.
Eine häufige Bindungsform in den Lipiden ist die Esterbindung, entweder als Carbonsäureester oder als Phosphorsäure-Diester-Bindung.

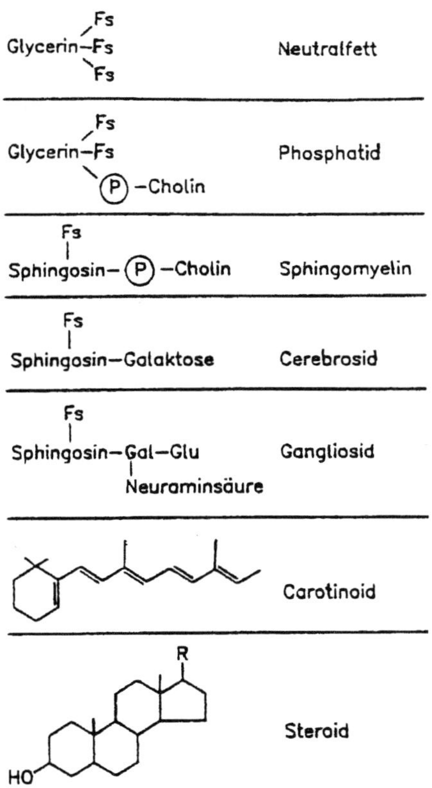

F04 H90 F88

→ **Frage 3.1:** Lösung B

Neutralfette (Triacylglycerine) sind im Gegensatz zu Phospholipiden sehr hydrophob (D). Als energieliefernde Nahrungsmittel („Fett") und Energiespeicher in Form des Fettgewebes sind Fette aufgrund ihres hohen Energiegehaltes von 40 kJ/g (A) und ihres niedrigen Wassergehalts sehr effektiv. Im Blut werden sie wie alle Lipide als Lipoprotein transportiert (E). Der Schmelzpunkt und der Siedepunkt der Fette ist umso niedriger, je mehr ungesättigte Fettsäuren vorhanden sind und je kürzer die Fettsäuren sind (C). Bei Raumtemperatur flüssige Fette werden als Öle bezeichnet. Die gesuchte Falschaussage ist (B), denn in den Zellmembranen kommen keine Neutralfette vor, sondern die Lipiddoppelschicht besteht aus Phospholipiden, Glykolipiden und Cholesterin, eingelagert sind Membranproteine.

H01 H99

→ **Frage 3.2:** Lösung A

Einfach und mehrfach ungesättigte Fettsäuren liegen im Organismus in den Membranlipiden als cis-Isomere vor; (A) ist die gesuchte richtige Aussage. In mehrfach ungesättigten (essenziellen) Fettsäuren sind die Doppelbindungen nicht konjugiert, sondern isoliert, d. h. sie sind durch mehr als eine Einfachbindung voneinander getrennt ((B) ist falsch). Die essenzielle Linolsäure kann im Organismus in die Arachidonsäure, nicht aber in die Linolensäure umgewandelt werden ((C) ist falsch). Der Anteil ungesättigter Fettsäuren bestimmt den Schmelz- und Siedepunkt der natürlich vorkommenden Fette; auch in den Fettzellen enthalten die Triglyceride ungesättigte Fettsäuren ((D) ist falsch). Beim Abbau der geradzahligen Fettsäuren, auch der ungesättigten Ölsäure, entsteht Acetyl-CoA, niemals jedoch Succinyl-CoA ((E) ist falsch).

F04

→ **Frage 3.3:** Lösung E

Siehe Lerntext III.1.
Glycerolipide enthalten grundsätzlich mit Fettsäuren verestertes Glycerol. Lecithin (A) ist verestert mit 2 Fettsäuren und Phosphorylcholin. Inositphosphatide (B) enthalten neben 2 Fettsäuren P-Inositol, einen 6-wertigen, aus Glucose gebildeten Alkohol. Cardiolipin (C) kommt vorwiegend in Mitochondrienmembranen vor, es besteht aus 2 Diacyl-P-Glycerinresten, die über ein drittes Glycerin miteinander verbunden sind. Plasmalogene sind ähnlich wie Lecithin aufgebaut (D), statt der mittleren Fettsäure ist ein Fettsäurealdehyd als Enol mit dem Glycerin verbunden. Die gesuchte Falschaussage ist (E), denn die Ganglioside wie auch die Cerebroside enthalten statt Glycerin den langkettigen Aminoalkohol Sphingosin.

H05

→ **Frage 3.4:** Lösung B

Komplexe Lipide enthalten als Alkohol Glycerin, hierzu gehören Cardiolipin (ein Diphosphatidylglycerin), Lecithin, Phosphatidylinositol und die Etherglycerophosphatide (Plasmalogene).
Den langkettigen Aminoalkohol Sphingosin enthalten die Sphingomyeline, Cerebroside und Ganglioside.
Siehe Lerntext „Lipide" III.1.

H04

→ **Frage 3.5:** Lösung B

Siehe Lerntext III.4.
Das Ringsystem der Steroide wird Steran genannt und besteht aus 17 C-Atomen (B). Bei der Biosynthese aus Acetyl-CoA entsteht Cholesterol, das an C-3 eine Alkoholgruppe, an C-10 und C-13 je eine Methylgruppe und an C-17 eine Seitenkette aus 8 C-Atomen trägt, also insgesamt aus 27 C-Atomen besteht. C-19 Steroide (C) sind die Androgene, C-21 Steroide (D) sind die Gestagene.
15 (A) oder 23 (E) C-Atome kommen in Steroiden nicht vor.

F05

→ **Frage 3.6:** Lösung B

Liposomen werden hergestellt, indem man Phospholipide in einer wässrigen Lösung eines Arzneimittels mit Ultraschall und (oder) einem mechanischen Rührsystem verquirlt, sodass eine feintropfige, milchige Verteilung entsteht. Das Liposom enthält eine Lipid-Doppelmembran, (B) ist die richtige Aussage, wobei die hydrophilen Anteile der Phospholipid-Doppelschicht außen den Kontakt zum wässrigen Medium und innen den Kontakt zur wässrigen Arzneilösung herstellen, (E) ist also falsch.
Aussage (D) ist falsch, denn Mizellen, z. B. der verdauten Nahrungsfette, werden durch Gallensäuren und β-Monoglyceride umhüllt und haben einen Durchmesser von 0,005 μm, 100 nm (= 0,1 μm) ist der Durchmesser der Emulsionspartikel der Nahrungsfette durch Gallensäuren.

F03

→ **Frage 3.7:** Lösung D

Siehe Lerntext III.2.
Der Schmelzpunkt und der Siedepunkt eines Fettes werden herabgesetzt, wenn die veresterten Fettsäuren reich an Doppelbindungen sind und auch die Fettsäuren kürzer sind. Fette, die bei Raumtemperatur flüssig sind, werden als Öl bezeichnet.
Die Nieren liegen ohne feste Verbindung in einem Fettlager, das bei Körpertemperatur relativ fest ist („Talg"), also einen hohen Schmelzpunkt besitzt, aufgrund der reichlich vorhandenen gesättigten langkettigen Fettsäuren Stearinsäure und Palmitinsäure.
Damit ist (D) die gesuchte Falschaussage.

III.2 Fettsäuren

Fettsäuren werden aus C_2-Einheiten (Acetyl-CoA) aufgebaut, besitzen also eine gerade Anzahl von C-Atomen.
Die kürzeste in Lipiden vorkommende Fettsäure ist Buttersäure (C_4), die häufigsten Fettsäuren besitzen 16 C-Atome (Palmitinsäure) und 18 C-Atome (Stearinsäure). Buttersäure, Palmitinsäure und Stearinsäure sind gesättigte Fettsäuren, d. h. es kommen ausschließlich Kohlenstoffketten mit Einfachbindungen vor ($-CH_2-$). Eine Desaturase des endoplasmatischen Reticulums (ER) des Menschen kann in die Stearinsäure oxidativ eine Doppelbindung einführen, es entsteht die einfach ungesättigte Ölsäure (C_{18} : 1).
Von besonderer Bedeutung für den Menschen sind die mehrfach ungesättigten, sog. essentiellen Fettsäuren, deren wichtigste die 2-fach ungesättigte Linolsäure (C_{18} : 2) ist. Der Mensch benötigt ca. 7 g Linolsäure pro Tag, die tägliche mitteleuropäische Durchschnittsnahrung enthält 12–14 g.
Linolsäure kann im ER in die dreifach ungesättigte γ-Linolensäure (C_{18} : 3) und diese mit Acetyl-CoA in die 4-fach ungesättigte (C_{20} : 4) Arachidonsäure (= Eicosatetraensäure) umgewandelt werden. Da sie aus der essentiellen Linolsäure gebildet werden können, sind γ-Linolen- und Arachidonsäure „halbessentiell".
In den mehrfach ungesättigten Fettsäuren sind die Doppelbindungen nie konjugiert, sondern stets isoliert, d. h. durch mindestens 2 Einfachbindungen getrennt.
Die ungesättigten Fettsäuren weisen an den Doppelbindungen stets cis-Konfiguration auf. Bei unsachgemäßer Margarineherstellung oder in Frittierfetten können durch Umlagerung ungesättigte trans-Fettsäuren entstehen, die gesundheitsschädlich sind.
Linolsäure und Arachidonsäure kommen in großer Menge in Lipiden der Zellmembran vor, sie erhöhen deren Fluidität. Auch in Triglyceriden des Fettgewebes werden der Siedepunkt und der Schmelzpunkt durch Doppelbindungen herabgesetzt. Doppelbindungen und kurze Fettsäuren machen ein Lipid flüssig („Öl"), gesättigte Fettsäuren und lange Ketten machen ein Lipid fest („Talg").
Aus Membranlipiden durch Phospholipase A_2 freigesetzte Arachidonsäure (= Eicosatetraensäure) wird durch die Cyclooxygenase zu Prostaglandinen, Prostacyclinen und Thromboxanen umgesetzt. Diese **Eicosanoide** (Gewebehormone oder Mediatoren) spielen bei Schmerz-,

Entzündungs-, Fieber- und Gerinnungsreaktionen eine Rolle.
ω-6-Familie der ungesättigten Fettsäuren (letzte Doppelbindung 6 C-Atome vom Methylende entfernt)

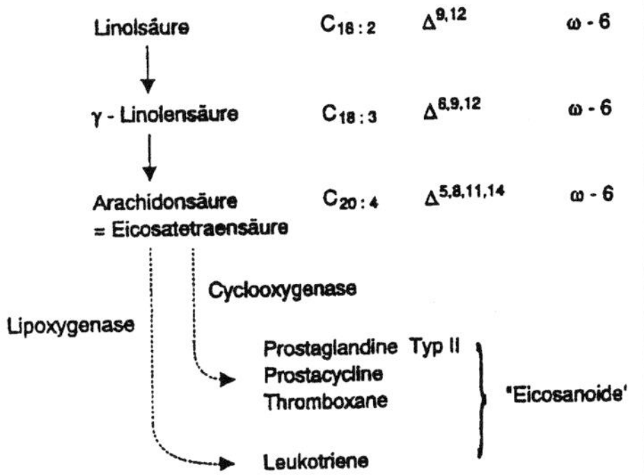

ω-3-Familie der ungesättigten Fettsäuren (letzte Doppelbindung 3 C-Atome vom Methylende entfernt)

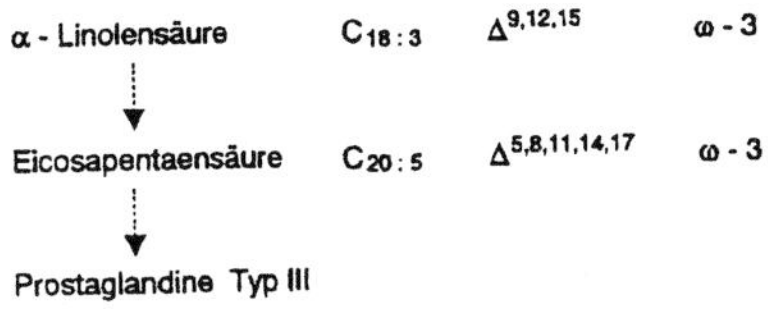

Durch Salizylate (z. B. Aspirin) kann die Cyclooxygenase gehemmt und damit die Entstehung von Prostaglandinen, Prostacyclinen und Thromboxanen unterdrückt werden. Eine vierte Gruppe von Eicosanoiden stellen die Leukotriene dar, diese sind nicht zyklisch (nicht durch Cyclooxygenase entstanden und also nicht durch Salizylate hemmbar) und entstehen aus Arachidonsäure durch die Lipoxygenase.

Klinischer Bezug
Entzündung

Jede Gewebsschädigung, ob mechanisch, toxisch, durch Strahlen oder durch Krankheitserreger ausgelöst, führt im Rahmen der Heilungsprozesse zu einer Entzündung mit vier klassischen **Lokalsymptomen:**
Dolor = Schmerz, Calor = Erwärmung, Rubor = Rötung und Tumor = Schwellung und u. U. zu **Allgemeinsymptomen:**
Fieber, Abgeschlagenheit, Krankheitsgefühl, Appetitlosigkeit, Müdigkeit.
Auslöser der Entzündungssymptome sind sog. **Entzündungsmediatoren**, zu denen Prostaglandine und andere Eicosanoide neben Histamin, Bradykinin, Interleukinen und Interferonen gehören.

Klinischer Bezug
Entzündungshemmung

Überwiegend ist die Entzündung positiver und kausaler Teil des Heilungsprozesses.
Überschießende Reaktionen machen aber ärztliches Eingreifen notwendig, insbesondere bei zu hohem Fieber (antiphlogistische Therapie) und zur Schmerzbekämpfung (analgetische Therapie). Die Therapie muss nach strenger Abwägung so erfolgen, dass der Heilungsprozess nicht gestört wird. Alle wirksamen Entzündungshemmer haben auch unerwünschte Nebenwirkungen! Es werden steroidale und nicht-steroidale Entzündungshemmer unterschieden.
Steroidale Analgetika/Antiphlogistika (Cortisol, Prednisolon, Dexamethanon u. a.) hemmen die Phospholipase A_2, die aus Membranlipiden Arachidonsäure für die Eicosanoidbildung freisetzt.
Nicht-Steroidale Analgetika/Antiphlogistika (Aspirin, Indometacin, Phenylbutazon u. a.) hemmen die Cyclooxigenase und damit die Bildung der Prostaglandine, Prostacycline und Thromboxane. Sie hemmen auch die Blutgerinnung (Antikoagulation).

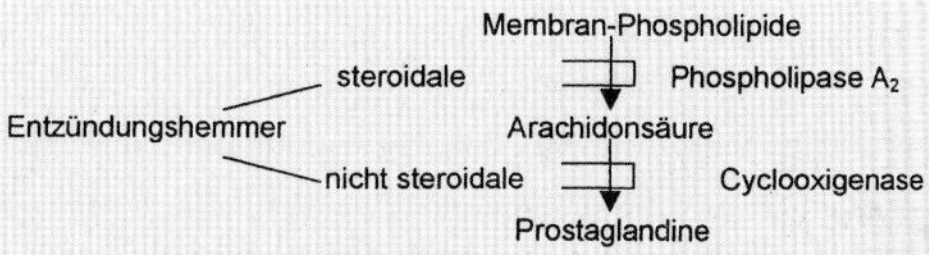

F04
→ **Frage 3.8:** Lösung E

Die Cyclooxygenase ist das Schlüsselenzym für die Synthese von Prostaglandinen (E), Thromboxanen und Prostacyclinen. Sie kann durch nicht-steroidale Entzündungshemmer wie Aspirin irreversibel (kovalent) durch Acetylierung gehemmt werden.
Zu den Falschaussagen: Cortisol (A) entsteht durch eine 11-Hydroxylase in der Zona fasciculata der Nebennierenrinde. IMP (B) entsteht nicht aus AMP, sondern umgekehrt: AMP entsteht aus IMP. Leukotriene (C) sind wie Prostaglandine Arachidonsäureabkömmlinge (Eicosanoide), werden aber nicht durch Cyclooxygenasen, sondern durch Lipooxygenasen gebildet. Ihre Synthese ist **nicht** durch Aspirin hemmbar. Ölsäure (D) entsteht aus Stearinsäure durch eine Desaturase.

H04

→ **Frage 3.9:** Lösung A

Siehe Lerntext III.2.
Aus Arachidonsäure werden durch die Cyclooxygenase die Eicosanoide Prostaglandine, Prostacycline und Thromboxane gebildet. Die Cyclooxygenase kann durch nicht-steroidale Antiphlogistica, z. B. Aspirin, irreversibel (kovalent) gehemmt werden (A).
(B) ist falsch, denn die GSH-S-Transferasen übertragen Glutathion auf hydrophobe Verbindungen und dienen u. a. der Entgiftung und Ausscheidung.
(C) ist falsch, denn die Lipoxygenase setzt zwar auch Arachidonsäure um, sie bildet aber nicht Prostaglandine, sondern Leukotriene.
(D) ist falsch, denn P-Lipase C hat mit Eicosanoiden nichts zu tun, sondern setzt aus P-Inositol-4,5-bisP der Zellmembranen die Second messenger IP_3 und DAG frei. Die Arachidonsäure wird aus Membranlipiden durch die Phospholipase A_2 freigesetzt.

H03

→ **Frage 3.10:** Lösung C

Siehe Lerntext III.2.
Acetylsalicylsäure (Aspirin) hemmt die Cyclooxygenasen, die die Schrittmacherenzyme der Synthese von Prostaglandinen, Prostacyclinen und Thromboxanen sind. Die Phospholipase A_2 wird nicht durch Acetylsalicylsäure, sondern durch das Lipocortein/Cortisol-System gehemmt, (A) ist nicht zutreffend.
(D) ist falsch, denn die Cyclooxygenase wird durch Aspirin nicht aktiviert, sondern gehemmt. (E) ist nicht zutreffend, denn bei der Synthese der Leukotriene ist die Cyclooxygenase und damit auch eine Hemmung durch Aspirin nicht beteiligt.

F05

→ **Frage 3.11:** Lösung A

Aus Arachidonsäure entsteht katalysiert von der Cyclooxygenase mit O_2 ein zyklisches Endoperoxyd, aus dem dann enzymatisch Prostaglandine, Prostacycline und Thromboxane entstehen.
Siehe Lerntext „Fettsäuren" III.2.

F03

→ **Frage 3.12:** Lösung A

Siehe Lerntext III.2.
PGE_2 entsteht aus Arachidonsäure und führt in Zielzellen über G-Proteine (A) zu einem Anstieg von intrazellulärem cAMP.
PGE_2 entsteht aus Arachidonsäure durch die Cyclooxygenase (COX), die unter (D) genannte Lipoxygenase stellt aus Arachidonsäure Leukotriene her.
(E) ist falsch, denn aus den Membranlipiden, z. B. Lecithin, wird Arachidonsäure nicht durch die Phospholipase D, sondern durch die Phospholipase A_2 freigesetzt.
Durch Cortisol und andere Corticoide kann die Arachidonsäure-Freisetzung und damit indirekt die PGE-Synthese gehemmt werden ((C) ist falsch).
Aspirin ist ein Hemmstoff der COX.

F05

→ **Frage 3.13:** Lösung A

Gewebeverletzungen und Infektionen führen innerhalb von 2–10 Tagen zusätzlich zu der lokalen, in der Regel heilenden Entzündungsreaktion zu einer Gesamtreaktion („systemisch") des Organismus, die durch Cytokine ausgelöst wird. Hierbei werden sog. Akute-Phase-Proteine vermehrt gebildet und in der Diagnostik quantitativ bestimmt. Am schnellsten reagiert das CRP (E), danach Haptoglobin (B), das durch Hämolyse freigesetztes Hämoglobin bindet und damit dessen schädliche Wirkung an den Nieren-Glomerula verhindert. Auch Serumamyloid (C) und Fibrinogen (D) werden zu den Akute-Phase-Proteinen gezählt.
Die gesuchte Falschaussage ist (A), denn Albumin ist kein Akute-Phase-Protein.

H05

→ **Frage 3.14:** Lösung B

Aus Arachidonsäure werden durch die Lipoxygenase die Leukotriene gebildet, somit kann ein selektiver Hemmer der Lipoxygenase (z. B. Zileuton) zur Therapie bestimmter Asthmaformen eingesetzt werden. In der Standardtherapie spielt dies derzeit noch keine Rolle, hier kann durch Hemmung der Phospholipase A_2 durch Glucocorticoide die Arachidonsäurefreisetzung und damit die Synthese aller Eicosanoide herabgesetzt werden.
Aussage (A) ist falsch, denn COX-Hemmer unterdrücken nicht die Leukotrienbildung, sondern die Bildung von Prostaglandinen, Prostacyclinen und Thromboxanen.
Aussage (C) ist falsch, denn die Myeloperoxidase hat mit Eicosanoid-Synthese nichts zu tun, sie stellt in Granulocyten aus Cl^- und H_2O_2 bakterizides Hypochlorid (OCl^-) her.
Aussage (D) ist falsch, denn die NADPH-Oxidase synthetisiert in Granulocyten aus O_2 und NADPH bakterizide Superoxidradikale.
Aussage (E) ist falsch, denn die Phospholipase C setzt aus Phospholipiden phosphorylierte Alkohole wie Cholinphosphat oder Inositoltrisphosphat (IP_3 als Second messenger) frei.
Siehe Lerntext „Fettsäuren" III.2.

III.3 Phospholipide und Glykolipide

Phospholipide und Glykolipide besitzen einen hydrophoben und einen hydrophilen Molekülanteil und werden daher als amphipathe oder amphiphile Lipide bezeichnet. In wässrigem Milieu bilden sie Mizellen (eine kleinsttropfige Verteilung) oder eine bimolekulare Lipiddoppelschicht (wie bei den biologischen Membranen). Bei beiden Strukturen sind die hydrophoben Fettsäurereste nach innen und die hydrophilen Reste nach außen gerichtet.
Zu den **Phospholipiden** gehören Glycerophosphatide (Lecithine, Kephaline, Inositphosphatide) und Sphingosinphosphatide wie Sphingomyelin, dessen schematischer Aufbau im Lerntext III.1 dargestellt ist. Die **Glycerophosphatide** enthalten 2 Fettsäuren in Esterbindung am Glycerol, an der dritten Alkoholgruppe ist in einer Phosphorsäurediesterbindung ein Aminoalkohol gebunden. Die vorkommenden Aminoalkohole sind Cholin (im Lecithin), Ethanolamin und Serin bei den sog. Kephalinen.
Bei den Inositphosphatiden ist als P-Diester der sechswertige ringförmige Alkohol Inositol gebunden.
Neben ihrer Funktion als Membranbaustein dienen Glycerophosphatide als Substrate für die Eicosanoid-Synthese. Durch die Phospholipase A_2 wird die β-ständige Arachidonsäure freigesetzt, aus der dann Prostaglandine, Prostacycline, Thromboxane und Leukotriene gebildet werden können (vergl. Lerntext III.2). Weiterhin dienen Inositolphosphatide als Substrate für die Bildung von „second messenger". Durch Phospholipase C wird Phosphatidylinositolbisphosphat in Inositoltrisphosphat und Diacylglycerol gespalten. Beide Spaltprodukte wirken als intrazelluläre Botenstoffe. Für die **Sphingolipide** ist der langkettige 2-wertige, ungesättigte Aminoalkohol Sphingosin charakteristisch. An die Aminogruppe des Sphingosins ist eine Fettsäure säureamidartig zum Ceramid gebunden. In den Sphingophosphatiden ist das Ceramid als P-Diester mit Aminoalkoholen wie Cholin verbunden. Die so aufgebauten **Sphingomyeline** kommen besonders reichlich in den Myelinscheiden der Nerven vor.
In den **Glykolipiden** ist das Ceramid (Sphingosin-Fs) O-glykosidisch mit Hexosen verbunden: bei den **Cerebrosiden** mit einem Zuckerrest (meist Galaktose), bei den **Gangliosiden** mit einem Oligosaccharid (3 bis 6 Reste). Charakteristisch ist dabei das Vorkommen von N-Acetylneuraminsäure (NANA). Der Abbau von Glykolipiden und Phospholipiden erfolgt meist in den Lysosomen, es werden dazu verschiedene Phospholipasen und Glykosidasen (β-Galaktosidase, Neuraminidase u.a.) benötigt. Angeborenes Fehlen einzelner dieser Enzyme führt zu jeweils typischen sog. lysosomalen Speicherkrankheiten (Lipidosen).

Klinischer Bezug

Lipidosen

Die angeborenen lysosomalen Lipid-Speicherkrankheiten betreffen hauptsächlich Sphingosin-haltige Lipide, also Cerebroside und Ganglioside.
Betroffen sind vorwiegend Leber, Milz, Knochenmark und Nervensystem. Die Mehrzahl der Erkrankungen führt zu neurologischen und psychischen Defekten und zu Beeinträchtigung der spezifischen Funktionen der befallenen Organe. Der Tod tritt häufig im Kindesalter ein, eine kausale Behandlung gibt es nicht. Je nach defektem Enzym werden 9 Sphingolipidosen unterschieden und zumeist nach dem Erstbeschreibenden benannt, z.B. Tay-Sachs (Hexosaminidase), Gaucher (Glucocerebrosidase), Fabry (α-Galactosidase A), Niemann-Pick (Sphingomyelinase).

F00
→ **Frage 3.15:** Lösung A

Phosphoglyceride sind am Glycerin verestert mit 2 Fettsäuren und einer Phosphorsäure, die als Diester verbunden ist mit Cholin zum Lecithin, mit Serin oder Ethanolamin zu den Kephalinen und mit dem zyklischen sechswertigen Alkohol Inositol zu den Inositphosphatiden.
Die gesuchte Falschaussage ist (A), denn Galaktose und Galaktosamin kommen nicht in Glycerophosphatiden vor, sondern in Gangliosiden (Sphingosinglykolipiden).

F02
→ **Frage 3.16:** Lösung B

Phospholipase A_2 spaltet aus dem Membranbaustein Lecithin die mittlere Fettsäure ab und bildet dadurch Lysolecithin (Lysophosphatidylcholin) (B). Phospholipase C spaltet Glycerinphosphatide zwischen dem Glycerin und der veresterten Phosphorsäure; der Membranbaustein Phosphatidylinositolbisphosphat wird in Diacylglycerin und Inositoltrisphosphat zerlegt (A).

F02
→ **Frage 3.17:** Lösung A

Siehe Kommentar zu Frage 3.16.

F01

→ **Frage 3.18:** Lösung A

Phospholipide sind Membranbestandteile, die aus Glycerin, ungesättigten Fettsäuren wie Arachidonsäure, und aus Phosphorsäure aufgebaut sind, wobei die Phosphorsäure als Diester mit Aminoalkoholen wie Cholin oder mit Inositol verbunden ist. Gespalten werden die Phospholipide an den Esterbindungen durch verschiedene Phospholipasen. Aus der Arachidonsäure können dann Prostaglandine gebildet werden (B), die Phospholipase C setzt die second messenger Inositoltrisphosphat (C) und Diacylglycerin aus Phospholipiden frei. Wird der Aminoalkohol aus der Diesterbindung an der Phosphorsäure freigesetzt, nennt man den übrig bleibenden Rest aus Glycerin, verestert mit zwei Fettsäuren und einer Phosphorsäure, Phosphatidsäure (E).
Die gesuchte Falschaussage ist (A), denn die Interleukine sind keine Lipide, sondern Proteine, die als Wachstumsfaktoren von Lymphozyten, Makrophagen, Fibroblasten und manchen Tumorzellen gebildet werden.

F02

→ **Frage 3.19:** Lösung C

Lecithin ist der Trivialname für das als Membranbaustein in der Natur weit verbreitete Phosphatidylcholin. Durch die Phospholipase A_2 wird dessen mittelständige Fettsäure vom Glycerin abgespalten, wobei Lysolecithin entsteht. Dieses Phospholipid wirkt hämolytisch; mit der Aminosäure Lysin hat es nichts zu tun: (C) ist die gesuchte Falschaussage.

H04 H00

→ **Frage 3.20:** Lösung C

Cardiolipin ist ein Diphosphatidylglycerin und gehört zu den komplexen Lipiden; es ist aufgebaut aus 3 Molekülen Glycerin, 2 Phosphorsäuren und 4 langen Fettsäuren. Es hat also mit Neuraminsäure, Sphingosin oder Cholesterol nichts zu tun. Cardiolipin findet man vorwiegend in den Membranen der Mitochondrien – nicht in der Plasmamembran ((B) ist falsch).

III.4 Cholesterol und Cholesterolderivate

Der Körper des Erwachsenen enthält insgesamt ca. 150 g **Cholesterol** (= **Cholesterin**), hauptsächlich als Bestandteil aller biologischen Membranen. Zum Teil entstammt das Cholesterin der Nahrung (0,3–1 g/Tag), der größte Teil (2 g/Tag) wird aber endogen aus Acetyl-CoA synthetisiert. Wichtige Zwischenprodukte sind Acetoacetyl-CoA, β-Hydroxy-β-methyl-glutaryl-CoA (HMG-CoA) und aktives Isopren. Regulatorisches Schrittmacher-Enzym der Cholesterinbiosynthese ist die HMG-CoA-Reduktase.
Das Ringsystem (Steran) des Cholesterins kann vom menschlichen Organismus nicht abgebaut werden, ca. 200 mg Cholesterin werden unverändert und ca. 2 g nach oxidativer Umwandlung zu Gallensäuren über die Galle ausgeschieden.
In der Galle wird das hydrophobe Cholesterin in einer Konzentration von ca. 0,5 g/dl durch einen Überschuss von Phospholipiden (ca. 1,5 g/dl) und vor allem durch die **Gallensäuren** (ca. 9 g/dl) vor dem Ausfallen (Gallensteinbildung!) bewahrt.
Das Cholesterin besitzt 8 Chiralitätszentren. Die Stellung der Substituenten wird auf die Methylgruppe an C-10 bezogen. So zeigt die Alkoholgruppe an C-3 in dieselbe Richtung wie die Methylgruppe an C-10, was als β-ständig bezeichnet wird.
In den meisten Steranderivaten sind die Ringe B und C sowie die Ringe C und D trans-verknüpft.
Das in einer Konzentration von ca. 180 mg/dl im Blutplasma gesunder Menschen enthaltene Cholesterin wird zu ca. 80% in Form der β-Lipoproteine (LDL) transportiert. Etwa $^1/_5$ des Plasma-Cholesterins findet sich in den α-Lipoproteinen (HDL), die zu ca. 20% aus Cholesterin bestehen.
Hohes LDL-Cholesterin begünstigt die Entstehung von Atherosklerose und koronarer Herzkrankheit, hohes HDL-Cholesterin stellt dagegen einen Schutzfaktor gegenüber der Atherosklerose dar. Das HDL besitzt das Enzym Lecithin-Cholesterin-Acyl-Transferase (LCAT), das vom Lecithin eine Fettsäure auf die Alkoholgruppe an C-3 des Cholesterins überträgt. Das Serum- bzw. Plasmacholesterin liegt beim Menschen zur Hälfte als völlig wasserunlöslicher Cholesterinester vor.
In den biologischen Membranen und in der Galle dagegen kommt Cholesterin ausschließlich als freier Alkohol vor.
Aus Cholesterin gebildetes 7-Dehydrocholesterin kann in der Haut durch UV-Licht in Vit. D_3 umgewandelt werden. Durch das Proteohormon ACTH aus dem Hypophysenvorderlappen wird in der Nebennierenrinde die Bildung der Glucocorticoide (z.B. Cortisol) aus Cholesterin angeregt, durch Renin und Angiotensin die Bildung von Mineralocorticoiden (z.B. Aldosteron). Durch Gonadotropin des Hypophysenvorderlappens wird in den Keimdrüsen aus Cholesterin die Synthese von Sexualhormonen (Progesteron, Oestrogen und Testosteron) stimuliert.

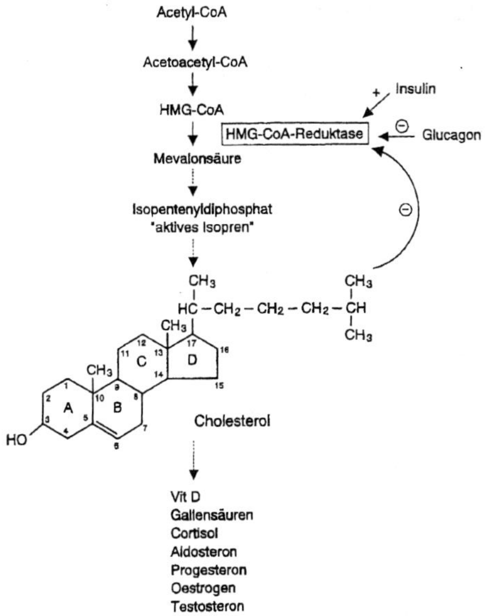

Klinischer Bezug

„Cholesterinwerte": Probleme eines Normalwertes

Es existiert eine Korrelation zwischen der Konzentration des Cholesterin im Serum und der Häufigkeit und Schwere atherosklerotischer, kardiovaskulärer (Angina pectoris und Herzinfarkt) und zerebrovaskulärer Erkrankungen (Apoplex).
Einer Hypercholesterinaemie kommt damit eine erhebliche diagnostische und prognostische Bedeutung zu.
Die Cholesterolkonzentration steigt mit dem Lebensalter kontinuierlich an, bei Kindern und Jugendlichen gelten ca. 170 mg/dl (4,4 mmol/dl) als „normal", während bei über 50-Jährigen Werte bis 220 mg/dl (6,2 mmol) noch als normal angesehen werden. Diesen „Normalwert" erreicht aber nicht einmal die Hälfte der über 50-Jährigen.
Neuerdings wird für Risikopatienten sogar ein Zielwert von unter 200 mg/dl angegeben.

III.5 Phospholipasen

Phospholipide werden durch 4 verschiedene Typen von Phospholipasen hydrolytisch gespalten.

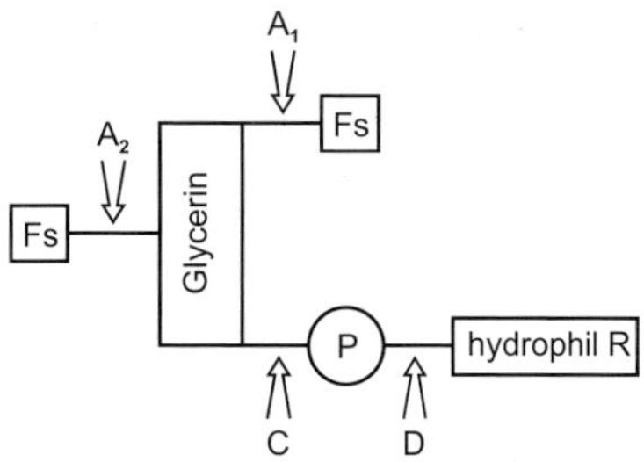

Medizinisch interessante, über den Abbau hinausgehende Spezialfunktionen haben Phospholipase A_2 und Phospholipase C.
Phospholipase A_2 setzt aus Membranphosphatiden Arachidonsäure frei, dies ist der geschwindigkeitsbestimmende Schritt der Bildung der Eicosanoide (Prostaglandine, Prostacycline, Thromboxane und Leukotriene).
Glucocorticoide wie Cortisol und synthetische Steroide wie Dexamethason induzieren die Bildung des Proteins Lipocortin, das dann die Phospholipase A_2 hemmt, außerdem reprimieren sie die Synthese der Phospholipase A_2, hierauf beruht die entzündungshemmende Wirkung der Glucocorticoide.
Aktiviert wird die Phospholipase A_2 durch Calciumionen und extrazelluläre Mediatoren über G-Proteine und cAMP, das zu einer Phosphorylierung der Phospholipase A_2 durch Proteinkinase und ATP führt.
Phospholipase C_β ist eine P-Diesterase, sie spaltet Phosphatidyl-Inositol-bisphosphat (PIP_2) in die second messenger Inositoltrisphosphat (IP_3) und Diacylglycerin (DAG).
IP_3 bewirkt eine Ca^{++}-Freisetzung aus dem endoplasmatischen Reticulum, das DAG aktiviert in der Membran eine Proteinkinase C.
Die Phospholipase C wird durch extrazelluläre Signale über G-Proteine aktiviert.

Kommentare aus Examen Frühjahr 2006

F06
→ **Frage 3.21:** Lösung C

Arachidonsäure (Eicosatetraensäure) ist in Membranlipiden vorhanden, sie kann zur Bildung von Prostaglandinen, Thromboxanen, Prostacyclinen und Leukotrienen durch Phospholipase A_2 freigesetzt werden. Arachidonsäure wird aus der essenziellen Fettsäure Linolsäure gebildet.
Siehe Lerntext „Fettsäuren" III.2.

4 Chemie der Nucleotide und Nucleinsäuren

IV.1 Nucleoside und Nucleotide

Als Bestandteile von Nucleosiden, Nucleotiden und Nucleinsäuren kommen zwei Purinbasen und drei Pyrimidinbasen vor.

Purine:

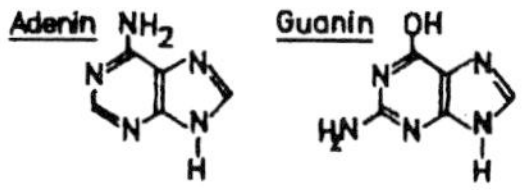

Pyrimidine:

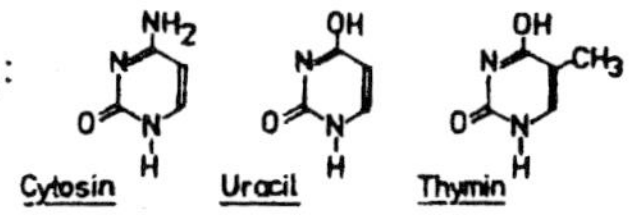

Die Basen können N-glykosidisch mit Pentosen zu **Nucleosiden** verbunden sein, mit Ribose zu Ribonucleosiden und mit 2-Desoxyribose zu Desoxyribonucleosiden.

Nucleoside können mit Phosphorsäure zu **Nucleotiden** (Ribonucleotiden und Desoxyribonucleotiden) verestert sein. Die Nucleosidphosphate (Nucleotide) können als Monophosphate (mit einer energiearmen Esterbindung), als Diphosphate (mit einer energiereichen Phosphorsäureanhydridbindung) und als Triphosphate (mit zwei energiereichen Bindungen) vorkommen.

Nomenklatur der Nucleoside

Base	Ribonucleosid	Desoxyribonucleosid
Adenin	Adenosin	Desoxyadenosin
Guanin	Guanosin	Desoxyguanosin
Cytosin	Cytidin	Desoxycytidin
Uracil	Uridin	–
Thymin	–	Desoxythymidin

Bei der Hydrolyse einer Phosphorsäureanhydridbindung wird eine Energie von 30 kJ (= 7 kcal) pro Mol frei. Wenn Nucleinsäuren (Polynucleotide mit P-Diesterbindungen) gebildet werden, wird pro eingebautem Nucleotid eine Energiemenge von 60 kJ benötigt. Alle einzubauenden Nucleotide müssen als Triphosphate vorliegen und Pyrophosphat (bzw. daraus entstehend 2 anorg. Phosphate) wird abgespalten.

Für endergone (= Energie verbrauchende) Prozesse (Bewegung, aktiver Transport, Biosynthesen; vgl. auch Lerntext VI.1) wird im Stoffwechsel die Energie durch die Hydrolyse von ATP zu ADP und anorganischem Phosphat geliefert. ADP wird durch Atmungskettenphosphorylierung (95%) und durch Substratkettenphosphorylierung (5%) wieder zu ATP rückverwandelt.

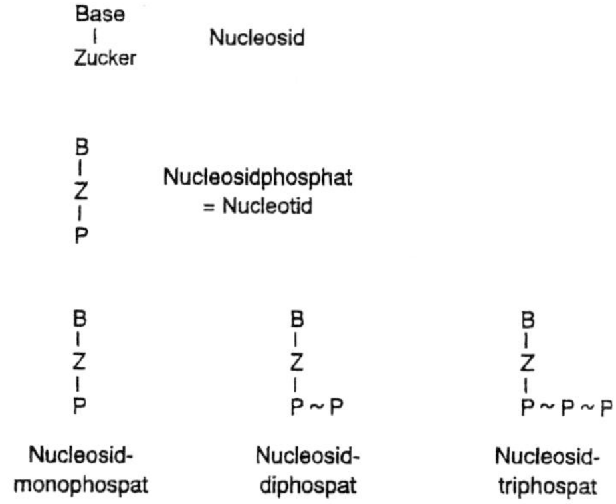

H03

→ **Frage 4.1:** Lösung B

Siehe Lerntext IV.1.

UMP ist ein Pyrimidinnukleotid, dessen Vorkommen spezifisch für RNA ist. Die Ribose und die Base sind durch eine N-glykosidische Bindung verbunden, damit ist (B) die gesuchte Antwort. Zyklische Diesterbindungen (A) kommen nicht im UMP, sondern in den wichtigen Second messengern cAMP und cGMP vor. O-glykosidische Bindungen (C) sind charakteristisch für Disaccharide, Oligosaccharide und Polysaccharide. Phosphorsäurediester-Bindungen (D) sind der charakteristische Strukturbestandteil der Nukleinsäuren, die Säureanhydridbindung (E) ist in Nukleosiddiphosphaten und Nukleosidtriphosphaten vorhanden.

F98

→ **Frage 4.2:** Lösung D

Unter den mutationsauslösenden Stoffen spielen die **Nitrite** (Salze der salpetrigen Säure) eine bedeutende Rolle: In primär aliphatischen (nicht ringförmigen) Aminen werden bei Behandlung mit HNO_2 Aminogruppen durch Hydroxylgruppen ersetzt. Diese Umwandlung, $R\text{-}NH_2$ zu R-OH, findet sich nur bei dem Stoffpaar (D): Cytosin wird zu Uracil.

IV.2 Nucleinsäuren

Nucleinsäuren sind Polynucleotide, in denen die einzelnen Nucleotide durch 3',5'-P-Diesterbindungen miteinander verknüpft sind. Das Grundgerüst sowohl der Ribonucleinsäuren (RNA) als auch der Desoxyribonucleinsäuren (DNA) stellen Pentosen, verbunden durch P-Diesterbindungen von C-3 nach C-5, dar. An C-1 der Zucker, aus der Kette herausragend, sind N-glykosidisch Pyrimidin- und Purinbasen gebunden. Die Basen Adenin (A), Guanin (G) und Cytosin (C) kommen in DNA und RNA vor. Uracil (U) kommt ausschließlich in RNA und Thymin (T) ausschließlich in DNA vor.
Nucleinsäuren werden durch eine Sequenz aus jeweils 4 Basen charakterisiert:

Ribonucleinsäuren (RNA)

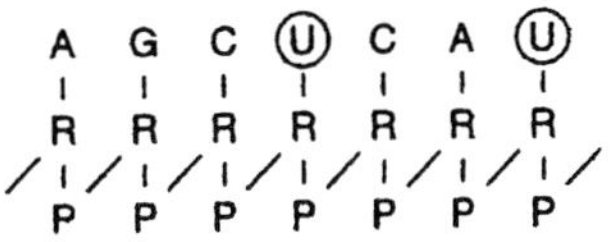

Desoxyribonucleinsäuren (DNA)

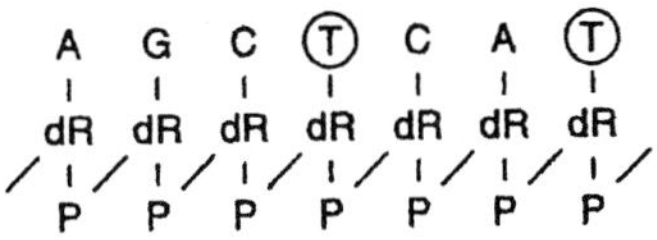

Die DNA liegt als Doppelhelix vor, die beiden Einzelstränge sind gegenläufig (antiparallel) umeinander gewunden. Die Basen stehen senkrecht zur Zuckerphosphatkette ins Innere der Doppelwendel und halten über H-Brücken die beiden Stränge zusammen. Da jeweils ein A mit einem T über 2 H-Brücken (A=T) und jeweils ein G mit einem C über 3 H-Brücken (G≡C) verbunden ist, sind die beiden Stränge einander komplementär, d.h. bei Kenntnis der Sequenz des einen Stranges lässt sich die Sequenz des anderen Stranges ableiten.
Bei der Basenpaarung liegen Cytosin, Guanin und Thymin in der Ketoform vor. Es reagiert jeweils eine Pyrimidinbase mit einer Purinbase, sodass in der DNA das Verhältnis Pyrimidine zu Purinen immer 1 ist. Auch A und T sowie C und G kommen immer in äquimolarem Verhältnis vor.

Die DNA liegt als Doppelstrang vor:

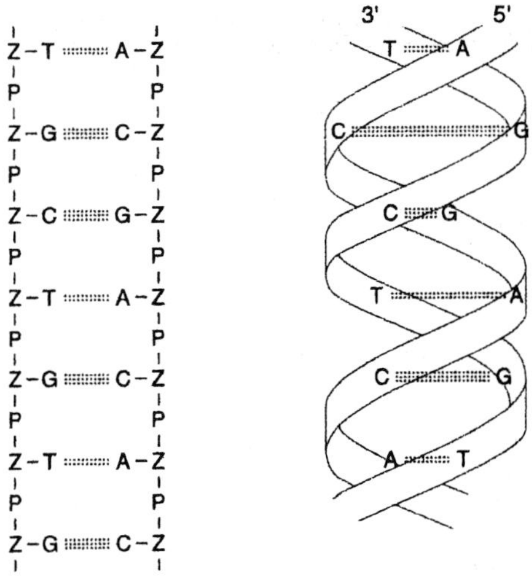

Strickleiter Doppelhelix

	Art und Vorkommen	Funktion
DNA	Kern, Mitochondrien	genetisches Material
RNA	ribosomale (r-)RNA	Ribosomenstruktur
	transfer-(t-)RNA	Adapter zur Aminosäureaktivierung
	messenger-(m-)RNA	Übertragung der genetischen Information aus dem Kern ins Cytoplasma zur Proteinsynthese

RNA liegt praktisch immer als Einzelstrang vor, sodass sich feste Basenverhältnisse nicht ergeben. Allerdings können sich durch Rückfaltung des Einzelstranges H-Brücken zwischen bestimmten, einander komplementären Strangabschnitten mit Paarung C≡G und A=U ergeben, die dann zur äußeren Form (Konformation) der RNA beitragen.
Die DNA der Bakterien (Prokaryonten) liegt ohne Protein („nackt") zu einem Ring geschlossen vor. Bei kernhaltigen Zellen (Eukaryonten) liegt saure DNA im Kern als Komplex mit basischen Proteinen (durch Ionenbindung stabilisiert) vor. Diese Kernproteine (Histone) sind reich an Lysin und Arginin.
Der DNA-Protein-Komplex wird **Chromatin** genannt. Die Grundeinheit des Chromatins ist das **Nucleosom**, aufgebaut aus 4 verschiedenen Histonen (H2A, H2B, H3 und H4), die im Nucleosom jeweils doppelt vorkommen und so ein Octamer bilden, um das die DNA in einer Länge von 146 Basenpaaren in knapp 2 Windungen gewickelt vorliegt. Über sog. linker-DNA sind

viele Nucleosomen perlschnurartig zu einer langen höheren Struktur (Chromosom) aufgereiht.
Das Chromatin der Eurkaryonten (DNA + Protein) wird vor der Zellteilung in der S-Phase (Synthesephase) des Zellzyklus verdoppelt.

Klinischer Bezug
Human-Genom und Polymorphismen
Das menschliche Genom besteht aus einer Sequenz von 3 Milliarden Basenpaaren (3 x 10^9 BP). Die Sequenzaufklärung ergab, dass das menschliche Genom zu höchstens 20% aus Gen kodierender DNA besteht, die etwa 40000 Gene enthält, und dass sich nicht verwandte Individuen in nur 0,1% der Genomsequenz, also in 3 Millionen Positionen unterscheiden. Diese Unterschiede werden genetischer Polymorphismus genannt. Die Mehrzahl der Polymorphismen bleibt funktionell stumm. Wirken die Polymorphismen sich funktionell negativ aus, so entstehen die sog. Erbkrankheiten, bekannt sind ca. 5000.
Die Erbkrankheiten wurden zunächst klinisch und labormedizinisch über die veränderten Enzyme, Proteine und (oder) Metabolitkonzentrationen diagnostiziert und jeweils als einheitliche Krankheit aufgefasst, wie z.B. die Phenylketonurie (PKU).
Durch die Gensequenz konnten dann aber bei der PKU im verantwortlichen Phenylalanin-Hydroxylase-Gen beim Menschen 240 verschiedene Mutationen (Polymorphismen) nachgewiesen werden, so dass die meisten PKU-Patienten vom Vater und von der Mutter verschiedene Gendefekte geerbt haben, was die unterschiedliche Ausprägung und Schwere der PKU bei den Betroffenen erklärt und was für die genetische Diagnostik der PKU-Überträger von Bedeutung ist.
Gleiches gilt für die klassische Bluterkrankheit, die Hämophilie A. Hier wurden im Gen für das antihämophile Globulin (Faktor 8) über 80 Polymorphismen nachgewiesen.
Auch stumme Polymorphismen können klinisch von Bedeutung sein: so weisen Individuen mit defekter Serum-Cholinesterase keinerlei Auffälligkeiten auf, erst eine anaesthesiologische Muskelrelaxation mit Succinyldicholin führt zu bedrohlichen Zwischenfällen (periphere Atemlähmung), weil das Relaxans verzögert abgebaut wird.
Man geht heute davon aus, dass generell das unterschiedliche Ansprechen verschiedener Individuen auf Arzneimittel, Genussmittel und Gifte durch Polymorphismen bedingt ist. Erst deren Aufklärung und Diagnose wird eine gezielt dosierte Arzneitherapie erlauben.

H97
→ **Frage 4.3:** Lösung B

Die doppelsträngige DNA-Helix enthält, bedingt durch ihre Entstehung über eine semikonservative Replikation, immer die durch Wasserstoffbrücken verbundenen Basenpaare G und C bzw. A und T. Wenn einer der beiden Stränge 70% Guanin und 30% Cytosin enthält, so finden sich im komplementären Strang 70% Cytosin und 30% Guanin.
Siehe Lerntext IV.2.

F03 F01 H98
→ **Frage 4.4:** Lösung C

In Eukaryonten und Prokaryonten liegt die DNA in einer Doppelhelixstruktur vor: Die Basen Adenin und Thymin bzw. Guanin und Cytosin sind in den parallel liegenden Strängen jeweils durch Wasserstoffbrücken miteinander verbunden. Diese Anordnung ist eine Voraussetzung für die Replikation, die Transkription und eventuelle DNA-Reparatur. RNA-Strukturen liegen normalerweise als Einzelstrang vor; in tRNA-Molekülen und während der Translation gibt es aber auch Basenpaarungen zwischen RNA-Strängen: (A) ist falsch. Wie die nachfolgende Skizze zeigt, müssen die sauerstoffhaltigen Basen Guanin, Thymin, Cytosin (und auch Uracil) in der Laktam-(Keto-)-Form vorliegen, damit der Ringstickstoff als H-Donor und der benachbarte Sauerstoff als H-Akzeptor dienen können.

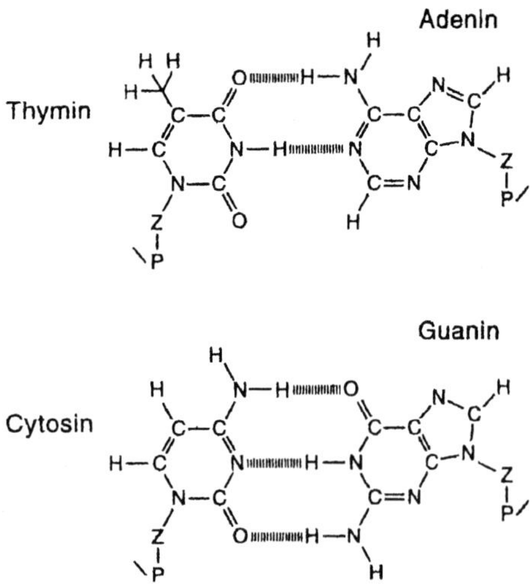

F02
→ **Frage 4.5:** Lösung D

Die DNA-Doppelhelix im Zellkern und die ringförmige DNA in den Mitochondrien ist unverzweigt mit 3′-5′-P-Diesterbindungen (A), wobei ein Strang in 3′-5′-Richtung mit dem anderen in 5′-3′-Richtung antiparallel (C) über Wasserstoffbrücken verbunden ist. Die Purine Adenin und Guanin paaren über 2 bzw. 3 Wasserstoffbrücken mit den Pyrimidinen Thymin bzw. Cytosin zu AT- und GC-Paaren (B). Die gesuchte Falschaussage ist (D), denn die Faltung entsteht bei der Replikation spontan. Histone sind bei Eukaryonten notwendig zur Verdichtung der DNA zu den Chromosomen.

F03

→ **Frage 4.6:** Lösung A

Histone und DNA bauen das Chromatin der Eukaryonten auf, DNA von Prokaryonten dagegen liegt ohne Proteinbindung („nackt") vor.
Die gesuchte Falschaussage ist (A), denn nicht Histidin kommt in den Histonen reichlich vor, sondern die basischen Aminosäuren Arginin und Lysin.

H01 H99

→ **Frage 4.7:** Lösung C

Die langen DNA-Doppelhelixstränge im Zellkern sind um oktamere Proteine (Histone) aufgewickelt; über Verbindungsstrukturen sind viele solcher Nucleosome am Aufbau des Chromatins beteiligt ((C) ist die gesuchte richtige Antwort).
Die Ribosomen werden nicht im Nukleosom, sondern im Nukleolus gebildet, die mRNA mit darauf Protein-synthetisierenden verschiedenen Ribosomen wird als Polysom bezeichnet ((B) ist falsch).
In das Genom inkorporierte Virus-DNA wird auch in die übliche Chromatinstruktur übernommen ((D) ist falsch).

Kommentare aus Examen Frühjahr 2006

F06

→ **Frage 4.8:** Lösung C

Histone sind kleine basische Proteine im Zellkern, die mit DNA das Chromatin aufbauen. Der Anteil der basischen Aminosäuren Arginin und Lysin ist in den Histonen mit 20–30 % ungewöhnlich hoch (C).
Aussage (A) ist falsch, denn Histone werden nicht im Zellkern, sondern an Ribosomen im Cytosol gebildet.
Aussage (B) ist falsch, denn das Histon H1 kommt nicht im Octamer vor, sondern ist Verbindung („linker") zwischen den Nucleosomen, außerdem sind die aufbauenden Dimere der Nucleosomen jeweils aus 2 verschiedenen Histonmolekülen (Heterodimere) aufgebaut.
Aussage (D) ist falsch, denn die Acetylierung von Lysin im H4-Histon destabilisiert die Struktur, wodurch die Transkription nicht gehemmt, sondern stimuliert wird.
Aussage (E) ist falsch, denn die DNA-Methylierung hat mit der eukaryoten Genexpressionsregulation nichts zu tun, sie spielt eine Rolle bei der prokaryoten Restriktion und Modifikation zum Schutz vor Bakteriophagen.

5 Vitamine und Coenzyme

V.1 Definition und Einteilung der Vitamine

Vitamine sind organische Substanzen, die als solche oder als Vorstufen („Provitamine") mit der täglichen Nahrung in µg bis mg-Mengen aufgenommen werden müssen und die dann, meist nach geringfügiger Modifizierung ihrer Struktur, im Intermediärstoffwechsel als **Coenzyme** fungieren.
Es gibt 9 wasserlösliche und 4 fettlösliche Vitamine, die mit großen Buchstaben (z. B. A, B, C) und manchmal zusätzlich mit Indexzahlen (z. B. B_1, B_{12}, D_3) bezeichnet werden. Außerdem sind Trivialnamen in Gebrauch, die Beziehung zur Struktur (z. B. Thiamin), Funktion (Retinol) oder zu Mangelkrankheiten (Ascorbinsäure) erkennen lassen.

Wasserlösliche Vitamine	Fettlösliche Vitamine
B_1 Thiamin	A Retinol
B_2 Riboflavin	D Calciferol
B_3 Niacinamid	E Tocopherol
B_6 Pyridoxin	K Phyllochinon
B_{12} Cobalamin	
Folsäure	
Pantothensäure	
C Ascorbinsäure	
H Biotin	

Einige Buchstaben oder Ziffern fehlen in der Auflistung, weil früher postulierte Vitamine später aus verschiedenen Gründen gestrichen werden mussten.

Die meisten Vitamine finden sich in der Natur im Tier- und Pflanzenbereich so weit verbreitet, dass bei gemischter Nahrung eine ausreichende Versorgung des Menschen gewährleistet ist. Mangelzustände treten unter abnormen Lebensumständen auf: z.B. der Vitamin B_1-Mangel Beriberi bei ausschließlicher Ernährung mit poliertem Reis, der Vitamin C-Mangel Skorbut bei langfristigem Obst- und Gemüsemangel. Störungen in der intestinalen Resorption führen zum „sekundären Vitaminmangel".

Klinischer Bezug
Vitamin-Therapie
Indiziert sind Vitamine nur zum Ausgleich eines Mangels, bei den extrem seltenen Avitaminosen (totales Fehlen) und bei den gelegentlichen Hypovitaminosen (relative Minderversorgung). Der primäre Mangel ist durch einseitige Ernährung, der sekundäre durch gestörte Resorption bedingt.
Dass eine Überversorgung (Mega-Therapie) mit bestimmten Vitaminen leistungs- und gesundheitsfördernd ist, muss stark bezweifelt werden. Ihrer Begründung liegt zumindest ein typisch menschlicher Denkfehler zugrunde: weil bei allen Hypovitaminosen neben spezifischen Symptomen auch Allgemeinsymptome wie Müdigkeit, Leistungsschwäche und Infektanfälligkeit auftreten, wird im falschen Umkehrschluss angenommen, dass eine massive Multivitamingabe leistungsfördernd, infektionsprophylaktisch und allgemein krankheitsverhütend wirkt. Trotz vieler epidemiolgischer Studien konnte eine derartige Wirkung nicht bewiesen werden. Die Überdosierung ist bei den fettlöslichen Vitaminen und auch beim Vit. C u.U. sogar schädlich.

H99 H96
→ **Frage 5.1:** Lösung E

Zur intestinalen Resorption der sog. fettlöslichen Vitamine A, D, E und K ist eine Voraussetzung die intakte Fettresorption mit Mizellenbildung im Duodenum.
Vitamin B_2, Riboflavin (E), gehört zu den wasserlöslichen Vitaminen.

V.2 Thiamin (Vit. B_1)

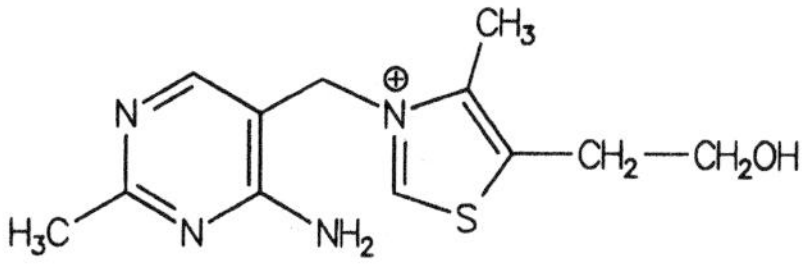

Vit B_1 = Thiamin = Aneurin

Bedarf: 1–2 mg/Tag
Funktion: Coenzym: Thiaminpyrophosphat (TPP) = Thiamindiphosphat (TDP)
1. oxidative Decarboxylierung von α-Ketosäuren:
   - Pyruvat → Acetyl-CoA
   - α-Ketoglutarat → Succinyl-CoA
2. Transketolase im Pentosephosphatweg

Mangel: Polyneuritis, Beriberi
Thiamin, das wasserlösliche Vitamin B_1, besitzt einen Pyrimidin- und einen Thiazolring sowie eine Ethanolseitenkette. Durch Pyrophosphorylierung wird Thiamin zum Coenzym Thiamindiphosphat (TDP), das α-Ketosäuren zur Decarboxylierung anlagern kann. Danach finden sich, am C-2 des TDP gebunden, **„aktivierte Aldehyde"**. TDP ist die prosthetische Gruppe der Pyruvatdehydrogenase, der Ketoglutaratdehydrogenase (Citratcyclus) und der Transketolase (Pentosephosphatcyclus). Thiamin ist in den in Europa üblichen Nahrungsmitteln (Ausnahme: polierter Reis) ausreichend vorhanden; der Tagesbedarf des Menschen ist etwa 1 mg. Bei ausschließlicher Ernährung mit poliertem Reis kommt es zu einer Beriberi genannten Muskel- und Nervenerkrankung, die durch Thiamin verhindert oder geheilt werden kann.

Klinischer Bezug
Beriberi-Krankheit
Bei einem Vit. B_1-Mangel (einseitige Ernährung z.B. mit poliertem Reis, Weißbrot oder bei Resorptionsstörungen) kommt es zu einer Polyneuritis mit Schmerzen, Muskelschwäche und einer lebensbedrohlichen Herzinsuffizienz.
Da meistens auch andere Vitamine nicht ausreichend vorhanden sind, wird bei Beriberi nicht nur Vit. B_1 (Thiamin) hochdosiert verabreicht, sondern es wird zusätzlich ein Multivitaminpräparat verschrieben.

H00

→ **Frage 5.2:** Lösung A

Siehe Lerntext V.2.
Die zu suchende Falschaussage ist (A), denn Thiaminpyrophosphat (TPP) enthält nicht das in vielen anderen Coenzymen vorkommende AMP. Im Thiamin kommen zwei Ringstrukturen vor: ein Pyrimidin- und ein Thiazolring. Nach der Aufnahme in den Organismus wird das Vitamin B_1 an seiner Ethanolseitenkette unter ATP-Verbrauch pyrophosphoryliert. Das Coenzym TPP kann „aktivierte Aldehyde" binden, z. B. Glykolaldehyd bei der Transketolase (D) und Acetalaldehyd bei der Pyruvatdehydrogenase (C).

H05

→ **Frage 5.3:** Lösung C

Thiaminmangel führt zum Mangel an Thiaminpyrophosphat (TPP), einem Coenzym der oxidativen Decarboxylierung von Pyruvat zu Acetyl-CoA und α-Ketoglutarat zu Succinyl-CoA. Beriberi tritt bei einseitiger Ernährung mit poliertem Reis auf.
(A) ist falsch, denn Linolsäure-Mangel führt nicht zu Beriberi, sondern zu uncharakteristischen Allgemeinsymptomen, ausgelöst durch den sich ergebenden Arachidonsäuremangel mit Störungen der Eicosanoidbildung.
(B), (D) und (E) sind unzutreffend, denn die genannten Stoffe sind keine essenziellen Nahrungsfaktoren.
Siehe Lerntext „Thiamin (Vit. B_1)" V.2.

H98

→ **Frage 5.4:** Lösung E

Biotin (Vitamin H) wirkt als Coenzym (kovalent gebunden als prosthetische Gruppe) von Carboxylasen, die unter ATP-Verbrauch CO_2 einbauen: Acetyl-CoA → Malonyl-CoA und Pyruvat → Oxalacetat. Thiamin wirkt in Form von Thiaminpyrophosphat bei der oxidativen Decarboxylierung von α-Ketosäuren (Pyruvat → Acetyl-CoA und α-Ketoglutarat → Succinyl-CoA) und bei der Transketolasereaktion im Pentose-P-Weg.

H98

→ **Frage 5.5:** Lösung A

Siehe Kommentar zu Frage 5.4.

F05

→ **Frage 5.6:** Lösung D

Riboflavin ist ein mit dem Alkohol Ribit verbundener Heterocyclus, an dem links die Struktur eines Benzolrings erkennbar ist (D).
Aussage (A) ist falsch, denn die Ringe sind nicht planar, sondern weisen Sesselformen auf.
Aussage (B) ist falsch, denn Riboflavin ist wasserlöslich.
Aussage (C) ist falsch, denn Hydrolasen wirken ohne Coenzyme, Riboflavin wird umgebaut zu FMN und FAD, die als Coenzyme bestimmter Dehydrogenasen (Oxidoreductasen) wirken.
Siehe Lerntext „Riboflavin (Vit. B_2)" V.3.

V.3 Riboflavin (Vit. B_2)

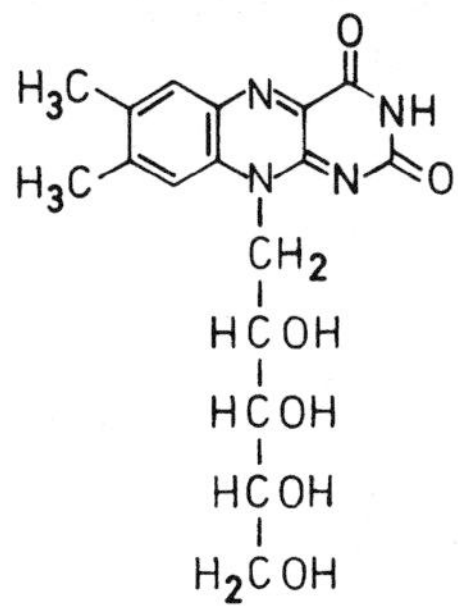

Riboflavin

Bedarf: 1–2 mg/Tag
Funktion: Coenzyme: FMN und FAD
Mangel: Dermatitis, Glossitis
Riboflavin ist zusammengesetzt aus einem trizyklischen Heterocyclus und dem C_5-Alkohol Ribit- und NICHT der Pentose D-Ribose! Aus dem in unserer Nahrung weit verbreiteten Vitamin (spezifische Mangelerscheinungen sind nicht bekannt!) entstehen zwei wichtige Coenzyme: Veresterung mit Phosphorsäure ergibt das FMN (Flavinmononucleotid), eine Veresterung mit ADP führt zum FAD (Flavinadenindinucleotid). Beide Coenzyme sind Bestandteil von Flavoproteinen, die als Dehydrogenasen wirken.
Riboflavin, auch Vitamin B_2 genannt, ist hitzestabil; mit anderen hitzestabilen und wasserlöslichen Vitaminen wird es zur Vitamin B_2-Gruppe zusammengefasst.

F99

→ **Frage 5.7:** Lösung E

Flavoproteine, Enzyme mit FMN oder FAD als prosthetischer Gruppe, katalysieren zahlreiche oxidative Prozesse. Bei oxidativen Prozessen (katalysiert durch z. B. Monoaminoxidase und Aldehydoxidase) wird oft molekularer Sauerstoff als Cosubstrat eingesetzt, was zur Bildung von H_2O_2 führt. Die FAD-abhängige Dehydrierung kennt man von der β-Oxidation oder der Succinatdehydrogenase des Citratzyklus.
Die gesuchte Falschaussage ist (E), denn Transaminasen sind immer Pyridoxalphosphatabhängig; sie katalysieren auch keine Redox-Prozesse.

F03
→ **Frage 5.8:** Lösung D

Siehe Lerntext V.4.
Nikotinamid (= Niacin) kann beim Menschen aus der essentiellen Aminosäure Tryptophan gebildet werden, ist also streng genommen nur ein essentielles Vitamin, wenn in der Nahrung Tryptophan fehlt (C), was z. B. bei einseitiger Ernährung mit Mais-Produkten eintreten kann und zu Hautveränderungen führt, die als Pellagra (E) bezeichnet werden. Die gesuchte Falschaussage ist (D), denn in FAD und FMN kommt nicht Niacin, sondern Riboflavin vor.

H05
→ **Frage 5.9:** Lösung D

Im katabolen Stoffwechsel werden Alkohole, Aldehydhydrate und Amine mit NAD oxidiert, die 2 Wasserstoffatome werden als Hydridion auf NAD^+ übertragen, es entsteht die reduzierte Form des Coenzyms NADH + H^+.
Aussage (A) ist falsch, denn NAD ist ein Coenzym, für seine Synthese wird das wasserlösliche Nikotinsäureamid (Vit. B_3) benötigt.
Aussage (B) ist falsch, denn die Übertragung von Protonen ist keine Redoxreaktion, sondern eine Säure-Basen-Reaktion.
Aussage (C) ist falsch, denn Flavoproteine (FAD und FMN) enthalten kein Niacinamid, sondern werden aus dem Riboflavin (Vit. B_2-Komplex) gebildet.
Aussage (E) ist falsch, denn Membranen sind für P-haltige Coenzyme generell impermeabel. Der Wasserstoff wird über Substrat-Shuttle-Systeme mit Carrierproteinen in die Mitochondrien transportiert, z. B. als Malat oder Glycerophosphat.
Siehe Lerntext „Niacinamid (Vit. B_3)" V.4.

V.4 Niacinamid (Vit. B_3)

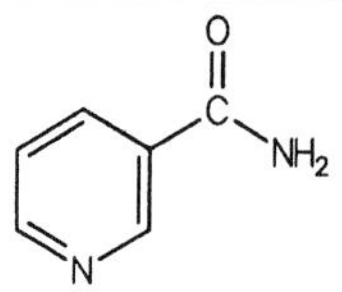

Niacin = Niacinamid = Nicotinsäureamid = Nicotinamid = Vit B_3

Bedarf: 1 mg/Tag (evtl. aus 60 mg Tryptophan)
Coenzym: NAD^+ und $NADP^+$ (für Oxidoreduktasen)
Mangel: Pellagra
Das Pyridinderivat Niacinamid wurde früher Nicotinsäureamid genannt. Vitamin B_3 wird in das Coenyzm NAD^+ eingebaut; diese NAD^+-Synthese erfolgt im Nucleolus des Zellkerns.
Niacinamid kann aus der essentiellen Aminosäure Tryptophan in einer mehrstufigen Reaktion gebildet werden; Tryptophan ist also ein „Provitamin B_3".
NAD^+ hat die Struktur Adenin-Ribose-Phosphorsäure-Phosphorsäure-Ribose-Niacinamid.
Das sehr ähnlich aufgebaute Coenzym $NADP^+$ unterscheidet sich vom NAD^+ durch eine zusätzliche Phosphatgruppe an der Adenin-nahen Ribose; diese Phosphorylierung erfolgt durch eine ATP-abhängige NAD-Kinase. In ihren physikalischen Eigenschaften sind NAD(H) und NADP(H) identisch (Redoxpotential; UV-Spektrum); die Wasserstoff übertragenden Oxidoreduktasen zeigen aber bezüglich ihres Coenzyms (NAD oder NADP) eine ausgeprägte Spezifität.
Fehlen des Vitamins B_3 führt zur Pellagra (Symptome: Dermatitis, Diarrhö, Demenz), die bis in die 30er Jahre bei der Mais essenden, armen Bevölkerung auf dem Balkan, in Italien und den südlichen USA weit verbreitet war. Der Grund: Mais enthält kaum Tryptophan, aus dessen Indolring das Niacin gebildet werden kann.

F05
→ **Frage 5.10:** Lösung D

Die gesuchte richtige Aussage ist (D), denn die Reduktase setzt mit NADPH Glutathiondisulfid (GS-SG) zu 2 GSH um. Das System wirkt gegen oxidative Schädigungen („oxidativer Stress").
Die Aussagen (A) und (C) sind falsch, denn die LDH verwendet NAD/NADH und nicht NADP/NADPH.
Aussage (B) ist falsch, denn nur die reduzierten Coenzyme (NADH und NADPH) zeigen eine Absorptionsbande bei 340 nm, durch Oxidation verschwindet diese. Dies ist die Grundlage des enzymatischen optischen Tests.
Aussage (E) ist falsch, denn das Gesamtmolekül trägt an den Phosphatresten bei pH 7,3 mehrere negative Ladungen.

H00
→ **Frage 5.11:** Lösung D

Siehe Lerntexte V.4 und VI.6.
Die gesuchte Falschaussage ist (D), denn das NAD^+ bzw. das NADH + H^+ als Coenzym vieler Dehydrogenasen ist nicht kovalent als prosthetische Gruppe an das Enzym gebunden, sondern dissoziabel als Cosubstrat. Das bedeutet, dass das NAD^+/NADH Wasserstoff von einem Enzym an ein anderes Enzym übertragen kann.

H04

→ **Frage 5.12:** Lösung D

Im katabolen Stoffwechsel ist NAD der wichtigste Wasserstoffakzeptor, der als NADH dann den Wasserstoff in die Atmungskette abgibt. Der Zuckeraustauschstoff Sorbitol (Sorbit) wird durch eine Dehydrogenase mit NAD zu Fructose und NADH oxidiert (D).

(A) ist falsch, denn α-Ketoglutamat wird durch die Glutamatdehydrogenase (GlDH) mit NH_3 und NADH zu Glutamat und NAD umgesetzt, NADH wird also nicht gebildet, sondern verbraucht.

(B) ist falsch, denn bei Transaminierungen ist NAD nicht beteiligt.

(C) ist falsch, denn das cytosolische Malatenzym katalysiert die Reaktion:

Malat + NADP → Pyruvat + CO_2 + NADPH

Es ist also nicht NAD, sondern NADP beteiligt, und sollte die Reaktion von Pyruvat ausgehen, würde reduziertes Coenzym nicht entstehen, sondern verbraucht.

(E) ist falsch, denn beim Purinabbau zur Harnsäure wird durch die Xanthinoxidase mit O_2 und H_2O oxidiert, wobei ein Superoxidradikal entsteht, das durch die Superoxiddismutase zu H_2O_2 umgewandelt wird.

V.5 Vitamin-unabhängige Coenzyme

Einige Coenzyme kann der tierische Organismus vollständig aus eigenen Bausteinen synthetisieren

Coenzym		Funktion
Cytochrom	b	Atmungskette
	c	Atmungskette
	a	Atmungskette
Ubichinon		Atmungskette
Liponsäure		Oxidative Decarboxylierung
Adenosintriphosphat (ATP)		Energietransfer
Adenosylmethionin		Methylierung
Phosphoadenosylsulfat (PAPS)		Sulfateinbau
Cytidintriphosphat (CTP)		Phospholipidsynthese
Uridintriphosphat (UTP)		Glykosidsynthese

V.6 Pyridoxin (Vit. B_6)

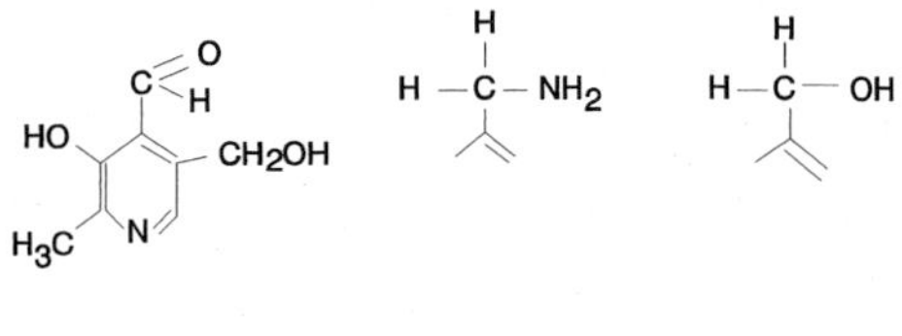

Pyridoxal Pyridoxamin Pyridoxol

Bedarf: 1–2 mg/Tag

Funktion: als Pyridoxalphosphat Coenzym für Synthese, Interkonversion und Abbau von Aminosäuren

Mangel: unspezifische schwere Stoffwechselbeeinträchtigungen (kein typisches Krankheitsbild)

Unter der Bezeichnung Pyridoxin werden mehrere Pyridin-Derivate (Pyridoxol, Pyridoxal und Pyridoxamin) zusammengefasst, die für Mensch und Tier als Vitamin B_6 wichtig sind. Als Pyridoxal-5-phosphat werden sie zur prosthetischen Gruppe von über 40 Enzymen des Aminosäurestoffwechsels: bei Transaminasen, Aminosäuredecarboxylasen, Umwandlungen der Aminosäureseitenketten und bei Aminosäure einbauenden Synthesen. Das Vitamin ist in den hier üblichen Nahrungsmitteln weit verbreitet; der Tagesbedarf liegt bei 1 mg; spezifische Avitaminosen sind nicht bekannt.

H04

→ **Frage 5.13:** Lösung E

Siehe Lerntext V.6.

Pyridoxin wird umgewandelt zum Pyridoxalphosphat, dem Coenzym für den Aminosäurestoffwechsel, nämlich für Transaminasen, Aminosäuredecarboxylasen und andere Aminosäuren umsetzende Enzyme.

(A) ist falsch, denn Biotin dient nicht Aminosäuredecarboxylasen, sondern Enzymen, die CO_2 in Substrate einbauen, also Carboxylasen.

(B) ist falsch, denn Cobalamin dient der Methylierung von Homocystein zu Methionin und der Isomerisierung von Methylmalonyl-CoA zu Succinyl-CoA.

(C) ist falsch, denn Thiamin umgewandelt zu Thiaminpyrophosphat ist Coenzym bei der oxidativen Decarboxylierung von Pyruvat und α-Ketoglutarat.

(D) ist falsch, denn Phyllochinon (Vit. K) dient als Coenzym der Carboxylierung von Glutamatresten in den Gerinnungsfaktoren II, VII, IX und X.

F03

→ **Frage 5.14:** Lösung D

Siehe Lerntext V.6.
Im Aminosäurestoffwechsel bildet das Coenzym Pyridoxalphosphat intermediär Schiff-Basen mit den Aminosäuren, so auch bei der Hämsynthese aus Succinyl-CoA und Glycin (D). Die Blutgerinnungszeit ist bei einem Vit.-K-Mangel verlängert ((A) ist falsch), die Transketolase benötigt Thiaminpyrophosphat ((B) ist falsch) und die Fettsäuresynthese, wie auch der Fettsäureabbau, sind bei Pantothensäure-Mangel vermindert ((E) ist falsch). Methylmalonat tritt im Blut und Urin vermehrt auf, wenn Vit. B_{12} fehlt ((C) ist falsch).

H00 H96

→ **Frage 5.15:** Lösung C

Siehe Lerntext V.6.
Pyridoxal-P verbunden mit der α-Aminogruppe der Aminosäuren als Schiff'sche Base ist das zentrale Coenzym für die Transaminierung, Decarboxylierung und direkte Desaminierung durch Dehydratasen. Die gesuchte Falschaussage ist (C), denn die Glutamatdehydrogenase ist ein mitochondriales Enzym, das oxidativ mit NAD^+ Glutamat in α-Ketoglutarat und NH_3 + $NADH_2$ umwandelt und kein Pyridoxalphosphat benötigt.

H05

→ **Frage 5.16:** Lösung A

Cobalamin ist als Adenosylcobalamin Coenzym für die Isomerisierung von Methyl-malonyl-CoA in Succinyl-CoA im Abbau ungeradzahliger Fettsäuren und verzweigter Fettsäuren und Aminosäuren (A). Als Methylcobalamin ist Vit. B_{12} zusammen mit Folsäure nötig für die Rückverwandlung von schädlichem Homocystein in Methionin.
Aussage (B) ist falsch, denn die Kreatininbildung ist keine enzymatische, sondern eine Spontanreaktion.
Die Aussagen (C), (D) und (E) sind falsch, denn die Übertragung von Methylgruppen aus Adenosylmethionin auf Noradrenalin und Ethanolamin benötigt kein Vit. B_{12}.
Siehe Lerntext „Cobalamin (Vit. B_{12})" V.7.

H02

→ **Frage 5.17:** Lösung D

Siehe Lerntext V.7.
Vitamin B_{12} hat zwei wichtige Funktionen im Stoffwechsel: Als Methylcobalamin ist es Methyldonator für die Umwandlung von Homocystein in Methionin; die Methylgruppe wird dabei von CH_3-FH_4 auf das Cobalamin übertragen, (D) ist die gesuchte richtige Antwort.
Die zweite Funktion des Vitamins B_{12} ist in Form des Adenosylcobalamin die Isomerisierung von Methylmalonyl-CoA zu Succinyl-CoA.
Die Reaktion dUMP zu dTMP (A) benötigt Methyltetrahydrofolat.
Zu **(B)**: Ethanolamin kann nicht direkt in Cholin umgewandelt werden, sondern wird im Phosphatidverband methyliert mit 3 Molekülen Adenosylmethionin.
Zu **(C)**: FH_4 wird zu Methyl-FH_4 über mehrere Schritte, die Methylgruppe stammt aus Formiat (Ameisensäure) oder aus Serin, das dabei zu Glycin wird, Vitamin B_{12} ist nicht beteiligt.
Zu **(E)**: Die Methylierung von Guanidinoacetat zu Kreatin erfolgt in der Leber mit Adenosylmethionin, Vitamin B_{12} ist hierbei nicht beteiligt. Das entstehende Homocystein benötigt zur Rückumwandlung in Methionin dann Methylcobalamin.

V.7 Cobalamin (Vit. B_{12})

Vit. B_{12} = extrinsic factor = Cobalamin
Formel: substituiertes Tetrapyrrol (Corrin), mit Co als Zentralatom.
Bedarf: ca. 1 µg/Tag
Resorption: nur mit Hilfe von „intrinsic factor", einem Glykoprotein aus Belegzellen des Magens.
Funktion:
1. Methylcobalamin für Homocystein → Methionin
2. als Adenosylcobalamin für Methylmalonyl-CoA → Succinyl-CoA

Mangel: Perniziöse Anämie (Megaloblastenanämie), Neuritis mit Demyelinisierung
Cobalamin oder Vitamin B_{12} ist ein ringförmiger Tetrapyrrolfarbstoff mit Kobalt als Zentralatom; da zwischen dem dritten und vierten Pyrrolring die Methinbrücke fehlt, heißt der Ring Corrin, nicht Porphyrin. Vom Vitamin B_{12} abgeleitete Coenzyme sind wichtig für die Kohlenstoffketten-Isomerisierung Methylmalonyl-CoA ↔ Succinyl-CoA und für die Methylierung Homocystein → Methionin.
Cobalamin wird nur von Mikroorganismen gebildet. Vitamin B_{12} findet sich gespeichert in der Leber (Gesamtmenge 1 mg) und in kleinen Mengen in der Muskulatur; im Pflanzenreich kommt es nicht vor. Der Tagesbedarf für den Menschen beträgt ca. 1 µg; Voraussetzung für seine Resorption ist aber, dass es im Magen auf ein von den Belegzellen gebildetes Glykoprotein, den „intrinsic factor", trifft. Mit diesem verbindet es sich und kommt dann im unteren Ileum zur Resorption. Fehlen des Cobalamins führt zur lebensgefährlichen **perniziösen Anämie.**

Klinischer Bezug

Perniziöse Anämie

Die klassische Perniziosa kommt nach chirurgischer Magenentfernung und bei chronischer atrophischer Gastritis mit absoluter Anacidität bedingt durch einen Mangel an Intrinsic factor vor. Vit. B_{12}-Mangel in der Nahrung (bei Veganern!), ein genetisch defekter Intrinsic factor, Erkrankungen des resorbierenden Ileums und Darmparasiten sind als Ursachen vergleichsweise selten. Es handelt sich um eine schwere, unbehandelt tödlich verlaufende (perniziös = verderbbringend) Erkrankung mit neurologischen, psychiatrischen und hämatologischen Symptomen.

Typisch sind Zungenbrennen (Glossitis) und die erniedrigte Erythrozytenzahl, wobei die Erythrozyten vergrößert und Hb-reich sind (makrozytäre hyperchrome Anämie).

Therapie: 100 Mikrogramm Cobalamin intramuskulär alle 1–2 Monate, es bildet sich ein Depot in der Leber.

Bevor Cobalamin zur Therapie zur Verfügung stand, konnten die Perniziosakranken nur durch tägliches Essen roher Leber (bis zu 1 kg!) gerettet werden, dadurch wurde ein Überangebot an Vit. B_{12} im Darm erreicht, sodass ohne Intrinsic factor die nötigen Mikromengen Vit. B_{12} resorbiert wurden.

F00

→ **Frage 5.18:** Lösung C

Siehe Lerntext V.7.

Cobalamin ist ein ringförmiges Tetrapyrrol, das als Zentralatom nicht Eisen, sondern Kobalt enthält ((A) ist falsch).

Vitamin B_{12} als „extrinsic factor" wird im Magen mit einem Protein, dem „intrinsic factor", verbunden, die Resorption erfolgt aus diesem Komplex im Ileum.

Als Coenzym dient Desoxyadenosylcobalamin bei der Umlagerung von Alkylresten (C). Methylcobalamin wirkt als Coenzym bei der Remethylierung vom Homocystein zu Methionin.

F02

→ **Frage 5.19:** Lösung B

Nur die unter (B) gemachte Aussage zum Vitamin B_{12} ist zutreffend: Das wasserlösliche Cobalamin verbindet sich im Magen mit dem intrinsic factor, einem in den Belegzellen gebildeten Glykoprotein, und kommt als solcher Komplex erst im unteren Ileum zur Resorption.

Ungewöhnlich ist es, dass es keine zur B_{12}-Versorgung geeigneten Pflanzen gibt; unser Tagesbedarf (1 Mikrogramm!) wird mit Fleisch, Leber und Eigelb gedeckt. Obwohl Cobalamin zu den wasserlöslichen Vitaminen gehört, gibt es im Blut ein spezielles Transport-Protein, das Transcobalamin. Cyanocobalamin ist nicht die Coenzymform des Vitamin B_{12}, sondern ein bei seiner Isolierung angefallenes Kunstprodukt. Cobalaminmangel (oder Mangel an intrinsic factor!) bewirkt das Krankheitsbild der perniziösen Anämie (nicht mikrozytär, sondern megalozytär).

F04

→ **Frage 5.20:** Lösung C

Verzweigte Aminosäuren und die seltenen ungeradzahligen Fettsäuren sowie verzweigte Fettsäuren ergeben beim Abbau Methylmalonyl-CoA, das mit Adenosyl-Cobalamin zu Succinyl-CoA isomerisiert wird und so Anschluss an den Citratzyklus findet (C).

Thiamin (A) wirkt als Thiaminpyrophosphat bei der oxidativen Decarboxylierung, Biotin (B) bei Carboxylierungen, Ascorbinsäure (D) als Redox-System bei Hydroxylierungen wie der Bildung von Hydroxyprolin und Hydroxylysin bei der Kollagenbiosynthese und Riboflavin wird zum FMN (Flavinmononuclotid) und FAD (Flavin-Adenin-Dinucleotid) für Dehydrogenasen.

H04

→ **Frage 5.21:** Lösung D

Siehe Lerntext V.7.

Zu einem Mangel an Vit. B_{12} kommt es vorwiegend bei Patienten mit schwerer chronischer atrophischer Gastritis durch Fehlen des Intrinsic factor. Gestört ist der Abbau ungeradzahliger Fettsäuren und der Aminosäuren Valin und Isoleucin, weil das entstehende Methylmalonyl-CoA ohne B_{12} nicht zu Succinyl-CoA isomerisiert werden kann (D).

(A) ist falsch, denn die NO-Synthase benötigt nicht B_{12}, sondern NADPH als Coenzym.

(B) ist falsch, denn die Umwandlung von Glutamat zu α-Ketoglutarat entweder durch oxidative Desaminierung durch Glutamatdehydrogenase mit NAD oder durch Transaminasen mit Pyridoxalphosphat erfordert kein Vitamin B_{12}.

(C) ist falsch, denn die Gluconeogenese aus Oxalacetat benötigt als Coenzyme nur ATP, GTP und NADH.

(E) ist falsch, denn die oxidative Decarboxylierung ist abhängig von 5 Coenzymen (TPP, NAD, FAD, CoASH, Liponsäure), zu denen Vitamin B_{12} nicht gehört.

V.8 Pantothensäure

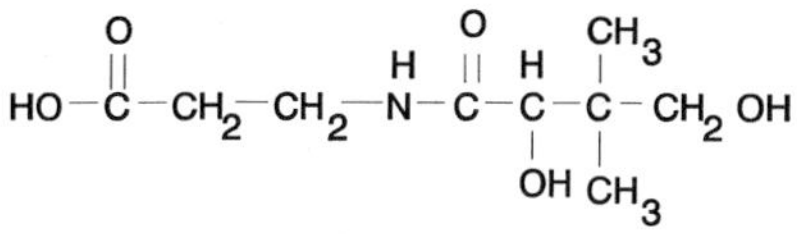

Bedarf: ca. 10 mg/Tag
Funktion: CoASH und ACP zur Aktivierung von Carbonsäuren
Mangel: beim Menschen nicht bekannt
Dieses Vitamin mit der Struktur einer α,γ-Dihydroxy-β,β-dimethyl-buttersäure, als Säureamid verbunden mit β-Alanin, dient zum Aufbau des Coenzyms A, das sich ohne Formelbild etwa so beschreiben lässt:
Adenin – Ribose – Phosphorsäure – Phosphorsäure – Pantothensäure – Cysteamin-SH.
Durch Esterbildung an der endständigen Thiolgruppe können viele Säuren des Stoffwechsels aktiviert werden (z. B. Essigsäure, Propionsäure, Fettsäuren, Acetessigsäure, Malonsäure, Bernsteinsäure, Gallensäuren). Vor der Thioesterbildung wird die entsprechende Säure mit ATP unter Bildung eines Acyladenylats aktiviert. ATP-unabhängig entstehen Acyl-SCoA-Verbindungen bei der oxidativen Decarboxylierung der α-Ketosäuren (Beispiel: Pyruvatdehydrogenase) und bei der thiolytischen Spaltung (Beispiel: Thiolasereaktion in der β-Oxidation).
Pantothensäure ist in den üblichen Nahrungsmitteln weit verbreitet; spezifische Mangelerscheinungen sind nicht bekannt.

F01
→ **Frage 5.22:** Lösung C

Siehe Lerntext V.8.
Pantothensäure ist ein Vitamin des B_2-Komplexes, das zum Aufbau des Coenzyms A (CoASH) und des Acyl-Carrier-Proteins (ACP) nötig ist. Sowohl CoASH als auch ACP dienen der Aktivierung von Carbonsäuren.
Die gesuchte Falschaussage ist (C), denn die Carboxylierung des Pyruvats erfordert aktiviertes CO_2; hierbei ist nicht eines der genannten Pantothensäurederivate beteiligt, sondern das Biotin.

F03
→ **Frage 5.23:** Lösung A

Siehe Lerntext V.8.
Pantothein ist Teil des Coenzym A (CoASH), das der Aktivierung von Carbonsäuren dient, z. B. im Fettsäuremetabolismus. Der unter (A) genannte PDH-Komplex benötigt 5 Coenzyme: Thiaminpyrophosphat, Liponsäure, FAD, NAD und CoASH.

Die Lactatdehydrogenase benötigt nicht CoASH, sondern NAD als Coenzym (B). Die unter (C), (D) und (E) genannten Reaktionen benötigen kein Coenzym.

V.9 Folsäure

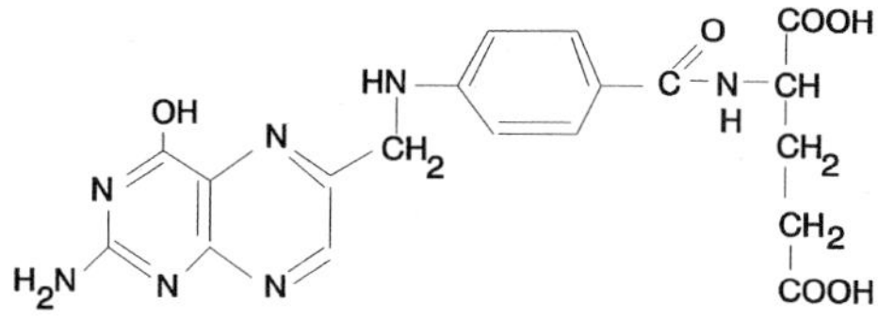

Bedarf: 0,2–0,4 mg/Tag
Funktion: als Tetrahydrofolsäure (THF) im C_1-Stoffwechsel
Mangel: megaloblastische Anämie und allg. unspezifische Stoffwechselstörungen

Organische Gruppe	Derivat der Tetrahydrofolsäure	Anwendungsbeispiel im Stoffwechsel
H–COOH	N^{10}-Formyl-FH_4	Aktivierung von C-2 und C-8 bei der Purinsynthese
N–CHO	N^5,N^{10}-Methenyl-FH_4	→ Formimino-FH_4, Histidinstoffwechsel
CH_3OH	N^5,N^{10}-Methylen-FH_4	Glycin ⇔ Serin; Thyminsynthese
$-CH_3$	N^5-Methyl-FH_4	Synthese von Cholin u. Methionin

Folsäure ist aus 3 Komponenten aufgebaut: einem Heterocyclus Pteridin, der p-Aminobenzoesäure und L-Glutaminsäure. Das in Pflanzen weit verbreitete Vitamin („Blättersäure") kann von Bakterien synthetisiert werden, wenn ihnen p-Aminobenzoesäure zur Verfügung steht. Die Darmflora trägt zur Folsäureversorgung des Menschen bei.
Durch zwei NADPH-abhängige Reduktionen am Pteridin wird das Vitamin zum Coenzym Tetrahydrofolsäure, das C_1-Einheiten aktiviert, wobei der Kohlenstoff alle Oxidationsstufen von Methylgruppen über Methanol und Formaldehyd bis zur Ameisensäure einnehmen und diese durch Enzymeinwirkung auch ändern kann.
Solche aktivierten C_1-Einheiten sind wichtig für diverse Stoffwechselreaktionen.
Folsäure-Antivitamine werden in der Krebstherapie eingesetzt, wo sie die Dihydrofolatreduktase hemmen und damit den Nachschub an Nucleinsäurebasen blockieren. Die antibakteriellen Sulfonamide stören kompetitiv die von der para-Aminobenzoesäure ausgehende Folsäuresynthese der Bakterien.

Klinischer Bezug

Therapie mit Antivitaminen

Antivitamine sind den Vitaminen strukturell verwandte Verbindungen, die das Vitamin konzentrationsabhängig (kompetitiv) von den Zielstrukturen verdrängen und so eine im Einzelfall erwünschte Hypovitaminose hervorrufen.

Durch **Folsäureantagonisten** (z.B. Methotrexat) wird der C_1-Stoffwechsel gehemmt und damit besonders die Synthese der Nucleinsäurebasen. Folsäureantagonisten wirken zytostatisch (Chemotherapie von Tumoren) und immunsuppressiv bei Transplantation und Autoimmunerkrankungen.

Einen speziellen Fall eines Antivitamins für Bakterien stellen die **Sulfonamide** dar: Bakterien stellen meistens ihre Folsäure aus der p-Aminobenzoesäure her, was der Mensch nicht kann. Durch Sulfonamide wird die p-Aminobenzoesäure als Wuchsstoff der Bakterien („Bakterienvitamin") verdrängt. Mit den Sulfonamiden war erstmals eine gezielte antibakterielle Therapie möglich.

Coumarolderivate (z.B. Marcumar) wirken als Vit.K-Antagonisten. Sie werden zur partiellen Hemmung der Blutgerinnung in der Behandlung und Prophylaxe von Thrombose, Embolie und Infarkten eingesetzt.

H03

→ **Frage 5.24:** Lösung A

Siehe Lerntext V.9.

Die Folsäure ist ein wichtiges Vitamin, das umgewandelt zur Tetrahydrofolsäure Coenzym im C1-Stoffwechsel ist. Folsäure ist aufgebaut aus einem Pterinringsystem, das mit p-Aminobenzoesäure und Glutamat verbunden ist. Die unter (B) bis (E) genannten Vitamine bzw. Coenzyme enthalten keine Aminosäure als Strukturbestandteil.

H02

→ **Frage 5.25:** Lösung C

Siehe Lerntext V.9.

Die gesuchte Falschaussage ist (C), denn die Bildung des Thymins erfolgt nicht durch Dihydrofolat, sondern durch Methylentetrahydrofolat, mit dem die Thymidilatsynthase Desoxyuridinmonophosphat (dUMP) zu dTMP methyliert.

F00

→ **Frage 5.26:** Lösung D

Folsäure ist ein wasserlösliches Vitamin der B_2-Gruppe, aufgebaut aus den drei Bausteinen Pteridin + p-Aminobenzoesäure + L-Glutaminsäure. Durch zwei NADPH-abhängige Reduktionsschritte entsteht daraus im Körper das Coenzym Tetrahydrofolsäure, wichtig für die Aktivierung von C_1-Einheiten in verschiedenen Oxidationsstufen. Die zu suchende Falschaussage ist (D), denn mit mikrosomalen Hydroxylierungen hat Tetrahydrofolat nichts zu tun; hier spielt Cytochrom P_{450} eine wichtige Rolle.

H02

→ **Frage 5.27:** Lösung A

Siehe Lerntext V.9.

Folsäureantagonisten wirken als Zytostatica in der Krebstherapie. Sie hemmen die Dihydrofolatreduktase, was sich hauptsächlich in einer Herabsetzung der Methylierung von dUMP in dTMP auswirkt.

V.10 Ascorbinsäure (Vit. C)

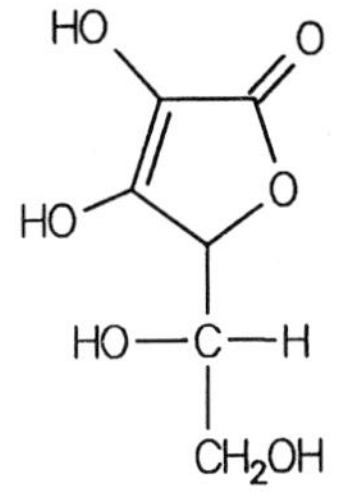

Vit C = Ascorbinsäure = L- Gulonolacton

Bedarf: 75 mg/Tag

Funktion:

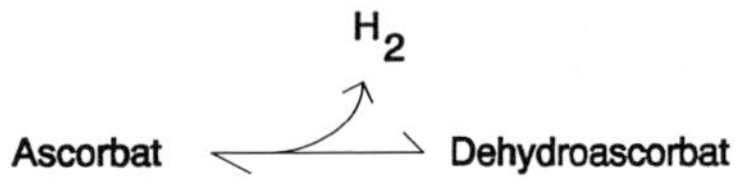

reversibles Redoxsystem für Hydroxylierungen:	Bildung von Hydroxyprolin u. Hydroxylysin im Kollagen Steroidhydroxylierungen
Mangel:	Skorbut

Vitamin C, die L-Ascorbinsäure, ist ein zuckerähnliches C_6-Molekül, das von Pflanzen und den meisten Tieren aus D-Glucose gebildet werden kann. Wegen seiner Endiol-Struktur kann das Vitamin durch Oxidation oder durch Erhitzen zerstört werden. Ascorbinsäure ist gut wasserlöslich und wird zum größten Teil unverändert im Harn ausgeschieden. Das Vitamin wirkt stark reduzierend und kann z.B. Methämoglobin zu Hämoglobin reduzieren. Ascorbinsäure wirkt als Coenzym vieler Hydroxylasen. Von besonderer Bedeutung ist es für den Steroidstoffwechsel und die Kollagensynthese (posttranslationale Bildung von Hydroxyprolin und Hydroxylysin).

Die typische Vitamin C-Mangelkrankheit ist der Skorbut, früher von Seefahrern sehr gefürchtet. Dabei kommt es zu Blutungen (besonders an

den Unterschenkeln), Schleimhautentzündungen im Mund, Zahnausfall und evtl. Tod. Vor Skorbut schützen frisches Gemüse und Obst. Nur Menschen, Primaten und Meerschweinchen müssen die Substanz regelmäßig mit der Nahrung aufnehmen, da ihnen in der Synthesekette D-Glucose → D-Glucuronsäure → L-Gulonsäure → L-Ascorbinsäure das letzte Enzym, die L-Gulonolakton-Oxidase, fehlt.
Skorbut kann beim Menschen durch Zufuhr von 75 mg Vit. C/Tag verhindert werden, höhere Ascorbinsäure-Dosen, bis in den Grammbereich, werden zuweilen empfohlen.

F85
→ **Frage 5.28:** Lösung D

Siehe Lerntext V.10.

V.11 Biotin (Vit. H)

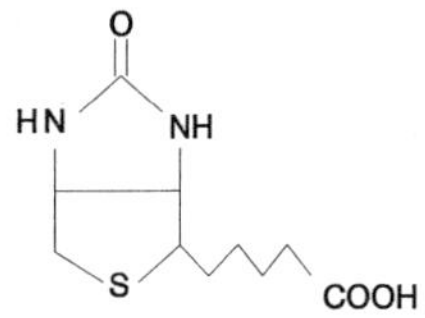

Bedarf: 0,1–0,3 mg/Tag, Darmbakterien synthetisieren eine mehrfache Menge

Funktion:

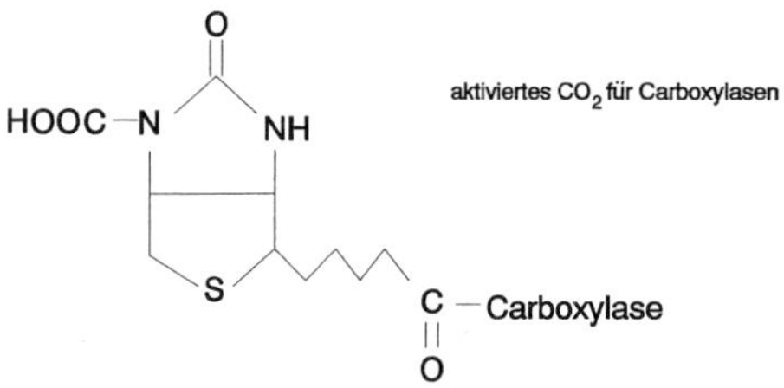

Mangel: nur bei oraler Antibiotikatherapie möglich (Ausfall der bakteriellen Synthese) oder nach Bindung von Biotin an Avidin im rohen Hühnereiweiß (20 rohe Hühnereier); dann unspezifisch: Anaemien, Muskelentzündung, Hautentzündung, nervöse Störungen.
Biotin, auch Vitamin H genannt, besteht aus 2 heterocyclischen Fünfringen und hat eine Seitenkette mit einer Carboxylgruppe. Über diese wird das Vitamin als prosthetische Gruppe an einen Lysinrest verschiedener **Carboxylasen** gebunden. Als prosthetische Gruppe bindet es jetzt unter ATP-Verbrauch CO_2, das „aktivierte Kohlendioxid“ kann auf organische Moleküle übertragen werden (z. B. Pyruvat → Oxalacetat; Acetyl-CoA → Malonyl-CoA).
Bei einem Mangel an Vitamin H kommt es zu Störungen an Haut und Haar. Biotin kommt in vielen tierischen und pflanzlichen Nahrungsmitteln vor; es wird außerdem von Mikroorganismen (die Darmflora trägt wesentlich zur Biotinversorgung bei) gebildet. Im Eiklar des rohen Hühnereis findet sich das Protein Avidin, das Biotin stark bindet und so unresorbierbar macht (→ „raw egg disease“); gekochte oder gebratene Hühnereier sind in dieser Hinsicht ungefährlich.

F01
→ **Frage 5.29:** Lösung A

Biotin, auch Vitamin H genannt, wirkt als prosthetische Gruppe vieler Carboxylasen, die CO_2 in organische Verbindungen einbauen. Die richtige Antwort ist hier (A): Bei der Biosynthese von Fettsäuren wird Acetyl-CoA zu Malonyl-CoA carboxyliert, bevor es zur Verlängerung des Alkylrestes der Fettsäure kommt.
Die Carbamoylphosphat-Synthetase (B) verwendet bei ihrer Synthese anorganisches Bicarbonat, bei der Häm-Synthese (C) wird das Glycin mit Pyridoxalphosphat aktiviert.
Die von Glycin ausgehende Serin-Synthese (D) verwendet ein tetrahydrofolatgebundenes C_1-Derivat, und bei der Cholesterol-Synthese aus Acetyl-CoA (E) gibt es keine Carboxylierungen.

F04
→ **Frage 5.30:** Lösung B

Die gesuchte Falschaussage ist (B), denn nicht Biotin, sondern Cobalamin (Vit. B_{12}) benötigt zu seiner Resorption im Ileum den im Magen gebildeten Intrinsic-Faktor.
Biotin ist Coenzym der CO_2-Fixierung (D), u. a. in Leber und Niere (A) bei der Gluconeogenese. Biotin ist als Coenzym kovalent mit den Carboxylasen verbunden (C). Man spricht in einem solchen Fall von „prosthetischer Gruppe“.

H99
→ **Frage 5.31:** Lösung D

Biotin ist der Trivialname des wasserlöslichen Vitamins H. Es dient, kovalent an eine Lysin-Seitenkette eines Enzyms gebunden, als prosthetische Gruppe von Carboxylasen, die CO_2 als Carboxylgruppe in organische Moleküle einbauen. In der Glykolyse (A), bei der Ketonkörperbildung (C) und im Citratcyclus (E) gibt es derartige Reaktionen nicht. Die Gluconeogenese beginnt zwar mit einer Biotin-abhängigen Carboxylierung, die Oxalacetat liefert. In den hier angesprochenen Folgereaktionen, vom Oxalacetat bis zur Glucose (B), gibt es dann aber keine weitere Carboxylierung.

Die hier gesuchte richtige Aussage ist (D): Im Aminosäureabbau und bei der β-Oxidation ungeradzahliger Fettsäuren entsteht Propionyl-CoA, das zur Umwandlung in Succinyl-CoA zunächst unter Biotin-Beteiligung zu Methylmalonyl-CoA carboxyliert wird.

V.12 Retinol (Vit. A)

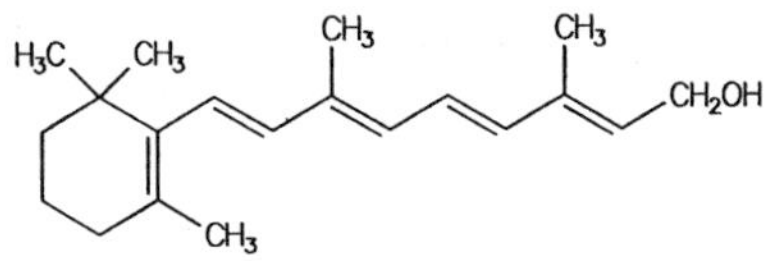

Vit. A = Retinol = Axerophthol
= Epithelschutzvitamin

Bedarf: 1,5–2,0 mg/Tag, meist als Provitamin β-Carotin (auch in Megadosis nicht toxisch)
Funktion: Sehvorgang, Epithelschutz, Mucopolysaccharidsynthesen, antioxidative Wirkungen.
Mangel: Haut- und Schleimhautschäden, Xerophthalmie, Keratomalazie, Nachtblindheit.
Bei dem Vitamin A handelt es sich um ein C_{20}-Isoprenoid, das in verschiedenen Oxidationsstufen wirksam ist: als Retinol für Epithelschutz, als Retinal für den Sehvorgang und als Retinsäure für die Genaktivierung. Das Vitamin findet sich nur in tierischen Geweben; in der Leber findet sich ein für zwei Jahre ausreichender Vorrat. Als Provitamin A wirksame **Carotine** sind in pflanzlichen Nahrungsmitteln weit verbreitet; durch sie wird der Tagesbedarf des Menschen gut gedeckt. Eine gestörte Fettresorption bewirkt eine sekundäre Avitaminose.
Epithelschutz: Vitamin A-Mangel bewirkt Schleimhautschäden. Ein Versiegen der Tränendrüsen bewirkt die Keratomalazie (Hornhauttrübung nach Austrocknung und Infektion); ein Versagen der Vaginaldrüsen kann zur Sterilität führen.
Sehvorgang: Enzymatische Oxidation der HO-Gruppe des Retinols ergibt das all-trans-Retinal, das durch eine Isomerase in 11-cis-Retinal umgewandelt wird. Dieses verbindet sich mit dem Protein Opsin zum Sehpurpur Rhodopsin. Bei Belichtung wird die cis-Doppelbindung unter Freisetzung eines Nervenimpulses in die trans-Stellung rückverwandelt; das Retinal löst sich vom Protein, wird nach erneuter Isomerisierung zum cis-Retinal aber wieder von Opsin gebunden.
Retinsäure: Sie wirkt regulierend auf die Genexpression. Als Medikament wird Retinsäure gegen die Akne vulgaris eingesetzt, ist aber fetotoxisch und soll möglicherweise kanzerogen sein.
Bei einem Überangebot an Vitamin A (nicht von Carotin, dem Provitamin A!) kommt es zu toxischen Erscheinungen: Bewusstlosigkeit, Haarausfall, Hautabstoßung, Knochenbrüche.

H01 F97
→ **Frage 5.32:** Lösung B

β-Carotin ist ein in der Pflanzenwelt weit verbreitetes Isoprenoid mit 40 C-Atomen, dessen Spaltung im Darm des Menschen durch eine Dioxygenase 2 Moleküle Retinal ergibt (A). Reduktion der Aldehydgruppe führt zum Retinol, das als Vitamin A im Blut in Bindung an ein Retinol-Bindungsprotein transportiert (E) und in der Leber gespeichert wird. Als 11-cis-Retinal wird Vitamin A Bestandteil des Sehpurpurs (C). Die vom Retinol abgeleitete Retinsäure hat Auswirkungen auf die Gen-Expression. Falsch ist die Aussage (B), denn die Retinolspeicherung erfolgt als Palmitinsäureester in der Leber.

F03
→ **Frage 5.33:** Lösung C

Beim Sehvorgang ist das Membranprotein Opsin (A) verbunden mit 11-cis-Retinal, einem Abkömmling des Vitamin A aus dem Carotin. Die Belichtung führt zu einem Umspringen des cis-Retinal zu trans-Retinal, wodurch sich der Sehpurpur Rhodopsin zum photoaktivierten Rhodopsin (Metarhodopsin) umwandelt. Dieses Metarhodopsin stimuliert am Transducin, einem G-Protein, den Austausch von GDP mit GTP (D).
Der Transducin-GTP-Komplex stimuliert eine Phosphodiesterase, die zur Senkung des zellulären cGMP führt (E). Durch die cGMP-Senkung werden Na^+- und Ca^{2+}-Kanäle geschlossen und die Sehzellen hyperpolarisiert. Die gesuchte Falschaussage ist (C), denn bei der Belichtung wird Retinal nicht oxidiert.

V.13 Calciferol/Vitamin D-Hormone

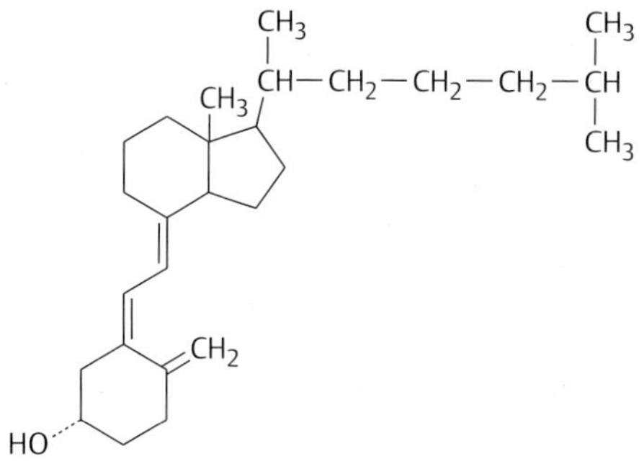

Cholecalciferol = Vit. D_3 = Calciol = Calciferol

Bedarf: 10 µg/Tag,
Eigensynthese:

Cholesterol
↓
7-Dehydrocholesterol
↓ ← UV-Licht
Vit. D_3

Tägliche Zufuhr ab 100 µg toxisch: D-Hypervitaminose
Funktion: als Calcitriol = 1,25-Dihydroxycalciferol = Vit. D-Hormon. Regulation des Calcium- und Phosphat-Haushalts.
Mangel: Osteomalazie, Rachitis
Das fettlösliche Vitamin D oder Calciferol findet sich u.a. in Fisch (v.a. im Lebertran), Milch, Eiern und Pilzen. Es gibt zwei wichtige Provitamine, die durch UV-Bestrahlung Calciferol bilden. Pflanzliches Ergosterin, vor allem in Pilzen, wird industriell UV-bestrahlt und geht dabei in Vitamin D_2 über, das als Vigantol therapeutisch eingesetzt wird. Menschliche Haut enthält mit dem 7-Dehydrocholesterin ein Provitamin D_3; bei Sonnenbestrahlung der Haut entsteht unter Öffnung des B-Ringes im Sterin Cholecalciferol. Daher muss man Vitamin D nicht mit der Nahrung aufnehmen; der Körper kann es bei UV-Bestrahlung der Haut selbst bilden, – daher die Bezeichnung als Vitamin-D-Hormon. Der Tagesbedarf an Calciferol liegt bei 10 µg. Mangel im Kindesalter führt zur Rachitis.
Cholecalciferol erhält erst durch zwei Hydroxylierungsschritte seine Wirksamkeit als Hormon: In der Leber entsteht 25-Hydroxy-cholecalciferol (25-HCC), aus dem die Niere dann 1,25-Dihydroxy-cholecalciferol (1,25-DHCC) bildet. Für dieses Hormon ist der Name Calcitriol in Gebrauch. Dieses Hormon induziert im Darm die Bildung eines Calcium resorbierenden Proteins.

H02

→ **Frage 5.34:** Lösung D

Siehe Lerntext V.13.
Die gesuchte Falschaussage ist (D), denn in der Haut wird Cholecalciferol nicht umgewandelt, sondern es entsteht dort unter UV-Licht aus 7-Dehydrocholesterol. Die Umwandlung des Cholecalciferols in die hormonell aktive Form (Calciferol) erfolgt durch Hydroxylierung zunächst in der Leber (Calcidiol) und dann in der Niere (Calcitriol).

H04

→ **Frage 5.35:** Lösung B

Siehe Lerntext V.13.
Die aktivierte Form des Vitamin D (Calciferol) stellt das Calcitriol (Dihydroxycholecalciferol) dar, das in der Leber durch eine 25-Hydroxylase und daraus in der Niere durch eine 1-Hydroxylase entsteht (B).
(A) ist falsch, denn nicht Vit. D_3 unterliegt einer UV-Fotoreaktion, sondern das 7-Dehydrocholesterin wird so zu Vit. D_3.
(C) ist falsch, denn die Seitenkette des Cholesterols bleibt im Calcitriol erhalten.
(D) ist falsch, denn nicht Vit. D_3, sondern Calcitriol wirkt im Dünndarm bei der Calciumresorption über einen intrazellulären Rezeptor, der wie alle intrazellulären Rezeptorproteine nicht mit G-Proteinen gekoppelt ist.
(E) ist falsch, denn Vit. D_3 wirkt nicht, sondern erst Calcitriol, es bildet keinen Komplex mit Parathormon, sondern wirkt permissiv Parathormon unterstützend am Knochen.

V.14 Phyllochinon (Vit. K)

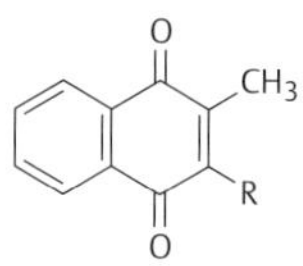

Vit. K = Phyllochinon = Antihaemorrhagisches Vitamin

R = Phytyl : K_1
R = Difarnesyl : K_2
R = H : Menadion = K_3
Bedarf: 70 µg/Tag, Synthese auch durch Darmbakterien
Funktion: Carboxylierung Ca^{++}-bindender Proteine an Glutaminsäureresten, z.B. Gerinnungsfaktoren
Mangel: bei Fettresorptionsstörungen und bei Behandlung mit Vit. K-Antagonisten: Gerinnungsstörungen, Haemorrhagie.
Phyllochinon ist ein fettlösliches Vitamin, dessen Fehlen zu Störungen der Blutgerinnung führt. Das von Pflanzen und Bakterien (auch Darmflora!) synthetisierte Vitamin K ist ein 2-Methyl-1,4-naphthochinon mit einer Polyisoprenseitenkette in der 3er-Position. Die redu-

zierte Hydrochinonform des Phyllochinons wirkt als Coenzym bei der posttranslationalen Modifikation mehrerer Gerinnungsfaktoren: In den von der Leber synthetisierten Gerinnungsproteinen werden mehrere spezifische Glutaminsäureseitenketten zu **γ-Carboxyglutaminsäure** carboxyliert, was für die spätere Wechselwirkung mit Kalziumionen wichtig ist. Die von der Modifikation betroffenen Faktoren sind II (Prothrombin), VII (Proconvertin), IX (Christmas-Faktor) und X (Stuart-Prower-Faktor). Danach wurde schon wiederholt gefragt, wobei jeweils ein nicht von dieser Umwandlung betroffener Faktor gesucht werden musste.
Zahlreiche synthetische Gerinnungshemmstoffe (z. B. Marcumar®, Warfarin®) leiten sich vom Antivitamin Dicumarol ab.

Klinischer Bezug

Therapie und Vergiftung mit Cumarinderivaten

Cumarinderivate verdrängen kompetitiv das Vitamin K. Die Gerinnungsfaktoren werden nicht mehr posttranslational carboxyliert, die Blutgerinnung wird herabgesetzt. Da die vorhandenen Gerinnungsfaktoren erst verbraucht werden müssen, setzt die volle gerinnungshemmende Wirkung nach erstmaliger Cumaringabe erst nach 1-2 Tagen ein. Cumarinderivate werden zur Therapie und Prophylaxe thrombembolischer Erkrankungen, z. B. Herzinfarkt und Apoplex, eingesetzt.
Der verzögerte Wirkungseintritt macht Cumarinderivate zu äußerst wirksamen Ratten- und Mäusegiften, da der erst späte und schmerzlose Tod durch inneres Verbluten keine Köderscheu in der Nagetierpopulation entstehen lässt.
Bei therapeutischer Überdosierung und bei Aufnahme von Nagetier-Cumarinködern durch Mensch und Haustier kann durch möglichst frühzeitige Gabe von hochdosiertem Vit. K die Cumarinwirkung verhindert werden (kompetitive Antidot-Therapie).

H01 F00

→ **Frage 5.36:** Lösung E

Phyllochinone, wie das Vitamin K, sind fettlöslich und tragen eine Seitenkette aus Isopreneinheiten (A). Sie werden von Bakterien (C) und grünen Pflanzen gebildet (D). Die wichtigste Funktion des Vitamin K ist die posttranslationale Carboxylierung von Glutaminsäure-Seitenketten in den Blutgerinnungsfaktoren II, VII, IX und X, aber auch von bestimmten anderen Calcium-bindenden Proteinen.
Die gesuchte Falschaussage ist (E), denn im wasserlöslichen Vitamin B_{12} (Cobalamin) kommen keine Phyllochinon- und Isopren-Strukturen vor.

H03

→ **Frage 5.37:** Lösung D

Siehe Lerntext V.14.
Das fettlösliche Vitamin K ist ein Cofaktor der Carboxylase (D), die an der posttranslationalen Carboxylierung von Glutaminsäureresten von Calcium-bindenden Proteinen, z. B. den Gerinnungsfaktoren II, VII, IX, X, beteiligt ist. Durch die Carboxylase entsteht im Peptidverband γ-Carboxyglutamat.
Antagonisten des Vitamin K vom Typ der Dicumarine werden zur Thrombose-Prophylaxe therapeutisch eingesetzt.

F05

→ **Frage 5.38:** Lösung B

Vitamin K ist ein fettlösliches Vitamin (C), sodass Störungen der Fettverdauung zu Vitamin K-Mangel führen können (A).
Vitamin K ist Cofaktor bei der posttranslationalen Carboxylierung der Gerinnungsfaktoren II, VII, IX und X (D), die entstandenen Dicarboxyl-Glutamatreste dienen der Ca^{2+}-Bindung. Da Vitamin K-Antagonisten, wie Cumarinderivate, den posttranslationalen Synthesevorgang in der Leber hemmen, sind sie nur in-vivo einsetzbar und in entnommenem Blut (in-vitro) unwirksam. Die gesuchte Falschaussage ist (B), denn Vitamin K wird erst posttranslational benötigt.

V.15 Stoffwechselfunktionen der Vitamine

Wirkungen der Vitamine als Coenzym-Bausteine

Vitamine und ihre Umwandlung zum Coenzym

Vitamin	Modifikation	Coenzym	Wirkung
A (Retinol)	Dehydrierung und Isomerisierung	11-cis Retinal	Bestandteil des Sehpurpurs
B_1 (Thiamin)	Phosphorylierung	Thiamindiphosphat	Aktivierung von Aldehyden
B_2 (Riboflavin)	Phosphorylierung oder ADP-Bindung	FMN, FAD	Wasserstoffübertragung
B_3 (Niacinamid)	ADP-Ribosylierung	NAD, NADP	Codehydrase
B_6 (Pyridoxin)	Phosphorylierung	Pyridoxal-5-P	Aminosäureumwandlungen
B_{12} (Cobalamin)	Bindung von Desoxyadenosin oder $-CH_3$	B_{12}-Coenzyme	Kohlenstoffkettenisomerisierung
Folsäure	Reduktion	Tetrahydrofolat	C_1-Transfer
Pantothensäure	Einbau	Coenzym A	Aktivierung von Säuren
C (Ascorbinsäure)	–	Ascorbat	Hydroxylierungen
D (Calciferol)	Hydroxylierung	1,25-DHCC	Calciumstoffwechsel
E (Tocopherol)	Hydrolyt. Ringöffnung	Tocopherol-Hydrochinon	Redox-System
H (Biotin)	Proteinbindung	Biocytin	CO_2-Aktivierung
K (Phyllochinon)	Reduktion	Dihydro-Vit. K	Carboxylierung

Die meisten Carboxylierungen sind Biotin-abhängig; Avidin ist hier ein effektiver Hemmstoff. Bei den Blutgerinnungsfaktoren kennt man die Phyllochinon-abhängige Carboxylierung von Glutaminsäureseitenketten. Ohne Beteiligung eines Vitamin-abhängigen Coenzyms erfolgt die Bildung von Carbamoylphosphat, bei der Ammoniak und Bicarbonat unter ATP-Verbrauch vereint werden.

Thiamindiphosphat ist Coenzym bei der oxidativen Decarboxylierung von α-Ketosäuren. Pyridoxalphosphat-abhängig verlaufen die Decarboxylierungen der Aminosäuren, wobei biogene Amine gebildet werden.

F02

→ **Frage 5.39:** Lösung A

Pantothensäure im Coenzym A und der Fettsäuresynthase dient der Aktivierung und Übertragung von Carbonsäuren (B). Folsäure ist als Tetrahydrofolsäure das Coenzym des C_1-Stoffwechsels (C). Thiamin als Thiaminpyrophosphat dient mit 4 weiteren Coenzymen (NAD, FAD, Liponsäure, CoASH) der oxidativen Decarboxylierung von Pyruvat und α-Ketoglutarat (D). Aus β-Carotin kann Vitamin A entstehen, als Retinal ist es am Sehvorgang beteiligt, als Retinoat kann es die Genaktivität bei der Morphogenese und der Zelldifferenzierung beeinflussen. Die gesuchte Falschaussage ist (A), denn der Carboxylierung von Glutamylresten in Proteinen (Gerinnungsfaktoren und Ca^{2+}-Resorption) dient als Coenzym nicht Tocopherol (Vitamin E), sondern das Vitamin K (Phyllochinon).

H03

→ **Frage 5.40:** Lösung D

Vitamin A-Mangel führt zur Nachtblindheit und zu diffusen Haut- und Schleimhautdefekten (A). Vitamin D-Mangel führt zu einer Störung des Calcium- und Phosphatstoffwechsels, die zum Krankheitsbild Rachitis führen (B). Vitamin C-Mangel führt über eine Störung von Hydroxylasen im Kollagenstoffwechsel zum Krankheitsbild des Skorbuts (C). Folsäure-Mangel (E) führt neben neurologischen Störungen zum Krankheitsbild einer megalozytären Anämie. Die gesuchte Falschaussage ist (D), denn Thiamin-Mangel führt über eine Einschränkung der Enzymkomplexe, die die oxidative Decarboxylierung von Pyruvat zu Acetyl-CoA und von α-Ketoglutarat zu Succinyl-CoA katalysieren, zu diffusen Neuritiden, die unter dem Krankheitsbild Beri-Beri beschrieben worden sind, und nicht zu Störungen der Blutgerinnung. Ein Vitamin-Mangel, der zu einer Verkürzung der Blutgerinnungszeit führt, ist nicht bekannt, dahingegen führt ein Mangel an Vitamin K zu einer Verlängerung der Gerinnungszeit.

H04

→ **Frage 5.41:** Lösung B

Zum Vitamin B_2-Komplex gehört Riboflavin (B), aus dem die Coenzyme FMN und FAD gebildet werden.
(A) ist falsch, denn Vitamin B_1 ist Thiamin (= Aneurin) und Tocopherol bezeichnet Vitamin E.
(C) und (E) sind falsch, denn Vitamin B_{12} ist Cobalamin und Phyllochinon ist Vitamin K.
(D) ist falsch, denn Vitamin E ist Tocopherol, während β-Carotin die Vorstufe von Vitamin A (Axerophthol) ist.

H05

→ **Frage 5.42:** Lösung E

Vitamin K (Phyllochinon) ist Coenzym bei der Carboxylierung von Glutaminsäureresten in Gerinnungsproteinen (II, VII, IX und X), sein Mangel oder seine Verdrängung durch Antivitamin K (Dicumarine) führt zu Blutungen (E).
Aussage (A) ist falsch, weil Nachtblindheit nicht durch Vitamin C-Mangel, sondern durch Vitamin A-Mangel hervorgerufen wird. Vitamin C-Mangel führt zu Skorbut.
Aussage (B) ist falsch, denn Biotin dient nicht dem Acyltransfer, sondern der CO_2-Fixierung (Carboxylierung), und Biotinmangel führt nicht zu Lipidosen, sondern zu Anämien und Entzündungen von Muskeln und Nerven.
Aussage (C) ist falsch, denn D-Vitamine (Calciferol) wirken nicht als Vorstufe für Coenzyme, sondern für Hormone (Calcitriol). Ein Mangel führt zur Rachitis bei Kindern und Osteomalazie bei Erwachsenen.
Aussage (D) ist falsch, denn Folsäure dient nicht der Carboxylierung, sondern in Form von Tetrahydrofolsäure der Übertragung von C_1-Resten (Methyl-, Formyl-, Formiat- und Hydroxymethylresten). Folsäuremangel führt u. a. zur megaloblastären Anämie.

H03

→ **Frage 5.43:** Lösung C

Die Alanin-Aminotranferase ist eine Transaminase, die abgekürzt auch als GPT oder ALAT bezeichnet wird. Sie benötigt Pyridoxalphosphat (PAL) als Coenzym (C).

H03

→ **Frage 5.44:** Lösung A

Die α-Ketoglutarat-Dehydrogenase ist ein Enzym des Citratzyklus. Sie liegt wie die Pyruvatdehydrogenase als ein Multi-Enzym-Komplex vor, der insgesamt 5 Coenzyme benötigt, neben Thiamindiphosphat (A) noch NAD, FAD, Liponsäure und CoASH.

V.16 Coenzym-Spezifität der Enzyme

Bei den Enzymen, die eine prosthetische Gruppe kovalent gebunden enthalten, ist die Coenzym-Zuordnung eindeutig. Frei dissoziierende Coenzyme, wie NAD^+ oder ATP, können wechselweise mit verschiedenen Enzymen reagieren; so überträgt die Laktatdehydrogenase den von der Glycerinaldehyd-P-Dehydrogenase stammenden NADH-Wasserstoff auf das Pyruvat. Umgekehrt aber haben die einzelnen Enzyme eine eindeutige Coenzym-Spezifität: Die LDH arbeitet immer mit NAD, die Glucose-6-P-Dehydrogenase immer mit $NADP^+$.

H02

→ **Frage 5.45:** Lösung D

Bei der Biosynthese von Phospholipiden werden Cholin, Serin und Ethanolamin vor ihrem Einbau mit CTP (Cytidintriphosphat) aktiviert zu CDP-Cholin, CDP-Serin und CDP-Ethanolamin. Bausteine der Polysaccharide (Glykane) werden mit UTP aktiviert, die Fettsäuren und Gallensäuren werden mit CoASH aktiviert.

F98

→ **Frage 5.46:** Lösung D

Sulfotransferasen mit Phosphoadenosylphosphosulfat (PAPS) als Coenzym überführen Gifte und Wirkstoffe als Schwefelsäureester in eine unwirksame und ausscheidungsfähige Form. Anionische Proteoglykane (saure Mucopolysaccharide) wie Chondroitinsulfat und Heparin enthalten gebunden als Ester oder als Aminsulfat Schwefelsäurereste, die von PAPS übertragen werden.
Die gesuchte Falschaussage ist (D), denn das saure Heteroglykan Hyaluronsäure besteht aus Glucuronsäure und N-Acetylglucosamin und enthält keine Schwefelsäure. Siehe auch Lerntext I.17.

F04

→ **Frage 5.47:** Lösung B

Außer als Proteinbaustein wird Methionin im Metabolismus für Methylierungen (C) verwendet, wobei Met vorher mit ATP (E) zu S-Adenosylmethionin und 3 anorganischen Phosphaten umgesetzt wird. Nach erfolgter Methylierung entsteht aus dem Methionin Homocystein.
Die gesuchte Falschaussage ist (B), denn SAM ist kein „Second messenger", sondern ein Coenzym (Cosubstrat) im Stoffwechsel.

Kommentare aus Examen Frühjahr 2006

F06
→ **Frage 5.48:** Lösung C

Das Isoprenderivat Retinsäure kann aus β-Carotin gebildet werden und als fettlöslicher Signalstoff die Transkription bei der embryonalen Epitheldifferenzierung regulieren (C).
Aussage (D) ist falsch, denn im Rhodopsin wirkt nicht Retinsäure, sondern der entsprechende Aldehyd, Retinal.
Aussage (E) ist falsch, denn die Retinoide werden in der Alkoholform (Retinol), verestert mit einer Fettsäure, in den Leberzellen gespeichert.

F06
→ **Frage 5.49:** Lösung B

Dargestellt ist der Folsäureantagonist Amethopterin, der die Dihydrofolat-Reduktase hemmt und als Zytostatikum bei Leukämien und einigen anderen Tumorerkrankungen eingesetzt wird.
Siehe Lerntext „Folsäure" V.9.

F06
→ **Frage 5.50:** Lösung C

Biotin wird kovalent als prosthetische Gruppe an Carboxylasen gebunden (C). Das unter ATP-Verbrauch mit CO_2 beladene Biotin dient u. a. der Carboxylierung von Acetyl-CoA zu Malonyl-CoA bei der Fettsäurebiosynthese und von Pyruvat zu Oxalacetat bei der Gluconeogenese.
Aussage (A) ist falsch, denn eine Desaminierung erfolgt u. a. oxidativ mit NAD (Glutamatdehydrogenase) oder mit FAD und O_2 (Aminooxidasen).
Aussage (B) ist falsch, denn die Transaminierung (GOT und GPT) erfordert Pyridoxalphosphat als Coenzym.
Aussage (D) ist falsch, denn eine Hydroxylierung mit O_2 erfordert Cytochrom P_{450} und NADPH.
Aussage (E) ist falsch, denn Methylierungen erfolgen nicht mit Biotin, sondern mit Adenosylmethionin und (oder) Tetrahydrofolsäure.
Siehe Lerntext „Biotin (Vit. H)" V.11.

F06
→ **Frage 5.51:** Lösung D

Ein Mangel an Pyridoxin ist beim Menschen extrem selten, da das Vitamin in sehr vielen Nahrungsmitteln ausreichend vorkommt. Als Pyridoxalphosphat ist Vitamin B_6 an vielen Reaktionen des Aminosäurestoffwechsels, kovalent gebunden an ca. 40 Enzyme, beteiligt, z. B. an der Transaminierung und auch beim Start der Hämsynthese aus Glycin und Succinyl-CoA (D).
Aussage (A) ist falsch, denn eine Verlängerung der Gerinnungszeit tritt beim Mangel an Vitamin K auf bzw. bei der Gabe von Cumarinen als Antivitamin K zur Thromboseprophylaxe.
Aussage (B) ist falsch, denn die Transketolase im Pentose-P-Cyclus benötigt Thiaminpyrophosphat, ist also beim B_1-Mangel (Beriberi) erniedrigt.
Aussage (C) ist falsch, denn Methylmalonat benötigt zum Umbau in Succinat Vitamin B_{12} und CoASH, also Pantothensäure als Vitamin.
Aussage (E) ist falsch, denn die Fettsäuresynthese benötigt kein Pyridoxinderivat, sondern als Coenzyme bzw. Coenzymvorstufen Pantothensäure (CoASH), Biotin, Riboflavin ($FADH_2$) und Niacin (NADH).
Siehe Lerntext „Pyridoxin (Vit. B_6)" V.6.

6 Enzyme

VI.1 Thermodynamik und Kinetik

Alle chemischen Reaktionen sind prinzipiell reversibel und verlaufen auf einen natürlich vorgegebenen **Gleichgewichtszustand** zu, der durch die jeweilige **Gleichgewichtskonstante** K beschrieben wird.

$$A \longleftrightarrow B \quad K = \frac{[B]}{[A]}$$

$$A + B \longleftrightarrow C + D \quad K = \frac{[C] \times [D]}{[A] \times [B]}$$

Bei der Reaktion auf das Gleichgewicht hin wird Energie frei (exergone Reaktion, ΔG negativ), bei Reaktionen vom Gleichgewicht weg muss Energie zugeführt werden (endergone Reaktion, ΔG positiv). Die **Standardenergie** $\Delta G°$ (freie Reaktionsenthalpie) (Reaktionsablauf von links nach rechts) ist mit der Gleichgewichtskonstanten K verknüpft: $\Delta G° = -R \times T \times \ln K$, d. h. umso größer als 1 die Konstante K ist, desto mehr Energie wird frei, wenn 1 mol Substrat zu 1 mol Produkt unter Standardbedingungen (1-molare Konzentration aller Reaktionsteilnehmer, also auch der Produkte) umgesetzt wird. Bei $K = 1$ ist das System unter Standardbedingungen bereits im Gleichgewicht und $\Delta G°$ ist gleich 0, d. h. die Reaktion kann keine Arbeit leisten. Bei $K <= 1$ ist $\Delta G°$ positiv, d. h. die Reaktion ist endergon. Für beliebige Konzentrationen von Substraten und Produkten lässt sich der tatsächliche Energiezustand ΔG aus der Standardenergie $\Delta G°$ berechnen:

$$\Delta G = \Delta G^\circ + RT \ln \frac{[C] \times [D]}{[A] \times [B]}$$

Daraus folgt, dass auch eine Reaktion mit positivem ΔG° (also eine eigentlich endergone Reaktion) ablaufen kann (= Energie liefern kann), wenn die Substratkonzentrationen (A und B) hoch oder die Konzentration der Produkte (C und D) sehr niedrig gehalten werden, in dem man z. B. die Produkte entfernt oder in einer zusätzlichen Reaktion umwandelt.
Eine weitere Möglichkeit, endergone Reaktionen ablaufen zu lassen, besteht in der **energetischen Kopplung** einer endergonen mit einer stärker exergonen Reaktion:

1. $A \rightarrow B + C$ $\Delta G^0 = +20$ kJ/mol
2. $B \rightarrow D$ $\Delta G^0 = -30$ kJ/mol

Kopplung 1 und 2:

$A \rightarrow C + D$ $\Delta G^0 = -10$ kJ/mol

Im Stoffwechsel liefert meist die Hydrolyse der endständigen Phosphorsäureanhydridbindung des ATP die Energie für die endergonen Reaktionen:

$ATP + H_2O \rightarrow ADP + P$ $\Delta G^\circ = -30$ kJ/mol

Im lebenden Organismus bzw. in lebenden Zellen stellen sich nie echte chemische Gleichgewichtszustände ein – das System könnte dann keine Arbeit leisten und wäre tot –, sondern die Zelle stellt ein offenes System im **Fließgleichgewicht** dar. Die Zellen stehen im Stoff- und Energieaustausch mit der Umgebung, sie nehmen energiereiche Substrate auf und führen die energiearmen Produkte mit gleicher Geschwindigkeit ab. Dazwischen liegen die verschiedenen Metabolite der Stoffwechselketten in stationären Konzentrationen des dynamischen Fließgleichgewichts vor.

Die Geschwindigkeit der Gleichgewichtseinstellung und auch der Umsatz im Fließgleichgewicht werden durch die Kinetik beschrieben. Viele exergone Reaktionen laufen bei normalem Druck und normaler Temperatur praktisch überhaupt nicht ab. Damit diese Reaktionen messbar ablaufen, muss zunächst eine sogenannte **Aktivierungsenergie** zugeführt werden. Die Aktivierungsenergie wird im ersten Schritt der Reaktion zugeführt und wird dann sofort wieder frei, tritt also thermodynamisch nicht in Erscheinung, d. h. sie beeinflusst die Energieausbeute (ΔG) der Reaktion nicht. Je kleiner die Aktivierungsenergie, desto schneller kann eine Reaktion ablaufen. Katalysatoren (z. B. Enzyme) setzen die Aktivierungsenergie herab, ohne die Gleichgewichtskonstante K oder ΔG zu beeinflussen.

Die Geschwindigkeit einer Gleichgewichtseinstellung wird durch die Geschwindigkeitskonstanten der Hinreaktion (k_{+1}) und der Rückreaktion (k_{-1}) bestimmt.

$$A + B \underset{k_{-1}}{\overset{k_{+1}}{\rightleftharpoons}} C + D$$

Es gilt für die Anfangsgeschwindigkeit der Hinreaktion

$$\frac{d\,C_A}{dt} = k_{+1}\,[A] \times [B]$$

und für die Rückreaktion

$$\frac{d\,C_D}{dt} = k_{-1}\,[C] \times [D]$$

Im Gleichgewichtszustand sind Hin- und Rückreaktion gleich schnell, d. h. der Nettostoffumsatz ist gleich 0. Die Geschwindigkeitskonstanten sind daher auch mit der Gleichgewichtskonstanten verknüpft:

$$\frac{k_{+1}}{k_{-1}} = K$$

F92
→ **Frage 6.1:** Lösung E

Siehe Lerntext VI.1.
Beide dargestellten Reaktionen weisen denselben Unterschied zwischen dem Ausgangsenergiegehalt und dem Endenergiegehalt auf (B). Da die Aktivierungsenergie im Energiediagramm 1 niedriger ist, läuft diese Reaktion schneller ab als Reaktion 2.
Die gesuchte Falschaussage ist (E), denn eine identische Reaktionsenthalpie sagt nichts aus über das Substrat oder den Reaktionstyp und damit auch nichts über den benötigten Katalysator.

H97
→ **Frage 6.2:** Lösung D

Durchschnittlich benötigt der erwachsene Mensch 70 kg ATP pro Tag. Jede Zelle muss das benötigte ATP selbst gewinnen; das gebildete ATP wird sofort (Sekunden bis Minuten!) für Bewegung, Biosynthesen und aktive Transportprozesse verbraucht. 95% des benötigten ATP entsteht durch Atmungskettenphosphorylierung, wobei die F_0/F_I-ATPase den Protonengradienten zur ATP-Bildung nutzt (A). Ca. 5% des ATP wird durch Substratkettenphosphorylierung gewonnen; in der Glykolyse sind dabei die Phosphoglyceratkinase (B) mit der Reaktion 1,3-Bis-P-Glycerat + ADP → 3-P-Glycerat + ATP und die Pyruvatkinase (C) mit der Reaktion PEP + ADP → Pyruvat + ATP beteiligt.
Im Muskel kann durch die Adenylatkinase (E) auch die energiereiche P-Anhydridbindung des ADP zur ATP-Bildung verwendet werden; die Reaktion lau-

tet ADP + ADP → ATP + AMP. Die gesuchte Falschaussage ist (D), denn durch die Phosphofructokinase wird nicht ATP aus ADP regeneriert, sondern es wird ATP verbraucht, um aus Fructose-6-P mit ATP Fructose-1,6-bis-P zu bilden.

F02

→ **Frage 6.3:** Lösung C

ATP ist Substrat bei der Bildung des second messengers cAMP unter Abspaltung von Pyrophosphat (A). Aktives Methyl für Methylierungen wird durch Übertragung von Adenosin aus ATP auf Methionin gebildet (B). Die Bildung von RNA (Transkription) erfordert als Substrate ATP, GTP, CTP und UTP (D). Aus Ribose-5-phosphat wird mit ATP Phosphoribosylpyrophosphat für die Biosynthese der Purine und Pyrimidine für die Nucleinsäuresynthese hergestellt (E). Die gesuchte Falschaussage ist (C), denn die ADP-Ribosylierung von Proteinen erfolgt mit NAD und nicht mit ATP.

F02

→ **Frage 6.4:** Lösung B

„Energiereiche Verbindungen" besitzen ein hohes Gruppenübertragungspotential von über 26 kJ/mol und dienen der Energiekonservierung im Stoffwechsel. Manche der Verbindungen können bei ihrer Spaltung im Rahmen der Substratkettenphosphorylierung ATP erzeugen. Die zu suchende Falschaussage ist (B), denn die einzige Phosphorsäure im AMP ist nur durch eine energiearme Esterbindung gebunden.

H01 F96 H90 H87

→ **Frage 6.5:** Lösung D

Enzyme beschleunigen als Biokatalysatoren die Einstellung des thermodynamisch vorgegebenen Gleichgewichts einer Reaktion. Die hier vorgeschlagenen Modifikationen wie längere Reaktionszeit, Vergrößerung der Enzymmenge oder Enzymaktivierung durch chemische Enzymmodifikation bzw. durch positive Effektoren bringen da keine Änderung. Eine vollständige Umsetzung des Substrats in das Produkt kann nur erreicht werden, wenn das Produkt durch eine Hilfsreaktion ständig entfernt wird (D).

H93 F91

→ **Frage 6.6:** Lösung B

Die gesuchte Falschaussage ist (B), denn in dem Schema ist ein offenes System dargestellt. Die Zelle tauscht in einem Fließgleichgewicht (A) mit der Umgebung Substrate und Produkte und damit Energie (D) aus und vermag so Arbeit (osmotisch, mechanisch oder in Form von Biosynthesen) zu leisten (C).

VI.2 Energiereiche Bindungen

Energie wird im Organismus für mechanische Arbeit (Muskelkontraktion), für Transportprozesse und Biosynthesen benötigt. Die Energie der Nahrungsstoffe kann nicht unmittelbar für diese Prozesse verwendet werden, sondern Adenosintriphosphat (ATP) ist als Energieüberträger zwischengeschaltet. Die hydrolytische Spaltung der Säurenanhydridbindung des ATP zu ADP und anorganischem Phosphat ($\Delta G^0 = -7$ kcal) liefert unmittelbar die Energie für alle Prozesse. Maximal 40% der Energie der Nahrungsstoffe können zur ATP-Synthese verwendet werden. Durchschnittlich benötigt ein Erwachsener pro 24 Stunden 70 kg ATP.

Als energiereiche Phosphorbindungen werden Phosphoanhydride, Enolphosphate und Phosphoramide bezeichnet, wenn bei ihrer Hydrolyse mehr als 30 kJ/mol frei werden, dies entspricht 7 kcal/mol. Derartige Bindungen können zur Synthese von ATP verwendet werden.

Gruppenübertragungspotenzial
(angegeben als ΔG der Hydrolyse)

		kJ/mol
„energiereich"	Phosphoenolpyruvat (PEP)	– 62
„energiereich"	1,3-Diphosphoglycerat	– 50
„energiereich"	Creatinphosphat	– 42
„energiereich"	Acetyl-CoA	– 32
„energiereich"	ATP	– 30
	Saccharose	– 27
	Glucose-1-phosphat	– 22
	Glucose-6-phosphat	– 14
	Glycerinphosphat	– 9

Das alleinige Ziel des katabolen, Energie liefernden Stoffwechsels aller lebenden Zellen ist es, möglichst viel ATP zu gewinnen. Über 60% der Energie der Brennstoffe gehen aber meist als Wärme verloren. Interessant ist der hohe Energiegehalt der Glucosidbindung der Saccharose (Rohrzucker). Die in dieser Glucosidbindung enthaltene Energie wird von Bakterien im Mund verwendet, um die kariesbegünstigenden Polysaccharide (Dextrane) zu bilden.

H90 F90 F87

→ **Frage 6.7:** Lösung C

Siehe Lerntext VI.1.

Die Phosphatreste aus ATP und Glucose-6-phosphat können hydrolytisch (A) in exergonen (negat. ΔG) Reaktionen (B) abgespalten werden. Wird der Phosphatrest von ATP auf Glucose übertragen (z. B. durch die Hexokinase), ergibt sich ein ΔG von $-30{,}5$ minus $-13{,}8 = -16{,}7$ kJ/mol, also ist diese

Reaktion ebenfalls exergon und damit thermodynamisch möglich (D).
Die gesuchte Falschaussage ist (C): Im ATP wird in der Reaktion (1) keine Esterbindung, sondern eine Phosphorsäure-Anhydridbindung gespalten.

H03
→ **Frage 6.8:** Lösung A

Bei den Reaktionen (B) bis (E) erfolgt eine Phosphorylierung von Zuckern bzw. von Proteinen mittels ATP und diese Reaktionen sind sämtlich irreversibel, d. h. eine Rückübertragung des Phosphatestes auf ATP ist nicht möglich. Die gesuchte richtige Aussage ist (A), denn die Creatinkinase überträgt in Muskelzellen und Nervenzellen reversibel den endständigen Phosphatrest des ATP auf Creatin, wobei Creatinphosphat entsteht. Steigt bei starkem ATP-Verbrauch die Konzentration des ADP an, wird aus Creatinphosphat durch die Creatinkinase der Phosphatrest auf ADP übertragen. Das Creatin-System stellt sicher, dass in der Zelle möglichst hohe ATP- und niedrige ADP-Konzentrationen vorliegen.

H04
→ **Frage 6.9:** Lösung C

Siehe Lerntext VI.4.
Die Michaelis-Konstante gibt diejenige Substratkonzentration an, bei der ein Enzym die halbmaximale Geschwindigkeit erreicht, sie wird in mol/l („molar") angegeben.

VI.3 Reaktionsordnung

Chemische und damit auch alle biochemischen Reaktionen können linear, also unabhängig von der Konzentration der Substrate verlaufen, man nennt dies eine Reaktion 0. Ordnung. Nach einer Reaktion 0. Ordnung verlaufen alle Enzymreaktionen unter Standardbedingungen.
Andere Reaktionen zeigen eine mehr oder minder ausgeprägte Reaktionsverzögerung, d. h., die Konzentration der noch vorhandenen Substratmoleküle bestimmt die Geschwindigkeit. Aus dem Verlauf dieser Reaktion lässt sich durch die Differentialgleichung der Kurven eine bestimmte Reaktionsordnung bestimmen. Die Konstante k ist die spezifische Geschwindigkeit, eine Naturkonstante mit einem Wert größer als 0. Der Exponent, mit dem die Konzentration der verbleibenden Substratmoleküle zu der jeweiligen Reaktionszeit die Geschwindigkeit der Reaktionen bestimmt, markiert die Reaktionsordnung.
Eine zweite Betrachtung der Reaktionsordnung geht vom tatsächlichen Reaktionsmechanismus aus. Bei einer Reaktion 1. Ordnung bestimmt die Konzentration eines Substratmoleküls die Geschwindigkeit, bzw. es ist nur ein Substratmolekül an der Reaktion beteiligt. Bei einer Reaktion zweiter Ordnung reagieren zwei Substratmoleküle miteinander und bestimmen mit ihrer jeweiligen Konzentration die Geschwindigkeit, bei einer Reaktion 3. Ordnung sind es drei Substratmoleküle.
Kinetik = Reaktionsgeschwindigkeiten (Menge/Zeit)

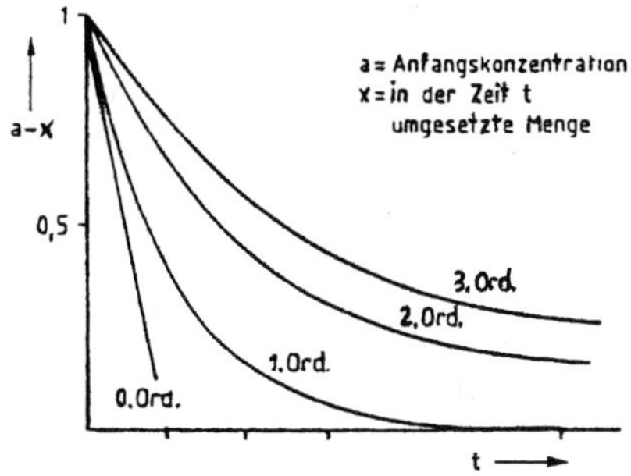

v	0. Ordnung	1. Ordnung	2. Ordnung	3. Ordnung
$\frac{dx}{dt}$	$k\,(a-x)^0$	$k\,(a-x)^1$	$k\,(a-x)^2$	$k\,(a-x)^3$

Reaktionsmechanismen	
Enzym-katalysiert	0. Ordnung (pseudonullter Ordnung)
$A \rightarrow P$	1. Ordnung
$A + B \rightarrow P$	2. Ordnung
$A + B + C \rightarrow P$	3. Ordnung

Verlaufen Reaktionen im tatsächlichen Versuch, z. B. bei der Enzymkatalyse, im Umsatz-Zeit-Diagramm nach einer niedrigeren Reaktionsordnung als dem tatsächlichen Reaktionsmechanismus entspricht, so spricht man häufig von einer „Pseudoordnung". Alle Enzymreaktionen verlaufen also streng genommen unter Standardbedingungen nach einer Reaktion Pseudo-0.-Ordnung, denn es sind im tatsächlichen Ablauf mindestens ein, zwei oder auch drei Substratmoleküle beteiligt.

VI.4 Michaelis-Kinetik

Die Enzymaktivität (v) ist in charakteristischer Weise von der Substratkonzentration [S] abhängig: Bei doppelt linearer Auftragung v gegen [S] ergibt sich eine rechtwinklige Hyperbel, d. h. bei Erhöhung der Substratkonzentration [S] nähert sich die Kurve asymptotisch der Maximalaktivität (V_{max}):

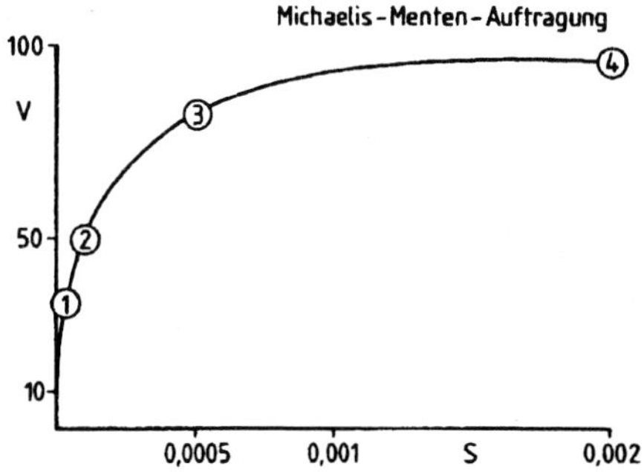

V_{max} ist in dem dargestellten Beispiel 100, die halbmaximale Geschwindigkeit $\frac{V_{max}}{2}$ beträgt 50 und wird bei der Substratkonzentration von 1×10^{-4} mol/l erreicht. Die Substratkonzentration für halbmaximale Geschwindigkeit wird als Michaelis-Konstante (K_M) des Enzyms für das jeweilige Substrat bezeichnet. Je kleiner der K_M-Wert, desto größer ist die Affinität zwischen Enzym und Substrat. Die Zusammenhänge gibt die Michaelisgleichung wieder:

$$v = \frac{V_{max} \cdot S}{K_M + S}$$

V_{max} ist direkt proportional der Enzymkonzentration. K_M ist dagegen von der Enzymkonzentration unabhängig. Mit der Michaelisgleichung kann bei Kenntnis von V_{max} und K_M für jede beliebige Substratkonzentration v ausgerechnet werden, z. B. bei einem V_{max} von 100 und einem K_M von 10^{-4} mol/l ergibt sich

[S] in mol/l	v
5×10^{-5}	33
1×10^{-4}	50
5×10^{-4}	83
2×10^{-3}	95
1×10^{-2}	99

In der Enzymologie spricht man von Substratsättigung, wenn alle Enzymmoleküle durch Anlagerung von Substrat in einen Enzymsubstratkomplex ES überführt sind:

$$E + S \underset{k_{-1}}{\overset{k_{+1}}{\rightleftharpoons}} ES \xrightarrow{k_{+2}} E + P$$

$$K_M = \frac{k_{-1} + k_{+2}}{k_{+1}}$$

$$v = k_{+2} \times ES$$

$$v_{max} = (E + ES) \times k_{+2}$$

Ist die Substratkonzentration sehr viel größer als K_M ($S > K_M$), wird v zu V_{max} und direkt proportional zur Enzymkonzentration. Ist die Substratkonzentration sehr viel kleiner als K_M ($S < K_M$), ist v direkt proportional zur Substratkonzentration.

Bei doppelt reziproker Auftragung nach Lineweaver-Burk $\frac{1}{[S]}$ gegen $\frac{1}{V}$ ergibt sich eine Gerade,

deren Steigung $\frac{K_M}{V_{max}}$ entspricht.

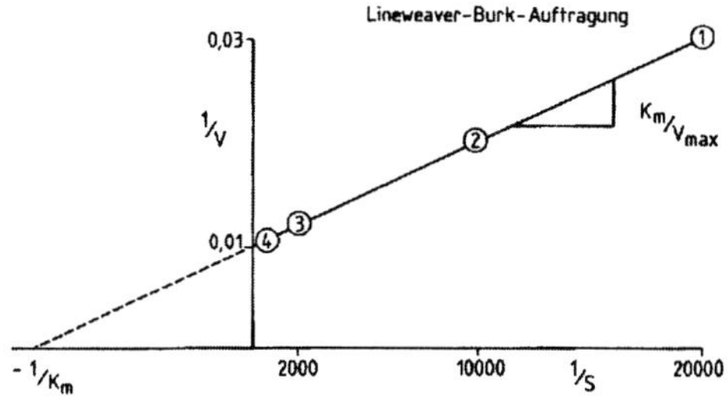

Der Schnittpunkt mit der Ordinate ergibt $\frac{1}{V_{max}}$, sozusagen extrapoliert auf die Substratkonzentration ∞, weil $\frac{1}{\infty} = 0$. Der Schnittpunkt mit der Abszisse ergibt $-\frac{1}{K_M}$

Ein **kompetitiver Inhibitor** konkurriert mit dem Substrat um das aktive Zentrum des Enzyms, in Gegenwart des Inhibitors erhöht sich K_M, während V_{max} (bei $[S] = \infty$) unverändert bleibt. An Verzweigungspunkten in Stoffwechselketten konkurrieren zwei oder mehr Enzyme um ein Substrat. Die Hauptmenge des Substrats wird dann von dem Enzym mit dem niedrigsten K_M (also der höchsten Affinität zum Substrat) und der höheren Aktivität (V_{max}) umgesetzt.

Klinischer Bezug

Enzymtherapie

In lebenden Organismen läuft nichts ohne die Aktivität von Enzymen ab! Die Enzyme bestimmen Intensität und Richtung des Stoffwechsels. Damit sollte eine Enzymtherapie eigentlich bei sehr vielen Erkrankungen erfolgsversprechend sein.

Tatsächlich aber wirken die meisten Enzyme intrazellulär, und es ist kaum möglich, Enzymproteine gezielt in Zellen einzuschleusen, abgesehen von immunologischen Problemen und dem raschen Abbau der Enzyme. Dennoch wird z. T. erfolgreich versucht, mit Glykosidasen die lysosomalen Lipidspeicherkrankheiten zu therapieren.

Die erfolgreiche Enzymtherapie erstreckt sich auf extrazelluläre Enzymsysteme z.B:

1. die Substitution der Verdauungsenzyme
2. die Blutgerinnungsenzyme
3. die Fibrinolyseenzyme
4. die Hyaluronidase für den gezielten Abbau von Bindegewebssubstanz
5. Proteasen zur Wundreinigung

H05

→ **Frage 6.10:** Lösung *** Diese Frage wurde aus der Wertung genommen.

K_M ist die Substratkonzentration für $^1/_2$ V_{max}, (A) ist richtig.
Aussage (B) ist falsch, denn µmol/min ist die Dimension für die Enzymgeschwindigkeit V, K_M hat die Dimension mol/l.
Aussage (C) ist falsch, denn die Enzymkonzentration beeinflusst nur V_{max}, K_M bleibt gleich.
Aussage (D) ist falsch, denn kompetitive Inhibitoren führen zu „scheinbaren" K_M-Erhöhungen.
Aussage (E) ist falsch, denn Enzyme mit gleicher Maximalaktivität können verschiedene K_M-Werte besitzen. K_M kann nur aus mindestens zwei verschiedenen [S] gegen V-Messungen durch Auflösung der Michaelis-Gleichung berechnet werden.
Das IMPP nimmt auch (D) als richtig an, obwohl die Aussage „durch einen kompetitiven Inhibitor wird der K_M-Wert erhöht" in 3 vorangehenden Examina (F95, H95 und H98) völlig zu Recht als „richtig" vorgegeben wurde.
Siehe Lerntext „Michaelis-Kinetik" VI.4.

F92 F90

→ **Frage 6.11:** Lösung C

Siehe Lerntext VI.4.
Die Michaeliskonstante ist unabhängig von der Enzymkonzentration.

F03

→ **Frage 6.12:** Lösung C

Siehe Lerntext VI.4.
Die Enzymkonzentration hat keinen Einfluss auf den K_M-Wert. Der K_M-Wert gibt diejenige Substratkonzentration in mol/l an, bei der eine vorgegebene Enzymkonzentration ihre halbmaximale Umsatzgeschwindigkeit entwickelt, bei der also die eine Hälfte der Enzymmoleküle als Enzym-Substrat-Komplex und die andere Hälfte als freies Enzym vorliegen.

F01

→ **Frage 6.13:** Lösung C

Siehe Lerntext VI.4.
Die Michaelis-Konstante (K_M) gibt diejenige Substratkonzentration in mol/l an, bei der ein Enzym seine halbmaximale Geschwindigkeit ($^1/_2$ V_{max}) entwickelt. Der K_M-Wert ist ein Maß für die Affinität zwischen Enzym und Substrat; ein kleiner K_M-Wert bedeutet eine hohe Affinität, ein hoher K_M-Wert eine niedrige Affinität zwischen Enzym und Substrat. Isoenzyme haben häufig für dasselbe Substrat unterschiedliche K_M-Werte; ein Beispiel hierfür sind die fünf Isoenzyme der Lactatdehydrogenase. Während kompetitive Hemmstoffe zu einer scheinbaren Erhöhung des K_M-Wertes für das Substrat führen, sind nicht-kompetitive Hemmstoffe ohne Einfluss auf den K_M-Wert ((B) ist falsch). Unter (D) ist die Enzymaktivität definiert und die unter (E) erwähnte molekulare Aktivität beschreibt, wie viele Substratmoleküle von einem Enzymmolekül pro Zeiteinheit umgesetzt werden; diese Wechselzahl sagt nichts über den K_M-Wert eines Enzyms aus.

H02

→ **Frage 6.14:** Lösung A

Siehe Lerntext VI.4.
Die gesuchte Falschaussage ist (A), denn die Michaelis-Konstante (K_M) ist unabhängig von der Enzymkonzentration, weil in den Enzymtestsystemen zur K_M-Bestimmung die Substratkonzentration um Größenordnungen höher ist als die Enzymkonzentration. Von der Enzymkonzentration hängt direkt proportional V_{max} ab.

H98 H95 F95

→ **Frage 6.15:** Lösung C

Siehe Lerntext VI.4.
Die Enzymkonzentration hat keinen Einfluss auf den K_M-Wert. Der K_M-Wert gibt diejenige Substratkonzentration in mol/l an, bei der eine vorgegebene Enzymkonzentration ihre halbmaximale Umsatzgeschwindigkeit entwickelt, bei der also die eine Hälfte der Enzymmoleküle als Enzym-Substrat-Komplex (ES) und die andere Hälfte als freies Enzym (E) vorliegen.

F05

→ **Frage 6.16:** Lösung D

Bei der doppelt reziproken Auftragung liegen höhere Aktivitäten auf niedrigen Ordinatenabschnitten. Da die „Naturkonstante" K_m bei unterschiedlichen Enzymkonzentrationen gleich bleibt, muss die gesuchte Gerade auf der Abszisse denselben Ursprung wie die Gerade G haben. Gerade 4 ist richtig, Gerade 1 ist falsch, weil sie sich durch eine Erniedrigung der Enzymkonzentration ergeben würde.
Siehe Lerntext „Michaelis-Kinetik" VI.4.

H05

→ **Frage 6.17:** Lösung C

Auch Transportprozesse und Wechselwirkungen zwischen Effektoren und Rezeptoren gehorchen meistens einer Michaelis-Kinetik. Wenn im dargestellten Fall bei einer Konzentration von 2 mmol/l die Hälfte der Maximalgeschwindigkeit erreicht wird, ist der K_M-Wert 2 mmol/l.
Siehe Lerntext „Michaelis-Kinetik" VI.4.

F03

→ **Frage 6.18:** Lösung D

Siehe Lerntext VI.6.
Eine relativ komplizierte Frage, die in dieser Form erstmals gestellt wird.
Grundlage ist das Lambert-Beer'sche Gesetz: $E = \varepsilon \cdot c \cdot d$, wobei ε der molare Extinktionskoeffizient ist.
Einsetzen der gegebenen Zahlen ergibt:

$$\frac{0{,}066}{\text{min}} = \frac{3300\ \text{l}}{\text{mol} \cdot \text{cm}} \cdot \Delta c \cdot 1\ \text{cm},$$

aufgelöst nach Δc:

$$\Delta c = \frac{0{,}066 \cdot \text{mol} \cdot \text{cm}}{\text{min} \cdot 3300\ \text{l} \cdot 1\ \text{cm}}$$

$$\Delta c = \frac{0{,}066 \cdot \text{mol}}{3300\ \text{l} \cdot \text{min}} = 2 \cdot 10^{-5}\ \frac{\text{mol}}{1 \cdot \text{min}}$$

Da der Reaktionsansatz nicht 1 l beträgt, sondern 1 ml, wird durch die LDH eine Konzentrationsänderung von $2 \cdot 10^{-5}$ mmol/ml bewirkt.
Die Einheit U gibt nicht die mmol/min an, sondern die µmol.
$2 \cdot 10^{-5}$ mmol = $2 \cdot 10^{-2}$ µmol.
Also enthalten 0,1 ml Serum 0,02 U LDH-Aktivität, pro Liter Serum 10.000 mehr = 200 U/l.

H05

→ **Frage 6.19:** Lösung A

Die Kreatinkinase (CK) katalysiert die Gleichgewichtseinstellung zwischen:
Kreatin-P + ADP ↔ Kreatin + ATP.
Soll ihre Aktivität bestimmt werden, werden Kreatinphosphat und ADP im Überschuss dem Reaktionsansatz mit der Serumprobe zugesetzt. Das entstehende ATP wird mit Glucose und Hexokinase stöchiometrisch in Glucose-6-P umgewandelt.
Das Glucose-6-P wird mit Glucose-6-P-dehydrogenase und $NADP^+$ zu 6-P-Gluconsäure und NADPH + H^+ oxidiert. Die Zunahme der NADP-Menge wird fotometrisch bei 340 nm gegen die Zeit gemessen und ist bei Vorliegen eines Aktivitätsüberschusses der Hilfsenzyme HK und G-6-PDH ein Maß für die CK-Aktivität.
Siehe Lerntext „Optischer Test mit NAD" VI.6.

F03

→ **Frage 6.20:** Lösung C

Siehe Lerntext VI.4.
Konkurrieren 2 verschiedene Enzyme an einem Verzweigungspunkt einer Stoffwechselkette um dasselbe Substrat, dann lagert das Enzym mit dem niedrigsten K_M-Wert, also der höchsten Affinität, das Substrat bevorzugt an. Wenn es die höhere Aktivität entwickelt, wird es also die Hauptmenge des Substrats umsetzen.

F92 H86

→ **Frage 6.21:** Lösung D

Die Wechselzahl („turn-over-number") eines Enzyms gibt an, wieviel Substratmoleküle von einem Enzymmolekül in einer Minute umgesetzt werden.
5 µg eines reinen Enzyms mit einem MG von 50000 sind 5:50000 = 0,0001 µmol. Wenn diese pro 1 min 10 µmol Substrat umsetzten, ist die molekulare Aktivität (Wechselzahl 10:0,0001) = 100000.

H04

→ **Frage 6.22:** Lösung E

Die Pyruvat-Carboxylase ist ein Enzym der Mitochondrienmatrix und katalysiert die Reaktion:
Pyruvat + CO_2 + ATP → Oxalacetat + ADP + Pi
Das Oxalacetat ist einmal wichtig für den Start des Citratcyclus, weiterhin für die Gluconeogenese und drittens für die Bildung der Aminosäure Asparaginsäure.
Ligasen sind Enzyme, die eigentlich endergone Reaktionen dadurch ermöglichen, dass sie gleichzeitig energiereiche Nucleotide, meistens ATP, spalten.

VI.5 Oxidoreduktasen

Oxidations- und Reduktionsreaktionen (Redox-Reaktionen) werden durch Oxidoreduktasen katalysiert. Im katabolen Stoffwechsel wirkende **Dehydrogenasen** haben meist NAD oder FAD als Coenzyme, das übernommene H_2 wird dann über die Atmungskette (Flavoproteine-Ubichinon-Cytochrom b, c und a) auf Sauerstoff übertragen. Den letzten Schritt, die Bildung des Oxidationswassers, katalysiert die Cytochromoxidase (= Warburg-Atmungsferment = Cytochrom a/a_3). Die Cytochromoxidase wird durch Blausäure (Cyanidionen, CN^-) gehemmt.
Wird im anabolen Stoffwechsel Wasserstoff für Biosynthesen benötigt, stammt dieser meist vom NADPH + H^+, das wiederum vorwiegend im Pentosephosphatweg (direkte Glucoseoxidation) gebildet wird.

Mehr als 99% des täglich aufgenommenen O_2 (ca. 500 l) werden von der Cytochromoxidase der Atmungskette verbraucht. Sauerstoff kann aber auch durch andere Oxidoreduktasen umgesetzt werden. **Oxidasen** übertragen H_2 aus Substraten auf O_2, wobei H_2O_2 (Wasserstoffsuperoxid) entsteht. Prosthetische Gruppen sind FMN oder FAD, z.T. wirken Schwefeleisen und Molybdän als Cofaktoren. Ein Beispiel ist die Xanthinoxidase:

Xanthin + H_2O + O_2

↓ Xanthinoxidase

Harnsäure + H_2O_2

Die Hemmung der Xanthinoxidase durch Allopurinol hat klinische Bedeutung bei der Behandlung der Hyperurikämie bzw. der Gicht. Weitere Oxidasen sind die Aldehydoxidase und die Aminosäureoxidasen. Das entstehende H_2O_2 wird durch die Katalase ($2\,H_2O_2 \rightarrow O_2 + 2\,H_2O$) und durch die Peroxidase ($SH_2 + H_2O_2 \rightarrow S + 2\,H_2O$) umgesetzt.
Beide Enzyme enthalten Haemin (Fe-Porphyrin) als prosthetische Gruppe.
Dioxygenasen führen O_2 in Substrate ein, Beispiele sind die Carotinase (β-Carotin + O_2 → 2 Retinal) und die Tryptophanpyrrolase (Tryptophan + O_2 → Formylkynurenin). Dioxygenasen enthalten Häm als prosthetische Gruppe.
Monooxygenasen führen aus dem O_2-Molekül ein O-Atom unter Bildung einer Alkoholgruppe in das Substrat ein. Das zweite O-Atom wird zu H_2O, wobei meist NADPH als Wasserstoffdonator fungiert. Monooxygenasen werden deshalb auch als **Hydroxylasen** oder **misch-funktionelle Hydroxylasen** bezeichnet, sie enthalten FMN (oder FAD) und Häm. Beispiele für Monooxygenasen sind die verschiedenen Steroidhydroxylasen und die Phenylalaninhydroxylase (Phenylalanin + O_2 + Tetrahydrobiopterin → Tyrosin + Dihydrobiopterin + H_2O). Ebenfalls zu den Monooxygenasen gehören die verschiedenen **Cytochrom P_{450}-Enzyme**, die das mikrosomale System der Hydroxylierung von körpereigenen Wirkstoffen (z.B. Steroidhormonen) und Fremdstoffen (Arzneimitteln und Giften) bilden. Durch die Hydroxylierung und die dann mögliche Kopplung mit Glucuronsäure werden die Substanzen inaktiviert und wasserlöslich, sodass sie über den Harn oder die Galle ausgeschieden werden können.
Besonders reaktive Sauerstoffmetabolite entstehen in den Phagosomen und Peroxisomen von neutrophilen Granulozyten. Durch eine **NADPH-Oxidase** können sehr reaktive Superoxidanionen (O_2^-) gebildet werden.
Durch Superoxiddismutase können 2 Superoxidanionen zu O_2 + H_2O_2 umgewandelt werden, H_2O_2 kann durch die Myeloperoxidase mit Cl^- zu Hypochlorit (OCl^-) umgewandelt werden. Superoxidanionen (O_2-Radikale), Hypochlorit und H_2O_2 können phagozytierte Bakterien durch Peroxidation abtöten.

H92 F92 H84
→ **Frage 6.23:** Lösung A

Siehe Lerntext VI.5.
Monooxygenasen, auch Hydroxylasen oder mischfunktionelle Oxygenasen genannt, bewirken den Einbau eines Sauerstoffatoms aus O_2 in das Substrat; das andere Sauerstoffatom wird unter Verbrauch eines Reduktionsmittels zu Wasser reduziert. Nur die unter (A) beschriebene Reaktion erfüllt diese Kriterien: Tetrahydrobiopterin ist ein (ungewöhnliches) Reduktionsmittel.
Die unter (E) angesprochene Tryptophanoxidation erfolgt durch eine Dioxygenase; beide Sauerstoffatome finden sich eingebaut im Produkt. Xanthinoxidase (C) ist eine weit verbreitete aerobe Dehydrogenase, die ebenso wie die Reaktion (D) katalysierende D-Aminosäureoxidase FAD als prosthetische Gruppe enthält.
Unter (B) ist die nichtenzymatisch ablaufende Oxidation des Vitamins C beschrieben.

F05
→ **Frage 6.24:** Lösung D

Monoaminoxidasen (MAO) sind mitochondriale, FMN und Cu enthaltende Enzyme, die biogene Amine wie Serotonin (D), Dopamin, Noradrenalin und Adrenalin mit O_2 oxidativ inaktivieren zu den entsprechenden Aldehyden, NH_3 und H_2O_2.

H04
→ **Frage 6.25:** Lösung D

Siehe Lerntext VI.5.
Wasserstoffperoxid (H_2O_2) zählt zu den zytotoxischen reaktiven Sauerstoffspezies (ROS), es kann durch Oxidasen (D) nach der Reaktion $SH_2 + O_2 \rightarrow S + H_2O_2$ entstehen.
(A) ist falsch, denn Monooxygenasen bauen nach der Reaktion
$S + O_2 + NADPH \rightarrow SOH + H_2O + NADPH$
Alkoholgruppen in Substrate ein, z.B. die Steroidhydroxylasen, man spricht von mischfunktionellen Hydroxylasen.
(B) ist falsch, denn Dioxygenasen bauen beide Sauerstoffatome des O_2 in Substrate ein.
(C) ist falsch, denn Dehydrogenasen reagieren nicht mit O_2, sondern übertragen Wasserstoff aus Substraten auf Coenzyme (NAD oder FAD).
(E) ist falsch, denn durch Hydroperoxidasen (z.B. Katalase und Peroxidase) wird H_2O_2 nicht gebildet, sondern abgebaut („entgiftet“).

H03
→ **Frage 6.26:** Lösung E

Siehe Lerntext VI.5.
Cytochrom P_{450} ist ein Bestandteil einer großen Anzahl von Oxidoreduktasen, die im Rahmen der so genannten Biotransformation an Hydroxylierungen unter Verwendung von molekularem Sauerstoff beteiligt sind. Substrate für die Cytochrom P_{450}-Enzyme können körpereigene Substanzen sein, wie z. B. das Testosteron (E), aber auch Fremdstoffe wie Arzneimittel und Gifte können hydroxyliert werden.
Aussage (A) ist falsch, denn die Elektronen werden in der Atmungskette nicht durch Cytochrom P_{450}, sondern durch Cytochrom a übertragen, und auch an den anderen Protonen-transportierenden Komplexen der Atmungskette ist Cytochrom P_{450} nicht beteiligt.
An der Isomerisierung von Methylmalonyl-CoA zu Succinyl-CoA (C) im Rahmen des Abbaus von Valin und Isoleucin ist kein Cytochrom beteiligt, sondern ein Derivat des Vitamin B_{12}. Für die Glucuronidierung von Bilirubin (D) in der Phase 2 der Biotransformation ist UDP-Glucuronsäure das Substrat.

F02
→ **Frage 6.27:** Lösung C

Neutrophile Granulozyten sind ein wichtiger Bestandteil der unspezifischen Abwehr; die in den Granula gespeicherte Myeloperoxidase ist eine ihrer wirkungsvollen Waffen. Mittels H_2O_2 können Chloridionen zum aggressiven Hypochlorit (NaOCl) oxidiert werden (A), was dann zur Lyse phagozytierter Bakterien beiträgt (E).
Die zu suchende Falschaussage ist (C), denn Muskelzellen besitzen keine Myeloperoxidase.

H04
→ **Frage 6.28:** Lösung E

Lysozym ist Glykosidase, die hydrolytisch das Murein der Bakterienwand spaltet und so antibakteriell wirkt (E). Lysozym kommt im Speichel, in der Tränenflüssigkeit, im Urin und anderen Sekreten vor.
(A) ist falsch, denn Lysozym wird nicht von der Leber gebildet und zählt nicht zu den Akute-Phase-Proteinen. Ca. 30 verschiedene Akute-Phase-Proteine werden bei vielen Erkrankungen, ausgelöst durch aktivierte Makrophagen über Interleukine, von der Leber gebildet, dazu gehören u. a. Fibrinogen, Komplementfaktoren und C-reaktives Protein.
(B) und (C) sind falsch, denn Murein kommt in Viren und Zellmembranen von Eukaryoten nicht vor, sodass hier Lysozym nicht wirken kann.
(D) ist falsch, denn die Komplementfaktoren haben mit Lysozym nichts zu tun, sie binden nicht an Bakterienwand-Murein, sondern an Bakterienmembranen und führen hier zur Lyse.

F04
→ **Frage 6.29:** Lösung A

Die Carboxypeptidase ist eine Exopeptidase (A), die Proteine vom Carboxylende her spaltet. Sie wird vom Pankreas als Procarboxypeptidase sezerniert und im Duodenum durch Trypsin aktiviert.
Kathepsin (C) ist eine intrazelluläre lysosomale Endopeptidase. Pepsin (D), aus Pepsinogen im Magen entstanden, und Trypsin (E), aus pankreatischem Trypsinogen im Dünndarm durch Enterokinase (= Enteropeptidase) gebildet, sind Endopeptidasen.
Proinsulin wird durch die Endopeptidase Convertase durch begrenzte Proteolyse aktiviert (B), indem das „connecting peptide" durch begrenzte Proteolyse entfernt wird.

F02
→ **Frage 6.30:** Lösung B

Bei Zellverletzungen und Entzündungen werden innerhalb von Stunden bis Tagen sog. Akute-Phase-Proteine von der Leber (A) synthetisiert und in das Blut abgegeben. Ihre Synthese wird durch Zytokine (C) und Cortisol ausgelöst. Zu den Akute-Phase-Proteinen gehören u. a. Fibrinogen, Haptoglobin, C-reaktives Protein und Protease-Hemmer. Die gesuchte Falschaussage ist (B), denn Protease-Hemmer (Antiproteasen) gehören nicht zu den Antikörpern (Immunglobuline), sondern es handelt sich um Proteine, die sich an das aktive Zentrum der Proteasen anlagern, aber nicht hydrolysiert werden können (reversible Enzymhemmung).

H04 H02 H00
→ **Frage 6.31:** Lösung A

Eine Klasse von Esterasen und eine Klasse von Proteinasen sind dadurch charakterisiert, dass in ihrem Hydrolysemechanismus Histidin, Aspartat und Serin im aktiven Zentrum beteiligt sind. Bekannteste Beispiele sind die Acetylcholinesterase und die Gruppe der Serinproteasen. Letztere wirken meist extrazellulär, wie z. B. die Gerinnungsenzyme und die pankreatischen Proteinasen (Trypsin und Chymotrypsin) (D). Serin-Hydrolasen werden durch Diisopropylphosphat irreversibel gehemmt (E). Problematisch ist die Formulierung bei (B), denn Serin wird intermediär kovalent mit dem Säurerest des Substrats verbunden, wobei der Alkoholrest bei den Esterasen und der Aminorest bei den Proteinasen freigesetzt wird. Es ist also streng genommen kein kovalenter Enzym-Substratkomplex, sondern ein kovalenter Enzym-Produkt-Komplex. Die gesuchte Falschaussage ist (A), denn nicht die Spaltungsspezifität charakterisiert die Serinproteinasen, sondern ausschließlich der Reaktionsmechanismus.

H05
→ **Frage 6.32:** Lösung B

Serinproteasen sind extrazellular wirkende Proteasen (Blutgerinnung/Fibrinolyse und Pankreas-Proteasen Trypsin-Chymotrypsin).
Aussage (A) ist falsch, denn „Serin" bezieht sich auf Serin im aktiven Zentrum der Enzyme, das intermediär im Reaktionsmechanismus verestert wird.
Aussage (E) ist falsch, denn das pH-Optimum liegt bei 7–8, das im Sauren wirkende Pepsin ist keine Serinprotease.

H00
→ **Frage 6.33:** Lösung B

Die in den Formeln dargestellte Reaktionsfolge zeigt, wie in der Leber freies Glycerin über Glycerinaldehyd-3-phosphat in die Glykolyse eingeschleust werden kann. Glycerin (1) wird (nur in der Leber!) durch eine Kinase (A) zum Phosphorsäureester (D) Glycerophosphat (2), dessen Oxidation (B) Dihydroxyacetonphosphat (3) ergibt.
Die Umwandlung von Dihydroxyacetonphosphat (3) in das isomere Glycerinaldehydphosphat (4) erfolgt durch die Triosephosphat-Isomerase.
Die gesuchte Falschaussage ist (B). Hier wird behauptet, eine Epimerase sei für die Isomerisierung verantwortlich. Epimerasen ändern bei Zuckern mit mehreren chiralen Zentren die konfigurative Anordnung an einem (!) dieser C-Atome.

H01
→ **Frage 6.34:** Lösung D

Hier werden 5 Enzyme vorgestellt und es soll geprüft werden, ob die daneben stehenden Reaktionsprodukte bei ihrem Einsatz gebildet werden. Bei der Fettspaltung durch die Triacylglycerinlipase (E) des Fettgewebes entstehen Fettsäuren. Durch die Phospholipase A_2 wird aus Lecithin eine Fettsäure, häufig Arachidonsäure, freigesetzt (A). Die Phospholipase C zerlegt Phosphatidylinositolbisphosphat in Inositoltrisphosphat (B) und Diacylglycerin. Durch die LCAT (C) wird die im Lecithin an der sekundären Alkoholgruppe des Glycerins stehende Fettsäure auf Cholesterin übertragen; das Lecithin wird dabei zum Lysolecithin.
Die zu suchende Falschaussage ist (D), denn die im Fettgewebe endothelgebundene Lipoproteinlipase hydrolysiert hier die durch Chylomikronen oder VLDL antransportierten Fette zu Glycerin und Fettsäuren. Das falsch vorgegebene Apolipoprotein C ist ein Strukturprotein der VLDL und HDL. Apolipoprotein C II aktiviert die Lipoproteinlipase.

H97
→ **Frage 6.35:** Lösung B

Isoenzyme katalysieren dieselbe Reaktion (identische Substrat- und Wirkungsspezifität), weisen aber geringe Unterschiede in ihrer Primärstruktur auf, d. h. werden von verschiedenen Genen codiert. Von Isoenzymen spricht man nur, wenn unterschiedliche Formen eines Enzyms gleichzeitig nebeneinander in einem Organismus vorkommen. Die in der Evolution aufgetretenen unterschiedlichen Enzyme bei den verschiedenen Arten der Lebewesen sind keine Isoenzyme!

VI.6 Optischer Test mit NAD

Für viele Oxidoreduktasen ist Nicotinamid-Adenin-Dinucleotid (NAD) ein Coenzym. Es übernimmt zwei Elektronen und ein Proton vom Substrat (Stöchiometrie). Durch die Anlagerung ändern sich die Bindungsverhältnisse im Nicotinsäureamidring des Coenzyms und damit die optischen Eigenschaften.

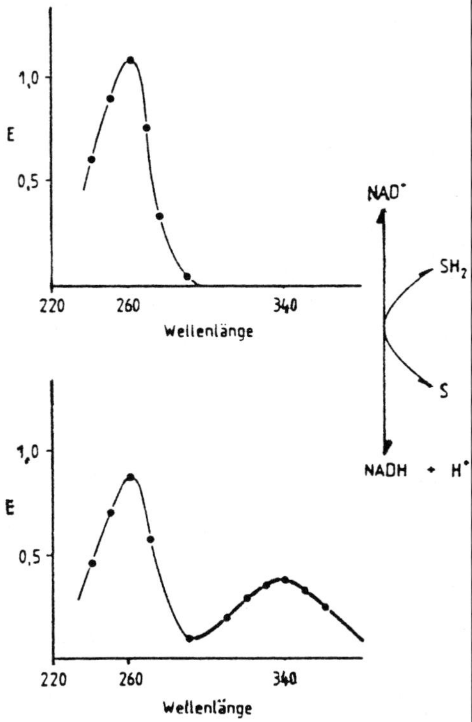

$NADH_2$ hat wie NAD im ultravioletten Spektralbereich (260 nm Wellenlänge) eine charakteristische Absorption, zusätzlich hat es ein weiteres Absorptionsmaximum bei 340 nm. So kann bei 340 nm die Wasserstoffaufnahme durch NAD im Photometer direkt verfolgt werden. Hierauf beruht der sog. „optische Test" nach Warburg.

Wenn durch die Lactatdehydrogenase (LDH) ausgehend vom Lactat NAD zu $NADH_2$ reduziert wird, kann dies in Abhängigkeit von der Enzymaktivität durch die lineare Extinktionszunahme im Photometer nachgewiesen werden.

$$\text{Laktat} + \text{NAD} \xrightleftharpoons{\text{LDH}} \text{Pyruvat} + \underline{\text{NADH}_2}$$

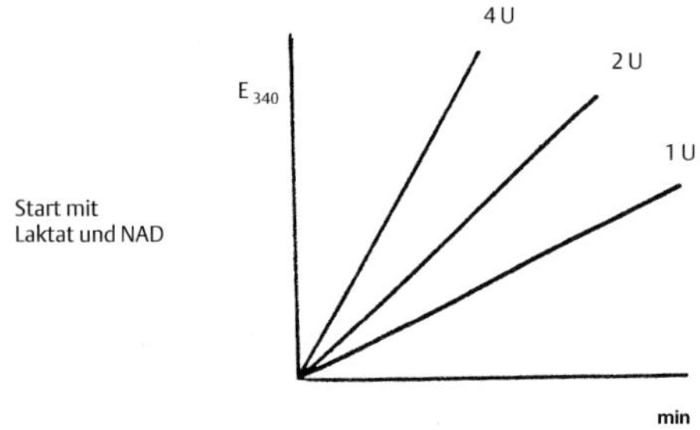

Ausgehend von Pyruvat und $NADH_2$ zeigt sich die LDH-Aktivität durch einen linearen Extinktionsabfall bei 340 nm.

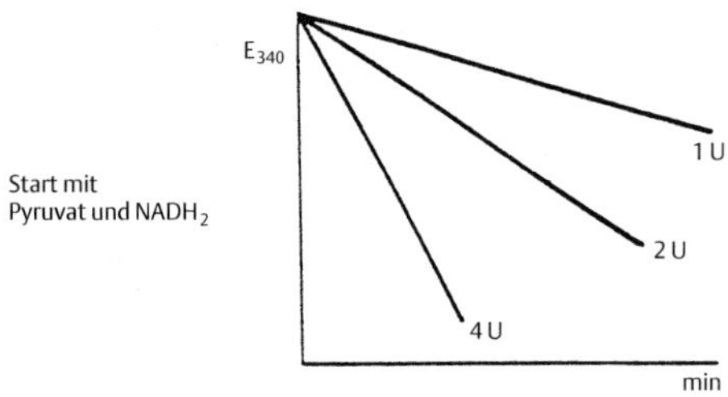

Mit demselben System kann über die optischen Eigenschaften des NADH bei 340 nm eine enzymatische Substratbestimmung vorgenommen werden. Durch einen großen Überschuss an zugegebener LDH-Aktivität ergibt jedes Lactatmolekül stöchiometrisch (1:1) $NADH_2$. In einer Eichkurve dargestellt: Je mehr Laktat im Test vorliegt, desto größer ist die $NADH_2$-bedingte Extinktionszunahme bei 340 nm (E_{340}).

Laktatbestimmung:

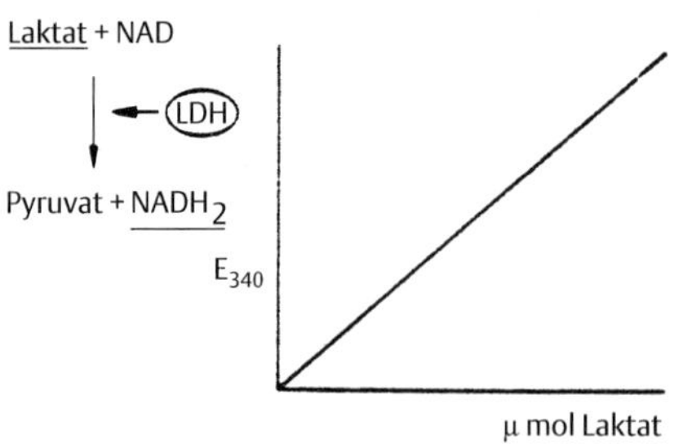

Auch Pyruvat wird mit Lactatdehydrogenase enzymatisch in einem analogen Ansatz nachgewiesen. Die Eichung mit steigenden Konzentrationen Pyruvat gibt hier einen linearen Extinktionsabfall.

Pyruvatbestimmung:

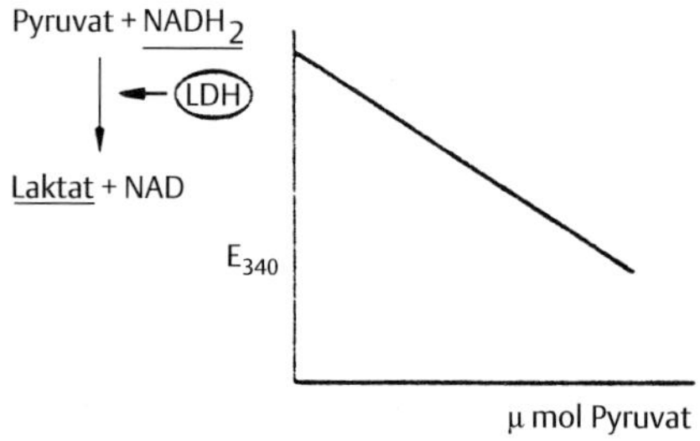

Bei der zusammengesetzten enzymatischen Blutzuckerbestimmung wird die Glucose zunächst durch die Hexokinase mit ATP phosphoryliert. Das entstehende Glucose-6-phosphat wird durch ein Enzym aus dem Pentosephosphat-Weg, die Glucose-6-phosphat-dehydrogenase (G-6-PDH), mit NADP zu 6-Phosphogluconsäure und $NADPH_2$ dehydriert. Je mol Glucose in der zu messenden Blutprobe entsteht so 1 mol $NADPH_2$, das genau wie $NADH_2$ bei 340 oder 365 nm gemessen werden kann.

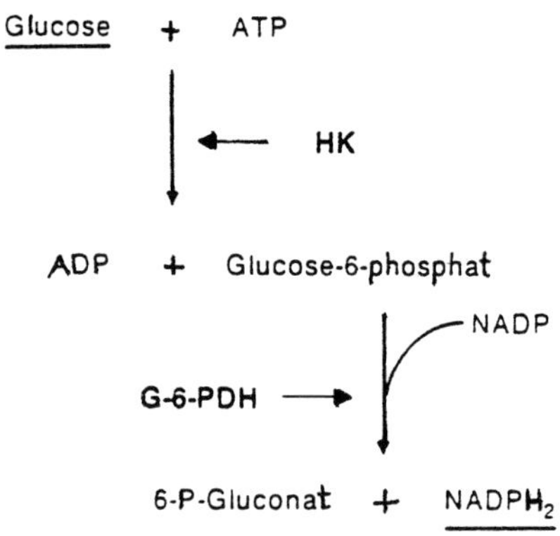

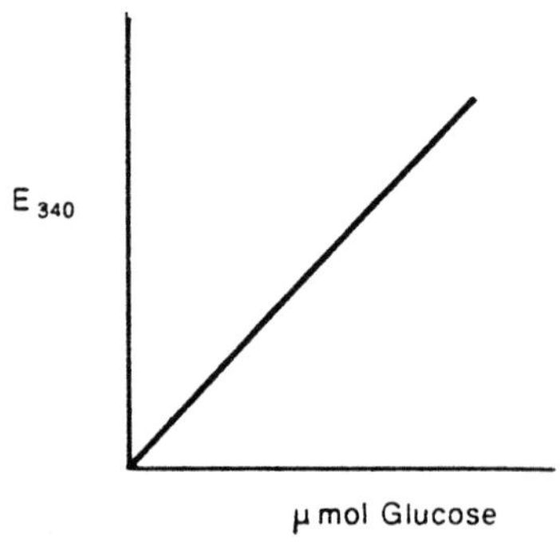

Klinischer Bezug
Enzymatische Metabolitenbestimmung im Serum
Mit dem enzymatischen optischen Test können mit großer Präzision im Serum Metabolitenkonzentrationen (in mol/l oder g/dl Serum) zur Diagnostik oder zur Verlaufs- und Therapiekontrolle von Erkrankungen bestimmt werden. Beispiele sind:

Harnsäure	bei Gicht
Harnstoff Creatinin	bei Nierenerkrankungen
Glucose Ketonkörper	bei Diabetes
Cholesterin Triglyceride	bei Atherosklerose, Diabetes und metabolischem Syndrom

Klinischer Bezug
Diagnostik mit Serumenzymaktivitäten
Der eigentliche Stoffwechsel (Metabolismus), katalysiert durch Enzyme, erfolgt intrazellulär. Die vergleichsweise geringen Aktivitäten der metabolischen Enzyme im Serum sind bedingt durch physiologischen Abbau alter Zellen („Zellmauserung") und durch kleine Lecks in den Zellmembranen.
Im Serum haben ausgetretene Enzyme keine Funktion und werden je nach Enzym mit charakteristischer Halbwertszeit (Stunden bis Tage) durch Makrophagen, zuweilen auch über die Niere und die Galle entfernt.
Membranschäden bei Entzündungen, durch Gifte, aber auch der Zelltod (Infarkte und Gifte) führen zu vermehrter Enzymfreisetzung in das Serum, was zur labormedizinischen Diagnostik genutzt wird.
Beispiele für häufig diagnostisch bestimmte Enzymaktivitäten (U/l Serum) sind:
Lactatdehydrogenase (LDH)
Alkalische Phosphatase (AP)
Saure Phosphatase (SP)
Creatinkinase (CK)
Glutamat-Oxalacetat-Transaminase (GOT=ASAT)
Glutamat-Pyruvat-Transaminase (GPT=ALAT)
γ-Glutamyltransferase (γ-GT)
α-Amylase

Klinischer Bezug
Isoenzymdiagnostik
Manche Enzyme kommen im selben Individuum gleichzeitig in mit leicht verschiedenen Aminosequenzen, entstanden nach Genverdoppelung mit folgenden unterschiedlichen Mutationen, nebeneinander vor, man spricht dann von Isoenzymen. Isoenzyme werden in den verschiedenen Organen in jeweils spezifischer Verteilung synthetisiert. Das Isoenzymmuster erlaubt, eine Aktivitätserhöhung im Serum einem bestimmten Organschaden zuzuordnen.
Labordiagnostisch wichtige Isoenzyme sind z. B. die drei Creatinkinase-Enzyme:
CK MM (Skelettmuskel)
CK BB (Nervengewebe)
CK MB (Herzmuskel)
Von der Laktatdehydrogenase gibt es 5 Isoenzyme (LDH_1 bis LDH_5). Ihre Aktivitätsanteile lassen Rückschlüsse auf Schädigung von Erythrozyten, Leber, Herzmuskel oder Skelettmuskel zu.
Isoenzyme der Alkalischen Phosphatase (AP) sind jeweils spezifisch in Leber, Knochen und Darm.
Bei der Amylase lassen sich 2 Isoenzyme (Parotis, Pankreas) unterscheiden, wodurch eine Amylaseerhöhung im Serum einer Pankreatitis oder einer Parotitis zugeordnet werden kann.
Häufig und von besonderer Bedeutung ist die Isoenzymdiagnostik beim Herzinfarkt: hier erhöhen sich spezifisch die Isoenzyme CK MB und HBDH (=Summe der LDH_1 und LDH_2). Das Ausmaß der Aktivitätserhöhung lässt dabei Rückschlüsse auf die Menge untergegangenen Gewebes (Infarktgröße) zu.

Klinischer Bezug
Proteasen und Tumormetastasierung
Bösartige Tumoren (Karzinome und Sarkome) haben im Unterschied zu gutartigen Tumoren die Fähigkeit, in umliegendes Gewebe einzuwachsen (infiltratives Wachstum) und über den Blut- und den Lymphweg Tochtergeschwülste (Metastasen) zu bilden.
An beiden Prozessen sind Proteasen beteiligt, indem Proteine, u. a. Kollagen der Basalmembran, von Blut- und Lymphgefäßen und der extrazellulären Matrix abgebaut werden, wodurch Tumorzellen in die Gefäße gelangen und verschleppt werden können. ■

F01
→ **Frage 6.36:** Lösung B

Alle Verbindungen mit einer Purinstruktur, die also den kondensierten Pyrimidin-Imidazol-Heterozyklus enthalten, absorbieren Licht im UV-Bereich mit einem Maximum bei der Wellenlänge 260 nm. Hierzu gehören die freien Purinbasen Adenin und Guanin sowie auch die entsprechenden Nucleoside, Nucleotide und Nucleinsäuren (RNA und DNA). Auch die beim Abbau entstehenden Purine Hypoxanthin, Xanthin und Harnsäure können bei 260 nm quantifiziert werden. Das Dinucleotid NAD enthält einen Adeninrest, sodass sowohl NAD wie auch $NADH_2$ bei 260 nm gemessen werden kön-

nen. Der hydrierte (reduzierte) Nicotinamidring im NADH absorbiert zusätzlich noch bei 340 nm, also kann nur bei dieser Wellenlänge zwischen NAD und NADH unterschieden werden.
Die gesuchte Falschaussage ist (B), denn im Unterschied zum Flavin-Adenin-Dinucleotid (FAD) enthält das Flavin-Mononucleotid (FMN) keinen Purinring. Der Isoalloxazin-Ring in den Flavoproteinen absorbiert im Bereich von 400 nm, also im sichtbaren Bereich. Flavoproteine erscheinen gelb (lat. flavus).

F92
→ **Frage 6.37:** Lösung B

Siehe Lerntext VI.6.
Mit NAD^+ und Lactatdehydrogenase kann man in einer Probe (z.B. Serum) bei 340 nm die Konzentration von Lactat bestimmen.

F99
→ **Frage 6.38:** Lösung D

Durch begrenzte (= kontrollierte = limitierte) Proteolyse werden extrazellulär Vorläuferproteine aktiviert. Beispiele hierfür sind die Faktoren der Blutgerinnung, der Fibrinolyse und des Komplementsystems (C) im Blutplasma.
Auch bei der Kollagenbiosynthese werden extrazelluläre Peptidenden des Prokollagens durch begrenzte Proteolyse abgespalten (E). Peptidhormone werden intrazellulär als inaktive Prohormone oder Praeprohormone gebildet und vor der Sekretion begrenzt proteolytisch aktiviert (A).
Alle Sekretionsproteine werden zunächst mit einer hydrophoben Signalsequenz synthetisiert, die der Ausschleusung ins endoplasmatische Retikulum dient und dann dort abgespalten wird (B).
Die gesuchte Falschaussage ist (D), denn die Glykogenphosphorylase wird durch kovalente Phosphorylierung und Dephosphorylierung reguliert. Diese Umwandlung ist im Gegensatz zur begrenzten Proteolyse umkehrbar.

F00
→ **Frage 6.39:** Lösung D

Proteine in extrazellulären Aktivierungskaskaden, wie z.B. bei der Blutgerinnung oder im Komplementsystem, erhalten ihre Wirksamkeit häufig erst durch eine Aktivierungsreaktion. Diese besteht häufig in einer limitierten Proteolyse. – Eine Ubiquitinylierung (A) markiert ein überaltertes Protein zum Abbau; die Phosphorylierung durch Tyrosin-spezifische Proteinkinasen (B) betrifft immer intrazelluläre Proteine.

F04
→ **Frage 6.40:** Lösung E

Bei einer reversiblen kompetitiven Enzymhemmung können sich abhängig vom Konzentrationsverhältnis Inhibitor und Substrat vom aktiven Zentrum verdrängen, (E) ist die richtige Aussage. Unter (A) ist eine allosterische Regulation beschrieben, unter (B) eine irreversible Hemmung, also eine kinetisch nicht-kompetitive Hemmung. Bei der kompetitiven Hemmung wird die Michaelis-Konstante scheinbar erhöht, (C) ist falsch. Auch (D) ist eine falsche Aussage, denn bei kompetitiven Inhibitoren ist die Hemmung proportional zur Affinität des Inhibitors zum Enzym.

VI.7 Regulationstypen der Enzymaktivität

Jede einzelne Zelle und letztlich auch der Gesamtorganismus stellen ein offenes System dar, das mit der Umgebung Stoffe und Energie austauscht. Der Organismus stellt dabei nie echte Gleichgewichte zwischen den einzelnen Reaktionspartnern (Substrate und Produkte) her, sondern bildet Fließgleichgewichte. Die Geschwindigkeit des Substratflusses und damit die stationäre Konzentration der einzelnen Substrate wird durch die Aktivität der beteiligten Enzyme bestimmt. Die Enzymaktivität ist daher der Angriffspunkt für die Stoffwechselregulation.
An Verzweigungspunkten des Stoffwechsels konkurrieren verschiedene Enzyme um das gleiche Substrat und bestimmen damit die Richtung des Substratflusses. Ein Beispiel hierfür ist Glucose-6-P, von dem ausgehend die Phosphatase den Reaktionsweg zur Bildung von freier Glucose katalysiert, die Isomerase die Glykolyse, die Dehydrogenase den Pentose-P-Weg und die Mutase die Glykogensynthese. Ein weiterer wichtiger Verzweigungspunkt ist das Acetyl-CoA, das Ausgangspunkt für Citratcyclus, Fettsäuresynthese, Ketonkörperbildung und Cholesterinsynthese ist.
Unter Grobkontrolle versteht man die Veränderung der Menge von Enzymprotein. Durch Regulation der Genaktivität kann die Synthesegeschwindigkeit adaptiver Enzyme verändert werden. Durch Induktoren wird sie stimuliert, durch Repressoren gehemmt. Auch der Abbau der Enzyme durch Proteolyse beeinflusst natürlich die stationäre Menge an Enzymprotein.
Einige Enzyme können durch chemische Modifikation in ihrer Aktivität verändert werden; wichtige Beispiele derartiger enzymkatalysierter Enzymumwandlungen sind die Glykogenphosphorylase und die Glykogensynthetase sowie die Triglyceridlipase des Fettgewebes. Diese Enzyme können über cAMP-Proteinkinasen phosphoryliert werden.

Sehr häufig ist es im Stoffwechsel so, dass das Produkt einer Synthesekette ein geschwindigkeitsbestimmendes Enzym am Anfang der Kette im Sinne negativer Rückkopplung (negative feed-back) hemmt. Ein Beispiel ist die Phosphofructokinase, die durch ATP als Endprodukt des katabolen, Energie liefernden Stoffwechsels allosterisch gehemmt wird.
Zahlreiche Zellen enthalten gleichzeitig Enzyme anaboler und kataboler Stoffwechselwege, somit sind Regulationsmechanismen nötig, um unsinnige Reaktionsabläufe zu verhindern. Manche dieser Kontrollen werden sofort wirksam, andere laufen langsam an und werden erst mit Verzögerung wirksam.
Zum letztgenannten Typ gehört die Induktion, bei der ein Derepressor einen Angriff am Genom vermittelt: Hier wird dann eine Proteinneusynthese in Gang gebracht.
Bei der allosterischen Regulation genügt das Auftreten kleinmolekularer Effektoren, die am regulatorischen Zentrum des betreffenden Enzyms angreifen und die Enzymaktivität sofort stimulieren oder inhibieren.
Auch eine Regulation über die Substratkonzentration wirkt sofort: Enzyme mit hohem K_m-Wert, z.B. die Glucokinase der Leber, nehmen ihre Tätigkeit erst (dann aber sofort!) richtig auf, wenn die Substratkonzentration einen kritischen Wert übersteigt.
Enzymgesteuerte chemische Modifikationen arbeiten sofort mit Verstärkerwirkung, häufig sogar in mehrstufiger „Kaskade" (Beispiele: Blutgerinnung, Glykogensynthese und -abbau).

Grobkontrolle		Feinkontrolle
(variable Enzymmenge)		(konstante Enzymmenge)
Enzym-synthese	1) Induktion 2) Repression	Substratangebot (K_m) Allosterie
Enzymabbau		Enzym katalysierte Enzymumwandlung

Eine Grobkontrolle des Stoffwechsels erfolgt über eine Veränderung der Menge an Enzymprotein. Eine Feinkontrolle verändert die katalytische Aktivität des vorhandenen Enzymproteins.

VI.8 Kooperativität und Allosterie

Es gibt Enzyme, die, aus Untereinheiten aufgebaut, das Substrat nicht hyperbol (Michaelis-Kinetik), sondern in einer S-förmigen Bindungskurve anlagern und umsetzen (sigmoide Kinetik). Diese Substratbindung wird kooperativ genannt und findet sich in ausgeprägter Weise bei der Anlagerung des Sauerstoffs an die Quartärstruktur des Hämoglobins.
Viele dieser kooperativen Enzyme oder Proteine besitzen zusätzlich zum aktiven Zentrum noch ein sog. allosterisches Zentrum (allos = anders, sterisch = räumlich), an dem eine niedermolekulare Substanz regulatorisch als sog. allosterischer Effektor angelagert werden kann. Die Anlagerung eines derartigen Effektors verändert die Form (Konformation) des gesamten Moleküls und beeinflusst so die Form des aktiven Zentrums und damit sowohl die Anlagerung des Substrats als auch dessen Umsatz zum Produkt.

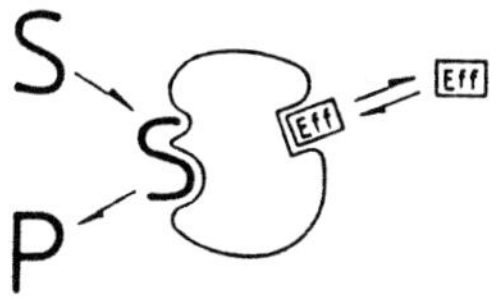

Bei Allosterie vom K-Typ (K steht für Bindungs-Konstante) erniedrigt ein negativer Effektor am regulatorischen Zentrum die Affinität von Enzym und Substrat, die Bindungskurve des Substrats wird nach rechts verschoben. Ein positiver Effektor vom K-Typ erhöht die Affinität zwischen Substrat und aktivem Zentrum, die Bindungskurve verschiebt sich nach links zu niedrigeren Substratkonzentrationen.

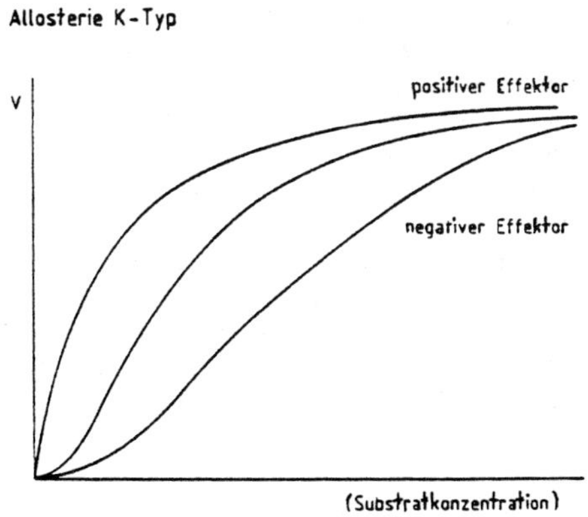

Beispiel	positiver Effektor	negativer Effektor
P-Fruktokinase	AMP, ADP F-2,6-BP	ATP Citrat
Pyruvatkinase	F-1,6-BP	

Bei konstanten Substratkonzentrationen im Bereich der Halbsättigung des Enzyms in vivo wird bei negativem Effektor weniger Enzym mit Substrat gesättigt. Die Geschwindigkeit der Enzymreaktion wird also herabgesetzt. Bei Anlagerung eines positiven allosterischen Effek-

tors steigt die Aktivität an. Die Phosphofructokinase, das langsamste und damit geschwindigkeitsbestimmende Enzym der Glykolyse, wird so durch ATP und Citrat gehemmt, durch ADP, AMP und F-2,6-BP allosterisch stimuliert.
Bei Allosterie vom V-Typ (V steht für Geschwindigkeit) verändert die durch die Effektoranlagerung bewirkte Konformationsänderung des Enzymproteins die Maximalaktivität des Enzyms. Auch hier sind Schrittmacherenzyme bestimmter Stoffwechselwege als Beispiel angeführt. Pyruvatcarboxylase und Fructosephosphatase sind Schrittmacher der Zuckerneubildung (Gluconeogenese). Die Acetyl-CoA-Carboxylase ist das geschwindigkeitsbestimmende Enzym der Fettsäurebildung.

Allosterie V-Typ

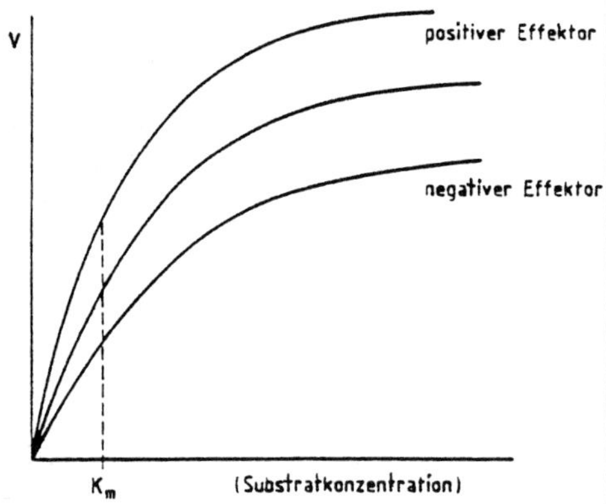

Beispiel	positiver Effektor	negativer Effektor
Pyruvatcarboxylase	Acetyl-CoA	
Fruktose-1,6-bisphosphatase	ATP	AMP
Acetyl-CoA-Carboxylase	Citrat	Acyl CoA

F01 F96

→ **Frage 6.41:** Lösung A

Allosterisch regulierte Enzyme besitzen auf ihrer Oberfläche neben dem katalytischen Zentrum ein regulatorisches Zentrum, an dem positive oder negative Effektoren binden und dadurch die Enzymaktivität modulieren. Bei der allosterischen Kontrolle unterscheidet man den V-Typ (K_m konstant, V_{max} verändert) vom K-Typ (K_m ändert sich, V_{max} konstant). Bei oligomeren allosterisch kontrollierten Enzymen verändert die Bindung eines Liganden die Affinität der anderen Untereinheiten für die Effektor-Bindung (wie O_2 bei Hämoglobin).

Falsch ist Aussage (A), denn die Enzymsubstrate und die Effektoren sind meist von völlig anderer Struktur – sie können aber auch identisch sein (z.B. ATP bei Phosphofruktokinase).

H91

→ **Frage 6.42:** Lösung C

Siehe Lerntext VI.8.

F02

→ **Frage 6.43:** Lösung C

Siehe Lerntext VI.8.
Die meisten Enzyme zeigen eine hyperbole Substratabhängigkeit (Michaelis-Kinetik)1. Einige regulatorische Enzyme (Schrittmacher) zeigen eine sigmoide Substratabhängigkeit, sie sind aus mehr als einer Untereinheit aufgebaut und die Bindung eines Substratmoleküls an eine Untereinheit beeinflusst die Konformation der anderen Untereinheit von der wenig aktiven t-Form in die aktivere r-Form. Meistens kommt die Kooperativität zusammen mit Allosterie vor. Enzyminduktion (A) ist die vermehrte Synthese eines Enzyms (Grobkontrolle) z.B. unter der Wirkung eines Hormons. Das induzierte Enzym kann eine hyperbole oder auch eine sigmoide Substratabhängigkeit aufweisen. Auch Hemmphänomene, kompetitive (B) wie auch nicht-kompetitive, können bei partieller Hemmung ihrer Restaktivität hyperbole wie auch sigmoide Substratanlagerung aufweisen. Als Interkonversion B. die Phosphorylierung und Dephosphorylierung von Glykogensynthese und Glykogenphosphorylase. Auch dieses Regulationsphänomen sagt nichts über die Art der Substratabhängigkeit aus.

VI.9 Enzym katalysierte Enzymmodifikation

Eine Möglichkeit zu einer schnell wirkenden Anpassung an eine veränderte Stoffwechselsituation besteht in der reversiblen chemischen Modifikation von Enzymen. Ein hierbei sehr häufig beobachteter Mechanismus besteht in der enzymatischen Phosphorylierung der Enzyme durch Proteinkinasen und in einer Dephosphorylierung durch spezifische Phosphoproteinphosphatasen. Manche der so regulierten Enzyme sind in der phosphorylierten, andere in der dephosphorylierten Form aktiv.
Zahlreiche Hormone, die im Stoffwechselgeschehen in niederer Konzentration als wirksame Signalstoffe aktiv sind, haben Rezeptoren, die auf der Zelloberfläche im Erfolgsorgan sitzen. Beladung der Zelloberfläche mit dem spezifischen Hormon führt im Zellinneren zur Aktivierung einer Adenylatcyclase, das durch sie gebildete cAMP setzt über **Proteinkinasen** Enzymumwandlungen in Gang.

Enzym	phosphoryliert	dephosphoryliert
Glykogenphosphorylase	aktiv	inaktiv
Phosphorylasekinase	aktiv	inaktiv
Hormon-abhängige Lipase	aktiv	inaktiv
Glykogensynthase	inaktiv	aktiv
HMG-CoA-Reduktase	inaktiv	aktiv
Acetyl-CoA-Carboxylase	inaktiv	aktiv
Pyruvatdehydrogenase	inaktiv	aktiv
Fructosebisphosphatase	aktiv	inaktiv
Pyruvatkinase	inaktiv	aktiv

F97

→ **Frage 6.44:** Lösung D

Im Rahmen der Stoffwechselregulation können „Schlüsselenzyme" mittels verschiedener Mechanismen aktiviert und inhibiert werden. Die hier gefragte reversible Phosphorylierung der interkonvertierbaren Enzyme (D) führt zur aktiven a-Form oder zur inaktiven b-Form des betreffenden Enzyms.
Auch die anderen vorgeschlagenen Mechanismen dienen der Stoffwechselkontrolle. Durch Induktion oder Repression wird durch hormonelle Kontrolle der Gen-Expression mehr oder weniger Enzym gebildet. Bei der Allosterie bewirkt die An- oder Abwesenheit bestimmter Effektoren am regulatorischen Zentrum eine Aktivierung oder Hemmung des Enzyms. Isosterie ist eine z. B. bei der Hexokinase zu beobachtende Produkthemmung.

F01

→ **Frage 6.45:** Lösung A

Fructose-2,6-bisphosphat ist ein allosterischer Effektor, mit dem Glykolyse und Glukoneogenese gegensätzlich reguliert werden. Die Glykolyse wird beschleunigt, indem F-2,6-BP allosterisch das Schrittmacherenzym Phosphofructokinase stimuliert; gleichzeitig wird durch F-2,6-BP der Schrittmacher der Glukoneogenese, die Fructose-1,6-bisphosphatase, allosterisch gehemmt (D). Der allosterische Effektor F-2,6-BP entsteht durch die Fructose-6-Phosphat-2-Kinase aus Fructose-6-Phosphat und ATP (B). Diese PFK-2 kann in der Leber unter Wirkung von cAMP durch eine PFK-2-Kinase phosphoryliert werden; sie wird dann zu einer Phosphatase, die den Second messenger abbaut (E).
Die gesuchte Falschaussage ist (A), denn die Leber-Aldolase spaltet nicht Fructose-2,6-bisphosphat, sondern Fructose-1,6-bisphosphat.

F02

→ **Frage 6.46:** Lösung C

Interkonvertierbare Enzyme (es gibt etwa 25) können durch enzymatische Phosphorylierung entweder aktiviert oder inaktiviert werden. Für die in der vorliegenden Aufstellung genannten Enzyme (A), (B), (D) und (E) gilt, dass sie alle in dephosphorylierter Form inaktiv sind.
Lediglich der Pyruvat-Dehydrogenase-Komplex ist nach Dephosphorylierung aktiv (C).

H03

→ **Frage 6.47:** Lösung B

Siehe Lerntext VI.9.
Bei der Enzym-katalysierten Enzymumwandlung können durch Proteinkinasen Enzymproteine phosphoryliert werden, meistens an Serinresten. Durch diese Phosphorylierung kann je nach Enzym die Aktivität des Enzyms gehemmt oder stimuliert werden. Die unter (A) und (C) bis (E) genannten Enzyme werden sämtlich durch Phosphorylierung aktiviert, lediglich die unter (B) genannte Pyruvatdehydrogenase wird durch Phosphorylierung gehemmt, ähnlich wie die Glykogensynthase.

H01

→ **Frage 6.48:** Lösung A

Durch Glukagon und Catecholamine wird in der Leberzelle über cAMP eine Proteinkinase aktiviert, die durch eine Phosphorylierung die Fructose-2,6-bisphosphatase stimuliert (A). Diese Fructose-2,6-bisphosphatase hydrolysiert und inaktiviert den allosterischen Schrittmacher der Glykolyse, das Fructose-2,6-bisphosphat. Hierdurch wird die Glykolyse gehemmt und die Gluconeogenese überwiegt. Die Proteinkinase A und die Lipoproteinlipase können nicht phosphoryliert und dephosphoryliert werden. Die Glykogensynthase und die Pyruvatdehydrogenase werden durch Phosphorylierung nicht aktiviert, sondern gehemmt.

H00

→ **Frage 6.49:** Lösung A

PEP-Carboxykinase ist ein Schrittmacherenzym der Gluconeogenese mit der Reaktion:
Oxalacetat + GTP → PEP + CO_2 + GDP.
PEP-Carboxykinase wird durch Cortisol und durch Glucagon vermehrt synthetisiert (Induktion).
Die Phosphofructokinase ist das Schrittmacherenzym der Glykolyse und wird allosterisch reguliert: positive allosterische Effektoren sind Fructose-2,6-bisphosphat und AMP, negative Effektoren sind ATP und Citrat.

H00

→ **Frage 6.50:** Lösung B

Siehe Kommentar zu Frage 6.49.

F00 H92

→ **Frage 6.51:** Lösung B

Ein im Stoffwechsel von Prokaryonten und Eukaryonten weit verbreitetes Regulationsprinzip ist die negative Rückkopplung, auch Endprodukt-Hemmung genannt. Dabei wird die erste für einen Stoffwechselweg spezifische Enzymreaktion durch das Endprodukt gehemmt, wenn sich von diesem ein Überschuss anhäuft. Beispiel für dieses Phänomen ist der Glykolyseablauf, der am Schlüsselenzym Phosphofructokinase unterbrochen wird, wenn sich ATP anhäuft (A). Die Hemmung eines früheren Glykolyseenzyms wäre unzweckmäßig, weil sich vom G-6-P Stoffwechselwege zum Glykogen, zur Galaktose und zum Pentosephosphatcyclus abzweigen: Vom F-6-P nimmt die Bildung der Aminozucker ihren Ausgang.
Das Purinnucleotid IMP hemmt den ersten Schritt der Purinbiosynthese (C), Häm die ALA-Synthese als ersten Schritt des Weges zu den Porphyrinen (D). Gallensäuren hemmen die Umwandlung des Cholesterins in Cholsäure (E).
Falsch ist die Aussage (B), denn die Pyruvatcarboxylase wird durch Acetyl-CoA nicht gehemmt, sondern aktiviert.

H02

→ **Frage 6.52:** Lösung C

Bei der kompetitiven Enzymhemmung ähneln sich Inhibitor und Substrat und können sich konzentrationsabhängig vom aktiven Zentrum verdrängen, (C) ist die gesuchte richtige Aussage. Die scheinbare Michaelis-Konstante für das Substrat wird dadurch erhöht, d. h. die Halbsättigung in Gegenwart von Inhibitor tritt erst bei höheren Substratkonzentrationen ein, (D) ist falsch.

Kommentare aus Examen Frühjahr 2006

F06

→ **Frage 6.53:** Lösung B

Einsetzen der vorgegebenen Zahlen in die Lambert-Beer-Gleichung:

$E = \frac{\varepsilon}{c \cdot d}$ ergibt:

$$\frac{0{,}3}{\text{min}} = \frac{6000\,\text{l} \cdot \Delta c \cdot 1\,\text{cm}}{\text{mol} \cdot \text{cm}}$$

Aufgelöst nach Δc:

$$\Delta c = \frac{0{,}3 \cdot \text{mol} \cdot \text{cm}}{\text{min} \cdot 6000\,\text{l} \cdot \text{cm}}$$

$$\Delta c = \frac{5 \cdot 10^{-5}\,\text{mol}}{\text{min} \cdot \text{l}}$$

Da der Ansatz nicht 1 l, sondern 1 ml beträgt, wird durch 1.000 geteilt:

$$\Delta c = \frac{5 \cdot 10^{-5}\,\text{mol}}{\text{min} \cdot \text{l}},$$

($5 \cdot 10^{-5}$ mmol = $5 \cdot 10^{-2}$ µmol = 0,05 µmol).

Also enthält die Küvette 0,05 U LDH, die in 0,1 ml Serum enthalten waren, in einem Liter Serum sind dann 10.000 Mal soviel = <u>500 U/l</u>.
Siehe Lerntext „Optischer Test mit NAD" VI.6.

F06

→ **Frage 6.54:** Lösung E

Kompetitive Inhibitoren konkurrieren mit dem Substrat um die Bindung an das aktive Zentrum des Enzyms, sie können sich gegenseitig verdrängen, damit ist (E) die richtige Aussage.
Aussage (A) ist falsch, denn sie beschreibt das Regulationsprinzip der negativen Allosterie.
Aussage (B) ist falsch, sie beschreibt eine nichtkompetitive reversible Enzymhemmung.
Aussage (C) ist falsch, denn bei der kompetitiven Hemmung wird K_M nicht erniedrigt, sondern scheinbar erhöht.

7 Ernährung, Verdauung, Resorption

VII.1 Energieversorgung

Die Energie liefernden Grundstoffe der menschlichen Nahrung sind Kohlenhydrate, Eiweiß und Fette, die im Stoffwechsel zu Acetyl-CoA abgebaut und dann im Citratcyclus und in der Atmungskette zu CO_2 und H_2O oxidiert werden. Den Energiegehalt der verschiedenen Nahrungsmittel kann man mit dem Calorimeter bestimmen; man misst den Temperaturanstieg eines Wassermantels nach der Substratverbrennung in Sauerstoffatmosphäre. So erhält man die folgenden, jeweils auf 1 Gramm bezogenen Brennwerte.

Brennstoff	Physikalischer Brennwert	Biologischer Brennwert
Kohlenhydrat	17 kJ/g oder 4,1 kcal/g	17 kJ/g oder 4,1 kcal/g
Eiweiß	23 kJ/g oder 5,3 kcal/g	17 kJ/g oder 4,1 kcal/g
Fett	37 kJ/g oder 9,3 kcal/g	37 kJ/g oder 9,3 kcal/g

Bei Proteinen ergibt sich eine Differenz zwischen dem physikalischen und dem **biologischen Brennwert**, da der vom Körper ausgeschiedene Harnstoff noch Verbrennungsenergie enthält.
Hinsichtlich ihres Brennwerts können sich die einzelnen Nährstoffklassen gegenseitig vertreten; als gesunde Mischkost wird aber eine Nahrung empfohlen, die (auf Energiebasis) etwa 60% Kohlenhydrate, 15% Proteine und 25% Lipide enthält. Bei dem Proteinanteil ist darauf zu achten, dass er die 8 essentiellen Aminosäuren in ausreichender Menge beiträgt; der kalorische Wert von Nahrungseiweiß wird dadurch aber nicht beeinflusst.

Energieversorgung

Während sich die drei Brennstoffe kurzfristig gegenseitig vertreten können, ist dies langfristig nur bedingt möglich: Fett kann weder Kohlenhydrate noch Proteine ersetzen, Kohlenhydrate können Fette, aber keine Proteine ersetzen, und Proteine können sowohl Kohlenhydrate als auch Fette ersetzen.

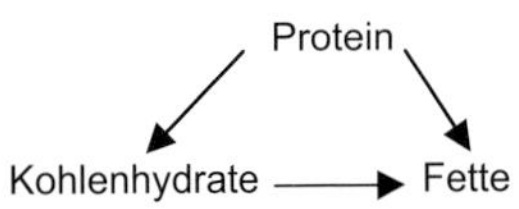

In den Industrienationen trägt Alkohol erheblich zur täglichen Energieversorgung bei, durchschnittlich ca. 10%. Da Alkohol zu Acetyl-CoA abgebaut wird, ist er als Fettäquivalent anzusehen.
1 g Alkohol liefert 7 kcal (30 kJ).

H05
→ **Frage 7.1:** Lösung D

1 g Alkohol liefert beim Abbau zu CO_2 und H_2O 30 kJ.
1 Liter Bier enthält:
- 6 g Protein → 100 kJ,
- 4 g Kohlenhydrat → 70 kJ,
- 44 g Alkohol → 1.300 kJ.

Mit ca. 5 l Bier wäre also der Energiebedarf gedeckt, allerdings würden sehr viele essenzielle Nahrungsfaktoren fehlen, es käme zu schweren Störungen des Stoffwechsels in Nervenzellen, Leber, Muskeln, Immunsystem u. a.
Siehe Lerntext „Energieversorgung“ VII.1.

H01
→ **Frage 7.2:** Lösung B

Die wichtigsten Energieträger der menschlichen Ernährung sind Stärke (A), Fette (C) und Proteine (D). In Deutschland trägt der Alkohol zu einem erheblichen Anteil (durchschnittlich 10–20%!) zur Energieaufnahme bei. Alkohol wird in der Leber zu Acetyl-CoA abgebaut; die Stoffwechselfolgen entsprechen daher in etwa dem einer vermehrten Fettaufnahme. Die gesuchte Falschaussage ist (B), da Cholesterin nicht zur Energieversorgung beiträgt, denn es wird unverändert als Cholesterin oder in der Seitenkette verkürzt in Form von Gallensäuren über die Galle in den Darm ausgeschieden.

F04
→ **Frage 7.3:** Lösung C

Alkohol ist durchschnittlich mit 5–10 % an der Energiezufuhr in der europäischen Bevölkerung beteiligt.
Der physikalische **Brennwert** im Kalorimeter und der physiologische Brennwert im menschlichen Organismus sind für Stärke (B) und Glykogen (E) mit 17 kJ/g identisch. Cellulose kann nicht abgebaut werden, ihr physikalischer Brennwert ist aber ebenfalls 17 kJ. Protein ergibt im Organismus 17 kJ/g, im Kalorimeter 23 kJ/g. Fett ergibt physikalisch und physiologisch 37 kJ/g, Ethanol 30 kJ/g. Damit ist (C) die gesuchte Aussage.

H90 H85
→ **Frage 7.4:** Lösung B

Siehe Lerntext VII.1.
Der biologische Brennwert von Proteinen hat mit der Proteolyse und der Resorption im Darm nichts zu tun. Als spezifisch-dynamische Wirkung bezeichnet man eine Wärmebildung, die nach Nahrungsaufnahme durch die Verdauungsvorgänge hervorgerufen wird. Gibt man etwa einem Men-

schen unter Grundumsatzbedingungen Eiweiß im Energiewert von 100 kJ, so wird der Energieumsatz um 30 kJ gesteigert. Die spezifisch-dynamische Wirkung beträgt für Eiweiß 30%, für Kohlenhydrat und Fett etwa 5%.

H04

→ **Frage 7.5:** Lösung C

Siehe Lerntext VII.1.
Alkohol (Ethanol) enthält pro Gramm eine Energie von 7 kcal (30 kJ).
50 g Ethanol, etwa enthalten in 1 Liter Bier oder in $^1/_2$ Liter Wein, enthalten also 1500 kJ.
1 g Protein hat einen physiologischen Brennwert von 4,1 kcal (17 kJ). 1500:17 = 88, also sind 50 g Ethanol 88,2 Protein äquikalorisch.
Qualitativ entspricht Ethanol im Stoffwechsel den Fettsäuren, d. h. es kann nicht in Protein oder in Kohlenhydrat umgewandelt werden.

F04

→ **Frage 7.6:** Lösung D

Als Ballaststoffe bezeichnet man durch tierische Enzyme nicht spaltbare (A) pflanzliche (B) Nahrungsbestandteile. Die wichtigsten sind Pectine und auch Cellulose (E). Kleine Mengen können auch beim Menschen abgebaut werden (C), dies ist bei Pflanzenfasern eine quantitativ sehr wichtige Reaktion. Die gesuchte Falschaussage ist (D), denn die Motilität wird durch Ballaststoffe nicht gehemmt, sondern stimuliert.

VII.2 Eiweißbedarf

Etwa 15% der zugeführten Energie sollte aus Protein bestehen. Eine andere wichtige Faustregel: Der Proteinanteil der Nahrung soll 0,8 g pro kg Körpergewicht pro 24 Stunden betragen, damit die 8 essentiellen Aminosäuren in ausreichender Menge (je etwa 1 g pro Tag) zur Verfügung stehen. Alle essentiellen Aminosäuren müssen gleichzeitig vorhanden sein; wenn auch nur eine, z. B. Tryptophan, fehlt, ist eine Proteinsynthese nicht möglich. Es gibt im tierischen Körper kein als Nahrungsreserve dienendes Speicherprotein. Alle überschüssigen Aminosäuren werden desaminiert und der Energiegewinnung zugeführt.
Bei der geforderten Eiweißzufuhr von 0,8 g/kg KG/Tag ist die Tatsache berücksichtigt, dass manche pflanzlichen Proteine biologisch nicht so hochwertig sind wie tierisches Eiweiß. Es gibt aber auch tierische Proteine von minderer Qualität; z. B. fehlen dem Kollagen die schwefelhaltigen Aminosäuren und das Tryptophan.
Bei einem Eiweißüberangebot in der Nahrung werden die Aminosäuren zu Harnstoff und Acetyl-CoA abgebaut. Letzteres kann zur Energiegewinnung verbrannt werden, kann aber auch zur Neubildung von Fett verwendet werden.
Die Wertigkeit von Nahrungsproteinen kann durch 2 Parameter ermittelt werden, 1. durch die Wachstumswertigkeit und 2. durch die Stickstoffbilanzwertigkeit. Bei beiden Verfahren wird das zu untersuchende Nahrungsprotein ins Verhältnis gesetzt zur entsprechenden Menge Hühnereiweiß als Standard.
Bei 1 werden die Gewichtszunahmen gemessen, bei 2 die Mengen ermittelt, die gerade noch eine ausgeglichene Stickstoffbilanz erhalten.
Beispiele biolog. Wertigkeit von Nahrungsproteinen

Hühnerei	100
Fleisch	90
Kartoffel	90
Soja	85
Milch	85
Reis	80
Bohnen	75
Brot	70
Gelatine (= Kollagen)	0

Mit Gelatine als alleiniger Proteinquelle gelingt es nicht, eine ausgeglichene Stickstoffbilanz oder bei Kindern Wachstum zu erreichen.
Meistens haben Proteinmischungen eine höhere Wertigkeit als die Einzelkomponenten:
$^1/_3$ Volleiprotein + $^2/_3$ Kartoffelprotein (entspricht 1 Ei + 600 g Kartoffeln, zusammen 20 g Protein) haben als Proteinmischung eine Wertigkeit von 140.

Klinischer Bezug

Eiweißmangel

Wenn Schätzungen davon ausgehen, dass fast $^2/_3$ der Erdbevölkerung unter Mangelernährung leiden, dann bezieht sich das neben dem Mangel an essentiellen Nahrungsfaktoren ganz wesentlich auf einen Mangel an Nahrungseiweiß, insbesondere Eiweiß mit hoher biologischer Wertigkeit. Der Mangel trifft insbesondere Kinder, da diese aufgrund ihres Wachstums einen doppelt so hohen Eiweißbedarf haben (1,6 g/kg KG) wie Erwachsene (0,8 g/kg KG). Im Extremfall führt der Proteinmangel zum Krankheitsbild **„Kwashiorkor“** mit Wachstumsstillstand, Infektanfälligkeit, Herzinsuffizienz, Durchfällen und pathognomonisch zu Eiweißmangeloedemen, insbesondere den sog. „Hunger-Wasserbäuchen“ (Hunger-Ascites).
Der Verlauf ohne Oedeme wird **Marasmus** genannt.

H90 H86

→ **Frage 7.7:** Lösung E

Siehe Lerntext VII.2.

VII.3 Respiratorischer Quotient

Unter dem respiratorischen Quotienten (RQ) versteht man das Verhältnis von ausgeatmetem Kohlendioxid zu aufgenommenem Sauerstoff. Wird ein Organismus nur mit Kohlenhydraten ernährt, so kommt es zu deren vollständiger Oxidation:

$$C_6H_{12}O_6 + 6\ O_2 \rightarrow 6\ CO_2 + 6\ H_2O$$

Das Verhältnis von CO_2 zu O_2 beträgt 6:6, der RQ = 1,00.
Ausschließliche Fettverbrennung, wobei hier als Beispiel Tripalmitylglycerin angeführt sei, führt zu einem RQ von 0,70.

$$C_{51}H_{98}O_6 + 72{,}5\ O_2 \rightarrow 51\ CO_2 + 49\ H_2O.$$

Die für Aminosäureverbrennung errechneten Werte liegen bei 0,85.

F05

→ **Frage 7.8:** Lösung A

Ascorbinsäure (Vitamin C) ist ein essenzieller Nahrungsfaktor für Menschen und Menschenaffen (A). Praktisch alle anderen Säugetiere können Ascorbinsäure aus Glucose herstellen.
Aminozucker können aus Fructose hergestellt werden, Glucuronsäure aus Glucose und Glucose selbst über die Gluconeogenese aus Aminosäuren oder aus Glycerin.

F02

→ **Frage 7.9:** Lösung B

Essenzielle Nahrungsbestandteile müssen möglichst täglich in ausgewogenem Verhältnis dem Organismus zugeführt werden. Essenzielle Nahrungsbestandteile sind die Fettsäuren Linolsäure und α-Linolensäure (A), die Aminosäure Isoleucin (C) und die Spurenelemente Jod für die Schilddrüsenhormonsynthese und Selen für die Synthese der Glutathionperoxidase und anderer Schutzenzyme gegen oxidativen Stress. Die gesuchte Falschaussage ist (B), denn Vitamin D kann beim Erwachsenen in der Haut durch UV-Bestrahlung aus dem aus Cholesterol gebildeten 7-Dehydrocholesterol entstehen.

H03

→ **Frage 7.10:** Lösung C

Folsäure (A), Pantothensäure (B) und Ascorbinsäure (E) sind als Vitamine essenzielle Nahrungsbestandteile. α-Linolensäure (D) ist eine essenzielle Fettsäure, die der Omega-3-Fettsäure-Familie zugeordnet wird. Die zweite, für den Menschen wichtige essenzielle Fettsäure ist die Linolsäure (Omega-6-Familie), die über γ-Linolensäure zur wichtigen Arachidonsäure wird. Die gesuchte Falschaussage ist (C), denn γ-Aminobuttersäure entsteht im zentralen Nervensystem als Transmitter aus der Glutaminsäure durch Decarboxylierung.

H01

→ **Frage 7.11:** Lösung D

Erkrankten Menschen müssen unter verschiedenen Indikationen manchmal Nahrungsstoffe parenteral, d. h. intravenös unter Umgehung des Gastrointestinaltrakts, zugeführt werden. Zu den häufiger infundierten Stoffen gehören Glucose, Aminosäuren, Vitamine und Spurenelemente.
Die gesuchte Falschaussage ist (D), denn hochpolymeres Kohlenhydrat kann vom Blut aus nicht resorbiert, unabgebaut aber auch nicht ausgeschieden werden.

VII.4 Essentielle Nahrungsbestandteile

Essentielle Nahrungsbestandteile	Tagesbedarf
8 essentielle Aminosäuren	je ca. 0,5–1,0 g
mehrfach ungesättigte Fettsäuren, hauptsächlich Linolsäure	8 g
Vitamine	je im µg- bis mg-Bereich
Mineralien Na^+, K^+, Ca^{++}, Mg^{++}, Cl^-, PO_4^{3-}	je im g-Bereich
Spurenelemente Fe, Cu, Co, J, Zn, Cr, Se, Mn, Mo	je im ng- bis mg-Bereich

Die zur Energiegewinnung bestimmten Nahrungsbestandteile können sich äquikalorisch vertreten (s. Lerntext VII.1). Gewisse Nahrungsbestandteile sind aber essentiell, d.h. sie müssen Tag für Tag mit der Nahrung zugeführt werden. Hierzu gehören die 8 essentiellen Aminosäuren (s. Lerntext II.3) und die mehrfach ungesättigten Fettsäuren (s. Lerntext III.2), von denen 5 bis 8 g/Tag benötigt werden. Essentielle Kohlenhydrate gibt es nicht, da alle Zucker aus D-Glucose gebildet werden können; notfalls kann selbst die Glucose durch Gluconeogenese gebildet werden. Vitamine und Mineralstoffe müssen mit der Nahrung zugeführt werden.

VII.5 Verdauungsorgane und Sekrete

Als Energieträger zugeführte Nahrungsstoffe müssen vor der Resorption im Verdauungstrakt in die monomeren Grundbausteine zerlegt werden. Dazu werden von den Verdauungsorganen enzymhaltige Sekrete abgegeben – zusammen etwa 8 Liter pro Tag.

Organ	Sekret	Tagesmenge	Inhaltsstoffe
Mundspeicheldrüsen	Speichel	1,5 Liter	Amylase, Mucine
Magen	Magensaft	1,5 Liter	Pepsinogen Salzsäure (HCl) Intrinsic factor
Leber	Galle	1 Liter	Gallensäuren Gallenfarbstoffe Cholesterin
Pankreas	Bauchspeichel	1 Liter	Natriumbicarbonat Amylase Lipase Trypsinogen Chymotrypsinogen Procarboxypeptidase RNase, DNase
Dünndarm	Darmsaft	2 Liter	Natriumbicarbonat Disaccharidasen Dipeptidasen Aminopeptidase

Im unteren Dünndarm beginnt die Wasserresorption, nur etwa 1 Liter Wasser tritt noch ins Colon über.
Die inaktiven Vorstufen der Pankreasproteasen werden erst im Duodenallumen durch limitierte Proteolyse aktiviert.

F98
→ **Frage 7.12:** Lösung E

Das aus 14 Aminosäuren aufgebaute Peptidhormon Somatostatin unterdrückt die Bildung anderer Hormone. Hypothalamisches Somatostatin unterdrückt die Bildung von Wachstumshormon im Hypophysenvorderlappen; das Somatostatin aus den D-Zellen der Langerhans-Inseln hemmt die Sekretion von Insulin und Glucagon.

(E) ist die gesuchte Falschaussage, denn auch die Gastrinbildung in den G-Zellen der Magenwand wird durch Somatostatin gehemmt.
Die Gallensekretion lässt sich durch orale Aufnahme von Gallensäuren steigern (A). Unter (C) wird richtig bemerkt, dass Sekretin über den second messenger cAMP wirksam wird. Das unter (D) erwähnte GIP stellt den wirksamsten Reiz für eine Insulin-Ausschüttung aus den β-Zellen der Pankreasinseln dar.

H00
→ **Frage 7.13:** Lösung B

Siehe Lerntexte VII.8 und VII.9.
Die im Pankreas gebildeten Proteasevorstufen gelangen in den Dünndarm, wo eine von der Darmschleimhaut gebildete Enteropeptidase (Enterokinase) Trypsinogen durch begrenzte Proteolyse zu Trypsin aktiviert. Trypsin aktiviert dann proteolytisch Chymotrypsinogen und die Procarboxypeptidase.
Einen enterohepatischen Kreislauf gibt es für die Verdauungsenzyme nicht, dieser existiert nur für Gallensäuren und für Gallenfarbstoffe.
Wenn die α-Amylase Stärke und Glykogen abbaut, ist das Produkt nicht Glucose, sondern Maltose. Maltose (α-Glucosido-1,4-glucose) und Isomaltose (α-Glucosido-1,6-glucose) sind die Endprodukte.

H99 F97
→ **Frage 7.14:** Lösung D

Die vom Menschen produzierten Proteinasen des Verdauungssystems werden zum Schutz vor Selbstverdauung als inaktive Vorstufen (Pepsinogen im Magen, Trypsinogen u. a. im Pankreas) gebildet und gespeichert; aktiviert werden diese Enzyme nach der Sekretion durch begrenzte Proteolyse (A). Carboxypeptidasen setzen am C-terminalen Ende ihres Substrats sequentiell einzelne Aminosäuren frei (B). Die α-Amylase (im Mundspeichel und Pankreassaft) spaltet Stärke weitgehend zum Disaccharid Maltose (C). Das Peptidhormon GIP wird nach Aufnahme kohlenhydratreicher Nahrung im Duodenum freigesetzt und bewirkt eine Insulin-Sekretion (E).
Falsch ist die Aussage (D): Zur Mizellenbildung im Duodenum werden nicht Triacylglycerine, sondern die durch Lipaseeinwirkung entstandenen β-Monoglyceride und Fettsäuresalze zusammen mit Gallensäuren verwendet.

VII.6 Mundspeichel

Gesamtvolumen: 0,5–1,5 l pro Tag
hypoton, pH 5,5 bis 7,5
Glandula submandibularis: seromukös, überwiegend serös
Glandula sublingualis: Mucin-reich, viskös, „mukös“
Glandula parotis: Amylase-reich, „serös“
Der Mundspeichel wird in einer Tagesmenge von gut einem Liter von 3 paarigen Drüsen sezerniert. Der in den Azinusdrüsen gebildete Primärspeichel ist blutisoton, während der Ruhesekretion werden Na^+ und Cl^- resorbiert, die Osmolarität sinkt; K^+ und Bicarbonat steigen durch Sekretion an. Bei hohen Sekretionsraten bleiben Na^+ und Cl^- im Speichel nahe den hohen Blutwerten. Der pH-Wert des Ruhespeichels ist leicht sauer; starke Sekretion fördert leicht alkalischen Speichel. An Enzymen ist nur die Amylase erwähnenswert; Maltase, Lipase und Proteasen kommen nicht vor. Eine Sekretionssteigerung wird über den Parasympathikus bewirkt (ausgelöst durch Acetylcholin; Atropin wirkt als kompetitiver Hemmstoff). Der Sympathikus fördert die Mucinabgabe, ist aber von geringem Einfluss auf die Sekretmenge.

Klinischer Bezug

Xerostomie

Eine massiv eingeschränkte Speichelsekretion kommt bei einer autoimmun-rheumatischen Erkrankung (Sjögren-Syndrom) und als Nebenwirkung bestimmter Medikamente sowie nach Röntgenbestrahlung bei Tumoren im Hals/Kopf-Bereich vor. Die Xerostomie („trockener Mund“) wird von Patienten als in höchstem Maße unangenehm empfunden. Als Folge der fehlenden antimikrobiellen Speichelwirkung (Lysozym, Ig A) und der fehlenden, normalerweise sich aus den Speichelproteinen bildenden Oberflächenschutzschicht (Schleimhaut-Pellikel und Zahn-Pellikel) kommt es zu Infektionen der Mundschleimhaut, z. B. massiven Pilzinfektionen, zu schwerer Parodontitis und zu Karies.
Die Therapie besteht in häufigen Mundspülungen und Behandlung der Grundkrankheit. ■

VII.7 Magensaft

Volumen 1–3 l/d, nüchtern: schwach sauer, nach Nahrungsaufnahme:
pH 0,8–1,5
Hauptzellen: Pepsinogen, etwas Lipase
Belegzellen: HCl, intrinsic factor
Nebenzellen: Mucin
Oberflächenzellen: Mucin und Bicarbonat
Der Magensaft wird in einer Tagesmenge von 1 bis 3 Litern von den Drüsenschläuchen der Magenwand gebildet. Hier unterscheidet man Hauptzellen (→ Pepsinogen), Belegzellen (→ Salzsäure und ein Glykoprotein namens intrinsic factor) und Nebenzellen (→ Mucin). Die Sekretion wird gesteigert durch den cholinergen N. vagus, durch Dehnung der Magenwand, durch Saftlocker (Coffein, Peptone), durch Histamin und das Peptidhormon Gastrin. Sekretionshemmend wirkt das Peptidhormon Sekretin. Für die HCl-Bildung ist das Enzym Carboanhydrase von großer Bedeutung: Es bewirkt die Umsetzung von CO_2 und H_2O zu H_2CO_3 mit sofortiger Dissoziation in H^+ und HCO_3^-. Das so gebildete Bicarbonat wird im Austausch gegen Chlorid ans Blut abgegeben. Die von den Belegzellen sezernierte HCl ist 0,17 molar; dazu müssen die Protonen mehr als 10^5-fach konzentriert werden. Die Magensalzsäure hat zwei wichtige Aufgaben: Sie stellt das für die Pepsinwirkung wichtige pH-Optimum her und hält den Mageninhalt keimfrei. Nahrungsbestandteile werden durch die HCl nicht hydrolysiert.
Die Proteasevorstufe Pepsinogen wird durch den sauren pH-Wert im Magenlumen zum aktiven Pepsin umgewandelt (durch limitierte Proteolyse).

Klinischer Bezug

Gastritis

Eine Magenschleimhautentzündung ist Folge eines Ungleichgewichts zwischen schützenden Faktoren wie der Mucinsekretion und den aggressiven Faktoren Salzsäure und Pepsin. Die Gastritis kann akut und chronisch verlaufen.
Häufige Ursachen können sein: eine Infektion mit Helicobacter pylori, eine orale Therapie mit nicht-steroidalen Entzündungshemmern wie Aspirin, eine orale oder parenterale Therapie mit Glucocorticoiden oder chronischer Alkohol- und Nikotinmissbrauch. Häufig kommen mehrere Ursachen zusammen. Die Therapie erfolgt durch eine Beseitigung von Helicobacter, durch Gabe von Antazida und Protonen-Pumpen-Hemmern.

Klinischer Bezug
Ulcus-Krankheit
Die Entzündung der Magen- und der Duodenalschleimhaut kann zu Zerstörung der Schleimhaut, einem Geschwür, führen. Die Symptome der Magen- und Duodenalulcera sind heftiger als bei der Gastritis, die verschiedenen Ursachen und die Therapie sind analog der Gastritis: Antazida, Protonen-Pumpen-Hemmung und Antibiotika, Ausschaltung zusätzlicher Noxen wie Alkohol, Nikotin und Medikamente. Brechen Geschwüre durch die Wand hindurch (perforierende Ulcera), kommt es zur akut lebensbedrohlichen Peritonitis und eventuell zur Pankreatitis. Hier ist eine chirurgische Intervention notwendig.

F00
→ **Frage 7.15:** Lösung D

Das von der Magenmukosa sezernierte Peptidhormon Gastrin fördert die Magensaftsekretion, wozu die Pepsinogenfreisetzung in den Hauptzellen ebenso gehört wie die Salzsäurefreisetzung in den Belegzellen. Das schon lange als Sekretionsstimulans bekannte Histamin wird nach Acetylcholin oder Gastrin von ECL-Zellen freigesetzt und stimuliert direkt die Belegzellen; (D) ist die gesuchte Falschaussage.

H97 H95 F93 F90
→ **Frage 7.16:** Lösung A

Siehe Lerntext VII.7.
Die Protonen entstehen durch die Carboanhydrase in den Belegzellen. Die H^+/K^+-ATPase arbeitet bei der Salzsäuresekretion auf der luminalen Seite der Belegzellen.

H04
→ **Frage 7.17:** Lösung E

Siehe Lerntext VII.7.
Die Belegzellen des Magens produzieren mit Hilfe der Carboanhydrase aus CO_2 und Wasser Kohlensäure und sezernieren mittels ATPase die entstehenden H^+ (A).
Die H^+-Produktion wird stimuliert durch Histamin (C) und Gastrin (D).
Neben H^+ produzieren die Belegzellen auch den Intrinsic factor (B), ein Glykoprotein, das Vitamin B_{12} (Extrinsic factor) bindet und die Resorption im Ileum durch Endozytose ermöglicht.
Die gesuchte Falschaussage ist (E), denn durch Acetylcholin wird die Sekretion von H^+ nicht gehemmt, sondern stimuliert.

H90
→ **Frage 7.18:** Lösung E

Siehe Lerntext VII.7.

F96
→ **Frage 7.19:** Lösung E

Siehe Lerntext VII.7.
Die gesuchte Falschaussage ist (E), denn Histamin ist ein effektiver Reizstoff zur Auslösung der Magensaftsekretion. Als Hemmstoffe der Magensaftsekretion wirken das Sekretin (A), das die Gastrinfreisetzung hemmt, und das im Duodenalbereich produzierte GIP (D). Somatostatin (B) hemmt allgemein Sekretionsvorgänge im Intestinalbereich; die Neurotensinwirkung (C) ist noch unklar.

H02
→ **Frage 7.20:** Lösung C

Siehe Lerntexte VII.8 und VII.9.
Die gesuchte Falschaussage ist (C), denn die Disaccharidasen und damit auch die Maltase werden nicht vom Pankreas gebildet, sondern von den Dünndarmepithelien.

F04
→ **Frage 7.21:** Lösung B

Chymotrypsinogen wird im Duodenum durch Trypsin aktiviert (B). Das Trypsin wird zuvor durch Enteropeptidase (C) des Duodenums aus Trypsinogen durch begrenzte Proteolyse gebildet.
Amylase (A) wird von der Parotis und vom Pankreas in aktiver Form sezerniert. Pankreas-Lipase (D) unterliegt keiner Proteolyse, die Aktivierung erfolgt durch Gallensäuren und Colipase. Ribonuclease (E) wird in aktiver Form vom Pankreas sezerniert.

H04
→ **Frage 7.22:** Lösung C

Siehe Lerntext VII.8.
Zum Schutz vor Selbstverdauung werden Verdauungs-Proteasen aus dem Pankreas als inaktive Vorstufen gebildet und sezerniert:
Trypsinogen (A), Procarboxypeptidase (B), Chymotrypsinogen (D) und Proelastase (E).
Die gesuchte Falschaussage ist (C), denn die Enteropeptidase („Enterokinase") wird nicht vom Pankreas, sondern von der Duodenalschleimhaut gebildet. Die Enteropeptidase aktiviert durch limitierte Proteolyse Trypsinogen zum Trypsin, dieses aktiviert dann proteolytisch die anderen o. g. Proenzyme.

F03 F02

→ **Frage 7.23:** Lösung B

Siehe Lerntext VII.11.
Die gesuchte Falschaussage ist (B), denn die Pankreaslipase wird nicht in Form eines Proenzyms vom Pankreas sezerniert, sondern ihre Aktivierung im Duodenum erfolgt durch die Colipase und die Gallensäuren. Als Proenzym werden vom Pankreas die Proteasen Trypsinogen, Chymotrypsinogen und Procarboxypeptidase sezerniert.

F00

→ **Frage 7.24:** Lösung A

Alle Verdauungsenzyme sind Hydrolasen, die keine Coenzyme benötigen, damit ist (A) die gesuchte Falschaussage.
Pyridoxalphosphat ist das Coenzym für den Stoffwechsel der Aminosäuren, z. B. bei der Aminosäuretransaminierung und Aminosäuredecarboxylierung.

F99

→ **Frage 7.25:** Lösung B

Die Sekretion des exokrinen Pankreas wird stimuliert durch eine Vaguserregung über Acetylcholin (A). Auch das Darmschleimhauthormon Cholecystokinin (E) bewirkt wie Acetylcholin über die Second messenger IP_3 und DAG die Sekretion eines enzymreichen Pankreassekrets.
Die Darmschleimhauthormone Sekretin (D) und VIP (C) bewirken über cAMP die Sekretion eines Volumen- und bicarbonatreichen Pankreassekrets.
Die gesuchte Falschaussage ist (B), denn Glucagon stimuliert nicht die exokrine Pankreasfunktion, sondern wirkt, endokrin von den α-Zellen des Pankreas gebildet, vorwiegend auf die Leber und das Fettgewebe. Ein glucagonähnliches Hormon der Darmschleimhaut kann die Insulinsekretion des Pankreas stimulieren.

VII.8 Pankreassaft

Volumen 1–2 l/Tag, blutisoton
pH 8,5, $NaHCO_3^-$ 50–150 mmol/l
30 g Enzymprotein/Tag
Endopeptidasen: Trypsinogen, Chymotrypsinogen, Proelastase
Exopeptidasen: Procarboxypeptidase A und B
Lipase
Phospholipase
Cholesterolesterase
Amylase
Ribonuclease
Desoxyribonuclease

Aktivierung der Peptidasen:

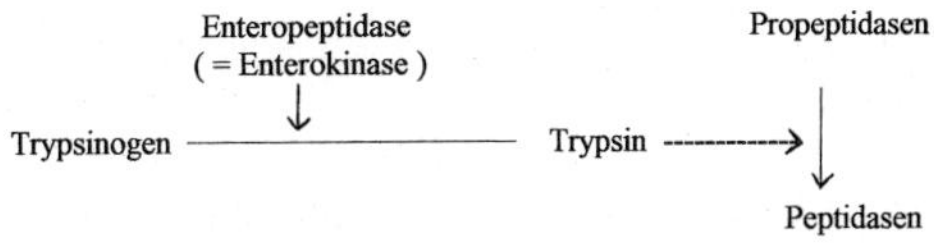

Der exokrine Teil des Pankreas bildet das wichtigste Verdauungssekret: Hier finden sich Enzyme zum Abbau aller Nahrungsbestandteile. Da der vom Magen durch den Pylorus in das Duodenum übertretende Speisebrei (Chymus) durch die Magensalzsäure stark sauer ist, muss der pH-Wert auf pH 8,5 angehoben werden, damit die Pankreasenzyme optimal arbeiten können; das geschieht durch Bicarbonat-Sekretion durch die Darmwand und das Pankreas.
Die exokrine Bauchspeicheldrüse wird durch zwei Hormone stimuliert: Sekretin fördert die Abgabe eines volumen- und bicarbonatreichen Pankreassaftes; dagegen wird durch das Peptid PCK (Pankreozymin-Cholecystokinin) ein stark enzymhaltiger Bauchspeichel freigesetzt. Die wichtigsten pankreatischen Verdauungsenzyme sind mehrere Proteinasen (Trypsin, Chymotrypsin, Carboxypolypeptidase, Elastase), Amylase, Lipase, Cholesterinesterase, Phospholipasen, RNase und DNase. Zum Schutz der Bauchspeicheldrüse vor Selbstverdauung werden alle Proteinasen in der Form inaktiver Vorstufen gebildet und gespeichert. Erst nach der Freisetzung werden die Enzyme dann durch limitierte Proteolyse im Duodenum aktiviert. Zunächst entsteht aktives Trypsin durch Enterokinase-Einwirkung auf das Trypsinogen; Trypsin aktiviert dann alle anderen Protease-Vorstufen.

Klinischer Bezug

Pankreatitis

Die akut verlaufende Entzündung der Bauchspeicheldrüse (**akute Pankreatitis**) geht mit schweren Abdominalschmerzen, intensivem Krankheitsgefühl und u. U. mit einer Schocksymptomatik einher. Gehäuft kommt die akute Pankreatitis bei Patienten mit Gallenwegserkrankungen, bei Alkoholikern und Übergewichtigen mit Fettstoffwechselstörungen vor. Die Diagnose wird gesichert durch den Nachweis erhöhter Amylaseaktivität im Serum und Urin, ergänzt durch Lipaseaktivitätserhöhung im Serum. Eine gefürchtete Komplikation ist die Selbstverdauung des Pankreas (Pankreasnekrose).
Die Therapie besteht in absoluter Nahrungskarenz und symptomatischer Intensivtherapie.

Die **chronische Pankreatitis** kann in Einzelfällen als Folge rezidivierender akuter Pankreatitisschübe entstehen, tritt aber meistens primär chronisch auf, gehäuft bei Alkoholikern, Patienten mit Übergewicht und Hyperlipidaemie, z.T. wird aber auch keine Ursache gefunden. Die Amylase- und Lipase-Werte sind meistens normal, im Vordergrund steht eine Verdauungsinsuffizienz, insbesondere der Fette, mit charakteristischen Fettstühlen.
Die Therapie bezieht sich auf die eventuellen Grundleiden, eine Substitution von Verdauungsenzymen ist meistens notwendig.

H97 F96 H92
→ **Frage 7.26:** Lösung B

Siehe Lerntext VII.8.
Die spezifisch wirkende Peptidase mit dem historischen Namen Enterokinase spaltet im Duodenum aus dem Trypsinogen ein Hexapeptid ab und schafft damit aktives Trypsin.

F05
→ **Frage 7.27:** Lösung E

Pankreas-Proteasen werden als inaktive Vorstufen zum Schutz vor Selbstverdauung sezerniert und erst im Duodenum durch begrenzte Proteolyse aktiviert (E).
Aussage (D) ist falsch, denn Trypsin inaktiviert nicht die Carboxypeptidasen, sondern aktiviert begrenzt proteolytisch die Procarboxypeptidase.
Aussage (A) ist falsch, denn alle Hydrolasen benötigen keine Coenzyme. Pyridoxal-P ist das Coenzym für den Aminosäurestoffwechsel.
Aussage (B) ist falsch, denn Carboxypeptidasen sind Exopeptidasen, sie spalten von Proteinen und Peptiden am Carboxylende einzelne Aminosäuren ab.
Endopeptidasen sind Pepsin, Trypsin, Chymotrypsin und intrazellulär in Lysosomen Kathepsin.
Aussage (C) ist falsch, denn alle Pankreasenzyme haben ein pH-Optimum von etwa 8.

F03
→ **Frage 7.28:** Lösung C

Die Proteinasen aus dem Pankreas werden zum Schutz vor Selbstverdauung in Form inaktiver Vorstufen sezerniert und erst im Darmlumen durch begrenzte Proteolyse aktiviert. Schlüsselenzym für die Proteaseaktivierung ist die im Bürstensaum der Enterozyten vorkommende Enteropeptidase (= Enterokinase), die Trypsinogen zu aktivem Trypsin spaltet (C). Trypsin (und nicht Enteropeptidase!) aktiviert dann Chymotrypsinogen und Procarboxypeptidase ((A) und (D) sind falsch).

Pepsinogen wird durch die Salzsäure und dann autokatalytisch durch Pepsin aktiviert ((B) ist falsch).
Aminopeptidase kommt im Bürstensaum der Darmmucosa vor, von ihr gibt es keine Vorstufe ((E) ist falsch).

VII.9 Kohlenhydratverdauung

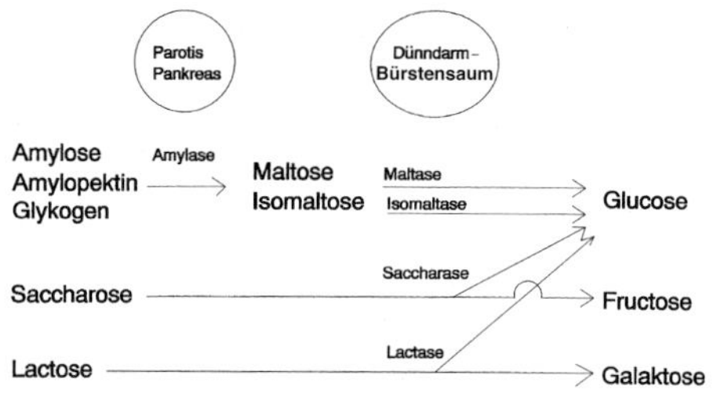

Stärke ist das häufigste Polysaccharid unserer Nahrung; ihr hydrolytischer Abbau beginnt in der Mundhöhle und wird dann im Duodenum durch die Pankreasamylase, eine α-1,4-Glucosidase, vollendet. Nicht Glucose, sondern das Disaccharid Maltose (neben Isomaltose) entsteht als Hauptprodukt der Amylaseeinwirkung auf das verzweigte Homoglykan. Die beiden genannten Disaccharide werden, ebenso wie Laktose und Saccharose, durch spezifische Disaccharidasen im Bürstensaum der Duodenalmucosa gespalten; die resultierenden Monosaccharide erscheinen dann im Blut. Bei der Glucoseresorption spricht man von einem Na^+-abhängigen sekundär aktiven Transport, weil zunächst Na^+ und Glucose im Symport ohne ATP-Verbrauch in die Zelle aufgenommen werden. ATP wird erst sekundär verbraucht, wenn das Natrium aus der Zelle entfernt werden muss.
Im Zusammenhang mit dem Lactosestoffwechsel ist ein nicht so seltenes Krankheitsbild zu erwähnen: die Lactoseintoleranz oder Milchunverträglichkeit. Ursache ist ein genetisch bedingtes Fehlen der duodenalen Lactase, einer β-Galaktosidase. Dieses Enzym ist nötig zur Hydrolyse der Lactose, bei der 1 Teil Galaktose und 1 Teil Glucose gebildet werden. Man kann bei Verdacht auf Milchunverträglichkeit eine orale Lactosebelastung durchführen. Bei einem Fehlen der Lactase unterbleibt der normalerweise folgende Anstieg der Blutglucose, weil das Disaccharid ungespalten nicht resorbiert werden kann und in das Colon weitergeleitet wird, wo es durch die Darmflora zersetzt wird. Es bilden sich organische Säuren und Gase und damit Durchfälle und Blähungen. Zur Therapie gibt man eine lactosefreie Diät.

Klinischer Bezug
Lactoseintoleranz
Alle Säugetiere, so auch der Mensch, bilden die Bürstensaum-Lactase nur während der Säuglingsphase, nach der Entwöhnung wird die Lactasesynthese weitgehend eingestellt. Bis zu 80% der erwachsenen Afrikaner und Asiaten reagieren nach einer Belastung mit mehr als 8 g Lactose ($^1/_4$ Liter frische Milch) mit Durchfällen, dagegen nur bis zu 5% der Europäer. Entsprechend werden nur in Europa Nahrungsprodukte mit frischer Milch in größerem Rahmen verwendet, im asiatischen und afrikanischen Kulturkreis überwiegen mikrobiell vorbehandelte (vergorene) Milchprodukte.

H93 H90 H88 H84
→ **Frage 7.29:** Lösung C

Maltose kann durch Pankreasamylase nicht gespalten werden. Die Spaltung in Glucose erfolgt während der Resorption im Bürstensaum des Duodenums.

H96
→ **Frage 7.30:** Lösung C

Im menschlichen Organismus gibt es kein Enzym zur Spaltung der β-glycosidischen Bindungen der Zellulose, die deshalb für uns unverwertbar bleibt.

H02
→ **Frage 7.31:** Lösung C

Siehe Lerntexte VII.9 und VII.12.
Die gesuchte Falschaussage ist (C), denn durch die Amylase entsteht nicht Glucose-1-Phosphat, sondern das Disaccharid Maltose.
Glucose-1-P entsteht in der Leber und Muskulatur beim Abbau des Glykogens durch die Phosphorylase. Glucose-1-P kann nicht dephosphoryliert werden, sondern wird isomerisiert zu Glucose-6-P; dieses kann in der Leber hydrolysiert werden zu Glucose und Phosphat.

F00
→ **Frage 7.32:** Lösung D

Siehe Lerntexte VII.9 und VII.12.
Die wichtigsten Zielorgane für das Insulin sind die Muskulatur, das Fettgewebe und die Leber.
Die Verdauungsvorgänge und die Resorption aus dem Dünndarm sind insulinunabhängig, damit ist (D) die gesuchte Falschaussage.

VII.10 Proteinverdauung

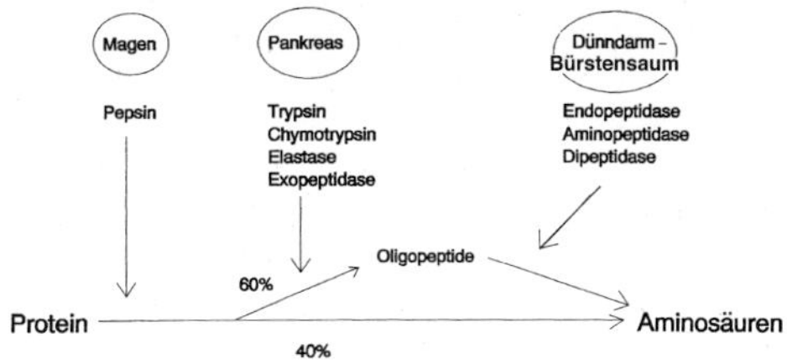

Nahrungsproteine werden im Magen durch den sauren pH-Wert denaturiert und durch das Pepsin, eine Endoprotease, in Polypeptide (Peptone) gespalten. Die Proteasen des exokrinen Pankreas werden in Form inaktiver Proenzyme gebildet und erst im Duodenum aktiviert (siehe Lerntext VII.8). – Trypsin und Chymotrypsin sind in der Kettenmitte angreifende Endopeptidasen, die Carboxypeptidase und die Aminopeptidase sind am C- bzw. N-Terminus mit der Spaltung beginnende Exopeptidasen.

F98
→ **Frage 7.33:** Lösung C

Siehe Lerntext VII.11.
Nahrungsfette werden im Intestinaltrakt (Duodenum) durch die Pankreas-Lipase hydrolysiert. Die zu 2 freien Fettsäuren und β-Monoglycerin aufgespaltenen Triacylglycerine vereinigen sich im Duodenallumen mit Gallensäuren zu Mizellen, die von der Duodenalmucosa absorbiert werden.

H05
→ **Frage 7.34:** Lösung B

Wesentliche Bestandteile der Mizellen im Dünndarm sind Gallensäuren, freie Fettsäuren und β-Monoglyceride (Monoacylglycerin).
Aussage (A) ist falsch, denn ApoLP B_{48} kommt nicht in Mizellen vor, sondern ist ein Strukturelement der von den Enterozyten abgegebenen Chylomikronen.
Aussage (C) ist falsch, denn Squalen ist ein Metabolit der Cholesterinbiosynthese.
Aussage (D) ist falsch, denn intakte Fette kommen bei der Verdauung zusammen mit Gallensäuren in den Emulsionspartikeln vor, nach Einwirkung der Pankreaslipase werden aus ihnen die kleineren Mizellen.
Aussage (E) ist falsch, denn das wasserlösliche Vitamin B_{12} kommt im Darm nicht in Mizellen vor, sondern als Komplex mit dem sog. Intrinsic factor, einem Protein, das vom Magen gebildet wird.
Siehe Lerntext „Fettverdauung“ VII.11.

VII.11 Fettverdauung

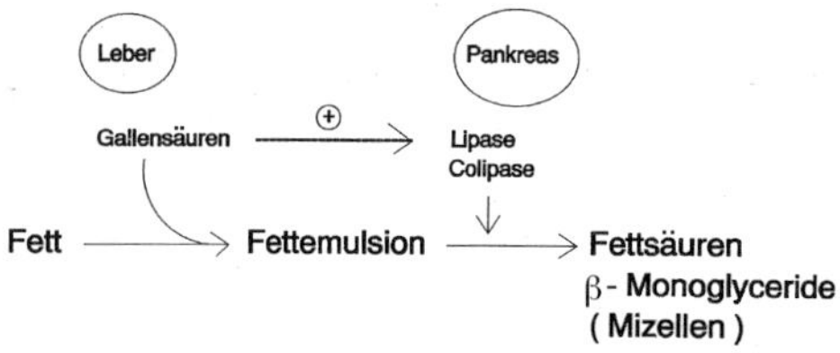

Die hydrolytische Spaltung der Nahrungsfette erfolgt im Duodenum unter Einwirkung der Pankreaslipase. Die den Hauptanteil unserer Nahrungsfette ausmachenden Triacylglycerine werden nur hier gespalten; die von manchen Autoren erwähnten Lipaseaktivitäten im Speichel oder Magensaft sind ohne Bedeutung.

Die durch Gallensäuren im wässrigen Nahrungsbrei emulgierten Fette werden durch die Pankreaslipase angegriffen und in β-Monoglycerid und 2 freie Fettsäuren gespalten. Diese Spaltstücke lagern sich zu Mizellen zusammen: Die lipophilen Alkylreste sind im Kugelinneren vereint, auf der Oberfläche finden sich hydrophile -OH und HOOC-Gruppen. Gallensäuren sind am Mizellenaufbau beteiligt. β-Monoglyceride und Fettsäuren kommen im Bürstensaum der Duodenalschleimhaut per Diffusion zur Aufnahme in die Enterozyten, wo sie zu Triacylglycerinen vereint und dann, als Chylomikronen verpackt, in das Lymphsystem abgegeben werden. Auf dem Blutweg gelangen sie zum speichernden Fettgewebe oder zu den Fettsäure abbauenden Organen (Skelettmuskel und Herzmuskel).

Klinischer Bezug

Fettstühle

Die komplexen Vorgänge bei der Verdauung der Nahrungsfette können vielfältigen Störungen unterliegen. Fettstühle zeichnen sich aus durch einen fetthaltigen, weißgrauen pastenartigen Stuhl: Steatorrhoe. Maldigestion und (oder) Malabsorption können Ursache der Steatorrhoe sein. Maldigestion der Fette tritt auf bei vielen Lebererkrankungen (Mangel an Gallensäuren) und bei chronischer Pankreatitis (Mangel an Lipase). Malabsorption kann bedingt sein durch eine chronische, atrophische Dünndarmschleimhautentzündung (Enteritis), angeborenen Defekten der Chylomikronensynthese oder durch eine Störung des Lymphabflusses. Die gestörte Fettverdauung, sowohl die Maldigestion als auch die Malabsorption, führen beim betroffenen Patienten zu ausgeprägtem Widerwillen gegen fettreiche Nahrungsmittel und zu einem Mangel an fettlöslichen Vitaminen (A, D, E und K).

F02

→ **Frage 7.35:** Lösung E

In den Enterozyten, den Mucosazellen der Darmwand, werden die durch Pankreaslipase gespaltenen Nahrungsfette aufgenommen, die freien Fettsäuren zu Acyl-CoA aktiviert und dann daraus wieder Triacylglycerine synthetisiert. Diese werden in die großen Chylomikronen eingebaut, zu deren Aufbau u. a. Apolipoprotein B_{48} benötigt wird.

Falsch (und hier zu suchen) ist Aussage (E), denn die LDL sind ein Produkt der Leber und nicht der Darmmukosa.

H00

→ **Frage 7.36:** Lösung D

Im Rahmen der Fettverdauung finden in der Darmschleimhaut wichtige Umsetzungen statt.

Die bei der Lipaseeinwirkung im Duodenum entstandenen freien Fettsäuren werden durch eine Thiokinase zu Acyl-CoA aktiviert, das dann zur Veresterung der beiden freien HO-Gruppen des β-Monoacylglycerin dient (B). Auch der vom Glycerin-3-phosphat ausgehende Weg zum Triacylglycerin (C) kann in der Mucosazelle beschritten werden. Bei der Bildung der Chylomikronen kommt das Triacylglycerin dann in Kontakt mit dem Apolipoprotein B_{48} (E).

Die zu suchende Falschaussage ist (D): eine durch LCAT katalysierte, Lecithin-abhängige Veresterung von Cholesterol findet nicht in Chylomikronen statt, sondern in den HDL.

F01

→ **Frage 7.37:** Lösung D

Die Lipiddoppelschicht biologischer Membranen kann von der sehr hydrophilen Glucose nur durchquert werden, wenn es in der Membran spezifische Glucosetransporter-Proteine (GLUT) gibt. In der Skelettmuskulatur und im Fettgewebe gibt es den insulinabhängigen „GLUT4", der sich im Ruhezustand als inaktives Dimer im Zytoplasma findet, unter Insulin-Einfluss aber in die Plasmamembran disloziert wird. In der Darmmucosa erfolgt die Glucoseaufnahme durch sekundär-aktiven Transport: auf der luminalen Seite mit einem Glucose-Na^+-Symport, auf der basalen Seite durch erleichterte Diffusion der Glucose.

Falsch ist Aussage (D), denn auch die insulinunabhängige Diffusion in der Leber erfordert die Anwesenheit eines Glucosetransporters.

F03

→ **Frage 7.38:** Lösung D

Die gesuchte Falschaussage ist (D), denn die Elastase ist nicht ein Enzym des Bürstensaums, sondern in Form der Proelastase ein Enzym des

Pankreassafts, das im Duodenum durch Trypsin aktiviert wird.

F05

→ **Frage 7.39:** Lösung B

Die meisten verdauten Nahrungsbestandteile, Vitamine und Mineralien werden im Duodenum und Jejunum absorbiert. Das Vitamin B_{12} (Cobalamin) als „Extrinsic factor" wird geschützt als Komplex mit dem vom Magen in den Belegzellen produzierten Intrinsic factor, ein Protein, erst im Ileum resorbiert.
Sowohl eine verminderte Aufnahme von Vitamin B_{12} mit der Nahrung (bei Veganern) als auch ein Mangel an Intrinsic factor (bei chronischer Gastritis) führen zur perniziösen Anämie.

F03

→ **Frage 7.40:** Lösung E

Siehe Lerntext VII.12.
Die gesuchte Falschaussage ist (E), denn die Chylomikronen werden nicht durch Transzytose durch die Mucosazelle transportiert, sondern sie werden in der Mucosazelle synthetisiert und durch Exozytose in das Interstitium ausgeschieden und mit der Lymphe abtransportiert.
Durch sog. Transzytose werden die IgA als Proteinkomplexe mit einem Poly-Ig-Rezeptor durch die Enterozyten hindurch in den Darm ausgeschieden und schützen dort die Schleimhaut.

H05

→ **Frage 7.41:** Lösung C

Intakte Zellen in der Nahrung müssen zur Verdauung zerstört werden. Eine wesentliche Rolle spielen hierbei die Gallensäuren, durch die Zellen lysiert werden. Insbesondere die intramembranösen Domänen der Membranproteine werden durch Gallensäuren freigelegt und können dann proteolytisch verdaut werden.
Aussage (A) ist falsch, denn die α-Amylase des Speichels spaltet partiell Stärke und Glykogen, Membranproteine kann sie nicht angreifen. Gleiches gilt auch für die Pankreas-Amylase.
Aussage (B) ist falsch, denn der Pankreas-Saft ist nur schwach alkalisch (pH 8,5), durch starke Laugen (in vitro!) können Zellen allerdings aufgelöst werden.
Aussage (D) ist falsch, denn ohne Gallensäuren kommen Proteasen nicht an die Proteine in der Lipiddoppelschicht heran.
Aussage (E) ist falsch, denn erstens produzieren Bakterien keinen Harnstoff, sondern bauen ihn zu CO_2 und NH_3 ab, und zweitens kann Harnstoff nur Proteinkomplexe, nicht aber Lipid-Proteinkomplexe auflösen und dies auch nur in extrem hohen Konzentrationen (8 mol/l), wie sie in Organismen niemals vorkommen.

VII.12 Nahrungsresorption im Dünndarm

Zucker und Aminosäuren werden gegen einen Konzentrationsgradienten durch die Enterozyten aus dem Darmlumen (und auch durch die Nierentubuluszellen aus dem Primärharn) über sekundär aktiven Transport im Symport mit Na^+ resorbiert. Sekundär heißt dieses Verfahren, weil ATP-Energie nicht zum Zuckertransport, sondern erst später zum Auspumpen der Na^+-Ionen (Na^+/K^+-ATPase) an der basalen Seite benötigt wird. Die Resorption ist Insulin-unabhängig.
Die Zellen des Fettgewebes und der Skelettmuskulatur besitzen insulinabhängige Glucose-Carrier-Proteine; hier erfolgt der Glucosetransport passiv mit dem Konzentrationsgefälle als treibender Kraft. Die Erythrozytenmembran und die Wand der Leberzellen sind, auch über ein Translokatorprotein, für Glucose frei durchgängig, sodass innen und außen die gleichen Konzentrationen vorliegen („erleichterte Diffusion").

Darmschleimhautzelle

	Membran luminal		Membran basal (= contraluminal)
Aminosäuren	sek. aktiv Na^+-Symport		erleichterte Diffusion
Glucose Galaktose	sek. aktiv Na^+-Symport		erleichterte Diffusion
Fructose	erleichterte Diffusion		erleichterte Diffusion
Fettsäuren β-Monoglyceride	Diffusion	Resynthese Bildung von Chylomikronen	Exozytose

Klinischer Bezug

Zöliakie

Eine ausgeprägte Malabsorption, insbesondere der Fette, ist kennzeichnend für die Zöliakie (= einheimische Sprue = Gluten-induzierte Enteropathie). Es besteht eine Überempfindlichkeit der Dünndarmschleimhaut gegen das Getreide-Klebereiweiß Gluten mit der Folge einer atrophischen Enteritis. Die sehr schwere Erkrankung erfordert eine strikt glutenfreie Diät. Gehäuft kommt bei den Erkrankten das HLA-Antigen DR3 vor, es besteht also eine erbliche Disposition.

F01

→ **Frage 7.42:** Lösung A

Die Michaelis-Gleichung beschreibt die hyperbole Anlagerung eines Liganden an ein Protein; dies findet u. a. statt bei der Anlagerung von Substraten an Enzyme, von Transmittern an Rezeptoren und von Molekülen an Transportproteine. Die klassische Michaelis-Gleichung lautet:

$$v = \frac{V_{max} \cdot [S]}{K_m + [S]}$$

Wenn beim Transportvorgang statt der Enzymgeschwindigkeit v die Transportrate J eingesetzt wird und statt der Substratkonzentration die extrazelluläre Konzentration des zu transportierenden Stoffes A als A_e eingesetzt wird, ergibt sich die Gleichung:

$$J_A = \frac{J_{max} \cdot [A_e]}{K_m + [A_e]}$$

F88 F86

→ **Frage 7.43:** Lösung A

Während alle anderen verwertbaren Bestandteile unserer Nahrung nach der Verdauung im Duodenum oder oberen Jejunum resorbiert werden, kommt der Komplex aus Cobalamin und intrinsic factor erst im unteren Ileum zur Resorption.

Kommentare aus Examen Frühjahr 2006

F06

→ **Frage 7.44:** Lösung A

Das HCl des Magensaftes wird von den Belegzellen sezerniert, die durch das Peptidhormon Gastrin aus den G-Zellen des Antrums und Duodenums endokrin stimuliert werden.
Aussage (D) ist falsch, denn der Intrinsic factor zur Resorption des Vitamin B_{12} im Ileum wird nicht von den Hauptzellen, sondern von den Belegzellen produziert. Die Hauptzellen produzieren Pepsinogen. Bei chronisch atrophischer anazider Gastritis kommt es bedingt durch das Fehlen des Intrinsic factor zum B_{12}-Mangel, der unbehandelt zur tödlichen perniziösen Anämie führt.
Die Magenschleimhaut wird vor dem HCl und dem Pepsin durch eine etwa 0,6 mm dicke Schleimschicht (Mucin) geschützt. Die Mucinproduktion in sog. Magen-Nebenzellen wird durch den Vagus über Acetylcholin stimuliert, Aussage (C) ist also falsch.
Auch Aussage (B) ist falsch, denn Glucocorticoide stimulieren nicht die Mucinproduktion, sondern hemmen sie. Durch erhöhte Glucocorticoid-Spiegel, z. B. beim Morbus Cushing oder bei der Therapie mit Glucocorticoiden (bei Rheuma, Leukämien, Transplantationen u. a.), kann es durch die Hemmung der Mucinproduktion zu sog. Steroidulcera kommen.
Aussage (E) ist falsch, denn durch PGE_2 wird die Mucinproduktion nicht gehemmt, sondern stimuliert. Wird durch nicht-steroidale Entzündungshemmer, z. B. Acetylsalicylsäure durch die Cyclooxigenase-Hemmung, die Prostaglandinproduktion herabgesetzt, kann es zum Auftreten von Magengeschwüren kommen, weil ein Stimulus für die Mucinprodutkion ausfällt.
Siehe Lerntext „Magensaft“ VII.7.

F06

→ **Frage 7.45:** Lösung E

Das exokrine Pankreas wird durch Darmschleimhaut-Peptidhormone reguliert. Das Cholecystokinin-Pankreozymin besteht aus 33 Aminosäuren und führt zu einer Kontraktion der Gallenblase und zur Sekretion von Pankreasenzymen (A), auch das VIP hat diese Wirkung (C). Sekretin fördert die Sekretion von H_2O und $NaHCO_3^-$ (B).
Die genannten regulatorischen Peptide werden hauptsächlich nach dem Kontakt von Nahrungsbestandteilen mit der Dünndarmschleimhaut freigesetzt und gelangen über das Blut zum Pankreas.
Die gesuchte Falschaussage ist (E), denn Sekretin ist ein 27er-Peptid und kein Tryptophanderivat. Aus Tryptophan wird Serotonin und Melatonin gebildet.
Siehe Lerntext „Pankreassaft“ VII.8.

8 Abbau der Kohlenhydrate

VIII.1 Glykolyse-Bilanz

Die von den Zellen aufgenommene Glucose wird hauptsächlich glykolytisch abgebaut: in Gegenwart von O_2 zu 2 Pyruvat und 2 $NADH_2$, letzteres gibt den Wasserstoff dann in die Mitochondrien für die Atmungskette ab. Im Zytoplasma (Zytosol) werden hierbei schon durch die sog. Substratkettenphosphorylierung 2 mol ATP pro Mol Glucose (180 g) gewonnen. Zusätzlich liefern die 2 mol $NADH_2$ in der Atmungskette nochmals 6 mol ATP.

Glykolyse aerob

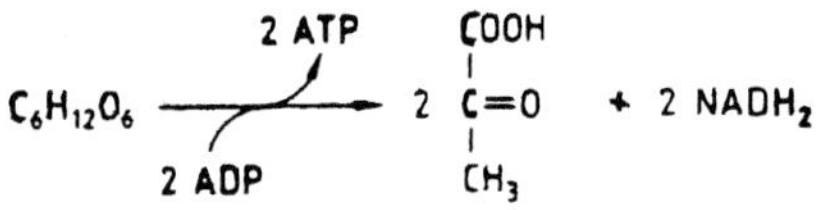

Glykolyse anaerob

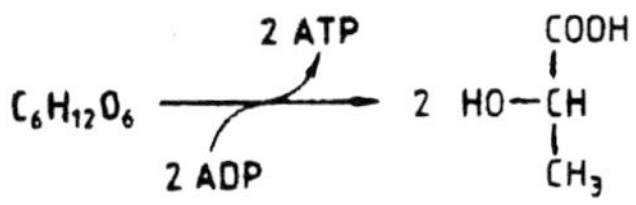

Wird die Glucose anaerob, d.h. ohne Verwendung von Sauerstoff abgebaut, dann fungiert Pyruvat als Wasserstoffakzeptor, es entstehen aus 1 mol Glucose ($C_6 H_{12} O_6$) 2 mol Laktat ($C_3 H_6 O_3$). Wegen der geringen ATP-Ausbeute ist der anaerobe Glucoseabbau nur für Zellen mit geringem Energiebedarf ausreichend, z.B. für Erythrozyten, weiße Muskelzellen und bestimmte Tumorzellen. Müsste der Mensch seinen gesamten ATP-Bedarf über die anaerobe Glykolyse decken, so müssten pro 24 Stunden 10 kg Glucose zu 10 l (10 kg) Milchsäure abgebaut werden. Die anaerobe Glykolyse liefert pro Mol Glucose eine Energiemenge von 36 kcal, von denen 14 kcal in Form von 2 ATP für den Energiebedarf gewonnen werden.
Der oxidative Glucoseabbau zu CO_2 und H_2O liefert insgesamt ca. 20-mal mehr Energie, sodass bei oxidativem Abbau mit 500 g Glucose schon ein Mindest-Energiebedarf des Menschen gedeckt werden könnte.

H97 H92 H89 F86

→ **Frage 8.1:** Lösung A

Glucokinase (GK) ist ein vor allem für die Leber bedeutendes Enzym, das nach kohlenhydratreichen Mahlzeiten in die Leber übergetretene Glucose zu G-6-P phosphoryliert. Die GK hat eine niedrige Affinität zur Glucose: $K_m = 10^{-2}$ M; dadurch erfolgt in der Leber die Glykogenspeicherung nur bei sehr hoher Glucosekonzentration im Blut. Die Skelettmuskulatur besitzt keine GK, sondern Hexokinase, deren K_m-Wert für Glucose bei 10^{-5} M liegt. Eine bei der Hexokinase zu beobachtende Produkthemmung durch G-6-P ist bei der GK nicht zu finden.
GK ist eines der 3 Schlüsselenzyme der Glykolyse (neben Phosphofructokinase und Pyruvatkinase); Insulin wirkt als Induktor bei der GK-Bildung. Hunger, bei dem Energiedepots geleert und nicht aufgefüllt werden müssen, bewirkt keine Aktivierung der GK.

H02

→ **Frage 8.2:** Lösung A

Die gesuchte Falschaussage ist (A), denn die Glucokinase wird nicht durch ihr Produkt Glucose-6-P gehemmt. Glucose-6-P hemmt die in den extrahepatischen Geweben vorkommende Hexokinase.
In den β-Zellen der Langerhans-Zellen spielt Glucokinase eine Rolle bei der Regulation der Insulinsekretion.

VIII.2 Glykolyse – Einzelreaktionen

In 3 Schritten wird Glucose in Fructose-1,6-bisphosphat umgewandelt

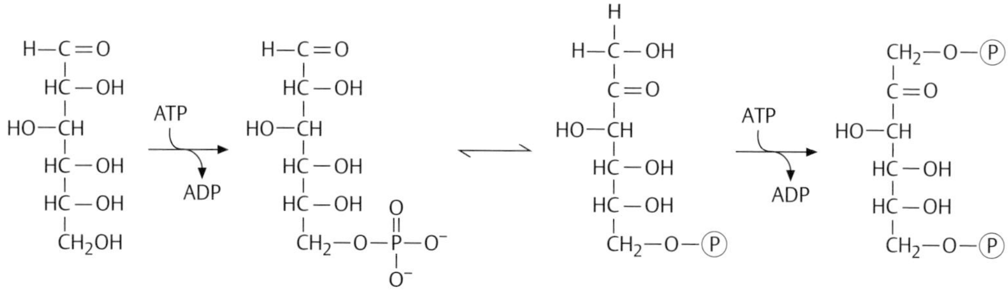

Glucose Glucose-6-Phosphat Fructose-6-P Fructose-1,6-PP

Fructose-bis-(P) wird durch eine Lyase in Dihydroxyacetonphosphat und Glycerinaldehydphosphat gespalten

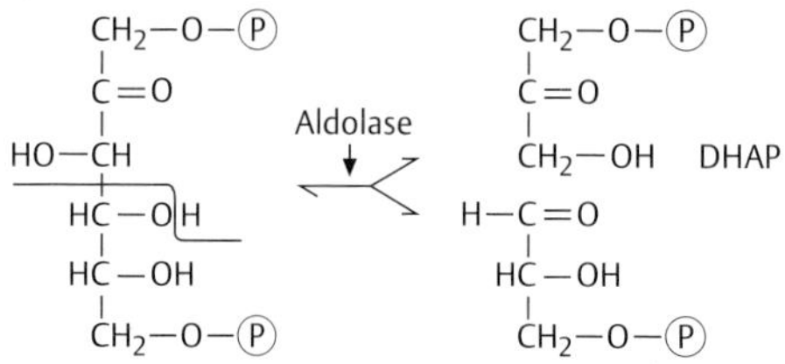

Fructose-1,6-PP GAP

Triosephosphatisomerase-Reaktion

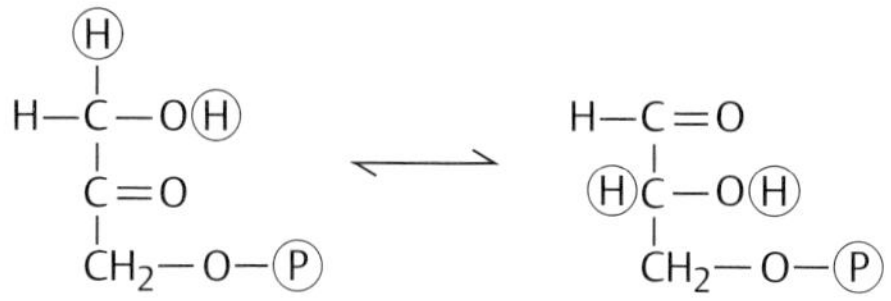

DHAP GAP

Die in die Zellen aufgenommene Glucose wird zunächst durch eine Phosphotransferase (Hexokinase) zu G-6-P phosphoryliert. Phosphatester diffundieren schlecht durch Membranen, sodass durch die Phosphorylierung die Glucose und die folgenden Zwischenprodukte (Metabolite) sowohl an die abbauende Zelle als auch an das Zellkompartiment Zytoplasma gebunden bleiben. Die Hexokinase ist ein relativ unspezifisches Enzym, das auch andere C_6-Zucker (Hexosen) phosphoryliert: Es hat eine hohe Affinität zum Zucker, kenntlich an einer niedrigen Michaelis-Konstante. In der Leber kommt eine spezifische Glucose-Kinase vor, die aufgrund ihres hohen K_m-Wertes erst bei hohen Glucosekonzentrationen diese an das aktive Zentrum anlagert und damit aktiv wird. Erst nach Kohlenhydrat-reichen Mahlzeiten gelangt so viel Glucose über die Pfortader in die Leber, dass hier die Glucose aufgenommen, phosphoryliert und abgebaut oder zu Glykogen und Fett umgewandelt wird.

Eine Isomerase wandelt das Glucose-6-phosphat um zu Fructose-6-phosphat. F-6-P wird durch eine P-Fructokinase zu F-1,6-bis-P phosphoryliert. Es werden also vor dem eigentlichen Abbau zur ATP-Gewinnung zunächst 2 mol ATP verbraucht, um die Hexose an beiden Enden zu phosphorylieren. Bei der dann folgenden Spaltung liegen daher beide Spaltprodukte als Phosphatester in der Zelle vor und können weder das Zytoplasma noch die Zellen verlassen.

Eine Lyase (Aldolase) spaltet die Hexose zwischen den C-Atomen 3 und 4. Die C-Atome 1 bis 3 werden zu DHAP und die C-Atome 4 bis 6 zu GAP.

Die beiden entstehenden Triosen können durch die Triosephosphatisomerase ineinander umgewandelt werden. Das Gleichgewicht dieser Reaktion liegt weit aufseiten des DHAP, der glykolytische Abbau erfolgt aber weitgehend über die Oxidation des Glycerinaldehydphosphats. Dadurch wird dem Gleichgewicht laufend der Aldehyd entzogen, sodass letztlich in der Bilanz ein Molekül Hexose zwei Moleküle der Triose Glycerinaldehydphosphat ergibt.

Am GAP erfolgt durch eine Oxidoreduktase unter Einlagerung von anorganischem Phosphat eine Oxidation zu 1,3-bis-Phosphoglycerat. Der Wasserstoff wird auf NAD zu $NADH_2$ übertragen. Im entstehenden 1,3-BPG ist der Phosphatrest am C_1 als Carbonsäure-Phosphorsäure-Anhydrid energiereich gebunden, an C_3 liegt ein energiearmes Esterphosphat vor.

Durch eine Phosphoglycerat-Kinase erfolgt eine Übertragung des energiereichen Phosphats auf ADP, bezogen auf Glucose (C_6) werden also auf der C_3-Stufe 2 ATP durch Substratkettenphosphorylierung gewonnen, sodass die Energiebilanz des Glucoseabbaus hier bereits ausgeglichen ist.

Glycerinaldehydphosphat-Dehydrogenase (GAPDH)

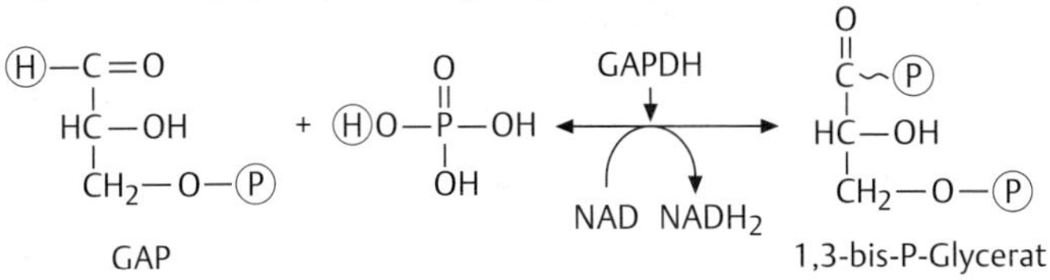

1. Substratkettenphosphorylierung

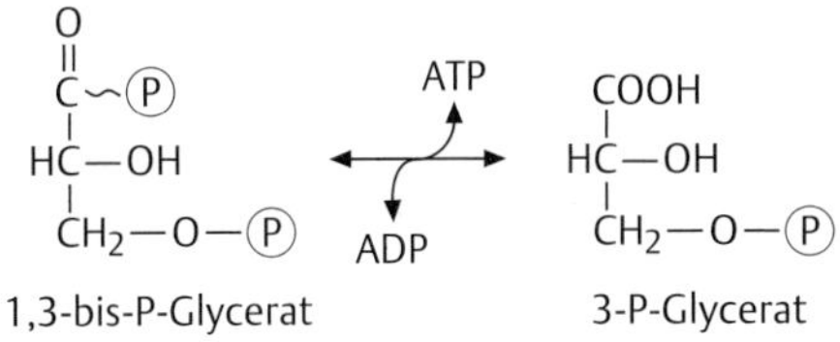

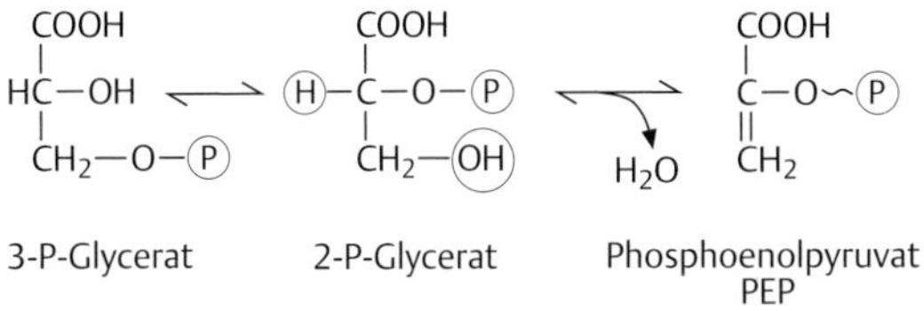

3-P-Glycerat wird durch eine Phosphomutase zu 2-Phosphoglycerat umgewandelt. Durch die Lyase 2-P-Glyceratenolase entsteht durch H_2O-Abspaltung aus dem energiearmen Esterphosphat das sehr energiereiche Enolphosphat Phosphoenolpyruvat (14,3 kcal/mol).

2. Substratkettenphosphorylierung

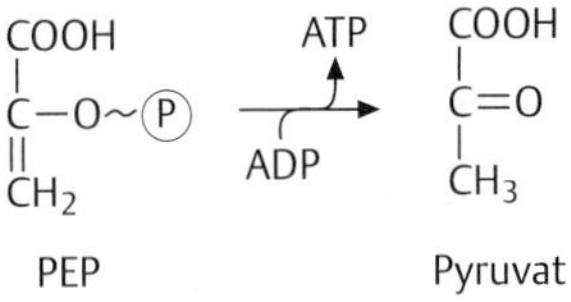

Durch die Pyruvatkinase erfolgt aus Phosphoenolpyruvat (PEP) die 2. der beiden Substratkettenphosphorylierungen der Glykolyse, die die zwei Netto-ATP-Gewinne bewirken. Hier wird zusätzlich viel Energie als Wärme frei, sodass dieser Schritt in vivo irreversibel ist, kenntlich an dem nur in eine Richtung zeigenden Reaktionspfeil.

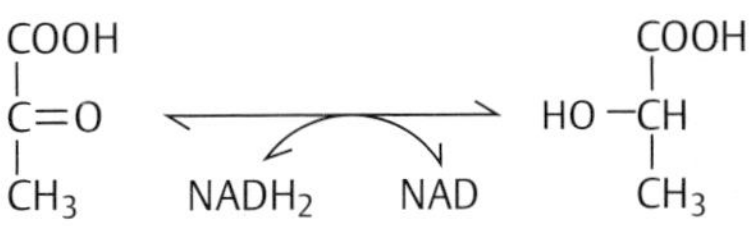

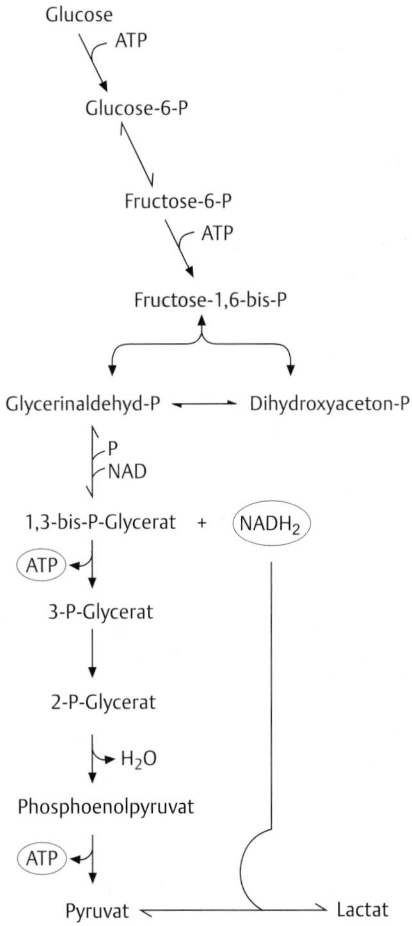

Bei anaerober Stoffwechsellage, bei fehlenden Mitochondrien (z.B. in Erythrozyten) oder bei gestörtem Wassertransport durch die Mitochondrienmembran (z.B. in manchen Tumoren) ist die Verwendung von $NADH_2$ (aus der GAPDH-Reaktion) in der Atmungskette nicht möglich. In diesen Fällen entsteht zur Regeneration des NAD für die GAPDH-Reaktion mit Hilfe der LDH aus Pyruvat das Lactat. Das hier entstehende „natürliche" Lactat ist L-Lactat und dreht die Ebene des polarisierten Lichts nach rechts (+).

Klinischer Bezug

Lactat im Blut

Lactat kann mit dem optischen Test einfach, schnell und präzise im Kapillarblut (aus dem Ohrläppchen oder der Fingerkuppe) bestimmt werden. Die normale Konzentration beträgt 1–2 mmol/l. Bei Kreislaufversagen und polytraumatischem Schock treten erhöhte Lactatwerte (20 mmol/l) mit lebensbedrohlicher Lactazidose (pH $< 7{,}3$) auf.
Bei gesunden Menschen tritt bei extremer Muskeltätigkeit eine Hyperlactataemie bis 20 mmol/l ohne wesentliche Azidose auf, deren Normalisierung bei Ruhe innerhalb von $^1/_2$-1 Stunde eintritt. Bei gut trainierten Sportlern ist der Anstieg geringer und die Normalisierung erfolgt schneller, was zur Überprüfung des Trainingszustandes häufig getestet wird.

F05
→ **Frage 8.3:** Lösung D

Nach Aufnahme in die Zellen wird die Glucose an C-6 durch die Hexokinase (periphere Gewebe) bzw. die Glucokinase (Leber) phosphoryliert. Im weiteren Verlauf wird F-1,6-bisphosphat durch die Aldolase gespalten zu Triosephosphaten. Es schließt sich ein oxidativer Schritt an, katalysiert durch die Glycerinaldehyd-P-dehydrogenase. Die Enolase wandelt dann das 2-P-Glycerat durch Wasserabspaltung in Phosphoenolpyruvat (PEP) um, das in der 2. Substratkettenphosphorylierung durch die Pyruvatkinase ATP und Pyruvat ergibt.
Siehe Lerntext „Glykolyse – Einzelreaktionen" VIII.2.

F04 F98
→ **Frage 8.4:** Lösung C

Siehe Lerntext VIII.2.
Am glykolytischen Abbau der Glucose sind 4 Kinasen beteiligt:
Hexokinase bzw. Glucokinase (A), Phosphofructokinase (B), das Schrittmacherenzym und die beiden Kinasen, die der Substratkettenphosphorylierung dienen: die 3-P-Glyceratkinase (D) und die Pyruvatkinase (E).
Die gesuchte Falschaussage ist (C), denn 1,3-Bisphosphat entsteht durch phosphorolytische Spaltung in der Glycerinaldehydphosphat-Dehydrogenase-Reaktion.

H04
→ **Frage 8.5:** Lösung E

Siehe Lerntext VIII.2.
Eine herabgesetzte Glykolyse führt durch den ATP-Mangel zu haemolytischer Anämie.
Wenn ATP, Pyruvat und Lactat in Erythrocyten vermindert sind, kann ein Pyruvat-Kinase-Defekt (E) verantwortlich sein, die folgende Reaktion fällt aus:
PEP + ADP → Pyruvat + ATP
(A) und (B) sind falsch, denn die F-1,6-bisphosphatase und die G-6-phosphatase sind Enzyme der Gluconeogenese und kommen in Erythrocyten nicht vor.
(C) ist falsch, denn die Pyruvatdehydrogenase ist ein mitochondriales Enzym des oxidativen Abbaus und kommt in Erythrocyten nicht vor.

H99
→ **Frage 8.6:** Lösung B

Pyruvat, d.h. das Salz der Brenztraubensäure, steht an einem wichtigen Kreuzungspunkt des Intermediärstoffwechsels. Durch Transaminasen wird es zum L-Alanin umgesetzt, durch die Pyruvatdehydrogenase oxidativ unter der Bildung von Acetyl-CoA decarboxyliert. Im Rahmen der anaeroben Glykolyse wird Pyruvat zu Laktat reduziert und damit das erforderliche NAD^+ regeneriert. Im Rahmen der Gluconeogenese wird Pyruvat durch Wirkung der Pyruvat-Carboxylase zu Oxalacetat.
Die gesuchte Falschaussage ist (B): Pyruvat kann durch das Enzym Pyruvatkinase nicht zu Phosphoenolpyruvat umgewandelt werden. Aus energetischen Gründen kann Phosphoenolpyruvat nur über den ATP, Biotin-CO_2 und GTP verbrauchenden Umweg über Oxalacetat gebildet werden.

F00
→ **Frage 8.7:** Lösung B

Siehe Lerntext VIII.2.
Etwa 95% des täglich benötigten ATP werden in den Mitochondrien durch oxidative Phosphorylierung (Atmungskettenphosphorylierung) gebildet, 5% durch Substratkettenphosphorylierung, vorwiegend in der Glykolyse.
Bei der Glycerinaldehydphosphatdehydrogenase-Reaktion entsteht intermediär ein energiereicher Thioester zwischen Phosphoglycerat und einem Cysteinrest im aktiven Zentrum der Dehydrogenase, Coenzym A ist nicht beteiligt. Damit ist (B) die gesuchte Falschaussage.

F00
→ **Frage 8.8:** Lösung B

Fruktose-2,6-bisphosphat entsteht durch enzymatische Phorphorylierung (PFK-2) aus Fruktose-6-phosphat und wirkt als allosterischer Aktivator der hepatischen Phosphofruktokinase (PFK-1) sowie als allosterischer Hemmstoff der FBPase. So wird die Glykolyse aktiviert und die Gluconeogenese gleichzeitig gehemmt. Das F-2,6-BP wird nicht durch eine Aldolase gespalten, sondern durch F-2,6-BPase in Fruktose-6-phosphat rückverwandelt. – Falsch ist auch die Aussage (E): F-2,6-BP führt nicht zu einer Linksverschiebung der O_2-Sättigungskurve des Hämoglobins; 2,3-Bisphosphoglycerat bewirkt eine Rechtsverschiebung der Sättigungskurve.

F02
→ **Frage 8.9:** Lösung E

Die Phosphofructokinase (PFK-1) ist das langsamste Enzym der Glykolyse, an ihr erfolgt die allosterische Regulation. Geht es der Zelle energetisch gut, dann ist ATP hoch und ADP sowie das daraus durch die Adenylatkinase entstehende AMP niedrig. Unter diesen Bedingungen wird der Abbau der Glucose herabgesetzt. Negative allosterische Effektoren der PFK-1 sind ATP und Citrat, positive Effektoren der PFK-1 sind AMP, ADP und Fructose-2,6-bisphosphat. Die gesuchte Falschaussage ist (E), denn Pyruvat hat keine allosterische Wirkung.

F05
→ **Frage 8.10:** Lösung B

Verläuft die Glykolyse anaerob, dann kann das bei der Reaktion der GAP-DH zu $NADH_2$ umgesetzte NAD nicht durch die Atmungskette regeneriert werden. Damit die Glykolyse weiterläuft, dient Pyruvat als Wasserstoffakzeptor, es entsteht Lactat („Milchsäure-Gärung").
In Hefe-Zellen wird das Pyruvat vorher decarboxyliert und erst das entstandene Acetaldehyd dient als Wasserstoffakzeptor und wird zu Ethanol („Alkohol-Gärung").

F04 H97 F91 H88 H83
→ **Frage 8.11:** Lösung B

Siehe Lerntext VIII.1.
Bei der anaeroben Glykolyse wird ein Molekül Glucose umgewandelt zu 2 Molekülen Milchsäure ($C_6H_{12}O_6 \rightarrow 2\ C_3H_6O_3$), wobei 2 ADP mit 2 anorganischen Phosphaten durch Substratkettenphosphorylierung zu 2 ATP phosphoryliert werden, also Energie gewonnen wird. In der Bilanz müssen also pro Mol Glucose 2 Mol ADP + 2 Mol Phosphat zugeführt werden.

H03
→ **Frage 8.12:** Lösung A

Wenn im Stoffwechsel ein Metabolit entsteht, der einen Phosphatrest in energiereicher Bindung enthält, kann dieser direkt auf ADP zur ATP-Synthese übertragen werden. Man nennt dieses, im Unterschied zur ATP-Bildung der Atmungskette (Atmungskettenphosphorylierung), eine Substratkettenphosphorylierung. In der Glykolyse erfolgt dieses an zwei Stellen, einmal aus 1,3-Bisphosphoglycerat, damit ist (A) die gesuchte richtige Aussage, und zweitens aus dem Phosphoenolpyruvat (PEP). Die Reaktionen (B), (D) und (E) führen zu NADH, das in der Atmungskette zur Bildung von ATP durch Atmungskettenphosphorylierung verwendet wird. Die direkte Glukoseoxidation führt zur Bildung von NADPH, das nicht zur ATP-Synthese, sondern zu Biosynthesen, z. B. von Fettsäuren, verwendet wird (C).

F03
→ **Frage 8.13:** Lösung C

Siehe Lerntext VIII.3.
Die Phosphofructokinase (PFK-1) ist das wichtigste Schrittmacherenzym der Glykolyse, es wird durch AMP und ADP allosterisch aktiviert und durch ATP und Citrat allosterisch gehemmt (D). Das Produkt der PFK-1, das Fructose-1,6-bisphosphat, stimuliert im „feed-forward" die Pyruvatkinase (B). Der wirksamste allosterische Regulator von Glykolyse und Gluconeogenese ist das durch die PFK-2 entstehende Fructose-2,6-bisphosphat, es aktiviert die PFK-1 (A) und hemmt die Fructose-1,6-bisphosphatase der Gluconeogenese.
Die gesuchte Falschaussage ist (C), denn durch cAMP, das unter Glucagon im Hunger und unter Adrenalin beim Stress vermehrt gebildet wird, werden weder die PFK-1 noch die PFK-2 aktiviert, letztere wird unter cAMP zwar phosphoryliert, wird aber durch die Phosphorylierung gehemmt und entwickelt eine F-2,6-Phosphatase-Aktivität. Es resultiert ein Abfall des Fructose-2,6-bisphosphats und damit eine Hemmung der PFK-1 mit folgender Hemmung der Glykolyse und Stimulierung der Gluconeogenese.

H00
→ **Frage 8.14:** Lösung E

Durch den Effektor Fruktose-2,6-bisphosphat wird die Phosphofruktokinase-1 stimuliert: es kommt zur vermehrten Bildung von Fruktose-1,6-bisphosphat (A). Durch eine cAMP-abhängige Phosphorylierung des Enzymproteins wird aus der Fruktose-6-phosphat-2-kinase eine das Fruktose-2,6-BP hydrolysierende Phosphatase (B). Bei der Dehydrierung von Glycerinaldehyd-3-phosphat entsteht mit dem 1,3-Bisphosphoglycerat ein gemischtes

Säureanhydrid (D), das in der Folgereaktion die erste ATP-Bildung der Glykolyse ermöglicht (C).
Die gesuchte Falschaussage ist (E), denn die Pyruvatkinase kann nicht Pyruvat in das energiereiche PEP(Phosphoenolpyruvat) umwandeln; aus energetischen Gründen kann die Reaktion nur unter ATP-Bildung vom PEP zum freien Pyruvat laufen.

H99
→ **Frage 8.15:** Lösung C

Bei Sauerstoffmangel ist die ATP-Bildung in der Atmungskette herabgesetzt, das ATP in den Zellen wird verbraucht zu ADP und AMP, die allosterisch das Schrittmacherenzym der Glykolyse, die Phosphofructokinase, aktivieren (C).
Die Glucose gelangt über erleichterte Diffusion mittels Transportproteinen in die Zelle. Es wurden gewebespezifisch 6 Typen unterschieden, die z.T. insulinabhängig sind (Muskel und Fettgewebe). Durch Hypoxie werden sie nicht beeinflusst (A).
Nicht zutreffend ist auch Aussage (B), denn die PFK-2 kommt vorwiegend in der Leber vor und wird durch hohe Glucosekonzentration aktiviert und durch Glucagon gehemmt. Das durch sie gebildete Fructose-2,6-bisphosphat stimuliert die Phosphofructokinase und hemmt die Gluconeogenese. Die Glykogenphosphorylase b wird nicht durch ATP, sondern durch AMP allosterisch aktiviert ((D) ist falsch). Im Muskel wird die Phosphorylasekinase nicht durch einen Abfall, sondern durch eine Zunahme der Ca^{++}-Konzentration aktiviert (E).

VIII.3 Regulation der Glykolyse

Das langsamste Enzym des gesamten Glykolyseweges ist die Phosphofructokinase, an der der Gesamtabbau der Glucose reguliert wird. Ist die ATP-Konzentration im Zytoplasma hoch, so geht es der Zelle vom energetischen Standpunkt aus gesehen gut, der Zuckerabbau kann eingeschränkt werden. Bei hohem Energieverbrauch sinkt ATP ab und ADP steigt an, aus 2 ADP kann über die Adenylatkinase-Reaktion zu ATP und AMP noch das zweite energiereiche Phosphat genutzt werden. ADP und das entstehende AMP stimulieren die Phosphofructokinase, um die ATP-Versorgung wieder zu verbessern. Neben dem zytoplasmatischen ATP kann auch Citrat die Phosphofructokinase hemmen.

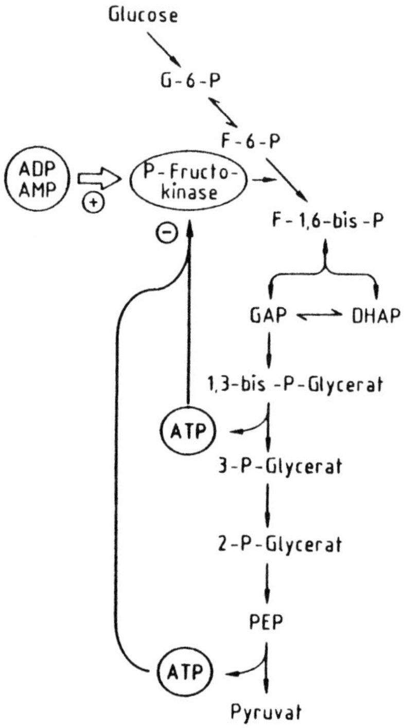

Neben ADP und AMP ist Fructose-2,6-bisphosphat (F-2,6-BP) ein starker allosterischer Aktivator der Phosphofructokinase. F-2,6-BP wird aus Fructose-6-P durch die Phosphofructokinase-2 (PFK-2) gebildet. Durch Glukagon-cAMP-Proteinkinase wird die PFK-2 phosphoryliert und inaktiviert, das phosphorylierte Protein wirkt dann aber als Phosphatase, sodass die Konzentration des F-2,6-BP sinkt.
Im Sinne einer „feed-forward"-Regulation aktiviert Fructose-1,6-bisphosphat allosterisch die Pyruvatkinase.
Insulin induziert in der Leber eine vermehrte Synthese der Glucokinase, der Phosphofructokinase und der Pyruvatkinase.

F00
→ **Frage 8.16:** Lösung C

Siehe Lerntext VIII.4.
Der Pentose-P-Weg dient anabolen Reaktionen (Synthesen), er liefert NADPH z.B. für die Fettsäuresynthese und Pentosen für die Nucleinsäuresynthese und dient nicht der Energiegewinnung (ATP). Damit ist (C) die gesuchte Falschaussage.

F04

→ **Frage 8.17:** Lösung B

Die direkte Glucoseoxidation über den Pentosephosphatzyklus ist in Erythrocyten notwendig, um NADPH für die Reaktion GSSG zu GSH bereitzustellen (B). GSH dient der Beseitigung von O_2-Radikalen (Glutathionperoxidase) und dem Schutz von SH-Gruppen von Proteinen. Angeborene Störungen der direkten Glucoseoxidation, z. B. durch Verlust der G-6-PDH-Aktivität, führen zur Hämolyse.

Die Aussagen (C), (D) und (E) beschreiben Reaktionen, für die der Pentose-P-Weg notwendig ist, sie laufen aber nicht im Erythrocyten ab, sondern nur in kernhaltigen Zellen.

VIII.4 Pentosephosphatweg

Der Zyklus umfasst Reaktionen, die über oxidative Schritte, wahlweise aber auch nicht-oxidativ, vom Glucose-6-phosphat zu verschiedenen Pentosephosphaten führen. Wichtig von diesen ist das für die Nucleinsäuresynthesen erforderliche Ribose-5-phosphat. Bei der oxidativen Einleitung des Pentosephosphatzyklus werden pro Umlauf 2 NADPH gebildet, – wichtig für die Biosynthesen von Fettsäuren und Cholesterin. Der Pentosephosphatzyklus, in dem auch C_3-, C_4- und C_7-Zuckerphosphate gebildet werden, findet sich in der höchsten Aktivität in Fett bildenden Organen, besonders in der laktierenden Brustdrüse.

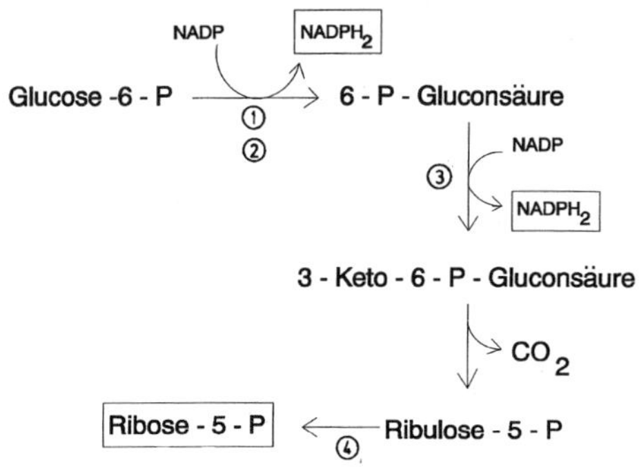

Aktivator des Pentosephosphatweges: Insulin

Hemmstoff des Pentosephosphatzyklus: NADPH

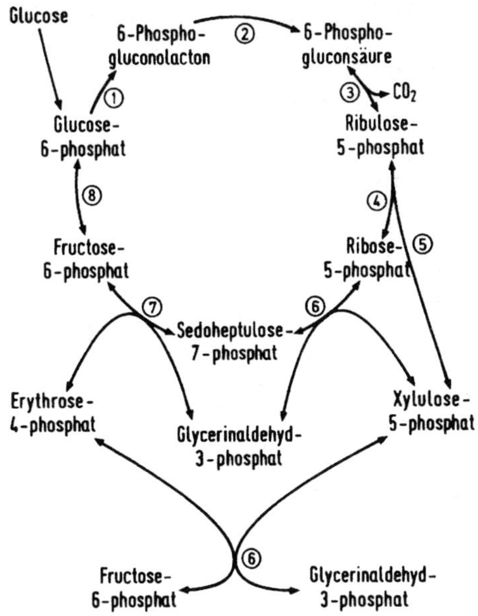

Enzyme des Pentosephosphatwegs

① Glucose-6-phosphat-Dehydrogenase
② 6-Phospho-gluconolacton-Lactonase
③ 6-Phosphogluconat-Dehydrogenase
④ Ribose-5-phosphat-Isomerase
⑤ Ketopentose-5-phosphat-Epimerase
⑥ Transketolase
⑦ Transaldolase
⑧ Hexosephosphatisomerase

Klinischer Bezug

Genetische Defekte der Glucose-6-phosphat-Dehydrogenase

Beim Menschen sind 400 verschiedene Varianten (Polymorphismen) der Glucose-6-P-Dehydrogenase nachgewiesen worden, von denen ein Teil zu einer herabgesetzten Aktivität und (oder) zu einer verminderten Stabilität des Enzyms führt, was sich klinisch an den Erythrozyten manifestiert: nach Einnahme bestimmter Arzneimittel (Analgetika, Sulfanomide, Malariamittel) oder nach Genuss bestimmter Nahrungsmittel wie z. B. Saubohnen (Vicia fava → „Favismus") kommt es zu einer Vermehrung von O_2-Radikalen, die mangels $NADPH_2$-GSH nicht mehr genügend abgewehrt werden können. Es kommt zu akuter Haemolyse. Weltweit betroffen sind ca. 200 Millionen Menschen, meistens afrikanischen (G-6-P-DH Typ A) oder mediterranen Ursprungs (Mittelmeer-Typ). Die akute schwere Haemolyse ist meistens selbstlimitierend, weil vorwiegend ältere Erythrozyten betroffen sind, in denen auch normalerweise die G-6-PDH schon zu 50 % spontan denaturiert ist.

VIII.5 Fructosestoffwechsel

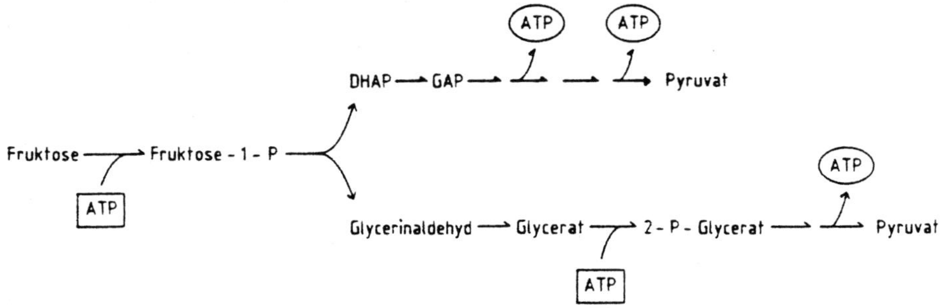

Fructose (Fruchtzucker, Lävulose) kann durch die Fructokinase zu Fructose-1-phosphat umgewandelt werden. Durch Spaltung mit Fructose-1-P-aldolase entsteht Dihydroxyacetonphosphat, das direkt in die Glykolyse eingeht. Die C-Atome 4–6 werden als Glycerinaldehyd zu Glycerinsäure oxidiert und dann mit ATP zu 2-P-Glycerat phosphoryliert. Erbliches Fehlen der Aldolase B (F-1-P-aldolase) führt zur hereditären Fructoseintoleranz. Der Netto-Gewinn an ATP durch Substratkettenphosphorylierung beim Abbau von Fructose zu Pyruvat bzw. Lactat beläuft sich auf nur ein ATP, da die Substratkettenphosphorylierung auf der Stufe des 1,3-bis-Phosphoglycerats nur mit der einen Hälfte des Moleküls durchgeführt werden kann.

Fructose kommt in hoher Konzentration in der Samenflüssigkeit vor. Sie entsteht in den Samenbläschen aus Glucose. Glucose wird dabei mit $NADPH_2$ an C-1 zu Sorbit (Sorbitol) reduziert, der dann mit NAD am C-2 zu Fructose oxidiert wird.

Klinischer Bezug

Hereditäre Fructoseintoleranz

Autosomal-rezessiv vererbt kommt die hereditäre Fructoseintoleranz mit einer Häufigkeit von 1:20 000 vor. Ursache ist ein Mangel an Fructose-1-P-Aldolase (Aldolase B). Es resultieren nach Aufnahme von Fructose (Honig, Saccharose etc.) hohe Fructose-1-P-Konzentrationen in Leber- und Nierenzellen, wodurch die Gluconeogenese und die Glykogenolyse gehemmt werden.

Es resultieren schwere Hypoglykaemien bis zum hypoglykaemischen Schock und langfristig Leberschäden und tubuläre Nierenschäden. Die erfolgreiche Prophylaxe (und Therapie) besteht in der Vermeidung von fructosehaltiger Nahrung.

H98 F96

→ **Frage 8.18:** Lösung B

Siehe Lerntext VIII.5.

Für die Synthese von Fructose in der Leber ist nicht die Hexokinase geschwindigkeitsbestimmend, sondern die Glucokinase. In den Samenbläschen sind zwei verschiedene Sorbitoldehydrogenasen für die Fructosesynthese geschwindigkeitsbestimmend.

H04

→ **Frage 8.19:** Lösung C

Siehe Lerntext VIII.5.

Bei der erblichen Fructoseintoleranz kommt es nach Fructoseaufnahme (Rohrzucker, Honig) zu Hypoglykaemie, langfristig treten Leber- und Nierenschäden ein.

Defekt ist die Fructose-1-P-Aldolase (Aldolase B), die F-1-P in Glycerinaldehyd und Dihydroxyaceton-P spaltet (C).

(A) ist falsch, denn die Fructose-Kinase ist aktiv und das entstehende F-1-P staut sich in den Zellen wegen des Aldolase-B-Defekts an.

(B) ist falsch, denn die Sorbitol-Dehydrogenase ist bei der Fructoseintoleranz nicht betroffen, außerdem kommt sie nicht in der Leber, sondern in den Samenblasen vor.

(D) ist falsch, eine solche Kinase gibt es nicht.

(E) ist falsch, denn die dargestellte F-6-P-2-Kinase-Reaktion dient nicht dem Fructoseabbau, sondern der Synthese des allosterischen Effektors Fructose-2,6-bisphosphat.

F05

→ **Frage 8.20:** Lösung B

Bei der hereditären Fructoseintoleranz sind hypoglykämische Anfälle nach Fructoseaufnahme ein Leitsymptom. Das sich intrazellulär anstauende Fructose-1-phosphat hemmt die Gluconeogenese (B).

Aussage (A) ist falsch, denn der Fructosestoffwechsel in den Samenblasen ist nicht betroffen, er erfolgt an freier Fructose über Sorbit.

Aussage (C) ist falsch, denn Lactose enthält nicht Fructose, sondern Glucose und Galactose.

Aussage (D) ist falsch, denn die Hexokinase wird durch F-1-P nicht beeinflusst.
Aussage (E) ist falsch, denn in Glykoproteinen und Glykolipiden kommt Fructose nicht vor.
Siehe Lerntext „Fructosestoffwechsel“ VIII.5.

F86
→ **Frage 8.21:** Lösung B

Glucuronsäure ist eine von der D-Glucose abgeleitete Monocarbonsäure, bei der die primäre Alkoholgruppe am C-6 zur Carboxylgruppe oxidiert ist. Enzymatisch läuft dieser Prozess unter Reduktion von NAD ab; UDP-Glucose ist das Substrat (B), UDP- Glucuronsäure das Produkt der Reaktion. Glucose-6-phosphat kann nicht direkt zu Glucuronsäure umgewandelt werden, da die zu oxidierende Alkoholgruppe am C-6 als Phosphorsäureester vorliegt: (D) ist falsch.

Die bei den meisten tierischen Organismen mögliche Biosynthese der Ascorbinsäure aus Glucose verläuft über Glucuronsäure. Alle gesunden Menschen und Tiere können UDP-Glucuronsäure bilden: (E) ist falsch.
Bei Menschen, Primaten und Meerschweinchen kann der letzte Schritt der Ascorbinsäuresynthese nicht durchgeführt werden (deshalb „Vitamin C“). Es gibt keinen von der Ascorbinsäure zur Glucuronsäure führenden Reaktionsweg: (C) ist falsch.
Reaktion (A) beschreibt einen Ausschnitt aus dem Pentosephosphatweg; hier werden Xylulose-5-phosphat und der Glykolaldehyd zum Sedoheptulose-7-phosphat kondensiert; mit Glucuronsäure hat das nichts zu tun.

VIII.6 Lactose- und Galaktosestoffwechsel

Für die Bildung des Milchzuckers (Lactose) wird UDP-Glucose zunächst in UDP-Galaktose epimerisiert und dann β-glykosidisch auf einen Glucoserest übertragen. Die Synthese dieses Disaccharids erfolgt ausschließlich in der laktierenden Brustdrüse.
Das Disaccharid Milchzucker (Lactose) ist für den Menschen ein wichtiger Nahrungsstoff, zugeführt mit frischen Milchprodukten. Nach Spaltung in Glucose und Galaktose wird die Galaktose über Galaktose-1-phosphat und eine Uridyltransferase in UDP-Galaktose überführt. UDP-Galaktose kann in UDP-Glucose umgewandelt werden. Der Laktosestoffwechsel ist medizinisch interessant, weil hier drei Enzymdefekte beim Menschen vorkommen können, die nach erfolgter Diagnose durch eine Laktose-freie Diät sehr gut behandelt werden können. Bei der Lactoseintoleranz fehlt das Dünndarmenzym Laktase, der Milchzucker kann dadurch nicht verdaut und resorbiert werden, und so kommt es zu starken Gärungsdurchfällen, weil die Laktose von den Dickdarmbakterien massiv vergoren wird. Der Galaktosestoffwechsel selbst ist bei der Laktoseintoleranz normal.

Laktose - Katabolismus

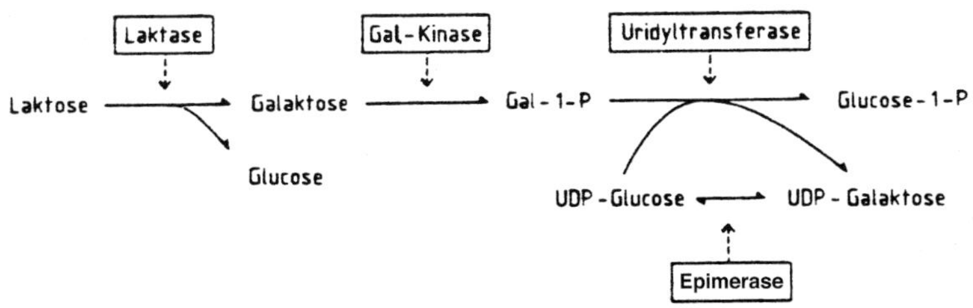

Galactose-Anabolismus

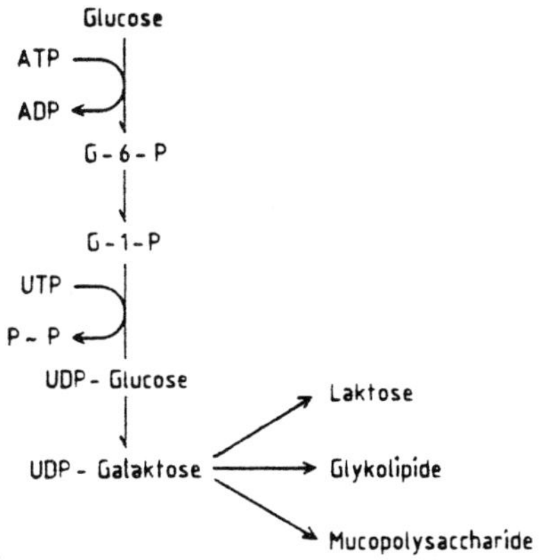

Bei der Galaktosämie (Galaktose-Intoleranz) fehlt die Galaktose-1-P-uridyltransferase. Nach Aufnahme von Milchzucker kommt es zu einer Erhöhung der Galaktosekonzentration im Blut, es kommt zu Störungen der Glucoseregulation im Blut sowie zu einer Leberzirrhose und einer generalisierten Dystrophie. Auch das Fehlen der Galaktokinase kann zu einer Galaktosämie führen.

Klinischer Bezug
Galactosaemie
Die klassische Galactosaemie beruht auf einem autosomal-rezessiv vererbten Defekt (Häufigkeit ca. 1: 40 000) der Galactose-1-P-uridyltransferase. Die betroffenen Kinder zeigen schwere Gedeihstörungen nach der Aufnahme der Muttermilch. Zerebrale Entwicklungsstörungen, Lebervergrößerung – Lebercirrhose, Gelbsucht und Linsentrübungen (Katarakt) durch entstehendes Galactitol in der Linse sind typisch. Die Therapie besteht in strikter Vermeidung von Galactose.

H05
→ **Frage 8.22:** Lösung D

Bei einem absoluten und bei einem relativen Lactasemangel im Bürstensaum des Dünndarms gelangt die Lactose in den Dickdarm und führt zu osmotischen Durchfällen und Gärungsdurchfällen.
Aussage (A) ist falsch, denn die Fructose-Intoleranz führt nach Aufnahme von Saccharose zu einer Fructosämie mit schweren lebensbedrohlichen Hypoglykämien.
Aussage (B) ist falsch, denn die Steatorrhoe bezeichnet Fettstühle nach gestörter Fettverdauung durch Pankreasinsuffizienz und/oder Gallensäuremangel.
Aussage (C) ist falsch, denn der erbliche, seltene Galactokinasemangel führt zur Galaktosämie, die allerdings meistens durch einen Defekt der Gal-1-P-Uridyltransferase bedingt ist. Symptome sind schwerste Gedeihstörungen, zerebrale Entwicklungsstörungen, Leberzirrhose u. a.
Aussage (E) ist falsch, denn der erbliche Defekt der Muskel-α-Glucosidase führt zu Myopathien.
Siehe Lerntext „Lactose- und Galaktosestoffwechsel" VIII.6.

H04
→ **Frage 8.23:** Lösung D

Siehe Lerntext VIII.6.
Galactose ist kein essenzieller Nahrungsfaktor, denn sie kann aus Glucose durch die UDP-Glucose-4-Epimerase gebildet werden (D).
(A) ist falsch, denn Lactose wird nicht in Hepatozyten hydrolysiert, sondern die Lactase des Bürstensaums hydrolisiert Lactose der Nahrung zu Glucose und Galactose.
Im Pentose-P-Weg (B) kommt Galactose nicht vor.
(C) ist falsch, denn außer zur Energiegewinnung dient Galactose der Synthese der Glykolipide und Proteoglykane (Mucopolysaccharide).
(E) ist falsch, denn Sorbitol entsteht durch Reduktion von Glucose und Fructose, aus Galactose entsteht reduktiv Galactit.

F05
→ **Frage 8.24:** Lösung D

Die erbliche Galactosämie beruht auf einem Mangel an Galactose-1-P-Uridyltransferase (D), seltener auf einem Mangel an Galactokinase.
Aussage (E) ist falsch, denn ein Lactasemangel führt nicht zum Anstieg von Galactose im Blut, sondern die Lactose kann nicht verdaut werden (Lactoseintoleranz).
Aussage (C) ist falsch, denn ein Mangel an Aldolase B führt nicht zur Galactosämie, sondern zur Fructoseintoleranz.
Bei der Galactosämie sind die Synthesewege mit UDP-Galactose, die Lactosebildung (B) und die Synthesen der Glykoproteine und Glykolipide durch Galactosyltransferase (A) nicht gestört, weil UDP-Galactose durch eine Epimerase aus UDP-Glucose direkt entstehen kann.
Siehe Lerntext „Lactose- und Galaktosestoffwechsel" VIII.6.

Kommentare aus Examen Frühjahr 2006

F06
→ **Frage 8.25:** Lösung D

Sperma ist reich an Fructose, die in den Samenblasen aus Glucose über den Sorbitol-Weg entsteht (D).
Durch Reduktion von Ribose entsteht nicht der C_6-Alkohol, sondern der C_5-Alkohol Ribit ((A) ist falsch).
Zuckeralkohole schmecken süß und werden als Zuckeraustauschstoffe u. a. zur Kariesprophylaxe eingesetzt. Ihr Brennwert entspricht dem der Zucker, über die sie in den Stoffwechsel eingeschleust werden, Aussage (B) ist falsch.
Die Resorption aus dem Darm ist relativ schlecht ((E) ist falsch), größere Zufuhr bewirkt osmotische Durchfälle.
Aussage (C) ist falsch, denn die Aldosereduktase wandelt Glucose mit NADPH reversibel in Sorbitol um. Die Reaktion des Sorbitols zu Fructose erfolgt mit NAD^+ und der Ketosereduktase.

F06
→ **Frage 8.26:** Lösung C

Die gesuchte Falschaussage ist (C), denn durch Cortisol wird die Blutzuckerkonzentration nicht gesenkt, sondern erhöht.
Längerfristig führt eine erhöhte Blutkonzentration des Glucocorticoids Cortisol zu einem sog. Steroid-Diabetes.
Zu **(A)**: Der Defekt der Glucose-6-Phosphatase führt zur Glykogenspeicherkrankheit I (von Gierke), die Hypoglykämien treten dabei, ähnlich wie bei der Fructose-Intoleranz (D), bei kurzfristigem Nahrungsentzug bzw. bei Fructosezufuhr auf, weil die Gluconeogenese und die Glucoseabgabe aus der Leber blockiert sind.

F06
→ **Frage 8.27:** Lösung B

Der einzige Stoffwechselweg, der ohne O_2 ATP liefern kann, ist die anaerobe Glykolyse (B), bei der Glucose ($C_6H_{12}O_6$) in 2 Milchsäuren ($C_3H_6O_3$) umgewandelt wird, wobei in der Bilanz 2 ATP gewonnen werden.
Citratzyklus, Ketonkörperabbau und β-Oxidation können nur ablaufen, wenn die Atmungskette mit O_2 koordiniert zur Regeneration der reduzierten Coenzyme (NADH + H^+ und $FADH_2$) abläuft.
Nervenzellen und Muskelzellen können kurzfristig aus Creatinphosphat (Creatinkinase) und aus ADP (Adenylatkinase) ATP gewinnen.

F06
→ **Frage 8.28:** Lösung C

Fructose-2,6-bisphosphat ist ein allosterischer Aktivator der hepatischen P-Fructokinase, unter Insulinwirkung steigt seine Konzentration an (C).
Aussage (A) ist falsch, denn F-2,6-P stimuliert die Glykolyse durch allosterische Aktivierung der PFK.
Aussage (B) ist falsch, denn F-2,6-P wird nicht durch Aldolase B abgebaut, sondern durch eine 2-Phosphatase zu F-6-Phosphat. Die Aldolase B spaltet Fructose-1-P zu Dehydroxyaceton-P und Glycerinaldehyd beim Stoffwechsel freier Fructose.
Aussage (D) ist falsch, denn unter Glucagon oder Adrenalin wird über cAMP-Proteinkinase ein bifunktionelles Protein, die 6-P-Fructo-2-kinase/ Fructose-2,6-bisphosphatase, phosphoryliert und baut als Phosphatase F-2,6-bisP vermehrt ab zu F-6-P. Unter Insulin wird von der bifunktionellen 6-P-F-2-kinase der Phosphatrest abgespalten und das Enzym wirkt als PFK2 und erhöht Fructose-2,6-bisphosphat.
Aussage (E) ist falsch, denn F-2,6-bisP entsteht nicht durch Isomerisierung von F-1,6-bisP, sondern durch die PFK2 mit ATP aus F-6-P.
Siehe Lerntext „Regulation der Glykolyse“ VIII.3.

F06
→ **Frage 8.29:** Lösung B

Bei Ausdauerleistung wird durch die Muskulatur vermehrt Lactat in das Blut abgegeben und in der Leber durch Stimulierung der Gluconeogenese durch Glucagon zu Glucose rückverwandelt (B).
Aussage (A) ist falsch, denn die hepatische Glucokinase wird durch Glucagon nicht induziert, sondern reprimiert. Die Induktion erfolgt durch Insulin.
Aussage (C) ist falsch, denn die G-6-Pase ist notwendig zur Abgabe freier Glucose an das Blut, sie wird durch Glucagon nicht reprimiert, sondern induziert.
Aussage (D) ist falsch, denn die Induktion von Glucosetransportern und Hexokinase im Fettgewebe erfolgt durch Insulin zur Fettbildung und Fettspeicherung. Durch Glucagon und Adrenalin wird im Fettgewebe die Lipolyse stimuliert und Fettsäuren über das Blut an die Muskelzellen abgegeben, also ist auch (E) falsch.

9 Abbau der Fettsäuren, Ketonkörper

IX.1 Lipolyse und β-Oxidation

Im Fettgewebe unterliegt die Freisetzung der gespeicherten Triacylglycerine hormoneller Kontrolle. Eine hormonabhängige Triacylglycerin-Lipase wird durch Adrenalin, Glucagon, ACTH oder Wachstumshormon aktiviert, indem das Enzym cAMP-abhängig phosphoryliert wird. Über eine Dephosphorylierung hemmen Insulin und Prostaglandin E_1 diese Lipase. Als Produkte der Lipolyse werden Glycerin und freie Fettsäuren ans Blut abgegeben und, letztere an Serumalbumin angelagert, den zur Verbrennung geeigneten Organen (Leber, Herz, Muskulatur) zugeführt.

Lipolyse im Fettgewebe

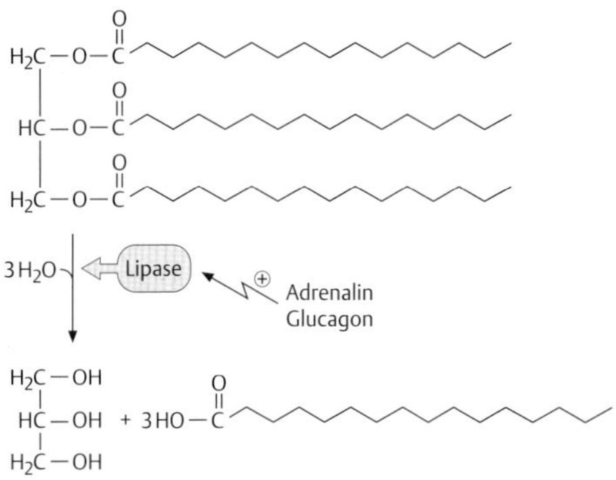

Fettsäuren unterliegen hier der mitochondrialen β-Oxidation. Zunächst erfolgt im Cytosol ATP-abhängig eine Aktivierung der Fettsäure, indem sich ein Thioester am CoASH bildet. Die Fettsäureübertragung in die Mitochondrienmatrix erfordert eine vorübergehende Übertragung auf den Transportmetaboliten Carnitin. In der Matrix unterliegt die CoAS-aktivierte Fettsäure den 4 sich mehrfach wiederholenden Reaktionen der β-Oxidation: (1) FAD-abhängig wird eine α,β-Doppelbindung gebildet, an die sich (2) Wasser anlagert zum β-OH-Acyl-CoA. Eine nächste, NAD-abhängige Dehydrierung (3) liefert β-Keto-Acyl-CoA, das (4) durch die Thiolase „thiolytisch" gespalten wird. Ein freies CoASH schiebt sich zwischen das α- und β-C-Atom, Acetyl-CoA wird freigesetzt und die um 2 C-Atome verkürzte Fettsäurekette tritt in den nächsten Zyklus ein. Jeder Durchgang liefert 1 $FADH_2$, 1 NADH + H^+ und 1 Acetyl-CoA. Die Palmitinsäure (C_{16}) liefert in 7 Umläufen 7 $FADH_2$, 7 NADH + H^+ und 8 Acetyl-CoA.

Die gesamte Fettsäurekette wird in Acetyl-CoA-Einheiten gespalten, die dem Citratzyklus zur weiteren Oxidation übergeben werden. Im seltenen Fall der Oxidation einer ungeradzahligen Fettsäurekette verbleibt nach der Abspaltung zahlreicher Acetyl-CoA-Einheiten zum Schluss ein Propionyl-CoA.

Palmityl-CoA + 7 FAD + 7 NAD^+ $\rightarrow$ 8 Acetyl-CoA + 7 $FADH_2$ + 7 NADH + 7 H^+

Fettsäureaktivierung im Cytosol
Fs-Transport in die Mitochondiren

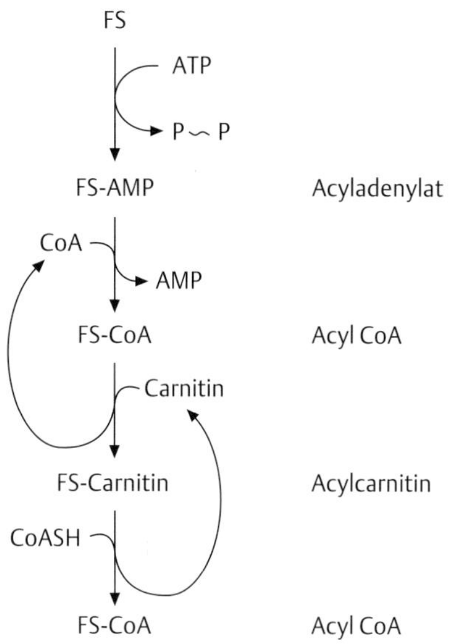

β-Oxidation

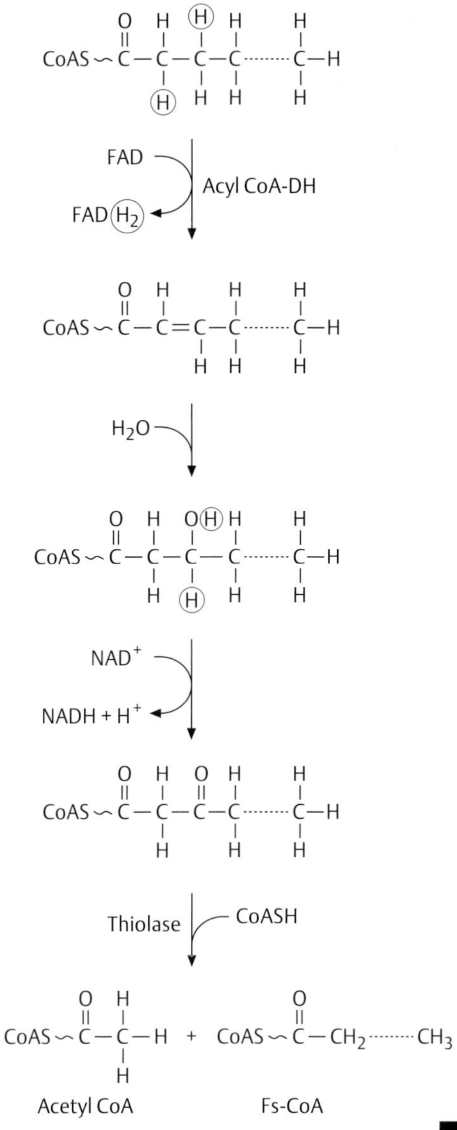

F00

→ **Frage 9.1:** Lösung C

Unter der Wirkung von Adrenalin (bei Belastung) oder von Glucagon (im Hunger) wird über cAMP und Proteinkinasen die Lipolyse stimuliert (A). Die freigesetzten Fettsäuren werden an das Blut abgegeben (B) und vorwiegend in der Skelettmuskulatur (D) und im Herzmuskel abgebaut.

Bei Glucosemangel im chronischen Hunger synthetisiert die Leber aus Fettsäuren Ketonkörper (E), hauptsächlich β-Hydroxybuttersäure, die im chronischen Hunger in Nervenzellen als „Glucoseersatz" bis zu $^2/_3$ der benötigten Energie liefern kann. Die gesuchte Falschaussage ist (C), denn Fettzellen enthalten keine Glycerinkinase. Wenn bei der Lipolyse Glycerin frei wird, muss dieses über das Blut zur Leber transportiert werden. Nur die Leberzellen können mit ihrer Glycerinkinase Glycerinphosphat aus freiem Glycerin und ATP herstellen. Fettzellen bilden das für die Fettbildung und Fettspeicherung benötigte Glycerinphosphat aus Glucose über die Reduktion von Dihydroxyacetonphosphat der Glykolyse.

F03

→ **Frage 9.2:** Lösung C

Bei der Lipolyse werden Triglyceride durch Lipasen zu Glycerin und 3 Fettsäuren hydrolysiert. Das Glycerin kann nur in der Leber weiterverarbeitet werden, weil nur die Leber Glycerolkinase enthält. Glycerin kann über Glycerophosphat zu CO_2 und H_2O abgebaut werden (Glykolyse – Citratcyclus – Atmungskette) oder anabol verwendet werden zur Gluconeogenese oder zur Fettsynthese. Die freien Fettsäuren werden im Blut nicht als Natriumsalze transportiert, sondern an Albumin angelagert ((D) ist falsch). Adrenalin stimuliert über β_2-Rezeptoren über cAMP und Lipase-Phosphorylierung die Lipolyse, während Insulin hemmt ((A), (B) und (E) sind falsch).

F04

→ **Frage 9.3:** Lösung A

Fettsäuren werden im Cytosol mit ATP und CoASH zu Acyl-CoA aktiviert (A). Zur β-Oxidation in der Mitochondrienmatrix werden sie als 2. Reaktion auf Carnitin zum Acylcarnitin umgehängt (B), um durch die Mitochondrienmembran transportiert zu werden. Im Mitochondrium werden sie auf mitochondriales CoASH übertragen. UDP-Fettsäuren (C) und phosphorylierte Fettsäuren (D) gibt es nicht. Malonyl-CoA (E) ist nicht beim Abbau, sondern bei der Biosynthese der Fettsäuren beteiligt, die unter (E) genannte Reaktion aber gibt es nicht.

H90 F84

→ **Frage 9.4:** Lösung B

Richtig ist nur (B): Carnitin transportiert aktivierte Fettsäuren zur Oxidation in die Mitochondrien. Acyl-Carnitin entsteht nicht durch eine ATP-abhängige Reaktion aus Fettsäure und Carnitin, sondern durch Umesterung von Acyl-CoA ((A) ist falsch). Mit der Acyl-CoA bildenden Thiokinase und der Triglyceridsynthese hat Carnitin nichts zu tun ((C) und (E) sind falsch). Acyl-Carnitin überträgt den Fettsäurerest auf mitochondriales CoASH, das dann die β-Oxidation einleitet ((D) ist falsch).

H05

→ **Frage 9.5:** Lösung B

Carnitin wird in der Leber aus Lysin durch Methylierung und Hydroxylierung gebildet. Es dient dem Fettsäuretransport in die Mitochondrienmatrix zur β-Oxidation (B).
Aussage (A) ist falsch, denn als Speicher für energiereiches Phosphat im Muskel und Gehirn dient Creatinphosphat.
Aussage (C) ist falsch, denn Fettsäuren werden mit CoASH zu Acyl-CoA aktiviert. Zum Transport durch die innere Mitochondrienmembran wird dann die Fettsäure auf Carnitin übertragen und im Mitochondrium auf die Matrix CoASH übertragen.
Aussage (D) ist falsch, denn die hormonsensitive Triglyceridlipase hat mit Carnitin nichts zu tun, sie dient in Fettzellen dem Fettabbau (Lipolyse) und wird durch Adrenalin und Glucagon über cAMP, G-Protein, Proteinkinasen aktiviert.

F01

→ **Frage 9.6:** Lösung E

Siehe Lerntext IX.1.
Die β-Oxidation erfolgt im Matrixraum der Mitochondrien, die Fettsäuren werden in Form von Acyl-Carnitin in die Mitochondrien transportiert (A) und dort in zwei Schritten mit NAD und FAD oxidiert, wobei die Coenzyme ihren Wasserstoff in die Atmungskette in der inneren Mitochondrienmembran abgeben (D). Auch die eher selten vorkommenden Fettsäuren mit einer ungeradzahligen Anzahl von C-Atomen werden durch die β-Oxidation abgebaut (B); im letzten Durchgang der β-Oxidationsspirale wird dann statt Acetyl-CoA Propionyl-CoA frei, das über Succinyl-CoA in den Stoffwechsel eingeschleust wird.
Die gesuchte Falschaussage ist (E), denn die Enzyme der β-Oxidation unterliegen keiner Interkonversion. Der Fettabbau wird auf der Stufe der Lipolyse reguliert, hier kommt eine Interkonversion durch Phosphorylierung und Dephosphorylierung der Triglyceridlipase vor.

H02

→ **Frage 9.7:** Lösung C

Die gesuchte Falschaussage ist (C), denn Palmitoyl-CoA ist nicht Hemmstoff, sondern Substrat der Fettsynthese.

F00

→ **Frage 9.8:** Lösung A

(A) ist die gesuchte Falschaussage, denn um Fettsäuren zur β-Oxidation in die Mitochondrienmatrix zu bringen, ist die Aktivierung als Thioester am Coenzym A und die anschließende Umesterung auf den Transportmetaboliten Carnitin erforderlich.

H00

→ **Frage 9.9:** Lösung D

Die gesuchte Falschaussage ist (D), denn bei der β-Oxidation der Fettsäuren kommt Substratkettenphosphorylierung nicht vor. Substratkettenphosphorylierung kommt an zwei Stellen in der Glykolyse vor, wenn von 1,3-bis-Phosphoglycerat und von PEP je eine Phosphatgruppe auf ADP übertragen und so direkt ATP gewonnen wird. Ca. 5% des vom Menschen gebildeten ATP entstehen so, 95% werden durch Atmungskettenphosphorylierung gewonnen.

H02

→ **Frage 9.10:** Lösung E

Siehe Lerntext IX.1.
Die gesuchte Falschaussage ist (E), denn zu Propionyl-CoA werden nicht die ungesättigten Fettsäuren abgebaut, sondern die relativ seltenen ungeradzahligen Fettsäuren ergeben beim letzten Durchgang der β-Oxidationsspirale 1 Acetyl-CoA und 1 Propionyl-CoA.
Propionyl-CoA kann im Unterschied zu Acetyl-CoA zur Gluconeogenese verwendet werden.

F01 F99

→ **Frage 9.11:** Lösung B

Bei chronischem Hunger und bei Insulinmangel (z.B. bei Diabetes) kann die Leber aus langkettigen Fettsäuren Ketonkörper bilden (A). Der erste gebildete Ketonkörper ist Acetoacetat, aus dem durch Decarboxylierung spontan Spuren von Aceton entstehen können; der größere Anteil wird durch eine Oxidoreduktase reduziert zu β-Hydroxybuttersäure (C). Muskelzellen können Ketonkörper unter Energiegewinnung abbauen, unter den Bedingungen des chronischen Hungers ist auch das zentrale Nervensystem hierzu in der Lage (D). Der Abbau wird eingeleitet durch eine Aktivierung mit Succinyl-CoA (E).
Die gesuchte Falschaussage ist (B), denn Acetoacetat entsteht nicht aus Acetoacetyl-CoA, sondern aus HMG-CoA durch HMG-CoA-Lyase.

F03

→ **Frage 9.12:** Lösung C

Die gesuchte Falschaussage ist (C), denn Erythrozyten können Ketonkörper (Acetessigsäure und β-Hydroxybuttersäure) nicht verwerten. Erythrozyten verwerten zur Energiegewinnung ausschließlich Glucose über anaerobe Glykolyse zum Lactat.
Beim Hunger und beim Diabetes mellitus werden in den Lebermitochondrien (A) aus Fettsäuren über Acetyl-CoA und HMG-CoA Ketonkörper gebildet. Im chronischen Hunger können Ketonkörper bis zu 60% der vom Nervensystem benötigten Energie liefern und damit Glucose ersetzen (D).

Im Blut von Stoffwechselgesunden bei normaler Ernährung stammen Ketonkörper aus dem Abbau der sog. ketoplastischen Aminosäuren (Phenylalanin, Tyrosin und Leucin), sie werden in Muskelzellen nach Aktivierung mit Succinyl-CoA zu CO_2 und H_2O abgebaut.

H03

→ **Frage 9.13:** Lösung C

Die dargestellte Verbindung HMG-CoA ist ein wichtiger Metabolit, der bei gesteigertem Fettabbau vermehrt gebildet wird (D). Auch beim Abbau der ketoplastischen Aminosäure Leucin entsteht HMG-CoA (A). Physiologisch beim Hunger und pathologisch beim Diabetes wird HMG-CoA durch eine Lyase zu Acetacetat und Acetyl-CoA (E) gespalten.
HMG-CoA ist auch Ausgangssubstrat für die Cholesterinbiosynthese, es wird hierbei durch die HMG-Reduktase zu Mevalonsäure umgewandelt (B). HMG-CoA-Reduktasehemmer sind wichtige Therapeutika zur Cholesterinsenkung. Die gesuchte Falschaussage ist (C), denn HMG-CoA ist kein Hemmer der Cholesterinbiosynthese, sondern ein Ausgangssubstrat. Physiologische Inhibitoren der Cholesterinbiosynthese sind bestimmte Gallensäuren und auch das Cholesterin selbst.

F05

→ **Frage 9.14:** Lösung C

Die Ketonkörper entstehen im HMG-CoA-Cyclus durch die HMG-CoA-Lyase, die HMG-CoA in Acetyl-CoA und Acetoacetat zerlegt. Acetoacetat kann mit NADH reduziert werden zu β-Hydroxybutyrat oder als β-Ketosäure spontan decarboxylieren zum Aceton.
Siehe Lerntext „Ketonkörper: Definition und Ketogenese" IX.2.

H03

→ **Frage 9.15:** Lösung E

Die Ketonkörper (Aceton, Acetoacetat und β-Hydroxybuttersäure) werden beim unkontrollierten Diabetes mellitus (pathologisch) und beim Fasten (physiologisch) in den Mitochondrien der Leberzelle über den HMG-CoA-Zyklus aus Acetyl-CoA gebildet. Ausgelöst wird die Ketogenese wesentlich durch die vermehrte Lipolyse im Fettgewebe (E), wobei dann aus den freigesetzten Fettsäuren in der Leber vermehrt Acetyl-CoA entsteht, das nicht vollständig in den Zitronensäurezyklus einmündet, sondern im HMG-CoA-Zyklus zu den Ketonkörpern wird. Tatsächlich setzt die hepatische Citratsynthase weniger Acetyl-CoA um, als in der β-Oxidation anfällt, eine allosterische Hemmung des Enzyms ist hierbei nicht nachgewiesen ((A) ist falsch). Bei der physiologischen Ketoacidose beim Fasten werden die Ketonkörper im Muskel und im ZNS unter Bildung von CO_2, H_2O und ATP abgebaut, dies führt aber nicht zu einer Steigerung der Ketogenese ((B) ist falsch). Der Fettsäuretransport in die Mitochondrienmatrix ist bei der Ketogenese nicht erniedrigt, sondern eher erhöht ((C) ist falsch).

H05

→ **Frage 9.16:** Lösung D

Bei längerem Hunger werden in den Mitochondrien der Leber aus Fettsäuren über die β-Oxidation und den ausschließenden HMG-CoA-Cyclus die Ketonkörper Acetessigsäure (Acetoacetat) und β-Hydroxybuttersäure (β-Hydroxybutyrat) gebildet und ans Blut abgegeben (D). Im chronischen Hunger ersetzen Ketonkörper ca. 70 % der vom Gehirn zur Energiegewinnung benötigten Glucose.
Aussage (A) ist falsch, denn es werden Proteine abgebaut und Aminosäuren zur Gluconeogenese (ca. 40 g/Tag für das Gehirn) verwendet, es resultiert eine negative Stickstoffbilanz.
Aussage (B) ist falsch, denn durch die sauren Ketonkörper entsteht die metabolische Hunger-Ketoazidose, das Plasma-$NaHCO_3$ ist erniedrigt. Kompensiert wird die metabolische Hunger-Ketoazidose durch eine respiratorische Alkalose, ein vermehrtes Abatmen von CO_2.
Aussage (C) ist falsch, denn es werden nur noch ca. 15–20 g Protein pro Tag abgebaut und die NH_2-Gruppen der Aminosäuren werden nicht zu Harnstoff abgebaut, sondern als Glutamin zur Niere transportiert.
Aussage (E) ist falsch, denn bei längerem absoluten Hunger (> 3 Tage) verwendet die Niere das von der Leber produzierte Glutamin zur Freisetzung und Ausscheidung von $2NH_4^+$ (Glutaminase und Glutamatdehydrogenase). Das entstehende α-Ketoglutarat wird über Oxalacetat zur vermehrten Gluconeogenese in der Niere verwendet.
Siehe Lerntext „Ketonkörper: Definition und Ketogenese" IX.2.

IX.2 Ketonkörper: Definition und Ketogenese

Unter der Bezeichnung „Ketonkörper" fassen die Mediziner 3 Substanzen zusammen: Acetessigsäure, β-Hydroxybuttersäure und Aceton. Alle drei erscheinen meist gemeinsam; Acetessigsäure ist die Stammsubstanz, aus der durch enzymatische Reduktion β-Hydroxybuttersäure und durch spontane Decarboxylierung (labile β-Ketosäure!) Aceton entstehen.
Die Bildung der Ketonkörper geschieht in den Mitochondrien der Leber im sogenannten HMG-CoA-Cyclus. Aus 3 Acetyl-CoA entsteht über Acetacetyl-CoA ein β-Hydroxy-β-methylglutaryl-CoA, das durch eine HMG-CoA-Lyase

in Acetessigsäure und Acetyl-CoA gespalten wird.
Mit denselben Reaktionen entsteht cytosolisches HMG-CoA, das dann aber mittels NADPH Mevalonsäure ergibt und die Cholesterin-Biosynthese einleitet.

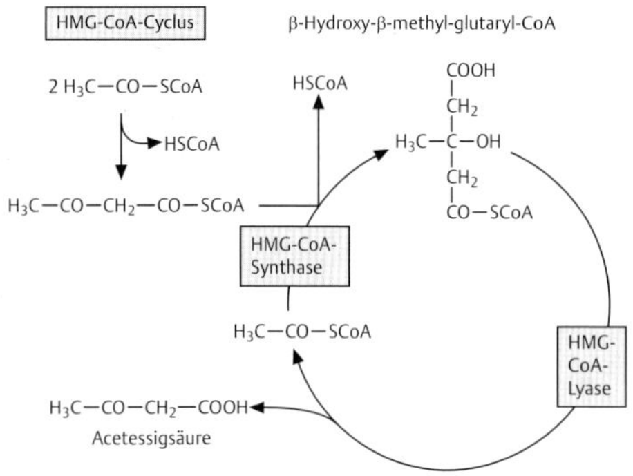

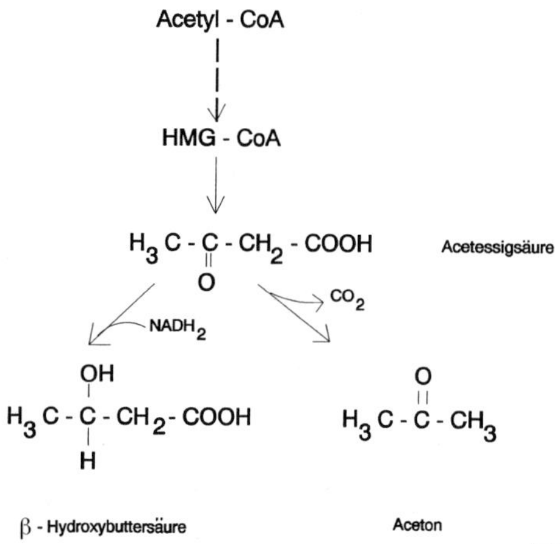

IX.3 Ketonkörperverwertung

Die nur in der Leber aus Fettsäuren gebildeten Ketonkörper können von diesem Organ selbst nicht verwertet werden; sie werden über das Blut (Normalwert 1–2 mg/dl) im Körper verteilt. Vom Herzen und der Skelettmuskulatur werden sie als normaler Brennstoff angenommen und oxidiert. Das zur Aktivierung der Acetessigsäure nötige Enzym katalysiert die Reaktion
Acetacetat + Succinyl-CoA → Acetacetyl-CoA + Succinat.
In den genannten Organen und im Gehirn ist das Enzym mit ausreichender Kapazität vorhanden. Für das Gehirn ist Glucose der normale Brennstoff; dieser Zucker wird hier zu CO_2 und H_2O oxidiert.

Bei reduzierter Nahrungszufuhr (Insulinmangel!) und auch beim Diabetes mellitus (ebenfalls Insulinmangel) werden Fettreserven des Körpers mobilisiert; es kommt zu starker Ketonkörperbildung: Ketonämie (vorwiegend β-Hydroxybutyrat) und Ketonurie sind die Folgen. Oft ist die **pathologische Ketoacidose** von Bewusstlosigkeit (Coma diabeticum) begleitet. Anders ist es bei der **physiologischen Ketoacidose** in Folge einer „Nulldiät“: Bei Wegfall der normalen Glucosezufuhr werden zunächst Proteinabbau und Gluconeogenese gesteigert, bald aber dominieren Fettabbau und Ketogenese, und nach einer Umstellungsphase von etwa 8 Tagen bestreitet auch das Gehirn seinen Energieumsatz bis zu 60% aus der Ketonkörperverbrennung.

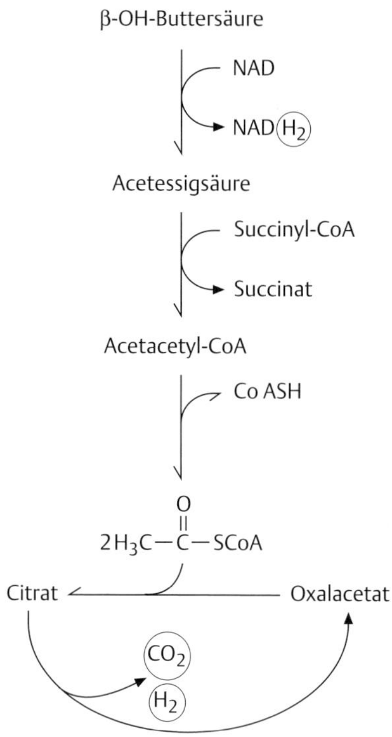

Klinischer Bezug
Ketoazidose und Ketonurie

Bei normalem Stoffwechsel ist die Konzentration der Ketonkörper im Blut kleiner als 3 mmol/l. Sie stammen aus dem Abbau der ketoplastischen Aminosäuren (Phenylalanin, Tyrosin und Leucin) und werden in der Skelettmuskulatur und im Herzmuskel abgebaut. Beim dekompensierten Diabetes mellitus und beim Hunger ist ein Anstieg der Ketonkörperkonzentration im Serum bis 20 mmol/l (Ketonaemie) möglich. Es kommt zur Ketoazidose und zur Ketonkörperausscheidung in den Urin.

Sowohl die Ketonaemie als auch die Ketonurie sind an dem typisch obstartig-säuerlichen Geruch der Atemluft und des Urins zu erkennen.

Klinischer Bezug

Absolute Nahrungskarenz: „Nulldiät"

Während eine Unterbrechung der Flüssigkeitszufuhr akut lebensbedrohlich ist, verträgt der gesunde Mensch die absolute Nahrungskarenz „Fasten" relativ lange. Bei der sog. Nulldiät sinkt das Körpergewicht pro Tag bei Frauen um ca. 0,3–0,35 kg, bei Männern um ca. 0,35 bis 0,45 kg. Gesunde normalgewichtige Erwachsene können absoluten Hunger etwa 30 bis 50 Tage überstehen. Diese Zeit erhöht sich pro kg Übergewicht um 2 bis 3 Tage. Internistisch und labormedizinisch überwachte Hungerperioden von über $1^1/_2$ Jahren bei massivem Übergewicht wurden ohne gesundheitliche Beeinträchtigungen durchgeführt. Eine ärztliche Voruntersuchung und laufende Kontrollen sind absolut notwendig, weil bei bestehenden oder zwischenzeitlich auftretenden akuten Organvorschädigungen und hormonellen Dysregulationen die notwendigen Stoffwechselumstellungen nicht erfolgen. Es tritt dann eine vermehrte Proteolyse (Abbau von Körpereiweiß) auf, die u.a. zu tödlicher Herzinsuffizienz führt.

H02

→ **Frage 9.17:** Lösung A

Die gesuchte Falschaussage ist (A), denn die ATP-Citratlyase im Fettgewebe ist im Hunger nicht erhöht, sondern erniedrigt. Die ATP-Citratlyase ist bei Überernährung für die Umwandlung von Kohlenhydrat in Fett in der Leber und im Fettgewebe notwendig. Das in den Mitochondrien gebildete Acetyl-CoA wird als Citrat in das Cytosol, den Ort der Fettsäuresynthese, ausgeschleust und dort durch die ATP-Citratlyase mit ATP und CoASH zu Acetyl-CoA und Oxalacetat gespalten.

H02 F99

→ **Frage 9.18:** Lösung C

Siehe Lerntext IX.3.

Die Aktivierung der Ketonkörper erfolgt mit Succinyl-CoA aus dem Citratcyclus, (C) ist damit die gesuchte richtige Aussage.

β-Hydroxybutyrat wird nicht aktiviert, sondern direkt dehydriert zu Acetacetat, das erst dann mit Succinyl-CoA aktiviert wird.

10 Aminosäurestoffwechsel

X.1 Transaminierung

Glutamat-Pyruvat-Transaminase (GPT) = Alanin-Aminotransferase (ALAT)

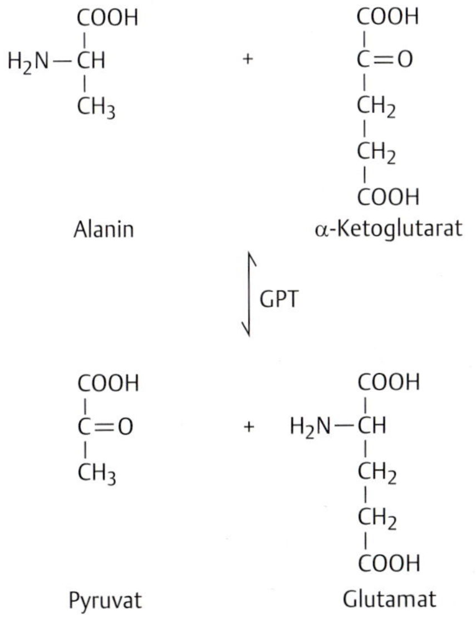

Aus dem Nahrungseiweiß freigesetzte Aminosäuren können, wenn sie nicht für Proteinsynthesen benötigt werden, in die entsprechende α-Ketosäure umgewandelt werden. Umgekehrt können α-Ketosäuren zu den entsprechenden α-Aminosäuren umgesetzt werden. In beiden Fällen ist die aus Aminosäure und Pyridoxalphosphat (PLP) bzw. Ketosäure und Pyridoxaminphosphat gebildete Schiff-Base das obligatorische Zwischenprodukt.

Die gleiche Verbindung wird gebildet, wenn es darum geht, Aminosäuren zur Bildung biogener Amine zu decarboxylieren.

Pyridoxalphosphat ist die vom Vitamin B_6, Pyridoxin, abgeleitete Coenzymform, die Protein gebunden als prosthetische Gruppe von Transaminasen und Aminosäuredecarboxylasen auftritt.

Glutamat-Oxalacetat-Transaminase (GOT) = Aspartat-Aminotransferase (ASAT)

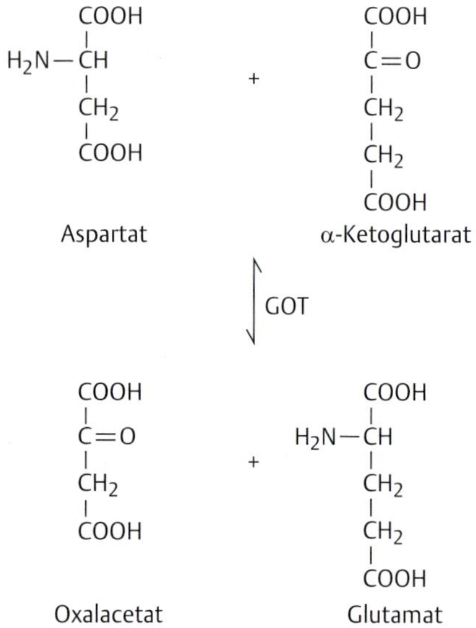

Für 15 der 20 proteinogenen Aminosäuren wird der Abbau durch eine Transaminierung eingeleitet; es gibt im menschlichen Körper zahlreiche PLP-haltige Transaminasen, die die Aminogruppe der Aminosäure auf die Ketogruppe von α-Ketoglutarat bzw. Oxalacetat übertragen. So werden Glutaminsäure und Asparaginsäure zum Sammelbecken des gesamten Eiweiß-Stickstoffs. Ausgehend von diesen beiden Aminosäuren erfolgt dann die Harnstoffbildung als Voraussetzung zur Stickstoffausscheidung.

Klinischer Bezug

Transaminasen in der Enzymdiagnostik

Bei Leber- und Muskelerkrankungen gelangen Transaminasen ins Blutserum und können mit dem zusammengesetzten optischen Test gemessen werden.

Die GPT kommt im Zytosol der Leberzellen und Muskelzellen vor. Da sie in der Leber in 10fach höherer Konzentration vorkommt, ist sie vorwiegend bei Lebererkrankungen erhöht. Die GOT kommt sowohl in der Leber als auch in der Muskulatur vor, zu 30% ist sie im Zytosol und zu 70% in den Mitochondrien lokalisiert. Ihr Anstieg im Serum erfolgt besonders, wenn die Schädigung auch die Mitochondrien betrifft, also schwerwiegender ist. Das Aktivitätsverhältnis GOT zu GPT (de Ritis-Quotient) und die Höhe der Serumaktivitäten erlauben Rückschlüsse auf die Organherkunft und auf das Ausmaß der Schädigung.

F02

→ **Frage 10.1:** Lösung C

Transaminasen übertragen mit dem Coenzym Pyridoxalphosphat (B) Aminogruppen von Aminosäuren auf α-Ketonsäuren (A). Meistens sind dabei Glutaminsäure und α-Ketoglutarsäure als NH_2-Donator bzw. NH_2-Akzeptor beteiligt (D). Die Alanin-Aminotransferase (ALAT oder GPT) katalysiert die reversible Reaktion:

Alanin + α-Ketoglutarat ↔ Pyruvat + Glutamat.

Die Aspartat-Aminotransferase (ASAT oder GOT) katalysiert die Reaktion:

Aspartat + α-Ketoglutarat ↔ Oxalacetat + Glutamat.

Damit ist (C) die gesuchte Falschaussage, denn Ketopropionsäure ist identisch mit Pyruvat (Brenztraubensäure) und damit nicht an der GOT-, sondern an der GPT-Reaktion beteiligt.

F03

→ **Frage 10.2:** Lösung C

Siehe Lerntext X.1.

Durch Transaminierung werden Alanin zu Pyruvat (A), Aspartat zu Oxalacetat (D), Glutamat zu α-Ketoglutarat (E) und Phenylalanin zu Phenylpyruvat (B) umgewandelt. Letztere Reaktion tritt bei der genetischen Erkrankung Phenylketonurie auf.

Die gesuchte Falschaussage ist (C), denn α-Ketobutyrat könnte nur aus α-Aminobuttersäure entstehen, eine derartige proteinogene Aminosäure kommt nicht vor.

H01

→ **Frage 10.3:** Lösung D

Aminosäuren sind in erster Linie die monomeren Bausteine der hochmolekularen Proteine. Darüber hinaus erfüllen aber auch zahlreiche der proteinogenen Aminosäuren zusätzliche Aufgaben: Glycin dient als Vorstufe bei der Biosynthese der Purine (A) und des Porphyrins (C); Asparaginsäure wird bei der Biosynthese der Pyrimidinbasen (B) und der Purine verwendet; das Hormon-ähnliche Stickstoffmonoxid (E) entsteht durch einen Abbau des Arginins. Die gesuchte Falschaussage ist (D), denn das Biotin, für den Menschen ein Vitamin, enthält in seiner Struktur kein erkennbares Aminosäurederivat.

F04

→ **Frage 10.4:** Lösung D

Siehe Lerntext X.7.
Durch die Decarboxylierung von Glutamat entsteht GABA (D), das im ZNS als Transmitter inhibitorischer Neurone dient. Agmatin (A) entsteht aus Arginin und wirkt möglicherweise auch als Transmitter. Cadaverin (B) entsteht aus Lysin, früher wurde es als „Leichengift" bezeichnet, man weiß heute, dass es „Leichengift" nicht gibt.
Ethanolamin (C) entsteht aus Serin, es ist Baustein einiger P-Lipide und Vorstufe für die Cholinbiosynthese. Histamin (E) entsteht aus Histidin, wirkt als Transmitter und ist, freigesetzt aus Mastzellen, für allergische Reaktionen verantwortlich.

F01

→ **Frage 10.5:** Lösung C

Glutamin ist das Amid der Glutaminsäure und wird aus Glutamat und Ammoniak durch eine Synthetase gebildet (B). Diese Reaktion dient der Entgiftung des Ammoniaks und des Transports des Ammoniaks zur Leber (A) und zur Niere. In der Niere kann aus Glutamin Ammoniak freigesetzt und zur Neutralisation von Säure bzw. zur Einsparung von Natriumionen in den Harn ausgeschieden werden (D). Das Kohlenstoffgerüst des Glutamins ist in der Niere das bevorzugte Substrat für die Gluconeogenese (E).
Die gesuchte Falschaussage ist (C), denn nicht Glutamin ist in Glykoproteinen glykosyliert, sondern das Amid der Asparaginsäure, das Asparagin.

X.2 Harnstoffsynthese

Die dem Menschen mit der Eiweißnahrung zugeführten Aminosäuren müssen, wenn sie nicht zum Proteinaufbau Verwendung finden, abgebaut werden. Dabei werden zunächst die Aminogruppen durch Transaminierung entfernt (siehe Lerntext X.1). Der Stickstoff des gesamten Eiweißabbaus kommt in Form der Aminosäuren Glutamat und Aspartat in der Leber zusammen und wird dort, weil Ammoniak sehr toxisch ist, zur Synthese von Harnstoff verwendet.
Harnstoff ist ein neutral reagierendes, sehr gut wasserlösliches Molekül, das chemisch als das Diamid der Kohlensäure bezeichnet werden kann.

HO—CO—OH	HO—CO—NH_2
Kohlensäure	Carbaminsäure
H_2CO_3	Kohlensäure-monoamid

H₂N—CO—NH₂ → $H_2N{-}CO{-}NH_2$
Harnstoff
Kohlensäure-diamid

Die Harnstoffbildung ist ein in der Leber ablaufender Kreisprozess. In den Mitochondrien wird Ammoniak (entstanden durch die Glutamatdehydrogenase aus Glutaminsäure oder durch Glutaminase aus Glutamin) mit Bicarbonat unter Verbrauch von 2 ATP zum Carbamoylphosphat vereint. N-Acetylglutamat dient bei dieser Reaktion als Aktivator.

$$NH_4 + HCO_3^- \xrightarrow[\text{Carbamoylphosphatsynthetase}]{2\,ATP \;\to\; 2\,ADP} H_2N{-}CO{-}OPO_3H^- + H_2PO_4^-.$$

Der Carbamylrest wird auf Ornithin, eine nichtproteinogene Aminosäure, übertragen und liefert dabei Citrullin.
Die Aminosäure Citrullin tritt aus den Mitochondrien ins Cytosol über. Dort lagert sich, unter Wasserabspaltung und ATP-Verbrauch, Asparaginsäure an; das Produkt heißt Argininosuccinat. Durch Fumarsäure-Abspaltung entsteht daraus Arginin, das in hydrolytischer Spaltung Isoharnstoff freisetzt, der sich aber sofort zum Harnstoff umlagert. Das bei der Arginasereaktion entstandene Ornithin kehrt zum nächsten Zyklusumlauf in die Mitochondrien zurück.
Die **Harnstoff-Tagesmenge** ist abhängig von der Menge der aufgenommenen Eiweißnahrung; werden 70 g Protein zugeführt, so führt das zur Ausscheidung von **25 g** Harnstoff.
Der **Energiebedarf** der Harnstoffsynthese beträgt 3 Mol ATP pro Mol Harnstoff, – aber vier energiereiche Phosphatbindungen werden gespalten! 2 ATP werden durch die Carbamoylphosphatsynthetase verbraucht. Ein drittes ATP wird durch die Argininosuccinat-Synthetase verbraucht, und dieses wird gespalten in AMP und 2 anorganische Phosphatreste.

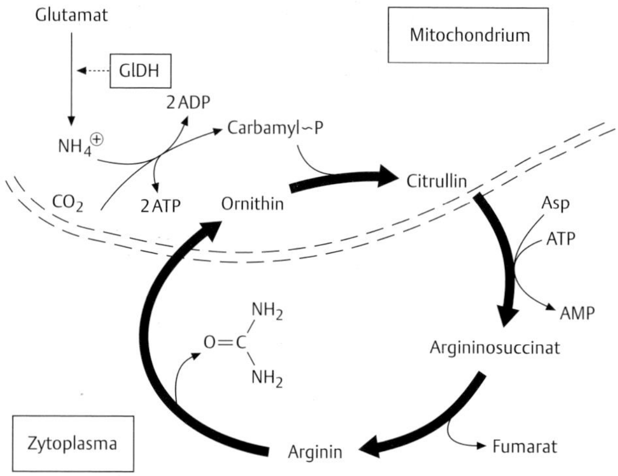

100 g Protein ⟶ 35 g Harnstoff

$$2NH_3 + CO_2 + 3ATP \longrightarrow O{=}C(NH_2)_2 + 2ADP + 1AMP + 4Pi$$

Klinischer Bezug
Harnstoff im Serum
Harnstoff kann enzymatisch mit Urease/Glutamatdehydrogenase gemessen werden. Die Konzentration im Serum beträgt 10-40 mg/dl (ca. 2 bis 8 mmol/l) und ist wesentlich abhängig von der Menge an Nahrungsprotein und der Urinmenge pro Zeit.
Auch der endogene Proteinumsatz (proteinanabol vs. proteinkatabol, d.h. die N-Bilanz) und die Leberfunktion beeinflussen die Serumharnstoffkonzentration. Die häufigste Ursache für eine Erhöhung sind das akute und chronische Nierenversagen.

Klinischer Bezug
Angeborene Störungen des Harnstoffzyklus
Genetische Defekte der verschiedenen Enzyme des Harnstoffzyklus kommen selten vor, stellen aber sehr schwere Erkrankungen dar. Die Metabolite **vor** dem Defekt liegen im Serum und Urin in erhöhter Konzentration vor, die **nach** dem Defekt werden vermindert gefunden. Allen Krankheitsbildern gemeinsam ist die Erhöhung der Ammoniakkonzentration (Ammoniumintoxikation). Klinisch kommt es zu geistigen Entwicklungsverzögerung und neuropsychiatrischen Dysfunktionen.

F01
→ **Frage 10.6:** Lösung D

Siehe Lerntext X.2.
Die Harnstoffsynthese findet in den Leberzellen im Mitochondrium und im Cytosol statt. Die dabei auftretenden intermediären Metabolite Ornithin und Citrullin müssen durch die Mitochondrienmembran transportiert werden (B). Im Mitochondrium selbst findet die Synthese von Carbamoylphosphat aus NH_4 und CO_2 statt. Das Carbamoylphosphat wird dann auf Ornithin übertragen und das entstehende Citrullin wird über ein Transportprotein ins Cytosol ausgeschleust. Mit Asparaginsäure entsteht dann Arginin, aus dem der Harnstoff freigesetzt wird (C). Mehrere Defekte der Enzyme des Harnstoffzyklus sind beschrieben worden; allgemein kann man sich merken, dass bei Stoffwechseldefekten die Metabolite vor dem Defekt ansteigen und nach dem Defekt in ihrer Konzentration abfallen (E).
Die gesuchte Falschaussage ist (D), denn der Harnstoffzyklus ist ein endogener Prozess, der durch die Hydrolyse von vier energiereichen Phosphatbindungen aus ATP aufrecht erhalten wird; derartige Reaktionen sind nicht reversibel.

H01
→ **Frage 10.7:** Lösung A

Die Harnstoffsynthese erfolgt teils mitochondrial, teils cytosolisch in der Leber; NH_2-Lieferanten sind Glutamat und Aspartat. Die Synthese startet in den Mitochondrien mit Carbamoylphosphat und

Ornithin, wobei Citrullin entsteht. Damit ist (A) die gesuchte Falschaussage. Das Argininosuccinat entsteht im Cytosol aus Citrullin und Aspartat. Bei Defekten von Enzymen des Harnstoffzyklus muss man sich merken, dass die Metabolite nach dem Enzymdefekt sowohl intrazellulär als auch im Blut erniedrigt sind, während die Metabolite, die vor dem Defekt auftreten, in der Regel erhöht sind. Damit führt ein Mangel an Argininosuccinatlyase zu erhöhten Konzentrationen von Argininosuccinat, Citrullin, Ornithin und auch von Ammoniak (E).

F05
→ **Frage 10.8:** Lösung C

Durch Arginase wird in der Leber Arginin hydrolytisch in Ornithin und Harnstoff gespalten (C).
Aussage (A) ist falsch, denn die Gl-DH setzt Glutamat mit NAD^+ zu α-Ketoglutarat, NH_3 und NADH um.
Aussage (B) ist falsch, denn die Glutaminase hydrolysiert Glutamin zu Glutamat und NH_3.
Aussage (D) ist falsch, denn Urease hydrolysiert Harnstoff zu CO_2 und zu NH_3.
Aussage (E) ist falsch, denn die AMP-Desaminase setzt Adenosinmonophosphat zu Inosinmonophosphat und NH_3 um.
Siehe Lerntext „Harnstoffsynthese" X.2.

F04
→ **Frage 10.9:** Lösung B

Siehe Lerntext X.2.
Carbamoylphosphat ist ein Ausgangssubstrat für die Harnstoffsynthese (B) und entsteht aus Ammoniak und Kohlensäure unter Verbrauch von 2 ATP, katalysiert von der Carbamoyl-P-Synthetase.
Zu den Falschaussagen: Glutamin (A) entsteht aus Glutamat und NH_3 durch die Glutaminsynthase, Asparagin (C) analog aus Aspartat und NH_3 durch die Asparaginsynthetase, Purinringe (D) erhalten ihren Stickstoff aus Glutamin, Aspartat und Glycin. Cholin (E) entsteht aus Serin, die Methylgruppen werden von Methionin geliefert.

F02
→ **Frage 10.10:** Lösung C

Freier Ammoniak ist zytotoxisch, er kann in der Leber entgiftet werden mit NADH und α-Ketoglutarat durch die Glutamatdehydrogenase (GlDH), wobei Glutaminsäure entsteht (C). Die Glutaminase bindet nicht NH_3, sondern setzt es aus Glutamin frei ((A) ist falsch). Bei den Aminotransferasen GPT und GOT wird NH_3 niemals frei, sondern intermediär gebunden vom Pyridoxalphosphat ((B) und (D) sind falsch). Bei der AMP-Synthese ist nicht freier Ammoniak beteiligt, sondern Stickstoff wird aus Asparaginsäure eingebaut ((E) ist falsch).

X.3 Abbau einzelner Aminosäuren

Aminosäuren, deren Abbau Pyruvat oder Intermediärprodukte des Citratcyclus ergibt, können über Oxalacetat in die Gluconeogenese eingeschleust werden und gelten deshalb als glucoplastisch.
Glucoplastische Aminosäuren sind: Alanin, Arginin, Asparaginsäure, Asparagin, Cystein, Glutaminsäure, Glutamin, Glycin, Histidin, Methionin, Prolin, Serin, Threonin und Valin. Aminosäuren, deren Abbau Acetessigsäure oder Acetoacetyl-CoA liefert, heißen ketoplastische Aminosäuren; es sind Leucin und Lysin. Außer diesen beiden gibt es noch 4 Aminosäuren, die sowohl glucoplastisch als auch ketoplastisch sind; hierzu gehören Isoleucin, Phenylalanin, Tyrosin und Tryptophan.
Auftreten von Propionsäure (ein Abbauprodukt des Threonins) führt zu Aktivierung zum Propionyl-CoA, das dann zum Methylmalonyl-CoA carboxyliert wird, welches durch Isomerisierung Succinyl-CoA liefert.
Aminosäuren, bei deren Abbau Propionsäure oder Propionyl-CoA auftritt, sind also glucoplastisch.

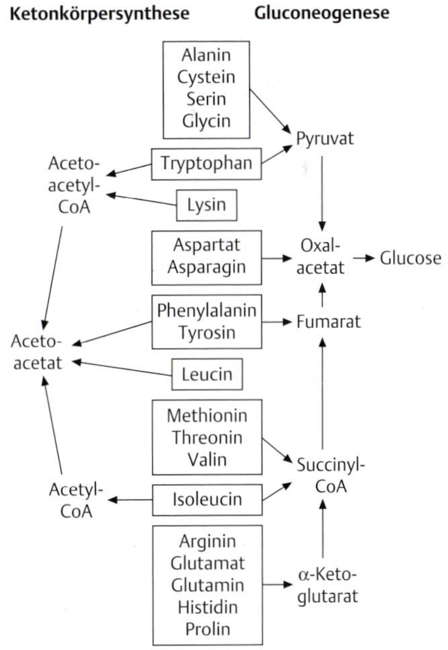

Gluconeogenese aus Aminosäuren

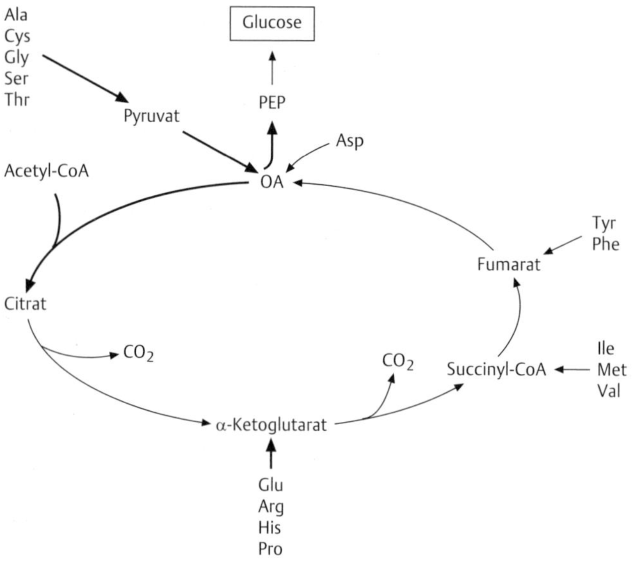

X.4 Aminosäuren als Gruppendonatoren

Nach einer Aktivierung wird **Methionin** als SAM (S-Adenosylmethionin) zum Methyldonor, z.B. bei der Synthese des Lecithins. **Glutamin** ist der häufigste Aminogruppen-Donor im Intermediärstoffwechsel, ein Beispiel ist die Bildung der Aminozucker aus Fructosephosphat. Auch **Aspartat** kann als Aminierungsreagenz verwendet werden, z.B. bei der Bildung von Argininosuccinat (Harnstoffzyklus) oder in der Reaktion IMP → AMP.

F03

→ **Frage 10.11:** Lösung E

Siehe Lerntext X.6.
Glutamin, das Amid des Glutamats, hat von allen Aminosäuren die höchste Konzentration im Serum. Neben seiner Rolle bei der Proteinbiosynthese liefert er den Stickstoff für die Synthese der unter (A)–(D) genannten Verbindungen.
Die gesuchte Falschaussage ist (E), denn der Aminoalkohol Sphingosin erhält seinen Stickstoff nicht vom Glutamat, sondern vom Glycin, das mit Palmitoyl-CoA umgesetzt wird.

F95

→ **Frage 10.12:** Lösung A

Lysin ist eine für den Menschen essentielle Aminosäure und kann nicht aus Metaboliten eines Stoffwechselzyklus gebildet werden.

X.5 Phenylalanin-Stoffwechsel und seine Störungen

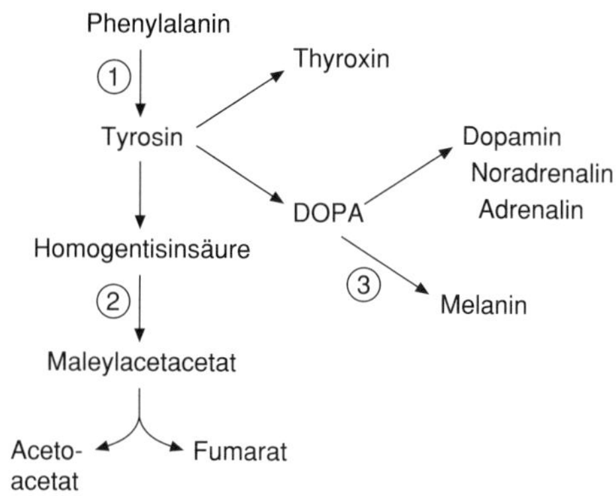

Angeborene Enzymdefekte:

① Phenylketonurie (PKU)
② Alkaptonurie
③ Albinismus

Die essentielle Aminosäure Phenylalanin erfüllt neben ihrer Aufgabe als Proteinbaustein zahlreiche Funktionen im Intermediärstoffwechsel. In einer Tetrahydrobiopterin-abhängigen Hydroxylierungsreaktion wird Phenylalanin in Tyrosin umgewandelt; auch der Phenylalanin-Katabolismus läuft über diese Reaktion! Die Skizze zeigt Tyrosin als Ausgangspunkt für die Biosynthese der iodierten Schilddrüsenhormone, der vom Melanin abgeleiteten Körperpigmente und der Catecholamine.
Aus der Skizze ist auch der normale Abbauweg für Phenylalanin und Tyrosin erkennbar: Das Tyrosin ergibt bei der Transaminierung p-Hydroxy-phenylpyruvat, das von einer Dioxygenase zur Homogentisinsäure umgewandelt wird. Hier greift nochmals eine Dioxygenase an, das Ringsystem wird geöffnet und schließlich hydrolytisch in Fumarat und Acetacetat zerlegt.
Auf dem Gebiet der Phenylalanin-Umsetzungen wurde Anfang des Jahrhunderts das wichtige Phänomen genetisch bedingter, angeborener Stoffwechselkrankheiten erkannt und definiert. Eine Einschränkung der Homogentisin-Oxidation führt zur Alkaptonurie, bei der ein dunkel gefärbtes Produkt im Harn, sowie in Knorpel und Knochen erscheint.
Fehlen einer das Dopa oxidierenden Phenol-Oxidase verhindert die nachfolgende Melaninbildung; Träger dieses angeborenen Defekts leiden an Albinismus, bilden lokal oder generalisiert keine Pigmente und müssen sich vor Lichtschäden schützen.
Bei dem seltenen Krankheitsbild der **Tyrosinosis** kann p-Hydroxyphenylpyruvat nicht oxidiert werden und wird mit dem Harn ausgeschieden. Am häufigsten und für den Träger am schwerwiegendsten ist die **Phenylketonurie (PKU)**, bei der Phenylalanin nicht hydroxyliert, also nicht in Tyrosin umgewandelt werden kann. Tyrosin wird dadurch für diese Kranken zur essentiellen Aminosäure. Unbehandelt zeigen die Betroffenen hohe Phenylalaninkonzentrationen im Blut, was im Kindesalter zur Degeneration des wachsenden Gehirns führt und einen nicht mehr zu behebenden Schwachsinn mit I.Q.-Werten um 50 bedingt. Eine bald nach der Geburt einsetzende phenylalaninarme Diät kann diese Hirnfehlbildung verhindern. Als Folge der hohen Phenylalaninwerte und des versperrten Abbauwegs über Tyrosin kommt es zur sonst nicht üblichen Transaminierung von Phenylalanin und als Folge zur Harnausscheidung von Phenylpyruvat und Phenylacetat.

Klinischer Bezug

Phenylketonurie

Die Phenylketonurie (PKU) tritt, autosomal rezessiv vererbt, mit einer Inzidenz von 1:10 000 auf. Das für die Diagnose und Therapiekontrolle wichtige Symptom ist die erhöhte Phenylalaninkonzentration im Blut, die mit einem mikrobiologischen Verfahren (Guthrie-Test) gemessen wird.
Ursache der klassischen PKU ist eine Mutation der Phenylalaninhydroxylase, von der bis dato ca. 200 Polymorphismen bekannt sind. Seltenere Formen der PKU sind durch einen Mangel der Dihydropteridinreduktase bedingt, wodurch der Cofaktor Tetrahydrobiopterin für die Hydroxylase nicht zur Verfügung steht.
Wichtige klinische Symptome der PKU sind zerebrale Entwicklungsstörungen, neuropsychiatrische Dysfunktion, Ekzeme und hypopigmentierte Haut. Phenylpyruvat, Phenylacetat und Phenyllactat in Urin, Schweiß, Atemluft und Blut treten auf und verströmen einen charakteristischen „mäuseartigen" Geruch.
Die Therapie besteht in einer Phenylalanin-armen Spezialdiät, mit der die Serum-Phenylalaninkonzentration auf ca. 4 mg/dl gesenkt wird. ■

H02
→ **Frage 10.13:** Lösung A

Siehe Lerntext X.5.
Die PKU (Phenylketonurie) ist mit 1 Fall auf 10.000 Geburten eine häufige genetisch bedingte Erkrankung. Ihr liegt ein Defizit der Phenylalaninhydroxylase zugrunde.

H03
→ **Frage 10.14:** Lösung E

Siehe Lerntext X.5.
Bei der mit einer Frequenz von 1:10.000 auftretenden angeborenen Stoffwechselstörung Phenylketonurie ist die Ausscheidung von Phenylpyruvat im Urin erhöht (A). Die Krankheit beruht auf einem Defekt der Phenylalaninhydroxylase (B), sodass kein Tyrosin mehr aus Phenylalanin entstehen kann und Tyrosin von einer halbessenziellen zu einer essenziellen Aminosäure wird (C). Bei der Phenylketonurie wird Phenylalanin transaminiert zum Phenylpyruvat, das im Urin ausgeschieden wird, was dem Krankheitsbild seinen Namen gegeben hat (A). Behandelt wird die Krankheit durch eine spezielle Phenylalanin-arme Ernährung (D).
Die gesuchte Falschaussage ist (E), denn die Phenylalaninkonzentration im Blut ist bei der Phenylketonurie nicht vermindert, sondern stark erhöht.

F05

→ **Frage 10.15:** Lösung C

Da Tyrosin im Organismus nur aus der essenziellen Aminosäure Phenylalanin gebildet werden kann, wird Tyrosin auch als „halbessenziell" bezeichnet. Wird bei der Phenylketonurie (PKU) ein betroffenes Kind mit einer phenylalaninarmen Diät behandelt, so muss für eine ausreichende Zufuhr von Tyrosin gesorgt werden.

H05

→ **Frage 10.16:** Lösung D

Das Melanin wird aus Tyrosin durch die Tyrosinase (DOPA-Phenoloxidase), ein kupferhaltiges Enzym, synthetisiert.
Die Aussagen (A), (B) und (C) sind falsch, denn diese Enzyme katalysieren die Reaktionsfolge DOPA – Dopamin – Noradrenalin – Adrenalin.
Aussage (E) ist falsch, denn die Transaminase ist ausschließlich am Abbau beteiligt.

F86

→ **Frage 10.17:** Lösung C

Cystein ist eine C_3-Monoaminomonocarbonsäure mit HS-Substituent. Zwei nahegelegene Protein gebundene HS–CH_2-Seitenketten können oxidativ zu einem Disulfid, –CH_2–S–S–CH_2–, verknüpft werden. Die Vereinigung der beiden Cysteinreste führt zur „neuen" Aminosäure Cystin, einer C_6-Verbindung (D). Der beim Abbau des Cysteins freiwerdende Schwefel wird zur Sulfatgruppe oxidiert und verlässt den Körper als Salz oder Ester über die Niere (E). Cystein ist Bestandteil des biologisch wichtigen Redoxsystems Glutathion (Tripeptid Glu-Cys-Gly) (B). Die Biosynthese des Cysteins erfolgt aus Serin und Homocystein über Cystathionin.
Die gesuchte Falschaussage ist (C): Nicht Cystein, sondern sein Decarboxylierungsprodukt Cysteamin ist Bestandteil von Coenzym A.

X.6 Glutaminsäure und Glutamin

Im Lerntext X.1 wurde gezeigt, dass Glutaminsäure durch den Transaminase-Einsatz zum Sammelbecken des Eiweiß-Stickstoffs wird. Glutamat kann in ATP-abhängiger Reaktion an seiner γ-Carboxylgruppe Ammoniak anlagern und wird dadurch zur neutralen Aminosäure Glutamin. Dieses Glutamin hat unter allen im Blut transportierten Aminosäuren die höchste Konzentration. Glutamin wirkt als Eiweißbaustein, aber auch als Aminogruppendonor, was wichtig ist für diverse Biosynthesen und für die manchmal nötige Neutralisierung zu sauren Harns in der Niere.
Glutaminsäure ergibt durch PLP-abhängige Decarboxylierung den Neurotransmitter GABA. Da Glutamat durch Transaminierung Ketoglutarat ergibt, wird es im Citratcyclus zu Oxalacetat und damit zu einem Metaboliten der Gluconeogenese: Glutamat ist glucogen.

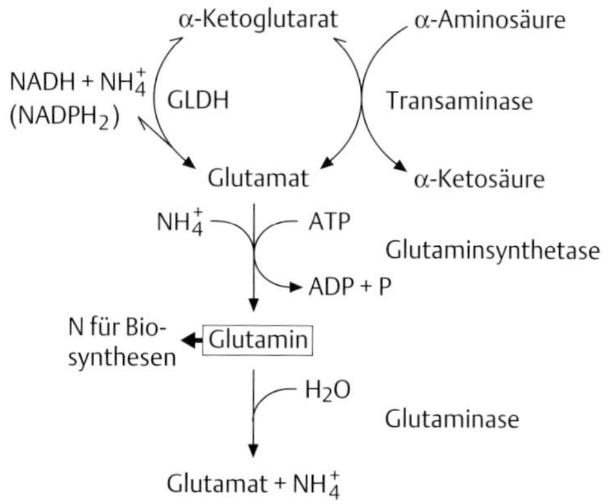

X.7 Biogene Amine

Bei der enzymatischen Decarboxylierung der Aminosäuren entstehen Produkte, die meist als Hormon oder Neurotransmitter selbst biologische Aktivitäten aufweisen oder die als Strukturbestandteil biochemisch wichtiger Moleküle eingesetzt werden. Zur Decarboxylierung werden die Aminosäuren als Schiff-Base am enzymgebundenen Pyridoxalphosphat (PLP) angelagert.
Die folgende Tabelle zeigt einige wichtige Beispiele aus der Reihe der biogenen Amine.

Aminosäure	Produkt	Funktion
Serin	Ethanolamin	Kephaline
Threonin	Propanolamin	Cobalamin-Aufbau
Cystein	Cysteamin	Coenzym A-Aufbau
Asparaginsäure	β-Alanin	Coenzym A-Aufbau
Glutaminsäure	γ-Aminobuttersäure	Neurotransmitter
Lysin	Cadaverin	früher: „Leichengift"
Ornithin	Putrescin, Spermin	Zellzyklus-Kontrolle
Histidin	Histamin	Gewebshormon
Tryptophan	Serotonin, Melatonin	Transmitter, Hormon
Tyrosin	Dopamin, Adrenalin	Transmitter, Hormon

Klinischer Bezug
Allergische Reaktionen
Bei entsprechend prädisponierten Menschen (Atopiker) können Überempfindlichkeitsreaktionen gegen viele Stoffe, z. B. bestimmte Nahrungsmittel, Arzneimitttel, Pflanzenpollen, Insektengifte usw., auftreten. Beteiligt sind häufig die Atemwege (Rhinitis, Asthma), die Haut (Urticaria, Ekzem, Angioödem) und die Augen (Konjunctivitis). Histamin ist am Pathomechanismus entscheidend beteiligt. Es wird aus Mastzellen freigesetzt, wenn diese mit IgE verbunden sind und IgE mit dem entsprechenden Allergen einen Komplex bildet. Das freigesetzte Histamin führt an den o. g. Organen über Bindung an H_1-Rezeptoren zu den jeweiligen Krankheitssymtomen. H_1-Rezeptorenblocker können als Antihistaminika die Symptome verhindern.

H98
→ **Frage 10.18:** Lösung E

Biogene Amine sind Decarboxylierungsprodukte von Aminosäuren und haben als Bausteine oder Signalstoffe vielfach Bedeutung. Das aus Serin entstandene Ethanolamin (B) findet Verwendung zum Aufbau von Membranlipiden; Tryptamin (A) aus Tryptophan und GABA (C) aus Glutaminsäure sind Signalstoffe im Zentralnervensystem. Das aus Histidin gebildete Histamin (D) wirkt u. a. als Signal für die Salzsäuresekretion der Belegzellen im Magen.
Die gesuchte Falschaussage ist (E): Das Dopamin ist zwar auch ein durch Decarboxylierung aus Dihydroxyphenylalanin (Dopa) entstandenes biogenes Amin, Dopa ist jedoch nicht proteinogen.

H04
→ **Frage 10.19:** Lösung E

Siehe Lerntexte V.6 und X.7.
Zur Synthese der polaren Phospholipide werden u. a. die Aminoalkohole Cholin, Serin oder Ethanolamin benötigt. Ethanolamin entsteht durch Decarboxylierung von Serin.
Alanin (A) und Aspartat (B) werden nicht decarboxyliert. Cystein (C) kann decarboxyliert werden zu Cysteamin, das ein Bestandteil des Coenzym A ist. Glutamat (D) kann decarboxyliert werden zu γ-Aminobuttersäure (GABA), einem Neurotransmitter.

F02
→ **Frage 10.20:** Lösung D

Cysteamin entsteht durch Decarboxylierung von Cystein und ist Bestandteil von CoASH, dem Coenzym für die Aktivierung von Carbonsäuren (D).
Ethanolamin entsteht durch Decarboxylierung von Serin und kann direkt oder nach Umwandlung in Cholin in Phospholipide eingebaut werden (B).
AT III-Aktivator ist Heparin, Vitamin B_1 (Thiamin) besteht aus einem substituierten Pyrimidinring und einem Thiazolring, als Triaminpyrophosphat ist es ein Coenzym für oxidative Decarboxylierungen.

F02
→ **Frage 10.21:** Lösung B

Siehe Kommentar zu Frage 10.20.

F98
→ **Frage 10.22:** Lösung B

Zahlreiche normalerweise für den Proteinaufbau verwendete Aminosäuren können durch eine geringfügige Modifikation ihrer Struktur zu wichtigen Signalmolekülen werden (Hormon, Neurotransmitter). Beispiele sind die Tryptophanumwandlung (Hydroxylierung und Decarboxylierung) in Serotonin sowie die Umwandlung von Glutamat in GABA durch Decarboxylierung.
Die drei unter (C), (D) und (E) genannten Verbindungen Trijodthyronin, Tyramin und Noradrenalin sind Umwandlungsprodukte des Tyrosins, – hier also nicht gefragt.

F98
→ **Frage 10.23:** Lösung A

Siehe Kommentar zu 10.22.

H01
→ **Frage 10.24:** Lösung E

Histamin entsteht durch Pyridoxalphosphat-abhängige Decarboxylierung der Aminosäure Histidin (A). Mastzellen setzen nach Kontakt mit IgE-Antikörpern gespeichertes Histamin frei, was für allergische und anaphylaktische Reaktionen verantwortlich ist (B). Freigesetztes Histamin führt zu einer Kontraktion der Bronchialmuskulatur (z. B. beim Asthmaanfall) (C). An Endothelzellen fördert Histamin durch H_1-Rezeptoren die Freisetzung von NO, wodurch es zu einer Weitstellung und Durchlässigkeit der Gefäße kommt (D). Die gesuchte Falschaussage ist (E), denn an den Belegzellen des Magens wirkt Histamin nicht antagonistisch zum Gastrin, sondern führt zu einer starken Stimulierung und damit zu einer vermehrten HCl-Sekretion.

H01

→ **Frage 10.25:** Lösung D

Um im Intermediärstoffwechsel ein Substrat durch Anhängung einer Methylgruppe zu modifizieren, muss diese CH_3-Gruppe zuvor durch ein Coenzym aktiviert werden. Dafür sind zwei Möglichkeiten vorgesehen: Die Methylgruppe der Aminosäure L-Methionin kann durch eine Reaktion mit ATP, bei der S-Adenosylmethionin entsteht, labilisiert und dann übertragen werden; dieser Mechanismus kommt zum Einsatz bei der Methylierung von Guanidinoessigsäure zu Kreatin (A), von Noradrenalin zu Adrenalin (B), von Ethanolamin zu Cholin (C) oder bei der Modifizierung von Cytosinresten in der DNA (E).
Die hier gesuchte Falschaussage ist (D), denn durch die Thymidylatsynthase wird dUMP mit Methylentetrahydrofolat zu dTMP und Dihydrofolat umgesetzt. Hier und bei vielen anderen Methylierungsreaktionen wird ein Derivat des Coenzyms Tetrahydrofolsäure eingesetzt.

X.8 Methionin-Homocystein

Neben seiner Funktion als Proteinbaustein wird Methionin für Methylierungen benötigt, so u.a. für die Synthese von Cholin, Creatin, Adrenalin, DNA-Basen, RNA-Basen. Adenosylmethionin ergibt nach erfolgter Methylierung Adenosin und Homocystein. Im Methionin-Homocystein-Kreislauf wird Homocystein mit Folsäure, Vitamin B_{12} und ATP zu Adenosylmethionin rückverwandelt.

Methionin - Homocystein - Kreislauf

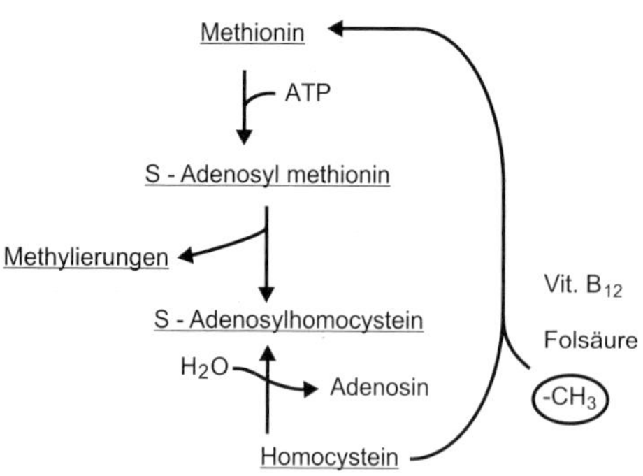

Wird Homocystein nicht zur Resynthese von Methionin verwendet, erfolgt der Abbau mit Serin zu Cystathionin, das dann gespalten wird zu Homoserin und Cystein. Homoserin ergibt im weiteren Abbau Propionyl-CoA, das entweder in den oxidativen Endabbau (Citratcyclus und Atmungskette) eingeschleust wird oder zur Gluconeogense verwendet wird.

Homocystein - Abbau

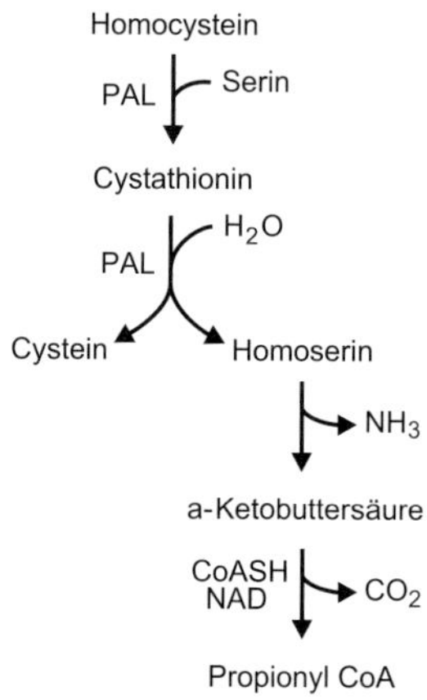

Klinischer Bezug
Homocystein im Serum als Risikofaktor für Atherosklerose
Eine erhöhte Serum-Konzentration von Homocystein führt zu einer Endothelschädigung und einer vermehrten Thrombozytenaggregation und stellt damit einen unabhängigen Risikofaktor für kardiovaskuläre Erkrankungen, z.B. Myokardinfarkt und Apoplex, dar.
7 verschiedene genetische Defekte im Methionin-Homocysteinstoffwechsel können verantwortlich sein, daneben können Mangelzustände an den 3 beteiligten Vitaminen (Folsäure, Pyridoxin, B_{12}) Ursache sein.
Die klassische Homocysteinurie beruht auf einem Defekt der Cystathioninsynthase. Sie zeigt im Kindes- bzw. Adoleszentenalter einen letalen Verlauf. Die Therapie besteht in einer Methionin-armen und Cystein-angereicherten Diät und in einer hochdosierten Supplementierung der Vitamine B_{12}, B_6 und Folsäure.

Kommentare aus Examen Frühjahr 2006

F06

→ **Frage 10.26:** Lösung E

Stickstoffmonoxyd (NO) wird auch als EDRF (endothelium derived relaxing factor) bezeichnet. Es wird von Endothelzellen aus Arginin durch NO-Synthasen mit 2 O_2 und NADPH gebildet, aus dem Arginin entsteht dabei Citrullin.
Aussage (A) ist falsch, denn im Harnstoffcyclus wird Arginin nicht zu NO, sondern zu Harnstoff und Ornithin umgesetzt.
Aussage (B) ist falsch, denn beim Abbau des Häms entsteht nicht NO, sondern Kohlenmonoxyd (CO).

Aussage (C) ist falsch, denn NO führt nicht zu Spasmen der glatten Gefäßmuskulatur, sondern zur Erschlaffung (Relaxation) mit einer Vasodilatation. Aus Nitroverbindungen (Spray oder Kapseln) wird NO zur Behandlung der Angina pectoris eingesetzt. Aussage (D) ist falsch, denn die lösliche Guanylatcyclase der glatten Gefäßmuskulatur wird durch NO nicht gehemmt, sondern stimuliert.

F06
→ **Frage 10.27:** Lösung C

Ammoniak wird von Darmbakterien gebildet und gelangt in das Blut, ist neurotoxisch und muss in der Leber entgiftet werden, indem er durch die Glutamatdehydrogenase mit α-Ketoglutarat und NADH zu Glutamat umgesetzt wird (C).
Die Aussagen (A), (B), (D) und (E) sind nicht zutreffend:
Arginase spaltet Arginin hydrolytisch in Harnstoff und Ornithin, die Argininosuccinat-Synthetase setzt Citrullin und Aspartat um, die Glutaminase setzt in der Niere aus Glutamin hydrolytisch Ammoniak frei zur Baseneinsparung bei Azidose. Die Monoaminooxidase (MAO) inaktiviert biogene Amine wie Noradrenalin, Serotonin u. a.

F06
→ **Frage 10.28:** Lösung *** Diese Frage wurde aus der Wertung genommen.

Die Harnstoffbildung ist ein in der Leber ablaufender Kreisprozess. In den Mitochondrien wird Ammoniak (entstanden durch die Glutamatdehydrogenase aus *Glutaminsäure* oder durch Glutaminase aus Glutamin) mit Bicarbonat unter Verbrauch von 2 ATP zum *Carbamoylphosphat* vereint. N-Acetylglutamat dient bei dieser Reaktion als Aktivator.
Der Carbamoylrest wird auf Ornithin, eine nichtproteinogene Aminosäure, übertragen und liefert dabei Citrullin. Die Aminosäure Citrullin tritt aus den Mitochondrien ins Cytosol über. Dort lagert sich, unter Wasserabspaltung und ATP-Verbrauch, *Asparaginsäure* an; das Produkt heißt Argininosuccinat.
Da Glutamat, Aspartat und Carbamoylphosphat an der Harnstoffbildung beteiligt sind, wurden die Antwortmöglichkeiten (B) und (D) als richtig gewertet. Damit musste die Frage aus der Wertung genommen werden.
Siehe Lerntext „Harnstoffsynthese" X.2.

F06
→ **Frage 10.29:** Lösung A

Die Niere kann durch Glutaminase hydrolytisch Glutamin zu Glutamat und NH_4^+ spalten und das NH_4^+ bei Acidose zur Baseneinsparung in den Urin abgeben (A).
Aussage (B) ist falsch, denn bei vermehrter Gluconeogenese aus Aminosäuren in der Niere kann das Ammoniak auch in das Blut abgegeben werden.
Aussage (C) ist falsch, denn das NH_4^+ entsteht nicht durch Transaminierung, sondern durch Hydrolyse von Glutamin. Bei Transaminierungen wird NH_3 nicht frei, sondern wird gebunden übertragen als Pyridoxamin-P.
Aussage (D) ist falsch, denn Tiere besitzen keine Urease, die aus Harnstoff NH_4^+ abspalten kann.
Aussage (E) ist falsch, denn biogene Amine entstehen nicht aus Ammoniak, sondern durch Decarboxylierung von Aminosäuren.

11 Citratcyclus und Atmungskette

XI.1 Pyruvatdehydrogenase

Damit das beim Abbau der Nahrungskohlenhydrate in der Glykolyse anfallende Pyruvat im Citratcyclus verarbeitet werden kann, muss es zunächst durch oxidative Decarboxylierung zu Acetyl-CoA abgebaut werden. Diesen Vorgang katalysiert ein mitochondrialer Multienzymkomplex, die Pyruvatdehydrogenase (PDH), aufgebaut aus drei verschiedenen Enzymproteinen unter Beteiligung der 5 nachfolgend aufgeführten Coenzyme. Der bei der Pyruvatdecarboxylierung entstehende Acetaldehyd wird an Thiamindiphosphat (prosthetische Gruppe am Enzym E-1) gebunden. H– und –OC–CH_3 werden auf die oxidierte Liponsäure übertragen. Der sich hierbei bildende Thioester der Essigsäure reagiert mit CoASH zum Acetyl-CoA. Die jetzt reduziert vorliegende Liponsäure muss mittels FAD und NAD^+ reoxidiert werden. – Die Bilanz der PDH-Reaktion lautet:

$$CH_3{-}CO{-}COOH \xrightarrow[\text{CoASH}]{NAD^+ \;\rightarrow\; NADH + H^+} CH_3{-}CO{-}SCoA + CO_2$$

Die PDH ist ein interkonvertierbares Enzym, dessen Aktivität durch enzymatische Phosphorylierung ab- und durch Dephosphorylierung angeschaltet werden kann. Außerdem greift an der PDH eine allosterische Kontrolle an: Acetyl-CoA, ATP und NADH hemmen als negative Effektoren die PDH, durch ADP wird die PDH aktiviert.

H98 H96 H92

→ **Frage 11.1:** Lösung E

Der Pyruvatdehydrogenasekomplex (PDH) in den Mitochondrien katalysiert die irreversible Reaktion Pyruvat → Acetyl-CoA und benötigt 5 Coenzyme: TPP (A), NAD^+ (B), Liponsäure, CoASH und FAD. Durch eine Proteinkinase wird der PDH-Komplex phosphoryliert und damit inaktiviert, durch Dephosphorylierung mittels Phosphoproteinphosphatase wird der PDH-Komplex aktiviert (D).
Die PDH wird durch Insulin, das bei hohem Glucoseangebot vermehrt sezerniert wird, aktiviert (C).
Die gesuchte Falschaussage ist (E): ADP hemmt die Dephospho-PDH-Kinase, sodass es zu einem Überwiegen der aktiven PDH kommt.

XI.2 Reaktionen des Citratcyclus

Im Citronensäurecyclus wird das aus unserer Nahrung gebildete Acetyl-CoA nach der Gleichung

$CH_3{-}CO{-}SCoA + 3\,H_2O \rightarrow 2\,CO_2 + CoASH + 8\,[H]$

oxidiert.
Der an die Coenzyme NAD^+ bzw. FAD gebundene Wasserstoff [H] wird unter ATP-Gewinn in der Atmungskette verbrannt.

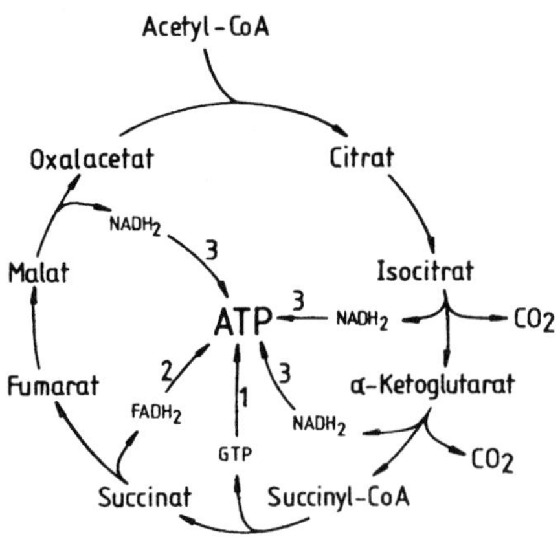

Oxalessigsäure muss zum Start als Akzeptormolekül für die aktivierte Essigsäure vorhanden sein. Die Oxalessigsäure entsteht im Cyclus durch die (reversible) Dehydrierung aus Äpfelsäure (Malat), – kann aber auch durch Carboxylierung aus Pyruvat neu gebildet werden. Bei der Reaktion von Oxalacetat mit Acetyl-CoA entsteht die Citronensäure, eine C_6-Tricarbonsäure, die unter Wasserabspaltung die Aconitsäure bildet. Wasseranlagerung an die Doppelbindung ergibt die Isocitronensäure, die an der sekundären Alkoholgruppe oxidiert wird zu Oxalbernsteinsäure. Diese verliert als β-Ketosäure spontan CO_2 und wird zur α-Ketoglutarsäure.
Diese α-Ketosäure wird durch die Ketoglutaratdehydrogenase oxidativ decarboxyliert, wobei die gleichen 5 Coenzyme im Einsatz sind wie bei der im Lerntext XI.1 beschriebenen Pyruvatdehydrogenase; als Produkt erscheint Succinyl-CoA. Bei der Spaltung dieses energiereichen Thioesters wird im Rahmen der Substratkettenphosphorylierung ein Molekül GTP aus GDP und Phosphorsäure gebildet. Die entstandene Bernsteinsäure wird durch die FAD-abhängige Succinatdehydrogenase zu Fumarsäure oxidiert. Wasseranlagerungen an deren Doppelbindung ergibt Äpfelsäure, deren NAD^+-abhängige Dehydrierung das Ausgangsmolekül Oxalessigsäure ergibt.

F99

→ **Frage 11.2:** Lösung E

Acetyl-CoA (aktivierte Essigsäure) bildet den sog. C_2-Pool des Stoffwechsels. Es entsteht aus Fetten (A), Kohlenhydraten und Proteinen u.a. über die oxidative Decarboxylierung von Pyruvat (B) in der Mitochondrienmatrix. Wenn Acetyl-CoA im Cytosol für die Fettsynthese benötigt wird, wird es zunächst im Mitochondrium mit Oxalacetat zu Citrat, das ausgeschleuste Citrat wird im Cytosol unter ATP-Verbrauch durch eine Lyase zu Acetyl-CoA und Oxalacetat gespalten (C). Freie Essigsäure, z.B. aus dem Abbau von Ethanol oder aus Nahrungsessig, kann mit ATP und CoASH aktiviert werden (D).
Die gesuchte Falschaussage ist (E), denn die Steroide werden im Säugetier zwar aus Acetyl-CoA gebildet, aber das Sterangerüst kann nicht zu Acetyl-CoA abgebaut werden, sondern nur zu Gallensäuren.

H03

→ **Frage 11.3:** Lösung C

Der katabole Stoffwechsel, Abbau von Zucker, Protein und Fett, konvergiert auf den C_2-Pool Acetyl-CoA. Der weitere Abbau erfolgt unter Bildung von Citrat (A). Verläuft dieser Abbau nicht schnell genug, kann Acetyl-CoA in den HMG-CoA-Cyclus eingeschleust werden (D). Auch für Synthesen ist Acetyl-CoA wichtig, so z.B. für die Bildung des Acetylcholins (B). Die Aminozucker werden häufig

durch Acetyl-CoA an der Aminogruppe acetyliert (E).
Die gesuchte Falschaussage ist (C), denn Acetyl-CoA kann zwar aus Pyruvat entstehen, dies unter Freisetzung von CO_2, dieser Schritt ist aber absolut irreversibel, dies ist auch der Grund, warum aus Fettsäuren bzw. Acetyl-CoA keine Gluconeogenese erfolgen kann. Eine Carboxylierung von Acetyl-CoA mit CO_2-Biotin erfolgt zu Malonyl-CoA im Rahmen der Fettsäure-Biosynthese.

F02
→ **Frage 11.4:** Lösung B

Acetyl-CoA steht für aktivierte Essigsäure, die bei der β-Oxidation der Fettsäuren und der oxidativen Decarboxylierung von Pyruvat entsteht. Falsch ist Aussage (B), denn das aus Acetyl-CoA synthetisierte Cholesterin kann nicht wieder zu Acetyl-CoA abgebaut werden. Acetyl-CoA kann im Citratcyclus abgebaut oder zu Synthesen verwendet werden, z. B. von Ketonkörpern oder, nach Carboxylierung zu Malonyl-CoA, zur Fettsäuresynthese.

H02
→ **Frage 11.5:** Lösung *** Diese Frage wurde aus der Wertung genommen.

Siehe Lerntexte XI.1 und XI.2.
Trotz der Nicht-Wertung kann festgestellt werden: Die gesuchte Falschaussage ist (E), denn die Pyruvatdehydrogenase ist kein Enzym des Citratcyclus, sondern ein mitochondriales Enzym, das sozusagen vor dem Citratcyclus Pyruvat zu Acetyl-CoA, CO_2 und $NADH_2$ umwandelt und dem Citratcyclus Acetyl-CoA liefert.

H04
→ **Frage 11.6:** Lösung C

Siehe Lerntext XI.2.
Citronensäure ist eine 3-wertige Säure oder Tricarbonsäure (C).
(A) ist falsch, denn Citronensäure enthält keine sekundäre, sondern eine tertiäre Alkoholgruppe, diese wird erst durch die Aconitase in eine sekundäre Alkoholgruppe (Isocitronensäure) umgewandelt.
(B) ist falsch, denn Citronensäure ist kein mehrwertiger, sondern ein einwertiger Alkohol.
(D) ist falsch, denn Citrullin hat mit Citronensäure nichts zu tun, sondern ist eine nicht-proteinogene Aminosäure des Harnstoffcyclus. Citrat entsteht aus Oxalacetat und Acetyl-CoA durch die Citratsynthase.
(E) ist falsch, denn im Citratcyclus wird nicht in Succinat gespalten, sondern die Metabolite unterliegen 2 Decarboxylierungen und 4 Dehydrierungen.

F05
→ **Frage 11.7:** Lösung B

Die oxidative Decarboxylierung von α-Ketosäuren erfolgt durch Multienzymkomplexe, die 5 Coenzyme benötigen: Thiaminpyrophosphat, NAD, FAD, Liponsäure und CoASH. Die oxidative Decarboxylierung erfolgt vor dem Citratcyclus durch den Pyruvatdehydrogenesekomplex (Pyruvat zu Acetyl-CoA) und im Citratcyclus durch den α-Ketoglutaratdehydrogenasekomplex (α-Ketoglutarat zu Succinyl-CoA).

F04
→ **Frage 11.8:** Lösung C

Succinyl-CoA (aktivierte Bernsteinsäure) entsteht im Citratcyclus (A) aus α-Ketoglutarat durch oxidative Decarboxylierung und aus dem Abbau von Propionsäure (B) über Methylmalonyl-CoA. Succinyl-CoA dient der Aktivierung von Acetessigsäure (D), wobei Acetoacetyl-CoA und Succinat entstehen.
Bei der Porphyrinsynthese entsteht die Aminolävulinsäure aus Glycin und Succinyl-CoA (E). Die gesuchte Falschaussage ist (C), denn die einfach ungesättigte Ölsäure wird nach Verlagerung und trans-Isomerisierung der Doppelbindung vollständig zu Acetyl-CoA abgebaut.

F04
→ **Frage 11.9:** Lösung A

Im Citratzyklus entsteht außer 4 Wasserstoff-beladenen Coenzymen und 2 CO_2 durch Substratkettenphosphorylierung GTP, die Energie stammt aus der energiereichen Thiesterbindung des Succinyl-CoA (A).
Die unter (B), (C) und (E) genannten Metabolite können nicht zur Substratkettenphosphorylierung verwendet werden, da sie keine energiereiche Bindung enthalten. Acetyl-CoA (D) könnte vom energetischen Standpunkt aus verwendet werden, aber entsprechende Wege bzw. Enzyme gibt es nicht.

F98
→ **Frage 11.10:** Lösung E

Die Succinat-Dehydrogenase wird durch Malonat nicht aktiviert, sondern kompetitiv gehemmt. Die Succinatdehydrogenase der inneren Mitochondrienmembran ist gleichzeitig Teil des Citratcyclus und der Atmungskette. Siehe auch Lerntexte XI.2 und XI.6.

F03
→ **Frage 11.11:** Lösung C

Die ungesättigte C4-Dicarbonsäure Fumarat (A) entsteht im Citratcyclus aus Succinat (D) und wird durch Wasseranlagerung umgewandelt in Malat.
Im Harnstoffcyclus entsteht Fumarat durch eine Lyase aus Argininosuccinat (E).
Die Aminosäuren Phenylalanin und Tyrosin (B) werden zu Fumarat und Acetoacetat abgebaut und sind damit glucoplastisch und ketoplastisch.
Die gesuchte Falschaussage ist (C), denn die Decarboxylierung von Oxalacetat ergibt nicht Fumarat, sondern Pyruvat.

XI.3 Regulation des Citratcyclus

Die NAD-abhängige Isocitratdehydrogenase ist das wichtigste Schrittmacherenzym des Citratcyclus: Durch intramitochondriales NADH und durch ATP wird dieses Enzym und damit der Citratcyclus gehemmt, ADP wirkt hier als allosterischer Aktivator.

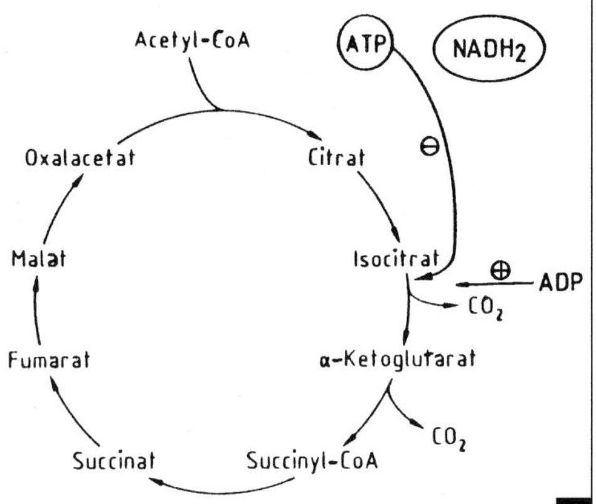

F99
→ **Frage 11.12:** Lösung D

Acetylgruppen des Acetyl-CoA werden im Citratcyclus zu CO_2 oxidiert; die dabei anfallenden Reduktionsäquivalente (drei NADH und ein $FADH_2$) werden zur Verbrennung an die Atmungskette weitergegeben. Das unter (C) erwähnte Liponamid ist eines der an der oxidativen Decarboxylierung von Ketoglutarat zu Succinyl-CoA (E) beteiligten Coenzyme.
Falsch ist die Aussage (D) zum cis-Aconitat, denn bei der Umwandlung von Citrat in cis-Aconitat und von cis-Aconitat in Isocitrat wird erst Wasser abgespalten und in der zweiten Reaktion wieder angelagert; eine Oxidation findet nicht statt.

F00
→ **Frage 11.13:** Lösung D

Der Citratzyklus dient im Katabolismus vorwiegend der Oxidation von Acetyl-CoA zu CO_2, 3 NADH und 1 $FADH_2$. Intermediärprodukte können aber auch abgezogen werden für Synthesen, damit hat der Citratcyclus auch anabole Funktionen. Hierzu gehört eine Beteiligung bei der Fettäuresynthese insofern, als dass das im Mitochondrium entstandene Acetyl-CoA nur als Citrat in das Cytosol transportiert werden kann (A).
Auch die Bereitstellung von α-Ketoglutarat für die Glutaminsäuresynthese (B) erfolgt durch den Citratzyklus.
Für die Porphyrinsynthese aus Glycin und Succinyl-CoA wird letzteres aus dem Citratzyklus abgezogen (E).
Problematisch sind bei dieser Frage die Aussagen (C) und (D): Die Bildung von Oxalacetat für die Gluconeogenese dient der Bildung von Glucose aus den glucoplastischen Aminosäuren, die Ketoglutarat, Succinyl-CoA und Fumarat liefern (eine Aufgabe des Citratzyklus). Für die Gluconeogenese aus Aspartat, Cystein, Glycin, Serin und Threonin trifft dieses nicht zu. Auch die Gluconeogenese aus Lactat benötigt keine Stoffwechselschritte des Citratzyklus. Zudem trifft die Aussage (C) nur für die Leber und die Niere zu, ist also alles in allem mit Einschränkungen richtig.
Die vom IMPP als falsch einzustufende Aussage ist problematisch: Wenn im Cytosol Acetyl-CoA für die Cholesterolsynthese benötigt wird, so entsteht dieses intramitochondrial in der β-Oxidation und durch die Pyruvatdecarboxylase, also nicht durch Reaktionen des Citratzyklus. Andererseits kann die Ausschleusung in das Cytosol genauso wie für die Fettsäuresynthese (A) nur in Form von Citrat erfolgen.
Die Einstufung als Falschaussage ist dann mehr philologischer Natur und beruht auf dem Wort „Bildung“. Wäre die Formulierung „Bereitstellung von Acetyl-CoA für die Cholesterolsynthese“, dann wäre auch Aussage (D) zutreffend.

H03 H99
→ **Frage 11.14:** Lösung B

Der Citratcyclus hat neben der Oxidation von Acetyl-CoA auch zahlreiche anabole Aufgaben: Zwischenprodukte wie Succinyl-CoA oder Oxalacetat dienen als Substrate wichtiger Synthesewege. Damit der Citratcyclus durch solche Entnahmen nicht „austrocknet“, müssen Zwischenprodukte von außen ergänzt werden. Die wichtigste Rolle spielt dabei das Oxalacetat, das aus dem immer und überall vorhandenen Pyruvat durch die Pyruvat-Carboxylase (B) oder durch Transaminierung aus der Asparaginsäure gebildet wird. Die anderen vier genannten Enzyme sind nicht an anaplerotischen, d. h. den Zyklus mit Zwischenprodukten auffüllenden Reaktionen beteiligt.

XI.4 Anabole Reaktionen des Citratcyclus

Unter dem Begriff anabol versteht man hier die Verwendung von Metaboliten des Citratcyclus als Startmaterial für wichtige Synthesewege. Eine Neubildung von Häm ist nur möglich, wenn Succinyl-CoA für die Synthese von Aminolaevulinsäure zur Verfügung steht und auch Ketonkörper können zur Energiegewinnung nur oxidiert werden, wenn sie initial mit Succinyl-CoA aktiviert werden. Für die Fettsäure- oder Cholesterin-Biosynthese nötiges cytosolisches Acetyl-CoA steht nur zur Verfügung, wenn zuvor mitochondriales Citrat ins Cytosol gebracht wurde. Transaminasen können Oxalacetat zur Synthese von Aspartat verwenden und Ketoglutarat zur Bildung von Glutamat.

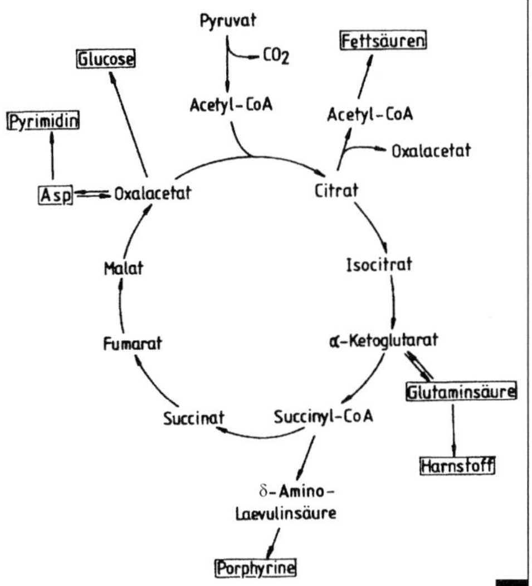

H97
→ **Frage 11.15:** Lösung B

Siehe Lerntext XI.4.
Außer der Oxidation von Acetyl-CoA obliegen dem Citratcyclus anabole Aufgaben, d. h. Zyklusmetabolite werden als Substrate zur Einleitung wichtiger Synthesen entnommen. Cytosolisches Acetyl-CoA entsteht durch Spaltung des aus den Mitochondrien ausgeschleusten Citrats (A). Benötigt wird dieses Acetyl-CoA für die Fettsäure- und die Cholesterin-Biosynthese, nicht aber für die Gluconeogenese ((B) ist die gesuchte Falschaussage). Im tierischen Stoffwechel gibt es keine Enzyme bzw. Stoffwechselwege, die Acetyl-CoA in Glucose umwandeln können. – Richtig sind die anderen Aussagen: Succinyl-CoA dient der Hämsynthese (C) sowie der Aktivierung von Acetessigsäure vor deren Abbau. Die α-Keto-Säuren Oxalacetat (D) und Ketoglutarat (E) können durch Transaminierung in Aspartat bzw. Glutamat umgewandelt werden.

XI.5 Atmungskette

In der inneren Membran der Mitochondrien finden sich Multienzymkomplexe, mit deren Hilfe der coenzymgebundene Wasserstoff ($NADH_2$ und $FADH_2$), der vor allem aus dem Citratcyclus stammt, oxidiert wird. Die Energie aus dieser stark exergonen Reaktion wird schrittweise freigesetzt und kann zu 40% in Form von ATP konserviert werden.
Damit auch der bei Dehydrierung im Cytosol anfallende Wasserstoff zum ATP-Gewinn beitragen kann, muss er in die Mitochondrien gebracht werden. Da NADH die Mitochondrienwand nicht passieren kann, wird er substratgebunden über den Malat-Aspartat- oder den Glycerinphosphat-Cyclus importiert. Beim Malat-Aspartat-Cyclus reduziert cytosolisches NADH Oxalacetat zu Malat, das über einen Carrier im Austausch gegen α-Ketoglutarat in die Mitochondrienmatrix gebracht wird. Dort wird NAD^+ reduziert, das hierbei entstehende Oxalacetat wird durch Transaminierung zum Aspartat, das über einen anderen Transporter, im Austausch gegen Glutamat, ins Cytosol gelangt und dort wieder Oxalacetat ergibt.

H03
→ **Frage 11.16:** Lösung C

Fettsäuren werden im Cytosol mit ATP und Coenzym A aktiviert und mittels Carnitin in die Mitochondrien-Matrix transportiert und dort auf mitochondriales Coenzym übertragen. Sie werden dann zur ungesättigten Verbindung dehydriert, wobei über $FADH_2$ der Wasserstoff in die Atmungskette übertragen wird (E). Die unter (A) bis (D) genannten Verbindungen sind sämtlich Metabolite des Citratcyklus. Allerdings kann Malat auch aus dem Cytosol in das Mitochondrium transportiert werden, um im Zytosol glykolytisch gebildetes NADH der Atmungskette zuzuführen (Malat-Shuttle).

H04
→ **Frage 11.17:** Lösung D

Täglich werden ca. 500 Liter CO_2 (1 kg) im Stoffwechsel produziert.
Alles CO_2 wird aus Carbonsäuren durch Decarboxylierung frei, aus α-Ketosäuren (z. B. Pyruvat und α-Ketoglutarat) durch oxidative Decarboxylierung, aus β-Ketosäuren, z. B. Oxalsuccinat, β-Keto-6-P-Gluconsäure und Acetoacetat durch spontane, d. h. nicht-enzymatische Decarboxylierung. Auch

die Decarboxylierung von Aminosäuren zu biogenen Aminen mit Pyridoxal-P-Enzymen liefert CO_2. Mehr als 95 % des CO_2 wird in den Mitochondrien durch den Pyruvat-Dehydrogenase-Komplex und den Citratcyclus gebildet.

F03

→ **Frage 11.18:** Lösung D

Die reduzierten Coenzyme NADH und $FADH_2$ liefern den Wasserstoff für die Atmungskette. Citratcyclus (A), β-Oxidation (B), Pyruvatdehydrogenase-Komplex (C) und die oxidative Desaminierung (E) sind die wichtigsten Lieferanten. Die gesuchte Falschaussage ist (D), denn die Reaktion Glutamin + $H_2O \rightarrow$ Glutamat + NH_3 liefert keinen Wasserstoff.

F05

→ **Frage 11.19:** Lösung C

In der Atmungskette fließen die Elektronen über die Redoxpaare mit negativerem Redox-Potenzial zu Redoxpaaren mit weniger negativem Potenzial. Der an NAD^+ gebundene Wasserstoff wird auf ein Flavoprotein und von dort auf ein Chinon übertragen. Auf das Ubichinon folgt eine Reihe von Cytochromen, die unter Wertigkeitswechsel ihres zentralen Eisens Elektronen weiterreichen.
Siehe Lerntext „Elektronenfluss in der Atmungskette" XI.6.

XI.6 Elektronenfluss in der Atmungskette

Um den gewaltigen, bei der Wasserstoffoxidation freiwerdenden Energiebetrag (Knallgas-Reaktion!) unter Kontrolle zu bekommen und für die ATP-Gewinnung nutzbar zu machen, ist das oxidative Geschehen kaskadenartig auf mehrere Stufen verteilt. Die nachfolgende Zeichnung erläutert das stark vereinfachend.
Der an NAD^+ gebundene Wasserstoff wird auf ein Flavoprotein und von dort auf ein Chinon (Ubichinon oder Coenzym Q) übertragen. Auch FAD gebundener Wasserstoff kann zur Reduktion dieses Chinons führen; wie aus dem Schema erkennbar, kommt es dann bei der weiteren Oxidation nur noch zur Bildung von 2 ATP. Auf das Ubichinon folgt eine Reihe von Cytochromen, die unter Wertigkeitswechsel ihres zentralen Eisens Elektronen weiterreichen. Diese Cytochrome, in der Folge b, c, a/a_3, stellen Hämproteine dar, die das Häm kovalent gebunden enthalten. An mehreren Stellen (der initialen NADH-Ubichinon-Reduktase, der $FADH_2$-abhängigen Succinat-Ubichinon-Reduktase und der Ubichinon-Cytochrom c-Reduktase) sind Eisen-Schwefel-Proteine in noch nicht genau definierter Funktion mit im Einsatz; dieses Nicht-Häm-Eisen fehlt in der Cytochrom c-Oxidase (= Cytochrom a/a_3), die dafür aber proteingebundene Kupferatome verwendet.

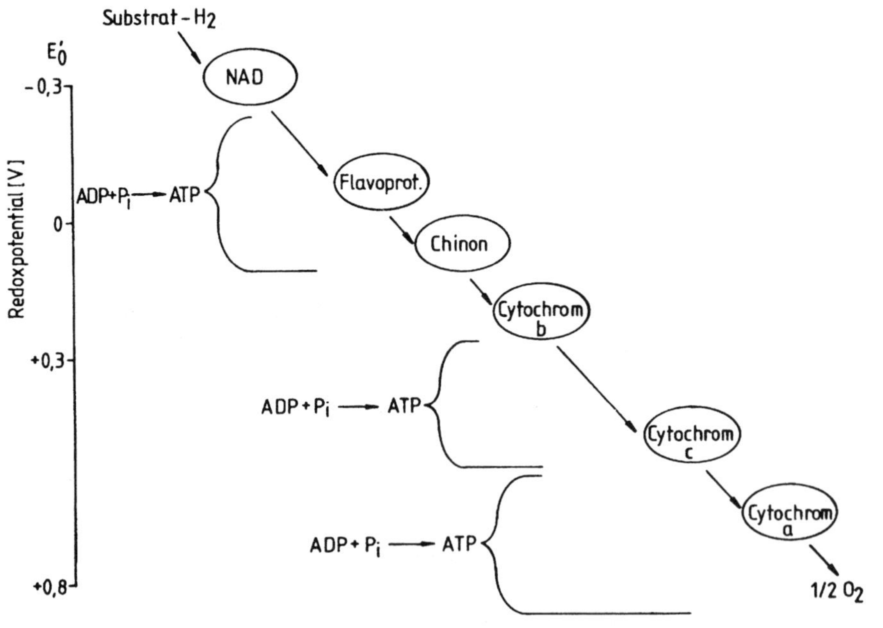

H96

→ **Frage 11.20:** Lösung D

Siehe Lerntext XI.6.
Die Cytochrom-c-Oxidase (anderer Name: Cytochrom a/a_3) benutzt Kupferatome bei der Elektronenweitergabe; alle anderen genannten Enzymkomplexe haben Schwefel-Eisen-Proteine in ihrer Struktur.

XI.7 Chemiosmotische Theorie der oxidativen Phosphorylierung

Seit etwa 30 Jahren erklärt man die Wirkung der Atmungskette damit, dass während des Wasserstoff- und Elektronentransports durch die verschiedenen Multienzymkomplexe Protonen vom Matrixraum in den Intermembranraum der Mitochondrienwand gepumpt werden. Der sich so aufbauende Protonengradient wird dann über einen Protonenkanal im Komplex V (siehe Lerntext XI.9) ausgeglichen, was mit einer ATP-Bildung einhergeht.

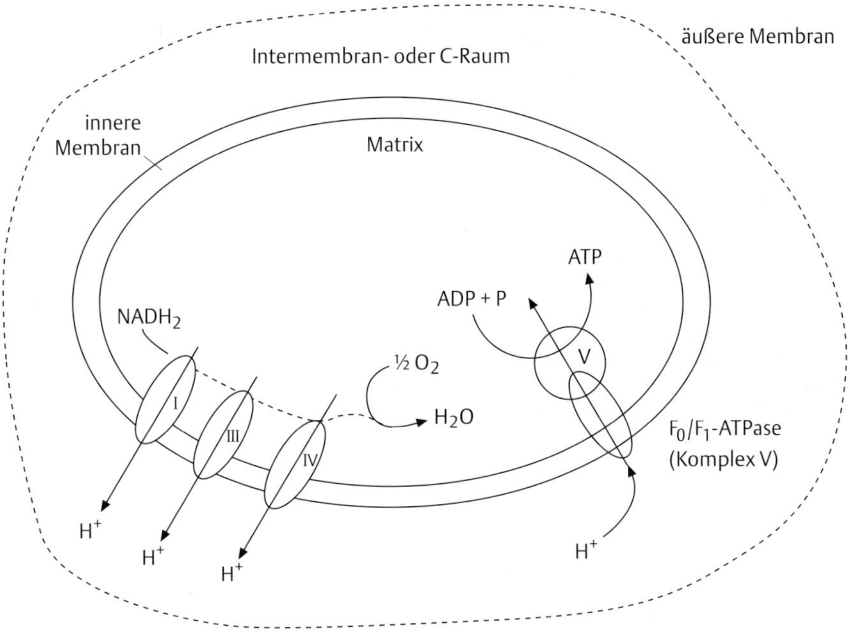

XI.8 Komplexe der Atmungskette

Wenn man Mitochondrien einer Ultraschallbehandlung unterwirft, so erhält man Bruchstücke, die funktionell zusammengehörige Bestandteile der Atmungskette gemeinsam enthalten. Fünf typische Fragmente werden unterschieden und mit römischen Zahlen bezeichnet.

Komplex I: NADH-Ubichinon-Oxidoreduktase
Komplex II: Succinat-Ubichinon-Oxidoreduktase
Komplex III: Ubichinon-Cytochrom-c-Oxidoreduktase
Komplex IV: Cytochrom-c-Oxidase
Komplex V: F_0/F_1-ATP-Synthase

Die letztgenannten Partikel sind elektronenmikroskopisch auffällig, weil sie einen in die Mitochondrienmatrix hineinragenden Knopf besitzen; die Komplex V-Partikel enthalten einen Protonenkanal, an dessen innerem Ende die ATP-Synthese aus ADP + P erfolgt.

H00

→ **Frage 11.21:** Lösung D

Die ATP/ADP-Translokase in den Mitochondrien sorgt dafür, dass für jedes exportierte ATP ein ADP eingeschleust wird. Bei einer Hemmung dieses Systems kann die NADH-Oxidation durch ADP-Mangel zum Erliegen kommen (D).
Alle anderen zur Atmungskette gemachten Aussagen sind falsch. Die ATP/ADP-Translokase kann durch Atractylosid, nicht aber durch das am Komplex IV angreifende Cyanid gehemmt werden. Durch die Succinatdehydrogenase werden pro oxidierter Bernsteinsäure 2 ATP gebildet – nicht 3! Durch Entkoppler wird die pro 2 H erhaltene ATP-Ausbeute von 3 reduziert, im Extremfall auf Null. Die Succinatdehydrogenase ist ein Enzym der inneren (nicht der äußeren !) Mitochondrienmembran.

F00

→ **Frage 11.22:** Lösung C

In der inneren Mitochondrienmembran sind die NADH-Ubichinon-Oxidoreductase (Komplex I), die Ubichinon-Cytochrom-c-Oxidoreductase (Komplex III) und die Cytochrom-c-Oxidase (Komplex IV) Protonenpumpen. Die Succinat-Ubichinon-Oxidoreductase wirkt als Komplex II sowohl in der Atmungskette als auch im Citratcyclus bei der Umwandlung von Succinat in Fumarat. Der Komplex wirkt nicht als Protonenpumpe.

H05

→ **Frage 11.23:** Lösung D

Der eingeatmete Sauerstoff (ca. 500 l pro 24 Stunden) reagiert mit e^- und H^+ katalysiert durch die Cytochrom-c-Oxidase (Warburg'sches Atmungsferment) unter Bildung von 600 ml Oxidationswasser (brutto). Da 300 ml H_2O für Hydratisierungen im oxidativen Katabolismus verbraucht werden, gehen netto 300 ml Oxidationswasser in die Bilanz des Wasserhaushalts ein.
Siehe Lerntext „Elektronenfluss in der Atmungskette" XI.6.

F01

→ **Frage 11.24:** Lösung D

Die chemiosmotische Theorie (Mitchell 1963) fasst viele experimentelle Befunde zur oxidativen Phosphorylierung in Mitochondrien zu einem Bild zusammen. Wasserstoff-Oxidation und ATP-Bildung sind über einen Protonengradienten gekoppelt. Wenn Elektronen durch die in der inneren Mitochondrienmembran liegende Atmungskette fließen, werden Protonen aus der Mitochondrienmatrix in den Intermembranraum gepumpt. Es entsteht ein H^+-Gradient. Der H^+-Rückfluss erfolgt über den membranständigen ATP-Synthase-Komplex, bestehend aus Protonenkanal und ATP-synthetisierender Einheit.
Falsch ist Aussage (D), denn die protonenmotorische Kraft hält H^+ nicht im Intermembranraum zurück, sondern drängt sie zurück in die Matrix.

XI.9 P : O-Quotient

Während des vom NADH ausgehenden Wasserstoff-/Elektronentransports durch die Atmungskette werden 12 Protonen aus dem Matrixraum in den Intermembranraum gepumpt. Der sich so aufbauende Gradient ist die treibende Kraft für die ATP-Bildung.
Jeweils ein Proton wird gebraucht, wenn anorganisches Phosphat aus dem Cytosol in die Mitochondrienmatrix gepumpt wird. Ein anorganisches Phosphat vereinigt sich dann mit ADP zu ATP, wenn 3 weitere H^+ durch den Kanal der ATP-Synthase (Komplex V) in den Matrixraum zurückströmen.
Wenn $FADH_2$-gebundener Wasserstoff über den Komplex II in die Atmungskette eingeschleust wird, ist die Anzahl der in den Intermembranraum verbrachten Protonen geringer als bei der im Komplex I beginnenden Oxidation von NADH. So erklärt sich, dass pro oxidiertem NADH + H^+ 3 ATP, pro oxidiertem $FADH_2$ aber nur 2 ATP gebildet werden. Diese hier auf 2 H bezogene Rechnung gilt auch für 1 O, da 2 H + $^1/_2$ $O_2 \rightarrow H_2O$ ergeben. Für 1 O werden im Falle des NADH 3 Phosphat in ATP eingebaut (P : O-Quotient = 3); für $FADH_2$ ist der P : O-Quotient = 2. Durch Entkoppler der Atmungskette (s. Lerntext XI.10) wird die ATP-Ausbeute verringert und erreicht bei völliger Entkopplung den Wert null.

XI.10 Hemmstoffe und Entkoppler der Atmungskette

Eine Ausschaltung der Atmungskette führt zum sofortigen Tod. Man kennt mehrere Hemmstoffe mit verschiedenen Angriffspunkten: Cyanide und Schwefelwasserstoff blockieren das Atmungsferment (= Cytochrom a/a_3 = Cytochrom c-Oxidase), das Antibiotikum Antimycin hemmt die Kette zwischen den Cytochromen b und c, und schließlich hemmt das Barbiturat Amytal zwischen FMN und Ubichinon.
Das Glykosid Atractylosid hemmt die ADP/ATP-Translokase, die ADP aus dem Cytosol im Tausch gegen ATP in die Mitochondrien pumpt. Das Oligomycin ist ein Hemmstoff der ATP-Synthase (Komplex V).
In Gegenwart eines Entkopplers (Beispiele: 2,4-Dinitrophenol, Valinomycin, Thyroxin) läuft die Wasserstoffoxidation ungehemmt oder sogar beschleunigt weiter, aber durch Zusammenbruch des Protonengradienten ist die ATP-Syn-

these eingeschränkt: Der P:O-Quotient sinkt von 3 evtl. bis auf null.

Inhibitor	Angriffsort	Hemmung von
Amytal Rotenon	Komplex I	Wasserstoff-transport
Antimycin	Komplex III	Elektronen-transport
Blausäure Schwefelwasser-stoff Kohlenmonoxid	Komplex IV	Elektronen-transport
Oligomycin	Komplex V	ATP-Synthese
Atractylosid	ATP/ADP-Trans-locase	ATP-Ausschleu-sung
Entkoppler	**Wirkung**	
Dinitrophenol Valinomycin Arsenat Thyroxin	bewirken den Rückfluss von H^+ in den Matrixraum (Zusammenbruch des Protonengradienten)- keine ATP-Bildung: P/O-Quotient = 0 O_2-Verbrauch und Elektronenfluss gesteigert: Energie wird als Wärme frei.	

Klinischer Bezug

Cyanidvergiftung

Blausäure (HCN) hemmt reversibel die Cytochromoxidase und führt so zu „innerer Erstickung“, d.h. bei vollständiger Hemmung tritt der Tod durch ATP-Mangel innnerhalb weniger Minuten ein. Vergiftungen können accidentell, suicidal oder kriminell auftreten. Die tödliche Dosis beim Einatmen von Blausäure, z.B. bei der Schädlingsbekämpfung oder bei bestimmten Bränden, beträgt ca. 50 mg und bei oraler Aufnahme von Kaliumcyanid ca. 200 mg. Die tödliche Menge kann auch bei Verzehr von ca. 50 Bittermandeln aufgenommen werden.

Therapeutisch bestehen 3 Möglichkeiten, die auch kombiniert angewandt werden können, um die reversible Hemmung der Cytochromoxidase aufzuheben.

1. Die Leber kann mit dem Enzym Rhodanese aus CN^- und S ungiftiges CNS^- (Rhodanid) herstellen. Die Entgiftungskapazität reicht, um die minimal tödliche Dosis in etwa einer Stunde zu entgiften. Durch Gabe von Natriumthiosulfat wird vermehrt der kapazitätsbegrenzende Schwefel zugeführt und die enzymatische Entgiftung beschleunigt.
2. Es wird durch Gabe von Natriumnitrit ca. $^1/_3$ des Haemoglobin zu MetHb oxidiert, das Cyanidion diffundiert von Atmungsenzymen an das Fe^{3+} des MetHb.
3. Durch Infusion von Vit. B_{12} (Cobalamin) bildet sich Cyan-Cobalamin, indem CN^- aus dem Cytochrom-Fe^{3+} an das zentrale Co^+ gebunden wird.

F02

→ **Frage 11.25:** Lösung E

Die Atmungskette der inneren Mitochondrienmembran besteht aus 4 Elektronen-transportierenden Komplexen (I, II, III und IV), wobei Ubichinon die Komplexe I und II mit den Cytochromen verbindet (B). Die Komplexe I, III und IV wirken als Protonenpumpen vom Matrixraum in den Intermembranraum (C). Der entstehende elektrochemische Gradient wird durch den Komplex V (F_0/F_1-ATPase) zur ATP-Synthese verwendet (D). Die gesuchte Falschaussage ist (E), denn Dinitrophenol wirkt als Entkoppler der Atmungskette. Hierbei strömen die Protonen an der F_0/F_1-ATPase vorbei in den Matrixraum zurück, alle Energie wird als Wärme frei, ohne dass ATP gebildet wird. Der Elektronenfluss von den Coenzymen zum O_2 läuft unter Entkopplung mit gesteigerter Geschwindigkeit ab. Eine spezifische Hemmung des Elektronenflusses erfolgt nicht durch Dinitrophenol, sondern am Komplex IV durch Blausäure (HCN) bzw. durch das CN^--Ion.

F96

→ **Frage 11.26:** Lösung E

Siehe Lerntext XI.8.

Aussage (E) ist falsch, denn die in die innere Membran integrierte ATP-Synthase hydrolysiert nicht ATP. Wenn die Membran allerdings durch Ultraschallbehandlung desintegriert wird, wirken die F_0/F_1-Partikel tatsächlich als äußerst aktive ATPase, die aber auch dann an die Matrixseite der inneren Membran gebunden ist.

H04

→ **Frage 11.27:** Lösung C

Siehe Lerntext XI.7.

Bei durchschnittlicher Stoffwechselintensität produziert ein Erwachsener pro 24 Stunden etwa 70 kg ATP. Die von den Komplexen I, III und IV nach außen gepumpten Protonen fließen durch die F_0/F_1-ATPase zurück an die Innenseite und ermöglichen so die endergone ATP-Bildung (C).

H02 H99

→ **Frage 11.28:** Lösung B

Siehe Lerntext XI.10.

Entkoppler der Atmungskette sind Protonophoren, Dinitrophenol, Phenylhydrazone u. a., sie führen zu einer vermehrten Wärmebildung (B). Der Sauerstoffverbrauch wird erhöht ((A) ist falsch), der Protonentransport durch die innere Mitochondrienmembran steigt, ohne dass ATP gebildet wird ((C) und (D) sind falsch). Die Cytochromoxidase wird nicht durch Entkoppler gehemmt ((E) ist falsch), sondern durch HCN, CO, SH_2.

H04

→ **Frage 11.29:** Lösung A

Braunes Fettgewebe, besonders in den ersten Tagen nach der Geburt, enthält in der inneren Mitochondrienmembran das Entkopplungsprotein Thermogenin, durch das Protonen aus dem Intermembranraum unter Umgehung der F_0/F_1-ATPase in den Matrixraum zurückfließen können (A). So wird kein ATP, sondern nur Wärme produziert ((E) und (C) sind falsch).
(D) ist falsch, denn bei einer Entkopplung der Atmungskette nimmt der Elektronenfluss durch die Atmungskette und damit der oxidative Stoffwechsel nicht ab, sondern er wird gesteigert.

F03

→ **Frage 11.30:** Lösung *** Diese Frage wurde aus der Wertung genommen.

Siehe Lerntext XI.10.
Bei der Entkopplung der Atmungskette wandern die Protonen aus dem Intermembranraum unter Umgehung der Fo/F_1-ATPase in den Matrix-Raum zurück, der Elektronenfluss über die Komplexe I, II, III und IV geht aber ungebremst weiter.
Da kein ATP über die Atmungskette mehr nachgeliefert wird, steigt ADP an und steigert sogar den Elektronenfluss und damit den O_2-Verbrauch ((A) und (C) sind falsch).
Die hohe ADP-Konzentration stimuliert auch den übrigen katabolen (energieliefernden) Stoffwechsel, sodass auch der Umsatz von α-Ketoglutarat im Citratcyclus und die Substratkettenphosphorylierung der Glykolyse nicht gehemmt, sondern verstärkt ablaufen ((D) und (E) sind falsch).
Die Aufgabe wurde nicht gewertet, weil unter (E) missverständlich „Substratphosphorylierung" genannt wird, statt Substratkettenphosphorylierung. „Substratphosphorylierung" würde alle Phosphorylierungen umfassen und diese können z. T. vermehrt und z. T. gehemmt ablaufen.

H92

→ **Frage 11.31:** Lösung D

Siehe Lerntext XI.10.
Oligomycin ist ein Antibiotikum, das in der Atmungskette den Komplex V und damit die ATP-Bildung hemmt. Ein Hemmstoff der RNA-Polymerase (Transkription) ist z. B. Rifampicin.

F01

→ **Frage 11.32:** Lösung B

Die gesuchte Falschaussage ist (B), denn reaktive Sauerstoffradikale entstehen durch Reduktion des molekularen Sauerstoffs und nicht durch Oxidation.
Die Sauerstoffradikale sind sehr gefährlich, da sie viele Bestandteile der lebenden Zellen oxidativ schädigen: Membranlipide werden zerstört, in der DNA kommt es zu Mutationen. Granulozyten stellen bactericide Superoxidradikale mit ihrer membranständigen NADPH-Oxidase her und benutzen sie für ihre Abwehraufgaben. Enzymatische (z. B. Glutathion-S-Transferasen) und nicht enzymatische Antioxidantien bewahren den Organismus vor Schäden.

H05

→ **Frage 11.33:** Lösung D

Die Granulocyten produzieren mit der NADPH-Oxidase Superoxidanionen, die intrazellulär und extrazellulär Bakterien und andere Krankheitserreger abtöten.
Aussage (A) ist falsch, denn NADPH hat mit der Atmungskette nichts zu tun.
Die Aussagen (B) und (C) sind falsch, denn die NADPH-Oxidase produziert kein NADPH, sondern verbraucht es. NADPH wird hauptsächlich durch die direkte Glucoseoxidation (Pentose-P-Weg) produziert.
Aussage (E) ist falsch, denn die Umwandlung von O_2^- in H_2O_2 und Sauerstoff wird nicht durch die NADPH-Oxidase, sondern durch die Superoxiddismutase katalysiert. Das weniger toxische H_2O_2 kann dann endgültig durch die Katalase entgiftet werden.

Kommentare aus Examen Frühjahr 2006

F06

→ **Frage 11.34:** Lösung C

Werden durch Dehydrierung (Oxidation) Doppelbindungen in Kohlenwasserstoffketten eingeführt, reicht das Redoxpotenzial nicht aus, um NAD zu reduzieren, sondern es wird FAD zu $FADH_2$, (C) ist die gesuchte richtige Aussage.
Aussage (A) ist falsch, denn nicht Ketoglutarat reagiert mit Acetyl-CoA, sondern Oxalacetat.
Aussage (B) ist falsch, denn die Umwandlung von Citrat in Isocitrat erfolgt nicht durch eine Redoxreaktion, sondern wird katalysiert durch die Aconitase durch Wasserabspaltung und „umgekehrte" Wiederanlagerung des Wassermoleküls.
Aussage (D) ist falsch, denn Malat entsteht nicht durch Decarboxylierung aus Oxalacetat, sondern beide Verbindungen können durch eine Oxidoreduktase mit NAD/NADH ineinander umgewandelt werden. Durch Decarboxylierung entsteht aus Oxalacetat Pyruvat.
Aussage (E) ist falsch, denn der letzte Schritt eines katabolen Umlaufs des Citratcyclus, die Reaktion Malat zu Oxalacetat, ist keine Reduktion mit NADH, sondern eine Oxidation mit NAD^+.
Siehe Lerntext „Reaktionen des Citratcyclus" XI.2.

F06

→ **Frage 11.35:** Lösung B

Blausäure (HCN) hemmt mit hoher Affinität sehr schnell die Cytochromoxidase und wirkt in Sekunden bis Minuten tödlich. CN^- bindet dabei an Fe^{3+} der Cytochromoxidase. Auch andere Fe^{3+}-Porphyrine regieren mit CN^-, allerdings mit geringerer Affinität und langsamer als die Cytochromoxidase. Siehe Lerntext „Hemmstoffe und Entkoppler der Atmungskette" XI.10.

12 Glykogenstoffwechsel, Gluconeogenese

H05

→ **Frage 12.1:** Lösung B

Bei Nahrungskarenz kann nur die Leber Glucose abgeben. Nach 12–24 Stunden ist der Glykogenpool der Leber praktisch geleert. Danach kann die Leber nur noch durch Gluconeogenese aus Lactat, glucoplastischen Aminosäuren und Glycerin Glucose für den Organismus bereitstellen.
Siehe Lerntext „Glykogen" XII.2.

F00

→ **Frage 12.2:** Lösung E

Der Glykogenabbau erfolgt in Leber und Muskulatur durch eine Phosphorylase, die durch Phosphorylierung mittels Phosphorylasekinase in einen aktivierten Zustand gebracht wird. Bei dem dann folgenden phosphorolytischen Abbau entsteht Glucose-1-phosphat, das eine Mutase in Glucose-6-phosphat umwandelt. Nur in der Leber wird der Phosphatrest abgespalten und die Glucose als Blutzucker freigesetzt. – Bei der Glykogenbildung ist UDP-Glucose das Substrat der Glykogensynthase, die ein lineares Polymer mit α-1,4-glykosidischen Bindungen schafft. Die Umwandlung in das verzweigte Glykogen erfolgt sekundär durch das „branching enzyme" (B).

F04

→ **Frage 12.3:** Lösung D

Glykogen ist ein aus vielen 1000 α-D-Glucoseresten aufgebautes Polysaccharid (C), das dem pflanzlichen Stärkebestandteil Amylopektin ähnelt: Glykogen = „tierische Stärke" (B). Aufgebaut wird Glykogen in der Leber und der Muskulatur durch die Glykogensynthase, deren Substrat die aktivierte Glucose in Form von UDP-Glucose ist (A). Beim Abbau (Glykogenolyse) wird zusätzlich zur Phosphorylase eine Hydrolase für die 1,6-glykosidischen Verzweigungsstellen als sog. „debranching enzyme" benötigt (E). Die gesuchte Falschaussage ist (D), denn das Endprodukt der Phosphorylase ist nicht freie Glucose, sondern Glucose-1-P, das zu Glucose-6-P umgewandelt wird. G-6-P wird im Muskel in den Katabolismus eingeschleust, weil, anders als in der Leber, keine Glucose-6-phosphatase vorhanden ist.

H00

→ **Frage 12.4:** Lösung C

Siehe Lerntext XII.4.
Die gesuchte Falschaussage ist (C), denn die Regulation des Glykogenstoffwechsels erfolgt nicht am Verzweigungsenzym, sondern durch Phosphorylierung und Dephosphorylierung der Glykogensynthase und der Glykogenphosphorylase.

F02

→ **Frage 12.5:** Lösung C

Bei der Glykogensynthese in der Leber wird Glucose mit ATP zu Glucose-6-P (A) und durch die P-Glucomutase (B) zu Glucose-1-P, aus dem dann mit UTP UDP-Glucose entsteht. Aus UDP-Glucose hängt die Glykogensynthase (D) die Glucose an die äußeren nicht-reduzierenden Enden in α-1,4-Bindung an. Die 1,4-1,6-Transglucosidase (branching enzyme = Verzweigungsenzym) überträgt eine 6er-Kette in eine 1,6-α-glykosidische Bindung der wachsenden Polysaccharid-Kette (E). Die gesuchte Falschaussage ist (C), denn UDP-Glucose-4-Epimerase ist nicht an der Glykogensynthese beteiligt, sondern an der Synthese und dem Abbau der Galaktose, indem sie die Gleichgewichtseinstellung zwischen UDP-Glucose und UDP-Galaktose beschleunigt.

H97

→ **Frage 12.6:** Lösung C

Siehe Lerntext XII.1.
Die Glykogenphosphorylase spaltet unter Einlagerung von anorganischem Phosphat die α-1,4-Glykosidbindung der endständigen Glukosereste der sog. äußeren Verzweigungen des Glykogenbaumes (nicht-reduzierende Enden), wobei Glukose-1-phosphat entsteht.
Freie Glucose entsteht intrazellulär aus Glykogen nur aus den 1,6-Verzweigungen durch Hydrolyse mittels des „debranching enzymes".
Durch Fleisch und Leber mit der Nahrung zugeführtes Glykogen wird durch die Pankreasamylase hydrolytisch zu Maltose und Isomaltose abgebaut, die durch die Darmschleimhautenzyme Maltase und Isomaltase zu freier Glucose hydrolysiert werden.

F03

→ **Frage 12.7:** Lösung D

Das Glykogen in Leber und Muskel wird vorwiegend durch die Phosphorylase unter Einlagerung von anorganischem Phosphat („phosphorolytisch") zu Glucose-1-P abgebaut (D).
Allerdings wird durch das Debranching-Enzym die Glukose an den 1-6-Verzweigungen hydrolytisch als freie Glukose freigesetzt; dies ist aber nicht das hauptsächliche Endprodukt, sodass (E) als falsch bewertet werden könnte.
Durch einen Abfall der Blutzuckerkonzentration wird der Glykogenabbau gesteigert ((A) ist falsch). Glukagon als Antagonist des Insulins beim Hunger steigert die Glykogenolyse in der Leber, nicht aber im Muskel ((B) ist falsch). Eine Erhöhung der Ca^{2+}-Konzentration im Cytosol bei der Muskelerregung steigert die Glykogenolyse, die unter (C) genannte Ca^{2+}-Erhöhung im Blut ist ohne Einfluss.

H03

→ **Frage 12.8:** Lösung D

Die gesuchte richtige Aussage ist (D), denn sowohl in der Leber wie im Muskel wird das Glycogen durch die Phosphorylase unter Einbau von anorganischem Phosphat („phosphorolytisch") zu Glukose-1-Phosphat abgebaut.
Aussage (A) ist nicht zutreffend, denn durch Glukagon wird der Glykogenabbau in der Leber und nicht im Muskel stimuliert. Durch Insulin wird nicht der Glykogenabbau, sondern die Glykogensynthese stimuliert, der Glykogenabbau wird durch Insulin gehemmt (B). Aussage (C) ist nicht zutreffend, denn beim Glykogenabbau entstehendes Glukose-1-Phosphat wird durch eine Mutase umgewandelt zu Glukose-6-Phosphat, sodass eine Phosphorylierung durch ATP nicht mehr notwendig ist. Eine hydrolytische Reaktion beim Glykogenabbau erfolgt sowohl in der Leber wie in der Muskulatur durch das „debranching enzyme", eine 1-6-Glykosidase, die aus den Verzweigungsstellen freie Glukose bildet. Diese Reaktion ist aber nicht der vorwiegende Abbau und außerdem nicht spezifisch für den Skelettmuskel, sodass (E) nicht zutreffend ist.

F04

→ **Frage 12.9:** Lösung A

Im Muskel wird die Glykogenphosphorylase durch Phosphorylase-Kinase von der inaktiven β-Form in die aktive α-Form umgewandelt, Auslöser für die Aktivierung der Proteinkinasen können Adrenalin oder nach Muskelerregung Ca/Calmodulin sein. Im Unterschied zur Leber ist die β-Form nicht gänzlich inaktiv, sie kann allosterisch durch AMP (A) aktiviert werden. AMP entsteht im arbeitenden Muskel aus ATP über ADP und die Adenylatkinase.
Die Aussagen (B), (C) und (D) sind nicht zutreffend, denn durch die Phosphorylase-Phosphatase-Aktivierung durch Insulin oder durch Glucose-6-P/ATP und durch den cAMP-Abbau wird die Glykogenolyse nicht stimuliert, sondern abgeschaltet. Das unter (E) genannte Glykogenin hat mit der Glykogenolyse nichts zu tun, es ist das Primer-Protein für den Glykogenaufbau.

XII.1 Glykogenabbau

Am Glykogenabbau sind drei Enzyme beteiligt. Eine Phosphorylase spaltet phosphorolytisch, d.h. unter Einlagerung von anorganischem Phosphat (P_i), endständige Glucosereste (von den nicht reduzierenden Enden) aus der 1,4-Bindung als Glucose-1-phosphat (G-1-P) ab. Die Phosphorylase arbeitet sich nur bis auf vier Glucosereste an eine 1,6-Verzweigungsgabel heran. Eine 1,4-1,4-Glucantransferase überträgt dann ein Trisaccharid aus dem einen Schenkel der Verzweigung auf den anderen, wodurch die Phosphorylase wieder weiterarbeiten kann. Der 1,6-gebundene Glucoserest wird durch das „debranching enzyme" hydrolytisch als freie Glucose abgespalten.
Die Reihenfolge der Enzyme beim Glykogenabbau ist also 1. Phosphorylase, 2. 1,4-1,4-Glucantransferase, 3. Phosphorylase, 4. debranching enzyme. Hauptsächliches Endprodukt dieses Abbaus ist Glucose-1-phosphat, freie Glucose entsteht nur aus einem einzigen Rest jeder Verzweigung durch das „debranching enzyme".

Glykogenabbau

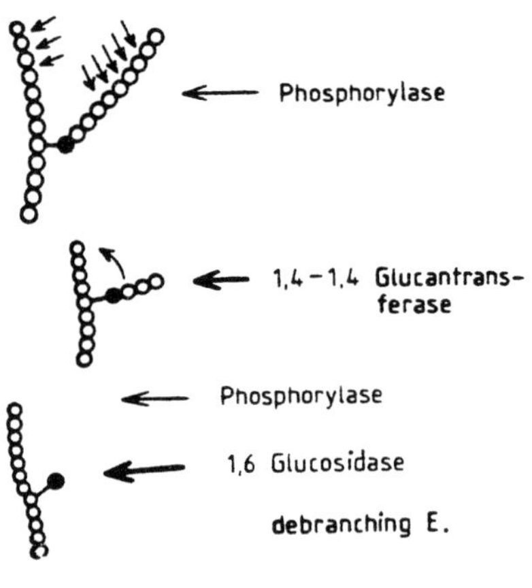

XII.2 Glykogen

Die für die Glykogenspeicherung wesentlichen Organe sind Leber (Glykogen bis zu 10% ihres Feuchtgewichts) und die Muskulatur (Glykogen maximal 1%). Bei diesen beeindruckend differierenden Zahlen enthält die Muskulatur (25 kg) eines wohlgenährten Menschen (70 kg) insgesamt mehr Glykogen (250 g) als die 1,5 kg schwere Leber (150 g).
Auch funktionell wirken Leberglykogen und Muskelglykogen unterschiedlich. Die Leber besitzt das Enzym Glucose-6-phosphatase und kann damit beim Abbau des Glykogens freie Glucose produzieren und diese zur Versorgung der peripheren Organe an das Blut abgeben.
Die Muskelzellen besitzen keine Glucose-6-phosphatase, können also aus Glykogen keine freie Glucose produzieren. Erst das aus Glucose-6-phosphat gebildete Pyruvat bzw. das Lactat kann die Muskelzellen verlassen und in der Leber über die Gluconeogenese Glucose liefern.

Kooperation von Leber und Muskulatur im Glucosestoffwechsel (Lactatzyklus oder Cori-Zyklus)

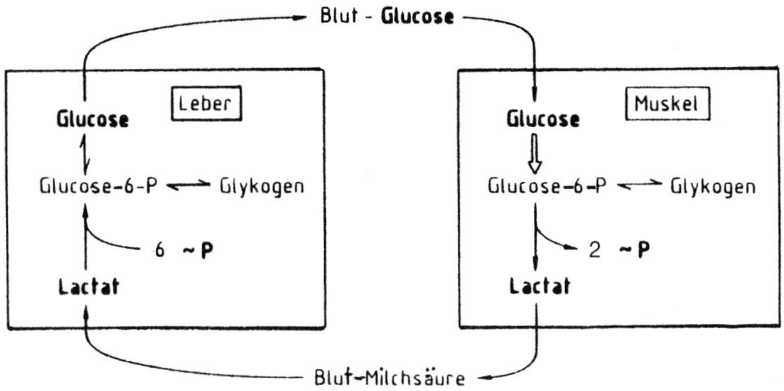

Glykogen in Leber und Muskulatur
Bei Bedarf (Hunger und Muskelarbeit) werden die Glykogenspeicher entleert, in Ruhe und bei Nahrungsaufnahme (Resorptionsphase) wieder aufgefüllt, dies gilt für Leber und Muskel. Die Unterschiede des Glykogenstoffwechsel zwischen Muskel und Leber zeigt die Tabelle:

	Leber	Muskel
Max. Konzentration (g/100 g)	10	1
Gesamtmenge (g) pro Organ	150	250
Abgabe freier Glucose durch G-6-phosphatase	+	–
Auslöser der Aktivierungskaskade	Glucagon oder Adrenalin	Adrenalin
direkte Aktivierung der Phosphorylasekinase	P-Inositolkaskade	Kontraktion über Ca^{++}-Calmodulin
Allosterische Regulation der Phosphorylase b	–	↑ AMP ↓ ATP, Glucose-6-P

Klinischer Bezug

Glykogenosen

Als Glykogenosen werden erbliche Enzymdefekte des Glykogenstoffwechsels bezeichnet. Es sind schwere Stoffwechselstörungen („inborn errors of metabolism"), die meist bereits in der Kindheit zum Tode führen.
Eine abnorme Glykogenspeicherung (Glykogenose) tritt etwa bei 1 von 25 000 Neugeborenen auf. Die jeweiligen Krankheitsbilder werden nach ihrem Erstbeschreiber und (oder) mit den römischen Zahlen I bis IX benannt, zum Beispiel Glykogenose I = von Gierke-Krankheit. Da bis heute insgesamt 16 verschiedene Enzymdefekte, den Stoffwechsel des Glykogen und dessen Regulation sowie die Glykolyse betreffend, aufgeklärt wurden, ist die Nomenklatur höchst missverständlich. Allesamt führen zur Glykogenspeicherung in der Leber und (oder) den Skelettmuskeln und in einigen Fällen sogar in den Herzmuskel.
Klinische Charakterisierungen unterscheiden Leberglykogenosen und Muskelglykogenosen, solche mit normal aufgebautem und solche mit abnormem Glykogen.
Am häufigsten und bekanntesten ist die Glykogenose I (v. Gierke), bei der die Leber und z.T. die Niere betroffen sind. Sie beruht entweder auf einem Defekt der Leber-Glukose-6-Phosphatase Typ Ia (90% der Typ I-Fälle) oder auf einem Defekt der Glucose-6-P-Translocase Typ Ib (10% der Typ I-Fälle). Leberfunktionsstörungen und Lebergewichte von bis zu 10 kg statt normal 1,5 kg können auftreten, weil die Leber Glucose unverändert aufnimmt und mit Glucokinase phosphoryliert, aber wegen der fehlenden Phosphataseaktivität nicht wieder abgeben kann. Die phosphorylierte Glucose, auch aus der Gluconeogenese, wird in die Glykogensynthese eingeschleust.
Die Regulation des Blutzuckers bei den betroffenen Kindern ist gestört, die Kinder neigen zu hypoglykämischen Anfällen. Durch das plötzliche Abfallen des Blutzuckers wird die Energieversorgung des Gehirns unterbrochen, es kann zu Krämpfen und Bewusstlosigkeit kommen.
Therapeutisch versucht man diätetische Maßnahmen, u.U. auch Lebertransplantationen. Somatische Gentherapien werden zukünftig erwartet.

XII.3 Glykogensynthese

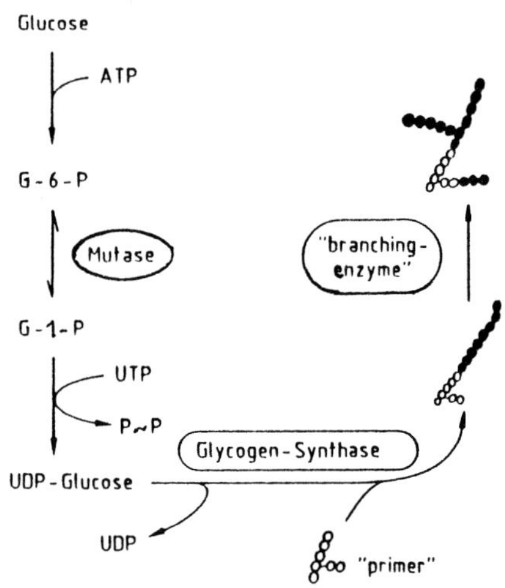

Die Glykogenbildung findet hauptsächlich in der Leber und in der Muskulatur statt. Dazu wird über Glucose-1-phosphat Uridindiphosphat-Glucose (UDP-G) gebildet. Aus dieser sog. aktivierten Glucose kann durch die Glykogensynthase der Glucoserest auf Glykogen übertragen werden.
Zum Glykogenaufbau aus UDP-Glucose sind zwei Enzyme erforderlich. Zunächst wird für die Synthese ein Startermolekül („primer") benötigt; hierbei handelt es sich um ein α-glykosidisch verbundenes Oligosaccharid oder um ein Starterprotein mit gleichzeitiger Synthaseaktivität, das Glycogenin. Durch die Transferase Glykogensynthase wird aus UDP-Glucose zunächst eine lange, unverzweigte 1–4-Glucosekette aufgebaut. Durch ein Verzweigungsenzym („branching enzyme"), eine intramolekulare Transferase, wird dann ein Hexasaccharid aus der 1,4-Bindung in eine 1,6-Bindung nach vorn im Molekül umgehängt. Der systematische Name des Verzweigungsenzyms ist 1,4-Glucan-1,6-transferase.

H02

→ **Frage 12.10:** Lösung D

Siehe Lerntext XII.4.
Die gesuchte Falschaussage ist (D), denn IP_3 wirkt nicht allosterisch auf die Glykogen-Synthase, sondern durch IP_3 wird im Muskel aus dem endoplasmatischen Reticulum Ca^{2+} freigesetzt, das im Cytosol gebunden an Calmodulin die Phosphorylase-Kinase aktiviert und dann über eine Phosphorylie-

rung der Phosphorylase den Glykogenabbau bewirkt. Damit ist sichergestellt, dass mit der Auslösung einer Muskelkontraktion (Ca^{2+}) gleichzeitig über den Glykogenabbau Glucose als „Brennstoff" bereitgestellt wird.

H01

→ **Frage 12.11:** Lösung B

Der Glykogenabbau durch die Glykogenphosphorylase wird allosterisch durch AMP aktiviert (A). Neben der allosterischen Aktivierung gibt es eine Verstärkerkaskade der Aktivierung der Glukogenphosphorylase durch Proteinkinasen und darauf folgende Phosphorylierung (C). Hier eingeschaltet ist in der Verstärkerkaskade auch eine Phosphorylasekinase (D). In der Muskulatur wird bei Aktivierung der Kontraktion durch Calcium die Phosphorylasekinase allosterisch durch Calcium-Calmodulin aktiviert (E). Ausgelöst wird der Glykogenabbau durch Catecholamine und durch Glukagon. Die gesuchte Falschaussage ist (B), denn durch Insulin wird die Glykogenphosphorylase nicht aktiviert, sondern gehemmt.

F03

→ **Frage 12.12:** Lösung D

Bei der Glykogenose Typ I fehlt in der Leber die Glucose-6-Phosphatase, sodass keine freie Glukose hergestellt werden kann. Die Leber nimmt Glukose aus dem Blut auf und wandelt sie mit der Glukokinase zu G-6-P um oder synthetisiert in der Gluconeogenese G-6-P aus Glycerin, Laktat oder Aminosäuren. Glukose-6-P kann nicht durch Zellmembranen transportiert werden und häuft sich an, was zu einer vermehrten, noch in der Kindheit tödlichen Überladung der Leber mit Glykogen (bis zu 10 kg!) und zu Leberversagen führt.
Mangel der unter (E) genannten Phosphorylase-Kinase führt zur Glykogenose Typ VIII und der unter (C) genannte Mangel an Debranching-Enzym führt zur Glykogenose Typ III.

H05

→ **Frage 12.13:** Lösung B

Es sind 9 verschiedene Glykogenosen bekannt, deren häufigste der Typ I ist und durch eine extreme Lebervergrößerung mit Leberversagen und hypoglykämischen Krisen charakterisiert ist.
Aussage (A) ist falsch, denn eine verstärkte nichtenzymatische Proteinglykosylierung tritt bei Hyperglycämien auf, und die glykosylierten Proteine werden nicht in der Leber abgelagert.
Aussage (C) ist falsch, denn ein NADPH-Mangel in Erythrocyten tritt nicht durch Glykogenosen, sondern durch G-6-PDH-Defekte (400 Polymorphismen) in Erythrocyten auf, die zu hämolytischen Anämien (Favismus) führen können.

XII.4 Regulation des Glykogenstoffwechsels

Adrenalin und Glucagon stimulieren den Glykogenabbau und hemmen die Glykogensynthese. Antagonistisch wirkt Insulin, es stimuliert die Synthese und hemmt den Abbau.

Synthese und Abbau von Glycogen werden gegenseitig reguliert

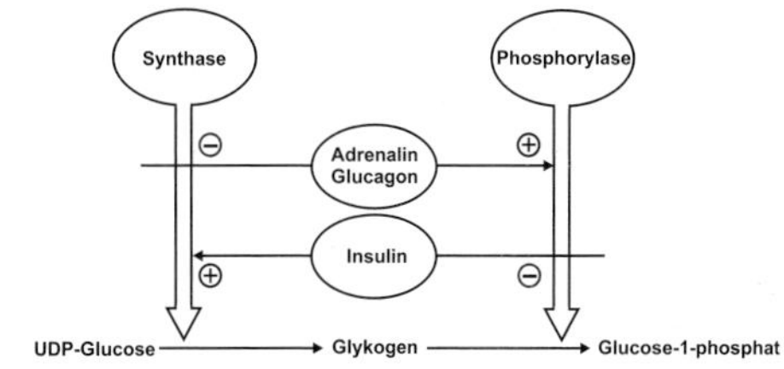

Die Hormone wirken nicht direkt auf die Glykogensynthese und Glykogenphosphorylase, sondern über eine enzymatische Verstärkerkaskade, die durch Bindung der Hormone an ihren jeweils spezifischen Membranrezeptor in Gang gesetzt wird. Am Ende der Kaskade führt die Phosphorylierung der Synthase zu einer Inaktivierung, die der Phosphorylase zu einer Aktivierung. Der Insulinrezeptor, eine Tyrosinkinase, senkt das intrazelluläre cAMP, Adrenalin und Glucagon erhöhen die intrazelluläre cAMP-Konzentration. Beendet werden die Hormonwirkungen durch Abbau der peripheren Hormone und danach durch den cAMP-Abbau durch Phosphodiesterase und durch verschiedene Phosphoproteinphosphatasen, die hydrolytisch den Phosphatrest abspalten, wodurch die Kinasen und die Glykogenphosphorylase inaktiviert, die Glykogensynthase dagegen aktiviert wird.

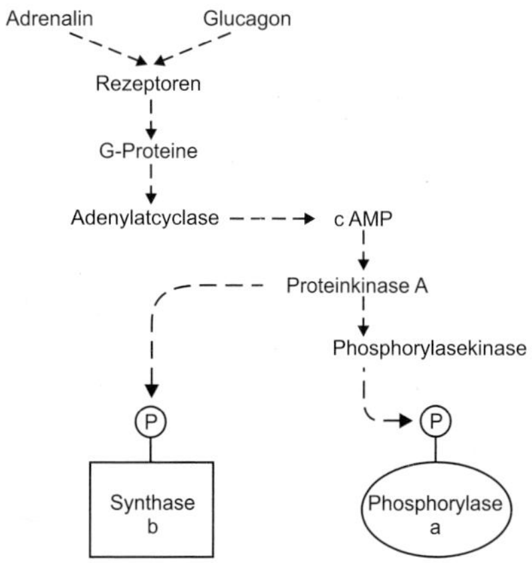

H02

→ **Frage 12.14:** Lösung D

Stoffe, die beim Abbau obligat Essigsäure, z. B. in Form von Acetyl-CoA, ergeben, können nicht zur Gluconeogenese verwendet werden; es gibt im tierischen Stoffwechsel keinen Weg von Acetyl-CoA zu Glucose!
Zwingend zu Acetyl-CoA abgebaut werden Ketonkörper, geradzahlige Fettsäuren, Alkohol und ketoplastische Aminosäuren.

H03

→ **Frage 12.15:** Lösung D

Siehe Lerntexte X.3 und XII.6.
Wichtige Substrate für die Gluconeogenese in der Leber sind glucoplastische Aminosäuren wie Alanin (A) und andere Aminosäuren, die u. a. auch zu Propionat (C) abgebaut werden können. Auch das aus dem Fettabbau stammende Glycerin kann in der Leber zur Glukoneogenese verwendet werden. Laktat ist ein Gluconeogenesesubstrat, wobei hervorgehoben werden sollte, dass der Großteil des Laktats aus dem Abbau von Glukose in der arbeitenden Skelettmuskulatur stammt.
Die gesuchte Falschaussage ist (D), denn das Lysin ist eine ketoplastische Aminosäure. Es kann nicht zur Gluconeogenese verwendet werden, weil bei seinem Abbau Acetoacetyl-CoA entsteht, aus dem kein Oxalacetat oder ein anderer Glykolysemetabolit entstehen kann.

H01

→ **Frage 12.16:** Lösung C

Die Glucose-6-phosphatase ist ein wichtiges Enzym für die Gluconeogenese in der Leber und in der Niere; ihr Produkt ist freie Glucose und das Enzym ist gebunden an das glatte endoplasmatische Reticulum (C).
Die beiden anderen wichtigen Enzyme für die Gluconeogenese: Die Pyruvatcarboxylase ist mitochondrial ((A) ist falsch) und die Fructose-1,6-bisphosphatase ist cytosolisch.
Bei der Gluconeogenese wird das mitochondrial entstandene Oxalacetat nicht durch einen spezifischen Carrier in das Cytosol transportiert, sondern in Form von Malat. Erst die cytosolische Malatdehydrogenase stellt dann wieder Oxalacetat für die weiteren Reaktionen her ((D) ist falsch).
Das Gluconeogeneseenzym PEP-Carboxykinase kommt nicht mitochondrial, sondern cytosolisch vor; auch erfolgt seine Regulierung nicht durch Phosphorylierung, sondern wird unter cAMP-Wirkung induziert und durch Insulin reprimiert; beide Begriffe beziehen sich auf die Synthese des Enzyms.

H02

→ **Frage 12.17:** Lösung B

Glykolyse und Gluconeogenese werden z. T. durch identische, z. T. durch verschiedene Enzyme katalysiert. Wichtigste Schlüsselenzyme für die Glykolyse sind die P-Fructokinase und die Pyruvatkinase, während für die Gluconeogenese die Pyruvatcarboxylase (C), die PEP-Carboxykinase (A), die Fructose-1,6-bisphosphatase (D) und die Glucose-6-phosphatase (E) Schlüsselenzyme darstellen, d. h. nur bei der Gluconeogenese beteiligt sind. Damit ist (B) die gesuchte Antwort.

XII.5 Gluconeogenese

Ende des vorigen Jahrhunderts wurde bereits von Physiologen, z. T. in Selbstversuchen, festgestellt, dass sich der Mensch langfristig völlig zuckerfrei ernähren kann. In der Ethnologie bildet die traditionelle Ernährungsweise der Eskimos ein eindrucksvolles Beispiel für Kohlenhydrat-freie Ernährung von Menschen, praktisch ausschließlich mit Protein und Fett. Da das menschliche Gehirn aber auf kontinuierliche Zufuhr von Glucose in einer Menge von ca. 100 g pro 24 Stunden angewiesen ist, muss Glucose aus Nicht-Kohlenhydrat-Vorstufen synthetisiert werden, dieser Vorgang wird Gluconeogenese genannt.
Die Gluconeogenese findet hauptsächlich in der Leber statt, daneben auch in der Nierenrinde.
Die Gluconeogenese ist ein Energie verbrauchender Biosyntheseweg (Anabolismus), die notwendige Energie wird durch ATP und GTP geliefert.
Ausgangssubstrate für die Gluconeogenese sind glucoplastische Aminosäuren, Glycerin, Lactat und Pyruvat.
Lactat ist ein Gluconeogenesesubstrat, da es aber fast ausschließlich anaerob aus Glucose entsteht, trägt es nicht zur Netto-Glucoseneubildung bei.
Die Gluconeogenese verläuft über weite Strekken, von identischen Enzymen katalysiert, als Umkehrung der Glykolyse. Wo die Umkehrreaktionen energetisch ungünstig oder unmöglich sind, sind spezielle Enzyme als Gluconeogenese-Schrittmacher eingesetzt. An vier Stellen der Gluconeogenese sind zusätzliche Enzyme notwendig. Die Pyruvatcarboxylase und die Phosphoenolpyruvatcarboxykinase ermöglichen den Schritt vom Pyruvat zum Phosphoenolpyruvat. Beim ersten Schritt zum Oxalacetat wird ATP benötigt, beim zweiten Schritt vom Oxalacetat zum Phosphoenolpyruvat wird GTP verbraucht. Auf der Stufe der Hexosephosphate werden für die Gluconeogenese zusätzlich zwei Phosphohydrolasen benötigt Es sind dies die Fructose-1,6-bisphosphathydrolase

und die Glucose-6-phosphathydrolase, die jeweils die Esterphosphate hydrolytisch spalten.

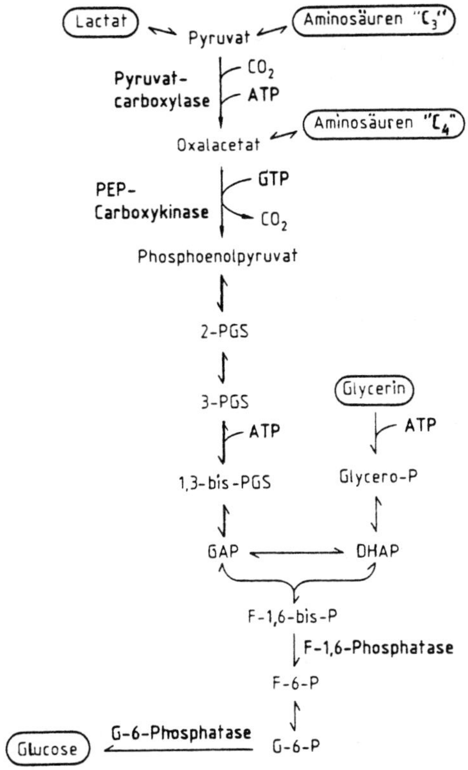

Die Gluconeogenese als endergon (Energie verbrauchender) Anabolismus benötigt unterschiedliche Mengen energiereicher Phosphate. Ausgehend von Lactat und C_3-liefernden Aminosäuren werden durch den Weg über Pyruvat pro Mol Glucose (180 g) 6 mol energiereiches Phosphat verbraucht.

C_4-Aminosäuren werden direkt in Oxalacetat umgewandelt und sind als Ausgangssubstrate für die Gluconeogenese energetisch günstiger, sie verbrauchen vier energiereiche Phosphate zum Aufbau eines Mols Glucose. Ein sehr wichtiges Gluconeogenese-Substrat ist das beim Abbau der Fette freiwerdende Glycerin, das durch eine einzige Phosphorylierung bereits Anschluss an Glycerinaldehydphosphat und Dihydroxyacetonphosphat findet, somit sind nur zwei ATP pro Mol Glucose nötig. Die Gluconeogenese aus Glycerin ist insbesondere bei langfristigem Hunger von quantitativer Bedeutung.

Werden Lactat und C_3-Aminosäuren über Pyruvat zur Gluconeogenese verwendet, so läuft die Synthese vom Pyruvat zum Oxalacetat zunächst in den Mitochondrien ab; in Form von Malat wird das Oxalacetat in das Zytoplasma transportiert, wo die nächsten Schritte ablaufen. Malat ist als Transportmetabolit durch die Mitochondrien-Membran („malate-shuttle") besonders günstig, da so auch Wasserstoff ($NADH_2$) für die Reduktion zum Glycerinaldehydphosphat durch die zytoplasmatische Malat-Dehydrogenase zur Verfügung gestellt wird.

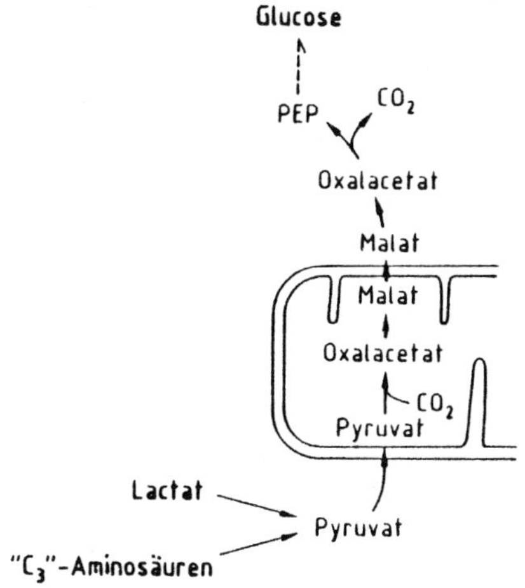

H00

→ **Frage 12.18:** Lösung A

Siehe Lerntext XII.5.

Die Gluconeogenese kann aus 18 glucoplastischen Aminosäuren, aus Glycerol, aus Propionat und aus Lactat erfolgen.

Die gesuchte Falschaussage ist (A), denn geradzahlige Fettsäuren werden nach Aktivierung mit CoASH in der β-Oxidation zu Acetyl-CoA abgebaut; und beim Menschen existiert kein Stoffwechselweg von Acetyl-CoA zu Pyruvat bzw. Oxalacetat, den Ausgangsmetaboliten für die Gluconeogenese.

XII.6 Regulation der Gluconeogenese

Wie Anabolismus und Katabolimus generell, so werden auch Gluconeogenese und Glykolyse **gegensinnig** an ihren unidirektional wirkenden **Schrittmacherenzymen** reguliert.

Schrittmacherenzyme in der Leber

Glykolyse	Gluconeogenese
Glucokinase	Pyruvatcarboxylase
Phosphatfructokinase	PEP-Carboxykinase
Pyruvatkinase	Fructose-1,6-bisphosphatase
	Glucose-6-phosphatase

Eine Feinkontrolle erfolgt allosterisch, die wichtigsten positiven (?) und negativen (?) allosterischen Effektoren sind für den Glykolyse-Schrittmacher PFK-1 und für den Gluconeogenese-Schrittmacher F-1,6-Pase tabellarisch dargestellt

Feinkontrolle

Glykolyse und Gluconeogenese werden allosterisch gegensinnig reguliert:

allosterischer Effektor	P-Fructokinase	Fructose-1,6-bisphosphatase
Fructose-2,6-bisphosphat	⊕	⊖
ADP, AMP	⊕	⊖
ATP	⊖	⊕
Citrat	⊖	⊕

Die Gluconeogenese wird zusätzlich noch auf der Stufe der Pyruvatcarboxylase durch Acetyl-CoA allosterisch aktiviert und an der Pyruvatcarboxylase und PEP-Carboxykinase durch ADP allosterisch gehemmt.

Die Glykolyse wird zusätzlich zur PFK-1 noch an der Pyruvatkinase im positiven Feed back durch Fructose-1,6-bisphosphat allosterisch aktiviert und durch Alanin und ATP gehemmt.

Der stärkste allosterische Effektor ist Fructose-2,6-bisphosphat (F-2,6-BP), dessen Konzentration durch Adrenalin und Glucagon erniedrigt und durch Insulin erhöht wird.

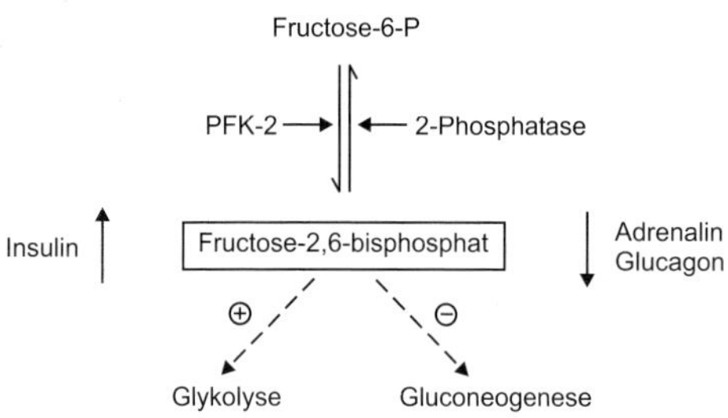

Die Konzentration des allosterischen Effektors F-2,6-BP wird durch ein bifunktionelles Enzymprotein eingestellt, das in phosphorylierter Form als F-2,6-Phosphatase den allosterischen Effektor F-2,6-BP abbaut, nach Dephosphorylierung durch eine P-Proteinphophatase als Phosphofructo-2-kinase (PEK-2) die F-2,6-BP-Konzentration erhöht:

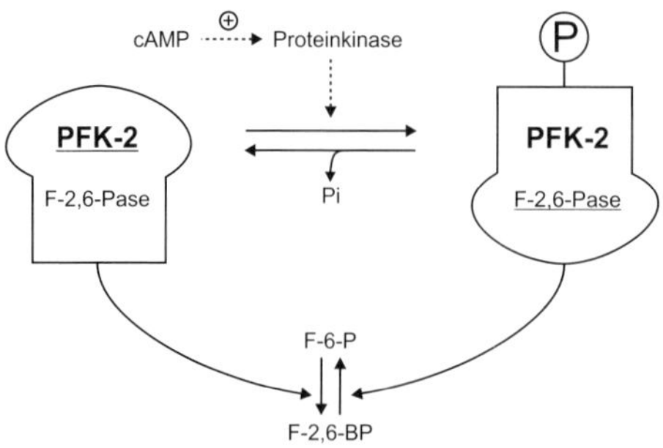

Glucagon und Adrenalin wirken über γ-Proteine –cAMP– nicht nur indirekt allosterisch fein kontrollierend, sondern sie wirken auch transskriptional in der Grobkontrolle, indem sie über cAMP-Synthese der Gluconeogenese Schrittmacherenzyme induzieren. Insulin wirkt antagonistisch. Glucocorticoide induzieren die Synthese der Gluconeogenese-Schrittmacher-Enzyme.

Grobkontrolle: transskriptional durch Induktion und Repression der Enzymsynthese werden Glykolyse und Gluconeogenese gegensinnig reguliert:

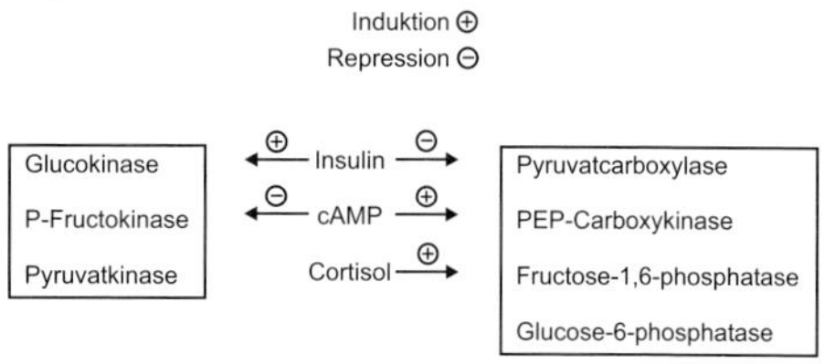

Klinischer Bezug

Hypoglykaemie

Eine Hypoglykaemie liegt vor, wenn die Glucosekonzentration im arterialisierten Kapillarblut (aus der Fingerkuppe oder dem Ohrläppchen entnommen) statt normal ca. 5 millimolar (90 mg/dl) unter 3 millimolar (50 mg/dl) beträgt.

Die Ursachen können vielfältig sein, unter anderem:

1. Hyperinsulinismus (funktional, durch Insulinüberdosierung oder durch einen Insulin produzierenden Tumor).
2. Ausfall der Glucocorticoidproduktion (durch Nebenniereninsuffizienz (Morbus Addison) oder Hypophysenvorderlappeninsuffizienz)).
3. Glykogenspeicherkranheiten
4. Störung der Glyconeogenese (Lebererkrankungen, Alkoholismus, Galaktosaemie, angeborene Enzymdefekte).

Die Symptome einer Hypoglykaemie können vielfältig sein und hängen wesentlich von der Geschwindigkeit des Glucoseabfalls ab:

1. Ein allmählicher Abfall (in mehreren Stunden bis Tagen) führt zu einer Gegenreaktion durch Adrenalin-Ausschüttung: Tachykardie und Hypertonie, dazu psychische und neurologische Ausfälle bis zur Bewusstlosigkeit (hyperglykaemisches Koma).
2. Ein akuter Abfall (in Minuten) bewirkt **keine** Adrenalin-bedingten Kreislaufsymptome, sondern es kommt zum hypoglykaemischen Schock mit Krämpfen und Bewusstseinsstörungen.

Schwere Hypoglykaemien sind lebensbedrohlich, eine sofortige intravenöse Gabe von Glucoselösungen ist angezeigt.

Gefährdete Patienten sollten stets Glucose (= Dextrose in Tablettenform) bei sich tragen und beim ersten Auftreten von Symptomen diese einnehmen.

F97

→ **Frage 12.19:** Lösung D

Die gesuchte Falschaussage ist (D), denn Insulin wirkt als Induktor für die Bildung mehrerer Glykolyseenzyme und unterdrückt gleichzeitig die Bildung der Schlüsselenzyme der Gluconeogenese. Diese werden unter Cortisol vermehrt gebildet (E). Glukagon (B) und Adrenalin (C) bewirken über cAMP eine Aktivierung der Fructose-2,6-Bisphosphatase und damit eine Unterdrückung der Glykolyse. Bei Nahrungsentzug (A) wird die Glucoseneogenese genutzt, um aus Glycerin und Aminosäuren die für einige Organe lebenswichtige Glucose aufzubauen.

H03

→ **Frage 12.20:** Lösung *** Diese Frage wurde aus der Wertung genommen.

Eine klinisch sehr relevante Frage, die allerdings zu Recht nicht gewertet wurde, denn der eigentlich wichtige Regulationsmechanismus ist unter den 5 vorgegebenen Antworten nicht genannt. Zunächst scheiden die unter (A) bis (C) vorgegebenen Antworten klar aus, denn eine selektive Ubiquitin-Proteolyse der Glykolyse-Schrittmacherenzyme als Regulationsmechanismus gibt es nicht (A). Hexokinase (B) kommt nicht in der Leber vor, sondern im Muskel und anderen Organen; die Leber enthält die Glukokinase, diese zeigt nicht die Produkthemmung durch Glukose-6-phosphat. Antwort (C) ist nicht zutreffend, denn bei einer Hypoglykämie ist Insulin niedrig und cAMP erhöht.
Die wichtigste Gegenregulation bei Hypoglykämie ist wie folgt beschrieben: Die Insulinsekretion wird gehemmt und die Glukagonsekretion sowie die Catecholaminsekretion werden erhöht. Dadurch wird in der Leber über G-Proteine und cAMP durch Proteinkinasen die Glykogensynthase gehemmt und die Glykogenphosphorylase aktiviert. Die aus dem Glykogen freigesetzte Glukose wird in das Blut abgegeben. Eine mögliche Aktivierung der Glykogenphosphorylasekinase durch Bindung der Catecholamine an β-Rezeptoren mit Bildung von Calcium-Calmodulin (D) stellt sicher nicht einen wesentlichen Aktivierungsmechanismus des Glykogenabbaus in der Leber dar, sondern dies erfolgt hauptsächlich in der Muskulatur.

Auch die unter (E) genannte Reaktion trifft zu, ist aber nicht der entscheidende Regulationsmechanismus der Leber bei akuter schwerer Hypoglykämie: Durch das erhöhte cAMP wird über Proteinkinasen das Protein der Fructose-6-P-2-Kinase/Fructose-2,6-bisphosphatase phosphoryliert, hierdurch entwickelt das Enzym ausschließlich Phosphataseaktivität und die Konzentration des allosterischen Effektors Fructose-2,6-bisphosphat in der Leberzelle sinkt ab. Dadurch fällt der wichtigste Stimulus für den Glykolyse-Schrittmacher Phosphofructokinase 1 aus und die durch ihn bewirkte Hemmung des Glukoneogenese-Schrittmachers Fructose-1,6-phosphatase wird aufgehoben. Es resultiert eine Hemmung der Glykolyse und einer Stimulierung der Gluconeogenese.

F00

→ **Frage 12.21:** Lösung C

Die Pyruvat-Carboxylase (PC) ist das erste Enzym des Stoffwechselweges vom Pyruvat zum Glucose-6-phosphat. Die mitochondrial gelegene PC ist kein interkonvertierbares Enzym, d.h. ihre Aktivität wird nicht durch Phosphorylierung bzw. Dephosphorylierung gesteuert (Aussage (C) ist die gesuchte Falschaussage). Hingegen wird die Biotinhaltige PC durch Acetyl-CoA allosterisch aktiviert, und Cortisol induziert ihre vermehrte Bildung.

Kommentare aus Examen Frühjahr 2006

F06

→ **Frage 12.22:** Lösung D

Die gesuchte Falschaussage ist (D), denn die Oxalacetatumwandlung in Phosphoenolpyruvat (PEP) erfordert kein Biotin, sondern ATP und erfolgt unter CO_2-Abspaltung im Cytosol katalysiert durch die PEP-Carboxykinase.
Biotin-CO_2 erfordert die Umwandlung von Pyruvat in Oxalacetat (C) in der Mitochondrienmatrix als wichtigste Startreaktion der Gluconeogenese aus Lactat und C_3-Aminosäuren.
Siehe Lerntext „Gluconeogenese“ XII.5.

13 Biosynthese der Fettsäuren, Lipogenese

XIII.1 Fettbildung

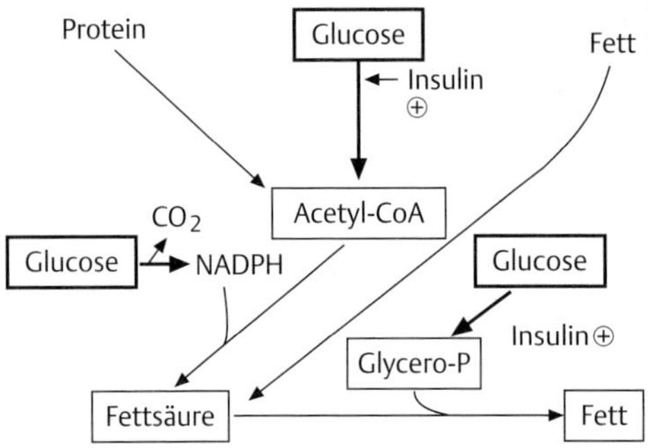

Dem Menschen zugeführte und über seinen Energiebedarf hinausgehende Nahrung wird in Form von Fett gespeichert. Glucose wird dazu über Pyruvat zu Acetyl-CoA abgebaut, das auch aus überschüssiger Eiweißnahrung gebildet wird.

Da sich die Fettsäuresynthase im Cytosol befindet, muss das in den Mitochondrien entstehende Acetyl-CoA dorthin transportiert werden. Dazu reagiert Acetyl-CoA mit Oxalacetat zum Citrat, das über einen Carrier ins Cytosol gelangt. Hier erfolgt durch eine ATP-abhängige Citratlyase eine Aufspaltung in Acetyl-CoA und Oxalacetat; letzteres wird zu Malat reduziert und in die Mitochondrien zurückgebracht.

Die Umwandlung von Kohlenhydrat in Fett ist beim Menschen irreversibel, weil die C_2-Verbindung Acetyl-CoA nicht in Pyruvat (C_3) oder einen anderen Ausgangsstoff für die Gluconeogenese rückverwandelt werden kann.

Zu den Reaktionen der Fettsäurebildung s. Lerntext XIII.2.

F01

→ **Frage 13.1:** Lösung D

Die Fettzellen speichern Fett, indem sie Fettsäuren aus dem Blut aufnehmen oder aber aus Kohlenhydraten selbst synthetisieren (A). Um die Fettsäuren mit Glycerin zu verestern, muss Glycerinphosphat bereitgestellt werden. Da die Fettzellen im Unterschied zur Leber keine Glycerokinase enthalten, muss unter Insulinwirkung Glukose aus dem Blut aufgenommen werden und bis zur Stufe der Triosephosphate über die Glycolyse abgebaut werden. Durch Reduktion entsteht aus den Triosephosphaten Glycerophosphat, mit dem dann die Synthese des Speicherfetts erfolgen kann (B). Durch Insulin wird sowohl die Bereitstellung des nötigen Glycerophosphats stimuliert als auch die Neusynthese von Fettsäuren in der Fettzelle selbst (C). Der Fettabbau (Lipolyse) wird durch Glukagon und Adrenalin stimuliert.

Die gesuchte Falschaussage ist (D), denn die Fettzellen können Neutralfette (Triacylglycerine) aus dem Blut nicht aufnehmen; die Triglyceride der Chylomikronen und VLDL müssen vorher durch eine endothelständige Lipoproteinlipase zu Fettsäuren und Glycerin abgebaut werden. Nur die Fettsäuren werden durch Diffusion in die Fettzellen aufgenommen.

H00

→ **Frage 13.2:** Lösung C

Mit der Nahrung im Überschuss aufgenommene Glucose wird im Körper in Fettsäuren umgewandelt und als Lipid gespeichert. Aus dem bei der Glykolyse gebildeten Pyruvat macht die Pyruvatdehydrogenase (A) Acetyl-CoA, das im Citratcyclus durch die Citratsynthase (E) mit Oxalacetat kondensiert wird. Das Citrat muss dann ins Cytosol gebracht werden, wo es die ATP-Citrat-Lyase (B) in cytosolisches Acetyl-CoA umwandelt, das durch die Acetyl-CoA-Carboxylase (D) zu Malonyl-CoA wird.

Die gesuchte Falschaussage ist (C), denn die PEP-Carboxykinase hat als Gluconeogeneseenzym mit der Fettsäurebiosynthese nichts zu tun.

F01 F99

→ **Frage 13.3:** Lösung E

Die zur zytosolischen Fettsäuresynthese unter (A) – (D) gemachten Aussagen sind richtig. Zum Synthesebeginn wird einmal Acetyl-CoA benötigt; für alle nachfolgenden Verlängerungsreaktionen werden immer Malonyl-Reste benutzt. Die Produktfolge β-Keto-acyl-, β-Hydroxy-acyl- und α,β-Dehydro-acyl- ist eine Umkehr der Folge bei der β-Oxidation; wichtig aber ist, dass hier alle Metaboliten als Thioester an das Enzym gebunden sind und für alle Reduktionen NADPH als Coenzym benutzt wird.

Die gesuchte Falschaussage ist (E), denn Carnitin ist ein Transportmetabolit im katabolen Stoffwechsel der Fettsäuren, der vom Coenzym A aktivierte Fettsäuren übernimmt und sie zur β-Oxidation in die Mitochondrienmatrix transportiert; es wäre unsinnig, wenn die von der Fettsäure-Synthase gerade neu gebildeten Fettsäuren zur β-Oxidation gebracht würden. Neu gebildete Fettsäuren werden von der Synthase auf CoASH übertragen.

F03

→ **Frage 13.4:** Lösung C

Siehe Lerntext XIII.2.

Die gesuchte Falschaussage ist (C), denn wie bei praktisch allen Biosynthesen ist nicht NADH Wasserstoffdonator, sondern NADPH.

NADPH wird vorwiegend über die direkte Glucoseoxidation (Pentosephosphatcyclus) bereitgestellt.

XIII.2 Biosynthese der Fettsäuren

Langkettige Fettsäuren können vom Menschen aus Acetyl-CoA synthetisiert werden. Die erforderliche Fettsäuresynthase ist ein im Cytosol gelegener Multienzymkomplex.

Das Ausgangsmaterial, Acetyl-CoA, muss aus der Mitochondrienmatrix herangeführt werden: Citronensäure passiert die Mitochondrienmembran und wird im Cytosol unter ATP-Verbrauch durch die Citratlyase in Acetyl-CoA und Oxalacetat gespalten; letzeres geht nach Reduktion zu Malat zurück in die Mitochondrien.

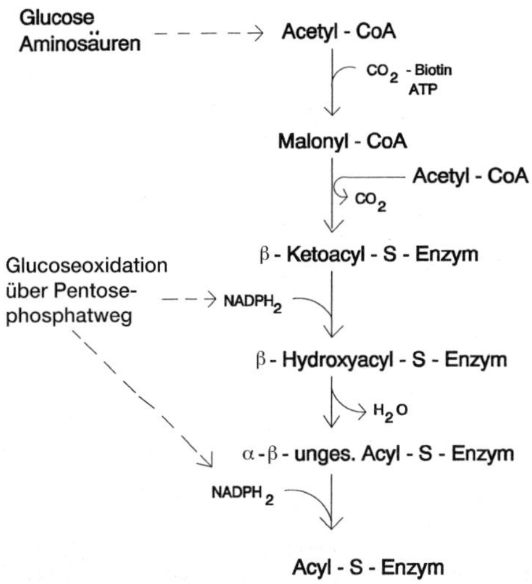

Das für die Synthese bestimmte Acetyl-CoA muss durch Carboxylierung zu Malonyl-CoA reaktionsfreudiger gemacht werden. Als Schlüsselenzym der Fettsäuresynthese ist die biotinhaltige Acetyl-CoA-Carboxylase interconvertierbar, die Dephosphoform ist aktiv.

Der Multienzymkomplex Fettsäure-Synthase hat zwei funktionell wichtige HS-Gruppen: Eine periphere, die bei Reaktionsbeginn einen Acetylrest bindet, und eine zentrale phosphopantetheinhaltige, die bei Synthesebeginn eine Malonsäure als Thioester bindet. Beide Acylreste werden vom Coenzym A auf die Thiolgruppe des Enzyms übertragen; CoASH spielt danach keine Rolle mehr bei der Fettsäuresynthese, da in der Folge das Substrat immer als Thioester am Enzym gebunden bleibt. Bei der Kondensation der beiden Acylreste wird CO_2 freigesetzt. Für jede C_2-Verlängerung werden 2 NADPH benötigt. So entstehen nacheinander Fettsäuren mit C_4, C_6 usw. bis zur Freisetzung von Palmitinsäure (C_{16}).

F02

→ **Frage 13.5:** Lösung E

Mit Blick auf die hier angesprochene Acetyl-CoA-Carboxylase ist nur Aussage (E) zutreffend. Bei dem unter (A) und (B) genannten Enzym handelt es sich um die Pyruvat-Carboxylase ((A) und (B) sind falsch). Die Acetyl-CoA-Carboxylase wird unter Catecholaminen vermindert gebildet (Repression; (D) ist falsch); außerdem wird diese Carboxylase als interconvertierbares Enzym durch Catecholamine phosphoryliert und in seiner Aktivität gehemmt ((C) ist falsch).

F04

→ **Frage 13.6:** Lösung C

Siehe Lerntext XIII.2.

Bei der Fettsäurebiosynthese aus Acetyl-CoA im Zytosol wird das erste Acetyl-CoA auf Malonyl-CoA unter Abspaltung von CO_2 übertragen, der C4-Rest dann auf ein neues Malonyl-CoA übertragen usw. Damit bildet der erste Acetylrest später in der Palmitinsäure die C-Atome 15 und 16, oder allgemein bei allen Fettsäuren die beiden C-Atome am Methylende.

XIII.3 Biosynthese von Triacylglycerinen

Jede Bildung von Triacylglycerin oder Triglycerid beginnt mit einem Glycerinphosphat, das je nach Organ auf einem der beiden folgenden Wege gebildet werden kann. Eine Glycerinkinase phosphoryliert freies Glycerin mit Hilfe von ATP und Mg^{++}; dieses Enzym gibt es in der Leber, im Herzmuskel und in den Enterozyten (Darmwand). Im Fettgewebe und im Skelettmuskel gibt es keine Glycerinkinase, hier wird das Glycerinphosphat aus dem Glucoseabbau gewonnen. Das Glykolyse-Produkt Dihydroxyacetonphosphat kann enzymatisch mit NADH und einer Glycerinphosphatdehydrogenase gewonnen werden.

Die für die Veresterung vorgesehenen Fettsäuren müssen ATP-abhängig über Acyladenylat zu Acyl-SCoA aktiviert werden. Aus Glycerinphosphat und 2 Acyl-CoA entsteht die Phosphatidsäure: Ein Glycerin ist mit 2 Fettsäuren und einer Phosphorsäure verestert. Durch Abspaltung der Phosphorsäure entsteht **Diacylglycerin**, das dann mit einem weiteren Acyl-CoA zum Triacylglycerin reagiert.

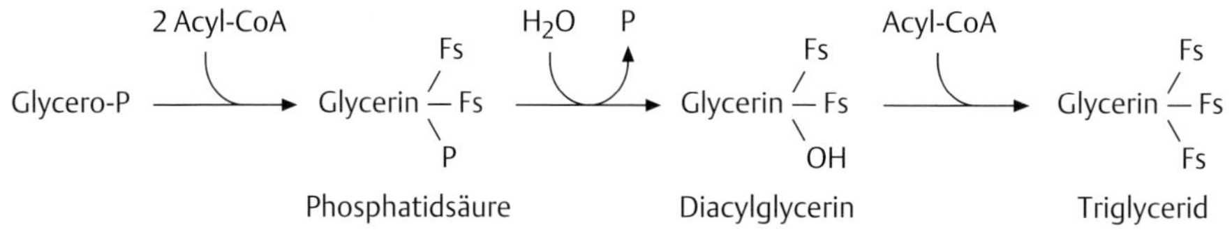

Klinischer Bezug

Was führt zu Übergewicht und Fettsucht?

Der Body Mass Index (BMI) errechnet sich aus dem Körpergewicht in kg geteilt durch das Quadrat der Körpergröße in m: $\frac{kg}{m^2}$

	BMI
Normalgewicht	20–25
Übergewicht	25–30
Fettsucht	> 30

Bei zu kalorienreicher Ernährung reagiert der Gesunde zunächst u.U. mit einer gewissen Stoffwechselsteigerung, z.B. durch vermehrten Muskeltonus und Muskelaktivität und einer vermehrten Wärmebildung und Wärmeabgabe. Längerfristig wird pro 50 kJ überschüssig zugeführter Energie ca. 1 g Fett gebildet und gespeichert. Glucose ist für die Fettbildung notwendig

1. für die Fettsäuresynthese in Leber und Fettzelle zur NADPH-Bereitstellung aus dem Pentose-P-Weg
2. Für die Speicherung in der Fettzelle kann Glycero-P nur aus Glucose gebildet werden.
3. zur Stimulierung, denn die Glucoseaufnahme in die Fettzelle ist insulinabhängig. Das Insulin hemmt gleichzeitig den Fettabbau und wirkt darüber hinaus appetitsteigernd.

Besonders rasch erfolgt die Gewichtszunahme, wenn Kohlenhydrate und viel Fett gegessen werden: mit Glucose-Insulin können die Nahrungsfettsäuren unverändert im Fettgewebe als Triglyceride gespeichert werden.

F01

→ **Frage 13.7:** Lösung A

Die einfach-cis-ungesättigte C_{18}-Fettsäure namens Ölsäure kann in der Leber aus der gesättigten C_{18}-Fettsäure gebildet werden. Diese Stearinsäure selbst entsteht mittels der Fettsäuresynthase aus Malonyl-CoA; anschließend wird in ihrer Kettenmitte durch eine Desaturase, mit Cytochrom b_5 als prosthetischer Gruppe, die Doppelbindung eingeführt.
Falsch ist Aussage (A), denn Propionyl-CoA ist keine Vorstufe bei der Biosynthese der normalen, geradzahligen Fettsäuren.

F03

→ **Frage 13.8:** Lösung *** Diese Frage wurde aus der Wertung genommen.

Der Mensch kann einfach ungesättigte Fettsäuren aus gesättigten Fettsäuren, z.B. Ölsäure aus Stearinsäure, selbst herstellen, weiterhin kann er in mehrfach ungesättigte Fettsäuren zwischen Carboxylgruppe und erster Doppelbindung weitere Doppelbindungen einbauen, z.B. bei der Synthese von Arachidonsäure aus Linolsäure. Der hierfür notwendige Enzymkomplex ist die Fettsäure-Desaturase und kommt in der Leber vor.
Die gesuchte Falschaussage ist (A), denn die genannten P_{450}-Cytochrome sind nicht Teil der Desaturase, sondern Hydroxylasen im Biotransformationssystem. Die Desaturase enthält Cytochrom b_5. (A) ist nicht absolut eindeutig, denn die Proteinsequenzen für Cytochrom b_5 und P_{450} weisen Homologien auf, sodass der Begriff „Familie" mehrdeutig ist.

F00 H99

→ **Frage 13.9:** Lösung B

Die gesuchte Falschaussage ist (B), denn Glycerinphosphat ist kein Zwischenprodukt der Glykolyse, kann aber aus dem Glykolysemetaboliten Dihydroxyacetonphosphat und NADH gebildet werden. Diese Reaktion ist im Fettgewebe der einzige Weg, um Glycerinphosphat für die Triglycerid-Synthese bereitzustellen, während die Leber Glycerinphosphat auch aus freiem Glycerin und ATP mittels Glycerokinase bilden kann.
Das Redoxsystem Dihydroxyacetonphosphat/Glycerophosphat dient außerdem dem Transport von cytosolischem Wasserstoff in die Mitochondrien, man spricht vom Glycerophosphat-shuttle.

F03

→ **Frage 13.10:** Lösung C

Glycerin (= Glycerol) wird beim Abbau der Triglyceride frei. Es kann in die Gluconeogenese eingeschleust werden oder wieder für die Triglyceridsynthese verwendet werden. Für beide Reaktionen muss es mit ATP in Glycerophosphat umgewandelt werden. Das notwendige Enzym ist die Glycerokinase, die fast ausschließlich in der Leber vorkommt (C).

Da die Fettzellen keine Glycerokinase besitzen ((D) ist falsch), können sie Triglyceride nur synthetisieren, wenn sie das notwendige Glycerophosphat aus Glucose über den Glykolysemetaboliten Dihydroacetonphosphat gewinnen.

F95 H92 F87
→ **Frage 13.11:** Lösung B

Siehe Lerntext XIII.3.
Die gesuchte Falschaussage ist (B), denn freies Glycerin ist für die Lipogenese nicht erforderlich; das benötigte Glycerinphosphat kann aus der Glykolyse gewonnen werden.
In der Darmmukosa gebildete Triglyceride sind aus den Fettsäuren der Nahrung aufgebaut; die Fettsäuren der in der Leber gebildeten Triglyceride stammen aus der de-novo-Synthese (s. Lerntexte XIII.1 und XIII.2).

XIII.4 Biosynthese komplexer Lipide

Zu den komplexen Lipiden rechnet man die Glycerinphosphatide und die Sphingolipide; beide spielen als Membranbausteine eine wichtige Rolle. Für den Aufbau dieser Lipide werden manche Bauelemente durch Anlagerung an Cytidindiphosphat aktiviert. Hierfür sind wichtige Beispiele: CDP-Cholin, CDP-Ethanolamin, CDP-Diacylglycerin.

H02
→ **Frage 13.12:** Lösung A

Siehe Lerntext XIII.5.
Während die Ketonkörperbildung aus HMG-CoA mitochondrial erfolgt, ist die Cholesterolsynthese ein zytosolischer Vorgang, (A) ist die gesuchte richtige Aussage.
Schlüsselenzym für die Cholesterolsynthese ist die NADPH-abhängige HMG-CoA-Reduktase ((B) ist falsch), durch die Mevalonsäure entsteht ((C) ist falsch). Das Schlüsselenzym der Ketogenese ist nicht die HMG-CoA-Reduktase, sondern die mitochondriale HMG-CoA-Lyase ((D) ist falsch). Die HMG-CoA-Reduktase wird durch Cholesterin nicht aktiviert, sondern durch Rückkopplung reprimiert ((E) ist falsch). Von Pilzen gebildete HMG-CoA-Reduktase-Hemmer wie Simvastatin u. a. werden zur Therapie der Hypercholesterinämie eingesetzt.

H03
→ **Frage 13.13:** Lösung A

Aus aktivem Isopren werden die so genannten „Isoprenoide“ Ubichinon (B), Farnesyl-PP (C), Squalen (D) und Cholesterin (E) gebildet. Die gesuchte Falschaussage ist (A), denn Mevalonsäure-PP entsteht aus HMG-CoA durch die HMG-Reduktase und ist nicht Produkt aus Isopentenylpyrophosphat, sondern Vorläufer für die Bildung des aktiven Isoprens.

F04
→ **Frage 13.14:** Lösung E

Farnesylpyrophosphat entsteht bei der Cholesterinsynthese (D) aus Geranylpyrophosphat (A) und Isopentenylpyrophosphat, wobei vor der Steranringbildung Squalen (C) gebildet wird. Auch Ubichinon als Coenzym Q der Atmungskette wird aus Geranylpyrophosphat gebildet (B). Die gesuchte Falschaussage ist (E), denn aus Vitamin D_3 (Cholecalciferol) entsteht durch Reaktion mit O_2 durch 2 verschiedene Hydrolasen das Calcitriol.

F04
→ **Frage 13.15:** Lösung B

Cholesterin wird vollständig aus Acetyl-CoA über Hydroxymethylglutaryl-CoA synthetisiert, das Schrittmacherenzym ist die HMG-CoA-Reduktase (B).
Zu den Falschaussagen: Die Cholesterinsynthese läuft vollständig im Zytosol ab (A), mitochondrial erfolgt aus HMG-CoA die Synthese der Ketonkörper (Acetoacetat, β-Hydroxybuttersäure und Aceton). Die HMG-CoA-Reduktase wird im negativen Feedback durch Cholesterin reprimiert (gehemmt) und nicht induziert (C). Das Sterangerüst ist nicht mehrfach, sondern einfach an C_{17} hydroxyliert (D). Verestertes Cholesterin kommt im Zytosol und in Lipoproteinen vor, in den Membranen kommt nur unverestertes Cholesterin vor (E).

H04
→ **Frage 13.16:** Lösung B

Siehe Lerntext III.4.
Die körpereigene Synthese des Cholesterins wird durch negative Rückkopplung über Cholesterol am geschwindigkeitsbestimmenden Enzym, der HMG-CoA-Reduktase, reguliert. Hier kann therapeutisch durch sog. HMG-CoA-Reduktase-Hemmer (z. B. Simvastatin) eingegriffen werden (B).
(A) ist falsch, denn die ACAT verestert Cholesterin für die intrazelluläre Speicherung.
(C) ist falsch, denn an der HMG-CoA-Synthase wird nicht reguliert. Die cytosolische HMG-CoA-Synthase dient der Cholesterinbiosynthese, die mitochondriale Form dient der Ketonkörperbildung.
(D) und (E) sind nicht zutreffend, denn die Prenyl-Transferase und die Squalen-Epoxidase sind Enzyme der Cholesterinbiosynthese, für die keine Hemmstoffe therapeutisch eingesetzt werden.

XIII.5 Cholesterin – Biosynthese

Das wichtigste Sterin im tierischen Stoffwechsel ist das Cholesterin, ein wasserunlöslicher C_{27}-Alkohol. Der Körper eines 70 kg schweren Menschen enthält etwa 150 g Cholesterin, das z. T. aus der Nahrung stammt, zum Teil aus der de-novo-Synthese. Zum Aufbau eines Cholesterinmoleküls werden 18 Acetyl-CoA verwendet. Ort der Cholesterinsynthese ist das Cytosol; die Synthese ist nicht auf ein bestimmtes Organ beschränkt. Zunächst werden 3 Acetyl-CoA zu β-Hydroxy-β-methyl-glutaryl-CoA vereint. Die gleiche Reaktionsfolge wurde im Lerntext IX.2 schon im Rahmen der mitochondrialen Ketogenese beschrieben; die hier besprochene Synthese läuft im Cytosol ab.

Das cytosolische HMG-CoA wird durch eine HMG-CoA-Reduktase mit NADPH reduziert, wobei das CoASH abgespalten wird und die bisher als Thioester gebundene Carboxylgruppe zum Aldehyd reduziert wird. Das Reaktionsprodukt hat 6 C-Atome und heißt Mevalonsäure. Als Schlüsselenzym der Cholesterinsynthese wird die HMG-CoA-Reduktase durch Cholesterin allosterisch gehemmt.

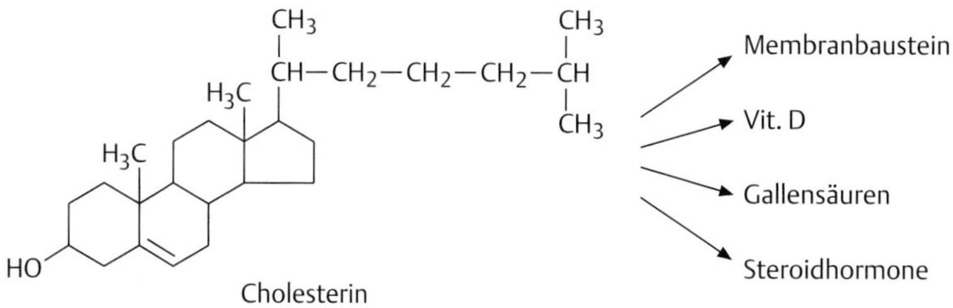

Zwei Arten des „aktivierten Isoprens" mit 5 C-Atomen werden gebildet: das Isopentenylpyrophosphat und das Dimethylallylpyrophosphat. Aus diesen C_5-Einheiten entstehen lineare C_{10}-, C_{15}- und C_{30}-Moleküle. Der C_{30}-Kohlenwasserstoff Squalen wird durch Ringschluss zum C_{30}-Lanosterin, das unter Verlust von 3 Methylgruppen zum Cholesterin wird.

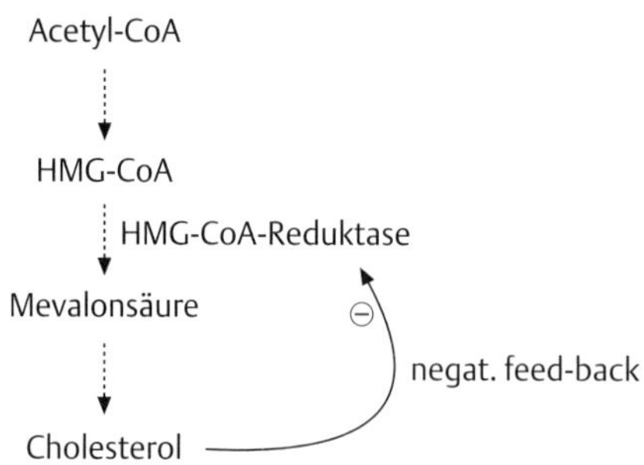

Klinischer Bezug

Familiäre Hypercholesterinaemie

Bei der familiären Hypercholesterinaemie ist das Serum-Cholesterin bereits im Säuglingsalter erhöht. Die Krankheit beruht auf einem Defekt des LDL-Rezeptors ($ApoB_{100}$-Rezeptor), der kodominant vererbt wird und bei dem mehr als 200 Mutationen (Polymorphismen) bekannt sind.

Heterozygot tritt der Defekt bei 1 von 500 Neugeborenen auf, das Serum-Cholesterin beträgt 300 bis 500 mg/dl. In der Kindheit treten Cholesteringeschwülste der Haut (Xanthome) auf, unbehandelt kommt es im Alter von 30-50 Jahren zu tödlichen Herz-Kreislaufkomplikationen (Koronare Herzkrankheit, Herzinfarkt, Apoplex).

Die **homozygote Form** der familiären Hypercholesterinaemie ist selten (1:1 Million), das Plasmacholesterin beträgt 500-1000 mg/dl. Bereits in der Kindheit treten eine massive Atherosklerose und Herzinfarkte auf.

Therapeutisch wird bei allen Formen einer Erhöhung des Serum-Cholesterins stufenweise vorgegangen z. B. durch

1. Diät
2. Hemmung der Cholesterinresorption durch Sitosterin
3. Bindung von Gallensäuren im Darm durch Ionenaustauscherharze, erhöht die Chlesterinumwandlung in Gallensäuren
4. Hemmung der Cholesterinsynthese durch HMG-CoA-Reduktasehemmer, sog. Statine.

Da sich die Resorption des Nahrungscholesterins und die Eigensynthese gegenseitig kompensieren, ist eine Kombination der Stufen 1, 2 und 3 mit 4 besonders wirksam.

Bei der homozygoten Form und bei erfolgloser Therapie der Heterozygoten wird 14-tägig eine LDL-Apherese durchgeführt, bei der ähnlich der Dialyse extrakorporal LDL aus dem Serum praezipitiert wird, und Plasma und Erythrozyten wieder infundiert werden.

Unter klinisch identischen Symptomen und Komplikationen verläuft eine Form der angeborenen Hypercholesterinaemie, die auf einer Mutation des Apolipoprotein B_{100} beruht. Sie tritt mit derselben Häufigkeit auf wie der Rezeptordefekt, die Therapie ist identisch.

F02

→ **Frage 13.17:** Lösung D

Lipoproteine sind Strukturen, mit denen wasserunlösliche Lipide im Blutplasma transportiert werden können. Triglyceride der Nahrung werden als Chylomikronen vom Darm zum Fettgewebe gebracht; die VLDL erledigen dieselbe Aufgabe für die von der Leber synthetisierten Triglyceride. Cholesterin findet sich vor allem in den LDL. Phospholipide dienen vor allem als Strukturelemente verschiedener Lipoproteine.

Freie Fettsäuren (D) stellen die hier zu suchende Ausnahme dar: Sie müssen im Blutplasma transportiert werden, wenn im Rahmen einer Energiemobilisierung im Fettgewebe gespeicherte Triglyceride hydrolysiert werden; die Fettsäuren werden, an Serumalbumin gebunden, den geeigneten Organen zur β-Oxidation zugeführt.

XIII.6 Lipoproteine

Da alle Lipide wasserunlöslich sind, kommt es zur Bildung von Lipoproteinen, in denen sich Lipide mit Proteinen und Phospholipiden zu wasserverträglichen Transporteinheiten vereinen. Verschiedene Typen von Lipoproteinen übernehmen spezielle Transportaufgaben im Blut.

Die Fettverdauung durch die Pankreas-Lipase liefert im Duodenum β-Monoglyceride und freie Fettsäuren, die sich zu Mizellen vereinigen und dann über den Bürstensaum in die Darmmukosa aufgenommen werden. Hier erfolgt die Resynthese von Triacylglycerinen, die dann zu großen Chylomikronen verpackt und über das Lymphsystem in den Blutkreislauf gelangen. So kommen die Nahrungsfette zum Fettgewebe, wo ihre Triglyceride durch eine Lipoproteinlipase in Fettsäuren und Glycerin gespalten werden. Die Fettsäuren werden von den Adipozyten aufgenommen; die Reste aus den Chylomikronen („remnants“) und das Glycerin gelangen auf dem Blutweg zur Leber.

VLDL transportieren die aus Nahrungsüberschuss in der Leber gebildeten Triacylglycerine auf dem Blutweg zum Fettgewebe, wo auch ihr Neutralfettanteil von der Lipoproteinlipase hydrolysiert wird. Die Fettsäuren werden von den Adipozyten aufgenommen; der VLDL-Rest wird zu LDL umgewandelt und bleibt in der Blutzirkulation. Der hohe Cholesteringehalt macht die LDL zum Lieferanten für Cholesterin-abhängige Organe, die sich durch einen LDL-Rezeptor zu erkennen geben; Ligand für die Bindung ist das Apolipoprotein B_{100}. Die LDL können auch Cholesterinablagerungen in Blutgefäßen (Koronararterien, Aorta) bewirken und gelten deshalb als prognostisch ungünstig.

HDL wirken im Gegensatz zu den LDL antiatherogen; ein hoher HDL-Gehalt gilt deshalb prognostisch als günstig.

Lipoprotein-Klasse	Chylomikronen	VLDL (very low density lipoproteins)	LDL (low density lipoproteins)	HDL (high density lipoproteins)
Dichte (g/ml)	0,9	0,94–1,00	1,00–1,06	1,06–1,21
Zusammensetzung (%):				
Protein	1	10	20	50
Triglycerid	90	50	10	1–5
Cholesterin	5	19	45	18
Phospholipid	4	18	23	30
Syntheseort	Darmmukosa	Leber	Blut (aus VLDL)	Leber
Elektrophorese-Fraktion	keine Wanderung	Prä-β	β	α
Typische Apolipoproteine	A, B, CII, E	CII, B_{100}	B_{100}	A

Klinischer Bezug

Hyperlipaemien

Hyperlipaemien (= Hyperlipoproteinaemien) werden nach der Konzentration der verschiedenen Lipoproteine im Blutplasma „phenotypisch“ von Fredrickson in die 6 Klassen I, IIa, IIb, III, IV und V eingeteilt.

Klinisch besonders interessant sind die Formen IIa, IIb und III, die auf Grund eines erhöhten LDL-Cholesterins mit einem großen Atherosklerose-Risiko einhergehen.

Sind auch Triglyceride erhöht, so besteht ein erhöhtes Risiko einer akuten Pankreatitis.

Heute unterscheidet man primäre und sekundäre Hyperlipaemien (bei Überernährung, Leber- und Nierenerkrankungen, Alkoholismus).

Die primären Hyperlipaemien beruhen auf Mutationen von Rezeptoren, Apolipoproteinen und Regulatorproteinen, insgesamt sind ca. 20 Formen zu unterscheiden.

Klinischer Bezug

Atherosklerose

Die Atherosklerose ist in den Industriestaaten die bei weitem häufigste Krankheits- und Todesursache. Es handelt sich um eine nur beim Menschen auftretende, schleichend sich entwickelnde Erkrankung der Arterien mit Verdickung, Verhärtung, Elastizitätsverlust, Lumeneinengung und Endothelläsionen, an denen sich besonders leicht Thromben bilden, Endzustand u.a. Herzinfarkt und Apoplex. Bereits in der Jugend können streifige Lipideinlagerungen in die Intima der Arterien („fatty streaks“) als zunächst noch reversible Vorstufe der Atherosklerose beobachtet werden. Bei Fortbestehen schädigender Einflüsse beginnt durch Zell- und Bindegewebsvermehrung, Lipideinlagerungen, Verkalkung und Endothelschädigung der sehr komplexe irreversible Prozess. Ein wichtiger Auslöser der Atherosklerose sind die LDL, insbesondere die durch O_2-Radikale oxidierten LDL. Einen Schutzfaktor stellen dagegen die HDL dar. Die wichtigsten therapierbaren bzw. beeinflussbaren Risikofaktoren sind tabellarisch zusammengefasst:

Risikofaktoren und Auslöser der Atherosklerose

Hypertonie
Übergewicht/Fettsucht
Zigarettenrauchen
körperliche Inaktivität

Plasmaparameter

hohes LDL-Cholesterin
niedriges HDL-Cholesterin
hohes $LP_{(a)}$
hoher Blutzucker
hohes Homocystein
hohes Fibrinogen

F99

→ **Frage 13.18:** Lösung C

Cholesterol ist mit 27 C-Atomen trotz seiner Alkoholgruppe wasserunlöslich. Es wird vom tierischen Organismus als Membranbaustein und – strukturell verändert – zum Aufbau von Gallensäuren oder Steroidhormonen benötigt. Zum Teil stammt es aus der Nahrung, zum Teil wird es aus Acetyl-CoA über HMG-CoA und Isopreneinheiten aufgebaut. Cholesterolabhängige Gewebe erhalten ihr Cholesterol auf dem Blutweg durch das Lipoprotein LDL zugeführt.

Die gesuchte Falschaussage ist (C), denn die VLDL haben die Aufgabe, in der Leber gebildetes Triacylglycerol zum Fettgewebsspeicher zu transportieren. Da das Vierring-System der Sterine vom Menschen nicht abgebaut werden kann, wird Cholesterol mit der Galle ausgeschieden: in kleiner Menge unverändert, meist aber modifiziert als wasserlösliche Gallensäure. Gallensäuren wirken als Detergens und halten im Darm Fettsäuren und in der Galle Cholesterin in wässriger Umgebung in Lösung.

H02

→ **Frage 13.19:** Lösung C

LDL (β-Lipoproteine) enthalten den höchsten Cholesterinanteil und können Cholesterin in die peripheren Gewebe transportieren (C). Chylomikronen (A) transportieren das Nahrungsfett und VLDL (B) das endogen in der Leber aus Kohlenhydraten gebildete Fett. HDL (D) sind für den reversen Cholesterintransport, z.B. aus den Gefäßwänden zur Leber, verantwortlich, sie wirken der Entstehung einer Atherosklerose entgegen („HDL-Cholesterin = gutes Cholesterin“). Albumin (E) zählt nicht zu den Lipoproteinen, es kann aber die bei der Lipolyse im Fettgewebe freigesetzten Fettsäuren anlagern und zu anderen Geweben transportieren.

F03

→ **Frage 13.20:** Lösung A

Siehe Lerntext XIII.5.

Schlüsselenzym für die Cholesterinbiosynthese ist die HMG-CoA-Reduktase (A), die transcriptional, translational und auf der Enzymebene über ihre Halbwertszeit und über Phosphorylierung/Dephosphorylierung reguliert wird. Klinisch werden HMG-CoA-Reduktasehemmer aus Pilzen zur Behandlung der Hypercholesterinämie eingesetzt.

Zur Synthese von Isopentenylpyrophosphat aus Mevalonat werden 3 ATP, aber kein GTP verbraucht ((B) ist falsch).

Durch eine Phosphorylierung wird die HMG-CoA-Reduktase nicht aktiviert, sondern gehemmt ((C) ist falsch).

Zur Speicherung wird Cholesterin nicht mit Acetyl-CoA verestert, sondern mit Acyl-CoA zu langkettigen ungesättigten Fettsäuren ((D) ist falsch). Aussage (E) ist falsch, denn vom Cholesterin wird kein Glucuronid gebildet. Cholesterin kann über die Galle hauptsächlich in Form der Gallensäuren ausgeschieden werden.

H02

→ **Frage 13.21:** Lösung A

Siehe Lerntext XIII.6.
Alle Lipoproteine enthalten Triglyceride, Cholesterin, Phosphatide und spezielle Proteine (Apolipoproteine).
Der Triacylglycerinanteil der Chylomikronen beträgt 90 %, der VLDL 50 %, der LDL 10 % und der HDL 5 %.

F03

→ **Frage 13.22:** Lösung C

Die Hormon-sensitive Lipoproteinlipase ist ein endothel-gebundenes Enzym, das Triglyceride in Chylomikronen und in VLDL (Prae-β-Lipoproteine) zu freien Fettsäuren und Glycerin spaltet (C).
Die Dichte von Lipoproteinen nimmt mit steigendem Lipidanteil (gegenüber dem Proteinanteil) nicht zu, sondern ab ((A) ist falsch).
Bei der Elektrophorese von Lipoproteinen ist nicht der Cholesterinanteil entscheidend, sondern der Proteinanteil (Apo-LP) und die Größe des Lipoproteinpartikels ((B) ist falsch). Die Entstehung von Atherosklerose wird durch LDL beschleunigt, durch HDL verzögert bzw. verhindert ((D) ist falsch).
ACAT ist ein Enzym des endoplasmatischen Reticulums u. a. in der Leber, das Cholesterin zur Speicherung verestert. Das Apo-LP B_{100} der LDL kann an den B_{100}-Rezeptor der Leberzell-Membran binden und ermöglicht so die Endozytose der LDL ((E) ist falsch). Genetische Defekte sowohl des Apo B_{100} als auch des B_{100}-Rezeptors führen zur familiären (erblichen) Form der Hypercholesterinämie und Atherosklerose.

F01

→ **Frage 13.23:** Lösung B

Siehe Lerntext XIII.6.
Chylomikronen sind die größten Lipoproteinartikel, die die Nahrungstriglyceride aus dem Dünndarm über die Lymphe in das Blut transportieren. Im Blut werden die Fette der Chylomikronen durch eine endothelständige Lipoproteinlipase abgebaut (B). Die in der Leber aus Kohlenhydraten gebildeten Triglyceride (endogene Triglyceride) werden nicht von den Chylomikronen transportiert, sondern von den VLDL ((D) ist falsch). Die aus dem Fettgewebe durch Lipolyse freigesetzten freien Fettsäuren werden nicht durch die Chylomikronen, sondern locker an Albumin gebunden transportiert ((A) ist falsch).

H00

→ **Frage 13.24:** Lösung B

Chylomikronen sind sehr große Lipoproteine, die in der Darmschleimhaut gebildet werden und das dort absorbierte Nahrungsfett (A) über Lymph- und Blutstrom zum Speicherorgan Fettgewebe transportieren. Sie bestehen zu etwa 95% aus Triacylglycerin und je 2% aus Protein, Phospholipid und Cholesterol (D). Am Fettgewebe angekommen werden sie durch die endothelständige Lipoproteinlipase abgebaut zu freien Fettsäuren, Glycerin und den Remnants (E). Im Unterschied zu den anderen Lipoproteinfraktionen wandern Chylomikronen in der Elektrophorese nicht; sie bleiben am Start liegen ((B) ist die gesuchte Falschaussage).

F05

→ **Frage 13.25:** Lösung B

Aus dem Darm werden die wieder zusammengesetzten Nahrungsfette als Lipoprotein (Chylomikronen) mit der Lymphe abtransportiert. Durch ihre Größe führen die Chylomikronen zu einer Trübung des Blutplasmas, die durch die endothelständige Lipoproteinlipase durch Spaltung der Triglyceride der Chylomikronen in Glycerin und Fettsäuren beseitigt wird.
Siehe Lerntext „Fettverdauung" VII.11.

H04

→ **Frage 13.26:** Lösung A

Siehe Lerntext XIII.6.
Einen sehr geringen Proteinanteil (1–2 %) und einen extrem hohen Triglyceridanteil (85–90 %) haben die Chylomikronen, mit denen das Nahrungsfett aus dem Darm über die Lymphbahnen in das Blut transportiert wird.
Die unter (E) genannten VLDL (prae-β-LP) sind ebenfalls reich an Triglyceriden, sie transportieren endogene, von der Leber synthetisierte Triglyceride, ihr Gehalt an Triglyceriden beträgt 50 %, ihr Proteinanteil 10 %.

H01

→ **Frage 13.27:** Lösung C

VLDL transportieren die in der Leber aus Kohlenhydraten synthetisierten Triglyceride, so genannte endogene Fette, von der Leber in die Peripherie. Die Kapillarendothelien der Peripherie, hauptsächlich in Muskulatur und Fettgewebe, enthalten eine Lipoproteinlipase, die aktiviert durch das Apo CII die Triglyceride in den VLDL zu drei Fettsäuren und freiem Glycerol spalten. Die freien Fettsäuren werden dann von den Zellen aufgenommen, das freigesetzte Glycerol wird von den Leberzellen aufgenommen und metabolisiert. Damit ist (C) die gesuchte Falschaussage, denn nicht die Lipoproteinpartikel werden von den Fettzellen aufgenommen, sondern nur die aus ihren Triglyceriden freigesetzten Fettsäuren.

H02

→ **Frage 13.28:** Lösung D

Siehe Lerntext XIII. 6.
Apolipoprotein CII kommt an der Außenseite der Chylomikronen und der VLDL (prae-β-Lipoproteine) vor. Apo CII aktiviert die endothelständige Lipoproteinlipase, wodurch die Triglyceride (TG) der Chylomikronen (Transport der Nahrungs-TG) und der VLDL (Transport der endogenen, d. h. in der Leber synthetisierten TG) hydrolysiert werden zu 3 Fettsäuren und freiem Glycerin. Apo B_{100} an der Außenseite der LDL ist der Ligand für den LDL-Rezeptor. Genetische Defekte des Apo B_{100} oder auch des Rezeptors können zur familiären Hypercholesterinämie führen mit einem hohen Atherosklerose-Risiko.

H02

→ **Frage 13.29:** Lösung B

Siehe Kommentar zu Frage 13.28.

H03

→ **Frage 13.30:** Lösung C

Das Apolipoprotein B_{48} ist ein charakteristischer Bestandteil der Chylomikronen. Es wird von Enterozyten aus einer m-RNA gebildet, die in der Leber für das LDL-spezifische Apo-B_{100} codiert und in den Darmzellen durch ein eingebautes Stopp-Codon zu einem verkürzten Messenger führt. Somit entsteht ein Apo B_{48} mit einem Molekulargewicht von 265.000, im Gegensatz zu dem doppelt so großem Apo B_{100} der Leber. In den Darmzellen wird durch so genanntes RNA-Editing auf der Mitte der RNA ein Stopp-Codon eingebaut, sodass hier die Proteinsynthese abbricht.

H05

→ **Frage 13.31:** Lösung A

Alle Lipoproteine enthalten neben Lipiden (Triglyceride, P-Lipide, Cholesterin) spezifische Apolipoproteine.
Das ApoLP B_{48} wird im Darm gebildet und in die Chylomikronen eingebaut.
Aussage (B) ist falsch, denn für HDL sind Apo A-LP spezifisch.
Aussage (C) ist falsch, denn die intermediären Lipoproteine enthalten kein Apo B_{48}, sondern verschiedene andere ApoLP, wie Apo C und Apo B.
Aussage (D) ist falsch, denn LDL enthalten spezifisch das Apo B_{100} und kein Apo B_{48}.
Aussage (E) ist falsch, denn VLDL werden durch Apo C gekennzeichnet.
Siehe Lerntext „Lipoproteine" XIII.6.

H05

→ **Frage 13.32:** Lösung D

Sowohl der hohe Cholesterinanteil als auch das Apo LP B_{100} charakterisieren das Lipoprotein als LDL (β-Lipoprotein).
Siehe Lerntext „Lipoproteine" XIII.6.

H01 H99

→ **Frage 13.33:** Lösung B

LDL entstehen im Blut, wenn die Lipoproteinlipase des Fettgewebes aus den in der Leber gebildeten VLDL den Hauptteil der Triacylglycerine hydrolysiert. Hauptproteinbestandteil der LDL wie auch der VLDL ist das Apolipoprotein B_{100}. Die sehr cholesterinreichen LDL werden von cholesterinbedürftigen peripheren Zellen durch Apolipoprotein B_{100}-Rezeptoren erkannt und durch Endozytose aufgenommen. Die internalisierten LDL-Partikel werden durch lysosomale Enzyme abgebaut und setzen dabei ihr Cholesterin frei. Das exogene Cholesterin hemmt das Schlüsselenzym der zelleigenen de-novo-Cholesterin-Biosynthese, die NADPH-abhängige HMG-CoA-Reduktase, und verhindert so die unnötige Cholesterinneubildung.
Falsch und hier gesucht ist die Aussage (B), denn das Enzym LCAT katalysiert die Veresterung von Cholesterin bei den HDL und nicht, wie hier vorgeschlagen, bei den LDL.

F05

→ **Frage 13.34:** Lösung C

HDL transportieren Cholesterin aus der Peripherie zur Ausscheidung in die Leber (C). Eine hohe Konzentration an HDL im Blut-Plasma wirkt der Atherosklerose entgegen, sog. „gutes Cholesterin", im Gegensatz zum LDL-Cholesterin.
Aussage (A) ist falsch, denn in Membranen kommen keine HDL vor, sondern polare Lipide, Cholesterin und spezifische Membranproteine.
Aussage (B) ist falsch, denn Fettzellen reagieren nicht mit HDL, sondern mit VLDL und Chylomikronen, aus denen sie durch Lipoproteinlipase freigesetzte Fettsäuren aufnehmen.
Aussage (D) ist falsch, denn für HDL ist nicht Apo B_{100}, sondern Apo A das charakteristische Apo-LP. Apo B_{100} kommt in den LDL vor.
Aussage (E) ist falsch, denn HDL besitzen mit 10 nm den geringsten Durchmesser, den größten Durchmesser haben die Chylomikronen mit 100 bis 1.000 nm.
Siehe Lerntext „Lipoproteine" XIII.6.

F00

→ **Frage 13.35:** Lösung A

Siehe Lerntext XIII.6.
Im Blut werden Lipide in Form von Lipoproteinen transportiert. Man unterscheidet Chylomikronen, VLDL, LDL und HDL. Alle Lipoproteinklassen bestehen aus Phospholipiden, Cholesterol, Triglyceriden und spezifischen Proteinen (Apolipoproteinen), wobei der Anteil der einzelnen Komponenten der Lipoproteine für jede Klasse unterschiedlich ist. Es gibt ca. 30 verschiedene Apolipoproteine (ApoLP). Die wichtigsten sind das ApoA der HDL und das $ApoB_{100}$ der LDL.
Die gesuchte Falschaussage ist (A), denn Albumin kommt in keinem Lipoprotein vor. Die hohe Dichte der HDL ist durch den hohen Anteil an ApoAI und ApoAII bedingt.

H03

→ **Frage 13.36:** Lösung C

Lipoproteinlipase ist ein endothelständiges Enzym, das Triglyceride der VLDL und Chylomikronen in Glycerin und 3 Fettsäuren spaltet (A). Die Aufnahme der atherogenen LDL in die Zellen erfolgt durch einen B_{100}-Rezeptor, der mit dem gesamten LDL-Partikel endozytiert wird (B). Die HDL wirken antiatherogen, transportieren Cholesterin aus den Gefäßen der Peripherie zur Leber (E) und besitzen das Enzym LCAT, das das Cholesterin verestert, wobei aus dem Lecithin Lysolecithin entsteht. Die gesuchte Falschaussage ist (C), denn das Apolipoprotein B_{48} ist kein Bestandteil der LDL, sondern ein Strukturelement der Chylomikronen. Die Cholesterin-Biosynthese wird durch Gallensäuren bzw. durch freies Cholesterin gehemmt, hauptsächlich auf der Ebene der HMG-CoA-Reduktase.

F02

→ **Frage 13.37:** Lösung E

High-density-Lipoproteine bestehen zu je etwa 50 % aus Lipiden und Apolipoproteinen. Sie können Cholesterin von anderen Zellen aufnehmen und zur Ausscheidung zur Leber transportieren (A). Daher ist die HDL-Cholesterin-Konzentration des Serums negativ mit der Atherosklerose korreliert, d. h. die HDL wirken antiatherogen („gutes Cholesterin") im Gegensatz zum LDL-Cholesterin. Die HDL enthalten die von der Leber (D) synthetisierte LCAT, die das aufgenommene Cholesterol mit Hilfe des Phospholipids Lecithin verestert (B). Aus dem Lecithin entsteht dabei das Monoacylphospholipid Lysolecithin. Die gesuchte Falschaussage ist (E), denn Apo B_{100} kommt nicht in den HDL vor, sondern in den LDL. Die Bindung der LDL über B_{100} an den B_{100}-Rezeptor der Leberzellen ist die Voraussetzung dafür, dass die gefährlichen LDL durch Endozytose in die Leberzellen aus dem Blut entfernt werden.

H05 F03

→ **Frage 13.38:** Lösung E

Die LCAT überträgt in HDL einen Fettsäurerest aus Lecithin auf Cholesterin, es entstehen Cholesterinester und Lysolecithin (E).
Aussage (A) ist falsch, denn die LCAT ist nur in HDL aktiv, in Zellen wird Cholesterin mit Acyl-CoA durch das Enzym ACAT (Acyl-CoA-Acyl-Transferase) verestert.
Aussage (B) ist falsch, denn Apo B_{100} kommt nur in LDL vor.
Aussage (D) ist falsch, denn LCAT wird nicht in Fettzellen, sondern in der Leber synthetisiert und gelangt gebunden an Apolipoprotein A_1 (Apo A_1) in die HDL.

H00

→ **Frage 13.39:** Lösung B

Die LCAT wird von der Leber gebildet und ins Blut sezerniert (A), wo sie ausschließlich an HDL (α-Lipoproteine) gebunden wird (C).
Wenn HDL Cholesterol aufnehmen, verestert die LCAT, aktiviert durch $ApoA_1$, das Cholesterol zu hydrophoben Cholesterolestern, die im Inneren der jetzt größeren HDL_2-Partikel gespeichert werden, damit ist (B) die gesuchte Falschaussage.
Donator für die zu übertragende Fettsäure ist Lecithin, das dabei zu Lysolecithin wird und aus den HDL abgegeben wird, wodurch sich deren Gehalt an Phosphoglyceriden vermindert (D).

H99

→ **Frage 13.40:** Lösung B

Apolipoproteine sind die lipidfreien Proteinanteile von Lipoproteinen; man teilt sie ein in die fünf Klassen ApoA, ApoB, ApoC, ApoD und ApoE, von denen Untergruppen existieren.
Das in den LDL vorkommende A I ist ein Aktivator der LCAT (Lecithin-Cholesterin-Acyl-Transferase), die Cholesterinester bildet (A). Die gesuchte Falschaussage ist (B), denn A II ist wie B_{48} (C) nur ein Strukturelement und hat keine enzymregulatorische Wirkung.
Das die Lipoproteinlipase des Fettgewebes aktivierende C II findet sich in Chylomikronen und in VLDL; beide Fraktionen liefern Fettsäuren für die Fettsynthese in den Fettzellen (E). Das Apolipoprotein B_{100} ist ein Ligand des LDL-Rezeptors und sorgt dafür, dass die cholesterinreichen LDL-Partikel von Geweben mit LDL-Rezeptor aufgenommen werden (D).

Kommentare aus Examen Frühjahr 2006

F06

→ **Frage 13.41:** Lösung C

Die nicht wasserlöslichen Lipide werden im Blut als Komplex mit Proteinen transportiert. Für den Cholesterintransport ist physiologisch wie pathophysiologisch (Atherosklerose-Entstehung) das LDL am wichtigsten (C). LDL hat mit ca. 40% den höchsten Gehalt an Cholesterin.
Zu den nicht zutreffenden Distraktoren (A), (B), (D) und (E):
Chylomikronen transportieren Nahrungslipide aus dem Darm zu den Organen, hauptsächlich zur Leber, zum Fettgewebe und zur Muskulatur.
VLDL transportieren das in der Leber aus Glucose und evtl. Aminosäuren synthetisierte („endogene") Fett zum Fettgewebe.
HDL enthalten zu 18% Cholesterin, sie können Cholesterin aus Gefäßwänden zur Leber abtransportieren und wirken daher antiatherogen.
Albumin ist befähigt zum Transport vieler endogener hydrophober Moleküle, z.B. Bilirubin aus der Peripherie zur Leber. Wichtig ist Albumin für den Transport von freien Fettsäuren, die bei der Lipolyse im Fettgewebe entstehen, zur Muskulatur und zur Leber.
Siehe Lerntext „Lipoproteine" XIII.6.

14 Mineral- und Elektrolythaushalt

XIV.1 Wasser

Die Bruttozusammensetzung eines menschlichen Organismus ist relativ konstant. Den größten Anteil eines 70 kg schweren, normalgewichtigen Menschen bildet das Wasser mit ca. 60%. Beim Säugling hat das Wasser sogar einen Anteil von 75%. Beim durchschnittlichen Erwachsenen findet man 28 l intrazelluläres gegenüber 13 l extrazellulärem Wasser.
Unter den Funktionen des Wassers ist in erster Linie an die eines Lösungsmittels zu denken; praktisch alle biologischen Reaktionen finden mit und an gelösten Molekülen statt. Eine zweite Funktion des Wassers besteht darin, dass es Endprodukt des abbauenden, Energie liefernden Stoffwechsels ist. Als Endprodukt produziert der normalgewichtige Erwachsene pro Tag im Durchschnitt 600 ml H_2O. Die dritte Funktion des Wassers besteht darin, dass es in Verbindungen eingebaut wird, wozu täglich 300 ml verbraucht werden. Durch Zusammenfassung der beiden letztgenannten Posten ergibt sich ein Nettogewinn von 0,3 l Wasser. Diese Menge reicht bei weitem nicht aus, um andere Stoffwechselendprodukte in gelöster Form über den Urin auszuscheiden bzw. über den Schweiß der Wärmeabführung zur Temperaturregulation zu dienen.
So ist der Mensch täglich auf die Zufuhr von 1 bis 2 l Wasser mit der Nahrung angewiesen; bei extremer Hitze, Trockenheit oder sehr starker körperlicher Leistung kann die so benötigte Wassermenge auf über 10 l ansteigen. Nicht ersetzte starke Wasserverluste führen zu einer Austrocknung (Exsikkose) des Körpers und stellen einen akut lebensbedrohenden Zustand dar.

H91

→ **Frage 14.1:** Lösung E

Der Wassergehalt des menschlichen Körpers liegt bei etwa 60%; dieser Wert erniedrigt sich im Laufe des Lebens um etwa 10%. Weibliche Personen haben wegen ihres erhöhten Fettgehaltes etwas niedrigere Wasseranteile. In den meisten Organen beträgt der Wassergehalt 75 bis 80%; das gilt auch für die unter (A) bis (D) genannten Organe Lunge, Leber, Muskulatur und Gehirn; sogar das Gesamtblut macht hier keine Ausnahme. Es gibt aber Organe mit extremen Wassergehalten: im Zahnschmelz gibt es nur 0,2% Wasser, im Skelett 20% und im Fettgewebe (E) 30%. Sehr hohe Wassergehalte findet man im Blutplasma (91%) und im Glaskörper des Auges (99%!).

H05

→ **Frage 14.2:** Lösung D

Eine simple Rechenaufgabe:
$10^{-7,1} : 10^{-7,4} = 10^{0,3} = \underline{2}$.

XIV.2 Puffersysteme

Die Puffergleichung nach Henderson-Hasselbalch lautet:

$$pH = pK + \log \frac{[Salz]}{[Säure]}$$

Das wichtigste Puffersystem im Blut ist das System aus Natriumbicarbonat ($NaHCO_3$) und Kohlensäure (H_2CO_3).
Durch die **Carboanhydrase** der Erythrozyten steht das gasförmige CO_2 im Gleichgewicht mit H_2CO_3.
$CO_2 + H_2O \rightleftharpoons H_2CO_3$

Der Säureanteil des Bicarbonatpuffers kann damit über den CO_2-Partialdruck (35–45 mm Hg) angegeben werden und wird über die Atmung reguliert („offenes Puffersystem").
Der Bicarbonatanteil wird über die Nieren angepasst: Na^+ kann vermehrt ausgeschieden oder rückresorbiert werden. Die Na^+-Rückresorption erfolgt im Austausch gegen H^+. Die **Normalwerte des Säure-Basen-Status** im Blut sind:

pH	7,36–7,44
pCO_2	35–45 mm Hg
aktuelles Bicarbonat	22–26 mmol/l

An der **Gesamt-Pufferkapazität** des Blutes sind beteiligt:

Bicarbonat	53%
Hämoglobin	35%
Plasmaproteine	7%
Phosphat	5%

XIV.3 Azidose

Eine Azidose kann bedingt sein durch eine Erhöhung des pCO_2 = **respiratorische Azidose** oder durch eine Erhöhung organischer Säuren: Milchsäure (Lactazidose), Acetessigsäure, β-Hydroxybuttersäure (Ketoazidose) bzw. eine Erniedrigung des $NaHCO_3$ = **metabolische Azidose**

H05
→ **Frage 14.3:** Lösung A

Bei chronischen Lungenerkrankungen kommt es zu einem CO_2-Anstieg im Blut: respiratorische Azidose. Diese wird durch eine metabolische Alkalose, d. h. einen Anstieg von $NaHCO_3$, zu kompensieren versucht (A).
Aussage (B) ist falsch, denn bei chronischer respiratorischer Azidose nehmen die Gesamtpufferbasen nicht ab, sondern steigen an.
Aussage (C) ist falsch, denn es entsteht bei respiratorischer Azidose kompensatorisch kein negativer, sondern ein positiver Basenüberschuss.
Die Aussagen (D) und (E) sind falsch, denn es kommt bei Ateminsuffizienz zu Hyperkapnie und respiratorischer Azidose.
Siehe Lerntext „Kompensationsmechanismen bei Azidose und Alkalose" XIV.5.

XIV.4 Alkalose

Als Alkalose bezeichnet man einen Anstieg des Blut-pH, der bedingt sein kann:
durch eine Erniedrigung des pCO_2 = **respiratorische Alkalose** oder
durch einen Anstieg des $NaHCO_3$ = **metabolische Alkalose**

F92
→ **Frage 14.4:** Lösung C

Siehe Lerntext XIV.4.
Zu einer metabolischen Alkalose kann es auch bei Hyperaldosteronismus (nicht Aldosteronmangel, (E) ist falsch) kommen, bei dem es zu einer Na^+-Erhöhung und damit zu einem Anstieg der Bicarbonatkonzentration kommt.

H04
→ **Frage 14.5:** Lösung C

Siehe Lerntext XIV.2.
Das wichtigste Puffersystem im Blut ist der Kohlensäure/Bicarbonat-Puffer, dessen Bestandteile CO_2 (Säure) und Natrium- bzw. Kalium-Bicarbonat (Salz) über Lunge (Atemfrequenz und Atemtiefe) sowie über die Niere (Na^+- und K^+-Ausscheidung) reguliert werden können („offenes Puffersystem").
Einsetzen der gegebenen Zahlenwerte in die vorgegebene Henderson-Hasselbalch-Gleichung ergibt eine Bicarbonatkonzentration von 11 mmol/l (C), sie ist damit auf 30 % des Normalwerts erniedrigt, es handelt sich also um eine metabolische Acidose.

F05
→ **Frage 14.6:** Lösung A

Eine schwere Azidose von pH 7,0 entspricht 10^{-7} mol H^+/l = 0,1 µmol/l = 100 nmol/l. Ein normaler pH 7,4 ist entsprechend $10^{-7,4}$ mol H^+/l = 0,04 µmol/l = 40 nmol/l.
Siehe Lerntext „Azidose" XIV.3.

XIV.5 Kompensationsmechanismen bei Azidose und Alkalose

Einfach zu merken ist folgendes Prinzip:
Metabolische Störungen werden respiratorisch kompensiert und umgekehrt.
Also:
Eine metabolische Azidose führt kompensatorisch zu respiratorischer Alkalose.
Eine metabolische Alkalose führt kompensatorisch zur respiratorischen Azidose.
Die respiratorische Azidose führt kompensatorisch zur metabolischen Alkalose.
Die respiratorische Alkalose führt kompensatorisch zur metabolischen Azidose.

Klinischer Bezug
Säure-Basen-Haushalt im Schock
Bei schwer verletzten Patienten im Schock sind sowohl die Lungenfunktionen als auch der Blutkreislauf und die Nierenfunktion eingeschränkt. Es resultiert ein Anstieg des CO_2 und des Lactats, d. h. eine Kombination aus respiratorischer und metabolischer Azidose, sodass eine natürliche Kompensation nicht mehr möglich ist. Lebensrettend ist in dieser Situation die i. v. Infusion von Natriumbicarbonat ($NaHCO_3$).

F98 H88 H85
→ **Frage 14.7:** Lösung E

Magnesium gehört zu den lebenswichtigen Elementen. In Pflanzen ist es das Zentralatom im grünen Tetrapyrrolfarbstoff Chlorophyll (D), der für den Menschen die Hauptquelle der Versorgung mit Magnesium darstellt. Der Magnesiumbestand des menschlichen Körpers (70 kg) beträgt etwa 30 g, die tägliche Aufnahme etwa 0,3 g. Viele, vor allem ATP-abhängige Enzymreaktionen, benötigen Mg^{2+} als Cofaktor, da ein ATP-Mg^{++}-Komplex vorhanden sein muss (A). Der intrazelluläre Magnesiumgehalt liegt bei etwa 25 mval/kg Gewebe; die Mg^{++}-Konzentration des Bluts beträgt nur etwa $^{1}/_{10}$ dieses Wertes (C). Ribosomen menschlicher Zellen zerfallen bei Abfall der Magnesiumkonzentration unter den physiologischen Wert in leichte 40 S- und schwere 60 S-Untereinheiten (B). Falsch ist die Aussage (E): Insulin kann als Zn^{++}-, aber nicht als Mg^{++}-Komplex vorliegen.

F05
→ **Frage 14.8:** Lösung C

Für eine gute Calciumversorgung sind Milch und Milchprodukte geeignet. Aussage (A) ist falsch, denn die in Früchten enthaltenen Säuren können Calcium binden und so die Resorption erschweren. Die genannten Früchte sind sehr gut für die Versorgung mit Vitamin C (Ascorbinsäure). Hefe und Bier (B) wie auch Vollkorn-Getreideprodukte (D) sind gute Quellen für B-Vitamine. Fleisch (E) und Leber sind wichtig für die Versorgung mit Vitamin B_{12} (Cobalamin).

H95
→ **Frage 14.9:** Lösung E

Extrazellulär findet man, wie im Blut, etwa 10^{-3} M, intrazellulär etwa 10^{-8} M Calcium.

H98
→ **Frage 14.10:** Lösung E

Die zytosolische Ca^{++}-Konzentration beträgt 10^{-8} bis 10^{-7} mol/l gegenüber einer extrazellulären von etwa 10^{-3} molar. Durch Einstrom von außen nach Öffnung von Calciumkanälen und durch Freisetzung aus intrazellulären Speichern kann die zytosolische Calciumkonzentration kurzfristig auf 10^{-5} molar ansteigen, z. B. bei der Erregung der Muskelzellen.
Die gesuchte Falschaussage ist (E), denn die Ca^{++}-ATPasen der Plasmamembran führen nicht zu einer Erhöhung der zytosolischen Calciumkonzentration, sondern sie senken diese durch aktiven Transport von Ca^{++} aus der Zelle heraus.

H04
→ **Frage 14.11:** Lösung D

Die Calcium-Konzentration im Blutplasma unterliegt nur sehr geringen Schwankungen (2,2–2,6 mmol/l), damit ist Aussage (A) falsch.
Auch Aussage (B) ist falsch, denn die intrazelluläre Calcium-Konzentration ist etwa halb so groß (1 mmol/l) wie die extrazelluläre, kann aber zwischen verschiedenen Zellkompartimenten um mehrere Zehnerpotenzen variieren. Das Reservoir für Calcium stellt das Calciumphosphat (Apatit) des Knochens dar, es wird aber nicht durch ATPasen mobilisiert, sondern durch Phosphatasen, Aussage (C) ist falsch. Ca^{2+}-ATPasen regulieren die Ca^{2+}-Konzentrationen intrazellulär und wirken in den Zellkompartimenten durch aktiven Transport.
Drei Hormone sind wesentlich an der Regulation des Serum-Calciums beteiligt: Calcitriol (Vit. D-Hormon) und Parathormon (D) erhöhen die Serum-Calcium-Konzentration, Calcitonin erniedrigt sie.
Im Blut liegt etwa die Hälfte des Calciums proteingebunden vor, die andere Hälfte als freie Ca^{2+}-Ionen, Aussage (E) ist falsch.
Der Anteil der freien Ca^{2+}-Ionen steigt bei Acidose und sinkt bei Alkalose.
Ein Abfall der freien Ca^{2+}-Ionen führt zu tetanischen Symptomen.

F04
→ **Frage 14.12:** Lösung D

Die angegebenen Spurenelemente Selen und Zink sind wichtig für die Aktivität bestimmter Enzyme. Selen wird mit t-RNA-Serin zu Selenocystein-tRNA umgesetzt und in die Glutathionperoxidase eingebaut (D).
Zink ist wichtig für die Carboanhydrase (B) und eine Reihe von Dehydrogenasen. Amylase (A) benötigt zur Wirkung kein Spurenelement, sondern Cl^--Ionen. Cytochrom-c-Oxidase (C) benötigt Eisen und Kupfer. Die Hexokinase (E) benötigt, wie viele andere ATP umsetzende Enzyme, Magnesiumionen.

F04
→ **Frage 14.13:** Lösung B

Siehe Kommentar zu Frage 14.12.

H03 F99
→ **Frage 14.14:** Lösung C

Selen ist ein wichtiges Spurenelement, das als Selenocystein in die Glutathionperoxidase eingebaut wird (C). Glutathionperoxidase spielt eine wichtige Rolle beim Abbau schädlicher Peroxide.

H03 F99

→ **Frage 14.15:** Lösung E

Siehe Lerntext XIV.8.
Kupfer ist u. a. Teil des antioxidativen Schutzsystems, indem es in die Superoxiddismutase eingebaut wird.
Weitere kupferhaltige Enzyme sind Cytochrom-c-Oxidase („Atmungsferment"), die Monoaminooxidase (MAO), die Ferrioxidase I (Coeruloplasmin) und die Lysyloxidase, die ein Schlüsselenzym der Kollagenbiosynthese ist (E).

H05

→ **Frage 14.16:** Lösung C

Das Spurenelement Selen wird als Selenocystein in die antioxidativ wirkende Glutathion-Peroxidase (Schutz vor O_2-Radikalen) und in die Thyroxin-Dejodase, die das T_4 in das wirksamere T_3 umwandelt, eingebaut.

XIV.6 Calcium

Schon seiner Menge wegen spielt das Calcium für den Menschen eine große Rolle: Im Körper eines 70 kg schweren Menschen finden sich etwa 1,5 kg Calcium, zum größten Teil als wasserunlösliches Calciumphosphat (Apatit) im Skelett. In der Nahrung, besonders in Milch, ist Calcium reichlich vorhanden, kann aber aus dem Darm nur resorbiert werden, wenn das Vitamin D-Hormon, 1,25-Dihydroxy-cholecalciferol, DHCC (s. Lerntext V.13) die Bildung eines Ca^{++}-bindenden Darmproteins induziert. Als lipophiles Hormon kann DHCC in die Zellen eines Zielorgans eindringen und sich dort mit einem intrazellulären Rezeptorprotein verbinden. Außer dem DHCC sorgen noch zwei weitere Hormone für die Konstanthaltung des Calciumspiegels im Blut (das Parathormon erhöht, das Calcitonin senkt die Calciumkonzentration im Blut (s. Lerntext XVII.5)).
Freie Calcium-Ionen erfüllen im Organismus wichtige Aufgaben: So ist Ca^{++} ein Faktor des Blutgerinnungssystems, es wirkt bei der Muskelkontraktion, durch Ca^{++} werden unter Einschaltung des Calcium bindenden Proteins Calmodulin Enzyme aktiviert (Wirkung als second messenger) und im Nervensystem ist es beteiligt an der Neurotransmitterfreisetzung.
Bestand: 1500 g
Tagesbedarf: 0,5–1 g
Homöostase
1. Resorption aus dem Darm
2. Harnausscheidung

Regulation
1. Parathormon
2. Calcitonin
3. Calcitriol

Funktion
1. Apatit (Knochen, Zähne)
2. Cofaktor
   - Enzyme
   - Blutgerinnung
3. Signalstoff
   - Muskelkontraktion
   - intrazellulärer second messenger

Klinischer Bezug
Hyperventilationstetanie
Bei sehr starker Hyperventilation, z. B. bei Angstzuständen, hysterischen Anfällen oder „Aufpumpen" von Ballons, Luftmatratzen o. ä. mit Atemluft kann es zu tetanieartigen Krämpfen, Verwirrtheit und u. U. Bewusstlosigkeit kommen.
Auslöser ist die respiratorische Alkalose, diese führt zu einer Zunahme der negativen Ladungen der Plasmaproteine, an die sich Ca^{++}-Ionen anlagern. Der Abfall der freien Ca^{++}-Ionen steigert die neuromuskuläre Erregbarkeit.

XIV.7 Eisen

Zu den Hauptaufgaben der eisenhaltigen Proteine zählen der Sauerstofftransport (Erythrozyten), die O_2-Speicherung (Myoglobin) und die Sauerstoffverwertung (Cytochrome).

Gesamtbestand:	3–5 g
Funktionseisen	
– Hb	2,6 g
– Myoglobin	0,4 g
– Cytochrome	0,007 g
Speichereisen	
– Ferritin	0,8 g
– Hämosiderin	0,2 g
Transporteisen	
– Transferrin	0,004 g
Nahrungszufuhr	10–20 mg/Tag
Resorption	1–2 mg/Tag
„Ausscheidung" (Blutungen und Epithelverluste)	1–2 mg/Tag
Mangel:	Anämie
Überladung:	Hämosiderose

Der Eisenbestand des 70 kg schweren Erwachsenen beträgt etwa 5 Gramm, wovon die Hauptmenge an die Sauerstoff bindenden Proteine Hämoglobin (2,6 g) und Myoglobin (0,4 g) gebunden ist. Etwa 1 g Eisen findet sich in den Speicherproteinen Ferritin und Hämosiderin in Leber und Milz. Im Gesamtblut (5 Liter) findet man nur 4 mg freies Eisen, gebunden an das Transportprotein Transferrin, ein auch Siderophilin genanntes Glykoprotein der β-Globulin-Fraktion. Eisenbedürftige Organe entwickeln spezielle Transferrin-Rezeptoren auf ihrer Ober-

fläche; eisenbeladenes Transferrin dockt hier an, wird mit dem Rezeptorprotein internalisiert und das Eisen dann nach Übertragung auf intrazelluläres Ferritin freigesetzt. Das Transferrin kehrt zurück ins Blut. Einen größeren Eisenvorrat (150 mg) gibt es noch im Blut bildenden Knochenmark.
Das zu den Übergangsmetallen gehörende Eisen kommt auch im lebenden Organismus in zwei- oder dreiwertiger Form vor, wobei die jeweilige Wertigkeit für seine biologische Funktion von großer Bedeutung ist. Die Sauerstoff bindenden Proteine erfordern, auch im Zustand der Oxygenation, 2-wertiges Eisen; Oxidation schafft hier funktionsloses Methämoglobin. Bei der Resorption aus dem Darm wird vorwiegend 2-wertiges Eisen transportiert. Hingegen ist das im Blutplasma an Transferrin gebundene Eisen 3-wertig, ebenso wie das im Ferritinspeicher befindliche.

Klinischer Bezug
Eisenmangel
Ein manifester („echter") Eisenmangel führt zu einer Eisenmangelanaemie, zu vermindertem Myoglobin und zur Funktionseinschränkung eisenhaltiger Enzyme (Atmungskette usw.).
Hauptursachen können eine extrem einseitige Ernährung (z.B. Veganer), Resorptionsstörungen (chronische Dünndarmentzündungen, Darmparasiten) oder Eisenverluste (chronische Blutungen) sein.
Häufiger als ein echter Eisenmangel ist eine Eisenverteilungsstörung: Bei Entzündungen und bei Tumorerkrankungen wird Eisen vermehrt von Makrophagen aufgenommen. Folgen sind eine verminderte Serumeisenkonzentration und eine hypochrome Anaemie (Infektanaemie, Tumoranaemie), die im Unterschied zum echten Eisenmangel auf Eisengaben nicht ansprechen.

Klinischer Bezug
Haemochromatose
Bei der Haemochromatose (Haemosiderose) werden statt der täglich notwendigen 1-2 mg Eisen etwa 4 mg resorbiert. Es kommt im Verlaufe des Lebens zu einer Erhöhung des Körpereisenbestands auf bis zu 20 g, wobei es durch die Eisenablagerung in Leber und Pankreas (bis zum 100fachen der Normalmenge!) zu einem Diabetes mellitus oder zu einer Leberzirrhose bis hin zum Organversagen kommen kann. Auch das Herz (Cardiomyopathie) und die Hypophyse können betroffen sein. Es handelt sich um eine der häufigsten angeborenen Erkrankungen (heterozygot 1 : 10, homozygot 1 : 500). Therapie: Aderlässe, Gabe von Eisenchelatbildnern, Diät. Nicht-genetische, sekundäre Formen der Haemochromatose treten auf, wenn bei haemolytischen Anaemien regelmäßig transfundiert wird oder wenn therapeutisch Eisen appliziert wird. Auch bei bestimmten Lebererkrankungen und bei Alkoholikern kann eine Eisenüberladung auftreten.

H95
→ **Frage 14.17:** Lösung C

Siehe Lerntext XIV.7.
Das im Ferritin in dreiwertiger Form gespeicherte Eisen muss zur Mobilisierung reduziert, dann aber zur Bindung an das Transportprotein Transferrin durch Caeruloplasmin zu Fe^{3+} reoxidiert werden. Am Bestimmungsort bindet dann das eisenbeladene Transferrin an einen membranständigen Rezeptor. Die Aufnahme in die Zelle erfolgt per Internalisierung.

F03 F01 H98
→ **Frage 14.18:** Lösung D

Siehe Lerntext XIV.7.
In Leber und Knochenmark kommt Ferritin als spezifisches Eisen-speicherndes Protein vor (D).
Die 24 Untereinheiten eines Ferritinmoleküls können zusammen ca. 200 Eisenatome binden ((B) ist falsch).
(C) ist falsch, denn nicht das intrazelluläre Speicherprotein Ferritin, sondern das Plasma-Eisentransport-Protein Transferrin bindet an Rezeptoren der Zellmembran. Bei Eisenmangel wird Ferritin vermindert gebildet und ist im Plasma erniedrigt. Es ist ein zuverlässiger Laborparameter für echten Eisenmangel und sicherer als die Plasmaeisen-Bestimmung, weil Plasma-Eisen im Tagesverlauf schwankt und bei akuten und chronischen Entzündungen abfällt ((A) und (E) sind falsch).

H03
→ **Frage 14.19:** Lösung A

Siehe Lerntext XIV.7.
Werden Erythrozyten regulär im RES abgebaut, so wird das Hämoglobin gleich weiter verarbeitet zu Bilirubin, Transferrin- oder Ferritin-gebundenem Eisen und freien Aminosäuren. Findet dagegen eine intravasale Hämolyse statt, so wird das frei werdende Hämoglobin an ein Haptoglobin gebunden und in dieser Form zum RES zum Weiterabbau transportiert, (A) ist die gesuchte richtige Aussage. Freies Hämoglobin kann die Filtrationsfähigkeit in den Nieren durch „Verstopfen" der Glomerula ausschalten und zum Nierenversagen führen. Der Haptoglobin-Hämoglobin-Komplex kann nicht ultrafiltriert werden.

Aussage (B) ist falsch, denn die Eisen(III)-Ionen im Blutplasma werden nicht vom Hämopexin transportiert, sondern vom Transferrin. Hämopexin ist ein Plasmaprotein, das dem Transport von freiem Häm dient.
Aussage (C) ist nicht zutreffend, denn die Eisenmenge von etwa 1 mg, die pro Tag im Dünndarm resorbiert wird, wird in Enterozyten nicht an Hämosiderin, sondern an Ferritin gebunden, von wo sie nach Bedarf ins Blut abgegeben werden. Hämosiderin entsteht in den Zellen wahrscheinlich aus Ferritin, wenn die Eisenspeicher überladen werden, was zur Funktionseinschränkung der Zellen führen kann (Hämosiderose).
Aussage (D) ist falsch, denn für eine ausgeglichene Eisenbilanz müssen nicht 100 mg Eisen pro Tag resorbiert werden, sondern von den etwa 10 mg Nahrungseisen nur etwa 1 mg. Aussage (E) ist falsch, denn es werden nicht 80% des Nahrungseisens im Dünndarm absorbiert, sondern nur etwa 10%.

H04
→ **Frage 14.20:** Lösung B

Siehe Lerntext XIV.7.
Der Erwachsene enthält 3–5 Gramm Eisen, ca. 70 % in Form des roten Blutfarbstoffs Hämoglobin (B). Ferritin ist das intrazelluläre Eisenspeicherprotein und enthält ca. 25 % des Körpereisens (A). Hämosiderin entsteht bei Eisenüberladung, beim Krankheitsbild der Hämochromatose können in dieser unlöslichen Eisenproteinverbindung bis zu 20 Gramm Eisen intrazellulär gespeichert sein (C). Das Transporteisen ist im Serum gebunden an Transferrin (D) (Siderophilin) und macht nur 0,1 % aus. Alle Eisen-haltigen Enzyme enthalten ca. 0,6 % des Körpereisens (E).

H05
→ **Frage 14.21:** Lösung D

Der erwachsene Mensch enthält ca. 3,5 g Eisen, davon ca. 70 %, also 2,5 g, im Hämoglobin der Erythrocyten. Wenn von den 5 l Blut 2 l verloren gehen, bedeutet das einen Eisenverlust von etwa 1 g.
Siehe Lerntext „Eisen“ XIV.7.

H97
→ **Frage 14.22:** Lösung E

Siehe Lerntext XIV.7.
Der menschliche Körper enthält ca. 3–5 g Eisen, mehr als $^2/_3$ davon im Hämoglobin. Von täglich ca. 10 mg Nahrungseisen wird nur durchschnittlich 1 mg (10%) im Duodenum (A) als Fe^{2+} resorbiert. Ein nicht genau aufgeklärter Mechanismus sorgt dafür, dass nicht zuviel Nahrungseisen resorbiert wird und so zur Eisenüberladung führt, man spricht vom Mucosablock. Bei Bedarf, z.B. in der Schwangerschaft und nach Blutverlusten, können statt normal 10% mehr als 50% des Nahrungseisens resorbiert werden. Im Blut wird das resorbierte Eisen durch das kupferhaltige Caeruloplasmin (Ferrioxidase) zum Fe^{3+} oxidiert und an Transferrin gebunden (B). Von den Zielzellen wird das eisenbeladene Transferrin durch Endozytose aufgenommen. Nicht als Funktionseisen gebrauchtes Eisen wird als Ferritin (D) gespeichert oder als Hämosiderin abgelagert.
Die gesuchte Falschaussage ist (E), denn es gibt praktisch keine Eisenausscheidung, weswegen bei der Resorption im Duodenum eine Eisenüberladung des Organismus (Hämosiderose) verhindert werden muss. Täglich 1 mg Eisen gehen durch okkulte Blutungen und durch Abschilferung von Epithelien (Haut, Magen-Darmtrakt und Urogenitaltrakt) verloren.

H02
→ **Frage 14.23:** Lösung E

Siehe Lerntext XIV.7.
Die gesuchte richtige Aussage ist (E): Im Blut wird Fe^{3+} gebunden an Transferrin transportiert, früher in der Klinik als Eisen-Bindungs-Kapazität „EBK“ bestimmt.
Von den 3,5 g Körper-Eisen liegen 2,6 g im Hämoglobin vor und nur 0,004 g an Transferrin gebunden ((A) ist falsch). Speichereisen in Form von Ferritin kann leicht freigesetzt werden, das schwer lösliche Hämosiderineisen aber nicht, (B) ist falsch. Durchschnittlich werden nur 10 % des Nahrungseisens (10 mg) resorbiert, um die täglichen Eisenverluste (1 mg) über „Zellmauserung“ auszugleichen ((D) ist falsch).

H02
→ **Frage 14.24:** Lösung D

Siehe Lerntext XIV.7.
Die gesuchte Falschaussage ist (D), denn Ferritin transportiert nicht das Eisen im Blut, sondern dies tut das Transferrin. Ferritin dient der Eisenspeicherung in den Leberzellen.

H02
→ **Frage 14.25:** Lösung E

Die gesuchte Falschaussage ist (E), denn die Carboanhydrase enthält im aktiven Zentrum nicht Eisen, sondern Zink.

XIV.8 Kupfer

Kupfer ist ein für den menschlichen Organismus wichtiges Spurenelement. Der Gesamtkupferbestand des 70 kg-Menschen liegt bei 100 mg. Kupfer ist Bestandteil vieler Oxidasen (z.B. Cytochromoxidase, Lysyloxidase, Katalase, Monoaminoxidase, Superoxiddismutase). Im Blutplasma gibt es ein blaugefärbtes Kupfercaeruloplasmin, das als Ferrioxidase wirkt. Bei einem Mangel an diesem Transportprotein kommt es zur Wilson-Krankheit mit Kupferablagerungen in der Leber und im Gehirn. Viele Zellen enthalten im Cytosol ein Metallothionein genanntes, cysteinreiches Protein, das Metalle wie Kupfer, aber auch Quecksilber und Cadmium als Komplex binden kann.

Bestand: 0,1 g

Funktion:

Cofaktor von Oxidasen
- Cytochromoxidase
- Superoxiddismutase
- Ferrioxidase

Bedarf: 3 mg/Tag

Transport im Blut:
- Albumin
- Transcuprein
- Caeruloplasmin

Mangel: Anämie und unspezifische Störungen

Überladung: Wilson'sche Erkrankung = hepatolentikuläre Degeneration

Klinischer Bezug

Morbus Wilson

Bei der hepatolentikulären Degeneration (Morbus Wilson) kommt es zu massiven Kupferablagerungen in Leber und im Gehirn mit entzündlichen Erscheinungen, Fibrose bzw. Zirrhose mit Funktionsverlust. Ursache ist ein genetische Defekt der Kupferausscheidung in die Galle.
Die Häufigkeit beträgt für Heterozygote 1 : 90, für Homozygote 1: 30 000. Die Diagnose erfolgt durch das erniedrigte Serum-Kupfer und das erniedrigte Coeruloplasmin sowie typische ringförmige Kupferablagerungen in der Hornhaut (Kayser-Fleischer-Cornealring). Die Therapie erfolgt durch eine Kupfer-Chelatbildung mit Penicillamin.

F00 H96

→ **Frage 14.26:** Lösung A

Das Spurenelement Kupfer wird täglich in einer Menge von etwa 3 mg benötigt. Es wirkt als Cofaktor von Enzymen, die mit O_2 und H_2O_2 reagieren: Cytochromoxidase, Superoxiddismutase, Katalase und Ferrioxidase.

F05

→ **Frage 14.27:** Lösung B

Das Spurenelement Cu ist Bestandteil einiger Oxidoreduktasen. Im Erythrozyten kommt als Schutz gegen Sauerstoffradikale („oxidativer Stress") die Superoxiddismutase vor, die Cu und Zn enthält.
Auch die Katalase, die H_2O_2 in O_2 und H_2O umwandelt, ist kupferhaltig. Sie kommt in Peroxisomen der Leukozyten und anderen Zellen vor, nicht aber in Erythrozyten.
Siehe Lerntext „Kupfer" XIV.8.

H97

→ **Frage 14.28:** Lösung E

Siehe Lerntext XIV.8.
Freie Cu-Ionen sind ähnlich wie freie Eisen-Ionen toxisch, Kupfer kommt daher im Organismus nur an Protein gebunden vor.
Im Blut wird Kupfer an Albumin (A), an Transcuprein und an Cäruloplasmin (Ferrioxidase) gebunden.
Beim autosomal rezessiv vererbten Caeruloplasminmangel (Wilson'sche Erkrankung) kommt es zu Kupferablagerungen in der Leber, im Linsenkern des Gehirns und in der Kornea (Kayser-Fleischer-Kornealring); die Cu-Ausscheidung erfolgt dabei vermehrt über die Niere (C), statt wie üblich über die Galle (B). Die gesuchte Falschaussage ist (E), denn nicht das Cytochrom c enthält Kupfer, sondern die Cytochrom-Oxidase (Komplex IV der Atmungskette = Warburgsches Atmungsferment).
Andere Cu-haltige Enzyme sind die Superoxid-Dismutase (C), die Monoaminoxidase, die Tyrosinase, die Katalase und die Lysyloxidase.

F02

→ **Frage 14.29:** Lösung C

Das Spurenelement Zink ist Cofaktor der Carboanhydrase und anderer Enzyme (B). Zink bildet mit Insulin nur langsam wasserlösliche Komplexe (A) und stabilisiert die native Konformation mancher Proteine (D). Manche Transkriptionsfaktoren sind als Zinkfingerproteine an der Regulation der Genaktivität beteiligt (E). Die gesuchte Falschaussage ist (C), denn in Vitamin B_{12} kann Zink Kobalt nicht ersetzen.

F01

→ **Frage 14.30:** Lösung C

Mehrere hundert Proteine sind beschrieben, in denen Zink koordinativ an mehrere Aminosäuren gebunden ist. Hierzu zählen die unter (A), (B) und (E) genannten Enzyme ebenso wie die Steroidrezeptoren (D).
Die gesuchte Falschaussage ist (C): Zink hat keine Bedeutung für die Xanthinoxidase; hier sind Eisen und Molybdän am katalytischen Geschehen beteiligt.

XIV.9 Mineralstoffe und Spurenelemente

Unter Spurenelementen versteht man für den lebenden Organismus essenzielle Stoffe, die beim erwachsenen 70 kg-Menschen in Mengen von 1 mg bis zu wenigen Gramm vorkommen. Die meisten dieser Substanzen finden sich als funktionell wichtige Bestandteile von Enzymen. Für manche Elemente ist die Notwendigkeit vermutet, aber noch nicht erwiesen.
Natrium ist das wichtigste extrazelluläre Kation, verantwortlich für den osmotischen Druck und die Aktionspotenziale.
Chlorid ist das entsprechende extrazelluläre Anion.
Kalium ist das wichtigste intrazelluläre Kation, verantwortlich für das Ruhepotenzial an Zellmembranen.
Na^+, K^+ und Cl^- werden durch das Renin-Angiotensin-Aldosteron-System reguliert.
Phosphat ist neben dem Apatitaufbau als Diester Bestandteil von Lipiden und Nucleinsäuren, Energieüberträger (ADP + P → ATP) und Puffersystem.
Kobalt (Co) ist Zentralatom im Vitamin B_{12}, der Bedarf wird über die Vitaminzufuhr gedeckt.
Jod ist Bestandteil der Schilddrüsenhormone T_3 und T_4. Die mit der Nahrung täglich zuzuführende Menge von 100–150 μg wird in der Bundesrepublik häufig nicht erreicht. Seesalz, Seefische oder jodiertes Kochsalz werden empfohlen, um Schilddrüsenunterfunktionszuständen vorzubeugen.
Fluor wird als Fluorapatit in Knochen und Zahnschmelz eingebaut und erhöht deren Festigkeit. Fluorzufuhr dient zur Prophylaxe von Osteoporose und Karies.
Magnesium kommt eingebaut in die Apatitstruktur des Knochens vor. Mg^{++}-Ionen, zu 95% intrazellulär, sind als Cofaktor an allen Enzymreaktionen mit ATP beteiligt. Mg^{++} ist an der Erregungsübertragung in Synapsen beteiligt. Mg^{++}-Mangelzustände äußern sich vorwiegend durch nervöse Störungen und Muskelkrämpfe.

Die übrigen Spurenelemente sind überwiegend als Cofaktoren für Enzyme wirksam:
Zink (Zn): Alkoholdehydrogenase, Carboanhydratase, Glutamatdehydrogenase u. a.
Molybdän (Mo): Xanthinoxidase, Aldehydoxidase u. a.
Mangan (Mn): Pyruvatcarboxylase, Glykosidtransferasen u. a.
Selen (Se): Glutathionperoxidase

Kommentare aus Examen Frühjahr 2006

F06

→ **Frage 14.31:** Lösung D

Eine einfache Rechenaufgabe:
Wenn 1 Liter Blut 10 mmol Eisen enthält, dann enthalten 10 ml Blut 0,1 mmol Eisen.
Bei einem Atomgewicht des Eisens von 56 sind das 5,6 mg.
Siehe Lerntext „Eisen“ XIV.7.

15 Subzelluläre Strukturen

XV.1 Biologische Membranen

Biomembranen sind beim Aufbau aller lebenden Organismen beteiligt. Sie bilden die äußere Zellmembran (= Plasmamembran) und umhüllen alle Organellen wie Zellkern, Mitochondrien, Lysosomen, und sie durchziehen das Cytoplasma in Gestalt eines endoplasmatischen Retikulums. Alle Membranen bestehen aus einer Lipiddoppelschicht, an die Membranlipide werden besondere Anforderungen gestellt: Sie müssen amphipathisch (= amphiphil) sein, d. h. sie müssen in ihrer Struktur einen lipophilen (= hydrophoben) und einen hydrophilen (= lipophoben) Anteil enthalten.
Die für Membranen typische Doppelschicht ist immer so aufgebaut, dass die Moleküle beider Schichten ihre lipophilen Pole zur Membranmitte hin ausgerichtet haben. Die hydrophilen Teile zeigen, von der Membran aus gesehen, nach außen – was bei der Plasmamembran bedeutet, in das Cytosol hinein bzw. in die Zellumgebung.
Lipiddoppelschicht 7–10 nm

Membran	Proteingehalt (%)	polare Lipide (%)	Cholesterol (%)
Myelin	20	65	15
Plasma	50	34	16
Golgi-Apparat	45	52	3
ER	50	48	2
Kern	55	41	4
Lysosomen	50	41	9
Mitochondrien			
– äußere	50	47	3
– innere	80	19	0,6

Oligosaccharide: als Glykolipide und Glykoproteine an der Außenseite der Plasmamembran und an der Lumenseite des ER.

Zellmembranen sind immer asymmetrisch aufgebaut, d.h. innere und äußere Schicht haben unterschiedliche Bausteine. Die sogenannten integralen Membranproteine ragen auf der Innen- und Außenseite aus der Lipidschicht heraus; sie stellen häufig spezifische Carrier oder Signaltransduktionsproteine dar. Solche Proteine haben an ihren Oberflächen, die in Nachbarschaft zu den lipophilen Membranbezirken stehen, vorwiegend hydrophobe Aminosäuren. Andere Proteine sind nur partiell in die Membran ein- oder angelagert und durch einen in die Membran eintauchenden Lipidanker gehalten. Die Membranbestandteile können sich, wie in einem See, in der Lipidschicht lateral hin- und herbewegen; diese Fluidität der Membran ist je nach ihrer chemischen Zusammensetzung größer oder kleiner. Auf der Außenseite (nur dort!) finden sich manchmal, an die Lipide oder an Membranproteine angelagert, Oligosaccharide.

F00

→ **Frage 15.1:** Lösung C

Biomembranen bestehen aus einer Lipiddoppelschicht mit eingelagerten Proteinen. Die Lipide können in ihrer jeweiligen Schicht lateral diffundieren bzw. ausgetauscht werden, ein Austausch zwischen Außen- und Innenschicht ist sehr selten. Die gesuchte Falschaussage ist (C), denn Glykolipide kommen ausschließlich in der Außenschicht vor.

F02

→ **Frage 15.2:** Lösung D

Alle biologischen Membranen bestehen aus einer Lipiddoppelschicht; die zu ihrem Aufbau verwendeten Lipide müssen amphipathisch sein, d.h. sie müssen neben einem lipophilen Molekülteil eine hydrophile Gruppe enthalten. Freies Cholesterin wird als Membranbaustein häufig verwendet; Cholesterinester können, ohne das hydrophile –OH, nicht verwendet werden: (D) ist die gesuchte Falschaussage.

F05

→ **Frage 15.3:** Lösung C

Biologische Membranen entstehen durch Selbstassemblierung, indem im endoplasmatischen Reticulum gebildete polare Lipide durch Vesikel oder durch Lipidtransferproteine und spezifische Membranproteine (ATPasen, Rezeptoren usw.) in existierende Membranen eingebaut werden (C).

H02

→ **Frage 15.4:** Lösung B

Die gesuchte Falschaussage ist (B), denn der erhöhte Anteil gesättigter Fettsäuren und die zunehmende Länge der Fettsäuren erhöhen den Schmelzpunkt und den Siedepunkt eines Fettes („das Fett wird fester"), damit wird die Fluidität nicht erhöht, sondern erniedrigt.

H03

→ **Frage 15.5:** Lösung E

Biomembranen bestehen aus Doppelschichten komplexer Lipide, in die Proteine eingebaut sind. Der Proteinanteil kann zwischen 18 und 70% variieren, besonders proteinreich ist die innere Mitochondrienmembran. Die Membranproteine durchziehen häufig mit hydrophoben Domänen die Membranen als Transmembranhelices (A), aber auch die unter (B) bis (D) aufgeführten Verankerungen über Lipidstrukturen kommen vor.
Die gesuchte Falschaussage ist (E), denn die Oligosaccharidreste von Membranen sind nicht in die Membran integriert, sondern sitzen meistens an der Außenseite von Membranen und sind glycosidisch mit Proteinen oder Lipiden verbunden.

F05

→ **Frage 15.6:** Lösung C

Die Mehrzahl der Biomembranen besteht aus einer Lipiddoppelschicht, so die der Liposomen (A), des Golgi-Apparats (B), der Peroxisomen (D), des ER (E) und der Plasmamembran. Eine Doppelmembran (2 Lipiddoppelschichten) besitzen die Mitochondrien und der Zellkern (C).

XV.2 Rezeptoren und Signal-Substrate in der Membran

Da die vom endokrinen Drüsensystem an das Blut übergebenen Hormone in der Mehrzahl nicht in die Zellen ihrer Zielorgane eindringen können, finden sich auf der Außenseite dieser Zellen in der Plasmamembran Hormonrezeptoren. Eine Ligandenbindung bewirkt eine Konformationsänderung des Membranproteins, gefolgt von der Freisetzung eines second messengers im Zellinneren.
Oft wirkt hier eine Adenylatcyclase, die ATP in cAMP umwandelt, seltener eine Guanylcyclase mit der Umwandlung von GTP in cGMP. Als Signalverstärker ist hierbei häufig ein G-Protein zwischengeschaltet.
Von anderen Hormonrezeptoren wird im Cytosol eine Phospholipase C aktiviert, die dann aus dem Membranlipid Phosphatidylinositol-4,5-bisphosphat zwei second messenger freisetzt: das Inositol-trisphosphat und das Diacylglycerin.

Ausnahmen von dieser Signalübermittlung finden sich bei den lipophilen Steroidhormonen und den iodierten Schilddrüsenhormonen, die die Plasmamembran durchdringen können und dann im Cytosol ihr Rezeptorprotein finden. Durch eine Phospholipase A_2 kann aus dem Membranbaustein Phosphatidylcholin Arachidonsäure, die Stammsubstanz der Eikosanoide, freigesetzt werden.

XV.3 Transportvorgänge

Eine aus zwei Lipidschichten aufgebaute Biomembran kann mittels **nichtionischer Diffusion** nur von wenigen Substanzen durchquert werden: von H_2O, O_2, CO_2 und von NH_3. Alle Ionen, alle geladenen Moleküle (z.B. Säuren, Nucleotide) und ungeladene hydrophile Moleküle (z.B. Glycerin, Glucose) benötigen hier spezifische Katalysatoren (Carrier oder Translokator). Diese **katalysierte Diffusion** (oder **passiver Transport**) erreicht eine Maximalgeschwindigkeit, wenn alle Bindungsstellen des Transportsystems besetzt sind. Nach diesem Prinzip erfolgt die konzentrationsgetriebene Glucoseaufnahme in Erythrozyten und Hepatozyten; da Glucose allein transportiert wird, spricht man von **Uniport.**

Soll eine Substanzaufnahme gegen einen Konzentrationsgradienten erfolgen (Beispiele: Glucose- und Aminosäureresorption vom Darmlumen in die Darmmukosa), so kann das nur über einen Energie verbrauchenden **aktiven Transport** geschehen. In den eben genannten Beispielen, der Glucose- und Aminosäureaufnahme, können die Substrate nur mit Na^+-Ionen zusammen im **Symport** aufgenommen werden. Da die Aufnahme von Glucose und Na^+ primär ohne ATP-Verbrauch erfolgt, ATP aber zum Auspumpen der Na^+-Ionen benötigt wird, spricht man hier vom sekundär aktiven Transport. Wird bei aktivem Transport ein Membranpotenzial aufgebaut, so spricht man von **elektrogenem Transport**; Beispiele hierfür sind die Protonenpumpen der Atmungskette oder die Na^+/K^+-ATPase, die unter ATP-Verbrauch 3 Na^+ nach außen und 2 K^+ nach innen transportiert.

Antiport heißt ein System, das zwei Substanzen im Gegentausch transportiert, z.B. kann ATP die Mitochondrien nur verlassen, wenn äquimolar ADP importiert wird.

Klinischer Bezug

Zystische Fibrose

Die zystische Fibrose (Mukoviszidose) ist gekennzeichnet durch zähen, häufig infizierten Schleim in den Atemwegen, dem Magendarmtrakt, dem Urogenitalsystem und den Schweißdrüsen. Die Erkrankung verläuft meistens schwer, die durchschnittliche Lebenserwartung beträgt heute etwa 28 Jahre, die häufigste Todesursache ist das Lungenversagen. Die Krankheit wird autosomal-rezessiv vererbt, die Häufigkeit der klinisch unauffälliger Heterozygoten beträgt 1 : 25, die der Homozygoten 1 : 3000.

Das betroffene Protein ist ein cAMP-regulierter Chloridkanal (CFTR-Protein) an der luminalen Seite der Epithelzellen der o.g. Organe, was zu Störungen des Cl^-- und Wassertransports führt.

Die Therapie ist symptomatisch z.B. mit Antibiotika, Schleim-Verflüssiger (Acetylcystein, DNase) und Substitution von Pankreasenzymen. Erfolgreich werden Lungen-Transplantationen vorgenommen.

H01

→ **Frage 15.7:** Lösung C

Damit eine Substanz X aus dem Extrazellulärraum in eine Zelle eindringen kann, ist ein substanzspezifisches Transportsystem, Carrier oder Translokator genannt, erforderlich. Der Transport folgt einer Sättigungskinetik, wie sie von Michaelis und Menten für Enzyme beschrieben wurde. Wie bei den Enzymen ist der K_m-Wert unabhängig von der Konzentration des Katalysators ((E) ist falsch); bei der Substratkonzentration $[X] = K_m$ ist die Transportrate halb-maximal ((B) ist falsch). Bei niederen Substratkonzentrationen besteht ein linearer Zusammenhang zwischen der Substratkonzentration und der Transportrate ((C) ist richtig; (D) ist falsch). Auch (A) ist falsch, denn selbst bei der Substratkonzentration $[X] = 1\ K_m$ ist der Carrier erst zu 50 % gesättigt.

F04

→ **Frage 15.8:** Lösung A

Sekundär-aktiv im Symport mit Na^+-Ionen wird Glucose aus dem Darmlumen (A) und aus dem Nierentubulus absorbiert. Die Na^+-Ionen werden durch die Na^+/K^+-ATPase in das Lumen transportiert.

Die unter (B)–(E) beschriebenen Glucosetransporter wirken sämtlich durch erleichterte Diffusion, treibende Kraft ist also der Konzentrationsgradient. Der Glucosetransporter in die Fettzelle (E) und in die ruhende Muskelzelle ist dabei insulinabhängig.

H99

→ **Frage 15.9:** Lösung E

Zum Transport der stark hydrophilen Glucose durch biologische Membranen sind spezielle Carrier nötig, die eine „erleichterte Diffusion" bewirken. Sie werden als Glucosetransporter zusammengefasst und, je nach Lokalisation und Aufgabe, in die Klassen GLUT1 bis GLUT6 eingeteilt.
Die gesuchte Falschaussage ist (E), denn der Glucosetransporter GLUT4 kommt nicht in der Intestinalmukosa vor, sondern in Muskel und Fettgewebe. Zum Teil liegt er wirkungslos in intrazellulären Membranvesikeln vor (C) und wird unter Insulin-Einfluss in die Plasmamembran verlagert (D), was zur vermehrten Glucoseaufnahme führt.
Im Darm und den Tubulusepithelien der Niere erfolgt die Glucoseaufnahme durch „sekundär aktiven Transport", einen Cotransport mit Na^+-Ionen.

H90

→ **Frage 15.10:** Lösung A

Siehe Lerntexte XV.1 und XV.3.
Zu (D): Alle ATP oder ADP umsetzenden Enzymreaktionen benötigen Mg^{++}-Ionen.

F05

→ **Frage 15.11:** Lösung A

Die Na^+/K^+-ATPase ist eine elektrogene Ionenpumpe, die im Antiport 3 Na^+ nach außen und 2 K^+ in das Zellinnere transportiert.

XV.4 Endoplasmatisches Retikulum

Der Raum zwischen der Kernmembran und der Plasmamembran ist mit zahlreichen Subzellulärstrukturen angefüllt, unter anderem mit dem lamellenartigen endoplasmatischen Retikulum (ER) und dem Golgi-Apparat. Man unterscheidet ein glattes ER von einem mit Ribosomen besetzten rauen ER.
Besonders stark ausgeprägt ist das ER der Leber, wo zahlreiche Stoffwechselvorgänge mit am ER gebundenen Enzymen ablaufen. So finden sich hier zahlreiche Enzyme aus dem Bereich der Biotransformation sowie die den (aus Glykogenolyse oder Gluconeogenese stammenden) Blutzucker liefernde Glucose-6-phosphatase. Das glatte ER ist auch der Ort wichtiger anderer Synthesen, wie z.B. der Prostaglandine und Phospholipide.
Das ER ist zuständig für die Synthese der Sekretproteine, einiger Membranproteine und der lysosomalen Enzyme. Die am rauen ER ablaufende Proteinbiosynthese bietet auch einige Besonderheiten. Die hier gebildeten Proteine tragen an ihrem N-terminalen Ende, mit dem die Synthese beginnt, ein aus etwa 25 vorwiegend hydrophoben Aminosäuren aufgebautes Signalpeptid. Dieses wird von einem Signalpeptid-Erkennungs-Protein erkannt, was dazu führt, dass das am Ribosom wachsende Polypeptid noch vor Abschluss der Translation durch einen speziellen Kanal in die Lamellen des ER übertritt. Hier wird das Signalpeptid durch eine spezielle Peptidase entfernt. Das Protein wird anschließend im ER und im Golgi-Apparat prozessiert, was vor allem die Anheftung komplizierter Oligosaccharide bedeutet. Diese haben eine Adressenfunktion, die darüber entscheidet, ob das neue Protein gleich zur Sekretion kommt oder in Speichervesikeln oder in Lysosomen verpackt wird.

F00

→ **Frage 15.12:** Lösung B

Das glatte endoplasmatische Retikulum durchzieht das Zytosol vom Zellkern bis zur Plasmamembran; viele Enzyme der Leber sind an dieses Netz angelagert. Das gilt für die Enzyme der Biotransformation ((A) und (E)), die den Häm-Abbau einleitende Bildung von Biliverdin (C) und die die Gluconeogenese beendende Glucose-6-phosphatase (D). Eine Spaltung des kurzlebigen Signalstoffes NO gibt es aber nicht: (B) ist die gesuchte Falschaussage.

F98

→ **Frage 15.13:** Lösung A

Jede Proteinbiosynthese erfordert die Anwesenheit von Ribosomen: Nur das ribosomenbesetzte raue endoplasmatische Retikulum (ER) kann Proteine, z.B. Serumalbumin, synthetisieren: (A) ist die Falschaussage.
Das glatte ER, dessen Lamellen das gesamte Cytosol durchziehen, ist der Ort wichtiger anderer Synthesen, wie z.B. der Prostaglandine und Phospholipide ((B) und (E)).
Im glatten ER der Leber findet sich eine G-6-Pase, die im Rahmen der Gluconeogenese für Blutzucker-Homöostase sorgt (C). Bei der Biotransformation sind am ER Cytochrom P_{450}-abhängige Monooxygenasen beteiligt. Siehe Lerntext XX.3.

H02

→ **Frage 15.14:** Lösung C

Ribosomen kommen zu 25% frei und zu 75% gebunden an das endoplasmatische Reticulum vor. Letztere dienen der Synthese von Proteinen, die nach außen sezerniert werden sollen, aber auch der Synthese von Proteinen in subzellulären Partikeln; damit ist (C) die gesuchte Falschaussage.

H01 F99

→ **Frage 15.15:** Lösung E

Bei der Translation beginnt die Synthese des neuen Proteins mit dem N-terminalen Ende. Manchmal ist diesem Proteinanfang noch eine kurze hydrophobe Peptidsequenz, ca. 15 Aminosäuren lang, vorangestellt; das ist das Signalpeptid, das bewirkt, dass das noch in Bildung befindliche Protein in das Lumen des endoplasmatischen Reticulums eingeschleust wird. Das Signalpeptid wird gleich nach dieser Einfädelung abgespalten und abgebaut, das neue Protein aber wird durch den Golgi-Apparat geleitet und dort eventuell glykosyliert. Weitere Signalsequenzen können am C-Terminus oder sogar inmitten der Proteinkette liegen und den Einsatzort des Proteins bestimmen: Speichervesikel, Sekretion ins Plasma, Speicherung in den Lysosomen.
Die gesuchte Falschaussage ist (E): Das Signalpeptid selbst wird früh hydrolysiert und enthält nie einen Zuckersubstituenten.

XV.5 Lysosomen

Lysosomen sind in allen Zellen zu findende kleine kugelförmige Gebilde, die voll gepackt sind mit sauren (pH-Optimum!) Hydrolasen für fast alle Zellbestandteile. Sie haben die Aufgabe, endogene (zelleigene) oder phagozytierte Makromoleküle abzubauen bzw. nach dem Zelltod einer Wiederverwertung zuzuführen. Ein vorzeitiges Aufbrechen dieser „suicide bags" ist für den Weiterbestand der Zelle sehr kritisch.

Klinischer Bezug
Lysosomale Speicherkrankheiten
Die lysosomalen Speicherkrankheiten umfassen eine Gruppe von 30 verschiedenen, meistens autosomal rezessiv vererbten Defekten von lysosomalen sauren Hydrolasen, deren Substrate sich intrazellulär anhäufen und zu neurologischen Dysfunktionen, Hepatosplenomegalie, Skelettmuskelerkrankungen und Augenerkrankungen führen.
Die verschiedenen Erkrankungen nehmen einen schweren, progressiven Verlauf und führen zu früher Sterblichkeit. Eine kausale Therapie gibt es nicht, es kann allenfalls symptomatisch behandelt werden.
Genetische Beratung betroffener Familien und gegebenenfalls pränatale Diagnostik sind wichtige präventive Maßnahmen.

H99

→ **Frage 15.16:** Lösung E

Lysosomen sind Subzellulärpartikel, die zahlreiche Hydrolasen (A) mit saurem pH-Optimum (B) enthalten. Da eine Freisetzung dieser Enzyme zur Zellzerstörung führen kann, werden die Lysosomen im Englischen als „suicide bags" bezeichnet. Am intrazellulären Proteinumsatz sind die Lysosomen z. B. beteiligt (D), wenn LDL-Partikel zur Versorgung der Zelle mit Cholesterol aufgenommen wurden; die LDL-Apoproteine werden dann lysosomal abgebaut.
Die gesuchte Falschaussage ist (E), denn die H_2O_2-zerstörende Katalase findet sich nicht in den Lysosomen, sondern in den Peroxisomen.

F04

→ **Frage 15.17:** Lösung E

Der programmierte, geregelte und beabsichtigte Zelltod wird Apoptose genannt und ist streng vom Zelltod durch Trauma, Thrombose und Vergiftung, also der Zellnekrose, zu unterscheiden, damit ist (E) die gesuchte Falschaussage. Die Aussagen (A)–(D) beschreiben zutreffend Phänomene der Apoptose.
Während eine Nekrose letztlich von ATP-Mangel begleitet bzw. ausgelöst wird, ist bei der Apoptose die Bereitstellung von ATP notwendig.

H05

→ **Frage 15.18:** Lösung D

Zellen können auf zweierlei Weise sterben:

1. durch eine Nekrose ausgelöst durch Energiemangel (ATP-Mangel durch O_2- und Substratmangel), chemische und physikalische Schädigungen (Gifte, Temperatur, mechanische Verletzungen) u. a. Die Nekrosen sind begleitet von Entzündungs- und Immunreaktionen,
2. durch Apoptose, den durch Signale (Hormone, Mediatoren) ausgelösten programmierten Zelltod, der ohne Entzündungs- und Immunreaktionen abläuft, z. B. bei der Rückbildung (Involution und Atrophie) von Organen. Die Apoptose benötigt ATP, in einer Signalkette sind Cystein-Proteinasen (Caspasen) mit jeweils limitiert-proteolytischer Aktivierung beteiligt (D).

F05

→ **Frage 15.19:** Lösung D

Proteolytische Reaktionskaskaden sind im Blutplasma die Gerinnung (A), die Fibrinolyse (C) und die Komplementaktivierung.

Caspasen stellen eine intrazelluläre Proteolyse-Kaskade dar, die den programmierten Zelltod, die Apoptose (D), einleiten. Zellen können nach Schädigung durch eine Nekrose beseitigt werden, dabei sind lysosomale Hydrolasen beteiligt, und es kommt zu Entzündungen und Immunreaktionen. Die Apoptose verläuft ohne Entzündung und ohne Immunreaktion, so werden nicht mehr benötigte Zellen bei der Organrückbildung entfernt (Involution von Geweben), z. B. Uterus, Brustdrüse, Thymus usw.

XV.6 Mitochondrien

Mitochondrien sind sehr stoffwechselaktive Partikel, die vor allem mit der Energiegewinnung in der Zelle zu tun haben. In ihnen sind einige Hauptstoffwechselwege zusammengefasst, wie die β-Oxidation der Fettsäuren, der Citratcyclus, die Atmungskette und die Umwandlung von Pyruvat in Acetyl-CoA.

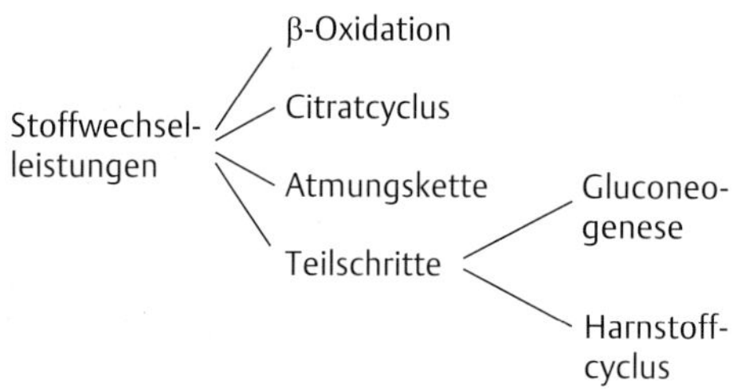

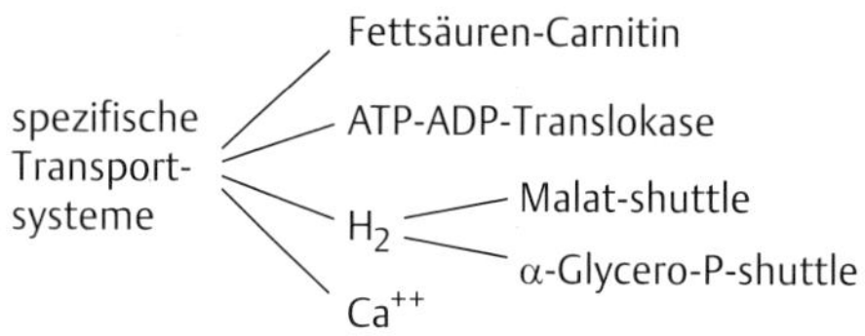

Man nimmt an, dass die Mitochondrien als Mikroorganismen vor langer Zeit in tierische Organismen eingewandert sind; im Laufe der Evolution wurden sie dann aus Symbionten zu festen Bestandteilen aller tierischen Zellen. Mehrere Befunde sprechen für diese Theorie: Als einzige Organellen haben die Mitochondrien eigene DNA, die wie bei Prokaryonten ein zum Ring geschlossener DNA-Doppelstrang ist. Die zur Proteinsynthese verwendeten Ribosomen sind, wie bei Prokaryonten, vom 70 S-Typ (nicht 80 S, wie sie der Wirtsorganismus besitzt).
Die Menge mitochondrialer DNA ist relativ klein, sodass über 90% der Mitochondrienproteine in Abhängigkeit von Kern-DNA im Cytosol gebildet und dann in die Mitochondrien importiert werden.

Klinischer Bezug
Mitochondriale DNA-Erkrankungen
Es wurden 30 pathogenetisch relevante Punktmutationen und 60 Deletionen der mtDNA gefunden, die sich überwiegend am Muskel und am Nervensystem (mitochondriale Encephalomyopathien) manifestieren und ausschließlich maternal vererbt werden.

H00
→ **Frage 15.20:** Lösung C

Einige Stoffwechselabläufe, so der Citratcyclus, die Ketogenese und die β-Oxidation der Fettsäuren, gibt es nur in den Mitochondrien. Alle an diesen Stoffwechselfolgen beteiligten Enzyme finden sich in der Mitochondrienmatrix.
In einigen Fällen werden hierbei vorkommende Enzymaktivitäten auch im cytosolischen Stoffwechsel benötigt; so muss z. B. im Aspartatcyclus des Cytosols Malat zu Oxalacetat oxidiert werden. Auch diese Malatdehydrogenase ist NAD^+-abhängig, unterscheidet sich aber von dem Mitochondrienenzym, wie bei Isoenzymen üblich, in ihren kinetischen Parametern (z. B. K_m-Wert).

F99 F97 H90
→ **Frage 15.21:** Lösung B

Über Carrier-Proteine in der inneren Mitochondrienmembran wird der Stoffaustausch zwischen dem Cytosol und der Mitochondrienmatrix gesteuert: ATP kann die Membran im Austausch gegen ADP passieren (A). Für den Citrattransport (wichtig für die cytosolische Fettsäuresynthese aus Acetyl-CoA) und für Malat (wichtig für den Wasserstofftransport in die Mitochondrien) existieren spezielle Transportproteine ((C) und (E)). Phosphat (D) wird in den Mitochondrien zur ATP-Bildung ständig benötigt; es wird im Symport mit einem Proton aufgenommen. Nicht membrangängig ist NADH; sein Wasserstoff wird in Bindung an die Transportmetaboliten Dihydroxyacetonphosphat oder Oxalacetat durchgeschleust ((B) ist die gesuchte Falschaussage).

H99
→ **Frage 15.22:** Lösung C

In den Mitochondrien laufen vollständig ab die Atmungskette, der Citratcyclus (D) und die β-Oxidation (E). Bei der Harnstoffsynthese erfolgt die Carbamylphosphatbildung und daraus die Citrullinsynthese in den Mitochondrien (B). Bei der Gluconeogenese erfolgt die Carboxylierung von Pyruvat zu Oxalacetat in den Mitochondrien (A).
Die gesuchte Falschaussage ist (C), denn die direkte Glucoseoxidation über den Pentosephosphatweg ist ein cytosolischer Stoffwechselweg.

H04
→ **Frage 15.23:** Lösung A

Ausdauertraining erhöht die Zahl der Mitochondrien im Skelettmuskel und damit die sog. oxidative Kapazität, d. h. den Abbau von Fettsäuren und Kohlenhydraten zu CO_2 und H_2O (β-Oxidation, Citratcyclus und Atmungskette).
(B) ist nicht zutreffend, denn die Glykogenspeicherung hat mit Mitochondrien nichts zu tun, sie wird z. T. durch Krafttraining erhöht.
(C) ist falsch, denn Ketogenese können Skelettmuskel-Mitochondrien nicht durchführen, sondern nur Lebermitochondrien.
Die Kreatininbildung (D) erfolgt spontan unabhängig von den Mitochondrien im Zytosol.
Auch die Lactatabgabe (E) erfolgt unabhängig von den Mitochondrien.

F99
→ **Frage 15.24:** Lösung A

Die gesuchte Falschaussage ist (A), denn die Ketonkörperbildung findet nicht im Zytosol, sondern in den Mitochondrien der Leberzellen statt.

H96
→ **Frage 15.25:** Lösung D

Die zur Biotransformation benötigte UDP-Glucuronyl-Transferase findet sich am endoplasmatischen Retikulum der Leber und nicht in den Lysosomen.

H05
→ **Frage 15.26:** Lösung A

Peroxisomen sind subzelluläre Partikel in fast allen Zellen, die mit Oxidasen und O_2 H_2O_2 produzieren. Das H_2O_2 kann durch Katalasen zu $H_2O + O_2$ zerlegt werden oder durch Peroxidasen Substrate wie Ethanol oxidieren.
Sehr langkettige Fettsäuren können in Peroxisomen mit O_2 als Wasserstoffakzeptor durch β-Oxidation (Fettsäure-Oxidasen) unter Bildung von H_2O_2 und Acetyl-CoA abgebaut werden.
Aussage (B) ist falsch, denn Acetoacetat und β-Hydroxybuttersäure werden in Mitochondrien gebildet.
Aussage (D) ist falsch, denn die Gluconeogenese findet schrittweise nacheinander in Mitochondrien, Zytosol und endoplasmatischem Retikulum statt.

F02
→ **Frage 15.27:** Lösung A

Peroxisomen (microbodies) sind subzelluläre Partikel, die mit O_2 Fettsäuren und Aminosäuren oxidieren, wobei H_2O_2 entsteht. H_2O_2 wird durch die Katalase der Peroxisomen entgiftet zu H_2O und O_2. Die Cytochromoxidase ist Teil der Atmungskette der inneren Mitochondrienmembran. Die Glutathionperoxidase ist ein Selen-haltiges Enzym, das bei der Entgiftung von Lipidperoxyden in Membranen beteiligt ist. Die HMG-CoA-Reduktase als Schrittmacherenzym der Cholesterinsynthese liegt im Zytosol vor. Die Fettsäuredesaturasen (D) sind mikrosomale Leberenzyme, die aus Stearinsäure Ölsäure und aus Palmitinsäure Palmitoleinsäure herstellen.

H00
→ **Frage 15.28:** Lösung C

Colchicin, das Gift der Herbstzeitlosen, ist ein Mitosehemmer. Colchicin bindet sich an Tubulindimere und verhindert so die Bildung der Mikrotubuli des Cytoskeletts. Therapeutisch wird Colchicin bei der Behandlung des akuten Gichtanfalls eingesetzt.

F00
→ **Frage 15.29:** Lösung D

Der Zellkern ist Ort wichtiger Reaktionen, so z. B. der Replikation und der Transkription; aus der zunächst entstandenen hnRNA müssen die Introns entfernt und das 3′-Ende mit einem Poly-A-Schwanz versehen werden. Die von der RNA-Polymerase III synthetisierte prä-tRNA reift durch RNase-Einwirkung und Anheftung des 3′-CCA-Endes. Die für den Nucleosomenaufbau benötigten Histonproteine werden im Zytosol synthetisiert und dann durch Kernporen in den Zellkern hineintransportiert; damit ist (D) die zu suchende falsche Aussage. – Auch die ribosomalen Proteine werden im Zytoplasma synthetisiert und dann in den Kern transportiert; die unter (C) abgefragte Bildung der ribosomalen Untereinheiten erfolgt im Nucleolus, gefolgt von deren Freisetzung ins Zytosol.

H00
→ **Frage 15.30:** Lösung D

Durch die Kernporen gelangen die im Zytosol synthetisierten ribosomalen Proteine und Histone in den Zellkern hinein und mRNA und ribosomale Untereinheiten aus dem Zellkern, ihrem Syntheseort, heraus. Die Kernporen sind aus vielen Proteinen aufgebaute komplexe Strukturen mit einem Molekulargewicht von vielen Millionen.

F03
→ **Frage 15.31:** Lösung E

Neben dem klassischen hydrolytischen Abbau von Proteinen durch Proteasen bei der Verdauung und intrazellulär durch lysosomale Kathepsine existiert ein komplizierter ATP-abhängiger (D), zytosolischer (A), Ubiquitin-gekoppelter (B) Abbau in Proteasomen. Bevorzugt wird dabei hinter sauren, basischen und hydrophoben Aminosäuren gespalten.

Die gesuchte Falschaussage ist (E), denn Proteasomen bauen in vielen Zellarten fehlerhaft synthetisierte oder geschädigte Proteine gezielt ab und können sie an MHC der Klasse I gebunden präsentieren. In Makrophagen werden Fremdproteine dagegen lysosomal abgebaut und an MHC-II gebunden präsentiert.

H04
→ **Frage 15.32:** Lösung C

Die Proteine des Körpers unterliegen einem ständigen Auf- und Abbau (dynamisches Gleichgewicht), die Halbwertszeiten sind für verschiedene Proteine sehr unterschiedlich (Minuten bis Jahre). Intrazelluläre Enzyme werden entweder durch lysosomale Proteasen (z. B. Kathepsine) bei Zellschädigungen oder durch ein cytosolisches ATP-abhängiges proteolytisches System abgebaut, bei dem die abzubauenden Proteine im sog. Proteasom mit dem Protein Ubiquitin markiert werden.
(A) ist falsch, denn in der Atmungskette ist nicht Ubiquitin, sondern Ubichinon beteiligt.
(B) ist falsch, denn bei der Glykoproteinsynthese ist nicht Ubiquitin, sondern Dolicholphosphat beteiligt.
(D) ist falsch, denn Chaperone („Hitzeschock-Proteine") sind Katalysatoren der Proteinfaltung zur nativen Proteinkonformation, sie benötigen kein Ubiquitin, gleiches gilt für die Glykogensynthese (E).

F01
→ **Frage 15.33:** Lösung B

Proteasomen sind komplizierte Zellorganellen aus ungefähr 20 Proteinen für den intrazellulären Proteinabbau. Abgebaut werden zelleigene, vorher mit Ubiquitin markierte Proteine, andererseits werden auch von Makrophagen phagozytierte Fremdproteine abgebaut und zusammen mit dem MHC-Komplex als Antigen auf der Zelloberfläche präsentiert.
Die gesuchte Falschaussage ist (B), denn die sauren Proteinasen kommen nicht im Proteasom vor, sondern in den Lysosomen.

Kommentare aus Examen Frühjahr 2006

F06
→ **Frage 15.34:** Lösung B

Im Säugetierorganismus kommen 10 verschiedene Glucosetransporter (GLUT1 bis GLUT10) vor, die alle (!) Glucose durch erleichterte Diffusion, also entlang ihres Konzentrationsgradienten, transportieren, (B) ist die gesuchte richtige Aussage.

Die Aussagen (A) und (E) sind falsch, denn die luminalen Membranen von Dünndarm und Nierentubuli enthalten keine Glucosetransporter (GLUT), sondern Na/Glucose-Transporter (Symporter), die sekundär aktiv unter ATP-Verbrauch die Glucose gegen einen Konzentrationsgradienten in die Zelle transportieren.

F06
→ **Frage 15.35:** Lösung E

Die gesuchte Falschaussage ist (E), denn integrale Membranproteine müssen nicht immer mehrere Transmembran-Domänen enthalten. Es werden drei Typen integraler Membranproteine unterschieden: Typ I enthält nur 1 hydrophobe Transmembran-Domäne, Typ II enthält 7. Beide Typen beinhalten hydrophobe Transmembran-Abschnitte als α-Helix, der Typ III als Faltblatt.

F06
→ **Frage 15.36:** Lösung A

Alle Zellmembranen enthalten polare (komplexe) Lipide ((B), (C), (D) und (E)), dazu Membranproteine. Die apolaren Triglyceride (Neutralfette, Triacylglycerole) kommen in Membranen nicht vor. Cardiolipin (A) ist ein Bisphosphatidylglycerol, das nur in der Mitochondrienmembran vorkommt.

F06
→ **Frage 15.37:** Lösung D

Als Apoptose wird der programmierte Zelltod bezeichnet, der im Unterschied zur Nekrose ohne eine Entzündung abläuft. Er kann durch äußere Signale, z. B. Fas-Liganden (z. B. den Tumornekrosefaktor = TNF), initiiert werden (D).
Aussage (A) ist falsch, denn auch intrazelluläre Signale, z. B. Cytochrom c aus geschädigten Mitochondrien, können eine Apoptose auslösen.
Aussage (B) ist falsch, denn das Tumorsuppressorgenprodukt p53 führt erst über eine Expression des BAX-Gens und eine Cytochrom c-Freisetzung verzögert zur Apoptose.
Aussage (C) ist falsch, denn die als Enzym-Verstärkerkaskade wirkenden Caspasen sind keine DNAsen, sondern Proteasen.
Aussage (E) ist falsch, denn Cytochrom c wirkt nicht parakrin auf benachbarte Zellen, sondern aktiviert intrazellulär direkt die Procaspase 9.

16 Nucleinsäuren, genetische Information, Molekularbiologie

XVI.1 Biosynthese der Pyrimidinnucleotide

Der 2 Stickstoffatome tragende Pyrimidinring ist ein wesentliches Bauelement der Nucleinsäuren. In der DNA kommt er vor in Gestalt der Basen Cytosin und Thymin, in der RNA als Cytosin und Uracil. Alle 3 Pyrimidinderivate werden auf einem anfangs gemeinsamen Reaktionsweg synthetisiert.
Ausgangsprodukt für diese im Cytosol stattfindende Synthese sind Carbamoylphosphat und die Aminosäure Aspartat. Cytosolisches Carbamoylphosphat entsteht, anders als das mitochondriale, aus Glutamin nach der Gleichung
Glutamin + HCO_3^- + 2 ATP →
H_2N–CO –O–PO_3H^- + Glutamat + 2 ADP + P_i.
Durch Reaktion mit Aspartat entsteht, unter Wasser- und Phosphat-Abspaltung, die Dihydroorotsäure. Diese 3 Schritte (Carbamoyl-P-Synthese, Phosphatabspaltung und Ringschluss durch Wasserabgabe) katalysiert ein multifunktionelles Enzym.
Die Dihydroorotsäure wird zur aromatischen Orotsäure dehydriert, an die sich unter Verwendung von 5-Phospho-ribosyl-1-pyrophosphat (PRPP) Ribosephosphat anlagert. Das entstandene Nucleotid heißt Orotidinphosphat; es wird durch Decarboxylierung zur Uridylsäure (UMP).
UMP wird mit Hilfe von ATP zum **UTP** phosphoryliert; wenn dessen C-6-OH mittels Glutamin durch $-NH_2$ ersetzt wird, erhält man **CTP**.
CTP ist ein allosterischer Hemmstoff für die initiale Aspartat-Transcarbamylase.

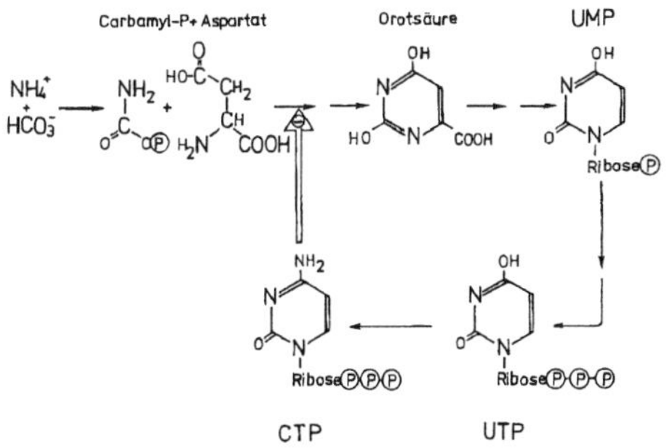

Etwas komplizierter ist der Weg zum DNA-Baustein **TTP**: Hierzu wird der Riboseanteil von UDP enzymatisch reduziert (s. Lerntext XVI.3) zum 2'-Desoxy-uridyl-diphosphat. Das dUDP wird hydrolysiert zum dUMP, das dann durch die Thymidylat-Synthase unter Verwendung von Methylen-tetrahydrofolsäure zum dTMP wird. dTTP entsteht dann durch Reaktion mit ATP.

F04
→ **Frage 16.1:** Lösung E

Nucleoside sind mit Pentosen N-glykosidisch verbundene Purine und Pyrimidine.
- Purine: Adenin ergibt Adenosin (A), Hypoxanthin ergibt Inosin (B) und Guanin ergibt Guanosin (C),
- Pyrimidine: Uracil ergibt Uridin (D) und Cytosin ergibt Cytidin.

Damit ist (E) die gesuchte Falschaussage, denn Cytosin ist die freie Pyrimidinbase, das Nucleosid heißt Cytidin.

F05
→ **Frage 16.2:** Lösung B

Carbamoylphosphat wird mitochondrial für die Harnstoffsynthese hergestellt aus NH_3, aus der Glutaminsäure stammend, durch die Carbamoylphosphat-Synthetase I.
Cytosolisch wird Carbamoylphosphat für die Pyrimidinbiosynthese gebildet durch die Carbamoylphosphat-Synthase II, N-Donator ist hier Glutamin, (E) ist also falsch. Die Synthetase II wird aktiviert durch Phosphoribosylpyrophosphat (B). Aussage (C) ist falsch, denn durch das Endprodukt der Synthesekette UTP wird die Synthetase nicht aktiviert, sondern gehemmt.

F05
→ **Frage 16.3:** Lösung C

Bei der Orotazidurie ist die Pyrimidinbiosynthese gestört, die Aktivitäten der Orotatphosphoribosyltransferase und der OMP-Decarboxylase sind erniedrigt.
Aussage (B) ist falsch, denn Ornithin hat mit Orotsäure nichts zu tun, es ist Teil des Harnstoffzyklus.
Aussage (D) ist falsch, denn Urat (Harnsäure-Salz) kann beim Menschen nicht abgebaut werden, es fehlt die Uricase. Bei vermehrter Bildung oder verminderter renaler Ausscheidung von Harnsäure kommt es zur Arthritis urica (Gicht).
Aussage (E) ist falsch, denn Oxalate entstehen nicht im Pyrimidinstoffwechsel, sondern durch direkte Aufnahme aus der Nahrung, z. B. Rhabarber und andere sauere Früchte. Sie können zu Ca-Oxalat-Steinen in der Niere und den Harnwegen führen.
Siehe Lerntext „Biosynthese der Pyrimidinnucleotide“ XVI.1.

H99

→ **Frage 16.4:** Lösung B

Durch die Thymidylatsynthase wird aus Uracil die DNA-Base Thymin synthetisiert. Dazu wird UDP zunächst reduziert zu dUDP und hydrolysiert zu dUMP, das dann methyliert wird (A). Die übertragene Methylgruppe stammt vom Methylentetrahydrofolat (C). Die gesuchte Falschaussage ist (B), weil S-Adenosylmethionin bei dieser Reaktion nicht zum Einsatz kommt. Bei der Methylierung wird das Coenzym Tetrahydrofolsäure zu Dihydrofolsäure oxidiert (D). 5-Fluor-uracil ist in seiner Molekülstruktur dem Thymin sehr ähnlich; es blockiert die Thymidylatsynthase (E) und kann deshalb zur Bekämpfung mancher Krebsarten eingesetzt werden.

XVI.2 Biosynthese der Purinnucleotide

Die DNA und die RNA enthalten beide die gleichen Purinderivate, nämlich Adenin und Guanin. Da das Puringerüst, verglichen mit dem Pyrimidin, komplizierter aufgebaut ist, verläuft die Biosynthese auch etwas komplizierter. Bis zur Fertigstellung der Inosinsäure (IMP) gibt es einen gemeinsamen Syntheseweg für Adenin und Guanin:

Die Synthese beginnt mit PRPP, dem aktivierten Ribose-5-phosphat, auf das vom Glutamin eine Aminogruppe übertragen wird. Von hier aus wird der Fünfring aufgebaut, wobei die Aminosäure Glycin vollständig einbezogen wird. Zwei C_1-Fragmente werden mittels Tetrahydrofolsäure übertragen, die zwei N-Atome des Sechsrings kommen von Glutamin bzw. Aspartat.

Das erste fertige Nucleotid ist die Inosinsäure mit der Base Hypoxanthin (6-Hydroxy-purin). IMP kommt selbst nicht als Nucleinsäurebase vor (Ausnahme: IMP als seltene Base in tRNA), kann aber leicht in die benötigten Nucleotide AMP (mit Aspartat) bzw. GMP (mit Glutamin) überführt werden.

Das Intermediärprodukt IMP ist ein allosterischer Hemmstoff für die Purinsynthese.

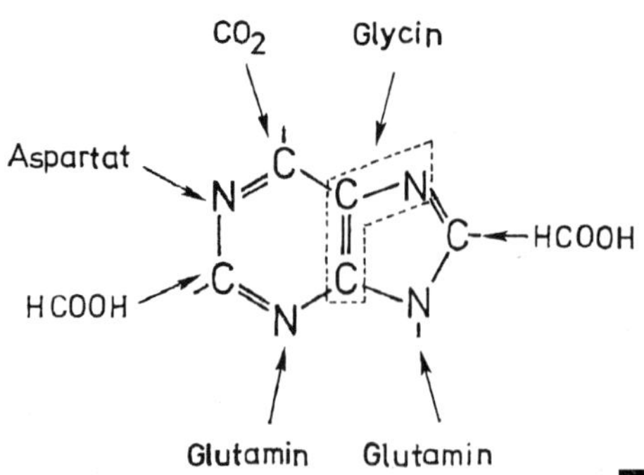

F01

→ **Frage 16.5:** Lösung E

Alle für die Nucleinsäuresynthesen benötigten Pentosen werden im Pentosephosphatweg aus Glucose-6-phosphat gebildet. Vor der weiteren Verwendung wird das Ribose-5-phosphat am C-1 in einer ATP-abhängigen Reaktion durch Pyrophosphorylierung aktiviert (A). Der Weg der Purinbiosynthese beginnt mit PRPP und führt als erstes zum 5-Phosphoribosylamin. Im Salvage-Pathway werden die wiederzuverwertenden freien Purinbasen mittels PRPP zu Nucleotiden. In der Pyrimidinbiosynthese reagiert Orotsäure mit PRPP und führt so zum ersten Nucleotid, dem Orotidinphosphat.
Die hier zu suchende Falschaussage ist (E): Im Rahmen der mitochondrialen Harnstoffsynthese gibt es keine PRPP-abhängige Reaktion.

H99

→ **Frage 16.6:** Lösung A

Die gesuchte Falschaussage ist (A), denn Glutamin dient bei der Nucleotidsynthese nicht als Kohlenstoffdonator, sondern als Stickstoffdonator.
Bei der Pyrimidinnucleotidsynthese liefert Glutamin den Stickstoff für Carbamylphosphat und für die Umwandlung von UTP in CTP. Bei der Purinsynthese liefert Glutamin Stickstoff für Ribosylamin und für die Umwandlung von IMP zu GMP.
Siehe auch Lerntexte XVI.1 und XVI.2.

F04

→ **Frage 16.7:** Lösung A

AMP entsteht aus IMP (Inosinmonophosphat), das mit Aspartat unter GTP-Verbrauch zu Adenylosuccinat verbunden wird. Durch eine Lyase wird Adenylosuccinat gespalten in AMP und Fumarat (A). Aussage (B) benennt ein noch nicht zyklisches Zwischenprodukt der Purinsynthese, GMP (C) kann nicht in AMP umgewandelt werden, (D) ist eine Vorstufe der Pyrimidinnucleotide und (E) ist eine Vorstufe des GMP.

XVI.3 Biosynthese der 2-Desoxyribose

Ribose-5-phosphat wird im Pentosephosphatcyclus aus dem immer vorhandenen Glucose-6-phosphat gewonnen. Durch ATP-abhängige Anhängung eines Pyrophosphatrestes an das glykosidische –OH am C-1 erhält man das sehr reaktionsfähige 5-Phosphoribosyl-1-pyrophosphat (PRPP), das sowohl bei den Pyrimidinen (s. Lerntext XVI.1) als auch bei den Purinen (s. Lerntext XVI.2) zur Nucleotidbildung eingesetzt wird. Die PRPP-Synthese wird durch AMP und GMP allosterisch gehemmt.
Die Reduktion der Ribose zur Desoxyribose geschieht im Nucleotidverband, und zwar können alle 4 Nucleosiddiphosphate (ADP, GDP, CDP

und UDP) zu den entsprechenden Desoxyribonucleosiddiphosphaten (dADP, dGDP, dCDP und dUDP) reduziert werden. Für ein Desoxyuridin-Derivat ist eigentlich in der DNA kein Bedarf, aber aus dem dUDP wird dUMP, und dieses wird mittels Methylentetrahydrofolat durch die Thymidylatsynthase zum dTMP methyliert. Die Ribonucleosiddiphosphat-Reduktase arbeitet mit einem starken Reduktionsmittel, dem Protein Thioredoxin, dessen 2 Thiolgruppen mittels NADPH immer wieder regeneriert werden.

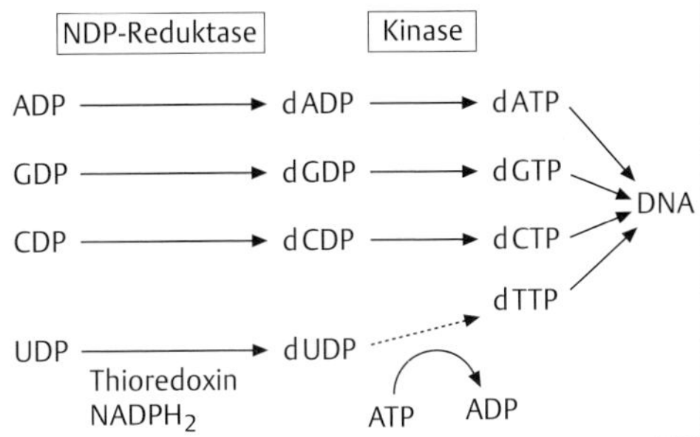

F03
→ **Frage 16.8:** Lösung E

Siehe Lerntext XVI.3.
Die gesuchte Falschaussage ist (E), denn für die Reduktion der Ribose zur 2-Desoxyribose in Nucleotiddiphosphaten wird kein O_2 benötigt, sondern Sauerstoff wird abgegeben.

F02
→ **Frage 16.9:** Lösung A

Ribonucleotid-Reduktase schafft 2-Desoxyribose und ist damit für die DNA-Bildung unerlässlich. Bei der Reduktion der Ribonucleosiddiphosphate zu Desoxyribonucleosiddiphosphaten dient ein kleines Protein, Thioredoxin, dessen reduzierendes Dithiol mittels NADPH aus dem entstandenen Disulfid immer regeneriert wird. Die Ribonucleotid-Reduktase ist ein allosterisch reguliertes Enzym: ATP wirkt als positiver, dATP als negativer Effektor. Mit der unter (A) genannten Reaktion, bei der der RNA-Baustein GMP gebildet wird, hat das Enzym nichts zu tun: (A) ist die zu suchende Falschaussage.

H05
→ **Frage 16.10:** Lösung A

Aminopterin ist ein Folsäureantagonist und wird als Zytostatikum in der Chemotherapie von Tumoren eingesetzt. Der unter Aminopterin entstehende Mangel an Tetrahydrofolsäure verhindert die Methylierung von dUMP zu dTMP.

H05
→ **Frage 16.11:** Lösung D

dTMP entsteht durch Methylierung von dUMP mit Methylentetrahydrofolsäure (D).
Aussage (A) ist falsch, denn dTMP kann nicht aus TMP entstehen, sondern nur aus dUMP.
Aussage (B) ist falsch, denn die Ribonucleotid-Reduktase verwendet nicht NADH, sondern NADPH und Thioredoxin.
Aussage (C) ist falsch, denn Thioredoxin wird nicht mit GSH, sondern mit NADPH reduziert.
Aussage (E) ist falsch, denn Folsäureantagonisten hemmen die Methylierung von dUMP zu dTMP.
Siehe Lerntext „Biosynthese der 2-Desoxyribose" XVI.3.

F02
→ **Frage 16.12:** Lösung C

Wie alle Nucleotide enthält auch UMP eine N-Glykosid-Bindung zwischen ringförmiger Base und Pentose (E). UMP ist spezifisch für RNA, in DNA kommt statt Uracil Thymin vor. Durch RNasen kann UMP freigesetzt werden (D). Bei der Synthese der Pyrimidine Cytosin, Uracil und Thymin entsteht UMP aus OMP. Die gesuchte Falschaussage ist (C), denn die Synthese des Desoxythymidinmonophosphats erfolgt nicht durch Methylierung von UMP, sondern vom reduktiv entstandenen Desoxyuridinmonophosphat.

F00
→ **Frage 16.13:** Lösung E

Die Biosynthese des Pyrimidinderivats UMP beginnt mit der ringbildenden Kondensation von Carbamylphosphat und Aspartat. Der entstandene Heterocyclus wird mit NAD^+ zur Orotsäure dehydriert, an die dann mittels PRPP die phosphorylierte Ribose angehängt wird. Falsch ist die Aussage (E), denn Tetrahydrofolat wird auf dem Weg zum UMP nicht eingesetzt.

XVI.4 Wiederverwertung freier Purinbasen

Da die de novo-Synthese der Purinbasen sehr aufwendig ist (ca. 15 enzymatische Schritte), greift die Natur häufig auf einen alternativen Weg zurück, mit dem aus dem Nucleinsäureabbau oder aus der Nahrung stammende Purine wiederverwertet werden können (salvage pathway). Für den erwachsenen Menschen hat man berechnet, dass er in 24 Stunden 0,5 g Purine de novo bildet, aber 5 g Purinbasen über die Wiederverwertung nutzt. Zur Purinwiederverwertung wird die Base mit PRPP (5-Phosphoribosyl-1-diphosphat) unter Pyrophosphatabspaltung zum Nucleosid-monophosphat umgesetzt. Zwei Enzyme mit unterschiedlicher Spezifität, aber gleichem Wirkungsmechanismus sind hier bekannt: eine Adenin-phosphoribosyl-transferase und die Hypoxanthin-Guanin-phosphoribosyl-transferase (HGPRT); letztere wird durch GMP gehemmt.

Phosphoribosylpyrophosphat

P—P-Ribose-P + Hypoxanthin ⟶ IMP + PP_i

P—P-Ribose-P + Guanin ⟶ GMP + PP_i

Hypoxanthin-Guanin-phosphoribosyl-transferase (HGPRT)

P—P-Ribose-P + Adenin ⟶ AMP + PP_i

Adenin-phosphoribosyl-transferase (APRT)

H04

→ **Frage 16.14:** Lösung A

Siehe Lerntext XVI.4.
Die Wiederverwertung durch „salvage pathways“ erfolgt für Adenin durch die Adenin-Phosphoribosyltransferase (APRT) (A) sowie für Hypoxanthin und Guanin durch die Hypoxanthin-Guanin-Phosphoribosyltransferase (HGPRT). Störungen der salvage-Wege führen zum Lesch-Nyhan-Syndrom.
(B) ist falsch, denn die Adenylat-Kinase dient nicht der Wiederverwertung der Purinbasen, sondern in Muskelzellen und Nervenzellen der Bereitstellung von ATP aus ADP nach der Reaktion:
ADP + ADP → ATP + AMP.
(C) ist falsch, denn die Adenylosuccinatlyase ist kein Enzym der Wiederverwertung, sondern der AMP-Synthese aus IMP.
Durch die AMP-Desaminase (D) wird AMP in IMP umgewandelt.
Die Xanthinoxidase (E) katalysiert den Purinabbau zu Harnsäure.

XVI.5 Purinabbau zur Harnsäure

Die Purinbasen werden hydrolytisch desaminiert, dabei entsteht aus dem Adenin Hypoxanthin (6-Hydroxypurin) und aus dem Guanin Xanthin (2,6-Dihydroxypurin). Das Enzym Xanthinoxidase oxidiert mit molekularem Sauerstoff Hypoxanthin zu Xanthin und Xanthin zur Harnsäure (2,6,8-Trishydroxypurin). Alle Säugetiere wandeln die schlecht wasserlösliche Harnsäure durch Uricase oxidativ mit O_2 in das gut lösliche Ausscheidungsprodukt Allantoin um. Bei Menschen und Primaten fehlt (genetischer Defekt!) die Uricase, für sie ist Harnsäure das harnpflichtige Endprodukt der Purine.

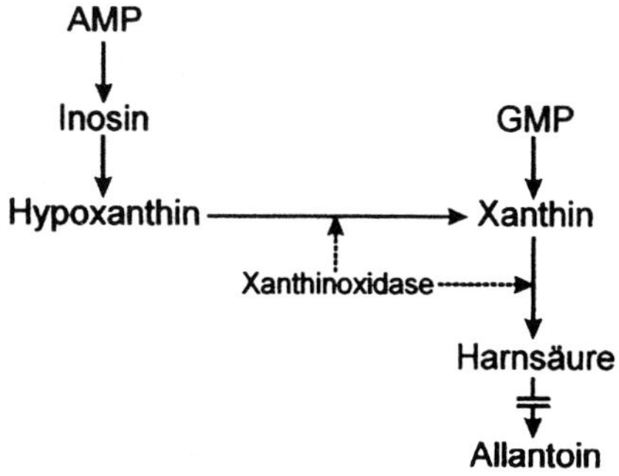

Harnsäure zeigt Keto-Enol-Tautomerie

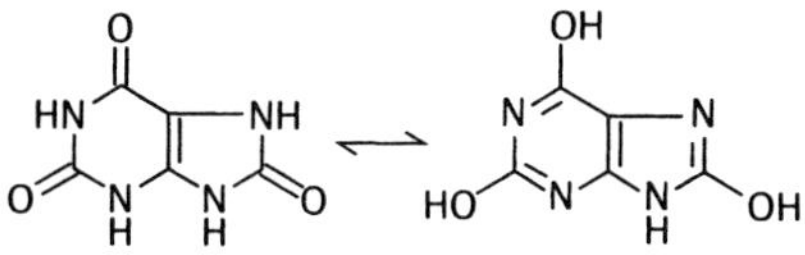

Ketoform Enolform

Harnsäure
(2,6,8-Trihydroxypurin)

Die Enolform ist eine schwache Säure und praktisch wasserunlöslich, sie kann mit Basen (z.B. NaOH) titriert werden (pk_a 6, 10 u. 11) und etwas besser lösliche Salze (Urate) bilden: Mononatriumurat, Dinatriumurat und Trinatriumurat.
Im Blut und Urin liegt pH-bedingt vorwiegend Monourat vor.

Klinischer Bezug

Hyperuricaemie und Gicht

Die Serum-Konzentration der Harnsäure liegt bei Kindern und prämenopausalen Frauen zwischen 3 und 6 mg/dl, bei Männern und postmenopausalen Frauen beträgt sie durchschnittlich 6,8 mg/dl. Schon ab 7,0 mg/dl spricht man von einer Hyperuricaemie, die mit zunehmenden Werten zu akuten Gichtanfällen, chronischen Gelenkschäden und Nierenschäden (Uratnephropathie) und Urat-Nierensteinen führen kann. Auch eine Atherosklerose tritt bei Hyperuricaemie vermehrt auf. Die außerordentlich schmerzhaften akuten Gichtanfälle betreffen häufig das Großzehen- und Daumengrundgelenk. Harnsäureablagerungen (Tophi) kommen in der Haut und in Sehnen vor. Die primäre Hyperuricaemie und Gicht beruhen zu 5% auf einer angeborenen Steigerung der Harnsäure-Synthese und zu 95% auf einem genetischen Defekt der tubulären Sekretion der Harnsäure. Sekundäre Formen treten bei vielen Erkrankungen auf (z.B. Gewebszerfall, Acidose, Tumoren, Medikamentennebenwirkungen) oder sind diätetisch bedingt (Purin-reiche Ernährung, Zuckeraustauschstoffe, Alkohol, Adipositas).

Die Therapie des akuten Gichtanfalls erfolgt mit Colchicin und Entzündungshemmern. Die chronische Gichtarthritis und die Hyperuricaemie werden durch kompetitive Hemmung der Xanthinoxidase mit Allopurinol („uricostatisch", wodurch die löslichen Metabolite Hypoxanthin und Xanthin ausgeschieden werden) und (oder) durch eine Stimulierung der Harnsäureausscheidung durch Uricosurica behandelt. Diese hemmen die tubuläre Harnsäure-Reabsorption, z. B. Probenecid.

F04

→ **Frage 16.15:** Lösung E

Das Lesch-Nyhan-Syndrom ist eine seltene X-chromosomal vererbte Störung des Purinstoffwechsels, gekennzeichnet durch Selbstverstümmelung, zentralnervösen Entwicklungs- und Funktionsstörungen und massiver Hyperurikämie. Ursache ist ein Defekt der Hypoxanthin/Guanin-Phosphoribosyltransferase (HGPRT = HPRT), wodurch die Basen Guanin und Hypoxanthin nicht wiederverwendet werden können (defekter salvage pathway) und zu Harnsäure abgebaut werden müssen. Es entsteht ein Mangel an GMP, IMP und AMP, wodurch die Rückkopplungshemmung der Purinsynthese aufgehoben ist und Purine sowie damit Harnsäure vermehrt gebildet werden.

H03

→ **Frage 16.16:** Lösung D

Siehe Lerntext XVI.5.
Beim Menschen ist das Endprodukt des Purin-Stoffwechsels die Harnsäure (D). Adenin und Guanin (A) sind die wichtigsten Ausgangssubstrate, Hypoxanthin (B) und Xanthin (C) sind wichtige Zwischenmetabolite des Abbauweges. Die meisten Tiere können durch Uricase die Harnsäure zu Allantoin spalten, der Mensch hat dieses Enzym verloren. Erhöhte Harnsäurespiegel können zur Arthritis urica und zur Gicht führen, durch Xanthinoxidasehemmer wird die Harnsäurebildung auf der Stufe von Xanthin und Hypoxanthin unterbrochen, diese besser wasserlöslichen Metabolite können im Urin ausgeschieden werden.

F05

→ **Frage 16.17:** Lösung B

Beim Purinabbau katalysiert die Xanthinoxidase die Umwandlung von Hypoxanthin zu Xanthin und von Xanthin zur Harnsäure (B).
Aussage (A) ist falsch, denn die durch die Adenosin-Desaminase katalysierte Umwandlung von Adenosin zu Inosin steht am Anfang des Purinabbaus, ähnlich wie die Nucleosid-Phosphorylase, die die Nucleoside (Inosin, Xanthosin und Guanosin) phosphorolytisch spaltet zu Ribose-1-P und den freien Basen.
Aussage (D) ist falsch, denn die Adenylosuccinat-Lyase ist kein Enzym des Purin-Abbaus, sondern der Synthese (IMP → AMP).
Aussage (E) ist falsch, denn die nur in Pflanzen und Bakterien vorkommende Urease reagiert nicht mit Purinen, sondern hydrolysiert Harnstoff zu Ammoniak und Kohlensäure.
Siehe Lerntext „Purinabbau zur Harnsäure" XVI.5.

H05

→ **Frage 16.18:** Lösung A

Alle Purine werden beim Menschen zur Harnsäure abgebaut, so auch Adenin und Guanin (A).
Aussage (B) ist falsch, denn Orotsäure ist ein Zwischenprodukt der Pyrimidinsynthese aus Carbamoylphosphat und Aspartat.
Aussage (C) ist falsch, denn der oxidative Purinabbau kann nicht zur Energiegewinnung beitragen, weil durch die Xanthinoxidase mit O_2 und H_2O OH-Gruppen im Puringerüst eingebaut werden und kein Wasserstoff zur Energiegewinnung frei wird.
Aussage (D) ist falsch, denn der Mensch besitzt im Unterschied zu den anderen Säugetieren keine Uricase, die mit O_2 die schlecht wasserlösliche Harnsäure zum gut wasserlöslichen Allantoin spaltet.
Aussage (E) ist falsch, denn durch Hemmung der Xanthinoxidase wird die Harnsäurebildung und Harnsäureablagerung verhindert.
Siehe Lerntext „Purinabbau zur Harnsäure" XVI.5.

F03

→ **Frage 16.19:** Lösung A

Harnsäure entsteht durch die Xanthinoxidase vorwiegend in der Leber ((E) ist falsch) und ist bei Menschen das Endprodukt des Purinabbaus.
Die meisten Säugetiere dagegen können Harnsäure durch Uricase weiter zum gut wasserlöslichen Allantoin abbauen.
Pyrimidine werden nicht zu Harnsäure, sondern zu β-Alanin oder zu β-Aminobutyrat abgebaut ((B) ist falsch).
Für sauren Urin ist nicht Harnsäure verantwortlich, sondern meistens Lactat, Ketonkörper, Sulfate und Phosphate ((C) ist falsch).
Bei niedrigem pH wird Harnsäure aus der besserlöslichen Salzform (Urat) in die undissoziierte Form überführt (protoniert), diese ist sehr schlecht wasserlöslich ((D) ist falsch), was zur Gicht und zu Harnsäure-Steinen führen kann.

H02
→ **Frage 16.20:** Lösung D

Siehe Lerntext XVI.5.
Die gesuchte Falschaussage ist (D), denn bei Hyperuricämie soll in der Diät der Kohlenhydratanteil nicht erniedrigt, sondern erhöht werden.
Fett- und Alkoholzufuhr (A) führen über eine azidotische Stoffwechsellage zu einer verminderten Harnsäurelöslichkeit. Kernhaltige und dadurch nucleinsäurereiche Lebensmittel ((B) und (C)) müssen vermieden werden und durch praktisch nucleinsäurefreie, wie Milchprodukte (E), ersetzt werden.

H00
→ **Frage 16.21:** Lösung B

Siehe Lerntext XVI.5.
Die Purine Adenin und Guanin werden zu Harnsäure abgebaut. Adeninhaltige Nucleotide liefern über Inosin Hypoxanthin, das dann über Xanthin zu Harnsäure umgewandelt wird. Beide Schritte (Hypoxanthin zu Xanthin und Xanthin zu Harnsäure) werden durch die Xanthinoxidase katalysiert. Guanin liefert direkt Xanthin. Wird die Xanthinoxidase gehemmt, werden die gut wasserlöslichen Metabolite Hypoxanthin (B) und Xanthin anstelle der schwer löslichen Harnsäure vermehrt ausgeschieden. Uracil (C) ist ein Pyrimidinderivat und hat mit dem Purinstoffwechsel nichts zu tun. Allantoin entsteht durch Uricase hydrolytisch aus Harnsäure und ist bei den meisten Säugetieren das gut lösliche Endprodukt des Purinstoffwechsels. Der Mensch und die Menschenaffen haben keine Uricase.

H04
→ **Frage 16.22:** Lösung E

Siehe Lerntext XVI.5.
Durch Hemmung der Xanthinoxidase (E) durch z. B. Allopurinol wird die Bildung der Harnsäure gehemmt und die besser wasserlöslichen Metabolite Hypoxanthin und Xanthin werden über die Niere ausgeschieden. Therapeutisches Hemmen der vier anderen genannten Enzyme gibt es nicht, und es wäre sinnlos und schädlich:
Hemmung (A) würde zu ATP-Mangel im extrem arbeitenden Muskel führen, weil aus 2 ADP nicht mehr ATP und AMP entstehen könnte.
Hemmung (B) würde zu Adeninmangel führen.
Hemmung (C) würde den salvage pathway unterbrechen, Purine würden vermehrt synthetisiert und abgebaut werden, Harnsäure würde nicht vermindert, sondern vermehrt.
Die Urease (D) kommt nicht in Säugetieren vor, sondern in Bakterien und Pflanzen. Sie spaltet Harnstoff hydrolytisch in CO_2 und Ammoniak.

H90
→ **Frage 16.23:** Lösung E

Siehe Lerntext IV.2.
Die hier von (A) bis (D) gemachten Aussagen erklären die Guanin-Cytosin-Basenpaarung in der DNA. Die gesuchte Falschaussage ist (E), denn zwischen G und C finden sich 3 Wasserstoffbrückenbindungen, – zwischen Adenin und Thymin gibt es nur zwei.

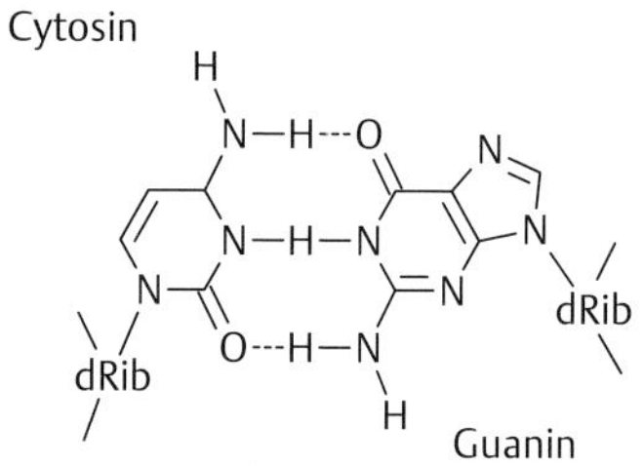

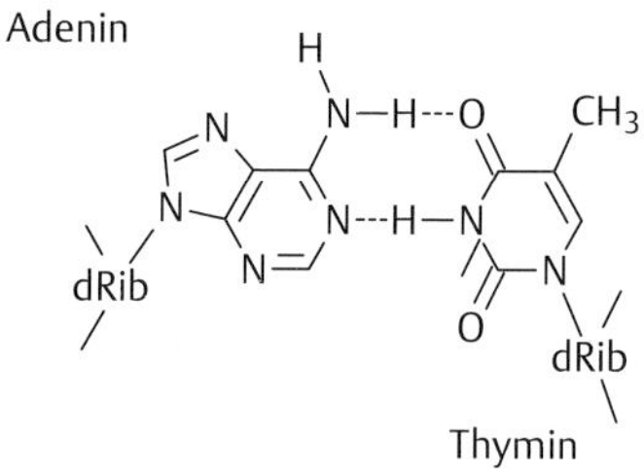

H02 F00
→ **Frage 16.24:** Lösung B

Die DNA der eukaryoten Organismen liegt in Form von Chromatin als Komplex aus Protein und Nucleinsäure vor. Die basischen Histone können durch Phosphorylierung und Acetylierung in ihrer Konformation verändert werden, wodurch Heterochromatin zu Euchromatin für die Transkription umgewandelt wird.
Der Nucleolus wird durch viel Heterochromatin vom übrigen Zellkern abgegrenzt, enthält selbst aber relativ wenig Histone, damit ist (B) die gesuchte Falschaussage.

F01
→ **Frage 16.25:** Lösung E

Histone, kleine basische Proteine, sind Chromatinbestandteil in allen eukaryotischen Zellen. Häufig sind die basischen Aminosäureseitenketten modifiziert durch Acetylierung, Phosphorylierung, Methylierung oder ADP-Ribosylierung – nicht aber durch Glykosylierung: (E) ist die zu suchende Falschaussage.
Die Biosynthese der Histonproteine erfolgt in der S-Phase des Zellzyklus (S = Synthese), in der auch die Replikation erfolgt (D).

F03 F01

→ **Frage 16.26:** Lösung D

Siehe Lerntext XVI.6.
Die Replikation der DNA durch die DNA-Polymerase beginnt zunächst mit einem kurzen Stück RNA, das dann als DNA fortgesetzt wird, es entsteht ein RNA-DNA-Hybrid (A). In Bakterien wird die DNA ausgehend von einer Initiationsstelle durch ein Enzymmolekül fortschreitend repliziert, während Eukaryonten die Replikation der Doppelhelix an vielen verschiedenen Replikationsaugen gleichzeitig vornehmen (B). Da die DNA-Doppelhelix antiparallel ist und die Replikation immer nur von dem 5′-Ende in Richtung 3′-Ende des neu zu synthetisierenden Stranges ablaufen kann, wird der eine Strang kontinuierlich und der andere in kleinen Teilstücken repliziert (C). Ein Einbau einer falschen Base durch die DNA-Polymerase III wird durch die DNA-Polymerase I bei Bakterien oder bei Eukaryonten durch die Polymerase β korrigiert.
Die gesuchte Falschaussage ist (D), denn das Antibiotikum Rifampicin (Rifamycin) ist kein Inhibitor der DNA-Replikation, sondern ein Inhibitor der bakteriellen RNA-Polymerase.

H03

→ **Frage 16.27:** Lösung D

Die Replikation der DNA erfordert eine Trennung des Doppelstrangs (C), wobei Helicasen und Topoisomerasen beteiligt sind. Bei der diskontinuierlichen Replikation und bei der kontinuierlichen Replikation nach Abspaltung des Primers sind DNA-Ligasen (E) notwendig. Die gesuchte Falschaussage ist (D), denn Enhancer-Elemente sind nicht bei der Replikation der DNA, sondern bei der Kontrolle und Regulation der Transkription, also der RNA-Synthese, beteiligt.

F04

→ **Frage 16.28:** Lösung D

Siehe Lerntext XVI.6.
Die gesuchte Falschaussage ist (D), denn die Signalpeptidase wirkt nicht bei der Replikation, sondern spaltet das hydrophobe Signalpeptid bei der Ausschleusung von zu sezernierenden Proteinen ab.

XVI.6 DNA-Replikation

Da bei den Eukaryonten jede Zelle das komplette DNA-Programm im Kern enthält, muss einer jeden Zellteilung eine identische DNA-Verdoppelung vorausgehen. Diesen Vorgang nennt man Replikation. Der DNA-Doppelstrang der Elternzelle wird in zwei Einzelstränge aufgeteilt, wobei wegen der Verdrillung Entwindungsenzyme (**Topoisomerasen**, Helicase) mitwirken.

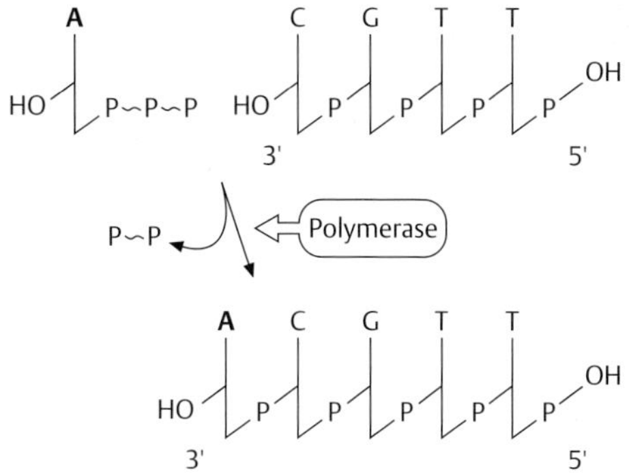

Damit die beiden aufgetrennten Einzelstränge, die zueinander komplementäre Basenfolgen enthalten, nicht wieder zusammentreten, werden DNA-bindende Proteine (Zinkfinger-Proteine) angeheftet. Für die jetzt folgende DNA-Synthese müssen alle 4 DNA-Basen als Nucleosidtriphosphate bereit stehen. Das Enzym, eine DNA-abhängige (Matrize!) DNA-Polymerase, beginnt mit der Arbeit an dem Strang, der ein freies 3′-Ende hat und baut, mit dem 5′-Ende beginnend, einen neuen DNA-Tochterstrang. Alle Polymerasen können nur in der 5′→ 3′-Richtung arbeiten.
An dem zweiten Elternstrang, der mit einem 5′-Ende anfängt, kann die Polymerase nicht beginnen. So werden hier mehrere Teilstücke, Okazaki-Fragmente genannt, in der 5′→ 3′-Richtung synthetisiert. Jedes dieser Fragmente beginnt an seinem 5′-Ende mit einer kurzen RNA-Sequenz, die sich dann in DNA fortsetzt. Die Anfangsstücke werden später durch RNase hydrolysiert und mit einer Polymerase I durch DNA ersetzt; eine DNA-Ligase verbindet unter ATP-Verbrauch schließlich die Okazaki-Fragmente zum zweiten Tochterstrang.

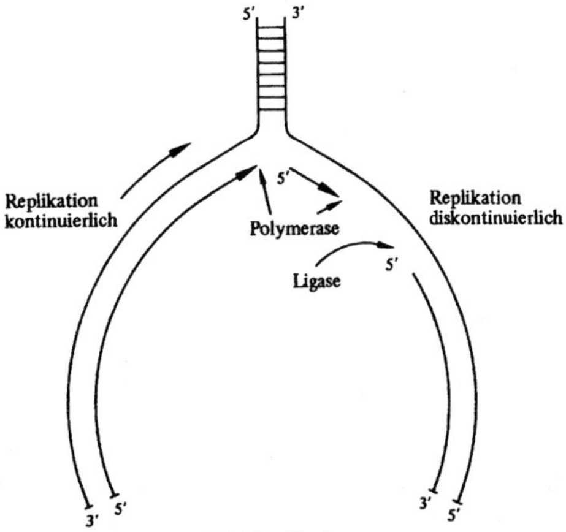

DNA-Replikation

F95

→ **Frage 16.29:** Lösung A

Hier wird nach Palindrom-Sequenzen gefragt, wie sie für die DNA-Spaltung durch bakterielle Restriktionsendonucleasen von Bedeutung sind. Ein Palindrom liegt dann vor, wenn die Basenfolge im Gegenstrang identisch ist mit der Folge auf dem Referenzstrang. Wenn man den Komplementärstrang zu (A) bildet und von rechts nach links (5'→ 3') abliest, so heißt die Folge -CCATGG-, wie in der Lösungsmöglichkeit (A).
(Siehe auch Lerntext XVI.13).

F02

→ **Frage 16.30:** Lösung A

Treten bei der DNA-Replikation Fehler auf bzw. werden Basen oxidativ oder durch Strahlen verändert, so werden diese meist an der unterbrochenen Basenpaarung erkannt. Durch N-Glykosylasen kann die fehlerhafte Base entfernt werden (B). Das ohne Purin bzw. Pyrimidin vorliegende AP (= apurinisch-apyrimidinische) Desoxyribosephosphat wird durch AP-Endonucleasen (C) hydrolytisch entfernt und durch Ligase (E) wird das korrekte Nucleotid eingebaut. Wird ein größerer fehlerhafter Bereich entfernt, dann wird vor der Ligase noch eine Polymerase (D) wirksam. Die gesuchte Falschaussage ist (A), denn Primasen sind nicht bei der Reparatur beteiligt, sondern sie sind zum Start der Replikation nötig, indem ein kurzer RNA-Strang als Anfang synthetisiert wird, der dann als DNA-Strang fortgesetzt wird.

H02

→ **Frage 16.31:** Lösung D

Topoisomerasen dienen der Verdrillung und Entdrillung von DNA. Hierzu müssen Stränge gespalten und wieder verknüpft werden.
Die gesuchte Falschaussage ist (D), denn Topoisomerasen wirken nicht als Exonucleasen, die endständige Nucleotide abspalten, sondern als Endonucleasen.

F03

→ **Frage 16.32:** Lösung B

Gyrase gehört zu den Topoisomerasen (B), also Enzyme, die bei der DNA-Replikation zur Entspiralisierung und nach erfolgter Replikation zur räumlichen Anordnung und Verdichtung der langen DNA-Stränge notwendig sind. In der Therapie bakterieller Infektionen werden Gyrasehemmer, z. B. Nalidixinsäure, eingesetzt. Die Distraktoren (A), (C), (D) und (E) sind allesamt unsinnig.

XVI.7 DNA-Reparatur

Die DNA jeder menschlichen Zelle hat, gedanklich zu einem gestreckten Faden ausgezogen, eine Länge von etwa 2 m. Deren Chemie muss unverändert an jede Zellgeneration weitergegeben werden. Nur so können über Transkription und Translation die für das Funktionieren wichtigen Proteine mit der richtigen Struktur gebildet werden. Schon die Veränderung einer einzigen DNA-Base (Mutation) kann den Einbau einer falschen Aminosäure bewirken, was häufig von einer Funktionseinbuße begleitet ist.
Mutationsauslösend wirken physikalische (UV-Licht, Röntgenstrahlen, Radioaktivität) und chemische (Nahrung, Umwelt) Einflüsse; die Umweltmedizin ist bemüht, solche Gefahren zu erkennen und vom Menschen fern zu halten.
Eingetretene Mutationen können aufgrund der Doppelhelix-Struktur der DNA vom Wirtsorganismus erkannt und häufig ausgebessert werden.
Evtl. werden die veränderten Basen (z. B. desaminiert oder methyliert) an ihrer N-glykosidischen Bindung gelöst. Die basenlose Stelle des Strangs oder der Ort einer durch UV-Strahlen entstandenen Dimerisierung benachbarter Thyminreste wird mit einigen benachbarten Nucleotiden durch eine Endonuclease geöffnet, die Fehlstelle durch eine Exonuclease entfernt und sofort mittels einer DNA-Polymerase I durch die richtige Basenfolge ersetzt. Die abschließende Strangverknüpfung durch eine Ligase stellt den Normalzustand wieder her.

Klinischer Bezug
DNA und Altern
Das Altern von Zellen und Organismen ist ein extrem komplexes Geschehen. Eine wichtige Ursache besteht darin, dass bei der Replikation auftretende Fehler und Basenveränderungen durch exogene und endogene Mutagene durch das Reparatursystem nicht vollständig beseitigt werden können und sich im Laufe des Lebens summieren. Folge sind letztlich Veränderungen bei der Transkription und der Translation, die zu Gen-Produkten (Proteinen) mit eingeschränkter oder fehlender Funktion führen.
Weiterhin spielt eine Rolle, dass in somatischen Zellen im Unterschied zu Keimzellen die Zahl der Replikationen auf ca. 30 begrenzt ist, weil bei jeder Replikation die Enden der DNA (Telomere) um 50 bis 100 Basen verkürzt werden.
Nur Keimzellen und Tumorzellen exprimieren eine Telomerase, die die Verkürzung beseitigen kann.

F05 H00

➔ **Frage 16.33:** Lösung C

Thymindimere entstehen in der DNA durch ultraviolettes Licht und sind die Grundlage der mutagenen und kanzerogenen Wirkung der UV-Strahlen (C).
Aussage (A) ist falsch, denn Temperaturen über 90 °C führen nicht zu T-Dimerisierung, sondern zur Trennung des Doppelstrangs in 2 DNA-Einzelstränge („DNA-Schmelzen").
Aussage (B) ist falsch, denn interkalierende Substanzen wie Acridin führen nicht zu einer Dimerisierung von Thymin in der Doppelhelix, sondern lagern sich zwischen die Stränge. Sie sind mutagen und kanzerogen, weil sie bei der Replikation zu Deletionen und Insertionen führen.
Aussage (D) ist falsch, denn Gyrasehemmer, z. B. Chinoline, wirken antibiotisch, indem sie die bakteriellen Topoisomerasen hemmen.
Aussage (E) ist falsch, denn Spindelgifte wie Colchizin und Vincaalkaloide sind Mitosegifte. Sie hemmen u. a. die Tubulin-Polymerisation, wodurch die Zellteilung verhindert wird.

XVI.8 Transkription

Damit die in der DNA gespeicherte Information in Protein umgesetzt werden kann, muss im Zellkern eine Boten-RNA (mRNA) gebildet werden (Transkription), die den Kern verlässt und im Cytosol an den Ribosomen die Translation veranlasst.
Zur Transkription wird die DNA lokal (am aktivierten Gen) entfaltet. Am codogenen DNA-Strang erfolgt in 5′→ 3′-Richtung die Bildung einer komplementären RNA nach der Regel G → C, C → G, T → A und A → U; die Polymerase benötigt alle 4 Nucleosidtriphosphate als Substrat und die Einzelstrang-DNA als Matrize.

Transkription

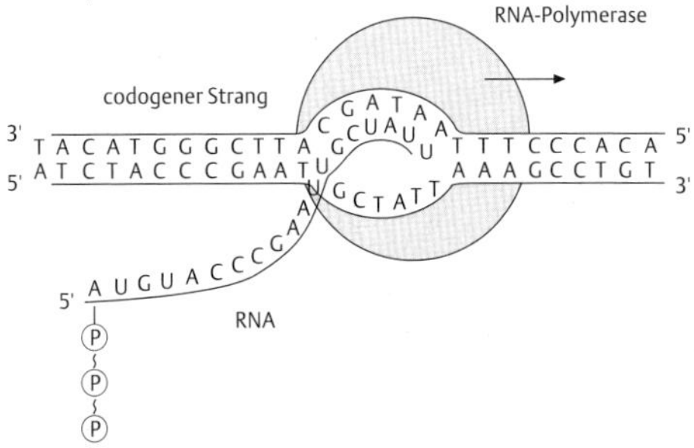

Bei Eukaryonten verläuft die Transkription komplizierter als bei Prokaryonten, da bei ihnen die informationstragende DNA (Exons) unterbrochen ist durch informationslose Bereiche (Introns). Die Gesamt-DNA wird zunächst einmal transkribiert, das Produkt heißt hnRNA (heterogene nukleäre RNA) oder Prae-mRNA. Dieses Rohprodukt muss prozessiert werden, es muss eine Reifung eintreten. Dazu gehört das Anbringen einer Cap-Struktur (7-Methylguanosintriphosphat) am 5′-Ende und das Ausschneiden der Intronsegmente.
Für das Herausschneiden wird durch Anlagerung von „small nuclear RNA" (snRNA) spezifisch das jeweilige Intron zu einer Schleife gelegt und so die angrenzenden Exons in Kontakt gebracht. Anschließend werden die Exons verbunden (Spleißen) und schließlich werden am 3′-Ende 100 bis 200 Adenylsäure-Reste angefügt, der sog. AMP-Schwanz. Jetzt ist die mRNA funktionsfähig und kann durch eine Kernpore ins Cytosol ausgeschleust werden.
Anders als bei den Prokaryonten gibt es in den Eukaryonten 3 verschiedene RNA-Polymerasen mit speziellen Aufgaben. Die oben geschilderte Synthese der mRNA wird erledigt von der RNA-Polymerase II. Dieses Enzym wird gehemmt durch das im Knollenblätterpilz vorhandene Peptid Amanitin, das akut zur Lebernekrose und zum Tode führen kann.
RNA-Polymerase I findet sich im Nucleolus und synthetisiert die Vorläufer der rRNAs.
RNA-Polymerase III bewirkt die Synthese von tRNA, snRNA (Kleine Kern-RNA) und der 5S-rRNA.

Im Genom von Eukaryonten sind die exprimierten Regionen (Exons) durch intervenierende Regionen (Introns) getrennt

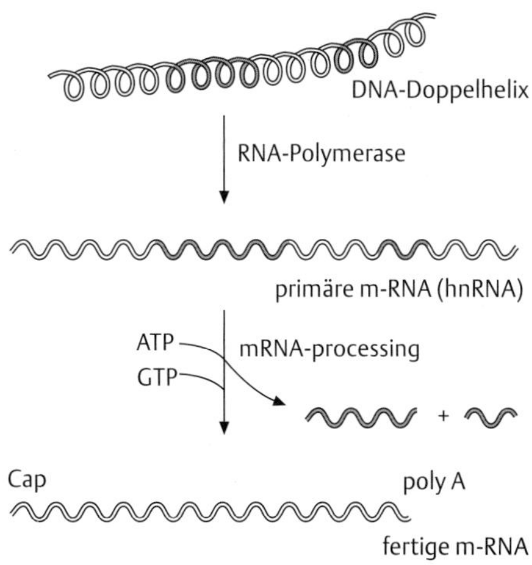

H02 H98

→ **Frage 16.34:** Lösung B

Zur Synthese von Nucleinsäuren, sowohl DNA wie RNA, müssen die einzubauenden Nucleotide als Triphosphate vorliegen. Unter Abspaltung von Pyrophosphat (P-P) wird das Nucleotidmonophosphat auf das 3'-Hydroxyl der wachsenden Kette unter Bildung einer P-Diesterbindung übertragen.

H04

→ **Frage 16.35:** Lösung A

Siehe Lerntext XVI.8.
Sowohl bei der Replikation als auch bei der Transkription erfolgt die Ablesung (bzw. die Neusynthese) „antiparallel": Der codogene Strang als Matrize wird von 3′ nach 5′ abgelesen, der neu zu bildende Strang von 5′ nach 3′ synthetisiert, damit ist (A) die richtige DNA-Sequenz.

H03

→ **Frage 16.36:** Lösung E

Die RNA-Polymerase II ist für die Synthese der mRNA verantwortlich. Zu den so genannten Transkriptionsfaktoren gehört ein Bindungsprotein, das sich an die Promotorregion des Gens, ein Adenin- und Thymin-reicher Bereich des DNA-Strangs, anlagert. Die Induktion der RNA und damit Proteinsynthese durch Steroidhormone und durch Schilddrüsenhormone erfolgt durch Transkriptionsfaktoren, die so genannte Zinkfinger enthalten ((B) und (C)). Die Leucin-Zipper (D) sind basische Proteine, die DNA binden können und für die Trennung des DNA-Doppelstrangs bei der Transkription mit verantwortlich sind. Die gesuchte Falschaussage ist (E), denn cAMP ist kein Aktivator der RNA-Polymerase.

H05

→ **Frage 16.37:** Lösung A

Zur Regulation der Transkription (Genexpression durch Bildung der mRNA) werden allgemeine Transkriptionsfaktoren (TF-Proteine) benötigt, die den Kontakt der RNA-Polymerasen an die DNA vermitteln (A).
Aussage (B) ist falsch, denn Enhancer und Silencer sind keine TF-Proteine, sondern DNA-Abschnitte, die die Promotor-TF-Wechselwirkung beeinflussen können.
Aussage (C) ist falsch, denn Proteohormone gelangen nicht in den Zellkern, dies gilt nur für Steroid- und Schilddrüsenhormone nach Bindung an ihren intrazellulären Rezeptor.
Aussage (D) ist falsch, denn das „processing" der RNA wird nicht durch TF beeinflusst.

F02

→ **Frage 16.38:** Lösung B

Bei der Transkription wird im Zellkern die Basensequenz eines DNA-Stranges in eine entsprechende RNA-Sequenz umgeschrieben. Eukaryonten besitzen drei verschiedene RNA-Polymerasen. Die für die mRNA-Herstellung zuständige RNA-Polymerase II wird durch α-Amanitin, ein Peptid des hochgiftigen Knollenblätterpilzes, gehemmt. In der Nähe des Transkriptionsstartes findet sich auf dem DNA-Strang ein TATA-Box genanntes Kontrollelement (E); noch weiter „stromaufwärts" finden sich Enhancer (D) und Silencer, die bei Bindung spezifischer Liganden die Transkription verstärken oder reduzieren. Zur Einleitung ihrer Aktion verbindet sich die RNA-Polymerase II mit mehreren Transkriptionsfaktoren zu einem oligomeren Komplex.
Die hier gesuchte Falschaussage ist (B), denn der Nucleolus hat mit der mRNA-Bildung nichts zu tun; hier werden Vertreter der rRNA synthetisiert.

H99

→ **Frage 16.39:** Lösung B

Introns finden sich nur in der DNA der Eukaryonten ((C) ist falsch). In die DNA sind sie, selbst ohne Information, zwischen die informationstragenden Exons eingeschoben. Bei der Transkription entsteht zunächst eine Exons und Introns enthaltende hnRNA oder prä-mRNA ((E) ist falsch). Erst auf dieser Stufe kommt es zur Entfernung der Introns ((A) ist falsch), wobei die snRNA beteiligt ist (B). Die aus dem Zellkern ins Cytosol ausgeschleuste mRNA enthält keine Introns mehr, die also so auch nicht an die Ribosomen gelangen können ((D) ist falsch).

H97

→ **Frage 16.40:** Lösung D

Im Gegensatz zu Bakterien (Prokaryonten) ist bei kernhaltigen Zellen (Eukaryonten) die DNA aufgeteilt in Abschnitte, die für Aminosäuresequenzen kodieren (expressed regions = Exons) und in eingeschobene Abschnitte (intervening oder inserted regions = Introns), die keine genetische Information für die Proteinsynthese tragen. Introns und Exons werden zum primären Transkriptionsprodukt (hnRNA) durch die DNA-abhängige RNA-Polymerase abgeschrieben. Noch im Kern werden die Introns aus der hnRNA hydrolytisch herausgeschnitten und die verbleibenden Exons werden enzymatisch zur m-RNA verspleißt.

H04 H00

→ **Frage 16.41:** Lösung A

Die gesuchte Falschaussage ist (A), denn die als Adapter für die proteinogenen Aminosäuren wirkenden, für jede Aminosäure spezifischen tRNA werden mit ihren jeweiligen Aminosäuren nicht am 5′-Ende, sondern am 3′-Ende verestert. Die aktivierenden Enzyme sind die verschiedenen hochspezifischen Aminosäure-tRNA-Ligasen.

F03

→ **Frage 16.42:** Lösung A

Siehe Lerntext XVI.8.
Das primäre mRNA-Transkript ist bei Eukaryonten die sog. hn-RNA, die noch im Kern zum fertigen Messenger durch die Reaktionen (B)–(E) prozessiert wird. Die gesuchte Falschaussage ist (A), denn die RNA-Polymerase stellt die hn-RNA (hochmolekulare, nukleare RNA) her, also die RNA vor der Prozessierung.

H03

→ **Frage 16.43:** Lösung A

Bei der Transkription in Eukaryonten wird zunächst eine hochmolekulare nukleäre RNA gebildet (hn-RNA), die anschließend noch im Kern prozessiert wird. Bei der Prozessierung wird an das 5′-Ende der mRNA 7-Methylguanosin aus 7-Methylguanosintriphosphat angehängt, außerdem werden die benachbarten zwei Basen methyliert. Neben dieser Cap-Struktur erfolgt bei der Prozessierung ein Spleißvorgang, mit dem die Introns entfernt werden, und ein Anhängen von Poly-A an das 3′-Ende. Die Cap-Struktur erleichtert den Transport des fertigen Messengers durch die Kernporen und schützt den Messenger vor dem Abbau durch Nukleasen.

H03

→ **Frage 16.44:** Lösung C

Bei Eukaryonten findet die Prozessierung des primären Transkripts (hn-RNA) im Kern am so genannten Spleißosom statt. Es müssen die Introns entfernt und die verbleibenden Exons miteinander verknüpft werden. Richtig ist Antwort (C), denn beim Entfernen der Introns bildet sich am 5′-Ende des Introns jeweils eine so genannte Lasso-Struktur unter Verknüpfung durch eine 2′, 5′-Phosphorsäure-Diester-Bindung.
Aussage (A) ist falsch, denn Endonukleasen sind nicht beteiligt und außerdem spielt sich der Spleißvorgang nicht an der DNA, sondern an der RNA ab.
Die Lasso-Struktur bildet sich nicht am Exon, sondern am Intron, (B) ist falsch.
Bei der Schaffung der Antikörper-Vielfalt spielt nicht multiples Spleißen der mRNA die wichtigste Rolle, sondern es findet eine unterschiedliche Verknüpfung verschiedener DNA-Bezirke der leichten und schweren Immunglobulinketten-Gene statt ((E) ist falsch).
Komplementär sind beim Spleißen nicht die verbundenen Exon-Enden, sondern die zu verbindenden Exon-Enden sind komplementär zu einer kurzen snRNA ((D) ist falsch).

F85

→ **Frage 16.45:** Lösung B

Siehe Lerntext XVI.8.
1,0 A in der DNA bedeutet 1,0 U in der mRNA, somit ist (B) richtig.

H02

→ **Frage 16.46:** Lösung C

Für die Translation, d. h. die Übersetzung der Basensequenz der Nucleinsäuren in die Aminosäuresequenz der Proteine, spielen die als Adapter wirkenden tRNA eine entscheidende Rolle. Die hier gesuchte Falschaussage ist (C), denn die Aminosäure-tRNA-Ligasen (Synthetasen) erkennen zwar jeweils nur eine der zu aktivierenden Aminosäuren, aber alle tRNA-Moleküle, die mit dieser Aminosäure beladen werden sollen.

F02

→ **Frage 16.47:** Lösung B

Die Aminosäuren werden zur Proteinsynthese unter ATP-Verbrauch mit jeweils ihrer spezifischen t-RNA durch Aminoacyl-t-RNA-Synthasen verbunden, wobei intermediär die Carboxylgruppe der Aminosäure mit AMP ein energiereiches Carbonsäure-Phosphorsäure-Anhydrid bildet (B). (A) ist falsch, denn die Aminosäure wird nicht auf das 5′-Ende der t-RNA, sondern auf die Ribose des 3′-Endes übertragen. Nicht die AS-t-RNA-Synthase erkennt das Codon an der mRNA, sondern der Anticodon-Bereich der beladenen t-RNA ((D) ist falsch).
Die AS-t-RNA-Synthase ist kein Membran-Enzym, sondern kommt im Cytosol vor ((C) ist falsch).
Streptomycin hemmt nicht die Synthase, sondern hemmt die 30S-Untereinheit der Ribosomen ((E) ist falsch).

F03

→ **Frage 16.48:** Lösung C

Siehe Lerntext XVI.10.
Die gesuchte Falschaussage ist (C), denn bei der Knüpfung einer Peptidbindung wird am Ribosom nicht ein Aminosäurerest auf die wachsende Peptidkette, sondern die Peptidkette wird durch die Peptidyltransferase der großen Ribosomenuntereinheit auf die einzubauende Aminosäure übertragen.

Die Beladung der t-RNA mit Aminosäuren verbraucht die zwei energiereichen P-Bindungen eines ATP (A).
Die Bildung des Initiationskomplexes (B) und die Translokation (D) benötigen Energie in Form von GTP.

H98
→ **Frage 16.49:** Lösung D

In Eukaryonten beginnt die Proteinsynthese mit Methionin (A), in Prokaryonten mit Formylmethionin.
Bei der Elongation durch die ribosomale Peptidyltransferase (B) wird für die Anlagerung der t-RNA und für das Weiterrücken (Translokation) des Ribosoms um ein Triplett jeweils 1 GTP (C) verbraucht.
Diphtherietoxin ist ein Enzym, das die Translocase durch Adenylierung mit NAD hemmt.
Die gesuchte Falschaussage ist (D), denn die Beendigung der Proteinbiosynthese erfolgt nicht durch das Ende der m-RNA, sondern durch ein „Stop-Codon“, nämlich UAA, UGA oder UAG.

H03
→ **Frage 16.50:** Lösung C

Bei der Proteinbiosynthese am Ribosom lagern sich die mit ihren Aminosäuren beladenen t-RNA-Moleküle über Basenpaarung ihres Anticodon-Bereichs an das Codon auf dem Messenger an, wobei die Basenpaarung über AU und GC erfolgt. Die Tripletts reagieren in diesem Fall antiparallel, d. h. auf der tRNA liegt das Codewort in der 3′,5′-Form vor, auf der mRNA hingegen in 5′,3′-Richtung, damit ist (C) die richtige Aussage.

F04
→ **Frage 16.51:** Lösung C

Die dargestellte Sequenz aus 12 Nucleotiden codiert mit 4 Triplets für 4 Aminosäuren. AUG steht als Kettenanfang für Methionin (Eukaryonten) bzw. Formylmethionin bei Prokaryonten, es folgen Leucin, Arginin und Threonin.

F05
→ **Frage 16.52:** Lösung E

Nach Prozessierung der hnRNA enthält die fertige mRNA 9 kb, also 9.000 Basen, entsprechend 3.000 Tripletts, und codiert damit für ein Protein aus 3.000 Aminosäuren. Die durchschnittliche relative Molekülmasse (Molekulargewicht) der 20 proteinogenen Aminosäuren beträgt etwa 100, sodass das synthetisierte Protein eine relative Molekülmasse von 300.000 haben wird.
Siehe Lerntext „Transkription“ XVI.8.

F04
→ **Frage 16.53:** Lösung E

Siehe Lerntext XVI.10.
Die gesuchte Falschaussage ist (E), denn DNA ist bei der Translation, der Proteinsynthese am Ribosom, nicht beteiligt. DNA ist wichtig bei der Replikation und der Transkription.

XVI.9 Aktivierung der Aminosäuren

Die einzelnen Aminosäuren müssen vor ihrem Einbau in Proteine aktiviert werden. In einer enzymatischen Reaktion mit ATP entsteht unter Pyrophosphat-Abspaltung Aminoacyladenylat. Die so aktivierten Aminosäuren werden durch eine Aminoacyl-tRNA-Ligase auf das 3′-Ende ihrer spezifischen tRNA übertragen, wo sie als Ester an der Ribose des endständigen Nucleotids (AMP) gebunden werden.

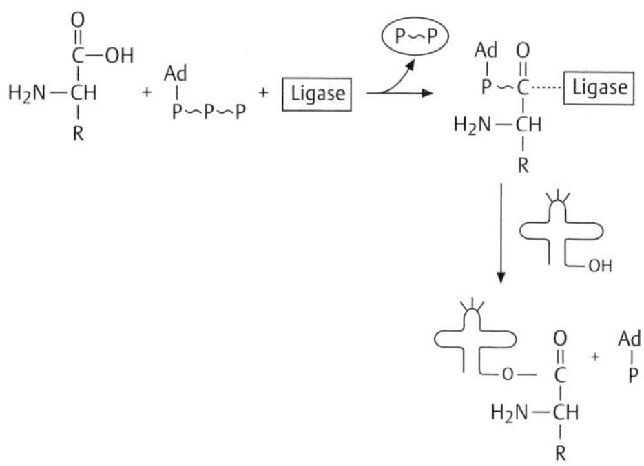

Transfer-RNA wirkt als Adapter für die Aminosäuren; es gibt über 30 verschiedene tRNAs, also mindestens eine spezifische für jede Aminosäure. tRNAs sind Stränge aus etwa 75 bis 90 Nucleotiden, die streckenweise eine Basenpaarung (A = U und G ≡ C) aufweisen und durch mehrfache Rückfaltungen eine sogen. Kleeblatt-Struktur einnehmen. Der Molekülpol, der der Aminosäurebindungsregion gegenüber liegt, trägt das Anticodon, ein Triplett, das mit den Codons der mRNA durch Basenpaarung Beziehung aufnimmt.
Auffällig an der tRNA-Struktur ist der hohe Gehalt (ca. 30%) an **„seltenen Basen“**, d. h. sonst in RNA nicht vorkommenden Bausteinen (Beispiele: IMP, TMP, Dihydrouridin, Pseudouridin).

H00 F93
→ **Frage 16.54:** Lösung C

Peptidyltransferasen gibt es in der großen Ribosomenuntereinheit. Sie übertragen bei der Translation unter GTP-Verbrauch das neu gebildete, an tRNA hängende N-terminale Peptid auf die nachfolgende, ebenfalls an tRNA aktivierte Aminosäure.

XVI.10 Translation

Unter Translation versteht man die Übersetzung der in Nucleotidfolge geschriebenen Botschaft auf der mRNA in die Aminosäureschrift des neu zu bildenden Proteins. Da in der RNA nur vier Bauelemente (A, G, C und U) existieren, zur Peptidsynthese aber eine Auswahl von 20 Aminosäuren zu finden ist, erfolgt die Ablesung der mRNA in 3er-Gruppen (Triplett; Codon). Immer 3 aufeinanderfolgende Basen bezeichnen eine Aminosäure; die Bedeutung aller 64 möglichen Tripletts ist identifiziert: **genetischer Code**

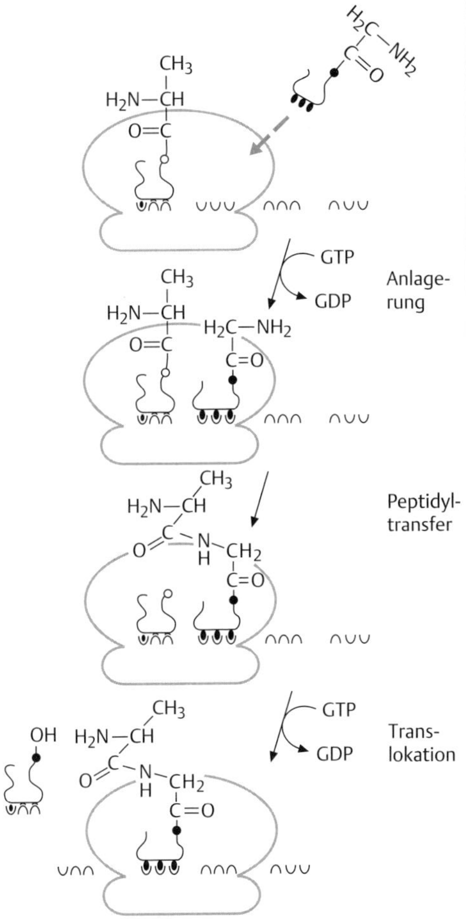

Ort der Proteinsynthese sind die **Ribosomen**, deren kleine und große Untereinheit sich um eine mRNA zusammenschließen. Die Basenfolge AUG wirkt dabei als Startcodon; zwei Tripletts finden Raum im Bereich des Ribosoms, und an diese Codons lagern sich, durch Basenpaarung mit den Anticodons, zwei beladene tRNAs an. Die erste, später N-terminale Aminosäure AS-1 des neuen Proteins, wird nun unter GTP-Spaltung mit AS-2 zum noch tRNA-gebundenen Peptid vereint. Die tRNA-1, jetzt ohne AS, verlässt das Ribosom, die tRNA-2 bewegt sich zur Peptid-Bindungsstelle im Ribosom. An die jetzt freie AS-Bindungsstelle bindet die tRNA-3. Das Dipeptid wird von tRNA-2 auf die AS-3 übertragen; die tRNA-3 mit ihrem Tripeptid geht vor auf die P-Stelle, in die A-Position kommt die tRNA-4 mit ihrer AS, usw.

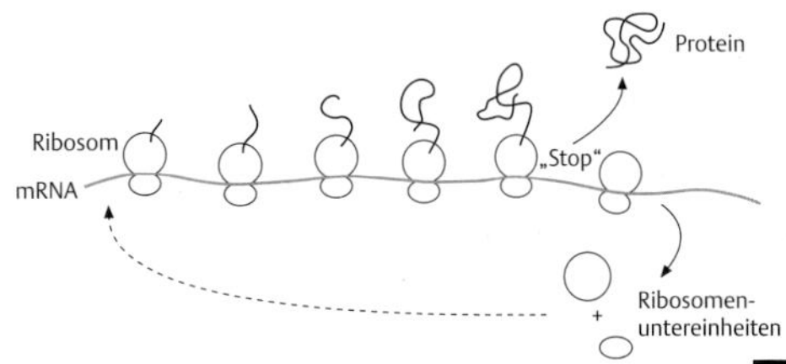

F98

→ **Frage 16.55:** Lösung C

Die Ribosomen sind die Organellen für die Proteinbiosynthese. Etwa 25% der in einer Zelle vorhandenen Ribosomen sind frei im Cytosol verteilt und vereinen sich bei der Translation mit der mRNA zu Polysomen. Die restlichen 75% der Ribosomen finden sich in Bindung an das endoplasmatische Retikulum (ER), wo sie das raue ER bilden (D).
Die kleine und die große Ribosomenuntereinheit entstehen im Kern (Nucleolus) aus rRNA (Bildung im Nucleolus) und aus ribosomalen Proteinen (aus dem Cytosol importiert) (A). Die Vereinigung der kleinen und der großen Untereinheit erfolgt im Cytosol, wenn eine funktionsfähige mRNA vorhanden ist (B). Im Ribosom gibt es zwei Bindungsstellen für tRNAs: ein „Aminosäure-Bindungsort" und eine „Peptidyl-Bindungsstelle". Bei der Proteinbiosynthese wird eine GTP-abhängige Peptidyltransferase benötigt (E).
Die gesuchte Falschaussage ist (C), denn zur Bindung der Aminosäuren an tRNA werden die Aminosäuren als Aminoacyl-adenylat und nicht als CoA-Thioester aktiviert.

F02 F99

→ **Frage 16.56:** Lösung D

Ribosomen bestehen aus einer kleinen und einer großen Untereinheit, die sich auf die messenger-RNA zur Proteinsynthese (Translation) zum Polysom auffädeln (D). DNA kommt im Zellkern als Chromatin vor (A). Transfer-RNA dient der Aktivierung von Aminosäuren, die mit ihrer jeweiligen Aminosäure beladene t-RNA findet am Polysom das für sie passende Codon der mRNA. Die Polypeptide (E) entstehen schrittweise, wenn die Ribosomen unter GTP-Verbrauch die mRNA entlang transportiert werden.

F02

→ **Frage 16.57:** Lösung B

Drei auf der mRNA nebeneinanderstehende RNA-Basen bilden eine funktionelle Einheit und werden Triplett oder Codon genannt; sie bestimmen jeweils eine spezifische, zur Translation vorgesehene proteinogene Aminosäure. In dem hier angegebenen Nonanucleotid lassen sich drei Codons erkennen: AUG für Methionin, GUG für Valin und CUA für Leucin. Wenn nach Mutation der DNA-Matrize in der vierten Position der mRNA ein A statt G erscheint, so heißt das zweite Codon AUG statt GUG und bewirkt den Einbau eines weiteren Methionin statt Valin auf der zweiten Position.

H04

→ **Frage 16.58:** Lösung E

Siehe Lerntext IV.1.
Wird die Pyrimidinbase Cytosin spontan oder durch salpetrige Säure desaminiert, entsteht Uracil (E).
Geschieht dies in einer DNA-Doppelhelix, wirkt dies mutagen, u. U. cancerogen, weil die Basenpaarung C=G bei der Replikation und der Transkription durch U=T ersetzt wird.
(A)–(C) sind falsch, weil die Ringe sich nicht vom Pyrimidin ableiten.
(D) ist falsch, denn Thymin ist methyliert und kann daher nicht aus dem unmethylierten Cytosin entstehen.

F05

→ **Frage 16.59:** Lösung D

Uridinnucleotide sind charakteristisch für RNA, an ihrer Stelle kommen in DNA die für diese charakteristischen Thymidinnucleotide vor. Beide Pyrimidinbasen paaren mit Adenin. In DNA kann Uracil auftreten, wenn z. B. durch salpetrige Säure Cytidin in der DNA desaminiert wird zum Uridin. Damit ist die Basenpaarung Cytosin-Guanin nicht mehr möglich, eine Punktmutation ist eingetreten. Die zelleigene DNA-Glykosylase kann die Base Uracil herausschneiden und das Reparatursystem ersetzt die Lücke mit dem ursprünglichen Cytidinnucleotid (D).
Aussage (A) ist falsch, denn sowohl Thymidin wie Uridin können mit Adenosin paaren.
Aussage (B) ist falsch, denn Uridin ist kein harnfähiges Ausscheidungsprodukt.
Aussage (C) ist falsch, denn die Umwandlung von Uracil in Cytosin ist in der DNA nicht möglich, sondern nur an freiem UTP zu CTP.
Aussage (E) ist falsch, denn bei der Synthese von Desoxy-TMP wird vorher Desoxy-UDP aus UDP hergestellt, auf dUDP wird dann eine NH_2-Gruppe übertragen.

H05 F01

→ **Frage 16.60:** Lösung E

Proteine, die sezerniert werden sollen, werden von Ribosomen synthetisiert, die am endoplasmatischen Reticulum aufgereiht sind (E).
Aussage (A) ist falsch, denn jede Proteinsynthese beginnt am Aminoende.
Aussage (C) ist falsch, denn Chloramphenicol hemmt die Peptidyltransferase der großen Ribosomenuntereinheit von Bakterien und nicht die der eukaryoten Ribosomen am ER.
Aussage (D) ist falsch, denn Proteinsekret-Granula werden erst nach erfolgter Translation und Proteinprozessierung gebildet.

F03

→ **Frage 16.61:** Lösung A

Die SRPs sind Ribonucleoproteine, die spezifisch die hydrophobe Signalsequenz von Proteinen binden und so den Komplex aus mRNA und Ribosomen an das endoplasmatische Reticulum binden (A).
Das SRP kommt nicht im Zellkern, sondern im Zytosol vor ((C) und (E) sind falsch).
Bei der Insulinsynthese bindet SRP nicht an die C-Peptidsequenz, sondern an die hydrophobe Signalsequenz des Praeproinsulins ((D) ist falsch).

H03

→ **Frage 16.62:** Lösung E

Beim Spleißen der hn-mRNA im Zellkern durch das Spleißosom spielen Ribonukleoproteine eine Rolle, beteiligt ist auch eine sn-RNA. Der Nukleolus (B) ist der Ort, an dem die ribosomale RNA gebildet wird. SRP sind Ribonukleoproteinpartikel, die an das Translokon des endoplasmatischen Reticulums andocken. In der Mitochondrienmatrix (D) findet sich zirkuläre DNA und auch Ribosomen-tRNA und -mRNA werden gebildet. Die gesuchte Falschaussage ist (E), denn als Nukleosom werden die Histonoktamere umwickelt von der DNA-Doppelhelix bezeichnet, die das Chromatin der Chromosomen aufbauen. RNA kommt hier nicht vor.

F01

→ **Frage 16.63:** Lösung D

Manche Proteine müssen, damit sie funktionsfähig werden, nach Abschluss der Translation und Ablösung vom Ribosom posttranslational modifiziert werden, was im endoplasmatischen Retikulum oder im Golgi-Apparat erfolgt. Häufige Modifikationen sind die Anheftung von Oligosacchariden an Serin- oder Threonin-Seitenketten. Zur Vorbereitung der Thyroxinsynthese werden in der Schilddrüse Thyreoglobulin-gebundene Tyrosinreste iodiert. Membranproteine können durch Anheftung einer Farnesylkette an Cystein in der Lipidschicht fixiert werden.

Die gesuchte Falschaussage ist (D): Das seltene Selenocystein gilt als proteinogene Aminosäure. Vor der Translation wird die tRNA mit Stopp-Codon UGA mit Serin beladen und dieses in ATP-abhängiger Reaktion mit einem Selenid in das Selenocystein umgewandelt.

H00

→ **Frage 16.64:** Lösung D

Siehe Lerntext XVI.11.

Nach der Synthese am Ribosom (Translation) können viele Proteine durch Enzyme modifiziert werden in ihre eigentliche, biologisch aktive Form. Diese Modifikationen erfolgen an funktionellen Gruppen der Aminosäure-Seitenketten. Die CH_3-Seitengruppe des Alanin ist nie beteiligt, damit ist (D) die gesuchte Falschaussage. Lysin (A) kann im Elastin in Desmosin quervernetzt oder im Kollagen zu Hydroxy-Lysin oxidiert werden. Serin (B) und Tyrosin (C) können durch Proteinkinasen mit ATP phosphoryliert werden. Asparagin (E) kann in Glykoproteinen N-glykosidisch mit Kohlenhydraten verbunden werden.

XVI.11 Posttranslationale Modifikation

In allen Proteinen der lebenden Natur findet man die gleichen 20 proteinogenen Aminosäuren. Weitere spezifische Aminosäuren ergeben sich beim Hydrolysieren gewisser Proteine. Dabei setzen z.B. Prothrombin und 3 andere Blutgerinnungsproteine γ-Carboxy-glutaminsäure frei, in Kollagen-Hydrolysaten findet man Hydroxylysin und Hydroxyprolin. Diese Aminosäuren stehen dem Translationsprozess nicht zur Verfügung; sie werden erst nachträglich, posttranslational, durch enzymatischen Umbau geschaffen.

Auch die limitierte Proteolyse, letzter Schritt bei der Bildung von Insulin, Trypsin und vielen anderen Proteinen, sowie Glykosylierungen und den Einbau prosthetischer Gruppen rechnet man zur posttranslationalen Modifikation.

XVI.12 Antibiotika und andere Hemmstoffe

Antibiotika sind vorwiegend aus Mikroorganismen, aber auch aus Pflanzen und aus tierischen Organismen isolierte Stoffe, die das Wachstum von Bakterien hemmen. Derartige Stoffe werden seit 50 Jahren zur Bekämpfung bakterieller Infektionen bei Mensch und Tier eingesetzt. Ihr Wirkungsmechanismus ist sehr unterschiedlich und wurde oft erst Jahre nach der Einführung in die Therapie aufgeklärt. Im Idealfall ist solch ein Heilmittel tödlich für die Bakterien und ohne Wirkung auf den Wirtsorganismus.

Die nachfolgende Tabelle gibt eine Übersicht über wichtige Hemmstoffe.

Hemmstoff	Wirkung bei Prokaryonten	Wirkung bei Eukaryonten	Bewirkte Störung
Penicillin	+	❍	Bakterien-Zellwand: Glykopeptide
Rifampicin	+	❍	Bakterielle RNA-Polymerase
Actinomycin	+	+	Intercalation der DNA-Doppelhelix, RNA-Polymerase, DANN-Polymerase
Mitomycin	+	+	Verknüpfung der beiden DNA-Stränge
Cloramphenicol	+	❍	Ribosomen-50 S, Peptidyltransferase
Streptomycin	+	❍	Ribosomen-30 S, mRNA-Ablesung
Tetracyclin	+	❍	Ribosomen-30 S, tRNA-Bindung
Erythromycin	+	❍	Ribosomen-50 S, Translokase
Puromycin	+	+	Peptidkettenabbruch
Cycloheximid	❍	+	Ribosomen-60 S, Peptidyltransferase
Sulfonamide	+	❍	Folsäuresynthese der Bakterien
Aminopterin	+	+	Dihydrofolatreduktase
Gyrasehemmer	+	❍	DNA-Entfaltung bei Bakterien
Amanitin	❍	+	RNA-Polymerase II und III
6-Mercaptopurin	+	+	blockiert IMP → AMP
Cytosin-Arabinosid	+	+	DNA-Polymerase
Azido-Thymidin	+	+	DNA-Polymerase
Hydroxyharnstoff	+	+	Ribonucleotid-Reduktase

Klinischer Bezug
Antibiotikaresistenz und Hospitalismus
Durch Mutationen entstanden und entstehen Bakterien, die enzymatisch ein bestimmtes Antibiotikum abbauen können, z.B. Penicillin durch die Hydrolase Penicillinase, oder deren vom Antibiotikum zu hemmendes Enzym bzw. Struktur nicht mehr reagiert: das Bakterium ist gegen eines oder mehrere Antibiotika resistent. Solche resistenten Bakterienmutanten werden in Gegenwart von Antibiotika selektiert, so dass schließlich eine Population nur noch resistente Keime und keine empfindlichen mehr aufweist. In medizinischen Einrichtungen ist einmal der Anteil pathogener Keime höher, zum anderen ist durch den ausufernden Einsatz von Antibiotika der Selektionsdruck höher, so dass die vorhandenen pathogenen Keime vielfach resistent sind. Viele Resistenzgene befinden sich auf Plasmiden und können unabhängig von der Zellvermehrung abgegeben und so auf andere, bisher empfindliche Keime, auch über Speziesgrenzen hinweg, übertragen werden. Das Risiko, schwer therapierbare Infektionen zu erleiden, ist im Krankenhaus größer als außerhalb, man spricht von nosokomialen Infektionen.

H03
→ **Frage 16.65:** Lösung C

Siehe Lerntext XVI.12.
Die DNA-Synthese kann durch einen Folsäureantagonisten wie Methotrexat (A), aber auch durch modifizierte Pyrimidin- und Purinbasen ((B), (D) und (E)) gehemmt werden.
Die gesuchte Falschaussage ist (C), denn das Antibiotikum Puromycin hemmt in Eukaryoten und Prokaryoten nicht die DNA-Synthese, sondern die Proteinsynthese, indem es am Komplex aus Messenger und Ribosom zu einem Abbruch der Peptidkettensynthese führt.

H04
→ **Frage 16.66:** Lösung C

Siehe Lerntext XVI.12.
Rifampicin hemmt die bakterielle RNA-Polymerase, also die Transkription (C).
(A) ist falsch, denn Chloramphenicol hemmt nicht die RNA-Polymerase, sondern die Peptidyltransferase der bakteriellen Ribosomen.
(B) ist falsch, denn Penicillin wirkt nicht am DNA-, RNA- oder Proteinsynthese-System, sondern hemmt die Zellwandsynthese (Mureinsynthese).
(D) ist falsch, denn Streptomycin greift an der 30S-Ribosomenuntereinheit an und verhindert die mRNA-Ablesung.
(E) ist falsch, denn Tetracycline hemmen die Bindung der tRNA an die bakteriellen Ribosomen.

F04
→ **Frage 16.67:** Lösung B

Die Proteinbiosynthese in Eukaryonten wird auf der Ebene der 80S-Ribosomen spezifisch durch das Gift der Diphtherie-Bakterien gehemmt (B). Actinomycin (A) hemmt durch Intercalation der DNA-Doppelstränge die RNA- und DNA-Polymerasen. Rifampicin (C) hemmt die RNA-Polymerase und Gyrasehemmer (E) hemmen die Verdrillung und Entdrillung von DNA. α-Amanitin (D) ist das Gift des Knollenblätterpilzes, es hemmt vorwiegend in der Leber die RNA-Polymerasen I (für tRNA) und II (für mRNA) und führt zur tödlichen Lebernekrose.

H05
→ **Frage 16.68:** Lösung B

Therapeutisch verwendete Antibiotika können im tierischen Organismus die Vermehrung von Bakterien verhindern („Bakteriostase") und/oder die Bakterien töten („Bakterizidie").
Es existieren die verschiedensten Angriffsmöglichkeiten, wobei wichtig ist, dass die Patienten-Zellen nicht geschädigt werden, d. h. ein entsprechendes Angriffsziel nicht besitzen.
Die richtige Aussage ist (B), denn Tetracycline hemmen die bakterielle Translation, indem sie die Anlagerung der tRNA an die bakteriellen Ribosomen verhindern.
Die Aussagen (A) und (E) sind falsch, denn Penicilline und Cephalosporine hemmen über ihre Lactamring-Struktur die Synthese der Mureine, die die Bakterienzellwand aufbauen.
Aussage (C) ist falsch, denn Chloramphenicol hemmt nicht die Folsäuresynthese, sondern die Peptidyltransferase der bakteriellen 50 S-Ribosomenuntereinheit. Die bakterielle Folsäuresynthese wird durch Sulfonamide gehemmt.
Aussage (D) ist falsch, denn Rifampicin hemmt nicht die Zellwandsynthese, sondern die bakterielle RNA-Polymerase.
Siehe Lerntext „Antibiotika und andere Hemmstoffe" XVI.12.

H00
→ **Frage 16.69:** Lösung C

Einige strukturell veränderte, synthetische Folsäure-Derivate (Aminopterin, Methotrexat) wirken als Antivitamin; sie hemmen die NADPH-abhängige Dihydrofolat-Reduktase und verhindern damit die Bildung des Coenzyms Tetrahydrofolat. Als Folge davon kommt es zu schweren Störungen in der Biosynthese verschiedener Nucleotide und im Aminosäure-Stoffwechsel. Die genannten Folsäure-Analogen sind wirksam bei der Behandlung gewisser Leukämie-Formen.

H00

→ **Frage 16.70:** Lösung E

5-Fluor-uracil hemmt die Thymidylat-Synthase und findet deshalb ebenfalls Verwendung als Cytostaticum in der Krebs-Therapie.

H04

→ **Frage 16.71:** Lösung C

Tetrahydrofolsäure ist Coenzym für die Synthese der Pyrimidine und Purine. Folsäure-Antagonisten, z. B. Methotrexat, hemmen die Dihydrofolat-Reduktase und wirken so zytostatisch (C).
(A) ist falsch, denn Folsäure kann nicht von Säugetieren synthetisiert werden, sondern nur von Pflanzen und Bakterien. Sulfonamide hemmen die bakterielle Folsäure-Synthese und können in der Therapie bakterieller Infektionen eingesetzt werden.
(B) ist falsch, denn die mitochondriale Carbamoyl-P-Synthetase dient der Harnstoffsynthese, bei der Synthese der Pyrimidin-Basen wirkt die zytosolische Carbamoyl-P-Synthetase.
Caspasen (D) sind Proteasen, deren Aktivierung die Apoptose, den programmierten Zelltod, auslösen.
Interkalierende Agentien (E), wie z. B. Actinomycin, lagern sich zwischen die Basen der Doppelhelix an, sie können antibiotisch, cytostatisch oder z. T. auch cancerogen wirken.

H03

→ **Frage 16.72:** Lösung E

Die Resistenz mancher Bakterien gegen das Penicillin wird durch eine Penicillinase hervorgerufen, dieses Enzym wird auch als Laktamase bezeichnet und hydrolysiert den β-Laktam-Ring des Penicillins.
β-glykosidische Bindungen werden durch β-Glykosidasen gespalten (A). Ein Hemmstoff der Adrenalin-Noradrenalin-Wirkung an β-Rezeptoren (B) ist z. B. Propranolol.
Als Schlüsselenzym des Cori-Zyklus (C) kann die Laktat-Dehydrogenase bezeichnet werden, die für die Entstehung der Milchsäure im Muskel und für die Weiterverwendung der Milchsäure in der Leberzelle zur Gluconeogenese ausschlaggebend ist.
Die N-glykosidischen Bindungen der Nukleotide (D) werden durch Nukleosidasen gespalten.

F94

→ **Frage 16.73:** Lösung E

Amanitin ist ein im Knollenblätterpilz vorkommendes hochgiftiges Peptid, das durch Störung der RNA-Polymerase II zur Lebernekrose und zum Tod führt.

H04

→ **Frage 16.74:** Lösung C

Diphtherie-Bakterien führen zu Entzündungen und Fibrinbelägen bevorzugt im Rachen und Kehlkopfbereich. Sie bilden das Diphtherietoxin, das zu Herzmuskel- und Nervenschädigungen führen kann. Das Diphtherietoxin greift in den Translationsprozess in der Elongationsphase (C) ein.
(A) ist falsch, denn über G-Proteine wirken Choleratoxin und Keuchhustentoxin.

F05

→ **Frage 16.75:** Lösung E

Das in Knollenblätterpilzen vorkommende α-Amanitin hemmt die RNA-Polymerase II, das die mRNA herstellt (E). Es kommt akut zum tödlichen Leberzell-Zerfall (Lebernekrose). α-Amanitin ist ein zyklisches Peptid aus 7 Aminosäuren.

F97

→ **Frage 16.76:** Lösung A

Das wasserlösliche Vitamin Folsäure wirkt in Form von Tetrahydrofolsäure als Coenzym bei C_1-Übertragungen. Solch eine Reaktion findet statt, wenn dUMP zu dTMP methyliert wird (A). Die unter (B) bis (E) angesprochenen Reaktionen haben nichts mit C_1-Übertragungen zu tun.

H97

→ **Frage 16.77:** Lösung B

Siehe Lerntext XVI.13.
Plasmide sind ringförmige extrachromosomale DNA-Moleküle, die in Bakterien und Hefezellen vorkommen (A).
Die gesuchte Falschaussage ist (B), denn die Plasmid-DNA liegt in ihrer gesamten Länge als ringförmige Doppelhelix vor.
In Wildtypbakterien tragen Fertilitäts-Plasmide Gene für die Konjugation (D); solche Fertilitätsfaktoren können auch in das Bakterienchromosom integriert werden (C). Plasmide können unabhängig von der Zellteilung vermehrt und auf andere Bakterien übertragen werden. Antibiotika-Resistenzen (E) sowie Resistenzen gegen Umweltgifte beruhen ebenfalls auf Informationen, die in der Plasmid-DNA gespeichert sind.

H01

→ **Frage 16.78:** Lösung E

Viele Bakterien enthalten außer dem ringförmig geschlossenen Genom (DNA-Doppelstrang) einen zusätzlichen kleinen DNA-Ring, Plasmid genannt. Dieses DNA-Stück ist nicht lebenswichtig, enthält aber lebensverbessernde Informationen, z. B. Gene für eine Antibiotica-Resistenz (E), z. B. für eine Penicillin-zerstörende β-Laktamase.

Alle anderen Aussagen sind falsch: Eine im Cytosol befindliche DNA muss nicht durch eine Lipidmembran geschützt werden, das Plasmid enthält keine RNA-haltigen Partikel; im Golgi-Apparat werden Proteine, aber keine DNA-Moleküle modifiziert; Plasmide haben keine GTPase-Aktivität.

XVI.13 Genetische Manipulation

Mit enzymatischen und biochemisch-präparativen Methoden können Gene isoliert und vermehrt werden und dann in das Genom fremder Organismen eingebaut werden. Es entstehen genetisch veränderte, sog. **transgene Organismen** (Bakterien, Pflanzen, Tiere). Menschliche Proteine können so in Bakterien, Pflanzen und Tieren produziert und gewonnen werden.
Für den Einbau eines fremden Gens in ein Genom spielen die nur in Bakterien vorkommenden **Restriktionsendonucleasen** eine Rolle. Sie spalten DNA sehr spezifisch an ganz bestimmten Palindromsequenzen. **Palindrome** sind Buchstabenfolgen, die vorwärts und rückwärts gelesen dieselbe Information ergeben. Auch in der DNA gibt es solche Sequenzen, z. B.
5′-GAATTC-3′
3′-CTTAAG-5′
Durch die Restriktionsendonuclease Eco R I wird dieses Palindrom gespalten zu:
5′-G und AATTC-3′
3′-CTTA G-5′
Im Unterschied zu üblichen Endonucleasen produzieren die Restriktionsenzyme klebrige („sticky") Enden, die über Basenpaarung zueinander finden können und mit **DNA-Ligasen** und ATP verknüpft werden können.
Zur Vermehrung der Gene wird gezielt die **Polymerase-Chain- Reaction (PCR)** eingesetzt. Eukaryote DNA enthält Introns und Exons, die Bakterien-DNA nicht, daher haben Bakterien auch kein Enzymsystem, um aus dem primären Transkript (hnRNA) die Introns zu entfernen. Wenn tierische oder pflanzliche Gene in Bakterien übertragen werden sollen, präpariert man daher mit einer **reversen Transkriptase** eine der fertigen mRNA komplementäre DNA, die sog. cDNA, und überträgt dann diese.

Klinischer Bezug

Gentechnisch hergestellte Therapeutika

Bis in jüngster Zeit musste das für Diabetiker täglich lebensnotwendige **Insulin** aus dem Pankreas von Schlachttieren gewonnen werden, wobei dann letztlich täglich ein artfremdes Protein injiziert werden musste, bzw. das Risiko, pathogene Tierviren zu verschleppen, in Kauf genommen werden musste. Heute wird Humaninsulin industriell gentechnisch hergestellt.
Der zur Behandlung der **Haemophilie** notwendige **Faktor VIII** konnte nur aus Spenderblut gewonnen werden, fast alle Haemophilie-Patienten wurden dabei mit Hepatitis und (oder) HIV infiziert, bevor man gentechnisch das antihaemophile Globulin herstellen konnte.
Somatotropin ist streng artspezifisch, so dass Kinder mit **hypophysärem Zwergwuchs** nur mit Wachstumshormonen, das aus den Hypophysen verstorbener Menschen isoliert wurde, behandelt werden konnten. Vielfach wurden dabei durch Übertragung von Prionen später eine spongiforme Encephalopathie (Creutzfeldt-Jacob-Erkrankung) ausgelöst. Heute wird STH (=GH) gentechnisch in reiner Form hergestellt.
Auch **Erythropoetin** („Epo") zur Behandlung bestimmter **Anaemieformen** und verschiedene **Interferone** zur Behandlung von **Tumoren** und **Multipler Sklerose** werden gentechnisch gewonnen.

F01
→ **Frage 16.79:** Lösung E

Siehe Lerntext XVI.13.
Restriktionsendonukleasen sind bakterielle Enzyme, die das Bakterium gegen fremde DNA schützen, indem an Palindromsequenzen, z. B. Phagen-DNA, gespalten wird (E). Am Spleißen von hn-RNA sind kleine RNA-Moleküle (snRNA) beteiligt (A). Die transkripierte Retrovirus-DNA wird ins Genom der Wirtszelle nicht durch Restriktionsendonukleasen, sondern durch sog. Integrasen eingebaut. Die gesamte prozessierte fertige mRNA wird durch Ribonucleasen abgebaut ((C) und (D)).

F04
→ **Frage 16.80:** Lösung B

Typ 2-Restriktionsendonukleasen schützen Bakterien vor Infektionen mit viraler DNA, indem diese an Palindromsequenzen gespalten wird (B).
Ca. 100 verschiedene Restriktionsnukleasen mit unterschiedlicher Spezifität für die Erkennungsreaktionen sind bekannt und stellen wichtige gentechnische Werkzeuge dar, sowohl für die Herstellung transgener Organismen als auch für das DNA-fingerprinting in der forensischen Medizin.
Bakterien stellen neben Typ 2-Restriktionsenzymen auch solche des Typs 1 und 3 her, diese spalten weit entfernt von den Palindromsequenzen. Die eigene DNA wird von den Bakterien durch Modifikation der Palindrome (Methylierung der Basen) vor dem Abbau durch ihre Restriktionsenzyme geschützt.

F05

→ **Frage 16.81:** Lösung A

Als Palindrome bezeichnet man Buchstabenfolgen, die vorwärts wie rückwärts gelesen dasselbe Wort bzw. denselben Text ergeben, z. B. OTTO oder DIE LIEBE IST SIEGER – REGE IST SIE BEI LEID. In der DNA sind Palindrome kurze zufällige Sequenzen, die gegenläufig gelesen identisch sind. Bakterien schützen sich gegen aufgenommene fremde DNA, in dem sie mit Restriktionsendonukleasen diese Palindrome erkennen und hydrolysieren und die Bruchstücke dann durch übliche DNasen abbauen. Die eigene DNA schützt die Bakterien, indem sie deren Palindromsequenzen methylieren. Siehe Lerntext „Genetische Manipulation" XVI.13.

H00

→ **Frage 16.82:** Lösung D

Nukleasen sind Enzyme, die Nucleinsäuren, und zwar spezifisch die RNA oder die DNA, an der Phosphodiesterbindung hydrolysieren (C). Im Pankreassaft gibt es zum Abbau der Nahrung eine RNase (A) und eine DNase. Restriktionsenzyme, meist Restriktionsendonucleasen genannt, sind nur in Bakterien vorkommende Endonucleasen (B). Deshalb ist (D) die gesuchte Falschaussage: Bakteriophagen besitzen keine Restriktionsenzyme.
RNA-Tumorviren, auch Retroviren genannt, bilden mit ihrer reversen Transkriptase eine zu ihrer viralen RNA komplementäre DNA. Der RNA-Anteil dieses DNA/RNA-Hybrids wird dann durch die Nukleaseaktivität der reversen Transkriptase hydrolysiert und durch einen zweiten DNA-Strang ersetzt (E).

XVI.14 Retroviren und reverse Transkriptase

Man hat Viren gefunden, die als genetisches Material einen RNA-Einzelstrang enthalten. Infiziert ein solches Virus eine Zelle, so wird die virale RNA durch eine **reverse Transkriptase** entgegen dem klassischen Postulat DNA → RNA → Protein in DNA umgeschrieben: Das vom Virus mitgebrachte Enzym bewirkt die Bildung der komplementären cDNA, den hydrolytischen Abbau der RNA-Matrize und die Synthese eines zweiten DNA-Stranges. Diese neue DNA-Doppelhelix wird als **Provirus** in das Genom der Wirtszelle integriert; mitgespeichert sind hier die Informationen für die reverse Transkriptase, die Viruskapsel und das Hüllprotein. Eine Aktivierung des Provirus kann zur lytischen Infektion führen, bei der es zur Zerstörung der Zelle und zur Freisetzung zahlreicher neuer Viruspartikel kommt.
Beispiele für Retroviren sind bestimmte Tumorviren und das AIDS auslösende HIV.

H00

→ **Frage 16.83:** Lösung D

Die RNA des Retrovirus-Genoms kodiert auch für die reverse Transkriptase, die es ermöglicht, dass das Genom in Form einer DNA-Doppelhelix in das Genom der infizierten Wirtszelle integriert wird.
Die anderen Aussagen sind falsch: Viren haben keinen eigenen Energiestoffwechsel. Durch die Antigenität der Viren sind viele Schutzimpfungen gegen solche Infektionen wirksam.

F02 H98

→ **Frage 16.84:** Lösung D

Retroviren sind RNA-Viren (B), die zu ihrer Vermehrung durch die reverse Transkription die RNA in DNA umschreiben (A). Diese komplementäre DNA kann in das Genom der infizierten Zelle eingebaut werden, nicht dagegen die Virus-RNA, (D) ist die gesuchte Falschaussage. Die Retroviren können befallene Zellen zu Tumorzellen transformieren (C). Die Wirtszellspezifität vieler Viren wird durch Bindung von Hüllproteinen an Zellrezeptoren vermittelt (E).

F04

→ **Frage 16.85:** Lösung E

Die gesuchte Falschaussage ist (E), denn Retroviren wie HIV zeigen keine niedrige, sondern eine extrem hohe Mutationsrate. Dies und ihre Vermehrung in Lymphozyten, wodurch eine Immunabwehr ausbleibt, machen die Heilung einer HIV-Infektion derzeit noch unmöglich. Da Retroviren RNA in DNA umschreiben und die DNA in das Wirtszellgenom einbauen können (C), sind sie potentiell geeignet, in der Gentherapie defekte Gene durch intakte zu ersetzen (D).

H05 F00 H95

→ **Frage 16.86:** Lösung B

RNA kann mit einem komplementären DNA-Strang einen DNA-RNA-Doppelstrang bilden, dabei paart dann ein A im DNA-Strang mit einem U im RNA-Strang.
Eine Hybridisierung tritt auf bei der Replikation (RNA-primer) und den Retroviren mit der reversen Transkriptase.

F03 F01

→ **Frage 16.87:** Lösung B

Siehe Lerntext XVI.14.
Reverse Transkriptase ist eine RNA-abhängige DNA-Polymerase, die im Genom von Retroviren (RNA) codiert ist (B).
Die reverse Transkriptase hat keine RNA-Polymerase-Aktivität ((A) ist falsch), sondern sie hat

zusätzlich zur DNA-Polymerase die Fähigkeit, die RNA hydrolytisch abzubauen (RNase).
Wenn von der reversen Transkriptase gebildete DNA in das Wirtsgenom eingebaut ist, kann diese bei der Zellteilung auf die Tochterzellen übergehen. Hierfür ist nicht die reverse Transkriptase, sondern zelleigene DNA-Polymerase verantwortlich ((E) ist falsch).

F00 F96
→ **Frage 16.88:** Lösung A

(A) ist die gesuchte Falschaussage, denn die reverse Transkriptase ist kein mitochondriales, sondern ein in Retroviren codiertes Enzym, durch das das virale RNA-Genom in der Wirtszelle in eine DNA-Sequenz umgeschrieben wird. Diese RNA-abhängige DNA-Polymerase arbeitet, wie üblich, in der 3′-5′-Richtung.

F05
→ **Frage 16.89:** Lösung B

Eine der mRNA in tierischen Zellen komplementäre DNA wird cDNA (complementary DNA) genannt, sie wird mittels der reversen Transkription hergestellt (B). Neben ihrer Verwendung in cDNA-Bibliotheken ist sie auch wichtig, wenn tierische Proteine durch Bakterien produziert werden sollen, denn cDNA stellt das „künstliche" tierische Gen ohne Introns dar, weil diese aus der hnRNA bei der Prozessierung zur mRNA exzidiert werden.
Aussage (A) ist falsch, denn die Telomerase dient in Keimbahnzellen und Tumorzellen der Verlängerung der Telomere und macht diese Zellen unbegrenzt teilungsfähig.
Aussage (C) ist falsch, denn die Primase ist eine Untereinheit der DNA-Polymerase α und dient dem Start der DNA-Replikation mit RNA-Primern.
Aussage (D) ist falsch, denn die Taq-Polymerase, eine hitzestabile DNA-Polymerase aus dem Bakterium Thermophilus aquaticus, wird verwendet für die Polymerase-chain-reaction (PCR).
Aussage (E) ist falsch, denn das Klenow-Fragment der Polymerase α ist verantwortlich für eine Exonuclease- und Polymeraseaktivität.

F00
→ **Frage 16.90:** Lösung E

Penicillin enthält einen für seine Wirkung wichtigen β-Laktamring. Dessen Spaltung durch eine Laktamase macht das Antibiotikum unwirksam. Derartige Resistenzfaktoren sind bei den Bakterien meist nicht im Genom, sondern in der ringförmigen Plasmid-DNA codiert. Die anderen, unter (A) bis (D) genannten Antibiotika haben keine Beziehung zur β-Laktamase.

F00
→ **Frage 16.91:** Lösung A

Restriktionsendonucleasen sind bakterielle DNA-spaltende Hydrolasen, die fremde DNA an sog. Palindromsequenzen erkennen und spalten. GTP oder andere Cofaktoren werden hierfür nicht benötigt. Damit ist (A) die gesuchte Falschaussage.

XVI.15 Onkogene und Protoonkogene

Tumor-assoziierte Viren sind häufig RNA-Viren, die wegen ihres Infektionsmodus unter Verwendung der reversen Transkriptase auch Retroviren genannt werden. Manche Retroviren enthalten Tumorgene, die sich auf Wachstum und Stoffwechsel der Wirtszelle auswirken und malignes Wachstum hervorrufen können. Den viralen Onkogenen (v-onc) entsprechen zelluläre Gene (c-onc), die Mosaikstruktur (Aufbau aus Exons und Introns) aufweisen. Die Genprodukte dieser zellulären Onkogene (Protoonkogene) lassen sich in vier Klassen einteilen:
(1) Tyrosin-spezifische Proteinkinasen (Plasmamembran)
(2) Wachstumsfaktoren (extrazellulär)
(3) G-Proteine (Innenseite der Plasmamembran)
(4) Transkriptionsbeeinflussung (DNA-bindend, im Zellkern).

Klinischer Bezug

Tumorerkrankungen

Nach Herz-Kreislauf-Erkrankungen sind Tumorerkrankungen die zweithäufigste Todesursache. Normale Zellen können zu Tumorzellen mit unbegrenzten Teilungen (Wachstum) „entarten", Auslöser können mutagene Substanzen, Strahlen, Viren u. a. sein. Man unterscheidet gutartige und bösartige Tumoren. **Gutartige Tumoren** wachsen bindegewebig abgekapselt, sie brechen **nicht** in umliegendes Gewebe ein und bilden **keine** Tochtergeschwülste.
Bösartige Tumoren wachsen infiltrierend in umliegendes Gewebe ein und bilden auf dem Blut- und dem Lymphweg Absiedlungen (= Tochtergeschwülste = Metastasen).
Die bösartigen Tumoren bindegewebiger Herkunft werden **Sarkome** genannt, die epithelialen Ursprungs nennt man **Karzinome**.

XVI.16 Polymerase Chain Reaction (PCR)

Mit der PCR kann ein einzelnes (!) DNA-Molekül millionenfach vermehrt werden. Man verwendet eine hitzestabile DNA-Polymerase aus Thermophilus aquaticus, 2 verschiedene synthetische Primer aus 20-30 Nucleotiden (einen, der komplementär zum codogenen Strang den Beginn des zu replizierenden Abschnitts festlegt, und einen, der an den komplementären Strang angelagert das Ende des zu vermehrenden DNA-Abschnitts festlegt,) und ATP, GTP,TTP und CTP. Das Verfahren PCR lässt sich über die Temperatur in 3 Phasen einteilen:

1. Bei ca. 90°C erfolgt eine Trennung des Doppelstrangs in 2 DNA-Einzelstränge.
2. Bei 54°C lagern sich die Primer an die jeweils ihnen komplementäre Sequenz der Einzelstränge an.
3. Bei 72°C verlängert die Polymerase die Primer zu 2 neuen Doppelsträngen.

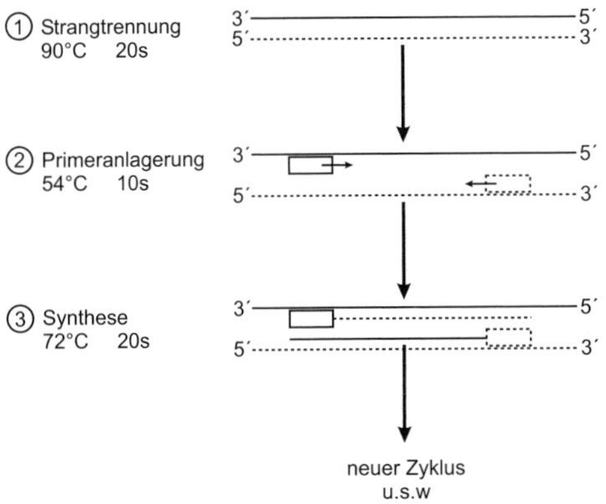

Durch Erhitzen auf 95°C wird im selben Ansatz ohne weitere Zusätze ein neuer Cyclus gestartet: die neuen DNA-Doppelstränge getrennt, die Primer angelagert usw. 20-30 Cyclen können in 1 Stunde in automatisierten Geräten durchgeführt werden.

Der Bereich zwischen den Primern kann so exponentiell (2^x) millionenfach vermehrt werden und durch Bindung markierter Nucleinsäuresequenzen nachgewiesen werden.

Klinischer Bezug

PCR in der Diagnostik

Die Polymerase-Ketten-Reaktion zeichnet sich durch eine extreme Empfindlichkeit (Sensitivität) und Genauigkeit (Spezifität) bei vergleichsweise geringem Zeitaufwand aus.

Bei Infektionskrankheiten kann die Erreger-DNA (Viren, Bakterien, Parasiten) ohne zeitaufwendige Anzuchtverfahren oder das Abwarten einer Antikörperbildung des Patienten direkt nachgewiesen werden, wodurch das sog. diagnostische Fenster, also die Zeit, in der eine Infektion zwar vermutet, aber nicht zu beweisen ist, vermieden wird.

In der forensischen Medizin haben PCR-DNA-Spuren-Nachweise und PCR-Identitätsnachweise (z. B. im Vaterschaftsverfahren) in Kombination mit anderen molekularbiologischen Verfahren die klassischen Methoden verdrängt.

Andere sehr wichtige Einsatzgebiete der PCR sind u. a. die humangenetische Beratung, die Pränatale Diagnostik, die Tumordiagnostik und Tumorklassifizierung sowie die Gewebetypisierung.

F01 H98

→ **Frage 16.92:** Lösung D

Siehe Lerntext XVI.15.

Protoonkogene sind zelluläre Gene, deren Genprodukte die Steuerung der Zellproliferation mitbestimmen. Protoonkogene kann man nach ihrer Funktion in vier Klassen einteilen: solche, die für G-Proteine der Plasmamembran kodieren (C), solche für Tyrosin-spezifische Proteinkinasen, solche für Transkriptionsfaktoren und solche für Wachstumsfaktoren, sog. Kernproteine (E).

Die gesuchte Falschaussage ist (D), denn Protoonkogene sind nicht selbst Tumor auslösend, sondern erst, wenn durch eine Mutation oder fehlerhafte Genkontrolle das Onkogenprodukt verändert oder vermehrt auftritt, kann es zur Tumorbildung kommen.

H00

→ **Frage 16.93:** Lösung A

Siehe Lerntext XVI.15.

Protoonkogene der ras-Gruppe codieren für G-Protein-homologe Proteine, die an der Innenseite der Zellmembran lokalisiert sind (A).

Wachstumsfaktoren (B) werden von sis-Protoonkogenen codiert.

DNA-bindende Proteine werden von myc-, fos-, jun- und tat – Protoonkogenen codiert (C).

Tyrosin-kinasen (E) und andere Wachstumfaktor-Rezeptoren (D) werden von src-, abt-, erb- und anderen Protoonkogenen codiert.

F02

→ **Frage 16.94:** Lösung E

Zelluläre Onkogene sind trotz ihres Gefahr andeutenden Namens Normalbestandteile gesunder Körperzellen. Ihre Genprodukte sind teilweise lebenswichtig. So hängt das Verbleiben der Zellen in dem zur Proliferation führenden Zellcyclus von der Bildung verschiedener Wachstumsfaktoren (B) ab. Diese wirken alle über Rezeptoren mit Tyrosinkinaseaktivität (D). Bei der Transkription werden auch DNA-bindende Proteine (A) und G-Proteine (C) benötigt. T-Zell-Rezeptor-Proteine gehören nicht zu den Onkogen-Produkten: (E) ist falsch.

H03 H97

→ **Frage 16.95:** Lösung A

Siehe Lerntext XVI.16.
Mit der Polymerase-Chain-Reaction (PCR) kann ein beliebiger DNA-Abschnitt in einer Probe spezifisch millionenfach vermehrt werden (A).
Man verwendet eine hitzestabile DNA-Polymerase aus einem thermophilen Bakterium, z. B. die taq-Polymerase aus Thermophilus aquaticus. Weiterhin benötigt man zwei synthetische Oligonucleotid-Primer, die jeweils komplementär sind zu den 3'-Enden des zu replizierenden DNA-Doppelhelix-Abschnitts. Alle vier Desoxyribonucleosidtriphosphate werden wie die beiden Primer dem Ansatz im Überschuss zugesetzt.
Durch Erhitzen auf 95 °C für 30 sec wird die DNA in der Probe in die Einzelstränge getrennt; beim Abkühlen lagern sich die Primer über Basenpaarung spezifisch an ihre Sequenz des jeweiligen Einzelstranges an und die thermostabile Polymerase verlängert den jeweiligen Primer zum komplementären Doppelstrang.
Erhitzen auf 95 °C beendet diesen Vorgang und trennt die neuen Doppelstränge. Bei Abkühlung lagern sich wieder spezifisch die Primer an die Startpunkte an und es werden an den Einzelsträngen die komplementären Stränge gebildet. Erhitzen startet den nächsten Zyklus usw. In wenigen Stunden können so durch 25–30 Erhitzungs-Abkühlungs-Zyklen DNA-Abschnitte spezifisch millionenfach vermehrt werden.
Die PCR erlangte in der Medizin große Bedeutung für die forensische Diagnostik (wenige Moleküle einer DNA können so z. B. einen Täter überführen), für die humangenetische Beratung und für den Nachweis von Infektionserregern.

F02 H99

→ **Frage 16.96:** Lösung E

Zur Durchführung der PCR verwendet man eine thermostabile DNA-Polymerase, die man aus in Heißwasser-Quellen vorkommenden Bakterien isoliert, so z. B. die aus dem Bakterium Thermophilus aquaticus gewonnene und nach ihm benannte Taq-Polymerase (E). DNA-Polymerase I katalysiert bei der Replikation die Hydrolyse des RNA-Primers und die DNA-Synthese in der entstandenen Lücke. Topoisomerasen wie die bakterielle Gyrase katalysieren die Verdrillung und Entdrillung von DNA. RNA-Polymerasen katalysieren die Transkription (DNA → RNA), RNA-Polymerase I bildet rRNA, RNA-Polymerase II mRNA und RNA-Polymerase III t-RNA.
Siehe auch Lerntext XVI.16.

H04

→ **Frage 16.97:** Lösung A

Für die PCR benötigt man als Primer zwei verschiedene DNA-komplementäre Oligonukleotide (ca. 18–30 Nucleotide lang), die im Überschuss zugesetzt werden und mit denen die DNA-Verdopplung startet.
(B) und (C) sind falsch, denn RNA ist bei der PCR nicht beteiligt.
(D) ist falsch, denn nicht Ribonucleotide, sondern Desoxyribonucleotide (dATP, dGTP, dCTP und dTTP) müssen dem PCR-Ansatz im Überschuss zugesetzt werden.
(E) ist falsch, denn die taq-Polymerase ist thermostabil, die 90 °C-Temperatur dient der Trennung der DNA-Doppelhelix in Einzelstränge.

H03

→ **Frage 16.98:** Lösung C

Aufgeführt sind einige gängige Methoden der Molekularbiologie. Durch die so genannten „Blot"-Verfahren werden durch Elektrophorese getrennte Makromoleküle auf eine zweite Folie abgeklatscht, auf der durch radioaktiv markierte Sonden oder durch Antikörper dann spezifisch DNA (Southern-Plott (A)) und RNA (Northern-Plot (D)) nachgewiesen wird. Durch die PCR (E) wird spezifisch eine Nukleinsäure-Sequenz exponentiell vermehrt. Dieses kann im Falle von DNA aber auch von RNA erfolgen, wobei letztere unter Verwendung der RT-PCR (E) erfolgt. Die gesuchte Falschaussage ist (C), denn durch das Western-Plot-Verfahren werden nicht Nukleinsäuren nachgewiesen, sondern Proteine.

Kommentare aus Examen Frühjahr 2006

F06

→ **Frage 16.99:** Lösung E

Die genannte Substanz ist ein Immunsuppressivum mit vielen Nebenwirkungen. Wenn die Oxidation von Dihydroorotsäure gehemmt wird, ist die Pyrimidinbiosynthese betroffen.
Siehe Lerntext „Biosynthese der Pyrimidinnucleotide" XVI.1.

F06

→ **Frage 16.100:** Lösung C

Folsäure-Antagonisten und Pyrimidinanaloga werden als Zytostatika in der Tumortherapie eingesetzt.
Folsäure-Analoga hemmen die Dihydrofolatreduktase (C) und unterbrechen damit die Purinsynthese

und die Bildung von Desoxythymidinmonophosphat.
Pyrimidin-Analoga wie Fluoruracil hemmen direkt die Thymidylatsynthase (E) und werden z. T. in RNA eingebaut, hemmen damit also auch die RNA-Synthese und die DNA-Synthese.

F06
➔ **Frage 16.101:** Lösung E

Siehe Kommentar zu Frage 16.100.

F06
➔ **Frage 16.102:** Lösung C

Die vier Stickstoffatome des Purinringes befinden sich an den Ringpositionen 1, 3, 7 und 9.
N_9 vermittelt die N-glykosidische Bindung zur Ribose bzw. Desoxyribose und wird, wie auch N_3, vom Glutamin bereitgestellt (C).
Aussage (A) ist falsch, denn nicht Asparagin, sondern Asparaginsäure liefert ein N des Purinringes, und zwar nicht das gefragte N_9, sondern N_1 ((B) ist falsch).
Aussage (D) ist falsch, denn Glycin liefert nicht N_9, sondern N_7.
Aussage (E) ist falsch, denn Ammoniumionen sind kein Substrat der Purinsynthese, sondern alle Stickstoffatome stammen aus Aminosäuren.
Siehe Lerntext „Biosynthese der Purinnucleotide" XVI.2.

F06
➔ **Frage 16.103:** Lösung A

Beim seltenen Lesch-Nyhan-Syndrom besteht ein genetischer Defekt der Wiederverwertung („salvage pathway") von freien Purinbasen. Es kommt zu schwersten neurologischen Störungen und schwerster Hyperurikämie. Durch den Ausfall der Hypoxanthin-Guanin-Phosphoribosyltransferase (HGPRT) können die freien Purinbasen nicht mehr zu den Nucleosidmonophosphaten rückverwandelt werden und werden zu Harnsäure abgebaut. Da die Rückkopplungshemmung der Purinsynthese durch AMP herabgesetzt ist, werden auch vermehrt Purine gebildet. Auch das Substrat der HGPRT 5-Phosphoribosyl-1-diphosphat steigt an und führt über 5-Phosphoribosylamin zu einer vermehrten Purin- und letztlich Harnsäuresynthese (A).
Aussage (B) ist falsch, denn durch eine Hemmung der Xanthinoxidase, z. B. durch Allopurinol, wird die Harnsäureproduktion nicht gesteigert, sondern vermindert.
Aussage (D) ist falsch, denn die Rückkopplungshemmung der PRPP-Amidotransferase durch GMP ist beim Lesch-Nyhan-Syndrom herabgesetzt.
Aussage (E) ist falsch, denn Carbamoylphosphat ist nicht Substrat der Purinsynthese, sondern der Pyrimidinsynthese. Außerdem wird die cytosolische Carbamoylphosphat-Synthase II durch Phosphoribosylpyrophosphat nicht gehemmt, sondern stimuliert.

F06
➔ **Frage 16.104:** Lösung B

Bedingt durch die Basenpaarung A = T und C = G kommen A und T sowie C und G jeweils in gleichen molaren Mengen vor.
20 % G entsprechen also 20 % C, die verbleibenden 60 % Basen entfallen auf A + T, also ist 30 % dAMP die richtige Angabe (B).

F06
➔ **Frage 16.105:** Lösung E

Restriktionsendonukleasen sind Hydrolasen, mit denen sich Bakterien gegen fremde DNA, z. B. durch Viren (Bakteriophagen), schützen. Die bakteriellen Restriktionsnukleasen spalten die fremde DNA an Palindromsequenzen, die Bakterien schützen ihre eigene DNA an den Palindromen durch „Modifikation", indem sie z. B. Adenin methylieren.

F06
➔ **Frage 16.106:** Lösung C

Die Synthese von Nucleinsäuresträngen erfolgt immer von 5′- in 3′-Richtung, weil aus Nucleosidtriphosphaten unter Abspaltung von Pyrophosphat an das 3′-Ende ein Nucleotid übertragen wird. Damit ist (C) die gesuchte richtige Aussage und (B) ist falsch.
Aussage (A) ist falsch, weil die DNA-Doppelhelix antiparallel verläuft, also muss zur Synthese des neuen Stranges (in 5′ → 3′-Richtung) der Matrizenstrang in 3′ → 5′-Richtung abgelesen werden.
Aussage (D) ist falsch, denn die Ablesung der mRNA bei der Proteinsynthese erfolgt nicht in 3′ → 5′-, sondern in 5′ → 3′-Richtung.
Aussage (E) ist falsch, denn die Peptidyltransferase der großen Ribosomenuntereinheit überträgt die wachsende Peptidkette jeweils auf die Aminogruppe der neu anzuhängenden Aminosäure, erfolgt also immer von der N-terminalen zur C-terminalen Aminosäure des Proteins.
Siehe Lerntexte „DNA-Replikation" XVI.6 und „Translation" XVI.10.

F06
➔ **Frage 16.107:** Lösung B

Nach der Transkription wird die hnRNA durch posttranskriptionelles processing im Kern zur fertigen mRNA. Dabei wird u. a. an das 5′-Ende ein methylierter Guanylrest als „cap" angehängt. Damit sind die Aussagen (A) und (C) falsch, (B) ist richtig.

Aussage (E) ist falsch, denn beim Spleißvorgang wird die cap-Struktur nicht verändert, sondern die Introns werden herausgeschnitten.
Siehe Lerntext „Transkription" XVI.8.

F06
→ **Frage 16.108:** Lösung B

Die Proteinsynthese durch bakterielle Ribosomen wird durch Tetracyclin gehemmt, indem die Bindung der mit Aminosäure beladenen tRNA an die 30 S-Ribosomenuntereinheit verhindert wird (B).
Aussage (A) ist falsch, denn das Knollenblätterpilzgift Amanitin hemmt nicht die Translation in Bakterien, sondern in Eukaryonten die RNA-Polymerasen II und III. Es resultiert eine tödliche Lebernekrose.
Aussage (C) ist falsch, denn Actinomycin hemmt nicht die Translation, sondern in Prokaryoten und Eukaryoten die DNA-Replikation und die Transkription, indem es sich zwischen G-C-Paare der Doppelhelix einlagert (Intercalation).
Aussage (D) ist falsch, denn Penicillin hat mit Nucleinsäuren und der Proteinsynthese nichts zu tun, es hemmt die Synthese des Mureins der bakteriellen Zellwand.
Aussage (E) ist falsch, denn Rifampicin hemmt nicht die Translation, sondern die bakterielle RNA-Polymerase, also die Transkription.
Siehe Lerntext „Antibiotika und andere Hemmstoffe" XVI.12.

17 Hormone

XVII.1 Hormone: Systematik und Wirkung

Hormone sind Signalstoffe, die von speziellen Zellen und Drüsen (endokrine Drüsen) gebildet und in das Blut bzw. die interstitielle Flüssigkeit abgegeben werden (innere Sekretion, „endokrin"). Sie gelangen auf dem Blut- und interstitiellen Flüssigkeitsweg zu ihren Zielzellen bzw. Zielorganen, wo sie an Rezeptoren gebunden werden.
Eine Systematik der verschiedenen Hormone kann erstens nach chemischen Substanzklassen erfolgen, wobei aufgeteilt wird in Peptide, Aminosäurederivate, Cholesterinderivate (Steroide) und Arachidonsäuremetabolite (Eicosanoide). Zweitens können die Hormone nach Funktionen ebenfalls in vier Klassen eingeteilt werden:

1. „Releasing-Faktoren" (Liberine), die im Hypothalamus die Verbindung zwischen neuraler und endokriner Regulation herstellen
2. Glandotrope hypophysäre Hormone, die das periphere Hormonsystem steuern und aufeinander abstimmen und im Sinne der Rückkopplung eine Eigenregulation vornehmen
3. Periphere glanduläre Hormone, die in den spezifischen Hormondrüsen gebildet werden und dann die eigentlichen Hormonwirkungen auf die Zielgewebe ausüben
4. Gewebshormone, die weitgehend von diffus über die Organe verteilten Zellen gebildet werden und z.T. sehr komplexe Wirkungen im Entzündungs- und Allergiegeschehen haben.

Fast alle Peptidhormone und Amine binden außen an hochspezifische Rezeptoren der Zellmembran und setzen intrazellulär eine Signalkette in Gang, die zur Konzentrationsänderung eines Botenstoffes in der Zelle („second messenger") führt. Die hydrophoben Hormone (Schilddrüsenhormone T_3 und T_4; Steroidhormone) dringen in die Zellen ein und binden dort an einen intrazellulären Rezeptor, der entstehende Hormon-Rezeptor-Komplex wirkt spezifisch induzierend oder reprimierend auf die Expression bestimmter Gene.

	Peptide	Amine	Steroide	Fettsäurederivate
Hypothalamische Hormone	Liberine (Releasing-Hormone = RH) Statine			
Übergeordnete (glandotrope, hypophysäre) Hormone	Corticotropin (ACTH) Thyreotropin (TSH) Gonadotropin (FSH, LH)			
Periphere glanduläre Hormone	Somatotropin Parathormon Thyrocalcitonin Insulin Glukagon	Thyroxin Adrenalin Melatonin	Glucocorticoide Mineralocorticoide Androgene Oestrogene Gestagene	
Gewebshormone	Gastrointestinale Hormone Renin, Angiotensin Erythropoietin Kallidin Bradykinin	Serotonin Histamin	Hydroxycalciferol (Calcitriol)	Eicosanoide (Prostaglandine, Prostacycline, Thromboxane, Leukotriene)

F03
→ **Frage 17.1:** Lösung C

Siehe Lerntext XVII.1.
Die gesuchte Falschaussage ist (C), denn die Schilddrüsenhormone T_3 und T_4 entstehen zwar im Peptidverband aus Tyrosinresten, werden aber proteolytisch als Aminosäure freigesetzt.
TRH (A) ist ein Tripeptid aus dem Hypothalamus, Vasopressin (= Adiuretin) (B) ist wie auch Ocytocin (E) ein Octapeptid.
Angiotensin II (D) entsteht im Blut durch begrenzte Proteolyse, katalysiert vom Angiotensin-converting-enzyme (ACE), aus Angiotensin I.

H04
→ **Frage 17.2:** Lösung D

Siehe Lerntext XVII.1.
Thyroliberin ist ein „releasing factor" für TSH aus dem Hypothalamus, es handelt sich um ein Tripeptid (A). TSH ist ein Polypeptid (B) wie auch ACTH (E), beide werden im Hypophysenvorderlappen gebildet. Calcitonin ist ein Peptidhormon (C) aus den C-Zellen der Schilddrüse, es senkt die Calcium-Konzentration im Blutplasma.
Die gesuchte Aussage ist (D), denn Thyroxin (T_4) wie auch Trijodthyronin (T_3) werden zwar im Peptidverband des Thyreoglobulins gebildet und gespeichert, sind aber nach ihrer proteolytischen Freisetzung keine Peptide, sondern modifizierte Aminosäuren.

H00
→ **Frage 17.3:** Lösung D

Manche im Harn ausgeschiedenen Stoffwechselendprodukte erlauben Rückschlüsse auf die Vorläufer-Substanzen. So weist im Harn nachweisbare 5-Hydroxyindolessigsäure auf vermehrtes Vorkommen von Serotonin hin (D), und Vanillinmandelsäure findet sich bei vermehrter Catecholaminbildung (A).

H00
→ **Frage 17.4:** Lösung A

Siehe Kommentar zu Frage 17.3.

H01
→ **Frage 17.5:** Lösung D

Die Lipid-löslichen Steroid- und Schilddrüsenhormone wirken über einen intrazellulären Rezeptor als Transkriptionsfaktor. Die gesuchte Falschaussage ist (D), denn Vasopressin wirkt über einen membranständigen Rezeptor und setzt über G-Proteine aus Phosphoinositolbisphosphat Diacylglycerin und Inositolbisphosphat frei.

H00
→ **Frage 17.6:** Lösung C

Die meisten Hormone im menschlichen Organismus können nicht aus dem Blut in die Zellen ihres Erfolgsorgans übertreten. Sie binden an spezifische Rezeptorproteine, die als integrale Proteine in der Plasmamembran vorliegen und veranlassen im Cytosol die Freisetzung eines second messenger. Das Adrenalin (B) und die unter (A), (D) und (E) genannten Proteohormone wirken nach diesem Mechanismus.

Die zu suchende Ausnahme ist der Calcitriolrezeptor (C) für das Vitamin D-Hormon, das wie andere lipophile Hormone (Steroide; iodierte Schilddrüsenhormone) durch die Plasmamembran in die Zelle geht und hier ein cytosolisches Rezeptorprotein findet. Bei diesen letztgenannten Hormonen kommt kein second messenger zum Einsatz.

H05

→ **Frage 17.7:** Lösung B

Atriopeptin wird bei einer Überdehnung der Herzvorhöfe gebildet und führt in der Niere zu einer vermehrten Ausscheidung von NaCl und H_2O.
Anlagerung an seinen Rezeptor führt an dessen cytosolischer Domäne zur Guanylcyclaseaktivität, die aus GTP das cGMP herstellt.
Aussage (A) ist falsch, denn Adrenalin erhöht indirekt über G-Proteine das cAMP.
Die Aussagen (C) und (E) sind falsch, denn Steroidhormone und Schilddrüsenhormone gelangen in die Zellen und lagern sich an interzelluläre Rezeptoren an, die die Genaktivität beeinflussen.
Aussage (D) ist falsch, denn Erythropoetin wirkt wie die Cytokine über Tyrosinkinasen.

F05

→ **Frage 17.8:** Lösung B

Die glandotropen Hormone des Hypophysenvorderlappens sind Proteohormone, die auf ihre Ziel-Drüsen über G-Protein-gekoppelte Rezeptoren wirken (B).
Über intrazelluläre/nukleäre Rezeptoren (A) wirken alle Steroidhormone und die Schilddrüsenhormone T_3 und T_4. Über Guanylat-Cyclasen (C) wirken Atriopeptin (atrialer natriuretischer Faktor = ANP) aus den Herzvorhöfen und das von Endothelien gebildete Stickoxyd (NO, „Nitro").
Zu den Tyrosinkinase-Rezeptoren (D) zählt das Insulin.
Der Wachstumsfaktor der Thrombozyten (platelet-derived growth factor = PDGF) und Interleukin-6 (Il-6) wirken über Jak/STAT-gekoppelte Rezeptoren als Transkriptionsfaktoren (E).

F00

→ **Frage 17.9:** Lösung C

Die hier zu suchende Falschaussage ist (C), denn cAMP überträgt sein Phosphat nicht auf Proteine. Vielmehr wird das cAMP durch eine Phosphodiesterase zu unwirksamem 5′-AMP hydrolysiert (D).

H04

→ **Frage 17.10:** Lösung B

Siehe Lerntext XVII.2.
Der Second messenger cAMP bindet an die beiden hemmenden (regulatorischen) Untereinheiten der Proteinkinase, diese dissoziieren und geben die beiden katalytischen Untereinheiten frei (B).
(A) ist falsch, denn die Adenylatcyclase wird nicht durch cAMP, sondern durch G-Proteine aktiviert.
(C) ist falsch, denn die P-Diesterase beendet die cAMP-Wirkung, indem sie es zu AMP hydrolysiert.
(D) ist falsch, denn die Proteinkinase A wird nicht phosphoryliert und dephosphoryliert, sie kann aber andere regulatorische Enzyme phosphorylieren.
(E) ist falsch, denn eine Überführung von Proteinkinase A in den Zellkern wird durch cAMP nicht ausgelöst. Lipophile Hormone mit ihrem intrazellularen Rezeptor können in den Zellkern transportiert werden.

F03

→ **Frage 17.11:** Lösung D

Siehe Lerntext XVII.2.
cAMP ist der Second messenger für Glukagon (D) in den Leberzellen und den Fettzellen und führt über Proteinkinasen zu verstärktem Glykogen- und Fettabbau im Hunger.
(A) ist falsch, denn cAMP wird durch die Adenylatcyclase gebildet, die hier genannte Adenylatkinase stellt in den Muskel- und Nervenzellen aus 2 ADP ein ATP und ein AMP her.
Der Abbau von cAMP erfolgt durch die Diesterase zu AMP ((B) ist falsch).

F04

→ **Frage 17.12:** Lösung B

Die Proteinkinase A wird durch cAMP aktiviert (B). Aussage (A) trifft nicht zu, denn Calcium-Ionen aktivieren als Calcium-Calmodulin-Komplex eine spezifische Ca/Calmodulin-Proteinkinase. Aussage (C) trifft nicht zu, denn Diacylglycerin (DAG) aktiviert die Proteinkinase C. Die Aussagen (D) und (E) treffen nicht zu, denn IP_3 und Prostaglandine wirken nicht direkt auf Proteinkinasen, sondern evtl. sekundär über Calcium/Calmodulin und DAG-IP_3.

H03 F97

→ **Frage 17.13:** Lösung D

Manche Hormonrezeptoren haben in aktivierter Form, d. h. nach Anlagerung ihres jeweiligen Hormons, eine Tyrosinkinaseaktivität. Hierzu gehören neben dem Insulinrezeptor (D) die Insulin-ähnlichen Wachstumsfaktoren (IGF), der epidermale Wachstumsfaktor (EGF), der Plättchenwachstumsfaktor (PDGF) und der Fibroblastenfaktor (FBF).
Die unter (A) genannten G-Proteine haben überhaupt keine Proteinkinaseaktivität, sondern sie übertragen das Signal vom Rezeptor auf die Adenylcyclase. Die Glycogenphosphorylasekinase und die Pyruvatdehydrogenasekinase sind nicht Tyrosinkinasen, sondern sie phosphorylieren Serinreste

der Enzyme. Die Fructose-6-Phosphat-2-kinase ist keine Proteinkinase, sondern phosphoryliert mit ATP das Fructose-6-Phosphat in der 2-Position, wodurch der allosterisch wirkende intrazelluläre Bote Fructose-2,6-bisphosphat (F-2,6-P) entsteht.

H03 F94

→ **Frage 17.14:** Lösung A

Das cyclische 3′,5′-Adenosinmonophosphat, cAMP, ist ein für viele Hormoneffekte wichtiger Second messenger. Durch die Adenylatcyclase wird das cAMP aus ATP gebildet. Das cAMP ist eine Signalsubstanz, deren Wirkung zeitlich begrenzt erfolgen soll. Deshalb sorgt eine Phosphodiesterase für eine hydrolytische Spaltung des cAMP, wobei 5′-AMP gebildet wird (A), das dann wieder in ATP rückverwandelt werden kann. Die hier erwähnte Phosphodiesterase ist durch Koffein hemmbar.

F99 F98

→ **Frage 17.15:** Lösung C

Siehe auch Lerntext XVII.2.
Das Schilddrüsenhormon T_3 dringt in die Zielzellen ein und bindet an einen intrazellulären Rezeptor, wodurch im Kern die Transkription bestimmter Gene, z. B. für ATPasen, stimuliert wird.

H96

→ **Frage 17.16:** Lösung D

Siehe Lerntext XVII.2.
Die trimeren G-Proteine dissoziieren nach Aktivierung des Membranrezeptors und Austausch des GDP durch GTP an der α-Untereinheit. Die mit GTP aktivierte α-Untereinheit wirkt auf die Bildung von second messengern, z. B. cAMP. Die α-Untereinheit besitzt gleichzeitig GTPase-Aktivität, nach Hydrolyse der GTP zu GDP ist die α-Untereinheit inaktiv.

H00 F96

→ **Frage 17.17:** Lösung E

cAMP ist der am weitesten verbreitete und bekannteste intrazelluläre Botenstoff (second messenger). cAMP entsteht aus ATP durch die Adenylatcyclase unter Abspaltung von Pyrophosphat. Abgebaut wird cAMP durch eine Phosphodiesterase zu Adenosin-5′-monophosphat.

H00

→ **Frage 17.18:** Lösung D

Die gesuchte Falschaussage ist (D), denn die hauptsächlich in der Leber erfolgende Cholesterolsynthese wird nicht durch cAMP geregelt. Schrittmacherenzym der Cholesterolsynthese aus Acetyl CoA ist die HMG-CoA-Reductase. Die Halbwertszeit dieses Enzyms ist sehr kurz, seine Synthese wird durch Nahrungscholesterol gehemmt. Auch Gallensäuren hemmen die Cholesterolsynthese. Die Gluconeogenese wird durch cAMP indirekt stimuliert: durch cAMP wird Fructose-2,6-bis-P gesenkt, wodurch die Glykolyse gehemmt und die Gluconeogenese stimuliert wird. Außerdem wird durch cAMP das Gluconeogenese-Schrittmacherenzym PEP-Carboxykinase vermehrt gebildet.

F01

→ **Frage 17.19:** Lösung E

cAMP, der second messenger vieler Hormone, kann die Gluconeogenese stimulieren, indem es die Transkription des Gens für die PEP-Carboxykinase stimuliert (E). Dieses Gen enthält in seiner Promotorregion einen cAMP-response element (CRE) genannten Enhancer.
Die anderen hier zum cAMP gemachten Aussagen sind falsch: Nicht die α_1-Rezeptoren der Catecholamine bewirken einen cAMP-Anstieg, sondern die β_1- und β_2-Rezeptoren. Das cAMP bewirkt eine Hemmung der Glykogensynthase; die Proteinkinase C wird durch Diacylglycerin, nicht aber durch cAMP aktiviert. Bei der cAMP-Inaktivierung entsteht durch eine Phosphodiesterase nicht Adenosin, sondern 5′-AMP.

H00

→ **Frage 17.20:** Lösung E

Siehe Lerntext XVII.2.
Hormonrezeptoren, die nach Bindung des Hormons G-Proteine aktivieren, sind besonders häufig. Aktiviert tauscht der G-Proteinkomplex GDP gegen GTP aus und die GTP beladene α-Untereinheit diffundiert in der Membran zu dem Enzym, das den second messenger erzeugt. Die α-Untereinheit des G-Proteins hat gleichzeitig GTPase-Aktivität, wenn das GTP gespalten ist, zum GDP lagert sie sich wieder an den Ursprungskomplex an. Weitere Aktivität erfolgt nur, solange außen der Rezeptor noch mit Hormon besetzt ist und intrazellulär noch GTP zur Verfügung steht. Außerdem wird der Abbau des zweiten Boten, z. B. des cAMP, durch die Phosphodiesterase zur Signal-Beendigung führen. Eine Peptidase ist in diesem System nicht beteiligt, (E) ist die gesuchte Falschaussage.

F00

→ **Frage 17.21:** Lösung D

G-Proteine bilden eine große Proteinfamilie und sind regulatorisch an der Signaltransduktion beteiligt. Große G-Proteine bestehen aus drei verschiedenen Proteinen (Heterotrimer), sie regulieren die Adenylatcyclase (A) und die Phospholipase C bei der Bildung intrazellulärer second messenger (E). Beim Sehvorgang wird beim Umspringen von 11-cis Retinal in 11-trans Retinal des Rhodopsins das

G-Protein Transducin (B) aktiviert, wodurch eine Phosphodiesterase aktiviert wird.
Auch an der Transcription und an der Translation sind kleine G-Proteine beteiligt (C), sie wirken aber nicht als Enzym ((D) ist die gesuchte Falschaussage), sondern als Initiations- und Wachstumsfaktoren.

F02
→ **Frage 17.22:** Lösung B

G-Proteine vermitteln das Signal, wenn Hormone an den Membranrezeptor außen binden. G_S-Proteine stimulieren die Adenylatzyklase, G_i-Proteine hemmen sie (A). Auch die Signal-Übertragung zur Gen-Regulation kann durch G-Proteine, z. B. durch das Ras-Protein, erfolgen (C). Beim Sehvorgang aktiviert ein G-Protein (Transducin) eine cGMP-Phosphodiesterase, wodurch cGMP in den Sehzellen herabgesetzt wird und sich Na^+-Kanäle schließen (D). Bei der Proteinsynthese wird die Anlagerung der Aminosäure-beladenen t-RNA durch einen GTP-verbrauchenden Elongationsfaktor in den Akzeptorbereich des Ribosoms ermöglicht (E). Die gesuchte Falschaussage ist (B), denn durch G_q wird die Phospholipase C nicht gehemmt, sondern stimuliert.

H05
→ **Frage 17.23:** Lösung E

Infektionen mit Vibrio cholerae erfolgen als Epidemie über verseuchtes Trinkwasser. Es kommt zu extremen Durchfällen mit Wasser- und Kochsalzverlusten, die unbehandelt in wenigen Stunden tödlich verlaufen können. Ursache ist eine durch das Choleratoxin irreversibel aktivierte G_S-Untereinheit im Dünndarm, die zu einer Dauerstimulation der Adenylatcyclase führt. Die Aktivierung der G_S-Untereinheit erfolgt mit NAD^+, von dem der ADP-Ribose-Rest unter Freisetzung von Nicotinamid übertragen wird.
Ein analoger Mechanismus liegt der Wirkung des Toxins der Keuchhustenerreger (Bordetella pertussis) zugrunde, hier wird eine G_i-Untereinheit durch kovalente ADP-Ribosylierung dauerhaft stimuliert. Physiologisch können manche Histone durch ADP-Ribosylierung modifiziert werden.

F04
→ **Frage 17.24:** Lösung D

Die lebensbedrohlichen Kochsalz- und Wasserverluste bei der Cholerainfektion werden über extrem hohe cAMP-Konzentrationen in den Enterocyten hervorgerufen, indem das Choleratoxin die stimulierende α-Untereinheit der G-Proteine mit NAD^+ irreversibel ADP-ribosyliert und damit daueraktiviert.

H01
→ **Frage 17.25:** Lösung B

Die Aktivierung von Membranrezeptoren wird häufig durch G-Proteine an die Erfolgsenzyme übertragen. Ein stimulierter Rezeptor führt dazu, dass an den trimeren G-Proteinen gebundenes GDP durch GTP ausgetauscht wird, wodurch die drei Untereinheiten dissoziieren; damit ist (B) die gesuchte Falschaussage. Auch das beim Sehvorgang beteiligte Transducin gehört zur Familie der G-Proteine; es aktiviert eine cGMP-Phosphodiesterase.

F00
→ **Frage 17.26:** Lösung C

Siehe Lerntext XVII.2.
Viele Signalstoffe (Hormone und Transmitter) gelangen nicht in ihre Zielzellen hinein, sondern binden außen an einen Rezeptor der Zellmembran, was intrazellulär eine Reaktionskaskade auslöst, an deren Ende die Phosphorylierung eines Proteins mit entsprechender Veränderung des Funktionszustandes steht. Durch Proteinkinasen werden dabei Serin oder Tyrosin im Protein phosphoryliert.

F02
→ **Frage 17.27:** Lösung D

Durch die Proteinkinase A und C (PKA bzw. PKC) werden spezifische HO-Gruppen von Serin oder Threoninseitenketten ATP-abhängig phosphoryliert, wodurch die interkonvertierbaren Enzyme ihre Eigenschaften grundlegend ändern. PKAs werden durch cAMP, PKCs durch Ca^{2+} und Diacylglycerin aktiviert. Auch Phorbolester (eine kleine Klasse seltener Naturstoffe, sog. Co-Carcinogene) können solch eine Aktivierung bewirken.
Die hier zu findende Falschaussage ist (D), denn PKCs phosphorylieren nicht Tyrosylreste. Tyrosinkinasen sind aber von großer Bedeutung bei der Funktion des Insulinrezeptors.

H95
→ **Frage 17.28:** Lösung E

Neben den lange bekannten humoralen Signalstoffen, den Hormonen, sind second messenger entdeckt worden, die die Hormonwirkung nach extrazellulärer Bindung des Liganden im Zellinneren in Stoffwechseleffekte umsetzen. Am bekanntesten ist das 1968 entdeckte cAMP. Das ihm ähnliche cGMP (A) ist bei weitem nicht so verbreitet, es ist aber ein wichtiger Überträger beim Sehvorgang und bei der Wirkung des Herzhormons ANF (atrialer natriuretischer Faktor). Calcium (B) hat in vielen Zellen Signalwirkung; in der Muskelzelle ist es wichtig für die Kontraktion und die Glykogenolyse. PIP_2 ist selbst kein Signalüberträger ((E) ist falsch), durch Einwirkung der Phospholipase C entstehen aber aus dem Membranbaustein PIP_2 gleich 2 second messenger: das Diacylglycerin (C) und das IP_3. Stickstoffmonoxid wird von Nerven- und Endothelzellen aus Arginin gebildet (D) und bewirkt eine Gefäßdilatation.

F05
→ **Frage 17.29:** Lösung E

cGMP als intrazellulärer Second messenger entsteht nach Aktivierung einer Guanylatcyclase aus GTP.

H01
→ **Frage 17.30:** Lösung B

Nachdem das cAMP als erster und weit verbreiteter second messenger entdeckt worden war, hat man vermutet, dass aus GTP ein ähnlich wirksames cGMP entstehen könnte. Erst sehr spät wurde cGMP als Signalsubstanz nachgewiesen; sein Einsatz ist auf wenige spezifische Fälle beschränkt, so bei der Wirkung des aus Arginin gebildeten NO oder des Herzvorhofhormons Atriopeptin. Beim Sehvorgang führt es in der Retina zu einer erhöhten Na^+-Leitfähigkeit, glatte Muskulatur wird durch cGMP entspannt.

XVII.2 Second messenger

Viele Hormone, so die meisten Peptidhormone und die Catecholamine, dringen nicht in ihre Zielzellen ein, sondern werden außen an die spezifischen membranständigen Hormonrezeptoren gebunden.
Durch die Hormonbindung wird in der Membran eine Adenylatcyclase aktiviert, die aus ATP unter P-P-Abspaltung cAMP synthetisiert. Durch cAMP werden intrazellulär allosterisch Proteinkinasen aktiviert, die mit ATP bestimmte Proteine phosphorylieren und so in ihrer Aktivität modifizieren (aktivieren oder hemmen).
Signalbeendigung:
Sinkt der Spiegel des peripheren Hormons, wird der Rezeptor frei und das intrazelluläre Signal wird beendet durch hydrolytische Spaltung des cAMP zu AMP durch die Phosphodiesterase. Daraufhin werden die Phosphoproteine durch Phosphoproteinphosphatasen zu Proteinen und anorganischem Phosphat gespalten.
Über cAMP-Proteinkinasen wirken
- Adrenalin und Noradrenalin („Catecholamine")
- Glukagon
- Parathormon
- Vasopressin
- ACTH
- TSH
- FSH, LH („Gonadotropine")
- Thyreoliberin

Weitere intrazelluläre zweite Boten, z.T. in enger Wechselwirkung mit cAMP sind
- cGMP
- Ca^{++} und Ca-Calmodulin
- Inositoltrisphosphat (IP_3)
- Diacylglycerol

Funktionsänderung von Protein durch cAMP-induzierte Proteinphosphorylierung:

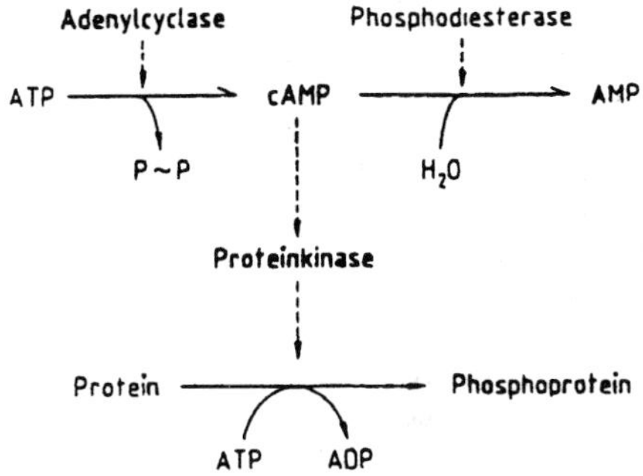

In die Signalkette sind meist zwischen den Membranhormonrezeptor und die Adenylatcyclase (bzw. die Bildung oder Freisetzung der anderen second messenger) G-Proteine eingeschaltet. G-Proteine können GTP oder GDP binden. Sie liegen als trimere Proteine über GDP in Kontakt mit dem freien Membranrezeptor. Bindung des Hormons an den Rezeptor führt über Konformationsänderungen zum Austausch des GDP durch GTP an der α-Untereinheit, diese diffundiert mit GTP z.B. zur Adenylatcyclase und aktiviert diese. Die α-Untereinheit besitzt GTPase-Aktivität, durch Hydrolyse des GTP zu GDP wird die Aktivierung der Adenylatcyclase beendet.
Neben den stimulierenden G-Proteinen (G_s) gibt es auch hemmende G-Proteine (G_i).

Klinischer Bezug

Cholera und G-Proteine

Cholera ist eine meistens über Fäkalien-kontaminiertes Trinkwasser übertragene, epidemische, schwerste Darminfektion, die unbehandelt nach der Infektion in wenigen Stunden (!) tödlich (ca. 30%) verlaufen kann.
Die Cholera-Bakterien sezernieren das Choleratoxin, das in den Enterozyten zur irreversiblen ADP-Ribosylierung eines G_S-Proteins führt. Über die Dauerstimulation der Adenylcylase-cAMP und Proteinkinasen werden Chlorid-Kanäle geöffnet und Na^+/H^+-Transporter gehemmt. Es treten massive Salz- und Wasserverluste (Durchfälle) auf, die resultierende Dehydratation ist tödlich.

Bei der Therapie macht man sich das Prinzip des Na^+-Glucose-Cotransports zunutze: eine Lösung aus Glucose und Kochsalz (beides jeweils in einer Konzentration von etwa 100 mmol/l) wird oral verabreicht und kann die Salz- und Wasserverluste ersetzen. Diese simple Maßnahme senkt die Letalität auf weit unter 1%.

F05

→ **Frage 17.31:** Lösung E

Die Formel zeigt Bisphosphoinositolphosphatid, ein Bestandteil der Zellmembran (C), das ein Vorläufer der intrazellulären Second messenger Diacylglycerin (B) und Inositoltrisphosphat (A) ist, die hydrolytisch nach entsprechendem äußeren Reiz entstehen.

Die gesuchte Falschaussage ist (E), denn nicht aus Inositolphosphatiden, sondern aus Arachidonsäure werden die Prostaglandine gebildet.
Siehe Lerntext „Fettsäuren" III.2.

H99

→ **Frage 17.32:** Lösung C

Die gesuchte Falschaussage ist (C), denn IP_3 ist ein intrazellulär freiwerdender und nur dort wirkender second messenger.
IP_3 entsteht durch Phospholipase C (B) aus dem Membranlipid Phosphatidylinositolbisphosphat (PIP_2), das in eukaryoten Membranen bis zu 8% aller Membranlipide ausmachen kann (A). Aus PIP_2 entstehen durch die Phospholipase C Diacylglycerin und IP_3, beide wirken intrazellulär als second messenger ((D), (E)).

XVII.3 Schilddrüse

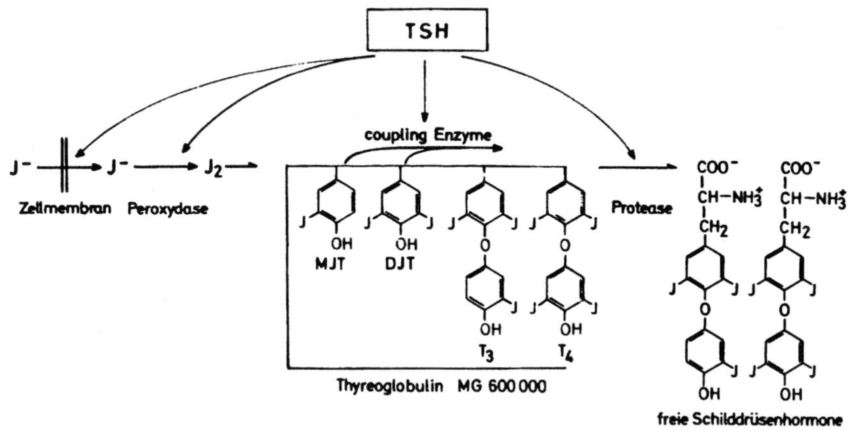

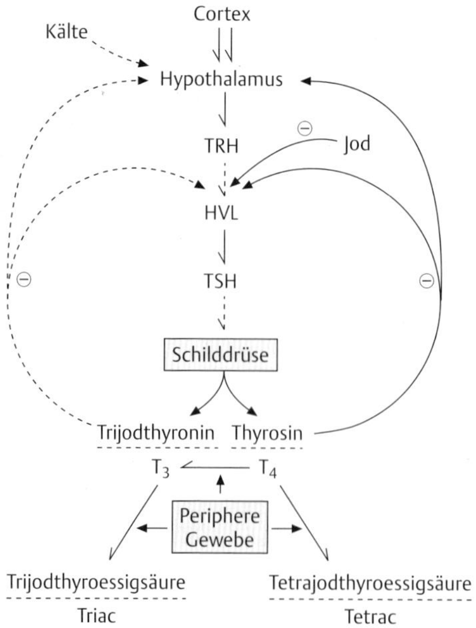

Unter der Wirkung des HVL-Hormons TSH (Thyreoidea-stimulierendes Hormon, Thyrotropin) nimmt die Schilddrüse Jodidionen auf, oxidiert sie zu elementarem Jod und baut dieses in Tyrosinreste eines Makroproteins ein. Durch ein Enzym werden jodierte Phenolreste auf jodierte Tyrosinreste im Peptidverband übertragen. Es entstehen so die Schilddrüsenhormone, eingebaut in den Peptidverband des Thyreoglobulins. Durch begrenzte Proteolyse werden die Schilddrüsenhormone Trijodthyronin (T_3) und Tetrajodthyronin (T_4, Thyroxin) freigesetzt.
T_3 als eigentliche Wirkform der Schilddrüsenhormone ist stärker, schneller und kürzer wirksam als T_4. Auch kann im Gewebe T_4 durch Dejodierung in T_3 überführt werden. T_4 wird daher manchmal als Prohormon des T_3 bezeichnet.
Die Regulation der Aktivität der Schilddrüse erfolgt mit TRH (Thyreotropin-releasing-Hormon, Thyroliberin) aus dem Hypothalamus über den Hypophysenvorderlappen, der mit Ausschüttung von Thyrotropin (TSH) reagiert. Freies T_4 hemmt

den Hypophysenvorderlappen, freies T_3 hat eine weniger stark hemmende Wirkung auf den HVL.
Die Jodidkonzentration kann kurzfristig für wenige Tage den HVL hemmen, später überwiegt eine starke Stimulierung der T_3- und T_4-Produktion durch Jodidionen.
Die Inaktivierung der Schilddrüsenhormone erfolgt durch Dejodierung und Kopplung mit Glucuronsäure oder Schwefelsäure.
Im Blut werden die sezernierten Schilddrüsenhormone zu über 99,9% an insgesamt drei verschiedene Proteine gebunden: sehr spezifisch an TBG (Thyroxin-bindendes Globulin), weniger an ein Präalbumin und weitgehend unspezifisch an Albumin. Nur das freie Hormon ist regulierend wirksam.
Die Schilddrüse wirkt auf die Entwicklung des Organismus (Morphogenese), z.B. Organentwicklung, insbesondere des zentralen Nervensystems. Eine zweite Wirkung der Schilddrüsenhormone besteht auf die Intensität des Stoffwechsels praktisch aller Zellen, man spricht hier von einem kalorigenen Effekt der Schilddrüsenhormone.
Zusätzlich zu den eigentlichen Schilddrüsenhormonen T_4 und T_3 produziert die Schilddrüse in den hellen, sog. C-Zellen, ein Peptidhormon, das Calcitonin. Calcitonin senkt im Blut die Calcium- und Phosphatkonzentration, indem es den Einbau in den Knochen durch Hemmung der Osteoklasten fördert.

Klinischer Bezug

Schilddrüsenerkrankungen

Die **Überfunktion der Schilddrüse** (Hyperthyreose, Thyreotoxikose) bewirkt eine allgemeine Stoffwechselsteigerung (Grundumsatzerhöhung) bei verminderter körperlicher Leistungsfähigkeit. Die Kranken sind schwach, aufgeregt, haben Herzjagen und magern trotz gesteigerter Nahrungsaufnahme ab. Eine häufige Sonderform der Hyperthyreose ist der Morbus Basedow, bei dem ein Antikörper gegen den TSH-Rezeptor (Autoimmunerkrankung) zu einer Dauerstimulation der Schilddrüse und zu einer Vermehrung des retrobulbären Bindegewebes des Auges mit der Folge der charakteristischen vorquellenden Augäpfel (Exophthalmus) führt. Therapieoptionen sind Thyreostatika und Operation.
Die **Unterfunktion** (Hypothyreose) führt zu einer Stoffwechselverminderung mit physischer und psychischer Verlangsamung aller Reaktionen. Tritt die Erkrankung im Erwachsenenalter ein, wird vermehrt in der Haut ein Mucopolysaccharid abgelagert. Diese trocken-ödematöse Hautveränderung der Hypothyreose der Erwachsenen trägt den Namen **Myxoedem**. Die Therapie mit oraler T_4/T_3-Substitution beseitigt alle Symptome.
Tritt ein Mangel an Schilddrüsenhormonen bereits intrauterin auf, kommt es zu schweren körperlichen und geistigen Entwicklungsstörungen, u.a. Zwergwuchs mit charakteristischem Affengesicht: **Kretinismus**. Die Erkrankung ist durch Hormongabe nur partiell zu beeinflussen.
Eine Vergrößerung der Schilddrüse („Kropf") wird **Struma** genannt. Sie kommt sehr häufig vor und sagt nichts über die Funktion aus, d.h. eine Struma kann eine normale Funktion haben (euthyreote Struma) oder mit erhöhter (hyperthyreote Struma) bzw. verminderter Funktion (hypothyreote Struma) einhergehen.

H03
→ **Frage 17.33:** Lösung D

Von der Schilddrüse werden die Tyrosinderivate T_3 und T_4 sezerniert, die zu über 99 % im Blut an das Thyroxin-bindende Globulin gebunden transportiert werden (A). Die wirksamere Form ist das T_3, das durch Dejodierung auch aus T_4 entstehen kann, sodass T_4 auch als Prohormon für T_3 bezeichnet wird. T_3 greift in vielen Zellen über ein intrazelluläres Rezeptorprotein in die Transkription bestimmter Gene ein (C). Am Herzen wirkt T_3 positiv inotrop und positiv chronotrop (E).
Die gesuchte Falschaussage ist (D), denn T_3 hemmt nicht die Natrium-Kalium-ATPase der Zellmembran, sondern stimuliert die Synthese der Natrium-Kalium-ATPase (Induktion).

F00
→ **Frage 17.34:** Lösung A

Siehe Lerntext XVII.3.
Die Schilddrüsenhormone werden im Peptidverband des Thyreoglobulins gebildet, indem Tyrosinreste zu Monojodtyrosin und Dijodtyrosin jodiert werden. Durch eine Transferase (coupling enzyme) wird dann ein jodierter Phenolrest auf einen im Peptid benachbarten Jodtyrosinrest übertragen, wodurch dann eine T_4-Struktur bzw. T_3-Struktur im Peptid entsteht. Damit ist (A) die gesuchte Falschaussage. Freigesetzt werden T_3 und T_4 dann durch begrenzte Proteolyse.

H04
→ **Frage 17.35:** Lösung A

Siehe Lerntext XVII.3.
Die Synthese und Speicherung der Schilddrüsenhormone T_3 und T_4 vollzieht sich im Peptidverband des Thyreoglobulins (A).

(B) ist falsch, denn das Tripeptid Thyroliberin aus dem Hypothalamus stimuliert die TSH-Sekretion aus dem Hypophysenvorderlappen.
Aussage (C) ist falsch, denn Iodat (IO_3^-) wird nicht in die Schilddrüse aufgenommen, sondern Jodid (I^-).
(D) ist falsch, denn Thyroxin-bindendes Globulin kommt in der Schilddrüse nicht vor, sondern dient dem Hormontransport im Blut.
(E) ist falsch, denn Transthyretin ist Praealbumin im Blut und dient auch dem T_3/T_4-Transport.

F02
→ **Frage 17.36:** Lösung C

Thyreoglobulin ist ein hochmolekulares Protein („Kolloid der Schilddrüsenfollikel"), das in seiner Peptidkette Thyroxin (T_4) enthält (C). Falsch ist Aussage (A), denn das Thyreoglobulin wird nicht intrazellulär gespeichert, sondern extrazellulär in den Kolloid-Follikeln. Zur Sekretion von Thyroxin wird Thyreoglobulin endozytiert und T_4 wird proteolytisch freigesetzt. Im Blut werden T_3 und T_4 zu 99,9 % an Thyroxin-bindende Globuline (TBG) gebunden transportiert ((B) ist falsch). In den Zielzellen wird T_3 an spezifische Rezeptorproteine gebunden ((D) ist falsch); dieser T_3-Rezeptorkomplex induziert u. a. die Synthese der Na^+/K^+-ATPase ((E) ist falsch).

H05
→ **Frage 17.37:** Lösung B

Die Freisetzung der Schilddrüsenhormone T_3 und T_4 erfolgt durch lysosomale Proteolyse aus dem Thyreoglobulin (B).
Aussage (A) ist falsch, denn Thyreocalcitonin ist ein Proteohormon aus den C-Zellen der Schilddrüse, das die Plasma-Ca^{2+}-Konzentration senkt.
Aussage (C) ist falsch, denn Thyroliberin ist der hypothalamische Releasing factor für TSH (Thyrotropin) des Hypophysenvorderlappens.
Aussage (D) ist falsch, denn Thyroxin-bindendes Globulin ist das wichtigste Transportprotein für T_3 und T_4 im Blutplasma.
Aussage (E) ist falsch, denn Transthyretin (Präalbumin) ist das zweitwichtigste Transportprotein für T_3/T_4 im Blutplasma.

H00
→ **Frage 17.38:** Lösung A

(A) ist die zu suchende Falschaussage, denn bei der Biosynthese der Schilddrüsenhormone ist die Tyrosin-Iodierung nicht GTP-abhängig, sondern erfolgt nicht-enzymatisch durch das molekulare I_2. Die Freisetzung der iodierten Hormone erfolgt durch Proteolyse des Thyreoglobulins (B). An den Zielorganen bewirkt das T_3 eine vermehrte Bildung der Na^+/K^+- ATPase (E). Bei dieser Aktivierung der Genexpression sind die den DNA-Einzelstrang stabilisierenden Zinkfinger-Proteine beteiligt (D).

F01
→ **Frage 17.39:** Lösung E

Bei den Schilddrüsenhormonen werden Thyroxin (Tetraiodthyronin = T_4) und Triiodthyronin (T_3) unterschieden. Die wirksamere Form ist das T_3. Die Schilddrüsenhormone werden in die Zellen aufgenommen, binden an einen sog. Zinkfingerrezeptor und können in der Zelle die Transkription bestimmter Gene spezifisch aktivieren.
Die gesuchte Falschaussage ist (E), denn es gibt keine unterschiedlichen Rezeptoren für T_4 und T_3.

F04
→ **Frage 17.40:** Lösung C

Siehe Lerntext XVII.3.
Die Schilddrüsenhormone wirken über Bindung an intrazelluläre Rezeptoren, die die Proteinsynthese auf der Ebene der Transcription (Regelung der Genaktivität) beeinflussen. Hierbei sind Zink-Ionen (Zinkfingerproteine) beteiligt (C). Aussage (A) ist falsch, denn TRH wirkt auf den Hypophysenvorderlappen und nicht direkt auf die Schilddrüse. Aussage (B) ist falsch, denn die Umwandlung von T_4 in T_3 erfolgt durch eine Dejodase, die Thyreoperoxidase stellt aus Jod-Ionen elementares Jod für die Jodierung der Tyrosinreste bereit. Aussage (D) ist falsch, denn TSH stimuliert nicht die Calcitoninfreisetzung, sondern die Thyroxinfreisetzung.
Aussage (E) ist falsch, denn TBG wirkt im Blut als Transportprotein und nicht als intrazellulärer Rezeptor.

F99
→ **Frage 17.41:** Lösung C

Die von der Schilddrüse gebildeten, iodierten Thyrosinderivate T_3 und T_4 sind sehr lipophil und müssen zum Transport im Blut an Protein gebunden werden. In freier Form (A) sind sie zum Transport ungeeignet; unmittelbar nach der Sekretion kommen sie dort aber so vor. Die gesuchte Falschaussage ist (C), denn Thyreoglobulin ist das Protein im Kolloid der Schilddrüsenfollikel. Es ist zur Bildung und Speicherung der Schilddrüsenhormone wichtig, verlässt aber die Schilddrüse nie. Der wichtigste Transporter im Blut ist das Thyroxin-bindende Globulin, TBG, aber auch am Praealbumin und am Serumalbumin finden sich gebundene Schilddrüsenhormone.

H98

→ **Frage 17.42:** Lösung E

T_3 bewirkt im Organismus eine Steigerung des Grundumsatzes (D), wobei die durch T_3 induzierte Na/K-ATPase (A) und die mitochondriale Glycerinphosphatdehydrogenase (B) beteiligt sind. In der Achse Hypothalamus – Hypophysenvorderlappen – Schilddrüse hemmen T_3 und T_4 sowohl die TRH- (C) als auch die TSH-Sekretion.
Die gesuchte Falschaussage ist (E), denn T_3 bewirkt keine Hemmung des Hyaluronatstoffwechsels der Haut, sondern eine Stimulierung durch Induktion einer lysosomalen Hyaluronidase.

H89 H86

→ **Frage 17.43:** Lösung E

Bei einer Hyperthyreose kommt es zu einem starken Eiweißabbau (Proteinkatabolismus). Hierdurch entsteht eine negative Stickstoffbilanz.

H05

→ **Frage 17.44:** Lösung C

Der klassische Morbus Basedow (im Englischen als „Grave's disease" bezeichnet) ist eine Autoimmun-Erkrankung, der Antikörper bindet an den TSH-Rezeptor und führt zu einer Dauerstimulation der Schilddrüse.
Siehe Lerntext „Schilddrüse" XVII.3.

XVII.4 Calcium

Im Körper eines 70 kg schweren Menschen gibt es etwa 2,2 kg Apatit (Calciumphosphat). In allen Geweben besteht ein Calcium-Konzentrationsgradient: Durch eine Ca-ATPase wird die zytosolische Ca^{2+}-Konzentration mit 0,1 mM sehr niedrig gehalten; extrazellulär findet man etwa 2,5 mM Ca^{2+}. Intrazellulär wird Calcium im endoplasmatischen Retikulum, besonders im sarkoplasmatischen Retikulum der Muskulatur, und in den Mitochondrien gespeichert. Freigesetzt wird es hier durch den second messenger Inositol-trisphosphat – Calciumionen werden dann selbst auch zum second messenger. In allen Zellen findet sich das Calcium-bindende Protein Calmodulin (Mol.gew. 17.000), das 4 Ca^{2+}-Bindungsstellen hat. Bei Anstieg der zytosolischen Calcium-Konzentration kommt es durch die Ligandenbindung zu einer Konformationsänderung des Proteins Calmodulin, das dann als Calcium-Calmodulin zur Aktivierung bestimmter Enzyme führt. Zum Beispiel wird so bei der Muskelkontraktion durch den Calcium-Anstieg die Phosphorylasekinase aktiviert und damit Glykogen in Glucosephosphat umgewandelt.

XVII.5 Parathormon, Calcitonin, Calcitriol

Die Nebenschilddrüse (Glandula parathyreoidea) besteht aus vier kleinen sog. Epithelkörperchen an der Rückseite der Schilddrüse. Die Nebenschilddrüsen produzieren das Peptid Parathormon. Dieses hat die Zielorgane Knochen, Niere und Darm. Durch Parathormon wird im Blut die Calciumkonzentration erhöht und die Phosphatkonzentration erniedrigt.

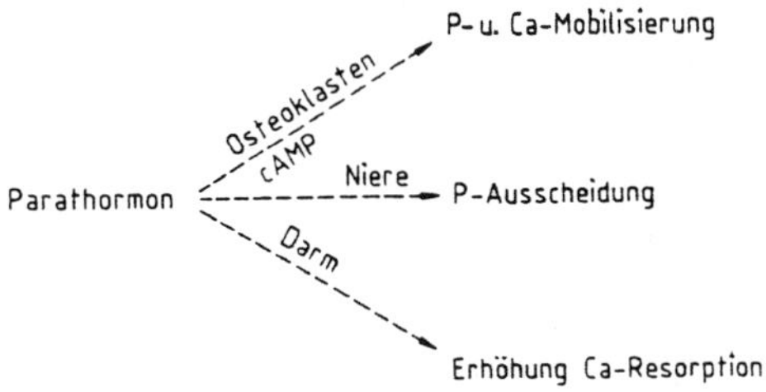

An der Regulation des Calcium- und Phosphatstoffwechsels sind neben den Antagonisten Thyreocalcitonin und Parathormon noch die Vitamin-D-Hormone, vorwiegend Calcitriol, beteiligt. Die D-Hormone greifen vorwiegend am Darm (Resorption) und an den Knochen (Calcifizierung) an.

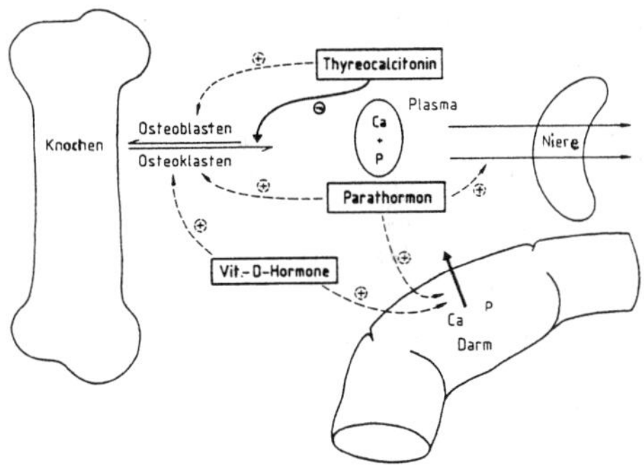

Klinischer Bezug
Erkrankungen der Nebenschilddrüse

Die **Unterfunktion** (Hypoparathyreoidismus) kann nach versehentlicher Entfernung der Nebenschilddrüse bei Schilddrüsenoperationen eintreten, es kommt zu einem Abfall des Serum-Ca^{++} und Anstieg des Serum-Phosphats. Der Ca^{++}-Mangel führt zu Tetanie-artigen Muskelkrämpfen und Herzrhythmusstörungen. Ein Totalausfall ist unbehandelt innerhalb weniger Stunden tödlich. Die Therapie erfolgt durch Ca^{++}-Infusionen und Calcitriolgaben.
Die **primäre Überfunktion** wird durch einen PTH-produzierenden Tumor ausgelöst, im Serum kommt es zu einem Ca^{++}-Anstieg und einem Phosphatabfall. Am Skelett treten typische herdförmige Entkalkungen auf (Osteodystrophia generalista cystica), am Nieren-/Harn-

system häufig Calciumphosphatsteine, und es kommt zu neurologischen und kardiovaskulären Störungen. Der häufigere **sekundäre Hyperparathyreoidismus** wird durch ein erniedrigtes Serum-Ca^{++} im Verlauf chronischer Nierenerkrankungen oder chronischer Darmerkrankungen ausgelöst. Die hypertrophierenden Nebenschilddrüsen führen zu einer Mobilisierung von Ca^{++} aus dem Skelett.
Die Therapie sowohl des primären wie des sekundären Hyperparathyreoidismus erfolgt operativ mit nachfolgender Calcitriol-Substitution.

H97
→ **Frage 17.45:** Lösung C

Siehe Lerntext V.13.
Vitamin D (Calciferol) kann im Körper aus dem endogenen Provitamin 7-Dehydrocholesterin gebildet werden (A). Bei dem Übergang von 7-Dehydrocholesterin in Calciferol wird der B-Ring des Sterins aufgespalten (B). Die gesuchte Falschaussage ist (C), denn die Ringspaltung erfolgt photolytisch durch UV-Strahlen des Sonnenlichts und nicht durch die Einwirkung eines Cytochrom P_{450}-Enzyms. Das mit dem Vitamin D aus Fischlebertran identische Cholecalciferol wird durch zwei Hydroxylierungsschritte (D) in das Vitamin-D-Hormon, das 1,25-Dihydroxycholecalziferol oder Calcitriol, umgewandelt: Einer 25-Hydroxylierung in der Leber folgt eine 1-Hydroxylierung in der Niere.

F05
→ **Frage 17.46:** Lösung B

Das Vitamin D-Hormon Calcitriol (Dihydroxycholecalciferol) stimuliert im Dünndarm die Bildung Ca^{2+}-resorbierender Proteine.

H00
→ **Frage 17.47:** Lösung A

Siehe Lerntext XVII.5.
Parathyrin regelt zusammen mit Calcitriol (Vitamin D-Hormon) und Calcitonin den Calcium- und Phosphat-Haushalt. Parathyrin ist ein Peptid aus 84 Aminosäuren und wird von den Nebenschilddrüsen (Epithelkörperchen) aus einem inaktiven Prae-Pro-Parathyrin durch begrenzte Proteolyse freigesetzt, damit ist (A) die gesuchte Falschaussage.

F05 H01
→ **Frage 17.48:** Lösung C

Das Proteohormon Parathormon stimuliert in der Niere die Bildung von Calcitriol (1,25-Dihydroxycholecalciferol) (C).
Aussage (A) ist falsch, denn in den C-Zellen der Schilddrüse wird der PTH-Antagonist Calcitonin (Thyrocalcitonin) gebildet. Parathormon wird von den 4 Nebenschilddrüsen (Epithelkörperchen, Glandulae parathyroideae) an der Rückseite der Schilddrüse gebildet.
Aussage (B) ist falsch, denn Parathormon stimuliert zusammen mit Calcitriol die Ca-Reabsorption im distalen Tubulus der Niere.
Aussage (D) ist falsch, denn Parathormon führt an der Niere über eine Hemmung der Phosphatreabsorption zu einer vermehrten Phosphatausscheidung.
Aussage (E) ist falsch, denn Parathormon stimuliert im Knochen die lysosomalen Hydrolasen der Osteoklasten und führt so zur Freisetzung von Calcium, Phosphat und zu Kollagenabbau.

H05
→ **Frage 17.49:** Lösung *** Diese Frage wurde aus der Wertung genommen.

Das Proteohormon Calcitonin (Thyrocalcitonin) wird von den parafollikulären Zellen (C-Zellen) der Schilddrüse gebildet. Als Antagonist des Parathormons senkt es die Plasma-Ca^{2+}-Konzentration.
Am Knochen hemmt Calcitonin die Osteoklasten (A).
Aussage (B) ist falsch, denn an der Niere fördert Calcitonin die Ca^{2+}-Ausscheidung.
Aussage (C) ist falsch, denn wie alle Proteohormone wirkt Calcitonin nicht über intrazelluläre Rezeptoren. Über intrazelluläre Rezeptoren wirken Steroidhormone und die Schilddrüsenhormone T_3 und T_4.
Aussage (D) ist falsch, denn die Calcitriol-Synthese in der Niere wird nicht durch Calcitonin, sondern durch Parathormon stimuliert.
Das IMPP nimmt (D) auch als zutreffend an, möglicherweise, weil bei Calcitonin produzierenden Tumoren durch extreme Calcitonin-Konzentrationen kompensatorisch vermehrt Parathormon sezerniert wird, das dann sekundär die Calcitriol-Synthese stimuliert.
Siehe Lerntext „Parathormon, Calcitonin, Calcitriol" XVII.5.

F04
→ **Frage 17.50:** Lösung B

Die Plasma-Calciumkonzentration wird sehr genau reguliert, abnorme Veränderungen, Hyper- wie Hypokalzämie, führen zu lebensbedrohlichen Herzrhythmusstörungen.

Parathormon wird bei Hypokalzämie von den 4 Nebenschilddrüsen sezerniert (B). Aussage (A) ist falsch, denn die C-Zellen der Schilddrüse sezernieren den Parathormon-Antagonisten Calcitonin. Das Parathormon PTH wirkt an seinen Zielzellen über einen Second messenger, nämlich über G-Proteine und cAMP, nicht über Tyrosinkinasen (C). Aussage (D) ist falsch, denn die Calcitriol-Bildung wird durch PTH nicht gehemmt, sondern stimuliert. Aussage (E) ist falsch, denn die Phosphat-Reabsorption wird durch PTH nicht stimuliert, sondern gehemmt. Im Knochen stimuliert PTH die Osteoklasten und erhöht so die Calcium-Ionen-Konzentration im Blut.

XVII.6 Pankreas, Insulin, Diabetes mellitus

Die Bauchspeicheldrüse (Pankreas) ist ca. 80 Gramm schwer und enthält neben dem exokrinen Anteil etwa zwei Gramm Langerhans-Inseln, in deren α-Zellen Glukagon und in deren β-Zellen Insulin gebildet wird.
Zusätzlich wird in sogenannten δ-Zellen noch das 14er-Peptid Somatostatin gebildet, das sonst hauptsächlich im Hypothalamus gebildet wird und die Freisetzung des Wachstumshormons durch den Hypophysenvorderlappen hemmt. In den Inselzellen hemmt Somatostatin die Insulin- und Glukagonsekretion.
In den β-Zellen der Langerhans-Inseln wird zunächst ein sog. Proinsulin aus 84 Aminosäuren synthetisiert. Durch begrenzte Proteolyse erfolgt eine Freisetzung des Insulinmoleküls, indem das sog. Verbindungspeptid (C-Peptid) aus der Kette herausgeschnitten wird. Das freie Insulin besteht aus einer A-Kette aus 21 Aminosäuren und einer B-Kette aus 30 Aminosäuren, beide sind durch zwei Disulfidbrücken verbunden. In der A-Kette kommt eine dritte Disulfidbrücke vor. Die S-S-Brücken sind für die Wirkung des Insulins wichtig, das sezernierte Insulin (täglich 50 IE = 2 mg) wird mit einer Halbwertzeit von ca. 20 Minuten in der Leber durch reduktive Spaltung der Disulfidbrücken („Insulinase") inaktiviert.

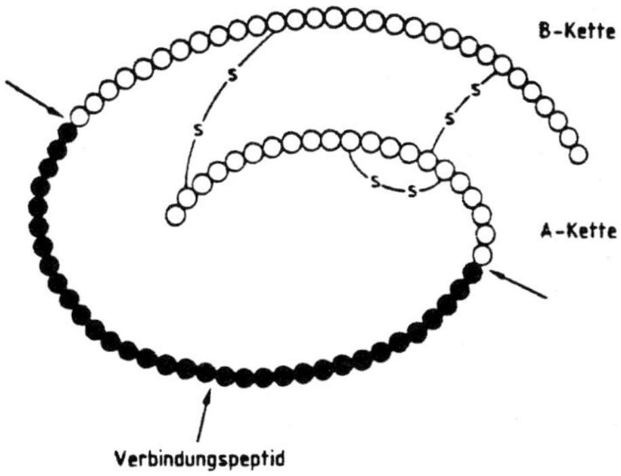

Insulin ist das wichtigste Hormon für die Speicherung und Verwertung von Brennstoffen. Wichtigste Zielorgane des Insulins sind Muskeln, Fettgewebe und die Leber.
In der Leber wird der Glucoseverbrauch stimuliert, die Glucosebildung (Gluconeogenese) gehemmt. Durch Insulin wird die Glucoseaufnahme in die Muskel- und Fettzellen stimuliert. Zusätzlich hat Insulin einen gewissen Protein-anabolen Effekt in Muskel- und Fettzellen. Entscheidend ist die Hemmung des Fettabbaus (Lipolyse) unter Insulin. Zwar ist die Wirkung des Insulins auf die Glucosekonzentration besser nachweisbar und besser bekannt („Zuckerkrankheit" als absoluter oder relativer Insulinmangel), doch ist die Wirkung auf den Fettstoffwechsel medizinisch mindestens genauso bedeutsam.
Mehrere Hormone haben direkt oder indirekt eine die Konzentration von Blutzucker und Blutfettsäuren steigernde Wirkung und werden daher als Insulin-Antagonisten bezeichnet.

Hormone mit blutzuckersteigernder Wirkung:
(Insulin-Antagonisten)
- Glukagon
- Adrenalin
- Noradrenalin
- Cortisol
- STH
- Thyroxin

Der Insulin-Antagonismus des Glukagons aus den α-Zellen der Pankreas-Inseln besteht in einer Erhöhung des cAMP in den Zielzellen der Leber und des Fettgewebes. Dadurch wird die Konzentration der freien Fettsäuren und der Glucose erhöht.
Die häufigste Stoffwechselkrankheit des Menschen stellt der Diabetes mellitus, die Zuckerkrankheit (Diabetes = Harnruhr, mellitus = honigsüß) dar. Die Zuckerkrankheit beruht auf einem absoluten oder relativen Insulinmangel. Der Typ-I-Diabetes (juveniler Diabetes) besteht in einem absoluten Insulinmangel, indem offenbar durch autoimmunologische Phänomene β-Zellen zerstört werden. Der juvenile Diabetes muss immer mit Insulininjektionen behandelt werden. Der Typ-II-Diabetes (Altersdiabetes) geht meist mit Übergewicht bei älteren Leuten einher, er kann häufig diätetisch durch Abmagerungskuren, durch Zucker-arme Diät und auch mit Tabletten behandelt werden.
Die Behandlung eines Diabetes ist immer nötig, da schwere Stoffwechselveränderungen durch absoluten oder relativen Insulinmangel eintreten. In dem Stoffwechselschema sind die bei Diabetes eintretenden Veränderungen durch dicke Pfeile dargestellt. Generell wirkt sich der Insulinmangel durch eine Steigerung des Katabolismus aus. Fett, Protein und Glykogen wer-

den abgebaut. Anabol wird die Gluconeogenese aus Aminosäuren und aus Glycerin stimuliert. Da durch Lipolyse und β-Oxidation mehr Acetyl-CoA produziert als im Zitronensäurezyklus verbraucht (utilisiert) wird, kommt es zu einer erhöhten Produktion von Hydroxymethyl-glutaryl-CoA (HMG-CoA), aus dem vermehrt die Ketonkörper Aceton, Acetessigsäure und β-Hydroxybuttersäure gebildet werden. Aus dem HMG-CoA wird auch Cholesterin gebildet, obligates Symptom eines Diabetes bei schlechter Therapie ist eine Erhöhung des Serumcholesterins und ein vermehrtes Arterioskleroserisiko (Makroangiopathie).

Insulinangriffspunkte

	1. Proteinsynthese Transkription	2. Proteinsynthese Translation	3. Aktivierung/ Hemmung von Enzymen	4. Transportvorgänge
Muskelzelle		Einbau von ^{14}C-Aminosäuren in Proteine ↑	Hexokinase ↑ Glykogensynthase ↑ Glykogen-phosphorylase ↓	„erleichterte Diffusion" ↑ D-Glucose D-Galaktose D-Xylose L-Arabinose
Fettzelle		Einbau von ^{14}C-Aminosäuren in Proteine ↑	Hexokinase ↑ Lipolyse ↓	L-Aminosäuren Nucleoside K^+ P_i
Leberzelle	***Induktion*** Glucokinase Phosphofructokinase Pyruvatkinase Glykogensynthase ***Repression*** Pyruvatcarboxylase PEP-Carboxykinase Fructose-1,6-bisphos-phatase Glucose-6-phosphatase		Glykogen-phosphorylase ↓ Glykogensynthase ↑	Glucose frei diffusibel ***ohne*** Insulin

Diabetische Stoffwechselveränderungen

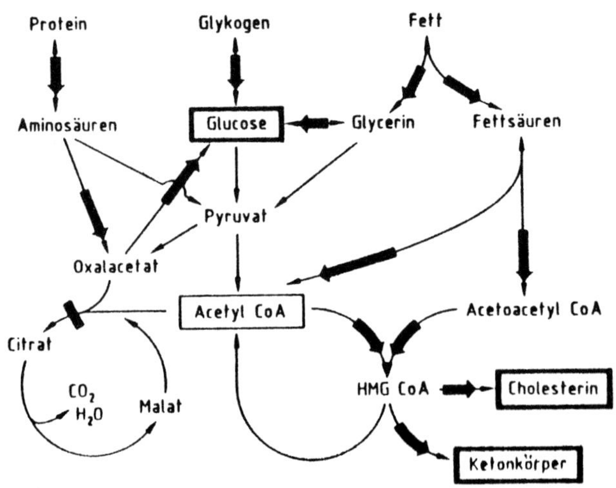

Häufig kommt es bei einem schlecht behandelten Diabetes auch zu einer Störung des Stoffwechsels der Basalmembran der Kapillaren mit Diffusionsstörungen (Mikroangiopathie). Durch die Erhöhung der Glucose-Konzentration im Blut und in der Gewebsflüssigkeit beim Diabetes kann es zu einer Glucose-Bindung an Proteine kommen, es entstehen vermehrt glykosylierte Proteine, unter anderem auch glykosyliertes Hämoglobin. Der Nachweis dieser glykosylierten Hämoglobine lässt eine Bewertung der Diabetesbehandlung für die zurückliegenden zwei bis drei Monate zu und stellt heute eine wichtige diagnostische Maßnahme dar.

Klinischer Bezug

Diabetische Komplikationen

Akutkomplikationen

Durch Überdosierung von Insulin oder oralen Antidiabetika bzw. durch ein relatives Missverhältnis Therapeutika gegen Bedarf bei Stress, bei vermehrter Muskelarbeit o.ä. kommt es zum plötzlichen Blutzuckerabfall mit der Folge von Krämpfen und Bewusstlosigkeit: **hypoglykyaemischer Schock**. Glucose oral oder i.v. ist die Standard-Therapie bzw. Prophylaxe.

Unzureichend behandelte Diabetiker geraten in ein **diabetisches Koma**, wobei dieses bei Typ I-Diabetikern mit einer dekompensierten Ketoacidose und Elektrolytstörungen verbunden ist, während Typ II-Diabetiker ein nicht-ketotisches hyperosmolares Koma erleiden. Die Letalität kann bis zu 50% betragen.

Spätkomplikationen

Diabetiker erleiden häufiger und früher atherosklerotisch bedingte Erkrankungen wie Herzinfarkt, Apoplex und Thrombosen/Embolien (Makroangiopathie).

Durch diabetische Veränderungen an den Arteriolen und Kapillaren (Mikroangiopathie) sind u.a. die diabetische Retinopathie als häufigste Ursache der Alterserblindung, die diabetische Nephropathie und die diabetischen Nekrosen und Ulcera der Extremitäten bedingt.

Je besser und genauer der Blutzucker eines Diabetikers kontrolliert und eingestellt wird, desto seltener kommt es zu diabetischen Komplikationen.

H04

→ **Frage 17.51:** Lösung E

Siehe Lerntext XVII.6.

Insulin ist ein Proteohormon (A) aus 2 Peptidketten (C). Insulin enthält drei Disulfidbrücken (B), von denen zwei die beiden Ketten verbinden, während die dritte innerhalb der A-Kette vorliegt. Spaltung der Disulfidbindungen (z. B. durch „Insulinase" der Leber) inaktiviert das Insulin.

Früher wurde Insulin aus Rinderpankreas oder Schweinepankreas zur Therapie verwendet, heute wird vorwiegend Humaninsulin gentechnisch hergestellt und verwendet (D). Die gesuchte Falschaussage ist (E), denn Insulin enthält kein Kohlenhydrat.

H03

→ **Frage 17.52:** Lösung D

Insulin wird in den β-Zellen der Langerhans-Inseln des Pankreas aus Proinsulin durch begrenzte Proteolyse freigesetzt (D). Hierzu müssen zwei Peptidbindungen gezielt gespalten werden ((E) ist falsch). Das Proinsulin seinerseits entsteht aus Praeproinsulin durch Abspaltung eines N-terminalen Signalpeptids ((A) ist falsch). Das fertige Insulin bildet einen Komplex mit Zinkionen ((C) ist falsch). Nicht bei der Bildung werden die IGF freigesetzt, sondern das Insulin im Blut führt zu einer Freisetzung der IGF aus der Leber ((B) ist falsch).

H02

→ **Frage 17.53:** Lösung B

Siehe Lerntext XV.4.

Viele sekretorische Proteine tragen an ihrem Aminoende eine hydrophobe Leitsequenz aus ca. 25 hydrophoben Aminosäuren für die Ausschleusung in das endoplasmatische Reticulum. Im Falle des Insulins ist es ein Teil des Präproinsulins (B).

Ihre Abspaltung führt zum Proinsulin, aus dem durch Abspaltung des C-Peptids, 33 Aminosäuren lang, das Insulin freigesetzt wird.

F04

→ **Frage 17.54:** Lösung D

Oral verabreichte Glucose ist ein schnellerer und stärkerer Sekretionsreiz für Insulin als direkt intravenös applizierte Glucose. Der Grund hierfür sind die gastrointestinalen Hormone Gastric-inhibitory-peptide (= GIP) und Glucagon-like-peptide (= GLP). Noradrenalin (A) und Somatotastin (B) hemmen die Insulinsekretion.

Das C-Peptid (= connecting peptide) wird aus dem Proinsulin limitiert proteolytisch herausgeschnitten und erscheint äquimolar zum Insulin im Blut, es hat keinen Einfluss auf die Insulinsekretion. Galanin (E) ist ein inhibitorisches Neuropeptid im Darm.

H02

→ **Frage 17.55:** Lösung E

Siehe Lerntext XVII.6.

Die gesuchte Falschaussage ist (E), denn der Glucosetransport in der Leberzellmembran erfolgt insulinunabhängig durch Glut 2 und Glut 7.

Insulinabhängig wird in Fettzellen und Skelettmuskelzellen Glut 4 in die Zellmembran eingebaut.

H01
→ **Frage 17.56:** Lösung D

Glucose kann durch zwei unterschiedliche Mechanismen durch Zellmembranen transportiert werden: Einmal an den luminalen Seiten der Dünndarm- und Nierentubulusepithelien durch sekundäraktiven Transport als Cotransport mit Natrium-Ionen und zweitens in allen Zellen des Körpers durch erleichterte Diffusion durch Glukosetransporter, von denen die Isoformen 1–7 unterschieden werden. Alle Glukosetransporter sind integrale Membranproteine (A) und katalysieren als erleichterte Diffusion die Einstellung eines Gleichgewichtes zwischen der Außen- und Innenkonzentration von Glukose. Glut4 ist insulinabhängig und kommt hauptsächlich in den Skelettmuskelzellen und im Fettgewebe vor. Insulin ist hierbei nötig für den Einbau von Glut4 in die Plasmamembran der Fett- und Skelettmuskelzellen. Bei Muskelarbeit kann Glut4 auch in die Membran der Skelettmuskelzelle insulinunabhängig transloziert werden, was für die Insulineinstellung von Diabetikern von Bedeutung ist („Muskelarbeit spart Insulin“). Die gesuchte Falschaussage ist (D), denn im zentralen Nervensystem kommt nicht der insulinabhängige Glut4 vor, sondern der insulinunabhängige Glut3.

F04
→ **Frage 17.57:** Lösung E

Es gibt 7 Isoformen von Glucosetransport-Proteinen (= Glut 1–7), die sämtlich nach dem Prinzip der erleichterten Diffusion wirken.
In Fettzellen und in ruhenden Muskelzellen ist die Glucoseaufnahme insulinabhängig, der verantwortliche Glut 4 wird nur bei Anwesenheit von Insulin in die Membran eingebaut (E).
Aussage (A) trifft nicht zu, denn die Glucoseresorption aus dem Darm ist insulinunabhängig: Beteiligt sind die luminale Enterozytenmembran mit sekundär aktivem Na^+-Cotranport und die basale Seite mit Glut 2, dies trifft auch für die Tubuluszellen der Niere zu. Auch Erythrozyten (B) mit Glut 1, Hepatozyten (C) mit Glut 2 und Nervenzellen (D) mit Glut 3 nehmen Glucose insulinunabhängig auf.

F02
→ **Frage 17.58:** Lösung E

Insulin ist das zentrale Hormon für die Speicherung und Verwertung von Brennstoffen (Fetten und Kohlenhydraten). In der Leberzelle senkt Insulin die cAMP-Konzentration (B) und führt so zu einer Hemmung des Glykogenabbaus und zu einer Stimulierung der Glykogensynthese. Insulin führt in der Leber zu einer vermehrten Synthese (Induktion) des Glykolyse-Schrittmachers Phosphofruktokinase-1 (A). Die PFK-1 wird unter Insulin allosterisch aktiviert durch Fructose-2,6-bisphosphat, dieses entsteht durch die PFK-2, ein Enzym, das in dephosphorylierter Form, also unter erniedrigtem cAMP, aktiv ist. Die gesuchte Falschaussage ist (E), denn der Glucosetransport durch die Leberzellmembran erfordert kein Insulin, der verantwortliche Transporter Glut 2 ist insulinunabhängig. Insulinabhängig ist der Glut-4-vermittelte Glucosetransport in die Skelettmuskulatur und Fettzellen. Insulin vermittelt den Einbau (Translokation) von Glut 4 in die Zellmembran von Adipozyten und Myozyten.

H03
→ **Frage 17.59:** Lösung A

Insulin führt zu einer Senkung der Blutzuckerkonzentration, indem es in der Leber die Glykogensynthese stimuliert und den Glykogenabbau hemmt (B). In der Skelettmuskulatur und in den Fettzellen aktiviert Insulin die Glucoseaufnahme, indem es zu einem Einbau der Glucosetransporter in die Zellmembran führt (E). Im Fettgewebe senkt Insulin die cAMP-Konzentration (C) und führt so zu einer Inaktivierung der Hormon-abhängigen Triglyceridlipase (D). Die gesuchte Falschaussage ist (A), denn die Adenylatcyclase-Aktivität der Skelettmuskulatur ist unter Insulin nicht erhöht, sondern in ihrer Aktivität erniedrigt.

H00
→ **Frage 17.60:** Lösung D

Insulin ist das Hormon, das die Auffüllung der Energiedepots bewirkt. Die Aufnahme von Glucose in die Muskulatur und das Fettgewebe wird dadurch möglich, dass GLUT4-Transporter vermehrt in die Plasmamembranen dieser Zellen verlagert werden (A). Insulin stimuliert die Glykolyse und Bereitstellung von Acetyl-CoA für die Fettsäuresynthese. (D) ist die gesuchte Falschaussage, denn die Pyruvatdehydrogenase wird durch Insulin aktiviert, und nicht gehemmt.
Auch die nachfolgende Triacylglycerin-Synthese ist aktiviert (E); die zur Fett-Einspeicherung nötige Lipoproteinlipase wird durch Insulin induziert (B).

H00
→ **Frage 17.61:** Lösung D

Rezeptorproteine vom Typ I finden sich in der Plasmamembran und binden als Liganden das Insulin oder einen der zahlreichen Growth Factors. Insulin im Blut bewirkt in Muskelzellen und im Fettgewebe (E) die Aufnahme von Glucose. Die im Na^+-Kotransport erfolgende Glucoseaufnahme in die Darmwandzellen ist dagegen Insulin-unabhängig: (D) ist die zu suchende Falschaussage.

Der Insulinrezeptor besteht aus zwei die Plasmamembran durchquerenden Proteinketten „β", die an ihrem extrazellulären Anteil, Disulfid-gebunden, zwei Glykoproteine, „α-Ketten", angelagert haben. Das cytosolische Ende beider β-Ketten besitzt Tyrosinkinase-Aktivität (A), die durch die Ligandenbindung aktiviert wird. Ferner kommt es zu einer Dephosphorylierung und damit zur Aktivierung der Pyruvatdehydrogenase (B).

F01
→ **Frage 17.62:** Lösung C

Insulin ist das wichtigste Hormon für die Speicherung und Verwertung von Brennstoffen, hauptsächlich mit einer Wirkung auf den Kohlenhydratstoffwechsel und den Fettstoffwechsel. Die endothelständige Lipoproteinlipase wird durch Insulin induziert, d.h. vermehrt neu gebildet (A). In der Leber wird der Glukoseabbau durch Insulin beschleunigt, indem die Glukokinase (B), die Phosphofructokinase (D) und die Pyruvatkinase (E) als Schrittmacherenzyme der Glykolyse vermehrt synthetisiert werden.
Die gesuchte Falschaussage ist (C), denn das Schrittmacherenzym der Gluconeogenese, die Fructose-1,6-bisphosphatase, wird durch Insulin nicht induziert, sondern reprimiert.

H02 F99
→ **Frage 17.63:** Lösung D

Insulin wirkt vorwiegend auf Muskelzellen, Fettzellen und Leberzellen, indem es außen an die zwei α-Untereinheiten des tetrameren Insulinrezeptors der Zellmembran bindet (A).
Die α-Untereinheiten sind durch Disulfidbrücken mit β-Untereinheiten verbunden, die mit hydrophoben Bezirken die Zellmembran durchqueren.
Nach Bindung von Insulin phosphorylieren sich die cytosolischen Anteile der β-Untereinheiten mit ATP selbst an Tyrosinresten (C).
Danach wird ein Insulinrezeptorsubstrat-Protein durch die phosphorylierten β-Untereinheiten phosphoryliert und wirkt dann auf andere Proteinkinasen (B) und die Translokation von Glucosetransportproteinen in die Zellmembran.
Die gesuchte Falschaussage ist (D), denn die Insulinresistenz wird nicht durch die Autophosphorylierung hervorgerufen, sondern durch Internalisierung des Insulin-Rezeptorkomplexes.

F98
→ **Frage 17.64:** Lösung B

Siehe auch Lerntext XVII.6.
Nervenzellen können Glucose insulinunabhängig verwerten.

H05
→ **Frage 17.65:** Lösung C

Insulinmangel führt an Fettzellen zu einer verstärkten Lipolyse, die erhöhten Fettsäuren werden in der Leber vermehrt zu Acetyl-CoA durch β-Oxidation abgebaut ((A) ist falsch), aus dem Acetyl-CoA werden in den Leberzell-Mitochondrien über den HMG-CoA-Cyclus die Ketonkörper (Acetessigsäure, β-Hydroxybuttersäure und Aceton) gebildet. Es kommt zur Ketoazidose und Ketonurie.

F03
→ **Frage 17.66:** Lösung B

Die gesuchte Falschaussage ist (B), denn beim Insulinmangel (Diabetes Typ 1) gibt die Leber mehr Glukose ab, als sie aufnimmt, weil eine vermehrte hepatische Gluconeogenese aus Aminosäuren und Glycerin erfolgt. Bei Insulinmangel ist die Glukoseaufnahme in Skelettmuskelzellen (A) und Fettzellen erniedrigt, es kommt zu vermehrter Lipolyse, die freigesetzten Fettsäuren unterliegen in der Leber einer vermehrten β-Oxidation (D) und aus dem Acetyl-CoA werden vermehrt Ketonkörper gebildet. Zwar kann ein Teil dieser Ketonkörper in der Muskulatur zur Energiegewinnung vermehrt oxidiert werden (C), dennoch entsteht eine gefährliche Ketoacidose. Ketonkörper werden auch vermehrt über die Niere ausgeschieden (Ketonurie).

H04
→ **Frage 17.67:** Lösung E

Beim unzureichend behandelten Diabetiker kommt es zur diabetischen Ketogenese, die „Ketonkörper" Acetessigsäure, β-Hydroxybuttersäure und Aceton im Blut steigen an, wobei die beiden ersten zu einer lebensbedrohlichen dekompensierten Azidose führen können (E).
(A) ist falsch, denn durch die Azidose kommt es zur Hyperventilation.
(B) ist falsch, denn es kommt durch die diabetische Hyperglykaemie und Ketonaemie zu erhöhter Osmolarität des Blutes und zu einer osmotischen Diurese.
(C) ist falsch, denn intrazellulär kommt es durch die Azidose und die Hyperglykaemie zu K^+- und H_2O-Verlusten, sodass eine intrazelluläre Hypohydratation eintritt.

F05
→ **Frage 17.68:** Lösung D

Beim Insulinmangel kommt es in der Leberzelle zu einer vermehrten Bildung der Schrittmacherenzyme der Gluconeogenese, während die Glucose abbauenden Enzyme vermindert synthetisiert werden. Als Folge kommt es zu einer verstärkten Glucose-Bildung aus Aminosäuren und Glycerin. So können Diabetiker auch bei völlig zuckerfreier

Ernährung eine Hyperglykämie und massive Glucosurie (Zuckerausscheidung in den Urin) entwickeln.
Aussage (A) ist falsch, denn Fettsäuren sind kein Gluconeogenese-Substrat, sie werden beim Insulinmangel in der Leber zu Ketonkörpern umgewandelt (diabetische Ketoazidose und Ketonurie).
Aussage (B) ist falsch, denn beim Insulinmangel ist der Glykogenabbau im Muskel nicht vermindert, sondern gesteigert.
Aussage (C) ist falsch, denn beim Insulinmangel ist der glykolytische Glucoseabbau in den Fettzellen nicht vermehrt, sondern vermindert, weil Glucose in die Fettzellen nur unter Insulinwirkung gelangen kann.
Aussage (E) ist falsch, denn Erythrozyten können keine Ketonkörper abbauen, und der Glucoseabbau im Erythrozyten ist insulinunabhängig.
Siehe Lerntext „Pankreas, Insulin, Diabetes mellitus“ XVII.6.

F03
→ **Frage 17.69:** Lösung A

Durch Glukose können Proteine, so auch Hb, zeit- und konzentrationsabhängig in einer Spontanreaktion glykosyliert werden (A).
Beim Diabetiker liegt bei höherem Blutzucker über längere Zeit glykosyliertes Hb vermehrt vor ((D) ist falsch) und dient als Marker für die Kontrolle der Blutzuckereinstellung der letzten 1 bis 2 Monate. Das endoplasmatische Reticulum der Erythrozyten-Vorstufen hat mit der Glykierung des Hb nichts zu tun, im Gegenteil: Jüngere Erythrozyten enthalten weniger Glyko-Hb als ältere ((B) ist falsch). Glykiertes Hb kann noch O_2 transportieren ((C) ist falsch) und wird nicht im Urin ausgeschieden, es sei denn, es erfolgt eine Hämolyse, dies ist aber unabhängig von der Glykierung ((E) ist falsch).

H03
→ **Frage 17.70:** Lösung D

Glucagon wird von den α-Zellen des Pankreas bei einem Abfall der Blutzuckerkonzentration (Hypoglykämie) freigesetzt. Glucagon erhöht die Blutzuckerkonzentration, indem es über cAMP und Proteinkinasen die Glykogensynthese der Leber hemmt und den Glykogenabbau stimuliert. Zweitens wirkt Glucagon stimulierend auf die Gluconeogenese in der Leber, indem es über cAMP die Glykolyse-Schrittmacher-Enzym-Synthese reprimiert und die Schrittmacher-Enzyme der Gluconeogenese induziert. Auch auf die vorhandenen Glykolyse- und Gluconeogenese-Schrittmacher-Enzyme wirkt Glucagon im selben Sinne, indem es über cAMP Fructose-2,6-Phosphat erniedrigt.
In der Muskulatur wirkt Glucagon nicht proteinanabol, sondern proteinkatabol ((A) ist falsch). In der Leber ist die Fettsäuresynthese aus Glucose nicht erhöht, sondern erniedrigt ((B) ist falsch). Aussage (C) ist nicht zutreffend, denn im Herzmuskel hat Glucagon keine wesentlichen Wirkungen, und (E) ist falsch, denn eine Gluconeogenese im Muskel gibt es nicht.

F05
→ **Frage 17.71:** Lösung C

Das Peptidhormon Glucagon aus den α-Zellen im Pankreas führt beim Hunger in der Leber über cAMP und Proteinkinasen zu einer Aktivierung der Phosphorylase (Glykogenabbau).

F97
→ **Frage 17.72:** Lösung E

Glukagon ist ein von den A-Zellen der Langerhans-Inseln im Pankreas, von der Intestinalmucosa und im Zentralnervensystem gebildetes Proteohormon (A) mit einer Peptidkette aus 29 Aminosäuren. Synthetisiert wird es am rauen endoplasmatischen Retikulum (ER) als etwa 6-mal größeres Präproglukagon (B). Ein N-terminales Signalpeptid bewirkt seine Einschleusung in das Lumen des ER, wo durch Abspaltung des Signalpeptids das Proglukagon entsteht, aus dem durch limitierte Proteolyse Glukagon und zwei GLPs (glucagon like peptides) gebildet werden. Signal für eine Glukagonfreisetzung ist ein Abfall der Blutzucker-Konzentration (C). Von den D-Zellen der Pankreasinseln freigesetztes Somatostatin bewirkt parakrin eine Hemmung der Freisetzung von Glukagon (D) und Insulin.
Die gesuchte Falschaussage ist (E): Die Glukagon-Inaktivierung in der Leber erfolgt durch Proteolyse; das Hormon enthält keine SH-Gruppen!

H05
→ **Frage 17.73:** Lösung D

Die wichtigsten Blutzucker-steigernden Insulin-Antagonisten sind Adrenalin (bei körperlicher Belastung) und Glucagon (bei Nahrungsmangel). Glucagon stimuliert in der Leber die Gluconeogenese aus Aminosäuren, Lactat und Glycerin (D).
Aussage (A) ist falsch, denn nicht die cAMP-senkende P-Diesterase wird durch Glucagon stimuliert, sondern es kommt zu einer Erhöhung des cAMP über eine durch G-Proteine vermittelte Aktivierung der Adenylcyclase.
Aussage (B) ist falsch, denn Glucagon (über cAMP-G-Protein-Proteinkinasen) hemmt die Glykogensynthase und stimuliert die Glykogenphosphorylase.

Aussage (C) ist falsch, denn Glucagon hemmt die Glykolyse.
Aussage (E) ist falsch, denn die durch Glucagon bewirkte Hemmung der Glykolyse erfolgt nicht an der Glucose-6-phosphatase, sondern an der Fructose-1,6-bisphosphatase und wird allosterisch durch eine Senkung der Fructose-2,6-bisphosphat-Konzentration vermittelt.

H05
→ **Frage 17.74:** Lösung A

Durch Sympathikus-Erregung sezerniert das Nebennierenmark Adrenalin (A) („fright-, fight- or flight-Reaktion"). Die Aussagen (B), (C) und (E) sind nicht zutreffend, denn diese Metabolite bzw. Wirkstoffe sind Teil der Synthesekette von Phenylalanin/Tyrosin zum Adrenalin.

XVII.7 Nebennierenmark

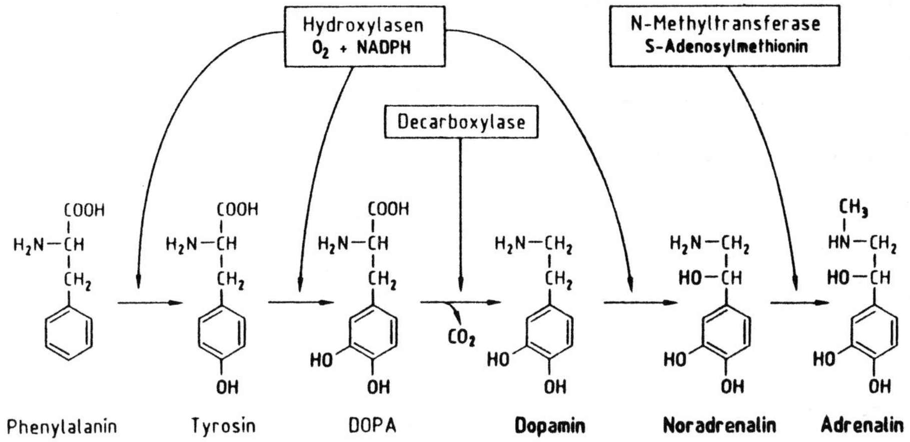

In den chromaffinen Zellen des Nebennierenmarks werden aus den Aminosäuren Phenylalanin und Tyrosin durch verschiedene mischfunktionelle Hydroxylasen über Dioxyphenylalanin (DOPA) die Catecholamine Dopamin, Adrenalin und Noradrenalin gebildet. Außer im Nebennierenmark werden Catecholamine (Noradrenalin und Dopamin) als Transmitter in bestimmten Neuronen des Nervensystems, z.B. im vegetativen Nervensystem im Bereich des Sympathikus, synthetisiert.
Catecholamine besitzen Stoffwechselwirkungen und Effekte auf das Herz-Kreislauf-System im Sinne einer Energie- und Leistungsmobilisation (ergotrope Wirkung) für Kampf oder Flucht, häufig ausgelöst durch Angst und Erregung („fright-fight-flight").
Catecholamine erzeugen über sogenannte β-Rezeptoren eine Erhöhung von cAMP hauptsächlich in der Leber und im Fettgewebe. Über die Proteinkinase und Phosphorylase kommt es zu einer Stimulierung des Glykogenabbaus (Glykogenolyse) mit Erhöhung des Blutzuckers. Über die Aktivierung der Triglycerid-Lipase steigen die freien Fettsäuren im Blut an. Damit werden der Muskulatur zum Fliehen oder Kämpfen die wichtigsten Brennstoffe zur Verfügung gestellt.
Die β-Rezeptoren können in β_1- und β_2-Rezeptoren unterschieden werden. Am Herzen erfolgt durch Catecholamine eine Steigerung der Frequenz (positiv chronotrope Wirkung), der Kontraktionskraft (positiv inotrope Wirkung) und der Überleitungsgeschwindigkeit (positiv chromotrope Wirkung) durch Stimulierung der β_1-Rezeptoren.

Wirkungen von Catecholaminen

Zielorgan	Rezeptor	Wirkung
Herz	β	Frequenzzunahme
	β	Koronardilatation
	β	Kontraktionskraft-Steigerung
Skelettmuskel	β	Gefäßkonstriktion
	β	Glykogenolyse
Leber	α	Gefäßdilatation
	β	Glykogenolyse
Fettgewebe	β	Lipolyse
Haut	α	Gefäßkonstriktion
	α	Schweißsekretion

Die Inaktivierung der vom Nebennierenmark freigesetzten Catecholamine erfolgt durch Monoaminoxidase (MAO), Aldehydoxidase und Methyltransferase. Eines der wichtigsten Ausscheidungsprodukte im Urin ist die Vanillinmandelsäure, ihre Bestimmung hat Bedeutung für die diagnostische Abklärung von Bluthochdruckursachen.

Die als Neurotransmitter abgegebenen Catecholamine Noradrenalin und Dopamin werden zur Wirkungsbeendigung hauptsächlich durch aktiven Transport wieder in die präsynaptische Nervenendigung aufgenommen und in den präsynaptischen Vesikeln gespeichert.

Klinischer Bezug
Phaeochromozytom
Beim Phaeochromozytom handelt es sich um einen gutartigen Tumor des Nebennierenmarks, der massiv Catecholamine sezerniert. Leitsymptom sind meist anfallweise auftretende Blutdruckerhöhungen mit Tachykardie, Kopfschmerzen und Schweißausbrüchen.
Die Diagnose erfolgt über die Vanillinmandelsäure im 24 h-Urin und röntgenologischen Tumornachweis, die Therapie besteht in operativer Tumorentfernung.

Klinischer Bezug
Catecholamine als Therapeutika
Natürliche Catecholamine wirken praktisch nicht bei oraler Gabe, weil sie bei der Magen-Darm-Passage und im ersten Durchgang durch die Leber vollständig inaktiviert werden, und auch injiziert beträgt ihre Wirkungsdauer (Halbwertszeit) nur wenige Minuten. Synthetische Catecholaminderivate können enteral und parenteral appliziert werden, ihre Wirkungsdauer beträgt mehrere Stunden. Indikationen für Catecholamine sind u. a. Schock, Herzstillstand, Bronchialasthma, Rhinitis, Konjunktivitis, Appetitzügler und lokale Blutstillung.
Missbrauch als Dopingmittel, z. B. Amphetamine gegen Ermüdung, ist gefährlich und beinhaltet eine erhebliche Suchtgefahr.

H04
→ **Frage 17.75:** Lösung D

Siehe Lerntext V.10.
Bei der Umwandlung von Dopamin zu Noradrenalin benötigt die Cu-haltige Dopamin-β-Hydroxylase O_2 und Ascorbinsäure als Wasserstoffdonator (D).
(A) und (B) sind falsch, denn die Hydroxylierungen von Phenylalanin und Tyrosin benötigen nicht Vitamin C, sondern Tetrahydrobiopterin als Wasserstoffdonator.
(C) ist falsch, denn die Decarboxylierung von Dopa zu Dopamin ist abhängig von Pyridoxalphosphat.
(E) ist falsch, denn Adrenalin entsteht durch eine Methylierung mit S-Adenosylmethionin aus Noradrenalin.

F02 F00
→ **Frage 17.76:** Lösung C

Die Katecholamine, Noradrenalin und Adrenalin, sind Derivate der Aminosäure Tyrosin. Die abschließende Methylierung verwendet SAM (S-Adenosylmethionin) als Coenzym. Bei der Hormonbindung an einen β-Rezeptor in der Plasmamembran erfolgt die Signalweitergabe zur Adenylatcyclase über ein G_S-Protein. Extraneuronale Catecholamine werden mittels COMT (Catechol-O-Methyltransferase) und MAO (Monoaminoxidase) zu Vanillinmandelsäure abgebaut und dann im Harn ausgeschieden.
Falsch und hier zu suchen ist Aussage (C), denn Cortisol ist an der Kontrolle der Synthese von Katecholaminen nicht beteiligt.

H05
→ **Frage 17.77:** Lösung B

Dioxyphenylalanin (DOPA) entsteht aus Phenylalanin/Tyrosin durch Hydroxylierung und ist Vorläufer der Neurotransmitter und Hormone Dopamin, Noradrenalin und Adrenalin.
Aussage (A) ist falsch, denn DOPA kommt in Proteinen nicht vor.
Aussage (C) ist falsch, denn DOPA entsteht nicht aus Tryptophan, sondern aus Tyrosin. Aus Tryptophan werden Serotonin und Melatonin gebildet.
Die Aussagen (D) und (E) sind falsch, denn DOPA ist eine neutrale Aminosäure mit nur einem Asymmetriezentrum.
Siehe Lerntext „Nebennierenmark" XVII.7.

F05
→ **Frage 17.78:** Lösung C

Die Catecholamine werden aus Phenylalanin/Tyrosin durch Hydroxylasen, Decarboxylase und eine N-Methyltransferase gebildet. Die Synthese erfolgt hierbei über die Vorstufen Tyrosin und Dopa zu den Catecholaminen Dopamin, Noradrenalin und Adrenalin.
Siehe Lerntext „Nebennierenmark" XVII.7.

F04
→ **Frage 17.79:** Lösung B

Adrenalin aktiviert im Rahmen der „fright, fight or flight"-Reaktion (3 f-Reaktion) über cAMP-Proteinkinasen die Glykogenolyse (B) und die Lipolyse, so werden über das Blut die Brennstoffe Glucose und Fettsäuren für das Kämpfen oder Flüchten bereitgestellt. Aussage (A) ist falsch, denn Adrenalin entsteht aus Noradrenalin nicht durch Decarboxylierung, sondern durch Methylierung. Decarboxyliert wird DOPA zum Dopamin.
Die Aussagen (C) und (D) sind falsch, denn durch β-Adrenorezeptoren werden über die Adenylatcyclase im Muskel und im Fettgewebe Glykogenolyse

und Lipolyse nicht gehemmt, sondern stimuliert. Aussage (E) ist falsch, denn im braunen Fettgewebe der neugeborenen Säuglinge wird die Lipolyse durch Adrenalin nicht gehemmt, sondern stimuliert.

H04

→ **Frage 17.80:** Lösung D

Siehe Lerntext XVII.7.
Katecholamine (Adrenalin, Noradrenalin, Dopamin) und auch deren synthetische Derivate werden durch die Catecholamin-O-Methyltransferase (COMT) und (oder) die Monoaminoxidase (MAO) inaktiviert. Die Metabolite werden vorwiegend als Vanillinmandelsäure über den Urin ausgeschieden.

XVII.8 Nebennierenrinde

Aus der Nebennierenrinde können über 50 verschiedene Steroide extrahiert werden. Sie werden aus Cholesterin gebildet. Die Hormone der Nebennierenrinde können eingeteilt werden in Glucocorticoide (wie Cortisol und Cortison), Mineralocorticoide (wie Aldosteron) und Sexualhormone.

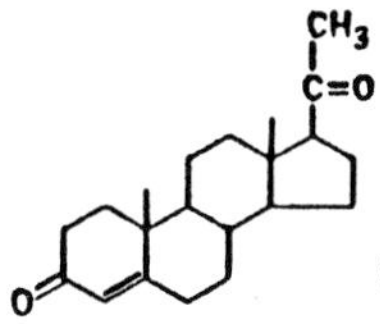

Progesteron

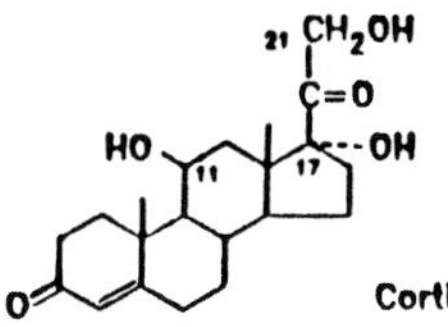

Cortisol

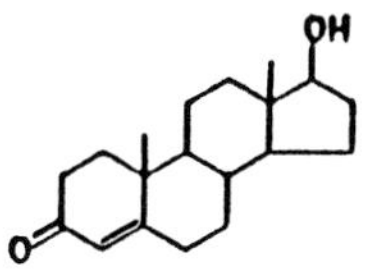

Testosteron

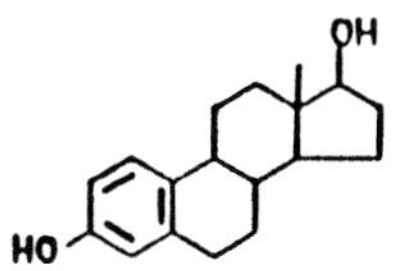

Oestradiol

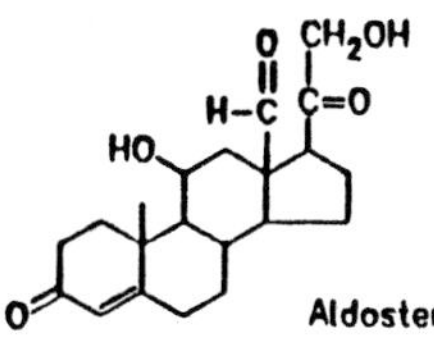

Aldosteron

Die Funktion der Nebennierenrinde wird durch das Hypothalamus-Hypophysenvorderlappen-System reguliert. Glieder dieses Regelkreises sind Corticoliberin (Corticotropin-releasing-Hormon (CRH)) und ACTH (Adrenocorticotropes Hormon, Corticotropin).
ACTH wirkt vornehmlich auf die Bildung und Freisetzung von Glucocorticoiden, diese hemmen im Sinne einer negativen Rückkopplung die CRH- und die ACTH-Freisetzung.
Exogene Belastung („Stress") kann das System stimulieren, gleichzeitig besteht eine Tagesrhythmik (diurnale Rhythmik) mit einem Maximum am Vormittag und einem Minimum um Mitternacht. Diese Tagesrhythmik in der Glucocorticoid-Freisetzung ist u.a. verantwortlich für die Anpassungsschwierigkeiten bei Schichtarbeitsumstellungen (Tages- in Nachtschicht) und bei Fernreisen mit Zeitumstellung.

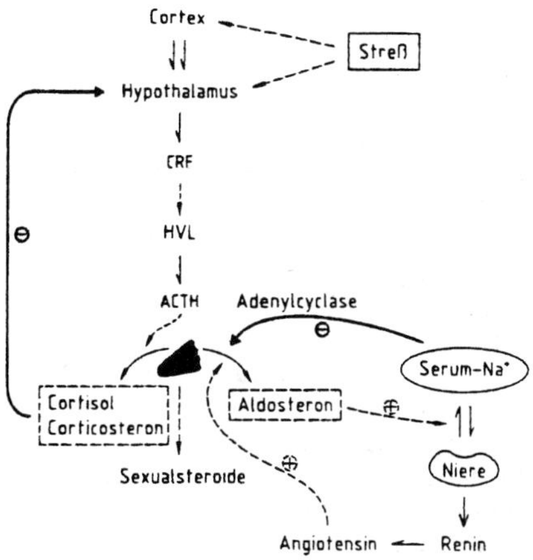

Die Freisetzung der Mineralocorticoide (z.B. Aldosteron) ist weitgehend ACTH-unabhängig, sie wird gehemmt durch hohe Serum-Natrium-Konzentrationen und stimuliert durch das Renin-Angiotensin-System; dies ist von Bedeutung für die Entstehung des renalen Bluthochdrucks. Die Wirkung der Glucocorticoide Cortisol und Cortison besteht in einer Stimulierung der Gluconeogenese aus Aminosäuren, wodurch es zu einer Erhöhung des Blutzuckers kommt. Die zur Gluconeogenese verwendeten Aminosäuren stammen aus der Muskulatur und aus dem Skelett-Bindegewebsapparat. Hier bewirken die Glucocorticoide eine Einschmelzung von Protein (Protein-katabole Wirkung der Glucocorticoide auf Muskulatur, Skelett und Bindegewebe). In der Leber wird durch die Glucocorticoide die Synthese der Enzyme der Gluconeogenese vermehrt. Die Glucocorticoide unterdrücken die Produktion der Antikörper, sie wirken immunsuppressiv und auch entzündungshemmend. Sie werden deswegen bei

verschiedenen Autoimmunerkrankungen und bei allergischen Erkrankungen therapeutisch eingesetzt.
Auf Lymphozyten wirken Glucocorticoide vermehrungshemmend; wegen dieser speziellen cytostatischen Wirkung können sie bei bestimmten Leukämieformen erfolgreich zur Behandlung eingesetzt werden.
Mineralocorticoide, wie Aldosteron, regulieren den Natrium- und Kaliumhaushalt. An der Niere, besonders im distalen Tubulus, fördern die Mineralocorticoide die NaCl-Rückresorption und stimulieren die Kaliumausscheidung. Auch die H^+- und NH_4^+-Ausscheidung wird im Austausch mit Na^+ stimuliert. Also steigt unter Aldosteron das Serum-Natrium an und das Serum-Kalium fällt ab.
Ein totaler Ausfall der Nebennierenrindenfunktion ist akut tödlich, wofür der Aldosteronausfall mit der Störung des Elektrolyt-Stoffwechsels entscheidend ist.
Langsam erfolgende Zerstörung der Nebennierenrinde durch Autoimmunprozesse führt zur sogenannten Addison-Erkrankung. Wegen des Ausfalls der Rückkopplung durch Cortisol steigt das ACTH an. Die Aminosäuren 1–13 des ACTH-Moleküls haben eine Melanotropinwirkung, es kommt zu einer Braunfärbung der Haut (Hyperpigmentation). Die Patienten haben einen zu niedrigen Blutzucker (Hypoglykämie), sind kraftlos (adynamisch) und magern ab. Es tritt ein Abfall des Serum-Natriums und Anstieg des Serum-Kaliums ein (Hyponatriämie und Hyperkaliämie). Unbehandelt führt die Addison-Erkrankung zu vorzeitigem Altern und Tod. Bei Behandlung mit Steroidtabletten als Dauertherapie können die Kranken praktisch „geheilt“ werden, d.h., sie sind voll leistungsfähig.
Eine Erhöhung der Glucocorticoide führt zum Krankheitsbild der Cushing-Erkrankung. Die Erhöhung der Glucocorticoid-Konzentration kann bedingt sein 1. durch einen Tumor der Nebennierenrinde, 2. durch einen ACTH-produzierenden Tumor der Hypophyse oder 3. durch eine therapeutische Anwendung bei massiven allergischen Erkrankungen oder bestimmten Leukämien. Die Cushing-Erkrankung wird auch als Steroid-Diabetes mit Stammfettsucht bezeichnet. Knochen-, Muskel- und Bindegewebs-Proteine werden eingeschmolzen, es kommt zu einer charakteristischen Bindegewebsschwäche der Bauchdecken mit Durchscheinen der Gefäße, „striae“, auch tritt eine Skelettentkalkung ein. Auffällig ist das runde Vollmondgesicht der Cushing-Kranken.

Dysfunktion der Nebennierenrinde
Unterfunktion: Morbus Addison
Hyperpigmentation
Adynamie
Abmagerung
vorzeitige Vergreisung
Elektrolyt-Störungen
Hypoglykämie

Überfunktion: Cushing-Syndrom
Hyperglykämie
Stammfettsucht
Striae distensae

Klinischer Bezug
Adrenogenitales Syndrom (AGS)
Für die Synthese der Glucocorticoide sind spezifische Hydroxylasen notwendig. Mit einer Häufigkeit von etwa 1 : 5000 kommen autosomal rezessiv vererbte Defekte der 21-Hydroxylase, seltener der 11-Hydroxylase, vor. Durch die fehlenden Glucocorticoide fällt die negative Rückkopplung auf die hypothalamisch-hypophysäre Achse aus, unter den erhöhten ACTH-Konzentrationen hypertrophiert die Nebennierenrinde und produziert massiv androgen wirksame Steroide. Diese Androgene bewirken eine frühzeitige und verstärkte Ausbildung sekundärer männlicher Geschlechtsmerkmale (Muskelwachstum, Bartwuchs, Stimme, Peniswachstum, bei Frauen Clitoriswachstum). Die hohen Androgen-Konzentrationen hemmen die Gonadotropin-Sekretion der Hypophyse, wodurch die primären Geschlechtsmerkmale (Hoden und Ovar) unterentwickelt sind.
Mädchen werden fälschlich bei der Geburt zu Jungen erklärt: Pseudohermaphroditismus (Scheinzwitter, weil kein Hoden, sondern ein unterentwickeltes Ovar vorhanden ist).
Jungen entwickeln eine Pseudopubertas praecox, „pseudo“, weil nur die sekundären Pubertätssymptome verfrüht (3.-7. Lebensjahr) eintreten, der Hoden aber unentwickelt ist. Das AGS führt unbehandelt bei beiden Geschlechtern zur Sterilität. Wird das AGS frühzeitig (in den ersten Lebenstagen!) diagnostiziert, führt eine lebenslange Substitution mit Glucocorticoiden zu einer praktisch normalen Entwicklung und Fertilität.

F96
→ **Frage 17.81:** Lösung B

Siehe Lerntext XVII.8.
Corticotropin (ACTH) wird nicht in der Nebennierenrinde gebildet, sondern im Hypophysenvorderlappen.
ACTH stimuliert über cAMP die Glucocorticoid-Sekretion der Nebennierenrinde.

F05
→ **Frage 17.82:** Lösung A

Dargestellt ist das Glucocorticoid Cortisol (A).
Alle Steroide im menschlichen Organismus entstehen aus Cholesterol (C), das in einer Menge von etwa 150 Gramm im erwachsenen Menschen, vorwiegend als Membranbestandteil, vorkommt. Das männliche Sexualhormon Testosteron und das weibliche Sexualhormon Östradiol sowie das Nebennierenrinden-Mineralocorticoid Aldosteron kommen in der Größenordnung „Milligramm" (mg) vor.
Siehe Lerntext „Nebennierenrinde" XVII.8.

F03
→ **Frage 17.83:** Lösung A

Alle Steroidhormone (Glucocorticoide, Mineralocorticoide, Östrogene, Gestagene und Androgene) werden aus Cholesterin synthetisiert, wobei mischfunktionelle Hydroxylasen, die O_2 und NADPH benötigen, beteiligt sind (A). Zu den Falschaussagen:
Steroide werden zwar aus Acetyl-CoA gebildet, der Mensch kann das Sterangerüst aber nicht abbauen ((B) ist falsch).
Steroid-Hormone gelangen in ihre Zielzellen durch Diffusion und werden erst intrazellulär an ein Rezeptorprotein gebunden. Durch Endozytose von LDL wird Cholesterin aufgenommen ((C) ist falsch).
Eine Aktivierung von Testosteron erfolgt durch eine Reduktion zu Dihydrotestosteron, eine UV-vermittelte Ringspaltung spielt bei der Synthese von Cholecalciferol (Vit. D) aus 7-Dehydrocholesterin eine Schlüsselrolle ((D) ist falsch).
An den Promotor von Zielgenen binden die Steroidhormone nur nach Bindung an ihr jeweiliges intrazelluläres Rezeptorprotein ((E) ist falsch).

H99
→ **Frage 17.84:** Lösung A

Für die Synthese der Steroidhormone synthetisieren die Nebennierenrindenzellen Cholesterin aus Acetyl-CoA, nehmen zusätzlich aber auch Cholesterolester aus LDL auf. Die Cholesterolester werden zur Hormonsynthese durch eine Cholesterolesterase, die durch ACTH über cAMP und Proteinkinasen aktiviert wird, gespalten.
Die LCAT kommt in HDL vor, sie spaltet nicht Cholesterolester, sondern bildet sie, wobei Lecithin die Fettsäuren liefert ((B) ist falsch).
Endocytiert werden nicht VLDL, sondern LDL. VLDL werden durch Lipoproteinlipase abgebaut ((C) ist falsch).
Die Lipoproteinlipase spaltet Triglyceride und nicht Cholesterolester ((D) ist falsch).
Die Hydroxylierung des Sterangerüsts führt nicht zum Cholesterol, sondern vom Cholesterol zu den Steroidhormonen ((E) ist falsch).

H02
→ **Frage 17.85:** Lösung C

Siehe Lerntext XVII.8.
Cortisol gehört zu den Glucocorticoiden, d. h. es stimuliert die Proteolyse im Bindegewebe, in der Muskulatur und dem Skelett, die freigesetzten Aminosäuren dienen in der Leber der Gluconeogenese ((A) und (B) sind richtig). Cortisol wirkt entzündungshemmend, antiallergisch und immunsuppressiv.
Die gesuchte Falschaussage ist (C), denn durch Cortisol wird das Schlüsselenzym der hepatischen Gluconeogenese nicht reprimiert, sondern vermehrt gebildet, d. h. induziert.

H04
→ **Frage 17.86:** Lösung D

Cortisol ist ein Glucocorticoid, es erhöht die Blutzuckerkonzentration, indem es in Skelett und Muskulatur proteinkatabol wirkt und die Gluconeogenese in der Leber aus den freigesetzten Aminosäuren stimuliert.
Andere Insulinantagonisten – und damit in Bezug auf den Blutzucker „Synergisten" des Cortisols – sind Adrenalin (A) und Glucagon (C).

H00
→ **Frage 17.87:** Lösung E

Siehe Lerntext XVII.8.
Das wichtigste Glucocorticoid ist Cortisol, es wird in der Zona fasciculata der Nebennierenrinde nach Stimulation durch ACTH (Corticotropin) des Hypophysenvorderlappens gebildet. Die Stimulation unterliegt einer Tagesrhythmik (circadiane Rhythmik), das synthetisierte Cortisol wird nicht gespeichert, sondern an das Blut abgegeben, damit ist (E) die gesuchte Falschaussage.

F00
→ **Frage 17.88:** Lösung C

Das Glucocorticoid Cortisol hat im Bindegewebe, im Skelett und in der Muskulatur eine Protein abbauende (protein-katabole) Wirkung. In der Leber induziert Cortisol dagegen die Bildung der Gluconeogenese-Enzyme (B) und unterdrückt (reprimiert) die Glykolyse-Enzyme, besonders das Schrittmacherenzym Phosphofructokinase. Damit ist (C) die gesuchte Falschaussage. Die entzündungshemmende und die immunsuppressive Wirkung des Cortisols kommt durch eine Hemmung der Bildung von Zytokinen, Interferonen und durch eine Hemmung der Lymphocytenfunktion zustande.

H05
→ **Frage 17.89:** Lösung C

Die gesuchte Falschaussage ist (C), denn durch Cortisol wird die PFK als Schrittmacherenzym der Glykolyse nicht aktiviert, sondern dieses Enzym wird durch Cortisol reprimiert, d. h. seine Synthese wird gehemmt.
Durch Cortisol induziert (Steigerung der Enzymsynthese) werden in der Leber die Schrittmacherenzyme der Gluconeogenese (B) und der Transaminasen (A), um die aus der Muskulatur proteolytisch freigesetzten Aminosäuren (D) als Ketosäuren der Gluconeogenese zuzuführen.
Cortisol wirkt entzündungshemmend (Senkung der Arachidonsäure-Freisetzung) und antiallergisch/immunsuppressiv durch Hemmung der Lymphozyten.
Siehe Lerntext „Nebennierenrinde" XVII.8.

F99
→ **Frage 17.90:** Lösung C

Glucocorticoide wie Cortisol erhöhen die Blutzukkerkonzentration durch Induktion der Gluconeogenese-Enzyme in der Leber bei gleichzeitiger Repression der Glykolyse-Enzyme. Auch die Glykogensynthese der Leber wird erhöht (D). Als Substrate der Glucose- und Glykogensynthese in der Leber dienen Aminosäuren aus der unter Cortisol gesteigerten Proteolyse in Muskulatur (B) und Bindegewebe sowie Glycerol aus der gesteigerten Lipolyse im Fettgewebe (E).
Cortisol wirkt antiallergisch, entzündungshemmend und immunsuppressiv, indem die Synthese und Freisetzung vieler Mediatoren gehemmt wird. So wird die Prostaglandinsynthese gehemmt, indem unter Cortisolwirkung gebildetes Lipocortin die Phospholipase A_2 hemmt, wodurch keine Arachidonsäure zur Eicosanoidsynthese mehr freigesetzt wird.
Die gesuchte Falschaussage ist (C), denn der Glut 2-Transporter der Leber ist cortisolunabhängig. Durch Cortisol wird die Glucoseaufnahme in Muskel, Lymphocyten, Fibrocyten und Adipocyten gehemmt.

F02
→ **Frage 17.91:** Lösung D

Das Glucocorticoid Cortisol wird, gesteuert vom ACTH des Hypophysenvorderlappens, in der Zona fasciculata der Nebennierenrinde synthetisiert; Ausgangsmaterial ist Cholesterin, Zwischenprodukt ist Progesteron. Drei Hydroxylierungsschritte durch Monooxygenasen sind dabei beteiligt. Freigesetztes Cortisol wird in der Leber durch Reduktionsschritte inaktiviert.
Falsch und hier gesucht ist Aussage (D), denn das stark lipophile Cortisol wird zum Transport im Blutplasma nicht an Serumalbumin, sondern ein spezielles Transcortin gebunden.

F03
→ **Frage 17.92:** Lösung D

Cortisol ist ein Glucocorticoid und damit ein funktioneller Antagonist des Insulins (D). Über Lipocortin hemmt Cortisol die Freisetzung von Arachidonsäure durch Phospholipase A_2, wodurch weniger Prostaglandine gebildet werden ((A) ist falsch) und Cortisol entzündungshemmend wirkt. Cortisol stimuliert die Apoptose von Lymphozyten, Eosinophilen und Monozyten, wodurch es eine immunsuppressive und zytostatische Wirkung besitzt ((B) ist falsch). Die Stickoxidsynthese in Makrophagen wird durch Cortisol nicht stimuliert, sondern gehemmt ((E) ist falsch).
Seine Blutzucker-steigernde Wirkung entfaltet Cortisol, indem es im Bindegewebe, im Knochen und in der Muskulatur proteinkatabol wirkt ((C) ist falsch). Die freigesetzten Aminosäuren werden unter Cortisol in der Leber zur Gluconeogenese verwendet.

H03
→ **Frage 17.93:** Lösung B

Cortisol ist das wichtigste Glucocorticoid und wird von der Nebennierenrinde in der Zona fasciculata gebildet. Die gesuchte richtige Aussage ist (B), denn Cortisol kann neben vielen anderen Wirkungen auch die Lipolyse im Fettgewebe stimulieren. Cortisol wird zu den Glucocorticoiden gerechnet, weil es im Muskel und im Bindegewebe einschließlich des Skelettsystems die Proteinbiosynthese hemmt und die Proteolyse stimuliert ((D) ist falsch). Die freigesetzten Aminosäuren werden in der Leber zu Glucose umgewandelt. Zu diesem Zweck werden in der Leber die Enzyme des Glucoseabbaus reprimiert ((C) ist falsch) und die Enzyme der Gluconeogenese werden induziert. Cortisol und andere Glucocorticoide sowie synthetische Steroide wirken entzündungshemmend und immunsuppressiv, eine der hierzu notwendigen Mechanismen ist die Senkung der Lymphozytenzahl im Blut ((A) ist falsch). Die Cortisolbildung in der Nebennierenrinde unterliegt einem Regelkreis aus Hypothalamus (CRH) und Hypophysenvorderlappen (ACTH), im Sinne einer negativen Rückkopplung hemmt Cortisol die Bildung dieser Peptide ((E) ist falsch).

F04
→ **Frage 17.94:** Lösung A

Siehe Lerntext XVII.8.
Durch negative Rückkopplung reguliert Cortisol die ACTH-Ausschüttung im Hypophysenvorderlappen (A).
Cortisol ist ein Glucocorticoid, es stimuliert die Proteolyse in Muskulatur, Skelett und Bindegewebe, die freigesetzten Aminosäuren werden in der Leber durch Cortisol-stimulierte Gluconeogenese zu Glucose umgewandelt, (B) und (C) sind

falsch! Immunreaktionen und Entzündungsreaktionen werden durch Cortisol unterdrückt, damit sind (D) und (E) falsch.

F01
→ **Frage 17.95:** Lösung C

Das Hypophysen-Peptid ACTH stimuliert die Cortisol-Biosynthese in der Nebennierenrinde; über einen Rückkopplungsmechanismus hemmt das Cortisol die ACTH-Freisetzung im Hypophysenvorderlappen. Das lipophile Cortisol kann im Zielorgan die Plasmamembranen durchqueren; es bindet dann an ein zytosolisches Rezeptorprotein und stimuliert danach im Kern die Transkription spezifischer Gene (z.B. Schlüsselenzyme der Gluconeogenese). Cortisol ist ein Inhibitor des Immunsystems; ferner hemmt es Entzündungsvorgänge. Letzteres beruht auf einem Arachidonsäuremangel, hervorgerufen durch eine Hemmung der Phospholipase A_2.
Die zu suchende Falschaussage ist (C): Mit second messengern, hier als Vorschlag IP_3, hat Cortisol nichts zu tun.

H95 F90
→ **Frage 17.96:** Lösung A

Beim Morbus Addison kommt es autoimmunologisch oder durch Tuberkulose zu einer Zerstörung von Zellen der Nebennierenrinde.
Es werden vermindert Glucocorticoide und Mineralocorticoide gebildet, dies führt zu weniger Steroidhormonmetaboliten im Urin (E). Der Glucocorticoidmangel bewirkt eine Hypoglykämie (C). Aldosteronmangel führt zu einem Anstieg der Kaliumkonzentration im Blut (B) mit Störungen der Erregungsbildung in Herz- und Skelettmuskulatur und als Folge zu Adynamie (Kraftlosigkeit). Weiterhin führt der Aldosteronmangel zu einer vermehrten Na^+-Ausscheidung über die Niere, es kommt zu Hyponatriämie mit Natriumbicarbonatmangel, also einer metabolischen Azidose und zu einer Kochsalzmangel-Exsikkose („Austrocknung"). Bei der Addison-Exsikkose handelt es sich um eine hypotone Dehydratation, damit ist die unter (A) genannte hypertone Hydratation genau das gegensätzliche Syndrom – z.B. bei Hyperaldosteronismus.

F98
→ **Frage 17.97:** Lösung C

Das Mineralocorticoid Aldosteron wird in der Zona glomerulosa der Nebennierenrinde (A) gebildet. Wie alle Steroidhormone wird es an intrazelluläre Hormonrezeptoren der Zielzellen gebunden und bewirkt im Kern die Transkription bestimmter Gene.
Die Aldosteronfreisetzung wird über das Renin-Angiotensinsystem stimuliert. Aldosteron führt zu einer vermehrten Na^+-Rückresorption und K^+-Ausscheidung.
Die gesuchte Falschaussage ist (C), denn die renale Cl^--Ausscheidung wird durch Aldosteron nicht gesteigert, sondern vermindert.
Siehe auch Lerntext XVII.8.

H04
→ **Frage 17.98:** Lösung B

Siehe Lerntext XVII.8.
Bei einem Abfall der Nierendurchblutung sezerniert die Niere vermehrt die Protease Renin, die im Plasma aus Angiotensinogen Angiotensin II, ein 10er-Peptid freisetzt. Endotheliales Angiotensin-Converting-Enzym (ACE) spaltet aus Angiotensin I zwei Aminosäuren ab zum Angiotensin II. Dieses erhöht den Blutdruck durch Vasokonstriktion und durch Erhöhung des Blutvolumens. Letzteres kommt zustande über eine Stimulation der Aldosteronfreisetzung durch AT II, das Aldosteron erhöht die NaCl-Konzentration im Blut und damit osmotisch das Plasmavolumen.

F99
→ **Frage 17.99:** Lösung E

Aldosteron ist das in der Zona glomerulosa der Nebennierenrinde gebildete Mineralcorticoid. Wie bei allen Steroidhormonen ist bei der mit Cholesterin beginnenden Synthese Progesteron ein Zwischenprodukt. Da im Aldosteron die am C-13 stehende Methylgruppe zum Aldehyd oxidiert ist, kann dort mit dem 11-OH ein inneres Halbacetal gebildet werden. – Die Bildung und Freisetzung wird, anders als beim Cortisol, nicht über das ACTH der Hypophyse gesteuert, sondern durch das Renin-Angiotensin-System.
Falsch ist die Aussage (E), denn wie alle Steroidhormone wirkt das Aldosteron nicht über einen Rezeptor in der Plasmamembran, sondern dringt in die Zelle ein und findet im Cytosol (oder im Zellkern) sein spezifisches Rezeptorprotein.

F00
→ **Frage 17.100:** Lösung E

Siehe Lerntext XVII.9.
Androgene (Testosteron und synthetische Testosteronderivate) und in etwas geringerem Ausmaß auch Oestrogene wirken extrahepatisch, besonders im Skelettsystem und in der Muskulatur, Proteinanabol, damit ist (E) die gesuchte Falschaussage.

XVII.9 Sexualhormone

Die männlichen Sexualhormone (Androgene) sind ebenso wie die weiblichen Sexualhormone (Estrogene und Gestagene) sämtlich Steroide. Sie werden in den Keimdrüsen, den Nebennierenrinden und, wenigstens die beiden letztgenannten Gruppen, während der Schwangerschaft in der Plazenta gebildet. Die Biosynthese geht vom Cholesterin aus, aus dem zunächst Progesteron entsteht. Durch völlige Abspaltung der C-17-Seitenkette wird daraus Testosteron und aus diesem dann durch Aromatisierung des Ringes A und Demethylierung die Estrogene. Die Synthese der männlichen und weiblichen Hormone unterliegt einer Kontrolle durch die Hypophysenvorderlappenhormone FSH und LH.

Testosteron ist das wichtigste der Androgene; es erhält seine maximale Aktivität nach Reduktion zum 5-Dihydrotestosteron. Testosteron entsteht unter Einfluss von LH in den Leydigzellen des Hodens und in geringerer Menge in der

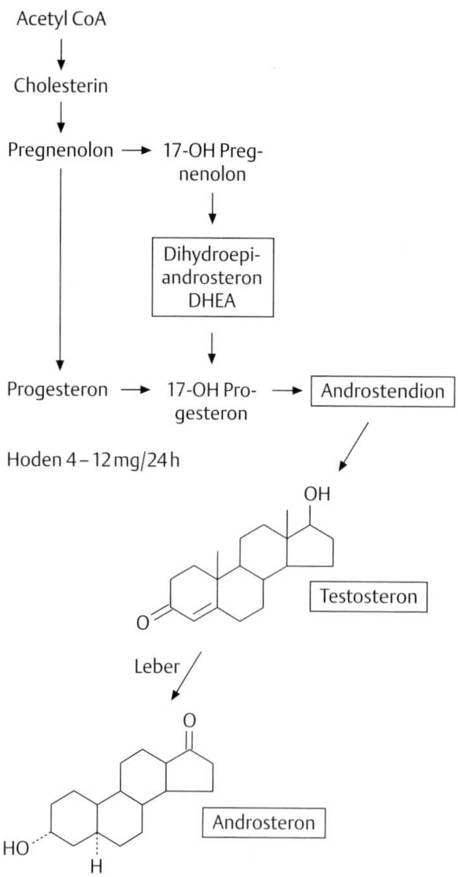

Nebennierenrinde. Es bewirkt die Ausbildung der sekundären Geschlechtsmerkmale (Penis, Prostata, Kehlkopf, Behaarung). Wegen ihrer proteinanabolen Wirkung werden Testosteronderivative zur Förderung der Muskelbildung eingesetzt, – im Sport heute als Doping verboten. Da das Sterangerüst vom tierischen Organismus nicht abgebaut werden kann, werden die Androgene als 17-Ketosteroide im Harn ausgeschieden.

Das biologisch aktivste mehrerer **Oestrogene** ist das Estradiol. Gebildet in der Nebennierenrinde und im Ovar bewirkt es die Ausbildung der sekundären Geschlechtsmerkmale (Uterus, äußere Genitale, Körperbau, Behaarung); unter Estrogenen wird nach der Menstruation die Uterusschleimhaut regeneriert (Proliferationsphase).

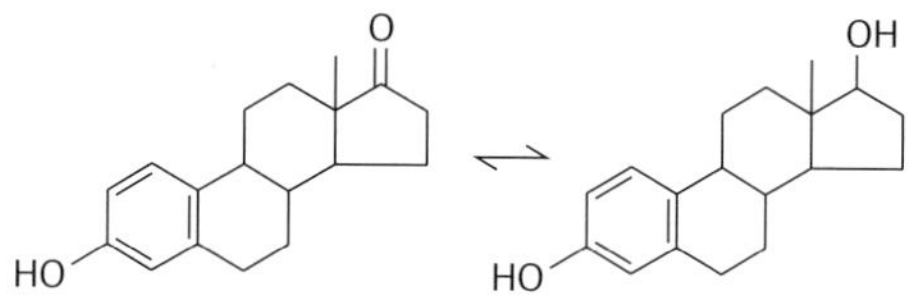

Oestron Oestradiol

Bildungsort: Thecazellen der Graaf'schen Follikel
Wirkung: Proliferationsphase der Uterusschleimhaut
Ausbildung der sekundären weiblichen Geschlechtsmerkmale
Protein–anabol

Progesteron ist das wichtigste der Gestagene; es bewirkt die Sekretionsphase in der Uterusschleimhaut und die Ruhigstellung des schwangeren Uterus, weshalb es auch als Schwangerschaftsschutzhormon bezeichnet wird.

Da die Sexualsteroide über einen Rückkopplungsmechanismus mit dem Hypothalamus und der Hypophyse zusammenarbeiten, werden sie als Antikonzeptiva eingesetzt: Sehr kleine Gaben von Estrogen + Gestagen verhindern in der Hypophyse die Freisetzung von FSH und LH; dadurch unterbleibt die Follikelreifung im Ovar.

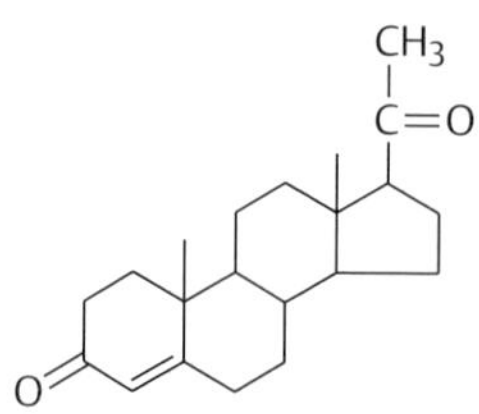

Progesteron

H02
→ **Frage 17.101:** Lösung D

Siehe Lerntext XVII.9.
Die gesuchte Falschaussage ist (D), denn die Inaktivierung des Testosterons erfolgt nicht durch eine Aromatase, sondern über eine 17-Hydroxysteroiddehydrogenase zu 17-Ketosteroiden, die im Urin ausgeschieden werden.
Eine Aromatisierung des Sterangerüstes im Ring A findet bei der Synthese der Östrogene statt.

F03
→ **Frage 17.102:** Lösung C

Testosteron aus den Leydig-Zellen des Hodens ((D) ist falsch) stimuliert die Erythropoetin-Produktion der Niere und erhöht damit die Erythrozyten-Produktion (C).
Testosteron wird aus Progesteron gebildet, kann aber nicht zu Progesteron rückverwandelt werden ((A) ist falsch). Nur 2 % des Testosterons im Blut liegen frei vor, 98 % sind an Protein angelagert ((B) ist falsch). Durch die α-Reduktase entsteht das doppelt so wirksame Dihydrotestosteron ((E) ist falsch).

H99 H87 F84
→ **Frage 17.103:** Lösung C

Die gesuchte Falschaussage ist (C). Nicht FSH, sondern LH (= ICSH) stimuliert die Androgenproduktion der Leydig-Zwischenzellen des Hodens. FSH stimuliert das Follikelwachstum bei der Frau und die Spermatogenese beim Mann. Im peripheren Gewebe wird Testosteron durch eine α-Reduktase zu Dihydrotestosteron aktiviert. Testosteron erhöht die Fructosekonzentration im Sperma. Abgebaut werden Androgene zu 17-Ketosteroiden.

F03
→ **Frage 17.104:** Lösung E

Testosteron wird durch eine 5α-Reduktase in den Zielzellen in das mehr als doppelt so wirksame Dihydrotestosteron umgewandelt (E).
Testosteron wird nicht in Sertoli-Zellen, sondern in Leydig-Zellen synthetisiert ((D) ist falsch). Im Blut wird Testosteron vorwiegend an ein Östrogen-Testosteron-Bindungsprotein angelagert ((C) ist falsch). Testosteron ist ein C19-Steroid ohne einen aromatischen Ring ((A) ist falsch), in Östrogenen ist Ring A aromatisch. Testosteron ist proteinanabol, es führt zu einer positiven N-Bilanz ((B) ist falsch).

F93
→ **Frage 17.105:** Lösung D

Progesteron, das im Corpus luteum des Ovars und später in der Plazenta gebildete Schwangerschaftsschutzhormon, sorgt auf vielfältige Weise für die Erhaltung der Schwangerschaft: Das befruchtete Ei wird in die in der Sekretionsphase befindliche Uterusschleimhaut eingelagert (A); die Uterusmuskulatur wird bis zum Ende der Schwangerschaft an der Kontraktion gehindert (B), was eine Frühgeburt verhindert. Das Zervixsekret wechselt cyclusabhängig seine Konsistenz: Zum Ovulationstermin ist es sehr dünn und optimal durchgängig für Spermien; in der 2. Cyclusphase, unter Progesteron, ist es zähflüssig und spermienabweisend (C). Die als Basaltemperatur frühmorgens gemessene Körpertemperatur einer geschlechtsreifen Frau schwankt cyclusabhängig und ist in der 2. Cyclushälfte progesteronbedingt höher (E). Falsch ist (D): Während der progesteronbeherrschten Schwangerschaft muss die Uterusmuskulatur natürlich stark wachsen, um dem sich schnell vergrößernden Foeten Raum zu bieten.

H96
→ **Frage 17.106:** Lösung E

Nicht das Estrogen Estradiol erhöht die Körpertemperatur, sondern das Progesteron, das in der zweiten Zyklushälfte erhöht ist.

F05
→ **Frage 17.107:** Lösung E

In der 2. Hälfte des Menstruationszyklus produziert der Gelbkörper (Lutealphase) aus Cholesterin Progesteron, das während dieser Phase seinen Maximalwert im Blut erreicht.
Aussage (A) ist falsch, denn nach der Ovulation steigt die Basaltemperatur.
Aussage (B) ist falsch, denn in der Lutealphase fällt die LH-Konzentration im Blut ab.
Aussage (C) ist falsch, denn auch die FSH-Plasmakonzentration ist in der Lutealphase niedrig.
Aussage (D) ist falsch, denn in der 2. Zyklushälfte fällt die Androstendionkonzentration im Blut.

H04
→ **Frage 17.108:** Lösung B

In der Proliferationsphase (Follikelphase) des Menstruationszyklus wird durch FSH erstens das Follikelwachstum stimuliert (B) und zweitens in den Granulosazellen die Aromatase zur Oestrogensynthese induziert.
(A) ist falsch, denn Choriongonadotropin stimuliert die Progesteronproduktion.

(D) ist nicht zutreffend, denn Oxytocin ist ein Octapeptid des Hypophysenhinterlappens, das bei der Geburt Uteruskontraktionen und die Milchejektion auslöst.
(E) ist falsch, denn Progesteron bewirkt die Sekretionsphase der Uterusschleimhaut.
Das Protein Follistatin (C) hat mit der Oestrogenproduktion nichts zu tun. Es wird in vielen Organen gebildet und hemmt die Wirkung verschiedener Wachstumsfaktoren.

F04
→ **Frage 17.109:** Lösung A

Im Ovar und in gewissem Ausmaß auch in der Zona reticularis der NNR kann aus Testosteron durch Dehydrierung und Demethylierung (Aromatisierung des Ringes A) Oestradiol gebildet werden (A).
Eine C_{17}-C_{20}-Lyase (B) wird vorher zur Beseitigung der Seitenkette für die Androgensynthese benötigt. Die HMG-CoA-Reduktase (C) ist Schrittmacherenzym der Cholesterinsynthese und bildet Mevalonsäure. Die 21-Hydroxylase (D) ist in der Zona fasciculata der NNR ein Schlüsselenzym der Glucocorticoidsynthese. Die 5α-Reduktase (E) überführt in peripheren Androgen-abhängigen Geweben das Testosteron in das dreifach wirksamere Dihydrotestosteron.

F01
→ **Frage 17.110:** Lösung E

Das POMC genannte Protein besteht aus einer Kette mit 265 Aminosäuren; es findet sich vorwiegend im Mittellappen der Hypophyse, daneben auch in anderen Hirnteilen. Durch limitierte Proteolyse entstehen daraus β-Lipotropin, MSH und ACTH; Endorphine und kleinmolekulare Enkephaline, die wie körpereigenes Morphin wirken, entstehen durch weitere Peptidspaltungen aus dem β-LPH.
Die Falschaussage ist (E), denn Corticoliberin ist ein im Hypothalamus gebildetes Peptidhormon, das die Hypophyse zur ACTH-Bildung veranlasst.

H03
→ **Frage 17.111:** Lösung A

Proopiomelanocortin (POMC) ist ein hochmolekulares Protein, das in gewissen Hirnarealen und in der Hypophyse sequentiell zu verschiedenen Peptidhormonen gespalten werden kann (A). Zu den aus POMC gebildeten Hormonen gehören ACTH, Lipotropin, Melanocyten-stimulierendes Hormon und verschiedene Endorphine und Enkephaline.

XVII.10 Hypophysenvorderlappen-Hormone

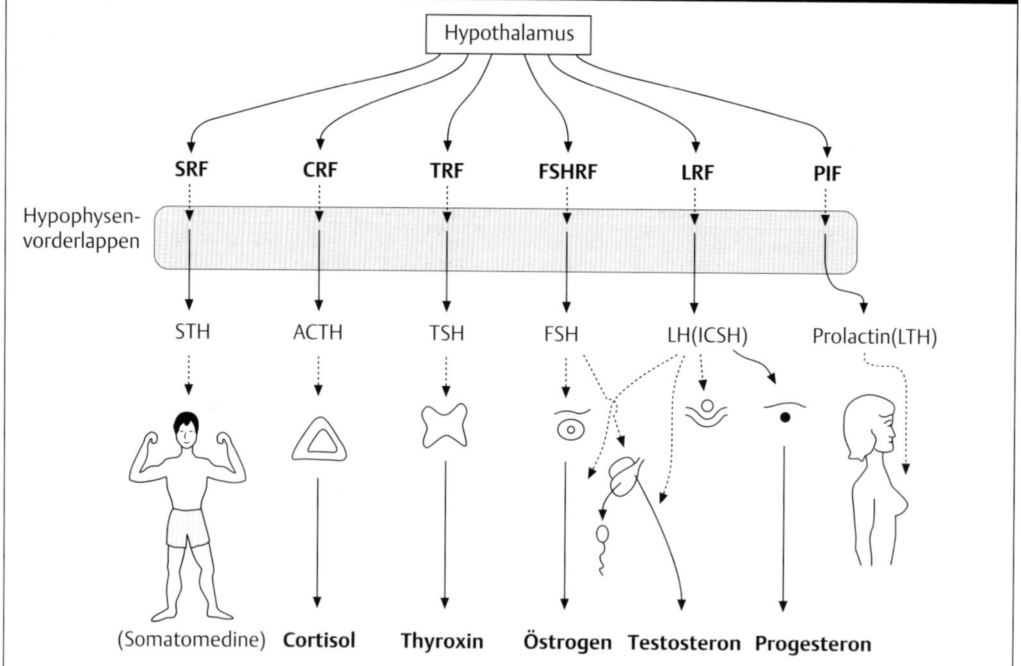

Die Hypophyse, im Türkensattel des Schädelknochens gelegen und beim erwachsenen Menschen nur etwa 1,5 g schwer, ist ein wichtiges Steuerorgan für das endokrine System. Morphologisch und funktionell unterscheidet man einen Vorderlappen und einen Hinterlappen – ein Mittellappen ist bei manchen Tierarten gut ausgeprägt, beim Menschen aber nur rudimentär.
Im Bereich des Vorderlappens werden 6 glandotrope Hormone gebildet, die ihrerseits wieder 6 peripher gelegene endokrine Organe stimulieren; ein Ausfall des HVL kommt funktionell einer Exstirpation all dieser Drüsen gleich.
Folgende Hormone werden von den Zellen des HVL gebildet:

TSH	thyreoideastimulierendes Hormon
FSH	follikelstimulierendes Hormon
	Prolaktin
ACTH	Adrenocorticotropes Hormon
LH	Luteotropes Hormon
STH	Somatotropin

Für das letztgenannte „Wachstumshormon" hatte man bis vor kurzem eine direkte Wirkung auf das Skelettwachstum angenommen. Heute weiß man, dass das STH hepatotrop wirkt, d. h. in der Leber werden spezifische Peptide, Somatomedine oder Insulin-like Growth Factors (IGF-I und IGF-II), freigesetzt, die dann wachstumsstimulierend wirken.

Klinischer Bezug
Gigantismus und Akromegalie
Eosinophile Adenome des HVL können unkontrolliert Somatropin (=GH=STH) produzieren und bei Kindern zu Riesenwuchs (Gigantismus) mit Körpergrößen deutlich über 2 Meter führen. Tritt das HVL-Adenom erst im Erwachsenenalter nach Schluss der Epiphysenfugen auf, kommt es zu appositionellem Wachstum der Akren (Kinn, Nase, Augenwülste, Hände, Füße), die den Patienten ein charakteristisches („Rübezahl-ähnliches") Aussehen verleihen.
Weitere Symptome beider Erkrankungen sind u. a. Insulinresistenz und Hypertonie. Die Häufigkeit der HVL-Adenome ist ca. 1 : 16 000, die Therapie erfolgt neurochirurgisch und (oder) radiologisch. Medikamentös sind Somatostatine wirksam.

Klinischer Bezug
Zwergwuchs
Ausfall der hypophysären GH-Sekretion kommt mit einer Häufigkeit von ca. 1 : 20 000 vor und führt zu proportioniertem Zwergwuchs. Mit technisch erzeugtem, menschlichem Wachstumshormon ist bei frühzeitiger Diagnose heute eine erfolgreiche Therapie möglich.
Der hypophysäre Zwergwuchs muss differentialdiagnostisch von der konstitutionellen Wachstumsverzögerung, vom Kretinismus (Hypothyreoidismus) und von systemischen Knochen-Knorpel-Erkrankungen, wie der Chondrodystrophie, abgegrenzt werden.

H84
→ **Frage 17.112:** Lösung D

Während Prolaktin (C) die Milchproduktion stimuliert, wird die Milchejektion durch das Hypophysenhinterlappenhormon Ocytocin (D) stimuliert.

F04
→ **Frage 17.113:** Lösung C

Die Testosteronsynthese wird durch das Gonadotropin LH (= Interstitialzellen stimulierendes Hormon = ICSH) stimuliert (C).
ACTH (A) stimuliert in der Zona fasciculata der Nebennierenrinde die Glucocorticoid-Synthese. Das Gonadotropin FSH (B) stimuliert die Spermiogenese und die Follikelreifung. STH (D) stimuliert über Somatomedine das Wachstum. TSH (E) stimuliert die Freisetzung der Schilddrüsenhormone.

F04
→ **Frage 17.114:** Lösung B

Inhibin ist ein Protein, das im Ovar und im Hoden gebildet wird und im Hypophysenvorderlappen die FSH-Sekretion hemmt (B). Dadurch wird das Reifen eines Follikels bzw. die Spermiogenese unterdrückt.

H90
→ **Frage 17.115:** Lösung E

Siehe auch Lerntext XVII.3.
Die T_4-Freisetzung wird durch TSH nicht gehemmt, sondern stimuliert.

H93
→ **Frage 17.116:** Lösung B

Somatotropin wird in den eosinophilen Zellen des HVL synthetisiert (A) und bewirkt in der Leber die Synthese der wachstumsfördernden Somatomedine, die aufgrund ihrer Ähnlichkeit zum Proinsulin auch „insulin-like-growth-factor" (IGF I und II) genannt werden (E).
Die Somatotropinausschüttung wird durch die hypothalamischen Hormone Somatostatin (C) und Somatoliberin (D) reguliert.

F92

→ **Frage 17.117:** Lösung C

Aus einem Vorläuferprotein wird im Hypothalamus das Tripeptid TRH (Thyreoidea-releasing Hormon) (Thyroliberin) freigesetzt. Im HVL bewirkt TRH die Sekretion von TSH (Thyreoidea-stimulierendes Hormon = Thyrotropin). Somatostatin hemmt die Freisetzung von TSH und der anderen Hypophysenvorderlappenhormone.
Die gesuchte Falschaussage ist (C), denn nicht über axonalen Transport, sondern über den Blutweg des sog. hypophysären Wundernetzes gelangen TRH und alle anderen Liberine und Somatostatin aus dem Zwischenhirn zum Hypophysenvorderlappen. Axonaler Transport spielt eine Rolle bei den Hypophysenhinterlappenhormonen Oxytocin und Vasopressin (Adiuretin), die auf diese Weise vom Hypothalamus zum Hypophysenhinterlappen gelangen, von wo sie ins Blut sezerniert werden.

F96

→ **Frage 17.118:** Lösung E

Durch Somatostatin wird die Insulinsekretion nicht stimuliert, sondern gehemmt.

H94

→ **Frage 17.119:** Lösung E

Ein aus 14 Aminosäuren aufgebautes Peptid, das Somatostatin, wird als Release-Inhibiting-Hormon im Hypothalamus, in den δ-Zellen der Langerhans-Inseln des Pankreas und in der Schleimhaut von Magen und Dünndarm gebildet.
Im Hypophysenvorderlappen hemmt Somatostatin die STH-Freisetzung (C) und die TSH-Freisetzung (D). Dadurch wirkt es nur indirekt auf die Schilddrüse hemmend, sodass (E) die gesuchte Falschaussage ist.
Im Pankreas wird durch Somatostatin die Freisetzung sowohl von Insulin (A), als auch von Glukagon (B) gehemmt.

XVII.11 Hypophysenhinterlappen-Hormone

Im Hypophysenhinterlappen werden zwei sehr ähnlich gebaute Nonapeptide, Ocytocin und Vasopressin, gespeichert und freigesetzt. Gebildet werden die beiden in Form höhermolekularer Vorstufen im Hypothalamus; die Hormone werden dann in Bindung an spezifische Transportproteine (Neurophysin I bzw. II) durch axonalen Transport (Neurosekretion) zur Hypophyse gebracht.
Ocytocin wirkt bei der Frau auf die glatte Muskulatur von Uterus und Brustdrüse; es werden die Geburtswehen und die Ejektion der Milch eingeleitet.
Adiuretin (ADH), auch Vasopressin genannt, wirkt vor allem auf die Niere und die Blutgefäße. Es fördert die Wasserresorption im distalen Tubulus. Fehlen des Hormons führt zum Diabetes insipidus. Beide HHL-Hormone werden therapeutisch eingesetzt, wobei neben der Injektion eine Verabreichung als Nasenspray möglich ist.

Klinischer Bezug

Diabetes insipidus

Beim Diabetes insipidus („nicht-schmeckende Harnruhr") werden große Volumina eines hypotonen Urins (6 l, maximal 24 l pro Tag) ausgeschieden, verbunden mit Durst und entsprechenden Trinkmengen (Polydipsie).
Beim zentralen Diabetes insipidus wird bedingt durch Tumoren, infiltrative Läsionen, operationsbedingt oder nach Strahlenbehandlung im Hypothalamus-Hypophysenhinterlappen-System kein Adiuretin (Vasopressin) sezerniert. Die Therapie mit synthetischem Hormon nasal oder s.c. appliziert ist wirksam.
Ein nephrogener Diabetes insipidus kann bei einer Mutation des Adiuretin-Rezeptorgens oder des Aquaporingens auftreten. Eine Therapie mit Adiuretin ist hier wirkungslos.

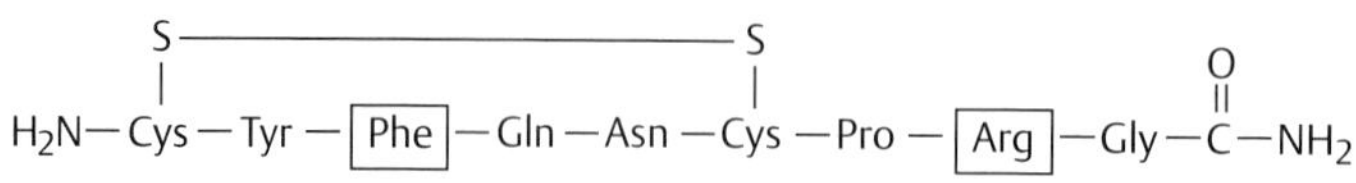

Vasopressin (Adiuretin)

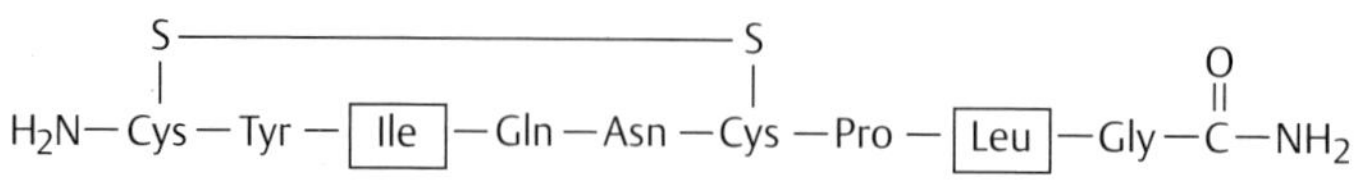

Ocytocin

F99 F98

→ **Frage 17.120:** Lösung A

Das im Hypothalamus gebildete Hypophysenhinterlappen-Hormon Adiuretin (B) ist, ebenso wie das Ocytocin, ein Nonapeptid ohne Kohlenhydrat-Komponente: (A) ist die gesuchte Falschaussage. Die Adiuretin-Wirkung, eine vermehrte Wasserresorption in den Sammelrohren der Niere, kommt über den second messenger cAMP zustande (E). Da das Adiuretin den peripheren Gefäßwiderstand erhöht (C), wird das Peptid auch als Vasopressin bezeichnet.

XVII.12 Endokrine Funktionen der Niere

Die Niere produziert 3 endokrin wirksame Faktoren:

1. die Protease**Renin** (Renin-Angiotensin-Aldosteron-System)
2. **Erythropoietin**
3. **Calcitriol**

Bei einem Abfall der Nierendurchblutung wird von den juxtaglomerulären Zellen der Niere eine spezifische Protease, das Renin, abgegeben. Renin spaltet durch begrenzte Proteolyse aus einem in der Leber gebildeten Plasmaglobulin, dem Angiotensinogen, ein 10er Peptid (Deka-Peptid), Angiotensin I, ab. Angiotensin I wird wiederum durch begrenzte Proteolyse durch das „converting enzyme“ um zwei Aminosäuren verkürzt zum Oktapeptid Angiotensin II. Angiotensin II bewirkt eine Vasokonstriktion und damit eine Blutdruckerhöhung, gleichzeitig stimuliert es die Aldosteron-Sekretion und bewirkt damit eine Kochsalz- und Wasser-Retention mit Erhöhung des Blutvolumens. Beide Mechanismen sind für die Entwicklung des Bluthochdrucks von Bedeutung.
Erythropoietin ist ein Glykoprotein (MG ca. 18000), es wird bei ungenügender O_2-Versorgung der Niere gebildet und stimuliert die Stammzellen des roten Knochenmarks zur Erythrozytenbildung.
Calcitriol (1,25-Dihydroxycholecalciferol) entsteht in der Niere aus 25-Hydroxycholecalciferol (Calcidiol), das in der Leber aus Vitamin D_3 gebildet wird. Die 1-Hydroxylase der Niere wird durch Parathormon stimuliert und durch freie Calciumionen gehemmt. Calcitriol erhöht die Calciumresorption im Dünndarm, in der Niere die Ca/P-Rückresorption und im Knochen den Ca/P-Einbau (Mineralisierung).

Klinischer Bezug
Renaler Hypertonus
Ein erhöhter arterieller Blutdruck ist eines der verbreitetsten medizinischen Probleme, zwischen 20% und 50% der erwachsenen Bevölkerung sind betroffen.
In 90% der Fälle kann eine Ursache nicht eruiert werden, man spricht von essentieller Hypertonie. Ca. 5% aller Hypertonie-Fälle sind Folge von verschiedenen Nierenerkrankungen, bei denen das Renin-Angiotensin-Aldosteron-System beteiligt ist.
Die Therapie umfasst hier eine Hemmung des Angiotensin-converting-Enzyme (ACE-Hemmer) und (oder) Aldosteronantagonisten.

H98

→ **Frage 17.121:** Lösung A

Vasopressin (= Adiuretin = ADH) ist ein Octapeptid, das an der Niere durch cAMP (E) die H_2O-Permeabilität steigert und an glatten Gefäßmuskelzellen eine Kontraktion auslöst.
Bei einer Erhöhung des osmotischen Drucks im Blutplasma wird Vasopressin aus dem Hypophysenhinterlappen (HHL) freigesetzt.
Die gesuchte Falschaussage ist (A), denn Vasopressin wird nicht im HHL gebildet, sondern als Praeprovasopressin im Hypothalamus. Aus Praeprovasopressin entstehen durch limitierte Proteolyse Provasopressin und Neurophysin II. Das proteolytisch freigesetzte Vasopressin gelangt, angelagert an Neurophysin, durch axonalen Transport (Neurosekretion) in den HHL.

H03

→ **Frage 17.122:** Lösung B

Aussage (B) ist richtig, denn EPO ist ein Glykoprotein, das zu den Wachstumsfaktoren bzw. Gewebehormonen gezählt wird. Aussage (A) ist nicht zutreffend, denn EPO wird nicht von den erythropoetischen Stammzellen synthetisiert, sondern von der Niere bei Sauerstoffmangel. Es ist kein Enzym der Häm-Biosynthese, sondern ein Stimulus für die Erythrocytenbildung ((E) ist falsch), wodurch keine Senkung des Hämatokritwertes, sondern über die Erhöhung der Erythrocytenzahl eine Erhöhung des Hämatokrits bewirkt wird ((D) ist falsch). Aussage (C) ist falsch, denn durch Erythropoetin wird keine Guanylatcyclase stimuliert, sondern über so genannte Januskinasen (JAK) werden Transkriptionsfaktoren an Tyrosinresten phosphoryliert und so Gene der Erythropoese aktiviert.

H01
→ **Frage 17.123:** Lösung C

Erythropoietin ist ein vorwiegend in der Niere gebildetes, das rote Blutbild förderndes Proteohormon, das bei Nierenschäden (C) vermindert gebildet wird.
Die anderen Aussagen sind falsch: Eisenmangel, Cobalaminmangel oder Hämolyse würden eher von einem Anstieg der Erythropoietin-Plasmakonzentration gefolgt sein.

F04
→ **Frage 17.124:** Lösung D

Bei Blutdruckabfall sezerniert die Niere die Protease Renin, (C) ist falsch. Durch Renin wird aus Angiotensinogen Angiotensin I abgespalten, (A) ist falsch. Durch ACE wird Angiotensin I in Angiotensin II umgewandelt, (B) ist falsch. Angiotensin II stimuliert in der Zona glomerulosa der NNR die Aldosteronsekretion, (D) ist die gesuchte richtige Aussage. Aussage (E) ist falsch, denn Angiotensin II wirkt mit G-Proteinen nicht über cGMP, sondern über Inositoltriphosphat (IP_3).

H02
→ **Frage 17.125:** Lösung C

Das Octapeptid Angiotensin II wirkt durch Bindung an AT_1-Rezeptoren, die über G-Proteine intrazelluläres Ca^{2+} erhöhen und die Adenylatcyclase hemmen. Eine Guanylatcyclase ist nicht beteiligt, damit ist (C) die gesuchte Falschaussage.

F94
→ **Frage 17.126:** Lösung C

ANF wirkt nicht synergistisch mit Angiotensin, sondern funktionell antagonistisch.

F03
→ **Frage 17.127:** Lösung D

Das Polypeptid ANF (atrialer natriuretischer Faktor) wird bei Überfüllung der Herzvorhöfe (Vorhofdehnung) sezerniert, über eine cGMP-Erhöhung in den Nierenzellen (D) bewirkt er eine Salz- und Wasserausscheidung.
Die Renin-Sekretion wird durch ANF herabgesetzt ((A) ist falsch) und die Aldosteronsekretion wird gehemmt ((B) ist falsch). Durch die genannten Mechanismen wird das Plasmavolumen gesenkt ((C) ist falsch).

H98
→ **Frage 17.128:** Lösung C

Als Gastrin bezeichnet man einige unterschiedlich große Peptidhormone, die von den G-Zellen des Magen-Antrums (A) und im oberen Duodenum gebildet werden. Eine Gastrin-Freisetzung bewirkt eine Stimulation der Pepsinogen- (B) und Salzsäureabgabe. Die gesuchte Falschaussage ist (C), denn durch Gastrin wird die Histaminfreisetzung nicht gehemmt, sondern stimuliert. Die Gastrinwirkung geschieht über ein G-Protein und cAMP als second messenger (E).

H98
→ **Frage 17.129:** Lösung E

Die Phospholipase C spaltet das in die Zellmembran eingebaute Phosphatid Phosphatidylinositol-4,5-bisphosphat in Diacylglycerol (A) und Inositoltrisphosphat (B), beide Produkte wirken als second messenger. Diacylglycerol (DAG) aktiviert zusammen mit Ca^{++} in der Membran die Proteinkinase C. Inositoltrisphosphat (IP_3) setzt aus dem endoplasmatischen Reticulum Ca^{++} frei.
Die gesuchte Falschaussage ist (E), denn die Phosphodiesterase wird nicht durch DAG oder IP_3 aktiviert. Es gibt beim Sehvorgang eine cGMP-spezifische Phosphodiesterase, die durch eine Untereinheit eines Rhodopsin-aktivierten G-Proteins aktiviert werden kann.

H93
→ **Frage 17.130:** Lösung C

Die Magenentleerung wird durch das 22er Peptid Motilin (gebildet im oberen Dünndarm) beschleunigt. Auch die Dünndarmperistaltik wird durch Motilin angeregt.

H00
→ **Frage 17.131:** Lösung C

Viele Botenstoffe (Hormone; Gewebshormone; Neurotransmitter) entstehen durch eine Modifikation aromatischer Aminosäuren: so entstehen Serotonin und Melatonin aus dem Tryptophan; Dopamin und Noradrenalin werden aus Phenylalanin gebildet.
Die gesuchte Falschaussage ist (C): auch das Stickstoffmonoxid kann auf eine Aminosäure zurückgeführt werden; in diesem Fall ist aber das aliphatische Arginin die Stammsubstanz.

XVII.13 Gastrointestinale Hormone

Im Darm werden von verschiedenen sogenannten Apud-Zellen (amin-precursor-uptake-and-decarboxylation) Proteohormone mit Wirkungen vorwiegend auf die Verdauungsvorgänge gebildet.
Gastrin besteht aus 17 Aminosäuren und wird in Pylorus-nahen Zellen gebildet. Gastrin stimuliert die HCl-Sekretion der Belegzellen des Magens, es wird bei der Magendiagnostik als Pentagastrin-Test eingesetzt. Gastrin kann zusätzlich die Insulin-Sekretion steigern. Kleine Gastrin-produzierende Tumoren können im Duodenum und im Pankreas vorkommen, sie führen zu maximaler HCl-Produktion und multiplen Magengeschwüren. Dieses Krankheitsbild wird als Zollinger-Ellison-Syndrom bezeichnet.
Enterogastron (GIP = gastric-inhibitory-polypeptide) besteht aus 43 Aminosäuren und ist im Magen ein Gastrin-Antagonist, es hemmt die HCl-Produktion. An den β-Zellen der Langerhans-Inseln im Pankreas stimuliert Enterogastron ähnlich wie Gastrin synergistisch die Insulinfreisetzung.
Cholecystokinin (= Pankreozymin) bewirkt eine Kontraktion der Gallenblase und führt so zu einer Gallensekretion, z.B. nach fettreichen Mahlzeiten, und erhöht den Enzymgehalt des Pankreassekretes.
Sekretin hemmt wie Enterogastron die HCl-Produktion und steigert die Bicarbonat-Sekretion des Pankreas und die Galle-Produktion der Leber.

Klinischer Bezug

Gastrinom (Zollinger-Ellison-Sydrom)

Im Bereich des Magens, Dünndarms und Pankreas sind ca. 10 verschiedene endokrin-aktive Tumorsyndrome beschrieben worden, von denen Gastrin-produzierende Tumore die häufigsten sind. Leitsymptom der Gastrinome sind schwere, therapierefraktäre Geschwüre (Ulcera) des Dünndarms und des Magens. Auch ohne Nahrungsreiz sezerniert beim Zollinger-Ellison-Syndrom der Magen durch die hohe Gastrin-Serum-Konzentration Salzsäure. Die Gastrinome sind zu 80% im Pankreas und zu 15% im Duodenum lokalisiert. Der Rest findet sich im Magen, der Milz und in der Leber. Die Diagnose erfolgt über die Gastrinbestimmung, die maximale HCl-Basalsekretion und röntgenologisch. Therapeutisch werden medikamentös Histamin-Antagonisten (H_2-Rezeptoren-Blocker) und H^+/K^+-ATPase-Hemmer eingesetzt und evtl. chirurgisch eine Tumorentfernung und (oder) eine Ulkus-Operation vorgenommen.

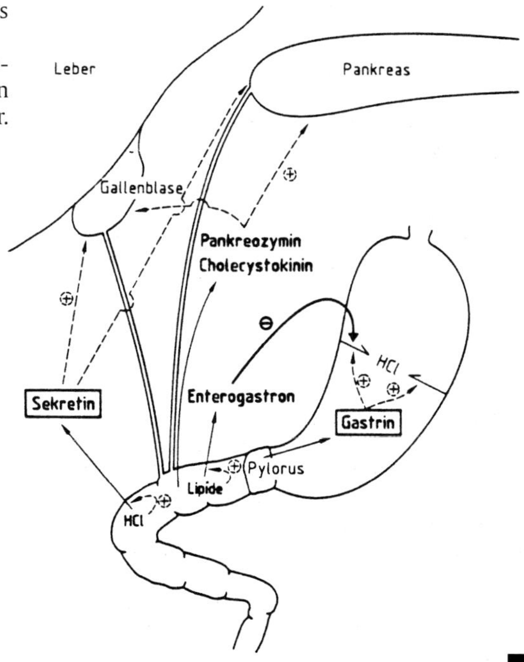

H01
→ **Frage 17.132:** Lösung B

Serotonin ist ein Trivialname für 5-Hydroxytryptamin, ein Abbauprodukt des L-Tryptophans. (B) ist hier die gesuchte Falschaussage, denn mit Serin hat Serotonin nichts zu tun. Im ZNS wirkt Serotonin als Neurotransmitter, im übrigen Körper als Gewebshormon mit diversen Aufgaben. Aus Thrombozyten und der verletzten Gefäßwand freigesetztes Serotonin führt innerhalb von Sekunden zur Gefäßkonstriktion und vaskulären Blutstillung. Wie die meisten biogenen Amine wird Serotonin durch MAO (Monoaminoxidase) oxidativ desaminiert und dadurch inaktiviert.

H00
→ **Frage 17.133:** Lösung B

Eikosanoide sind von der Arachidonsäure abgeleitete Gewebshormone, unter denen vier Typen zu unterscheiden sind: Prostaglandine, Prostacycline, Thromboxane und Leukotriene.
Die drei Erstgenannten entstehen in einer O_2-abhängigen Reaktion durch das Enzym Cyclooxygenase; die Leukotriene entstehen, auch O_2-abhängig, durch die Lipoxygenase (deshalb ist (B) die gesuchte Falschaussage). Sehr ähnlich gebaute Wirkstoffe bewirken oft gegensätzliche Reaktionen im Körper. So gibt es Blutdruck steigernde und Blutdruck senkende (C) Prostaglandine; Thromboxane fördern, Prostacycline hemmen die Thrombozytenaggregation.

H98
→ **Frage 17.134:** Lösung A

Aus Arachidonsäure (Eicosatetraensäure) werden 4 Klassen von Gewebshormonen, sogenannte Eicosanoide, gebildet.
Prostaglandine, Prostacycline und Thromboxane entstehen unter der Wirkung der Cyclooxygenase, die durch Acetylsalicylsäure (Aspirin) gehemmt werden kann.
Leukotriene entstehen nicht über die Cyclooxygenase-Reaktion, sondern hier wirkt die Lipoxygenase, die bei den anderen drei Eicosanoiden nicht beteiligt ist; damit ist (A) die gesuchte Falschaussage.

F95
→ **Frage 17.135:** Lösung C

Siehe Lerntext III.2.
Aspirin hemmt die Cyclooxygenase und damit die Synthese von Prostaglandinen, Prostazyklinen und Thromboxanen (C).
Die Freisetzung der Arachidonsäure aus Phospholipiden der Zellmembran durch die Phospholipase A kann durch steroidale Antiphlogistica (z. B. Cortisolderivate) gehemmt werden.

H99
→ **Frage 17.136:** Lösung D

Bradykinin ist ein Nonapeptid, das im Blut durch limitierte Proteolyse aus dem α_2-Globulin Kininogen durch die Protease Kallikrein freigesetzt wird (A). Bradykinin führt zu einer Erschlaffung der Gefäßmuskulatur (C) und wirkt stark bronchokonstriktorisch, damit ist (D) die gesuchte Falschaussage. Bradykinin hat im Blut eine Halbwertszeit von 30 Sekunden (B), es wird durch Kininasen (E) hydrolysiert.

H03
→ **Frage 17.137:** Lösung C

Zum Kinin-System gehören die Oligopeptide Bradykinin aus 9 Aminosäuren und Kallidin aus 8 Aminosäuren, beide Kinine weisen identische Sequenzen auf. Sie werden aus dem in der Leber gebildeten höhermolekularen Kininogen durch Kallikrein proteolytisch freigesetzt (A). Kallikrein wird aus Prä-Kallikrein unter anderem durch den Hageman-Faktor XIIa aktiviert, andererseits aktiviert auch Kallikrein den Hageman-Faktor (B). Bradykinin und Kallidin rufen Entzündungen hervor (D) und aktivieren die glatten Muskeln des Darms (E). Die gesuchte Falschaussage ist (C), denn Angiotensin II ist kein Kinin, sondern dient der Blutdruckregulation.

H00
→ **Frage 17.138:** Lösung A

Die gesuchte Falschaussage ist (A), denn TNF wird nicht von Tumorzellen, sondern von Makrophagen, Fibroblasten, T-Lymphozyten und glatten Muskelzellen gebildet, es ist ein monomeres Protein (MG 17000), das Tumor-cytolytische und chemotaktische Wirkungen hat. IL-1 wie auch andere Cytokine können Fieber auslösen (B). IL-1 wird von Makrophagen und T-Lymphozyten gebildet und stimuliert in T-Lymphozyten die Bildung von IL-2 (C), das seinerseits die Teilung (Proliferation) von T- und B-Lymphozyten stimuliert.
γ-Interferon wird von aktivierten T-Lymphozyten und Killerzellen gebildet und aktiviert Makrophagen.

F97
→ **Frage 17.139:** Lösung B

Interleukin-1 ist ein Vertreter der ein Dutzend Peptide umfassenden Klasse von Interleukinen, die zu den Cytokinen gehören und als Modulatoren zwischen dem Hormon- und dem Immunsystem wirken. Die gesuchte Falschaussage ist (B): Nicht die Interleukine, sondern die Leukotriene gehören zu den sich von der Arachidonsäure ableitenden Eikosanoiden.

H99
→ **Frage 17.140:** Lösung E

Interleukin-2, IL-2, ist ein von T-Lymphozyten (B) gebildetes Glykoprotein (A) mit einem Molekulargewicht von 15000, das als Wachstumsfaktor für die T-Zellen wirkt (D) und auch zur Aktivierung der B-Zellen führt ((E) ist die gesuchte Falschaussage). Die zu den Cytokinen gehörende Substanz IL-2 kann gentechnisch hergestellt werden. Trifft ein T-Lymphozyt mit einem Antigen-präsentierenden B-Lymphozyten zusammen, so wird im T-Lymphozyten die IL-2-Bildung verstärkt und die Expression des IL-2-Rezeptors angeschaltet. Danach kommt es zur Wechselwirkung des von der T-Zelle produzierten IL-2 mit dem IL-2-Rezeptor auf derselben Zelle; man nennt das autokrine Stimulation (C).

H96
→ **Frage 17.141:** Lösung E

NO wird von Endothelzellen, aktivierten Makrophagen und manchen Nervenzellen aus Arginin durch NO-Synthasen gebildet. NO diffundiert rasch in die umliegenden Gewebe. Es relaxiert die glatte Gefäßmuskulatur, fördert so die Durchblutung und senkt den Blutdruck. Hohe NO-Konzentrationen, z.B. aus den aktivierten Makrophagen, wirken zytotoxisch.
Die gesuchte Falschaussage ist (E), denn das NO-Radikal ist außerordentlich instabil, seine Halbwertszeit beträgt wenige Sekunden.

F05
→ **Frage 17.142:** Lösung A

Arachidonsäure (Eicosatetraensäure) ist die Muttersubstanz der Gewebehormone, die Eicosanoide genannt werden.
Durch die Lipoxygenase entstehen aus Arachidonsäure die Leukotriene, durch die Cyclooxygenase die Prostaglandine, Prostacycline und Thromboxane.
Aussage (B) ist falsch, denn Serotonin entsteht wie Melatonin aus der Aminosäure Tryptophan.
Aussage (C) ist falsch, denn Dopamin, wie auch Noradrenalin und Adrenalin, entsteht aus Phenylalanin/Tyrosin.
Aussage (D) ist falsch, denn NO entsteht aus der Aminosäure Arginin.
Aussage (E) ist falsch, denn das Octapeptid Angiotensin II entsteht durch limitierte Proteolyse aus dem Protein Angiotensinogen durch die Protease Renin und das Angiotensin-converting-enzyme.

Kommentare aus Examen Frühjahr 2006

F06
→ **Frage 17.143:** Lösung A

Beim Hunger werden in der Leber durch Glucagon über G_5-Proteine, cAMP und Proteinkinase die Glykogenolyse, die Gluconeogenese und die Glucosefreisetzung stimuliert (A). Dasselbe wird bei „Stress“ über Adrenalin mit denselben Reaktionswegen ausgelöst. Analoges gilt für die Lipolyse im Fettgewebe.
Aussage (B) ist falsch, denn Insulin hemmt die genannten Reaktionen.
Aussage (C) ist falsch, denn Cortisol wirkt durch einen intrazellulären Rezeptor und induziert die Synthese der Gluconeogenese-Enzyme.
Aussage (D) ist falsch, denn auch Thyroxin wirkt nur über intrazelluläre Rezeptoren.
Aussage (E) ist falsch, denn β-Lipoprotein bewirkt experimentell eine Lipolyse, physiologisch entsteht es in der Hypophyse aus dem Proopiomelanocortin (POMC) und hat eher eine Endorphin-Wirkung.

F06
→ **Frage 17.144:** Lösung E

Aus Tyrosin können Catecholamine (Dopamin, Noradrenalin und Adrenalin) und Schilddrüsenhormone (T_3 und T_4) gebildet werden.
Aussage (A) ist falsch, denn Cortisol ist ein Steroidhormon und entsteht aus Cholesterin.
Die Aussagen (B) und (D) sind falsch, denn Prostaglandine und Thromboxan entstehen aus Arachidonsäure.
Aussage (C) ist falsch, denn Serotonin entsteht aus Tryptophan.

F06
→ **Frage 17.145:** Lösung C

Angiotensin II ist ein Octapeptid, das aus dem Decapeptid Angiotensin I durch das Angiotensin-converting-enzyme (ACE) durch Abspaltung eines Dipeptids entsteht.
Bei Hypotonie, Na^+-Mangel und erhöhtem Sympathikotonus sezernieren die juxtaglomerulären Zellen der Niere die spezifische Protease Renin, die aus dem von der Leber in das Blut abgegebenen Protein Angiotensinogen das Angiotensin I abspaltet.
Angiotensin II stimuliert in der Nebennierenrinde die Aldosteronsekretion (C), wodurch das Serum-Na^+ und damit das Blutvolumen ansteigt.
Aussage (E) ist falsch, denn durch die vasokonstriktorische Wirkung des Angiotensin II wird der Blutdruck erhöht. ACE-Hemmer werden zur Hypertoniebehandlung eingesetzt.

Aussage (A) ist falsch, denn Angiotensin ist ein Peptid, aus Arachidonsäure werden die Eicosanoide (Prostaglandine, Prostacycline, Thromboxane und Leukotriene) gebildet.
Aussage (B) ist falsch, denn das Angiotensin beeinflusst nicht die Insulinsekretion, dies tun Glucose und Sulfonylharnstoffe.
Aussage (D) ist falsch, denn durch Angiotensin wird die Adiuretin-Sekretion des Hypophysenhinterlappens nicht gehemmt, sondern stimuliert, dies dient der Volumenerhöhung bei Hypotonie.

F06
→ **Frage 17.146:** Lösung C

Im Hypothalamus und im Hypophysenvorderlappen wird das Peptid-Prohormon Proopiomelanocortin (POMC) gebildet, aus dem durch limitierte Proteolyse Corticotropin, Melanotropin, Endorphine, Enkaphaline und Lipotropin gebildet werden können. Über die NNR-Hypophysen-Hypothalamus-Achse kann Cortisol durch negative Rückkopplung die POMC-Synthese hemmen (C).
Aussage (A) ist falsch, denn CRH (Corticoliberin) wird nicht zu POMC, sondern es induziert die POMC-Synthese.
Aussage (B) ist falsch, denn Adrenalin ist kein Peptid, sondern ein Derivat der Aminosäure Tyrosin.
Aussage (D) ist falsch, denn POMC hat mit den Somatomedinen (insulin-like growth factor, IGF) nichts zu tun. IGF werden von der Leber unter der Wirkung des Wachstumshormons (Somatotropin) gebildet.
Aussage (E) ist falsch, denn Aldosteron wird von der Nebennierenrinde aus Cholesterin unter der Wirkung von Renin-Angiotensin gebildet.

F06
→ **Frage 17.147:** Lösung C

Adrenalin führt nach Bindung an β-Rezeptoren, hauptsächlich in der Leber und im Fettgewebe, über G_S-Proteine zu einer cAMP-Erhöhung (C). Fettsäuren und Glucose werden für die „fight or flight"-Reaktion ins Blut abgegeben.
Aussage (A) ist falsch, denn die IP_3-Signalkette wird über α_1-Rezeptoren aktiviert.
Aussage (B) ist falsch, denn über eine Rezeptortyrosinkinase wirkt nicht das Adrenalin, sondern Insulin.
Aussage (D) ist falsch, denn über cGMP wirken nicht die Catecholamine, sondern Stickstoffmonoxyd (NO) und das Atriopeptin der Herzvorhöfe.
Siehe Lerntext „Nebennierenmark" XVII.7.

F06
→ **Frage 17.148:** Lösung D

Calcitriol stimuliert durch Induktion des Proteins Calbindin die Calciumresorption aus dem Darm (D).
Aussage (A) ist falsch, denn Calcitonin wirkt nicht am Darm, sondern vorwiegend am Knochen, es senkt die Serum-Ca^{2+}-Konzentration durch Stimulierung der Osteoblasten und Hemmung der Osteoklasten.
Aussage (B) ist falsch, denn Parathormon ist ein Peptid und kein Steroid.
Aussage (C) ist falsch, denn die Synthese des Calcitriol aus Calcidiol in der Niere wird durch cAMP-Erhöhung (durch Parathormon) nicht gehemmt, sondern stimuliert.
Aussage (E) ist falsch, denn Calcitriol wirkt wie alle lipophilen Hormone über intrazelluläre Rezeptoren direkt auf die Genexpression.
Siehe Lerntext „Parathormon, Calcitonin, Calcitriol" XVII.5.

F06
→ **Frage 17.149:** Lösung E

Über intrazelluläre Rezeptoren auf die Genexpression wirken hydrophobe Hormone (alle Steroidhormone, Vitamin D-Hormone und die Schilddrüsenhormone (T_3 und T_4)).

F06
→ **Frage 17.150:** Lösung C

Über die Achse Hypothalamus (Liberine) – Hypophysenvorderlappen (Tropine) – periphere Drüse werden die Schilddrüse (C), die Nebennierenrinde und die Gonaden reguliert.
ANP wird über das Blutvolumen (Vorhoffüllung) reguliert.
Die Adrenalinsekretion wird nerval über den Sympathikus stimuliert.
Die Glucagonsekretion wird gegenläufig zur Insulinsekretion über die Blutglucosekonzentration reguliert.
Die Serumcalciumkonzentration beeinflusst die Calcitoninsekretion gegenläufig zur Parathormonsekretion.

F06
→ **Frage 17.151:** Lösung B

Die Schilddrüse resorbiert aus dem Blut Jodidionen, die durch eine Peroxidase an der Plasmamembran zu elementarem Jod oxidiert werden (B).
Aussage (A) ist falsch, denn am ER wird das Thyreoglobulin synthetisiert.
Aussage (C) ist falsch, denn endosomal werden aus dem Thyreoglobulin T_4 und T_3 durch limitierte Proteolyse freigesetzt.

Aussage (D) ist falsch, denn das TBG dient im Blut dem Transport der Schilddrüsenhormone.
Aussage (E) ist falsch, denn die C-Zellen produzieren nicht die jodhaltigen Schilddrüsenhormone, sondern das Peptidhormon Calcitonin, das die Calciumkonzentration im Blut senkt.
Siehe Lerntext „Schilddrüse“ XVII.3.

F06
→ **Frage 17.152:** Lösung B

Die Lipolyse im Fettgewebe wird durch Adrenalin (β-Rezeptoren) und Glucagon über cAMP und die hormonsensitive Triglyceridlipase stimuliert (B).
Aussage (A) ist falsch, denn durch die Phosphodiesterase wird cAMP gesenkt und die Lipolyse gehemmt.
Aussage (C) ist falsch, denn Insulin stimuliert die Fettbildung und Fettspeicherung und hemmt die Lipolyse.

F06
→ **Frage 17.153:** Lösung D

Die Synthese des Testosterons wird durch das Gonadotropin LH (= ICSH) stimuliert (A).
Durch negative Rückkopplung hemmt Testosteron die Gonadoliberin- und LH-Freisetzung (E).
Testosteron wird aus Progesteron synthetisiert (B).
In seinen Zielzellen wird Testosteron zum wirksameren Dihydrotestosteron umgewandelt.
Die gesuchte Falschaussage ist (D), denn die Inaktivierung des Testosterons in der Leber führt zum Androstendiol. Die Aromatase kommt nicht in der Leber vor, sondern im Ovar, sie wandelt Androgene in Östrogene um.

18 Immunchemie

XVIII.1 Abwehrmechanismen

Die Abwehrmechanismen gegen Mikroorganismen (Bakterien, Viren, Protozoen, Pilze etc.), Fremdzellen, fremde Organismen und gegen veränderte körpereigene Strukturen können in spezifische (B- und T-Lymphozyten) und unspezifische (Komplementsystem, Makrophagen, Lysozym etc.) unterteilt werden.
Spezifische Immunität wird erst nach Kontakt mit fremden Molekülstrukturen erworben und ist in der Regel ausschließlich gegen das auslösende Agens gerichtet. Die unspezifischen Mechanismen sind stets vorhanden, können allerdings häufig durch das spezifische System in Gang gesetzt werden.
Antigene (Ag) sind meist fremde Makromoleküle (Proteine, Polysaccharide, Lipide, Nucleinsäuren), die im Wirbeltier die Bildung von Antikörpern (Ak) hervorrufen (immunogene Wirkung). Sie können in einer Antigen-Antikörper-Reaktion spezifisch mit diesen Antikörpern reagieren.
Die Gruppen, die in einem Makromolekül als fremd erkannt werden und sich mit den Bindungsstellen des Antikörpers verbinden, werden Antigen-determinante Gruppen genannt. Sie bestehen meist aus nur 3–6 Monosaccharid- oder Aminosäureresten. In der Regel gilt, je größer eine Fremdstruktur, desto mehr Antigen-determinante Gruppen (entspricht der Zahl der Bindungsstellen für Antikörper) hat sie. Auf einem Makromolekül können viele sowohl identische als auch verschiedene antigendeterminante Gruppen vorkommen.
Zur Auslösung der Antikörper-Bildung ist immer ein makromolekularer Träger der Antigen-determinanten Gruppe nötig, sein Teilchengewicht muss mindestens 50000 betragen. Die Antigen-Antikörper-Komplexe können auch mit kleineren Antigen-Molekülen gebildet werden, die dann Haptene (Halbantigene) genannt werden, weil sie erst nach Bindung an ein Trägerprotein imstande sind, die Immunantwort, d.h. die Antikörper-Bildung, in Gang zu bringen.

Der Mensch verfügt über 7 verschiedene Abwehrmechanismen

1	B-Lymphozyten	→	Immunglobuline	→	humorale Immunität
2	T-Lymphozyten	→	zellständige Ak	→	zelluläre Immunität
3	Killer-Lymphozyten	→	Immunglobulin-Zelle-Lymphoz.-Komplex	→	Zelltod
4	Komplement-System mit ca. 20 Faktoren	→	Ag-Ak-Aktivierung	→	Zell-Lyse
5	Makrophagen, Granulozyten	→	Phagozytose		
6	Lysozym	→	Mureinspaltung	→	Bakterien-Lyse
7	Interferon	→	Hemmung der Virusvermehrung		

Wertigkeit verschiedener Antigene

Antigen	Molekulargewicht	Bindungsstellen für Antikörper
Ribonuclease	13000	3
Albumin	69000	6
γ-Globulin	160000	7
Thyreoglobulin	700000	40
Tabakmosaikvirus	40000000	650
Erythrocyt A_1		100000

Klinischer Bezug

Das Komplementsystem in der Diagnostik

Die sog. Komplementbindungsreaktion (KBR) mit einem standardisierten Indikator-System aus Schafserythrocyten und Kaninchenantikörpern dient dem bakteriologisch-serologischen Nachweis zum einen von Krankheitserregern oder zum anderen von Antikörpern.
Ein weiteres Einsatzgebiet der Komplement-Bestimmungen ist der Nachweis zirkulierender Immunkomplexe bei Autoimmunkrankheiten wie rheumatischen Kollagenosen, Glomerulonephritis, Morbus Basedow, Medikamenten-Allergie u. a.

H01

→ **Frage 18.1:** Lösung C

Haptene sind kleine, selbst nicht immunogen wirkende Moleküle ((A) und (B) sind falsch), die aber zum Antigen werden, wenn sie an größere Trägermoleküle gebunden werden; daher kommt die Bezeichnung „Halbantigen“. Das komplettierte Immunogen reagiert mit seinem Antikörper über die spezifische Antigen-Bindungsstelle (C) und nicht über den F_c-Anteil ((E) ist falsch).

H90

→ **Frage 18.2:** Lösung D

Siehe Lerntext XVIII.2.
Makrophagen bilden sich nicht aus Plasmazellen, sondern aus Monozyten. Makrophagen (Fresszellen) phagozytieren und prozessieren Antigene und präsentieren sie den T-Lymphozyten.

F04

→ **Frage 18.3:** Lösung D

Chemotaktisch auf die Migration von Granulozyten wirkt bei Entzündungsreaktionen das von Endothelzellen abgegebene Interleukin-8 (D).
Interleukin-2 (C) bewirkt vorwiegend eine Proliferation von Lymphozyten. CRP (A) wird von der Leber gebildet und dient als Akute-Phase-Protein u. a. zusammen mit Immunglobulinen (B) und Komplementfaktoren der Opsonierung von Bakterien. Transferrin (E) dient dem Eisentransport im Blut.

F05

→ **Frage 18.4:** Lösung E

Das zur Lyse von Fremdzellen führende Komplementsystem im Blut-Plasma besteht aus einer Kaskade von 20 Proteinen, die etwa 10 % der Proteine der Globulinfraktionen im Plasma ausmachen. Spezifisch wird dieses Abwehrsystem dadurch, dass die Bindung von IgM an die Fremdzellen über 9 Glykoproteine (C1–C9) des klassischen Komplementaktivierungsweges eine Zell-Lyse bewirken.

F02

→ **Frage 18.5:** Lösung B

Das zum unspezifischen Abwehrsystem gehörende Komplementsystem besteht aus über 20 verschiedenen Proteinen, die in Form ihrer Vorstufen, meist Proenzymen, im Blut zirkulieren. Die kaskadenartige Aktivierung seiner Faktoren kann auf dem klassischen oder dem nicht-klassischen Weg erfolgen.
Die hier zu suchende Falschaussage ist (B), denn C4 ist keine Protease, sondern die inaktive Vorstufe einer Proteinase.

F04

→ **Frage 18.6:** Lösung D

Der bei Aktivierung der Komplementkaskade entstehende Faktor C3a wirkt als lokaler Entzündungsmediator und setzt so Histamin aus Mastzellen frei (D).
Das CRP (A) wird bei vielen Erkrankungen in der Leber gebildet und erscheint als eines der „Akute-Phase-Proteine“ im Blut. Die Opsonierung von Bakterien (B) durch eine Proteinhülle erfolgt nicht durch C3a, sondern durch C3b und Antikörper. Eine Solubilisierung von Antigen-Antikörper-Komplexen (E) kann nicht durch irgendwelche Plasmafaktoren erfolgen, sondern die Komplexe werden nach Phagozytose proteolytisch abgebaut. In vitro ist eine Solubilisierung von unlöslichen AG-AK-Komplexen über eine Veränderung des AK-AG-Konzentrationsverhältnisses möglich, z. B. bei den sog. „Titer“-Kurven.

H03

→ **Frage 18.7:** Lösung E

Das Komplementsystem stellt eine Enzymkaskade im Blutplasma dar, die der Abwehr von Fremdzellen dient. An Oberflächen gebundene Antikörper binden über ihren Fc-Teil Komplementfaktoren und lösen so die Aktivierung dieses Systems aus. Fc steht hierbei für Komplement-bindende Domäne der Antikörper. Eine Schlüsselstellung nimmt der Faktor C3 ein, der proteolytisch in C3a und C3b gespalten wird. Der Faktor C3a bindet an Granulocyten, aktiviert diese und führt zu einer lokalen Entzündungsreaktion (E). Die unter (A) und (D) genannten Distraktoren haben mit dem Komplementsystem nichts zu tun. Bakterien-opsonierend wirken Antikörper und auch Komplementfaktor C3b, d. h. sie bilden eine Proteinhülle um die Bakterienzelle herum. Membran-angreifend ist ein Komplex, der aus C7-, C8- und C9-Molekülen besteht. Dieser Komplex bildet eine Pore in der Membran, der zum Auslaufen (Lyse) der Zellen führen kann.

F03

→ **Frage 18.8:** Lösung B

Antigen-Antikörper-Komplexe können im Plasma das Komplementsystem aktivieren, dieses besteht aus ca. 20 verschiedenen Proteinen, die ähnlich dem Gerinnungssystem und dem Fibrinolysesystem proteolytische Enzymkaskaden bilden.
Der Komplementfaktor C5 wird durch eine Konvertase in C5a und C5b proteolytisch gespalten, C5b bindet sich an Bakterien (Opsonisierung zusammen mit Antikörpern), während C5a in die Umgebung abgegeben einen sehr starken Reiz für die Einwanderung von Granulozyten und Makrophagen ausübt ((B) ist die richtige Antwort).
Die Zelllyse durch das Komplementsystem wird durch einen Komplex aus C5b, C6, C7, C8 und C9 bewirkt.

H02 H95 F91

→ **Frage 18.9:** Lösung D

Die gesuchte Falschaussage ist (D), denn das Komplementsystem ist nicht an der Agglutination von Toxinen beteiligt, sondern an der Auflösung von fremden Zellen. Die Agglutination und damit Inaktivierung von Toxinen wird durch Antikörper (IgM und IgG) bewirkt.
Das Komplementsystem im Blutplasma ist eine Enzymkaskade aus 20 Komponenten, die in der Leber synthetisiert werden. Das Komplementsystem wird durch Antigen/Antikörper-Komplexe aktiviert.

F01

→ **Frage 18.10:** Lösung A

Interferone sind kleine, die Virusvermehrung hemmende Proteine (Zytokine). Interferon-α wird hauptsächlich von Leukozyten, Interferon-β von Fibroblasten gebildet. Bei Virusbefall können diese Stoffe aber anscheinend von allen Zelltypen unseres Organismus gebildet werden und wirken dann parakrin. Interferon-γ ist ein Produkt der T-Lymphozyten, Typ H_1. Interferonrezeptoren sind Transmembranproteine ohne Tyrosinkinase-Aktivität; nach der Zytokinbindung findet man im Zytosol und Zellkern aber tyrosinphosphorylierte Proteine, gebildet von JAKs (janusköpfigen Kinasen). STAT-Proteine werden phosphoryliert und dimerisiert; im Kern wirken sie dann als Aktivatoren der Transkription. Falsch ist (A), denn die verschiedenen Interferone können nicht ineinander umgewandelt werden.

F04

→ **Frage 18.11:** Lösung D

Interferon-γ ist ein Zytokin, das bei der Immunabwehr gebildet wird und Makrophagen stimuliert (D).
Die Aussagen (A), (B) und (E) treffen nicht zu, denn diese Zellen werden durch Interleukine stimuliert und nicht durch Interferon. Aussage (C) trifft nicht zu, denn Killerzellen werden durch Interferon nicht gehemmt, sondern sie können Interferon bilden.

F03

→ **Frage 18.12:** Lösung *** Diese Frage wurde aus der Wertung genommen.

Interferone hemmen die Virusvermehrung in infizierten Zellen. Sie wirken als Cytokine.
γ-Interferon wird von T-Lymphozyten gebildet und aktiviert Makrophagen (A).
Die Immunantwort wird durch γ-Interferon stimuliert ((B) ist falsch).
Der Klassenwechsel bei der Antikörperbildung ist die Umschaltung der primären IgM-Bildung auf IgG bzw. auch auf IgA und IgE. Hierbei beteiligt sind T-Lymphozyten und verschiedene notwendige Zytokine.
γ-Interferon ist notwendig für den Klassenwechsel IgM auf IgG und nicht auf IgE ((C) ist falsch). Die sehr schwierige Aufgabe wurde aus der Wertung genommen, denn auch (D) kann als zutreffend gewertet werden, weil γ-Interferon sich zu Homodimeren zusammenlagern kann und damit dann eine Quartärstruktur besitzt.

H05

→ **Frage 18.13:** Lösung A

γ-Interferon wird von aktivierten T-Lymphocyten gebildet und löst in B-Lymphocyten die Synthese von MHC-II-Proteinen aus (A).
Interleukine sind den Interferonen nahe verwandt, sie wirken entzündungsauslösend. Interleukin-1 wird von Monocyten und Makrophagen gebildet (D).

H05

→ **Frage 18.14:** Lösung D

Siehe Kommentar zu Frage 18.13.

XVIII.2 Lymphozyten

Die spezifische Immunität ist die Leistung von T- und B-Lymphozyten. Die B-Lymphozyten differenzieren sich im Bursa-Äquivalent (Lymphknoten, Milz, Peyer-Plaque, lymphatischer Rachenring) aus Knochenmarkstammzellen. Nach ihrer Stimulation durch das jeweilige Antigen und folgender Bildung einer Zellfamilie (Klon) bilden sie als Plasmazellen lösliche Antikörper (humorale Immunität). Bis zur Ausbildung der vollen Immunität dauert es ca. drei bis sechs Wochen. Eine zweite Antigen-Gabe nach drei Wochen kann die Antikörper-Bildung sehr verstärken, diesen Effekt macht man sich bei aktiven Schutzimpfungen zunutze („booster-effect", „Auffrischung").
Im Thymus differenzieren sich die Stammzellen zu T-Lymphozyten. Diese tragen zellständige Rezeptoren, die mit den Antigenen spezifisch reagieren können. T-Lymphozyten sind für die spezifische zelluläre Immunität verantwortlich, z.B. für die Transplantat-Abstoßung und die Tuberkulinreaktion.
Nach Überstehen bestimmter Infektionskrankheiten bildet sich eine zum Teil lebenslange Immunität aus, diese wird durch lösliche Antikörper vermittelt. Auch die Reaktion auf durch Injektion (parenteral) appliziertes Fremdprotein (Überempfindlichkeitsreaktion, Anaphylaxie, anaphylaktischer Schock) ist auf die Reaktion von humoralen Antikörpern zurückzuführen. Während die Bildung der humoralen Antikörper mit der Stimulierung der Lymphozyten, Klonbildung und Differenzierung zu Antikörper produzierenden Plasmazellen einige Wochen dauert, tritt die eigentliche Reaktion zwischen Antikörpern und Antigenen, die Ag/Ak-Reaktion, beim zweiten Kontakt sofort ein.
Die Reaktion auf Extrakte von Tuberkel-Bakterien (Tuberkulin-Reaktion) und auf transplantiertes Fremdgewebe wird durch die mit spezifischen Rezeptoren versehenen T-Lymphozyten vermittelt, man spricht von zellulärer Immunität. Diese Reaktion der T-Lymphozyten tritt auch beim zweiten Kontakt verzögert im Verlauf einiger Tage ein.

Unterschiede zwischen T (Thymus) – und B (Bursa Fabricii) – Lymphozyten

	B-Lymphozyten	T-Lymphozyten
Antikörper	löslich	zellgebundene Rezeptoren
Immunantwort	humoral (sofort einsetzend)	zellulär (verzögert)
Differenzierung in	Lymphknoten Milz	Thymus
Lebensdauer	Tage bis Wochen, nach Umwandlung zu Gedächtniszellen auch länger	Monate bis Jahre

H02
→ **Frage 18.15:** Lösung E

Die gesuchte Falschaussage ist (E), denn mit der Aktivierung des Komplementsystems haben Makrophagen nichts zu tun. Das Komplementsystem ist eine der Auflösung von Fremdzellen dienende Enzymkaskade im Blutplasma, die durch Proteolyse des Faktors C3 zu einer seinerseits aktiven Protease, C3a, in Gang gesetzt wird. Auslöser ist die Bindung des Faktors C1 an Antigen-Antikörper-Komplexe.

H99
→ **Frage 18.16:** Lösung C

Die gesuchte Falschaussage ist (C), denn Monozyten entstehen nicht im Bindegewebe, sondern aus Stammzellen im Knochenmark. Monozyten können, zu Makrophagen umgewandelt, phagozytieren (A), besonders mit Antikörpern opsonierte Antigene werden über F_c-Rezeptoren endozytiert (E). Über MHC-Komplexe können phagozytierte und partiell abgebaute Antigene den Immunzellen präsentiert werden (B).

F05
→ **Frage 18.17:** Lösung E

Die im B-Lymphozyten proteolytisch entstandenen Antigen-Peptide werden an MHC-II gebunden den T-Zellen präsentiert. Die T-Lymphozyten besitzen an ihrer Zellmembran einen spezifisch gegen das präsentierte Ag-Fragment gerichteten Antikörper, den sog. T-Zell Rezeptor (E).

F00

→ **Frage 18.18:** Lösung B

Siehe Lerntext XVIII.4.
Antigen und Antikörper reagieren sehr spezifisch in einer reversiblen Reaktion nach dem Massenwirkungsgesetz zu nicht-kovalenten Antigen-Antikörper-Komplexen. Damit ist (B) die gesuchte Falschaussage. Antigene und Antikörper können miteinander titriert werden. Nur in einem sog. Aequivalenzbereich fallen die Komplexe als quasi vernetzter Riesenkomplex („lattice") aus. Zugabe von Antigen im Überschuss oder von Antikörper im Überschuss kann das Präzipitat wieder auflösen.

F02

→ **Frage 18.19:** Lösung B

In eine Zelle eingedrungene Fremdproteine unterliegen dort der Antigenprozessierung: Sie werden zu Peptiden fraktioniert, die dann den T-Zellen als Antigen präsentiert werden. Die Bruchstücke bestehen aus etwa 10 und nicht, wie (B) aussagt, aus 30 Aminosäuren. Makrophagen sind an diesen Vorgängen beteiligt; zum Abbau werden Proteasomen und Lysosomen herangezogen.

F00

→ **Frage 18.20:** Lösung A

Siehe Kommentar zu Frage 18.21.

F00

→ **Frage 18.21:** Lösung C

B-Lymphozyten sind für die humorale Immunität (lösliche Antikörper) verantwortlich. Nach spezifischer Stimulation durch Antigene differenzieren sich die B-Lymphozyten zu Plasmazellen, die dann die löslichen Immunglobuline, z.B. IgM, IgG und IgA bilden und sezernieren.
T-Lymphozyten sind für die zelluläre Immunität verantwortlich, hierzu gehört u.a. die Abstoßungsreaktion von Transplantaten. T-Lymphozyten bilden und sezernieren außerdem Interleukine, z.B. das IL-2, das bei der klonalen Selektion zu einer Proliferation von T- und B-Lymphozyten führt.

F03

→ **Frage 18.22:** Lösung C

Die gesuchte Falschaussage ist (C), denn für Überempfindlichkeit vom Soforttyp bei der Allergie sind nicht zytotoxische T-Lymphozyten, sondern IgE verantwortlich. Diese finden sich gebunden an Mastzellen, nach Antigen-Bindung werden dann von diesen Histamine, Prostaglandine und Leukotriene ausgeschüttet.

XVIII.3 Antikörperstruktur

Antikörper sind Proteine (Immunglobuline), die von Wirbeltieren nach Kontakt mit körperfremden Substanzen (Antigene) gebildet werden. Antikörper können spezifisch mit dem Antigen einen Antigen-Antikörper-Komplex bilden.
Antikörper sind Träger der spezifischen Immunität gegen Infektionen.
Als Hauptklassen werden die Immunglobuline IgG, IgA, IgD, IgE und IgM unterschieden. Die wichtigste Immunglobulinklasse bilden die IgG: Sie bestehen aus 4 Peptidketten, 2 identischen schweren = heavy = H-Ketten und 2 identischen leichten = light = L-Ketten.
Die Ketten sind durch Disulfidbrücken verbunden. Das Gesamtmolekül hat ein Molekulargewicht von etwa 150000. Jeweils die Aminoenden einer L- und einer H-Kette bilden eine Bindungsstelle für das Antigen. Damit hat jedes IgG 2 identische, spezifische Antigenbindungsstellen, ist also 2wertig.

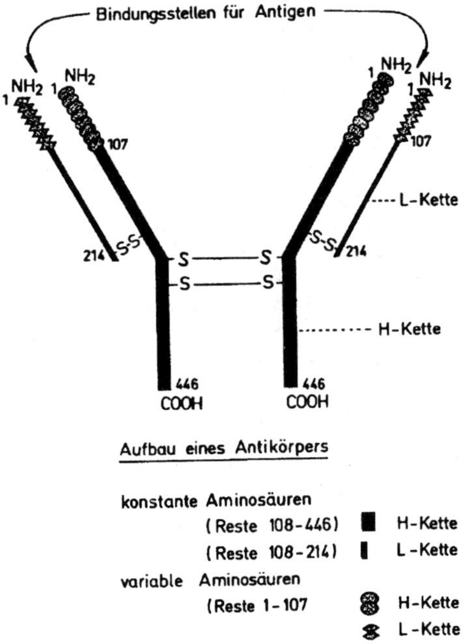

Aufbau eines Antikörpers

Klinischer Bezug

Aktive und passive Immunisierung

Vor der Entwicklung der Schutzimpfungen waren Infektionskrankheiten die häufigste Todesursache. Durch die Immunisierung und durch die Antibiotika spielen heute Infektionskrankheiten gegenüber Herz-Kreislauf-Erkrankungen und Tumorerkrankungen als Ursache von Morbidität und Letalität eine geringere Rolle. Immunisiert werden kann gegen Viren, Bakterien, Pilze, Parasiten und Toxine. Wirksam

ist die Immunisierung nur gegen extrazelluläre Krankheitserreger (im Blutplasma und in der interstitiellen Gewebsflüssigkeit), an in die Zellen aufgenommene Erreger gelangen Antikörper nicht mehr.
Bei der **aktiven Immunisierung (Vaccination)** werden lebende, abgeschwächte („attenuierte") oder abgetötete Erreger bzw. unwirksam gemachte Toxine („Toxoid") injiziert. Erste Antikörper erscheinen als IgM nach etwa 7–10 Tagen, nach 2–3 Wochen sind in wirksameren Konzentrationen IgG vorhanden.
Weitere Injektionen nach unterschiedlichen Zeiträumen (Wochen, Monate, Jahre) je nach Antigen führen zu schnellerer und höherer Immunglobulinbildung („boostern", Wiederauffrischungsimpfungen).
Bei der **passiven Immunisierung** werden Antikörper-haltige Seren von immunisierten Menschen oder Tieren bzw. daraus gewonnene Immunglobuline intramuskulär injiziert.
Der Schutz tritt sofort ein, hält aber nur so lange an, bis die Globuline abgebaut sind, maximal 3-4 Wochen. Menschliche Immunglobuline können wiederholt injiziert werden, tierische Antiseren einer Spezies nur einmal im Leben, da gegen sie gebildete Antikörper bei einer zweiten Injektion zu einer lebensbedrohlichen Ag/Ak-Reaktion (anaphylaktischer Schock) führen würden.

H01
→ **Frage 18.23:** Lösung C

Die Aktivierung der T-Lymphozyten erfolgt im Thymus und beruht auf Genumlagerungen und unterschiedlicher Expression von Oberflächenmolekülen. Bei der Umwandlung in die fertigen CD_4- oder CD_8-Lymphozyten geht der zuvor vorhandene CD_8- bzw. CD_4-Corezeptor verloren (B). Von den B-Lymphozyten gebundene Antigene werden im Inneren dieser Zellen prozessiert, d. h. zu Peptiden fragmentiert, die dann von MHC-Proteinen präsentiert werden (A). Erkennt ein T-Zell-Rezeptor-Komplex das für ihn zutreffende Antigenfragment, so wird in seinem Inneren eine Phospholipase C-γ aktiviert, was zu einem Anstieg der zytosolischen Calciumkonzentration führt (D). Dadurch wird die Calcineurin genannte Phosphoproteinphosphatase aktiviert, zytosolische Transkriptionsfaktoren können nach ihrer Dephosphorylierung in den Zellkern übertreten und die gesteigerte Expression von Interleukin-2 bewirken (E).
Die zu suchende Falschaussage ist (C), denn der T-Zell-Rezeptor wirkt nicht proteolytisch.

H98
→ **Frage 18.24:** Lösung D

Gezeigt ist die Y-artige Struktur (hier auf dem Kopf stehend!) eines Immunglobulins. Zentral finden sich, durch 2 Disulfidbrücken verknüpft, die beiden langen H-Ketten, an die im N-terminalen Bereich, auch durch Disulfidbrücken kovalent verbunden, jeweils eine kurze L-Kette angelagert ist. Zwei Antigenbindungsstellen befinden sich an den beiden unteren Polen, jeweils aus einem N-Terminus der V_L-Kette und der V_H-Kette gebildet. Die „Gelenk-Region" des Antikörpers findet sich dort, wo die H-Kette abknickt.

H98
→ **Frage 18.25:** Lösung B

Siehe Kommentar zu Frage 18.24.

H04
→ **Frage 18.26:** Lösung A

Die Konzentration der Immunglobuline im Blutplasma beträgt etwa:
IgG 8–18 g/l
IgA 0,9–4,5 g/l
IgM 0,6–2,5 g/l
Im Unterschied zu IgM sind IgG placentagängig (C), so kann Immunität der Mutter auf den Fetus übertragen werden. Immunglobuline werden von Plasmazellen, die sich aus aktivierten B-Lymphozyten entwickeln, gebildet (B).
Die gesuchte Falschaussage ist (A), denn die Einteilung in Lambda- und Kappa-Typen bezieht sich auf die leichten Ketten, die in allen Immunglobulinen eines Menschen nur einem Typ angehören, entweder Kappa oder Lambda.

H00
→ **Frage 18.27:** Lösung C

Siehe Lerntext XVIII.5.
Die gesuchte Falschaussage ist (C), denn monoklonale Antikörper können als IgG vorliegen mit 2 Ag-Bindungsstellen oder als IgM mit 10 identischen Ag-Bindungsstellen. Monoklonale Antikörper werden von einem Zellklon, in-vivo z. B. von einem Plasmozytom (hervorgegangen aus einer einzigen Plasmazelle) gebildet. In vitro werden monoklonale Antikörper aus einem Klon einer Zelle, die aus jeweils einer Immunzelle und einer Bindegewebszelle durch Fusion entstanden ist, gebildet. Die natürliche Immunantwort ist immer polyklonal, das heißt, es werden viele verschieden programmierte Lymphozyten zur Produktion unterschiedlicher Antikörper angeregt.

H01
→ **Frage 18.28:** Lösung B

Die Antikörpermoleküle bestehen aus einer Y-Struktur, aus zwei H-Ketten und aus zwei L-Ketten. An der konstanten Region der H-Ketten (F_C-Fragment) findet sich die Komplement-Bindungsstelle (A).
Die Bindung eines Antigens erfolgt in den variablen Abschnitten der H- und der L-Kette, beide bilden zusammen auch mit helikalen Abschnitten die Antigenbindungsstelle; damit ist (B) die gesuchte Falschaussage. Die Bindung des Antigens erfolgt nicht kovalent, das Gleichgewicht gehorcht dem Massenwirkungsgesetz. Eine natürliche Immunantwort ist immer polyklonal, die gewonnenen Antiseren sind dann gegen mehrere antigene Strukturen des Antigens gerichtet (D). Die Bindungen vieler Antikörpermoleküle an verschiedene antigene Strukturen der Bakterienzelle bilden eine Proteinhülle um das Bakterium; man nennt dies Opsonieren (E).

F03
→ **Frage 18.29:** Lösung B

Die H-Ketten der Immunglobuline bestimmen die Immunglobulinklasse (B).
Beim sog. Klassenwechsel der Immunreaktion wird in den Plasmazellen von der IgM-Produktion auf IgG umgeschaltet, wobei die Spezifität gleich bleibt ((A) ist falsch).
IgG ist ein Monomer, ein Pentamer ist IgM ((C) ist falsch).
Die Rh-Inkompatibilität ist IgG-vermittelt ((D) ist falsch). IgA findet sich vorwiegend auf Schleimhäuten und in Sekreten.
Zur Bildung eines immunkompetenten B-Lymphozyten-Klons ist nicht der Kontakt mit Monozyten, sondern mit T-Lymphozyten notwendig ((E) ist falsch).
Monozyten sind die Vorstufen der Makrophagen.

F03
→ **Frage 18.30:** Lösung E

Die gesuchte Falschaussage ist (E), denn Immunglobuline werden nicht von T-Zellen, sondern von B-Zellen nach ihrer Umwandlung in Plasmazellen sezerniert.
Das IgM besteht aus 5 Antikörpermolekülen, wodurch es 10 identische Ag-Bindungsstellen besitzt (A).
IgA schützt als sekretorisches Ig alle Schleimhautoberflächen (B).
IgG der Mutter gehen diaplazentar auf den Feten über und schützen das Neugeborene, bevor sein eigenes Immunsystem wirksam wird (C).
Auch die in den ersten Tagen nach der Geburt sezernierte Kolostralmilch („Biestmilch") ist reich an IgG, die vom Säugling in den ersten Lebenstagen unverändert über den Dünndarm resorbiert werden können.

F01
→ **Frage 18.31:** Lösung D

Das kristallisierbare F_C-Fragment von Antikörpern wird erhalten, wenn man Immunglobuline mit der Proteinase Papain behandelt. Es repräsentiert den Stamm des Y-artigen Moleküls und umfasst die Regionen C_{H2} und C_{H3}, also den konstanten Teil der H-Ketten. Die Struktur der H-Kette ist bei den einzelnen Antikörperklassen unterschiedlich. Die zwei durch Disulfidbrücken zusammengehaltenen Polypeptidketten enthalten je ein verzweigtes Oligosaccharid. Die Ak-abhängige Komplementaktivierung wird durch den F_C-Bereich eingeleitet.
Falsch ist Aussage (D): Interleukin-2 wird nicht an Antikörper gebunden.

F01
→ **Frage 18.32:** Lösung B

Die klassische Y-Struktur der Immunglobuline mit zwei Bindungsstellen für Antigene kommt in den IgM fünfmal vor und in den IgA zweimal (Dimer). Die Grundstrukturen werden in den IgA und in den IgM durch ein Cystein-reiches Joining-Peptid verbunden. Die sekretorischen IgA werden nicht von Epithelzellen gebildet, sondern von Plasmazellen ((C) ist falsch). Die IgA schützen zusammen mit dem Mucin die Schleimhautoberfläche vor einem Angriff von Bakterien und Viren.

H02
→ **Frage 18.33:** Lösung D

Die gesuchte Falschaussage ist (D), denn IgE ist kein Dimer, sondern wie IgG und IgD ein monomerer Antikörper mit zwei identischen Antigen-Bindungsstellen. Dimer ist IgA, ein Antikörper auf Schleimhäuten. IgM ist ein Pentamer, besitzt also 10 identische Bindungsstellen für Antigene.
Etwas missverständlich ist Aussage (B): Jeder Plasmazellklon synthetisiert nur einen spezifischen, d. h. absolut identischen Antikörper. Da aber bei einer Immunisierung viele verschiedene Klone eines Menschen aktiviert werden, ist die natürliche Immunantwort immer polyklonal; dieses als Gemisch monoklonaler Antikörper zu bezeichnen, ist problematisch.

H01
→ **Frage 18.34:** Lösung A

Allen Immunglobulinen (Antikörpern) liegen Y-artige Grundelemente, aufgebaut aus jeweils zwei H-Ketten und zwei L-Ketten, zu Grunde. Die beiden Enden der Gabel tragen je eine Antigenbindungsdomäne; der Stamm des Y, genannt F_C-Region, hat an jeder H-Kette ein Oligosaccharid gebunden. Bei den IgA und den IgM treten die Y-Grundelemente als Dimer bzw. als Pentamer auf, wobei ein cysteinreiches Joining-Protein über Disulfidbrücken an den F_c-Teil gebunden ist. – Die gesuchte Falschaussage ist (A), denn bei IgE gibt es keine Oligomere.

H05

→ **Frage 18.35:** Lösung A

IgM sind pentamer, sie bestehen aus 10 leichten L- und 10 schweren H-Ketten, die durch ein joining-Peptid verbunden sind (C).
Die Plasmazellen sezernieren zunächst IgM (E) und schalten nach einigen Tagen auf IgG derselben Spezifität um.
IgM/Ag-Komplex aktivieren das Komplementsystem frühzeitig (D).
Antikörper gegen A- und B-Blutgruppen (Isoagglutinine) werden dauerhaft als IgM sezerniert (B). IgM sind im Gegensatz zu IgG nicht placentagängig, dadurch wird eine fetale Hämolyse bei unterschiedlichen Blutgruppen von Mutter und Fetus verhindert.
Bei Rh-Inkompatibilität ist das anders, die hier nach Sensibilisierung auftretenden Antikörper sind placentagängige IgG.
Die gesuchte Falschaussage ist (A), denn zum Schutz von Schleimhäuten werden nicht IgM, sondern IgA sezerniert.

F00

→ **Frage 18.36:** Lösung D

Die gesuchte Falschaussage ist (D), denn nicht die Immunglobuline vom Typ IgD sind die Aktivatoren des Komplementsystems, sondern die IgM.

H04

→ **Frage 18.37:** Lösung C

Im Organismus zirkulieren Millionen verschieden programmierter B-Lymphozyten, jeweils spezifisch gegen ein Antigen. Der gegen das Antigen spezifische Antikörper wird nach außen zur Antigenerkennung an die Membran des B-Lymphozyten gebunden (C).
Trifft der Lymphozyt auf „sein“ Antigen, wird dieses gebunden und der Ag-Ak-Zellmembran-Komplex wird internalisiert, intrazellulär evtl. gespalten und modifiziert und an MHC II gebunden den T-Helferzellen präsentiert. Signale der T-Zellen führen zur Proliferation der B-Lymphozyten, der gebildete Klon differenziert sich zu Plasmazellen und diese bilden und sezernieren den spezifischen Antikörper, zunächst als IgM, dann als IgG.

(A) ist nicht zutreffend, denn die Lymphozyten reagieren nicht mit Immunglobulinen, sondern der F_{ab}-Teil der Antikörper bindet die Antigene.
(B) ist nicht zutreffend, denn der F_c-Teil reagiert nicht mit Immunglobulinen, sondern kann Komplement binden.
(D) ist falsch, denn Untereinheiten mit Transmembrandomänen sind charakteristisch für Rezeptoren, für Hormone und Transmitter, nicht aber für den B-Zell-Rezeptor-Komplex.

H00

→ **Frage 18.38:** Lösung A

Humorale Antikörper (Immunglobuline) werden von B-Lymphozyten nach deren Differenzierung und Proliferation in Plasmazellen gebildet ((E) ist falsch). Immunglobuline kommen außer im Blut auch im Interstitium aller Gewebe, in der Lymphe und in Sekreten vor, so auch in der Milch (A). Besonders reich an Immunglobulinen ist die Kolostralmilch, die neugeborene Säugetiere mit Immunglobulinen der Mutter versorgt. Immunglobuline haben Molekulargewichte zwischen 160.000 (IgG u. IgA) bis 900.000 (IgM).

F99

→ **Frage 18.39:** Lösung A

IgA kommt in Körpersekreten (Tränenflüssigkeit, Speichel, Milch, Bronchialsekret, Darmsekret, Schweiß) vor. Es ist ein dimeres Immunglobulin, die beiden Antikörper werden durch ein cysteinreiches Verbindungsprotein miteinander verbunden. Damit ist (A) die gesuchte Falschaussage.
Ein pentameres Antikörpermolekül ist das IgM.

XVIII.4 Antigen/Antikörper-Reaktion

Die Bindungsstellen der Antikörper passen in einer der Enzym-Substrat-Bindung analogen Reaktion wie Schlüssel und Schloss auf die Antigen-determinanten Gruppen der Antigene.
Bei Antikörper-Überschuss ist nur jeweils eine Bindungsstelle mit einem Antigen verbunden, diese relativ niedermolekularen Antigen-Antikörper-Komplexe sind noch gut löslich.
Auch bei Antigen-Überschuss bilden sich lösliche niedermolekulare Komplexe, in denen jeweils zwei Antigene durch einen Antikörper verbunden sind.

Ag - Ak - Komplexe

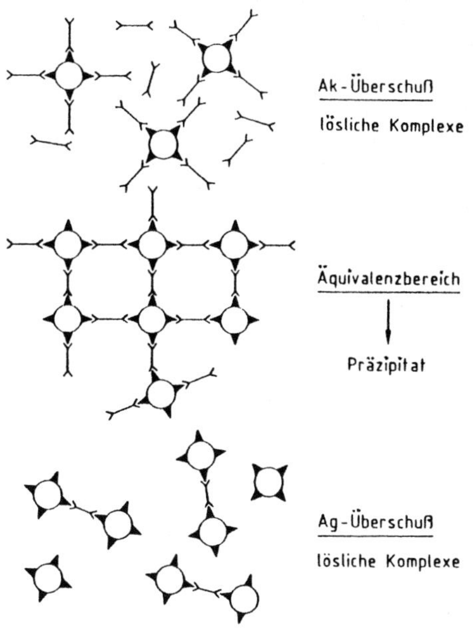

Nur in einem, jeweils erst experimentell durch Verdünnung festzustellenden bestimmten Antigen-Antikörper-Verhältnis, dem sog. Äquivalenzbereich, bildet sich ein riesiges Netzwerk (Lattice) aus Antigen und Antikörper, das unlöslich ist und ausfällt (präzipitiert).

XVIII.5 Monoklonale Antikörper

Bei der normalen Immunantwort tragen die auslösenden Antigene verschiedene Antigendeterminante Gruppen. Außerdem können auf eine bestimmte Antigen-determinante Gruppe unter Umständen sehr verschiedene Antikörper „passen", ähnlich wie für ein bestimmtes Schloss verschiedene Schlüssel passen können. Daher ist die übliche Immunantwort polyklonal, d.h., durch ein Antigen werden viele verschiedene Lymphozyten stimuliert und bilden sich zu verschieden differenzierten Plasmazellen um, von denen jede ihren spezifischen Antikörper bildet.
Wird dagegen durch einen Plasmazelltumor, der nur von einer Stammzelle ausgeht, z.B. bei einem Plasmozytom, ein Antikörper gebildet, so wird nur eine einzige Proteinart mit einer einzigen Spezifität freigesetzt. Man spricht in diesem Fall von einem monoklonalen Antikörper bzw. von einer monoklonalen Immunantwort.

Normale Immunantwort:

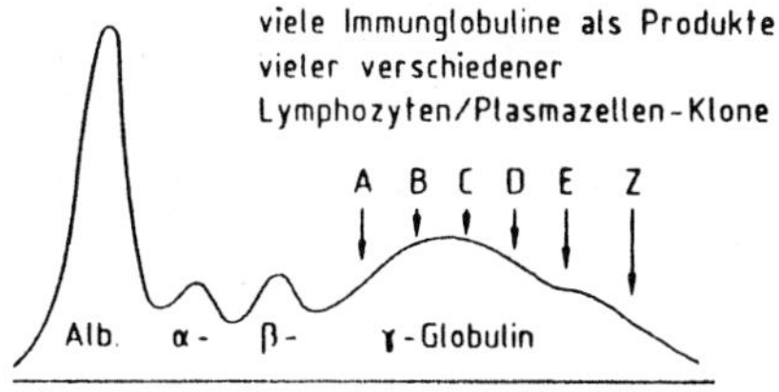

Monoklonale Immunantwort:

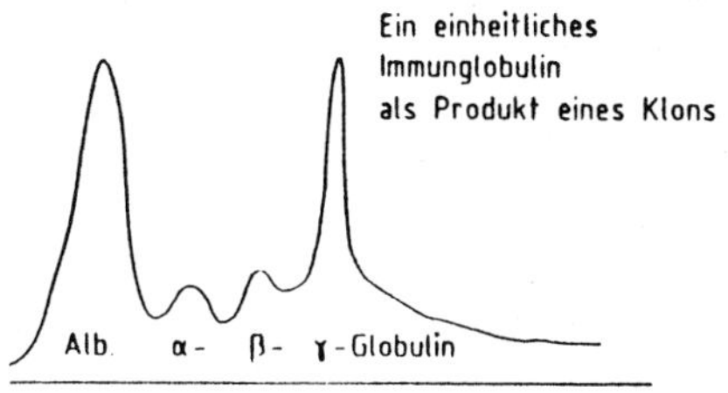

Da Lymphozyten und Plasmazellen in der Gewebskultur nicht zu vermehren sind, gelang es erst durch Zellfusion von Antigen-stimulierten Lymphozyten mit Tumorzellen, z.B. Myelomzellen, sog. Zellzwitter (Hybridzellen) herzustellen und aus Einzelzellen zu vermehren (Klonbildung). Diese Zellkulturen bilden jeweils nur eine Antikörperart. Mit diesen monoklonalen Antikörpern ist die immunologische Diagnostik extrem verfeinert worden, und es ist zu erwarten, dass derartige monoklonale Antikörper auch in der Therapie von Infektionskrankheiten und gegen Tumoren eine wichtige Rolle spielen werden.

Herstellung monoklonaler Antikörper

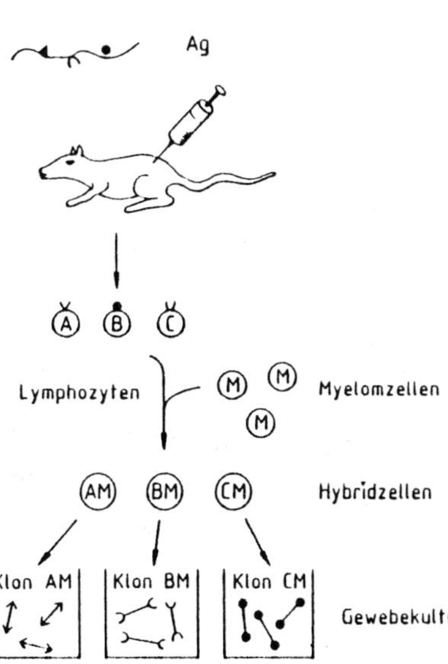

Klinischer Bezug
Plasmazell-Tumoren
Ausgehend von einer einzelnen, tumorös entarteten Plasmazelle entstehen die monoklonalen Gammopathien.
Beim Plasmocytom (multiples Myelom) werden ein monoklonales IgG oder Bruchstücke davon als sog. Paraproteine gebildet und in den Urin ausgeschieden. Die Häufigkeit der malignen (!) Erkrankung beträgt etwa 1:25.000, die Diagnose erfolgt über den Nachweis des monoklonalen IgG im Serum und (oder) Urin. Die Therapie besteht in Chemotherapie und (oder) Bestrahlung.
Ein Plasmazell-Tumor, der monoklonale Makroglobuline (IgM) produziert, wird als Makroglobulinaemie Waldenström bezeichnet. Das Paraprotein IgM wird meistens nicht in den Urin ausgeschieden, in hoher Konzentration führt es zu einer Viskositätserhöhung des Blutes mit Durchblutungsstörungen. Manche Waldenström-Paraproteine werden bei Abkühlung unlöslich („Kryoglobuline") und können evtl. die Gefäße von Gliedmaßen verstopfen.

F02
→ **Frage 18.40:** Lösung A

Die im Blutplasma nur in niedriger Konzentration vorhandenen Antikörper der Klasse IgE haben mit der Parasitenabwehr und der Auslösung von Allergien zu tun. Daher sind die hier unter (B), (C), (D) und (E) gemachten Aussagen richtig.
Falsch ist Aussage (A), denn eine Virusinfektion führt nicht zur Vermehrung von IgE.

F04
→ **Frage 18.41:** Lösung B

IgE sind an der Auslösung allergischer Phänomene beteiligt. Sie sind über ihren F_c-Teil mit Mastzellen verbunden (B). Bei Bindung eines Allergens an das IgE schütten die Mastzellen dann Histamin aus.
Aussage (A) ist falsch, denn der F_c-Teil der IgE ist nicht kürzer, sondern länger als der F_c-Teil der IgG. Aussage (C) ist falsch, denn der Klassenwechsel zu IgE wird durch IL-4 nicht gehemmt, sondern stimuliert. Aussage (D) ist falsch, denn auf Schleimhäuten findet sich nicht überwiegend IgE, sondern IgA. Aussage (E) ist falsch, denn nicht IgE ist ein Pentamer, sondern das Makroglobulin IgM.

H00
→ **Frage 18.42:** Lösung E

MHC-Proteine der Klasse I finden sich auf der Oberfläche aller tierischen Zellen; sie helfen dort bei der Präsentation intrazellulär entstandener Peptide, wodurch die Lymphozyten körpereigene von fremden Zellen unterscheiden können. Die MHC-Proteine haben eine Transmembrandomäne. An den extrazellulären Peptidteil ist ein β_2-Mikroglobulin assoziiert. Die zu suchende falsche Aussage ist (E), denn die antigenen Peptide werden bei der extrazellulären Präsentation nicht vom β_2-Mikroglobulin, sondern von der MHC-I-α-Kette gebunden.

XVIII.6 Klonale Selektion

Der Mensch kann gegen ca. 10 Millionen verschiedene Antigene spezifische Antikörper bilden. Damit würden nahezu die gesamten Gene des Menschen nur für die Antikörper-Bildung benötigt. Tatsächlich aber kommt der Organismus mit einem kleinen Bruchteil an genetischer Information für die Antikörper-Bildung aus. So existiert jeweils nur ein Gen für die konstanten Aminosäuresequenzen der H- und der L-Ketten der Antikörper. Für die variablen Sequenzen beider Ketten existieren jeweils ca. 5000 Gene. Bei der Differenzierung der Lymphozyten wird zufällig (statistisch) jeweils nur ein Gen der 5000 variablen H-Ketten-Gene mit einem der 5000 variablen L-Ketten-Gene zu einem Antikörper-Gen kombiniert, wodurch sich 5000 × 5000 = 25 Millionen verschiedene Spezifitäten ergeben können.
Die variablen Gene (V-Gene) werden mit den konstanten Genen (C-Gene) durch somatische Translokation verknüpft.

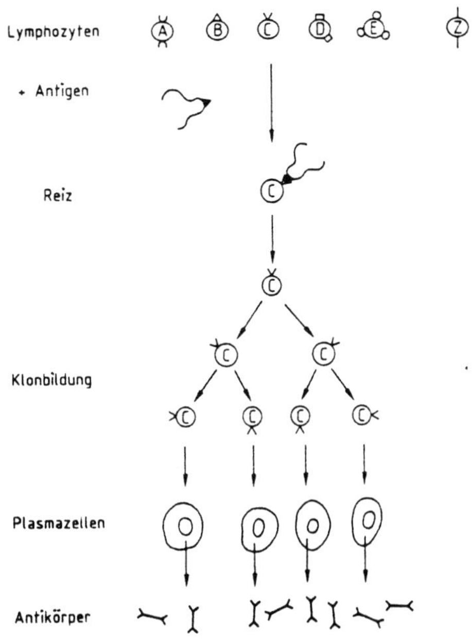

Alle Lymphozyten mit Antikörper-Spezifitäten, die (zufällig!) gegen körpereigene Strukturen gerichtet sind, werden automatisch in der Embryonalphase zerstört, so entsteht die sog. immunologische Toleranz.
Die restlichen 1–10 Millionen genetisch verschiedenen Lymphozyten liegen in Bereitschaft und erwarten jeweils nur ihr spezifisches Antigen. Trifft eine entsprechende Antigen-determinante Gruppe den Antikörper-artigen Rezeptor auf den Lymphozyten, so ist dies ein auslösendes Signal, sich zu vermehren und identische Nachkommen dieser einzelnen Zellen zu bilden, man spricht von Klonbildung. Die vermehrten Lymphozyten wandeln sich um zu Plasmazellen, die dann alle denselben Antikörper produzieren und ins Blut sowie in die Gewebsflüssigkeit sezernieren. Es entsteht die humorale Immunität durch lösliche Antikörper.
Ein Lymphozyt bzw. eine Plasmazelle bildet nur einen bestimmten Antikörper definierter Spezifität.
Zunächst bilden die Plasmazellen die Antikörper als IgM, später, nach ca. 2 Wochen, werden von denselben Plasmazellen dieselben Antikörperspezifitäten in Form von IgG sezerniert.
Der Klassenwechsel wird von γ-Interferon der T-Lymphozyten ausgelöst.

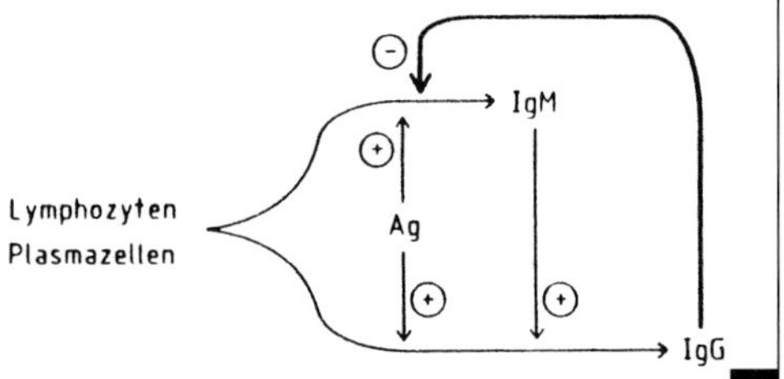

F03
→ **Frage 18.43:** Lösung C

Die Histokompatibilitäts-Antigene stellen Gewebeantigene dar, die hochpolymorph sind (D), wodurch Organtransplantationen sehr erschwert sind, weil außer eineiigen Zwillingen kaum zwei Menschen auf der Erde in ihren MHC-Proteinen identisch sind.
Die gesuchte Falschaussage ist (C), denn die von allen kernhaltigen Zellen exprimierten MHC I erhalten ihre zu präsentierenden Peptidfragmente nicht aus Fremdproteinen, sondern aus eigenen abgebauten Proteinen, besonders solcher, die entweder denaturiert, oxydiert, glykosyliert o. ä. wurden bzw. fehlerhaft synthetisiert wurden.
Weiterhin werden diese in Körperzellen den MHC I nicht durch lysosomale Proteolyse bereitgestellt, sondern durch Ubiquitin-ATP-Proteolyse durch Proteasomen.

H02
→ **Frage 18.44:** Lösung E

Die gesuchte Falschaussage ist (E), denn MHC-Proteine stimulieren nicht die Synthese von Interferon, sondern von Virus-infizierten Zellen gebildetes Interferon stimuliert die Expression von MHC I und MHC II.

H03
→ **Frage 18.45:** Lösung E

Veränderte körpereigene Proteine werden ATP-abhängig im Proteasom abgebaut und durch MHC-I-Komplex den Lymphozyten präsentiert, (A) und (C) sind zutreffend. Wenn Proteine durch Endozytose von Makrophagen aufgenommen und lysosomal gespalten werden (D), dann erfolgt die Antigenpräsentation durch MHC-II.
Die gesuchte Falschaussage ist (E), denn die Erythrocyten besitzen weder Proteasen noch MHC-Moleküle und sind damit zur Antigenprozessierung nicht befähigt.

H03
→ **Frage 18.46:** Lösung A

Histokompatibilitätsantigene der Klasse I findet man auf allen kernhaltigen Zellen des Organismus (C), während MHC der Klasse II nur auf Makrophagen und B-Lymphozyten exprimiert werden. Die MHC I präsentieren Antigenpeptide, die aus nichtfunktionsfähigen oder veränderten Proteinen der Zelle im Proteasom ATP-abhängig entstehen. Alle MHC-Moleküle besitzen eine Bindungsregion für CD8-Lymphozyten (D). Die MHC-Moleküle spielen eine Rolle bei der Gewebeverträglichkeit nach Transplantationen (E). Die gesuchte Falschaussage ist (A), denn die MHC I-Moleküle bestehen aus einer einzigen Peptidkette, während die MHC II-Moleküle als Dimer, also aufgebaut aus 2 Peptidketten, vorliegen.

F02
→ **Frage 18.47:** Lösung A

MHC-Proteine (major histocompatibility complex) werden in zwei Klassen unterteilt. MHC I finden sich auf der Oberfläche aller tierischen kernhaltigen Zellen. Präsentiert eine virusinfizierte Körperzelle über MHC I virustypische Antigene, dann können cytotoxische T-Lymphozyten über ihren spezifischen antikörperartigen Rezeptor das Antigen binden. Zellzerstörend wirken die cytotoxischen T-Zellen nur dann, wenn gleichzeitig ihr CD8-Membranprotein an den MHC I-Komplex bindet (A). MHC II findet sich ausschließlich auf B-Lymphozyten und Makrophagen. Über CD4-Proteine können T-Helferzellen an die Antigen-präsentierende MHC II der B-Lymphozyten binden (B).

F02
→ **Frage 18.48:** Lösung B

Siehe Kommentar zu Frage 18.47.

H05
→ **Frage 18.49:** Lösung B

MHC-I-Komplexe kommen auf allen kernhaltigen Zellen vor, Aussage (A) ist falsch.
MHC-I Komplexe werden im ER mit antigenen Proteinbruchstücken beladen, die an der Zelloberfläche dem Immunsystem präsentiert werden.

F05
→ **Frage 18.50:** Lösung E

Bei der Auslösung der spezifischen Immunantwort kooperieren B-Lymphozyten und T-Helfer-Lymphozyten.
Jeder B-Lymphozyt trägt auf seiner Zellmembran seinen spezifischen Antikörper als B-Zell-Rezeptor-Komplex. Gelangt ein passendes antigenes Protein an diesen Komplex, wird es gebunden und durch Endozytose aufgenommen (E). In B-Lymphozyten wird das Fremdprotein proteolytisch in Antigen-Peptide aufgespalten, diese werden an MHC II gebunden den T-Helferzellen präsentiert. Die so aktivierten T-Zellen aktivieren dann ihrerseits die B-Zellen zur Klonbildung und Differenzierung zu Plasmazellen.

Kommentare aus Examen Frühjahr 2006

F06
→ **Frage 18.51:** Lösung E

Das Komplementsystem im Serum besteht ähnlich wie die Blutgerinnung aus einer Protein-Verstärkerkaskade mit 20 Komponenten und dient der Abwehr von Bakterien und Protozoen.
Im klassischen Aktivierungsweg lösen Ag-Ak-Komplexe an der Oberfläche der Fremdzellen die Kaskade aus. Verstärkt wird die Aktivierung durch proteolytisch aktiviertes C3b, das eine sehr reaktive intramolekulare Thioesterbindung besitzt, mit der es kovalent an NH_2-Gruppen der Oberfläche von Fremdzellen übertragen werden kann (E).

F06
→ **Frage 18.52:** Lösung E

Interleukine sind Signalproteine, die von Immunzellen, Makrophagen und Keratinozyten abgegeben werden und in vielfältiger Weise Abwehrvorgänge beeinflussen. Zusammen mit den Interferonen, dem Tumornekrosefaktor (TNF) u. a. werden sie als Cytokine bezeichnet. Es werden 20 verschiedene Interleukine (Il-1 bis Il-20) unterschieden.
Il-1 wird von aktivierten Makrophagen (A), von Monozyten und Keratinozyten abgegeben. Es ruft Fieber hervor (B) und stimuliert T-Lymphozyten zur Synthese und Abgabe von Il-2. In der Leber induziert Il-1 die Synthese und Abgabe der Akute-Phase-Proteine (D), hierzu gehören u. a. Fibrinogen, das C-reaktive Protein (CRP), Komplementfaktoren, Antitrypsin und Antithrombin III. Bei akuten Entzündungen steigt die Serumkonzentration der Akute-Phase-Proteine, bei einigen bis 1.000-fach.
Die gesuchte Falschaussage ist (E), denn die Killerlymphozyten werden durch Interleukine nicht gehemmt, sondern stimuliert, z. B. durch Il-10 und Il-12.

F06
→ **Frage 18.53:** Lösung D

Die 5 Immunglobulinklassen werden durch die schweren Ketten bestimmt, in allen Klassen sind die leichten Ketten entweder Lambda- oder Kappa-Ketten, damit ist (D) die richtige Antwort.
Als schwere Kette ist für IgG die δ-Kette charakteristisch. Die übrigen Klassen sind durch α-Ketten (IgA), δ-Ketten (IgD), ε-Ketten (IgE) und μ-Ketten (IgM) charakterisiert.

F06
→ **Frage 18.54:** Lösung C

T-Lymphozyten sind für die zelluläre Immunität, z. B. bei der Transplantatabstoßung, verantwortlich. Die positive Selektion erfasst T-Lymphozyten, die mit den körperspezifischen MHC-Molekülen Komplexe bilden können (C).
Aussage (A) ist falsch, denn die Reifung der T-Lymphozyten findet im Thymus statt und nicht im Knochenmark, hier findet ihre Bildung aus Stammzellen statt.
Aussage (D) ist falsch, denn die negative Selektion eliminiert nicht T-Lymphozyten gegen fremde Antigene, sondern solche, die gegen körpereigene Ag gerichtet sind.
Aussage (B) ist falsch, denn die gegen eigene Strukturen gerichteten T-Lymphozyten werden nicht durch Nekrose, sondern durch Apoptose ausgeschaltet.
Aussage (E) ist falsch, denn T-Lymphozyten tragen entweder das CD4-Protein (T-Helferzellen) oder das CD-8-Protein (cytotoxische T-Zellen).

F06
→ **Frage 18.55:** Lösung B

Die Histokompatibilität (Gewebeverträglichkeit) wird durch die MHC-Gene und die danach synthetisierten MHC-Proteine auf den Zellmembranen bestimmt. MHC-1-Komplexe finden sich auf allen Zellen außer auf Erythrozyten, sie präsentieren in Proteasomen abgebaute Antigenfragmente cyto-

toxischen T-Zellen. Die Antigene werden in einer Peptidbindetasche aus α_1- und α_2-Ketten des MHC-1-Komplexes präsentiert (B).
Aussage (A) ist falsch, denn der MHC-1-Komplex enthält 3 verschiedene α-Ketten.
Aussage (C) ist falsch, denn die α-Ketten sind individualspezifisch und binden ganz unterschiedliche Peptide.
Aussage (D) ist falsch, denn der MHC-1-Komplex ist nicht über sein β_2-Mikroglobulin, sondern über seine α_2-Kette in der Plasmamembran verankert.
Aussage (E) ist falsch, denn die mit im Proteasom produzierten Antigen beladenen α-Ketten des MHC-1 werden von T-Zellrezeptoren mit dem Corezeptor CD8 von cytotoxischen T-Zellen erkannt.

19 Blut

H05

→ **Frage 19.1:** Lösung C

Die Erythrocyten eines erwachsenen Menschen bauen täglich etwa 20 g Glucose zu 20 g Lactat ab, das in der Leber wieder zur Gluconeogenese verwendet werden kann. Die anaerobe Glykolyse versorgt den Erythrocyten mit ATP und liefert auch 2,3-Bisphosphoglycerat für die allosterische Beeinflussung der O_2-Abgabe. Daneben wird etwas Glucose benötigt für die direkte Glucoseoxidation (Pentose-P-Weg), um NADPH zu gewinnen.
Aussage (A) ist falsch, denn einmal findet die Hämsynthese in reifen Erythrocyten nicht mehr statt und außerdem benötigt sie keine Glucose, sondern Succinyl-CoA und Glycin.
Aussage (B) ist falsch, denn die Ketonkörper (Acetoacetat und β-Hydroxybutyrat) werden in Mitochondrien der Leberzellen gebildet.
Aussage (D) ist falsch, denn die Bildung der glykosylierten Hämoglobine ist ein spontaner, sozusagen pathobiochemischer Prozess, der bei Hyperglykämie verstärkt abläuft.
Aussage (E) ist falsch, denn bei der Lactatbildung entsteht kein NADH, sondern es wird verbraucht. Auch könnte der Erythrocyt das NADH nicht zur ATP-Synthese verwenden, da er keine Mitochondrien besitzt.
Siehe Lerntext „Blut" XIX.1.

XIX.1 Blut

Die ca. 5 Liter Blut eines erwachsenen Menschen stellen ein flüssiges Gewebe mit einem Zellanteil von ca. 45% (Hämatokrit) dar.
Die Zellen lassen sich in die roten Blutkörperchen (Erythrozyten) für den Sauerstofftransport, die weißen Blutkörperchen (Leukozyten mit Abwehrfunktionen vorwiegend gegen Krankheitserreger) und in die Thrombozyten (für die Blutgerinnung) trennen.
Blut enthält 15% Hämoglobin als Bestandteil der Erythrozyten, insgesamt ca. 800 g. Die Blutflüssigkeit wird Blutplasma genannt, man erhält dieses durch Hemmung der Blutgerinnung und folgendes Abzentrifugieren der zellulären Bestandteile.
Das Blutplasma enthält 7% Proteine (7 g pro 100 ml Plasma).
Durch Immunelektrophorese, durch Polyacrylamidelektrophorese oder durch isoelektrische Focussierung können über 100 verschiedene Proteine im Plasma identifiziert werden. Die Umwandlung des löslichen Plasmaproteins Fibrinogen in das unlösliche Faserprotein Fibrin wird als Blutgerinnung bezeichnet. Das Blutserum enthält alle Proteine des Blutplasmas mit Ausnahme des Fibrinogens.
In der klinischen Routinediagnostik werden die Serumproteine durch Celluloseacetat-Elektrophorese in fünf Fraktionen getrennt.

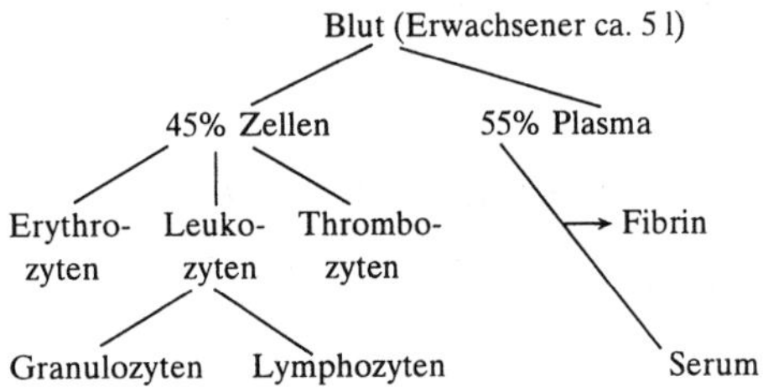

Die Erythrozyten besitzen keinen Kern und keine Mitochondrien mehr, haben also keinen oxidativen Stoffwechsel zur ATP-Bildung durch die Atmungskette. Erythrozyten haben damit einen sehr reduzierten Metabolismus, praktisch bestreiten sie ihren Energiehaushalt pro 24 Stunden ausschließlich durch glykolytischen Abbau von 20 g Glucose zu 20 g Milchsäure. Milchsäure wird als Endprodukt in das Blutplasma abgegeben und in der Leber unter ATP-Verbrauch wieder über die Gluconeogenese zu Glucose aufgebaut. Das durch die anaerobe Glykolyse gewonnene ATP dient vorwiegend Transportprozessen in der Erythrozytenmembran.
Aus der Glykolyse entsteht auch 2,3-Bisphosphoglycerat (2,3-BPG), das zur allosterischen Regulation der O_2-Bindung an das Hämoglobin dient, dabei wird negativ allosterisch die O_2-Abgabe im Gewebe erleichert.
Ein kleiner Teil der Glucose wird in den Erythrozyten über den Pentosephosphatweg abgebaut. Hierbei wird $NADPH_2$ gewonnen.

NADPH$_2$ dient zur Reduktion des Glutathions (GSH), mit dem SH-Gruppen in Enzymen und Membranproteinen stabilisiert werden. Das Schrittmacherenzym des Pentosephosphatweges ist die Glucose-6-phosphat-Dehydrogenase (G-6-PDH). Ein angeborener Mangel an diesem Enzym führt zu einer schweren hämolytischen Anämie.

Bedeutung der Glucose für den Erythrozytenstoffwechsel

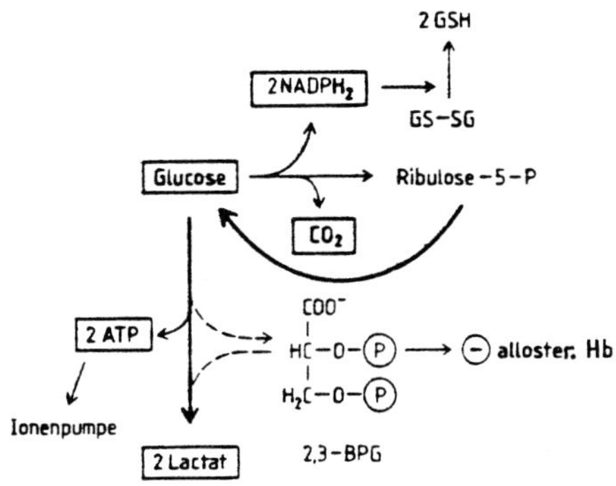

Klinischer Bezug

Anämie

Klinisch-chemisch ist eine Anämie als eine Verminderung der Hämoglobin-Konzentration (Norm ca. 120-170 g/l Blut) definiert. Wichtigstes Krankheitssymptom ist die mangelnde O_2- (und CO_2- (!)) Transportkapazität mit der Folge einer O_2-Unterversorgung der Organe. Ursache von Anämien können akute und chronische Blutverluste sein, weiterhin verstärkter Erythrocytenabbau (haemolytische Anämie) oder eine verminderte Erythrozytenbildung (aplastische Anämie).

Klinischer Bezug

Polycythaemie (Polyglobulie)

Eine Vermehrung der Erythrozytenzahl (Norm 4-6 Millionen/μl Blut) wird als Anpassung an einen O_2-Mangel (bei der Höhenadaptation oder bei Lungenerkrankungen) oder bei malignen, sog. myeloproliferativen Erkrankungen, deren häufigste (1:4000) die **Polycythaemia vera** ist, gefunden.

Die Polycythaemia vera ist eine klonale Erkrankung, bei der Erythrozyten, Thrombozyten und Granulocyten vermehrt gebildet werden. Die Erythrozytenmasse, der Haematokrit und die Viskosität des Blutes sind erhöht, die Milz ist vergrößert, und der verstärkte Erythrocytenabbau führt zu Hyperuricaemie. Die Therapie besteht in einer Chemotherapie und in Aderlässen. ■

F03 F99 F97

→ **Frage 19.2:** Lösung C

2,3-BPG ist ein negativer allosterischer Effektor der O_2-Bindung an Hb, es erleichtert damit die O_2-Abgabe in peripheren Geweben.
Ein tetrameres Hämoglobinmolekül kann zentral das dreifach negativ geladene 2,3-BPG reversibel, also nicht-kovalent binden, damit ist (C) die gesuchte Falschaussage.

H04

→ **Frage 19.3:** Lösung C

Siehe Lerntext XIX.2.
Hämoglobin ist entscheidend auch am CO_2-Transport vom peripheren Gewebe zur Lunge beteiligt, es lagert nach der O_2-Abgabe die durch die Carboanhydrase aus CO_2 entstehenden Protonen an und bindet das restliche CO_2 als Carbamino-Hb (C).
(A) ist falsch, denn die Desoxygenierung behindert nicht, sondern erhöht die 2,3-BPG-Bindung.
(B) ist falsch, denn Desoxy-Hb bindet Protonen.
(D) ist falsch, denn in Erythrocyten liegt Hb immer als Tetramer vor.
(E) ist falsch, denn die Oxidation des Eisens zum Methämoglobin durch O_2 erfolgt in Spuren spontan oder durch toxische Methämoglobinbildner, z. B. Nitrit.

H95 H90

→ **Frage 19.4:** Lösung D

Der hohe Sauerstoffgehalt der Erythrozyten führt dazu, dass kontinuierlich eine Oxidation von Erythrozytenbestandteilen stattfindet. Dem Schutz vor derartigem „oxidativem Stress" dienen verschiedene Enzyme. Die Methämoglobinreduktase (C) wandelt NADH-abhängig Methämoglobin in Hämoglobin um, indem das Fe^{3+} zu Fe^{2+} reduziert wird.
Die NADPH-abhängige Glutathionreduktase (B) stellt aus GSSG wieder 2 Moleküle GSH her, mit denen SH-haltige Enzyme wie Hexokinase, Glycerinaldehydphosphat-Dehydrogenase und Glucose-6-phosphat-Dehydrogenase in der aktiven SH-Form stabilisiert werden.
Im Erythrozyten entstehende aggressive Sauerstoffradikale werden durch die Superoxiddismutase (E) mit H^+ zu weniger gefährlichem Wasserstoffsuperoxid (H_2O_2) umgewandelt, das H_2O_2 wird dann durch die Katalase (A) zu H_2O und O_2 entgiftet.
Die gesuchte Falschaussage ist (D), denn die Cytochromoxidase kommt ausschließlich in Mitochondrien vor, sie ist dort das letzte Enzym der Atmungskette. Mitochondrien sind in Erythrozyten nicht vorhanden.

H04

→ **Frage 19.5:** Lösung B

Siehe Lerntext XIX.1.
Eine Vielzahl angeborener Enzym- und Proteindefekte kann zu hämolytischen Anämien führen. Die Verbreitung einiger dieser Mutationen wurde dadurch gefördert, dass sie eine gewisse Malaria-Resistenz bewirkten, dies gilt für die Sichelzellanämie und für Defekte des erythrozytären Pentose-P-Wegs, so z. B. die verschiedenen G-6-P-DH-Mangel-Formen (B).
(A) ist falsch, denn die Pyruvatkinase ist ein Glykolyse-Enzym, Glykolyse-Defekte schädigen den Erythrozyten wegen des eintretenden ATP-Mangels.
Mangel an GSH-POD (C) und Katalase (D) schädigen wegen der verminderten antioxidativen Kapazität.
Aussage (E) ist etwas problematisch, denn ein Transketolase-Defekt könnte zu einem Rückstau im Pentose-P-Weg führen und damit zu einer Verringerung in der direkten Glucoseoxidation.

XIX.2 Hämoglobin

Aus Bernsteinsäure-CoA und Glycin entstehen über Aminolaevulinsäure und Porphobilinogen die Tetrapyrrole (Porphyrine). Wichtig ist in allen Porphyrinen ein Metall als Zentralatom im Porphyrinkern. Meist handelt es sich um Eisen, aber auch Magnesium, z. B. im Chlorophyll, oder Kobalt, z. B. im Vitamin B_{12}, kommen vor.
In das Häm, als prosthetische Gruppe von Hämoglobin, Myoglobin und Cytochromen, wird zweiwertiges Eisen oxidativ auf der Stufe des Protoporphyrins durch das Enzym Ferrochelatase eingebaut.
Alle Porphyrine haben auf Grund der zahlreichen konjugierten Doppelbindungen intensiven Farbcharakter. Als „konjugiert" bezeichnet man Doppelbindungen, die durch nur eine Einfachbindung getrennt sind, also eine Sequenz doppelt-einfach-doppelt. Im Gegensatz dazu sind isolierte Doppelbindungen durch mindestens zwei Einfachbindungen getrennt. Ihre Funktion erfüllen die Porphyrine als kovalent gebundene Coenzyme (prosthetische Gruppen) von Enzymen, von Transport- und Speicherproteinen.
Im Hämoglobin ist das Häm durch eine Nebenvalenz mit dem Protein Globin (MG 16800) verbunden. Vier derartige Moleküle bilden als Tetramer die Quartärstruktur des aktiven Hämoglobins. Die Eckpunkte in der Tetrapyrrolstruktur des Häms sind jeweils durch Seitenketten substituiert, danach ist das Häm zu beschreiben als 1,3,5,8-Tetramethyl-2,4-divinyl-6,7-dipropionsäureporphin.
In der Quartärstruktur (vier Proteinuntereinheiten) des Hämoglobins kommen immer zwei verschiedene Proteine vor. Insgesamt können vier verschiedene Globinketten beim Menschen gebildet werden, die als α-, β-, γ- und δ-Ketten bezeichnet werden. Alle Hämoglobine des Menschen enthalten zwei α-Ketten. Das normale Hämoglobin des Erwachsenen ist das HbA_1, das aus zwei α- und zwei β-Ketten aufgebaut ist.
Das fetale Hämoglobin hat eine höhere Affinität zum Sauerstoff, was einen Übergang des O_2 in der Plazenta vom mütterlichen Blut auf das kindliche Blut ermöglicht. Das fetale Hämoglobin (HbF) besteht aus zwei α- und zwei γ-Ketten.

HbA_1	$\alpha_2\beta_2$	97,5%	Erwachsene
HbA_2	$\alpha_2\delta_2$	2,5%	Erwachsene
HbF	$\alpha_2\gamma_2$	fetal 100% bei Geburt 20–40%	

Hämoglobin lagert O_2 in Abhängigkeit von der O_2-Konzentration, hier aufgetragen als O_2-Partialdruck, in kooperativer Weise (sigmoide Bindungskurve), reversibel an.
Die O_2-Bindung an Hämoglobin kann negativ allosterisch beeinflusst werden, kenntlich an einer Rechtsverschiebung der Kurve zu höheren O_2-Konzentrationen, z. B. durch 2,3-bis-Phosphoglycerat (2,3-BPG). Auch CO_2 (bzw. H_2CO_3 oder H^+) verschieben die O_2-Bindungskurve nach rechts, was die Sauerstoffabgabe in CO_2-produzierenden Geweben erleichtert. Man bezeichnet dies nach dem Entdecker als „Bohr-Effekt".

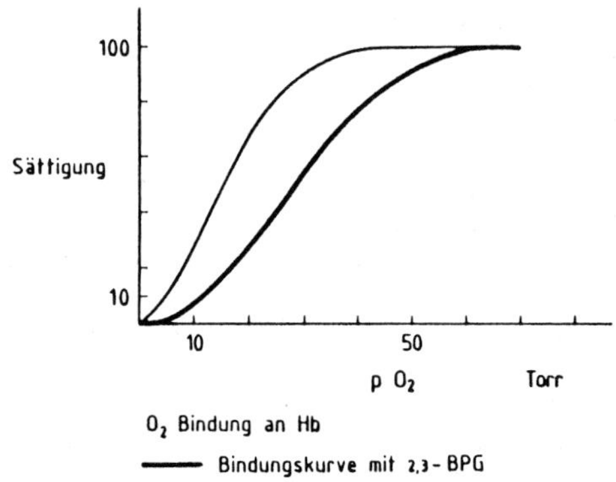

Klinischer Bezug
Hämoglobinopathien
Es sind mehrere hundert Mutationen (Polymorphismen) in den Globingenen des Menschen gefunden worden, von denen etwa die Hälfte zu klinischen Symptomen führt. Da von den α-Ketten 4 Kopien im Genom vorliegen, führen hier Mutationen selten zu Symptomen, Mutationen im β-Ketten-Gen sind kritischer. Meistens handelt es sich um Einmalaustausche,

z. B. bei der Sichelzellanaemie, wo ein A zu T-Austausch zu einem Einbau des hydrophoben Valin statt der hydrophilen Glutaminsäure in Position 6 führt, was homozygot im deoxygenierten (venösen) Haemoglobin zur Ausbildung gelatinöser Fasern mit der charakteristischen Sichelform der Erythrocyten mit Verstopfung kleiner Gefäße und vermehrter Haemolyse (Anaemie) führt.
Heterozygote sind unter Afroamerikanern sehr häufig (8%) und klinisch wenig auffällig, sie besitzen eine gewisse Malariaresistenz.
Andere pathologische Haemoglobuline sind instabil (z. B. Hb_{Genf} und $Hb_{Köln}$), manche weisen eine erhöhte O_2-Affinität (Linksverschiebung der Bindungskurve) und damit eine erschwerte O_2-Abgabe im peripheren Gewebe auf, andere, wie das Hb_{Kansas}, haben eine niedrigere O_2-Affinität.
Bei den Thalassaemien wird ein Kettentyp nicht gebildet, bei α-Thallassaemien liegt dann z. B. ein Hb aus 4 β-Globinketten vor, bei β-Thallassaemien überwiegt ein α_4-Hb.
Wenn die Haemoglobinopathien zu haemolytischen Anaemien führen, werden u. U. Transfusionen notwendig, bzw. in Extremfällen Knochenmarkübertragungen.

H96

→ **Frage 19.6:** Lösung B

Bei der Sichelzellanämie liegt eine Mutation im β-Globin in Position 6 vor, wo ein Glutaminsäurerest durch Valin ausgetauscht ist (B). Ein Defekt der Met-Hb-Reduktase führt zur familiären Methämoglobinämie (C). Ein G-6-P-dehydrogenase-Mangel ist Ursache einer familiären hämolytischen Anämie, bedingt durch $NADPH_2$-Mangel und damit ungenügender Reduktion von Glutathion (D).

F05

→ **Frage 19.7:** Lösung D

Die Sichelzellanämie beruht auf einer Mutation im 6. Codon des β-Hb-Gens, was zu einem Austausch des hydrophilen Glutamats gegen das hydrophobe Valin an Position 6 der β-Kette des Hb führt (D).
Aussage (A) ist falsch, denn glykosyliertes Hb entsteht durch hohe Glucosekonzentrationen bei Diabetikern. Sein Nachweis ist von diagnostischer Bedeutung.
Siehe Lerntext „Hämoglobin“ XIX.2.

F96

→ **Frage 19.8:** Lösung D

Die gesuchte Falschaussage ist (D), denn Kohlenmonoxid (CO) lagert sich kompetitiv mit 300fach stärkerer Affinität als O_2 an das Häm an. An die NH_2-Gruppen des Häm kann sich z. T. CO_2 anlagern.
Zu (E): Beim Abbau des Häm zu Biliverdin wird durch die mischfunktionelle Hämoxygenase die Methinbrücke zwischen den Ringen I und IV oxidativ mit O_2 als CO entfernt, wobei $NADPH_2$ verbraucht wird.

F05

→ **Frage 19.9:** Lösung E

2,3-BPG entsteht in Erythrozyten in der Glykolyse aus 1,3-Bisphosphoglycerat. Es wirkt negativ allosterisch auf die O_2-Bindung an Hämoglobin und erleichtert so die O_2-Abgabe im peripheren Gewebe (E).
Aussage (A) ist falsch, denn Desoxy-Hb bindet nicht vier, sondern ein 2,3-BPG, das sich zwischen die 4 Untereinheiten des Hb-Moleküls anlagert.
Aussage (B) ist falsch, denn HbA hat eine höhere Affinität zu 2,3-BPG als HbF.
Aussage (C) ist falsch, denn bei der Höhenadaptation steigt die 2,3-BPG-Konzentration zur Kompensation der Hyperventilationsalkalose.
Aussage (D) ist falsch, denn bei pH 7,3 ist 2,3-BPG 3-fach negativ geladen.
Siehe Lerntexte „Blut“ XIX.1 und „Hämoglobin“ XIX.2.

H91

→ **Frage 19.10:** Lösung C

In fast allen Organen des menschlichen Körpers entsteht durch die Verbrennung von Nahrungsstoffen Kohlendioxid, das auf dem Blutweg zur Ausscheidung über die Lunge gelangt. CO_2 ist ganz gut wasserlöslich, sodass sich im Blutplasma eine Konzentration von 1,4 mmol/l an physikalisch gelöstem CO_2 findet. Die Konzentration an chemisch als Bicarbonat gebundenem CO_2 ist aber viel größer: Hier findet man 24 mmol/l ((C) ist richtig, (A) falsch). Eine CO_2-Anlagerung an das Hämoglobin-Eisen, wie beim O_2-Transport, gibt es nicht ((D) ist falsch). Allerdings findet sich ein kleiner Teil des CO_2, etwa 10%, in chemischer Bindung an die Globinketten des roten Blutfarbstoffs ((E) ist falsch). In Anlehnung an die Carbaminsäure, H_2N-CO-OH, nennt man dieses Proteinderivat Prot-NH-CO-OH, Carbaminoprotein.

Für die Bildung des im Blut gelösten Bicarbonats und auch für dessen Wiederaufspaltung in der Lunge (zu CO_2 und H_2O) sind die Erythrozyten unerlässlich. Das hier in hoher Konzentration vorhandene Enzym Carboanhydrase überführt das CO_2 in H_2CO_3, das dann sofort in H^+ und HCO_3^- dissoziiert. Der größte Teil des in den Erythrozyten gebildeten Bicarbonats verlässt die roten Blutzellen im Austausch gegen Chloridionen; der in den Erythrozyten verbleibende Anteil beträgt etwa 10% ((B) ist falsch).

H01

→ **Frage 19.11:** Lösung A

Die zu suchende Falschaussage ist (A), denn Myoglobin ist ein Protein mit einem als prosthetischer Gruppe gebundenen Fe^{2+}-haltigen Tetrapyrrol. Im Gegensatz zum tetrameren Hämoglobin liegt es aber als Monomer vor. Damit das stationär gebundene Myoglobin den Sauerstoff vom mobilen Hämoglobin übernehmen kann, hat es eine höhere O_2-Affinität (C). Der Häm-Anteil des Myoglobins wird nach der Eisenabspaltung über Biliverdin zu Bilirubin (D). – Die rote Farbe mancher Muskelfasern entsteht durch einen besonders hohen Myoglobingehalt (E).

H92

→ **Frage 19.12:** Lösung E

Hämoglobin hat neben dem O_2-Transport noch die Aufgabe, die aus Kohlensäure abgegebenen H^+ anzulagern, d. h. abzupuffern (E).
35% der Gesamtpufferkapazität des Blutes wird durch Hb bewirkt, Plasmaproteine sind zu knapp 7% beteiligt.
Die γ-Globuline haben Abwehrfunktionen. Blutdruck und Albumin sind entscheidend für den Flüssigkeitsaustausch zwischen den Kapillaren und der interstitiellen Flüssigkeit.

H87

→ **Frage 19.13:** Lösung C

Das 3-wertige Eisen im Methämoglobin kann keinen Sauerstoff mehr transportieren (A).
Oxidationsmittel wie Wasserstoffsuperoxid, Sauerstoff und Nitrit können die MetHb-Bildung steigern (B).
Das normalerweise in Spuren dauernd in Erythrozyten entstehende und vorliegende MetHb (E) wird durch eine MetHb-Reduktase wieder in Hb reduziert. Fehlt dieses Enzym, kommt es zur „familiären Methämoglobinämie“ (D).
Die gesuchte Falschaussage ist (C): Nicht oxidiertes, sondern reduziertes Glutathion kann gegen MetHb-Bildung schützen.

F01

→ **Frage 19.14:** Lösung D

Erster Schritt der Häm-Biosynthese ist die Bildung von δ-Aminolaevulinsäure (ALA) aus Glycin und Succinyl-CoA; Störungen der Blutbildung treten auf, wenn das für diese Reaktion nötige Coenzym Pyridoxalphosphat fehlt (A). Durch freies Häm wird die ALA-Synthese gehemmt (B).
Beim Häm-Abbau wird der Tetrapyrrolring aufgespalten, indem eine Methinbrücke zu CO oxidiert und entfernt wird (C); das lineare Tetrapyrrol wird als Gallenfarbstoff Bilirubin mit der Galle ausgeschieden (E).
Die zu suchende Falschaussage ist (D), denn das beim Häm-Abbau anfallende Eisen wird an das Speicherprotein Ferritin gebunden und nicht an Hämopexin, das im Blutplasma anfallendes Häm binden soll.

H00

→ **Frage 19.15:** Lösung B

Siehe Lerntext XIX.3.
Die Hämbiosynthese beginnt in den Mitochondrien (A) mit der Pyridoxal-P-abhängigen (C) Aminolävulinat-Synthase (ALA-Synthase). Die ALA-Synthase bildet Aminolävulinsäure aus Glycin und Succinyl CoA und verwendet nicht Serin, damit ist (B) die gesuchte Falschaussage. ALA wird ausgeschleust ins Cytosol, wo über Porphobilinogen und Zwischenstufen Koproporphyrinogen III entsteht, das wieder aufgenommen in die Mitochondrien dort u. a. mit Ferrochelatase (D) zu Häm umgewandelt wird. Häm in negativer Rückkopplung reguliert die ALA-Synthase (E).

H04

→ **Frage 19.16:** Lösung A

Siehe Lerntext XIX.3.
Porphyrien sind seltene, aber schwere angeborene Erkrankungen. Man unterscheidet hepatische und erythropoetische Porphyrien. Die Hämsynthese wird durch negative Rückkopplung des Häms auf die δ-ALA-Synthase reguliert (A).
Die Kontrolle betrifft die Transkription der δ-ALA-Synthase-Gene (Repression), den Transport des Enzyms in die Mitochondrien und eine allosterische Hemmung.

H02 H96

→ **Frage 19.17:** Lösung B

Siehe Lerntext XIX.3.
Die gesuchte Falschaussage ist (B), denn 5-Aminolävulinsäure entsteht in den Mitochondrien nicht durch Transaminierung, sondern durch eine Synthase aus Succinyl-CoA und Glycin.

XIX.3 Biosynthese der Porphyrine

Die Synthese der Pyrrolkerne erfolgt über δ-Aminolaevulinsäure, die aus der Aminosäure Glycin (Glykokoll) und Succinyl-CoA, einem Metaboliten aus dem Citratzyklus, synthetisiert wird. Die Aminolaevulinat-Synthese braucht Pyridoxalphosphat als Coenzym.

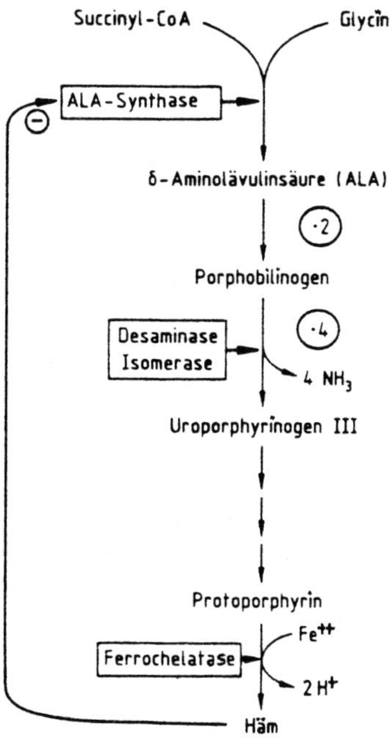

Aus zwei Molekülen Aminolaevulinsäure wird durch die Porphobilinogen-Synthase unter Abspaltung von zwei Molekülen Wasser der 3fach substituierte Pyrrolkern Porphobilinogen.

Vier Porphobilinogenringe werden unter NH_3-Abspaltung durch zwei Enzyme, die Porphobilinogen-Desaminase und die Uroporphyrinogen-III-Synthase (= Cosynthase), zu einer Tetrapyrrolstruktur, dem Uroporphyrinogen III, verknüpft. Bei Porphyrinen vom Typ III sind die Substituenten am vierten Ring, Essigsäure und Propionsäure, gegenüber der Reihenfolge in den ersten drei Ringen vertauscht. Ist durch einen angeborenen Defekt der Uroporphyrinogen-III-Synthase (= Cosynthase = Isomerase) diese Synthese unterbrochen, so entstehen vermehrt Porphyrine vom Typ I, es kommt zu einer sehr schweren Erkrankung, der Porphyria erythropoetica.

Klinischer Bezug

Porphyrien

Insgesamt 8 Enzyme der Haemsynthese können entweder autosomal dominant (5) oder autosomal rezessiv (3) vererbt einen Defekt aufweisen. Folge des jeweiligen Enzymausfalls ist ein Anstieg der Metabolite vor dem Block und ein Abfall der Metabolite nach dem Block. Durch die bei allen Porphyrie-Erkrankungen erniedrigte Haemkonzentration fällt die negative Rückkopplung aus, und die Porphyrin-Synthese ist gesteigert.

Klinisch dominieren schwere neuroviszerale Schmerzattacken und (oder) eine Photosensibilisierung der Haut mit Entzündungen und Geschwüren etc., die häufig exogen durch Medikamente, Hormone, Gifte, andere Erkrankungen o.ä. ausgelöst oder aggraviert werden.

Die Diagnose der verschiedenen Porphyrien wird über die Identifizierung und Quantifizierung der Porphyrine im Urin, im Blut und im Stuhl vorgenommen. Es werden akute und chronische Porphyrien unterschieden und diese dann wiederum in hepatische und erythropoetische Porphyrien unterteilt.

XIX.4 Gallenfarbstoffe

Erythrozyten haben eine durchschnittliche Lebensdauer von 120 Tagen. Erythrozyten werden im retikuloendothelialen System (RES) abgebaut. Die zyklische Tetrapyrrolstruktur wird zwischen den Ringen I und II oxidativ aufgespalten, der Methinbrücken-Kohlenstoff wird als Kohlenmonoxid abgespalten. Hier entsteht also, wenn auch nur in Spuren, das gefährliche Kohlenmonoxid in einer biologischen Reaktion. Aus dem entstehenden Verdoglobin, das eine grüne Farbe hat, wird das Eisen abgespalten und als Speichereisen an das Protein Ferritin gebunden.

Das Protein Globin wird abgespalten und zu Aminosäuren abgebaut.

Das freie lineare Tetrapyrrol Biliverdin (grün) wird zu Bilirubin (rot) reduziert und von der Leber an den beiden Propionsäureseitenketten mit zwei Molekülen Glucuronsäure gekoppelt, die aus UDP-Glucuronsäure geliefert werden. Es entsteht so in der Leber das gut wasserlösliche, sog. „direkte“ Bilirubin (Bilirubindiglucuronid), das mit der Galle in den Darm ausgeschieden wird.

Das indirekte, unkonjugierte, Bilirubin lässt sich im Unterschied zum direkten Bilirubin nur indirekt, d.h. nach Zusatz von z.B. Coffein oder Methanol, in einer Farbreaktion nachweisen.

Durch die Darmbakterien wird die Glucuronsäure des direkten Bilirubins abgespalten, und durch verschiedene Bakterien kann das Bilirubin zu Urobilirubin, Mesobilirubinogen und Sterkobilin, dem braunen Kotfarbstoff, umgewandelt werden. Ein Teil dieser Umwandlungsprodukte kann resorbiert werden und über das Blut wieder zur Leber gelangen. Man bezeichnet dies als enterohepatischen Kreislauf. Einige der im enterohepatischen Kreislauf rückresorbierten Gallenfarbstoffe, so z.B. das Urobilin, können auch mit dem Urin ausgeschieden werden.

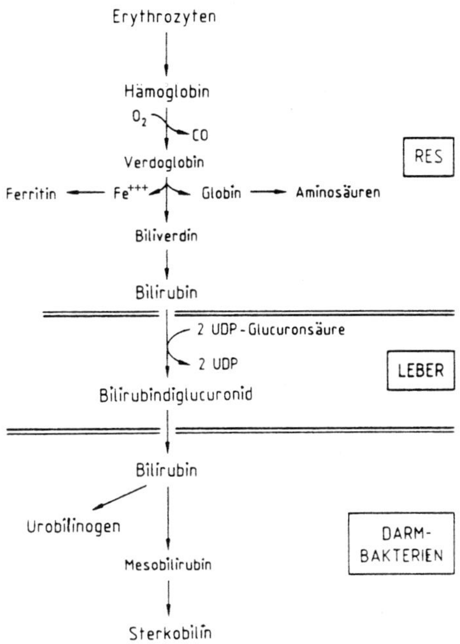

Klinischer Bezug

Icterus

Bilirubin kommt im Blutplasma in einer Konzentration von ca. 1 mg/dl (= 18 µmol/l) vor. Eine Erhöhung (Hyperbilirubinaemie) führt ab 2.5 mg/dl zu einer Gelbfärbung („Gelbsucht") der Haut, die als Icterus bezeichnet wird.
Ein Icterus kann vor, in und nach der Leber seine Ursache haben: ein **praehepatischer Icterus** tritt z.B. bei einem vermehrten Erythrocytenabbau als haemolytischer Icterus auf, ein **intrahepatischer Icterus** bei infektiösen oder toxischen Leberschäden, und ein **posthepatischer Icterus** (Stauungsicterus) wird bei einem mechanischen Verschluss der Gallengänge durch Steine oder Tumoren gefunden.

H04

→ **Frage 19.18:** Lösung B

Siehe Lerntext XIX.4.
Beim Abbau von Haem wird die cyclische Tetrapyrrolstruktur oxidativ an der Methinbrücke zwischen den Pyrrolringen I und II gespalten zum linearen Tetrapyrrol Biliverdin. Der Kohlenstoff der Methinbrücke wird als Kohlenmonoxid frei.

H03

→ **Frage 19.19:** Lösung D

Das beim Abbau der Porphyrine entstehende Bilirubin ist schwer wasserlöslich, weshalb es im Blut nur an Albumin angelagert zur Leber transportiert werden kann. In der Leber erfolgt eine Erhöhung der Wasserlöslichkeit und damit die Ausscheidungsfähigkeit durch Kopplung an Glucuronsäure (D).
Die Pyrrolringe des Häms werden nicht aus Tryptophan, sondern aus Glycin und Succinyl-CoA synthetisiert, die dafür notwendige ALA-Synthase ist das Schrittmacherenzym der Häm-Synthese, sie benötigt nicht Biotin als Coenzym, sondern Pyridoxalphosphat (B). Die Häm-Synthese (C) findet außer im Knochenmark in vielen anderen Zellen statt. Beim Abbau der Porphyrine entstehendes Bilirubin wird nicht mit CTP glucuronidiert, sondern mit UDP-Glucuronsäure (E).

H05

→ **Frage 19.20:** Lösung C

Bilirubin kommt beim Gesunden in einer Konzentration von ca. 1 mg/dl im Plasma vor, ab 2,5 mg/dl beginnt der Ikterus.
Beim hämolytischen, also prähepatischen Ikterus ist das freie, unkonjugierte Bilirubin (= „indirektes Bilirubin") erhöht, weil die Leber das vermehrt anfallende Bilirubin nicht schnell genug in das besser wasserlösliche und ausscheidungsfähige Bilirubinglucuronid („direktes Bilirubin") umwandeln kann. Direktes Bilirubin ist beim Gallengangsverschluss erhöht.
Siehe Lerntext „Gallenfarbstoffe" XIX.4.

F02

→ **Frage 19.21:** Lösung A

Bei der Einleitung des Hämoglobinabbaus entsteht durch Abspaltung von Eisen, Globin und CO der lineare Tetrapyrrolfarbstoff Biliverdin. Das Folgeprodukt Bilirubin wird durch Biotransformation von der Leber in Bilirubindiglucuronid umgesetzt, das nach Ausscheidung mit der Galle im Darm durch bakterielle Enzyme in Bilirubin, Urobilinogen oder Stercobilinogen umgewandelt wird. Muss freies Bilirubin im Blut transportiert werden, so wird es an Serumalbumin gebunden.

Hier falsch und gesucht ist Aussage (A), denn Haptoglobin dient zum Abfangen von freiem Hämoglobin, das ungebunden nierenschädigend wirken würde.

F03

→ **Frage 19.22:** Lösung B

Siehe Lerntext XIX.4.
Bilirubin entsteht beim Hämoglobinabbau im retikuloendothelialen System von Leber, Milz und Lymphknoten, nicht aber in Hepatozyten ((A) ist falsch).
Bilirubin enthält 2 COOH-Gruppen und ist schwer wasserlöslich ((B) ist die gesuchte richtige Aussage) und wird im Blutplasma angelagert an Albumin zu den Leberzellen transportiert. Mit UDP-Glucuronsäure wird in den Hepatozyten das wasserlösliche Bilirubindiglucuronid gebildet ((C) ist falsch), und das Bilirubindiglucuronid wird dann durch aktiven Transport in die Galle ausgeschieden ((D) ist falsch). (E) ist falsch, denn die Spaltung des Bilirubinglucuronids erfolgt durch bakterielle Glucuronidasen im Darm.

H01

→ **Frage 19.23:** Lösung B

Die Hämoxygenase ist ein Enzym, das in den Mikrosomen der Zellen des reticuloendothelialen Systems den Abbau der Porphyrine einleitet. Das Enzym benötigt O_2 und NADPH ((E) ist falsch) und es spaltet die Porphyrine zwischen den Ringen A und B, aus der Methinbrücke wird Kohlenmonoxid frei. Bilirubin entsteht erst später in der Abbaukette ((D) ist falsch). Protoporphyrin kommt nicht beim Abbau vor, sondern ist Metabolit bei der Biosynthese. Die gesuchte richtige Aussage ist (B), denn neben dem Hämoglobin, dem Myoglobin und den Cytochromen a, b und c ist auch das Cytochrom P_{450} aus den Biotransformationsreaktionen der Leber ein Substrat für den Abbau durch Hämoxygenase.

H00

→ **Frage 19.24:** Lösung A

Unter der Bezeichnung HbA_{1c} versteht man denjenigen Anteil des roten Blutfarbstoffs (HbA), der am N-Terminus der Globinketten Glucose als Schiffbase angelagert hat. Diese Bindung kommt durch nicht-enzymatische Glykosylierung zustande (A). Das Ausmaß der spontanen Glykosylierung wird durch die Glucosekonzentration und die Einwirkungszeit bestimmt. Der Normalwert beträgt 4–6 % des Hämoglobins im Erythrozyten. Bei Diabetikern kann das HbA_{1c} etwa 2- bis 3-fach erhöht sein ((D) falsch); diese Erhöhung ist noch nach 1 bis 2 Monaten nachweisbar.
Die O_2-Übertragung wird durch die Zuckerbindung nicht gestört ((C) falsch).

H02

→ **Frage 19.25:** Lösung D

Die gesuchte Falschaussage ist (D), denn Interleukin, wie Interferon und Tumornekrosefaktor als ein Cytokin bezeichnet, wird nicht von Granulozyten, sondern von T-Lymphozyten gebildet. Interleukine stimulieren B-Zellen und T-Zellen.

H04

→ **Frage 19.26:** Lösung E

Die Granulozyten können aus der Blutbahn in das interstitielle Gewebe gelangen, dies geschieht postkapillar in den Venolen, wobei ein lektinähnliches Protein, das Selectin (E), die Granulozyten kurzfristig an das Endothel bindet.
(A) ist falsch, denn Cadherin ist ein Ca-abhängiges Protein für den Zell-Zell-Matrix-Kontakt.
(B) ist falsch, denn Fibrinogen ist ein Gerinnungsprotein.
Fibronektin (C) ist ein extrazelluläres Bindegewebsprotein zur Anheftung von Zellen an die Bindegewebsmatrix.
Auch Laminin (D) dient Zell-Zell-Kontakten.

F05

→ **Frage 19.27:** Lösung C

Hypochlorid ist ein hochwirksames, technisches Desinfektionsmittel in Haushalt, Industrie, Krankenhäusern u. a.
Auch im Organismus können bei bakteriellen Infektionen neutrophile Granulozyten OCl^- bilden und sezernieren.
Der letzte Schritt wird von der Myeloperoxidase katalysiert, die aus H_2O_2 und Cl^- das OCl^- und H_2O bildet.
Das H_2O_2 stammt aus der Superoxid-Dismutase-Reaktion, die das Superoxidanion O_2^- mit H^+ zu H_2O_2 umsetzt.
Das Superoxidanion O_2^- stammt aus der NADPH-Oxidase-Reaktion, durch die vom NADPH Elektronen auf O_2 übertragen werden. Das hierfür benötigte NADPH kann aus verschiedenen Reaktionen stammen, vorwiegend aber aus der direkten Glucoseoxidation durch die G-6-PDH.

F04

→ **Frage 19.28:** Lösung D

Für die Hämostase (Blutstillung) spielen vaskuläre, thrombozytäre und plasmatische Vorgänge wichtige Rollen.
Der Thrombozyten-Thrombus (Pfropf) in der primären Blutstillung wird auch durch Fibrinogen zusammengehalten (D). Später in der endgültigen plasmatischen Gerinnung wird das lösliche Fibrinogen durch Thrombin zum unlöslichen Fibrin-Netz.

Die 4 anderen genannten Faktoren sind ausschließlich in der plasmatischen Gerinnungskaskade beteiligt: Kallikrein (E) als Verstärker im intrinsischen Weg, wo auch Faktor XI (C) und Faktor IX (A) wirken. Faktor X (B) leitet nach seiner Aktivierung die gemeinsame Endstrecke für das intrinsische und extrinsische System ein.

H98
→ **Frage 19.29:** Lösung B

Die intrinsische Gerinnungskaskade beginnt mit der Kontaktaktivierung des Faktors XII an rauen Oberflächen, hier an geschädigtem Endothel. Es folgt eine Enzymkaskade proteolytischer Aktivierungen der Faktoren XI, IX und VIII.
Die gesuchte Falschaussage ist (B), denn der Faktor III ist nicht Bestandteil des intrinsischen Systems, sondern steht am Beginn des extrinsischen Systems.

XIX.5 Blutgerinnung

Die Gerinnung des Blutes bzw. die Umwandlung von Plasma in Serum besteht darin, dass das lösliche globuläre Protein Fibrinogen durch begrenzte Proteolyse in das unlösliche Faserprotein Fibrin umgewandelt wird. Die begrenzte Proteolyse (Abspaltung bestimmter Peptidreste aus dem Fibrinogen) wird katalysiert durch die Protease Thrombin.
Aktives Thrombin seinerseits entsteht durch begrenzte Proteolyse aus der inaktiven Vorstufe Prothrombin, hierzu sind Calcium-Ionen als Cofaktor notwendig.

Klassisches Schema der Blutgerinnung

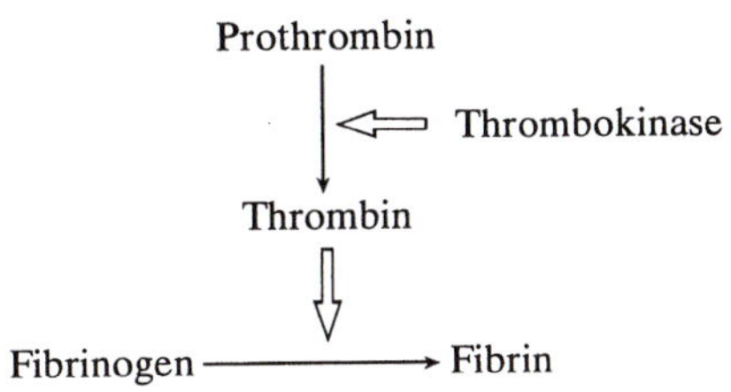

Das klassische Schema der Blutgerinnung ist zunehmend erweitert worden, es sind insgesamt mindestens 11 Plasmaproteine beteiligt. Die meisten dieser Faktoren werden in der Leber gebildet, für die Synthese der Faktoren II, VII, IX und X ist das Vitamin K als Cofaktor notwendig.

11 Plasmaproteine sind an der Blutgerinnung beteiligt

Faktor	Bezeichnung
I	Fibrinogen
II	Prothrombin
III	Gewebsthromboplastin
V	Proaccelerin
VII	Prokonvertin
VIII	Antihämophiles Globulin A
IX	Antihämophiles Globulin B (Christmas-F.)
X	Stuart-Prower-Faktor
XI	Thromboplastin-Antecedent
XII	Hageman-Faktor
XIII	Fibrinstabilisierender Faktor (Transglutaminase)

Die Gerinnung kann in das intrinsische System und extrinsische System unterschieden werden, beide Systeme münden in eine gemeinsame Endstrecke, die die Faktoren X, V, II und I umfasst.
Das extrinsische System geht von einem Gewebsfaktor III (Gewebsthromboplastin = Gewebsthrombokinase) aus und bewirkt den Verschluss eines verletzten Gefäßes von außen durch Gerinnung des ausgetretenen Blutes. Das intrinsische System wird ausgelöst durch verletzte Endothelien und dabei freiliegendes Kollagen. Es bewirkt den Verschluss eines verletzten Blutgefäßes durch Thrombusbildung von innen. Ein oberflächen-aktivierbares Protein, der Hageman-Faktor (XII), löst im intrinsischen System eine Enzymkaskade aus. Verstärkt wird diese Auslösung durch das Kallikreinsystem.
An der Gerinnungsauslösung und an den Einzelschritten sind Thrombozyten beteiligt. Fehlen einzelner Komponenten des Gesamtsystems führt zur Blutungsneigung, z.B. bei Faktor-VIII-Mangel zur Hämophilie A, bei Faktor-IX-Mangel zur Hämophilie B.
Auch ein Mangel an Vitamin K kann zu schwersten Blutungen (Hämorrhagie) führen. Eine vermehrte Gerinnung, z.B. am arteriosklerotisch veränderten Blutgefäß, führt zum Auftreten von Gerinnseln mit Gefäßverschlüssen: Thrombose. Derartige Gerinnsel können vom Blutstrom losgerissen und fortgeschwemmt werden und dann in entfernten kleineren Gefäßen zu einem Verschluss führen: Embolie.

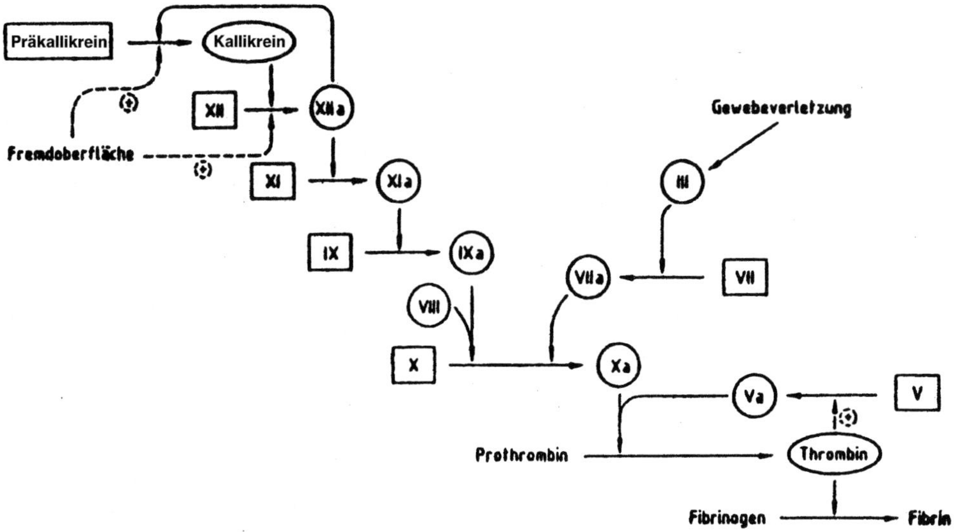

Hemmung der Blutgerinnung

„in-vivo"	**Heparin**	
	Hydroxycumarine	
	Acetylsalicylsäure	
„in-vitro"	**Heparin**	
	Na-Fluorid	**Bindung von Ca^{++}**
	EDTA	
	Citrat	
	Oxalat	

Klinischer Bezug

Thrombose und Embolie

Eine Thrombose ist definiert als ein partieller oder totaler Verschluss einer Arterie oder einer Vene oder von Kapillaren durch ein Blutgerinnsel (Thrombus).

Löst sich ein Thrombus, wird er mit dem Blutstrom als sog. Embolus fortgeschwemmt, bis er in einer enger werdenden (arteriellen) Strombahn diese verschließend stecken bleibt. So entstehen aus venösen Thromben Verstopfungen der Pulmonalarterien (Lungenembolie) und aus arteriellen Thromben periphere Gefäßverschlüsse, meistens mit Gewebeuntergang (Infarkte). Thrombosen, Embolien und Infarkte stellen heute die weitaus häufigste mittelbare und unmittelbare Todesursache dar, z. B. als Herzinfarkt oder als Apoplex.

Ursachen der Thrombose sind veränderte Gefäße – z. B. Endothelläsionen bei Atherosklerose oder eine verstärkte Gerinnungsneigung, plasmatisch oder thrombozytär ausgelöst.

Klinischer Bezug

Haemorrhagie - Haemophilie

Eine erhöhte Blutungsneigung kann ihre Ursache in veränderten Gefäßen (vaskulär), in qualitativen und (oder) quantitativen Abweichungen der Thrombozyten (korpuskulär) oder in Ausfällen der Gerinnungskaskade (plasmatisch) haben.

Störungen kommen angeboren (genetisch) oder erworben vor, letztere häufig auch als Symptom vieler anderer Erkrankungen, wie z. B. Infektionen und Tumoren. Alle schweren Lebererkrankungen gehen mit plasmatischen Haemorrhagien einher, weil die Gerinnungsfaktoren in der Leber gebildet werden.

Die bekanntesten angeborenen plasmatischen Gerinnungsstörungen sind die Haemophilie A (herabgesetzte oder fehlende Aktivität des Faktors VIII) und die Haemophilie B (Faktor IX).

Eine Diagnostik der Haemorrhagien ist erforderlich, um die lebensbedrohlichen Ausfälle von Faktoren gezielt zu ersetzen, bzw. die Grundkrankheiten zu beseitigen.

F02 H90

→ **Frage 19.30:** Lösung E

Prothrombin wird von der Leber (C) gebildet. Es wird posttranslational prozessiert durch Glykosylierung (A) und durch Vitamin K-abhängige Carboxylierung von Glutamyl-Resten zu Ca^{2+}-bindenden Dicarboxyglutamyl-Resten (B). Durch Aktivierung der Gerinnungskaskade wird Prothrombin zu Thrombin proteolytisch umgewandelt (D), das aktive Thrombin wandelt Fibrinogen zu Fibrin um. Die gesuchte Falschaussage ist (E), denn die kovalente Verknüpfung der Fibrin-Ketten im Gerinnsel (Thrombus) erfolgt nicht durch Thrombin, sondern durch den durch Thrombin aktivierten Faktor XIII (fibrin-stabilisierender Faktor), der durch NH_3-Abspaltung (Transglutaminase) die Fibrinketten vernetzt.

F01

→ **Frage 19.31:** Lösung D

Thrombin ist eine durch Einwirkung des Faktors Xa ((A) falsch) aus dem Gerinnungsprotein Prothrombin gebildete Proteinase, die neben der Fibrinbildung aus Fibrinogen auch die Aktivierung des fibrinstabilisierenden Faktors XIII bewirkt ((D) richtig). Ca^{2+} wird nicht zur Fibrinogenspaltung durch Thrombin benötigt, wohl aber zur Thrombinbildung aus Prothrombin. Heparin ist ein Heteroglykan ohne proteolytische Eigenschaften; es hemmt die Umwandlung von Prothrombin in Thrombin und inaktiviert durch seine Anlagerung schon vorhandenes Thrombin.

F01

→ **Frage 19.32:** Lösung D

Richtig ist hier Aussage (D): Das extrinsische und das intrinsische Blutgerinnungssystem treffen sich in der Aktivierung des Faktors X zu Xa (Stuart-Prower-Faktor), was dann zur Thrombinbildung aus Prothrombin führt.
Die anderen vier Aussagen sind falsch: Bei einer Gewebeverletzung führt die Freilegung von Kollagenfasern zur Einleitung der Blutgerinnung. Auch das von Thrombozyten freigesetzte Thromboxan (NICHT: Prostacyclin!) leitet die Gerinnung ein. Eine Carboxylierung von Glutaminsäureseitenketten ist nötig bei Prothrombin (Faktor II) und den Gerinnungsfaktoren VII, IX und X, kommt aber nicht vor im Fibrinogen (Faktor I). An der abschließenden Fibrin-Polymerisation sind nicht Disulfidbildungen beteiligt; der stabilisierende Faktor XIIIa ist eine Transglutaminase.

H02

→ **Frage 19.33:** Lösung D

Siehe Lerntext XIX.5.
Die gesuchte richtige Antwort ist (D), denn der intrinsische und extrinsische Aktivierungsweg münden in eine gemeinsame Endstrecke über die Aktivierung des Faktors X.
Die Vernetzung der Fibrinketten (B) erfolgt nicht durch Faktor X, sondern durch Faktor XIII, eine Transglutaminase. Aus Gewebeverletzungen (C) wird nicht Faktor X, sondern Faktor III für den kurzen extrinsischen Weg freigesetzt. Die Hämophilie A (E) wird nicht durch Mangel an Faktor X, sondern durch einen Faktor VIII-Mangel ausgelöst.

H03

→ **Frage 19.34:** Lösung A

Die Hämophilie A ist eine sehr schwere angeborene Gerinnungsstörung („Bluterkrankheit"), die mit einer Häufigkeit von 1:5.000 ausschließlich beim männlichen Geschlecht auftritt und mit einem Faktor VIII-Mangel einhergeht (A). Die Erkrankung wird X-chromosomal rezessiv durch Frauen übertragen. Es sind ca. 100 verschiedene Gendefekte beschrieben, was erklärt, dass die Erkrankung in deutlich unterschiedlichen Schweregraden auftritt. Der unter (B) genannte genetische Plasminogenmangel ist extrem selten. Der von-Willebrand-Faktor wird vom Endothel gebildet und bildet einen Komplex mit Faktor VIII (D). Sein angeborener Defekt, autosomal dominant und in anderen Formen autosomal rezessiv vererbt, führt zu schweren Gerinnungsstörungen. Genetisch bedingte Thromboxan-Mangelzustände (C) und die unter (E) genannte Thrombinwirkung sind klinisch nicht bekannt.

H00 F90

→ **Frage 19.35:** Lösung A

Bei der Blutgerinnung kommt es zu einem Zusammenspiel von über 20 Gerinnungsfaktoren; viele davon sind inaktive Proteinasen, die durch limitierte Proteolyse aktiviert werden müssen. Am Ende dieser Enzymkaskade steht das Gerinnungsprotein Fibrinogen, dessen begrenzte Proteolyse zum faserbildenden Fibrin führt. Fibrinogen (A) und Fibrin weisen selbst keine proteolytische Aktivität auf: (A) ist die gesuchte Falschaussage.

F04

→ **Frage 19.36:** Lösung D

Siehe Lerntext XIX.5.
Die gesuchte richtige Aussage ist (D): Die Protease Thrombin setzt durch limitierte Proteolyse das lösliche Fibrinogen zum unlöslichen Fibrin um. Fibrinogen ist also Substrat und keine Enzymvorstufe, (A) ist falsch.

Aussage (B) ist falsch, denn Heparin wirkt gerinnungshemmend durch Reaktion mit dem Proteasehemmer Antithrombin (AT III), dessen Affinität zum Thrombin durch Heparin erhöht wird. Fibrin und in Spuren auch Fibrinogen kann durch Plasmin abgebaut werden (Fibrinolyse). Aussage (C) ist falsch, weil die antithrombotisch gegen Faktor VIIIa und Va gerichteten Faktoren C und S nicht durch Fibrinogen, sondern durch Thrombin aktiviert werden.
Aussage (E) ist falsch, denn mittels Vit. K wird nicht Fibrinogen posttranslational an Glutamatresten carboxyliert, sondern die Faktoren II, VII, IX und X.

F00
→ **Frage 19.37:** Lösung C

Die Bildung von unlöslichem Fibrin erfolgt durch den Faktor XIIIa, den fibrinstabilisierenden Faktor, eine Transglutaminase. Das Protein C und das Protein S bilden einen regulatorischen Komplex, der im intrinsischen System dem Faktor VIIIa und in der gemeinsamen Endstrecke von extrinsischem und intrinsischem Weg den Faktor V inaktiviert. Damit ist (C) die gesuchte Falschaussage.

H03 H97
→ **Frage 19.38:** Lösung E

Prothrombin z. B. wird, wie die meisten Gerinnungsfaktoren, in der Leber als Glykoprotein freigesetzt und zirkuliert im Blut mit einer Halbwertszeit von 2 bis 3 Tagen. Das synthetisierte Protein muss, damit es biologisch wirksam wird, posttranslational modifiziert werden: Etwa 10 Glutaminsäureseitenketten am N-terminalen Ende werden Vitamin-K-abhängig zur Gamma-Carboxyglutaminsäure carboxyliert, (E) trifft zu. Erst danach hat das Protein die Fähigkeit, die für seine biologische Wirkung wichtigen Calciumionen zu binden.

F01
→ **Frage 19.39:** Lösung D

Siehe Lerntext V.14.
Vitamin K ist notwendig für die posttranslationale Carboxylierung der Gerinnungsfaktoren II (B), VII (A), IX (C) und Faktor X. Wenn Vitamin-K-Antagonisten appliziert werden, wird natürlich die γ-Carboxylierung der genannten Faktoren herabgesetzt; gemessen wird dieses in der Klinik eingesetzte Verfahren über den Quickwert, der unter dieser Therapie erniedrigt wird (E).
Die gesuchte Falschaussage ist (D), denn die kompetitive Verdrängung des Vitamin K durch die Vitamin-K-Antagonisten ist nicht nach 30–60 min über den Quickwert zu messen, sondern erst, wenn die noch vorhandenen Gerinnungsfaktoren abgebaut sind und sich durch die Teilhemmung mit dem Antagonisten der neue Wert eingepegelt hat. Üblicherweise geschieht dies nicht nach 30 bis 60 Minuten, sondern erst nach 12 Stunden, es kann bis zum endgültigen Wert aber auch 4 Tage dauern.

H04
→ **Frage 19.40:** Lösung B

Siehe Lerntexte V.14 und XIX.5.
Vitamin K-Antagonisten wie Marcumar und Warfarin sind Cumarinderivate, sie hemmen kompetitiv die posttranslationale γ-Carboxylierung von Glutamatresten in den Gerinnungsfaktoren II, VII, IX und X (B).
(A) ist falsch, denn Chelatoren für Ca^{2+} (Oxalat, Citrat, Fluorid und EDTA) können nicht therapeutisch eingesetzt werden, weil ein Ca^{2+}-Mangel im Blut zu tödlichen Erregungsstörungen an Nerven- und Muskelzellen führen würde. Chelatoren werden nur zur Gerinnungshemmung in Blutkonserven und Blutproben zur Plasmagewinnung eingesetzt.

H05
→ **Frage 19.41:** Lösung D

50 bis 100 mg ASS (Acetylsalicylsäure = Aspirin) hemmen die Cyclooxygenase der Thrombocyten irreversibel („kovalent"), sodass die Thrombocyten weniger oder kein Thromboxan aus Arachidonsäure bilden.
Aussage (A) ist falsch, denn die Carboxylierung der Gerinnungsfaktoren II, VII, IX und X wird nicht durch ASS, sondern durch Cumarine (Antivitamin K) gehemmt.
Aussage (B) ist falsch, denn das Antithrombin III wird durch Heparin aktiviert.
Aussage (E) ist falsch, denn eine Bindung von Ca^{2+} zur Gerinnungshemmung ist nur in vitro möglich – z. B. durch Na-Oxalat, Na-Citrat, EDTA oder Na-Fluorid. In vivo wäre die Hypocalcämie tödlich.
Siehe Lerntext „Hemmung der Blutgerinnung" XIX.7.

XIX.6 Fibrinolyse

Die normalen Eigenschaften des Blutes, das labile Gleichgewicht zwischen Thrombose/Embolie einerseits und Blutungsneigung (Hämorrhagie) andererseits, wird durch das der Gerinnung entgegengesetzte System der Fibrinolyse stabilisiert. Zu Gefäßverschlüssen führende Thromben oder Emboli, Mikrothromben und Fibrinstücke können durch spezifische Proteolyse durch das Enzym Plasmin aufgelöst werden. Plasmin spaltet vorzugsweise das unlösliche Fibrin zu löslichen Fibrinspaltprodukten. Plasmin entsteht aus dem inaktiven Plasminogen am Ort der Gerinnung durch einen Gewebsaktivator. Auch durch Kallikrein kann aus einem Plasmaproaktivator ein Plasmaaktivator entstehen, der Plasminogen zu Plasmin aktiviert.

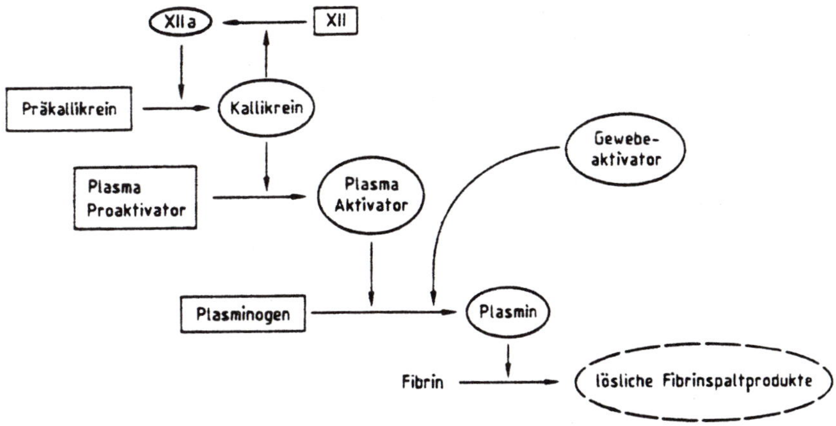

Klinischer Bezug

Fibrinolytische Therapie

Bei thrombotischen und thrombembolischen Gefäßverschlüssen, z.B. Herzinfarkt, Apoplex und Lungenembolie, ist eine möglichst früh einsetzende fibrinolytische Therapie die wirksamste lebensrettende Maßnahme. Sie erfolgt durch enzymatische Aktivierung des Plasminogens. Drei Enzympräparationen sind verfügbar:

1. aus Streptokokken gewonnene **Streptokinase.** Sie hat, da häufig Streptokokkeninfektionen vorkommen und Antikörper gegen Streptokokkenprotein vorliegen, das Risiko von Unverträglichkeitsreaktionen (Ag/Ak-Reaktionen) bis hin zum anaphylaktischen Schock.
2. aus Nierenzellkulturen isolierte **Urokinase** und
3. gentechnisch (aus rekombinanten Bakterien) gewonnener **Gewebe-Plasminogen-Aktivator** (rtPA). Letztere haben im Unterschied zur Streptokinase eine hohe Affinität zum Plasminogen im Fibringerüst, wirken also selektiv im Thrombus.

Eine wirksame fibrinolytische Therapie geht immer mit dem Risiko einer vermehrten Blutungsneigung einher, indem auch Fibrinogen durch das Plasmin abgebaut wird.

XIX.7 Hemmung der Blutgerinnung

Die Blutgerinnung kann durch ein Heteroglykan der Leber, das Heparin, durch Inaktivierung von Thrombin und Hemmung der Prothrombin/Thrombin-Umwandlung gehemmt werden. Heparin kann auch zur Thrombose/Embolie-Prophylaxe und -Therapie eingesetzt werden.

Durch Antivitamin K (Hydroxycumarine) wird die Synthese der Gerinnungsfaktoren II, VII, IX und X herabgesetzt, was therapeutisch und prophylaktisch bei Thrombose und Embolie, beispielsweise beim Herzinfarkt, ausgenutzt wird. In sehr hohen Konzentrationen dienen Cumarinderivate auch als Rattengifte.

Aspirin (Acetylsalicylsäure) setzt die Gerinnung durch Hemmung der Prostaglandinsynthese in den Thrombozyten herab.

Zur Gerinnungshemmung in Blutkonserven und in Blutproben kann Heparin verwendet werden, meist erfolgt hier aber die Gerinnungshemmung durch Bindung von Calcium-Ionen. Die Calcium-Bindung ist natürlich therapeutisch nicht einsetzbar, da Calcium-Ionen in bestimmten Konzentrationen im Plasma, an Zellmembranen und intrazellulär absolut lebensnotwendig sind.

Nur in-vivo wirksam
- Cumarine
- Acetylsalicylsäure

Nur in-vitro anwendbar
- Citrat
- Oxalat
- Fluorid
- EDTA

In-vivo und in-vitro anwendbar
- Heparin

H00

→ **Frage 19.42:** Lösung C

Siehe Lerntext XIX.6.

Plasmin ist eine Protease, die Fibrin spaltet und so Blutgerinnsel (Thromben) auflöst. Plasmin entsteht begrenzt proteolytisch aus Plasminogen durch Streptokinase (E), die zu therapeutischen Zwecken aus haemolysierenden Streptokokken gewonnen wird, oder durch Urokinase. Ein u.a. von Endothelien gebildeter Gewebeaktivator (A) aktiviert proteolytisch Plasminogen speziell im Thrombus selbst. Die Fibrinolyse durch Plasminogenaktivierung wird bereits durch die endogene Gerinnungskaskade durch aktivierten Faktor XII (Hageman-Faktor) über das Kallikrein-System ausgelöst. Damit ist (C) die gesuchte Falschaussage, denn durch Kallikrein wird die Plasminbildung nicht gehemmt, sondern stimuliert.

F03
→ **Frage 19.43:** Lösung C

Siehe Lerntext XIX.6.
Die gesuchte Falschaussage ist (C), denn die Spaltung des Plasminogens zur aktiven Protease erfolgt hydrolytisch und hat mit Proteinkinase nichts zu tun.

H03
→ **Frage 19.44:** Lösung B

Die Auflösung von Thromben (Fibrinolyse) erfolgt proteolytisch durch Plasmin, das aus Plasminogen entstehen kann. Plasminogen wird von der Leber gebildet. Die Plasminogenaktivierung zum proteolytisch wirksamen Plasmin kann durch bakterielle Enzyme wie Staphylokinase (D) und Streptokinase (A) erfolgen. Körpereigene Aktivatoren sind die Urokinase und der Gewebe-Plasminogenaktivator (t-PA), der der stärkste Auslöser der Fibrinolyse ist (B). Streptokinase, Urokinase und t-PA werden therapeutisch zur Entfernung von Thromben beim Herzinfarkt und anderen Thrombosen eingesetzt.

H05
→ **Frage 19.45:** Lösung B

Der Uterus enthält viel tPA (tissue-plasminogen-aktivator), der über das Plasmin fibrinolytisch das Menstrualblut ungerinnbar macht.
Die Aussagen (A), (C), (D) und (E) sind falsch, da sie sämtlich gerinnungsfördernde Prozesse beschreiben.

H03
→ **Frage 19.46:** Lösung D

Protein C ist ein regulatorisches Protein der Blutgerinnungskaskade, das in seiner aktivierten Form (APC) die Faktoren Va und VIIIa inaktiviert. Protein C wird wie die meisten Gerinnungsfaktoren in der Leber synthetisiert (A) und Vitamin K-abhängig an etwa 10 Resten carboxyliert (B). Die Aktivierung zum APC findet am Endothel durch Faktor IIIa und Thrombomodulin statt (C). Seine Wirkung entfaltet APC zusammen mit Protein S (E). Die gesuchte Falschaussage ist (D), denn nicht APC aktiviert den Gerinnungsfaktor III, sondern der Gerinnungsfaktor III aktiviert das Protein C zum APC, also genau umgekehrt.

F05
→ **Frage 19.47:** Lösung E

Heparin ist ein saures Glykosaminoglykan (Proteoglykan, „saures Mucopolysaccharid") aus Glucosamin, Glucuronsäure und Iduronsäure, z. T. als N-acetyliertes und N- oder OH-sulfatiertes Molekül vorliegend (E).

F05
→ **Frage 19.48:** Lösung B

Heparin ist ein Glykosaminoglykan, das in der Leber gebildet wird und im Blut die Gerinnung hemmt, indem es die Affinität des Antithrombins zum Thrombin steigert (B). Heparin kann in-vivo therapeutisch bei Thrombosen eingesetzt werden und auch in-vitro zur Gewinnung von Heparin-Blutplasma.
Aussage (A) ist falsch, denn die therapeutisch eingesetzte Hemmung der posttranslationalen Carboxylierung der Gerinnungsfaktoren II, VII, IX und X erfolgt nicht durch Heparin, sondern durch Cumarinderivate.
Aussage (D) ist falsch, denn die zur Gerinnungshemmung therapeutisch erfolgende Hemmung der Cyclooxygenase (COX 1) wird durch Acetylsalicylsäure (Aspirin) erreicht und senkt in Thrombozyten die Thromboxanproduktion.
Aussage (E) ist falsch, denn die nur in-vitro zur Blutplasma-Herstellung und Gewinnung von Blutkonserven eingesetzte Komplexierung von Ca^{2+} erfolgt durch Citrat, Oxalat, EDTA oder Fluorid. In-vivo würden tödliche Erregungsstörungen an Synapsen eintreten.

F04
→ **Frage 19.49:** Lösung B

Siehe Lerntext XIX.5.
Blutserum gewinnt man, indem man das entnommene Blut spontan gerinnen lässt, der sich zusammenziehende Thrombus presst das Serum heraus.
Zur Gewinnung von Blutplasma wird die Gerinnung durch Zusatz eines Gerinnungshemmers verhindert, das Plasma wird durch Abzentrifugation der korpuskulären Bestandteile erhalten. Je nach Gerinnungshemmer unterscheidet man durch Ca^{2+}-Entzug erhaltenes Citrat-Plasma (B), Oxalat-Plasma, EDTA-Plasma und Fluorid-Plasma von dem durch Thrombin-Hemmung gewonnenen Heparin-Plasma.
Coumarinderivate (C) sind **nicht** zur Plasmaherstellung geeignet, sie wirken nur in vivo durch Hemmung der Synthese von 4 Gerinnungsfaktoren.
Protamin (D) bindet Heparin, kann also als Antidot bei Heparin-Überdosierung eingesetzt werden. Fibronectin (A) im Subendothel bindet Thrombozyten. Protein S (E) reguliert die plasmatische Gerinnung durch Hemmung der Faktoren VIIIa und Va.

XIX.8 Plasmaproteine

Das Blut enthält weit über 100 verschiedene Proteine. Diese werden in der Routinediagnostik elektrophoretisch in fünf Fraktionen getrennt, die als Albumine, α_1-, α_2-, β- und γ-Globuline bezeichnet werden.
In der γ-Globulinfraktion wandern die verschiedenen Immunglobuline.
Die Lipoproteine und die verschiedenen Enzymkaskaden kommen verteilt auf verschiedene Globulinfraktionen vor.

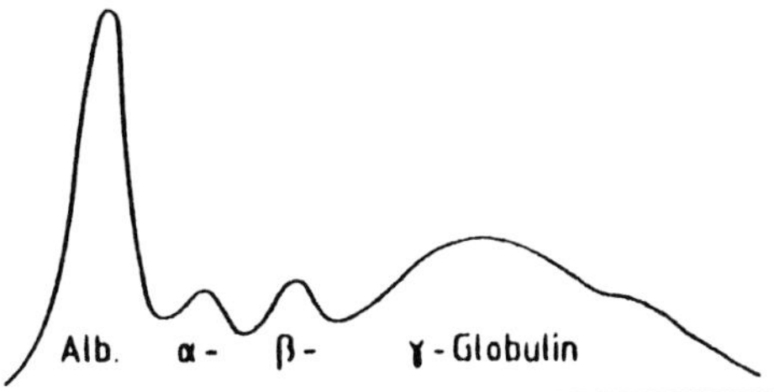

Der osmotische Druck der Körperflüssigkeiten und des Plasmas wird vorwiegend durch niedermolekulare Stoffe bestimmt. Von den ca. 300 Milliosmol osmotischen Druckes im Serum sind nur 0,9 Milliosmol durch Proteine bedingt, hieran sind vorwiegend die Albumine beteiligt. Dieser sog. kolloidosmotische Druck ist von großer Wichtigkeit für den Flüssigkeitsaustausch zwischen Kapillaren und Gewebswasser. Beim Abfall des Plasma-Albumins kommt es zu Oedemen, d.h. zu Wasseransammlungen im Gewebe.

Plasmaproteine

Albumin
α_1-Globuline
α_2-Globuline
β-Globuline
γ-Globuline
} Elektrophorese

Lipoproteine
Gerinnungsproteine
Fibrinolyse-Proteine
Komplementsystem
Kallikrein-Kinin-System
Renin-Angiotensin

H95

→ **Frage 19.50:** Lösung D

Haptoglobin ist ein Glykoprotein des normalen Blutplasmas; die Konzentration dieses Alpha$_2$-Globulins beträgt 0,7 bis 1,8 g/l. Es bildet mit freiem Hämoglobin einen festen Komplex mit einem Molekulargewicht von 150 000 und verhindert so, dass Hb in der Niere die Glomerula verstopft. Intravasal tritt Hämoglobin nur unter pathologischen Bedingungen frei auf!

H05

→ **Frage 19.51:** Lösung B

Die menschlichen Blutgruppen A und B werden jeweils durch verzweigte Tetrasaccharide gekennzeichnet.
Siehe Lerntext „Blutgruppen" XIX.9.

XIX.9 Blutgruppen

Für Blutübertragungen (Transfusionen) sind die antigen-determinanten Blutgruppen auf den Erythrozyten von Bedeutung. Es handelt sich bei den Blutgruppen-Antigenen der Erythrozyten um Oligosaccharidsequenzen mit relativ konstanter Grundstruktur. So ist die Blutgruppe 0 ein Trisaccharid der Sequenz Acetylglucosamin, Galaktose und Fucose. Bei der Blutgruppe A ist an die Galaktose ein zusätzliches Galaktosamin angehängt, bei der Blutgruppe B eine zusätzliche Galaktose.
Gegen fremde Blutgruppen kann der Organismus präzipitierende (= agglutinierende) Antikörper bilden. Diese sog. Isoagglutinine gegen die Blutgruppen A und B werden durch Kontakt des Immunsystems mit Antigen-determinanten Gruppen aus bestimmten Darmbakterien gebildet.
Träger der Blutgruppe AB bilden diese Isoagglutinine nicht, die Träger der Blutgruppe 0 dagegen bilden sowohl Anti-A- als auch Anti-B-Isoagglutinine.

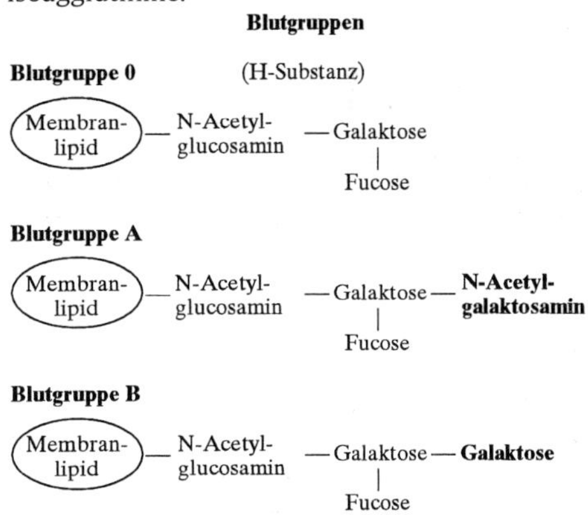

Blutgruppe		Isoagglutine
A	40%	Anti B
B	16%	Anti A
AB	4%	keine
0	40%	Anti A und Anti B

Klinischer Bezug

Kreuzprobe vor Bluttransfusionen

Die Blutgruppe des Patienten wird zunächst mit spezifischen Testseren und Patientenerythrocyten ermittelt. Zur Sicherung werden auch die Isoagglutinine des Patientenserums mit spezifischen Testerythrocyten bestimmt.
Vor der eigentlichen Transfusion werden die Spendererythrocyten mit dem Patientenserum (= Empfängerserum) inkubiert, um in dieser Kreuzprobe die tatsächliche Verträglichkeit abzusichern.
Die reziproke Inkubation Spenderserum und Empfängererythrocyten ist weniger wichtig, da mögliche Agglutinine im Spenderserum bei der Transfusion durch das Patientenserum stark verdünnt werden.

Klinischer Bezug

Rhesus-Inkompatibilität

Neben den Blutgruppen des AB0-Systems und den gegen sie gerichteten Isoagglutininen (IgM-Antikörper) gibt es weitere Blutgruppensysteme, z.B. das Rhesus-System (CDE – cde). Etwa 85% der Menschen sind rhesuspositiv (Rh), 15% sind rhesusnegativ (rh).
Antikörper gegen Rh werden nur von rhesusnegativen Menschen gebildet, nachdem rhesuspositive Erythrocyten in ihren Körper gelangt sind. Die gebildeten Antikörper (Alloagglutinine) sind im Unterschied zu den Isoagglutininen vom IgG-Typ und damit Placenta-gängig. Dies führt bei rhesusnegativen Müttern, die nach der Geburt eines rhesuspositiven Kindes durch Spuren von Erythtrocyten dieses Kindes, die unter der Geburt in ihren Kreislauf gelangt sind, sensibilisiert wurden, bei einer erneuten Schwangerschaft mit einem rhesuspositiven Kind zum Übergang der Rhesusantikörper in den fetalen Kreislauf und zur massiven, lebensbedrohlichen Haemolyse der kindlichen Erythrocyten: **Morbus haemolyticus neonatorum.**
Zur Therapie werden Austauschtransfusionen vorgenommen, zur Prophylaxe für folgende (!) Schwangerschaften werden rhesusnegativen Müttern nach der Geburt rhesuspositiver Kinder Rhesus-Antikörper injiziert, um die positiven kindlichen Erythrocyten zu binden und so die Sensibilisierung zu verhindern.

F89 H82

→ **Frage 19.52:** Lösung D

Die richtige Antwort ist (D): Die Eigenschaft Rh-positiv ist ein immunologisches ererbtes Merkmal der Erythrozytenmembran. 85% der europäischen Bevölkerung besitzen dieses Merkmal ((E) ist falsch). Gegen eigene Antigene produziert im Sinne der Immuntoleranz ein gesunder Organismus keine Antikörper ((C) ist falsch). Die 15% rh-negativen Europäer können nach entsprechender Immunisierung Antikörper gegen Rh-positive Erythrozyten bilden. Bei einer sensibilisierten rh-negativen Schwangeren mit einem Rh-positiven Feten können diese Antikörper diaplazentar in den fetalen Kreislauf gelangen und dort zu einer Zerstörung der Erythrozyten führen.

Kommentare aus Examen Frühjahr 2006

F06

→ **Frage 19.53:** Lösung B

Es können klinisch und labordiagnostisch 8 Defekte der Porphyrinsynthese unterschieden werden. Die Ablagerung bestimmter Porphyrine in der Haut (B) kann zu schweren Fotodermatosen z.T. mit Tumorentwicklung führen.
Aussage (A) ist falsch, denn Bilirubin entsteht beim Abbau der Porphyrine und seine Ablagerung in der Haut (Icterus) führt nicht zu einer Fotosensibilisierung.
Aussage (C) ist falsch, denn Aminolävulinsäure steht zwar am Anfang der Porphyrinsynthese, wird aber, weil gut wasserlöslich, nicht in der Haut abgelagert.
Aussage (D) ist falsch, denn die Hämoxygenase ist kein Enzym der Porphyrinsynthese, sondern des Hämabbaus, es spaltet eine Methinbrücke der Tetrapyrrolstruktur oxidativ, wobei Kohlenmonoxyd (CO) frei wird.
Aussage (E) ist falsch, denn bei Porphyrien ist die Cytochromsynthese nicht erhöht, sondern erniedrigt.
Siehe Lerntext „Biosynthese der Porphyrine“ XIX.3.

F06

→ **Frage 19.54:** Lösung E

Die Abbildung zeigt eine Densitometriekurve eines typischen Serum-Elektropherogramms, wie man es auf Papier oder Celluloseacetatfolie erhält. Die Antikörper finden sich als Gammaglobulinfraktion unter (E), sie besteht vorwiegend aus IgG und IgM.
Siehe Lerntext „Plasmaproteine“ XIX.8.

F06

→ **Frage 19.55:** Lösung B

Heparin kann injiziert sofort die Gerinnung hemmen, indem es sich an Antithrombin anlagert und dadurch dessen Affinität zum Thrombin erhöht (B).
Aussage (A) ist nicht zutreffend, denn die posttranslationale Carboxylierung der Faktoren II, VII,

IX und X wird nicht durch Heparin gehemmt, sondern durch Cumarine als Vitamin K-Antagonisten.
Aussage (C) ist falsch, denn die Verminderung der Thrombozytenzahl (Thrombozytopenie) ist keine Heparinwirkung und wäre als therapeutisch-prophylaktische Strategie ungeeignet.
Aussage (D) ist falsch, denn die Cyclooxygenase wird nicht durch Heparin gehemmt, sondern durch Acetylsalicylsäure (= ASS, Aspirin). Sowohl ASS als auch Cumarine werden zur Langzeitprophylaxe thrombotischer und embolischer Erkrankungen eingesetzt.
Aussage (E) ist falsch, denn die Bindung von Ca^{2+} zur Hemmung der Gerinnung kann nur in-vitro angewandt werden, am Patienten („in-vivo") würde sie durch die Hypocalcämie akut zu Krämpfen und Herzstillstand führen.
Siehe Lerntext „Hemmung der Blutgerinnung" XIX.7.

F06
→ **Frage 19.56:** Lösung E

Acetylsalicylsäure (ASS, Aspirin) hemmt die Cyclooxygenase, wodurch in den Thrombozyten die Synthese des gerinnungsfördernden Thromboxans irreversibel gehemmt wird (E). Die Wirkung dieser Hemmung wird erst durch Bildung neuer Thrombozyten nach 1–2 Wochen aufgehoben, weil die Thrombozyten keine Proteine mehr synthetisieren können.
Aussage (A) ist falsch, denn die Bildung der Gerinnungsfaktoren II, VII, IX und X wird nicht durch ASS, sondern durch Cumarine gehemmt.
Aussage (C) ist falsch, denn die Fibrinolyse, die durch Aktivierung von Plasmin das Gerinnsel auflösen kann, erfolgt nicht durch ASS, sondern durch Streptokinase oder durch Gewebe-Plasminogenaktivator.
Siehe Lerntext „Hemmung der Blutgerinnung" XIX.7.

F06
→ **Frage 19.57:** Lösung D

Antikörper gegen die Blutgruppe Rhesus-positiv werden erst gebildet, wenn ein Rh-negativer Mensch mit Rh-positiven Erythrocyten in Kontakt kommt. Dies passiert z.B. dann, wenn eine Rh-negative Mutter ein Rh-positives Kind bekommt und kindliche Erythrocyten unter der Geburt in den mütterlichen Kreislauf gelangen. Die dann produzierten Antikörper gehören der IgG-Klasse an und sind placentagängig (D). Bei einer folgenden Schwangerschaft mit einem Rh-positiven Kind führen sie zu einer Hämolyse der kindlichen Erythrocyten, zum Morbus haemolyticus neonatorum. Zur Prophylaxe gibt man der Rh-negativen Mutter sofort nach der Geburt eines Rh-positiven Kindes Anti-Rh-IgG, um die kindlichen Erythrocyten noch vor der Sensibilisierung der Mutter abzufangen.
Im klassischen AB0-System gibt es die genannten Probleme nicht, weil hier die Isoagglutinine Anti A und Anti B als IgM vorliegen, die nicht Plazentagängig sind.

20 Leber

H00
→ **Frage 20.1:** Lösung B

β_2-Mikroglobulin kommt in allen Zellmembranen als Baustein vor und ist kein Sekretprotein der Leber. α_2-Makroglobulin (A) ist ein Plasmininhibitor.
Haptoglobin bindet durch Haemolyse frei gewordenes Haemoglobin.
Auch Caeruloplasmin wird von der Leber sezerniert, es bindet Cu-Ionen und ist ein Eisen-oxidierendes Enzym (Ferrioxidase).
Haemopexin (E) kann freies Haemin binden.

F02 F00
→ **Frage 20.2:** Lösung C

Als Antwort auf das vom Hypophysenvorderlappen sezernierte Wachstumshormon (STH) bildet die Leber zwei typische Peptide, IGF-1 und IGF-2 (oder Somatomedin A und B) genannt, die dann im Epiphysenbereich Längenwachstums-fördernd wirken (C).
Cholecystokinin/Pankreozymin ist ein für die Gallen- und Pankreassekretion wichtiges Peptidhormon, das im Duodenal- und Jejunalbereich gebildet wird ((A) ist falsch). GLUT 4 ist der in Skelettmuskulatur und Fettgewebe gebildete, insulinabhängige Glucosetransporter ((B) ist falsch). Apolipoprotein B_{48} ist ein wesentlicher Strukturbestandteil der in der Darmmukosa gebildeten Chylomikronen ((D) ist falsch). Interferon-γ ist ein von T-Zellen gebildeter Immunregulator ((E) ist falsch).

H01
→ **Frage 20.3:** Lösung D

Die Leber ist das Hauptorgan für die Gluconeogenese (A). Für die Ausscheidung in die Galle wird in der Leberzelle Bilirubin mit UDP-Glucuronsäure umgesetzt (B). Die Gallensäuren entstehen aus Cholesterol (C) und halten in der Galle auch ausgeschiedenes Cholesterol in Lösung. Die Sexualhormone und damit auch die Östrogene werden in der Leber inaktiviert durch Überführung in die Schwefelsäureester (E). Die gesuchte Falschaussage ist (D), denn in der Leber wird zwar das 7-Dehydrocholesterin gebildet, die Umwandlung in das Vitamin D erfolgt aber nicht in der Leber, sondern in der Haut durch UV-Licht.

H05
→ **Frage 20.4:** Lösung C

Das Somatotropin (STH, Wachstumshormon) aus dem Hypophysenvorderlappen bewirkt in der Leber die Synthese und Abgabe des IGF.
Aussage (A) ist falsch, denn CCK ist ein Protein-Darmschleimhauthormon aus dem Duodenum und Jejunum. Es bewirkt eine Kontraktion der Gallenblase und die Bildung eines enzymreichen Pankreassekrets.
Aussage (B) ist falsch, denn GLUT4 wird in Muskeln und Fettzellen exprimiert, es ist das wesentliche insulinabhängige Glucosetransportprotein für die erleichterte Diffusion (passiver Transport).
Aussage (D) ist falsch, denn ApoLP B_{48} wird als Strukturbestandteil der Chylomikronen von Dünndarmzellen gebildet.
Aussage (E) ist falsch, denn γ-Interferon wird von aktivierten T-Lymphozyten gebildet, es aktiviert Makrophagen.

F05
→ **Frage 20.5:** Lösung B

Ethanol enthält eine Energie von 30 kJ/g (7 kcal/g) und trägt erheblich zur überhöhten Energieaufnahme in der Bevölkerung bei.
Alkohol wird abgebaut in der Leber durch die Alkoholdehydrogenase und durch das mikrosomale Ethanol oxidierende System (MEOS), bei beiden Abbauwegen entsteht obligat Acetyl-CoA. Daher ist Alkohol in Bezug auf die Ernährung dem Fettabbau gleichzusetzen. Durch die erhöhte Acetyl-CoA-Bildung bei der Oxidation von Ethanol ist die Ketogenese gesteigert ((A) ist falsch), die oxidative Decarboxylierung von Pyruvat ist herabgesetzt ((C) ist falsch), die β-Oxidation ist herabgesetzt ((D) ist falsch), und die Cholesterinbiosynthese kann erhöht sein ((E) ist falsch).
Siehe Lerntext „Stoffwechselleistungen der Leber“ XX.1.

XX.1 Stoffwechselleistungen der Leber

Die Leber, beim erwachsenen Menschen 1,5 kg schwer, vollbringt zahlreiche, für den Gesamtorganismus wichtige Stoffwechselleistungen.

Leistungen der Leber

Stoffwechselwege	Sekretion von	
Gluconeogenese	zahlreichen Plasmaproteinen Albumin	
Ketogenese	Praealbumin α-Globulinen	**Speicherung von** Glykogen
Kohlenhydrat → Fett	β-Globulinen Transferrin	Retinol Cobalamin
Synthese von VLDL	Prothrombin Fibrinogen	
Harnstoffbildung	Plasminogen Proteasehemmern	**Oxidation von** Ethanol
Kreatinsynthese	Somatomedinen	Calciferol → 25-HCC
Gallensäurebildung		
Fructoseabbau		
Galaktoseabbau		
Biotransformation		

Nicht in der Leber ablaufende Reaktionen

Bildung von γ-Globulinen	Fettspeicherung
Bildung von Prokollagen	Oxidation von 25-HCC
Bildung von Calciferol	Oxidation von Ketonkörpern

Klinischer Bezug
Lebererkrankungen
Ein akuter Ausfall der Leberfunktion durch Zellnekrose, z. B. nach einer Knollenblätterpilz-vergiftung (Giftmenge eines einzigen (!) Pilzes), ist innerhalb weniger Stunden tödlich. Auch chronische Erkrankungen, die in der Endphase zu einem Totalausfall führen, z. B. die Leberzirrhose, enden letal im sog. Leber-Koma.
Die häufigsten Lebererkrankungen, die aufgrund der hohen Regenerationsfähigkeit der Leber entweder völlig ausheilen oder aber akut letal bzw. über eine Zirrhose chronisch letal verlaufen können, werden grob eingeteilt in
1. entzündliche Lebererkrankung: Hepatitis
2. obstruktive Lebererkrankung: Cholestase (Gallestauung)
3. toxische Lebererkrankung: Alkohol, Medikamente, Gifte

Viele Lebererkrankungen verursachen zunächst geringe Beschwerden, so dass den klinisch-chemischen „Lebertesten" eine große Bedeutung zukommt, deren wichtigste sind:
1. Serum-Enzymaktivitäten (Transaminasen, Alkalische Phosphatase und γ-Glutamyltranspeptidase)
2. Bilirubin-Bestimmung
3. Messung der Syntheseleistung (Serumalbumin, Cholinesterase, Gerinnungsfaktoren über die Prothrombinzeit).

Mit diesen diagnostischen Parametern im Serum lassen sich über 99% der Lebererkrankungen nachweisen!

Klinischer Bezug
Alkohol-Leberschäden
Die Leber ist der Hauptort des Äthanolabbaus, die Abbaukapazität eines gesunden Erwachsenen beträgt ca. 7 g pro Stunde. Der wichtigste Abbauweg ist cytosolisch mit hoher Affinität der über die Alkoholdehydrogenase (Michaelis-Konstante K_M: 2 mmol/l), bei hohen Alkoholkonzentrationen wird auch das mikrosomale Alkohol-oxidierende System (MEOS) mit einem K_M von 10 mmol/l mit bis zu 10% am Alkoholabbau wirksam. Dieses System ist induzierbar und interferiert mit dem Biotransformationssystem. Durch chronischen Alkoholismus treten charakteristische Leberschäden auf, die fließend ineinander übergehen können:
1. Alkohol-Fettleber
2. Alkohol-Hepatitis
3. Alkohol-Zirrhose.

Die Alkohol-Fettleber und Alkohol-Hepatitis können durch strenge Abstinenz vollständig ausheilen, der Zirrhoseprozess (Ersatz von Leberzellen durch Fibrocyten und Kollagen) ist irreversibel.
Chronischer Alkoholismus ist die häufigste Ursache für die letztlich letale Leberzirrhose. Durchschnittlich 10–15% der Alkoholiker entwickeln nach 10–20 Jahren eine Leber-zirrhose. Die Menge täglich konsumierten Alkohols, die zu Leberschäden führt, liegt bei ca. 50 Gramm (Frauen 40 Gramm, Männer 60 Gramm), diese Menge ist in etwa enthalten in z. B. 1 Liter Bier oder 1/2 Liter Wein oder 1/8 Liter Branntwein (Korn, Cognac, Whisky o.ä.)!

H00
→ **Frage 20.6:** Lösung A

Die gesuchte Falschaussage ist (A), denn Cytochrom c_1 kommt nicht im endoplasmatischen Reticulum vor, sondern in der inneren Mitochondrienmembran im Komplex III der Atmungskette.

H98
→ **Frage 20.7:** Lösung E

Die gesuchte Falschaussage ist (E), denn die LDL werden nach Bindung an den Apo-B-100-Rezeptor durch Endozytose aufgenommen und nicht am ER, sondern in den Lysosomen abgebaut.
Problematisch ist die Aussage (C). Das Häm wird zwar neben Milz und Knochenmark auch in der Leber zu Biliverdin oxidativ abgebaut und dieser Abbau erfolgt am ER, jedoch nicht in Hepatozyten, sondern in Zellen des Reticuloendothelialen Systems (RES), nämlich in Makrophagen und Monozyten. Hepatozyten übernehmen die Glucuronidierung (D) und Ausscheidung.

F03
→ **Frage 20.8:** Lösung D

Die gesuchte Falschaussage ist (D), denn die Chylomikronen werden nicht von der Leber, sondern von den Dünndarmzellen (Enterozyten) synthetisiert. Sie dienen dem Transport der Nahrungsfette. VLDL (E) dienen dem Transport der endogen in der Leber aus Kohlenhydraten synthetisierten Fette.
Caeruloplasmin (A) ist ein kupferhaltiges Protein, das von der Leber gebildet im Blutplasma als Ferrioxidase das Transporteisen oxidiert ($Fe^{2+} \rightarrow Fe^{3+}$). Cholsäure (B) wird von der Leber aus Cholesterin gebildet und mit der Galle ausgeschieden.

H05
→ **Frage 20.9:** Lösung E

Ammoniak entsteht bakteriell im Darm aus Harnstoff und aus Proteinen. Er muss in der Leber entgiftet („fixiert") werden.

Dies kann in der Leber durch verschiedene Enzyme geschehen:
- durch Carbamyl-P-Synthase (Harnstoffbildung),
- durch die Glutamin-Synthetase (Glutamat → Glutamin),
- durch die Glutamatdehydrogenase (α-Ketoglutarat → Glutamat).

Bei akuter Lebernekrose und bei Leberzirrhose kommt es durch Ausfall dieser Enzyme zum letztlich tödlichen Leber-Koma.
Die Aussagen (A) und (C) sind falsch, denn Transaminasen reagieren nicht mit freiem NH_4^+, sondern übertragen NH_2-Gruppen mit dem Coenzym Pyridoxalphosphat.
Aussage (D) ist falsch, denn die Glutaminase setzt in der Niere NH_4^+ aus Glutamin zur Ausscheidung in den Harn frei.

F05
→ **Frage 20.10:** Lösung D

Die Cytochrom P_{450}-Monooxygenasen führen bei der Biotransformation (Phase 1) mit O_2 und NADPH in hydrophobe Substrate OH-Gruppen ein. Die Monooxygenasen sind hauptsächlich im endoplasmatischen Reticulum lokalisiert (D). In Phase II der Biotransformation werden die OH-Gruppen mit stark hydrophilen Verbindungen gekoppelt, z. B. mit Glucuronsäure, Schwefelsäure, Glycin u. a. Siehe Lerntexte „Endoplasmatisches Retikulum der Leber“ XX.2 und „Biotransformation“ XX.3.

F00
→ **Frage 20.11:** Lösung A

Die in der Leber ablaufende Biotransformation macht lipophile Stoffwechselprodukte und auch Fremdstoffe wasserlöslich (C) und damit ausscheidungsfähig; viele Hormone werden durch diesen Vorgang inaktiviert. Monoaminooxidasen führen über die unbeständige Iminstruktur ein Sauerstoffatom ein (B); Monooxygenasen können über eine Induktion durch Barbiturate ihre Aktivität bis zum 30-fachen steigern (E).
Die gesuchte Falschaussage ist (A): Bei Cytochrom P_{450} gehört wie bei den Cytochromen der Atmungskette ein ständiger Wertigkeitswechsel des Eisenatoms, $Fe^{2+} \rightarrow Fe^{3+}$, zum normalen Funktionsablauf.

H03
→ **Frage 20.12:** Lösung E

Siehe Lerntext XX.3.
Die Biotransformation von endogenen Stoffen (A) und auch von Fremdstoffen (B) erfolgt hauptsächlich in der Leber (C) und wird in zwei Phasen unterschieden. In einer ersten Phase werden hydrophobe Stoffe mit molekularem Sauerstoff und NADPH durch Cytochrom P_{450}-Enzyme hydroxyliert (D).
Die gesuchte Falschaussage ist (E), denn für die Phase II der Biotransformation wird eine Glucuronidierung der entstandenen OH-Gruppe nicht mit Glucuronsäure-6-Phosphat vorgenommen, sondern mit UDP-Glucuronsäure.

H01
→ **Frage 20.13:** Lösung B

Die richtige Aussage ist (B), denn die Hydroxylasen des Biotransformationssystems sind Cytochrom P_{450}-haltige, NADPH-abhängige mischfunktionelle Hydroxylasen, die ein Sauerstoffatom als HO-Gruppe einbauen, das andere aber als Wasser freisetzen. Es sind keine Dioxygenasen ((A) ist falsch), durch die beide O-Atome in das Substrat eingebaut werden.
Auch die Aussagen (C)–(E) sind falsch: Bei Sulfatierungen dient PAPS und nicht Dimethylsulfat als Sulfatdonor; Glucuronidierungen gehen von UDP-Glucuronat aus, nicht von Hyaluronsäure, die ein sulfatfreies Heteroglykan ist. Phosphorylierungen von HO-Gruppen kommen im Rahmen der Biotransformation nicht vor.

H00 F97 H89
→ **Frage 20.14:** Lösung C

Die zu suchende Falschaussage ist (C), denn nicht hydrophile, sondern lipophile Substrate werden bevorzugt der Biotransformation unterworfen. Das Entgiftungssystem arbeitet in zwei Schritten: erst wird eine Haftgruppe, meist –OH, angebracht, und danach mit einem hydrophilen Partner, meist Glucuronat oder Sulfat, gekoppelt. In seltenen Fällen, so bei den in Autoabgasen vorhandenen polycyclischen Aromaten, kann die Hydroxylierung zur „Giftung“ führen: einige der hydroxylierten Kohlenwasserstoffe wirken stark cancerogen (A). Manchmal arbeitet das Entgiftungssystem nicht effektiv genug: so beim Neugeborenen, wenn die durch Hb-Austausch anfallende Bilirubinmenge nicht voll glucuronidiert werden kann (E) oder wenn bei Leberzirrhose das Hydroxylasesystem vermindert arbeitet (B). Durch manche Pharmaka, z. B. Barbiturate, kann das Hydroxylasesystem stark vermehrt (Induktion der Aktivität auf das 25fache) werden (D).

H02
→ **Frage 20.15:** Lösung A

Siehe Lerntext XX.3.
Cytochrom P_{450}-Monooxygenasen bauen mit $FADH_2$, $NADPH_2$, O_2 und Cytochrom P_{450} Alkoholgruppen in hydrophobe Kohlenwasserstoffstrukturen ein, wobei vom O_2 ein Atom als Alkoholgruppe im Substrat erscheint, das andere O-Atom wird zu H_2O, (A) ist die richtige Aussage.
Die Reaktion erfolgt nicht im Darm, sondern vorwiegend in der Leber, (B) ist falsch. Methanol (C)

kann nicht entgiftet werden, sondern es wird in der Leber durch die Alkoholdehydrogenase zu dem noch giftigeren Formaldehyd oxidiert. Dessen Oxidation führt zur Ameisensäure (Formiat), die durch Tetrahydrofolsäure entgiftet werden kann. Durch Barbiturate (D), als Schlafmittel wirksam, wird in der Leber das ER nicht vermindert, sondern vermehrt, damit werden Biotransformationsenzyme erhöht. Neugeborene (E) haben eine eingeschränkte Entgiftungskapazität der Leber, der Grund ist nicht ein Mangel an UDP-Glucuronsäure, sondern eine bei Neugeborenen verminderte Aktivität der Uridylglucuronyltransferase.

XX.2 Endoplasmatisches Retikulum der Leber

In den Zellen der Leber ist das endoplasmatische Retikulum (ER) besonders stark ausgebildet. Es steht in funktioneller Beziehung zum Golgi-Apparat, zu Lysosomen und zur Plasmamembran. Im mit Ribosomen besetzten rauen ER werden u.a. die zahlreichen Sekretproteine der Leber gebildet. Im ER findet man die Cytochrom-P_{450}-haltigen Monooxygenasen, die zur Gluconeogenese gehörende Glucose-6-phosphatase und Enzyme zur Glucuronidierung von Bilirubin, Hormonen und Fremdstoffen.

F02
→ **Frage 20.16:** Lösung D

Bei der ersten Phase der Biotransformation in der Leber können körpereigene und körperfremde wasserunlösliche (hydrophobe) Verbindungen hydroxyliert werden (A). In der zweiten Phase werden durch Sulfatierung mit PAPS (B) oder Glucuronidierung (C) gut wasserlösliche und damit ausscheidungsfähige Verbindungen hergestellt. Die gesuchte Falschaussage ist (D), denn Veresterung mit Palmitinsäure kommt als Biotransformations-Reaktion nicht vor. Sie würde nicht zu einer erhöhten Wasserlöslichkeit führen, sondern zu einer erniedrigten Wasserlöslichkeit. Die Ausscheidung über die Galle oder den Urin würde damit erschwert bzw. unmöglich.

XX.3 Biotransformation

Unter Biotransformation, früher biologische Entgiftung genannt, versteht man einen zweistufig ablaufenden Vorgang, mit dem vorwiegend lipophile Substanzen zunächst mit einer Haftgruppe (–OH, –NH_2) versehen und dann mit einem Liganden (Glucuronsäure, Glutathion, Schwefelsäure, Essigsäure) verbunden werden.
Durch diese Umsetzungen werden die Verbindungen besser wasserlöslich und Hormone verlieren ihre biologische Wirksamkeit. In seltenen Fällen führt die Umsetzung in der Leber zur Giftung einer Substanz: Polycyclische Aromaten (PAH) werden evtl. durch Einführung von HO-Gruppen cancerogen.
Die für die Biotransformation nötigen Enzyme finden sich im endoplasmatischen Retikulum der Hepatozyten. Besonders zu erwähnen ist hier eine mischfunktionelle Monooxygenase mit Cytochrom P_{450} als prosthetischer Gruppe. Dieses Enzym benötigt molekularen Sauerstoff und NADPH; ein Sauerstoffatom erscheint als HO-Gruppe im umgesetzten Molekül, das zweite Sauerstoffatom bildet Wasser.

H05 F01
→ **Frage 20.17:** Lösung A

Zur Entgiftung und/oder Ausscheidung über die Galle und/oder Niere wird an körpereigene oder körperfremde Moleküle Glucuronsäure β-glykosidisch an OH-Gruppen, primäre Aminogruppen und Carboxylgruppen (Bilirubinglucuronid) angehängt.
Aussage (D) ist falsch, denn die Glucuronsäure entsteht durch zweifache Oxidation von UDP-Glucose mit NAD zu UDP-Glucuronsäure.
Aussage (E) ist falsch, denn die Glucuronidierungen mit UDP-Glucuronsäure durch Glucuronyltransferasen erfolgen vorwiegend in der Leber.

F97
→ **Frage 20.18:** Lösung E

UDP-Glucuronsäure, in der Zelle entstanden durch Oxidation von UDP-Glucose, wird gebraucht bei der Konjugation mit Bilirubin (C) und Steroidhormonen (D); beides sind Beispiele für die Biotransformation (A). Glykosaminoglykane wurden früher saure Mucopolysaccharide genannt; bei diesen Polysacchariden ist jedes zweite Molekül eine Uronsäure, meist Glucuronsäure (B).
Die Falschaussage ist (E), denn Glucuronsäure ist nie Bestandteil von Cerebrosiden, die Glucose oder Galaktose gebunden enthalten.

F04
→ **Frage 20.19:** Lösung A

Als eine der Biotransformationsreaktionen wird in der Leber mit UDP-Glucuronsäure Bilirubin zum Bilirubindiglucuronid umgewandelt (A) und mit der Galle in den Darm ausgeschieden.
Aussage (B) trifft nicht zu, denn die Gallensäuren werden in der Leber nicht mit Glucuronsäure, sondern mit Glycin oder mit Taurin konjugiert. Das biogene Amin Histamin (C) ist u.a. ein Allergie-Mediator und ein Transmitter, es wird durch eine Aminooxidase oder durch Methylierung inaktiviert. Kreatinin (D) entsteht im Muskel aus Krea-

tinphosphat, es wird über die Niere ausgeschieden. Porphobilinogen (E) ist die Vorstufe der Porphyrine und kein Endprodukt zur Ausscheidung.

F03
→ **Frage 20.20:** Lösung C

Siehe Lerntext XX.3.
Bei der Biotransformation werden am endoplasmatischen Reticulum in der Leberzelle hydrophobe Wirkstoffe in der Phase I mit reaktiven Gruppen versehen (-OH, -COOH, $-NH_2$) und in Phase II mit Glukuronsäure, Schwefelsäure oder Aminosäuren konjugiert.
Weil die Hydroxylierung in die Phase I gehört und nicht in die Phase II, ist (C) die gesuchte Falschaussage.

F04
→ **Frage 20.21:** Lösung A

Cholagoga nennt man Stoffe, die zu einer Steigerung der Galleproduktion der Leber und damit zu einer besseren Fettverdauung beitragen. Exogen zugeführte Gallensäuren wirken als Cholagogum (A).
Aussage (B) ist falsch, denn Lithocholsäure wird als sekundäre Gallensäure nicht von der Leber, sondern von Darmbakterien gebildet, und die Steinbildung wird durch Gallensäuren nicht stimuliert, sondern verhindert. Die Gallensteine bestehen hauptsächlich aus Cholesterin und nicht aus Apatit (C). Aussage (D) trifft nicht zu, denn Bilirubin wird nicht mit Glycin oder Taurin, sondern mit Glucuronsäure konjugiert. Glycin oder Taurin werden zur Konjugation der Gallensäuren verwendet.

F05
→ **Frage 20.22:** Lösung D

In der Galle beträgt das Gallensäure/Cholesterin-Verhältnis etwa 10:1. Eine Herabsetzung führt zu lithogener Galle mit vermehrter Bildung von Cholesterin-Steinen.
Siehe Lerntext „Galle und Gallensäuren" XX.4.

H05
→ **Frage 20.23:** Lösung B

Täglich werden etwa 0,5 g Cholesterin in den Hepatozyten zu 0,5 g Gallensäuren abgebaut. Der Gallensäurepool des Erwachsenen umfasst etwa 5 g, die im enterohepatischen Kreislauf etwa 10 mal in die Galle sezerniert und wieder rückresorbiert werden.
Die Aussagen (A) und (C) sind falsch, denn der Gallenfarbstoff Bilirubin ist Endprodukt des Hämabbaus, der völlig unabhängig vom Cholesterin-Gallensäure-Metabolismus ist.
Die Aussagen (D) und (E) sind falsch, denn Phosphatide und Triglyceride haben mit der Gallensäuresynthese nichts zu tun. Phosphatidylcholin (Lecithin) kommt in der Galle vor und verhindert zusammen mit Gallensäuren die Bildung von Cholesterin-Gallensteinen. Tristearolglycerin (Stearin, Talg) kann durch Gallensäuren emulgiert werden.
Siehe Lerntext „Galle und Gallensäuren" XX.4.

H04 H01
→ **Frage 20.24:** Lösung A

Die zu suchende Falschaussage ist (A), denn die von der Leber gebildeten Gallensäuren sind Abbauprodukte des Cholesterins; beim Abbau des Häms entstehen die Gallenfarbstoffe.
Die von der menschlichen Leber freigesetzten Gallensäuren sind zu 80 % mit Glycin und zu 20 % mit Taurin konjugiert. Als amphiphile Substanzen sind sie für die Fettresorption aus dem Darm wichtig und werden deshalb in einem enterohepatischen Kreislauf zurückgewonnen.

H03
→ **Frage 20.25:** Lösung C

Vom Gesamtcholesterinbestand des Organismus (ca. 160 g) werden täglich ca. 1–2 g oxidativ in Gallensäuren umgewandelt und in dieser Form in den Darm ausgeschieden. Als Endprodukt des Cholesterinabbaus spielen die Gallensäuren eine wichtige Rolle in der Fettverdauung als Emulgatoren und Aktivatoren der Lipase. Mit Taurin oder mit Glycin bilden sie die so genannten gepaarten Gallensäuren. Gallensäuren unterliegen einem enterohepatischen Kreislauf, d. h. sie werden im Ileum aktiv rückresorbiert, was statistisch mit jedem Gallensäuremolekül 10-mal passiert. Gallensäuren hemmen die Cholesterinbiosynthese.
Die gesuchte Falschaussage ist (C), denn die Gallenfarbstoffe wie Bilirubin und seine Derivate entstehen nicht aus dem Cholesterin, sondern aus den Porphyrinen, hauptsächlich aus dem Häm.

H04
→ **Frage 20.26:** Lösung B

Siehe Lerntext XX.4.
Cholsäure kann nach Aktivierung mit ATP und CoASH mit Glycin zur Glykocholsäure konjugiert werden (B).
(A) ist falsch, denn gepaarte Gallensäuren werden nicht ins Blut, sondern in die Galle sezerniert. Dem Transport von Cholesterin im Blut dienen Lipoproteine, vorwiegend LDL.
(C) ist falsch, denn die Glykosyltransferasen der Glykoproteinsynthese verwenden UDP-Glucosederivate und GDP-Mannosederivate.
(D) ist falsch, denn eine Glykosylierung von Cholesterin gibt es nicht.

(E) ist falsch, denn die Regulation der Cholesterinbiosynthese erfolgt an der HMG-CoA-Reduktase nicht durch Gallensäuren, sondern durch Cholesterol und zwar durch allosterische Hemmung und nicht Aktivierung.

F03

→ **Frage 20.27:** Lösung B

Siehe Lerntext XX.4.
Die gesuchte Falschaussage ist (B), denn die Gallensäuren werden nicht mit Glucuronsäure, sondern mit Glycin oder Taurin konjugiert.
Mit Glucuronsäure wird der Gallenfarbstoff Bilirubin konjugiert.

F02

→ **Frage 20.28:** Lösung D

Von den fünf hier gemachten Aussagen ist nur (D) richtig: Cholangiozyten sezernieren die Gallensäuren aktiv durch das von ihnen gebildete Gallengangsepithel.
Die Gallensäuren, selbst auch Steroide, werden in der Leber aus Cholesterin und nicht aus Lecithin gebildet. Da sie selbst als Salz gut wasserlöslich sind, ist eine Konjugation mit Glucuronsäure unnötig; sie tragen Glycin oder Taurin an ihre Carboxylgruppe gekoppelt. Die im Duodenallumen erfolgende Wechselwirkung mit β-Monoglyzeriden ist keine kovalente Veresterung, sondern ein Zusammenlegen unter Mizellenbildung. Im Rahmen des enterohepatischen Kreislaufs werden die Gallensäuren zu 90 % im Ileum rückresorbiert.

XX.4 Galle und Gallensäuren

Die Galle ist ein von der Leber kontinuierlich produziertes Sekret mit Ausscheidungs- und Verdauungsfunktionen. Ausgeschieden werden hier vor allem Bilirubin (Blutabbau) und Gallensäuren (Cholesterinabbau); von Fall zu Fall können auch Schwermetall-Ionen und Medikamente so ausgeschieden werden. Das Sterangerüst des wasserunlöslichen Cholesterins kann nicht abgebaut werden; pro Tag verlassen etwa 0,5 g unverändertes Cholesterin mit der Galle den Körper, dazu etwa 1 bis 2 g als Gallensäure.
Die Gallensäuren haben aber bei der Verdauung eine wichtige Aufgabe zu erfüllen: Sie sorgen für eine Emulgierung der Nahrungsfette im wässrigen Speisebrei; nur danach kann die Lipase des Pankreassafts ihre Wirkung tun. Bei der Lipaseeinwirkung entstandene β-Monoglyceride und freie Fettsäuren bilden mit den Gallensäuren zusammen die zur Resorption führenden Mizellen.

Die täglich produzierte Menge an **Lebergalle** beträgt etwa 700 ml; auf dem Weg zum Darm wird sie zwischenzeitlich zur Konzentrierung in die Gallenblase geleitet. Hier erfolgt, getrieben von einem aktiven NaCl-Transport, eine Eindickung auf etwa ein Fünftel; die organischen Bestandteile sind in der **Blasengalle** dementsprechend konzentriert.

	Lebergalle [%]	Blasengalle [%]
Wasser	96	87
Gallensäuren	2	9
Bilirubin	0,5	3
Cholesterin	0,06	0,3
anorgan. Salze	0,8	0,6

Die pH-Werte von Leber- und Blasengalle liegen nahe bei 7.
Gallensäuren sind Derivate des Cholesterins, bei denen die C_8-Seitenkette auf C_5 verkürzt ist und am Ende eine Carboxygruppe trägt; außerdem sind in den Stellungen C-7 und/oder C-12 zusätzliche HO-Gruppen vorhanden. Die von der Leber sezernierten Gallensäuren enthalten an ihrer Carboxylgruppe als Säureamid gebunden die Aminosäure Taurin oder Glycin. Man spricht hier von **konjugierten Gallensäuren**; zu ihrer Bildung wird die Gallensäure mittels CoASH aktiviert.

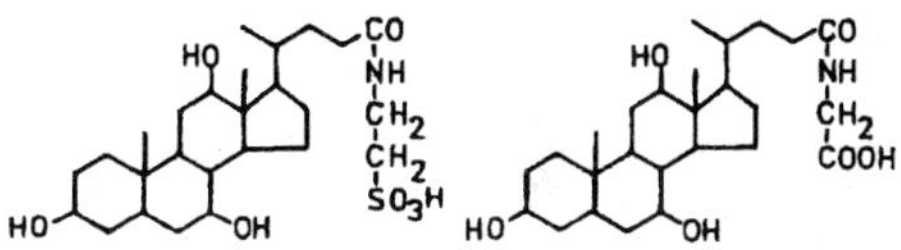

Taurocholsäure Glykocholsäure

Die menschliche Leber enthält etwa 3 bis 5 g Gallensäuren; da der Gallensäurebedarf bei der intestinalen Fettverdauung aber sehr viel höher ist, kommen die in den Darm sezernierten Gallensäuren zu 90% im Ileum zur Reabsorption und werden von der Leber erneut sezerniert (6- bis 10-mal pro Tag); man nennt das den **enterohepatischen Kreislauf.**
Im Blut erhöhte Gallensäurekonzentrationen (durch die intestinale Reabsorption oder auch nach oral verabfolgten Gaben) stimulieren die Leber zur vermehrten Gallebildung. Eine forcierte Gallenfreisetzung in den Darm erfolgt beim Erscheinen fettreichen Speisebreis im Duodenum. Sekretionsauslösend wirkt das Peptidhormon Cholecystokinin-Pankreozymin (CCK).
Gallensteine können aus Cholesterin oder einer Kombination von Bilirubin mit Kalk bestehen.

Klinischer Bezug
Gallensteine
Gallensteine kommen mit zunehmendem Alter häufig vor, bei über 40-jährigen Männern zu 8%, bei Frauen zu 20%. Die Mehrzahl der Gallensteine bleibt klinisch stumm, etwa nur 1/5 verursacht Beschwerden (Entzündungen, Koliken, Gallestauung, Icterus).
Die meisten Gallensteine (90%) bestehen aus Cholesterin bzw. als gemischte Gallensteine aus mindestens 70% Cholesterin gemischt mit Kalksalzen, Bilirubin, Mucin und Lezithin.
Pigmentsteine aus Calciumbilirubinat kommen seltener vor. Auslöser für eine Gallensteinbildung ist eine Veränderung der Gallezusammensetzung („lithogene Galle"), wesentlich charakterisiert durch eine Zunahme der Cholesterinkonzentration und eine Abnahme der Gallensäurekonzentration. Die Gallensteinbildung wird weiterhin durch eine Herabsetzung des Galleflusses und durch Entzündungen gefördert.
Gallensteine können zu Gallenkoliken, Cholestase, Icterus und Entzündungen der Gallenblase und der Gallenwege führen. Die Diagnose erfolgt durch Ultraschall und röntgenologisch.
Therapeutisch wird durch Cholagoga der Gallefluss beschleunigt, und es wird eine Auflösung der Konkremente versucht. Beide Effekte können durch Chenodesoxycholsäure oder Ursodesoxycholsäure erreicht werden, therapieresistente Fälle machen u.U. ein chirurgisches Eingreifen notwendig.

H91
→ **Frage 20.29:** Lösung D

Siehe Lerntext XX.4.

H92
→ **Frage 20.30:** Lösung C

Der Ductus choledochus verbindet den aus der Gallenblase kommenden Ductus cysticus mit der Vater-Papille und dient normalerweise zur Abgabe der im Duodenum zur Fettemulgierung verwendeten Blasengalle. Das Auftreten eines Konkrements in den abführenden Wegen führt zu einem Gallenrückstau (Cholestase). Die sonst in den Darm ausgeschiedenen Gallenfarbstoffe kommen dann dort nicht mehr an, der Stuhl verliert seine braune Farbe (A). Die bei Gallengangsverschluss im Duodenum ebenfalls fehlenden Gallensäuren verhindern eine ordnungsgemäße Fettverdauung, wodurch unverdautes Fett im Stuhl ausgeschieden wird (B). Die Gallenfarbstoffe gelangen unter diesen Umständen ins Blut, eine Gelbsucht (Ikterus) tritt auf (D); die Farbstoffe werden mit dem dann braun erscheinenden Harn ausgeschieden (E).

Während es normalerweise im Blut nur unkonjugiertes Bilirubin, an Serumalbumin angelagert, gibt, überwiegt bei der Cholestase Bilirubindiglucuronid ((C) ist falsch).

H02
→ **Frage 20.31:** Lösung D

Siehe Lerntext XX.5.
Das beim Abbau der Porphyrine entstehende wasserunlösliche Bilirubin wird im Blut angelagert an Albumin zur Leber transportiert und dort durch Glucuronidierung wasserlöslich und ausscheidungsfähig gemacht. Damit ist (D) die gesuchte Falschaussage.

XX.5 Bilirubin-Stoffwechsel

Die Erythrozyten des menschlichen Körpers haben eine Lebenszeit von ca. 4 Monaten; danach werden sie im reticulo-endothelialen System, vorwiegend in der Milz, abgebaut. Ihr Globinanteil wird zu Aminosäuren abgebaut, nachdem das Häm-System durch oxidative Ringöffnung Verdoglobin und Biliverdin ergeben hat. Durch einen Reduktionsschritt im linearen Tetrapyrrol wird aus dem grünen Biliverdin das rote Bilirubin, Hauptausscheidungsprodukt beim Menschen. Das praktisch wasserunlösliche Bilirubin wird in Bindung an Serumalbumin zur Leber gebracht, dort an den beiden Propionsäure-Seitenketten mit je einer Glucuronsäure gekoppelt und dann ausgeschieden. Die benötigte Glucuronyl-Transferase sitzt im endoplasmatischen Retikulum der Hepatozyten und benutzt zur Übertragung UDP-Glucuronsäure. Bei Gallengangsverschluss erscheint das glucuronidierte Bilirubin im Blut.
Bei Neugeborenen, die ihren Bestand an fetalem HbF kurzfristig gegen HbA umtauschen müssen, ist das Glucuronidierungssystem oft überfordert; es kommt dann zum Icterus neonatorum mit vorwiegend freiem Bilirubin im Blut.

H02
→ **Frage 20.32:** Lösung C

Siehe Lerntext XIX.4.
Die Lebergalle enthält 0,5 % Bilirubin, die Blasengalle etwa 3 %. In die Lebercanaliculi wird das in den Leberzellen glucuronidierte Bilirubin aktiv sezerniert, (C) ist also die gesuchte richtige Aussage. Wird Häm gespalten, so wird das Eisen frei, sodass die Gallenfarbstoffe kein Eisen enthalten ((A) ist falsch). Das Bilirubin im Blut ist unglucuronidiert und schlecht wasserlöslich, es wird an Albumin angelagert transportiert ((B) ist falsch). Im Darm wird die Glucuronsäure nicht durch Mucosa-Enzyme (E) abgespalten, sondern durch bakterielle Enzyme.

H93 F85

→ **Frage 20.33:** Lösung C

Siehe Lerntext XX.5.
Die beim Neugeborenen noch geringe Aktivität der UDP-Glucuronyl-Transferase ist der Grund für das Krankheitsbild des Icterus neonatorum.

Kommentare aus Examen Frühjahr 2006

F06

→ **Frage 20.34:** Lösung D

Täglich werden 1–2 g Cholesterin in der Leber in Gallensäuren umgewandelt und als Säureamid gekoppelt an Taurin (D) oder Glycin in die Galle sezerniert. Wegen ihrer wichtigen Funktion bei der Fettverdauung und bei der Verhinderung von Gallensteinen unterliegen die Gallensäuren einem enterohepatischen Kreislauf, indem 90 % aus dem Darm reabsorbiert werden und erneut über die Leber in die Galle ausgeschieden werden.
Aussage (A) ist falsch, denn aus den Porphyrinen entstehen nicht die Gallensäuren, sondern die Gallenfarbstoffe, hauptsächlich Bilirubin.
Aussage (B) ist falsch, denn durch Gallensäuren wird das Schrittmacherenzym der Cholesterinsynthese (HMG-CoA-Reduktase) nicht stimuliert, sondern gehemmt.
Aussage (C) ist falsch, denn im Urin kommen Gallensäuren praktisch nicht vor. Manche Gallenfarbstoffe wie Urobilin können über die Niere ausgeschieden werden.
Siehe Lerntext „Galle und Gallensäuren" XX.4.

21 Fettgewebe

XXI.1 Fettspeicherung

Das Fettgewebe ist der bedeutendste Energiespeicher des menschlichen Körpers. Bei Normalgewichtigen findet man hier etwa 10 kg Triacylglycerine mit einem Brennwert von gut 90000 kcal gespeichert. Das in der Leber und der Muskulatur gespeicherte Glykogen ergibt dagegen 1700 kcal pro 400 g. Eigentliche Proteinspeicher als Energiereserve findet man nicht.

Fettgewebe	% vom Feuchtgewicht
Protein	5
Triglyceride	75
Wasser	20

Das im Fettgewebe vorhandene Speicherfett stammt 1. aus der Nahrung: Im Darm resorbierte Fette werden als Chylomikronen zum Fettgewebe gebracht. 2. kommen von der Leber mit den VLDL, in der Leber synthetisierte Triglyceride, vorwiegend aus Überschuss-Kohlenhydraten gebildet, und 3. gibt es im Fettgewebe eine de novo-Fettsäuresynthese aus Glucose.
In Form von Lipoproteinen im Fettgewebe erscheinende Neutralfette (Chylomikronen, VLDL) werden durch eine Lipoprotein-Lipase in Fettsäuren und Glycerin gespalten. Das Glycerin geht auf dem Blutweg zur Leber, die Fettsäuren werden ins Fettgewebe aufgenommen; sie können dort aber nur gespeichert werden, wenn Insulin-abhängig auch Glucose aufgenommen und auf dem Glykolyseweg abgebaut wird. Fettsynthese erfordert Glycerinphosphat, das mangels Glycerinkinase im Fettgewebe durch Reduktion des Glykolysemetaboliten Dihydroxyacetonphosphat gewonnen werden muss. Ist Glycerinphosphat vorhanden, führen die mit CoASH veresterten Fettsäuren zum Aufbau von Triacylglycerinen.

Speicherung von Triglyceriden in Fettzellen

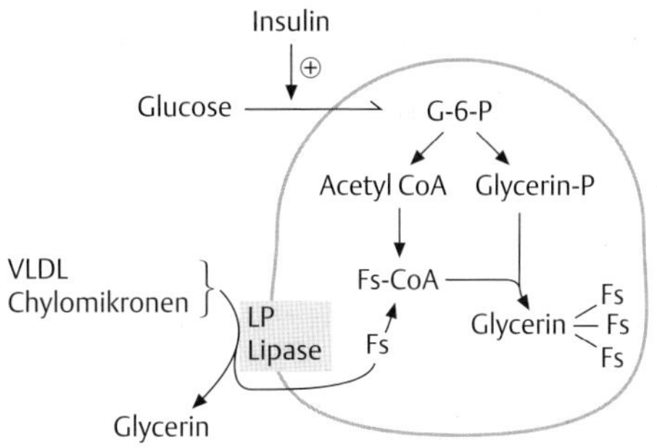

Weitere Insulinwirkungen am Fettgewebe sind: Induktion der Acetyl-CoA-Carboxylase und der NADPH-liefernden Enzyme des Pentosephosphatcyclus. In gewissem Maße kann die Acetyl-CoA-Carboxylase auch durch Citrat aktiviert werden.

Klinischer Bezug
Metabolisches Syndrom
Bei übergewichtigen und fettsüchtigen Menschen findet sich vermehrt eine Kombination aus Übergewicht, Typ II-Diabetes, Hypertonie und Hypercholesterinaemie, die als **metabolisches Syndrom** bezeichnet wird.
Weitere beim metabolischen Syndrom häufig vorkommende Krankheiten sind Hyperuricae-

mie, Atherosklerose, Herzinsuffizienz und Nierenschäden. Die Entstehung des metabolischen Syndroms ist pathobiochemisch komplex, vereinfacht dargestellt führt die Überernährung zu einem Hyperinsulinismus und darauf folgend zu einer Insulinresistenz. Möglichst frühzeitige Gewichtsnormalisierung und körperliches Training stoppen die beschriebenen Krankheitsprozesse.

H85

→ **Frage 21.1:** Lösung C

Siehe Lerntexte XXI.1 und XXI.2.
Die Fettmobilisierung erfolgt nicht kontinuierlich, sondern abhängig von Hormonsignalen; außerdem werden nicht Triacylglycerine, sondern deren Hydrolyseprodukte (Fettsäuren und Glycerin) ins Blut abgegeben.

XXI.2 Lipolyse

Die Mobilisierung der im Fettgewebe gespeicherten Fettreserven erfolgt durch die hormonabhängige Triacylglycerin-Lipase: Durch Adrenalin und Glukagon wird dieses Enzym über eine cAMP-abhängige Proteinkinase phosphoryliert und damit aktiviert. Im Hunger kommt es über das Glukagon zur Fettmobilisierung; das dabei freigesetzte Glycerin gelangt auf dem Blutweg zur Leber und wird dort zum Gluconeogenese-Substrat. Auch Glucocorticoide und die Schilddrüsenhormone T_3/T_4 bewirken, allerdings cAMP-unabhängig, eine Lipolyse. Insulin bewirkt die Dephosphorylierung und damit Inaktivierung der Fettgewebs-Lipase.

H99

→ **Frage 21.2:** Lösung A

Fettzellen nehmen insulinabhängig Glucose auf (D) und bauen sie ab zu Acetyl-CoA für die Fettsäuresynthese, zu CO_2 und NADPH für die Fettsynthese und zu Glycerinphosphat für die Triglyceridsynthese (C). Die im Fettgewebe vorhandenen Triglyceride sind der größte Energiespeicher des Organismus.
Auch die von der Leber gebildeten Triglyceride werden als VLDL u.a. zum Fettgewebe transportiert. Die durch Insulin induzierte Lipoproteinlipase setzt aus den VLDL Fettsäuren und Glycerin frei, die Fettsäuren werden in die Fettzellen aufgenommen und mit Glycerophosphat, gebildet aus Glucose, zur Bildung von Triglyzeriden verwendet. Das Glycerol wird von der Leber verwertet. Glucagon (im Hunger) und Adrenalin (bei Belastung) stimulieren den Fettabbau im Fettgewebe (B).

Die gesuchte Falschaussage ist (A), denn die Adrenalin- und Glucagonwirkung an der Fettzelle führt über cAMP, Proteinkinasen und Lipasephosphorylierung nicht zu einer Inaktivierung, sondern zu einer Aktivierung.
Siehe auch Lerntext VI.9.

H01

→ **Frage 21.3:** Lösung C

(C) ist die zu suchende Falschaussage, denn im Fettgewebe gibt es keine Glycerinkinase. Das zur Fettspeicherung benötigte Glycerinphosphat wird durch enzymatische Reduktion des Glykolysemetaboliten Dihydroxyacetonphosphat gewonnen.
Die Hormone Glucagon und Adrenalin bewirken in den Zellen des Fettgewebes einen Anstieg des cAMP, was zur Phosphorylierung und Aktivierung der hormonabhängigen Lipase führt. Die bei der Lipolyse freigesetzten langkettigen Fettsäuren sind wasserunlöslich und werden beim Transport im Blut an Serumalbumin gebunden. Insulin aktiviert die cAMP-zerstörende Phosphodiesterase und hemmt dadurch die Lipolyse.

F04

→ **Frage 21.4:** Lösung C

Braunes Fettgewebe tritt beim Menschen nur kurz nach der Geburt auf und dient der zitterfreien Wärmebildung des Neugeborenen. Das weiße Fettgewebe dient der Energiespeicherung. Adrenalin (B) und Glucagon stimulieren über G-Potein, cAMP-Proteinkinase-A (A) die hormonsensitive Lipase der Adipozyten. Abbau des cAMP beendet die Lipolyse (E). Die freigesetzten Fettsäuren werden im Blut angelagert an Albumin zum größten Teil zur Muskulatur als Endverbraucher transportiert (D).
Die gesuchte Falschaussage ist (C), denn die Fettzelle besitzt keine Glycerinkinase, sodass das Glycerin abgegeben und über das Blut zur Leber transportiert werden muss, dort wird es phosphoryliert und hauptsächlich zur Gluconeogenese verwendet.

H93

→ **Frage 21.5:** Lösung B

Siehe Lerntext XXI.2.
Da freie Fettsäuren wasserunlöslich sind, müssen sie in Bindung an Serumalbumin an den Ort ihrer Verbrennung (Leber, Muskulatur) gebracht werden.

F99

→ **Frage 21.6:** Lösung B

Neben Muskulatur und Leber ist das Fettgewebe das wichtigste Zielorgan für Insulin.
Die Glucoseaufnahme in die Fettzellen ist absolut insulinabhängig, nur unter Insulinwirkung werden

die Glucosetransporter in die Zellmembran eingebaut (A).
Durch Erniedrigung von cAMP (C) wird die Lipolyse gehemmt und die Triglyceridsynthese stimuliert (E). Auch die Glykolyse und die Umwandlung von Pyruvat zu Acetyl-CoA (D) werden in der Fettzelle durch Insulin stimuliert, es wird damit Acetyl-CoA für die Fettsäuresynthese bereitgestellt.
Die gesuchte Falschaussage ist (B), denn die endothelständige Lipoproteinlipase wird durch Insulin nicht reprimiert, sondern induziert.
Die Lipoproteinlipase spaltet aus resorbierten Nahrungsfetten in den Chylomikronen und aus endogen in der Leber synthetisierten Fetten der VLDL Fettsäuren ab, nur diese können in die Fettzellen aufgenommen werden. Die Fettsäuren werden mit Glycerinphosphat, das in den Fettzellen ausschließlich aus Glucose gebildet wird, zu Speicherfett aufgebaut.

H98
→ **Frage 21.7:** Lösung A

(A) ist die gesuchte Falschaussage, denn die Lipoproteinlipase des Fettgewebes setzt aus den Chylomikronen und aus VLDL nicht Triacylglycerine frei, sondern freie Fettsäuren und Glycerin. Nur die Fettsäuren werden von den Adipozyten aufgenommen und mit Glycerinphosphat zu Triglyceriden resynthetisiert. Diese Synthese kann nur erfolgen, wenn Glycerin-3-P aus dem Dihydroxyacetonphosphat der Glykolyse bereit steht (C) und die Fettsäuren als Acyl-CoA aktiviert vorliegen (B). Eine insulinabhängige Glucoseversorgung der Adipozyten (E) ist eine Voraussetzung für eine Fettspeicherung. Die Freisetzung der gespeicherten Fette, die Lipolyse, wird durch die hormonabhängige Triacylglycerinlipase bewirkt: Catecholamine (D) und Glucagon wirken aktivierend.

H01
→ **Frage 21.8:** Lösung B

Die Lipoproteinlipase ist ein im Fettgewebe endothelgebundenes Enzym, das die mit den Chylomikronen oder VLDL antransportierten Fette zur dortigen Speicherung der Fettsäuren spaltet (B).
Ihre Bildung wird durch Insulin, nicht aber durch Glucagon ((C) ist falsch) induziert.

H05
→ **Frage 21.9:** Lösung B

Die endothelständige Lipoproteinlipase im Muskel und Fettgewebe spaltet die Triglyceride der Chylomikronen und der VLDL (prä-β-LP).
Die freigesetzten Fettsäuren werden in die Muskelzellen zur Energiegewinnung aufgenommen, in den Fettzellen werden sie mit Glycerophosphat zu Speicherfett (Triglyceride) verbunden. Das Glycerin gelangt zur Leber.
Die Lipoproteinlipase wird durch das Apolipoprotein C2 und durch Heparin aktiviert, ihre Synthese wird durch Insulin induziert.

H98 H96
→ **Frage 21.10:** Lösung C

Siehe Lerntext XXI.2.
Freie Fettsäuren, gesättigt oder ungesättigt, werden nicht durch Lipoproteine transportiert ((A) ist falsch), sondern in Bindung an Albumin. Das gut wasserlösliche Glycerin muss zum Transport im Blut natürlich nicht an Serumalbumin gebunden werden ((B) ist falsch). Nur in der Leber kann Glycerin zur Gluconeogenese verwendet werden ((D) ist falsch). Auch im Hungerzustand können Erythrozyten wegen der ihnen fehlenden Mitochondrien keine Fettsäuren verbrennen ((E) ist falsch).
Die richtige Aussage ist (C), der Zusammenhang ist allerdings nicht sehr logisch: Wenn hormonbedingt im Fettgewebe Lipolyse erfolgt, soll aus den zur Leber transportierten Fettsäuren eigentlich nicht Triacylglycerin aufgebaut werden.

22 Niere, Harn

XXII.1 Funktionen der Niere

Die Nieren des Menschen (je ca. 150 g schwer) sind ein wichtiges Kontroll- und Ausscheidungsorgan. Kontrolliert werden
(1) der Wasser- und Elektrolythaushalt des Organismus,
(2) der Säure-/Basenhaushalt mit pH-Kontrolle für die Körperflüssigkeiten,
(3) die Ausscheidung von Schadstoffen aus dem Blut und
(4) die Bildung der Hormone Erythropoetin und Calcitriol (indirekt auch Aldosteron).

Die beiden Nieren sind mit 1800 Liter/24 h sehr gut durchblutet; an den insgesamt zwei Millionen Glomerula erfolgt eine Druckfiltration, die etwa 180 l weitgehend eiweißfreies Ultrafiltrat liefert. Die Abscheidungsgrenze des Filters liegt bei einem Molekulargewicht von 65000; 10 bis 30 g filtriertes Eiweiß werden aus dem Primärharn rückresorbiert. Auch Glucose, Aminosäuren und andere für den Körper wertvolle Substanzen werden tubulär rückresorbiert, andere Stoffe werden indessen aktiv sezerniert.

Der Wasserhaushalt steht unter Hormonkontrolle: Adiuretin und das Wachstumshormon fördern die Wasserrückresorption, Aldosteron bewirkt die Na^{+}-Rückresorption.

Klinischer Bezug

Uraemie

Eine Einschränkung oder ein Ausfall der Nierenfunktion führt zu einem Anstieg der harnpflichtigen Substanzen im Blut (Uraemie oder Azotaemie) und zu metabolischen und endokrinen Störungen.

Akutes Nierenversagen ist eine sehr häufige Diagnose bei Notfall-Aufnahmen (ca. 30%) und akut lebensbedrohlich (Letalität bis 40%).

Ursachen:

- praerenal (z.B. bei Schock, Haemolyse, Polytrauma),
- renal (Glomerulonephritis, interstitielle Nephritis, toxisch),
- postrenal (Abflusshindernis durch Stein oder Tumor).

Chronisches Nierenversagen verläuft progressiv und irreversibel. Häufigste Ursachen sind Diabetes, Hypertonie und chronische Glomerulonephritis.

Therapeutische Optionen beim Nierenversagen bestehen in einer Behandlung der verursachenden Grunderkrankung, Korrektur der metabolischen Acidose und der Hyperkaliaemie, Substitution der endokrinen Funktionen, Dialyse und evtl. Transplantation.

F96

→ **Frage 22.1:** Lösung A

Siehe Lerntext XXII.1.

Renin (B) ist eine von der Niere bei Blutdruckabfall gebildete Proteinase, die die Angiotensinbildung bewirkt.

Die gesuchte Falschaussage ist (A), denn die Prothrombinbildung erfolgt in der Leber.

H05

→ **Frage 22.2:** Lösung A

Die Niere ist über Renin – Angiotensin – Aldosteron, über Calcitriol und über Erythropoetin 3-fach endokrin aktiv.

Das Proteohormon Erythropoetin (Epo) stimuliert die Erythropoese, bei Nierenversagen kommt es zur typischen nephrogenen Anämie, die durch gentechnisch hergestelltes Epo therapiert werden muss.

Von Ausdauersportlern (Radfahrern, Langstreckenläufern) wird Epo zum Doping verwendet, es ersetzt das Transfusionsdoping bzw. das Höhentraining, indem es exzessiv verabreicht eine Polyglobulie mit erhöhtem Hämatokrit hervorruft.

Die Aussagen (C) und (E) sind falsch, denn LH/ICSH und STH werden nicht von der Niere, sondern vom Hypophysenvorderlappen gebildet.

Aussage (B) ist falsch, denn Glucagon wird von den α-Zellen im Pankreas gebildet.

Aussage (D) ist falsch, denn Parathyrin wird von den Nebenschilddrüsen gebildet. Seine wesentlichen Zielorgane sind Knochen und Niere.

Siehe Lerntext „Funktionen der Niere" XXII.1.

F05

→ **Frage 22.3:** Lösung C

Die Niere ist Zielorgan von Hormonen, z. B. Aldosteron (D), Parathormon, Adiuretin (E), aber auch Bildungsort von Hormonen, z. B. Erythropoetin und Calcitriol (C). Glukagon (A) wird in den α-Zellen des Pankreas gebildet.

Sekretin (B) wird im Duodenum gebildet und stimuliert im Pankreas die Sekretion von Wasser und Bicarbonat.

Siehe Lerntext „Funktionen der Niere" XXII.1.

F92

→ **Frage 22.4:** Lösung B

Kreatinin ist das Anhydrid des Kreatins, es entsteht in einer spontanen Reaktion in der Muskulatur; die täglich gebildete Menge von ca. 1,5 g ist abhängig von der Muskelmasse (A). Die Kreatininkonzentration im Serum und die Kreatininclearance sind von der Diät unabhängige Parameter zur Diagnose und Verlaufskontrolle von Nierenerkrankungen.

Die entsprechenden Untersuchungen von Harnstoff sind weniger aussagekräftig, weil die täglich ausgeschiedene Harnstoffmenge von der aufgenommenen Proteinmenge im Verhältnis von etwa 1:3 abhängt: 100 g Nahrungsprotein ergeben also 30 g Harnstoff (C).

F04

→ **Frage 22.5:** Lösung B

Die gesuchte Falschaussage ist (B), denn nicht Kreatinin, sondern Kreatin wird mit ATP durch die Kreatinkinase (CK) reversibel phosphoryliert.

Kreatinin entsteht in einer spontanen Reaktion aus Kreatinphosphat (C), wobei die Phosphor-Abspaltung zu einem Ringschluss (E) führt. Die täglich produzierte Menge ist abhängig von der Muskelmasse, sie beträgt ca. 1 g.

XXII.2 Zusammensetzung des Harns

Die täglich produzierte Harnmenge liegt bei etwa 1500 ml, kann aber, abhängig von der Trinkmenge, zwischen 500 und 2000 ml schwanken. Der pH-Wert des Harns schwankt zwischen 4,5 und 8 (Proteinzufuhr bewirkt durch den zur Schwefelsäure oxidierten Eiweißschwefel sauren Harn, Pflanzennahrung macht den Harn durch Mineralstoffgehalt alkalisch).
Die Menge der mit dem Harn täglich ausgeschiedenen Substanzen wird in g/24 h angegeben. Anorganische Substanzen, vorwiegend NaCl, machen etwa 25 g aus.
Wichtig ist die Ausscheidung N-haltiger Substanzen. Am wichtigsten ist hier der Harnstoff, dessen Tagesmenge mit der Proteinaufnahme schwankt: 70 g Nahrungsprotein ergeben 25 g Harnstoff.
Kreatinin, das heterocyclische Anhydrid des im Muskel wirkenden Kreatins, wird täglich zu etwa 1,5 g ausgeschieden. Harnsäure (2,6,8-Trihydroxypurin) ist das Endprodukt des Purinstoffwechsels und führt, bei einer Tagesmenge von 1 g, evtl. zu Löslichkeitsproblemen.
Ammoniumionen sind, da toxisch, im Normalharn kaum zu finden; sie können aber durch die Glutaminase der Niere zur pH-Justierung bei Azidose hier gebildet werden; zwei säureneutralisierende NH_4^+ pro Glutamin führen zu einer erheblichen Alkalieinsparung.
Harnkonkremente, die als Nieren-, Ureter- oder Blasensteine auftreten können, entstehen aus schwerlöslichen Harnbestandteilen wie Harnsäure, Calciumoxalat, Magnesiumammoniumphosphat oder verschiedenen Aminosäuren, nie aber aus dem hervorragend löslichen Harnstoff.

Gelöst in 1,5 l Harn werden pro 24 Stunden ausgeschieden:

25 g	Harnstoff
2 g	Kreatinin
0,5 g	Harnsäure
3,5 g	Na^+ (150 mVal)
5,2 g	Cl^- (150 mVal)
1,9 g	K^+ (50 mVal)
0,5 g	Calcium
3 g	Phosphat
3 g	Sulfat
0,5 g	NH_4^+

Pathologische Harnbestandteile

Protein
Hb
Aminosäuren
Ketonkörper
Glucose
Fructose
Galaktose
Lactose

Klinischer Bezug
Nierensteine

Urolithiasis (Steine in der Niere, den ableitenden Harnwegen oder der Blase) ist mit einer Prävalenz von 4% bis zu 20% in der Bevölkerung ein häufiger Befund. Urolithiasis kann unbemerkt (asymptomatisch) oder mit Entzündungen, Blutungen, Koliken und Harnrückstau verlaufen. Der Urin ist lithogen, wenn Calcium, Oxalsäure oder Harnsäure vermehrt ausgeschieden werden und (oder) der pH-Wert, Magnesium oder Zitronensäure im Urin vermindert sind.
Die Harnsteine bestehen am häufigsten aus Calciumoxalat (75%), es folgen Harnsäure (Urate) mit 15% sowie Apatit, Cystin, Xanthin.
Die Therapie erfolgt entweder durch spontane, mechanisch-endoskopische, lithotriptische (Zertrümmerung durch Laser, Stoßwellen, Ultraschall etc.) oder chirurgische Steinentfernung. Die genaue Steinanalyse in Speziallaboren ist notwendig, um medikamentös und (oder) diätetisch Rezidivprophylaxe zu betreiben.

H95
→ **Frage 22.6:** Lösung B

Siehe Lerntext XXII.2.

F96
→ **Frage 22.7:** Lösung C

Siehe Lerntext XXII.2.

H05
→ **Frage 22.8:** Lösung A

Insbesondere beim chronischen Hunger spielt die Gluconeogenese der proximalen Tubuluszellen der Niere eine wichtige Rolle. Sie verwendet bevorzugt Glutamin, das durch Glutaminase zu $NH_4{}^+$ und Glutamat umgewandelt wird. Das Glutamat wird dann durch die Glutamatdehydrogenase zu α-Ketoglutarat, NADH und wiederum NH_4^+ oxidativ desaminiert.
Die 2 NH_4^+-Ionen werden meistens im Austausch mit Na^+-Ionen in den Urin ausgeschieden.
Das α-Ketoglutarat wird über die Citratcyclus-Reaktionssequenz
Succinyl-CoA → Succinat → Malat → Oxalacetat in die Gluconeogenese eingeschleust.

F87
→ **Frage 22.9:** Lösung C

Siehe Lerntext XXII.2.

H04

→ **Frage 22.10:** Lösung C

Siehe Lerntext XXII.2.
Calciumoxalat und Calciumphosphat sind mit ca. 80 % der Fälle die häufigsten Nierenstein-Bestandteile, Harnsäuresteine kommen in 8 % der Steine vor, Magnesiumammoniumphosphat (Struvit) in ca. 10 %. Cystin-Steine sind sehr selten.
Die gesuchte Falschaussage ist (C), denn Harnstoff ist extrem gut wasserlöslich und bildet niemals Harnsteine.

F97

→ **Frage 22.11:** Lösung E

Eine cis/trans-Isomerie gibt es nur bei Verbindungen mit einer C=C-Doppelbindung – was für die Oxalsäure nicht zutrifft.

H05

→ **Frage 22.12:** Lösung D

Bei der klassischen Cystinurie werden bis zu 20-fach erhöhte Mengen von Cystin ausgeschieden. Ursache ist ein genetisch defekter 90 kD-Cystintransporter, auch einige andere Aminosäuren und deren gestörte Reabsorption aus dem Primärharn und Absorption aus dem Darm können betroffen sein.

F99

→ **Frage 22.13:** Lösung C

Bei der Bildung des Primärharns werden in den Glomerula etwa 10% des Blutstroms durch Ultrafiltration abgepresst. Unter den kleinmolekularen Bestandteilen des Filtrats finden sich zahlreiche für den Organismus noch verwertbare Substanzen wie Glucose oder freie Aminosäuren. Diese werden in der Niere, vor allem im proximalen Tubulus, rückresorbiert. Da kein Konzentrationsgradient besteht, muss Energie verbrauchender, aktiver Transport eingesetzt werden. Die Aminosäuren werden im Symport mit Na^+-Ionen aufgenommen. ATP wird dann gebraucht, um die Na^+-Ionen wieder aus der Zelle zu entfernen; deshalb spricht man von sekundär aktivem Transport.
Die gesuchte Falschaussage ist (C), denn ein Protonengradient ist an der Reabsorption der Aminosäuren nicht beteiligt.

23 Muskelgewebe, Bewegung

XXIII.1 Quergestreifte Muskulatur

Ein 70 kg schwerer, normalgewichtiger Mensch hat eine Muskelmasse von etwa 25 kg, die Hauptmenge davon ist quergestreifte Skelettmuskulatur. Glatte Muskulatur findet sich im Uterus, in den Blutgefäßen und über die Gesamtlänge des Verdauungstrakts verteilt. Der Herzmuskel stellt eine Sonderform der quergestreiften Muskulatur dar.
Die Muskelzellen enthalten ein Sauerstoffbindungsprotein, genannt Myoglobin (Mb). Dieses Mb ist ein Hämprotein und dem Hämoglobin (Hb) nahe verwandt. Eine Peptidkette mit einem Molekulargewicht von 17000 hält ein Häm gebunden, dessen Eisen wie beim Hb immer zweiwertig sein muss. Das Monomer Mb hat eine höhere Sauerstoffaffinität als das tetramere Hb und wird so bevorzugt oxygeniert.
In der Längsrichtung der Muskelfasern liegen **dicke** (Myosin) und **dünne** (Actin, Troponin, Tropomyosin) **Filamente** in Parallellagerung. Myosin stellt etwa 65% der Muskelproteine; es ist ein hexameres Protein, aufgebaut aus 4 leichten und 2 umeinander gewundenen schweren Ketten mit einem N-terminalen Köpfchen, das ATPase-Aktivität hat. Von diesem Myosin mit der Form eines Golfschlägers finden sich in den dicken Filamenten Hunderte in paralleler Anordnung. Durch ihre Anheftung an senkrecht stehende Zwischenscheiben bewirkt eine Verschiebung der dicken gegen die dünnen Filamente eine Verkürzung der Sarkomere: Es kommt zur Muskelkontraktion. – Die Actin-Filamente sind aus monomerem G-Actin aufgebaut, das sich zu strangförmigem F-Actin (25% der Muskelmasse) zusammenlagert. In die Furchen des spiralförmig gedrehten Actins sind die Faserproteine Troponin und Tropomyosin eingelagert.
Bei der quergestreiften Muskulatur kann man schon makroskopisch helle (**weiße Muskulatur**) und dunkelrote (**rote Muskulatur**) Bezirke unterscheiden. Die weiße Muskulatur ist für kurze und schnelle Kontraktionen programmiert und bezieht ihre Energie aus Glykogenolyse und Glykolyse. Die rote Muskulatur ist auf Dauerleistung angelegt, ist reich an Mitochondrien und Myoglobin und enthält die Enzyme der β-Oxidation, des Citratcyclus und der Atmungskette.

Klinischer Bezug

Progressive Muskeldystrophie

Es handelt sich um insgesamt ca. 9 verschiedene, genetische schwere Erkrankungen, die mit einer fortschreitenden Atrophie der Skelettmuskelfasern und deren Ersatz durch Binde- und Fettgewebe einhergehen, z.T. auch mit einer Beteiligung der Herzmuskelzellen. Die Erkrankungen verlaufen unterschiedlich schwer, der Tod tritt häufig bereits in der Kindheit bzw. in der 2. bis 3. Lebensdekade ein. Die Erbgänge sind verschieden, X-chromosomal rezessiv, autosomal rezessiv oder dominant. Leitsymptom ist die fortschreitende Muskelschwäche, klinisch-chemisch ist die Creatinkinase (CK-MM) bis zu 100fach im Plasma erhöht. ■

H04

→ **Frage 23.1:** Lösung D

Bei O_2-Mangel können Skelettmuskelzellen ATP durch anaerobe Glykolyse bilden (D), das entstehende Lactat wird abgegeben ins Blut, es resultiert eine Lactacidose.
Unter ATP- und O_2-Verbrauch wird vorwiegend in der Leber aus Lactat wieder Glucose synthetisiert (Cori-Zyklus zwischen Muskel und Leber).
(A) ist falsch, denn Biotransformation findet nicht im Muskel, sondern in der Leber statt, sie produziert auch kein ATP, sondern verbraucht es. β-Oxidation, Citratcyclus und Ketonkörperabbau können im Muskel zur Energiegewinnung dienen, sind aber auf O_2 angewiesen, sodass auch (B), (C) und (E) falsch sind.

F89

→ **Frage 23.2:** Lösung B

Siehe Lerntexte XXIII.1 und XXIII.2.
Die Muskel-typische ATPase sitzt nicht im Myoglobin, sondern in den Köpfchen der Myosinfilamente.

XXIII.2 Muskelkontraktion

In Ruhestellung ist das Myosinköpfchen an ein Actinfilament gebunden. ATP-Anlagerung an das Köpfchen führt zur Lösung dieser Bindung; das ATP wird hydrolysiert, ADP und P bleiben aber gebunden. Die ATP-Spaltung bewirkt eine allosterische Verspannung des Köpfchens, das nun erneut Kontakt zu einer Actinfaser erhält. Mit der jetzt erfolgenden Abspaltung von P und ADP kommt es zu einer ruderartigen Verlagerung des Köpfchens, das in Bindung zum Actin bleibt, bis ATP einen neuen Cyclus eröffnet. Fehlt ATP, verharrt das Köpfchen in dieser gespannten Position (z.B. Totenstarre); daher spicht man von der Weichmacherwirkung des ATP.
Ausgelöst wird die Muskelkontraktion durch ein neuronales Signal, eine Acetylcholin-Freisetzung an der neuromuskulären Endplatte. Als Folge kommt es zu einem Anstieg der cytosolischen Ca^{++}-Konzentration (in Ruhe 10^{-8} M, bei Erregung 10^{-5}M Ca^{++}), das schnell verfügbare Calcium stammt aus dem Speicher im sarkoplasmatischen Retikulum. Die Calciumanlagerung an das Troponin C gibt über eine Verlagerung des Tropomyosins die auf dem F-Actin gelegene Bindungsstelle für das Myosinköpfchen frei.

Komponenten des kontraktilen Systems	
Myosin	Komplexbildung mit Actin → Actomyosin ATP-Bindung und -Spaltung (ATPase) durch Myosinköpfe mit Konformationsänderung des Kopfwinkels, Gleiten an den Actinmolekülen.
Actin	gleitende Wechselwirkung mit Myosinköpfen → Actomyosin.
Troponin	Ca^{++}-Bindung mit Konformationsänderung als Kontraktionsauslöser.
Tropomyosin	vermittelt die Troponinkonformation an 6 benachbarte Actinmoleküle.
ATP	Bindung und Hydrolyse liefert Energie für die Winkeländerung der Myosinköpfe zum Gleiten an den Actinmolekülen.
Ca^{++}	Freisetzung durch Acetylcholinsignale der motorischen Endplatte, löst durch Bindung an Troponin die Kontraktion aus.

Klinischer Bezug

Myasthenia gravis

Die Myasthenia gravis ist eine Autoimmunerkrankung, bei der Antikörper gegen die Acetylcholinrezeptoren in der neuromuskulären Endplatte gebildet werden. Die Antikörper führen zu einer Verminderung der Zahl der Rezeptoren, zu einer Blockade der Bindungsstelle für Acetylcholin und zusammen mit Komplement zu einer Zerstörung der postsynaptischen Membran. Die Häufigkeit der Myasthenia gravis ist etwa 1:8000. Die Erkrankung beginnt häufig an den Gesichtsmuskeln und breitet sich später weiter auf die Gliedmaßenmuskeln aus. Die betroffenen Muskeln weisen zunehmende Schwäche und schnelle Ermüdbarkeit auf.
Die Sicherung der klinischen Diagnose erfolgt über den Nachweis der Antikörper gegen die Acetylcholinrezeptoren.
Die Therapie erfolgt symptomatisch durch Gabe von Acetylcholinesterase-Hemmern, z.B. Pyridostigmin, wodurch die Acetylcholin-Konzentration in der Synapse erhöht wird und die restlichen, noch intakten Rezeptoren aktiviert werden können und zu einem Aktionspotential führen.
Kausal wird immunsuppressiv behandelt. Bei lebensbedrohlichen Myasthenia gravis-Krisen kann die Entfernung der IgG-Antikörper durch Plasmapherese notwendig sein. ■

F96
→ **Frage 23.3:** Lösung B

Siehe Lerntext XXIII.2.

H97
→ **Frage 23.4:** Lösung E

Am Skelettmuskel wird die Kontraktion durch Acetylcholin initiiert. Nachfolgend kommt es zu einer Ca^{2+}-Erhöhung im Cytosol und Bindung von Ca^{2+} an Troponin mit einer Konformationsänderung von Troponin und Tropomyosin. Dadurch werden am Actin die Bindungsstellen für die Myosinköpfchen freigelegt (A), danach beginnt unter ATP-Verbrauch der Myosin-Actin-ATP-Cyclus des Gleitmodells.
An glatten Muskelzellen fehlt das Troponin-Tropomyosin; hier führt die Ca^{2+}-Erhöhung zu einer Anlagerung an Calmodulin, wodurch mit Hilfe von Protein-Kinasen Myosin phosphoryliert wird und die Kontraktion beginnt (B). Das für die Kontraktion benötigte ATP muss über den katabolen Stoffwechsel, u. U. auch durch den Abbau von Ketonkörpern wie β-Hydroxybuttersäure und Acetessigsäure (D) bereitgestellt werden. Muskelzellen und Nervenzellen haben mit Kreatinphosphat eine Speichermöglichkeit für energiereiches Phosphat; durch das Enzym Kreatinkinase (CK) kann der Phosphatrest auf ADP übertragen werden und damit ATP, z. B. für den Kontraktionsvorgang, längere Zeit konstant gehalten werden. In der Erholungsphase wird dann durch die CK aus Kreatin und ATP wieder Kreatin-P (C).
Die gesuchte Falschaussage ist (E), denn durch die Katecholamine Adrenalin und Noradrenalin wird in Fettzellen die Fettsynthese gehemmt. Katecholamine stimulieren im Fettgewebe den Fettabbau (Lipolyse).

F00 F99 F96
→ **Frage 23.5:** Lösung A

Beim Kontraktionsvorgang der glatten Muskulatur sind ähnlich wie beim Skelett- und Herzmuskel Actin und Myosin beteiligt. Nach Aktivierung entwickelt der Actomyosinkomplex ATPase-Aktivität. An der Auslösung der Kontraktion sind Ca^{2+}-Ionen beteiligt.
Während in der Skelettmuskulatur Ca^{2+} über Troponin und Tropomyosin die Actinketten aktiviert, wirkt in der glatten Muskelzelle Ca^{2+} als Ca^{2+}-Calmodulinkomplex aktivierend auf eine Myosinkinase, die Phosphorylierung der leichten regulatorischen Myosinkette löst dann die Kontraktion aus. Damit ist (A) die gesuchte Falschaussage.

H05
→ **Frage 23.6:** Lösung E

Im Skelettmuskel wird die Kontraktion durch Bindung von Calcium-Ionen an Troponin C ausgelöst.
Aussage (A) ist falsch, denn die Calcium-Ionenbindung an Calmodulin bewirkt eine Kontraktionsauslösung der glatten Muskulatur und nicht der Skelettmuskulatur.
Aussage (B) ist nicht zutreffend, denn Dystrophin ist ein Protein des subsarkolemmalen Cytoskeletts.
Aussage (C) ist falsch, denn das Protein Phospholamban hemmt die Ca-ATPase des sarcoplasmatischen Reticulums.
Aussage (D) ist falsch, denn Tropomyosin bindet keine Calcium-Ionen, sondern leitet durch Konformationsänderung das Calcium-Signal vom Troponin an benachbarte Actinmoleküle.
Siehe Lerntext „Muskelkontraktion" XXIII.2.

H01
→ **Frage 23.7:** Lösung E

Die Kontraktionsauslösung an der glatten Muskulatur erfolgt nicht durch Calciumanlagerung an das Tropomyosinsystem, sondern das bei der Erregung der glatten Muskelzellen aus dem sarkoplasmatischen Retikulum freigesetzte und von außen einströmende Calcium wird an Calmodulin angelagert und aktiviert eine Myosin-Leichtketten-Kinase (B), welche Myosin mit ATP phosphoryliert und damit aktiviert (A). Adrenalin kann über ein G-Protein cAMP in der glatten Muskelzelle erhöhen; die dadurch ausgelöste Aktivierung der Proteinkinase A führt zu einer Phosphorylierung der MLCK, wodurch diese gehemmt wird (C). Die gesuchte Falschaussage ist (E), denn cAMP führt in der glatten Muskelzelle nicht zu einer Hemmung der Calciumspeicherung im endoplasmatischen Retikulum, sondern es stimuliert die Calciumspeicherung und führt so zusammen mit der Hemmung der MLCK zu einer Erschlaffung der glatten Muskelzelle.

F96
→ **Frage 23.8:** Lösung D

Siehe Lerntext XXIII.1.
Weiße Muskelfasern haben, obwohl sie ihre Energie vorwiegend aus dem Glucoseabbau beziehen, wenig Hexokinase. Da der Glykogenabbau G-1-P liefert und dieses über die Phosphoglucomutase zum G-6-P wird, kann die Hexokinase in niedriger Aktivität vorliegen.

H96

→ **Frage 23.9:** Lösung D

Siehe Lerntext XXIII.1.
Die auf Dauerleistung ausgelegten Muskeln weisen hohe Aktivitäten der Citratcyclus-Enzyme auf.

H83

→ **Frage 23.10:** Lösung B

Der Skelettmuskel kann Glucose als Brennstoff verwerten. Bei leichter Arbeit erfolgt vollständige Oxidation; durch Glykolyse entsteht Pyruvat, das in Acetyl-CoA verwandelt und im Citratcyclus vollständig zu CO_2 und H_2O verbrannt wird. Bei intensiver Arbeit wird die Sauerstoffversorgung kritisch, der Muskel schaltet um auf anaerobe Glykolyse, bei der Lactat gebildet und in solchem Ausmaß an das Blut abgegeben wird (A), dass es zu einem pH-Abfall kommen kann (D).
Herz und Leber nehmen Lactat aus dem Blut auf; im Herzmuskel wird es zu CO_2 und H_2O oxidiert (E), in der Leber zur Gluconeogenese verwendet (C). Nur die Leber und, in begrenztem Ausmaß, die Nierenrinde sind zur Gluconeogenese befähigt; der Skelettmuskel hat nicht die Möglichkeit der Glucoseneubildung und kann daher auch nicht Lactat in Glykogen umwandeln (B).

F94

→ **Frage 23.11:** Lösung D

Siehe Lerntext XXIII.3.
Kreatinin ist die Ausscheidungsform für Kreatin.

F05

→ **Frage 23.12:** Lösung D

Nervenzellen und Muskelzellen können nach Erregung ihren ATP-Verbrauch sehr stark erhöhen. Als kurzfristiger Energiespeicher bis zum Einsetzen der ATP-Bildung durch Substratkettenphosphorylierung und (oder) Atmungskettenphosphorylierung steht ihnen das energiereiche Kreatinphosphat zur Verfügung. Die Kreatinkinase (CK) stellt dabei das Gleichgewicht zwischen Kreatinphosphat + ADP und Kreatin + ATP her.

F03

→ **Frage 23.13:** Lösung E

Siehe Lerntext XXIII.3.
Der Skelettmuskel kann die Kontraktionsenergie nur aus der Hydrolyse von ATP zu ADP gewinnen. Der Energiegehalt dieser Reaktion ist vom ATP/ADP-Verhältnis abhängig, sodass ATP in der Skelettmuskelzelle stets hoch und ADP stets niedrig gehalten werden muss. Kreatin-P stellt einen Energiespeicher dar, durch die Kreatinkinase (CK) (B) wird entstehendes ADP sofort zu ATP rückverwandelt (A). Das ΔG der energiereichen P-Bindung im Kreatinphosphat beträgt –43 kJ/mol, das vom ATP –30 kJ/mol. Damit liegt das Gleichgewicht der CK-Reaktion auf Seiten des ATP ((C) und (D) sind richtig).
Die gesuchte Falschaussage ist (E), denn Kreatinphosphat kann nicht mit anorganischem Phosphat gebildet werden, sondern nur mit ATP. Auch eine Bildung aus Kreatinin ist nicht möglich. Kreatinin entsteht in einer sehr langsamen, nicht-enzymatischen Reaktion („Spontanreaktion") aus Kreatinphosphat unter Ringbildung durch Abspaltung von anorganischem Phosphat. Täglich werden 1 bis 2 g Kreatinin gebildet und im Urin ausgeschieden.

F97

→ **Frage 23.14:** Lösung B

Kreatinphosphat liegt in der Muskulatur in 4fach höherer Konzentration als ATP vor; es entsteht in ATP-abhängiger Reaktion aus Kreatin (D) und dient bei der Muskelarbeit zur Regeneration von ATP aus ADP.
Das vor allem in der Leber synthetisierte Kreatin (A) erreicht die Muskulatur auf dem Blutweg (C). Zur Ausscheidung bildet sich aus dem Kreatinphosphat durch Phosphorsäureabspaltung das heterocyclische Kreatinin, das wegen seiner –CO-NH-Bindung auch als Laktam bezeichnet wird (E).
Die gesuchte Falschaussage ist (B), denn Transaminasen und Carboxylase sind an der Kreatinbildung nicht beteiligt. Aus Glycin und Arginin bildet sich Guanidinoessigsäure, das dann durch Methylierung Kreatin ergibt.

F89

→ **Frage 23.15:** Lösung C

Ein Aktionspotenzial einer motorischen Nervenfaser bewirkt an der präsynaptischen Membran der Endplatte die Freisetzung des Transmitters Acetylcholin (A). Nach Bindung an den spezifischen Rezeptor in der postsynaptischen Membran löst der Transmitter das Aktionspotential der Muskelzelle aus (B).
Das Pfeilgift Curare blockiert diesen Vorgang, indem es das Acetylcholin vom Rezeptor verdrängt (D), es wirkt damit als Muskelrelaxans.
Im Endzustand ähnlich lähmend wirken Cholinesterasehemmer, die die Inaktivierung des Acetylcholins durch die Cholinesterase verhindern. Es kommt zunächst zu einer Übererregung und dann zu einer Lähmung (E). Cholinesterasehemmer sind das Pflanzengift Physostigmin und insektizide Organophosphate wie das E 605.
Die gesuchte Falschaussage ist (C), denn eine motorische Endplatte versorgt stets nur eine Muskelfaser. Eine sogenannte motorische Einheit kommt dadurch zustande, dass ein motorischer Nerv sich peripher aufzweigt und mehrere Endplatten an verschiedenen Muskelzellen bildet.

XXIII.3 Kreatin, Kreatinphosphat

Energiereiche Phosphate des Muskels

	Verbindung	Reaktion	Funktion
ATP	Ad. – Rib. – P~P~P	ATP → ADP + P_i	a) unmittelbarer Energiedonator für die Muskelkontraktion b) Energiedonator für Biosynthesen
ADP	Ad. – Rib. – P~P	ADP + ADP → ATP + AMP ⇧ Adenylatkinase	zusätzliche Energiereserve für die Bereitstellung von ATP
Creatin-phosphat	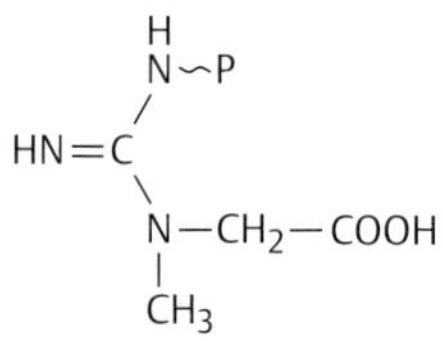	Creat.~P + ADP ↔ ATP + Creat. ⇧ Creatinkinase	Energiespeicher für die ATP-Regeneration (Windkesselfunktion für energiereiche Phosphate)

Da die Muskulatur bei der Kontraktion einen sehr hohen ATP-Bedarf hat, ist sie mit einem ATP-Regulationssystem ausgestattet: Im Ruhezustand mit Hilfe von ATP gebildetes Kreatinphosphat kann mit Hilfe der Kreatinkinase ADP rephosphorylieren. 1 g Muskulatur enthält 5 μmol ATP und 20 μmol Kreatinphosphat. Das Kreatin selbst wird in der Leber gebildet, wobei aus Glycin und Arginin zunächst Guanidinessigsäure (unter Zurücklassung von Ornithin) entsteht. Durch eine Umsetzung mit Methionin bildet sich über SAM das Kreatin, das dann auf dem Blutweg die einzelnen Muskeln versorgt. Das durch die Kreatinkinase und ATP gebildete Kreatinphosphat dient der ATP-Regenerierung, – nach längerem Gebrauch wird aber aus Kreatinphosphat spontan unter Phosphat-Abspaltung der Heterocyclus Kreatinin gebildet. Das endogene Kreatinin wird ohne nachfolgende Rückresorption oder tubuläre Sekretion mit dem Harn ausgeschieden und kann dabei, wie das exogen zugeführte Inulin, für Clearance-Messungen (→ GFR = glomeruläre Filtrationsrate) verwendet werden.

XXIII.4 Lactatbildung in der Muskulatur

Während der Muskel in Ruhe seinen Energiebedarf vorwiegend durch die Oxidation von freien Fettsäuren und Ketonkörpern deckt, werden zur Arbeit die zelleigenen Glykogenvorräte herangezogen. Wenn die Sauerstoffversorgung mit dem O_2-Bedarf nicht mehr Schritt halten kann, wird Pyruvat von der Lactatdehydrogenase zu Lactat reduziert, um das von der Glycerinaldehydphosphat-Dehydrogenase gebildete NADH wieder in NAD^+ rückzuverwandeln. Die vom Skelettmuskel gebildete Milchsäure wird ans Blut abgegeben und kann von der Leber zur Gluconeogenese und Glykogensynthese verwendet werden.

Kommentare aus Examen Frühjahr 2006

F06

→ **Frage 23.16:** Lösung B

Kurzfristige maximale Aktivität kann in Muskelzellen und Nervenzellen den ATP-Verbrauch um ein Vielfaches steigern. Das Kreatinphosphat stellt hier ein Reservoir energiereichen Phosphats dar, durch die Creatinkinase (CK) wird der Phosphatrest auf ADP übertragen. Zusätzlich kann danach im Muskel und Nervengewebe durch die Adenylatkinase aus 2 ADP ein ATP und 1 AMP gebildet werden.

24 Binde- und Stützgewebe

XXIV.1 Bindegewebeproteine

Das Bindegewebe umfasst eine Vielfalt von Strukturen mit sehr unterschiedlichen mechanischen Eigenschaften. Häufig sind hier besondere Proteine mit speziellen Polysacchariden (Heteroglykanen) im Wechselspiel, weshalb man von **Proteoglykanen** oder, wenn der Eiweißanteil überwiegt, von **Glykoproteinen** spricht. Ungewöhnlich am Bindegewebe ist, dass extrazelluläre Anteile (kollagene und elastische Fasern in einer strukturlosen Grundsubstanz) bis zu 80% des Organs ausmachen können.

Die nachfolgende Tabelle gibt eine Übersicht der extrazellulären Bauelemente.

Vorkommen	Protein-Komponente	Haupt-Kohlenhydrat	Eigenschaft
Haut	Kollagen Typ I (80%) Keratin	Dermatansulfat	Festigkeit, Verformbarkeit
Sehnen	Kollagen Typ I	Dermatansulfat Chondroitinsulfat	Hohe Zugfestigkeit Geringe Elastizität
Gelenkschmiere	Kollagen Typ II	Hyaluronsäure	Abriebminderung
Blutgefäße	Kollagen Typ III und I Elastin	Chondroitinsulfat	Reißfestigkeit Windkesselfunktion
Basalmembran	Kollagen Typ IV Laminin, Fibronektin	Heparansulfat	Trennfunktion Selektive Permeabilität
Knorpel	Kollagen Typ II	Chondroitinsulfat Keratansulfat	Elastizität
Knochen	Kollagen Typ I	Chondroitinsulfat Keratansulfat, Heparansulfat	Formstabilität Druckfestigkeit

Kollagen	Mit ca. 3,5 kg das häufigste Protein unseres Körpers. Man unterscheidet heute 14 Typen. Ungewöhnliche Aminosäurezusammensetzung, dadurch spezielle Tripelhelix-Struktur. Kollagen IV bildet Basalmembrannetze als Abgrenzung aller Bindegewebsbereiche gegen umliegende Strukturen. Die Kollagen-Haupttypen I bis III bilden mechanisch sehr feste Faserstrukturen.
Elastin	Bildet gummiähnliche, elastische Fasern. Einzelne Peptidketten mit Lysinseitenketten sind über Desmosinringe verbunden.
Keratin	Cysteinreiches Protein, typisch für Haar, Nägel und Haut. Fibrilläre Strukturen durch Disulfidbrücken stabilisiert.
Laminin	Glykoprotein, bildet Quervernetzungen mit Kollagen.
Fibronektin	Vernetzendes Glykoprotein, bindet an Zelloberflächen, besonders an Fibrozyten.

XXIV.2 Kollagen-Struktur und -Biosynthese

Kollagen ist ein wasserunlösliches Faserprotein, das sich durch eine ungewöhnliche Aminosäurezusammensetzung auszeichnet: Glycin und Prolin bilden jeweils ein Drittel der vorhandenen Aminosäuren. In seiner Primärstruktur wiederholt sich mehrere hundert Mal die Sequenz Gly-Pro-X, was die Ausbildung einer α-Helix unmöglich macht. Stattdessen winden sich die drei Peptidstränge in einer steilen Tripelhelix umeinander. Da in der Aminosäurezusammensetzung aromatische und schwefelhaltige Aminosäuren weitgehend fehlen, ist die aus Kollagen gewonnene Gelatine ein sehr minderwertiges Nahrungsprotein.

Die Biosynthese des Kollagens erfolgt in den Bindegewebszellen (Fibrozyten), zum Teil auch extrazellulär. Am rauen endoplasmatischen Retikulum wird zunächst ein Präproprotein gebildet, dessen N-terminales Signalpeptid die Einschleusung des 1400 Aminosäuren langen Prokollagens in die Zisternen des endoplasmatischen Retikulums veranlasst. Hier erfolgen zahlreiche Modifikationen: Lysin- und Prolinseitenketten werden hydroxyliert, wobei Ascorbat und α-Ketoglutarat als Cofaktoren benötigt werden. Die Hydroxylierungen sind für die mechanische Stabilität der Tripelhelices von großer Bedeutung. HO-Gruppen des Lysins werden glykosyliert: Eine zunächst gebundene Galaktose nimmt noch eine Glucose auf. Aus den mo-

difizierten Peptidketten bildet sich intrazellulär die Tripelhelix. N-terminal sind etwa 150 Aminosäuren nicht helical verbunden; zahlreiche hier vorhandene Cysteinseitenketten verbinden sich in den sog. Extensions- oder Registerpeptiden über Disulfidbrücken. Sie stabilisieren die Tripelhelix, die nun als Prokollagen aus der Zelle ausgeschleust wird.
Extrazellulär werden die N- und C-terminalen nicht-helicalen Peptide abgespalten. Einige helixeigene Lysinseitenketten werden oxidativ desaminiert (Lysyloxidase); die neuen Aldehydgruppen der Kollagen-Monomere bewirken durch Schiff-Base-Bildung Quervernetzungen zur Kollagenfibrille.

Kollagen-Bildung

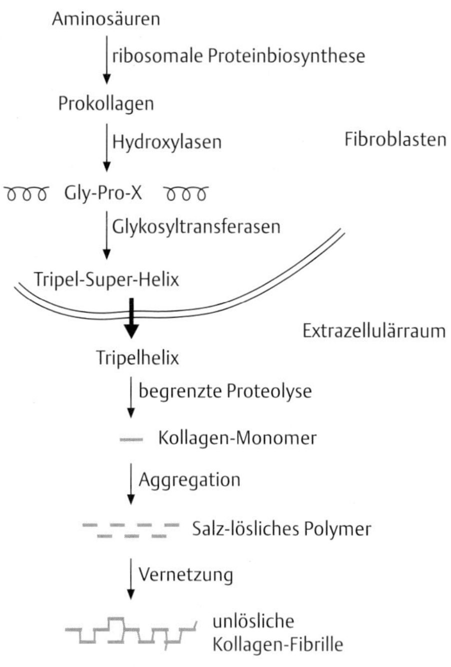

Klinischer Bezug

Angeborene Bindegewebserkrankungen

Angeborene Störungen des Bindegewebsstoffwechsels kommen in verschiedenen Variationen auf Grund unterschiedlicher Mutationen jeweils autosomal rezessiv oder autosomal dominant vererbt vor.
Am bekanntesten und relativ häufig (1 : 10000) ist die **Chondrodysplasie** mit charakteristischem Zwergwuchs: kurze Arme und Beine, großer Kopf und Körper. Es werden 150 verschiedene Krankheitstypen, eingeteilt in 8 Gruppen, unterschieden.
Auch das **Marfan-Syndrom** ist mit 1 : 10000 häufig. Es ist gekennzeichnet durch Spinnengliedrigkeit, Aortenaneurysmen und Linsendislokation. Bei etwa 20 % der Fälle liegt keine familiäre Belastung vor, sondern eine Neumutation.
Eine Hyperelastizität der Haut und eine abnorme Beweglichkeit der Gelenke liegt beim **Ehlers-Danlos-Syndrom** vor. Die Krankheit ist sehr häufig (1 : 5000), 11 Typen werden unterschieden. Besonders symptomarme Verläufe werden klinisch übersehen.
Bei der **Osteogenesis imperfecta** (4 Typen mit einer Häufigkeit von jeweils ca. 1 : 25000) wird eine verminderte Knochenmasse mit erhöhter Brüchigkeit gefunden.
Während die vorstehend genannten Syndrome durch genetische Defekte der Fibrocyten, Chondrozyten und Osteoblasten bedingt sind, liegt bei der **Osteopetrosis**, der sog. Marmorknochenerkrankung, ein genetischer Defekt der Knochen-abbauenden Osteoklasten vor. Verschiedene Typen unterschiedlicher Schwere führen zu dichten sklerotischen Knochen mit Splitterneigung, Markeinengung und folgender Anaemie. Schwere kindliche Fälle führen früh zum Tod.

Klinischer Bezug

Rheumatische Bindegewebserkrankungen (Kollagenosen)

Es handelt sich um entzündliche Erkrankungen mit bakteriell ausgelöster Antikörperbildung gegen Bindegewebsstrukturen (Autoimmunreaktion) vorzugsweise in Gelenken, aber auch in Herz, Gefäßen, Haut und Niere.
Das **akute rheumatische Fieber** wird ausgelöst durch eine Reaktion auf Streptokokkeninfekte des Rachens, z.B. eine Tonsillitis. Nach ca. 2 Wochen kommt es zu einer akuten Entzündung der Gelenke (akute Polyarthritis) und zu Fieber, gefährlich ist eine evtl. Mitbeteiligung des Herzens (Pericarditis, Myocarditis, Endocarditis, Klappenbeteiligung). Die Diagnose wird gesichert über die Messung der Antikörper gegen Streptolysin und evtl. den Streptokokken-Nachweis. Die Therapie erfolgt durch Penicillin, Herzbeteiligung macht u.U. eine lebenslange Penicillin-Prophylaxe notwendig.
Die **chronische Polyarthritis** (= rheumatoide Arthritis) wird von Autoantikörpern ausgelöst, an deren Induktion genetische Faktoren (MHC-Komplex) und wahrscheinlich auch bakterielle Antigene beteiligt sind. Die Erkrankung beginnt schleichend mit uncharakteristischen Allgemeinsymptomen (Müdigkeit, Appetitlosigkeit, Schwäche) über Monate und befällt dann symmetrisch bevorzugt die Gelenke der Hände, Füße, Knie. Eine Beteiligung von Gefäßen (Vasculitis), Lunge (Fibrose) und Haut ist möglich! Eine kausale Therapie gibt es nicht, Entzün-

dungshemmer (steroidal und nicht steroidal), Analgetica und evtl. Immunsuppressiva werden neben physiotherapeutischen Maßnahmen lebenslang eingesetzt, um den Prozess zu stoppen.

F99
→ **Frage 24.1:** Lösung E

Bei den Proteoglykanen sind große Heteroglykanketten (Glykosaminglykane) O-glykosidisch (über Serin) oder N-glykosidisch (über Asparagin) an einfach gebaute Core-Proteine angeheftet. Durch ihren Gehalt an Uronsäuren und Estersulfaten sind die Polysaccharidketten Polyanionen, d.h. sie reagieren sauer. Sie haben, wichtig für das Bindegewebe mit seiner extrazellulären Matrix, einen hohen Wasser- und Salzgehalt.
Die gesuchte Falschaussage ist (E), denn die Wechselbeziehungen zwischen Proteoglykan und Kollagenfasern sind elektrostatischer Natur. Disulfidbrücken sind unmöglich, weil es im reifen Kollagen keine schwefelhaltigen Aminosäuren gibt.

F05
→ **Frage 24.2:** Lösung B

Hyaluronsäure ist eine Bindegewebsgrundsubstanz, aufgebaut aus Disaccharideinheiten, die periodisch miteinander verbunden sind; das Disaccharid ist β-Glucuronido-1,3-N-Acetylglucosamin. Die Hyaluronsäure ist als einziges Heteroglykan proteinfrei, die glykosidischen Bindungen können durch Hyaluronidase gespalten werden.
Siehe Lerntext „Heteroglykane" I.17.

F05
→ **Frage 24.3:** Lösung C

Proteoglykane (= Glykosaminoglykane = saure Mucopolysaccharide) bestehen aus langen Ketten sich wiederholender Disaccharideinheiten (Heteroglykane mit Periodizität), wobei eine Glucuronsäure mit einem Aminozucker verbunden ist. Der Aminozucker ist meistens säureamidartig mit Essigsäure verbunden und weiterhin mit Schwefelsäure verestert. An die dissoziierten, sauren Gruppen werden Kationen (Na^+, K^+ u. a.) und Wasser gebunden (C).
Aussage (A) ist falsch, denn Kollagenfasern binden kein Wasser.
Aussage (B) ist falsch, denn Amylopectin bindet kein Protein und kommt im tierischen Organismus nicht vor, sondern ist ein ausschließlich pflanzliches Reservekohlenhydrat.
Aussage (D) ist falsch, denn Aquaporine sind keine Bindegewebssubstanzen, sondern Wasserkanalproteine im Tubulusapparat der Niere.
Aussage (E) ist falsch, denn Cerebroside und Sulfatide sind keine Proteoglykane, sondern polare Lipide im Nervensystem.
Siehe Lerntexte „Heteroglykane" I.17 und „Bindegewebeproteine" XXIV.1.

H04
→ **Frage 24.4:** Lösung D

Siehe Lerntext XXIV.2.
Kollagen mit 14 verschiedenen Typen macht ca. 1/3 des Gesamtproteinbestandes des Menschen (5 von 15 kg) aus und ist damit das häufigste Protein im Körper.
Kollagen ist quervernetzt, wozu bestimmte ε-Aminogruppen von Lysin- und Hydroxylysinseitenketten durch die Lysyloxidase oxidativ desaminiert werden müssen (D).
(A) ist falsch, denn die Sekundärstruktur der Kollagenpeptidketten ist nicht eine rechtsgängige α-Helix, sondern eine linksgängige.
(B) ist falsch, denn die Hydroxylierung mit Glucose und Galactose erfolgt nicht extrazellulär an Hydroxyprolin, sondern intrazellulär an Hydroxylysin.
(C) ist falsch, denn durch die extrazelluläre Abspaltung der Registerpeptide aus der Prokollagen-Tripelhelix wird die Löslichkeit nicht erhöht, sondern durch nachfolgende Aggregation und Vernetzung erniedrigt.

F00
→ **Frage 24.5:** Lösung D

Kollagen ist das mengenmäßig bedeutendste Protein des menschlichen Körpers; man unterscheidet heute 14 verschiedene Kollagentypen, von denen Typ I bis III Faser bildend sind; andere sind flächenförmig und bilden z.B. die Basalmembran. Eine ungewöhnliche Aminosäurezusammensetzung verhindert die Bildung von α-Helices; drei Polypeptidketten sind zur Tripelhelix verdrillt. Eine posttranslationale Modifikation schafft Hydroxyprolin und Hydroxylysin. Falsch ist die Aussage (D), denn NANA gibt es in Gangliosiden, aber nicht im Kollagen.

F03
→ **Frage 24.6:** Lösung D

Siehe Lerntext XXIV.1.
Bei der Synthese von Kollagenfibrillen erfolgt extrazellulär eine oxidative Desaminierung von Lysin-Resten (D), wodurch ε-Aldehydreste entstehen, die sich in einer nicht-enzymatischen Reaktion („spontan") mit Lysin-NH_2-Gruppen benachbarter Ketten nach Art einer Schiff-Basen-Bildung verbinden.
Die unter (A) und (B) genannten Hydroxylierungen erfolgen nicht extrazellulär, sondern intrazellulär

am endoplasmatischen Reticulum. Auch die Glykosylierung (C) erfolgt intrazellulär.
Eine Acylierung von Serinresten kommt beim Kollagen nicht vor (E).

H95
→ **Frage 24.7:** Lösung E

Siehe Lerntext XXIV.2.
Die abschließenden Reaktionen der Kollagenbiosynthese finden extrazellulär statt. Das fertige Kollagen wird in der Zelle nicht benötigt.

H01
→ **Frage 24.8:** Lösung B

Das Protein Kollagen hat eine ungewöhnliche Zusammensetzung: Glycin und Prolin machen je etwa 30 Prozent der am Aufbau beteiligten Aminosäuren aus. Schwefelhaltige Aminosäuren kommen im reifen Kollagen nicht vor; deshalb ist (B) die gesuchte Falschaussage. Die hier angesprochenen Disulfidbrücken sind in einem früheren Stadium, bei der intrazellulären Prokollagenbildung im C-terminalen Bereich, vorhanden, werden aber gleich nach der Sekretion in den Extrazellulärraum als Registerpeptide abgespalten. Proteingebundene Disaccharide (Glu-Gal-) finden sich, O-glykosidisch gebunden, nur an Hydroxylysin-Seitenketten.

F01
→ **Frage 24.9:** Lösung E

Siehe Lerntext XXIV.2.
Bei der Kollagen-Biosynthese in den Fibrozyten wird eine Tripel-Super-Helix ausgeschleust und extrazellulär findet eine begrenzte Proteolyse von sog. Registerpeptiden statt (E), danach aggregieren die Kollagen-Monomere und werden vernetzt zur polymeren unlöslichen Kollagenfibrille. Die unter (A), (B) und (C) genannten Vorgänge bei der Kollagenbiosynthese finden intrazellulär statt. Die unter (D) genannte Bildung von Disulfidbrücken kommt nur intrazellulär an den Registerpeptiden vor, extrazellulär werden diese abgespalten.

H98
→ **Frage 24.10:** Lösung B

Kollagen ist ein in vielen Varianten vorkommendes Bindegewebsprotein, von dem man die Typen I bis XIV unterscheidet. Kollagen-typisch ist eine ungewöhnliche Aminosäure-Zusammensetzung: Glycin und Prolin machen je $^1/_3$ der am Aufbau beteiligten Aminosäuren aus. Das als Typ IV bezeichnete Kollagen ist am Aufbau der Basalmembran beteiligt.
Die Bildung des Kollagens erfolgt in den Fibrozyten teils intrazellulär, teils extrazellulär. Intrazellulär wird das Prokollagen gebildet, wobei cotranslational Prolinreste und Lysinreste hydroxyliert werden; die HO-Lysylreste dienen nachfolgend zur Anheftung von Glucose und Galaktose. Hydroxyprolin wird nicht glykosyliert: (B) ist die gesuchte Falschaussage. Drei Peptidketten verdrillen sich nun zur typischen Kollagen-Tripelhelix. Nicht verdrillte, cysteinreiche Enden der Peptidketten („Registerpeptide") bedingen eine Löslichkeit des Prokollagens, das nun die Zelle verlässt. Extrazellulär werden die Registerpeptide abgespalten und durch die Lysyloxidase Aminogruppen des Lysins und Hydroxylysins oxidativ entfernt. Dabei entstehende Aldehydgruppen reagieren mit unveränderten Lysinresten unter Wasserabspaltung (Schiff-Basen) und bewirken eine Vernetzung und Wasserunlöslichkeit des Kollagens.

F04
→ **Frage 24.11:** Lösung B

Bei der Kollagenbiosynthese wird Ascorbinsäure (Vit. C) als reversibles Redox-System für die Hydroxylierung von Prolin- und Lysinresten benötigt (B). Nicht für die Kollagensynthese wird Adenosylcobalamin (A) benötigt, es wirkt dagegen beim Abbau verzweigter Aminosäuren und Fettsäuren. Calcitriol (C) ist die Wirkform des Vitamin D_3, es dient der Resorption von Ca^{2+} und dessen Einbau in den Knochen. Phyllochinon (= Vit. K) (D) wirkt beim Carboxylieren von Glutaminsäureresten in Ca^{2+}-bindenden Proteinen, besonders der Gerinnungsfaktoren II, VII, IX und X.

H03
→ **Frage 24.12:** Lösung C

Siehe Lerntext XXIV.2.
Charakteristische Aminosäuren für die Kollagene sind Hydroxylysin (C), Hydroxyprolin (D) und Glycin. Die unter (A), (B) und (E) genannten Aminosäuren kommen nicht oder nur in extrem geringer Menge in Kollagenen vor. Die Glycosylierung des Prokollagens erfolgt durch Glycosyltransferasen auf das Hydroxylysin (C).

F03
→ **Frage 24.13:** Lösung B

Siehe Lerntext XXIV.2.
Bei der posttranslationalen Prozessierung von Prokollagen werden Lysin- und Prolinreste mit Vitamin C (B), α-Ketoglutarat und O_2 hydroxyliert.
Die Hydroxylierung erfolgt am endoplasmatischen Reticulum ((A) ist falsch). Die OH-Gruppen werden nicht mit Mannose, sondern mit Galaktose glykosyliert ((C) ist falsch). Die Tripelhelix entsteht noch intrazellulär ((D) ist falsch). Die Vernetzung erfolgt spontan zwischen Lysinaldehyd-Gruppen und Lysinamino-Gruppen durch Schiff-Basen-Bildung. Transglutaminase ist hier nicht beteiligt, sondern wirkt bei der Blutgerinnung zum unlöslichen Fibrin ((E) ist falsch).

F95

→ **Frage 24.14:** Lösung C

Siehe Lerntext XXIV.2.
Die Kollagen-Tripelhelix bildet sich spontan.
Die Helicasen gehören zur Replikation der DNA-Doppelhelix.

Kommentare aus Examen Frühjahr 2006

F06

→ **Frage 24.15:** Lösung A

Die Druckelastizität von Gelenkknorpel beruht auf seinem Gehalt an sauren Proteoglykanen mit hoher Wasserbindungskapazität (A).
Aussage (B) ist falsch, denn der Proteinteil der Proteoglykane ist nicht das Elastin, sondern verschiedene sog. Core-Proteine wie Aggrecan u. a.
Aussage (C) ist falsch, denn die sauren Glycan-Ketten sind kovalent mit dem Core-Protein verbunden.
Aussage (D) ist falsch, denn die Lipoproteinlipase kommt im Knorpelgewebe nicht vor.
Aussage (E) ist falsch, denn die Proteoglykane kommen nicht intrazellulär vor, sondern bilden die extrazelluläre Grundsubstanz des Knorpelgewebes.

F06

→ **Frage 24.16:** Lösung D

Der Knochenabbau erfolgt durch Osteoklasten, die z. B. stimuliert durch Parathormon (Parathyrin) mit sauren lysosomalen Proteasen und sauren Phosphatasen die Knochen-Grundsubstanz (Kollagene und Elastin) hydrolysieren (D).
Aussage (A) ist falsch, denn die anorganische Knochensubstanz ist Calciumphosphat als Apatit, das Magnesiumammoniumphosphat kommt nicht im Knochen, sondern gelegentlich als Harnstein vor.
Aussage (B) ist falsch, denn nicht Proteoglykane (saure Mucopolysaccharide) bilden die organische Knochensubstanz, sondern Kollagene und Elastin. Proteoglykane kommen in Knorpel und Bindegewebe vor.
Aussage (C) ist falsch, denn die Mineralisierung des Knochens wird durch Vitamin D und seine Derivate (Calcitriol) nicht gehemmt, sondern stimuliert.
Aussage (E) ist falsch, denn auch reifer Knochen ist metabolisch aktiv, er unterliegt einem ständigen Umbau durch Osteoblasten und Osteoklasten.

25 Nervensystem

XXV.1 Stoffwechsel des Nervensystems

Das Gehirn, 1,2 bis 1,5 kg schwer, beansprucht einen beträchtlichen Teil der dem Körper zur Verfügung stehenden Sauerstoffmenge: Bei einem Gewichtsanteil von etwa 2% gehen in Ruhe etwa 20% der Energieversorgung zum Gehirn. Schon eine kurzfristige Unterbrechung der Sauerstoff- und Glucoseversorgung führt zu Bewusstlosigkeit und dauerhaften Schäden, da Nervenzellen des erwachsenen Gehirns nicht regeneriert werden können. Zur Proteinsynthese sind die Nervenzellen befähigt.
Die Energieversorgung wird durch Glucose gedeckt, die vollständig zu CO_2 und H_2O verbrannt wird – bei einem R.Q. von 1,0. Bei normaler Ernährung verbrennt das Gehirn pro Tag etwa 145 g Glucose; bei längerdauerndem Hunger wird diese Menge auf 45 g reduziert. Diese kleine Glucosemenge wird durch Gluconeogenese aus Glycerin (Lipolyse!) und Aminosäuren aus endogenem Eiweißabbau gewonnen. Wesentlicher Energieträger für das Gehirn im Hungerzustand sind die aus dem Fettabbau stammenden Ketonkörper.

H05

→ **Frage 25.1:** Lösung B

γ-Aminobuttersäure entsteht durch Decarboxylierung von Glutamat.
Siehe Lerntexte „Glutaminsäure“ II.5 und „Neurotransmitter“ XXV.2.

H90

→ **Frage 25.2:** Lösung C

Siehe Lerntext XXV.1.
Die Frage ist schlecht formuliert: Glucose kann nämlich von Nervenzellen überhaupt nicht synthetisiert werden. Das Gehirn kann jedoch Glucose verwerten, die aus Lactat, Glycerin, Alanin oder Glutamin in der Leber bzw. der Niere gebildet wurde.
Die gesuchte Falschaussage ist (C): Leucin ist eine ketoplastische Aminosäure.

XXV.2 Neurotransmitter

Typisch für die Reizübertragung im Nervensystem ist die Hintereinanderschaltung mehrerer Neurone, die jeweils durch einen synaptischen Spalt voneinander getrennt sind. In jedem Neuron sind Zellkern, raues endoplasmatisches Retikulum, Golgi-Apparat, Mitochondrien und Lysosomen meist im Zellkörper lokalisiert. Syn-

theseprodukte wie Neurotransmitter müssen oft lange Transportwege im Axon zurücklegen (ATP-abhängiger axonaler Transport), wobei Mikrotubuli und Neurofilamente helfen. Die Reizleitung durch das evtl. lange Axon erfolgt durch ein elektrisches Aktionspotenzial. Der synaptische Spalt kann aber nur reizleitend übersprungen werden, wenn ein spezieller Neurotransmitter im praesynaptischen Axonterminal freigesetzt wird und auf den postsynaptischen Rezeptor trifft.
Das im Axon ankommende elektrische Signal veranlasst den Einstrom von extrazellulären Calcium-Ionen, wodurch der in synaptischen Vesikeln gespeicherte Neurotransmitter durch Exozytose frei wird. Etwa ein Dutzend solcher Neurotransmitter sind bekannt, wie die folgende Tabelle zeigt; etwa 50 weitere Stoffe wirken als Neuromodulatoren. Nicht vom postsynaptischen Rezeptor gebundene Transmittermoleküle werden enzymatisch abgebaut oder praesynaptisch wieder aufgenommen.

Neurotransmitter	Synapsen-Typ	Inaktivierung ergibt
Acetylcholin	cholinerg	Cholin + Essigsäure
Adrenalin	adrenerg	Vanillinmandelsäure
Noradrenalin	noradrenerg	Vanillinmandelsäure
Dopamin	dopaminerg	Homovanillinsäure
Serotonin	serotoninerg	Hydroxyindolessigsäure
γ-Aminobuttersäure	GABAerg	Bernsteinsäure
Glycin	glycinerg	–
Glutaminsäure		
Adenosin		
Stickstoffmonoxid (NO)		
Neuropeptide	peptiderg	

Klinischer Bezug
Koma
Definition: tiefe Bewusstlosigkeit, die durch äußere Reize nicht aufzuheben ist.
Die Ursachen können sehr vielfältig sein, u. a. Schädel-Hirn-Trauma, Apoplex, Unterbrechung der Energieversorgung (ischaemisch, hypoxisch, hypoglykaemisch), toxisch (z. B. Alkohol, Anaesthetica), Elektrolytstörungen (z. B. Hyponatriaemie, Hypercalcaemie, Hyperosmolarität, CO_2-Erhöhung) und Endzustände schwerer Erkrankungen: Leberversagen (Coma hepaticum), dekompensierte diabetische Ketoazidose (Coma diabeticum) und Nierenversagen (Coma uraemicum).

H95
→ **Frage 25.3:** Lösung C

Siehe Lerntext XXV.2.
Glutamin ist kein Neurotransmitter, kann aber im Gegensatz zu Glutamat die Blut-Hirn-Schranke durchqueren.

F95
→ **Frage 25.4:** Lösung C

Siehe Lerntext XXV.2.
DOPA ist im Gegensatz zu Dopamin kein Transmitter.

H84
→ **Frage 25.5:** Lösung C

Siehe Lerntext XXV.2.
Tyrosin wird über Dopamin (A) in Noradrenalin (D) umgewandelt; GABA (E) entsteht aus Glutamat, β-Lipotropin ergibt durch limitierte Proteolyse Endorphine (B) und Enkephaline.
Falsch ist Aussage (C), denn nicht Homoserin, sondern Tryptophan ist die Aminosäure, aus der Serotonin gebildet wird.

F91
→ **Frage 25.6:** Lösung E

An noradrenergen Synapsen ist die Wiederaufnahme des NA in die präsynaptische Endigung (D) der wichtigste Mechanismus der Wirkungsbeendigung.
Bruchteile des freigesetzten Transmitters diffundieren ab (A) oder werden abgebaut durch MAO (C) und Methyltransferase (B) zu Vanillinmandelsäure.
Die gesuchte Falschaussage ist (E): β_2-Rezeptoren kommen an Synapsen nicht vor, sondern sind für die Erschlaffung glatter Muskulatur der Gefäße, Bronchien und des Uterus verantwortlich. Auch die Stoffwechselwirkungen in Muskel und Leber (Glykogenolyse) werden durch β_2-Rezeptoren und das cAMP-Proteinkinase-System vermittelt.

H97
→ **Frage 25.7:** Lösung E

Dargestellt ist der Neurotransmitter Acetylcholin, eine quartäre Ammoniumverbindung, die aus Cholin und Acetyl-CoA synthetisiert wird. Die Esterbindung wird durch die Acetylcholinesterase zu Cholin und freier Essigsäure hydrolysiert. Dieses ist ein exergoner Prozess, d. h. das Gleichgewicht liegt auf Seiten der Spaltprodukte; damit ist (E) die gesuchte Falschaussage. Die Energie für die Biosynthese des Acetylcholins durch die Cholinacetylase stammt aus der Thioesterbindung des Acetyl-CoA.

F00 H92 H89
→ **Frage 25.8:** Lösung C

Acetyl-CoA wird durch die Pyruvatdehydrogenase und bei der β-Oxidation in den Mitochondrien gebildet und dort im Citratcyclus verbrannt. Acetyl-CoA kann nicht aus den Mitochondrien ausgeschleust werden. Allerdings kann Citrat aus den Mitochondrien in das Zytosol transportiert und durch die ATP-Citrat-Lyase dort in Acetyl-CoA und Oxalacetat gespalten werden. – Die zu suchende Falschaussage ist (C): wenn der Neurotransmitter Acetylcholin die präsynaptische Membran durchdringt, geschieht das durch Exozytose der synaptischen Vesikel und nicht durch ein spezifisches Protein als aktiver Transport.

H87
→ **Frage 25.9:** Lösung A

Siehe Lerntext XXV.2.
Im Bereich der cholinergen Synapsen findet sich immer eine sehr aktive Acetylcholinesterase, die den Transmitter hydrolysiert (A); das dabei entstehende Cholin kommt zur präsynaptischen Wiederaufnahme.

H01
→ **Frage 25.10:** Lösung B

Viele Neurotransmitter können aus dem synaptischen Spalt in die präsynaptische Zelle wieder aufgenommen werden, womit ihre Wirkung an der postsynaptischen Membran beendet wird. Der Neurotransmitter Acetylcholin kann nicht resorbiert werden; er wird durch die Acetylcholinesterase in Essigsäure und Cholin gespalten. Cholin kann zur Neusynthese in die präsynaptische Nervenendung wieder aufgenommen werden. Damit ist (B) die gesuchte Falschaussage.

F04 F99
→ **Frage 25.11:** Lösung A

Ein ungewöhnlicher Faktor beim Sehvorgang ist der Sehpurpur Rhodopsin, ein aus 11-cis-Retinal und Opsin aufgebautes Chromoprotein. Bei der Photorezeption beteiligt sind auch Ionenkanäle für Na^+ und Ca^{2+}, sowie cGMP in hoher Konzentration (wichtig dabei die Guanylatcyclase und die Phosphodiesterase!). Das Transducin ist ein zu den G-Proteinen gehörendes Regulationsprotein. Alle G-Proteine sind Heterotrimere, aufgebaut aus der katalytischen α-Einheit und der inhibitorischen β,γ-Untereinheit: (A) ist die gesuchte Antwort. Durch Licht, genauer durch das photolysierte Rhodopsin, wird das Transducin aktiviert, sein α-gebundenes GDP wird gegen GTP ausgetauscht. Durch das aktivierte Transducin wird eine Phosphodiesterase stark aktiviert, und der cGMP-Abfall führt zum Schließen der Na^+-Kanäle.

H99
→ **Frage 25.12:** Lösung E

Das Transducin ist ein am Sehvorgang beteiligtes, typisches G-Protein, das im Ruhezustand als Heterotrimer mit je einer α-, β- und γ-Untereinheit vorkommt; an der γ-Untereinheit ist ein GDP gebunden. Bei Lichteinfall macht der aus 11-cis-Retinal und Opsin bestehende Sehpurpur (Rhodopsin) mehrere Umwandlungen durch; als „aktiviertes Rhodopsin" lagert es sich an das G-Protein an, das sein GDP jetzt gegen GTP austauscht (A). Dadurch wird die α-Untereinheit freigesetzt (D) und aktiviert eine cGMP-spaltende Phosphodiesterase (C). Durch den Abfall des cGMP kommt es zur Schließung von Na^+-Kanälen. Das proteingebundene GTP wird nun zu GDP hydrolysiert (B), womit das Transducin in seinen Ruhezustand zurückkehrt.
Die gesuchte Falschaussage ist (E), denn mit Calciumkanälen in der Stäbchenmembran hat das Transducin nichts zu tun.

Sachverzeichnis

Sachverzeichnis

A

B

C

D

E

F

G

H

U

V

W

X

Z

Ihre Meinung ist gefragt!

Sehr geehrte Leserin, sehr geehrter Leser,

ein gutes Buch sollte auch über mehrere Auflagen in Inhalt und Gestaltung den Bedürfnissen seiner Leser gerecht werden. Um dies zu erreichen, sind wir auf Ihre Hilfe angewiesen. Deshalb: Schreiben Sie uns, was Ihnen an diesem Buch gefällt, vor allem aber, was wir daran ändern sollen.
Für Ihre Mühe möchten wir uns mit einer Verlosung bedanken, an der jeder Fragebogen teilnimmt. Die Verlosung findet 1 × jährlich statt. Zu gewinnen sind 10 Büchergutscheine à € 50,–. Der Rechtsweg ist ausgeschlossen. Wir freuen uns auf Ihre Antwort, die wir selbstverständlich vertraulich behandeln.

Bitte schicken Sie diesen Fragebogen an:

Georg Thieme Verlag KG
Programmplanung Medizin
Dr. med. P. Fode
Postfach 30 11 20
70451 Stuttgart

Wie beurteilen Sie diesen Band:

Anzahl der Schemata ausreichend	ja ❑	nein ❑
Anzahl der Tabellen ausreichend	ja ❑	nein ❑
Anzahl der Lerntexte ausreichend	ja ❑	nein ❑

Wie beurteilen Sie die inhaltliche Qualität der Kommentare? Welche Kommentare sind besonders gut, welche Kommentare sind nicht ausreichend?

Wie beurteilen Sie die Lerntexte?

Zu folgenden Themen wünsche ich mir einen Lerntext/ausführlichere Erklärungen:

1. ÄP Biochemie, 18. Auflage

Wie beurteilen Sie den Schreibstil und die Lesbarkeit des Bandes?

Ist die Schwarze Reihe für dieses Prüfungsfach als Vorbereitung ausreichend? Haben Sie noch andere Lehrbücher benutzt? Welche?

Besonders gefallen hat mir an diesem Band:

Weitere Vorschläge und Verbesserungsmöglichkeiten?

Absender (bitte unbedingt ausfüllen)